冷凍空調原理與工程

許守平　編著

全華圖書股份有限公司

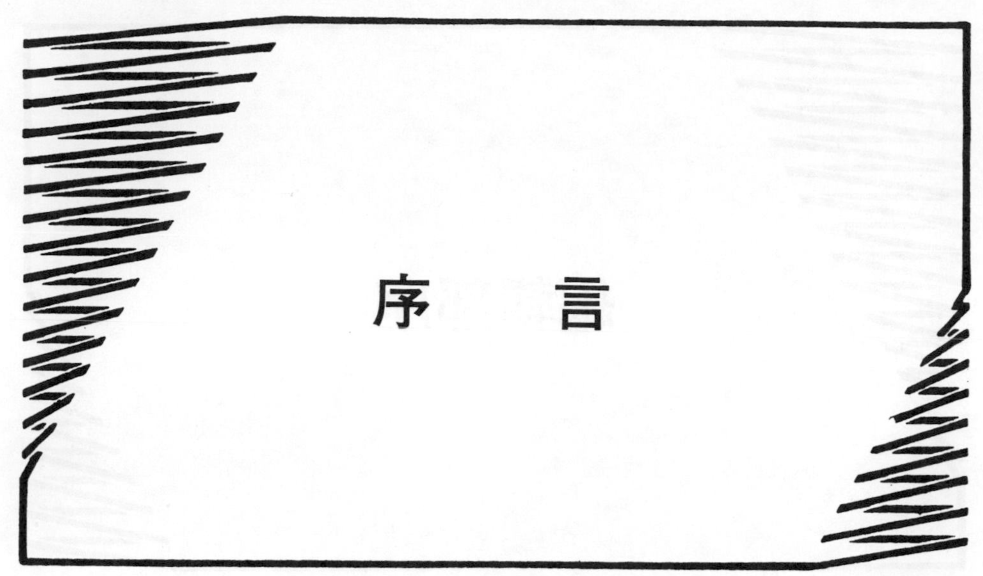

冷凍空調此一行業，由於生活水準之提高，科技之發達，如今已蓬勃發展，政府有關單位，亦認爲冷凍空調在當今工業結構及日常生活中，不再是一種奢侈品，因此冷凍空調知識及技術的需求也更爲迫切，本書編著之目的卽在於此。

本書除了參考教育部頒佈之冷凍工程課程標準作爲編著藍本外，尚參考中外有關文獻資料，在此特向有關作者致謝。

本書理論與實務並重，適合高職、大專有關科系採用爲教本，也適合冷凍空調界專業人員參考，若採用爲教本，請配合每週教學之時數不同，由任教老師酌予刪減。

書中若有遺誤及疏漏之處，謹請海內外專家學者及讀者指正。

許守平　謹識

編輯部序

「系統編輯」是我們的編輯方針，我們所提供給您的，絕不只是一本書，而是關於這門學問的所有知識，它們由淺入深，循序漸進。

現在，我們將這本「冷凍空調原理與工程（上）」呈獻給您。本課程分爲上、下兩册，本册部份討論冷凍工程方面之觀念及理論，且對蒸發器及冷凝器之設計基準作清晰而有系統的說明，供讀者在設計及修護時之參考。最後將螺旋式及離心式壓縮機提出詳加分析，使讀者對冷凍系統有整體性的概念。本書將理論及實際操作相配合，使讀者能在最短時間內，獲得最大效果。

同時，爲了使您能有系統且循序漸進研習冷凍空調原理與工程方面叢書，我們以流程圖方式，列出各有關圖書的閱讀順序，以減少您研習此門學問的摸索時間，並能對這門學問有完整的知識。若您在這方面有任何問題，歡迎來函連繫，我們將竭誠爲您服務。

相關叢書介紹

書號：05729
書名：高科技廠務
編著：顏登通

書號：05013
書名：乙級冷凍空調技能檢定學科題庫整理與分析
編著：簡詔群.楊文明

書號：06081
書名：無塵室技術－設計、測試及運轉
編譯：王輔仁

書號：03812
書名：冷凍空調實務(含乙級學術科解析)
編著：李居芳

書號：04839
書名：丙級冷凍空調技能檢定學術科題庫解析(附學科測驗卷)
編著：亞瓦特工作室.顧哲綸.鍾育昇

書號：05388
書名：工業通風設計概要
編著：鍾基強

流程圖

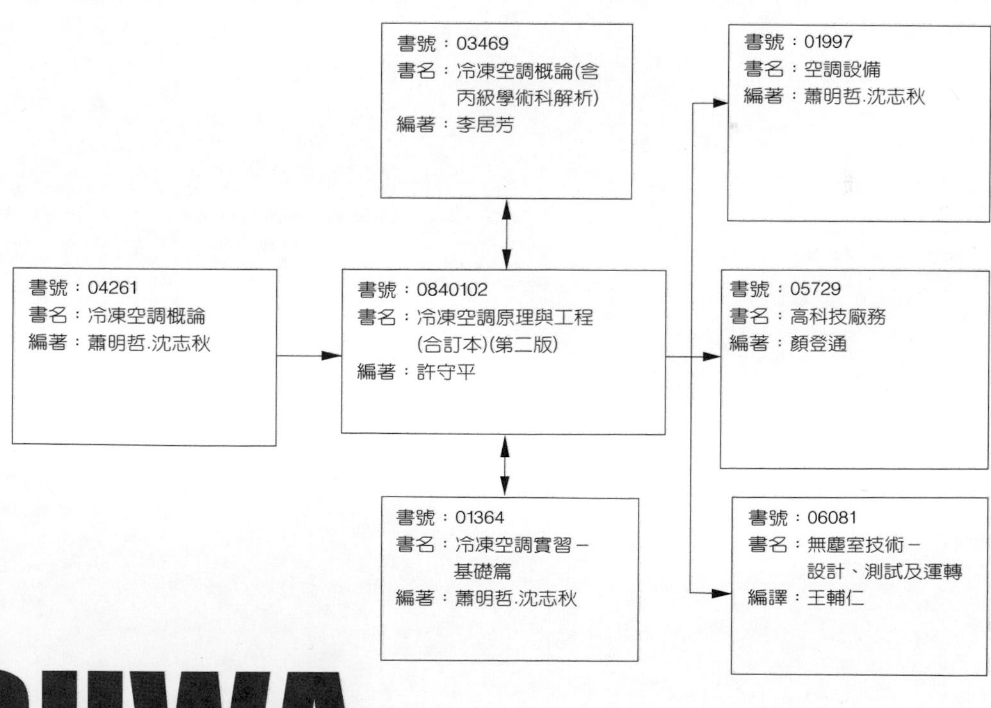

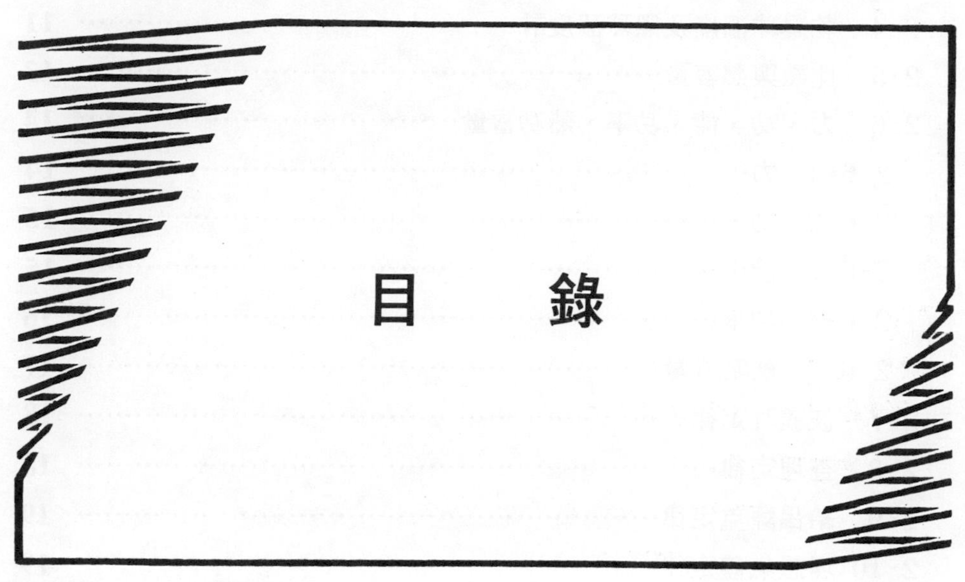

第一章 冷凍緒論 …… 1

1-1 冷凍之意義 …… 1
1-2 冷凍之基本原理 …… 1
1-3 冷凍方法 …… 2
1-4 冷凍機之基本原理 …… 4
1-4-1 氣體壓縮式冷凍機基本原理 …… 4
1-5 冷凍簡史 …… 4
1-5-1 天然冷凍時代 …… 4
1-5-2 冷凍機械的發展過程 …… 5
1-5-3 食品冷凍的沿革 …… 7
1-6 冷凍應用 …… 7

第二章 基礎知識與定義 …… 9

2-1 熱與溫度 …… 9
2-2 熱量單位 …… 9
2-3 溫度單位 …… 10

2-4 乾濕球溫度及黑球溫度計…… 11
2-5 比熱與熱容量…… 13
2-6 力、功、能、功率、熱功當量…… 14
2-6-1 力…… 14
2-6-2 功…… 15
2-6-3 能…… 15
2-6-4 功率…… 16
2-6-5 熱功當量…… 17
2-7 波義耳定律…… 18
2-8 查理定律…… 18
2-9 給呂薩克定律…… 19
2-10 理想氣體定律…… 19
2-11 道爾頓定律…… 21
2-12 焓…… 22
2-13 熵…… 22
2-14 熱力學第一定律…… 23
2-15 熱力學第二定律…… 23

第三章　冷凍之基本概念…… 25

3-1 顯熱與潛熱…… 25
3-2 熱量的傳遞…… 27
3-2-1 熱量的傳遞方式…… 27
3-2-2 熱能傳遞的控制…… 28
3-3 融解、蒸發、凝結、凝固、昇華…… 30
3-4 物質三態…… 30
3-5 壓力…… 31
3-5-1 表壓力與絕對壓力…… 32
3-6 臨界溫度與臨界壓力…… 34
3-7 飽和溫度與飽和壓力…… 34

3-8 露點溫度 …… 36
3-9 濕度、相對濕度、濕度比 …… 36
3-10 冷凍噸 …… 36

第四章 冷媒 …… 39

4-1 冷媒之定義 …… 39
4-2 冷媒必須具備的特性 …… 39
4-2-1 冷媒必須具備的物理特性及其理由 …… 39
4-2-2 冷媒應具備的化學特性及其理由 …… 42
4-2-3 冷媒應具備的生物特性及其理由 …… 42
4-2-4 冷媒在經濟觀點下應具備的特性 …… 42
4-3 冷媒性質表 …… 43
4-4 冷媒含有水份的影響 …… 46
4-4-1 冷媒含有水份的影響 …… 46
4-4-2 冷媒與水份的化學反應 …… 46
4-5 冷媒的安全性 …… 46
4-6 氟氯烷系冷媒的編號 …… 48
4-7 冷媒瓶的儲裝 …… 49
4-7-1 冷媒瓶的儲裝 …… 49
4-7-2 冷媒鋼瓶的顏色 …… 49
4-8 冷媒的選擇與更換 …… 50
4-8-1 冷媒的選擇 …… 50
4-8-2 冷媒的更換 …… 50

第五章 冷媒特定性曲線圖 …… 53

5-1 莫里爾線圖的結構 …… 53
5-2 莫里爾線圖與冷凍循環過程 …… 58
5-3 基準冷凍循環 …… 59
5-4 冷凍循環的計算 …… 61

5-4-1　冷凍效果……61
5-4-2　壓縮機作功所需之熱當量……62
5-4-3　凝縮器放出之熱量……62
5-4-4　冷媒循環量……63
5-4-5　成績係數……64
5-5　凝縮壓力（凝縮溫度）變化時的影響……66
5-6　蒸發壓力（蒸發溫度）變化時的影響……67
5-7　過冷却的影響……68
5-8　實際冷凍循環之分析……69
5-9　溫度—熵線圖……71
5-9-1　溫熵圖之結構……72
5-9-2　溫熵圖之冷凍循環分析……73
5-10 壓力—容積線圖……75
5-10-1 壓容圖之結構……76
5-10-2　壓容圖之冷凍循環分析……77

第六章　往復式壓縮機……157

6-1　壓縮機的功用……157
6-2　壓縮機的種類……157
6-2-1　機械式冷凍壓縮機依其壓縮之不同而分類……157
6-2-2　依傳動馬達與壓縮機之關係位置而分類……160
6-2-3　依壓縮機的形狀而分類……162
6-2-4　依廻轉速度而分類……164
6-2-5　依冷媒種類而區分……164
6-2-6　依驅動方式而分類……165
6-2-7　依用途而區分……165
6-3　往復式壓縮機……165
6-3-1　往復式高速多汽缸型之優點……165
6-3-2　高速多汽缸型壓縮機的構造……166

第七章　冷凝器 ………………………………………… 179

7-1　冷凝器之功用 ………………………………………… 179
7-2　冷凝器與冷凝熱量的特性 ………………………………………… 181
7-2-1　冷凝器所需要的冷却水量及冷却空氣量 ………………………………………… 181
7-2-2　冷凝器的傳熱面積 ………………………………………… 181
7-2-3　冷凝器之對數平均溫度差 ………………………………………… 181
7-2-4　水冷式冷凝器的熱通過率 ………………………………………… 182
7-2-5　冷却水流速的影響 ………………………………………… 185
7-2-6　損失水頭 ………………………………………… 185
7-3　冷凝器的種類及構造 ………………………………………… 186
7-3-1　立型殼管式冷凝器 ………………………………………… 186
7-3-2　橫型殼管式冷凝器 ………………………………………… 189
7-3-3　七通路橫置型殼管式冷凝器 ………………………………………… 191
7-3-4　殼圈式冷凝器 ………………………………………… 193
7-3-5　二重管式冷凝器 ………………………………………… 194
7-3-6　蒸發式冷凝器 ………………………………………… 197
7-3-7　氣冷式冷凝器 ………………………………………… 200
7-4　冷凝機組 ………………………………………… 203

第八章　蒸發器 ………………………………………… 205

8-1　蒸發器的分類及作用 ………………………………………… 205
8-2　裸管式蒸發器 ………………………………………… 208
8-3　鯡骨式蒸發器 ………………………………………… 209
8-4　板狀式蒸發器 ………………………………………… 211
8-5　管圈式蒸發器 ………………………………………… 212
8-6　乾式殼管型蒸發器 ………………………………………… 212
8-7　滿液式殼管型蒸發器 ………………………………………… 214
8-8　鰭片式蒸發器 ………………………………………… 216

8-9　直接膨脹空調用鰭片式蒸發器的冷卻能力……………………… 221

第九章　附屬機器 ……………………………………………… 227

9-1　油分離器……………………………………………………… 227
9-1-1　油分離器的作用……………………………………………… 227
9-1-2　油分離器的種類……………………………………………… 229
9-1-3　油分離器的選擇……………………………………………… 231
9-2　液氣分離器…………………………………………………… 231
9-2-1　液氣分離器的作用…………………………………………… 231
9-2-2　液氣分離器的種類…………………………………………… 231
9-2-3　液氣分離器的選擇…………………………………………… 233
9-3　受液器………………………………………………………… 233
9-3-1　受液器的作用………………………………………………… 233
9-3-2　均壓管………………………………………………………… 234
9-3-3　受液器的選擇原則…………………………………………… 235
9-4　乾燥器………………………………………………………… 235
9-4-1　乾燥器的功用………………………………………………… 235
9-4-2　乾燥器的構造………………………………………………… 235
9-4-3　常用乾燥劑的種類…………………………………………… 236
9-5　過濾器………………………………………………………… 237
9-6　熱交換器……………………………………………………… 238
9-6-1　液氣熱交換…………………………………………………… 238
9-6-2　潤滑油冷却器………………………………………………… 240
9-6-3　中間冷却器…………………………………………………… 240
9-7　不凝結氣體排除器…………………………………………… 241
9-8　視　窗………………………………………………………… 244
9-9　曲軸箱加熱器………………………………………………… 244
9-10 安全閥………………………………………………………… 244
9-11 易熔栓………………………………………………………… 248

9-12 破裂板……………………………………………………………… 249

第十章　冷媒控制器……………………………………………………251

10-1 束縮原理……………………………………………………………251
10-2 冷媒控制器之種類…………………………………………………252
10-3 膨脹閥的調節作用…………………………………………………253
10-4 膨脹閥的能力………………………………………………………253
　10-4-1　通過膨脹閥噴孔之冷媒量…………………………………253
　10-4-2　膨脹閥的公稱能力…………………………………………255
10-5 手動膨脹閥…………………………………………………………265
10-6 定壓式膨脹閥………………………………………………………265
10-7 溫度式自動膨脹閥…………………………………………………268
　10-7-1　內均壓型溫度式自動膨脹閥的構造及動作原理………268
　10-7-2　外均壓型溫度式自動膨脹閥………………………………270
　10-7-3　響導型溫度式自動膨脹閥…………………………………271
　10-7-4　膨脹閥的安裝………………………………………………272
10-8 高低壓側浮球控制閥………………………………………………275
10-9 毛細管………………………………………………………………277
　10-9-1　毛細管的作用及特性………………………………………277
　10-9-2　使用毛細管應注意事項……………………………………278
　10-9-3　毛細管之選用………………………………………………278

第十一章　螺旋式壓縮機與迴轉式壓縮機……………………281

11-1 螺旋式壓縮機的特性………………………………………………281
11-2 螺旋式壓縮機的構造………………………………………………283
　11-2-1　轉動輥型齒輪組……………………………………………284
　11-2-2　氣體壓縮行程………………………………………………285
11-3 內部容積比…………………………………………………………287
11-4 螺旋式壓縮機的性能測定…………………………………………289

11-5 迴轉式壓縮機的構造……………………………………………………290
11-6 迴轉式壓縮機之動作行程………………………………………………292
11-7 迴轉式壓縮機之性能……………………………………………………293
11-7-1 壓縮溫度…………………………………………………………293
11-7-2 體積效率…………………………………………………………294
11-7-3 全效率……………………………………………………………294
11-7-4 性能………………………………………………………………295

第十二章　離心式冷凍機……………………………………………297

12-1 離心式冷凍機之分類……………………………………………………297
12-2 離心式冷凍機之理論……………………………………………………299
12-3 離心式冷凍機之特點……………………………………………………304
12-4 離心式冷凍機之特性……………………………………………………305
12-4-1 冷媒蒸發溫度與冷凍容量及所需動力之關係…………305
12-4-2 冷凝溫度變化之影響……………………………………………306
12-4-3 迴轉數變化之影響………………………………………………306
12-5 離心式冷凍機之構造……………………………………………………307
參考書籍………………………………………………………………………313
附　錄…………………………………………………………………………315

1 冷凍緒論

1-1 冷凍之意義

將物體的溫度降低至大氣溫度以下，謂之冷凍。若將赤熱的鋼鐵等物體投入油或溫水中而降低溫度之過程是屬冷却而非冷凍。通常談到冷凍都會聯想到冷凍魚、冷凍肉類，認爲冷凍僅是指凍結而言。我們可從冷凍工業較發達之國家語言來探討其意義，英文之 refrigeration 一般習慣翻譯成「冷凍」，係指除去物品或環境之熱量，保持低於大氣溫度，包括了冷却及凍結兩過程。目前常用的空氣調節（ air conditioning ）自是包括在冷凍的範圍內，法文之 froid 德文之 kälte 相當 refrigeration，其意義都包括了冷却及冷凍等過程，一般應用上冷却（ cooling）、空氣調節及凍結（ freezing ）都是冷凍的範圍。

依使用溫度條件不同可將冷凍概略分成空氣調節、冷凍、及超低溫。

1-2 冷凍之基本原理

冷凍之基本原理可分述如下：

(1) 當固體變成液體吸收熱量（融解熱），液體變成氣體吸收熱量（蒸發熱），固體直接變成氣體吸收熱量（昇華熱），反之液體變成固體或氣體凝結成液體，均放出熱量。

⑵ 熱量的傳遞，藉傳導對流、輻射、蒸發等方式由高溫傳至低溫，逆行傳熱則需藉外力作功。

⑶ 能量不滅，熱是能量的一種，以溫度差作熱交換產生冷凍效果，溫度的變化與物質特性及體積、接觸面積有關。

1-3 冷凍方法

冷凍方法分類如下：

⑴ 使用天然冰及起寒劑之製冷方式。

⑵ 利用乾冰（固態二氧化碳）。

⑶ 使用易蒸發液體之蒸發方式。

⑷ 利用氣體膨脹的冷卻方法。

⑸ 利用熱電偶方式。

⑹ 磁性冷卻系統。

⑺ 利用物質溶解於溶劑中吸熱之冷卻方法。

就所利用之機械裝置之不同則可分類如下：

⑴ 壓縮式冷凍系統。

⑵ 吸收式冷凍系統。

⑶ 蒸汽噴射式冷凍系統。

⑷ 熱電偶式冷凍系統。

⑸ 磁性冷凍系統。

冷凍裝置大多是利用物質狀態發生變化時之潛熱。所利用之潛熱如下：

潛熱
- 融解熱………固體融解成液體時所需之熱量
- 蒸發熱………液體蒸發成氣體所需之熱量
- 昇華熱………固體直接變成氣態所必需之熱量

冰及起寒劑的冷凍法就是利用融解熱產生冷凍效果，乾冰利用昇華熱。壓縮式冷凍機、吸收式冷凍機則是利用蒸發熱行冷凍作用。

乾冰在一大氣壓下昇華溫度－78°C，直接由固態變成氣態。空氣冷凍機，是利用壓縮空氣膨脹後而製冷。

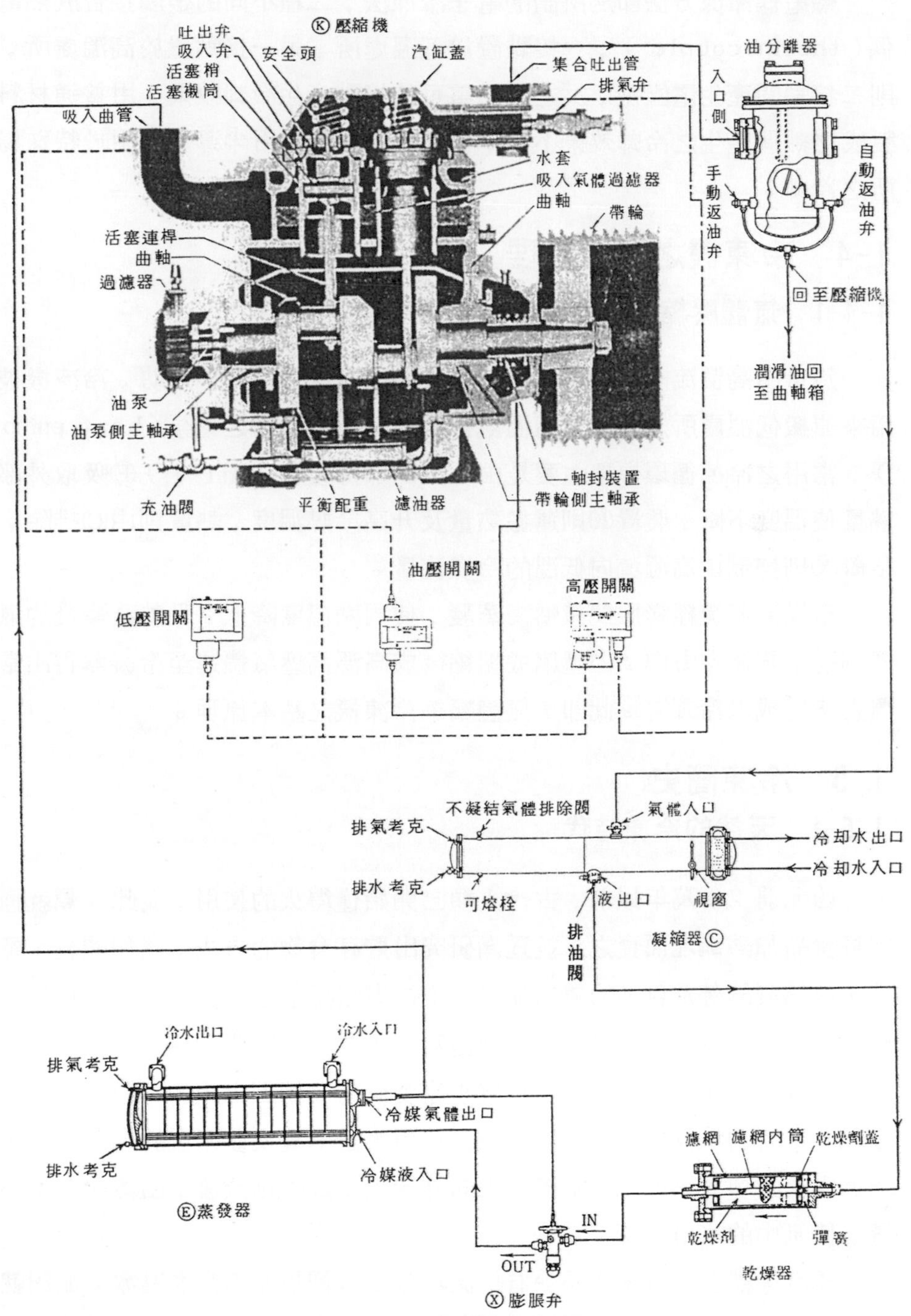

圖1-1　蒸汽壓縮冷凍裝置

熱電偶冷凍方法即是所謂的電子冷凍法，二種不同的金屬接合成熱電偶(thermocouple)，一接點置於低溫處所，另一接點置於高溫處所，則二接點間產生電位差，反之，通電可使接點產生冷却效果。用普通材料製成之熱偶產生之冷却效果不佳，目前大都研究使用半導體應用於特殊場所之冷却。

1-4　冷凍機之基本原理

1-4-1　氣體壓縮式冷凍機基本原理

熱量由高溫流向低溫處所，若欲反向而行則需藉外力之助。冷凍機被用來運搬低溫處所之熱量至高溫處排除，此種裝置謂之熱泵(heat pump)，常用之冷凍循環原理主要是由下列四部份組成(圖1-1)Ⓔ吸取外部熱量使溫度下降，裝置Ⓚ則運搬熱量及升高冷媒溫度，熱量則由Ⓒ排除，裝置Ⓧ則控制由高溫流向低溫的冷媒流量。

冷媒液體流經膨脹閥減壓後蒸發，使周圍溫度降低。吸熱蒸發後的氣體則逆卡諾循環方向，由壓縮機壓縮後成高溫高壓氣體運至冷凝器再由常溫之空氣或水冷却之。此即是氣體壓縮冷凍機之基本原理。

1-5　冷凍簡史

1-5-1　天然的冷凍時代

西元前 20 萬年以前，古代人類已開始懂得火的使用，從此人類就懂得將食品加熱調理而食之，並逐漸研究出貯存食物的方法，諸如曬乾、鹽醃、煙燻發酵等及目前的罐頭加工，上述方法雖能達到長期貯存的目的，風味尚佳，但無法保存食物的新鮮原味及色澤。冷凍機發明以前，人類利用天然的寒冷現象，以冷水及冰雪來享受食物。挖掘出土的一幅西元前2500年時的埃及壁畫，描繪古埃及使用水缸，夏夜裝水置於屋頂，陶土焙燒而成的多孔質水缸盛水後，水向外滲出，風吹則蒸發，由蒸發帶走熱量，使缸中的水份冷却。

印度等熱帶地方冬季很少有結冰現象，他們以冰田注水製冰。冰田就像目前大家瞭解的鹽田一樣，在冰田上放置 30 公分高的稻草，盛水之淺瓶中盛清潔之水置於稻草中，在空氣比較乾燥涼爽的夜晚，在稻草上撒水，夜風吹使稻草上附著的水份蒸發，因而帶走瓶水的熱量而結冰，這是古印度盛行冰田製冰法。

像這種最古的冷凍方法，與現代的機械冷凍法中蒸發器部份產生冷凍效果所利用的原理完全相同，即都是利用液體蒸發時帶走潛熱使溫度下降。

至於利用冰涼的地下窖貯存冰雪及食物，起源於何年則無從考據，洞穴及地下室溫度低於外氣，且由地層滲透出來的水份，因風蒸發而降低溫度，也是利用上述原理。古代的王室貴族、富豪等特權階級，利用冬天天然產生的冰雪保存於冰窖，夏季取出冷却飲料。當時，在夏天冰雪是頗昂貴的奢侈品，「魚與熊掌不可兼得」，這句話是有理由的，魚與熊生活在不同地區，距離遙遠，居熱帶地方的人們食魚易得，但若將寒帶的熊掌運送至熱帶則早已腐爛矣。

西元1500年時發現硝石溶於水使溫度急速下降，這發現是今日起寒劑的前驅。文獻中最早的記錄是西班牙的一位醫師Blasius Villafranca，記載有此種利用液解吸熱的冷却方法，文獻中記載容器中盛水再裝入另一大型容器中，大型容器內亦裝水，慢慢的加入硝石，並旋轉中間的小容器。使用硝石的份量約水的¼～⅕左右，由此法使中間容器的水溫下降。

西元1607年，意大利的醫師 Santinus Tancredus 實驗以冰雪混合硝石而獲得低溫，使大量的水冷却至結冰，同時意大利的另一人 Sanct Sanctorius 發表一篇實驗報告說明，冰或雪與食鹽的混合比例在3：1時可以達到最低溫度。這是今日起寒劑的始源。這種混合比例大致是正確的。德國的物理學者（Fahrenheit），利用此種起寒劑產生之最低溫度作溫度的零點，於1724年作成華氏溫度計。

1-5-2　冷凍機械的發展過程

英國人克蘭（Willian Cullen）依據正式文獻考證是冷凍機的先驅，他於1755年，製造了一台用排氣泵浦使水減壓而蒸發的裝置，但因設備簡陋，而無法製出大量的冰塊。

1805年美國人依文（Oliver Evans）發表壓縮冷凍的密閉循環系

統。1801年烈斯黎（T. Leslie）利用無水硫酸，吸收大量水蒸汽的特性而製作製冰裝置，從此歐美各國即積極的研究發展冷凍機械。

1834年美國的一位工程師柏金斯（Jacob Perkins）製作了一台近似現代的冷凍壓縮循環系統的機械設備，自此以後冷凍設備在歐美工業先進國家就急速的發展了。

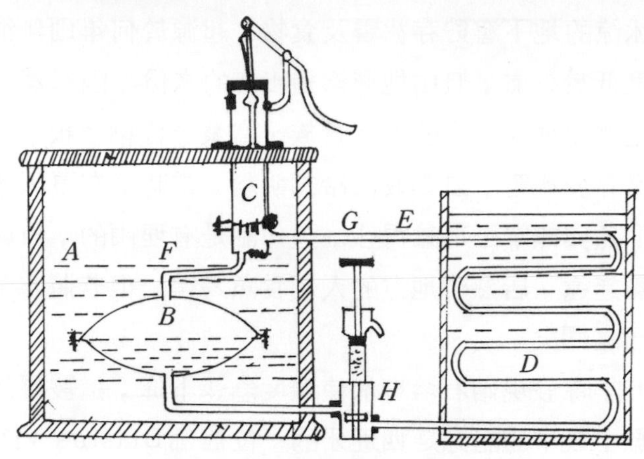

圖 1-2 柏金斯壓縮循環系統

氨氣體壓縮式的冷凍機原理由英國人法拉第（Michael Farady）於1823年發現。實際完成實用設備則當推1873年至1875年德國人林德（Karl Linde）及美國的波義耳（Boyle）。

法國人卡雷（Ferginand Carr'e）於1850年製作卡雷式冷凍機（Engine Carr'e），1862年米根濃（Mignon）及羅亞得（Rouart）依此使之工業化。

水被氨吸收後成氨水，加熱後具有游離的性質，利用此原理不必使用壓縮機而作成吸收式冷凍機，1920年氟系冷媒（freon）發明，1922年離心式壓縮機發明，1878年德國人Kyugtr開始了螺旋式壓縮機之理論，1930年代瑞典的SRM公司的主任技師李斯穆（Lysholm），依此理論解析並實驗研究而開發實用的製品。現在，冷凍事業已是現代一項重要的工業了。

1-5-3　食品冷凍的沿革

1861年世界第一座食品凍結工廠設置在澳洲之雪梨。創始利用冷凍機長期保存食品的企業化經營，依下表可看出食品冷凍的發展：

表1-1　冷凍食品的發展過程

<table>
<tr><th>發　明　人</th><th>年份</th><th>國籍</th><th>專　利　名　稱</th></tr>
<tr><td>傑佛瑞（Jeffrey, J）</td><td>1868</td><td>英</td><td>肉類凍結、輸送及保存方法</td></tr>
<tr><td>雷查遜（Richardson. C. E.）</td><td>1868</td><td>美</td><td>肉類保存及包裝方法</td></tr>
<tr><td>德偉斯（Davis, W）</td><td>1869</td><td>美</td><td>魚類的凍結箱</td></tr>
<tr><td>何偉（Howell, D. Y.）</td><td>1870</td><td>美</td><td>魚類肉類的凍結裝置</td></tr>
<tr><td>德偉斯（Davis, D. W.）</td><td rowspan="2">1871</td><td rowspan="2">美</td><td rowspan="2">魚類凍結保存法</td></tr>
<tr><td>德偉斯（Davis, S.H.）</td></tr>
<tr><td>德偉斯（Davis, S.H.）</td><td>1875</td><td rowspan="2">美</td><td>零售用魚類處理方法</td></tr>
<tr><td>德偉斯（Davis, D. W.）</td><td>1880</td><td>魚類處理及保存方法</td></tr>
<tr><td>道格拉斯（Douglas, E）</td><td>1889</td><td rowspan="2">美</td><td rowspan="2">魚類鳥類的保存 改良方法</td></tr>
<tr><td>道納（Donald, J）</td><td></td></tr>
<tr><td>哈斯凱（Hesketh, E）</td><td>1889</td><td rowspan="2">英</td><td rowspan="2">低溫鹽丹水中之凍結方法</td></tr>
<tr><td>馬西（Marcet）</td><td></td></tr>
<tr><td>雷亞得（Rouart, H.）</td><td>1898</td><td>英</td><td>肉類等的保存方法</td></tr>
<tr><td>雷皮利亞（Rappeleye, H. W.）</td><td>1899</td><td>美</td><td>魚類其他保存方法</td></tr>
</table>

近年來應用多層式平板冷却凍結裝置、強風凍結裝置及其他急速凍結裝置等使冷凍食品更進一步的發展。至於冷凍運輸業的發展，冷凍船、冷凍卡車、冷凍貨櫃的出現更促使冷凍食品更加蓬勃的發展。

1-6　冷凍應用

以前人們視冷氣機及冰箱爲奢侈品，目前則已是不可缺少的必需品，今後空調的應用當更爲普遍。

目前冷凍應用之範圍大致可分類如下：

(1) 食品之加工製造、儲存、運輸、陳列及販賣。

(2) 化學及其他工業用途。

(3) 特殊應用。

(4) 空調用途。

製冰及冷凍食品之應用極為廣泛而普遍，利用低溫抑制食品中所含酵素之作用，控制其環境使酵素及微生物均不能作用或降低其化學反應速度，此乃利用低溫貯藏食品之原理。工業化社會小家庭制度的盛行及夫妻均上班的現代，對調理食品、冷凍食品之需求更形增加，因此，食品類冷凍之應用更形普遍。

至於化學工業界在加工過程中除濕、氣體分離、凝結液化氣體、液體之凝固、工業原料之儲存、化學反應之控制、金屬工業之低溫處理、電子產品之製作及運用均有賴於冷凍裝置。

製藥工業之製造、試驗、貯存、輸送、溜冰場之運用、水壩混凝土凝結、生物生長環境的控制及殯儀館之屍體儲存等都是冷凍應用之範圍，至於空氣調節設備的應用，則分為工業製造用、人體舒適用及環境溫濕控制等。

2 基礎知識與定義

2-1 熱與溫度

熱可以轉換成能的其他形式，其他形式的能也可以轉變成熱，因此我們可以瞭解熱是能的一種形態。自熱力學（ thermodynamic ）的觀點而言，熱量可以定義為：「兩物體之間由於溫度差使能量轉移的效應」。

物質由無數的小分子組合而成，這些分子快速不停的運動，彼此碰撞、摩擦及震動而生熱，因此，熱是「分子運動產生的效應」。

熱與溫度不同，溫度是表示物體冷熱程度的指標，但不表示實際熱能的高低，溫度高低表示分子的運動速率，溫度愈高，物質內的組成分子運動愈快速，碰撞與摩擦的機會也多，故分子間產生的能量愈大，產生的熱量也愈多。

在絕對溫度－273.16°C時，物質的分子運動完全停止，此時熱量完全消失。

2-2 熱量單位

度量熱量有英熱單位（B.T.U）及公制熱量單位兩種，英熱單位（British Thermal Unit ）簡寫為B.T.U ，定義是「將一磅的純水升高華氏一度所需的熱量」。若將之定義爲「使一磅的純水由 32°F 上升至 212°F 所需熱量的1/180」則能避免水密度因水溫度不同所造成的誤差。

公制熱量單位爲卡路里(Calorie)簡稱卡，一卡爲使一公克的純水昇高攝氏一度所需的熱量，或是使一公克的純水由0°C升高至 100°C 所需熱量的$\frac{1}{100}$。

1大卡(1 kCal)= 1000 卡

英熱單位與公制熱量單位之間的換算值如下：

1 B.T.U = 252 Cal

1 kCal = 3.97 B.T.U

2-3 溫度單位

工程應用上，採用的溫度單位有攝氏溫度(°C)、華氏溫度(°F)、凱氏溫度(°K)、藍氏溫度(°R)四種。

攝氏溫度是將標準大氣壓下純水之凝固點定爲零度，沸點爲100度，凝固點與沸點之間分成100等分，每一等分爲攝氏一度，華氏溫度則是在標準大氣壓下將純水之凝固點定爲 32 度，沸點定爲212度，二者之間再等分180間隔，每一等分爲華氏一度。

二者之關係如下：

$$華氏溫度=(攝氏溫度\times\frac{9}{5})+32 \qquad (2\text{-}1)$$

$$攝氏溫度=(華氏溫度-32)\times\frac{5}{9} \qquad (2\text{-}2)$$

我國目前是同時採用公制單位與英制單位，因此對溫度的換算或其他單位的換算亦應熟知。

【例1】攝氏零下 40 度等於華氏幾度？

【解】$華氏溫度=(攝氏溫度\times\frac{9}{5})+32$

$$\therefore\quad 華氏溫度 = (-40°C \times \frac{9}{5}) + 32 = -40°F$$

凱氏（ kelvin ）實驗得知氣體在0°C以下，溫度每下降一度則體積減少1/273，依此理論，則在－273.16°C時氣體體積等於零，而且在此狀態下，物體之分子運動全部停止，因此將－273.16°C定爲絕對零度。簡寫成0°K，華氏溫度之絕對零度則爲－459.69°F，簡寫成0°R。

一般應用時

0°K＝－273°C

0°R＝－460°F

絕對溫度 °K＝攝氏溫度＋273　　(2-3)

°R＝華氏溫度＋460　　(2-4)

【例2】鍋爐蒸氣出口溫度爲610°R，求其華氏溫度

【解】T°F＝610°R－460＝150°F

【例3】氣體溫度100°C時則絕對溫度T°K等於幾度？

【解】T°K＝100＋273＝373°K

2-4　乾濕球溫度及黑球溫度計(Dry Bulb & Wet Bulb Temperature & Globe Thermometer)

常用標準溫度計所測得的空氣溫度，稱爲乾球溫度，簡稱DB，若將溫度計之感溫球包紮濕布使之置於1000 FPM氣流中，則水在空氣中蒸發，吸收周圍之熱量使測得之溫度低於乾球溫度，謂之濕球溫度（簡寫WB）。

圖2-1所示爲乾濕球溫度計。若空氣中之水蒸汽含量爲飽和狀態時則二者所測得之溫度相同，空氣之相對濕度愈小，則二者之差值愈大，且在

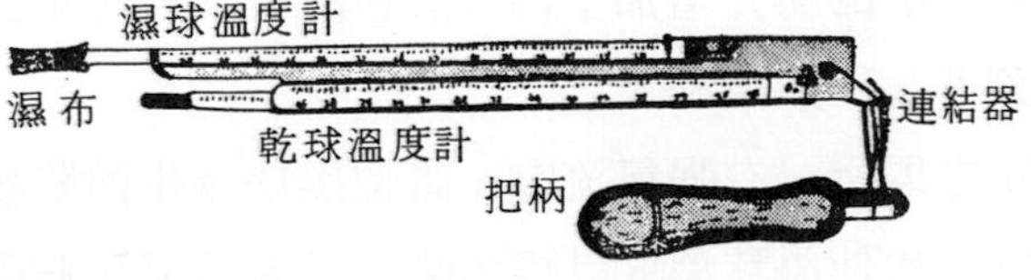

圖2-1　乾濕球溫度計

圖 2-2 黑球溫度計

同一狀態下，濕球溫度恒低於乾球溫度。

另一測量輻射熱之溫度計稱之黑球溫度計（globe thermometer）（圖2-2）。

⑴ 用途：測定作業環境熱輻射情況。

⑵ 原理：用厚度0.5mm的銅板，製成直徑15cm（6 inch）的中空球體。用棒狀水銀溫度計（測定範圍0～100°C，精確度±0.5°C以上）將球部插至中空球體的中心。此中空球體的表面塗以黑漆，去掉光澤使易吸收輻射能，其構造如圖2-2所示。

⑶ 測定方法：確定將溫度計的球部插入黑球的中心後，與乾球溫度計（測定範圍－20°C～50°C，精確度±0.5°C）和濕球溫度計（測定範圍－20°C～50°C，精確度±0.5℃）同時放置在欲測定的場所。經過最少 20 分鐘各溫度計的示度安定後，讀取指示度，求取綜合溫度熱指數。

⑷ 測定位置：於作業場所勞工最近熱源之活動位置測定。

⑸ 注意事項：

① 黑球無空氣放出孔時，對於急速強輻射熱，黑球內部空氣會膨脹，黑球內部的壓力增加，溫度計會跳出，爲防止此種現象，橡皮塞要刻溝，作放氣孔。

② 欲測定之場所，有強氣流時，將使黑球產生熱散發，測定值低下。故當風吹使黑球溫度計搖動時，必需將氣流遮斷，但遮斷氣流時，不要將輻射熱遮擱。

③ 測定一次之時間必須最少 25 分鐘以上，所得值爲此期間平均值，不能僅測定短時間的斷續輻射熱。

④ 某場所測定終了，移到其次的場所時，原則上將黑球溫度計置於室外大氣中，冷却至與室外氣溫相同後，再到其次的場所測定。

2-5　比熱與熱容量

使單位質量 1 公克的物質升降 1°C所吸收或放出之熱量與同質量之純水升降 1°C 所吸收或放出之熱量的比值謂之該物質的比熱。

比熱的單位 kCal/kg°C（英制單位BTU/lb°F）。

平均比熱是指在某一溫度範圍內，使單位質量之物質升降 1°C 所需的平均熱量，至於瞬時比熱則是指在某一特定溫度單位質量的物質升降 1°C 所需的熱量。

$$C_n = \frac{Q}{t_2 - t_1} \qquad (2\text{-}5a)$$

C_n = 平均比熱

Q＝熱量

t_2, t_1 ＝溫度

根據席貝爾（Siebel）之實驗，食品之比熱可由下列公式求得其近似值：

$$C = \frac{a}{100} + 0.2 \times \frac{b}{100} \qquad (2\text{-}5b)$$

$$C' = 0.5\frac{a}{100} + 0.2 \times \frac{b}{100} \qquad (2\text{-}5c)$$

C ＝結冰點以上之比熱

C'＝結冰點以下之比熱

a ＝食品之含水率（%）

b ＝食品之固形率（%）

0.2＝食品之固形物平均比熱

0.5＝冰之比熱

因爲純水 1 公克的比熱等於 1，是一定值，因此其他物質的比熱可直接以

表 2-1 常用物質之比熱值

物 質	比熱值 kCal/kg°C	物 質	比 熱 kCal/kg°C	物 質	比 熱 kCal/kg°C
水	1	鐵	0.11	鋼 鐵	0.055
空 氣	0.24	二氧化碳	0.20	氮	0.24
酒 精	0.60	四氯化碳	0.20	氧	0.22
鋁	0.220	汽 油	0.50	金	0.031
黃 銅	0.104	鎳	0.105	鉛	0.031
紫 銅	0.095	鋅	0.091	錫	0.045
碳	0.165	銀	0.056	橡 皮	0.481

該物體1公克之質量使之升高1°C所需之熱量表示之。

單位質量之物體，溫度升高一度所需的熱量稱爲此物體之熱容量(heat capacity)，相當於該物體之比熱。

2-6 力(Force)，功(Work)，能(Energy)，功率(Power)，熱功當量(Mechanical Energy Equivalent)

2-6-1 力(Force)

力，可使物體扭曲、彎折、伸展、壓縮、變形、改變其運動方向或使靜止物體開始運動。

我們最熟悉的力是重量，重量是地球引力施與物體的力量，除了重力以外尚有許多其他力量，但所有的力都是以重量單位測定及表示之。

$$F = P \times A \tag{2-6}$$

表 2-2 力之單位換算

牛 噸 N	達因 dyne	克 g	仟 克 kg	磅 lb
1	10^{-5}	102.0	0.1020	0.2248
10^{-5}	1	1.020×10^{-3}	1.020×10^{-6}	2.248×10^{-6}
9.80665×10^{-3}	980.665	1	0.001	2.205×10^{-3}
9.80665	9.80665×10^{5}	1.000	1	2.205
4.448	4.448×10^{-5}	453.6	0.4536	1

F =力

P =壓力

A =面積

2-6-2　功(Work)

對一物體施力使之克服阻力而移動一段距離謂之功，即

$$W(\text{功}) = F(\text{力}) \times D(\text{距離}) \tag{2-7}$$

例如使１公斤之物體移動１公尺所作之功稱爲１kg-m 。

工程上計算流體所作之功，則多用壓力與體積變量之乘積表之：

$$W = P(V_2 - V_1) \tag{2-8}$$

2-6-3　能(Energy)

使物體作功或引起任何一種變化的運動之能力，謂之能，即爲了對物體作功或導致物質任一形態的運動都需要能。

一物體具有作功之能力時，則謂此物體具有能，能有二種基本形態：

(1)　動能(kinetic energy)：是使物體運動而產生之能。

(2)　位能(potential energy)：是使物體位置變化之能。

$$K.E = \frac{MV^2}{2g} \tag{2-9}$$

$$P.E = M \cdot Z \tag{2-10}$$

$K.E$ = 動能(kg-m)

$P.E$ = 位能(kg-m)

M =重量(kg)

V =速度(m/sec)

g =重力加速度(m/ sec^2)

Z =距離(m)

表 2-3　各種能之換算表

焦　耳 J	仟瓦小時 Kwh	馬力小時(公制)	馬力小時 Hph	仟克-米 kg-m	仟　卡 kCal	英熱單位 Btu	Mev
1	2.778×10^{-7}	3.777×10^{-7}	3.725×10^{-7}	0.1020	2.388×10^{-4}	9.478×10^{-4}	6.25×10^{12}
3.600×10^{6}	1	1.360	1.341	3.671×10^{-5}	859.845	3,412	2.25×10^{19}
2.648×10^{6}	0.7355	1	0.9863	27.00×10^{3}	632.4	2,510	1.65×10^{19}
2.685×10^{6}	0.7457	1.014	1	273.7×10^{3}	641.2	2,544	1.68×10^{19}
9.80665	2.724×10^{-6}	3.3704×10^{-6}	3.653×10^{-6}	1	2.342×10^{-3}	3.295×10^{-3}	6.12×10^{13}
4.186.8	1.163×10^{-3}	1.581×10^{-3}	1.560×10^{-3}	426.9	1	3.968	2.616×10^{16}
1,055	2.931×10^{-4}	3.985×10^{-4}	3.930×10^{-4}	107.6	0.2520	1	6.59×10^{15}
1.598×10^{-13}	4.44×10^{-20}	6.038×10^{-20}	5.954×10^{-20}	1.63×10^{-14}	3.82×10^{-17}	1.517×10^{-10}	1

註Mev：百萬電子伏特

2-6-4 功率(Power)

功率卽單位時間所作之功。工程常用功率之單位爲馬力簡寫爲 HP。使4500公斤之物體以每分鐘一公尺之速度，使之克服引力而上昇，謂之1公制馬力。1英制馬力每分鐘作功4560kg-m

$$(\text{公制馬力})\ \text{H.P}=\frac{W\ \text{kg-m}}{75\times\text{時間(秒)}} \tag{2-11}$$

用英制單位時

$$(\text{英制馬力})\ \text{H.P}=\frac{W(\text{ft-Lb})}{33000\times t}\doteqdot\frac{W\ \text{kg-m}}{76\times\text{時間(秒)}} \tag{2-12}$$

W＝功(呎磅)

表 2-4　各種功率單位換算

仟　　瓦 KW	馬　　力 HP（公制）	馬　　力 HP（英制）	仟米／秒 kg-m/s	仟卡／秒 kCal/s	英熱單位／秒 Btu/s	呎磅／秒 ft-lb/s
1	1.360	1.341	102.0	0.2388	0.9478	737.6
0.7355	1	0.9863	75	0.1757	0.6971	542.5
0.7457	1.014	1	76.04	0.1781	0.7068	550.0
9.807×10^{-3}	0.01333	0.01315	1	2.342×10^{-3}	9.295×10^{-3}	7.233
4.1868	5.692	5.615	426.9	1	3.968	3.088
1.055	1.434	1.415	107,59	0.2520	1	778.2
1.356×10^{-3}	1.843×10^{-3}	1.818×10^{-3}	0.1383	3.238×10^{-4}	1.285×10^{-3}	1

t ＝作功所需之時間（分）

【例 4】每分鐘將 $4m^3$ 的水提升 20 公尺，問所需之馬力若干？

【解】代入公式（2-11）

$$公制馬力 \quad Hp=\frac{4\times1000\times20}{75\times60}=17.8 馬力$$

$$英制馬力 \quad Hp=\frac{4\times1000\times20}{76\times60}=17.5 馬力$$

2-6-5　熱功當量(Mechanical Energy Equivalent)

由熱力學第一定律可知每單位功的發生必有定量的熱損失，能量不能憑空創造亦不能毀滅，而以各種形態存在，功與熱都是能量，但以不同形態存在，二者可以互相變換。二者之關係如下：

$$Q=AW \qquad (2\text{-}13)$$

$$W=JQ \qquad (2\text{-}14)$$

Q ＝熱（kCal）

W ＝功（kg-m）

$$A=功熱當量=\frac{1}{426.8}\ \text{kCal/kg-m}=860\ \text{kCal/KWH}$$

$$J=熱功當量=\frac{1}{A}\ 426.8\ \text{kg.m/kCal}$$

【例5】用1公斤之力推動一物體，使之移動200公尺，問作多少功？熱當量多少？

【解】由公式(2-7)

$W = F \times D = 1\,\text{kg} \times 200$ 公尺 $= 200\,\text{kg}\cdot\text{m}$

再利用公式(2-13)

$$Q = A \cdot W = \frac{1}{426.8}\,\text{kCal/kg-m} \times 200\,\text{kg}\cdot\text{m}$$

$$= \frac{200}{426.8} = 0.47\,\text{kCal}$$

2-7 波義耳定律(Boyle's Law)

氣體溫度保持一定時，氣體的體積與壓力成反比，謂之波義耳定律，即

$$P_1 V_1 = P_2 V_2 = \text{常數} \qquad (2\text{-}15)$$

公式(2-15)，壓力P採用絕對壓力。

【例6】體積爲1立方公尺之容器內，存放某種氣體，絕壓對力爲50kg/cm²，若壓縮此氣體使其絕對壓力增至100kg/cm² abs，設氣體溫度保持一定，則該氣體被壓縮後的體積爲若干？

【解】代入公式(2-15)

$P_1 V_1 = P_2 V_2$

$50 \times 1 = 100 \times V_2$

$V_2 = 0.5$ 立方公尺

2-8 查理定律(Charle's Law)

氣體壓力保持一定時，氣體之容積與絕對溫度成正比。

即

$$\frac{V_1}{T_1} = \frac{V_2}{T_2} = \text{常數} \qquad (2\text{-}16)$$

【例7】某氣體之體積爲10立方公尺，若壓力保持不變，則溫度由20°

C升高至50°C時之氣體體積為若干？

【解】由公式（2-16）

$$\frac{V_1}{T_1}=\frac{V_2}{T_2} \qquad \therefore \quad \frac{10}{20+273}=\frac{V_2}{50+273}$$

$V_2=11.02$立方公尺

2-9　給呂薩克定律

體積不變，則氣體之絕對壓力與絕對溫度成正比。

$$\frac{P_1}{T_1}=\frac{P_2}{T_2}=\text{常數} \tag{2-17}$$

【例8】某氣體溫度20°C時之絕對壓力為5 kg/cm²，若體積保持不變，而溫度升至30°C，則此氣體之絕對壓力為若干？

【解】代入公式（2-17）

$$\frac{P_1}{T_1}=\frac{P_2}{T_2}$$

$$\frac{5}{20+273}=\frac{P_2}{30+273}$$

$$P_2=\frac{5\times 303}{293}$$

$$=5.17\ \text{kg/cm}^2\ \text{abs}$$

2-10　理想氣體定律（Gas's Law）

所謂理想氣體即此種氣體內之分子完全自由獨立而不受其他分子引力的影響，氣體分子間無相互作用力，實際上並無任一種氣體符合理想氣體的條件，但在一般壓力及溫度下，空氣、氮、氫、氧等氣體可視為理想氣體。

一理想氣體在壓力、容積及溫度同時發生變化時，三者之間變化的關係可以下式表示：

$$\frac{P_1V_1}{T_1}=\frac{P_2V_2}{T_2}=常數=R \qquad (2\text{-}18)$$

$$PV=MRT \qquad (2\text{-}19)$$

理想氣體定律即是由查理定律、給呂薩克定律、波義耳定律推展而成。

【例 9】 某氣體體積爲5立方公尺，絕對壓力爲3.03 kg/cm²，溫度爲20°C，壓縮後體積爲2立方公尺，溫度升至40°C，求此時之絕對壓力爲若干？

【解】 由公式(2-19)

$$\frac{P_1V_1}{T_1}=\frac{P_2V_2}{T_2}$$

$P_1=3.03\,kg/cm^2\ abs$

$V_1=5\,m^3$

$T_1=20+273=293\,°K$

$V_2=2\,m^3$

$T_2=40+273=313\,°K$

則 $$\frac{3.03\times 5}{293}=\frac{P_2\times 2}{313}$$

$\therefore\ P_2=8.09\,kg/cm^2\ abs$

【例10】 3公斤的空氣置於容積爲15立方公尺的容器內，若溫度爲20°C，則該容器所受壓力爲若干？

表 2-5　各種氣體之 R 值

氣體名稱	R值 kg-m/kg°k
空氣	29.27
氧氣	26.49
氫氣	420.3
氮氣	30.26
氨氣	49.78
二氧化碳	19.25
水蒸氣	47.06

【解】查表2-5，空氣之氣體常數

$R = 29.27$ kg-m/kg°K

$M = 3$ 公斤

$T = 20 + 273 = 293$°K

$V = 15\text{m}^3$

代入公式（2-19）

$PV = MRT$

$P \times 15 = 3 \times 29.27 \times 293$

$P = 1715.22$ kg/m² abs

2-11　道爾頓定律(Dalton's Law)

由多種氣體混合而成之氣體其總壓力爲各組成氣體分壓力之和，謂之道爾頓定律，又稱分壓定律。

$$P_m = P_1 + P_2 + P_3 \cdots\cdots = \Sigma P_n \qquad (2\text{-}20)$$

$P_m =$ 混合氣體之總壓力（絕對壓力）

P_1，P_2 ……＝各組成氣體之分壓力（絕對壓力）

冷凍系統中有無不凝結氣體，可用此定律判斷之。

【例11】容積爲2立方公尺的容器，因抽眞空不徹底，殘留空氣0.1公斤，今裝氧氣10公斤，若周圍溫度爲30°C，問容器內壓爲若干？

【解】空氣

$V_1 = 2\text{ m}^3$

$M_1 = 0.1$ kg

$R_1 = 29.27$ kg-m/kg°K

由公式$PV = MRT$　空氣在容器內之分壓力 P_1

$P_1 V_1 = M_1 R_1 T_1$

$$P_1 = 0.1\text{kg} \times 29.27\text{kg-m/kg°K} \times (30 + 273)\text{°K} \times \frac{1}{2} \cdot \frac{1}{\text{m}^3}$$

$= 443.4$ kg/m² abs

氧氣

$V_2 = 2\ m^3$

$M_2 = 10\,kg$

$R_2 = 26.49$

$\therefore \quad P_2 = 10 \times 26.49 \times 303 \times \frac{1}{2}$

$= 40132\ kg/m^2\ abs$

$PT = P_1 + P_2 = 443.4 + 40/32$

$= 40575\ kg/m^2\ abs$

請注意，若問題中若指明壓力之單位為 kg/cm² 時應再換算。

2-12 焓(Enthalpy)

以某一溫度為基準，作為熱能計算之絕對零值，而表示在某溫度時該物質所含有之總熱能謂之焓，冷凍系統中所用之冷劑，以－40°C定為零值作為基準。水及水蒸汽則以0°C定為零值。

工程熱力學中焓值以下列公式表示：

$$h = u + APV \tag{2-21}$$

h =焓　kCal/kg

u =內能　kCal/kg

P =壓力　kg/m²

V =容積　m³

A =功熱當量 $\div \frac{1}{427}$ kCal/kg-m

2-13 熵(Entropy)

某物質在一定溫度下所得之熱量除以絕對溫度所得之值，稱為熵。

$$\Delta S = \frac{\Delta Q}{T_m} \tag{2-22}$$

ΔS = 熵之變化量 kCal/kg°K

T_m = 平均絕對溫度 °K

$\Delta Q=$ 熱量 kCal/kg

2-14　熱力學第一定律

能量可以互相轉換，改變形態而存在。變化前後的能量總和相等，既不能憑空創造亦不能毀滅，謂之熱力學第一定律或稱之為能量不滅定律。

物質所消耗的熱能可轉換成同量的機械能、化學能或電能，同樣若由化學能或電能來製造熱，則給與該物質的化學能或電能應等於該物質產生之熱量。功熱之關係，可參閱本書2-6-5。

2-15　熱力學第二定律

熱力學第二定律可歸納成下述兩點：

(1)　熱由高溫傳至低溫，欲逆向傳遞則須作功。

(2)　熱不可能完全變成功，能量轉換過程中必有消耗。

例如液體由高處往低處流動，逆向送水時需藉泵浦等作功，方能達成目的。冷凍庫為了將庫內熱量移出至高溫處所，必須消費電能來使馬達作功。

3 冷凍之基本概念

3-1 顯熱(Sensible heat)與潛熱(Latent Heat)

熱能可分為顯熱及潛熱兩種。僅改變物體溫度而不改變物質形態的熱量，稱為顯熱，例如對大氣壓下50°F的水加熱使之升高溫度至200°F，水僅升高溫度，但仍保持液態。

若對物質所加的熱量僅改變物質的形態，而不變化其溫度時，謂之潛熱。例如，使0°C的水移出熱量使之變成0°C的水。在冷凍工程的實際應用中，都是利用潛熱的移除來達到所需的冷凍效果。在蒸發器中利用液態冷媒在低溫低壓下蒸發移除大量的潛熱，在冷凝器則利用冷卻水或空氣等媒體帶走氣體潛熱使之液化。

物質改變形態時之溫度，視其壓力大小而定。壓力愈大，改變形態之溫度愈高，反之則愈低。汽化潛熱愈大，製冷效果愈佳，但需同時考慮實際應用上之其他特性。

物質由固態受熱變成液態而溫度不變，此種潛熱稱為融解熱。由液態加熱變成氣態而溫度不變，稱為汽化熱。若對物體施與冷卻，移除其熱量，使液體變成同溫度的固體，謂之凍結潛熱，使氣體凝縮成液態，謂之凝結熱。

【例 1】一大氣壓下，將100公斤的牛肉由30°C冷凍至零下30°C，求應移除之總熱量、顯熱、潛熱各若干？
但牛肉之凍結點為零下1°C，凍結點以上之比熱為0.68kCal/kg ，凍結點以下為0.38kCal/kg ，凍結潛熱為47.78 kCal/kg 。

【解】由公式

$Q = m \cdot c \cdot \Delta t$

$Q_1 = 100 \times 0.68 \times [30 - (-1)]$

$= 2108\,\text{kCal}$

$Q_2 = 100 \times 47.78$

$= 4778\,\text{kCal}$

$Q_3 = 100 \times 0.38 \times [-1 - (-30)]$

$= 1102$

$Q_T = Q_1 + Q_2 + Q_3$

$= 2108 + 4778 + 1102$

$= 7988\,\text{kCal}$

潛熱＝4778 kCal

顯熱＝2108＋1102

＝3210 kCal

總熱量＝7988 kCal

【例 2】已知冰的比熱0.5kCal/kg，水蒸汽的比熱0.48kCal/kg，將－5°C的冰塊 10 公斤加熱成 160°C 的過熱蒸汽，求其顯熱、潛熱及總熱量。

【解】冰的熔解熱80 kCal/kg

水的蒸發熱539 kCal/kg

由公式$Q = m$、c、Δt

(a) 將－5°C的冰塊加熱至0°C的冰所需熱量為顯熱

$Q_1 = m$、c、$\Delta t = 10 \times 0.5 \times 5 = 25\,\text{kCal}$

(b) 將0°C的冰加熱變成0°C的冰所需之熱量為潛熱

$Q_2 = 10 \times 80 = 800\,\text{kCal}$

(c) 將0°C的水加熱變成 100°C 的水，所加之熱爲顯熱

$Q_3 = 10 \times 1 \times 100 = 1000\,\text{kCal}$

(d) 將 100°C 的水加熱成 100°C 的水蒸汽，所加之熱爲潛熱

$Q_4 = 10 \times 539 = 5390\,\text{kCal}$

(e) 將 100°C 的水蒸汽加熱成 160°C 的過熱蒸汽，所加之熱爲顯熱。

$Q_5 = 10 \times 0.48 \times (160 - 100) = 288\,\text{kCal}$

(a)＋(c)＋(e)

＝顯熱

$= 25 + 1000 + 288 = 1313\,\text{kCal}$

(b)＋(d)

＝潛熱

$= 800 + 5390 = 6190\,\text{kCal}$

總熱量 $1313 + 6190 = 7503\,\text{kCal}$

3-2 熱量的傳遞

3-2-1 熱量的傳遞方式

(1) 傳導（ conduction ）

熱的傳導是藉物體分子的運動，由高溫傳向低溫的地方，高溫分子熱能較大，運動也較快速，物體內的高溫分子將熱能傳遞至運動較慢的分子，而行熱交換，直至熱能相平衡。物體對熱的傳導，因物質種類、傳熱距離及兩端的溫差的不同而有所差異，易於傳導熱量的物質稱爲良導體，不易傳導熱量的物質，稱爲不良導體、絕緣體或絕熱體。銀的熱傳導率最高，其次爲銅鋁，因銀價昂，一般都不利用。冷凍工程氟系冷劑循環管路都以銅管製作，但氨冷媒系統因氨水對銅管有腐蝕作用，故採用傳導率較差的鋼管，至於常用之絕熱材料，有普利龍、PU、玻璃棉、石棉等。

眞空區域因無分子存在，故熱無法藉傳導方式傳遞。

(2) 對流（ convection ）

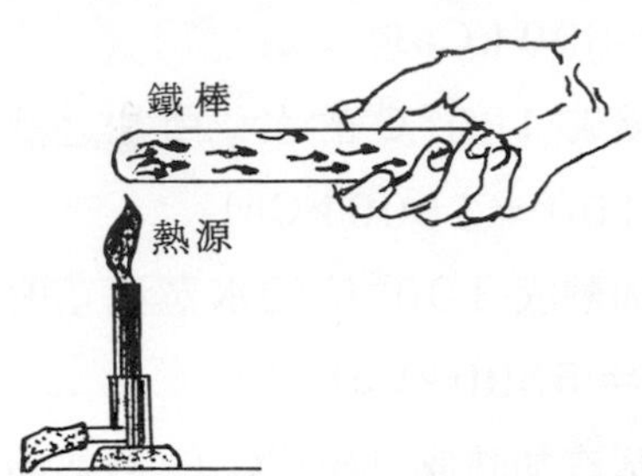

圖 3-1　熱之傳導

流體受熱膨脹，密度減低，比重變輕而上昇，溫度較低的流體則因密度大比重大而下降，如此交替循環而形成熱之對流，使熱由溫度高的地方帶至低溫部份。

對流傳遞之熱量大小視物質種類、流速、接觸形態、接觸面積及溫度差而異。

(3)　輻射(radiation)

熱的輻射和光線的照射一樣，不需依賴物質作媒介而以直線的穿透空間而傳遞熱量。輻射是藉電磁波的力量而形成能的傳遞。一般而言，明亮的顏色及光滑的表面，對輻射熱有最大的反射效果，反之，暗色而粗糙的表面則吸收大量的輻射熱。

目前研究開發的太陽能熱水器，就是利用黑色特殊塗料來吸收輻射熱。

3-2-2　熱能傳遞的控制

上節所敍述之熱能傳遞，可以用多種方式加以控制，以促進或阻止熱的傳播。

控制熱的傳導有四種因素：①傳導或接觸面積之大小，②物質之熱傳率之高低，導熱性之良否，③傳導距離之遠近，④溫差之大小，若傳導或接觸面積愈大，物質爲熱之良導體，傳導距離愈近，溫差愈大，則熱能之傳導越好，愈能促進熱之傳遞，反之則阻止熱之傳遞。

控制熱的對流有二種因素：①對流之速度，②對流之流量。對流之速度愈快，流量愈大，熱能之傳播愈好，益能促進熱之傳遞，反之則阻止熱之傳遞，急速凍結以風車强制送風循環，以增速熱之傳遞。

控制熱的輻射有三種因素：①物質之本身透明程度，②物質表面之情況光滑或粗糙，③物質表面之顏色深淺。若物質愈透明，表面愈粗糙，顏色愈深暗，則熱之輻射愈好，若物質愈不透明，則輻射熱愈難穿透，表面愈光滑，顏色愈淺，反射愈好，則阻止熱之傳遞愈佳。

如熱水瓶即為傳導、對流、輻射三種熱傳遞方法之控制最典型例子，熱水瓶以兩層玻璃製造，玻璃層間抽成眞空，防止熱之傳導，並使熱能失去對流的媒介，玻璃層內塗以水銀，以增加熱能之反射，而減少輻射散失。又如電冰箱內層之絕熱物質，箱外漆白色，以及空氣調節之強迫空氣對流，太陽能熱水器之集熱板塗黑色漆料等。

至於一般高溫作業場所，為避免工人因暴露過久而失熱、疝痛及痙攣，及因受輻射引起皮膚炎、眼炎、白內障等疾病，故對工作環境亦採取熱源控制。

高溫作業場所常用熱源管制（control of heat source）方法有下述三種：

(1) 隔離或絕緣法：用保溫材料隔離發熱面，不使其逸出的可感熱及輻射熱進入工作環境之中，如封閉高熱水箱、抽熱水時加蓋、及經常注意管子接頭及汽門不使蒸汽逸出等，均為管制高溫作業所生潛熱的有效方法。此等方法亦可視其性質同樣應用於高溫作業。總之，減少自熱源逸出熱量至工作環境中，為最理想的管制方式。在管制熱源方法中，將高溫製程予以隔離，可獲致最大效果，同時，現有一趨勢，即將此等製程設備裝置於戶外，僅有屋頂遮蓋，有時或採露天方式。

(2) 熱源護幕：利用護幕（shielding）以抵抗輻射熱，原為管制暴露的古老方法，今已較少採用，但當缺乏絕緣材料以防止發熱體熱量外逸時，利用護罩以保護工作人員，亦為一種權宜的方式。反射式隔熱護幕多用鋁板製成，背部另加絕緣板，一面反射一面隔離熱之滲透，另一方式為利用吸熱鋼板製的護幕，使輻射熱經吸收後大部轉為對流熱，再經二次輻射以降低其溫度，吸熱式護幕有時使用二、三層中間隔以空氣，亦有使用絕緣材料者，使隔板一邊的溫度低於受熱的一邊，又冰冷式護幕可使吸收的熱量由水帶走，透明式護幕則用於必需觀察作業情形時用之，有時採用特種反射熱的玻璃，裝置於觀察室門窗，以便工作人員看到作業情況而不致受到熱的侵害。

(3) 個別抽氣通風裝置：利用火爐頂部蓋罩自然通風，或機械通風抽氣裝置，爲一般常用的方法，但此類裝置僅能移除對流熱，故須與隔熱護幕聯合應用，以防阻由高溫裝置逸出的輻射熱。

3-3 融解、蒸發、凝結、凝固、昇華

(1) 凡物質由固態變成液體的過程，稱爲融解(melting)。狀態變化過程所需之熱量稱爲融解熱。

(2) 物質由液態變成氣態的過程，稱爲汽化或蒸發(vaporization or evaporation)，狀態變化所需的熱量稱爲蒸發熱。

(3) 物質由氣體變成液體的現象稱爲凝結或液化(condensation or liquefaction)。狀態變化所需的熱量稱爲凝結熱。

(4) 物質由液體變成固體的現象稱爲凝固(solidification)，狀態變化所需的熱量，稱爲凝固熱。

(5) 物質由固體直接變成氣體的現象，稱爲昇華(sublimation)，例如乾冰爲固態之CO_2，吸熱後，不經液態而直接化成氣態。狀態變化所需的熱量稱爲昇華熱。

3-4 物質三態

物質以固體、液體氣體三種形態存在。

固體有一定的形狀和體積，液體有一定的體積但無一定的形狀，其形狀視容器而異。氣體則無一定的體積也無一定的形狀。茲以水的相態變化說明之，圖3-2中，在一大氣壓下，溫度低於0°C，則水將以固態存在(冰)，低於0°C的冰若受熱則在受熱過程中，其結晶體之分子內能增加，到達融點時(0°C)，分子能量足以破壞其束縛，使結晶體之幾何形狀消失，冰開始融解，熱量繼續增加，但溫度保持不變。俟冰全部融解後，若繼續加熱，則水溫上昇。此過程，分子內能更大，溫度愈高，分子活動力愈強，彼此間之距離愈遠，故液體之容積較固態時增加。

當溫度達100°C，分子動能足夠突破液體表面而開始逸出，熱量再增

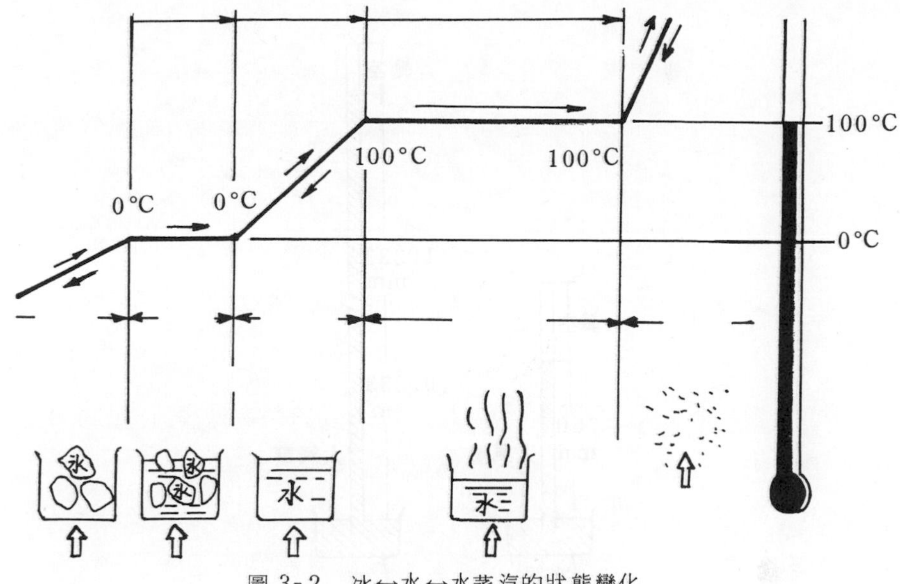

圖 3-2 冰↔水↔水蒸汽的狀態變化

，則分子脫離其束縛而逸出者更多，但溫度却保持不變是爲汽化過程。

液體全部沸騰變成飽和汽體後，若繼續加熱，則溫度再昇高成過熱汽體。使物質狀態發生變化，必須吸取熱量或放出熱量。冷凍循環過程中，即是利用此等變化達成製冷的目的。

3-5 壓力(Pressure)

物體在單位面積上，所承受的力稱爲壓力或壓力強度，即

$$P=\frac{F}{A} \qquad (3\text{-}1)$$

P ＝壓力或壓力強度（ kg/cm^2 ）

F ＝力 kg

A ＝面積 m^2

地球表面環繞有一層相當厚的空氣層，因空氣具有重量，故地面上任何物體均承受其壓力，此壓力謂之大氣壓力（atomospheric pressure）。

標準大氣壓力在地球海平面測得水銀柱高度760mm（29.92吋）相

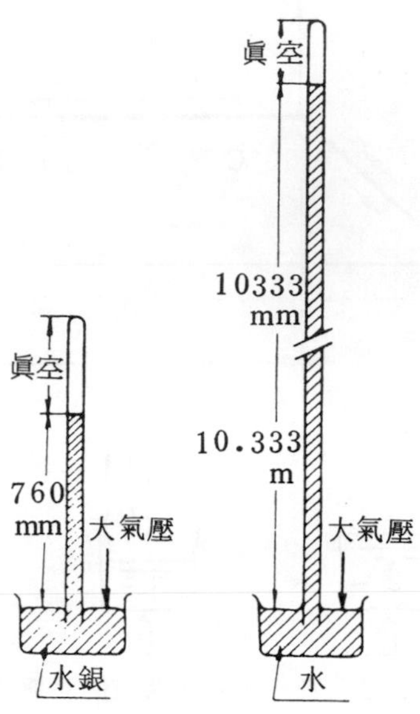

圖 3-3 大氣壓及水銀柱、水柱的高度

當於壓力 1.033kg/cm² abs（14.7psi）水柱高度 10.3m（圖3-3）。

3-5-1 表壓力與絶對壓力(Gage And Absolute Pressure)

測量壓力的儀器，稱爲壓力表。以大氣壓力爲零做基準，所測得之壓力稱爲表壓力。公制單位爲 kg/cm²，英制爲psi。

大氣壓力爲水銀柱高度 76cm，水銀之密度

$$r = 13.595\ g/cm^3$$

由公式 $P = \frac{F}{A}$，$F = V \cdot r$，$A = 1\ cm^2$ 時

$$P = \frac{76 \times A \cdot r}{A} = 76r = 76 \times 13.595 = 1033\ g/cm^2$$

$$= 1.033\ kg/cm^2$$

一般壓力較高時用水銀柱高度或 kg/cm² 表示，壓力較小的送風機，空氣壓力則以水柱高度表示。例 1.5m水柱寫成 1.5mH_2O。

壓力低於大氣壓力時，稱爲眞空，完全眞空時爲 76cmHg V_{ac}，氣體

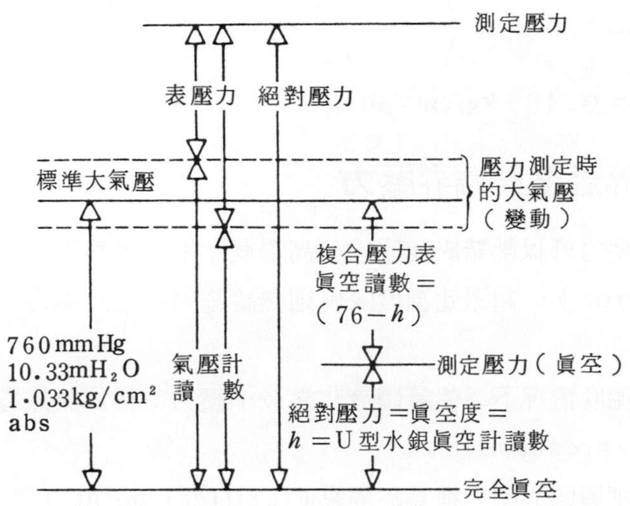

圖 3-4 壓力的表示方式

之實際壓力稱爲絕對壓力（圖3-4）。

$$絕對壓力＝大氣壓力＋表壓力 \tag{3-2}$$

$$1\,mmH_2O = 1\ kg/m^2 \tag{3-3}$$

$$絕對壓力 P\,(kg/cm^2) = 1.033 \times \left(1-\frac{76-h}{76}\right) \tag{3-4}$$

公式（3-4）中 h 爲眞空計之測得值（cm）。

一般對於氣罩（hood）、導管（duct）或空氣清淨裝置（air cleaning device）等之內部壓力，常以正壓（mmH_2O）或負壓（mmH_2O）表示，此卽以大氣壓力爲基準。

【例 3】某地之大氣壓力爲30″Hg，試以 psi 表示。

【解】因大氣壓力 14.7 psi 時，水銀柱高度爲29.92吋。

$$\frac{14.7\,psi}{29.92\,吋} = 0.491$$

$$30 \times 0.491 = 14.73\ psi$$

【例 4】一蒸發器中之運轉壓力爲眞空 36 cm Hg，試求其絕對壓力。

【解】代入公式(3-4)

$$P = 1.033 \times \left(1 - \frac{76-36}{76}\right)$$

$$= 0.489\ \mathrm{kg/cm^2\ abs}$$

3-6 臨界溫度與臨界壓力

氣體受壓力可以凝結成液態的最高溫度，稱爲臨界溫度(critical temperature)，超過此溫度限值則無論施與多大的壓力，均無法使之凝結。

在臨界溫度情況下，使氣體液化之最小壓力，稱爲該氣體之臨界壓力(critical pressure)。

臨界溫度與臨界壓力稱爲臨界點(critical point)。

3-7 飽和溫度與飽和壓力

將液化氣體封入密閉容器內，在某一溫度情況下，容器上端爲汽體狀態，而下方則爲液態。

某一定溫度時之壓力爲 P_1，若周圍之溫度上昇，則容器的溫度也逐漸上升，壓力變爲 P_2，此即容器內的液體吸入外界的熱量，部份液體蒸發爲氣體而昇高其壓力。若周圍的溫度下降，容器內液體的溫度也下降，蒸汽的溫度同時下降，部份蒸汽再變成液態回到容器下方。

容器中的液體，由於吸收熱量，使液體分子運動速度增加，液面上的分子達一定速度時，可自液面逸出活動於液面上部之空間，同時，逸出之分子仍有返回液面者，最後逸出液面與返回之分子數目達到相等時，此液體稱爲飽和液體，飽和液體上的汽體稱爲飽和汽體，若飽和汽體之溫度不變，則汽體之壓力無法昇高。

一定壓力所對應的溫度稱爲飽和溫度，一定溫度時所對應的壓力，稱爲飽和壓力。

若汽體繼續受熱，全部蒸發成氣態，但溫度保持不變稱爲乾飽和蒸汽(汽體)，完全蒸發之汽體再加熱，溫度上升，則變成過熱氣體。

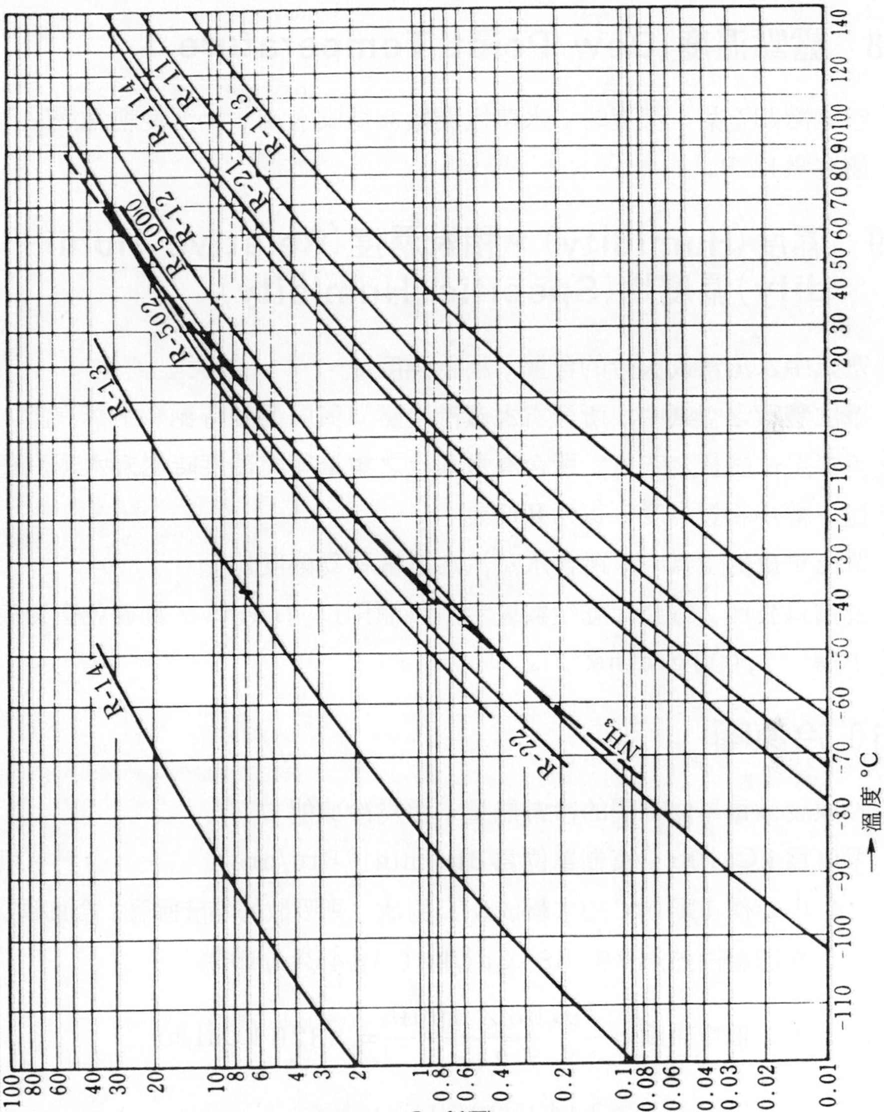

圖 3-5　冷媒的飽和蒸汽壓曲線

完全飽和之液體繼續冷却，則變成過冷却。

一定溫度下含有液體與氣體，則稱爲濕蒸汽（ vapor ），此時之壓力及溫度爲飽和壓力及飽和溫度。

3-8 露點溫度(Dew Point Temperature)

空氣冷却至某一溫度時，水蒸汽開始凝結成水滴，此溫度稱爲露點溫度，簡寫爲D.P.。

3-9 濕度(Humidity)、相對濕度(Relative Humidity)濕度比(Specitic Humidity)

空氣中水蒸汽或水分的含量，稱爲濕度。

單位體積之空氣中，所含有水蒸汽之壓力與同溫度時飽和水蒸汽壓力之比值或單位體積之空氣，所含有水蒸汽之重量與同溫度時飽和水蒸汽重量之比，稱爲相對濕度，以％RH表示。

單位重量的空氣中，所含水蒸汽之重量稱爲濕度比。

公制以公斤／每公斤乾空氣表示，英制則以 grains ／每磅乾空氣表示（ 1磅＝7,000 grains ）。

3-10 冷凍噸

冷凍設備每單位時間的冷却熱量，稱爲冷凍能力。

單位爲 kCal/hr，英制單位爲Btu/min或Btu/hr。

24 小時使1噸0°C的水變成0°C的冰，所吸收的熱量稱爲1冷凍噸。

水的凝固熱爲79.68kCal/kg（ 144Btu/lb ）

$$1\text{公制冷凍噸}=\frac{79.68\times 1000}{24}=3320\ \text{kCal/hr}$$

$$1\text{美制冷凍噸}=\frac{144\times 2000}{24}=12000\ \text{Btu/hr}$$

$$=\frac{12000}{3.968}=3024\ \text{kCal/hr}$$

即

1 公制冷凍噸＝ 1.098 美制冷凍噸（ USRT ）

1 USRT＝ 0.911 公制冷凍噸

4-1　冷媒之定義

冷媒又稱爲冷劑，爲一種極容易從液體蒸發成氣體而又極容易從氣體冷凝成液體的物質。冷凍循環系統中，利用它極易蒸發又極易冷凝的相態變化之特性，不斷地循環，產生熱傳遞的功用，以達到冷凍的效果。

當物質的相態（形態）改變時，含熱量隨之而變，故必發生熱能的傳遞；冷媒卽利用其相態的變化，在蒸發器（ evaporator ）中由液體蒸發成氣體，吸收冷凍空間內的熱量；在冷凝器（ condenser）中又由氣體冷凝成液體，放出熱量，因此把熱量從低溫的冷凍空間移至高溫的室外空間，而達成「製冷」的作用。故冷媒可謂「冷」的媒介物，在冷凍循環系統裡，僅作氣、液體間相態之物理變化，並無化學變化，若系統最初在按裝時處理完淨，運轉中亦無洩漏，不混入空氣或其他雜物，則可永久不斷地進行冷凍循環之功用，並不會改變任何性質，無須加添或更換。

4-2　冷媒必須具備的特性

4-2-1　冷媒必須具備的物理特性及其理由

(1)　在大氣壓力以上蒸發而能獲得低溫度，而且在常溫時凝縮壓力低。若蒸發壓力低於大氣壓力，萬一系統有洩漏時，空氣易侵入冷凍系統，使凝縮壓力上升，氧氣及水份則使冷凍油乳化(酸化)、生銹、產生沉澱物，在半密或全密閉壓縮機中易破壞線圈絕緣而燒毀。凝縮壓力高，則壓縮機及管路之强度須增加，成本高。

⑵ 臨界溫度高，在常溫時容易液化

臨界溫度至少須高於常溫，方可利用常溫的水或空氣作冷凝器的冷卻媒介。CO_2之臨界溫度31°C，僅略高於一般之冷却水溫，冷凍循環的形狀異於普通的冷媒，而且成積係數也減少。

⑶ 凝固溫度低

避免在蒸發器內凍結而影響正常的循環。

⑷ 蒸發潛熱量高

單位重量的冷媒能吸收的熱量大，產生較大的冷凍效果。例如氨冷媒－15°C時之蒸發潛熱313kCal/kg，氟系冷媒之蒸發潛熱38～52kCal/kg，則相同之冷凍負荷時，氨冷媒之循環量較小，故液管可採用較小之管徑，氟系冷媒則須採用較粗之液管。

⑸ 液體比熱小

液態時冷媒比熱大則為了冷却通過膨脹閥之液態冷媒，所需蒸發之液化冷媒量較多，即產生較多的冷媒氣體，例如，使＋25°C的氨液通過膨脹閥，在－15°C時蒸發，則產生14％之氣態冷媒。採用R-12時通過膨脹閥發生之氣態冷媒比率約為23％，較多不產生冷凍效應的氣態冷媒通過蒸發器，妨礙傳熱作用，而且也增加冷却管的壓力損失。

⑹ 潤滑油和冷媒混合，但不影響冷凍作用

潤滑油和冷媒相互溶解，使蒸發溫度及壓力上升，使冷媒不易蒸發，而且油的粘度減低阻礙潤滑效果，油分離器不能完全將氣態冷媒及潤滑油分離，使蒸發器內積聚過量的潤滑油而減少傳熱作用，並使壓縮機缺油而磨損燒毀，故在配管時須注意回油問題。氟系冷媒與油相溶解，配管較費事。油不溶於氨，配管時不必考慮回油配管問題。

⑺ 粘度小，表面張力小而傳熱作用良好

粘度小，則流動時之摩擦阻力小，流經閥門的阻力亦小，故壓縮機的容積效率較大，冷凍能力較佳。

表面張力小則液態冷媒較易附著在蒸發管表面，傳熱作用佳。

冷媒之傳熱作用良好，則冷凝器及蒸發器所需的傳熱面積或溫度差較小。整台冷凍機的造價減低，效率較佳。

氨冷媒之傳熱作用良好，故冷凝器的冷却管也可採用裸鐵管。氟系冷媒傳熱作用較差，故必須採用較特殊的鰭片管路。

(8) 不易洩漏，洩漏時易於偵察及檢視

冷媒之成本不低，漏洩機會越小越好，易漏洩則冷凍機的信賴度自然薄弱。若有漏洩，則應易於偵察檢視，氨冷媒有惡臭，有漏洩時易於察覺，氟系冷媒漏洩則不易察覺，較易浪費冷媒。

(9) 冷媒與水份相混合時也不會引起系統之故障

氨冷媒混入水份時，水份將溶解於氨液內，不會引起較嚴重的故障，至於氟系冷媒不溶於水，水份過多時通過膨脹閥或毛細管易凍結阻塞。而且水與氟系冷媒溶解後酸化而生銹，水份亦與油作用產生沉澱物。

(10) 定壓比熱與定容比熱的比值小。即 C_P/C_V 小

定壓比熱與定容比熱的比值小，則壓縮時氣體溫度不會上升太高，雖然蒸發溫度低，也可使用一段壓縮，C_P/C_V 大則排氣溫度激增，壓縮比大，壓縮機易燒毀，故必須使用二段壓縮系統。

氟系冷媒之 C_P/C_V 較小，在蒸發溫度為－50°C時仍可採用一段壓縮機。但氨冷媒之 C_P/C_V 較大，蒸發溫度在－35°C～40°C以下就必須採用二段壓縮。

(11) 絕緣耐力大，電氣絕緣物不易劣化

目前，常使用密閉型壓縮機，若冷媒之絕緣耐力大，則電動機不必使用特殊的電氣絕緣物，不會增加製造上之困難。NH_3 易破壞電氣絕緣物，故無氨冷媒之密閉型壓縮機。

(12) 冷媒對襯料（gasket）不生影響

氟系冷媒須使用特殊襯料，因氟系冷媒會侵蝕普通橡皮襯料，氨冷媒對普通橡皮類襯料不生侵蝕作用。

(13) 離心式冷凍機的冷媒比重應較大

離心式冷凍機是利用氣態冷媒的動能(kinetic energy)變成壓力能，比重大的冷媒在相同速度下產生較大的壓力能量。氟系冷媒比重較氨大，故較適用於離心式冷凍機。

⒁ 比容低

比容低則體積小，可節省材料及所佔之空間。

⒂ 氣態時，音速宜低

音速低則噪音少。

4-2-2 冷媒應具備的化學特性及其理由

⑴ 化學性質安定

冷媒在循環過程中，不發生分解或變質，仍爲穩定狀態。

⑵ 對金屬無腐蝕性

對金屬無腐蝕性，冷凍裝置才能經久耐用。又若易使金屬生銹則不易使精巧的冷凍機正確的運轉。氨對鋼及銅合金有侵蝕作用，除管路不能用銅質材料外，控制類自動裝置須以不銹鋼代替，故成本較高，氟系冷媒則可使用銅管及一般銅製自動控制設備。

⑶ 無引火性爆炸性

洩漏時不致引起火災，在壓縮過程也不會產生爆炸的危險。

4-2-3 冷媒應具備的生物特性及其理由

⑴ 無毒、無刺激性

對人類花木、食品及動物等均無毒害性及其他不良作用。

氨，具有引火爆炸性，且有毒，有刺激性，故不宜使用在公共建築物、住宅、船舶及車輛等處所。

⑵ 無惡臭

有惡臭之冷媒，萬一漏洩則造成周圍環境之困擾。

4-2-4 冷媒在經濟觀點下應具備的特性

⑴ 價廉、且容易購得

⑵ 同一冷凍能力時所需之動力消耗較小。

⑶ 同一冷凍能力時氣體壓縮容積較小（但家庭用冰箱及離心式冷凍機除外）。

同一冷凍容量時，氣體壓縮容積小則壓縮機體積小，成本較低廉，但在離心式冷凍機之場合，氣體冷媒之容積過小則效率太差，家用電冰箱因所需之冷凍能力很小，故所需壓縮之氣體容積太小時，則壓縮機之製造困難。故應配合所需之冷凍容量，選用有適當之氣體冷媒容積之冷媒。

⑷ 容易自動控制及操作

人事費用較節省，而且自動化運轉效率較高，可減少人爲的錯誤。

4-3 冷媒性質表

表 4-1　低溫用冷媒特性表

冷媒名稱	R-13	R-14	R-22	R-502	丙烷	乙烷	乙烯
化學記號	$CClF_3$	CF_4	$CHClF_2$	$CHClF_2$ (48.8%) $CClF_2CF_3$ (51.2%)	C_3H_8	C_2H_6	C_2H_4
分子量	104.5	88.0	86.5	111.64	44.1	16.0	28.0
沸騰點 °C	−81.5	−128	−40.8	−46.7	−42.3	−88.5	−103.9
凝固點 °C	−160	−181	−160	90.1	−190	−172	−169
臨界溫度 °C	28.8	−45.5	96.0		94.2	32.2	9.3
臨界壓力 kg/cm², abs	39.4	38.1	50.2	42.1	46.5	49.8	51.4
蒸發壓力 −90°C kg/cm², abs	0.64	8.4	0.049	0.073	0.084	0.959	2.17
凝縮壓力 −40°C kg/cm², abs.	6.15	—	1.055	1.334	1.184	7.93	14.8
凝縮溫度 −40°C 蒸發溫度 −90°C 壓縮比	9.63	—	22.2	18.3	14.0	8.3	6.3
蒸發熱 −90°C kCal/kg	36.8	約25	62.5	44.6	101.4	116.3	107.9
凝縮溫度 −40°C 蒸發溫度 −90°C 冷凍力 kCal/kg	25.9	—	49.8	34.59	83.7	86.4	79.5
−90°C 飽和蒸氣比體積 m³/kg	0.225	0.019	3.64	1.89	4.17	0.517	0.236
公制冷凍噸之理論壓縮量 m³/h, Rt	29.3	—	243	182	165	19.7	9.85

表 4-2 冷媒的特性表

冷媒名稱	氨	R-11	R-12	R-21	R-22	R-113	R-114	R-500	R-502	丙烷	一氯甲烷
化學式	NH_3	CCl_3F	CCl_2F_2	$CHCl_2F$	$CHClF_2$	$C_2Cl_3F_3$	$C_2Cl_2F_4$	CCl_2F_2 (73.8%) CH_3CHF_2 (26.2%)	$CHClF_2$ (48.8%) $CClF_2CF_3$ (51.2%)	C_3H_8	CH_3Cl
分子量	17.03	137.4	120.9	162.9	86.5	187.4	170.9	99.29	111.64	44.06	50.48
沸騰點 °C	−33.3	23.6	−29.8	8.89	−40.8	47.6	3.6	−33.3	−46.7	−42.3	−23.8
凝固點 °C	−77.7	−111.1	−158.2	−135	−160	−35	−93.9	−159		−189.9	−97.8
臨界溫度 °C	133	198	111.5	178.5	96	214.1	145.7	—	90.1	−94.4	143
臨界壓力 kg/cm².abs.	116.5	44.7	40.9	52.7	50.3	34.8	33.33	44.4	42.1	46.5	68.1
蒸發壓力 −15°C kg/cm².abs.	2.41	0.21	1.86	0.367	3.025	0.0689	0.476	2.13	3 56	2.94	1.49
凝縮壓力 30°C kg/cm².abs.	11.9	1.30	7.59	2.19	12.27	0.552	2.58	8.73	13.34	10.91	6.66
凝縮溫度 30°C 蒸發溫度 −15°C 的壓縮比	4.94	6.19	4.08	5.95	4.06	8.02	5.42	4.10	3.75	3.71	4.48
蒸發熱 −15°C kCal/kg/kg	313.5	45.8	38.6	60.8	51.9	39.2	34.4	46.7	38.26	94.56	100.4
基準冷凍循環的冷凍力 kCal/kg	269.0	38.6	29.6	50.9	40.2	30.9	25.1	34	26.9	70.7	85.4
1公制冷凍噸之冷媒循環量 kg/h	12.34	86.1	112.3	65.2	82.7	107.4	132.1	98	124	47	38.9
飽和蒸氣比體積 −15°C m³/kg	0.509	0.766	0.0927	0.57	0.078	1.69	0.264	0.095	0.0514	0.155	0.279
飽和液比體積 25°C l/kg	1.66	0.679	0.764	0.733	0.838	0.64	0.688	0.86	0.805	2.025	1.10
壓縮機吐出氣體的溫度	98	44.4	10.8	61.1	55.0	30.0	30.0	41	38	36.1	77.8
1公制冷凍噸之理論壓縮容積 m³/h	6.28	65.9	10.8	37.2	6.42	171.4	34.8	9.25	6.38	7.27	10.8
1公制冷凍噸之理論圖示馬力	1.08	0.99	1.10	1.01	1.06	1.02	1.055	1.12	1.12	1.08	1.047
成績係數	4.8	5.23	4.7	5.13	4.87	5.09	4.90	4.6	4.6	4.8	5.32

氟氯烷冷媒及主要冷媒的特性表如書末所附。

表 4-4 常用冷媒種類及用途

冷媒類別	冷媒名稱	化學記號	使用溫度範圍	冷凍機種類	用途
一般常用冷媒	氨	NH_3	中・低	往復式 吸收式	製冰、冷藏化學工業
	R-11	CCl_3F	高	離心式	冷房用
	R-12	CCl_3F_2	高・中・低	往復式 離心式	冷藏、冷房、化學工業用
	R-22	$CHClF_2$	高・中・低 超低	往復式	冷房、冷藏、化學工業及其他用途
	R-113	$C_2Cl_3F_3$	高	離心式	
	R-500	$C_2Cl_2F_2$ (73.8%) CH_3CHF_2 (26.2%)	高・中	往復式	冷房用 冷藏用
	R-502	$CHClF_2$ (48.8%) $CClF_2CF_3$ (51.2 %)	高・中・低 超低	往復式	冷房冷藏化學工業用
特殊用途冷媒	R-13	$CClF_3$	超低	往復式	低溫化學工業用 低溫研究用 特殊冷房用 化學工業用 小型冷凍機用
	R-21	$CHCl_2F$	高・中	往復式 廻轉式	
	R-114	$C_2Cl_2F_4$	高・中	往復式 廻轉式	
	乙　烷	C_2H_6	超低	往復式	低溫化學工業用 低溫研究用
	乙　烯	C_2H_4	超低	往復式	
	丙　烷	C_3H_8	低 超低	往復式	
	* 使用溫度範圍 高　10°C～0°C 中　0°C～−20°C 低　−20°C～−60°C 超低−60°C以下				

4-4 冷媒含有水分的影響

4-4-1 冷媒含有水分的影響

冷媒中含有水份時，易引起腐蝕，在膨脹閥或毛細管等處結冰引起阻塞，並產生鍍銅現象。氟系冷媒中含有的水份，與冷媒起化學反應產生酸性物質，破壞密閉式壓縮機內的電動機線圈。並使軸封裝置的滑環及軸承磨耗。

氨中若混入水份，因二者相互溶解而成氨水，不會在膨脹閥等處所凍結引起阻塞，但會導致在同一蒸發溫度時，蒸發壓力的降低，而使壓縮機的效率減低。

冷媒及冷凍油中本身溶解的水份，冷凍裝置材料表面吸著的水份，密閉式壓縮機電動機線圈絕緣物含有的水份，油中分解的水份及因洩漏使空氣中的水份混入系統，都是導致系統中含有水份的原因。

4-4-2 冷媒與水分的化學反應

氨與水相溶解，不起其他的化學反應。

亞硫酸與水化合成硫酸，對金屬有侵蝕性。

其他冷媒與水起化學反應，產生酸性物質，反應式如下：

$$CH_3Cl + H_2O \rightarrow CH_3OH + HCl$$

$$CF_2Cl_2 + H_2O \rightarrow COF_2 + HCl$$

$$2H_2O + CCl_2F_2 \rightarrow 2HCl + 2HF + CO_2$$

4-5 冷媒的安全性

各種冷媒的毒性比較如表4-5所示。毒性順位之編號愈小毒性越大，*a* 的毒性比 *b* 強。

毒性順位的分類標準如下述：

順位 1　與空氣的容積比（以下同）½～1％的濃度時，在5分鐘內會產生致死結果。

順位 2　½～1％的濃度，在 30 分鐘內產生致命毒害。

順位3　2～2½%的濃度，在1小時內會產生致命毒害。

順位4　2～2½%的濃度，在2小時後之初期有毒害作用。

順位5　2%的濃度在2小時內對人體無異狀。

順位6　2%以上的濃度在2小時內對人體無異狀。

表4-5　各種冷媒安全性的比較

冷媒	化學式	致死量 時間(h)	致死量 容積比(%)	有無毒性 有　無	燃燒或爆發限界(容積%)	毒性順位
氨	NH_3	½	0.5～0.6	—	16～25	2
丁烷	C_4H_{10}	2	37.5～51.7	—	1.7～5.7	5
二氧化碳	CO_2	½～1	30	—	不燃	5
乙烷	C_2H_6	2	37.4～51.7	—	3.3～10.5	5
丙烷	C_3H_8	2	37.5～51.7	—	2.3～7.3	5
R-12	CCl_2F_2	2	28.5～30.4	有	不燃	6
R-11	CCl_3F	2	10	〃	〃	5
R-22	$CHClF_2$	2	9.5～11.7	〃	〃	5a
Carrene-7(R-500)	—	2	19.4～20.3	〃	實用上不燃	5a
R-21	$CHCl_2F$	½	10.2	〃	不燃	4b
R-113	$C_2Cl_3F_3$	1	4.8～5.2	〃	〃	4
R-114	$C_2Cl_2F_4$	2	20.1～21.5	〃	〃	6
R-40	CH_3Cl	2	2～2.5	有	8.1～17.2	4
亞硫酸	SO_2	1/12	0.7	—	不燃	1
R-30	CH_2Cl_2	½	5.1～5.3	有	〃	4a
一氯乙烷	C_2H_5Cl	1	40	〃	3.7～12.0	4

* 號數越小越毒，*a*之毒比*b*強

表4-6　冷媒氣體火焰之分解生成物

冷媒名稱	冷媒氣體濃度 %(容積)	冷媒氣體濃度 kg/m^3 (21°C)	實驗開始5分鐘後 HCl	實驗開始5分鐘後 $COCl_2$	實驗開始5分鐘後 Cl_2	實驗開始30分鐘後 HCl	實驗開始30分鐘後 $COCl_2$	實驗開始30分鐘後 Cl_2
R-40 (CH_3Cl)	2.5	0.063	0.006～0.052	0.008	0	0.014～0.087	0.011	0
	0.6	0.015	0.003	0	0	0.006	0	0
R-30 (CH_2Cl_2)	2.3	0.093	0.113	0.015	0	0.027	0.044	0
	1.0	0.042	0.031	0.008	0	0.081	0.032	4
R-12 (CF_2Cl_2)	3.0	0.178	0.195	0.019	—	0.588	0.057	—
	2.5	0.149	0.052～0.475	0.01～0.036	—	0.106～.25	0.015～0.076	—
	0.8	0.048	0.038	0.008	—	0.067	0.009	—
	0.4	0.023	0.014	0.005	—	0.03	0.006	—
R-114 ($C_2F_4Cl_2$)	2.5	0.211	0.31	0.043	0.001	0.61	0.087	<0.001
	1.0	0.084	0.11	0.006	<0.001	0.18	0.008	<0.001
R-11 ($CFCl_3$)	2.5	0.171	0.34	0.029	0.032	0.71	0.059	0.066
	1.0	0.067	0.17	0.015	0.015	0.28	存在	0.022

表 4-7　冷媒的爆發性

冷媒名稱	爆發限界*		最高爆發壓力	點火溫度
	容積比%	kg/10m³	kg/cm²abs	(°C)
R-50 (CH_4)	5 ~15	0.34~1		650~750
乙烷 (C_2H_6)	3 ~14	0.38~1.75	8.6	520~630
乙烯烯 (C_2H_4)	3 ~33.5	0.35~3.38		545
丙烷 (C_3H_8)	2.3~ 7.3	0.4 ~1.28	8.3	466
氨 (NH_3)	13 ~27	0.92~1.85	4.51	1,171
R-40 (CH_3Cl)	8.1~18.6	1.7 ~3.9	5.85	632

*爆炸限界依實驗者之不同而略異

氟系冷媒是比較安全的冷媒，毒性小又無臭氣，但在密閉空間內若濃度逾 30% 以上，則會因缺氧而窒息。

4-6 氟氯烷系冷媒的編號

氟氯烷系冷媒化學分子式及其編號的關係如下：

化學分子式　$C_K H_L Cl_m F_n$

而且滿足下列關係

$2K+2=L+m+n$

氟系冷媒編號

K－1＝百位數

L＋1＝十位數

n＝個位數

例：$CHClF_2$

$K-1=0$

$L+1=1+1=2$

$n=2$

故　$CHClF_2$之編號爲R-22

CCl_3F

$K-1=0$

$L+1=0+1=1$

$n=1$

故　CCl_3F 之編號為R-11

CCl_2F_2

$K-1=1-1=0$

$L+1=0+1=1$

$n=2$

故　CCl_2F_2 之編號為R-12

4-7　冷媒瓶的儲裝

4-7-1　冷媒瓶的儲裝

盛冷媒的瓶子多用鋼製，在開口處置一控制閥，較大型鋼瓶在底部凹入部份另有一保險裝置，以防過熱或壓力過高時引起爆炸，盛冷媒鋼瓶日期必須注意，期限為六年，超過六年，則為過期品，未經檢驗或銹蝕者，不宜使用。鋼瓶切忌盛滿，最多祇能盛 85％的容量，以防爆炸，以火炬加熱鋼瓶亦是極危險的，運搬時帽蓋應裝好。平時冷媒應儲存於陰冷場所。

4-7-2　冷媒鋼瓶的顏色

裝冷媒之鋼瓶不宜互相對換使用，為避免混亂，在冷媒鋼瓶上都漆有各種顏色，以資識別。

冷媒鋼瓶顏色標誌		
冷劑編號	冷劑名稱	顏色標誌
R-764	二氧化碳	黑色
R-40	氯化烷	橙色
R-12	冷媒12	白色
R-22	冷媒22	綠色
R-113	冷媒113	紫色
R-114	冷媒114	深藍色
R-500	冷媒500	紅色
R-502	冷媒502	蘭色（粉紅）

4-8 冷媒的選擇與更換

4-8-1 冷媒的選擇

各種冷媒性質中，我們知道目前尚沒有一種完全理想的冷媒，適合於各種使用狀況或需要；然而在運用上，所謂理想冷媒(ideal refrige-rant)，指該冷劑特性能適合於某種使用狀況與需要，而又能符合經濟原則及安全原則，故冷媒的選擇是非常的重要。

首先應依使用的目的與環境，先選用合乎溫度與壓力的範圍，其次再估計其安全性、冷凍效應及經濟原則，最後再考慮蒸汽的比容、冷劑循環量、管路配件、壓縮機之大小及直接對系統的成本產生影響之條件，綜合上述的各種要求，再選出最適合與最最經濟的冷媒，該冷媒即為所需之理想的冷媒。

4-8-2 冷媒的更換

已使用某一種冷媒冷凍設備，最好不要改用他種冷媒使用；因最初設計時，已詳細地考慮了該冷媒之特性，使能與設備系統相互配合而達到最好之冷凍效率。但在某種特殊情況下，必須要更換冷劑使用時，應注意下述三點事項：

(1) 更換冷媒之設備系統最好是採用膨脹閥及含有乾燥器的系統，如以浮球控制的系統不可更換。

(2) 如更換冷媒之設備系統係採用毛細管，更換不同種類之冷媒時，冷媒之密度與工作壓力改變，毛細管之大小長短亦隨之改變。

(3) 更換新冷媒前，必須充分地清潔冷凍系統及更新潤滑油。

下述幾種冷媒可以更換：

(1) R-40之冷凍系統可用R-12更換

因R-40為可燃性，效率低之非安全性冷劑，故可以用最安全，性能甚佳之R-12更換。如係小型家用冷凍設備，僅須重新調整冷媒控制器即可；如係大型開放型壓縮機系統，必須要降低20%左右之壓縮機速度，以補償較小之R-12氣態容積，降低速度的方法可以降低馬達轉速或改小馬達皮帶輪直徑(pulley diameter)。

(2) R-22之冷凍系統可用R-502 更換

當R-22之冷凍系統須更進一步降低溫度和壓力時，可以R-502 更換以達到目的。當 R-502 代替R-22時，若壓縮機轉速未變時，容量(capacity)可增大 10%～30%，如必須保持容量不變時，則可以降低馬達轉速或在開放型中改小馬達及帶輪直徑獲得之。更換後，冷媒控制器必須重新調整或更換 R-502 專用之膨脹閥。低壓氣態回流管(suction line)須裝置熱交換器(heat exchanger)。

(3) R-12之冷凍系統可用R-22更換

R-12之冷凍系統若須獲得更好之冷凍效果，可以R-22更換使用，以達到所需目的。更換時，必須注意原系統是否能承受R-22之高壓力，其次冷媒控制器因低壓之增高，蒸發潛熱值之增大必須要更換，且低壓氣態回流管須減小，以確保回油效果，馬達之容量亦須配合更改。

(4) R-21與R-114 可相互更換使用

因R-21與R-114 性質相似，故可相互交換使用。

(5) R-12與R-500 可相互更換使用

當交流電頻率(frequency)60Hz(赫)改變爲50Hz 時，因頻率之降低壓縮機馬達速度之減慢約 18%，此時之R-12冷凍系統可以用R-500更換使用，以補償因頻率之改變所引起之容量降低(因R-500單位磅之容量較R-12大約 18%)。相反，當R-500之 50Hz 冷凍系統若改爲60Hz 時，亦可以R-12更換，以降低頻率之改變所增大之容量，而維持容量之不變。

及滑輪直徑（pulley diameter）。

(2) R-22之代替冷媒可用R-502代替

當R-22之冷媒系統因過熱[illegible]壓縮機排氣溫度太高時，可以R-502代替R-22使用，[illegible]R-502代替R-22時，[illegible]容量（capacity）約減少10%～20%，[illegible]，同時[illegible]R-502[illegible]熱交換器（liquid-suction line）[illegible]熱交換器（heat exchanger）。

(3) R-12之冷媒系統可用R-22代替

R-12之冷媒系統[illegible]，可以R-22代替使用，[illegible]R-22之[illegible]。

(4) R-21和R-114也可互為使用

R-21與R-114[illegible]。

(5) R-12可用R-500[illegible]

[illegible]頻率（frequency）50Hz[illegible]60Hz[illegible]R-12[illegible]R-500[illegible]R-12大約18%[illegible]R-500之50Hz[illegible]。

冷媒之特性曲線圖隨冷媒種類之不同而異，實際應用上，表示冷媒特性之曲線圖有下述三種：

(1) *P*-*h*線圖

壓力－焓線圖，由Mollier氏首創，一般稱之爲莫里爾線圖（Morrier chart）。

(2) *T*-*S*線圖

即溫－熵線圖。

(3) *P*-*V*線圖

即壓力－容積線圖。

5-1 莫里爾線圖的結構

莫里爾線圖依冷媒種類之不同而異，線圖中之縱座標表示冷媒之絕對壓力，橫座標表示焓（enthalpy）。並分成三個區域，過冷却域、過熱域及飽和區域。如圖5-1所示。

(1) 飽和液態線左側爲液態區，或稱過冷區（subcooled region），在

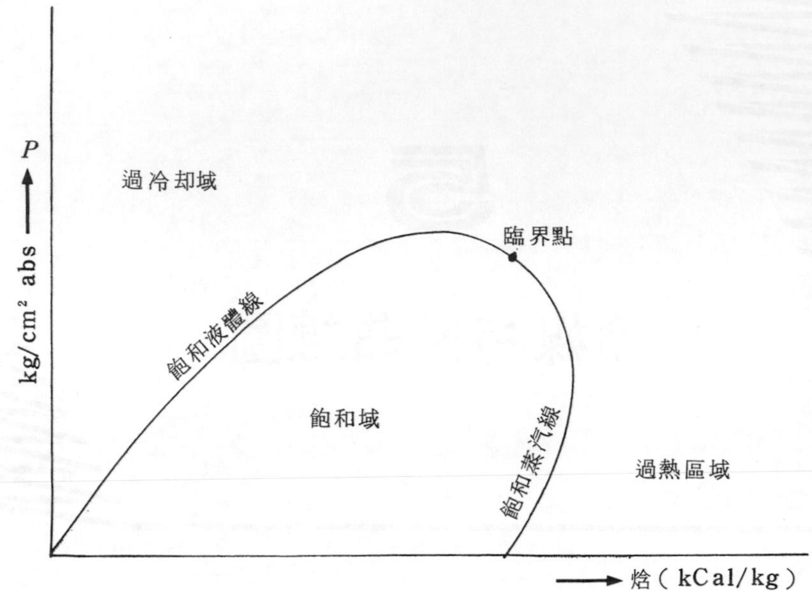

圖 5-1 莫里爾線圖之結構

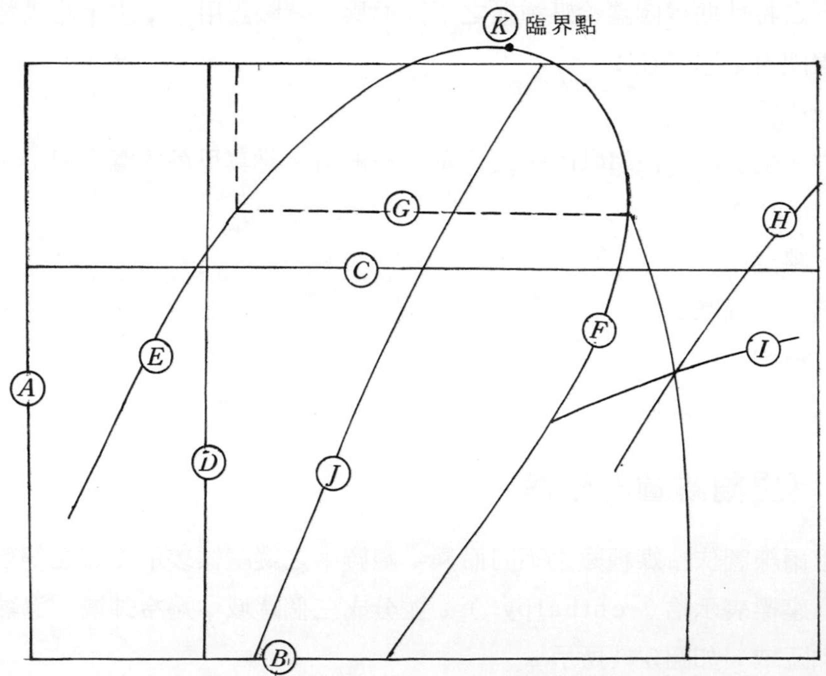

圖 5-2 壓力焓線圖的結構略圖

該區域內，任何一點冷劑皆呈液態存在，其溫度均低於該壓力下之飽和溫度。

⑵ 飽和氣態線右側爲過熱區（superheated region），在該區域內，任何冷劑皆呈過熱氣體狀態。

⑶ 在飽和液態線與氣態線間爲氣態液態之變化區，在此區域內，任何冷劑均呈液氣混合狀態，不同之焓值表示在不同壓力下之蒸發潛熱。

圖5-2爲莫里爾線圖結構略圖。

Ⓐ縱座標表示絕對壓力（pressure），符號P，單位kg/cm² abs。

Ⓑ橫座標表示焓（enthalpy），符號h，單位kCal/kg。

Ⓒ等壓線（constant pressure line）——與橫座標平行（圖5-2及圖5-3）。

Ⓓ等焓線（constant enthalpy line）——與縱座標平行（圖5-2及圖5-3）。

Ⓔ飽和液態線（saturated liauid curve）——此曲線之左側爲液態，右側爲濕汽態。（圖5-4）

Ⓕ飽和氣態線（saturated vapor curve）——此曲線之左側爲濕汽態，右側爲氣態（圖5-4）。

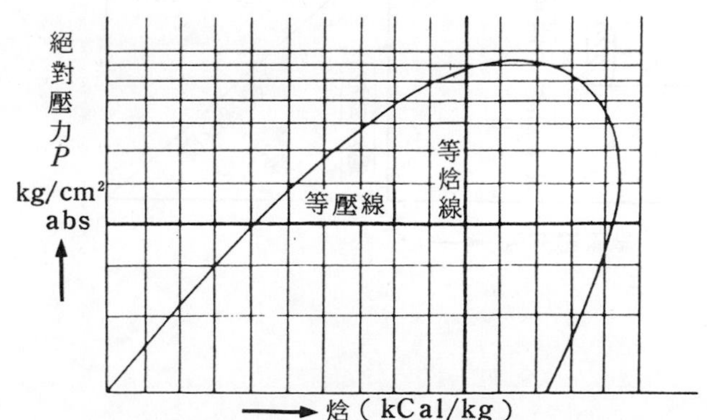

圖5-3 莫里爾線圖的構成（等壓線、等焓線）

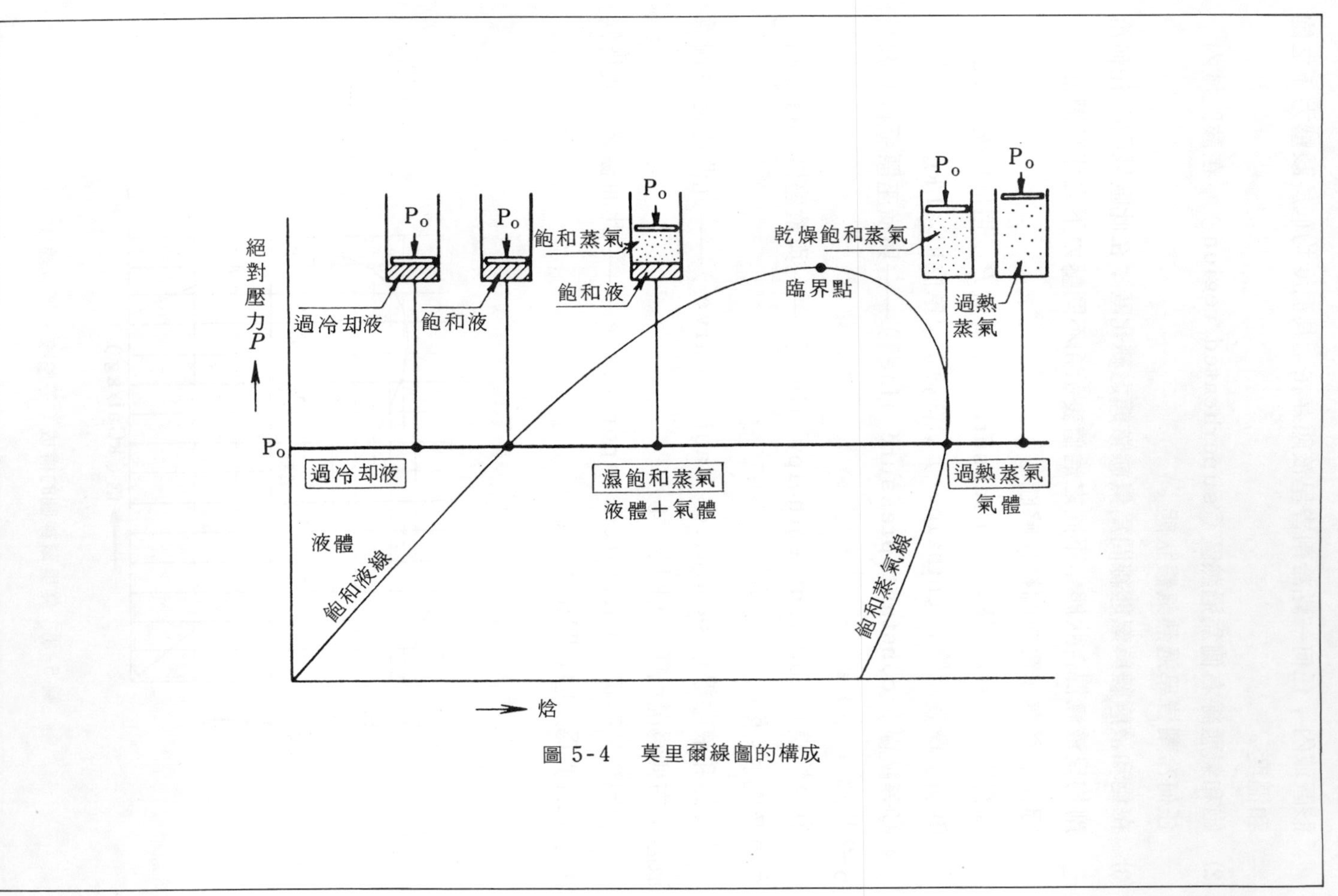

圖 5-4 莫里爾線圖的構成

Ⓖ等溫線(constant temperature line)——爲穿過液態、濕氣態、氣態之三區所繪出之表示相等溫度之各點連線，在液態區幾乎爲垂直線，在飽和區幾乎爲水平線，在氣態區則向右下彎之曲線。(圖5-5)

Ⓗ等熵線(constant entropy line)——爲表示冷凍設備在絕熱壓縮過程時，氣態冷劑之特性，斜向穿過過熱氣體區之直線。(圖5-6)

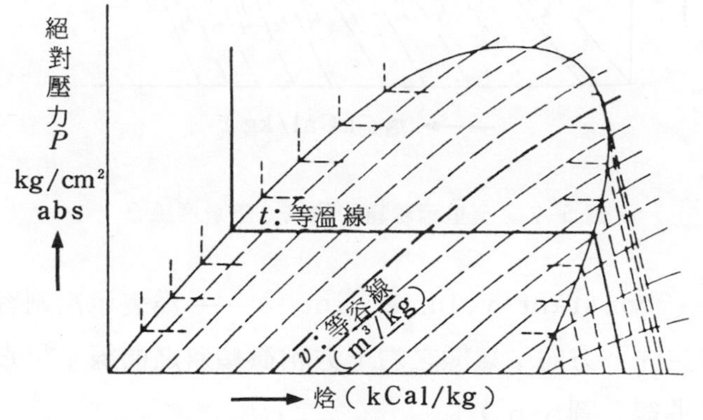

圖 5-5 莫里爾線圖的構成(等溫線、等比體積線)

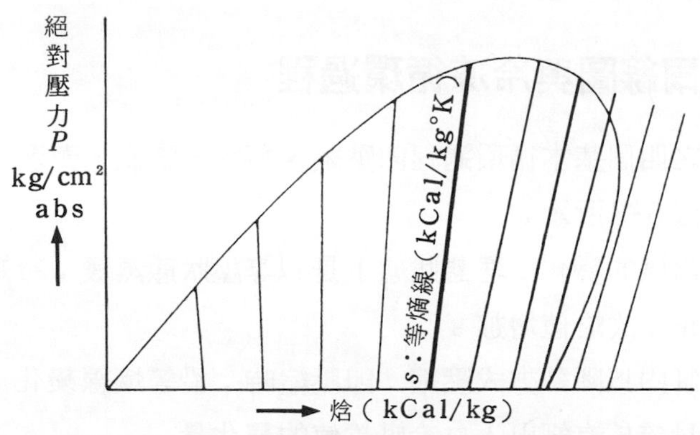

圖 5-6 莫里爾線圖的構成(等熵線)

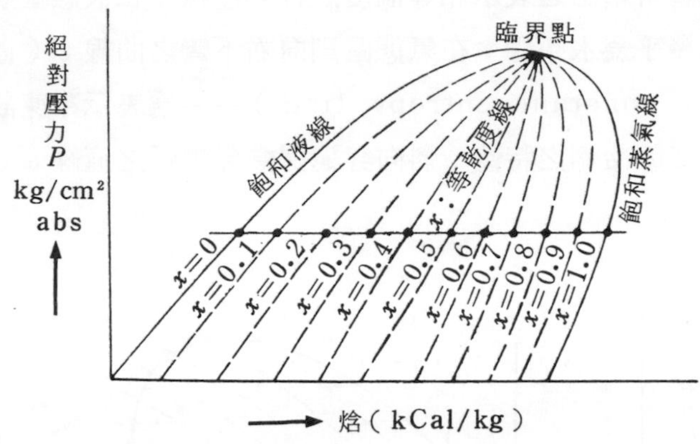

圖 5-7 莫里爾線圖的構成(等乾度線)

Ⓘ等容線(constant volume line)——為表示冷劑容積之曲線，由濕氣態區之左下方向，氣態之右上方稍微傾斜之曲線，但幾乎水平穿過過熱區域之曲線(圖5-5)。

Ⓙ等質線(constant quality line)——又稱等乾度線，表示濕氣態區乾燥之程度。" *X* "之值愈大表示愈乾燥愈近氣態，相反數字愈小，表示愈濕，含液量愈多，愈近液態(圖5-7)。

Ⓚ臨界點(critical point)。

5-2 莫里爾線圖與冷凍循環過程

冷凍裝置之四個基本循環過程即壓縮、凝縮、膨脹、蒸發與莫里爾線圖之關係，如圖5-8所示。

(1) 蒸發器內冷媒的變化，理想狀態下是以等壓狀態蒸發，冷媒吸收冷凍空間之熱量，故焓值增加。

(2) 冷媒在汽缸內以斷熱方式壓縮，即壓縮時，沿等熵線變化。壓縮機作功的熱當量等於汽缸出入口冷媒焓值的變化量。

(3) 高壓高溫的過熱氣態冷媒在凝縮器內以等壓狀態凝縮，氣態冷媒之熱量被冷卻水或空氣移除而逐漸變化成液態冷媒。

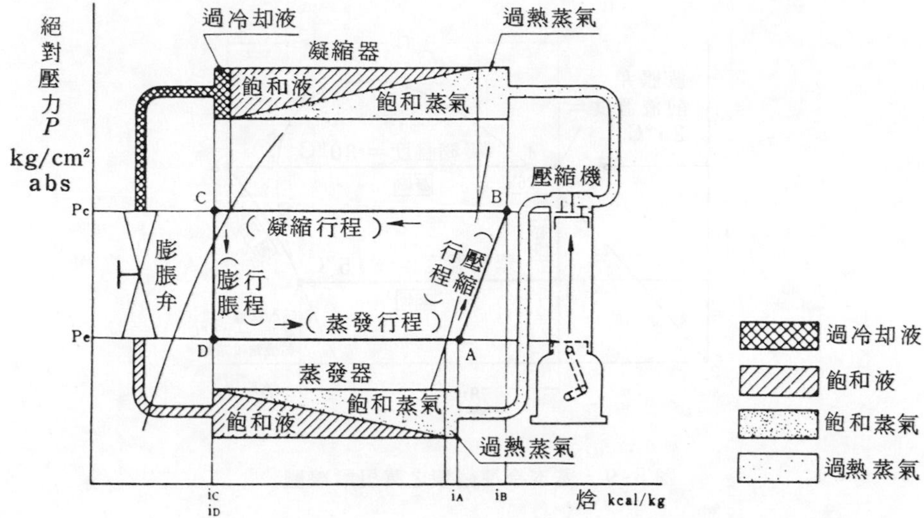

圖 5-8 莫里爾線圖及冷凍循環中冷媒的狀態變化

表 5-1 循環過程中冷媒之特性變化情形

過程 / 變化情形	壓縮	凝縮	膨脹	蒸發
壓力	增加	不變	降低	不變
溫度	增加	降低（過熱→飽和→過冷却）	降低	在飽和區域內，溫度不變
焓	增加（輸入功）	降低	不變	增加
熵	不變	降低	略增	增加
比容	減小	減小	增大	增大

(4) 液態冷媒經膨脹閥而等焓膨脹，以垂直線表示。

循環過程中，冷媒特性之變化情形如上（表5-1）。

5-3 基準冷凍循環

冷凍裝置的冷凍能力及所需動力之大小，依凝縮溫度、蒸發溫度、液體過冷却度、吸入氣體過熱度及冷媒種類而變化。

決定基準循環溫度條件作為比較的標準即是基準冷凍循環。

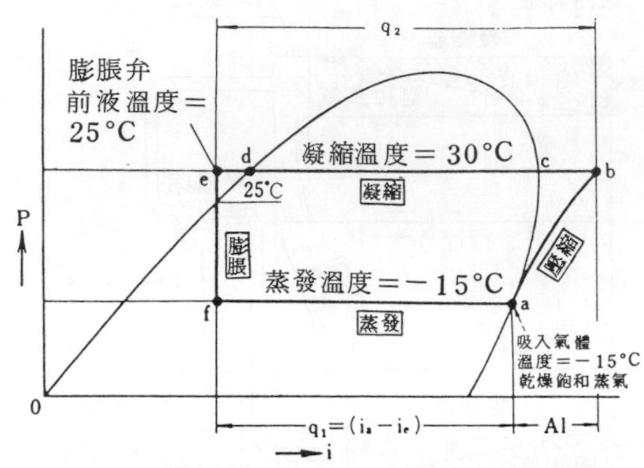

圖 5-9　基本冷凍循環之莫里爾線圖

基準冷凍循環的溫度條件如上（圖5-9）。

蒸發溫度　　　　　　－15°C

凝縮溫度　　　　　　＋30°C

壓縮機吸入氣體溫度　－15°C

（過熱度＝0）

膨脹弁前的液體溫度　＋25°C

（過冷卻度＝5°C）

壓縮機的標準冷凍能力 R

$$R=\frac{(h_a-h_f)V\text{、}\eta}{V_a\text{、}3320}$$

V＝活塞之壓縮容積

h_a＝－15°C時飽和氣體冷媒的焓

h_f＝凝縮溫度 30°C，膨脹閥前的溫度 25°C 時之焓

η＝體積效率

V_a＝－15°C時飽和氣體冷媒的比容

R＝公制冷凍噸

5-4　冷凍循環的計算

將冷凍裝置的測定值（運轉壓力、溫度等）及設計值記載於莫里爾線圖上，繪出冷凍循環圖，由圖中查出下列有關數值：

(1)　由蒸發壓力找出蒸發溫度或由已知之蒸發溫度查出蒸發壓力。

(2)　由凝縮壓力查出凝縮溫度或由凝縮溫度查出凝縮壓力。

(3)　壓縮機吸入端，冷媒氣體的焓及比容。

(4)　壓縮機高壓端冷媒氣體的焓及溫度（爲等熵壓縮過程）。

(5)　由已知膨脹閥前液態冷媒的溫度查出焓值及等乾度。由求得之狀態值代入有關公式計算之。有關符號之意義，茲說明如下：

P ＝絕對壓力　kg/cm² abs

i ＝焓　kCal/kg

q_e＝每公斤冷媒的冷凍效果

q_c＝每公斤冷媒的凝縮熱量

A ＝功熱當量 1/427 kCal/kg.m

l ＝功　kg.m

Q ＝冷凍能力　kCal/h

G＝冷媒循環量　kg/h

V ＝活塞壓縮容積　m³/h

V ＝冷媒比容　m³/kg

5-4-1　冷凍效果(Refrigerating Effect)

單位重量之冷媒在冷凍空間內所吸收的熱量，謂之冷凍效果。

如圖 5-10，由膨脹閥流入蒸發器之冷媒狀態爲圖之 D 點，吸收空間之熱量後變化至 A 點，冷媒之冷凍空間內所吸收的熱量爲 q_e。

則　$q_e = i_A - i_D$

吸入氣體之狀態有所變化時，則冷凍效果也隨之變化。

$$q_e' = i_A' - i_D$$

$$q_e'' = i_A'' - i_D$$

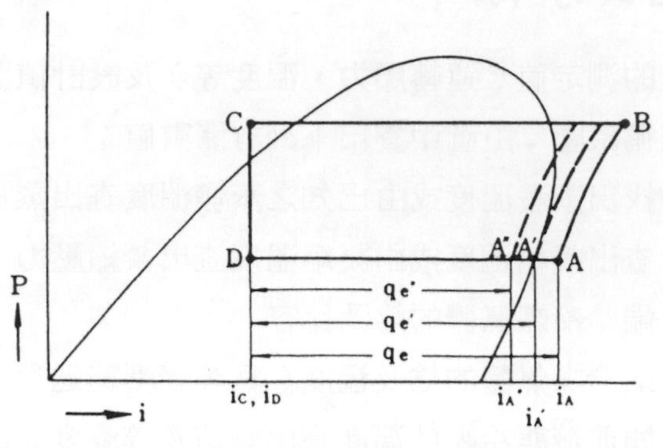

圖 5-10　冷凍循環的計算(冷凍效果)

5-4-2　壓縮機作功所需之熱當量

壓縮過程必須賦與動力，所需動力大小，可由壓縮熱換算之。

壓縮熱＝ i_B-i_A ＝A、l（圖 5-11）。

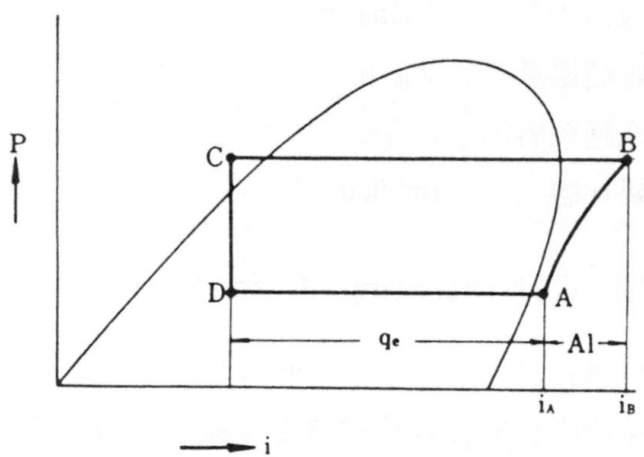

圖 5-11　冷凍循環的計算(壓縮作功所需熱量)

5-4-3　凝縮器放出之熱量

依據能量不滅定理，凝縮器排除之熱量應等於冷凍效果加上壓縮機作

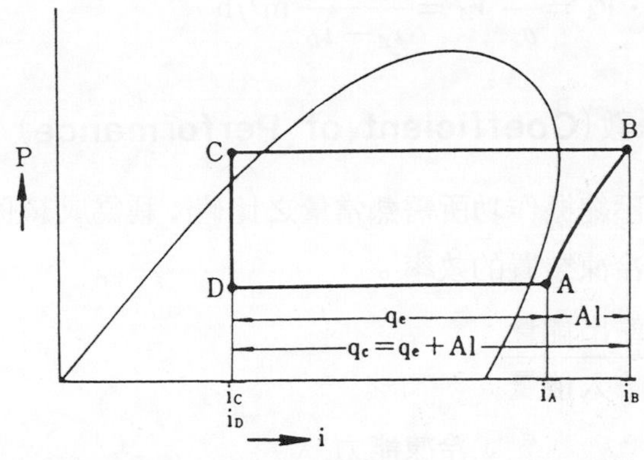

圖 5-12　冷凍循環的計算（凝縮熱量）

功產生之熱量（圖 5-12）。

$$q_c = q_e + Al$$

$$q_e = i_A - i_D$$

$$Al = i_B - i_A$$

$$\therefore \quad q_c = (i_A - i_D) + (i_B - i_A)$$

$$= i_B - i_D$$

5-4-4 冷媒循環量

爲了獲得必要的冷凍能力，因此必須供給適當的冷媒使之循環。單位時間所需冷媒量，稱爲冷媒循環量。

$$Q = G \cdot q_e$$

$$G = \frac{Q}{q_e}$$

Q ＝冷凍負荷 kCal/h

q_e ＝冷凍效果 kCal/kg

G ＝冷凍循環量 kg/h

計算出冷媒循環量後，由圖上壓縮機吸入口之冷媒狀態點查出比容值 V_a（m^3/kg）再算出所需要汽缸之排氣容積（即壓縮容積）。

$$V=G\cdot V_A=\frac{Q}{q_e}V_A=\frac{Q\cdot V_A}{i_A-i_D}\,\mathrm{m^3/h}$$

5-4-5 成績係數(Coefficient of Performance)

冷凍能力與壓縮機作功所需熱當量之比值，稱為成績係數，簡寫為C.O.P用來表示冷凍裝置的效率。

$$效率=\frac{輸出能量}{輸入能量}$$

$$C.O.P=\frac{冷凍能力}{壓縮機軸馬力(kW)\times 860}$$

$$=\frac{q_e}{Al}=\frac{i_A-i_D}{i_B-i_A}$$

【例1】 如圖5-13之基準冷凍循環，試求NH_3、R-22、R-12、R-11、CO_2等之凝縮壓力(kg/cm²)、蒸發壓力(kg/cm²)、壓縮比、冷凍效果(kCal/kg)、壓縮熱(kCal/kg)、凝縮熱量(kCal/kg)、成績係數及每一kW相當之冷凍效果kCal/h·kW。

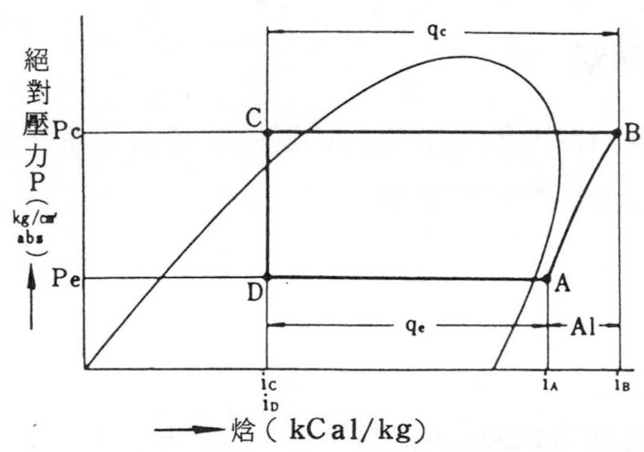

圖5-13 冷凍循環之計算

【解】 先求NH_3之各種特性值

由莫里爾線圖及熱力學性質表可查出下列數值(表5-2)：

表 5-2　各種氣體每1kW相當之冷凍效果

冷媒種類	氨	一氯甲烷	CO_2	R-11	R-12	R-22
凝縮壓力 Pc (kg/cm²abs)	11.895	6.72	73.34	1.30	7.58	12.26
蒸發壓力 Pe (kg/cm²abs)	2.410	1.47	23.34	0.21	1.86	3.03
壓縮比 r	4.93	4.58	3.14	6.19	4.08	4.05
冷凍效果 qe (kcal/kg)	269.0	85.44	37.9	37.51	29.57	40.2
所要仕事 Al (kcal/kg)	55.3	16.96	11.7	7.41	5.97	9.5
凝縮熱量 qc (kcal/kg)	324.1	102.4	49.6	44.92	35.54	49.7
成績係數 COP	4.88	5.04	3.24	5.06	4.95	4.23
每1kW相當之冷凍效果 K (kcal/h·kW)	4,200	4,330	2,820	4,350	4,260	3,640

凝縮壓力$P_c = 11.895\ kg/cm^2\ abs$

蒸發壓力$P_e = 2.410\ kg/cm^2\ abs$

∴ 壓縮比

$$\frac{P_c}{P_e} = \frac{11.895}{2.410} = 4.93$$

各點焓值

$i_C = i_D = 128.1\ kCal/kg$

$i_A = 397.1\ kCal/kg$

$i_B = 452.2\ kCal/kg$

冷凍效果

$q_e = i_A - i_D = 397.1 - 128.1 = 269.0\ kCal/kg$

壓縮熱

$Al = i_B - i_A = 452.2 - 397.1 = 55.1\ kCal/kg$

凝縮熱量

$q_c = i_B - i_C = 452.2 - 128.1 = 324.1\ kCal/kg$

冷媒循環量

$$G = \frac{Q}{q_e} = \frac{3320}{269} = 12.34\ kg/h.RT$$

成績係數

$$C.O.P = \frac{q_e}{Al} = \frac{269.0}{55.1} = 4.88$$

活塞壓縮容積

$G.V_A = 12.34 \times 0.5 = 6.17\ m^3/h.RT$

每1 kW之等值冷凍效果

$K = 860 \times 4.88 \doteqdot 4200\ kCal/h.kW$

同理，其他種類之冷媒計算所得數值列表如上頁。

5-5 凝縮壓力(凝縮温度)變化時的影響

凝縮壓力上昇或下降對系統的影響，如表5-3所示，可以用例1的計

表 5-3　不同冷凝溫度之循環比較表

	凝縮溫度上昇	標　準	凝縮溫度低下
壓縮比	$\frac{P_c'}{P_e}$ >	$\frac{P_c}{P_e}$ >	$\frac{P_c''}{P_e}$
冷凍效果	$qe'=i_A-i_D$ <	$qe=i_A-i_D$ <	$qe''=i_A-i_D''$
壓縮熱	$Al'=i_B'-i_A$ >	$Al=i_B-i_A$ >	$Al''=i_B''-i_A$
排氣溫度	t_d' >	t_d >	t_d''
成績係數	$\frac{qe'}{Al'}=\frac{i_A-D'}{i_B'-i_A}$ <	$\frac{qe}{Al}=\frac{i_A-i_D}{i_B-i_A}$ <	$\frac{qe''}{Al''}=\frac{i_A-D''}{i_B''-i_A}$

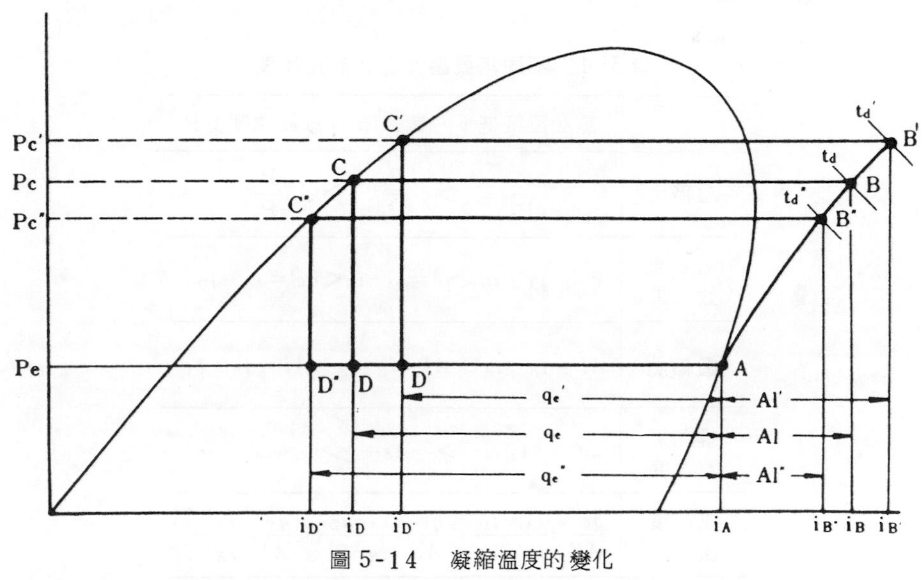

圖 5-14　凝縮溫度的變化

算方式求得。

5-6　蒸發壓力(蒸發溫度)變化時的影響

蒸發壓力（蒸發溫度）變化對系統產生之影響，如圖 5-15 及表 5-4

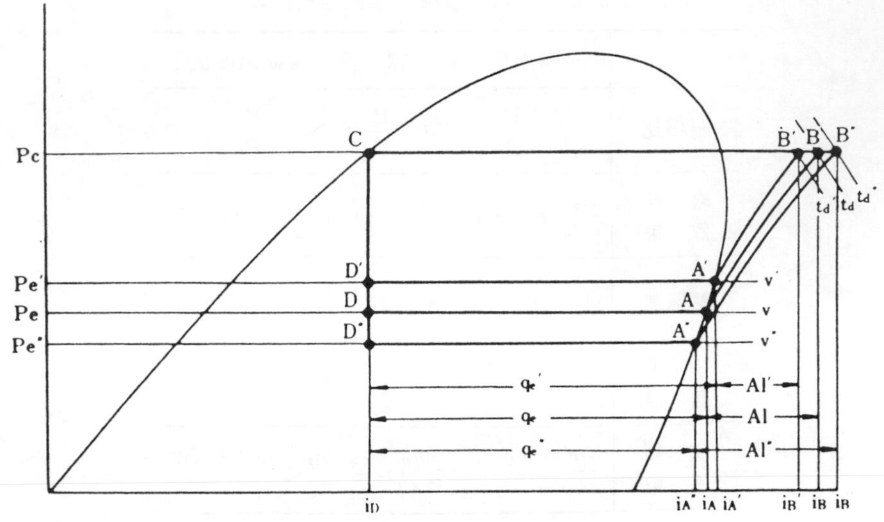

圖 5-15　蒸發溫度的變化

表 5-4　不同蒸發溫度之循環比較表

	蒸發溫度低下		標　準		蒸發溫度上昇
壓縮比	$\frac{P_c}{P_e''}$	>	$\frac{P_c}{P_e}$	>	$\frac{P_c}{P_e'}$
冷　凍 效　果	$qe''=i_A''-i_D$	<	$qe=i_A-i_D$	<	$qe'=i_A'-i_D$
壓縮熱	$Al''=i_B''-i_A''$	>	$Al=i_B-i_A$	>	$Al'=i_B'-i_A'$
排　氣 溫　度	t_d''	>	t_d	>	t_d'
成　績 係　數	$\frac{qe'}{Al''}=\frac{i_A''-i_D}{i_B''-i_A''}$	<	$\frac{qe}{Al}=\frac{i_A-i_D}{i_B-i_A}$	<	$\frac{qe'}{Al'}=\frac{i_A'-i_D}{i_B'-i_A'}$

所示。

5-7　過冷卻的影響

凝縮溫度及蒸發溫度保持一定，凝縮器出口冷媒液狀態變化如圖5-16，則過冷卻時，冷凍效果增大，如表5-5所示。

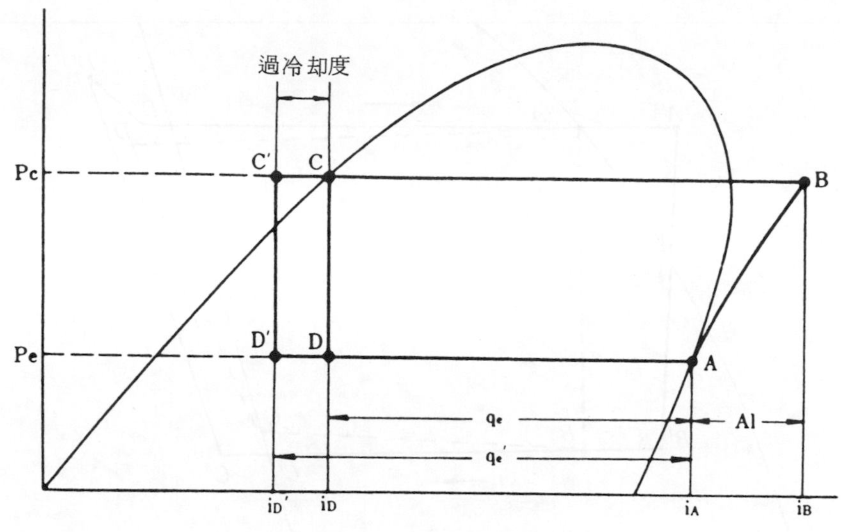

圖 5-16　過冷却度的變化

表 5-5　冷凍效果與成績係數

	標　　準	過冷却度大
冷　凍　效　果	$qe=i_A-i_D$	$qe'=i_A-i_D'$
成　績　係　數	$\dfrac{qe}{Al}=\dfrac{i_A-i_D}{i_B-i_A}$	$\dfrac{qe'}{Al}=\dfrac{i_A-i_D'}{i_B-i_A}$

5-8　實際冷凍循環之分析(Actual Refrigerating Cycle Analysis)

實際應用裡，壓縮與膨脹過程，均無法完全做到絕緣效果，多少均有熱之獲得與損失，管路上必將產生熱傳遞及壓力降等現象，故無法做到理想循環。實際冷凍循環如圖5-17實線所示，實際循環過程分析如下：

(1)　如A點仍爲離開冷凝器之狀態。但經液管(liquid line)流至冷劑控制器之入口，可能經過貯液器(receiver)、熱交換器(heat exchanger)……等，將再放出部份熱量，而降低液態冷媒之溫度至過冷區域而非飽和液態，如圖A'位置。

(2)　進入冷媒控制器之入口溫度即爲A'狀態，故在膨脹過程應自A'點而非

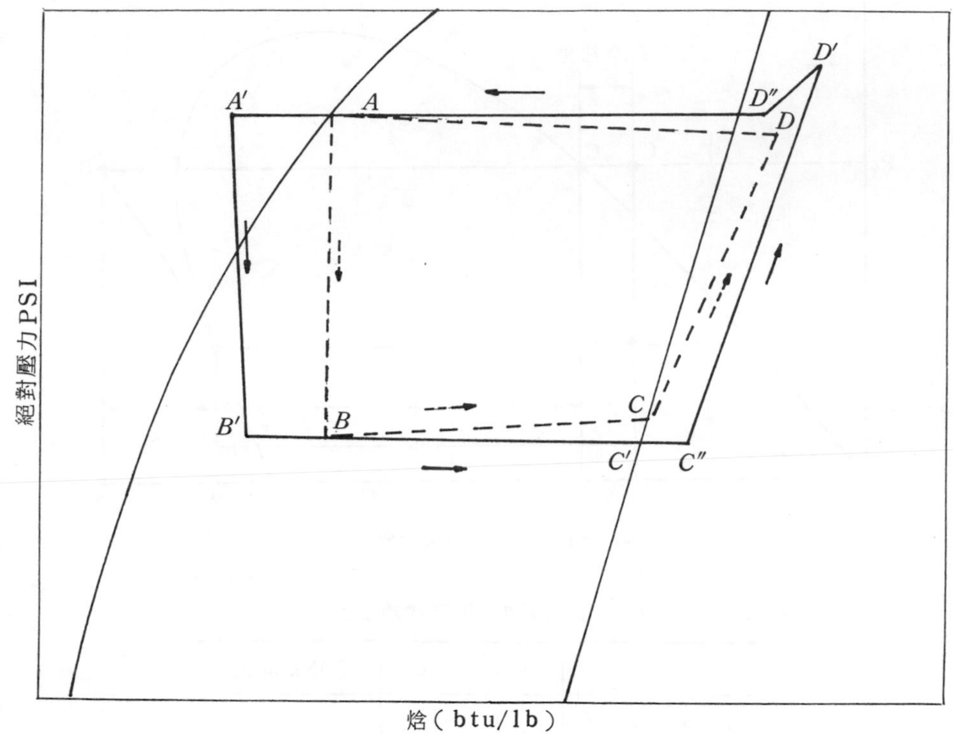

圖 5-17. 實際冷凍循環之分析

A點，如膨脹相同之壓力差，則膨脹後之壓力相等，因壓力相等，冷媒之蒸發溫度亦相等，但因冷媒控制器非完全隔熱，在膨脹過程中，會有少量的熱自冷劑控制器獲得，亦即部份冷媒消耗而膨脹非沿等焓變化而稍許略增，如$A'B'$斜線。

(3) 當冷媒進入蒸發器中蒸發過程時，由於蒸發器之摩擦阻力所致，冷媒壓力會稍有下降，如$B'C'$線。

(4) 當冷媒離開蒸發器可能因冷媒之不足已造成過熱(superheat)現象或在蒸發器與壓縮機間之吸入管(suction line)由於熱交換器或保溫欠妥等造成過熱(C''點)。

(5) 在壓縮過程中，由於活塞與氣缸壁間之大量摩擦熱將增高排氣溫度與壓力如D'點所示，但由於壓縮機可能採用散熱設備如氣冷、水冷、油冷……等降低部份溫度，以避免排氣溫度過高如D''，故$C''D'$又非

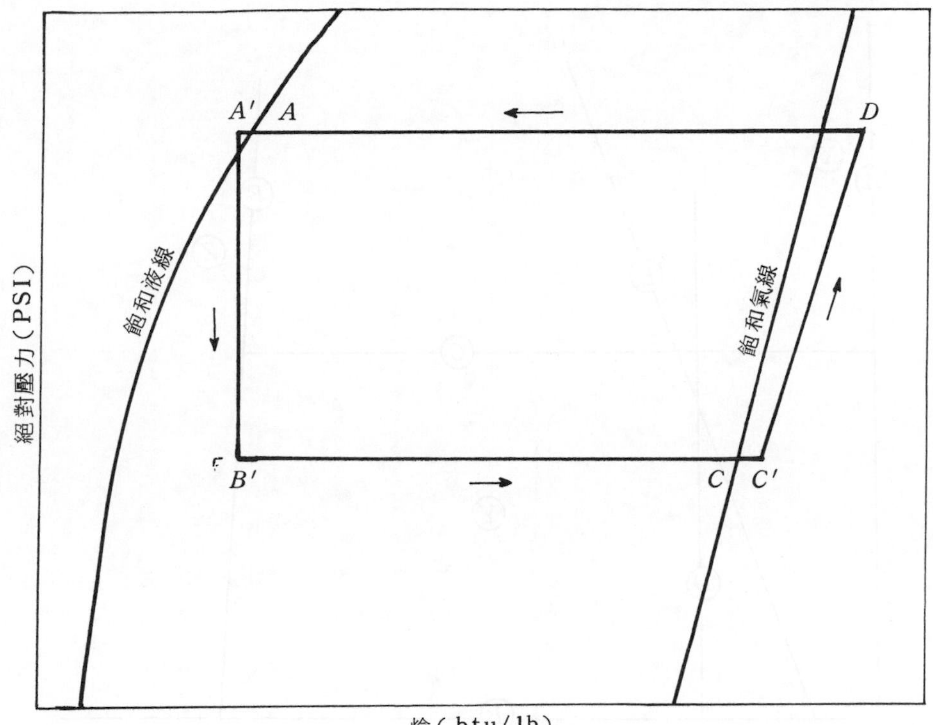

圖 5-18　實際壓力焓應用線圖

沿等熵之變化。

(6) 當冷媒離開壓縮機，經排氣管(discharge line)等入冷凝器。在氣管內，部份熱將自排氣管表面散除，在冷凝過程中，由於管壁之摩擦，壓力略有下降，故冷凝過程非為等壓變化而如$D''A$之斜線變化。

由於線$A'B'$，$C''D'$，$D'D''$及$D''A$均變化不定及變化甚微，在一般應用計算裡均省略不計，唯$A'A$，$C'C''$必須要考慮，由於管路及熱交換器之熱傳遞之故，$A'B'$ 線仍考慮為等焓線；實際應用上，如圖5-18所示。

5-9　溫度—熵線圖(Temperature-Entropy Diagram)

溫度-熵線圖簡稱「溫熵圖」，通常縮寫符號以“ TS ”表示之，現將其結構及冷凍循環之分析分述於後。

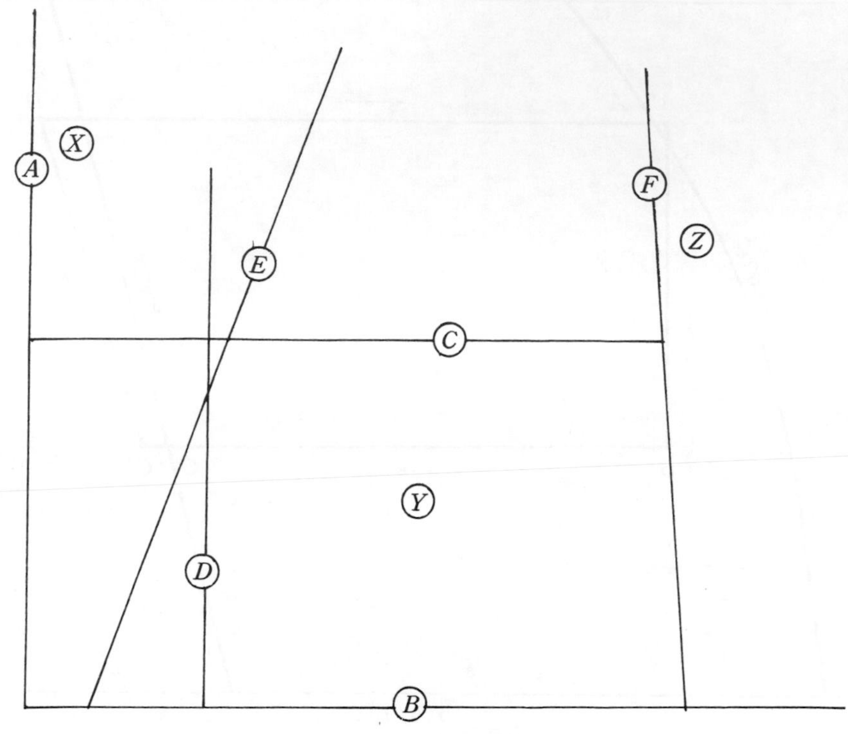

圖 5-19 溫熵圖結構略圖

5-9-1 溫熵圖之結構(Skeleton TS Diagram)

圖 5 - 19 所示爲溫熵圖結構略圖，玆將圖上每一代表線及符號說明如下：

Ⓐ縱座標表示絕對溫度(°K)。

Ⓑ橫座標表示熵(Btu/1b°F)。(kCal/kg°C)

Ⓒ等溫線(constant temperature line)。

Ⓓ等熵線(constant entropy line)。

Ⓔ飽和液態線(saturated liquid curve)——此曲線左側爲液態Ⓧ區，右側爲濕氣態Ⓨ區。

Ⓕ飽和氣態線(saturated vapor curve)——此曲線左側爲濕氣態，右側爲氣態Ⓩ區。

其餘焓、壓力、比容……等均隨冷媒之不同而不規律之變化。其使用

法與 Ph 線圖相同。取某一冷媒之 TS 圖，知某狀態之任意二條件（如溫度、熵、焓、壓力、比容），即可由相交定位及查出其餘性質。

5-9-2 温熵圖之冷凍循環分析(Analysis Refrigerating Cycle in TS Diagram)

(1) 理論冷凍循環之分析

理論冷凍循環之假設狀態及循環系統過程，在溫熵圖上之分析如圖 5-20 所示，符號之表示關係位置與圖 5-21 標示相同，在膨脹過程中，因部份液態變氣態而無外界熱量獲得，故溫度驟降且因液氣態熵含量之不同，故熵略增，如 AB 線所示，但非等熵線而略偏斜，在蒸發過程中，因

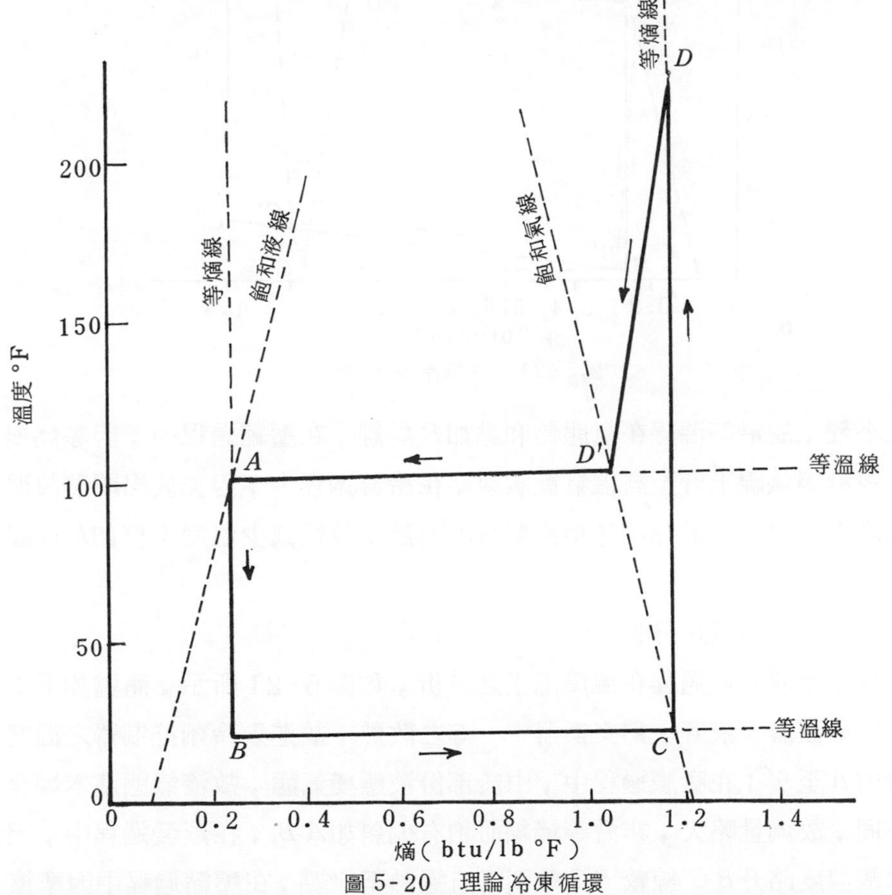

圖 5-20　理論冷凍循環

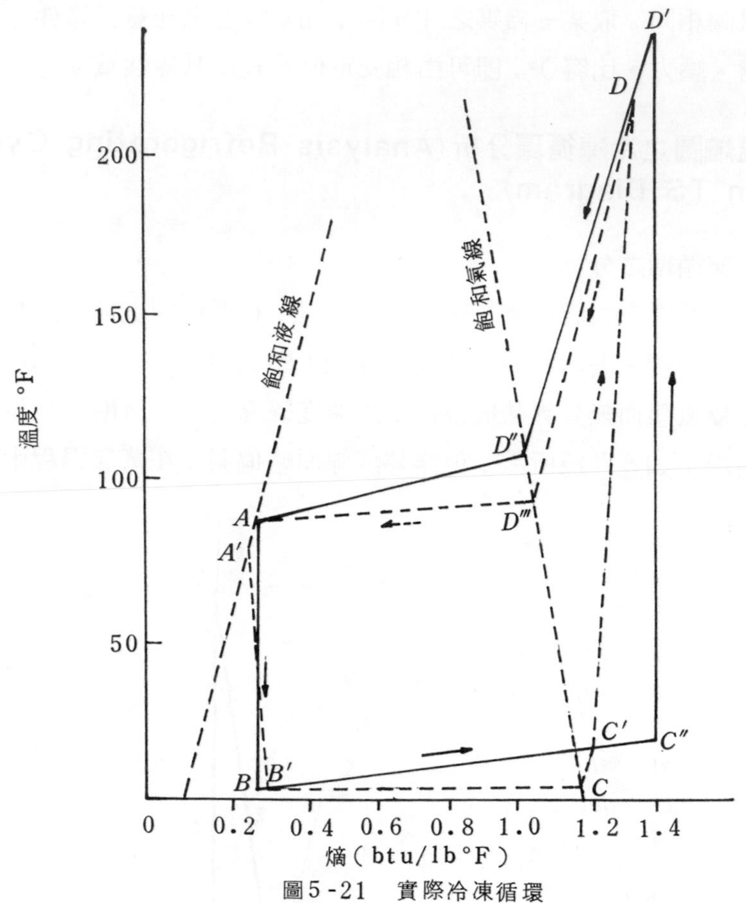

圖5-21　實際冷凍循環

溫度不變，故沿等溫線在氣態飽和點如BC線，在壓縮過程中，因等熵變化，故沿等熵線上升至高溫氣態狀態，在冷凝過程中，因先放出顯熱故溫度驟降至D'點，在沿等溫等壓冷凝放出潛熱，故熵減少溫度不變如$D'A$線所示。

(2)　實際冷凍循環之分析

實際冷凍循環過程在溫熵圖上之分析，如圖5-21所示，簡述如下：

因貯液器、液管、熱交換器……等之散熱，故進入冷劑控制器之溫度略降由A至A'；在膨脹過程中，由於部份液態變氣態，故液氣態基本熵含量不同，故熵量略大，非沿等熵線而稍有偏斜如$A'B'$，在蒸發過程中，因過熱故溫度略升$B'C'$線較BC略斜升且過熱至C''點，在壓縮過程中因摩擦

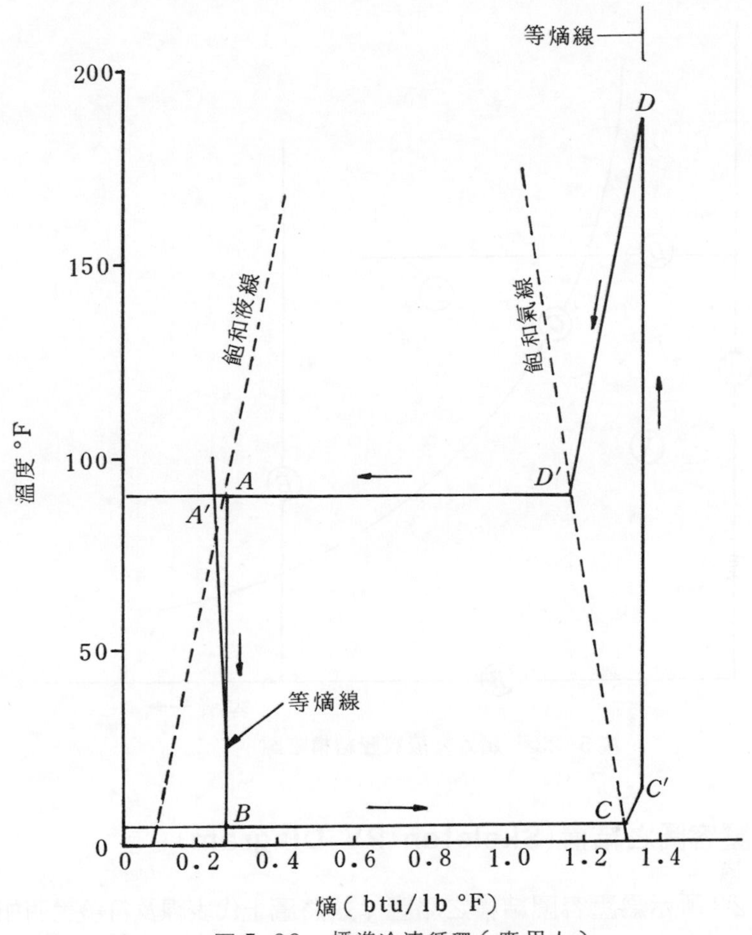

圖 5-22 標準冷凍循環（應用上）

熱而溫度更高至D'，在冷凝過程中，因壓力略降故爲$D'D''AA'$所示。

由於線$B'C'$，$C''D'$，$D'''D'$及$D''A$均變化不定及變化甚微，故一般應用可省略不計，僅AA'，CC'必須考慮，如圖5-22。

5-10 壓力—容積線圖(Pressure Volume Diagram)

壓力-容積線圖簡稱「壓容圖」，通常縮寫符號以“ PV ”表示之，現將其結構及冷凍循環之分析分述於後。

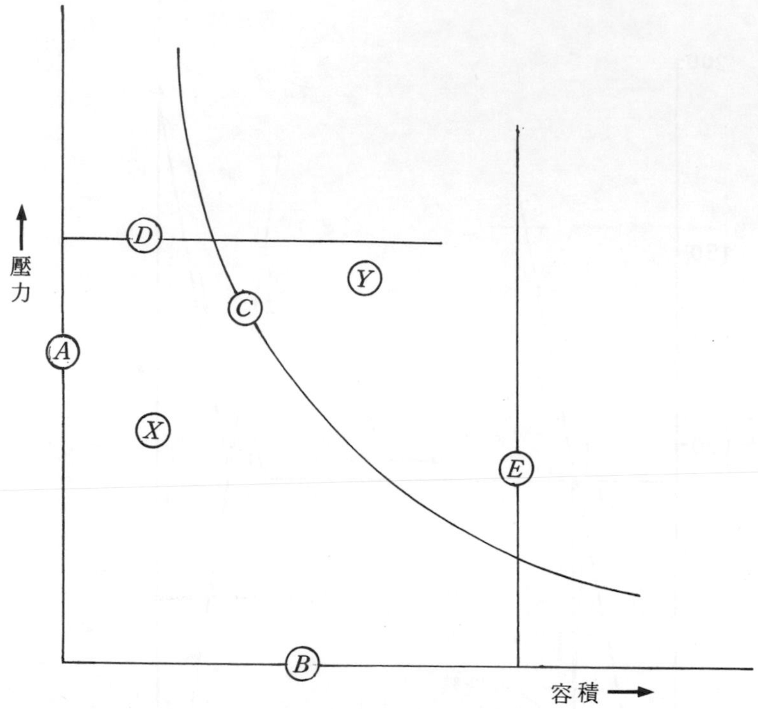

圖 5-23　壓力容積線圖結構略圖

5-10-1　壓容圖之結構(Skeleton PV Diagram)

圖 5-23 所示爲壓容圖結構之略圖，玆將圖上代表線及符號說明如下：

Ⓐ縱座標表示絕對壓力（ kg/cm^2 abs ）。

Ⓑ橫座標表示容積（ m^3/kg ）。

Ⓒ飽和氣態線（ saturated vapor curve ）—— 此曲線左下側爲濕氣態Ⓧ區，右上側爲氣態Ⓨ區。

Ⓓ等壓線（ constant pressure line ）—— 與橫座標之平行線。

Ⓔ等容線（ constant volume line ）—— 與縱座標之平行線。其餘焓、溫度、熵……均隨冷劑之不同成不規律之變化，故未列出。

使用法與 *Ph* 線圖、T S 線圖用法相同，取某一冷媒之線圖，知某狀態之任意二條件（如溫度、熵、焓、壓力、比容）即可由二條件之相交查出其餘性質。

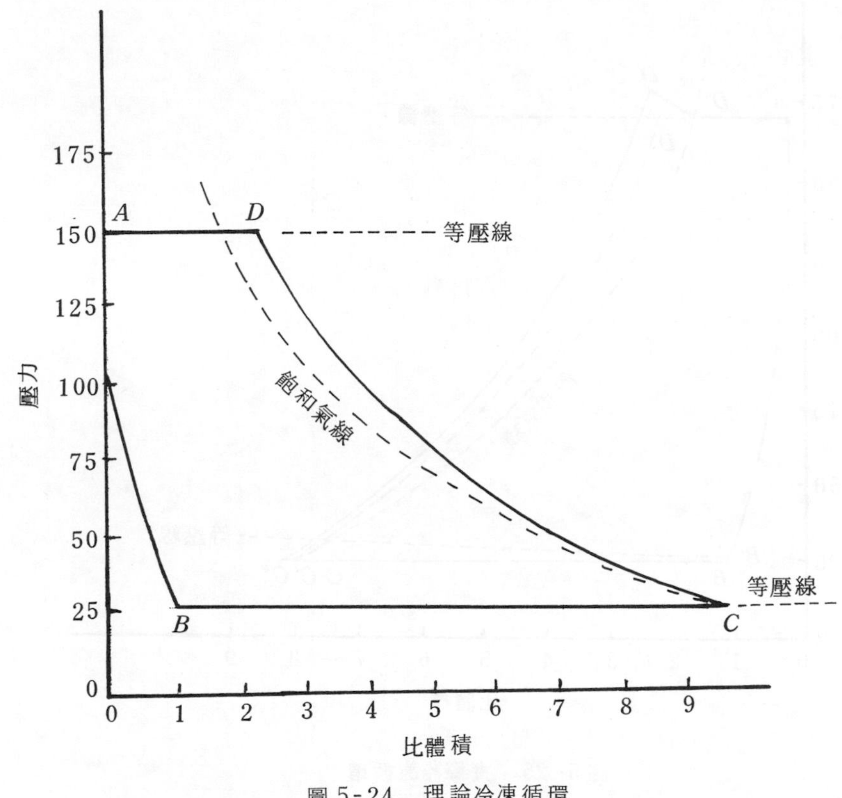

圖 5-24　理論冷凍循環

5-10-2　壓容圖之冷凍循環分析(Analysis Refrigerating Cycle in PV Diagram)

(1)　理論冷凍循環之分析(theoretical refrigerating cycle ana - ysis)

在膨脹過程，壓力驟降，而因部份液態變成氣態致體積略增；在蒸發過程中因等溫等壓蒸發，致壓力未變而液態蒸發爲氣態，體積驟增，在壓縮過程中因氣態壓縮由波義耳定律知氣體之體積隨壓力增大而減小，故體積減小壓力增大；在冷凝過程中，因等壓等溫冷凝故壓力不變，氣態冷凝爲液態，體積驟降至最小。

(2)　實際冷凍循環之分析(actual refrigerating cycle analysis)圖 5-25，參閱圖5-8及圖 5-17。

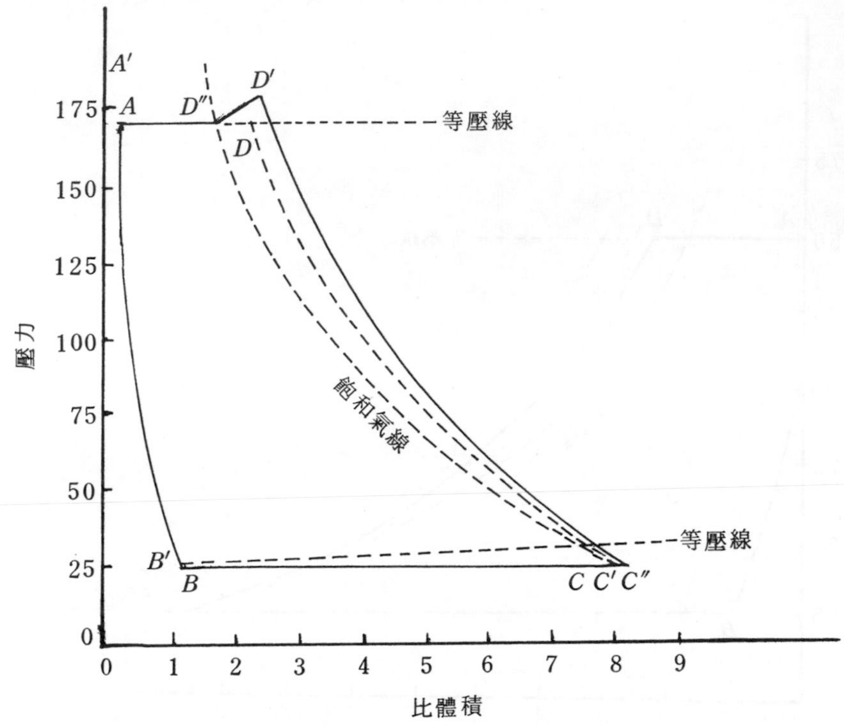

圖 5-25　實際冷凍循環

$A'A$二點因均液態，僅溫度A'較A略低，故體積壓力不變，經膨脹過程部份液態變氣態，過程相同，故$A'B'$與AB重疊；在蒸發過程中因壓力略降，故$B'C''$線較BC略偏低，因過熱及壓降故體積略大至C''，在壓縮過程中，因壓縮機摩擦熱故溫度壓力略高，且體積膨脹略較D點時為大如D'，在冷凝過程中，因管路壓降之故，致$D'A'$非DA等壓線而為下降之斜線。

在實際冷凍循環應用上，由於$B'C'$，$C''D'$，$D'A'$均變化不定及變化大小甚微，一般均省略不計，即如圖 5-26 所示。

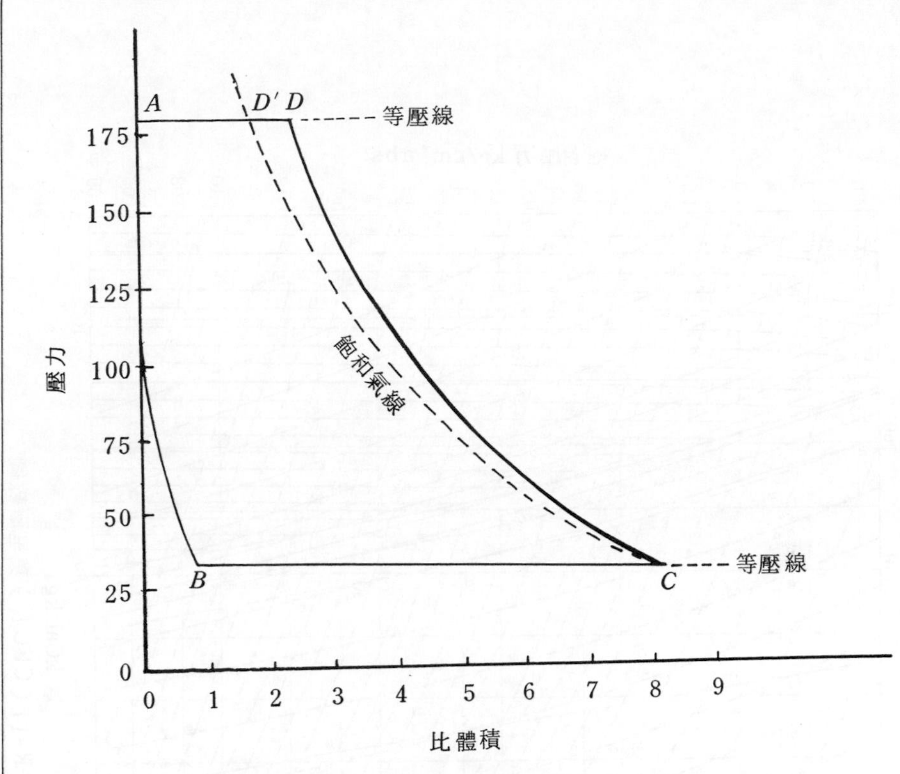

圖 5-26　標準冷凍循環（應用上）

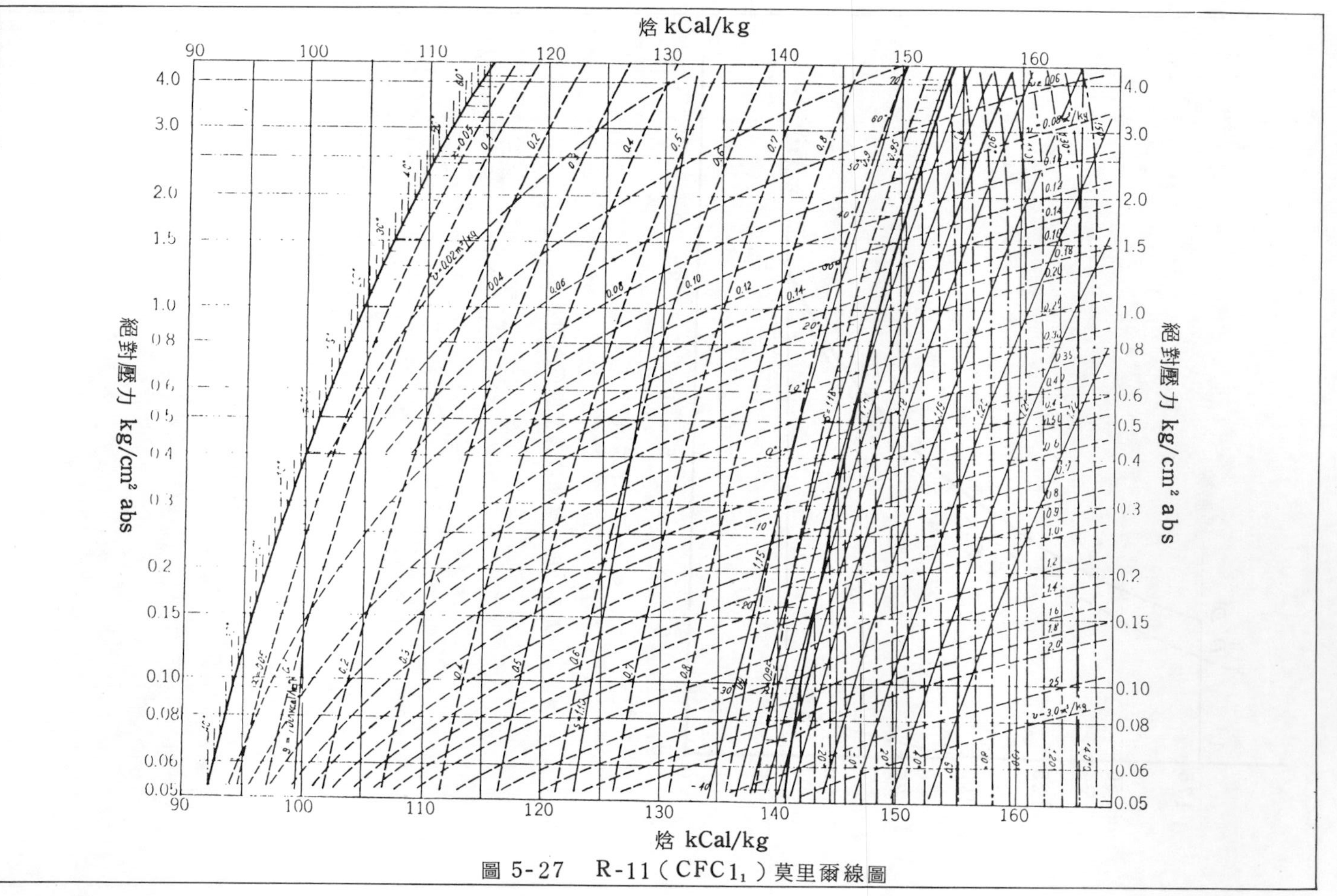

圖 5-27 R-11（$CFC1_1$）莫里爾線圖

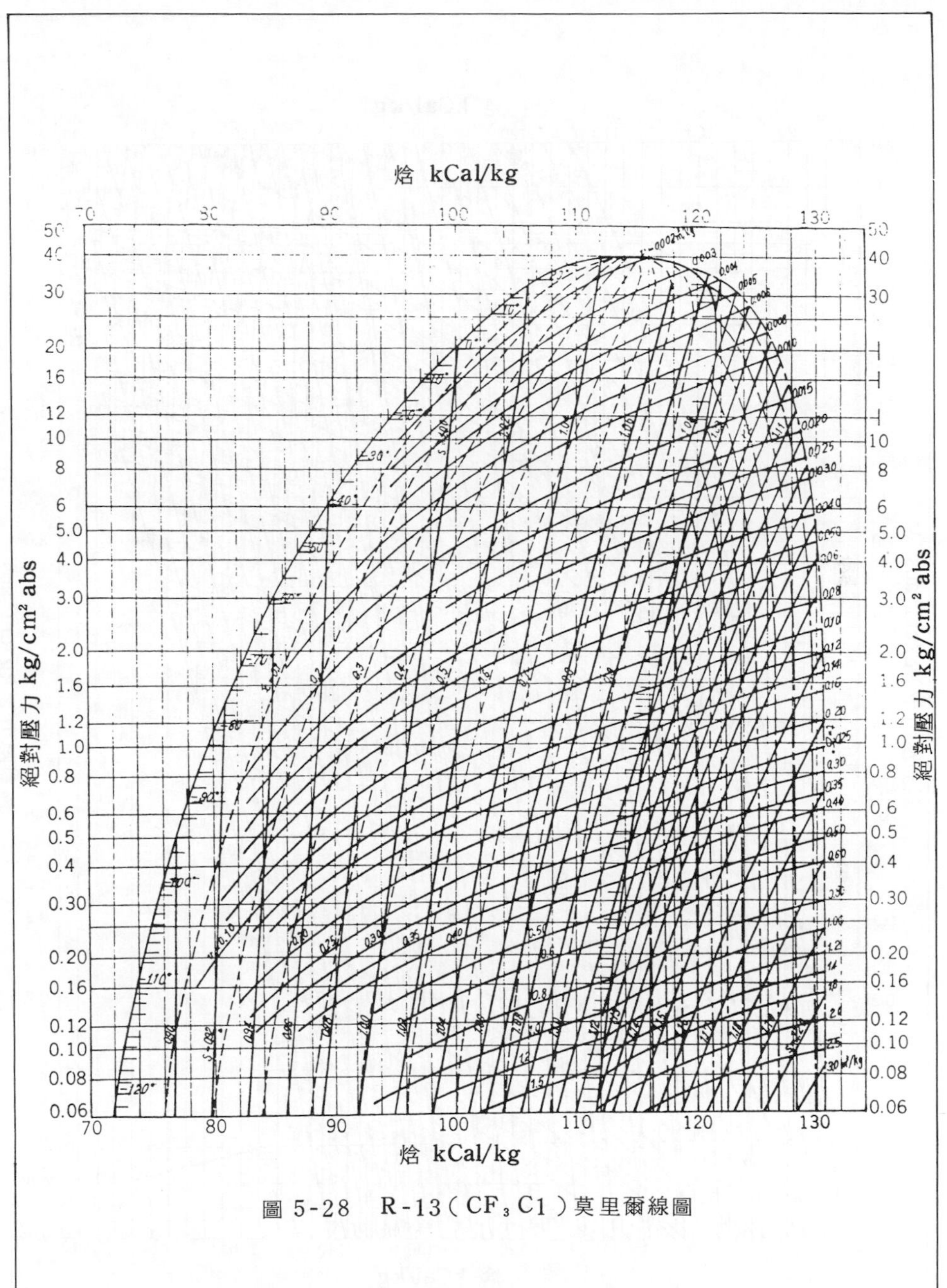

圖 5-28　R-13（CF_3Cl）莫里爾線圖

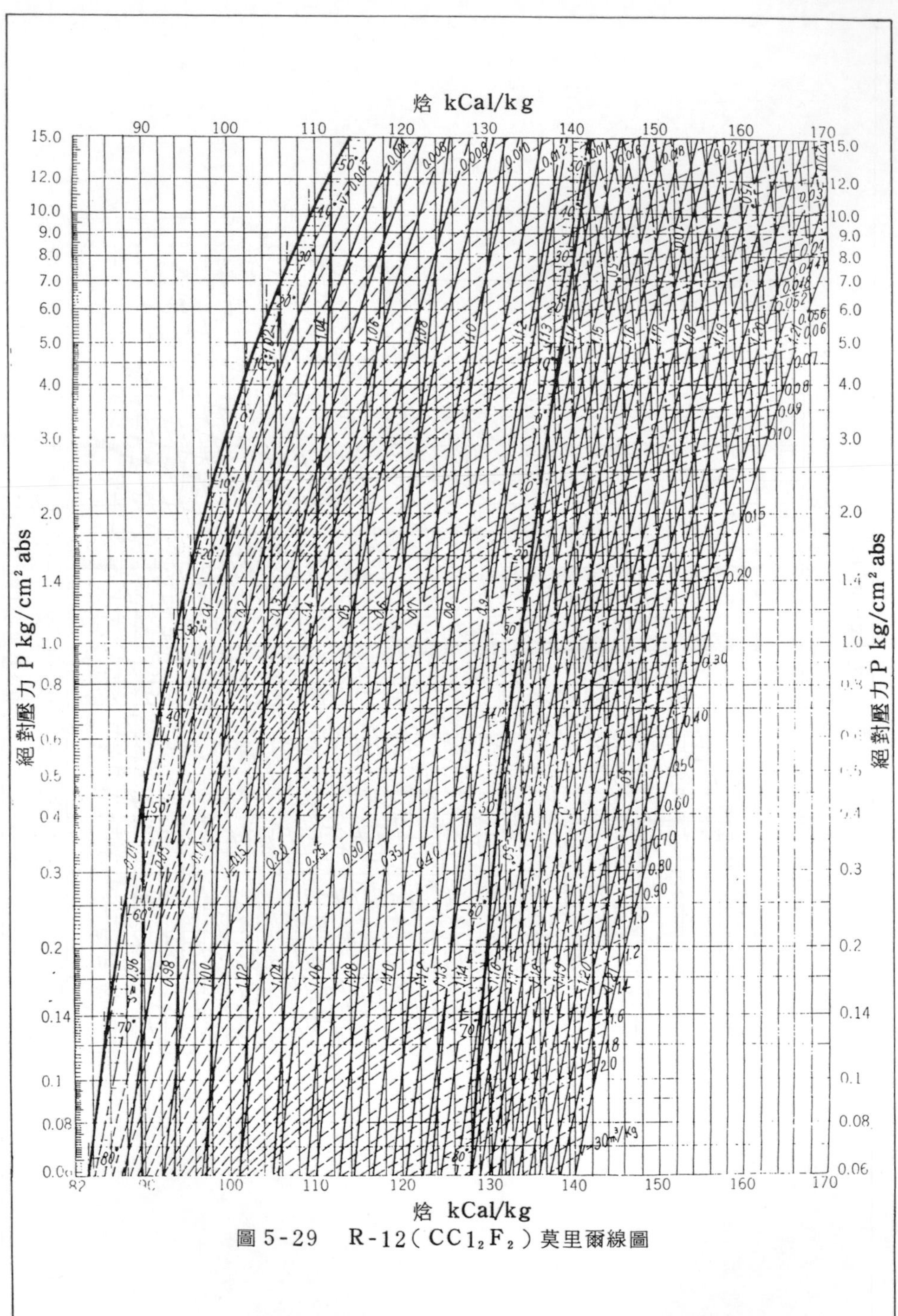

圖 5-29 R-12(CCl_2F_2)莫里爾線圖

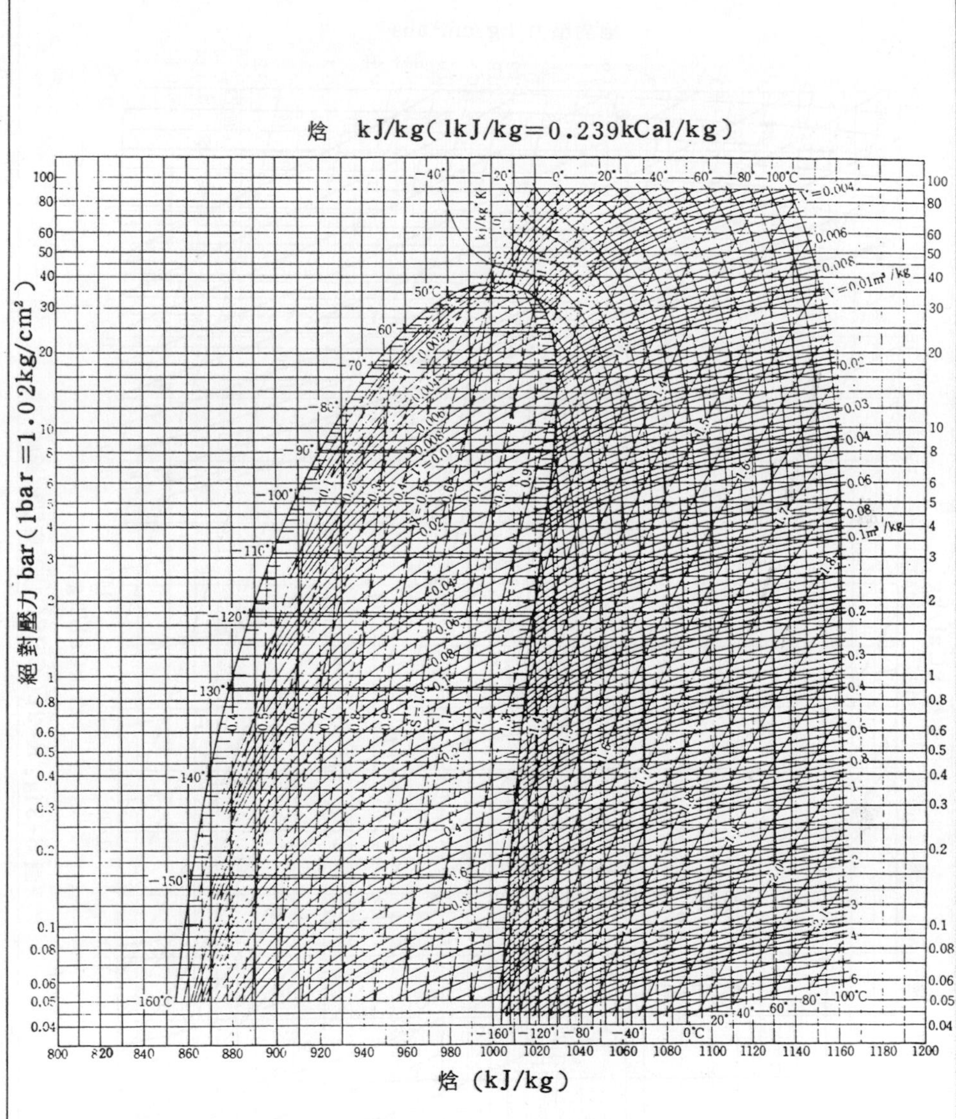

圖 5-30　R-14 莫里爾線圖

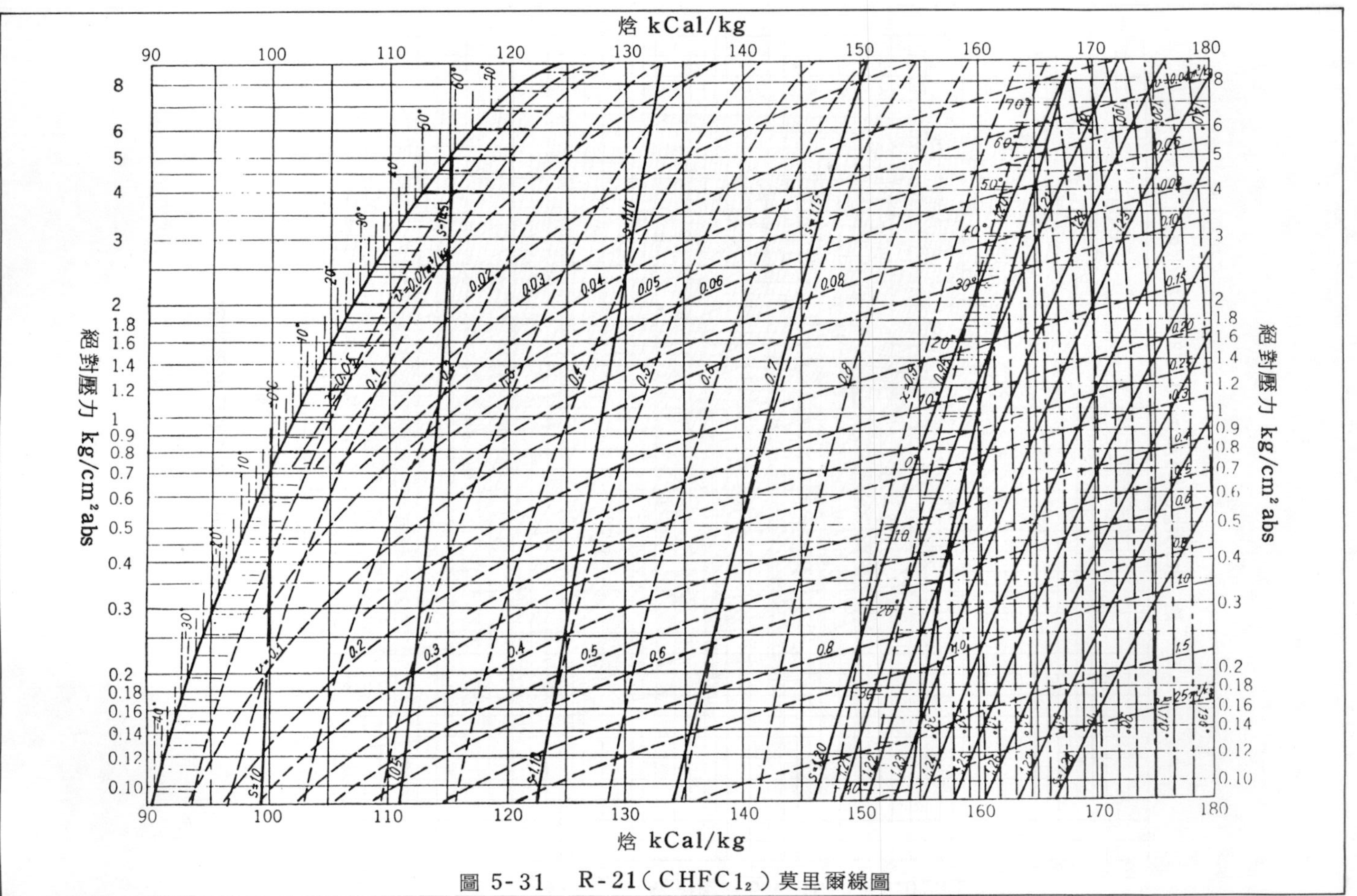

圖 5-31 R-21($CHFCl_2$)莫里爾線圖

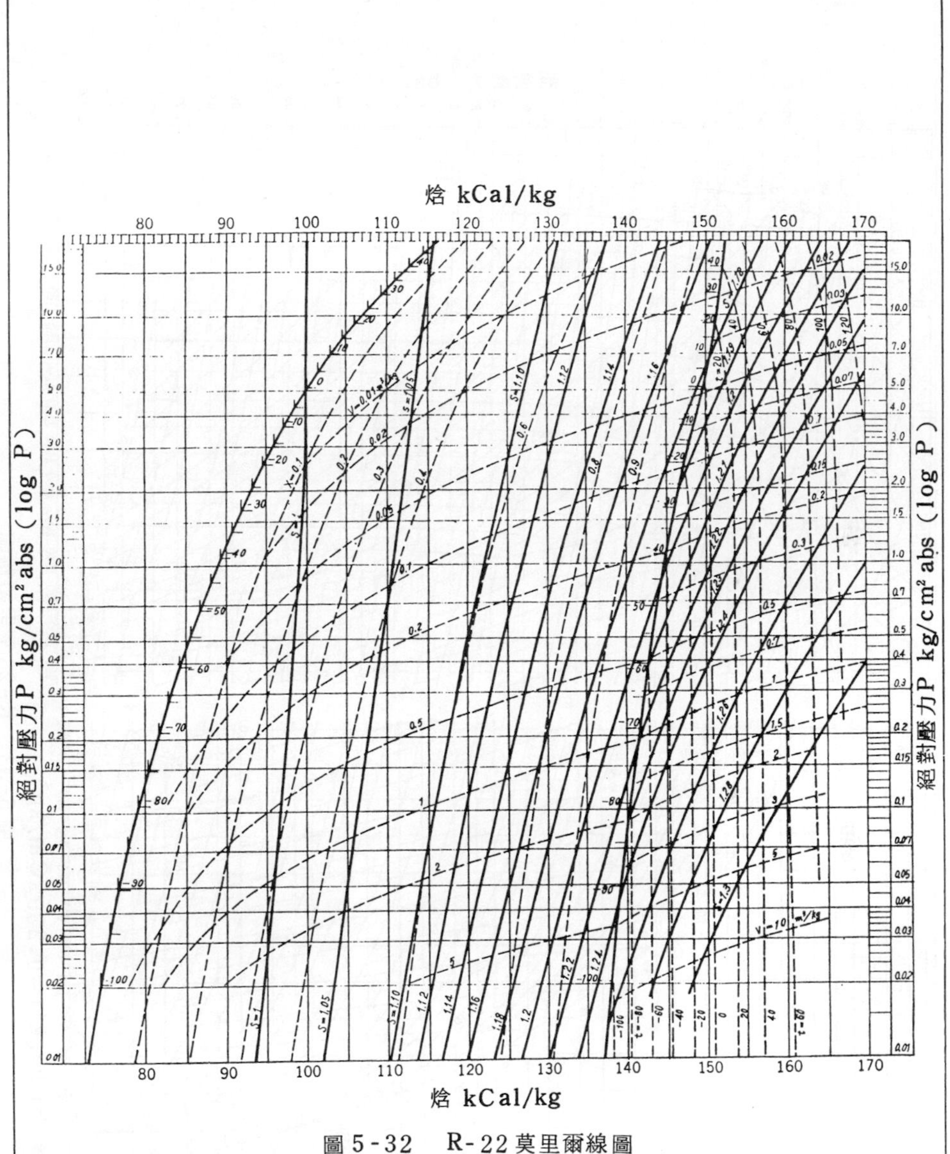

圖 5-32　R-22 莫里爾線圖

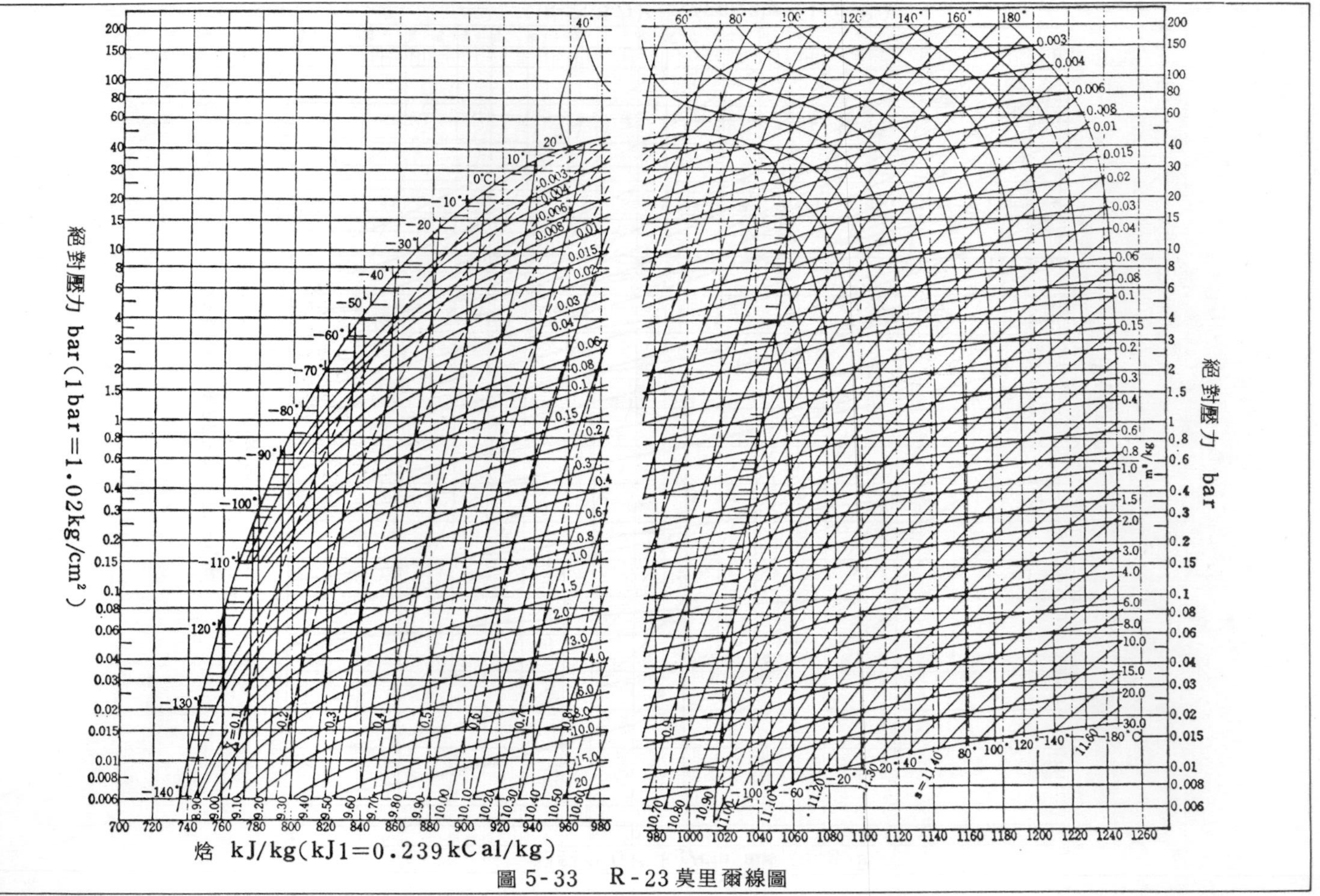

圖 5-33 R-23 莫里爾線圖

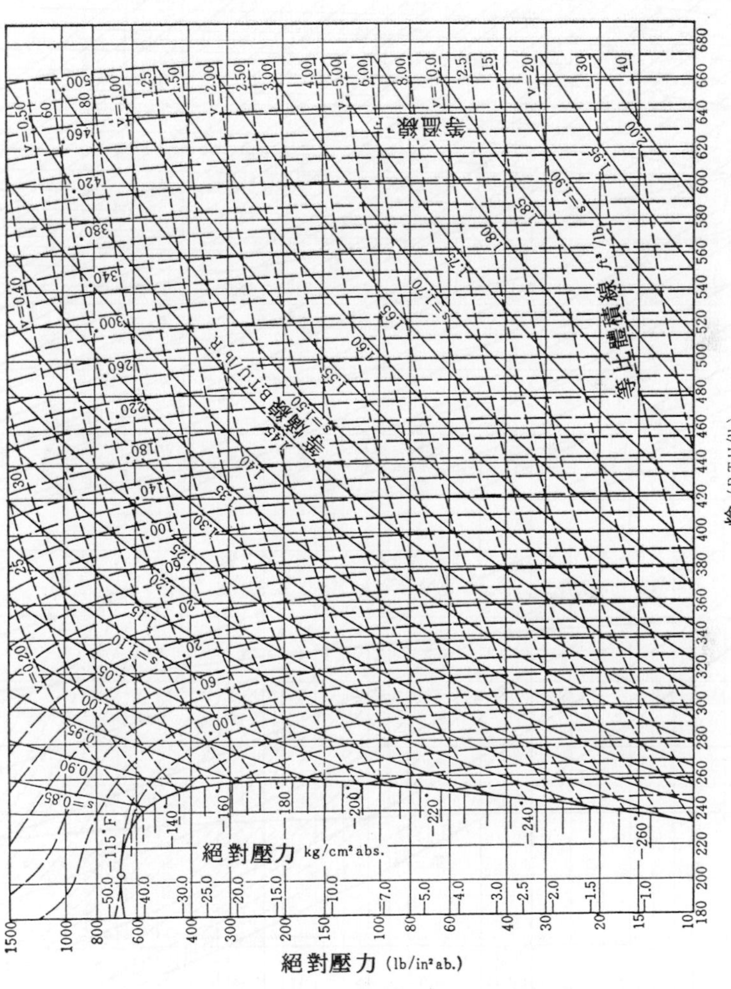

圖 5-34　R-50莫里爾線圖

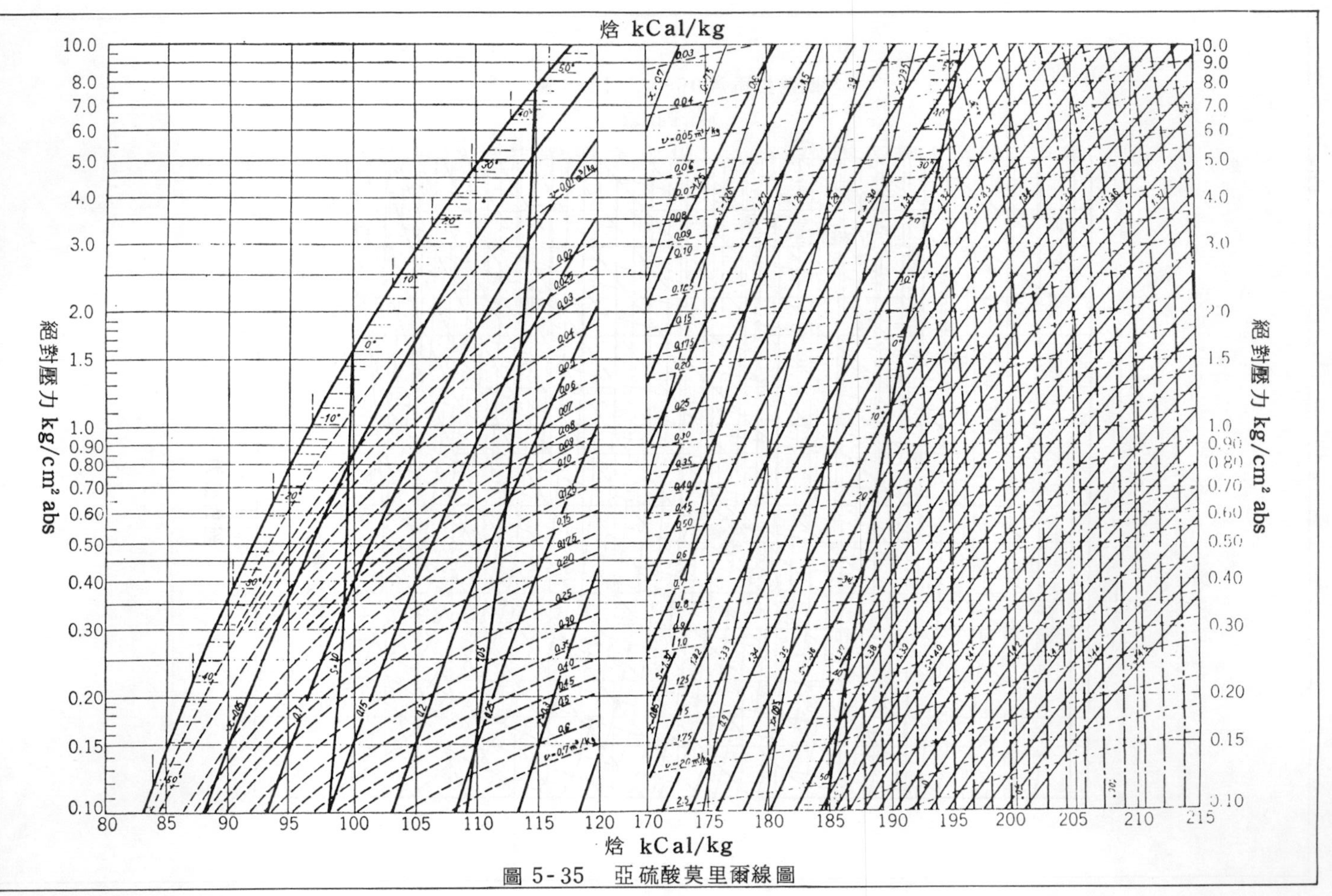

圖 5-35 亞硫酸莫里爾線圖

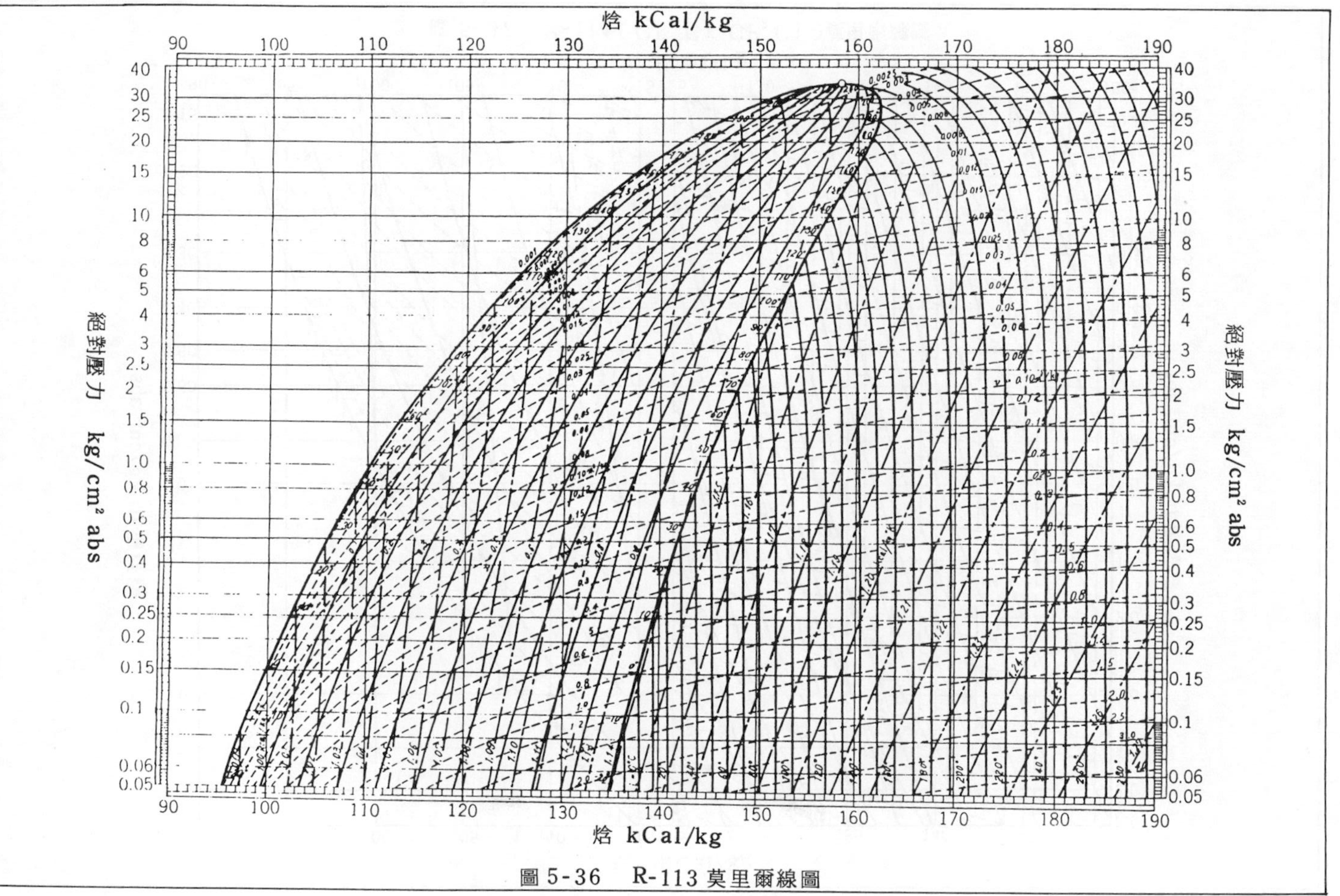

圖 5-36 R-113 莫里爾線圖

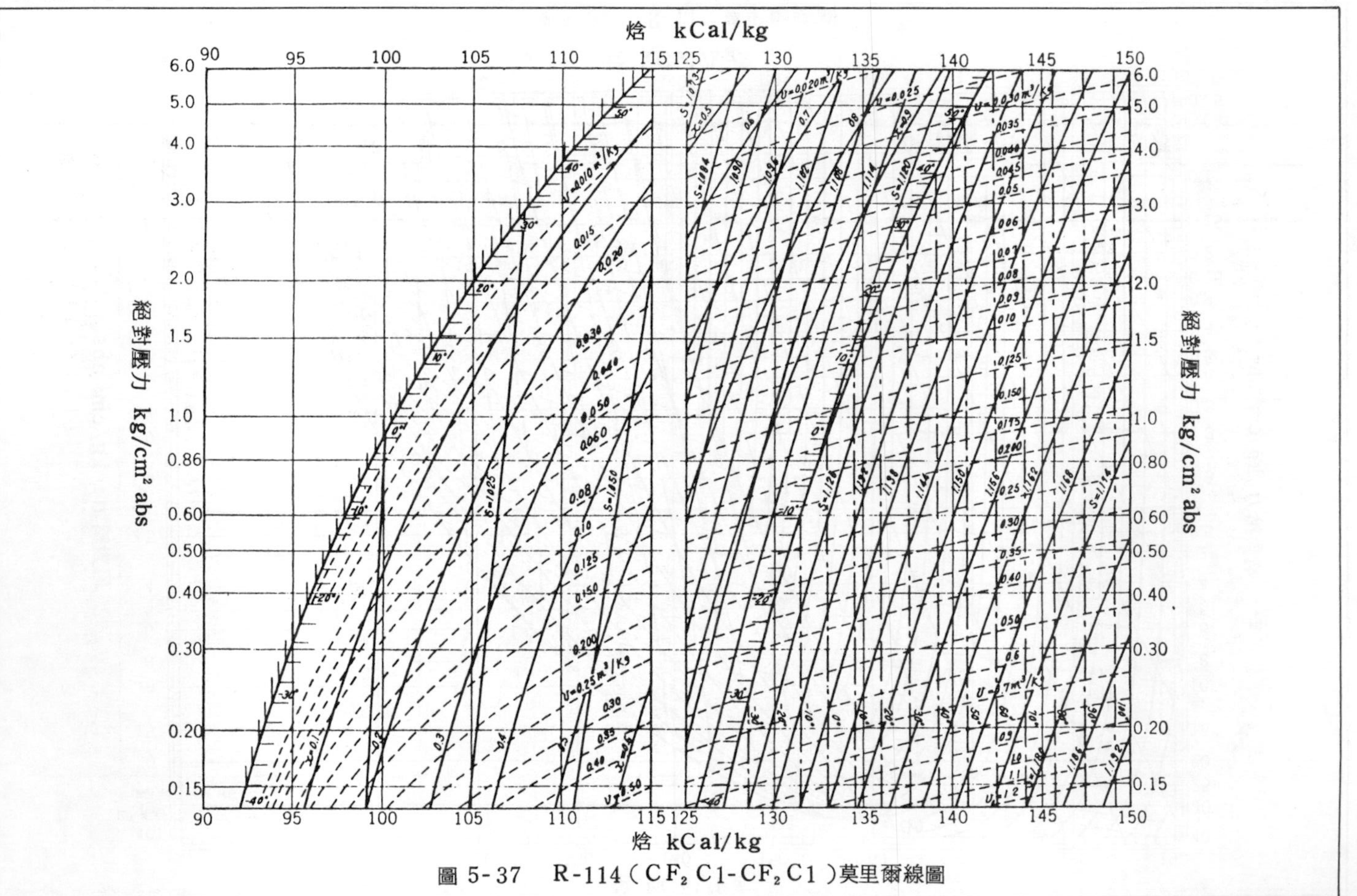

圖 5-37 R-114(CF_2Cl-CF_2Cl)莫里爾線圖

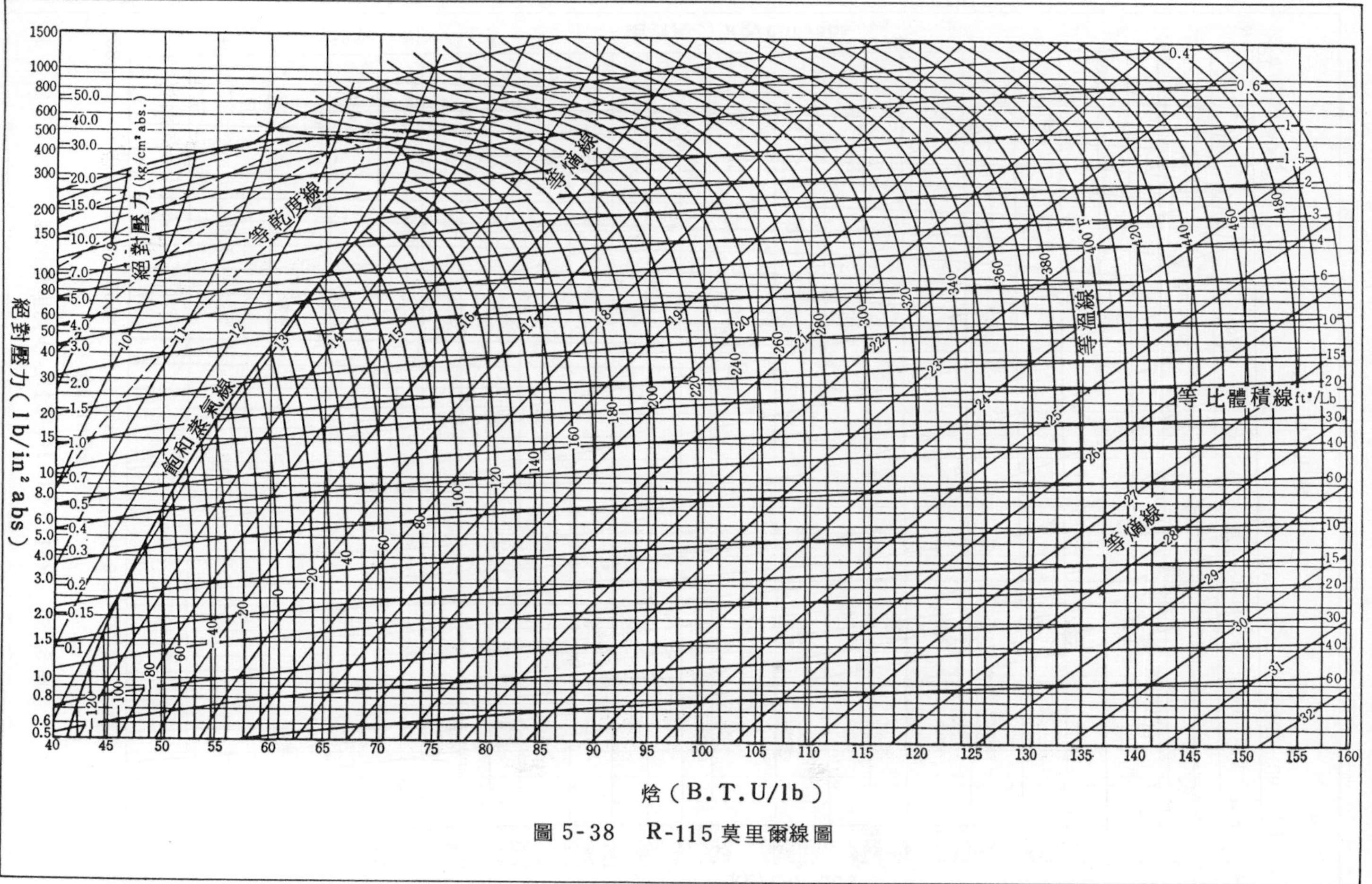

圖 5-38 R-115 莫里爾線圖

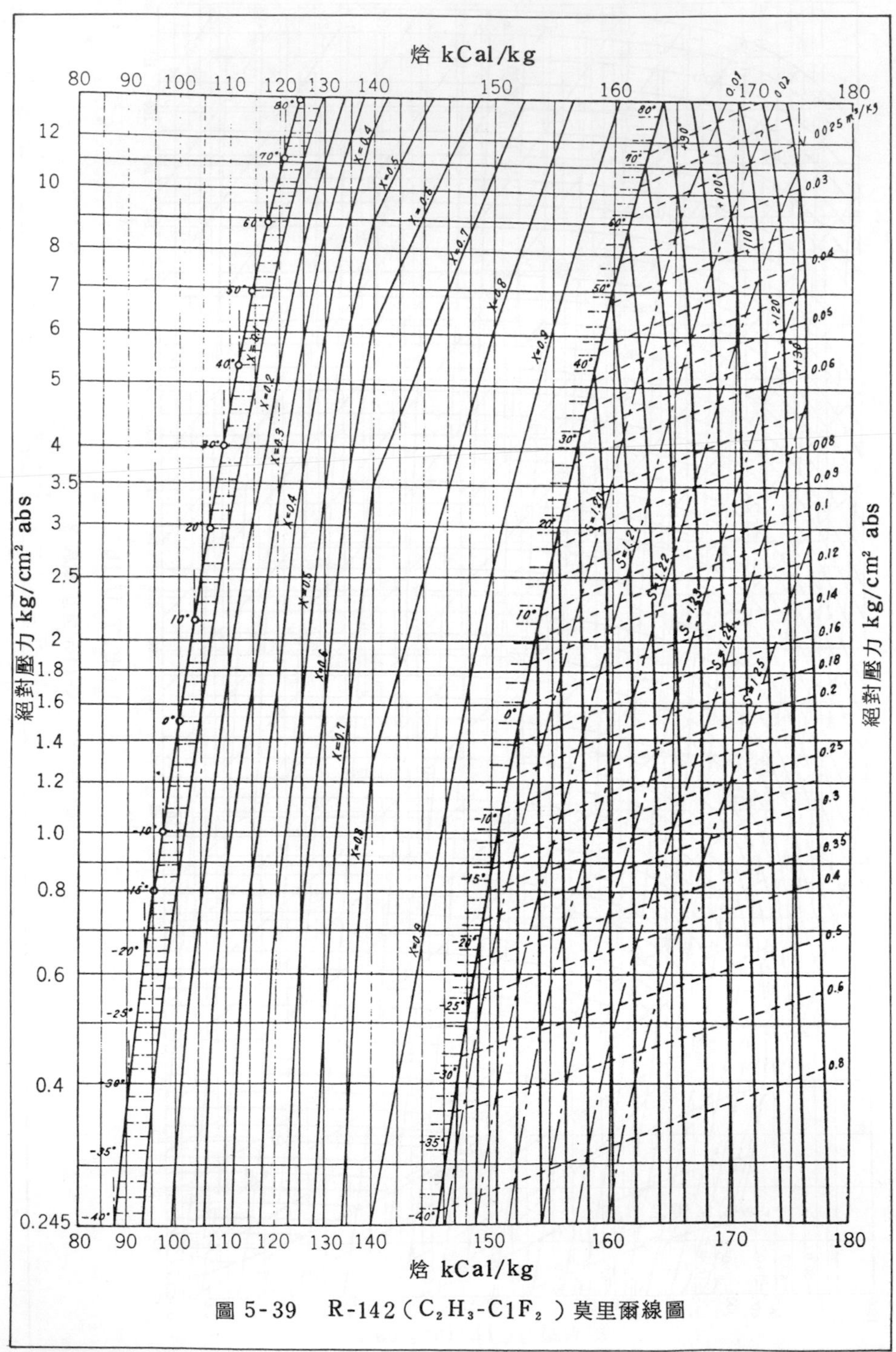

圖 5-39 R-142(C_2H_3-$C1F_2$)莫里爾線圖

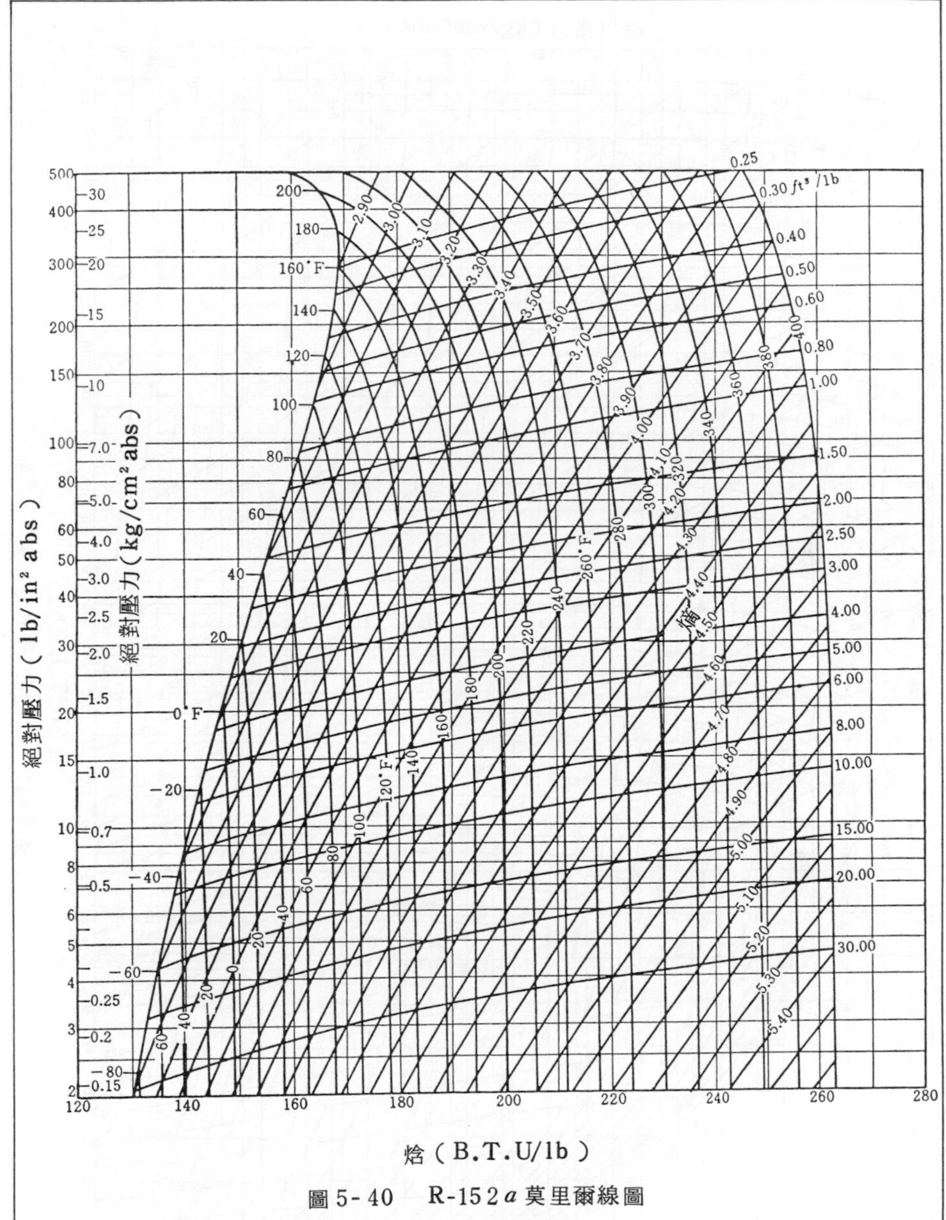

圖 5-40 R-152*a* 莫里爾線圖

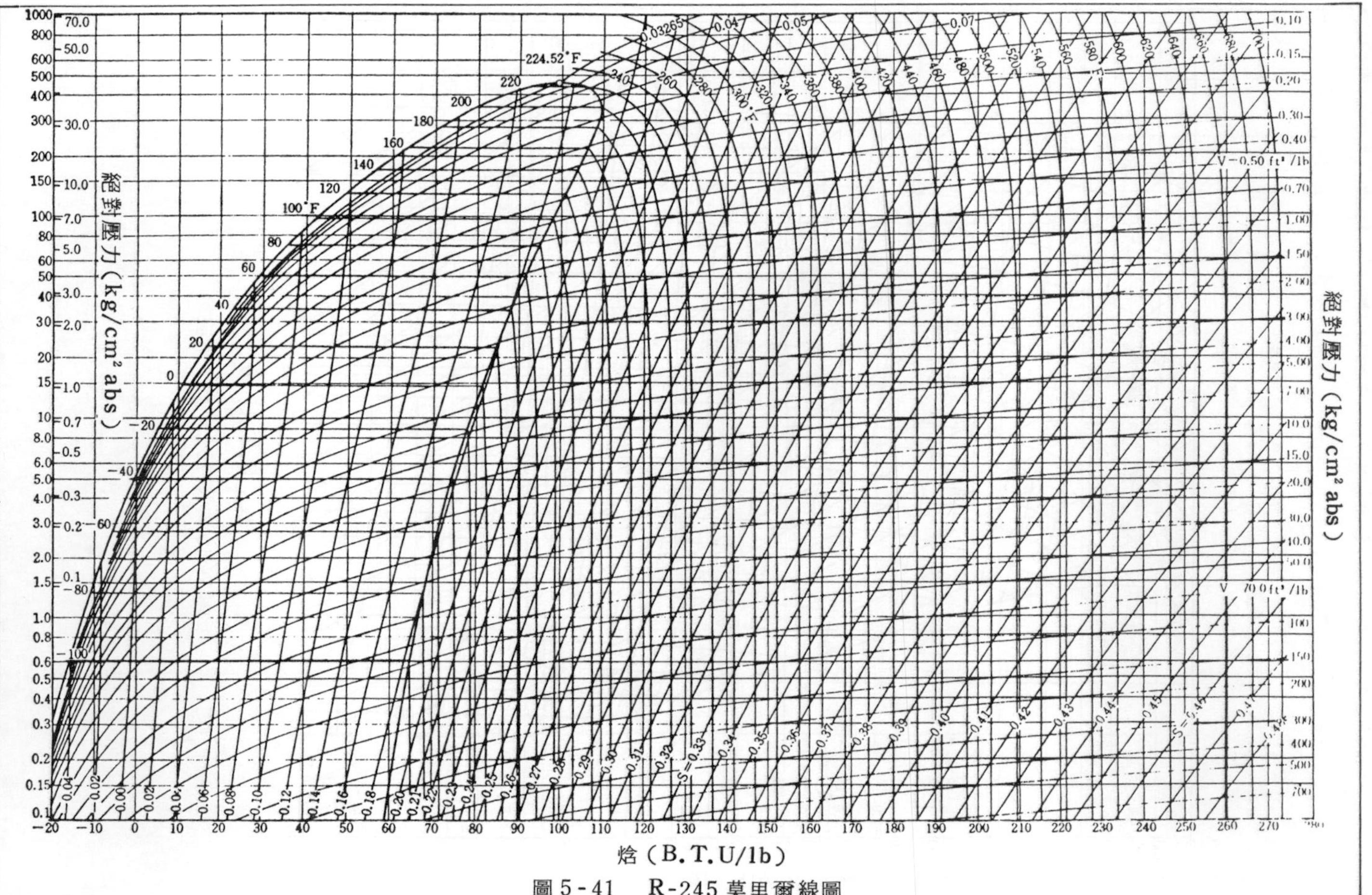

圖 5-41　R-245 莫里爾線圖

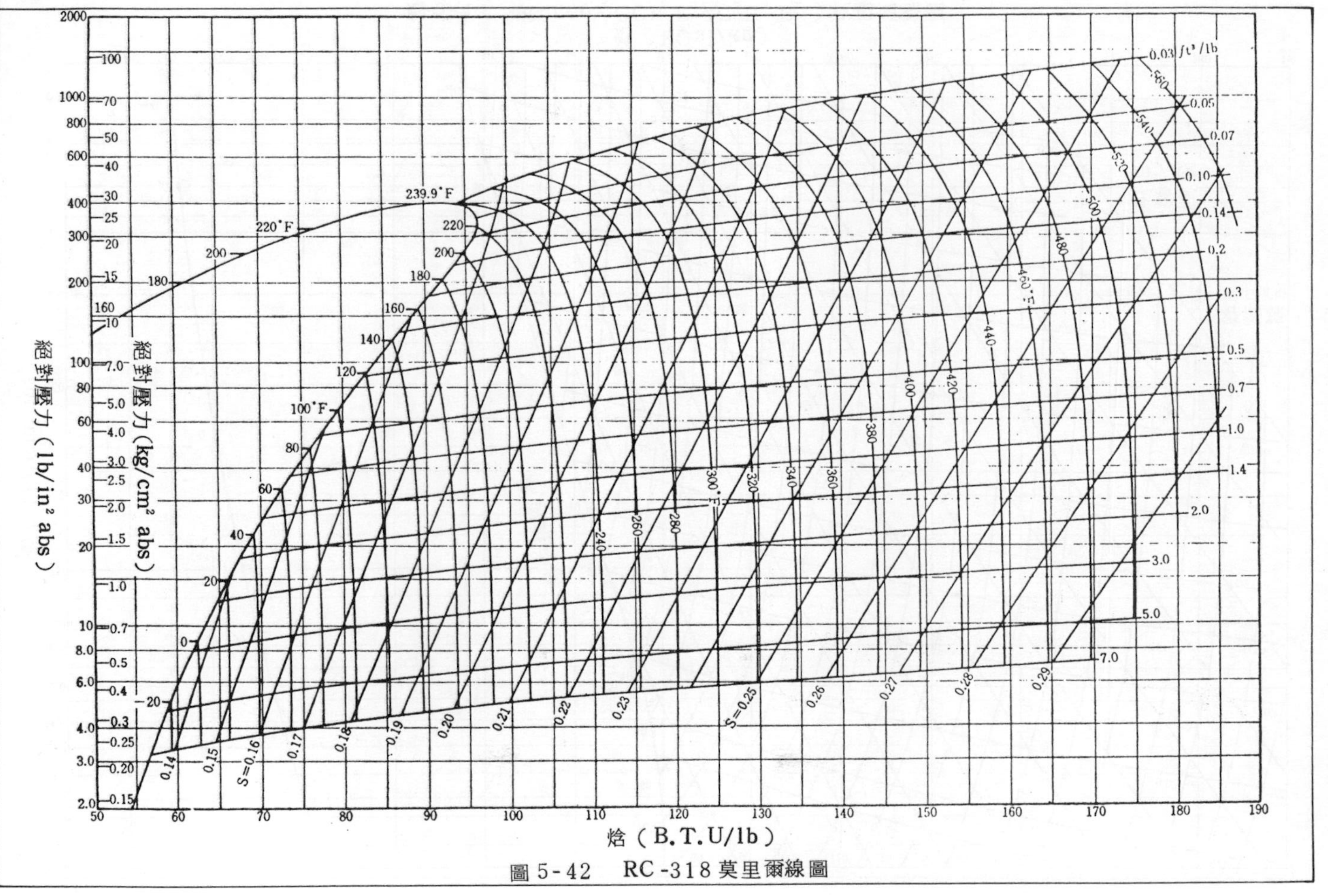

圖 5-42　RC-318 莫里爾線圖

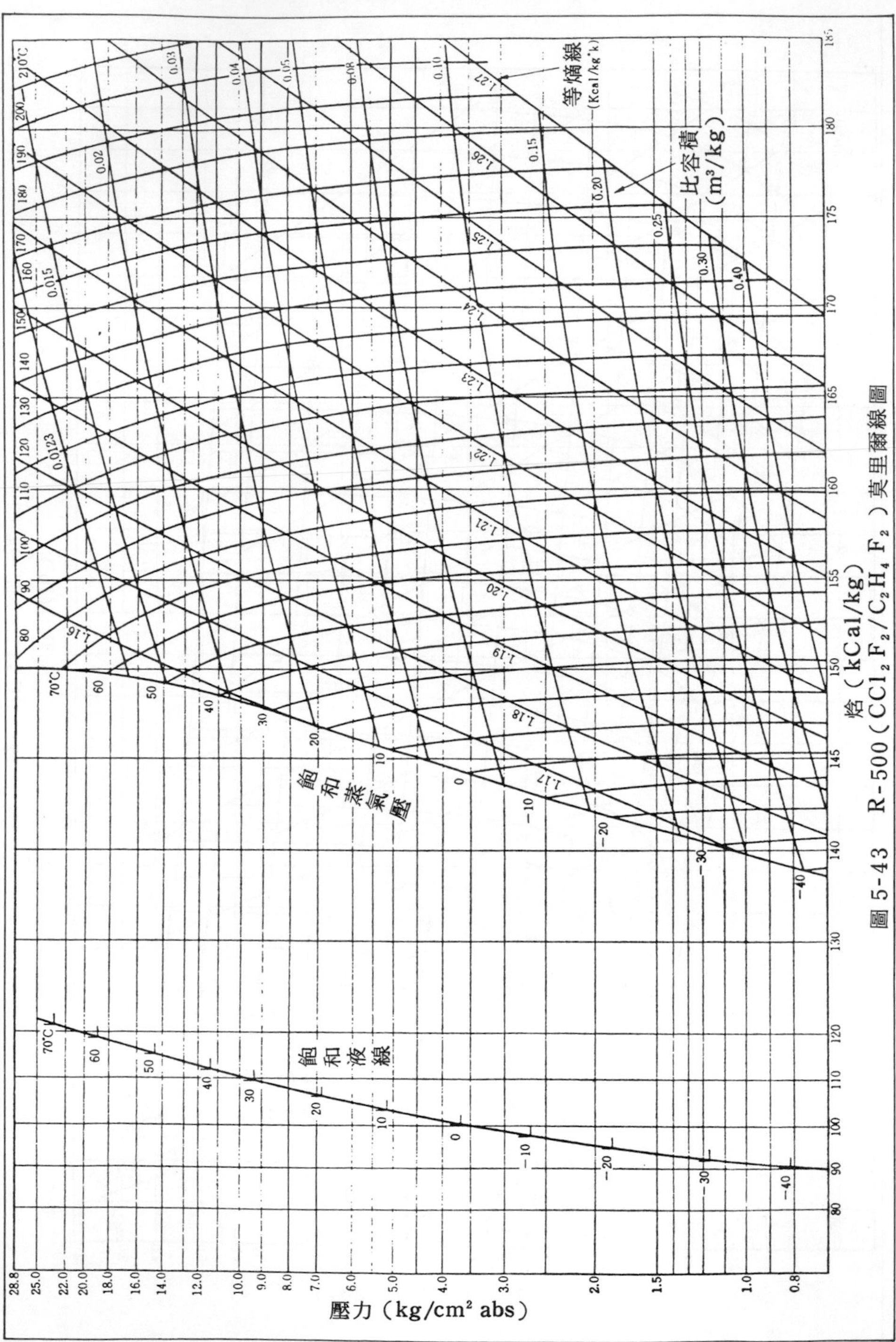

圖 5-43　R-500($CCl_2F_2/C_2H_4F_2$)莫里爾線圖

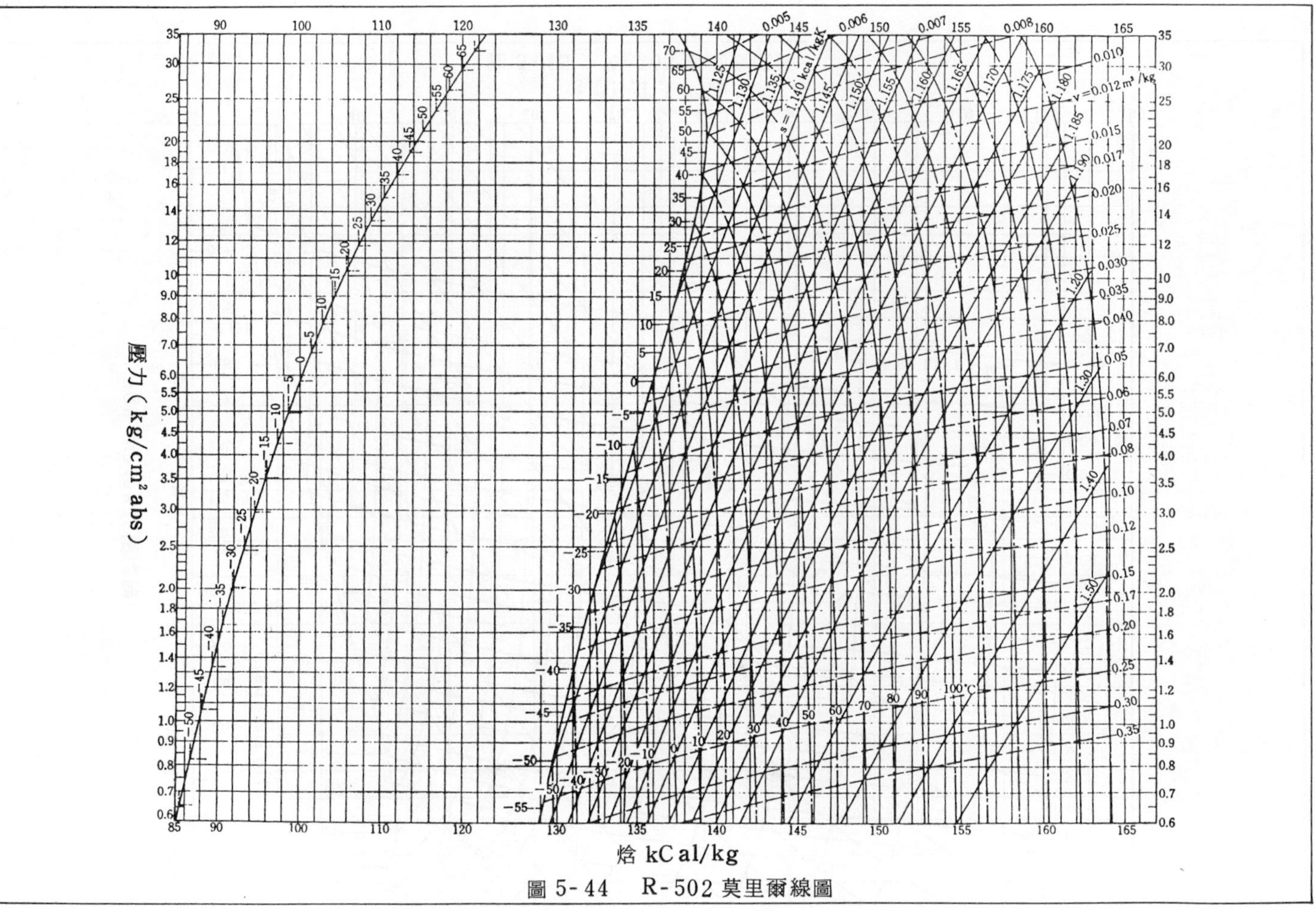

圖 5-44　R-502莫里爾線圖

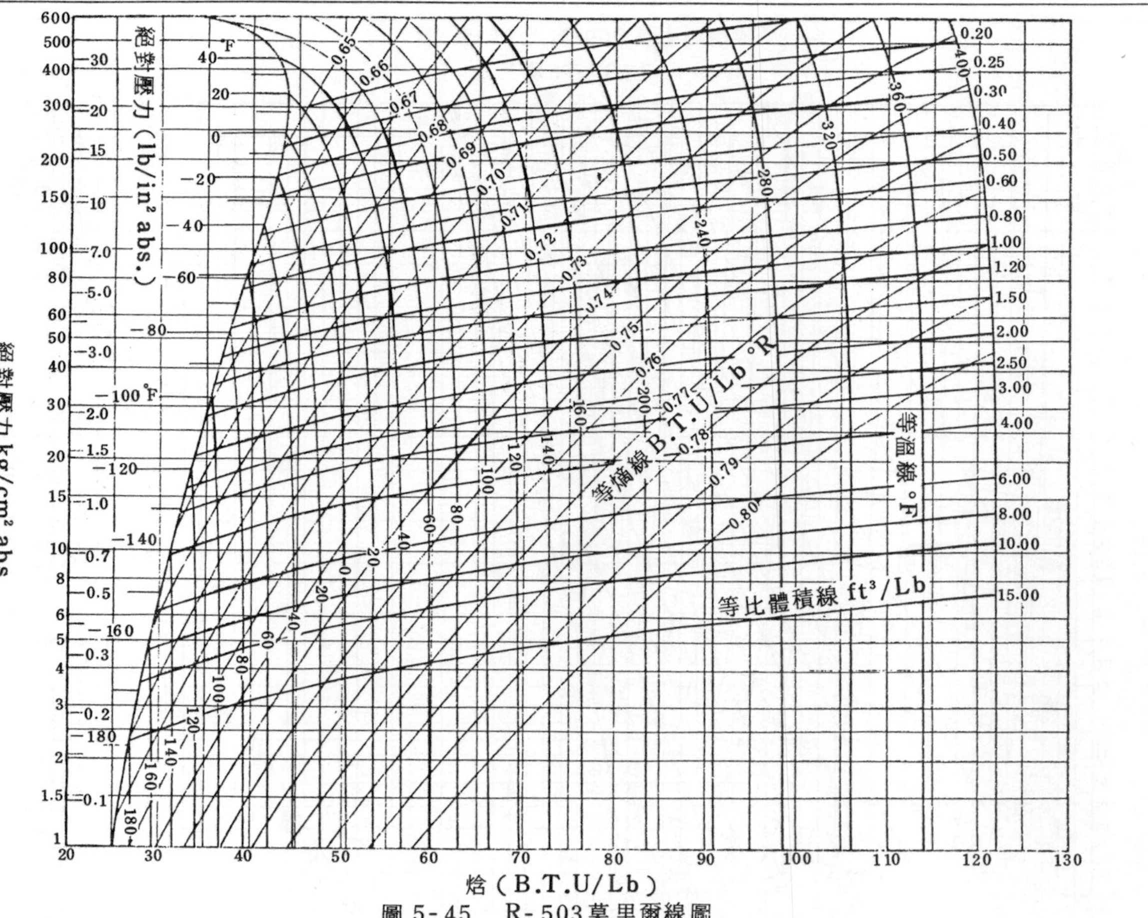

圖 5-45 R-503莫里爾線圖

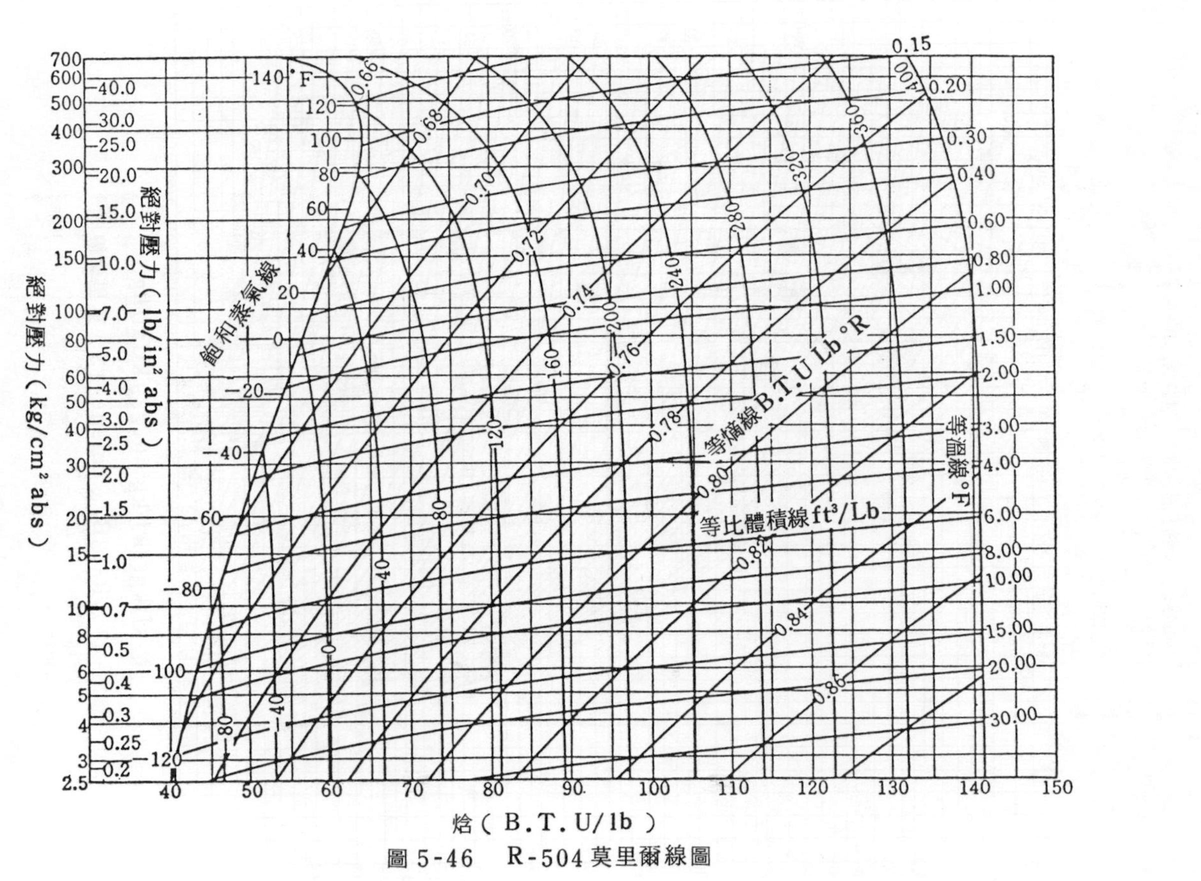

圖 5-46 R-504 莫里爾線圖

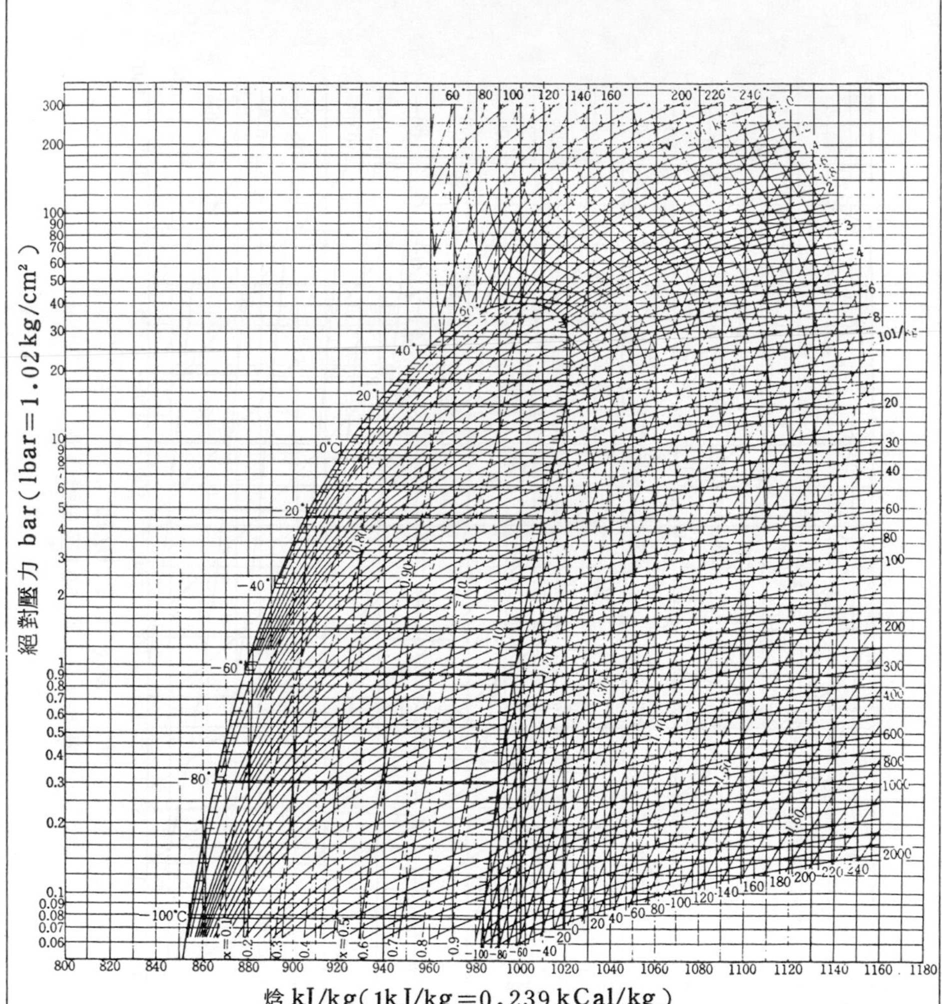

圖 5-47　R-$13B_1$（kulene-13）莫里爾線圖

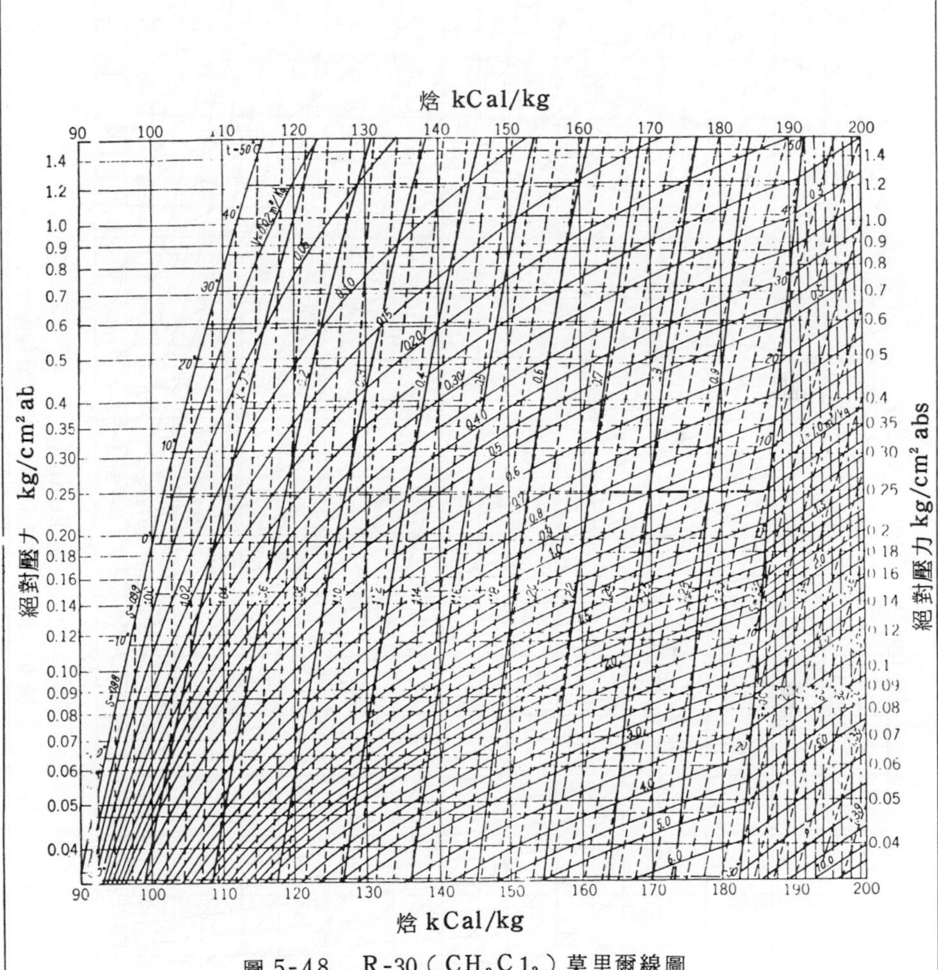

圖 5-48　R-30（CH_2Cl_2）莫里爾線圖

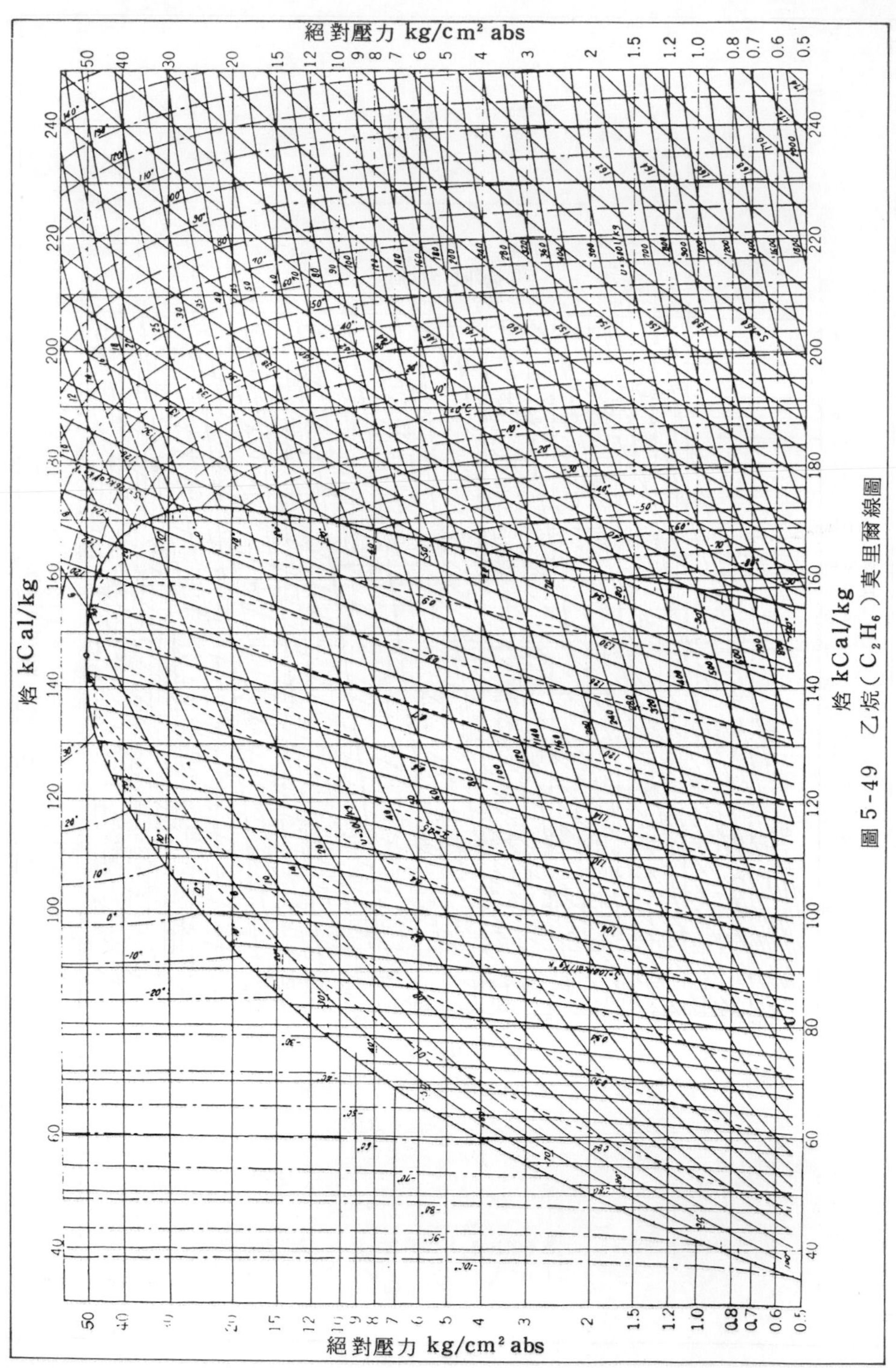

圖 5-49 乙烷（C_2H_6）莫里爾線圖

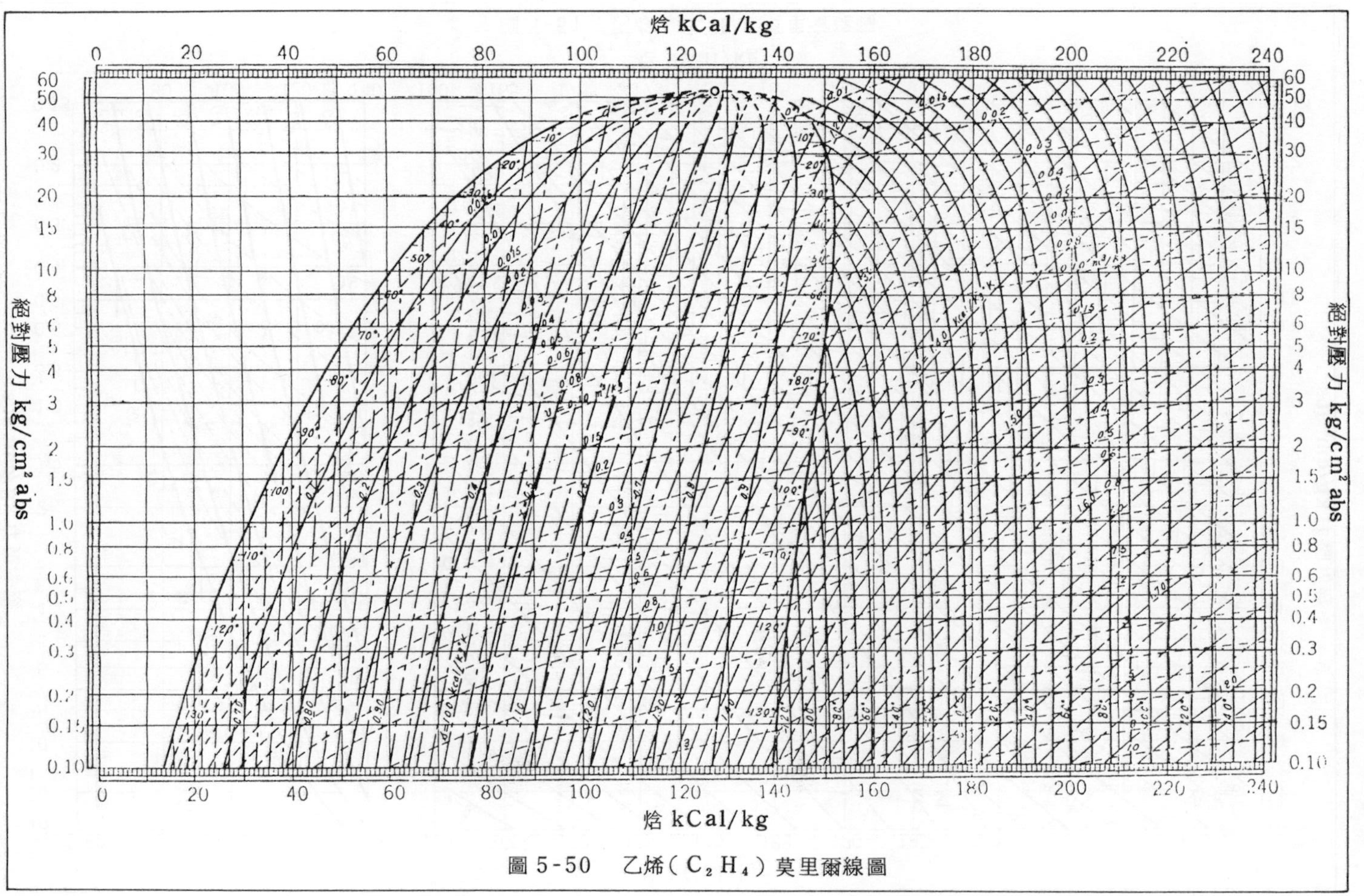

圖 5-50　乙烯（C_2H_4）莫里爾線圖

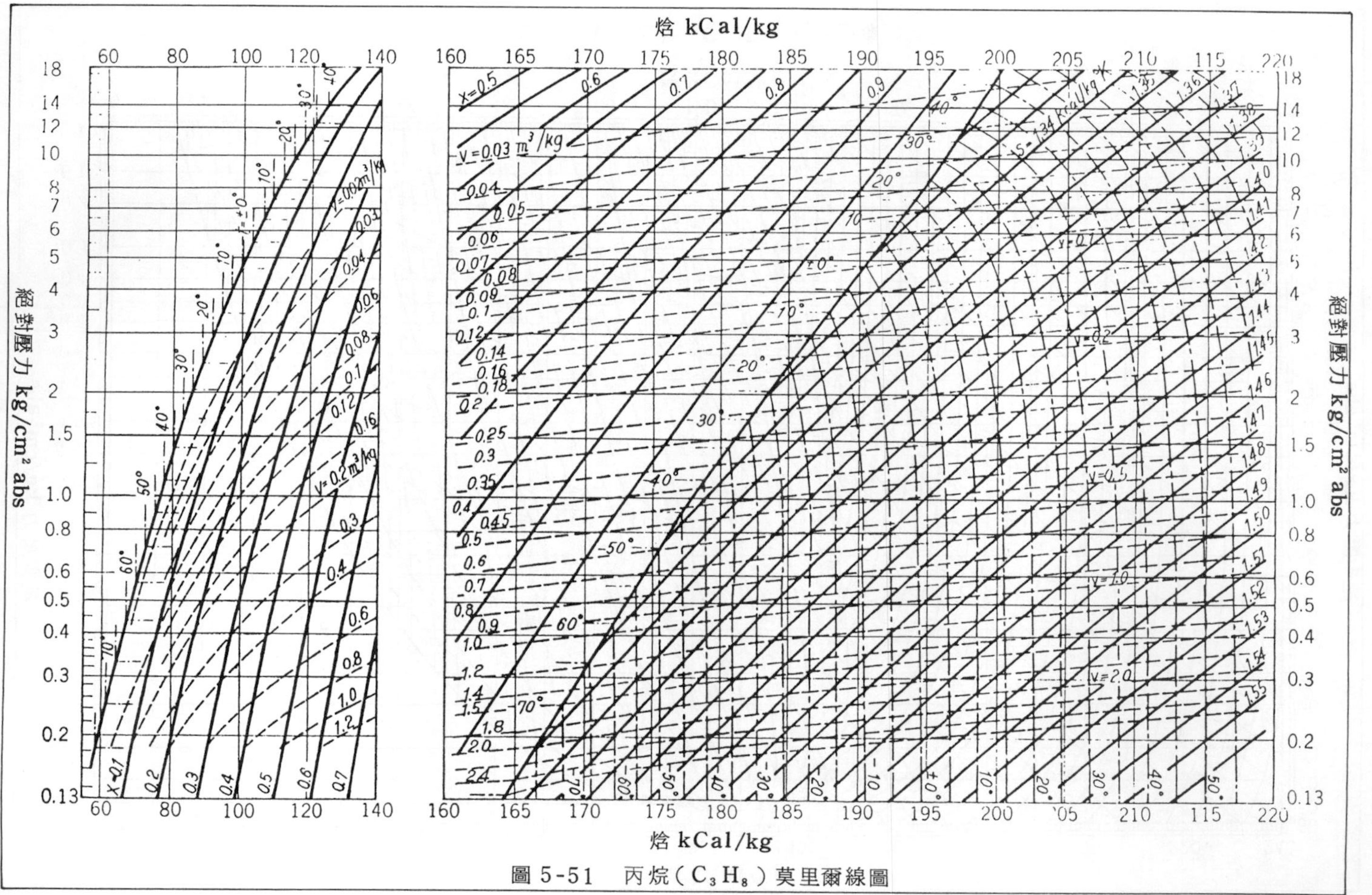

圖 5-51 丙烷(C_3H_8) 莫里爾線圖

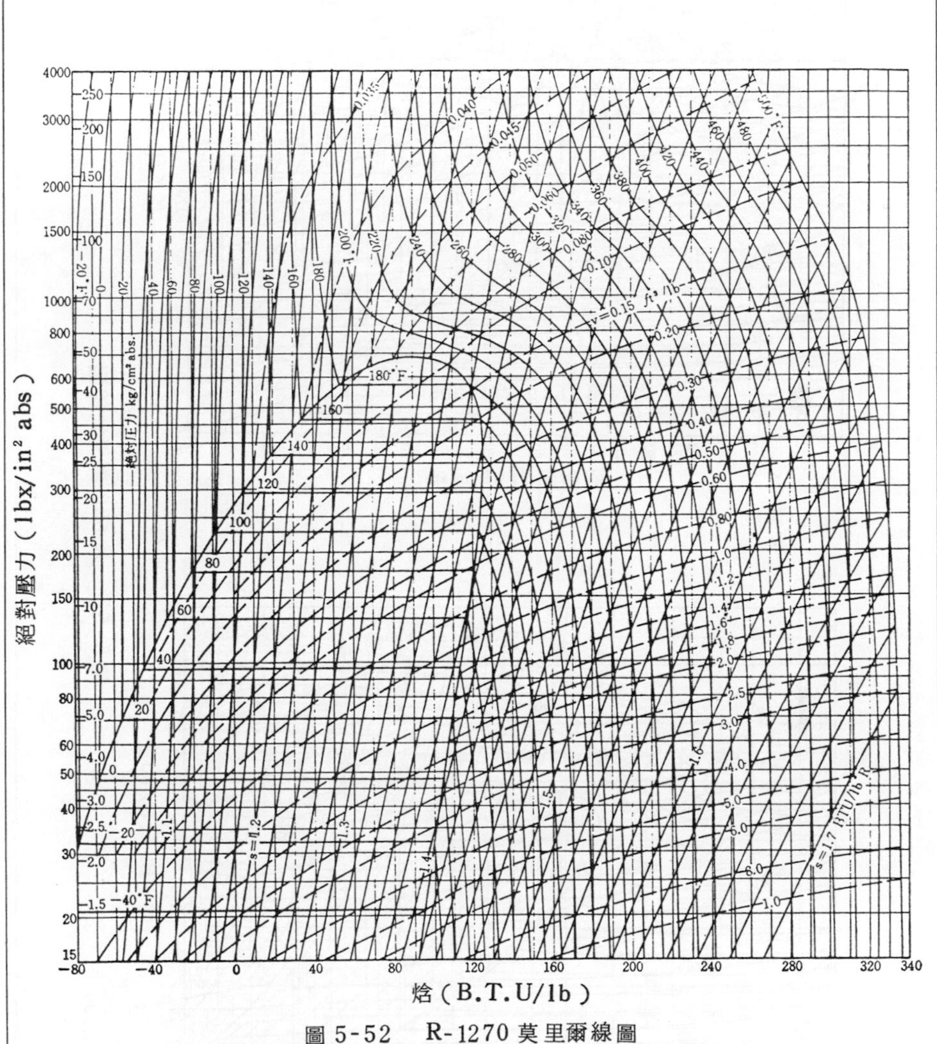

圖 5-52　R-1270 莫里爾線圖

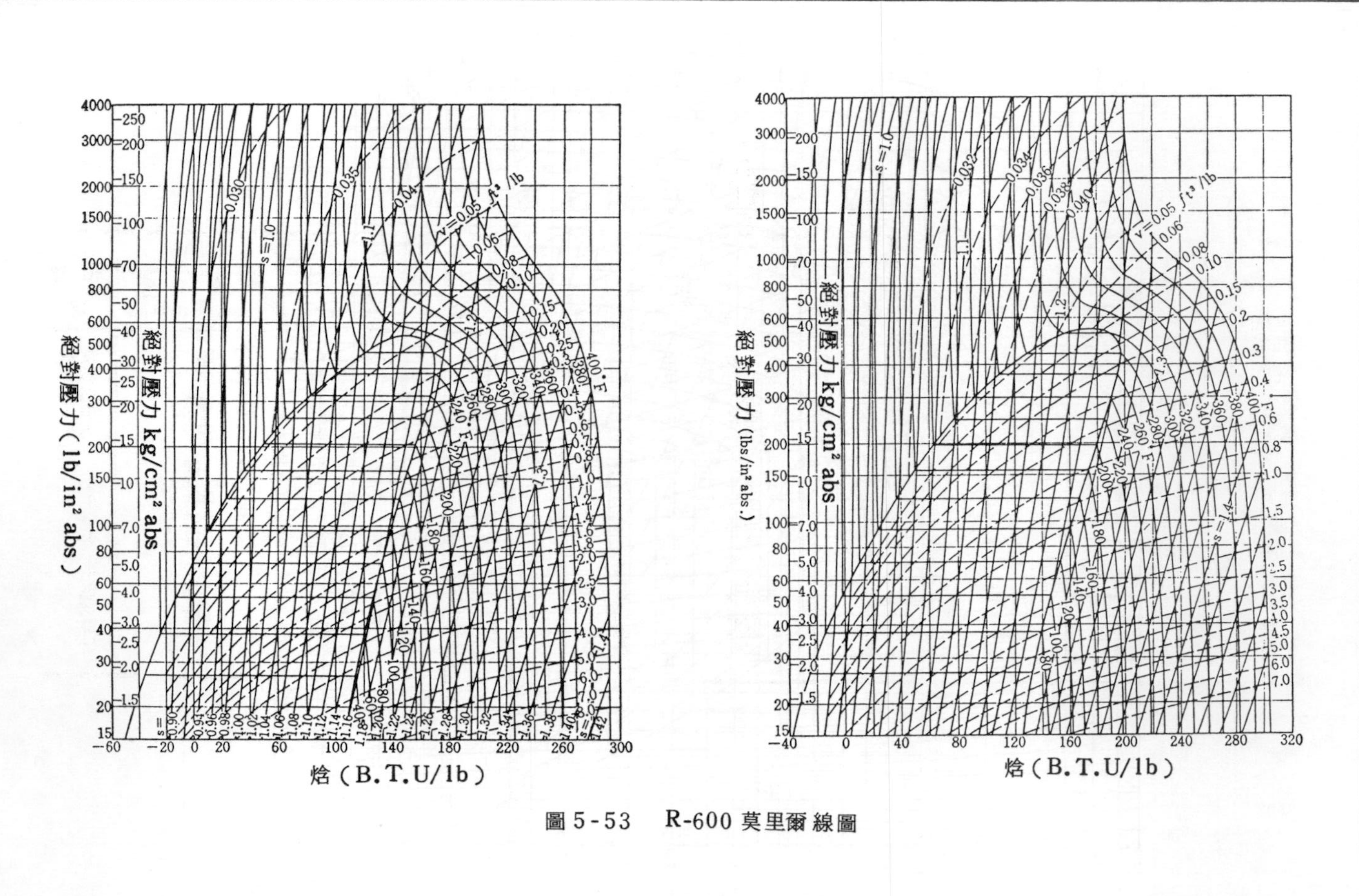

圖 5-53　R-600 莫里爾線圖

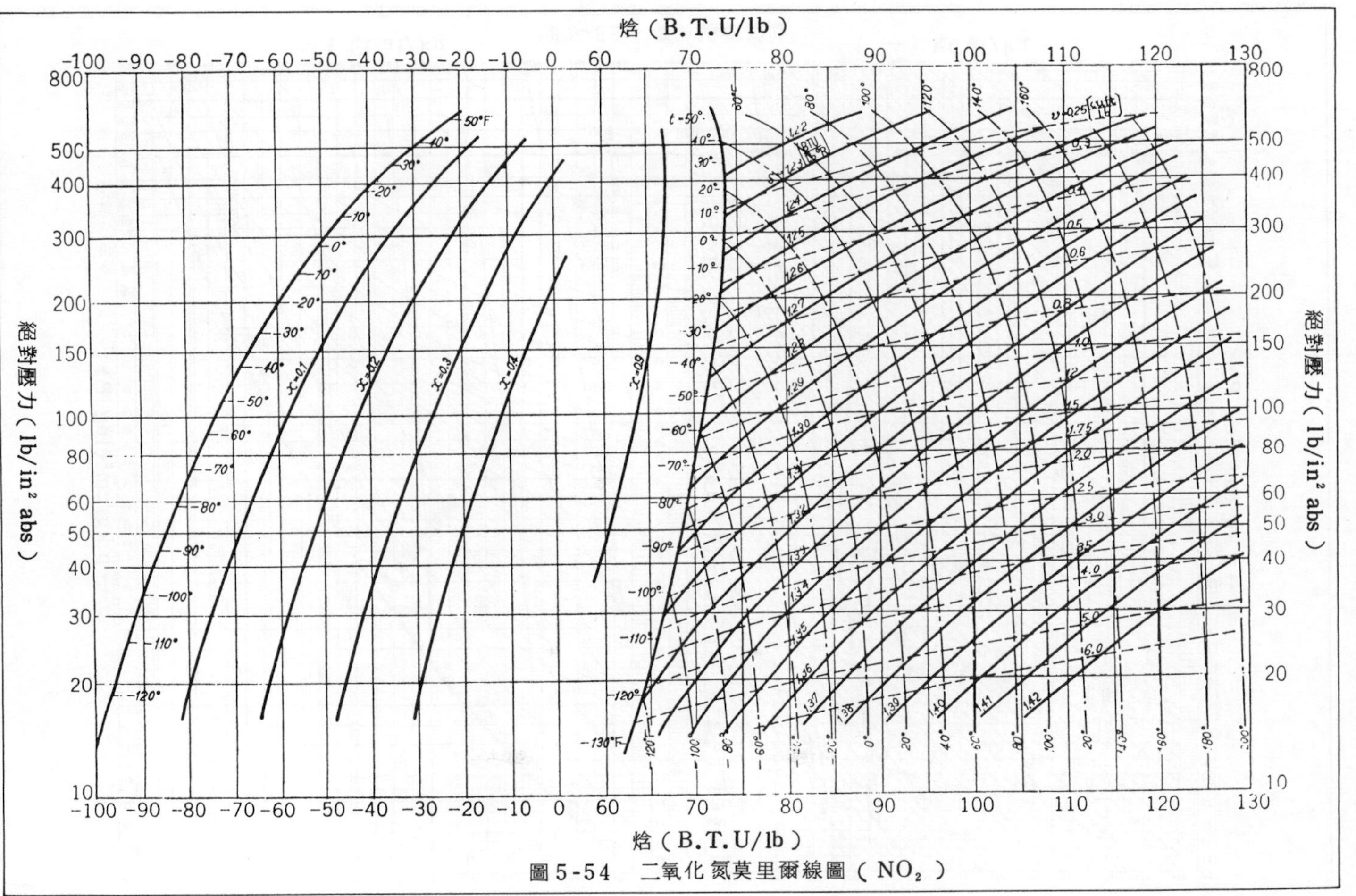

圖 5-54 二氧化氮莫里爾線圖（NO_2）

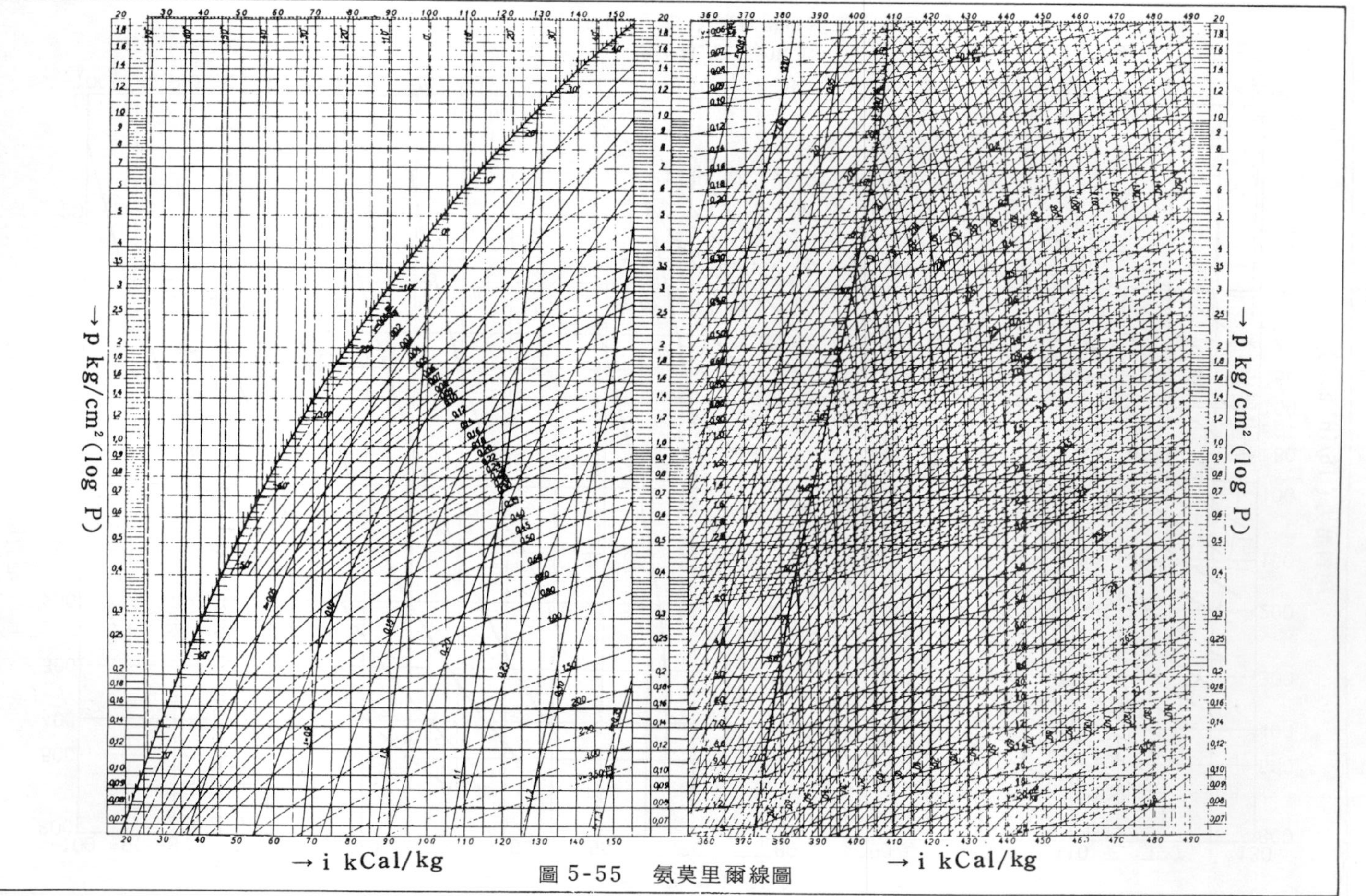
→ p kg/cm² (log P)
→ p kg/cm² (log P)
→ i kCal/kg
→ i kCal/kg

圖 5-55 氨莫里爾線圖

表 5-6　氨 (NH_3) 特性表 (a)

溫度	飽和壓力		比重量		焓		蒸發熱	熵	
	絕對	表壓	液	蒸氣	液	蒸氣		液	蒸氣
℃	kg/cm².abs	kg/cm²g	kg/l	kg/m³	kcal/kg	kcal/kg	kcal/kg	kcal/kg°K	kcal/kg°K
		真空 cm Hg							
−75	0.0765	70.3	0.7310	0.0775	20.9	373.5	352.6	0.6633	2.4431
−70	0.1114	67.8	0.7253	0.1110	25.9	375.7	349.8	0.6878	2.4101
−68	0.1287	66.5	0.7330	0.1271	27.9	376.6	348.7	0.6975	2.3976
−66	0.1485	65.0	0.7207	0.1453	29.9	377.4	347.5	0.7074	2.3853
−64	0.1706	68.4	0.7184	0.1655	32.0	378.3	346.3	0.7173	2.3734
−62	0.1954	61.7	0.7161	0.1878	34.0	379.1	345.1	0.7270	2.3618
−60	0.2233	59.6	0.7138	0.2128	36.0	380.0	344.0	0.7366	2.3507
−58	0.2543	57.3	0.7114	0.2403	38.1	380.8	342.7	0.7461	2.3393
−56	0.2889	54.8	0.7091	0.2708	40.2	381.7	341.5	0.7555	2.3285
−54	0.3272	52.0	0.7067	0.3041	42.2	382.5	340.3	0.7648	2.3180
−52	0.3697	48.8	0.7044	0.3409	44.2	383.3	339.1	0.7741	2.3078
−50	0.4168	45.3	0.7020	0.3812	46.3	384.1	337.8	0.7882	2.2978
−48	0.4686	41.5	0.6996	0.425	48.4	384.9	336.6	0.7931	2.2808
−46	0.5256	37.3	0.6972	0.473	50.4	385.7	335.3	0.8021	2.2785
−44	0.5882	32.7	0.6948	0.526	52.5	386.5	334.0	0.8112	2.2692
−42	0.6568	27.7	0.6924	0.583	54.6	387.3	332.7	0.8203	2.2600
−40	0.3718	22.1	0.6900	0.645	56.8	388.1	331.3	0.8295	2.2510
−38	0.8137	16.1	0.6875	0.712	58.88	388.88	329.99	0.8385	2.2421
−36	0.9028	9.6	0.6851	0.785	61.01	389.65	328.63	0.8475	2.2336
−35	0.9503	6.1	0.6839	0.823	62.08	390.03	327.95	0.8520	2.2294
−34	0.9999	2.4	0.6826	0.863	63.15	390.41	327.26	0.8565	2.2252
−33	1.0515	0.0145 kg/cm²g	0.6814	0.905	64.21	390.79	326.57	0.8610	2.2211
−32	1.1052	0.0722	0.6801	0.948	65.28	391.17	325.88	0.8654	2.2170
−31	1.1610	0.1280	0.6789	0.992	66.35	391.54	325.19	0.8698	2.2130
−30	1.2190	0.1860	0.6777	1.038	67.42	391.91	324.49	0.8742	2.2090
−29	1.279	0.246	0.6764	1.086	68.49	392.28	323.79	0.8786	2.2050
−28	1.342	0.309	0.6752	1.136	69.56	392.64	323.08	0.8880	2.2011
−27	1.407	0.374	0.6739	1.188	70.63	393.00	322.37	0.8874	2.1972
−26	1.475	0.442	0.6729	1.242	71.71	393.36	321.66	0.8917	2.1934
−25	1.546	0.513	0.6714	1.297	72.78	393.72	320.94	0.8960	2.1896
−24	1.619	0.586	0.6701	1.354	73.86	394.07	320.22	0.9003	2.1858
−23	1.695	0.662	0.6688	1.413	74.93	394.42	319.49	0.9046	2.1821
−22	1.774	0.741	0.6676	1.474	76.01	394.77	318.76	0.9089	2.1784
−21	1.856	0.823	0.6663	1.538	77.09	395.12	318.03	0.9132	2.1747
−20	1.940	0.907	0.6650	1.604	78.17	395.46	317.29	0.9175	2.1710
−19	2.027	0.994	0.6637	1.672	79.25	395.80	316.55	0.9217	2.1674
−18	2.117	2.084	0.6624	1.742	80.33	396.13	315.80	0.9259	2.1638
−17	2.211	1.177	0.6611	1.814	81.41	396.46	315.05	0.9301	2.1602
−16	2.309	1.276	0.6593	1.889	82.50	396.79	314.29	0.9343	2.1567
−15	2.410	1.377	0.6585	1.966	83.59	397.12	313.53	0.9385	2.1532
−14	2.514	1.481	0.6572	2.046	84.68	397.44	432.76	0.9427	2.1498
−13	2.621	1.588	0.6559	2.128	85.76	397.75	311.99	0.9469	2.1464
−12	2.732	1.699	0.6546	2.213	86.85	398.06	311.21	0.9511	2.1430
−11	2.847	1.814	0.6533	2.300	87.94	398.37	310.43	0.9552	2.1396
−10	2.966	1.933	0.6520	2.390	89.03	398.67	309.64	0.9593	2.1362
−9	3.089	2.056	0.6507	2.483	90.12	398.97	308.85	0.9634	2..329
−8	3.216	2.183	0.6493	2.579	91.21	399.27	308.06	0.9675	2.1296
−7	3.347	2.314	0.6480	2.678	92.30	399.56	307.25	0.9716	2.1263
−6	3.481	2.448	0.6467	2.779	93.40	399.85	306.45	0.9757	2.1231
−5	3.619	2.586	0.6453	2.883	94.50	400.14	305.64	0.9798	2.1199
−4	3.761	2.728	0.6440	2.991	95.59	400.42	304.83	0.9839	2.1167
−3	3.908	2.875	0.6426	3.102	96.69	400.70	304.01	0.9880	2.1135
−2	4.060	3.027	0.6413	3.216	97.79	400.98	303.19	0.9920	2.1103
−1	4.217	3.184	0.6399	3.332	98.89	401.25	302.36	0.9960	2.1072
−0	4.379	3.346	0.6386	3.452	100.00	401.52	301.52	1.0000	2.1041
+1	4.545	3.512	0.6372	3.576	101.10	401.78	300.68	1.0040	2.1010
+2	4.716	3.683	0.6358	3.703	102.21	402.04	299.84	1.0080	2.0979
+3	4.892	3.859	0.6345	3.834	103.32	402.30	298.99	1.0120	2.0949
+4	5.073	4.040	0.6331	3.969	104.43	402.55	298.13	1.0160	2.0919

表 5-6 氨(NH_3)特性表 (b)

溫度	飽和壓力		比重量		焓		蒸發熱	熵	
℃	絕對 kg/cm².abs.	表壓 kg/cm² g	液 kg/l	蒸氣 kg/m³	液 kcal/kg	蒸氣 kcal/kg	kcal/kg	液 kcal/kg.°K.	蒸氣 kcal/kg.°K.
+5	5.259	4.226	0.6317	4.108	105.54	402.80	297.26	1.0200	2.0889
+6	5.450	4.417	0.6303	4.250	106.65	403.04	296.39	1.0240	2.0859
+7	5.647	4.614	0.6289	4.396	107.76	403.27	295.51	1.0280	2.0829
+8	5.849	4.816	0.6275	4.546	108.87	403.50	294.63	1.0319	2.0799
+9	6.057	5.024	0.6261	4.700	109.99	403.73	293.74	1.0358	2.0770
+10	6.271	5.238	0.6247	4.859	111.11	403.93	292.84	1.0397	2.0741
+11	6.490	5.457	0.6233	5.022	112.23	404.17	291.94	1.0436	2.0712
+12	6.715	5.682	0.6218	5.189	113.35	404.38	291.03	1.0475	2.0683
+13	6.946	5.913	0.6204	5.361	114.47	404.59	290.12	1.0514	2.0654
+14	6.183	5.150	0.6190	5.537	115.59	404.79	289.20	1.0553	2.0626
+15	6.427	6.394	0.6175	5.718	116.72	404.99	288.27	1.0592	2.0598
+16	7.677	6.644	0.6161	5.904	117.85	405.19	287.34	1.0631	2.0570
+17	7.933	6.900	0.6146	6.094	118.98	405.38	286.40	1.0670	2.0542
+18	8.196	7.163	0.6132	6.289	120.11	405.57	285.46	1.0709	2.0514
+19	8.465	7.432	0.6117	6.489	121.24	405.75	284.51	1.0747	2.0486
+20	8.741	7.708	0.6103	6.694	122.38	405.93	283.55	1.0785	2.0459
+21	9.024	7.991	0.6088	6.904	123.52	406.10	282.58	1.0824	2.0432
+22	9.314	8.281	0.6073	7.119	124.66	406.27	281.61	1.0862	2.0405
+23	9.611	8.577	0.6058	7.339	125.80	406.43	280.63	1.0900	2.0378
+24	9.915	8.883	0.6043	7.564	126.94	406.59	279.65	1.0938	2.0351
+25	10.225	9.192	0.6028	7.795	128.09	406.75	278.66	1.0976	2.0324
+26	10.544	9.511	0.6013	8.031	129.24	406.89	277.66	1.1014	2.0297
+27	10.870	9.837	0.5998	8.273	130.39	407.03	276.65	1.1052	2.0270
+28	11.204	10.171	0.5983	8.521	131.54	407.17	275.64	1.1090	2.0243
+29	11.546	10.513	0.5968	8.775	132.69	407.30	274.62	1.1128	2.0217
+30	11.895	10.862	0.5952	9.034	133.84	407.43	273.59	1.1165	2.0191
+31	12.252	11.219	0.5937	9.300	135.00	407.55	272.55	1.1203	2.0165
+32	12.617	11.584	0.5921	9.573	136.16	407.67	271.50	1.1241	2.0139
+33	12.991	11.958	0.5906	9.852	137.32	407.78	270.45	1.1278	2.0113
+34	13.374	12.341	0.5890	10.138	138.48	407.88	269.39	1.1315	2.0087
+35	13.765	12.732	0.5875	10.431	139.65	407.97	268.32	1.1352	2.0061
+36	14.165	13.132	0.5859	10.731	140.82	408.06	267.24	1.1390	2.0035
+37	14.573	13.540	0.5843	11.038	141.99	408.15	266.15	1.1427	2.0009
+38	14.990	13.957	0.5827	11.353	143.16	408.23	265.06	1.1464	1.9984
+39	15.415	14.382	0.5811	11.675	144.34	408.30	263.96	1.1501	1.9958
+40	15.850	14.837	0.5795	12.005	145.52	408.37	262.85	1.1538	1.9933
+41	16.294	15.261	0.5779	12.34	146.70	408.43	261.73	1.1575	1.9908
+42	16.747	15.714	0.5762	12.69	147.88	408.49	260.60	1.1612	1.9882
+43	17.210	16.177	0.5746	13.04	149.06	408.54	259.47	1.1649	1.9857
+44	17.682	16.649	0.5729	13.40	150.24	408.58	258.33	1.1686	1.9832
+45	18.165	17.132	0.5713	13.77	151.43	408.61	257.18	1.1722	1.9807
+46	18.658	17.625	0.5696	14.15	152.62	408.64	256.02	1.1759	1.9781
+47	19.161	18.128	0.5680	14.54	153.81	408.66	254.85	1.1796	1.9756
+48	19.673	18.640	0.5663	14.94	155.00	408.68	253.67	1.1832	1.9731
+49	20.195	19.162	0.5646	15.34	156.20	408.70	252.48	1.1868	1.9706
+50	20.727	19.694	0.5628	15.75	157.38	408.72	251.34	1.1905	1.9683
+52	21.83	20.80	0.5591	16.59	159.8	408.7	248.9	1.1982	1.9638
+54	22.97	21.94	0.5554	17.47	162.2	408.8	246.6	1.2056	1.9590
+56	24.15	23.12	0.5516	18.39	164.6	408.8	244.2	1.2130	1.9542
+58	25.37	24.34	0.5478	19.35	167.1	408.7	241.6	1.2205	1.9494
+60	26.66	25.63	0.5440	20.35	169.6	408.6	248.0	1.2280	1.9445
+62	27.98	26.95	0.5402	21.41	172.2	408.5	236.3	1.2354	1.9396
+64	29.36	28.33	0.5364	22.53	174.8	408.3	233.5	1.2428	1.9347
+66	30.77	29.74	0.5326	23.73	177.4	408.0	230.6	1.2502	1.9297
+68	32.25	31.22	0.5288	25.01	180.0	407.7	227.7	1.2576	1.9247
+70	33.77	32.74	0.5248	26.36	182.7	407.3	224.6	1.2650	1.9196

表 5-7 R-11 特性表

溫度	飽和壓力		比重量		焓		蒸發熱	熵	
	絕對	表壓	液	蒸氣	液	蒸氣		液	蒸氣
℃	kg/cm^{2}abs	kg/cm^2 g	l/kg	m^3/kg	kcal/kg	kcal/kg	kcal/kg	kcal/kg.°K.	kcal/kg.°K
		眞空 cmHg							
−40	0.052	72.1	0.6167	2.760	92.07	140.67	48.60	0.9686	1.1770
−38	0.059	71.6	0.6184	2.415	92.46	140.91	48.45	0.9702	1.1762
−36	0.066	71.1	0.6201	2.124	92.86	141.15	48.29	0.9719	1.1756
−34	0.075	70.5	0.6217	1.888	93.25	141.38	48.13	0.9735	1.1748
−32	0.084	69.8	0.6234	1.698	93.64	141.62	47.98	0.9751	1.1741
−30	0.094	69.1	0.6250	1.533	94.03	141.86	47.83	0.9767	1.1734
−28	0.105	68.2	0.6267	1.389	94.42	142.09	47.67	0.9784	1.1729
−26	0.117	67.3	0.6284	1.264	94.82	142.33	47.51	0.9800	1.1723
−24	0.130	66.4	0.6300	1.156	95.22	142.58	47.36	0.9816	1.1717
−22	0.144	65.4	0.6318	1.057	95.61	142.81	47.20	0.9832	1.1712
−20	0.160	64.2	0.6335	0.963	96.01	143.06	47.05	0.9848	1.1707
−18	0.177	63.0	0.6352	0.879	96.41	143.31	46.90	0.9863	1.1701
−16	0.195	61.6	0.6370	0.806	96.81	143.55	46.74	0.9878	1.1696
−14	0.216	60.1	0.6388	0.737	97.20	143.78	46.58	0.9894	1.1692
−12	0.238	58.4	0.6406	0.673	97.60	144.03	46.43	0.9809	1.1687
−10	0.261	56.8	0.6425	0.616	98.00	144.27	46.27	0.9924	1.1682
− 8	0.2875	54.9	0.6443	0.564	98.40	144.52	46.12	0.9940	1.1679
− 6	0.3145	52.8	0.6461	0.517	98.80	144.76	45.96	0.9955	1.1675
− 4	0.3430	50.7	0.6480	0.475	99.20	145.00	45.80	0.9970	1.1671
− 2	0.3750	48.4	0.6499	0.439	99.60	145.24	45.64	0.9985	1.1668
0	0.4100	45.8	0.6519	0.405	100.00	145.48	45.48	1.0000	1.1665
+ 2	0.4460	43.2	0.6538	0.374	100.41	145.73	45.32	1.0014	1.1661
+ 4	0.4855	40.2	0.6558	0.346	100.81	145.97	45.16	1.0029	1.1658
+ 6	0.5270	37.9	0.6578	0.321	101.21	146.20	44.99	1.0043	1.1655
+ 8	0.5715	33.9	0.6598	0.298	101.62	146.45	44.83	1.0058	1.1652
+10	0.6175	30.5	0.6519	0.277	102.02	146.69	44.67	1.0072	1.1650
+12	0.6675	26.8	0.6639	0.257	102.43	146.93	44.50	1.0087	1.1648
+14	0.7210	22.9	0.6660	0.239	102.83	147.16	44.33	1.0101	1.1646
+16	0.7790	18.7	0.6680	0.223	103.24	147.41	44.17	1.0115	1.1643
+18	0.8400	14.2	0.6701	0.208	103.66	147.66	44.00	1.0129	1.1641
+20	0.9000	9.5	0.6722	0.194	104.07	147.90	43.83	1.0143	1.1638
+22	0.9720	4.5	0.6743	0.181	104.48	148.14	43.66	1.0157	1.1636
+24	1.0445	0.0115kg/cm^{2}g	0.6765	0.170	104.90	148.38	43.48	1.0171	1.1634
+26	1.1205	0.0875	0.6787	0.159	105.31	148.61	43.30	1.0185	1.1632
+28	1.2000	0.127	0.6809	0.149	105.73	148.86	43.13	1.0199	1.1631
+30	1.2855	0.2525	0.6833	0.140	106.14	149.09	42.95	1.0213	1.1630
+32	1.374	0.341	0.6856	0.132	106.56	149.33	42.77	1.0226	1.1628
+34	1.466	0.433	0.6879	0.124	106.98	149.56	42.58	1.0240	1.1627
+36	1.565	0.532	0.6903	0.116	107.40	149.80	42.40	1.0254	1.1626
+38	1.671	0.638	0.6927	0.109	107.82	150.03	42.21	1.0268	1.1625
+40	1.782	0.749	0.6950	0.103	108.24	150.27	42.03	1.0281	1.1623
+42	1.899	0.866	0.6975	0.098	108.66	150.50	41.84	1.0295	1.1622
+44	2.022	0.989	0.7000	0.092	109.09	150.74	41.65	1.0308	1.1621
+46	2.148	1.115	0.7025	0.087	109.52	150.97	41.45	1.0322	1.1621
+48	2.275	1.242	0.7050	0.082	109.95	151.20	41.25	1.0335	1.1620
+50	2.403	1.370	0.7075	0.077	110.38	151.43	41.05	1.0349	1.1619

表 5-8 R-12 的特性表(a)

溫度	飽和壓力		比重量		焓		蒸發熱	熵	
	絕對	表壓	液	蒸氣	液	蒸氣		液	蒸氣
℃	kg/cm²abs	kg/cm²g	kg/l	kg/m³	kcal/kg	kcal/kg	kcal/kg	kcal/kg°K	kcal/kg°K
		真空 Hg cm							
−70	0.1258	66.7	1.604	0.888	85.84	128.88	42.99	0.94050	1.15210
−68	0.1429	65.4	1.598	1.000	86.20	129.06	42.86	0.94230	1.15130
−66	0.1618	64.0	1.592	1.122	86.57	129.30	42.73	0.94411	1.15064
−64	0.1829	62.5	1.587	1.257	86.94	129.54	42.60	0.94589	1.14961
−62	0.1059	60.8	1.581	1.403	87.31	129.77	42.46	0.94769	1.14883
−60	0.2315	58.9	1.575	1.566	87.68	130.00	42.32	0.94946	1.14806
−58	0.2595	56.8	1.569	1.738	88.06	130.24	42.18	0.95122	1.14731
−56	0.2900	54.6	1.564	1.927	88.44	130.48	42.04	0.95300	1.14663
−54	0.3236	52.2	1.558	2.134	88.82	130.71	41.89	0.95474	1.14595
−52	0.3602	49.5	1.552	2.355	89.20	130.95	41.75	0.95651	1.14531
−50	0.3999	46.6	1.546	2.595	89.59	131.18	41.59	0.95824	1.14468
−48	0.4432	43.4	1.540	2.854	89.97	131.42	41.45	0.95997	1.14410
−46	0.4900	39.9	1.535	3.132	90.36	131.65	41.29	0.96170	1.14352
−44	0.5409	36.2	1.529	3.432	90.76	131.89	41.13	0.96342	1.14297
−42	0.5958	32.2	1.523	3.752	91.15	132.13	40.98	0.96505	1.14261
−40	0.6551	27.8	1.517	4.097	91.55	132.36	40.81	0.96685	1.14193
−39	0.6865	25.5	1.514	4.279	91.75	132.48	40.73	0.96770	1.14170
−38	0.7189	23.1	1.511	4.466	91.95	132.60	40.65	0.96855	1.14146
−37	0.7523	20.7	1.508	4.660	92.15	132.72	40.57	0.96941	1.14124
−36	0.7875	18.0	1.505	4.862	92.35	132.83	40.48	0.97026	1.14101
−35	0.8238	15.4	1.502	5.069	92.55	132.95	40.40	0.97110	1.14078
−34	0.8610	12.7	1.499	5.280	92.76	133.07	40.31	0.97194	1.14055
−33	0.9000	9.8	1.496	5.501	92.96	133.19	40.23	0.97278	1.14034
−32	0.9400	6.8	1.493	5.724	93.16	133.30	40.14	0.97364	1.14014
−31	0.9818	3.8	1.490	5.960	93.37	133.43	40.06	0.97448	1.13993
−30	1.0245	0.6	1.487	6.200	93.57	133.54	39.97	0.97532	1.13975
−29	1.0688	0.0358kg/cm²g	1.484	6.447	93.78	133.66	39.88	0.97616	1.13954
−28	1.1149	0.0819	1.481	6.702	93.98	133.77	39.79	0.97699	1.13934
−27	1.1622	0.1292	1.478	6.964	94.19	133.90	39.71	0.97783	1.13917
−26	1.2109	0.1779	1.475	6.236	94.40	134.01	39.61	0.97867	1.13899
−25	1.2616	0.2286	1.472	7.513	94.61	134.13	39.52	0.97950	1.13879
−24	1.3140	0.2810	1.469	7.800	94.81	134.24	39.43	0.98033	1.13862
−23	1.3678	0.3348	1.466	8.097	95.02	134.36	39.34	0.98116	1.13845
−22	1.4227	0.3894	1.463	8.403	95.23	134.47	39.24	0.98200	1.13829
−21	1.4805	0.4475	1.459	8.718	95.44	134.59	39.15	0.98283	1.13814
−20	1.5396	0.5066	1.456	9.034	95.65	134.71	39.06	0.98365	1.13798
−19	1.6005	0.5675	1.453	9.372	95.87	134.83	38.96	0.98448	1.13783
−18	1.6627	0.6297	1.450	9.709	96.08	134.95	38.87	0.98531	1.13768
−17	1.7275	0.6935	1.447	10.06	96.29	135.06	38.77	0.98614	1.13753
−16	1.7940	0.7610	1.444	10.42	96.50	135.17	38.67	0.98696	1.13738
−15	1.8622	0.8292	1.441	10.79	96.72	135.29	38.57	0.98778	1.13723
−14	1.9321	0.8991	1.438	11.17	96.93	135.40	38.47	0.98860	1.13709
−13	2.0050	0.9720	1.434	11.56	97.15	135.52	38.37	0.98942	1.13695
−12	2.0793	1.0463	1.431	11.96	97.36	135.63	38.27	0.99025	1.13682
−11	2.1555	1.1225	1.428	12.37	97.58	135.75	38.17	0.99107	1.13668
−10	2.2342	1.2012	1.425	12.80	97.80	135.87	38.07	0.99188	1.13567

表 5-8 R-12 的特性表(b)

溫度	飽和壓力		比重量		焓		蒸發熱	熵	
	絕對	表壓	液	蒸氣	液	蒸氣		液	蒸氣
℃	kg/cm².abs.	kg/cm²g	kg/l	kg/m³	kcal/kg	kcal/kg	kcal/kg	kcal/kg.°K.	kcal/kg.°K.
−9	2.3148	1.2818	1.422	13.23	98.02	135.98	37.96	0.99270	1.13644
−8	2.3984	1.3654	1.419	13.68	98.23	136.09	37.86	0.99351	1.13633
−7	2.4833	1.4503	1.416	14.13	98.45	136.20	37.75	0.99432	1.13620
−6	2.5712	1.5382	1.413	14.60	98.67	136.32	37.65	0.99514	1.13609
−5	2.6602	1.6272	1.410	15.08	98.89	136.43	37.54	0.99595	1.13598
−4	2.7531	1.7201	1.407	15.57	99.11	136.54	37.43	0.99676	1.13586
−3	2.8479	1.8149	1.403	16.07	99.33	136.65	37.32	0.99757	1.13575
−2	2.9439	1.9107	1.400	16.59	99.56	136.77	37.21	0.99839	1.13566
−1	3.0446	2.0116	1.397	17.11	99.78	136.88	37.10	0.99919	1.13555
0	3.1465	2.1135	1.394	17.65	100.00	136.99	36.99	1.00000	1.13546
+1	3.2511	2.2181	1.391	18.20	100.22	137.10	36.88	1.00081	1.13535
+2	3.3583	2.3253	1.388	18.76	100.45	137.21	36.76	1.00161	1.13524
+3	3.4676	2.4346	1.385	19.35	100.67	137.32	36.65	1.00242	1.13515
+4	3.5804	2.5474	1.381	19.95	100.90	137.43	36.53	1.00322	1.13506
+5	3.6959	2.6629	1.378	20.56	101.12	137.54	36.42	1.00402	1.13497
+6	3.8135	2.7805	1.375	21.18	101.35	137.65	36.30	1.00483	1.13488
+7	3.9348	2.9018	1.372	21.82	101.58	137.76	36.18	1.00563	1.13480
+8	4.0582	3.0252	1.368	22.47	101.80	137.86	36.06	1.00643	1.13471
+9	4.1853	3.1523	1.365	23.13	102.03	137.97	35.94	1.00723	1.13462
+10	4.3135	3.2805	1.362	23.79	102.26	138.08	35.82	1.00803	1.13455
+11	4.4466	3.4136	1.359	24.48	102.49	138.18	35.69	1.00883	1.13446
+12	4.5828	3.5498	1.355	25.19	102.72	138.29	35.57	1.00963	1.13439
+13	4.7209	3.6879	1.352	25.92	102.95	138.39	35.44	1.01042	1.13430
+14	4.8621	3.8291	1.349	26.66	103.18	138.49	35.31	1.01122	1.13422
+15	5.0076	3.9746	1.345	27.41	103.42	138.61	35.19	1.01201	1.13414
+16	5.1550	4.1220	1.342	28.19	103.65	138.70	35.05	1.01281	1.13407
+17	5.3067	4.2737	1.339	28.99	103.88	138.81	34.93	1.01361	1.13400
+18	5.4605	4.4275	1.335	29.87	104.12	138.91	34.79	1.01440	1.13392
+19	5.6172	4.5842	1.332	30.65	104.35	139.01	34.66	1.01519	1.13385
+20	5.7786	4.7456	1.329	31.50	104.59	139.12	34.53	1.01598	1.13378
+21	5.9432	4.9102	1.325	32.38	104.82	139.21	34.39	1.01678	1.13372
+22	6.1112	5.0782	1.321	33.28	105.06	139.31	34.25	1.01757	1.13364
+23	6.2825	5.2495	1.318	34.19	105.29	139.40	34.11	1.01835	1.13356
+24	6.4584	5.4254	1.315	35.11	105.53	139.50	33.97	1.01914	1.13350
+25	6.6363	5.6032	1.311	36.07	105.77	139.61	33.84	1.01993	1.13344
+26	6.8175	5.7845	1.308	37.04	106.01	139.70	33.69	1.02072	1.13337
+27	7.0020	5.9690	1.304	38.04	106.25	139.79	33.54	1.02151	1.13329
+28	7.1933	6.1603	1.300	39.06	106.49	139.89	33.40	1.02229	1.13322
+29	7.3863	6.3533	1.297	40.10	106,73	139.98	33.25	1.02307	1.13315
+30	7.5810	6.5480	1.293	41.11	106.97	140.08	33.11	1.02387	1.13310
+31	7.7826	6.7496	1.289	42.18	107.21	140.16	32.95	1.02465	1.13301
+32	7.9897	6.9567	1.285	43.31	107.45	140.25	32.80	1.02543	1.13294
+33	8.2003	7.1673	1.282	44.45	107.69	140.34	32.65	1.02620	1.13286
+34	8.4087	7.3757	1.278	45.62	107.94	140.43	32.49	1.02699	1.13280
+35	8.6264	7.5934	1.274	46.81	108.18	140.51	32.33	1.02778	1.13273
+36	8.8475	7.8145	1.270	48.01	108.43	140.61	32.18	1.02856	1.13266
+37	9.0726	8.0396	1.267	49.25	108.67	140.69	32.02	1.02934	1.13258
+38	9.2989	8.2659	1.263	50.51	108.92	140.77	31.85	1.03011	1.13250
+39	9.5351	8.5021	1.259	51.79	109.16	140.85	31.69	1.03089	1.13243
+40	9.7707	8.7377	1.255	53.13	109.41	140.94	31.53	1.03167	1.13236
+41	10.014	8.981	1.251	54.49	109.66	141.02	31.36	1.03246	1.13229
+42	10.257	9.224	1.247	55.90	109.91	141.10	31.19	1.03324	1.13222
+43	10.511	9.478	1.243	57.34	110.16	141.18	31.02	1.03400	1.13212
+44	10.763	9.730	1.239	58.83	110.41	141.25	30.84	1.03478	1.13204
+45	11.023	9.990	1.234	60.38	110.66	141.33	30.67	1.03556	1.13197
+46	11.283	10.250	1.230	61.95	110.91	141.40	30.49	1.03634	1.13188
+47	11.553	10.520	1.226	63.57	111.15	141.48	30.31	1.03712	1.13180
+48	11.828	10.795	1.221	65.24	111.42	141.56	30.14	1.03788	1.13173
+49	12.108	11.075	1.217	66.94	111.67	141.64	29.97	1.03865	1.13168
+50	12.386	11.353	1.213	68.56	111.94	141.73	29.79	1.03945	1.13163

表 5-8　R-12的特性表(c)

溫度	飽和壓力		比重量		焓		蒸發熱	熵	
	絕對	表壓	液	蒸氣	液	蒸氣		液	蒸氣
℃	kg/cm^2. abs.	kg/cm^2g	kg/l	kg/m^3	kcal/kg	kcal/kg	kcal/kg	kcal/kg.°K	kcal/kg.°K
+ 55	13.368	12.335	1.189	75.98	113.25	142.13	28.88	1.0433	1.1314
+ 60	15.481	14.448	1.167	85.69	114.57	142.49	27.92	1.0472	1.1311
+ 65	17.216	16.183	1.114	96.52	115.92	142.82	26.90	1.0511	1.1307
+ 70	19.096	18.063	1.119	108.81	117.29	143.09	25.80	1.0550	1.1302
+ 75	21.125	20.092	1.093	122.85	118.69	143.31	24.62	1.0590	1.1297
+ 80	23.290	22.257	1.064	138.31	120.13	143.46	23.33	1.0629	1.1290
+ 85	25.620	24.587	1.033	156.49	121.61	143.51	21.90	1.0669	1.1281
+ 90	28.107	27.074	0.999	177.30	123.12	143.41	20.29	1.0700	1.1269
+ 95	30.771	29.738	0.960	201.20	124.69	143.11	18.42	1.0714	1.1252
+100	33.614	32.581	0.913	228.83	126.36	142.51	16.15	1.0794	1.1227
+105	36.654	35.621	0.852	278.48	128.13	141.51	13.38	1.0841	1.1195
+110	39.874	38.841	0.742	374.93	131.44	138.89	7.45	1.0917	1.1111
+115.5 (臨界点)	40.879	39.846	0.558	557.59	134.75	134.75	0	1.1016	1.1016

表 5-9 R-13的特性表

溫度	飽和壓力		比體積		焓		蒸發熱	熵	
	絕對	表壓	液	蒸氣	液	蒸氣		液	蒸氣
℃	kg/cm².abs.	kg/cm²g	l/kg	m³/kg	kcal/kg	kcal/kg	kcal/kg	kcal/kg. °K.	kcal/kg. °K.
		真空 cmHg							
−140	0.0087	75.2	0.576	12.378	68.46	109.90	41.44	0.8441	1.1553
−135	0.0157	74.8	0.581	7.112	69.33	110.37	41.04	0.8505	1.1475
−130	0.0271	74.0	0.587	4.273	70.24	110.86	40.62	0.8570	1.1407
−125	0.0448	72.6	0.593	2.673	71.15	111.34	40.19	0.8632	1.1345
−120	0.0714	70.8	0.599	1.732	72.09	111.84	39.75	0.8694	1.1290
−115	0.1100	67.8	0.605	1.158	73.04	112.34	39.30	0.8755	1.1240
−110	0.1643	63.9	0.612	0.798	74.01	112.84	38.83	0.8816	1.1196
−105	0.2391	58.4	0.619	0.563	74.99	113.34	38.35	0.8876	1.1156
−100	0.3392	51.0	0.626	0.4070	76.00	113.85	37.85	0.8935	1.1120
− 95	0.4705	41.3	0.634	0.3005	77.03	114.36	37.33	0.8992	1.1087
− 90	0.640	28.9	0.642	0.2259	78.08	114.86	36.78	0.9050	1.1058
− 85	0.854	13.2	0.649	0.1728	79.13	115.36	36.23	0.9107	1.1032
− 80	1.120	0.087 kg/cm²g	0.658	0.1342	80.21	115.86	35.65	0.9163	1.1009
− 75	1.446	0.413	0.666	0.1057	81.30	116.35	35.05	0.9216	1.0987
− 70	1.841	0.808	0.675	0.0844	82.40	116.84	34.44	0.9271	1.0968
− 65	2.313	1.280	0.685	0.0681	83.52	117.32	33.80	0.9327	1.0951
− 60	2.873	1.840	0.695	0.05542	84.67	117.78	33.11	0.9382	1.0935
− 55	3.528	2.495	0.706	0.04555	85.84	118.23	32.39	0.9435	1.0920
− 50	4.287	3.254	0.717	0.03774	87.03	118.66	31.63	0.9489	1.0906
− 45	5.164	4.131	0.728	0.03148	88.25	119.08	30.83	0.9542	1.0893
− 40	6.17	5.14	0.741	0.02642	89.49	119.48	29.99	0.9595	1.0881
− 35	7.31	6.28	0.754	0.02230	90.74	119.85	29.11	0.9647	1.0869
− 30	8.59	7.56	0.769	0.01889	92.01	120.19	28.18	0.9699	1.0858
− 25	10.04	9.01	0.785	0.01608	93.30	120.50	27.20	0.9751	1.0847
− 20	11.66	10.63	0.802	0.01373	94.61	120.77	26.16	0.9802	1.0835
− 15	13.46	12.43	0.821	0.01175	95.94	121.02	25.08	0.9853	1.0824
− 10	15.45	14.42	0.842	0.01010	97.27	121.22	23.95	0.9902	1.0812
− 5	17.66	16.63	0.866	0.00368	98.61	121.37	22.76	0.9950	1.0799
− 0	20.09	19.06	0.894	0.00747	100.00	121.46	21.48	1.0000	1.0786
+ 5	22.76	21.73	0.923	0.00642	101.44	121.51	20.07	1.0050	1.0772
+ 10	25.69	24.66	0.962	0.00549	102.99	121.42	18.43	1.0103	1.0754
+ 15	28.91	27.88	1.011	0.00463	104.74	121.16	16.42	1.0162	1.0732
+ 20	32.41	31.38	1.079	0.003829	106.75	120.59	13.84	1.0228	1.0700
+ 25	36.24	35.21	1.193	0.002990	109.29	119.33	10.04	1.0310	1.0647
+ 28.8 (臨界点)	39.36	38.33	1.712	0.001721	113.94	113.94	0.00	1.0462	1.0462

表 5-10　R-14 的特性表

溫度	飽和壓力	比體積		焓		蒸發熱	熵	
		液	蒸氣	液	蒸氣		液	蒸氣
℃	bar	l/kg	m^3/kg	kj/kg	kj/kg	kj/kg	kj/kg °K	kj/kg °K
−160	0.049773	0.5562	2.1430	854.113	1004.115	150.602	0.1942	1.5199
−150	0.15430	0.5718	0.7484	861.866	1008.107	146.241	0.2598	1.4473
−140	0.39610	0.5889	0.3126	870.026	1012.086	142.060	0.3234	1.3903
−130	0.87749	0.6080	0.1496	878.821	1015.966	137.145	0.3869	1.3449
−120	1.7301	0.6295	0.07948	888.253	1019.657	131.403	0.4502	1.3082
−110	3.1081	0.6541	0.04576	898.239	1023.060	124.821	0.5128	1.2779
−100	5.1811	0.6827	0.02801	908.703	1026.056	117.353	0.5742	1.2520
− 90	8.1307	0.7169	0.01790	919.847	1028.442	108.595	0.6356	1.2286
− 80	12.151	0.7593	0.01178	931.525	1030.010	98.485	0.6961	1.2060
− 70	17.459	0.8152	0.00784	944.211	1030.286	86.074	0.7581	1.1818
− 60	24.305	0.8975	0.00514	958.600	1028.351	69.751	0.8244	1.1516
− 50	32.997	1.0646	0.00305	977.672	1020.714	43.041	0.9078	1.1007
− 45.65	37.45	1.5982	0.00160	1000.000	1000.000	0	1	1

1 bar = 1.02 kg/cm^2, 1 k = 0.239 kcal

表 5-11 R-21的特性表

溫度	飽和壓力	比體積		焓		蒸發熱	熵	
		液	蒸氣	液	蒸氣		液	蒸氣
℃	bar	l/kg	m³/kg	kj/kg	kj/kg	kj/kg	kj/kg °K	kj/kg °K
−60	0.02526	0.6435	6.79939	695.807	964.888	269.080	0.1132	1.3756
−50	0.05078	0.6520	3.53559	704.398	969.876	265.479	0.1525	1.3422
−40	0.09541	0.6609	1.96075	713.226	974.911	261.685	0.1912	1.3136
−30	0.16908	0.6702	1.14961	722.319	979.967	257.648	0.2294	1.2890
−25	0.22095	0.6750	0.89799	726.927	982.494	255.488	0.2483	1.2790
−20	0.28467	0.6800	0.70739	731.682	985.019	253.336	0.2671	1.2678
−15	0.36338	0.6851	0.56458	736.974	987.534	251.060	0.2858	1.2584
−10	0.45814	0.6903	0.45396	741.332	990.039	248.706	0.3044	1.2495
−5	0.57285	0.6957	0.36918	746.264	992.528	246.265	0.3230	1.2414
0	0.70854	0.7012	0.30221	751.261	995.000	243.739	0.3414	1.2337
5	0.86989	0.7069	0.24984	756.330	997.449	241.119	0.3598	1.2267
10	1.0578	0.7127	0.20775	761.464	999.875	238.411	0.3780	1.2200
15	1.2778	0.7187	0.17424	766.661	1002.273	235.612	0.3961	1.2138
20	1.5305	0.7249	0.14688	771.915	1004.640	232.724	0.4141	1.2080
25	1.8223	0.7313	0.12476	777.231	1006.972	249.741	0.4321	1.2027
30	2.1534	0.7379	0.10644	782.597	1009.268	226.671	0.4498	1.1975
35	2.5309	0.7447	0.09142	788.014	1011.523	223.509	0.4675	1.1928
40	2.9550	0.7518	0.07882	793.474	1013.738	220.264	0.4849	1.1883
45	2.4334	0.7091	0.06836	798.978	1015.905	216.927	0.5023	1.1841
50	3.9655	0.7667	0.05949	804.518	1018.026	213.507	0.5194	1.1801
55	4.5601	0.7747	0.05203	810.095	1020.094	209.999	0.5364	1.1764
60	5.2160	0.7829	0.04564	815.700	1022.110	206.411	0.5532	1.1728
70	6.7389	0.8004	0.03552	826.992	1025.968	198.976	0.5862	1.1661
80	8.5676	0.8196	0.02799	838.379	1029.574	191.195	0.6185	1.1599

表 5-12 R-22 的特性表(a)

溫度	飽和壓力		比重量		焓		蒸發熱	熵	
	絕對	表壓	液	蒸氣	液	蒸氣		液	蒸氣
℃	$kg/cm^2.abs.$	kg/cm^2g	kg/l	kg/m^3	kcal/kg	kcal/kg	kcal/kg	kcal/kg.°K.	kcal/kg.°K.
		真空 cmHg							
−100	0.0210	74.4	1.560	0.1199	74.12	137.92	63.80	0.8828	1.2512
− 98	0.0243	74.2	1.555	0.1433	74.63	138.16	63.53	0.8858	1.2485
− 96	0.0292	73.8	1.550	0.1868	75.14	138.40	63.26	0.8886	1.2457
− 94	0.0348	73.4	1.545	0.2006	75.63	138.62	62.99	0.8914	1.2430
− 92	0.0410	73.0	1.540	0.2353	76.12	138.84	62.72	0.8942	1.2404
− 90	0.0489	72.4	1.536	0.2752	76.63	139.14	62.51	0.8970	1.2382
− 88	0.0575	71.7	1.531	0.3208	77.14	139.34	62.20	0.8997	1.2356
− 86	0.0670	71.0	1.526	0.3691	77.65	139.58	61.93	0.9024	1.2333
− 84	0.0781	70.2	1.522	0.4292	78.15	139.81	61.66	0.9051	1.2311
− 82	0.0910	69.3	1.517	0.4926	78.65	140.05	61.40	0.9078	1.2290
− 80	0.1050	68.2	1.512	0.5634	79.14	140.29	61.15	0.9104	1.2270
− 78	0.1213	67.1	1.507	0.6464	79.65	140.54	60.89	0.9130	1.2250
− 76	0.1400	65.7	1.503	0.7337	80.14	140.77	60.63	0.9155	1.2230
− 74	0.1605	64.2	1.498	0.8292	80.64	141.01	60.37	0.9180	1.2211
− 72	0.1832	62.5	1.494	0.9434	81.15	141.26	60.11	0.9206	1.2194
− 70	0.2088	60.6	1.489	1.064	81.64	141.49	59.85	0.9230	1.2176
− 68	0.2370	58.6	1.484	1.130	82.15	141.74	59.59	0.9254	1.2159
− 66	0.267	56.4	1.480	1.341	82.64	141.96	59.32	0.9278	1.2141
− 64	0.303	53.7	1.475	1.513	83.15	142.21	59.06	0.9302	1.2126
− 62	0.341	50.9	1.470	1.689	83.65	142.44	58.79	0.9325	1.2109
− 60	0.382	47.9	1.465	1.869	84.15	142.74	58.59	0.9350	1.2097
− 58	0.428	44.5	1.460	2.079	84.65	142.91	58.26	0.9372	1.2080
− 56	0.479	40.8	1.455	2.304	85.16	143.16	58.00	0.9396	1.2067
− 54	0.534	36.7	1.450	2.545	85.67	143.40	57.73	0.9419	1.2053
− 52	0.593	32.4	1.444	2.817	86.18	143.65	57.47	0.9442	1.2041
− 50	0.660	27.4	1.439	3.096	86.70	143.90	57.20	0.9465	1.2028
− 48	0.730	22.3	1.433	3.413	87.21	144.15	56.94	0.9488	1.2017
− 46	0.807	16.6	1.427	3.745	87.72	144.39	56.67	0.9512	1.2007
− 44	0.891	10.5	1.422	4.098	88.25	144.63	56.38	0.9534	1.1994
− 42	0.979	4.3	1.416	4.484	88.75	144.85	56.10	0.9557	1.1984
− 40	1.076	$0.043kg/cm^2g$	1.411	4.878	89.27	145.12	55.85	0.9579	1.1974
− 38	1.182	0.149	1.405	5.319	89.77	145.29	55.52	0.9602	1.1963
− 36	1.295	0.262	1.400	5.780	90.32	145.56	55.24	0.9624	1.1953
− 34	1.414	0.381	1.395	6.329	90.85	145.79	54.94	0.9646	1.1943
− 32	1.542	0.509	1.388	6.849	91.37	146.02	54.65	0.9668	1.1934
− 30	1.679	0.646	1.382	7.407	91.90	146.25	54.35	0.9690	1.1925
− 28	1.824	0.791	1.375	8.000	92.45	146.48	54.03	0.9712	1.1916
− 26	1.978	0.945	1.369	8.621	93.00	146.71	53.71	0.9733	1.1906
− 24	2.14	1.11	1.363	9.259	93.51	146.91	53.40	0.9754	1.1897
− 22	2.32	1.29	1.356	10.00	94.04	147.12	53.08	0.9775	1.1888
− 20	2.51	1.48	1.350	10.76	94.58	147.35	52.77	0.9796	1.1880
− 18	2.70	1.63	1.344	11.57	95.12	147.58	52.46	0.9817	1.1873
− 16	2.92	1.89	1.338	12.43	95.65	147.80	52.15	0.9837	1.1865
− 14	3.14	2.11	1.331	13.32	96.18	148.02	51.84	0.9857	1.1857
− 12	3.37	2.34	1.325	14.29	96.70	148.23	51.53	0.9878	1.1851
− 10	3.63	2.60	1.318	15.29	97.25	148.45	51.20	0.9898	1.1844
− 8	3.89	2.86	1.312	16.37	97.78	148.63	50.85	0.9918	1.1836
− 6	4.17	3.14	1.305	17.48	98.31	148.83	50.52	0.9938	1.1829
− 4	4.46	3.43	1.299	18.66	98.87	149.03	50.16	0.9959	1.1823
− 2	4.77	3.74	1.292	19.92	99.43	149.23	49.80	0.9979	1.1816
0	5.10	4.07	1.285	21.23	100.00	149.43	49.43	1.0000	1.1810
+ 2	5.44	4.41	1.278	22.57	100.58	149.63	49.05	1.0022	1.1805
+ 4	5.82	4.79	1.271	24.04	101.16	149.81	48.65	1.0043	1.1798
+ 6	6.18	5.15	1.264	25.64	101.77	150.01	48.24	1.0064	1.1792
+ 8	6.57	5.54	1.257	27.25	102.40	150.20	47.80	1.0086	1.1780
+ 10	6.99	5.96	1.249	28.90	103.02	150.36	47.40	1.0107	1.1780
+ 12	7.42	6.39	1.242	30.67	103.60	150.52	46.92	1.0128	1.1773
+ 14	7.87	6.84	1.235	32.57	104.25	150.72	46.47	1.0150	1.1768
+ 16	8.34	7.31	1.228	34.60	104.87	150.87	46.00	1.0172	1.1763
+ 18	8.83	7.80	1.220	36.63	105.50	151.00	45.50	1.0113	1.1756
+ 20	9.35	8.32	1.213	38.76	106.13	151.13	45.00	1.0214	1.1748

表 5-12　R-22的特性表(b)

溫度	飽和壓力		比重量		焓		蒸發熱	熵	
℃	絕對 kg/cm².abs.	表壓 kg/cm²g	液 kg/l	蒸氣 kg/m³	液 kcal/kg	蒸氣 kcal/kg	kcal/kg	液 kcal/kg.°K	蒸氣 kcal/kg.°K
+22	9.89	8.86	1.206	41.15	106.78	151.27	44.49	1.0236	1.1743
+24	10.45	9.42	1.198	43.48	107.38	151.38	43.96	1.0258	1.1737
+26	11.03	10.00	1.190	46.08	108.10	151.54	43.44	1.0280	1.1732
+28	11.63	10.60	1.183	48.54	108.75	151.65	42.90	1.0302	1.1726
+30	12.26	11.23	1.176	51.55	109.44	151.78	42.34	1.0323	1.1720
+32	12.92	11.89	1.167	54.34	110.10	151.87	41.77	1.0344	1.1713
+34	13.60	12.57	1.158	57.47	110.77	151.97	41.20	1.0365	1.1706
+36	14.30	13.27	1.150	60.61	111.43	152.03	40.60	1.0386	1.1699
+38	15.02	13.99	1.141	64.10	112.10	152.07	39.97	1.0408	1.1693
+40	15.79	14.76	1.132	67.57	112.77	152.12	39.35	1.0429	1.1696
+42	16.58	15.55	1.123	71.43	113.45	152.19	38.74	1.0451	1.1680
+44	17.39	16.36	1.114	75.19	114.13	152.23	38.10	1.0472	1.1673
+46	18.23	17.20	1.105	79.37	114.82	152.26	37.44	1.0493	1.1666
+48	19.10	18.07	1.095	83.33	115.51	152.29	36.78	1.0514	1.1659
+50	20.00	18.97	1.085	88.50	116.27	152.37	36.10	1.0535	1.1653
+52	20.93	19.90	1.0750	93.457	116.97	152.43	35.46	1.0556	1.1647
+54	21.886	20.853	1.0644	100.000	117.65	152.47	34.82	1.0577	1.1642
+56	22.879	21.846	1.0536	107.526	118.32	152.50	34.18	1.0598	1.1637
+58	23.905	22.872	1.0426	116.279	118.99	152.53	33.54	1.0619	1.1632
+60	24.969	23.936	1.0314	126.582	119.66	152.56	32.90	1.0640	1.1628

表5-13 R-23的特性表

溫度 ℃	壓力 kg/cm² abs	比體積 液 l/kg	比體積 蒸氣 m³/kg	焓 液 kcal/kg	焓 蒸氣 kcal/kg	蒸發熱 kcal/kg	熵 液 kcal/kg °K	熵 蒸氣 kcal/kg °K
−130	0.0211	0.6094	8.17840	58.86	124.71	65.85	0.8002	1.2603
−120	0.0599	0.6230	3.08440	61.32	125.91	64.59	0.8172	1.2389
−110	0.1469	0.6376	1.33217	63.95	127.10	63.14	0.8341	1.2211
−100	0.2980	0.6533	0.64234	66.72	128.25	61.53	0.8508	1.2061
−90	0.6355	0.6703	0.33871	69.64	129.35	59.71	0.8673	1.1934
−80	1.1618	0.6888	0.19215	72.70	130.37	57.67	0.8837	1.1823
−70	1.9848	0.7091	0.11574	75.87	131.28	55.41	0.8998	1.1725
−60	3.2021	0.7316	0.07324	79.14	132.06	52.93	0.9155	1.1638
−50	4.9216	0.7567	0.04825	82.46	132.72	50.25	0.9307	1.1559
−40	7.2598	0.7852	0.03284	85.83	133.72	47.39	0.9453	1.1486
−30	10.3421	0.8181	0.02293	89.26	133.58	44.33	0.9595	1.1418
−20	14.3064	0.8569	0.01631	92.71	133.76	41.05	0.9732	1.1353
−10	19.3092	0.9045	0.01175	96.28	133.73	37.46	0.9866	1.1290
0	25.5368	0.9659	0.00850	100.00	133.45	33.45	1.0000	1.1224
10	33.2218	1.0534	0.00614	104.00	132.78	28.79	1.0137	1.1154
20	42.6675	1.2129	0.00436	108.80	131.40	22.60	1.0245	1.1066
26.3	49.7	—	0.001897	120.66	120.66	0	1.0685	1.0685

表5-14　R-113的特性表

溫度	飽和壓力		比體積		焓		蒸發熱	熵	
	絕對	表壓	液	蒸氣	液	蒸氣		液	蒸氣
℃	kg/cm^2.abs.	kg/cm^2g	l/kg	m^3/kg	kcal/kg	kcal/kg	kcal/kg	kcal/kg.°K.	kcal/kg °K.
		真空 cmHg							
−30	0.0289	73.8	0.5925	3.798	93.61	133.47	39.86	0.9753	1.1392
−25	0.0394	73.1	0.5964	2.838	94.66	134.20	39.54	0.9795	1.1388
−20	0.0530	72.0	0.6004	2.149	95.71	134.93	39.22	0.9837	1.1386
−15	0.0704	70.8	0.6044	1.649	96.77	135.67	38.90	0.9879	1.1386
−10	0.0923	69.2	0.6085	1.281	97.84	136.41	38.57	0.9920	1.1386
−5	0.1195	67.2	0.6127	1.006	98.92	137.16	38.24	0.9960	1.1386
0	0.1530	64.7	0.6169	0.7993	100.00	137.90	37.90	1.0000	1.1387
+5	0.1939	61.7	0.6212	0.6409	101.09	138.65	37.56	1.0039	1.1389
+10	0.2434	58.1	0.6257	0.5186	102.19	139.41	37.22	1.0078	1.1392
+15	0.3026	53.7	0.6302	0.4234	103.30	140.17	36.87	1.0117	1.1396
+20	0.3729	48.5	0.6348	0.3485	104.41	140.93	36.52	1.0155	1.1401
+25	0.4557	42.4	0.6395	0.2892	105.54	141.71	36.17	1.0193	1.1406
+30	0.5527	35.3	0.6443	0.2416	106.67	142.48	35.81	1.0231	1.1412
+35	0.6654	27.1	0.6493	0.2032	107.82	143.27	35.45	1.0269	1.1419
+40	0.7956	17.5	0.6543	0.1720	108.97	144.06	35.09	1.0306	1.1427
+45	0.9451	6.5	0.6596	0.1465	110.13	144.85	34.72	1.0343	1.1434
+50	1.1158	0.083 kg/cm^2g	0.6649	0.1255	111.31	145.66	34.35	1.0379	1.1442
+55	1.310	0.277	0.6704	0.1080	112.50	146.48	33.98	1.0416	1.1451
+60	1.529	0.496	0.6761	0.1934	113.69	147.29	33.60	1.0452	1.1461
+65	1.775	0.742	0.6819	0.0812	114.90	148.12	33.22	1.0488	1.1470
+70	2.052	1.019	0.6878	0.0708	116.13	148.96	32.83	1.0523	1.1480
+75	2.360	1.327	0.6939	0.0621	117.36	149.80	32.44	1.0568	1.1490
+80	2.703	1.670	0.7002	0.0546	118.61	150.66	32.05	1.0593	1.1501

表 5-15　R-114 的特性表

溫度	壓力（絕對）	比體積		焓		蒸發熱	熵	
		液	蒸氣	液	蒸氣	r	液	蒸氣
℃	bar(2)	l/kg	m^3/kg	kj/kg(3)	kj/kg	kj/kg	kj/kg °K	kj/kg °K
−70	0.017822	0.5859	5.5374	755.982	910.023	154.041	0.2353	0.9916
−60	0.036943	0.5940	2.7982	763.385	915.687	152.563	0.2709	0.9854
−50	0.071276	0.6026	1.5157	770.977	921.497	150.520	0.3057	0.9802
−40	0.12921	0.6116	0.8707	778.940	927.422	148.482	0.3406	0.9776
−30	0.22182	0.6211	0.5267	787.189	933.455	146.265	0.3752	0.9767
−25	0.28566	0.6262	0.4173	791.408	936.506	145.098	0.3923	0.9771
−20	0.36304	0.6313	0.3332	795.731	939.574	143.843	0.4096	0.9778
−15	0.45737	0.6366	0.2691	800.212	942.651	142.439	0.4271	0.9789
−10	0.56961	0.6421	0.2190	804.651	945.752	141.101	0.441	0.9803
− 5	0.70387	0.6478	0.18005	809.259	948.855	139.596	0.4615	0.98205
0	0.86100	0.6517	0.1489	813.898	951.969	138.071	0.4785	0.9840
5	1.0458	0.6598	0.1243	818.659	955.085	136.426	0.4958	0.9863
10	1.2590	0.661	0.1043	823.493	958.200	134.708	0.5129	0.9887
15	1.5062	0.6727	0.08829	828.388	961.317	132.929	0.5300	0.9914
20	1.7876	0.6795	0.07499	833.254	964.440	131.187	0.5467	0.9942
25	2.1097	0.6866	0.06409	838.387	967.531	129.144	0.5640	0.9972
30	2.4723	0.6940	0.05506	843.445	970.628	127.183	0.5807	1.0003
35	2.8826	0.7018	0.04758	848.086	973.709	125.123	0.5975	1.0036
40	3.3402	0.7098	0.04125	853.776	976.773	122.996	0.6141	1.0068
45	3.8533	0.7184	0.03593	859.095	979.803	120.708	0.6308	1.0102
50	4.4196	0.7272	0.03140	864.370	982.824	118.453	0.6471	1.0137
55	5.0496	0.7366	0.02755	869.752	985.804	116.052	0.6636	1.0172
60	5.7402	0.7465	0.02424	875.136	988.758	113.623	0.6797	1.0207
70	7.3336	0.7681	0.01891	886.170	994.514	108.344	0.7119	1.0277
80	9.2335	0.7927	0.01487	897.411	1000.049	102.637	0.7438	1.0344

（1） 1 bar≒1.02 kg/cm^2
（2） kj/kg=0.23891 kcal/kg

表 5-16 R-115的特性表

溫度	壓力 Lb/in²		比體積 ft³/lb	比重量 lb/ft³	焓 Btu/lb		熵 Btu/lb °R	
°F	絕對	表壓	蒸氣 v_g	液 $1/v_f$	液 h_f	蒸氣 h_g	液 s_f	蒸氣 s_g
−120	1.077	27.7*	21.71	105.5	−17.29	48.29	−0.0458	0.1328
−100	2.327	25.2*	10.57	103.5	−13.07	45.83	−0.0335	0.1302
−90	3.298	23.2*	7.634	102.4	−10.93	47.10	−0.0277	0.1293
−80	4.573	20.6*	5.624	101.4	−8.78	48.39	−0.0219	0.1286
−70	6.219	17.3*	4.220	100.3	−6.62	49.68	−0.0163	0.1282
−60	8.306	13.0*	3.218	99.15	−4.43	50.96	−0.0108	0.1278
−50	10.91	7.70*	2.490	98.00	−2.23	52.25	−0.0033	0.1276
−40	14.13	1.16*	1.953	96.82	0.00	53.53	0.0000	0.1275
−30	18.04	3.34	1.551	95.61	2.24	54.80	0.0053	0.1276
−20	22.74	8.05	1.245	94.37	4.50	56.07	0.0104	0.1277
−16	24.87	10.2	1.143	93.86	5.42	56.57	0.0125	0.1278
−12	27.14	12.4	1.052	93.35	6.33	57.07	0.0145	0.1279
−8	29.58	14.9	0.9689	92.83	7.24	57.57	0.0166	0.1280
−4	32.17	17.5	0.8938	92.31	8.16	58.07	0.0186	0.1281
0	34.94	20.2	0.8257	91.78	9.09	58.56	0.0206	0.1282
4	37.88	23.2	0.7636	91.23	10.02	59.06	0.0226	0.1284
8	41.01	26.3	0.7072	90.71	10.95	59.56	0.0246	0.1285
12	44.33	29.8	0.6558	90.16	11.88	60.03	0.0266	0.1287
16	47.86	33.2	0.6087	89.61	12.82	60.52	0.0285	0.1288
20	51.59	36.9	0.5657	89.05	13.76	61.00	0.0305	0.1290
24	55.54	40.8	0.5263	88.48	14.71	61.48	0.0324	0.1291
28	59.71	45.0	0.4901	87.91	15.66	61.95	0.0344	0.1293
32	64.11	49.4	0.4568	87.33	16.62	62.42	0.0363	0.1295
36	68.76	54.1	0.4262	86.74	17.57	62.89	0.0382	0.1298
40	73.65	59.0	0.3979	86.14	18.54	63.35	0.0401	0.1298
45	80.12	65.4	0.3656	85.38	19.76	63.93	0.0425	0.1300
50	87.01	72.3	0.3364	84.61	20.98	64.49	0.0449	0.1303
55	94.3	79.6	0.3098	83.83	22.21	65.05	0.0473	0.1305
60	102.1	87.4	0.2857	83.03	23.45	65.60	0.0496	0.1308
65	110.4	95.7	0.2636	82.21	24.71	66.15	0.0520	0.1310
70	119.1	104	0.2435	81.38	25.97	66.68	0.0544	0.1312
74	126.4	112	0.2286	80.70	26.99	67.10	0.0563	0.1314
78	134.1	119	0.2147	80.01	28.02	67.51	0.0581	0.1316
82	142.1	127	0.2018	79.31	29.05	67.92	0.0600	0.1318
86	150.5	136	0.1897	78.59	30.10	68.31	0.0619	0.1320
90	159.2	145	0.1783	77.86	31.16	68.70	0.0628	0.1321
94	168.4	154	0.1677	77.11	32.23	69.08	0.0657	0.1323
98	177.8	163	0.1577	76.35	33.31	69.45	0.0676	0.1324
102	187.7	173	0.1484	75.57	34.40	69.80	0.0695	0.1326
106	198.0	183	0.1396	74.72	35.51	70.15	0.0714	0.1327
110	208.7	194	0.1313	73.95	36.63	70.48	0.0734	0.1328
120	237.3	223	0.1125	71.79	39.50	71.24	0.0782	0.1330
130	268.7	254	0.0962	69.44	42.50	71.88	0.0832	0.1331
140	303.2	289	0.0817	66.84	45.67	72.36	0.0884	0.1329
150	340.9	326	0.0687	63.83	49.04	72.59	0.0938	0.1324
160	382.0	367	0.0567	60.09	52.76	72.42	0.0996	0.1314
170	427.0	412	0.0444	54.40	56.56	71.33	0.1055	0.1290

*大氣壓力以下，眞空度以水銀柱吋數表示。

** 40°F 為基準。

† 臨界溫度＝175.89°F。

表 5-17　R-133(CH_2ClCF_3)之特性表

溫度	飽和壓力		比體積		焓		蒸發熱	熵	
	絕對	表壓	液	蒸氣	液	蒸氣		液	蒸氣
℃	kg/cm^2.abs	kg/cm^2g	l/kg	m^3/kg	kcal/kg	kcal/kg	kcal/kg	kcal/kg.°K.	kcal/kg.°K.
−50	0.0614	71.5 cmHg	—	2.592	86.41	137.18	50.77	0.9452	1.1727
−45	0.027	69.9	—	1.963	87.69	138.38	50.69	0.9509	1.1731
−40	0.110	67.9	—	1.506	88.99	139.62	50.63	0.9565	1.1737
−35	0.145	65.3	—	1.169	90.30	140.86	50.56	0.9621	1.1744
−30	0.188	62.2	—	0.915	91.64	142.10	50.46	0.9676	1.1751
−25	0.242	58.2	—	0.725	92.98	143.34	50.36	0.9731	1.1760
−20	0.309	53.2	—	0.579	94.35	144.58	50.23	0.9785	1.1769
−15	0.390	47.3	—	0.467	97.74	145.83	50.09	0.9840	1.1780
−10	0.487	40.2	—	0.379	97.14	147.08	49.94	0.9893	1.1791
− 5	0.6045	31.5	—	0.310	98.56	148.30	49.74	0.9947	1.1802
0	0.744	21.3	—	0.256	100.00	149.54	49.54	1.0000	1.1814
+ 5	0.909	9.1	—	0.2125	101.46	150.76	49.30	1.0053	1.1826
10	1.103	0.070 kg/cm^2g	—	0.1775	102.93	152.00	49.07	1.0105	1.1838
15	1.328	0.295	—	0.149	104.42	153.23	48.81	1.0157	1.1851
20	1.590	0.557	—	0.129	105.93	154.44	48.51	1.0209	1.1864
25	1.860	0.860	—	0.107	107.46	155.64	48.18	1.0260	1.1876
30	2.207	1.207	—	0.0915	109.01	156.80	47.79	1.0312	1.1889
35	2.603	1.603	—	0.0785	110.58	157.98	47.40	1.0363	1.1902
40	3.086	2.053	—	0.068	112.16	159.13	46.97	1.0414	1.1914
45	3.562	2.562	—	0.0585	113.76	160.29	46.53	1.0464	1.1927
50	4.135	3.135	—	0.051	115.38	161.42	46.04	1.0514	1.1939

表 5-18　R-142（CH_3CF_2Cl）之特性表

溫度	飽和壓力		比體積		焓		蒸發熱	熵	
	絕對	表壓	液	蒸氣	液	蒸氣		液	蒸氣
℃	kg/cm². abs.	kg/cm²g	l/kg	m³/kg	kcal/kg	kcal/kg	kcal/kg	kcal/kg. °K.	kcal/kg. °K
−60	0.074	70.5 cmHg	0.769	2.414	82.83	141.96	59.13	0.9293	1.2067
−55	0.102	68.5	0.775	1.787	84.23	142.86	58.63	0.9357	1.2044
−50	0.139	65.7	0.781	1.343	85.62	143.74	58.12	0.9420	1.2024
−45	0.186	62.3	0.788	1.024	87.02	144.61	57.59	0.9482	1.2006
−40	0.245	58.0	0.794	0.791	88.42	145.47	57.05	0.9543	1.1990
−35	0.319	52.5	0.801	0.620	89.83	146.32	56.49	0.9603	1.1975
−30	0.409	45.9	0.808	0.491	91.25	147.16	55.91	0.9662	1.1961
−25	0.520	37.7	0.815	0.3926	92.68	147.99	55.31	0.9720	1.1949
−20	0.653	28.0	0.822	0.3174	94.12	148.81	54.69	0.9777	1.1937
−15	0.812	16.2	0.830	0.2589	95.57	149.63	54.06	0.9834	1.1928
−10	1.001	2.4	0.838	0.2130	97.04	150.45	53.41	0.9890	1.1920
−5	1.222	0.189 kg/cm²g	0.846	0.1767	98.51	151.25	52.74	0.9945	1.1912
0	1.479	0.446	0.854	0.1477	100.00	152.05	52.05	1.0000	1.1905
5	1.777	0.744	0.863	0.1243	101.50	152.85	51.35	1.0054	1.1900
10	2.119	1.086	0.872	0.1053	103.01	153.64	50.63	1.0108	1.1896
15	2.510	1.477	0.881	0.0897	104.54	154.43	49.89	1.0162	1.1893
20	2.952	1.919	0.890	0.0769	106.10	155.23	49.13	1.0214	1.1890
25	3.452	2.419	0.900	0.0662	107.66	156.02	48.36	1.0267	1.1889
30	4.013	3.080	0.911	0.0573	109.24	156.81	47.57	1.0319	1.1888
30	5.286	4.253			112.29	158.17	45.88		
50	6.888	5.855			115.4	159.62	44.22		
60	8.822	7.789			118.6	161.05	42.45		
70	11.122	10.089			121.84	162.44	48.69		
80	13.788	12.755			125.12	163.81	38.69		

表 5-19　R-152*a* 之特性表

溫度	壓力		比體積 ft³/Lb	比重量 Lb/ft³	焓 Btu/Lb		熵 Btu/(Lb) (°R)	
°F	Lb/in². abs.	Lb/in²g	蒸氣 v_g	液 $1/v_f$	液 h_f	蒸氣 h_g	液 s_f	蒸氣 s_g
−150	0.1360	29.6*	369.7	71.69	−24.05	117.92	−0.0593	0.3992
−130	0.3430	29.2*	155.9	70.53	−20.14	121.59	−0.0487	0.3812
−110	0.7800	28.3*	72.59	69.34	−16.51	125.36	−0.0394	0.3663
− 90	1.621	26.6*	36.83	68.13	−12.10	129.22	−0.0284	0.3339
− 70	3.125	23.6*	20.05	66.88	− 7.49	133.14	−0.0172	0.3436
− 50	5.650	18.4*	11.59	65.60	− 2.62	137.11	−0.0059	0.3351
− 40	7.439	14.8*	8.982	64.94	0.00	139.09	0.0000	0.3314
− 30	9.669	10.2*	7.042	64.27	2.71	141.08	0.0060	0.3280
− 20	12.42	4.64*	5.581	63.59	5.46	143.05	0.0120	0.3249
− 10	15.77	1.03	4.466	62.90	8.37	145.02	0.0182	0.3221
0	19.83	5.13	3.607	62.20	11.41	146.97	0.0246	0.3195
10	24.68	9.99	2.937	61.47	14.55	148.89	0.0311	0.3171
20	30.45	15.8	2.410	60.74	17.80	150.78	0.0377	0.3149
30	37.24	22.5	1.992	59.98	21.18	152.64	0.0445	0.3129
40	45.18	30.5	1.657	59.21	24.70	154.45	0.0513	0.3110
50	54.40	39.7	1.386	58.41	28.32	156.21	0.0583	0.3092
60	65.03	50.3	1.166	57.59	32.10	157.90	0.0652	0.3075
70	77.22	62.5	0.9859	56.75	35.99	159.53	0.0726	0.3059
80	91.11	76.4	0.8373	55.87	40.00	161.07	0.0799	0.3043
90	106.9	92.2	0.7139	54.97	44.15	162.52	0.0874	0.3027
100	124.6	110	0.6109	54.03	48.43	163.86	0.0949	0.3011
110	144.5	130	0.5244	53.05	52.83	165.08	0.1025	0.2995
120	166.8	152	0.4512	52.02	57.38	166.16	0.1102	0.2979
130	191.5	177	0.3891	50.95	62.05	167.09	0.1180	0.2961
140	218.9	204	0.3361	49.81	66.87	167.83	0.1259	0.2942
150	249.1	234	0.2905	48.60	71.84	168.37	0.1339	0.2922

*眞空 in Hg

表 5-20 R-216（$C_3Cl_2F_6$）之特性表

溫度	絕對壓力	比重量		焓		蒸發熱	熵	
		液	蒸氣	液	蒸氣		液	蒸氣
℃	bar	kg/l	kg/m³	kj/kg	kj/kg	kj/kg	kj/kg·°K	kj/kg·°K
−40	0.023362	1.729	0.26717	60,105	205,239	145,136	0.84211	1.46461
−35	0.033029	1.7164	0.37020	65,112	208,213	143,101	0.86336	1.46424
−30	0.045843	1.7037	0.50394	70,109	211,222	141,113	0.88412	1.46447
−25	0.062551	1.6910	0.67483	75,098	214,265	139,167	0.90443	1.46524
−20	0.084007	1.6783	0.89008	80,082	217,339	137,256	0.92431	1.46650
−15	0.11118	1.6656	1.1577	85,063	220,442	135,379	0.94379	1.46820
−10	0.14514	1.6528	1.4864	90,042	233,572	133,530	0.96288	1.47031
−5	0.18709	1.6399	1.8857	95,020	226,727	131,706	0.98161	1.47278
0	0.23832	1.6269	2.3659	100,000	229,904	129,904	1.00000	1.47558
5	0.30026	1.6139	2.9380	104,982	233,102	128,120	1.01806	1.47867
10	0.37442	1.6007	3.6139	109,967	236,318	126,351	1.03581	1.48204
15	0.46245	1.5875	4.4060	114,957	239,551	124,594	1.05326	1.48565
20	0.56606	1.5740	5.3280	119,952	242,797	122,846	1.07042	1.48947
25	0.68711	1.5605	6.3939	124,953	246,056	121,103	1.08731	1.49349
30	0.82750	1.5468	7.6189	129.962	249,326	119,364	1.10394	1.49768
35	0.98928	1.5329	9.0191	134,979	252,604	117,625	1.12032	1.50292
40	1.1745	1.5188	10.612	140,005	255,888	115,882	1.13646	1.50652
45	1.3855	1.5045	12.415	145,042	259,176	114,134	1.15238	1.51112
50	1.6244	1.4899	14.448	150,092	262,468	112,375	1.16808	1.51583
55	1.8936	1.4752	16.732	155,156	265,760	110,604	1.18357	1.52062
60	2.1957	1.4601	19.290	160,235	269,050	108,815	1.19887	1.52549

1 bar＝1.02 kg/cm², 1 kJ/kg＝0.2389 kcal/kg

表 5-21　R-218的特性表

溫　度	壓　力	比　體　積 l/mol		焓 cal/mol		熵 cal/mol grd	
℃	atm	v'	v''	i'	i''	s'	s''
−100	0.0183	0.09879	773.849	−5189.1	0.0	−29.9672	−0.0000
− 90	0.0421	0.10211	354.808	−4943.8	245.9	−28.6007	−0.2667
− 80	0.0882	0.10523	177.825	−4653.4	498.9	−27.0510	−0.3791
− 70	0.1709	0.10819	95.923	−4284.0	757.7	−25.1856	−0.3691
− 60	0.3095	0.11102	55.100	−3915.7	1021.2	−23.4188	−0.2584
− 50	0.5291	0.11377	33.365	−3561.5	1288.1	−21.7992	−0.0675
− 40	0.8606	0.11652	21.124	−3173.5	1557.3	−20.1026	0.1872
− 30	1.3405	0.11934	13.893	−2777.3	1827.5	−18.4444	0.4928
− 20	2.0104	0.12234	9.434	−2353.4	2097.5	−16.7437	0.8375
− 10	2.9169	0.12564	6.581	−1914.5	2366.0	−15.0547	1.2111
0	4.1099	0.12939	4.695	−1456.1	2631.3	−13.3585	1.6048
10	5.6425	0.13379	3.410	− 973.4	2891.5	−11.6407	2.0084
20	7.5701	0.13906	2.511	− 465.4	3143.8	− 9.8999	2.4112
30	9.9491	0.14553	1.866	71.3	3383.9	− 9.1274	2.7994
40	12.837	0.15365	1.390	642.4	3605.0	− 6.3081	3.1522
50	16.291	0.16406	1.029	1253.6	3795.8	− 4.4289	3.4347
60	20.367	0.17776	0.7426	1918.0	3925.3	− 2.4561	3.5691
70	25.122	0.19637	0.4930	2644.8	3905.1	− 0.6727	3.3023
71.9	26.450	0.29900	0.2990	3374.0	3374.0	2.6489	2.6489

表 5-22　R-245（$C_3H_3F_5$）之特性表

溫度	飽和壓力（絕對）	比體積 l/kg		焓 kj/kg		蒸發熱	熵 Kj/kg·°K	
℃	bar	液	蒸氣	液	蒸氣	kj/kg	液	蒸氣
−40	0.34908	0.72943	405.27	51.090	225.628	174.539	0.80718	1.55580
−35	0.45205	0.73683	318.19	56.893	229.192	172.299	0.83179	1.55527
−30	0.57810	0.74441	252.70	62.769	232.770	169.981	0.85625	1.55532
−25	0.73071	0.75219	202.82	68.774	236.358	167.584	0.88058	1.55589
−20	0.91359	0.76019	164.39	74.846	239.952	165.107	0.90477	1.55693
−15	1.1306	0.76845	134.43	81.022	243.546	162.524	0.92882	1.55840
−10	1.3860	0.77700	110.86	87.268	247.139	159.871	0.95271	1.56024
−5	1.6840	0.78587	92.133	93.595	250.725	157.130	0.97644	1.56242
0	2.0290	0.79512	77.110	100.000	254.300	154.300	1.00000	1.56490
5	2.4258	0.80477	64.958	106.484	257.858	151.378	1.02339	1.56763
10	2.8790	0.81489	55.049	113.034	261.396	148.362	1.04662	1.57059
15	3.3936	0.82554	46.906	119.660	264.907	145.247	1.06966	1.57374
20	3.9746	0.83679	40.167	126.356	268.386	142.030	1.09254	1.57704
25	4.6272	0.84871	34.551	133.122	271.826	138.704	1.11524	1.58046
30	5.3568	0.86139	29.819	139.960	275.221	135.261	1.13778	1.58396
35	6.1688	0.87494	25.862	146.872	278.562	131.690	1.16016	1.58752
40	7.0690	0.88950	22.485	153.860	281.840	127.979	1.18049	1.59108
50	9.1578	0.92223	17.122	168.091	283.158	120.067	1.22655	1.59808

表5-23　RC318(C_4H_8)之特性表

溫度	飽和壓力		比體積		焓		蒸發熱	熵	
	絕對	表壓	液	蒸氣	液	蒸氣		液	蒸氣
℃	kg/cm².abs.	kg/cm².g	l/kg	m³/kg	kcal/kg	kcal/kg	kcal/kg	kcal/kg.°K.	kcal/kg.°K.
−40	0.2173	60 cmHg	0.5706	0.4442	91.87	119.99	28.12	0.96806	1.08866
−35	0.2819	50.2	0.5759	0.3481	92.85	120.77	27.92	0.97220	1.08943
−30	0.3618	49.3	0.5815	0.2755	93.84	121.56	27.72	0.97626	1.09026
−25	0.4597	42.1	0.5873	0.2200	94.84	122.35	27.51	0.98029	1.09115
−20	0.5786	33.4	0.5932	0.1772	95.85	123.14	27.29	0.98429	1.09209
−15	0.7219	22.9	0.5992	0.1437	66.87	123.93	27.06	0.98825	1.09307
−10	0.8930	10.3	0.6056	0.1175	97.90	124.72	26.82	0.99217	1.09409
−5	1.0959	0.0629 kg/cm²g	0.6121	0.09672	98.94	125.50	26.56	0.99610	1.09515
0	1.3350	0.302	0.6189	0.08010	100.00	126.29	26.29	1.00000	1.09624
+5	1.6146	0.5816	0.6260	0.06670	101.08	127.08	26.00	1.00388	1.09735
+10	1.9398	0.9068	0.6334	0.05592	102.18	127.87	25.69	1.00776	1.09849
+15	2.3157	1.2827	0.6411	0.04706	103.30	128.65	25.35	1.01173	1.09965
+20	2.7478	1.7148	0.6492	0.03987	104.45	129.43	24.98	1.01563	1.10084
+25	3.2395	2.2065	0.6578	0.03392	105.63	130.21	24.48	1.01960	1.10204
+30	3.7924	2.7594	0.6668	0.02896	106.85	130.99	24.14	1.02363	1.10326
+35	4.4159	3.3829	0.6764	0.02488	108.11	131.76	23.65	1.02775	1.10450
+40	5.1156	4.0826	0.6867	0.02143	109.41	132.53	23.12	1.03193	1.10575
+45	5.8962	4.8632	0.6976	0.01855	110.76	133.29	22.53	1.03619	1.10700
+50	6.7639	5.7309	0.7094	0.01606	112.16	134.05	21.89	1.04052	1.10826
+55	7.7253	6.6923	0.7222	0.01399	113.62	134.81	21.19	1.04495	1.10952
+60	8.7846	7.7516	0.7361	0.01219	115.14	135.55	20.41	1.04951	1.11077
+65	9.9483	8.9153	0.7514	0.01066	116.72	136.28	19.56	1.05418	1.11202
+70	11.220	10.187	0.7685	0.009333	118.37	137.00	18.63	1.05897	1.11326
+75	12.606	11.573	0.7876	0.008177	120.10	137.72	17.62	1.06388	1.11449
+80	14.113	13.083	0.8093	0.007173	121.94	138.44	16.51	1.06897	1.11572

表 5-24 perfluorbutan（n-C_4F_{10}）之特性表

溫度	飽和壓力		比體積		焓		蒸發熱	熵	
	絕對	表壓	液	蒸氣	液	蒸氣		液	蒸氣
℃	kg/cm².abs.	kg/cm².g	l/kg	m³/kg	kcal/kg	kcal/kg	kcal/kg	kcal/kg.°K.	kcal/kg.°K.
−40	0.168	63.6 cmHg	0.5814	0.495	90.24	115.46	25.22	0.9612	1.0694
−35	0.220	59.8	0.5866	0.395	91.42	116.40	24.98	0.9662	1.0711
−30	0.288	54.8	0.5917	0.295	92.61	117.33	24.72	0.9712	1.0729
−25	0.372	48.6	0.5978	0.241	93.81	118.28	24.47	0.9760	1.0747
−20	0.470	41.4	0.6039	0.186	95.02	119.23	24.21	0.9809	1.0765
−15	0.607	31.3	0.6100	0.150	96.25	120.33	24.08	0.9851	1.0784
−10	0.745	21.2	0.6161	0.121	97.42	121.16	23.74	0.9904	1.0803
− 5	0.904	9.5	0.6224	0.102	98.71	122.18	23.42	0.9952	1.0825
0	1.100	0.067 kg/cm²g	0.6288	0.0837	100.00	123.11	23.11	1.0000	1.0844
+ 5	1.350	0.317	0.6360	0.0709	101.28	124.08	23.80	1.0045	1.0865
+10	1.617	0.584	0.6431	0.0581	102.56	125.05	22.49	1.0090	1.0884
+15	1.935	0.902	0.6516	0.0496	103.87	126.08	22.21	1.0140	1.0907
+20	2.325	1.292	0.6602	0.0410	105.18	127.11	21.93	1.0181	1.0929
+25	2.725	1.692	0.6687	0.0358	106.51	128.04	21.53	1.0226	1.0948
+30	3.150	2.117	0.6772	0.0307	107.84	128.97	21.13	1.0270	1.0967

表 5-25　K-500的特性表(R-22 48.8%，R-115 51.2%)

溫度	絕對壓力表壓		比體積		焓		蒸發器	熵	
℃	bar	kg/cm²g	液 l/kg	蒸氣 l/kg	液 kJ/kg	蒸氣 kJ/kg	kJ/kg	液 kJ/kg °K	蒸氣 kJ/kg °K
−50	0.46229	41.1cmHg	0.72650	393.74	47.216	256.895	209.679	0.77908	1.71867
−48	0.51212	37.4	0.72927	357.93	49.272	257.962	208.690	0.78848	1.71533
−46	0.56616		0.73208	325.99	51.331	259.026	207.696	0.79783	1.71244
−44	0.62465	33.3	0.73492	297.45	53.393	260.088	206.695	0.80712	1.70909
−42	0.68784	24.2	0.73779	271.89	55.459	261.148	205.689	0.81635	1.70617
−40	0.75600	19.1	0.74071	248.95	57.528	262.205	204.676	0.82553	1.70337
−38	0.82940	13.6	0.74366	228.33	59.602	263.258	203.657	0.83466	1.70069
−36	0.90831	7.6	0.74665	209.75	61.678	264.309	202.631	0.84373	1.69814
−34	0.99301	1.27	0.74968	192.98	63.759	265.356	201.597	0.85276	1.69570
−32	1.0838		0.75275	177.80	65.864	266.397	200.533	0.86182	1.69335
		kg/cm²g							
−30	1.1810	0.0752	0.75586	164.07	67.956	267.436	199.480	0.87076	1.69112
−28	1.2848	0.28	0.75902	151.60	70.053	268.471	198.418	0.87965	1.68899
−26	1.3957	0.394	0.76222	140.28	72.155	269.502	197.347	0.88850	1.68696
−24	1.5139	0.513	0.76547	129.97	74.261	270.528	196.267	0.89730	1.68502
−22	1.6397	0.64	0.76876	120.58	76.373	271.550	195.177	0.90607	1.68317
−20	1.7734	0.778	0.77211	112.00	78.490	272.566	194.076	0.91479	1.68140
−18	1.9155	0.925	0.77550	104.15	80.612	273.578	192.966	0.92347	1.67972
−16	2.0662	1.078	0.77895	96.966	82.740	274.584	191.844	0.93211	1.67812
−14	2.2258	1.240	0.78245	90.377	84.874	275.584	190.710	0.94072	1.67660
−12	2.3948	1.415	0.78601	84.326	87.014	276.579	189.565	0.94928	1.67514
−10	2.5735	1.595	0.78963	78.763	89.161	277.568	188.407	0.95782	1.67376
−8	2.7622	1.720	0.79331	73.640	91.314	278.551	187.237	0.96632	1.67244
−6	2.9614	1.995	0.79705	68.917	93.474	279.527	186.052	0.97478	1.67119
−4	3.1713	2.205	0.80086	64.558	95.642	280.496	184.854	0.98322	1.67000
−2	3.3924	2.430	0.80473	60.529	97.817	281.459	183.642	0.99162	1.66887
0	3.6250	2.67	0.80867	56.801	100.000	282.414	182.414	1.00000	1.66779
2	3.8695	2.92	0.81269	53.348	102.191	283.361	181.170	1.00835	1.66677
4	4.1264	3.18	0.81678	50.145	104.392	284.301	179.910	1.01667	1.66579
6	4.3960	3.45	0.82095	47.172	106.601	285.233	178.632	1.02498	1.66487
8	4.6788	3.74	0.82520	44.409	108.820	286.156	177.337	1.03325	1.66399
10	4.9751	4.05	0.82953	41.837	111.048	287.071	176.022	1.04151	1.66315
12	5.2853	4.36	0.83395	39.443	113.288	287.976	174.688	1.04975	1.66235
14	5.6099	4.70	0.83847	37.210	115.539	288.872	173.334	1.05798	1.66159
16	5.9493	5.04	0.84308	35.126	117.800	289.758	171.958	1.06619	1.66087
18	6.3039	5.40	0.84779	33.180	120.074	290.633	170.560	1.07438	1.66018
20	6.6741	5.77	0.85261	31.360	122.361	291.498	169.138	1.08257	1.65952
22	7.0605	6.17	0.85754	29.656	124.661	292.352	167.691	1.09075	1.65888
24	7.4634	6.58	0.86259	28.060	126.975	293.193	166.219	1.09892	1.65828
26	7.8833	7.00	0.86775	26.564	129.304	294.023	164.719	1.10709	1.65769
28	8.3206	7.46	0.87305	25.160	131.648	294.839	163.191	1.11525	1.65713
30	8.7759	7.92	0.87848	23.841	134.008	295.642	161.634	1.12342	1.65659
32	9.2495	8.41	0.88405	22.601	136.386	296.431	160.045	1.13160	1.65606
34	9.7420	8.91	0.88977	21.435	138.781	297.204	158.423	1.13978	1.65554
36	10.254	9.44	0.89565	20.336	141.195	297.962	156.767	1.14797	1.65504
38	10.786	9.99	0.90169	19.301	143.629	298.704	155.075	1.15617	1.65454
40	11.338	10.45	0.90791	18.324	146.084	299.427	153.344	1.16439	1.65405
42	11.910	11.13	0.91432	17.402	148.560	300.133	151.573	1.17263	1.65357
44	12.504	11.7	0.92093	16.531	151.059	300.819	149.760	1.18089	1.65308
46	13.120	12.35	0.92776	15.706	153.600	301.479	147.879	1.18924	1.65258
48	13.759	13.00	0.93481	14.926	156.153	302.122	145.968	1.19758	1.65208
50	14.420	13.68	0.94210	14.188	158.734	302.741	144.007	1.20596	1.65158
52	15.105	14.35	0.94966	13.488	161.344	303.334	141.991	1.21436	1.65106
54	15.813	15.10	0.95749	12.824	163.984	303.902	139.917	1.22285	1.65052
56	16.546	15.85	0.96563	12.194	166.659	304.440	137.783	1.23138	1.64997
58	17.305	16.60	0.97409	11.595	169.366	304.949	135.583	1.23997	1.64939
60	18.089	17.43	0.98291	11.025	172.111	305.424	133.313	1.24863	1.64878
65	20.164	19.53	1.0067	9.7176	179.151	306.453	127.302	1.27065	1.64711
70	22.413	21.80	1.0335	8.5548	186.482	307.213	120.731	1.29331	1.64514
75	24.845	24.30	1.0643	7.5141	194.160	307.639	113.479	1.31682	1.64276
80	27.470	26.98	1.1003	5.5754	202.261	307.639	105.378	1.34146	1.63984

1 kJ=0.2389 kcal

表 5-26　R-502〔R-22(48.8%), R-115(51.2%)〕之特性表

溫度	壓力		比體積		焓		蒸發熱	熵	
	絕對	表壓	液	蒸氣	液	蒸氣		液	蒸氣
°C	kg/cm²abs	kg/cm²g	l/kg	m³/kg	kcal/kg	kcal/kg	kcal/kg	kcal/kg °K	kcal/kg °K
−85	0.103	684 mmHg	0.620	1.378	0	45.43	45.43	0	0.2415
−80	0.146	651	0.626	0.9915	1.03	46.00	44.97	0.0054	0.2382
−78	0.168	635	0.629	0.8739	1.45	46.23	44.79	0.0075	0.2370
−76	0.191	619	0.631	0.7725	1.87	46.46	44.59	0.0097	0.2359
−74	0.218	599	0.633	0.6848	2.29	46.69	44.40	0.0118	0.2348
−72	0.247	578	0.636	0.6088	2.72	46.92	44.20	0.0139	0.2337
−70	0.279	554	0.638	0.5426	3.14	47.15	44.01	0.0161	0.2327
−68	0.315	527	0.641	0.4849	3.58	47.38	43.80	0.0182	0.2317
−66	0.355	498	0.643	0.4344	4.01	47.61	43.60	0.0203	0.2307
−64	0.398	467	0.646	0.3901	4.45	47.83	43.39	0.0224	0.2298
−62	0.446	432	0.649	0.3512	4.89	48.06	43.18	0.0245	0.2289
−60	0.498	394	0.651	0.3168	5.33	48.29	42.96	0.0265	0.2281
−58	0.555	352	0.654	0.2864	5.78	48.52	42.74	0.0286	0.2273
−56	0.617	306	0.657	0.2595	6.22	48.74	42.52	0.0307	0.2265
−54	0.684	256	0.660	0.2356	6.68	48.97	42.29	0.0328	0.2257
−52	0.757	203	0.662	0.2143	7.13	49.19	42.06	0.0348	0.2250
−50	0.836	145	0.665	0.1953	7.59	49.42	41.83	0.0369	0.2243
−48	0.921	82	0.668	0.1784	8.05	49.64	41.60	0.0389	0.2237
−46	1.014	14	0.671	0.1632	8.51	49.87	41.36	0.0410	0.2230
−44	1.113	0.08 kg/cm²	0.674	0.1495	8.97	50.09	41.12	0.0430	0.2224
−42	1.220	0.187	0.677	0.1372	9.44	50.31	40.87	0.0450	0.2218
−40	1.334	0.301	0.680	0.1262	9.91	50.53	40.62	0.0470	0.2213
−38	1.457	0.424	0.683	0.1162	10.38	50.75	40.37	0.0490	0.2207
−36	1.588	0.555	0.687	0.1071	10.86	50.97	40.11	0.0510	0.2202
−34	1.728	0.695	0.690	0.09895	11.34	51.19	39.86	0.0530	0.2197
−32	1.878	0.845	0.693	0.09152	11.82	51.41	39.59	0.0550	0.2192
−30	2.037	1.004	0.697	0.08476	12.30	51.63	39.33	0.0570	0.2188
−28	2.206	1.173	0.700	0.07861	12.79	51.85	39.06	0.0590	0.2183
−26	2.386	1.353	0.703	0.07300	13.27	52.06	38.79	0.0610	0.2179
−24	2.577	1.544	0.707	0.06787	13.76	52.28	38.51	0.0629	0.2175
−22	2.779	1.746	0.711	0.06318	14.26	52.49	38.23	0.0649	0.2171
−20	2.993	1.960	0.714	0.05888	14.75	52.70	37.95	0.0668	0.2167
−18	3.219	2.186	0.718	0.05493	15.25	52.91	37.66	0.0688	0.2164
−16	3.458	2.425	0.722	0.05131	15.75	53.12	37.38	0.0707	0.2160
−14	3.710	2.697	0.726	0.04797	16.25	53.33	37.08	0.0726	0.2157
−12	3.975	2.942	0.730	0.04490	16.76	53.54	36.79	0.0746	0.2154
−10	4.255	3.222	0.734	0.04206	17.27	53.75	36.48	0.0765	0.2151
−8	4.548	3.515	0.738	0.03944	17.78	53.96	36.18	0.0784	0.2148
−6	4.857	3.824	0.742	0.03702	18.29	54.16	35.87	0.0803	0.2146
−4	5.180	4.147	0.746	0.03477	18.81	54.37	35.56	0.0822	0.2143
−2	5.520	4.487	0.751	0.03269	19.33	54.57	35.24	0.0841	0.2141
0	5.875	4.842	0.755	0.03076	19.85	54.77	34.92	0.0860	0.2139
2	6.247	5.214	0.760	0.02896	20.37	54.97	34.60	0.0879	0.2136
4	6.636	5.603	0.764	0.02729	20.90	55.17	34.27	0.0898	0.2134
6	7.043	6.010	0.769	0.02573	21.43	55.36	33.93	0.0917	0.2132
8	7.468	6.435	0.774	0.02428	21.97	55.56	33.59	0.0935	0.2130
10	7.911	6.878	0.779	0.02292	22.50	55.75	33.25	0.0654	0.2128
12	8.373	7.340	0.784	0.02165	23.04	55.94	32.90	0.0973	0.2127
14	8.855	7.822	0.790	0.02046	23.59	56.13	32.54	0.0992	0.2125
16	9.357	8.324	0.795	0.01935	24.14	56.32	32.18	0.1010	0.2123
18	9.879	8.846	0.801	0.01831	24.69	56.50	31.81	0.1029	0.2122
20	10.42	9.39	0.806	0.01733	25.24	56.68	31.44	0.1048	0.2120
22	10.99	9.96	0.812	0.01641	25.80	56.86	31.06	0.1066	0.2119
24	11.57	10.54	0.819	0.01555	26.36	57.03	30.67	0.1085	0.2117
26	12.18	11.15	0.825	0.01474	26.93	57.21	30.28	0.1103	0.2116
28	12.82	11.79	0.831	0.01397	27.50	57.38	29.88	0.1122	0.2114
30	13.47	12.44	0.838	0.01325	28.07	57.54	29.47	0.1140	0.2113
32	14.15	13.12	0.845	0.01256	28.65	57.70	29.06	0.1159	0.2111
34	14.86	13.83	0.852	0 01192	29.23	57.86	28.63	0.1178	0.2110
36	15.59	14.56	0.860	0.01131	29.82	58.02	28.20	0.1196	0.2108
38	16.35	15.32	0.868	0.01074	30.41	58.17	27.76	0.1215	0.2107
40	17.14	16.11	0.876	0.01019	31.01	58.31	27.30	0.1233	0.2105
42	17.95	16.92	0.884	0.009673	31.61	58.45	26.84	0.1252	0.2104
44	18.79	17.76	0.893	0.009183	32.22	58.58	26.37	0.1271	0.2102
46	19.66	18.63	0.903	0.008718	32.83	58.71	25.88	0.1289	0.2100
48	20.56	19.53	0.913	0.008277	33.45	58.83	25.38	0.1308	0.2099
50	21.49	20.46	0.923	0.007858	34.08	58.95	24.87	0.1327	0.2097
52	22.46	21.43	0.934	0.007459	34.71	59.06	24.35	0.1346	0.2095
54	23.45	22.42	0.945	0.007079	35.35	59.16	23.81	0.1365	0.2093
56	24.48	23.45	0.958	0.006718	36.00	59.25	23.25	0.1384	0.2090
58	25.55	24.52	0.971	0.006374	36.66	59.34	22.67	0.1403	0.2088
60	26.65	25.62	0.985	0.006046	37.33	59.41	22.08	0.1423	0.2086
65	29.56	28.53	1.026	0.00523			20.20		
70	32.72	31.69	1.079	0.00445			17.86		
75	36.14	35.11	1.154	0.00368			14.68		
80	39.86	38.83	1.295	0.00283			9.87		
(82.7)	42.00	40.97	1.787	0.000179			0		

表 5-27 R-503〔R-32(40.1%, R-13(59.9%)之共沸冷媒〕特性表

溫度 °F	壓力 lb/in² 絕對	壓力 lb/in² 表壓	比體積 ft³/lb 蒸氣 v_g	比重量 lb/ft² 液 $1/v_f$	焓 Bth/lb 液 i_f	焓 Bth/lb 蒸氣 i''	熵 Btu/lb °R 液 S'	熵 Btu/lb °R 蒸氣 S''
−200	0.877	28.1*	36.37	103.3	−51.71	24.70	0.4199	0.7142
−180	2.212	25.4*	15.48	101.0	−49.26	26.87	0.4291	0.7013
−160	4.930	19.9*	7.400	98.5	−46.52	29.07	0.4386	0.6909
−150	7.079	15.5*	5.304	97.3	−45.09	30.17	0.4433	0.6864
−140	9.938	9.69*	3.881	96.0	−43.58	31.27	0.4481	0.6822
−130	13.67	2.09	2.893	94.7	−41.96	32.36	0.4531	0.6785
−120	18.45	3.75	2.193	93.4	−40.25	33.45	0.4583	0.6752
−110	24.48	9.78	1.687	92.0	−38.46	34.52	0.4635	0.6722
−100	31.97	17.3	1.316	90.6	−36.55	35.57	0.4689	0.6694
−90	41.15	26.5	1.039	89.2	−34.54	36.60	0.4744	0.6668
−80	52.27	37.6	0.8290	87.7	−32.42	37.59	0.4801	0.6644
−70	65.59	50.9	0.6680	86.1	−30.17	38.54	0.4859	0.6622
−60	81.38	66.7	0.5429	84.5	−27.79	39.45	0.4918	0.6601
−50	99.90	85.2	0.4446	82.8	−25.29	40.31	0.4979	0.6580
−40	121.5	107	0.3665	81.1	−22.64	41.10	0.5042	0.6561
−30	146.3	132	0.3037	79.2	−19.83	41.81	0.5107	0.6542
−20	174.8	160	0.2529	77.2	−16.87	42.44	0.5173	0.6522
−10	207.1	192	0.2112	75.2	−13.73	42.96	0.5242	0.6503
0	243.7	229	0.1767	72.9	−10.38	43.35	0.5313	0.6482
10	284.7	270	0.1479	70.5	−6.82	43.57	0.5388	0.6460
20	330.5	316	0.1235	67.8	−3.00	43.58	0.5465	0.6436
30	381.3	367	0.1025	64.7	2.03	43.29	0.5565	0.6408
40	437.3	423	0.0839	61.1	5.77	42.54	0.5637	0.6373
60	566.4	552	0.0456	49.8	18.59	35.91	0.5875	0.6209

*眞空 in Hg

表 5-28　R-504〔R-32（48.2%），R-115（51.8%）之共沸冷媒〕特性表

溫度 °F	壓力 lb/in² 絕對	壓力 lb/in² 表壓	比體積 ft³/lb 蒸氣 v_g	比重量 lb/ft³ 液 $1/v_f$	焓 Btu/lb 液 h_f	焓 Btu/lb 蒸氣 h_g	熵 Btu/lb °R 液 s_f	熵 Btu/lb °R 蒸氣 s_g
−140	1.232	27.4	35.04	95.43	−78.69	37.66	0.3782	0.7361
−130	1.910	26.0	23.29	94.22	−75.30	39.08	0.3826	0.7295
−120	2.867	24.1	15.94	92.99	−72.15	40.51	0.3920	0.7236
−110	4.186	21.4	11.21	91.74	−68.99	41.94	0.4012	0.7184
−100	5.959	17.8	8.077	90.49	−65.91	43.36	0.4098	0.7136
− 90	8.291	13.0	5.942	89.22	−62.86	44.78	0.4181	0.7093
− 80	11.30	6.9	4.456	87.93	−59.81	46.19	0.4263	0.7055
− 70	15.12	0.425	3.399	86.63	−56.82	47.59	0.4341	0.7021
− 60	19.89	5.20	2.633	86.31	−53.80	48.97	0.4417	0.6989
− 50	25.77	11.1	2.068	83.96	−50.79	50.34	0.4491	0.6950
− 40	32.91	18.2	1.644	82.60	−47.76	51.67	0.4564	0.6933
− 30	41.50	26.8	1.322	81.22	−44.69	52.98	0.4636	0.6909
− 20	51.72	37.0	1.074	79.81	−41.59	54.25	0.4707	0.6887
− 10	63.75	49.1	0.8801	78.37	−38.44	55.48	0.4776	0.6865
0	77.80	63.1	0.7272	76.90	−35.25	56.67	0.4846	0.6845
10	94.06	79.4	0.6051	75.40	−31.99	57.81	0.4916	0.6827
20	112.8	98.1	0.5068	73.85	−26.65	58.89	0.4985	0.6810
30	134.1	119	0.4268	72.27	−25.23	59.91	0.5054	0.6793
40	158.3	144	0.3612	70.63	−21.72	60.85	0.5125	0.6777
50	185.6	171	0.3070	68.94	−18.11	61.71	0.5195	0.6761
60	216.2	202	0.2618	67.18	−14.37	62.47	0.5265	0.6743
70	250.3	236	0.2238	65.35	−10.49	63.11	0.5338	0.6727
80	288.3	274	0.1916	63.41	− 6.45	63.63	0.5411	0.6710
90	330.2	316	0.1641	61.36	− 2.22	63.99	0.5487	0.6691
100	376.4	362	0.1404	59.15	2.24	64.14	0.5564	0.6670
110	427.0	412	0.1197	56.73	7.01	64.05	0.5646	0.6647
120	482.4	468	0.1014	54.01	12.17	63.60	0.5732	0.6619
130	542.7	528	0.0848	50.80	17.90	62.64	0.5827	0.6586
140	608.2	593	0.0691	46.63	24.67	60.75	0.5936	0.6538
150	679.2	664	0.0513	38.59	34.98	56.11	0.6102	0.6449

* 真空 in Hg

表 5-29 R-40（CH_3Cl）特性表

溫度	飽和壓力		比重量		焓		蒸發熱	熵	
	絕對	表壓	液	蒸氣	液	蒸氣		液	蒸氣
℃	kg/cm². abs.	kg.cm²g	kg/l	kg/m³	kcal/kg	kcal/kg	kcal/kg	kcal/kg. K°.	kcal/kg. K°.
		真空 cmHg							
-60	0.159	64.3	1.068	0.448	78.47	188.46	109.99	0.9110	1.4271
-55	0.216	60.1	1.059	0.595	80.17	189.21	109.04	0.9191	1.4189
-50	0.286	54.9	1.050	0.772	81.94	189.95	108.01	0.9270	1.4111
-45	0.375	48.4	1.041	0.992	83.69	190.67	106.98	0.9349	1.4037
-40	0.484	40.4	1.031	1.259	85.45	191.41	105.96	0.9425	1.3969
-35	0.619	30.5	1.023	1.583	87.23	192.12	104.89	0.9500	1.3904
-30	0.783	18.4	1.014	1.969	89.03	192.83	103.80	0.9575	1.3843
-27.5	0.877	11.5	1.010	2.188	89.92	193.17	103.25	0.9611	1.3814
-25	0.979	4.0	1.005	2.425	90.81	193.51	102.70	0.9648	1.3786
-22.5	1.090	0.057 kg/cm²g	1.001	2.682	91.72	193.86	102.14	0.9684	1.3759
-20	1.212	0.179	0.997	2.959	92.64	194.21	101.57	0.9720	1.3732
-17.5	1.344	0.311	0.992	3.260	93.55	194.55	101.00	0.9756	1.3707
-15	1.487	0.454	0.988	3.582	94.46	194.89	100.43	0.9792	1.3682
-12.5	1.641	0.608	0.983	3.927	95.37	195.22	99.85	0.9827	1.3657
-10	1.808	0.775	0.979	4.299	96.29	195.54	99.25	0.9862	1.3633
-7.5	1.988	0.955	0.974	4.698	97.22	195.85	98.63	0.9897	1.3609
-5	2.180	1.147	0.970	5.125	98.14	196.15	98.01	0.9931	1.3586
-2.5	2.387	1.354	0.965	5.582	99.07	196.45	97.38	0.9966	1.3564
0	2.609	1.576	0.960	6.066	100.00	196.75	96.75	1.0000	1.3542
+2.5	2.846	1.813	0.955	6.584	100.94	197.04	96.10	1.0034	1.3520
+5	3.099	2.066	0.950	7.134	101.88	197.32	95.44	1.0068	1.3499
+7.5	3.368	2.335	0.945	7.719	102.82	197.60	94.78	1.0102	1.3479
+10	3.655	2.622	0.940	8.342	103.75	197.87	94.12	1.0135	1.3459
+12.5	3.961	2.928	0.935	9.004	104.69	198.13	93.44	1.0168	1.3439
+15	4.284	3.251	0.930	9.704	105.63	198.39	92.76	1.0201	1.3420
+17.5	4.628	3.595	0.925	10.44	106.58	198.65	92.07	1.0234	1.3401
+20	4.993	3.960	0.921	11.22	107.54	198.90	91.36	1.0267	1.3383
+22.5	5.378	4.345	0.916	12.06	108.50	199.14	90.64	1.0299	1.3365
+25	5.783	4.750	0.911	12.93	109.46	199.38	89.92	1.0331	1.3347
+27.5	6.209	5.176	0.906	13.85	110.42	199.60	89.18	1.0363	1.3329
+30	6.658	5.625	0.901	14.82	111.38	199.82	88.44	1.0395	1.3312
+32.5	7.130	6.097	0.896	15.85	112.35	200.03	87.68	1.0427	1.3295
+35	7.625	6.592	0.891	16.92	113.32	200.23	86.91	1.0459	1.3278
+37.5	8.146	7.113	0.886	18.05	114.29	200.43	86.14	1.0490	1.3262
+40	8.690	7.657	0.881	19.22	115.27	200.63	85.36	1.0521	1.3247
+42.5	9.262	8.221	0.876	20.45	116.25	200.82	84.57	1.0552	1.3231
+45	9.861	8.828	0.870	21.75	117.23	201.00	83.77	1.0583	1.3215
+47.5	10.48	9.45	0.865	23.11	118.21	201.17	82.96	1.0614	1.3201
+50	11.13	10.10	0.859	24.51	119.20	201.34	82.14	1.0645	1.3187
+52.5	11.82	10.79	0.853	26.00	120.18	201.49	81.31	1.0676	1.3173
+55	12.53	11.50	0.848	27.55	121.17	201.64	80.47	1.0706	1.3158
+57.5	13.26	12.23	0.842	29.18	122.17	201.79	79.02	1.0736	1.3144
+60	14.03	13.00	0.837	30.87	123.17	201.93	78.76	1.0766	1.3130

表 5-30　R-30（CH_2Cl_2）特性表

溫度	飽和壓力		比重量		焓		蒸發熱	熵	
	絕對	表壓	液	蒸氣	液	蒸氣		液	蒸氣
℃	kg/cm².abs.	kg/cm².g	kg/l	kg/m³	kcal/kg	kcal/kg	kcal/kg	kcal/kg.°K.	kcal/kg.°K.
−20	0.0653	71.2 cmHg	1.397	0.260	94.62	181.19	86.57	0.9795	1.3217
−18	0.0733	70.6	1.393	0.289	95.16	181.53	86.37	0.9817	1.3203
−16	0.0820	69.9	1.391	0.322	95.69	181.87	86.18	0.9838	1.3191
−14	0.0917	69.2	1.387	0.357	96.23	182.21	85.98	0.9859	1.3178
−12	0.102	68.4	1.383	0.396	96.77	182.55	85.78	0.9880	1.3165
−10	0.114	67.6	1.379	0.438	97.31	182.88	85.57	0.9900	1.3153
−8	0.127	66.6	1.375	0.433	97.85	183.21	85.36	0.9921	1.3141
−6	0.141	65.6	1.372	0.532	98.39	183.52	85.14	0.9941	1.3129
−4	0.156	64.5	1.368	0.585	98.92	183.84	84.92	0.9961	1.3117
−2	0.172	63.3	1.364	0.643	99.46	184.16	84.70	0.9981	1.3105
0	0.190	62.0	1.361	0.706	100.00	184.47	84.47	1.0000	1.3094
+2	0.209	60.6	1.357	0.773	100.52	184.77	84.23	1.0020	1.3082
+4	0.230	69.0	1.353	0.845	101.08	185.07	83.99	1.0040	1.3071
+6	0.253	57.3	1.350	0.923	101.62	185.37	83.75	1.0058	1.3060
+8	0.278	55.5	1.346	1.007	102.15	185.66	83.51	1.0078	1.3049
+10	0.304	53.6	1.343	1.096	102.69	185.95	83.26	1.0096	1.3039
+12	0.333	51.5	1.341	1.192	103.23	186.25	83.02	1.0116	1.3028
+14	0.363	49.3	1.335	1.295	103.77	186.51	82.74	1.0134	1.3018
+16	0.397	46.8	1.332	1.405	104.31	186.79	82.48	1.0153	1.3007
+18	0.432	44.2	1.328	1.521	104.85	187.07	82.23	1.0171	1.2997
+20	0.470	41.4	1.325	1.645	105.39	187.32	81.94	1.0190	1.2987
+22	0.511	38.4	1.321	1.778	105.92	187.58	81.66	1.0208	1.2976
+24	0.554	35.2	1.317	1.919	106.46	187.84	81.38	1.0227	1.2966
+26	0.601	31.8	1.314	2.069	107.00	188.09	81.09	1.0245	1.2956
+28	0.650	28.2	1.311	2.228	107.54	188.33	80.79	1.0263	1.2946
+30	0.703	24.5	1.306	2.396	108.08	188.58	80.50	1.0280	1.2937
+32	0.759	20.2	1.302	2.574	108.62	188.82	80.20	1.0298	1.2927
+34	0.818	15.8	1.299	2.764	109.16	189.05	79.89	1.0316	1.2918
+36	0.882	11.1	1.295	2.963	109.70	189.28	79.58	1.0333	1.2908
+38	0.949	6.2	1.292	3.174	110.24	189.50	79.27	1.0350	1.2900
+40	1.020	0.95	1.288	3.395	110.78	189.70	78.93	1.0369	1.2889

表 5-31　一氯乙烷（C_2H_5Cl）特性表

溫度	飽和壓力		比體積		焓		蒸發熱	熵	
	絕對	表壓	液	蒸氣	液	蒸氣		液	蒸氣
℃	kg/cm²·abs.	kg/cm²·g	l/kg	m³/kg	kcal/kg	kcal/kg	kcal/kg	kcal/kg·°K.	kcal/kg·°K
−30	0.143	65.4 cmHg	1.035	1.960	−10.87	87.98	98.85	−0.0423	0.3644
−25	0.191	62.0	1.042	1.555	− 9.14	88.90	98.04	−0.0351	0.3601
−20	0.248	57.7	1.050	1.235	− 7.35	89.90	97.25	−0.0280	0.3562
−15	0.318	52.6	1.058	1.010	− 5.53	90.88	96.41	−0.0207	0.3527
−10	0.403	46.3	1.066	0.830	− 3.69	91.85	95.54	−0.0138	0.3494
− 5	0.505	38.8	1.074	0.680	− 1.84	92.88	94.72	−0.0068	0.3463
0	0.627	29.9	1.083	0.555	0.00	93.86	93.86	0.0000	0.3436
5	0.772	19.2	1.092	0.460	1.93	94.89	92.96	0.0070	0.3410
10	0.943	6.1	1.100	0.375	3.82	95.79	91.97	0.0137	0.3383
15	1.135	0.102kg/cm²g	1.110	0.310	5.76	96.74	90.98	0.0206	0.3361
20	1.360	0.327	1.119	0.255	7.71	97.64	89.93	0.0272	0.3340
25	1.623	0.590	1.129	0.220	9.67	98.59	88.92	0.0340	0.3319
30	1.923	0.890	1.139	0.190	11.64	99.49	87.85	0.0404	0.3301
35	2.253	1.220	1.149	0.175	13.66	100.39	86.73	0.0472	0.3285
40	2.627	1.594	1.159	0.165	15.72	101.33	86.61	0.0536	0.3271

表 5-32　乙烷特性表

溫度	飽和壓力		比重量		焓		蒸發熱	熵	
℃	絕對 kg/cm²·abs.	表壓 kg/cm²g	液 kg/l	蒸氣 kg/m³	液 kcal/kg	蒸氣 kcal/kg	kcal/kg	液 kcal/kg·°K.	蒸氣 kcal/kg·°K.
		眞空 cmHg							
−100	0.5354	36.6	0.5589	1.125	35.52	155.07	119.55	0.7145	1.4049
−95	0.7229	22.8	0.5531	1.486	38.42	156.39	117.97	0.7310	1.3932
−90	0.9596	5.7	0.5479	1.932	41.37	157.69	116.32	0.7472	1.3823
−85	1.251	0.218kg/cm²·g	0.5422	2.470	44.33	158.96	114.63	0.7632	1.3724
−80	1.606	0.573	0.5367	3.116	47.25	160.19	112.94	0.7785	1.3632
−75	2.037	1.004	0.5309	3.819	50.21	161.39	111.18	0.7934	1.3545
−70	2.549	1.516	0.5250	4.798	53.17	162.56	109.39	0.8081	1.3466
−65	3.154	2.121	0.5190	5.862	56.12	163.68	107.56	0.8223	1.3390
−60	3.861	2.828	0.5125	7.097	59.11	164.76	105.65	0.8364	1.3320
−55	4.682	3.649	0.5060	8.525	62.12	165.79	103.67	0.8500	1.3253
−50	5.626	4.593	0.4993	10.17	65.08	166.76	101.68	0.8634	1.3190
−45	6.704	5.671	0.4921	12.05	68.15	167.69	99.54	0.8767	1.3130
−40	7.929	6.896	0.4850	14.19	71.30	168.54	97.24	0.8901	1.3072
−35	9.309	8.276	0.4778	16.63	74.56	169.33	94.77	0.9037	1.3016
−30	10.86	9.83	0.4770	19.41	77.93	170.05	92.12	0.9173	1.2962
−25	12.58	11.55	0.4615	22.54	81.32	170.69	89.37	0.9313	1.2914
−20	14.51	13.48	0.4526	26.11	84.88	171.24	86.36	0.9446	1.2857
−15	16.63	15.60	0.4435	30.16	88.59	171.70	83.11	0.9586	1.2805
−10	18.96	17.93	0.4339	34.73	92.27	172.06	79.79	0.9723	1.2755
−5	21.52	20.49	0.4230	39.97	96.07	172.31	76.24	0.9861	1.2704
0	24.32	23.29	0.4117	45.98	100.00	172.44	72.44	1.0000	1.2652
+5	27.39	26.36	0.3995	53.19	104.09	172.17	68.08	1.0142	1.2590
+10	30.75	29.72	0.3865	62.00	108.45	171.55	63.10	1.0290	1.2519
+15	34.43	33.40	0.3695	73.21	113.11	170.20	57.09	1.0454	1.2426
+20	38.49	37.46	0.3502	87.49	118.20	168.41	50.21	1.0610	1.2323
+25	42.98	41.95	0.3260	106.7	123.85	165.64	41.79	1.0791	1.2193
+30	48.0	46.97	0.286	142	132.09	159.71	27.01	1.1052	1.1943
+31	49.1	48.07	0.271	156	135.00	157.30	21.39	1.1145	1.1848
+32.1 (臨界點)	50.3	49.27	0.213	213	145.75	145.75	0.	1.1494	1.1494

表 5-33　乙烯(C_2H_4)特性表

溫度		飽和壓力		比體積		比重量		焓		蒸發熱	熵	
t ℃	T °K	絕對 kg/cm².abs.	表壓 kg/cm².g	液 m³/kg	蒸氣 m³/kg	液 kg/m³	蒸氣 kg/m³	液 kcal/kg	蒸氣 kcal/kg	kcal/kg	液 kcal/°K.kg.	蒸氣 kcal/°K.kg.
−150	123.2	0.02038	74.4 cmHg	0.001584	18.226	631.3	0.05487	5.3	135.7	130.4	0.522	1.580
−145	128.2	0.03644	73.3	0.001600	10.590	625.0	0.09443	8.0	136.8	128.8	0.542	1.547
−140	133.2	0.06209	71.4	0.001617	6.443	618.4	0.1552	10.7	137.9	127.2	0.563	1.518
−135	138.2	0.1012	68.6	0.001635	4.089	611.6	0.2446	13.5	139.0	125.5	0.584	1.492
−130	143.2	0.1587	64.3	0.001653	2.692	605.0	0.3715	16.2	140.0	123.8	0.504	1.468
−125	148.2	0.2406	58.2	0.001671	1.829	598.4	0.5467	19.1	141.1	122.0	0.623	1.446
−120	153.2	0.3534	50.0	0.001690	1.280	591.7	0.7813	22.0	142.1	120.1	0.642	1.426
−115	158.2	0.5052	38.8	0.001711	0.9190	584.5	1.088	24.9	143.1	118.2	0.661	1.408
−110	163.2	0.7042	24.2	0.001732	0.6751	577.4	1.481	27.8	144.0	116.2	0.679	1.391
−105	168.2	0.9601	5.4	0.001753	0.5060	570.5	1.976	30.7	144.9	114.2	0.696	1.375
−100	173.2	1.283	0.250 kg/cm²g	0.001774	0.3863	563.7	2.589	33.7	145.8	112.1	0.714	1.361
−95	178.2	1.682	0.649	0.001797	0.3000	556.5	3.333	36.6	146.6	110.0	0.731	1.348
−90	183.2	2.170	1.137	0.001821	0.2363	549.1	4.232	39.5	147.4	107.9	0.746	1.335
−85	188.2	2.758	1.725	0.001840	0.1887	541.7	5.299	42.3	148.1	105.8	0.761	1.323
−80	193.2	3.458	2.425	0.001873	0.1524	533.9	6.562	45.2	148.8	103.6	0.776	1.312
−75	198.2	4.282	3.249	0.001902	0.1244	525.8	8.039	48.1	149.4	101.3	0.791	1.302
−70	203.2	5.243	4.210	0.001933	0.1026	517.3	9.747	51.0	150.0	99.0	0.805	1.292
−65	208.2	6.355	5.322	0.001965	0.08525	508.9	11.73	53.8	150.5	96.7	0.819	1.283
−60	213.2	7.630	8.049	0.002000	0.07139	500.0	14.01	5.66	150.9	94.3	0.832	1.274
−55	218.2	9.082		0.002038	0.06019	490.7	16.61	59.4	151.3	91.9	0.844	1.265
−50	223.2	10.73	9.70	0.002078	0.05103	481.2	19.60	62.2	151.6	89.4	0.857	1.257
−45	228.2	12.58	11.55	0.002120	0.04344	471.7	23.02	65.0	151.8	86.8	0.805	1.249
−40	233.2	14.66	13.63	0.002165	0.03712	461.9	26.04	67.9	151.9	84.0	0.881	1.241
−35	238.2	16.99	15.96	0.002214	0.03179	451.7	31.46	70.9	151.9	81.0	0.893	1.233
−30	243.2	19.58	18.55	0.002270	0.02726	440.5	36.68	74.0	151.7	77.7	0.905	1.225
−25	248.2	22.46	21.43	0.002334	0.02338	428.4	42.77	77.3	151.4	74.1	0.918	1.217
−20	253.2	25.65	24.62	0.002408	0.02003	415.3	49.93	80.8	150.9	76.1	0.931	1.208
−15	258.2	29.17	28.14	0.002494	0.01712	401.0	58.41	84.7	150.2	65.5	0.945	1.199
−10	263.2	33.07	32.04	0.002597	0.01454	385.1	68.78	89.1	149.2	60.1	0.961	1.190
−5	268.2	37.36	36.33	0.002722	0.01227	367.4	81.50	94.0	149.0	54.0	0.979	1.180
0	273.2	42.07	41.04	0.002899	0.01021	344.9	97.94	100.0	146.3	46.3	1.000	1.109
+5	278.2	47.28	46.25	0.003173	0.00814	315.2	122.9	107.6	142.9	35.3	1.026	1.153
+9.5 (臨界点)	282.7	52.40	51.37	0.00463		216.0		127.5		0	1.094	

表 5-34 丙烷（C_3H_8）特性表

溫度	飽和壓力		比重量		焓		蒸發熱	熵	
℃	絕對 kg/cm².abs.	表壓 kg/cm²g	液 kg/l	蒸氣 kg/m³	液 kcal/kg	蒸氣 kcal/kg	kcal/kg	液 kcal/kg. K°.	蒸氣 kcal/kg. K°.
		眞空 cmHg							
−80	0.134	66.1	0.6240	0.367	55.81	164.51	108.70	0.8073	1.3705
−75	0.184	62.4	0.6186	0.497	58.84	166.88	107.94	0.8221	1.3668
−70	0.249	57.6	0.6134	0.648	61.69	168.74	107.05	0.8369	1.3637
−65	0.332	51.5	0.6080	0.852	64.53	170.57	106.04	0.8505	1.3601
−60	0.435	44.0	0.6025	1.098	67.34	172.39	105.05	0.8637	1.3565
−55	0.563	34.6	0.5971	1.389	70.07	174.12	104.05	0.8762	1.3531
−50	0.721	23.0	0.5910	1.725	72.72	175.87	103.05	0.8887	1.3505
−45	0.908	9.2	0.5853	2.141	75.31	177.31	102.00	0.9006	1.3476
−40	1.137	0.104 kg/cm²g	0.5793	2.630	77.98	178.88	100.90	0.9122	1.3450
−35	1.406	0.373	0.5735	3.145	80.71	180.68	99.97	0.9237	1.3434
−30	1.705	0.672	0.5680	3.845	83.42	182.36	98.94	0.9351	1.3420
−25	2.057	1.024	0.5617	4.651	86.14	183.86	97.72	0.9466	1.3403
−20	2.471	1.438	0.5555	5.495	88.84	185.19	96.35	0.9578	1.3383
−15	2.946	1.913	0.5493	6.427	91.54	186.59	95.05	0.9684	1.3364
−10	3.472	2.439	0.5430	7.595	94.29	187.99	93.70	0.9790	1.3350
− 5	4.094	3.061	0.5367	8.826	97.09	189.19	92.10	0.9895	1.3330
+ 0	4.776	3.743	0.5300	10.28	100.00	190.44	90.44	1.0000	1.3311
+ 5	5.561	4.528	0.5230	11.82	102.92	191.62	88.70	1.0102	1.3296
+10	6.464	5.431	0.5160	13.69	105.79	192.77	86.98	1.0204	1.3276
+15	7.442	6.409	0.5090	15.65	108.74	193.92	85.18	1.0306	1.3263
+20	8.498	7.465	0.5015	17.80	111.94	194.94	83.25	1.0408	1.3248
+25	9.676	9.643	0.4940	20.20	114.74	195.97	81.25	1.0511	1.3236
+30	11.02	9.99	0.4860	22.98	117.84	196.91	79.07	1.0614	1.3224
+35	12.46	11.43	0.4777	25.97	121.13	197.82	76.69	1.0716	1.3204
+40	14.01	12.98	0.4690	29.95	124.41	198.65	74.24	1.0817	1.3187
+45	15.76	14.73	0.4595	33.11	127.88	199.58	71.70	1.0920	1.3173
+50	17.61	16.58	0.4500	37.33	131.24	200.36	69.12	1.1023	1.3161

表 5-35 R-1270特性表

溫 度	壓 力		比體積 ft³/lb	比重量 lb/ft³	焓 Btu/lb		熵 Btu/(lb·°R)	
°F	lb/in² abs	lb/in²g	蒸氣 v_g	液 $1/v_f$	液 h_f	蒸氣 h_g	液 s_f	蒸氣 s_g
−53.86	14.696	0	6.774	38.31	−97.08	91.11	0.9533	1.4170
−40	20.589	5.893	4.936	37.61	−89.41	95.15	0.9713	1.4110
−20	32.140	17.444	3.284	36.72	−79.00	100.00	0.9969	1.4040
0	47.953	33.257	2.255	35.68	−68.39	104.58	1.0208	1.3970
20	73.244	58.548	1.586	34.69	−57.33	109.05	1.0442	1.3910
40	96.523	81.827	1.142	33.75	−46.05	114.06	1.0666	1.3850
60	131.367	116.671	0.838	32.52	−34.43	116.55	1.0885	1.3790
80	174.705	160.009	0.624	31.53	−22.59	119.32	1.1111	1.3740
100	227.581	212.885	0.472	30.30	−10.23	121.67	1.1328	1.3680
120	291.185	276.489	0.360	28.90	2.22	123.10	1.1540	1.3630

表 5-36 R-50（CH_4）特性表

溫度 °F	絕對壓力 lb/sq. in.	比體積 cu. ft/lb		焓 Btu/lb.		熵 Btu/(lb)(°R)	
t	p	液 v_f	蒸氣 v_g	液 h_f	蒸氣 h_g	液 s_f	蒸氣 s_g
−280	4.90	0.03635	24.04	0	228.2	0	1.2699
−270	8.44	0.03698	14.61	8.2	232.3	0.0423	1.2236
−260	13.80	0.03766	9.31	16.6	236.4	0.0823	1.1830
−250	21.71	0.03839	6.13	25.0	240.3	0.1201	1.1468
−240	32.4	0.03915	4.24	33.3	243.9	0.1578	1.1164
−230	46.4	0.03999	3.04	42.0	247.3	0.1962	1.0900
−220	64.5	0.04092	2.23	50.6	250.2	0.2333	1.0660
−210	87.6	0.04193	1.67	59.5	252.8	0.2693	1.0434
−200	115.7	0.04306	1.281	68.8	254.8	0.3062	1.0224
−190	150.0	0.04431	0.990	78.2	256.2	0.3419	1.0019
−180	191.5	0.04575	0.773	87.8	257.0	0.3767	0.9816
−170	240.0	0.04745	0.610	98.0	257.2	0.4127	0.9622
−160	297.0	0.04944	0.483	108.7	256.5	0.4476	0.9411
−150	364.0	0.05197	0.381	120.3	254.5	0.4839	0.9169
−140	440.0	0.05224	0.3008	133.2	251.2	0.5214	0.8905
−130	527.0	0.05999	0.2318	148.1	245.9	0.5656	0.8622
−120	627.0	0.06961	0.1613	171.8	231.4	0.6329	0.8083
−115.8	673.0	0.09830	0.0983	203.4	203.4	0.7232	0.7232

表 5-37　亞硫酸特性表

溫度	飽和壓力		比重量		焓		蒸發熱	熵	
	絕對	表壓	液	蒸氣	液	蒸氣		液	蒸氣
℃	kg/cm².abs.	kg/cm²g	kg/l	kg/m³	kcal/kg	kcal/kg	kcal/kg	kcal/kg.°K.	kcal/kg.°K
		眞空 Hgcm							
−50	0.118	67.3	1.557	0.4015	83.69	184.91	101.22	0.9341	1.3877
−45	0.163	64.0	1.545	0.5424	85.34	185.56	100.22	0.9412	1.3808
−40	0.220	59.8	1.533	0.7209	87.00	186.21	99.21	0.9485	1.3740
−35	0.294	54.4	1.521	0.9446	88.64	186.85	98.21	0.9556	1.3680
−30	0.388	47.4	1.509	1.2220	90.27	187.47	97.20	0.9624	1.3621
−27.5	0.443	43.4	1.503	1.3843	91.02	187.78	96.75	0.9655	1.3594
−25	0.504	38.9	1.497	1.5610	91.90	188.09	96.19	0.9691	1.3567
−22.5	0.573	33.8	1.490	1.7578	92.65	188.40	95.75	0.9720	1.3540
−20	0.648	28.3	1.484	1.9720	93.53	188.70	95.17	0.9755	1.3514
−17.5	0.732	22.1	1.477	2.2085	94.29	189.00	94.71	0.9786	1.3490
−15	0.823	15.4	1.471	2.4643	95.15	189.30	94.15	0.9819	1.3466
−12.5	0.924	8	1.464	2.7465	95.92	189.59	93.67	0.9848	1.3442
−10	1.034	0.001 kg/cm²g	1.458	3.0488	96.76	189.89	93.13	0.9879	1.3418
−7.5	1.155	0.022	1.452	3.3829	97.55	190.17	92.62	0.9910	1.3396
−5	1.286	0.253	1.446	3.7383	98.39	190.46	92.07	0.9942	1.3375
−2.5	1.430	0.397	1.440	4.1305	99.18	190.74	91.56	0.9970	1.3353
0	1.585	0.552	1.434	4.5455	100.00	191.02	91.02	1.0000	1.3332
+2.5	1.755	0.722	1.428	5.000	100.81	191.29	90.48	1.0030	1.3312
+5	1.936	0.903	1.422	5.482	101.63	191.57	89.94	1.0060	1.3293
+7.5	2.135	1.102	1.415	6.010	102.43	191.83	89.40	1.0088	1.3273
+10	2.347	1.314	1.409	6.566	103.23	192.09	88.86	1.0115	1.3253
+12.5	2.577	1.543	1.403	7.168	104.05	192.35	88.30	1.0144	1.3235
+15	2.823	1.790	1.396	7.812	104.85	192.61	87.76	1.0173	1.3218
+17.5	3.088	2.055	1.389	8.496	105.67	192.85	87.19	1.0200	1.3200
+20	3.370	2.337	1.383	9.225	106.45	192.10	86.65	1.0227	1.3183
+22.5	3.674	2.641	1.376	10.01	107.24	193.31	86.07	1.0255	1.3166
+25	3.997	2.964	1.370	10.83	107.99	193.52	85.53	1.0282	1.3150
+27.5	4.343	3.310	1.363	11.72	108.84	193.78	84.94	1.0308	1.3133
+30	4.710	3.677	1.356	12.66	109.65	194.04	84.39	1.0333	1.3117
+32.5	5.103	4.070	1.349	13.66	110.47	194.27	83.80	1.0360	1.3102
+35	5.518	4.485	1.342	14.70	111.26	194.49	83.23	1.0386	1.3087
+37.5	5.960	4.927	1.334	15.82	112.06	194.70	82.65	1.0412	1.3072
+40	6.428	5.394	1.327	17.01	112.83	194.92	82.09	1.0434	1.3057
+42.5	6.923	5.890	1.319	18.28	113.62	195.12	81.50	1.0461	1.3043
+45	7.447	6.414	1.311	19.57	114.41	195.32	80.91	1.0486	1.3029
+47.5	8.001	6.968	1.303	20.96	115.21	195.52	80.31	1.0511	1.3015
+50	8.583	7.550	1.295	22.42	116.01	195.72	79.71	1.0534	1.3001
+52.5	9.199	8.166	1.289	23.92	116.77	195.90	79.13	1.0558	1.2978
+55	9.848	8.815	1.281	25.58	117.64	196.09	78.45	1.0584	1.2974
+57.5	10.53	9.50	1.273	27.24	118.43	196.27	77.84	1.0607	1.2961
+60	11.25	11.22	1.264	29.07	119.23	196.44	77.21	1.0631	1.2949

表 5-38　CO_2 特性表

溫度	飽和壓力		比重量		焓		蒸發熱	熵	
℃	絕對 kg/cm².abs.	表壓 kg/cm².g	液 kg/l	蒸氣 kg/m³	液 kcal/kg	蒸氣 kcal/kg	kcal/kg	液 kcal/kg.°K	蒸氣 kcal/kg.°K
−50	6.97	5.94	1.1535	18.1	75.01	155.57	80.56	0.9020	1.2631
−47.5	7.67	6.64	1.1444	19.9	76.18	155.73	79.55	0.9070	1.2598
−45	8.49	7.46	1.1315	21.8	77.30	155.89	78.59	0.9120	1.2565
−42.5	9.33	8.30	1.1250	23.9	78.42	156.03	77.61	0.9170	1.2534
−40	10.25	9.22	1.1150	26.2	79.59	156.17	76.58	0.9218	1.2503
−37.5	11.20	10.17	1.1050	28.7	80.72	156.28	75.56	0.9266	1.2473
−35	12.26	11.23	1.0949	31.2	81.80	156.39	74.51	0.9314	1.2443
−32.5	13.35	12.32	1.0845	33.9	83.01	156.48	73.47	0.9362	1.2414
−30	14.55	13.52	1.0742	37.0	84.19	156.56	72.37	0.9408	1.2385
−27.5	15.76	14.73	1.0636	40.2	85.35	156.62	71.27	0.9460	1.2355
−25	17.14	16.11	1.0526	43.8	86.53	156.67	70.14	0.9501	1.2328
−22.5	18.68	17.65	1.0417	47.5	87.73	156.70	68.97	0.9550	1.2298
−20	20.06	19.03	1.0299	51.4	88.93	156.78	67.79	0.9594	1.2272
−17.5	21.71	20.68	1.0185	55.7	90.18	156.72	66.54	0.9644	1.2243
−15	23.34	22.31	1.0061	60.2	91.44	156.70	65.26	0.9690	1.2218
−12.5	25.10	24.07	0.9938	65.3	92.75	156.65	63.90	0.9740	1.2138
−10	26.99	25.96	0.9808	70.5	94.09	156.60	62.51	0.9787	1.2163
− 7.5	29.00	28.97	0.9680	76.2	95.48	156.51	61.03	0.9835	1.2135
− 5	31.05	30.02	0.9538	82.4	96.91	156.41	59.50	0.9890	1.2109
− 2.5	33.21	32.18	0.9400	89.0	98.38	156.27	57.89	0.9942	1.2082
0	35.54	34.51	0.9248	96.3	100.00	156.13	56.13	1.0000	1.2055
+ 2.5	37.95	36.92	0.9100	104.3	101.84	155.82	53.98	1.0050	1.2022
+ 5	40.50	39.47	0.8931	113.0	103.10	155.45	52.35	1.0103	1.1985
+ 7.5	43.20	42.17	0.8760	122.3	104.78	155.08	50.30	1.0155	1.1952
+10	45.95	44.92	0.8580	133.0	106.50	154.59	48.09	1.0218	1.1917
+12.5	48.83	47.80	0.8385	144.7	108.20	153.95	45.75	1.0274	1.1875
+15	51.93	50.90	0.8179	158.0	110.10	153.17	43.07	1.0340	1.1835
+17.5	55.10	54.07	0.7955	173.2	111.90	152.27	40.37	1.0400	1.1790
+20	58.46	57.43	0.7711	189.8	114.00	151.10	37.10	1.0468	1.1734
+22.5	61.85	60.82	0.7429	210.4	116.20	149.50	33.30	1.0543	1.1666
+25	65.59	64.56	0.7095	236.3	118.80	147.33	28.53	1.0628	1.1585
+27.5	69.35	68.32	0.6664	271.8	122.00	144.55	22.55	1.0730	1.1487
+30	73.34	72.31	0.5951	335.7	125.90	140.95	15.05	1.0854	1.1351
+31 (臨界点)	74.96	73.93	0.4639	463.9	133.50	133.50	0.00	1.1098	1.1098

表 5-39 氨氣體吸入量 1 m³ 相當之冷凍量 kCal/m³

冷凝壓力 kg/cm²g 及膨脹閥前液溫（°C）但冷媒液無過冷卻。

蒸發壓力 kg/cm².g	蒸發溫度 ℃	0.186 kg/cm².g −30	0.513 kg/cm².g −25	0.907 kg/cm².g −20	1.38 kg/cm².g −15	1.933 kg/cm².g −10	2.586 kg/cm².g −5	3.346 kg/cm².g 0	4.226 kg/cm².g +5	5.238 kg/cm².g +10	6.394 kg/cm².g +15	7.71 kg/cm².g +20	9.2 kg/cm².g +25	10.86 kg/cm².g +30	12.7 kg/cm².g +35	14.8 kg/cm².g +40	17.13 kg/cm².g +45	19.7 kg/cm².g +50
眞空 cmHg																		
67.7 cm	−70	34.2	33.6	33.0	32.4	31.8	31.2	30.6	30.0	29.4	28.7	28.1	27.5	26.8	26.2	25.6	24.9	24.2
64.4	−65	48.0	47.2	46.4	45.5	44.7	43.8	43.0	42.1	41.3	40.4	39.5	39.6	37.8	36.9	35.9	35.0	34.1
59.6	−60	66.5	65.4	64.2	63.1	61.9	60.8	59.6	58.4	57.2	56.0	54.8	53.6	52.4	51.1	49.9	48.6	47.4
53.3	−55	90.2	88.6	87.1	85.5	84.0	82.4	80.8	79.2	77.6	76.0	74.4	72.8	71.1	69.5	67.8	66.1	64.4
45.3	−50	120.7	118.7	116.6	114.6	112.5	110.4	108.3	106.2	104.1	101.9	99.8	97.6	95.4	93.2	91.0	88.7	86.4
35.0	−45	158.9	156.4	153.8	151.1	148.4	145.7	142.9	140.1	137.3	134.4	131.5	128.6	125.7	122.8	119.9	117.0	114.0
22.1	−40	206.9	203.4	200.0	196.5	192.9	189.4	185.9	182.3	178.7	175.1	171.4	167.7	164.0	160.3	156.5	152.7	148.8
6.1	−35	265.5	261.1	256.7	252.2	247.7	243.2	238.7	234.1	229.5	224.9	220.3	215.6	210.8	206.1	201.2	196.4	191.5
0.045 kg/cm²g	−32.5	299.4	294.4	289.4	284.4	279.4	274.3	269.2	264.1	259.0	253.8	248.6	243.4	238.1	232.7	227.2	221.7	216.2
0.186	−30	337.0	331.4	325.8	320.2	314.5	308.8	303.1	297.4	291.6	285.8	279.9	274.0	268.0	262.0	255.9	249.7	243.5
	−27.5	—	371.8	365.5	359.2	352.9	346.5	340.1	333.7	327.3	320.8	314.2	307.6	300.9	294.2	287.4	280.5	273.5
0.513	−25	—	416.2	409.2	402.1	395.1	388.0	380.9	373.7	366.4	359.2	351.8	344.4	337.0	329.4	321.8	314.2	306.4
0.701	−22.5	—	—	456.7	448.9	441.0	433.1	425.2	417.2	409.2	401.2	393.0	384.7	376.4	368.1	359.7	351.1	342.4
0.907	−20	—	—	508.8	500.1	491.4	482.6	473.8	464.9	456.0	447.0	437.9	428.8	419.5	410.2	400.8	391.3	381.8
1.131	−17.5	—	—	—	555.7	546.0	536.3	526.5	516.7	506.9	496.9	486.9	476.8	466.5	456.2	445.8	435.4	424.7
1.377	−15	—	—	—	616.3	605.6	594.9	584.1	573.2	562.1	551.2	540.1	528.9	517.6	506.1	494.6	483.0	471.3
1.644	−12.5	—	—	—	—	670.0	658.1	646.2	634.3	622.3	610.1	597.8	585.5	573.0	560.0	547.7	534.9	521.9
1.933	−10	—	—	—	—	740.1	727.0	713.8	700.6	687.3	673.9	660.3	646.7	633.0	619.0	605.0	590.9	576.7
2.248	−7.5	—	—	—	—	—	801.0	786.6	772.0	757.4	742.6	727.8	712.8	697.8	682.5	667.0	651.5	735.8
2.586	−5	—	—	—	—	—	881.1	865.2	849.2	833.2	817.0	800.7	784.2	767.7	751.0	734.0	716.9	699.8
2.951	−2.5	—	—	—	—	—	—	947.1	930.3	913.2	896.2	878.8	861.0	843.0	824.7	806.1	787.4	768.4
3.346	0	—	—	—	—	—	—	1040.8	1021.7	1002.5	983.1	963.5	943.8	924.0	903.9	883.7	863.3	842.7
3.771	+2.5	—	—	—	—	—	—	—	1117.7	1096.9	1075.7	1054.3	1032.8	1011.2	989.3	967.2	944.9	922.4
4.226	+5	—	—	—	—	—	—	—	1220.8	1198.0	1175.0	1151.6	1128.2	1104.6	1080.7	1056.6	1032.3	1008.0
4.452	+7.5	—	—	—	—	—	—	—	—	1306.6	1281.5	1256.2	1230.7	1205.0	1179.0	1152.8	1126.4	1099.7
5.238	+10	—	—	—	—	—	—	—	—	1422.9	1395.7	1368.2	1340.4	1312.5	1284.3	1255.7	1227.0	1198.1

表 5-40 R-11 氣體吸入量 1m³ 相當之冷凍量 kCal/m³

冷凝壓力 kg/cm²g 及膨脹閥前液溫 °C（但液冷媒無過冷卻）

蒸發壓力 kg/cm².g	蒸發溫度 ℃	眞空 30.5 cmHg 10	眞空 20.8 cmHg 15	眞空 9.5 cmHg 20	0.05 kg/cm².g 25	0.253 kg/cm².g 30	0.585 kg/cm².g 35	0.749 kg/cm².g 40	1.052 kg/cm².g 45	1.370 kg/cm².g 50
眞空 cmHg										
72.1	−40	14.00	13.63	13.26	12.88	12.51	12.13	11.75	11.37	10.97
70.8	−35	19.62	19.11	18.60	18.08	17.56	17.04	16.51	15.98	15.44
69.1	−30	25.99	25.32	24.65	23.97	23.30	22.62	21.93	21.24	20.53
66.8	−25	33.41	32.57	31.72	30.86	30.01	29.14	28.27	27.40	26.50
64.2	−20	42.62	41.56	40.49	39.41	38.34	37.25	36.16	35.06	33.94
60.8	−15	53.94	52.62	51.28	49.94	48.60	47.24	45.88	44.51	43.11
56.8	−10	68.59	66.93	65.26	63.57	61.90	60.19	58.49	56.77	55.02
51.8	−5	86.59	84.53	82.44	80.34	78.26	76.14	74.02	71.88	69.70
45.8		107.31	104.79	102.25	99.68	97.14	94.54	91.95	89.33	86.67
39.0	+5	131.95	128.89	125.81	122.69	119.61	116.47	113.32	110.15	106.92
30.5	+10	161.26	157.58	153.86	150.11	146.39	142.60	138.80	134.98	131.08

表 5-41　R-12 氣體吸入量 $1\,m^3$ 相當之冷凍量 $kCal/m^3$

蒸發壓力	蒸發溫度	冷凝壓力 kg/cm^2g 及膨脹閥前液溫 °C（但液冷媒無過冷却）																
		真空 0.6 cmHg	0.288 kg/cm^2g	0.506 kg/cm^2g	0.829 kg/cm^2g	1.201 kg/cm^2g	1.627 kg/cm^2g	2.113 kg/cm^2g	2.663 kg/cm^2g	3.280 kg/cm^2g	3.975 kg/cm^2g	4.746 kg/cm^2g	5.603 kg/cm^2g	6.548 kg/cm^2g	7.604 kg/cm^2g	8.737 kg/cm^2g	9.990 kg/cm^2g	11.353 kg/cm^2g
kg/cm^2g	℃	−30	−25	−20	−15	−10	−5	0	+5	+10	+15	+20	+25	+30	+35	+40	+45	+50
真空 cmHg																		
65.7	−70	31.36	30.44	29.51	28.56	27.60	26.64	25.65	24.66	23.6	22.6	21.6	20.5	19.5	—	—	—	—
63.7	−65	42.60	41.36	40.13	38.86	37.57	36.28	34.96	33.63	32.3	30.9	29.5	28.1	26.7	—	—	—	—
68.9	−60	56.98	55.35	53.72	52.05	50.36	48.65	46.92	45.17	43.4	41.6	39.7	37.9	36.0	—	—	—	—
53.4	−55	75.09	72.98	70.87	68.70	66.51	64.30	62.05	59.78	57.5	55.1	52.7	50.3	47.9	—	—	—	—
46.6	−50	97.59	94.89	92.19	89.41	86.61	83.76	80.90	78.00	75.0	72.0	69.0	65.9	62.8	—	—	—	—
37.6	−45	125.2	121.8	118.4	114.9	111.4	107.8	104.2	100.5	96.8	93.0	89.1	85.2	81.3	—	—	—	—
27.8	−40	158.9	154.6	150.4	146.0	141.6	137.1	132.6	128.0	123.3	118.6	113.8	108.9	104.0	99.1	—	—	—
15.4	−35	199.6	194.3	189.1	183.6	178.2	172.6	167.0	161.3	155.5	149.7	143.7	137.8	131.7	125.5	—	—	—
0.6	−30	247.8	241.4	234.9	228.3	221.6	214.8	207.9	201.0	193.9	186.7	179.5	172.2	164.7	157.2	149.6	—	—
0.105 kg/cm^2g	−27.5	—	267.7	260.6	253.3	245.9	238.5	230.6	223.3	215.7	207.8	199.8	191.7	183.5	175.1	166.7	—	—
0.228	−25	—	296.9	289.1	281.1	273.0	264.8	256.4	248.0	239.4	230.7	221.9	213.1	204.1	195.0	178.7	176.3	—
0.362	−22.5	—	—	319.9	311.1	302.1	293.2	284.0	274.8	265.1	255.6	245.9	236.2	226.3	216.5	206.4	196.0	—
0.506	−20	—	—	352.8	343.2	333.4	323.6	313.9	303.4	293.1	282.7	272.1	261.4	250.6	239.7	228.5	217.3	206.0
0.662	−17.5	—	—	—	378.6	368.0	357.2	346.2	335.1	323.6	312.2	300.6	288.9	277.1	265.3	253.1	240.8	228.4
0.829	−15	—	—	—	416.1	440.4	392.7	380.7	368.6	356.4	343.9	331.2	318.5	305.6	292.4	279.2	265.7	252.2
1.009	−12.5	—	—	—	—	444.5	431.6	418.6	405.4	391.7	378.0	364.3	350.4	336.3	322.4	307.9	293.2	278.5
1.201	−10	—	—	—	—	487.5	473.5	459.3	444.9	430.2	415.3	400.4	385.3	369.9	354.5	338.8	322.8	206.8
1.407	−7.5	—	—	—	—	—	518.1	502.6	487.1	471.0	455.2	438.6	422.2	405.5	388.9	371.8	354.4	337.0
1.627	−5	—	—	—	—	—	—	—	531.8	515.0	497.5	479.9	462.1	444.0	425.5	406.9	388.1	369.3
1.868	−2.5	—	—	—	—	—	—	—	581.4	562.3	543.3	524.2	505.0	485.4	466.0	445.9	425.5	405.1
2.113	0	—	—	—	—	—	—	—	632.6	612.8	592.4	571.7	550.9	529.7	508.1	486.4	464.6	442.3
2.380	+2.5	—	—	—	—	—	—	—	688.6	667.0	644.9	622.6	600.1	577.3	554.1	530.7	506.9	483.0
2.663	+5	—	—	—	—	—	—	—	749.4	725.5	701.6	677.6	653.3	628.6	604.1	578.8	553.1	527.4
2.963	+7.5	—	—	—	—	—	—	—	—	787.0	761.3	735.4	709.3	682.8	657.2	629.9	602.2	574.5
3.280	+10	—	—	—	—	—	—	—	—	852.0	824.5	796.6	768.6	740.0	711.9	682.6	652.9	523.1

表 5-42　R-13氣體吸入量1m³相當之冷凍量kCal/m³

蒸發壓力	蒸發溫度	冷凝壓力kg/cm² 及膨脹閥前液溫 °C（但液冷媒無過冷却）												
		眞空 51.0 cmHg	眞空 28.9 cmHg	0.087 kg/cm².g	0.808 kg/cm².g	1.84 kg/cm².g	3.25 kg/cm².g	5.14 kg/cm².g	7.56 kg/cm².g	10.63 kg/cm².g	14.42 kg/cm².g	19.06 kg/cm².g	24.66 kg/cm².g	31.38 kg/cm².g
kg/cm²g	°C	−100	−90	−80	−70	−60	−50	−40	−30	−20	−10	−0	+10	+20
眞空cmHg														
70.8	−120	20.69	19.49	18.26	16.99	—	—	—	—	—	—	—	—	—
67.8	−115	31.38	29.59	27.75	25.85	23.89	—	—	—	—	—	—	—	—
63.9	−110	46.17	43.56	40.89	38.15	35.30	32.34	—	—	—	—	—	—	—
58.4	−105	66.32	62.63	58.85	54.96	50.92	46.73	42.36	—	—	—	—	—	—
51.0	−100	93 00	87.89	82.65	77.27	71.70	65.90	59.85	53.66	—	—	—	—	—
41.3	−95	127.7	120.7	113.6	106.4	98.80	90.95	82.76	74.38	65.72	56.87	47.79	—	—
28.9	−90	172.0	162.8	153.4	143.7	133.6	123.2	112.3	101.2	89.64	77.87	65.78	52.55	35.90
13.2	−85	227.8	215.7	203.4	190.7	177.6	163.9	149.7	135.1	120.1	104.7	88.88	71.59	49.83
0.087 kg/cm²g	−80	297.0	281.5	265.7	249.3	232.4	214.8	196.5	177.7	158.4	138.5	118.2	95.90	67.88
0.413	−75	381.7	362.1	341.9	321.2	299.7	277.4	254.1	230.3	205.7	180.5	154.7	126.4	90.82
0.808	−70	483.9	459.2	434.0	408.1	381.2	353.2	324.1	294.2	263.4	231.9	199.5	164.1	119.66
1.280	−65	606.8	576.2	544.9	512.8	479.4	444.8	408.7	371·7	333.5	294.4	254.3	210.4	155.22
1.840	−60	753.9	716.4	677.9	638.4	597.4	554.9	510.5	465.0	418.1	370.1	320.8	266.9	199.0
2.495	−55	927.1	881.5	834.7	786.6	736.8	685.0	630.9	575.6	518.6	460.2	400.2	334.6	252.0
3.254	−50	1130	1075	1019	960.8	900.6	838.1	772.9	706.2	637.3	566.8	494.4	415.2	315.6
4.131	−45	1368	1302	1235	1165	1093	1018	940.0	859.9	777.3	692.8	606.1	511,1	391.7
5.14	−40	1646	1567	1486	1404	1318	1228	1135	1040	941.3	840.7	737.3	624.1	481.8

表 5-43(a) R-22 氣體吸入量 $1\,m^3$ 相當之冷凍量 $kCal/m^3$

蒸發壓力 kg/cm²g	蒸發溫度 ℃	眞空 68.2 Hgcm −80	眞空 75 Hgcm −75	眞空 60.6 Hgcm −70	眞空 55.0 Hgcm −65	眞空 47.9 Hgcm −60
眞空 Hgcm						
74.4	−100	7.0	6.9	6.8	6.6	6.4
72.4	− 90	16.5	16.2	15.8	15.5	15.1
70.6	− 85	24.1	23.6	23.1	22.6	22.1
68.2	− 80	34.4	33.7	33.0	32.3	31.6
65.0	− 75	—	47.2	46.2	45.3	44.3
60.6	− 70	—	—	63.7	62.3	61.0
55.0	− 65	—	—	—	84.1	82.3
47.9	− 60	—	—	—	—	100

表 5-43(b) R-22 氣體吸入量 $1m^3$ 相當之冷凍量 $kCal/m^3$

冷凝壓力 kg/cm^2 及膨脹閥前液溫 °C（但液冷媒無過冷却）

蒸發壓力 kg/cm².g	蒸發溫度 ℃	眞空 38.7 cmHg −55	眞空 27.4 cmHg −50	眞空 13.5 cmHg −45	0.043 kg/cm².g −40	0.322 kg/cm².g −35	0.646 kg/cm².g −30	1.028 kg/cm².g −25	1.48 kg/cm².g −20	2.00 kg/cm².g −15	2.30 kg/cm².g −10	2.98 kg/cm².g − 5
眞空 Hgcm												
74.4	−100	6.3	6.1	6.0	5.8	5.7	5.6	5.4	5.2	5.0	4.9	4.7
73.6	− 95	9.8	9.6	9.3	9.1	8.9	8.7	8.4	8.1	7.9	7.6	7.4
72.4	− 90	14.8	14.4	14.1	13.7	13.4	13.1	12.6	12.2	11.9	11.5	11.1
70.6	− 85	21.6	21.1	20.6	20.1	19.6	19.0	18.5	18.0	17.4	16.9	16.4
68.2	− 80	30.9	30.2	29.5	28.7	28.0	27.3	26.5	25.8	25.0	24.2	23.5
65.0	− 75	43.3	42.3	41.3	40.3	39.3	38.2	37.2	36.2	35.1	34.1	33.0
60.6	− 70	59.7	58.3	56.9	55.6	54.2	52.8	51.3	49.9	48.5	47.1	45.6
55.0	− 65	80.5	78.7	76.9	75.0	73.2	71.3	69.4	67.5	65.6	63.7	61.8
47.9	− 60	107	105	102	99.8	97.4	94.9	92.4	89.9	87.4	84.9	82.4
38.7	− 55	140	137	134	131	128	125	121	118	115	112	108
27.4	− 50	—	177	173	169	165	161	157	153	149	144	140
13.5	− 45	—	—	222	217	211	206	201	196	191	185	180
0.043kg/cm².g	− 40	—	—	—	272	266	260	253	247	240	234	227
0.322	− 35	—	—	—	—	334	326	318	310	302	294	285
0.646	− 30	—	—	—	—	—	403	393	383	373	363	353
0.028	− 25	—	—	—	—	—	—	478	466	454	442	430
1.48	− 20	—	—	—	—	—	—	—	568	554	539	525
2.00	− 15	—	—	—	—	—	—	—	—	667	650	633
2.30	− 10	—	—	—	—	—	—	—	—	—	783	762
2.98	− 5	—	—	—	—	—	—	—	—	—	—	908

表 5-43(c) R-22 氣體吸入量 $1m^3$ 相當之冷凍量 $kCal/m^3$

蒸發壓力	蒸發溫度	冷凝壓力 kg/cm^2 及膨脹閥前液溫 °C(但液冷媒無過冷却)										
		4.07 kg/cm².g	4.97 kg/cm².g	5.96 kg/cm².g	7.08 kg/cm².g	8.32 kg/cm².g	9.71 kg/cm².g	11.23 kg/cm².g	12.92 kg/cm².g	14.76 kg/cm².g	16.78 kg/cm².g	18.97 kg/cm².g
kg/cm²g	℃	0	+5	+10	+15	+20	+25	+30	+35	+40	+45	+50
眞空 cmHg												
74.4	−100	4.6	4.4	4.2	4.0	3.8	3.6	3.5	3.2	3.0	2.8	2.6
73.6	−95	7.1	6.8	6.6	6.3	6.0	5.7	5.4	5.1	4.8	4.4	4.1
72.4	−90	10.8	10.4	9.9	9.5	9.1	8.6	8.2	7.7	7.2	6.8	6.3
70.6	−85	15.8	15.2	14.6	14.0	13.4	12.7	12.0	11.4	10.7	10.0	9.3
68.2	−80	22.7	21.8	21.0	20.1	19.2	18.3	17.4	16.4	15.5	14.5	13.6
65.0	−75	31.9	30.8	29.6	28.4	27.1	25.8	24.6	23.3	22.0	20.6	19.2
60.6	−70	44.1	42.5	41.0	39.3	37.6	35.8	34.1	32.3	30.6	28.7	26.9
55.0	−65	59.8	57.7	55.5	53.3	51.1	48.7	46.4	44.0	41.6	39.2	36.7
47.9	−60	79.8	77.0	74.2	71.2	68.3	65.2	62.1	59.0	55.9	52.6	49.4
38.7	−55	105	101	97.8	94.0	90.2	86.1	82.1	78.1	74.0	69.8	65.7
27.4	−50	136	131	127	122	117	112	107	102	96.4	91.0	85.7
13.5	−45	175	169	163	157	150	144	137	131	124	118	111
0.043 kg/cm²g	−40	221	213	205	198	190	182	174	166	158	149	141
0.322	−35	277	268	259	249	240	230	220	210	199	189	178
0.646	−30	343	331	320	309	297	285	273	260	248	235	222
1.028	−25	418	405	391	377	363	348	334	319	304	288	273
1.48	−20	510	491	477	461	444	426	408	390	372	354	335
2.00	−15	615	596	577	556	536	515	491	473	451	429	407
2.30	−10	741	718	695	671	647	621	596	571	546	519	493
2.98	−5	883	856	829	801	773	742	713	683	653	621	590
4.07	0	1049	1018	986	953	919	884	849	814	778	741	705
4.97	+5	—	1201	1164	1125	1086	1045	1004	963	922	878	836
5.96	+10	—	—	1369	1324	1278	1230	1183	1135	1086	1036	986
7.08	+15	—	—	—	1551	1499	1442	1388	1332	1276	1217	1160
8.32	+20	—	—	—	—	1744	1679	1616	1552	1487	1419	1353
9.71	+25	—	—	—	—	—	1949	1876	1802	1727	1650	1573
11.23	+30	—	—	—	—	—	—	2182	2097	2011	1921	1832
12.92	+35	—	—	—	—	—	—	—	2421	2321	2218	2117
14.76	+40	—	—	—	—	—	—	—	—	2659	2541	2425
16.78	+45	—	—	—	—	—	—	—	—	—	2626	2792
18.97	+50	—	—	—	—	—	—	—	—	—	—	3195

表 5-44 R-113 氣體吸入量 $1m^3$ 相當之冷凍量 $kCal/m^3$

蒸發壓力	蒸發溫度	冷凝壓力 kg/cm^2 及膨脹閥前液溫 °C(但液冷媒無過冷却)								
		眞空 64.7 cmHg	眞空 61.7 cmHg	眞空 58.1 cmHg	眞空 53.7 cmHg	眞空 48.5 cmHg	眞空 42.4 cmHg	眞空 35.3 cmHg	眞空 27.1 cmHg	眞空 17.4 cmHg
kg/cm².g	℃	0	+5	+10	+15	+20	+25	+30	+35	+40
眞空 cmHg										
73.8	−30	8.8	8.5	8.2	7.9	7.4	7.4	7.1	6.8	6.5
73.1	−25	12.1	11.7	11.3	10.9	10.5	10.1	9.7	9.3	8.9
72.0	−20	16.3	15.7	15.2	14.7	14.2	13.7	13.2	12.6	12.1
70.8	−15	21.6	21.0	20.2	19.6	19.0	18.3	17.6	16.9	16.2
69.2	−10	28.4	27.6	26.7	25.8	25.0	24.1	23.2	22.3	21.4
67.2	−5	36.9	35.9	34.8	33.7	32.6	31.4	30.3	29.2	28.0
64.7	0	47.4	46.1	44.7	43.3	41.9	40.5	39.1	37.6	36.2
61.7	+5	60.3	58.6	56.9	55.2	53.4	51.7	49.9	48.1	46.3
58.1	+10	76.0	74.0	71.8	69.6	67.5	65.3	63.1	60.9	58.7

表 5-45　CARRENE（R-500）氣體吸入量 $1m^3$ 相當之冷凍量 $kCal/m^3$

冷凝壓力 kg/cm^2 及膨脹閥前液溫 °C（但液冷媒無過冷却）

蒸發壓力 kg/cm².g	蒸發溫度 ℃	4.05 kg/cm².g 10	4.87 kg/cm².g 15	5.79 kg/cm².g 20	6.84 kg/cm².g 25	7.94 kg/cm².g 30	9.23 kg/cm².g 35	10.56 kg/cm².g 40	12.11 kg/cm².g 45	13.7 kg/cm².g 50
20 cmHg	−40	143	137.5	132	126	120	114.5	108	102	96
5.3	−35	180	173.5	166.5	159.5	152	145	137	130	122
0.162kg/cm².g	−30	226	218	209	200	191	182	173	164	154
0.442	−25	280	270	259	249	238	227	215	204	192
0.767	−20	344	332	319	306	293	281	267	253	238
1.152	−15	418	403	388	373	357	341	324	309	292
1.586	−10	506	488	470	453	433	414	395	376	355
2.100	−5	608	586	565	544	520	499	476	453	428
2.663	0	725	700	675	650	624	598	571	544	516
3.332	5	860	831	802	772	741	711	679	648	615
4.047	10		982	947	914	878	842	806	770	731

表 5-46　R-40 氣體吸入量 $1m^3$ 相當之冷凍量 $kCal/m^3$

冷凝壓力 kg/cm^2 及膨脹閥前液溫 °C（但液冷媒無過冷却）

蒸發壓力 kg/cm²g	蒸發溫度 ℃	2.622 kg/cm².g 10	2.928 kg/cm².g 12.5	3.251 kg/cm².g 15	3.595 kg/cm².g 17.5	3.960 kg/cm².g 20	4.345 kg/cm².g 22.5	4.750 kg/cm².g 25	5.176 kg/cm².g 27.5	5.625 kg/cm².g 30	6.097 kg/cm².g 32.5	6.592 kg/cm².g 35	7.113 kg/cm².g 37.5	7.657 kg/cm².g 40
眞空 cmHg														
18.4	−30	175	174	172	170	168	166	164	162	160	159	157	155	153
11.5	−27.5	196	194	192	190	188	186	183	181	179	177	175	173	171
4.0	−25	218	216	214	212	209	207	205	102	200	198	195	193	191
0.057kg/cm².g	−22.5	242	239	237	234	232	229	227	224	222	219	216	214	211
0.179	−20	268	265	262	259	256	254	251	248	245	242	239	237	234
0.311	−17.5	296	293	290	287	284	281	277	274	271	268	265	262	258
0.454	−15	327	323	320	317	313	310	307	303	299	296	292	289	286
0.608	−12.5	359	356	352	348	344	340	337	333	329	325	321	317	314
0.775	−10	394	390	386	382	378	374	370	365	362	357	353	348	345
0.955	−7.5	433	428	424	419	415	411	406	402	397	393	388	384	379
1.147	−5	476	471	466	461	456	452	447	442	437	432	427	422	417
1.354	−2.5	518	512	507	502	497	492	486	481	475	470	465	459	454
1.576	0	564	559	553	547	541	535	530	524	518	512	506	501	495
1.813	+2.5	614	608	602	596	590	583	577	571	564	558	551	545	539
2.066	+5	668	661	654	647	641	634	627	620	614	607	600	593	586
2.335	+7.5	724	717	710	703	695	688	681	673	666	658	651	643	635
2.622	+10	785	778	770	762	754	746	738	730	722	714	706	697	689

表 5-47　SO_2 氣體吸入量1 m^3 相當之冷凍量 $kCal/m^3$

蒸發壓力	蒸發溫度	冷凝壓力 kg/cm^2 及膨脹前液溫 °C 。								
		1.314 $kg/cm^2.g$	1.789 $kg/cm^2.g$	2.337 $kg/cm^2.g$	2.961 $kg/cm^2.g$	3.677 $kg/cm^2.g$	4.485 $kg/cm^2.g$	5.394 $kg/cm^2.g$	6.413 $kg/cm^2.g$	7.550 $kg/cm^2.g$
kg/cm^2g	℃	10	15	20	25	30	35	40	45	50
真空 cmHg										
47.4	−30	102.9	101.0	99.01	97.13	95.10	93.13	91.21	89.28	87.33
43.4	−27.5	117.0	114.8	112.6	110.5	108.2	105.9	103.8	101.6	99.35
38.9	−25	132.5	129.9	127.4	125.0	122.4	119.9	117.5	115.0	112.5
33.8	−22.5	149.7	146.9	144.0	141.3	138.4	135.6	132.8	130.1	127.2
28.3	−20	168.5	165.4	162.2	159.2	155.9	152.7	149.6	146.4	143.3
22.1	−17.5	189.4	185.8	182.3	178.9	175.2	171.7	168.2	164.3	161.2
15.4	−15	212.1	208.1	204.2	200.4	196.3	192.3	188.4	184.5	180.6
8.0	−12.5	237.2	232.7	228.3	224.1	219.6	215.1	210.8	206.5	202.1
0.001 $kg/cm^2.g$	−10	264.2	259.3	254.4	249.7	244.6	239.7	234.9	230.1	225.2
0.132	− 7.5	294.1	288.6	283.2	278.0	272.4	266.9	261.6	256.3	250.9
0.253	− 5	326.1	320.0	314.1	308.3	320.1	296.1	290.2	284.3	278.3
0.397	− 2.5	361.5	354.8	348.2	341.8	334.9	328.3	321.8	315.3	308.7
0.552	0	399.0	391.7	384.4	377.4	369.9	362.5	355.4	348.2	341.0
0.722	+ 2.5	440.3	432.2	424.2	416.5	408.2	400.2	392.3	384.4	376.4
0.903	+ 5	484.3	475.4	466.7	458.2	449.1	440.3	431.7	423.0	414.3
1.102	+ 7.5	532.5	522.7	513.1	503.8	493.9	484.2	474.8	465.3	455.6
1.314	+10	583.5	572.8	562.3	552.2	541.3	530.7	520.4	510.0	499.5

表 5-48　乙烯氣體吸入量 $1m^3$ 相當之冷凍量 $kCal/m^3$

蒸發壓力 $kg/cm^2.g$	蒸發溫度 ℃	13.48 $kg/cm^2.g$	11.55 $kg/cm^2.g$	9.83 $kg/cm^2.g$	8.276 $kg/cm^2.g$	6.896 $kg/cm^2.g$	5.671 $kg/cm^2.g$	4.593 $kg/cm^2.g$	3.649 $kg/cm^2.g$	2.828 $kg/cm^2.g$	2.121 $kg/cm^2.g$	1.516 $kg/cm^2.g$	1.004 $kg/cm^2.g$	0.573 $kg/cm^2.g$
		冷凝壓力 kg/cm^2 及膨脹閥前液溫 °C（但液冷媒無過冷却）												
		−20	−25	−30	−35	−40	−45	−50	−55	−60	−65	−70	−75	−80
眞空 cmHg														
36.6	−100	—	—	—	—	—	—	—	—	108.0	111.3	114.6	118.0	121.3
22.8	−95	—	—	—	—	—	—	—	140.0	144.5	149.0	153.3	157.7	—
5.7	−90	—	—	—	—	—	—	178.9	184.6	190.4	196.2	201.9	—	—
0.218 $kg/cm^2.g$	−85	—	—	—	—	—	224.3	231.9	239.2	246.7	254.0	—	—	—
0.573	−80	—	—	—	—	277.0	286.8	296.4	305.6	315.0	—	—	—	—
1.004	−75	—	—	—	337.9	350.5	362.8	374.7	386.3	—	—	—	—	—
1.516	−70	—	—	406.1	422.3	437.9	453.0	467.7	—	—	—	—	—	—
2.121	65	—	482.8	502.6	522.4	541.5	560.0	—	—	—	—	—	—	—
2.828	−60	566.9	592.2	616.2	640.2	663.5	685.7	—	—	—	—	—	—	—
3.649	−55	689.8	720.1	749.0	777.7	805.5	—	—	—	—	—	—	—	—
4.593	−50	832.8	869.0	903.5	937.7	970.9	—	—	—	—	—	—	—	—
5.671	−45	997.6	1040.5	1081.3	1121.9	—	—	—	—	—	—	—	—	—
6.891	−40	1187.3	1237.9	1286.0	—	—	—	—	—	—	—	—	—	—

表 5-49　R-114 氣體吸入量 $1m^3$ 相當之冷凍量 kJ/m^3

蒸發壓力 kg/cm² abs	蒸發溫度 t_0 ℃	凝縮壓力 kg/cm² abs 0.1312	0.2284	0.3772	0.5946	0.9007	1.317	1.868	2.580	3.480	14.728
		凝縮溫度 t_1 ℃ −40	−30	−20	−10	0	10	20	30	40	50
0.07228	−50	94.11	88.63	82.94	77.07	71.01	64.67	58.20	51.48	44.67	37.68
0.1312	−40	170.5	161.0	151.1	140.9	130.3	119.3	108.0	96.36	84.51	72.36
0.2284	−30		277.7	261.4	244.5	227.0	208.8	190.2	170.8	151.2	131.1
0.3772	−20			431.7	405.0	377.4	348.6	319.1	288.5	257.5	225.8
0.4761	−15				513.4	479.2	443.5	406.9	369.0	330.6	291.2
0.5946	−10				644.2	602.3	558.4	513.6	467.1	419.9	371.6
0.7351	−5					750.3	696.9	642.3	585.7	528.4	469.5
0.9007	0					927.0	862.6	796.6	728.3	659.0	587.9
1.091	5						1059	980.2	898.3	815.2	730.0
1.317	10						1292	1198	1100	1001	847.7
1.868	20							1754	1614	1476	1335

$1\ kJ/m^3 = 0.2389\ kcal/m^3$

表 5-50　R-14 吸入氣體 $1m^3$ 相當之冷凍量 kJ/m^3

蒸發壓力 bar	蒸發溫度 ℃	凝縮壓力 bar 0.15430	0.39610	0.87749	1.7301	3.1081	5.181	8.1307	12.151	17.459	24.305
		凝縮溫度 ℃ −150	−140	−130	−120	−110	−100	−90	−80	−70	−60
0.049773	−160	66.41	62.61	58.47	54.10	49.43	44.54	39.34	33.86	27.95	21.24
0.15430	−150	195.4	184.5	172.7	160.2	146.8	132.8	117.9	102.3	85.33	66.13
0.39610	−140		454.4	426.0	396.1	364.1	330.6	295.0	257.5	217.0	171.0
0.87749	−130			916.6	854.1	787.2	717.2	642.6	564.2	479.5	383.4
1.7301	−120				1653	1527	1395	1256	1108	948.7	767.8
3.1081	−110					2728	2499	2255	1999	1722	1408
5.1811	−100						4190	3792	3373	2921	2408
8.1307	− 90							6067	5412	4705	3902
12.151	− 80								8359	7283	6062

1 kJ＝0.2389 kcal, 1 Bar＝1.0197 kg/cm^2

表 5-51　1 kWh 相當之冷凍量 kCal（氨及其他冷媒約略適用）

凝縮壓力 kg/cm^2 abs	(kg/cm^2.g)	凝縮溫度 ℃	蒸發壓力 kg/cm^2 g 及蒸發溫度 °C：眞空 67.8 cmHg −70	眞空 66.1 cmHg −67.5	眞空 64.2 cmHg −65	眞空 62.1 cmHg −62.5	眞空 59.6 cmHg −60	眞空 56.7 cmHg −57.5	眞空 53.4 cmHg −55	眞空 49.6 cmHg −52.5	眞空 45.3 cmHg −50	眞空 40.5 cmHg −47.5	眞空 35.0 cmHg −45	眞空 28.9 cmHg −42.5	眞空 22.1 cmHg −40	眞空 14.5 cmHg −37.5	眞空 6.1 cmHg −35	0.043 kg/cm^2.g −32.5	0.186 kg/cm^2.g −30	0.342 kg/cm^2.g −27.5	0.513 kg/cm^2.g −25
1.22	(0.19)	−30	3542	3890	4296	4758	5323	5931	6666	7541	8646	10050	11970	14700	18950	—	—	—	—	—	—
1.55	(0.52)	−25	3058	3343	3662	4007	4404	4857	5396	6038	6778	7696	8835	10360	12440	15180	19200	—	—	—	—
1.94	(0.91)	−20	2688	2920	3180	3451	3770	4113	4538	5005	5537	6196	6914	7837	9128	10550	12430	15230	19360	—	—
2.41	1.39	−15	2395	2580	2801	3016	3258	3579	3890	4258	4657	5135	5648	6320	7179	8074	9322	10790	13180	16040	20080
2.97	1.94	−10	2138	2289	2493	2667	2879	3120	3383	3674	3977	4345	4766	5226	5839	6480	7319	8241	9475	11150	13210
3.62	(2.59)	− 5	—	—	2233	2379	2564	2763	2980	3217	3474	3762	4084	4454	4912	5377	5984	6621	7437	8558	9681
4.38	(3.35)	0	—	—	—	—	2298	2472	2640	2841	3050	3291	3530	3816	4207	4560	5012	5499	6095	6866	7636
5.26	(4.23)	+ 5	—	—	—	—	—	2217	2361	2529	2705	2897	3117	3363	3654	3938	4295	4652	5151	5648	6238

6 往復式壓縮機(Compressor Of Reciprocating Type)

6-1 壓縮機的功用

壓縮機藉機械能把低溫低壓的氣體壓縮成高壓高溫的氣體，使低壓低溫氣體中所吸收的熱量，以一般溫度下的水或空氣作冷却媒介物而散熱，是使冷劑在系統中循環的原動力。

6-2 壓縮機的種類

6-2-1 機械式冷凍壓縮機依其壓縮之不同而分類

機械式冷凍壓縮機依其壓縮方法，可分爲四大類：

(1) 往復式(reciprocating type)

此係利用活塞在汽缸內往復運動而使氣體壓縮。構造如圖6-1。

(2) 旋轉式(rotary type)

利用偏心輪在汽缸內旋轉來達到壓縮氣體的目的。如圖6-2所示。

(3) 離心式(centrifugal type)

此係利用葉輪急速旋轉產生離心力，將低壓低溫氣體吸入後而高速排出，構造如圖6-3所示，此型又可分爲單段式(single stage centrifugal)及多段式(multistage centrifugal compressor)。(參閱

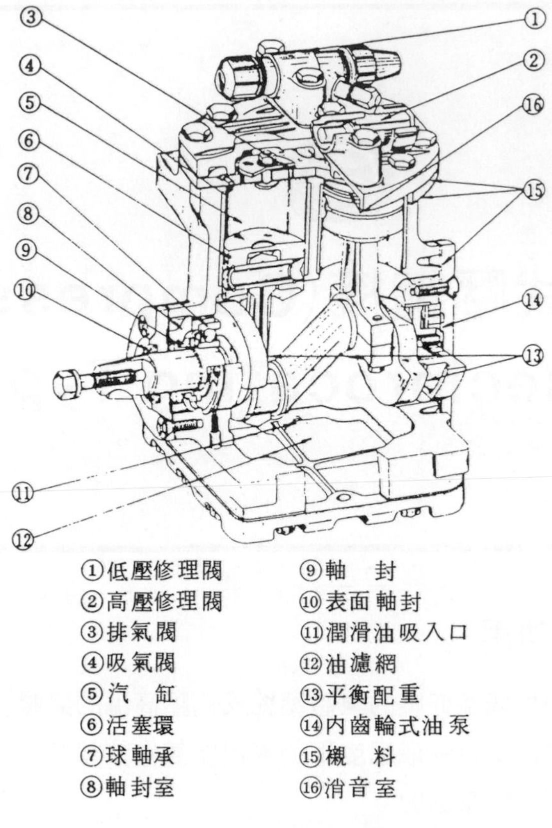

①低壓修理閥	⑨軸　封
②高壓修理閥	⑩表面軸封
③排氣閥	⑪潤滑油吸入口
④吸氣閥	⑫油濾網
⑤汽　缸	⑬平衡配重
⑥活塞環	⑭內齒輪式油泵
⑦球軸承	⑮襯　料
⑧軸封室	⑯消音室

圖 6-1　開放立型氟氯烷壓縮機

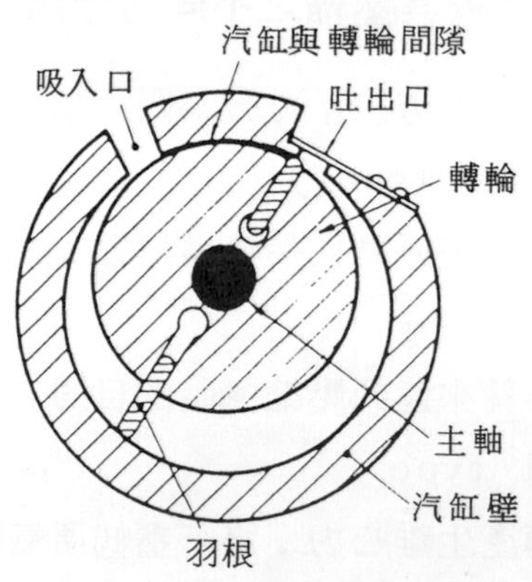

圖 6-2　回轉翼形回轉式壓縮機

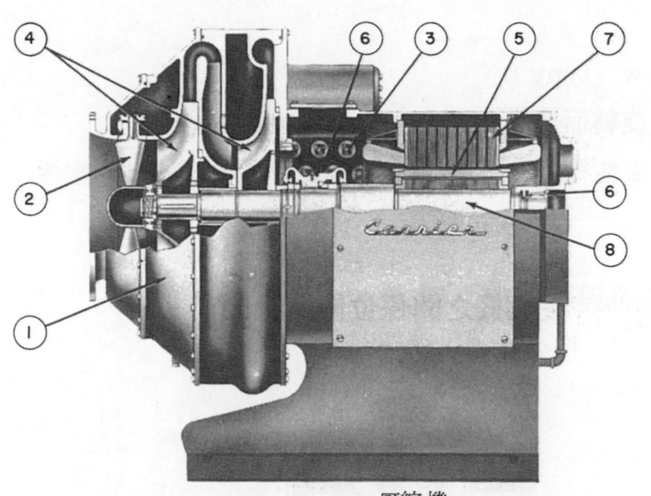

圖 6-3　冷媒冷却密閉型離心壓縮機

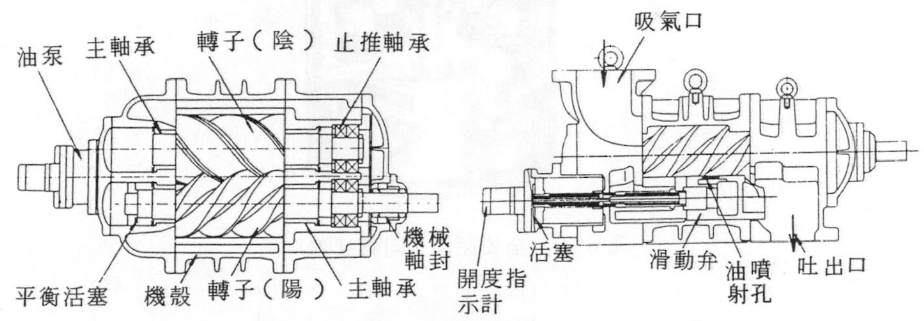

圖 6-4　螺旋式壓縮機

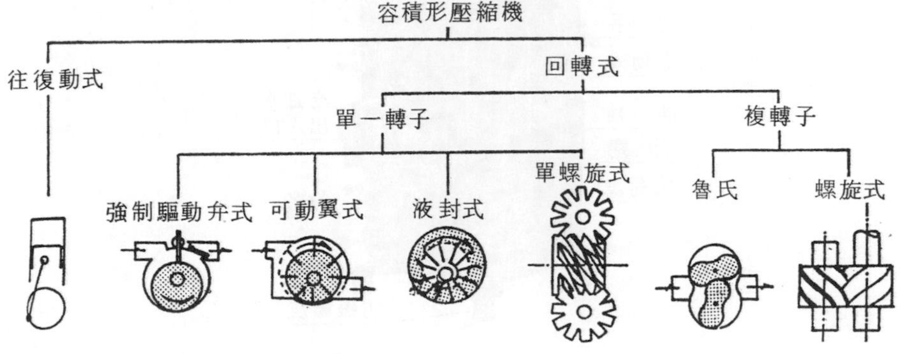

圖 6-5　壓縮機的形式

第十二章）

(4) 螺旋式（screw type）

以斜齒輪相互旋轉而產生壓縮作用，構造如圖6-4。

機械壓縮機中之往復式、迴轉式、螺旋式均屬於容積形壓縮機，構造如圖6-5。

6-2-2 依傳動馬達與壓縮機之關係位置而分類

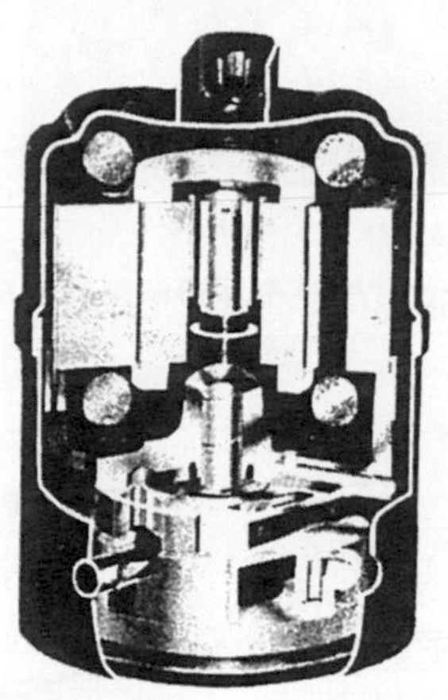

圖6-6 全密閉型、回轉式壓縮機

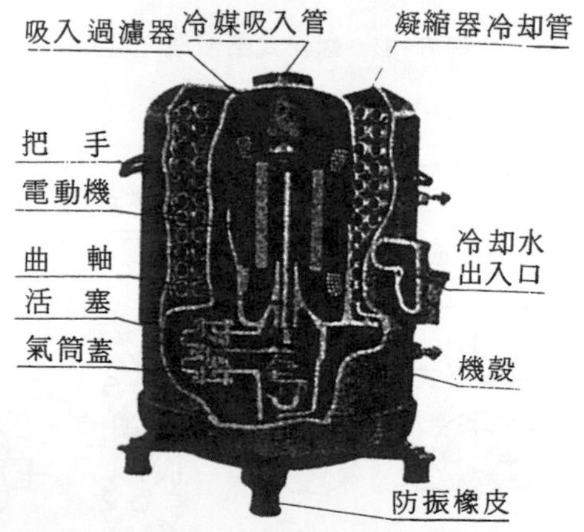

圖6-7 全密閉型、往復式壓縮機

依傳動馬達與壓縮機之關係位置而言，可分為下述三種：

⑴　全密閉式（ hermetic type ）

全密式係將壓縮機與電動機組合後，一起置於鐵殼內，並將接合處以電焊封閉，體積小，噪音也少。但故障時須將焊合部份切開才能檢修。冰箱及窗型冷氣機多用此種壓縮機。外型如圖6-6及6-7。

⑵　半密閉型壓縮機（ semi-hermetic type ）

係電動機與壓縮機置於同一機殼，但汽缸蓋、曲軸箱及部份封蓋以螺

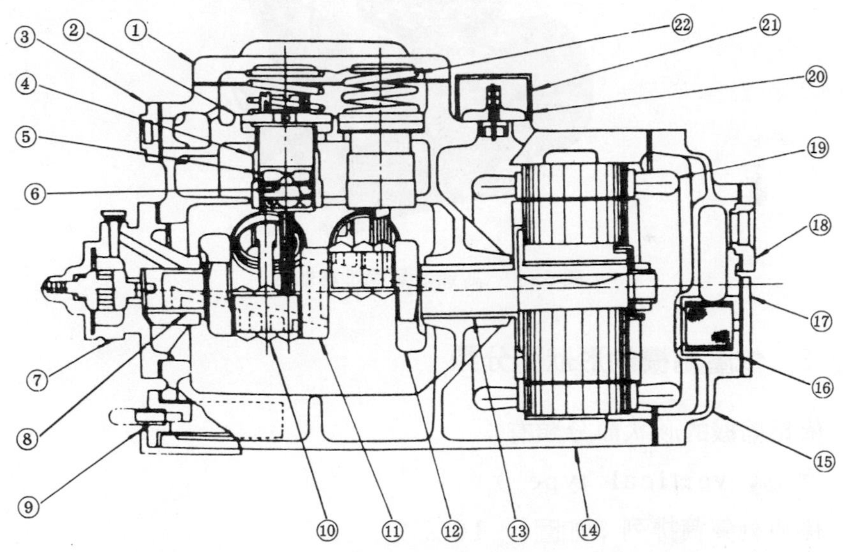

號　碼	名　　稱	號　碼	名　　稱
1	頂　　蓋	12	平衡配重
2	汽　缸　蓋	13	主　軸　承
3	高壓側法蘭	14	曲　軸　箱
4	汽缸襯筒	15	馬　達　蓋
5	活　　塞	16	吸氣濾網
6	活　塞　銷	17	吸氣濾網蓋
7	齒輪泵浦	18	法　　蘭
8	側蓋合金	19	馬　　達
9	濾　油　器	20	端　　子
10	連　　桿	21	端　子　蓋
11	曲　　軸	22	安　全　頭

圖 6-8　半密閉型壓縮機斷面圖

絲封閉，檢修時可拆開。其構造如圖6-8。

⑶ 開放式（ open type ）

係將壓縮機與電動機分開，用皮帶或聯軸器連結傳動，此型易自軸承漏洩冷媒及冷凍油，且所佔體積較大，但修理較方便，構造如圖6-9。

圖6-9 高速多氣筒型壓縮機

6-2-3 依壓縮機的形狀而分類

依壓縮機的形狀而分類有：

⑴ 立型（ vertical type ）

係直列氣筒排列，如圖6-10。

⑵ 橫型（ horizontal type ）

大多是大型單氣筒式，在活塞的兩端均有壓縮作用，一般都用低轉速。因重量及安裝面積大，振動也大，因此需要較大而穩定的基礎，目前已少採用，構造如圖6-11。

⑶ 多氣缸型（ multi cylinder type ）

依汽缸排列之方式，有*V*型、*W*型、*VV*型，星型氣筒配列。構造如圖6-12。

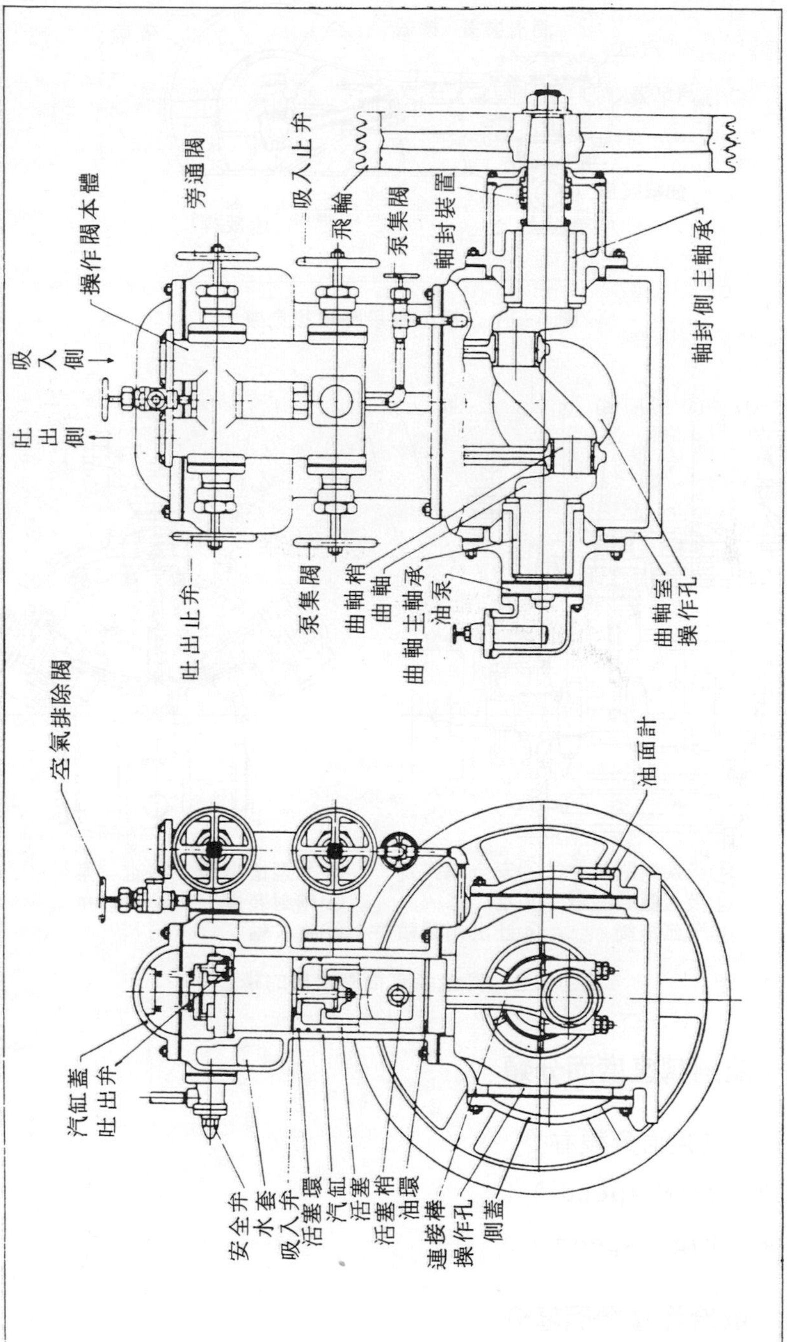

圖6-10　立型低速氨壓縮機斷面圖

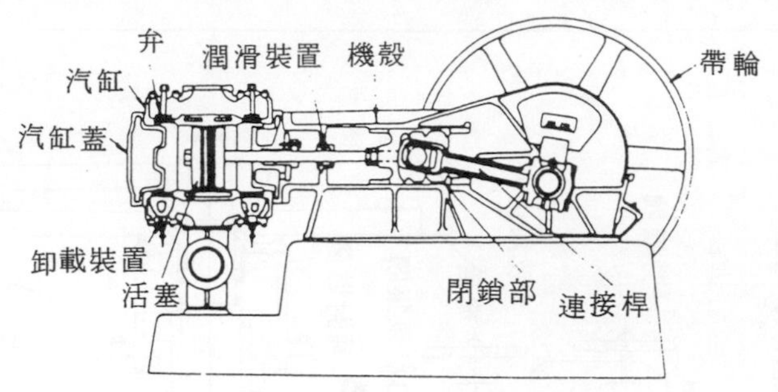

圖 6-11　橫型單段壓縮複動機

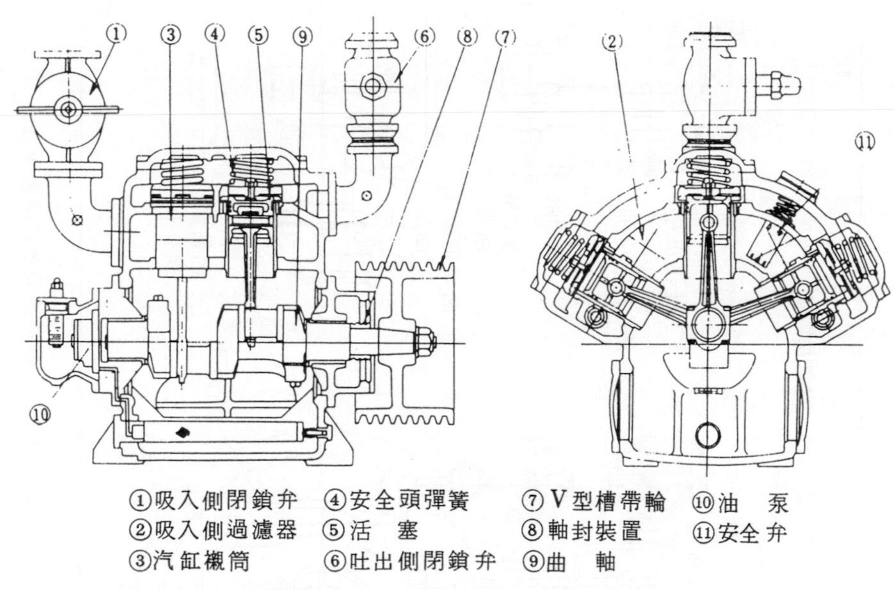

①吸入側閉鎖弁　④安全頭彈簧　⑦V型槽帶輪　⑩油　泵
②吸入側過濾器　⑤活　塞　⑧軸封裝置　⑪安全弁
③汽缸襯筒　⑥吐出側閉鎖弁　⑨曲　軸

圖 6-12　高速多氣筒壓縮機的構造

6-2-4　依廻轉速度而分類

依廻轉速度而分類有：

⑴　低速(low speed)。

⑵　高速(high speed)。

6-2-5　依冷媒種類而區分

依冷媒種類而區分有：

(1) 氨壓縮機（ amonia compressor ）。

(2) 氟氯烷系壓縮機（ freon compressor ）。

(3) 二氧化碳壓縮機（ CO_2 compressor ）。

6-2-6　依驅動方式而分類

依驅動方式而言，則分成三類：

(1) 直接傳動型（ direct drive type ）

係將驅動馬達的轉軸用聯軸器與壓縮機主軸聯結。二者轉速相同。

(2) 皮帶傳動式（ belt drive type ）

利用 V 型皮帶及帶輪而將壓縮機與馬達之軸相連結。此型大多是用皮帶輪來降低壓縮機的轉速，使壓縮機之轉速低於電動機之轉速。

(3) 齒輪帶動型（ gear drive type ）

此係利用變速齒輪作爲壓縮機及電動機之傳動裝置，此型大多是增速裝置，使壓縮機之轉速高於電動機，如離心式壓縮機之轉速需超過3600 rpm 時，均採用此種傳動裝置。

6-2-7　依用途而區分

依用途區分有：

(1) 陸上用。

(2) 船舶用：船舶用壓縮機應依海洋之特殊條件而製作。

6-3　往復式壓縮機

目前中小容量之冷凍空調工程大多採用往復式壓縮機，中容量之往復式則多用高速多氣筒型。

6-3-1　往復式高速多氣缸型之優點

往復式高速多氣缸型的構造如圖6-12 。優點如下述：

(1) 體積小、重量輕

與從前使用之立型冷凍機相比較，體積小、重量輕，安裝面積也小，基座工程簡單，工程費用也較節省。

⑵ 自動容量調整裝置完備

可以自動運轉，因裝置自動容量調整裝置，故保養維護的人事費用較少，運轉較經濟。

⑶ 零件的互換性良好

使用之零件因大量生產且經精密機械加工，互換性良好，磨損零件，可以簡單而迅速的更換。

⑷ 振動及噪音較少

因多汽缸平均配列，運轉平衡，比單汽缸或雙汽缸者之振動較小，高速運轉時，噪音也較少。

⑸ 啓動時回轉力較少

啓動時，因裝置有卸載機構，電動機的啓動及作用力較小。

⑹ 軸封裝置效果佳

軸封使用之材料已改進並可用冷凍機油潤滑冷却，軸封不易漏洩，可耐磨耗。

⑺ 强制潤滑性能佳

用齒輪泵浦强制給油，廻轉部份、摺動部份均可確實潤滑，潤滑不良時，由油壓保護開關之動作，可以自動停機。

⑻ 壽命高

採用高級鑄鐵、曲軸及汽缸襯筒摩擦部份的材料，經適當選擇及加工，使用壽命長。

⑼ 無事故運轉

因安全裝置完備，異常時自動停機，可以防患事故的發生。

6-3-2 高速多汽缸型壓縮機的構造

高速多汽缸型壓縮機主要構成部份如下：

⑴ 機殼(housing)(圖6-13)

壓縮機的曲軸箱及機殼均以緻密組織的高張力鑄鐵製作，汽缸的配列須使振動及轉矩的變動最小，每2支汽缸爲一組，4汽缸時配置成90° V

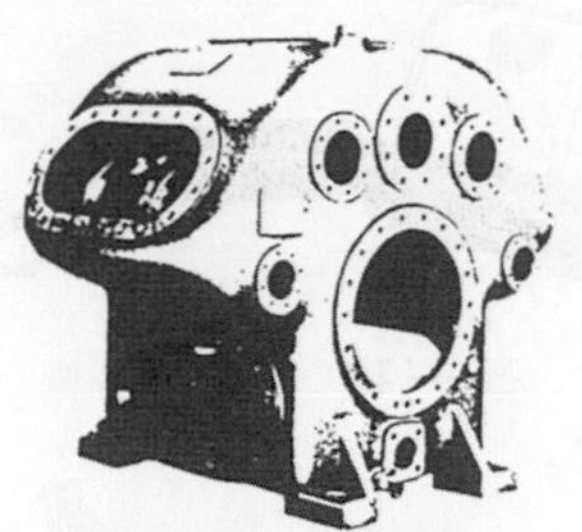

圖 6-13 機 殼

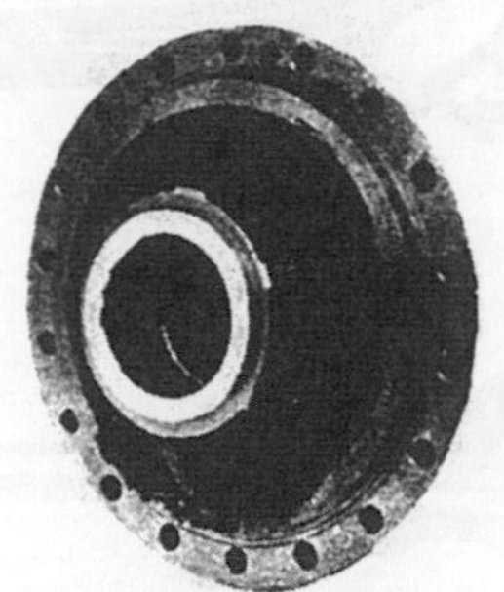

圖 6-14 主軸承

型，6汽缸為60° W型，8汽缸為45°VV型的扇狀，在機殼內裝入汽缸，機殼將汽缸上部排出之氣體以吐出管導入高壓室內，將吸氣管吸入之氣態冷媒導入低壓室及曲軸箱而使二者分隔。

(2) 主軸承(main bearing)

主軸承在軸封側及油泵側，共有兩組(參閱圖 6-14)，本體以圓筒型軸承合金壓入。

(3) 汽缸襯筒(cylinder liner)

圖 6-15 汽缸襯筒

圖 6-16 活塞組合圖

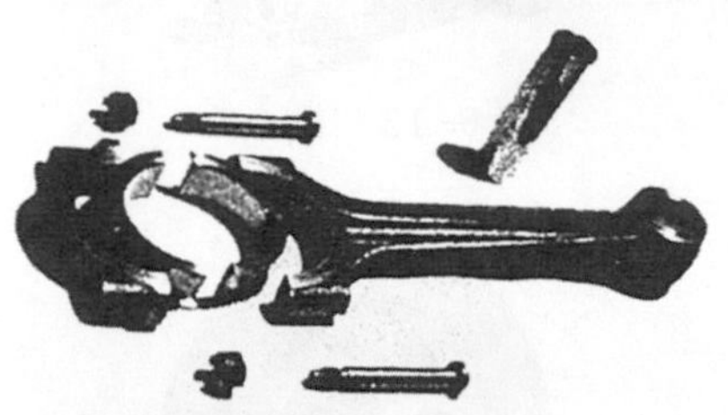

圖 6-17 連接桿

圖 6-18 曲 軸

汽缸襯筒以耐磨的鑄鐵或合金鑄鋁製造，易更換。構造如圖 6-15 。

(4) 活塞(piston)

活塞的構造材料與汽缸襯筒一樣。有壓縮活塞環及油環，如圖6-16。

(5) 連接桿(connecting rod)

鋁合金或鋼製精密型鍛製品，有油孔作潤滑之用(如圖 6-17)。

(6) 曲軸(crank shaft)(如圖 6-18)

以高抗張力的特殊鋼製，顎部以高週波誘導加熱法施工。

(7) 閥片構造(valve assembly)(參閱圖 6-19)

吸入及吐出閥片以經熱處理的強韌特殊鋼製造，其構造要求應使冷劑有充裕的通路面積，重量輕，運動輕快容易，能適應汽缸內的壓力變化，並使能力的損耗減至最小程度。

(8) 汽缸蓋(cylinder cover)

汽缸蓋的材質與曲軸箱相同，皆用高級鑄鐵製作，各汽缸蓋均可互換。

氨壓縮機及低溫用R-22壓縮機之汽缸蓋均裝置水套(wates jac-

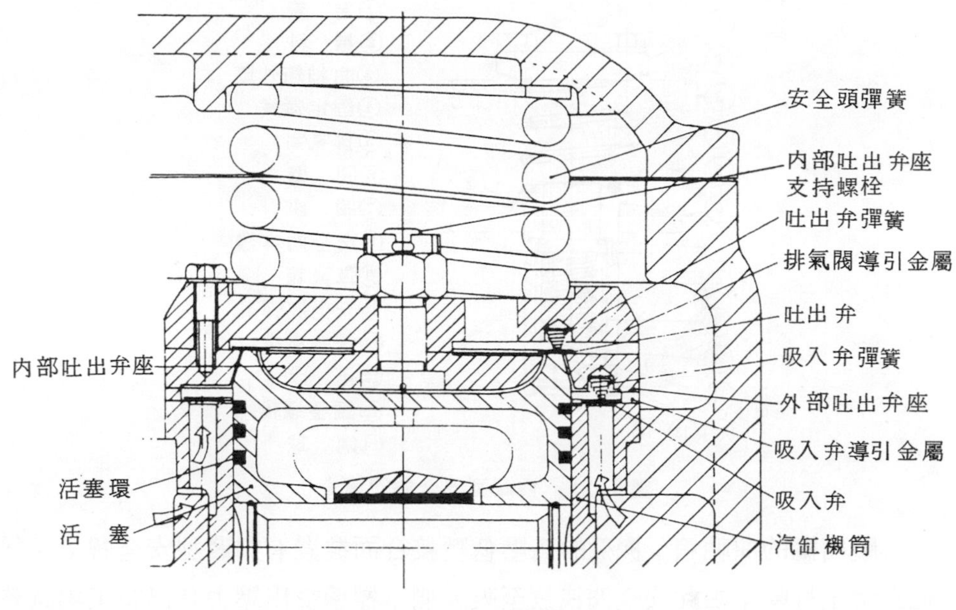

圖 6-19 閥構造

ket），通水以冷却汽缸。R-12之壓縮機通常不必裝置水套。

(9) 安全頭（safety head）

壓縮機若吸入大量的液態冷媒或潤滑油，則在汽缸的上部因液體壓縮而產生異常壓力，甚至發生事故，爲預防此種情況之運轉狀態而招致壓縮機破損，故須裝置安全閥。參閱圖6-20、6-21。

汽缸襯筒上都有吐出閥片的導引金屬而押住安全閥。當汽缸內的壓力比排氣側壓力高 3 kg/cm² 以上時，則排氣閥座動作而釋放汽缸內不正常之高壓。

(10) 壓縮機內藏型安全閥（圖6-20及圖6-21）

圖 6-20 內藏型安全閥

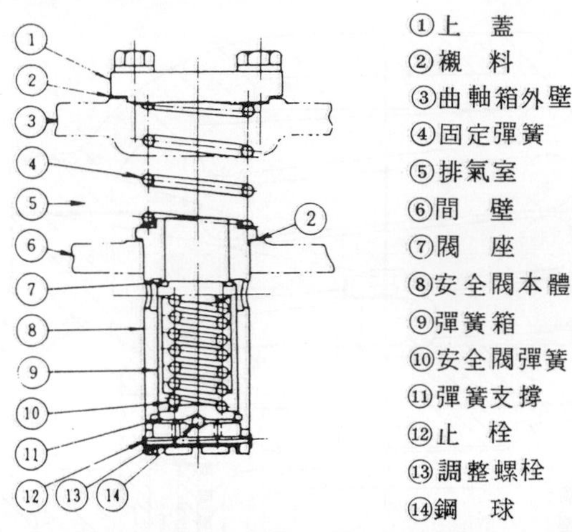

圖 6-21　內藏型安全閥的構造

壓縮機的曲軸箱，機殼的高壓低壓接合面裝置有內藏型安全閥，高壓側異常上昇時，由此安全閥洩放至吸入側，標準噴出壓力多已在工場調整完畢。

安全閥標準噴出壓力：

R-12　　12 kg/cm² （差壓）

R-22　　15 kg/cm² （差壓）

NH_3　　15 kg/cm² （差壓）

⑾ 軸封裝置（ shaft seal ）

橡皮摺箱式軸封裝置之構造如圖 6-22 所示橡皮摺箱及軸封環使用之橡皮襯料，應採用高級合成橡皮製成，以避免受R-12、R-22及冷凍油等液體的侵蝕，並應吸收從外部傳達進來的振動，使接觸面安定，彈簧使軸封面有適當的接觸壓力，同時對材料的磨耗能有自動補償作用（參閱圖 6-23）。

⑿ 潤滑系統

以油泵强制給油系統中，使壓力油均勻配至各摺動面，冷凍油經曲軸箱底部之金屬網的吸入側被油泵吸入而在油泵側蓋內排出，過濾後將清淨的潤滑油流經導管至主軸承及其他部位，壓力油之一部份導入油壓表及油壓開關。除用來潤滑軸承、軸封外，對軸封裝置亦有冷却作用。油膜對冷

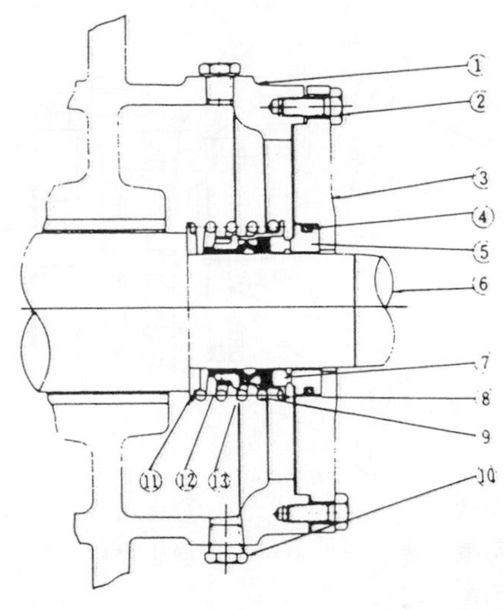

①詰物箱
②鋼蓋安全螺栓
③側　蓋
④封口環用之O形環
⑤封口環
⑥曲　軸
⑦軸封轂頭
⑧軸封轂頭保持筒
⑨彈　簧
⑩塞　頭
⑪彈簧承盤
⑫橡皮摺箱固定輪
⑬橡皮摺箱

圖 6-22　軸封裝置的構造

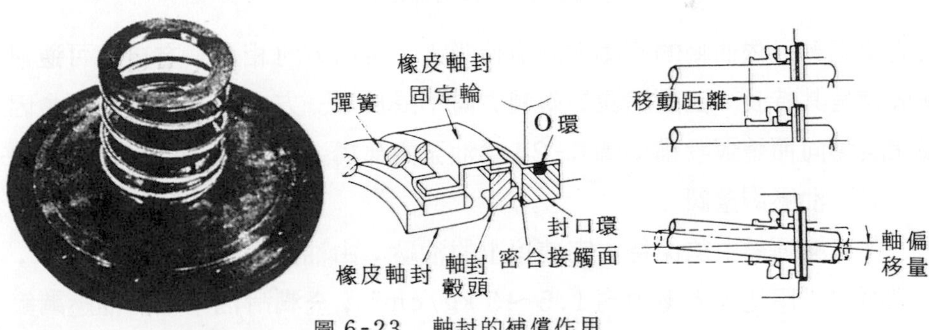

圖 6-23　軸封的補償作用

劑氣體也有封密效果。油壓調整閥用來調整全潤滑系統的油壓，多餘的潤滑油則自油壓調整閥裡面的孔穴流回曲軸箱。

由兩側主軸承之潤滑油，經曲軸之油孔而達曲軸梢之軸承，並經由連接棒的油孔流至活塞梢，連接棒大端部側面及活塞梢軸承流出之潤滑油，由於曲軸回轉時產生之離心力，而附著於汽缸襯筒，潤滑活塞動作之表面，另外有卸載機構者，導入壓力油使油壓活塞發生作用，潤滑系統包括下列附件：

①　油泵浦

潤滑油泵浦使用內接齒輪，由曲軸直接驅動，形狀小，效率高，而適

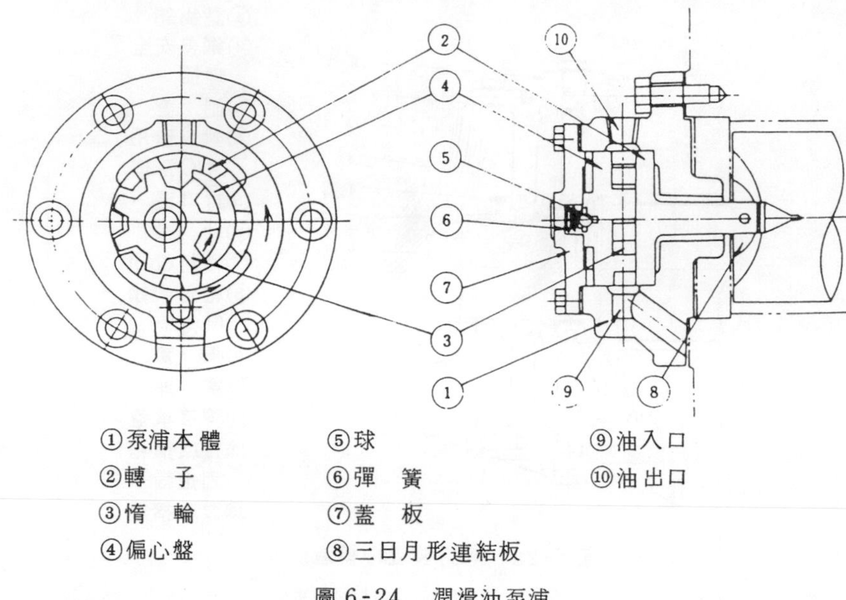

圖 6-24 潤滑油泵浦

於高速廻轉。依曲軸的廻轉方向而使吸入，排出方向相反，有自動可逆運轉機構是其特長。因壓縮機的廻轉方向不限於單一方向，試運轉時不會因爲錯誤轉向而燒毀設備，圖 6-24 爲油泵內部構造。

② 油壓調整閥

壓縮機運轉中須保持一定值以上的油壓，由油壓表可看出油壓大小，一般而言，應比吸入壓力高 1.5～3 kg/cm^2 ，全潤滑油系統的油壓調節，藉油壓調整閥而達到目的，旋開帽蓋，使螺栓旋入則油壓上昇，反向則降低油壓，如圖 6-25 。

③ 濾油器

油泵的吸入側及排出側均設有濾油器，使潤滑油經二道過濾清潔增大其效果。

④油面計

曲軸箱側蓋的視窗，用來檢視油面，油面應在視窗中間位置，低於⅓液面時，應注意是否會繼續下降。液面太高則會引起液壓縮，務必注意(如圖 6-26)。

⑤ 卸載機構

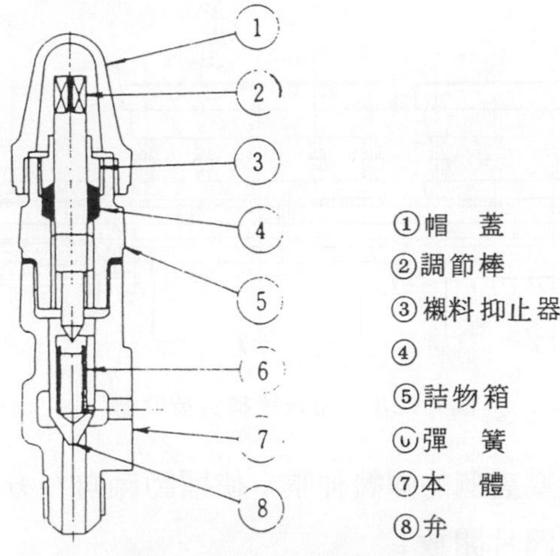

圖 6-25 油壓調整閥的構造

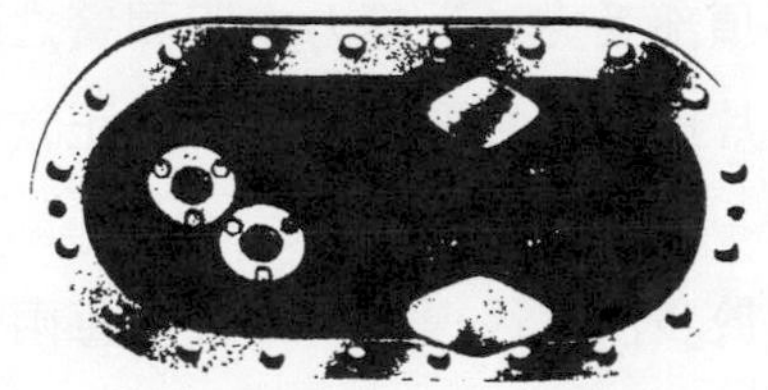

圖 6-26 油面計

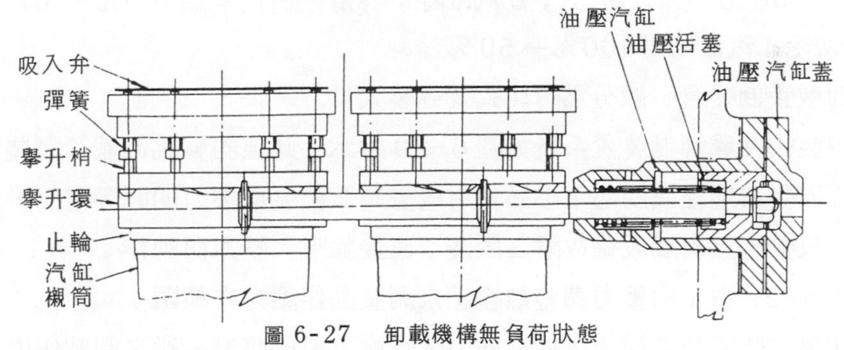

圖 6-27 卸載機構無負荷狀態

卸載裝置的油壓，動作特定汽缸的吸入閥片使之開放，而配合負荷的變動，減低冷凍容量，並可防止過低的蒸發溫度，減少所需動力，而獲得高效率的經濟運轉，輕負荷啓動。啓動時所需要的轉矩較小，不必選用大轉矩及較大馬力之電動機。

圖 6-27所示爲卸載機構在無負荷狀態的動作情形，油壓活塞的頂部

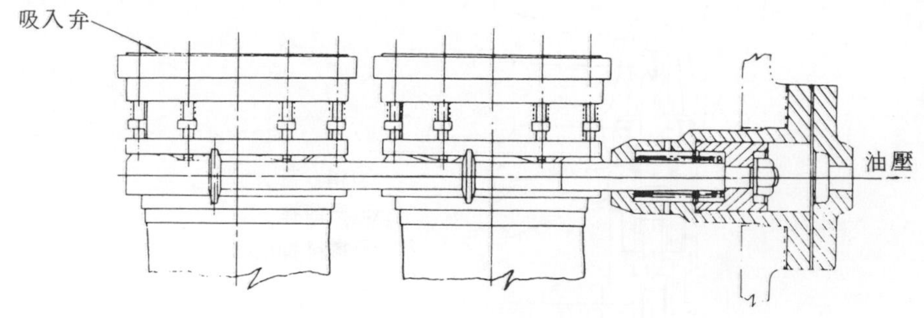

圖 6-28　卸載機構負荷狀態

無壓力，而同一活塞裏側的彈簧伸張，使摺動軸向右方移動，昇梢(lift pin)上頂使吸入閥片開放。

圖 6-28 爲卸載機構在負荷狀態的動作情形。

油壓力使油壓活塞頂部受力，油壓力克服彈簧之張力，使摺動軸向左方移動，昇梢使吸入閥片與閥座接觸，吸入閥片正常動作，壓縮機汽缸爲負荷狀態。

此類卸載機構多用於多汽缸往復式壓縮機，每兩只汽缸爲一組，8汽缸時，動作情形依順序爲 8 汽缸→ 6 汽缸→ 4 汽缸→ 2 汽缸(100%→ 75 %→ 50 %→ 25 %)，6 汽缸時，容量控制比率爲 100%→ 67 %→33%，4 汽缸則爲 100%→ 50 % 。

卸載管制裝置一般分爲內裝式及外裝式。

內裝式卸載管制裝置系統如圖 6-29 所示，此種內裝式卸載管制裝置是全部安裝於壓縮機內部，不必使用電磁閥及溫度或壓力開關等電氣附屬設備，故無電氣附屬設備故障之困擾，直接靠吸入壓力而動作。

圖 6-29 中，由壓力調整螺栓④來調整動作壓力之範圍。

採用內裝式卸載機構之壓縮機出廠時廠方等已將第一級之卸載作用調整爲低壓 68psi(R-22 空調系統) 或 38psi(R-12 空調系統) 。

若蒸發溫度異於 40°F 之其他冷凍冷藏設備，卸載機構之設定壓力應配合其蒸發溫度下之飽和壓力。但在低溫冷凍系統爲確保冷媒流速以便回油，通常將壓縮機之卸載限制不得低於 50 % 。

卸載機構動作往往要比螺栓調整動作滯後一段時間，故調整螺栓之旋

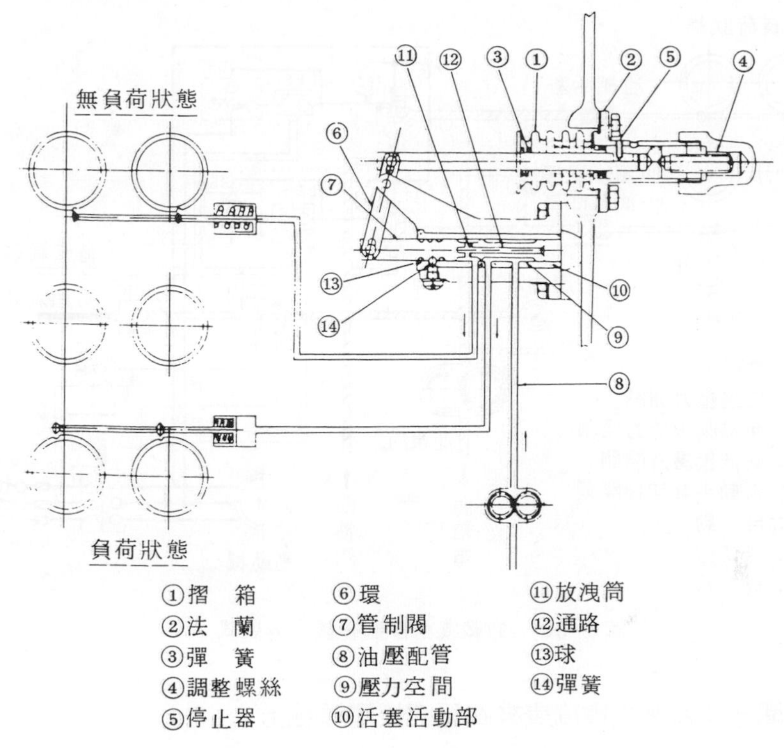

①摺　箱　⑥環　⑪放洩筒
②法　蘭　⑦管制閥　⑫通路
③彈　簧　⑧油壓配管　⑬球
④調整螺絲　⑨壓力空間　⑭彈簧
⑤停止器　⑩活塞活動部

圖 6-29　內裝式卸載系統圖

入或退出應稍作調整，再觀察其動作情形，須耐心慢慢進行以免錯過卸載及起載之動作，而且因每級有 2 汽缸作用，但 2 汽缸不一定同時動作，應借助電流之變化來判斷。

若運轉條件正常，而壓縮機之低壓有稍高或稍低之現象時之調整步驟及判斷方式如下：

低壓過高時：

步驟一：將夾式電流表夾在壓縮機電源線上。

步驟二：逐漸將低壓修理閥關小，直至低壓值降到設計值。

步驟三：慢慢將調整螺栓順時針方向旋入，直到機器運轉音調變化而且電流值降低，此即卸載機構已發生作用。

步驟四：將低壓修理閥完全開放。

低壓過低時：

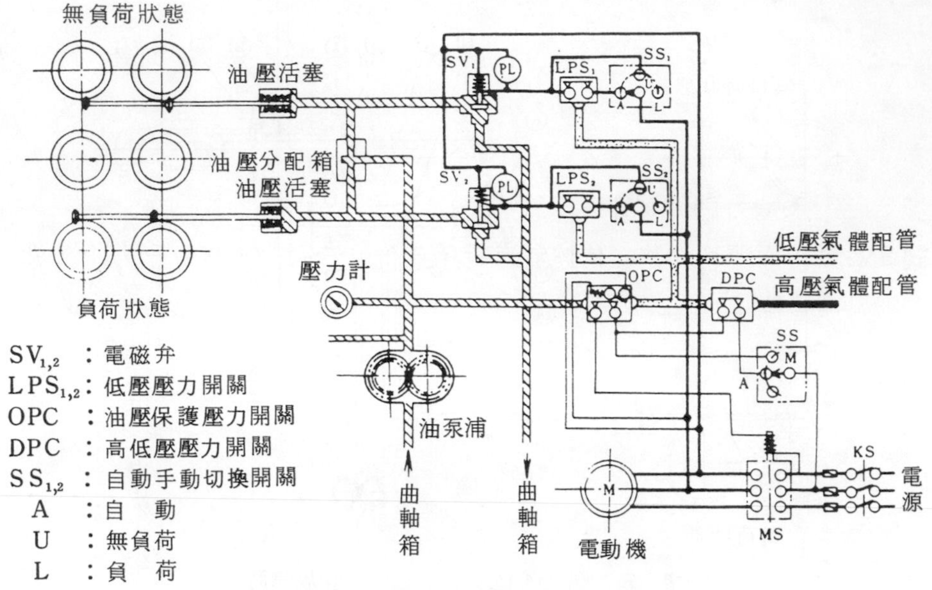

圖 6-30　卸載機構管制裝置（外裝式）

步驟一：將夾式電流表夾在壓縮機電源線上。

步驟二：將調整螺栓儘量順時針方向旋入，使各汽缸次第發生卸載作用，低壓漸升至超過設定值。若低壓仍無法升高到設定值，則應設法增加蒸發器之熱負荷。

步驟三：逐漸關閉低壓修理閥，直到低壓低於設定值10psi（R-22）或6.5psi（R-12）。

步驟四：慢慢將調整螺栓反時針方向退出，直到壓縮機運轉音調變化及電流突然增大，此即壓縮機之汽缸再起載。

步驟五：將低壓修理閥完全打開。

外裝式卸載裝置系統如圖 6-30所示，電磁閥安裝在壓縮機外部，由控制開關（壓力開關或溫度開關）使電磁閥動作而達成卸載控制之目的。

油壓分配箱入口連接至油泵浦。出口則連接至油壓汽缸，此聯絡管經電磁閥而回到曲軸箱。

電磁閥閉合時，油壓汽缸內接受油泵浦經油壓分配箱傳入之壓力而使汽缸變成負荷狀態。反之若電磁閥開啓，則潤滑油流回曲軸箱，油壓汽缸內無壓力，彈簧張力使活塞右移，壓縮機汽缸閥片上昇而成爲卸載狀態。

壓縮機持續於全負荷狀態下運轉時，若冷凍負荷減少，則吸入壓力降低，此時第一只低壓壓力開關（LPS_1）依其設定壓力而使接點閉合，LPS_1接點閉合後，第一電磁閥SV_1動作而開啓油路，此爲第一階段的卸載，若吸入壓力仍降低則第二只低壓壓力開關LPS_2接點閉合，第二電磁閥SV_2動作而開啓油路，使控制汽缸無負荷，負荷增加後，壓力上升則LPS_2及LPS_1之接點順序斷路而增加負載之汽缸數。

7-1 冷凝器的功用

冷凝器又名凝縮器，是將壓縮機壓縮出來的高壓高溫氣體冷媒冷却並凝縮成高壓高溫液體的裝置。在冷凍系統中，擔任散熱的機構，是熱交換器的一種，壓縮機排出氣體爲過熱狀態的高壓高溫氣體，等壓下冷却放出過熱部份之顯熱量，當冷却至冷凝溫度時，冷媒繼續與冷却水或空氣行熱交換，帶走潛熱量使冷媒氣體發生相態的變化而變成高壓高溫的液體。液化後的冷媒可能再繼續冷却而再放出部份的顯熱，使液體冷媒的溫度降低至過冷却狀態。溫度變化情形如圖7-1所示。

在同一冷凍負荷條件下，冷凝器需排除之熱量，視蒸發溫度（蒸發壓力）及冷凝溫度（冷凝壓力）之狀態而異。蒸發溫度保持一定，冷凝溫度昇高，則壓縮機所需之功增加，故凝縮熱量也增加。若冷凝溫度保持一定，而蒸發溫度提高，則壓縮機吸入氣體之比重增加，則凝縮熱量也增加。

凝縮熱量＝冷凍能力＋所需動力之熱當量

一般而言，空氣調節所用的冷凍裝置蒸發溫度較高，凝縮熱量約爲冷凍能力的1.2～1.3倍，冷藏及製冰等低溫裝置則約爲1.3～1.6倍。

冷凍能力與凝縮熱量的關係可由圖7-2看出。

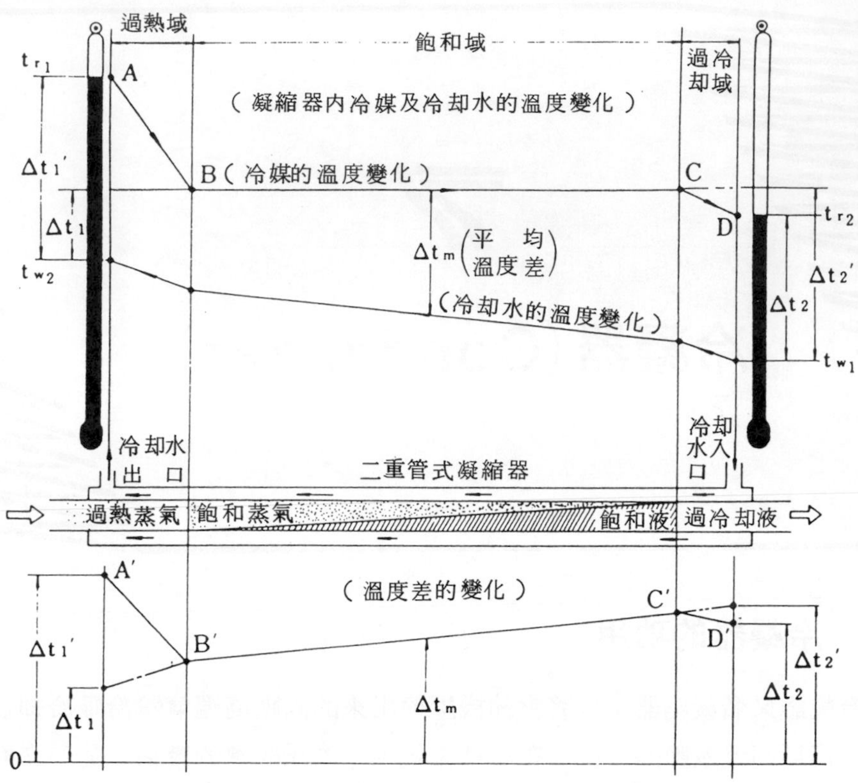

圖 7-1　凝縮器内冷媒及冷却水溫度差的狀態

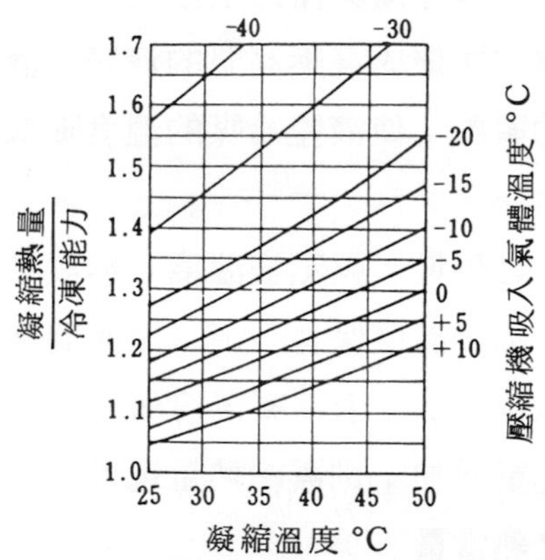

(a) 冷媒：R-12，R-22，R-500
（汽缸氣冷式的場合）

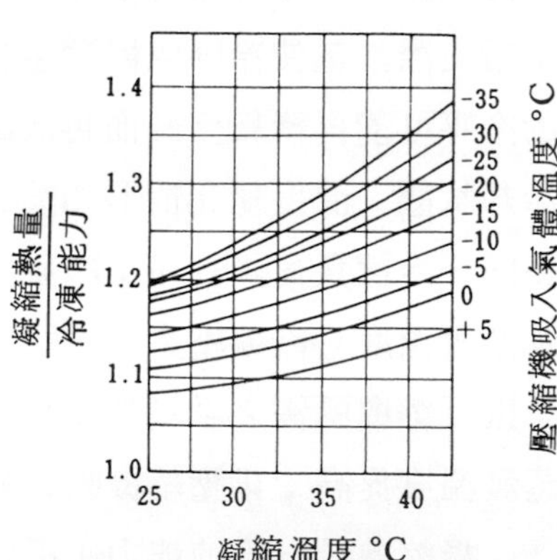

(b) 冷媒：R-22，NH_3
（汽缸水冷式的場合）

圖 7-2　冷凍能力及凝縮熱量的比值

7-2　冷凝器與冷凝熱量的特性

7-2-1　冷凝器所需要的冷却水量及冷却空氣量

水冷式冷凝器所需要的冷却水循環量（ ℓ/h ）

$$=\frac{\text{凝縮熱量（ kCal/hr ）}}{\text{冷却水出口溫度（°C）－冷却水入口溫度（°C）}}$$

卽　$Q = m \cdot C \cdot \Delta t$　（7-1）

$$m = \frac{Q}{C \cdot \Delta t} \qquad (7\text{-}2)$$

一般純水之比熱＝ 1 kCal/kg°C

氣冷式冷凝器所需之冷却風量（ m³/hr ）

$$=\frac{\text{凝縮熱量（ kCal/hr ）}}{\text{0.28×（冷却空氣出口溫度 °C －冷却空氣入口溫度 °C ）}}$$

其中　空氣的比熱＝ 0.242 kCal/kg°C

空氣的比容＝ $0.87 m^3/kg$

每 1 m^3 空氣的比熱$=\frac{0.242}{0.87}=0.28\,kCal/m^3\,°C$

7-2-2　冷凝器的傳熱面積

冷凝器的冷却面積（m^2）

$$=\frac{\text{凝縮熱量（ kCal/h ）}}{\text{熱通過率（ kCal/m}^2\text{h°C ）×對數平均溫差（°C）}}$$

7-2-3　冷凝器之對數平均溫度差

設冷凝溫度爲 t_C，冷却水入口溫度 t_{W1}，冷却水出口溫度 t_{W2}。如圖 7-3。

$$\Delta t_1 = t_C - t_{W1}$$

$$\Delta t_2 = t_C - t_{W2}$$

$$平均溫差\ \Delta t_m = 0.43\frac{\Delta t_1 - \Delta t_2}{\log_{10}\dfrac{\Delta t_1}{\Delta t_2}} \qquad (7\text{-}3)$$

由公式(7-3)計算所得之平均溫度差稱爲對數平均溫度差。

此計算式的計算圖表如圖7-3及圖7-4。

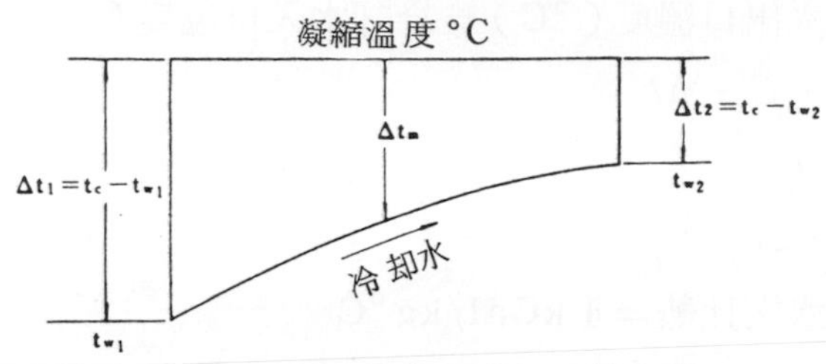

圖 7-3　對數平均溫度差計算圖表

7-2-4　水冷式冷凝器的熱通過率

冷媒由冷凝器中之冷却管將熱量傳遞至冷却水。傳熱量與溫度差，傳熱面積，冷却管材質及冷却管兩面的流速、污染狀況有關。

熱通過率用來表示熱傳達的特性數值，單位是 kCal/m² h°C。

(1)　熱通過率的計算式

$$K = \frac{1}{\dfrac{1}{\alpha_r} + \dfrac{\ell_o}{\lambda_o} + \dfrac{\ell}{\lambda} + \dfrac{\ell_f}{\lambda_f} + \dfrac{1}{\alpha_w}} \qquad (7\text{-}4)$$

K＝熱通過率　kCal/m² h°C

α_r＝冷媒側的表面熱傳達率　kCal/m²h°C

α_w＝冷却水側表面熱傳達率　kCal/m² h°C

λ_o＝冷却管油膜層的熱傳導率 kCal/mh°C

λ_f＝冷却管水垢層的熱傳導率 kCal/mh°C

λ＝冷却管管壁的熱傳導率　kCal/mh°C

ℓ_o＝冷却管油膜層厚度 m

ℓ_f＝冷却管水垢層厚度 m

ℓ＝冷却管管壁厚度　m

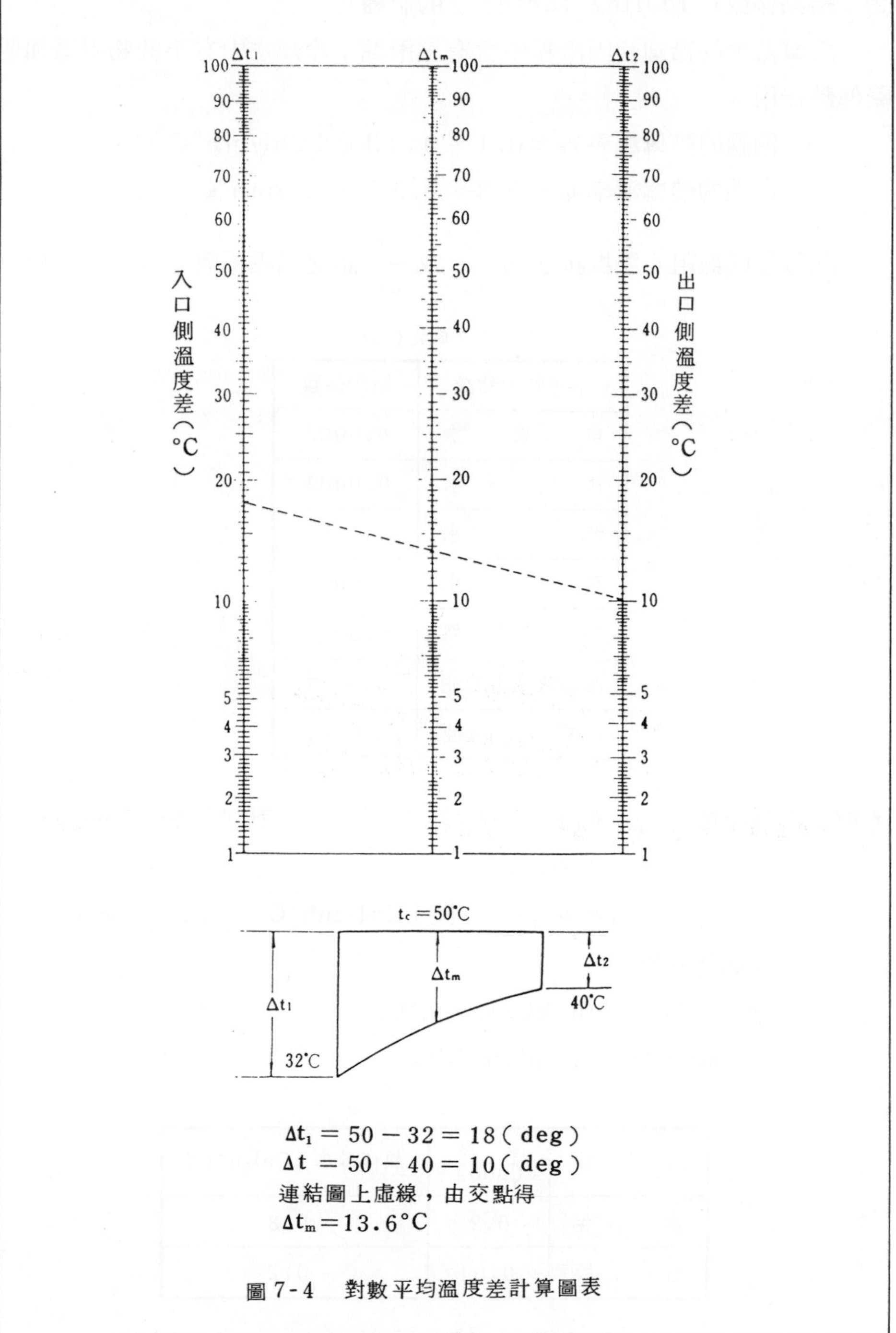

$\Delta t_1 = 50 - 32 = 18$（deg）

$\Delta t = 50 - 40 = 10$（deg）

連結圖上虛線，由交點得

$\Delta t_m = 13.6°C$

圖 7-4　對數平均溫度差計算圖表

(2) 結垢係數(fouling factor)的影響

冷凝器中的冷卻管因冷媒中含有潤滑油，冷卻水中有不純物附著而阻礙傳熱作用。

油膜的熱傳導率 $\lambda_o = 0.1 \sim 0.13$ (kCal/mh°C)

水垢的熱傳導率 $\lambda_w = 0.3 \sim 1.0$ (kCal/mh°C)

此種形成熱阻(熱抵抗)的 $\dfrac{\ell_o}{\lambda_o}$ 或 $\dfrac{\ell_f}{\lambda_f}$ 謂之結垢係數，或污染係數。

表 7-1 結垢係數

冷卻水的種類	結垢係數
自來水	0.0002
井水	0.0002
海水	0.001
河水	0.0004
冷卻水塔	0.0002
冷媒蒸汽中的油	0.0004
冷媒液中的油	0.0002

【例1】氨冷凍系統之水冷式冷凝器，條件如下，試求其熱通過率。

冷卻管厚度＝3.0mm

冷卻管材料的熱傳導率＝40 kCal/mh°C

表面傳熱率

冷卻水側＝3000 kCal/m²h°C

冷媒側＝4000 kCal/m²h°C

附著物	厚度(mm)	熱傳導率kCal/mh°C
水垢	0.2	0.8
油膜	0.01	0.2

【解】(a) 冷却管無油膜及水垢附著時的熱通過率

$$K=\frac{1}{\frac{1}{\alpha_r}+\frac{\ell}{\lambda}+\frac{1}{\alpha_w}}=\frac{1}{\frac{1}{3000}+\frac{0.003}{40}+\frac{1}{4000}}$$

$$=\frac{12000}{7.9}$$

$$=1519\,\mathrm{kCal/m^2h^\circ C}$$

(b) 冷却管有油膜及水垢附著時之熱通過率

$$K=\frac{1}{\frac{1}{3000}+\frac{0.0002}{0.8}+\frac{0.003}{40}+\frac{0.00001}{0.2}+\frac{1}{4000}}$$

$$=1047\,\mathrm{kCal/m^2h^\circ C}$$

7-2-5 冷却水流速的影響

冷却水流速增大導致冷却管表面的熱傳達率α_w增加則熱通過率K值也變大。但流速太大，水流動時產生的摩擦阻力也激增，冷却水泵浦的動力損失增加，因此冷却水的流速不應過高，通常爲1.5～2.5m/sec。

冷媒的種類與熱通過率

氟氯烷系冷媒與氨相比較，氟系冷媒冷凝器的冷却管表面熱傳達率α_r值較小。冷却水流速相同時，氟系冷媒冷凝器的熱通過率較小。

因此，氟系冷媒的冷凝器冷却水的流速採用較高的數值，使冷却水側的熱傳達率α_w值提昇，以增大熱通過率，而且氟系冷媒側的冷却管表面附有鰭片，增加散熱面積，減少冷媒側的熱傳達抵抗而增大熱通過率。

7-2-6 損失水頭

水冷式冷凝器的冷却水側的損失水頭，由冷却水量及水速決定。一般而言，可以提高冷却水流速，以增加熱通過率，但伴之而來的水泵揚程也需增大，泵浦所需的動力增大，裝置全體的效率因而降低。

但因氟系冷媒所使用的冷凝器水速須比氨用者較高以提高其傳熱效果

，流速通常取 2.7m/sec 以下。因此在冷凝器的端板蓋用隔離冷卻水流通路程使成 2 或 4 回路，由回路的增減來獲得適當流速。

圖7-5表示，2及4回路的水速及水頭損失的變化情形。

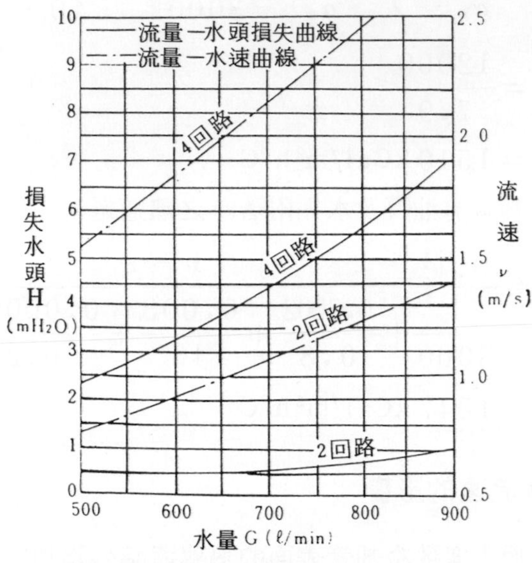

(a)例 1：冷却管長 1,800mm

圖7-5　2及4回路的水速及水頭損失圖

7-3　冷凝器的種類及構造

冷凝器的種類依冷媒之不同，冷却方式等而分類，若依構造之不同則可分類如下：

7-3-1　立型殼管式冷凝器

此型冷凝器在氨冷凍系統中，應用頗廣，如圖7-6，圓形鐵殼內裝置許多冷却管（外徑 50.8mm，厚度3.2mm，長度4880mm），由壓縮機排出之高壓高溫冷媒氣體由殼中央進入殼內，被冷却凝縮後流至冷凝器下方，冷却水由泵浦送至頂端後，沿冷却管內壁旋回流動成膜狀而流下，而能獲較高的熱通過率（如圖7-7）。

每根冷却管之流量與熱通過率的關係可由圖7-8查出。

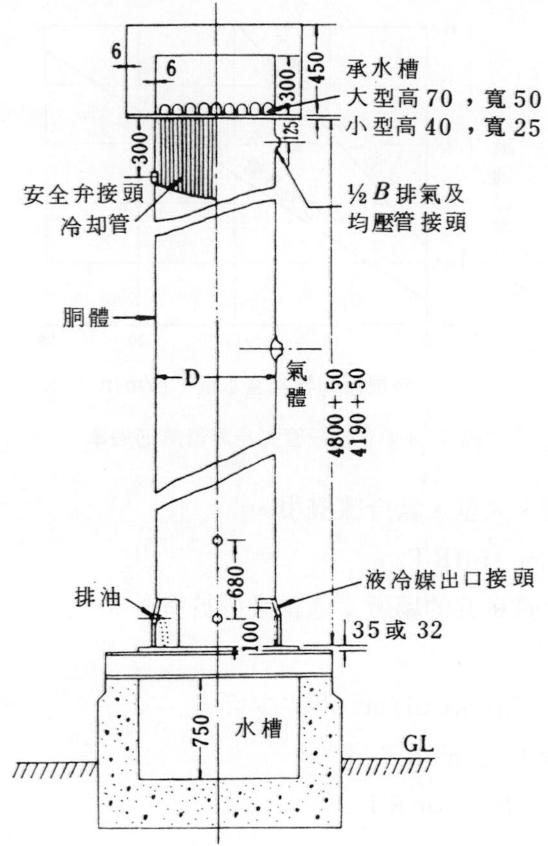

圖 7-6 立型殼管式冷凝器（NH_3）

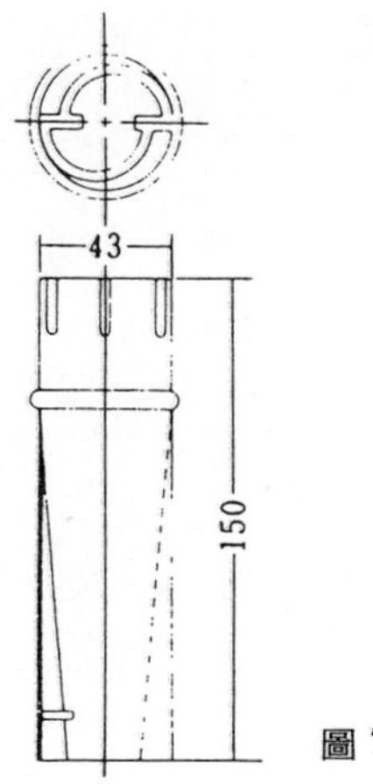

圖 7-7 廻流器

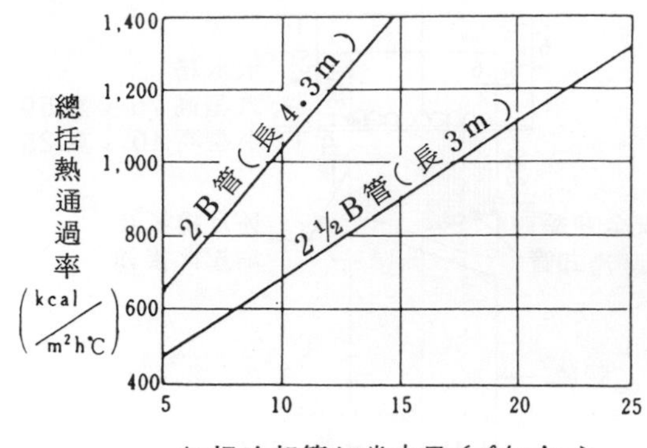

圖 7-8　立型殼管式冷凝器熱通過率

(1) 用途：中型、大型、氨冷凍機用。

(2) 容量：10～150RT 。

(3) 適用例：水質良好的場所，通常設置於室外。

(4) 設計基準值：

熱通過率：750 kCal/m^2 h°C 。

冷却面積：1.2 m^2/RT 。

冷却水量：20 ℓ/minRT。

(5) 優點：

① 可以裝置在室外。

② 佔地面積小。

③ 運轉中可清潔保養。

④ 能耐過負荷。

⑤ 價廉。

(6) 缺點：

① 耗水量大。

② 冷却管較易腐蝕。

③ 液冷媒不易過冷却。

④ 重量大。

7-3-2 橫型殼管式冷凝器

此型冷凝器應用頗廣，氨及氟系冷媒、冰水機組及箱型冷氣等均使用之，圖7-9所示為其構造。

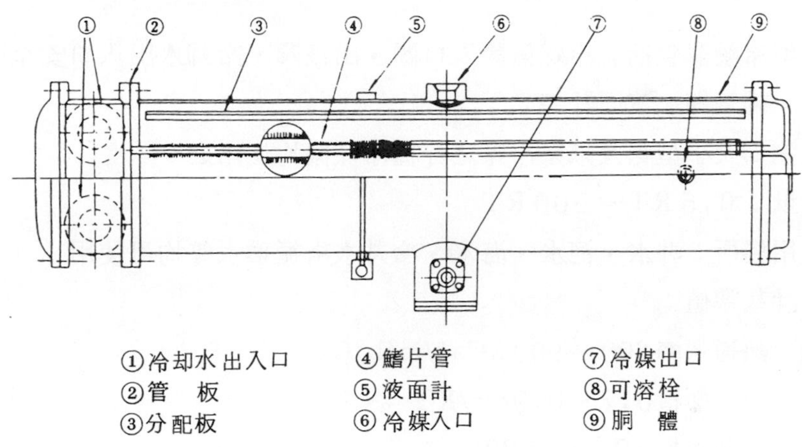

圖 7-9　氟氯烷橫型殼管式冷凝器

橫置圓筒內裝有多根冷却管，冷却水充滿管內而流動，兩端之端板蓋有適當的間隔，使冷却水流通路徑分成數回路以獲取合宜的水速。冷却水流經下方冷却管再流向上端冷却管，通過冷却管的回數稱為回路數（pass），最少2回路，也有多至 12 回路的冷凝器，每一回路管內冷却水流速約為1.5～2.0 m/sec。使用氨冷媒之冷却管，應用鋼管（擋板也是用鋼板），氟系冷媒則用銅管但擋板仍用鋼板，需特殊耐蝕者，可用黃銅管製作，擋板也採用黃銅板。

為了使冷凝器體積小及重量輕，冷媒側管路加設鰭片或加工成螺紋狀，以增加單位長度的散熱面積（圖7-9）。

增加冷却管單位長度的散熱面積後，可以減少冷凝器的內容積，但在冷媒過量充填時，會導致冷凝器內液面上昇，減少有效冷却面積，使冷凝壓力有上昇的趨向。保養管理上應特別注意之。

壓縮機排出之氣態冷媒由冷凝器胴體上端流入，冷却凝縮後積存於下方再流至貯液器及液體管路。

此型冷凝器設計時，考慮兼作受液器使用，但不應使冷却管多數浸於冷媒液中，以免減少有效冷却面積而使冷凝壓力上昇。

冷凝器長期使用管內會結水垢，而降低傳熱率，因此應定期拆除端板蓋，以鋼刷清除之或使用專用清潔劑清潔之。千萬不要用稀鹽酸作清潔劑使用。

此型冷凝器包括有冷媒氣體入口閥、出液閥、冷却水出入口安全閥或易熔栓、排氣閥、液面計等。

(1) 用途：大小型氨及氟系冷媒之各種冷凍機均使用之。

(2) 容量：0.5RT～500RT

(3) 適用場所：井水、河水、海水、冷却水塔循環水等均可使用。

(4) 設計基準值：

① 熱通過率600～900 kCal/m²h°C。

② 冷却面積0.7～0.9m²/RT 。

③ 冷却水量12ℓ/minRT。

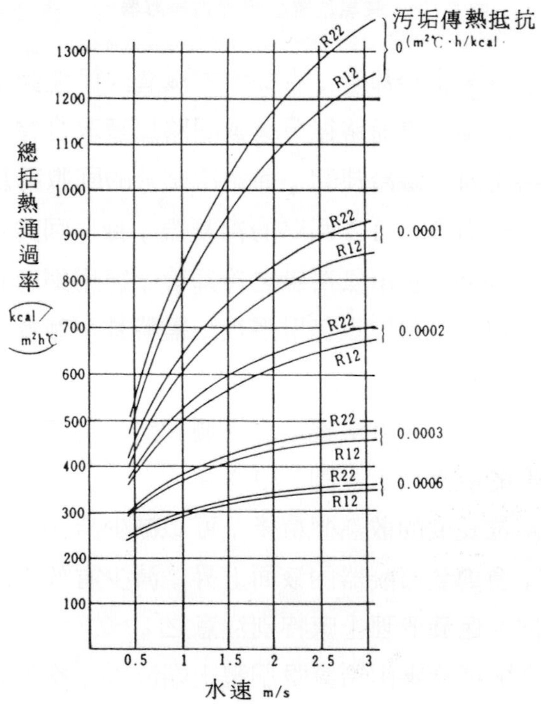

圖 7-10 氟氯烷横型殼管式冷凝器熱通過率

(5) 優點：

① 傳熱性能良好。

② 體積小，重量輕。

③ 安裝面積小。

④ 所需水量少。

(6) 缺點：

① 對過負荷之適應性較差。

② 冷却水產生之水頭損失較大。

③ 在運轉使用中無法清潔冷却管（但在運轉中可用洗滌藥劑清潔之）。

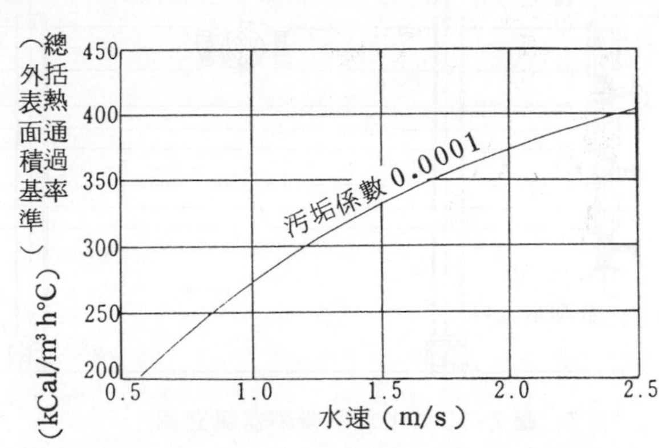

圖 7-11 氟氯烷橫型（板鰓片管）冷凝器熱通過率

7-3-3 七通路橫置型殼管式冷凝器

常使用在早期的氨冷凍系統，構造如圖 7-12 所示，胴體直徑 200 mm，胴體長度 4800 mm，冷却管外徑 51mm，共 7 支配列成 7 回路。以此標準型式重複配置並列，而應用於需較大容量之場合（圖 7-13）。

(1) 用途：中型、大型氨冷凍機用。

(2) 容量： 10 ～150RT 。

(3) 適用場所：容量較大而安裝面積小的場所。

(4) 設計基準值：

① 熱通過率 1000 kCal/m²h°C（水速 1.3m/sec）。

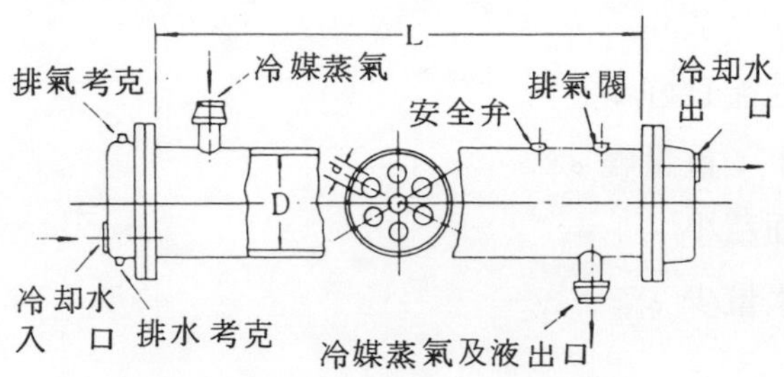

圖 7-12 七通路橫型殼管式冷凝器

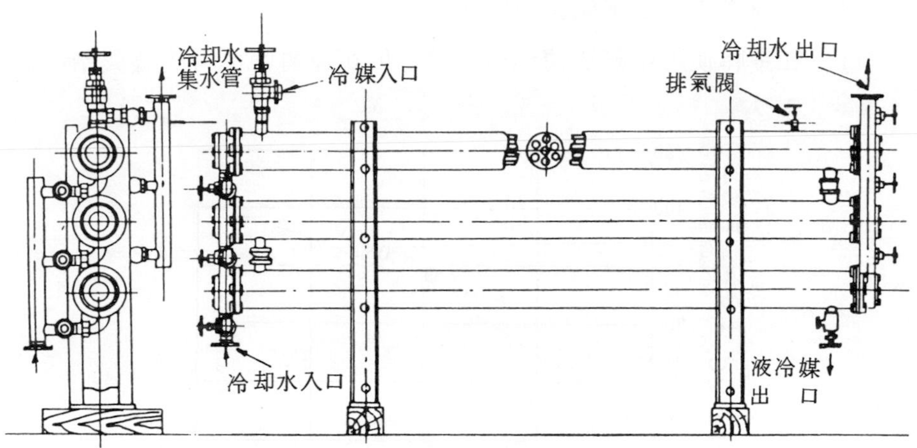

圖 7-13 七通路凝縮器組立圖

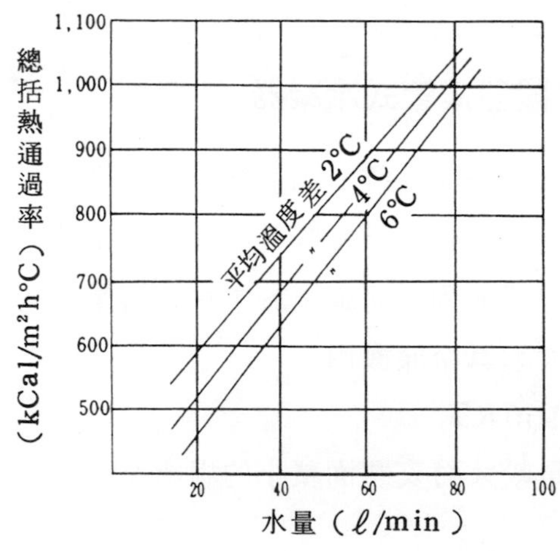

圖 7-14 七通路凝縮器熱通過率

② 冷却面積0.9 m^2/RT（水速1.5m/sec）。

③ 冷却水量12ℓ/min RT 。

(5) 優點：

① 傳熱性能良好。

② 配合容量可以組合使用。

③ 可以互換。

④ 安裝面積小。

(6) 缺點：

① 單台容量小。

② 構造複雜。

③ 不易清潔冷却管。

④ 運轉使用中無法清潔冷却管。

7-3-4 殼圈式冷凝器

大多用在採用氟系冷媒之箱型機及冰水機組的小型冷凍裝置，構造如圖7-15所示。

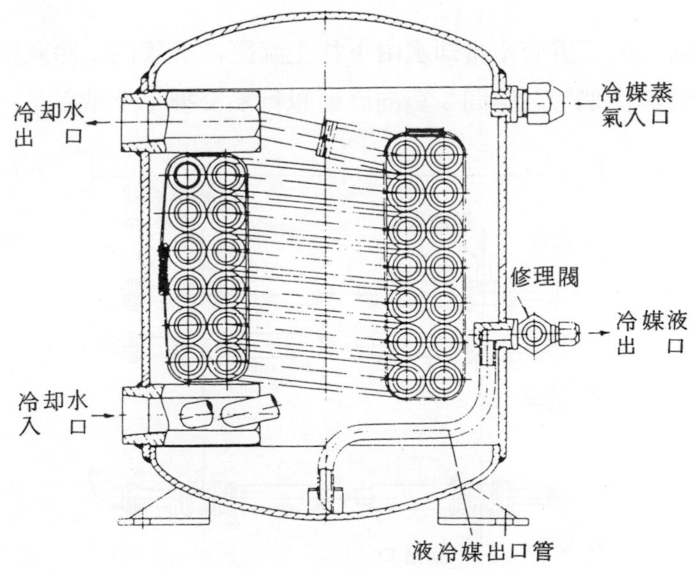

圖7-15 殼管式冷凝器

冷却管捲曲成圓圈型並置於鐵殼胴體內，構造簡單價廉。

⑴ 用途：小型、中型、箱型等冷凍設備。

⑵ 容量：1～50RT

⑶ 適用場所：冷却水質良好或使用冷却水塔的場所。

⑷ 設計基準值：

① 熱通過率 500～900 kCal/m^2h°C。

② 冷却面積 0.8～1.0 m^2/RT。

③ 冷却水量 12 ℓ/min RT。

⑸ 優點：

① 體積小，重量輕。

② 用水量少。

③ 價廉。

⑹ 缺點：

① 冷却管的更換及修理困難。

② 須利用化學藥劑清洗，保養較困難。

7-3-5 二重管式冷凝器

使用同心的二重管，冷却水由下往上流經內側管內，冷媒氣體由上往下流經外側與內側管之空間。對向流動以行熱交換，小型氟系冷媒之冷凍

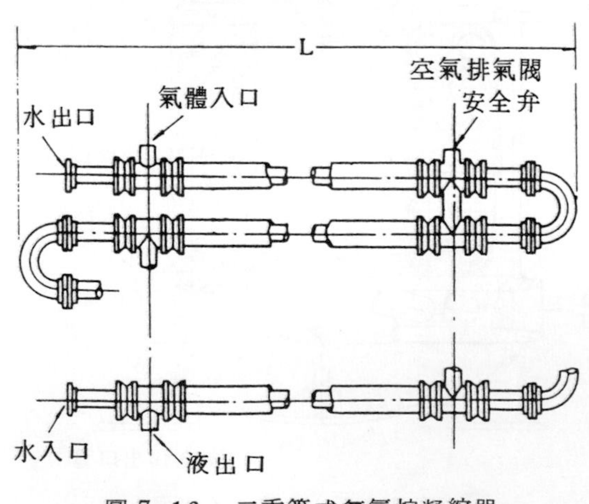

圖 7-16　二重管式氟氯烷凝縮器

表 7-2 二重管式冷凝器

號碼	全長	外管		內管		段數	最少冷却面積 (m²)	接續氣體管徑			對應壓縮機能力（噸）	各列間隔
		外徑	厚度（最少）	外徑	厚度（最少）			冷却水管	氣體入口	液出口		
D_1	3600	60.5	4	42.7	4	6	1.95	1 B	½ B	½ B	1.5	300
D_2	3600	60.5	4	42.7	4	8	2.59	1 B	¾ B	½ B	2.5	300
D_3	6000	60.5	4	42.7	4	6	4.37	1 ¼ B	1 B	¾ B	5	300
D_4	6000	60.5	4	42.7	4	8	5.82	1 ½ B	1 ¼ B	¾ B	7	300
D_5	6000	60.5	4	42.7	4	10	7.28	1 ½ B	1 ¼ B	¾ B	8.5	300
D_6	6000	60.5	4	42.7	4	12	8.75	1 ½ B	1 ¼ B	¾ B	10	300

附註 1. 對應壓縮機能力爲公制冷凍噸，運轉條件冷却水入口 22°C，冷却水量 12ℓ/min 。

2. 接續管徑依使用條件之不同而變更。

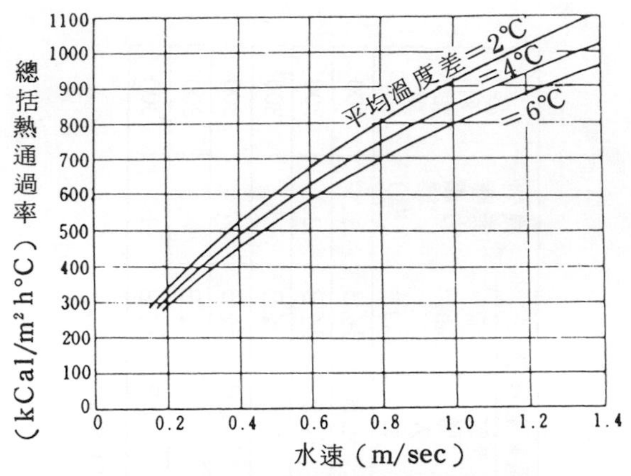

圖 7-17 二重管式凝縮器熱通過率

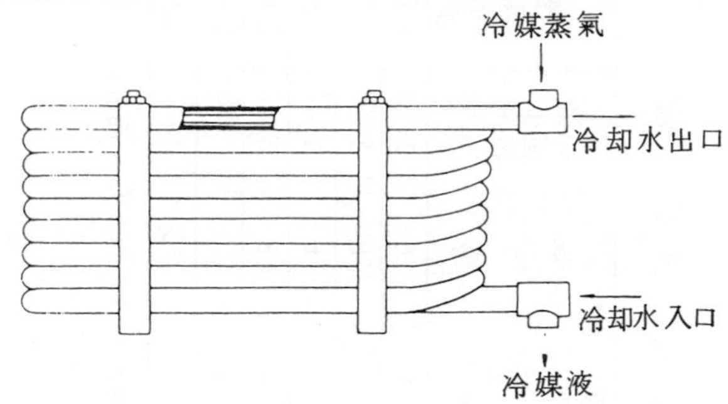

圖 7-18 小型二重管式氟氯烷冷凝器

裝置內外側均採用銅管，構造如圖 7-16 。

熱通過率如圖 7-17 所示，表7-2爲二重管冷凝器之規格。

內側管可用裸管或加附鰭片。管內冷却水流速約爲1～2 m/sec ，冷却水出入口溫差爲8～10°C 。

(1) 用途：中小型組合成氟系冷媒冷凍裝置。

(2) 容量：1～50RT 。

(3) 適用場所：水質良好及使用冷却水塔之場合。

(4) 設計基準值：

① 熱通過率900 kCal/m^2h°C 。

② 冷却面積0.8～1.0 m^2/RT 。

③ 冷却水量10～12ℓ/minRT 。

⑸　優點：

①　構造簡單，成本低。

②　冷却水與冷媒逆行，過冷却大。

③　能耐高壓。

④　水量少。

⑹　缺點：

①　需用化學洗滌劑清除。

②　冷却管腐蝕時不易發現。

③　冷却管損壞時無法更換。

7-3-6　蒸發式冷凝器

構造如圖 7-19 所示。

冷却水由上端之噴嘴噴出成霧狀，潤濕附有鰭片之冷却管，另外再吹送大量的空氣促使管表面附著的水份蒸發而達到冷却效果，未蒸發的冷却水落至下方水槽內再由泵浦吸上往復循環之。

普通冷却水溫差 5～8°C時，每 1 ℓ 冷却水帶走 5～8 kCal 的熱量，實際應用上，須使用比蒸發水量較多的冷却水，使冷却水各部份能平均散佈，因此冷却水量每一冷凍噸約需 8 ℓ/min（參閱表7-3）。

蒸發式冷凝器冷却管的熱通過率，裸管時氟系冷媒爲200～250 kCal/m²h°C，氨爲220～280 kCal/m²h°C，溫度差則取空氣濕球溫度之差（°C）。

⑴　用途：主要用在氨冷凍裝置。

⑵　容量：10～100RT　。

⑶　適用場所：冷却水不足的場所，通常設置於屋外。

⑷　設計基準值：

①　熱通過率 300 kCal/m²h°C（裸管）。

②　冷却面積 1.3～1.5 m²/RT。

③　風量 500～600m³/hRT　。

④　風速 2～3 m/sec 。

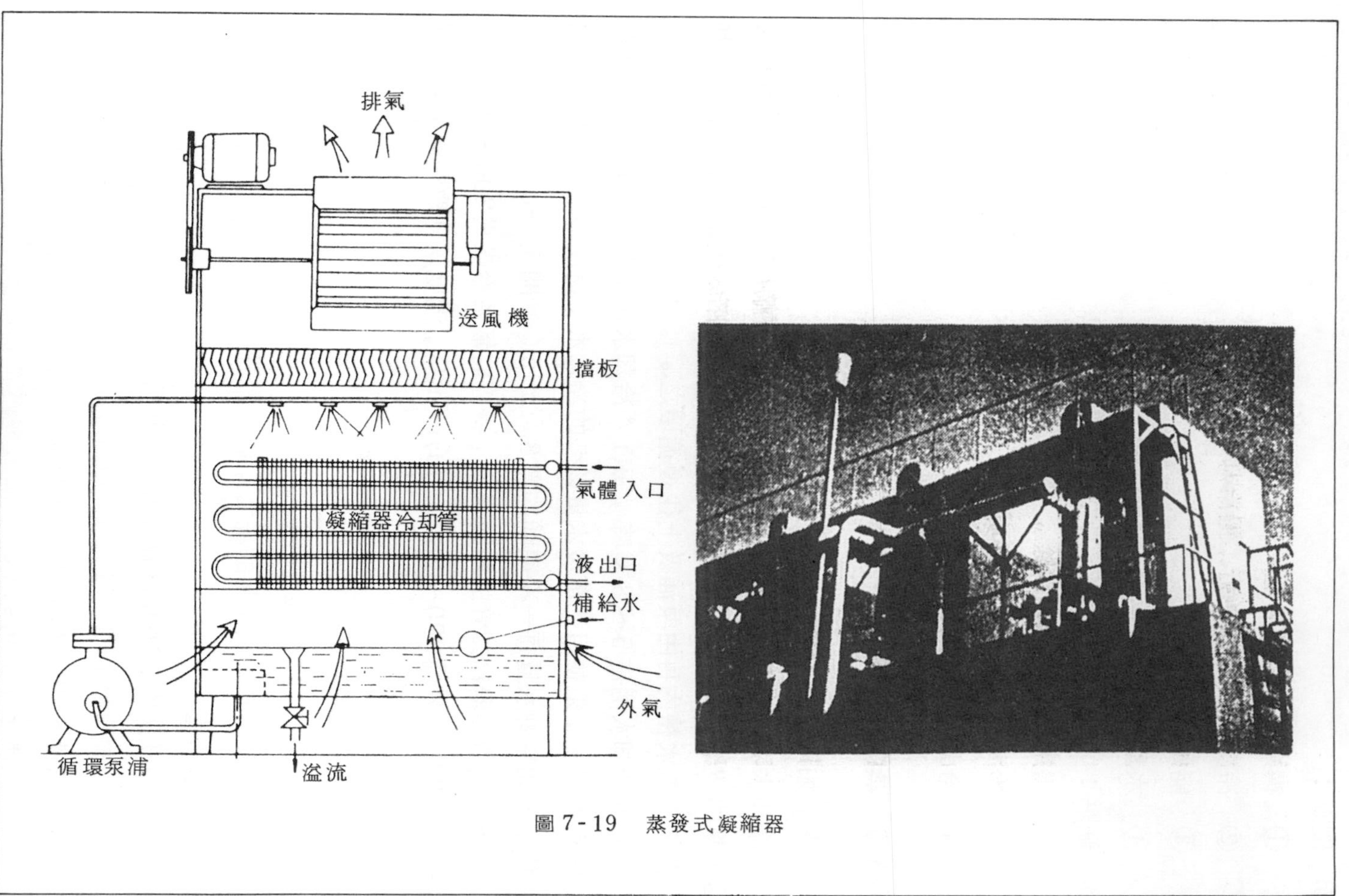

圖 7-19 蒸發式凝縮器

表 7-3 蒸發式冷凝器規格例

容量	外形寸法			送風機			循環水泵		冷却管長度	接続管徑			
(冷凍噸)	寬 (mm)	深 (mm)	高 (mm)	台數	風量 (m^3/min)	電動機 (kW)	水量 (l/min)	電動機 (kW)	¾B (m)	NH_3 (B)	氟氯烷 (B)	補給水 (B)	排水 (B)
10	1,300	970	2,900	1	150	1.5	80	0.4	250	1 ¼	2	½	1 ¼
20	2,400	970	2,900	2	300	2.2	160	0.75	500	1 ½	2 ½ × 2	½	1 ¼
30	2,400	1,360	3,000	2	450	3.7	250	0.75	750	2	3	½	1 ¼
40	2,400	1,660	3,125	2	600	3.7	330	0.75	1.000	2	3 × 2	½	2
50	3,600	1,360	3,125	2	750	3.7	415	1.5	1,250	2	3 × 2	¾	2
60	3,600	1,510	3,240	2	900	5.5	490	1.5	1,500	2 × 2	3 × 2	¾	2
80	3,600	1,810	3,240	2	1,200	7.5	660	2.2	2,000	2 × 2	3 ½ × 2	¾	2
100	3,600	2,000	3,240	3	1,500	7.5	830	2.2	2,500	2 × 2	3 ½ × 2	¾	2

⑤ 循環水量500kg/h·RT 。

⑥ 補給水量6～10 kg/h·RT 。

(5) 優點：

① 冷却水的消耗量小，約爲冷却水量的1.5～3％。

② 可使用冷却水塔，冷却循環水並降低冷凝溫度。

③ 可以設置在室外。

(6) 缺點：

① 比水冷式之傳熱作用差。

② 須加入送風機、循環水泵浦，動力消耗較多。

③ 掃除保養較麻煩。

④ 冷却管易腐蝕。

⑤ 須增加冷媒配管工程。

7-3-7 氣冷式冷凝器

使用氟氯烷系冷媒小容量冷凍裝置使用頗廣，也可用於大容量之設備

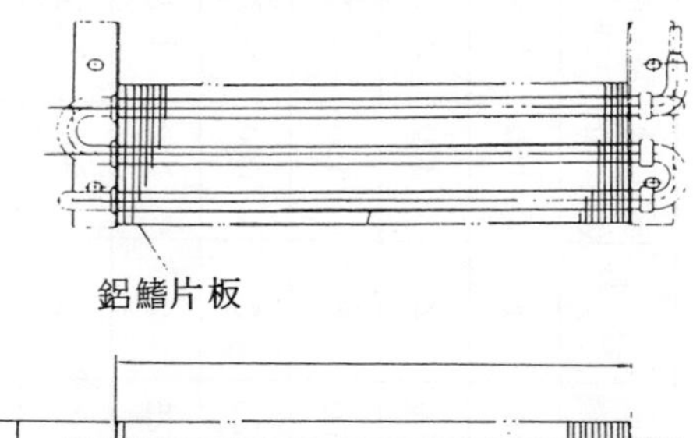

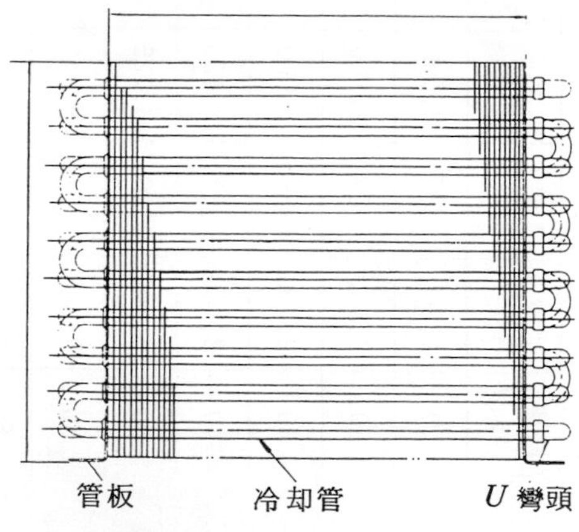

圖7-20 板鰓片盤管氣冷式冷凝器

，板狀鰭片盤管式，氣冷冷凝器之構造如圖 7-20 所示。

採用銅管鋁鰭片或銅鰭片，空氣流向與冷却面相垂直，高壓高溫冷媒氣體由上端流入，冷却液化後流至下方。冷却管鰭片距離約爲2.5～3.5 mm，管外徑 15.9mm，厚度1～1.2mm。

冷却空氣以2.5m/sec的速度通過盤管表面，每一冷凍噸所需之冷却面積約爲 12～15m²，冷凝溫度比外氣溫度約高 15～20°C，夏季時，可能高達 50～55°C，因此，不適用於氨冷凍裝置。

特徵可分述如下：

(1) 用途：中小型氟氯烷系冷媒之冷凍裝置。

(2) 容量：0.5～50RT 。

(3) 適用場所：冷却水不足及不宜裝設冷却水塔的場所，多設置於屋外。

(4) 設計基準值：

① 熱通過率20 kCal/m²h°C 。

② 冷却面積 12～15m²/RT 。

③ 冷却風量 35～45m³/min RT 。

④ 風速2～2.5m/sec。

(5) 優點：

① 不需冷却水。

② 可以設置於屋外。

③ 冷却管的腐蝕較小。

(6) 缺點：

① 冷凝溫度過高。

② 須增加冷媒的配管。

③ 冬季應用時須控制冷凝壓力。

至於氣冷式冷凝器的性能，可以查圖 7-21 及圖 7-22 。

但圖 7-21 及圖 7-22 所示冷却管之規格配列形狀如圖 7-20 ，冷却管徑爲15.9mmϕ，管距 37.5mm× 38.1mm 之板狀鰭片式盤管。

若符合上述配管條件時，冷凝器之冷凝能力可以下式求出：

$$Q' = 17.3\, F_X V(t_C - t_1) \tag{7-5}$$

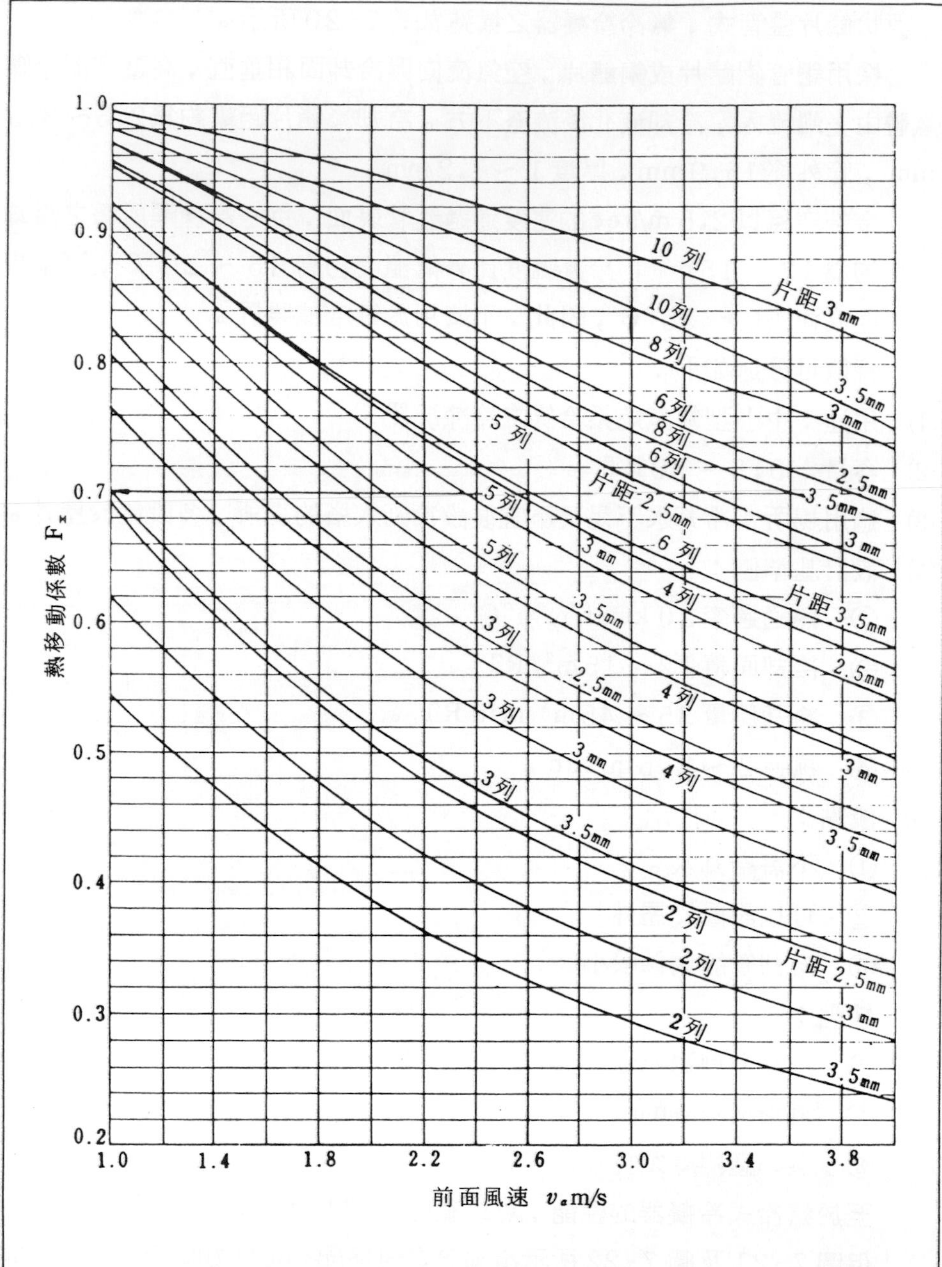

圖 7-21 氣冷式冷凝器的性能

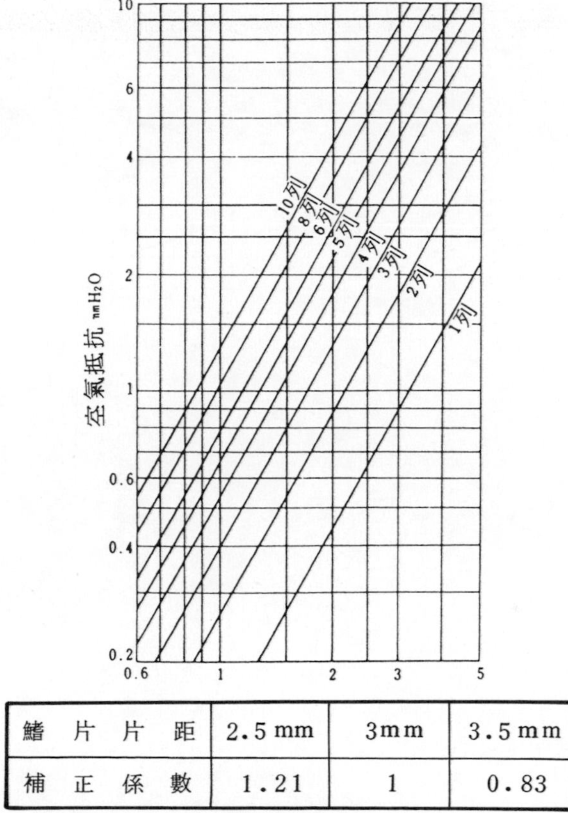

鰭　片　片　距	2.5 mm	3mm	3.5 mm
補　正　係　數	1.21	1	0.83

圖 7-22　盤管的空氣抵抗

Q'＝冷凝器之能力（ kCal/h ）

F_X＝熱移動係數（ 參閱圖 7-21 ）

V ＝冷却風量 m^3/min

t_C＝冷媒的冷凝溫度（°C）

t_1＝冷凝器入口空氣乾球溫度（°C）

7-4　冷凝機組(Condensing Unit)

冷凝機組係指壓縮機，驅動馬達，冷凝器及貯液器等部份組合在同一機架上。即冷凝機組包括了高壓散熱部份，安裝較方便，體形較小。

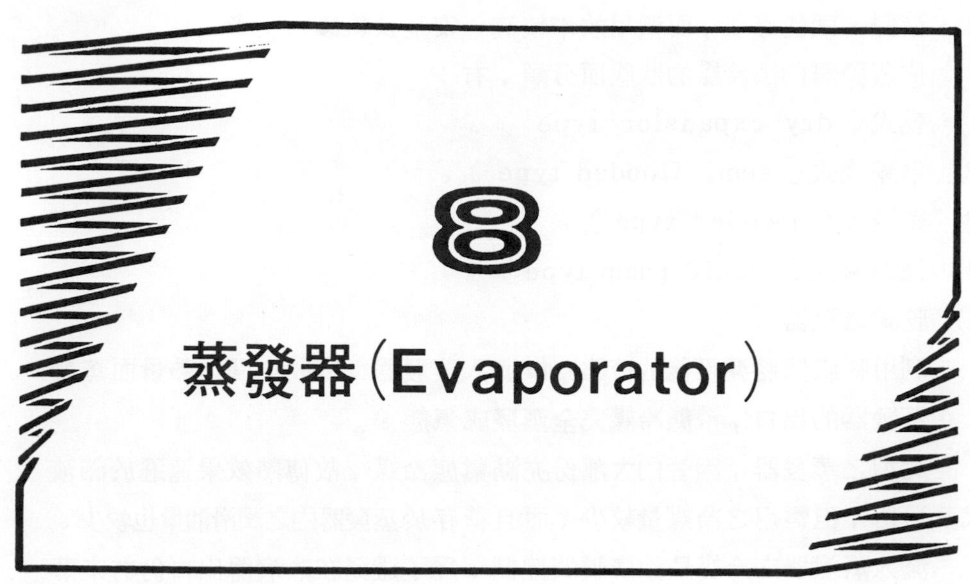

8 蒸發器(Evaporator)

8-1 蒸發器的分類及作用

蒸發器是冷凍裝置用來完成冷凍作用的熱交換器，即蒸發器吸收被冷卻物的熱量，使冷媒蒸發而達到製冷的效果，參閱圖8-1。

選擇蒸發器，應視冷凍目的及被冷卻物的種類及狀態（空氣、氣體、

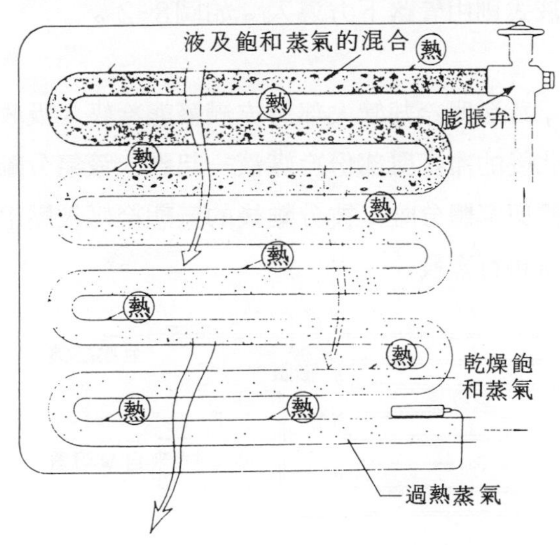

圖 8-1 蒸發器的作用（乾式蒸發器）

水、液體、固體等），而選用效率較高、安全及維護方便者。

依蒸發器內部冷媒的狀態而分類，有：

(1) 乾式(dry expansion type)。

(2) 半滿液式(semi flooded type)。

(3) 滿液式(flooded type)。

(4) 液循環式(liquid pump type)。

(1) 乾式蒸發器

利用膨脹閥將減壓後的液態冷媒導入蒸發器，吸收空間之熱量而蒸發，在蒸發器的出口，液態冷媒完全蒸發成氣態。

此型之蒸發器，因管內大部份充滿氣態冷媒，故傳熱效果遠遜於滿液式蒸發器，但需用之冷媒量較少，而且積存於蒸發器內之潤滑油量也較少。

流入蒸發器之冷媒量由膨脹閥控制，爲了避免在蒸發器出口仍有未蒸發的殘存冷媒液，故應採用適當的過熱度來達到控制的目的。

(2) 半滿液式蒸發器

蒸發器中冷媒積存的程度介於乾式與滿液式之間，因此傳熱效果比乾式良好，但比滿液式差。

半滿液式蒸發器液體冷媒導入冷却盤管之方向與乾式相反，乾式由盤管上方導入，半滿液式則由管路下方導入。如圖8-2。

(3) 滿液式蒸發器

如圖8-3所示，蒸發器冷却管大部份充滿液態冷媒。吸收空間熱量使液態冷媒蒸發，氣化後的冷媒與部份冷媒液一起進入液氣分離器（accumulator），使液體與氣體分離，被分離後的氣態冷媒被壓縮機吸入，液態冷媒則回到蒸發器再行蒸發。

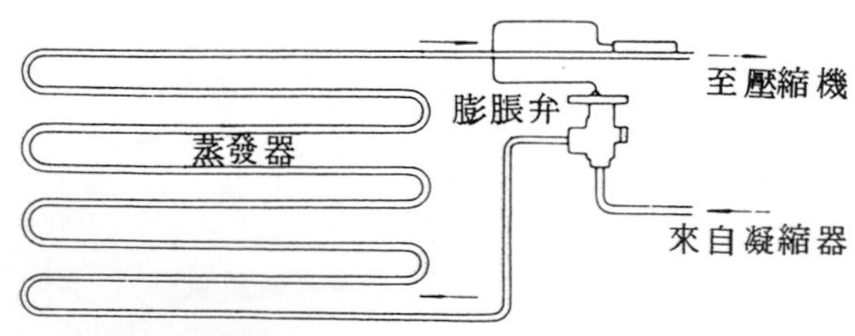

圖8-2　半滿液式蒸發器

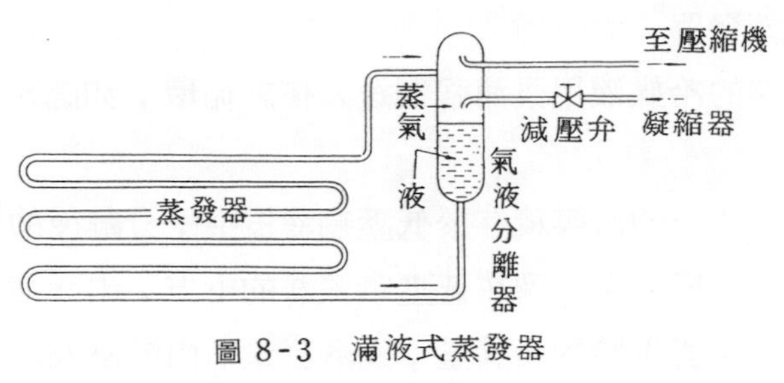

圖 8-3　滿液式蒸發器

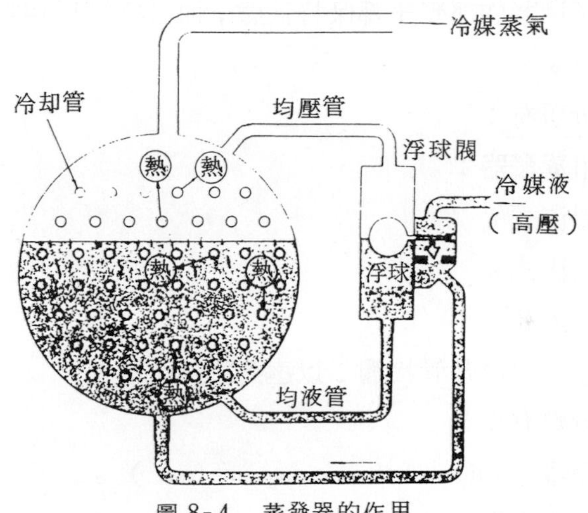

圖 8-4　蒸發器的作用

滿液式蒸發器的作用，可參閱圖8-4。殼內充滿液態冷媒，吸收管內被冷却液體（水或鹽丹水）之熱量而蒸發，蒸發後的氣體冷媒則積聚在殼上部後，再被壓縮機吸入。由浮球控制閥使殼內冷媒液面保持略高於中間位置，並配合負荷的變化而供給適當的冷媒量。浮球控制閥價格較昂貴，設計及估價時應注意。

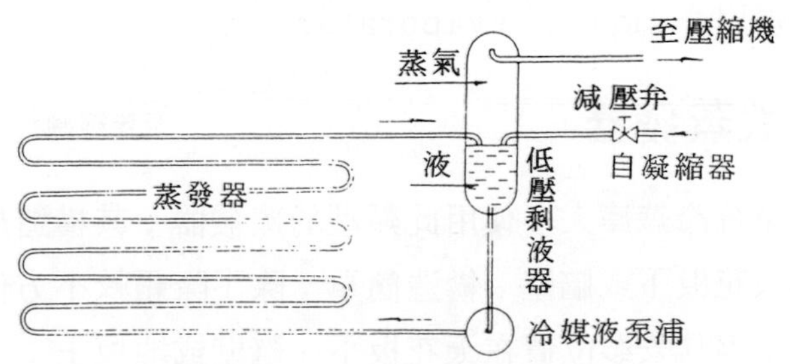

圖 8-5　冷液循環式蒸發器

(4) 液循環式蒸發器

供給蒸發器的冷媒液用泵浦强制送入使之循環，如圖8-5所示，爲液循環式蒸發器。

蒸發器中氣化後的冷媒積存於低壓剩液器中，分離後的氣體被壓縮機吸入，大部份的液態冷媒 留在低壓剩液器的下方，由泵浦再送至蒸發器內循環蒸發，冷凝器供給的冷媒量，視蒸發量而由減壓閥控制之。

液循環式蒸發器內部幾乎都保持液態，而且冷媒以相當的速度流動，故傳熱效果較佳。

依用途而分類有：

(1) 空氣冷却用蒸發器：

① 自然對流式。

② 强制對流式。

(2) 液體冷却用蒸發器：

用鹽丹水或水與冷却管接觸，以達到冷却作用。

依其構造型式分類有：

(1) 裸管式蒸發器(bare tube evaporator)。

(2) 鯡骨式蒸發器(herringbone type evaporator)。

(3) 板狀式蒸發器(plate surface evaporator)。

(4) 管圈式蒸發器(shell and coil type evaporator)。

(5) 乾式殼管型蒸發器(dry type shell and tube evaporator)。

(6) 滿液式殼管型蒸發器(flooded type shell and tube evaporator)。

(7) 鰭片式蒸發器(finned evaporator)。

8-2 裸管式蒸發器

以前的氨系統冷藏庫大多使用此類型的蒸發器，其構造如圖8-6所示，大多施設於天花板下或牆壁。構造簡單，除了除霜較不方便外，無須特殊的保養維護，因其安裝位置在天花板下、牆壁或地板上，一方面可以隔離由於冷藏庫周圍傳遞進來的熱量，一方面藉自然對流的方式，使庫內保

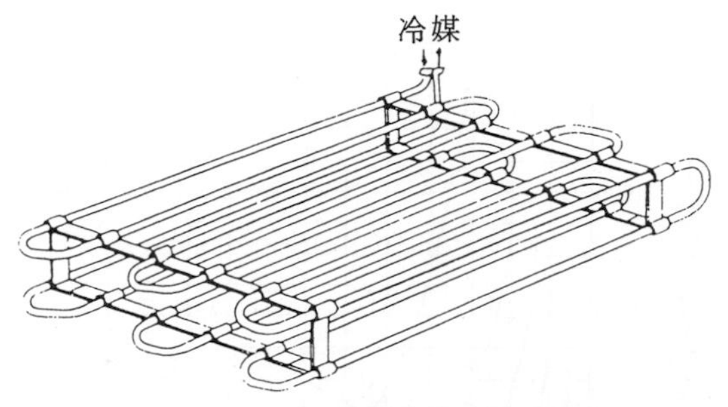

圖 8-6　裸管式冷却器

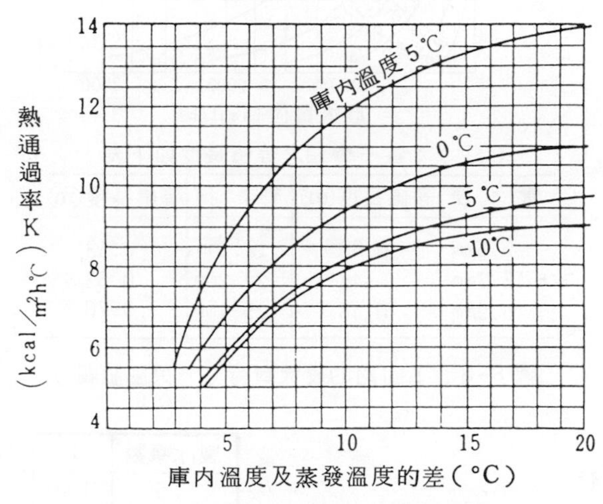

圖 8-7　裸管式冷却器的熱通過率

持低溫狀態。

此型蒸發器的熱通過率不佳（參閱圖8-7），冷凍負荷決定後計算所需的總長度，再視需要分成數系統。

因熱通過率較差，所需的冷却管較長，故壓力損失較大，用膨脹閥控制較困難（圖8-8）。

氨系統採用之管徑大多是1″φ，1¼″φ及2″φ　氟系冷媒系統則大多採用⅝″φ～¾″φ之銅管。

8-3　鯡骨式蒸發器

大多用於罐冰製造，上下各設集流管，中間有許多冷却管，通常都使用滿液式，<字形冷却管管徑1¼″φB，長度1.8～2.8m，槽內使用鹽

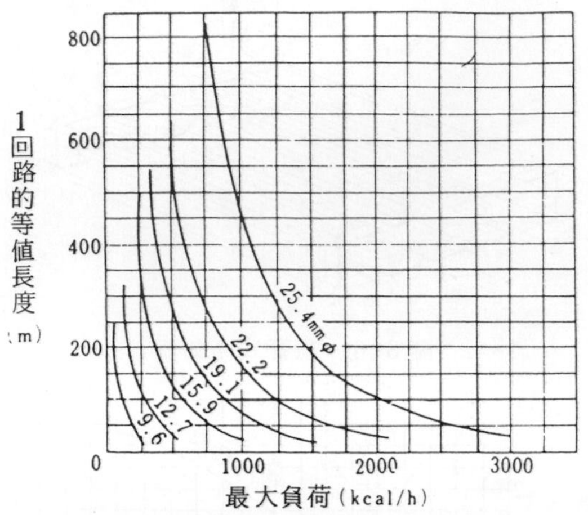

(註)：每一彎頭之等值長度如下表

管徑	等值長度(m)	管徑	等值長度(m)
9.6mm	0.38	19.1mm	0.53
12.7mm	0.46	22.2mm	0.53
15.9mm	0.46	25.4mm	0.76

圖 8-8　1回路的最大負荷(一只膨脹閥)

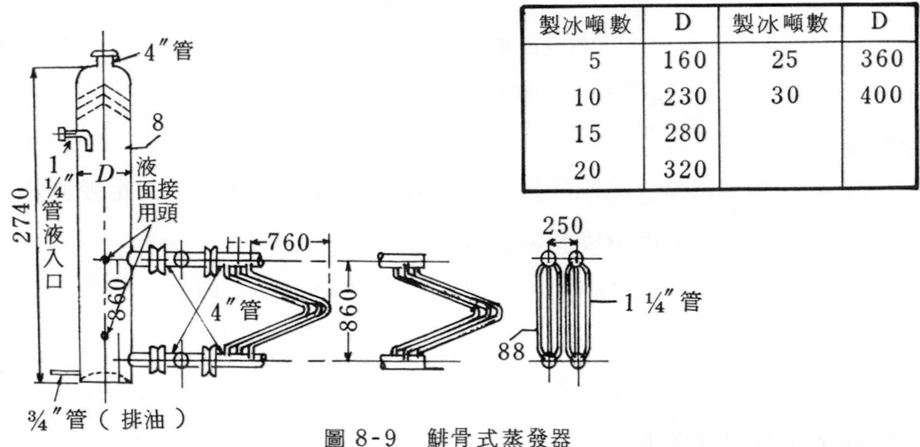

製冰噸數	D	製冰噸數	D
5	160	25	360
10	230	30	400
15	280		
20	320		

圖 8-9　鯡骨式蒸發器

丹水，蒸發後的氣體聚積於液氣分離器上端，因冷却管直接與鹽丹水接觸，熱通過率良好，氨冷媒時約爲400～540 kCal/m² h°C(但鹽丹水的流速約爲1m/sec)，構造如圖8-9。

表 8-1 蒸發器的熱通過率（kcal / m²h℃）

流 速 (m/s)	鹽丹水溫度(℃)				水冷却 (0℃ 以上)
	0	−10	−20	−30	
0.2	215	185	160	140	290
0.3	300	260	225	200	375
0.4	380	330	290	255	445
0.5	465	405	355	310	530
0.6	575	475	420	365	610
0.7	620	550	485	415	695

8-4 板狀式蒸發器

板狀式蒸發器由2片金屬板接合構成高壓液態冷媒的通路，目前本省冷凍行組合的冷凍櫃大多採用以蛇形管路附著於平板上。

板外面與被冷却的水、鹽丹水或空氣接觸，大多使用於電冰箱、陳列式冰櫃、冰淇淋貯藏櫃等小型的冷凍設備（如圖8-10），圖8-11所示爲接觸式蒸發器。

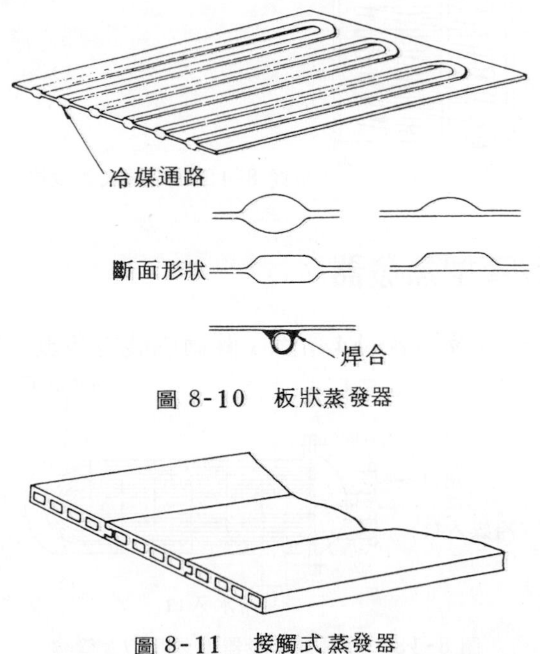

圖 8-10 板狀蒸發器

圖 8-11 接觸式蒸發器

板狀蒸發器的熱通過率如下：

靜止空氣中	10～12 kCal/m²h°C
流動空氣中（1～3m/sec）	15～30 kCal/m²h°C
靜止液中	55～60 kCal/m²h°C
流動液中	80～100 kCal/m²h°C
直接傳熱（接觸式）	20～25 kCal/m²h°C

8-5 管圈式蒸發器

構造如圖8-12，冷卻管盤旋成圈形並封入鐵殼內，管內流通冷媒，管外與水或鹽丹水接觸。冷媒供給方式可採用乾式或半滿液式。製作簡單，但熱通過率太差，僅用於部份小型冷凍裝置。

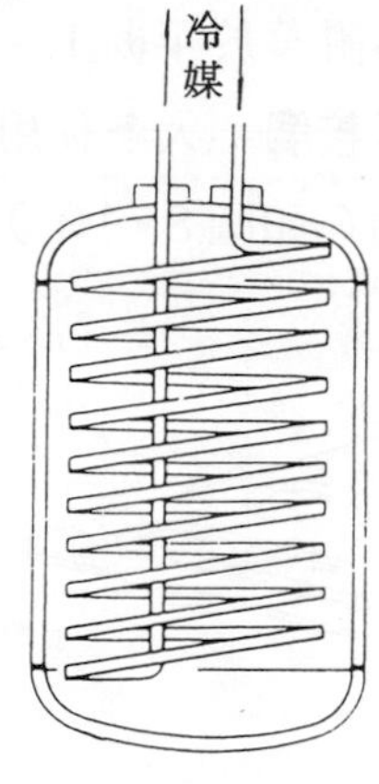

圖 8-12　殼圈式蒸發器

8-6 乾式殼管型蒸發器

構造如圖 8-13及圖 8-14 所示。圓筒內裝有多數冷卻管，冷媒流經

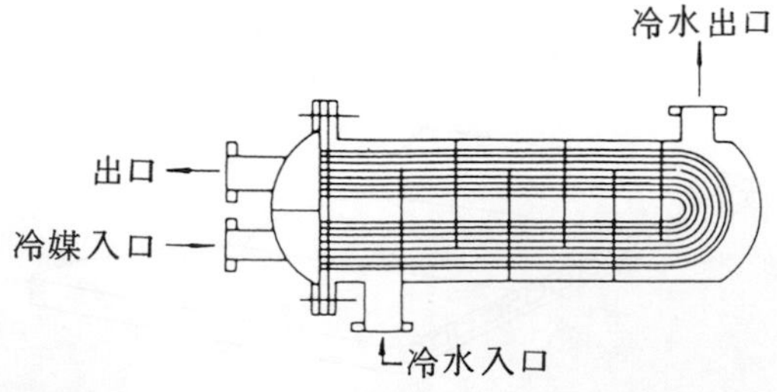

圖 8-13　殼管式蒸發器（使用U型管）

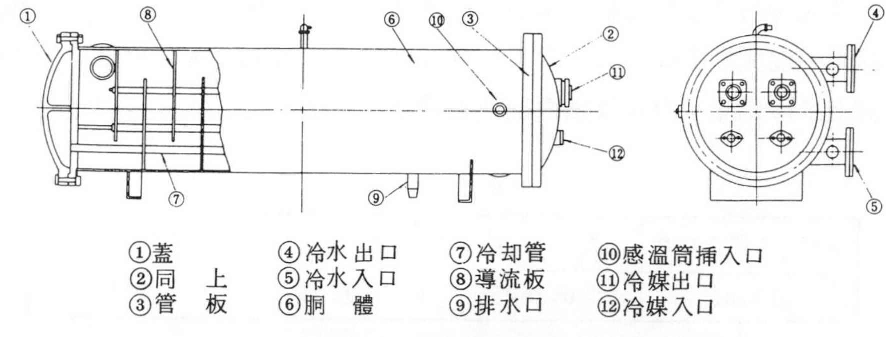

①蓋　②同　上　③管　板　④冷水出口　⑤冷水入口　⑥胴　體　⑦冷却管　⑧導流板　⑨排水口　⑩感溫筒插入口　⑪冷媒出口　⑫冷媒入口

圖 8-14　乾式殼管式蒸發器

管外徑 mm	管　厚 mm	管內表面積 mm^2/mm	管內外面積比	斷面積 mm^2
19	0.8	135	2.2	182
16	0.8	112	2.2	117

（註）　熱通過率爲無鰭片管的 1.6 倍

外徑（D） mm	管厚（L） mm	內表面積 mm^2/mm	內外面積比	斷面積 mm^2
19	1.0	167	2.8	140
16	0.8	137	2.7	107

（註）　熱通過率爲無鰭片管的 1.8 倍

圖 8-15　內鰓片管

管內，冷却管外是被冷却的流體。

目前應用頗多的冰水機組（ chiller unit ），大多採用此型蒸發器，圓筒內的擋板或稱導流板（ baffle）除用來支撐管路外，尙且使被冷却流體以直角方向流動，流速越高，傳熱效果越好。

冷媒側的前後端板使冷媒液分成2或4回路，使之能完全蒸發。此型多採用恒溫式膨脹閥以蒸發器出口端的過熱度來控制冷媒的流量。冷媒管內裝有星形鋁片，增加散熱面積及傳熱率(如圖8-15)。

表8-2 管路規格

管徑(外徑)mm	外表面積(m^2/m)	內表面積(m^2/m)	內外表面積比
19.05	0.1675	0.0598	1/2.8

表8-3 乾式殼管型蒸發器熱通過率

水速m/sec	熱通過率 kCal/m²h°C	
	R-12	R-22
0.4	420	465
0.6	490	530
0.8	540	590
1.0	580	630

(註) 熱通過率已考慮污垢係數

乾式殼管型蒸發器的特徵如下：

優點：

(1) 所需冷媒量較少。

(2) 可用恒溫式膨脹閥控制冷媒流量，能適應負荷的變動，控制性良好。

(3) 冷却管內冷媒的流速較大，回油效果佳。

(4) 水側的抵抗小。

(5) 即使被冷却流體凍結，冷却管漲裂破損的機率較小。

缺點：

(1) 冷却水流速比滿液式者小，且氣態冷媒較多，因此熱通過率較小。

8-7 滿液式殼管蒸發器

構造如圖8-16，水或鹽丹水流經冷却管內部，液態冷媒則充滿於冷却管外面的圓筒內，冷媒液面約爲直徑的⅝位置處，大部份的冷却管則浸

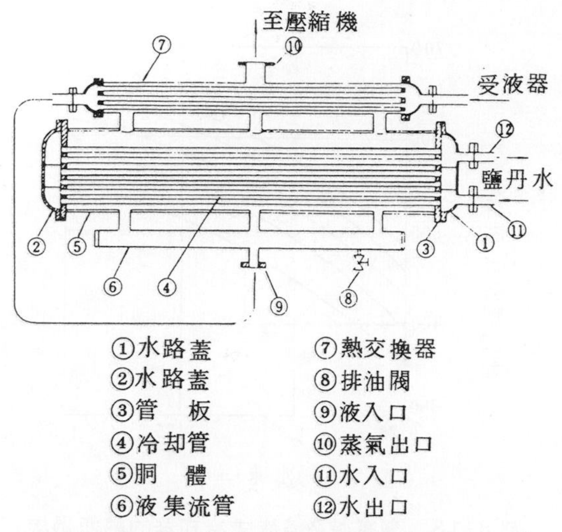

圖 8-16　滿液式殼管式蒸發器

於冷媒液體內，液態冷媒與被冷却流體行熱交換，因此，內外表面的熱傳導良好，冷却管的熱通過率增加。

水側的前後端板蓋將被冷却水流體隔離成適當回路，以保持適當的流速，使用氨爲冷媒時，冷却管用32mmA～50A的鋼管，用氟系冷媒時，則使用19.1mmϕ的銅管或同尺寸的鰭片式冷却管。

此種型式蒸發器之熱通過率高爲其優點，但其缺點如下述：

(1)　須以浮子控制器（ float control valve ）控制冷媒液體流量，使液面保持在合適的位置，構造比恒溫式膨脹閥複雜，保養不易，且對

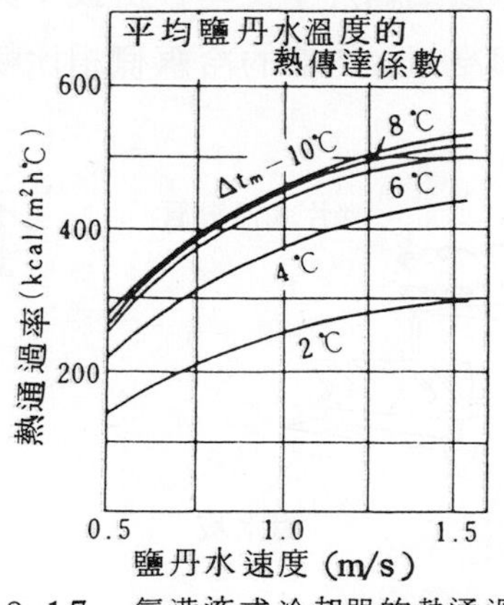

圖 8-17　氨滿液式冷却器的熱通過率

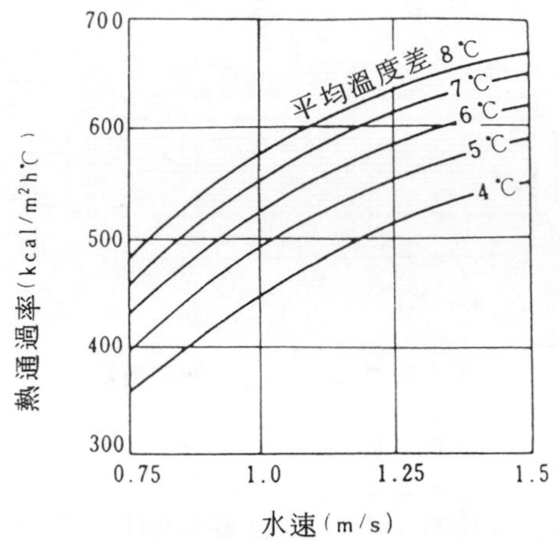

圖 8-18　氟氯烷系滿液式冷却器的熱通過率

負荷的變動之適應性不良。

(2) 液面降低時混入蒸發器內的潤滑油不易回到壓縮機。

(3) 液面高則易引起液壓縮。

(4) 充填之冷媒量較多。

(5) 被冷却流體流經冷却管內部，若溫度降低而凍結時，則易使冷却管破損。

8-8　鰭片式蒸發器

冷却管的表面加套銅或鋁鰭片，使二者密接，具有大表面積但佔空間小。構造如圖 8-19，與冷却管內部的冷媒側相比較，空氣側的傳熱係數

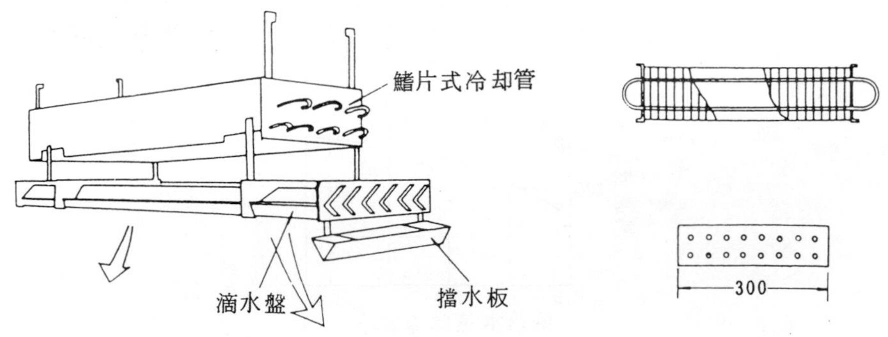

圖 8-19　冷藏庫用鰭片管

表 8-4　鰭片管的熱通過率（kCal/m²h°C）

庫內溫度（℃）	平均溫度差（℃）		
	5	10	15
5	6.5	9.5	10
0	6.0	7.5	9
－5	5.0	6.5	8
－10	4.8	6.0	7
－15	4.7	5.8	6.5
－20	4.6	5.5	6

較小，爲了改善熱通過率及減少盤管容積，加套鰭片即可達到目的。

熱通過率大約是2～10kCal/m²h°C，蒸發溫度及庫內溫度差10°C時，每一公制冷凍噸的鰭片面積約40m²。

鰭片間隔距離大約是6～25mm，列數2～4列，儘可能列數減少，長度增加，以配合冷藏庫的寬度，則效果較佳。

自然對流式者之庫內溫度及蒸發溫度差，一般設計皆採用10～15°C，溫度差愈大，所需管路長度較小，但耗電量增加，一般冷凍工程業者，

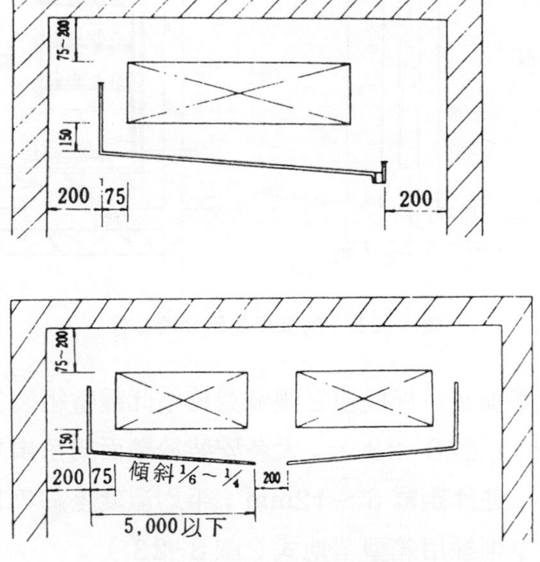

圖 8-20　吊掛式鰭片盤管

常加大溫度差減少管路長度，溫度雖然一樣可達到，但冷凍設備的冷凍容量無形中被縮減而客戶的運轉成本也增加了。

蒸發器安裝的位置對冷凍能力也有影響，故對安裝位置應特別考慮之。吊掛式蒸發器距離頂部7cm，則其冷凍能力比密接時增加 30 ～ 40％，距離 18cm 時，則能力再增加 20％左右（圖 8-20）。

至於急速凍結室，大型冷藏室等容量較大的場所，也可用鹽丹水之間接冷凍方式，氨冷凍系統冷卻管之配列可參考圖 8-21 之方式。風速 1.5 ～ 3 m/sec，溫度差 7.5～ 10°C，熱通過率 22 kCal/m² h°C，若蒸發器安裝在壁面，則應加裝擋板以促進對流的效果，加擋板後效率增加約50％，冷却管路用 32 ～ 50A之鋼管並採用滿液式。

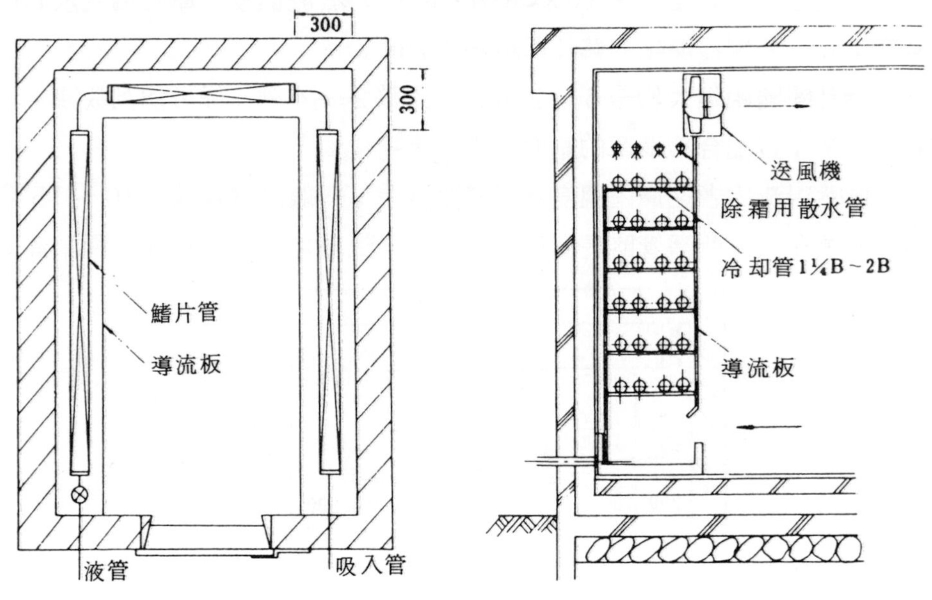

圖 8-21　側壁設置鰭片冷却管

鰭片式蒸發器加裝送風機使之強制對流，此種整組裝置謂之冷風機組（ unit cooler）（圖 8-22），大多安裝於壁面或吊掛於天花板下，風速 2 ～ 3 m/sec，鰭片距離 6 ～12mm，平均溫度差約 7.5°C。

容量較大時，則採用箱型落地式（圖 8-23）。

冷風機組的優點：

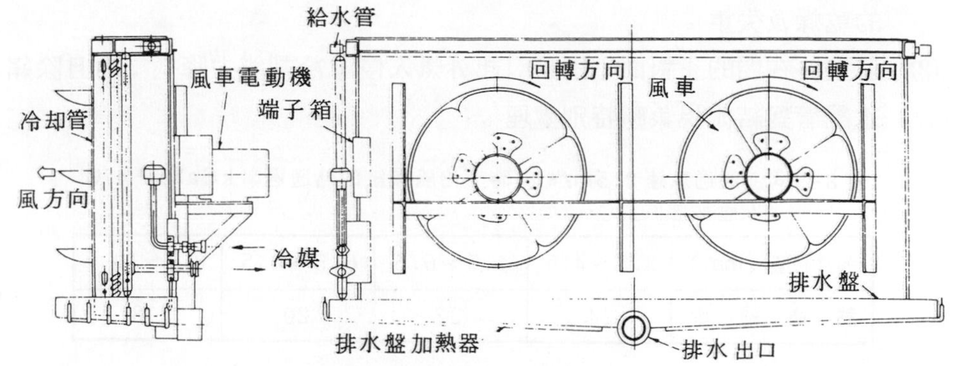

圖 8-22　天花板吊掛型冷風機

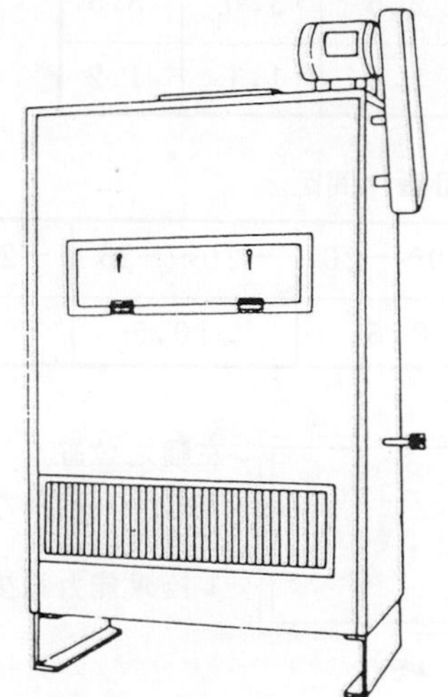

圖 8-23　落地式箱型冷風機組

(1)　熱通過率比自然對流式增加 3 ～ 5 倍，同一冷凍容量時所佔空間較小。

(2)　因加裝送風機强制對流，庫內空氣的循環較迅速，庫內溫度較平均。

(3)　庫內溫度與蒸發溫度的差值較小，蒸發溫度較高，因此，壓縮機的效率及能力均較高。

(4)　安裝簡單。

(5)　除霜及排水的處理較方便。

(6)　對冷藏庫負荷的變動較能適應，溫度調整容易。

缺點：

(1)　與自然對流者不同，冷風機組直接對貯藏物吹風冷却，易引起貯藏品的乾燥及失重。

(2) 若安裝在門的正對面，則易引起外氣入侵，冷卻能力降低，而且除霜水配管對結冰現象應特別處理。

表 8-5(a) 通過風速 2.5m/sec 時，冷風機組的熱通過率 kCal/m² h°C（直按膨脹式）

鰭片間距（mm）	3.5～4.5	4.5～6.5	6.5～8.5	8.5～10.5
熱 通 過 率	24	22	20	18

表 8-5(b) 不同風速之修正值

風速m/sec	1.5	2.0	2.5	3.0	3.5
修 正 值	0.75	0.85	1.0	1.1	1.2

表 8-5(c) 冷風機組鰭片間距

庫內溫度 °C	5～10	0～-10	-10～-20	-20～-25	-25～-30
鰭片間距(mm)	6.5	7.5	8.5	10.5	12.5

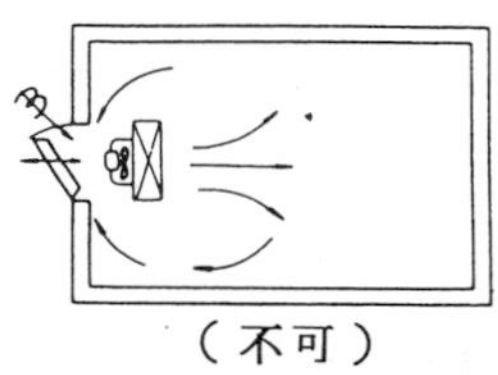
（不可）

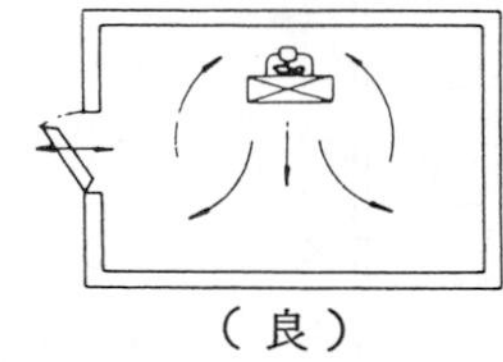
（良）

左圖之位置
1. 易吸入溫濕外氣
2. 增大結霜率
3. 冷凍能力減少甚多

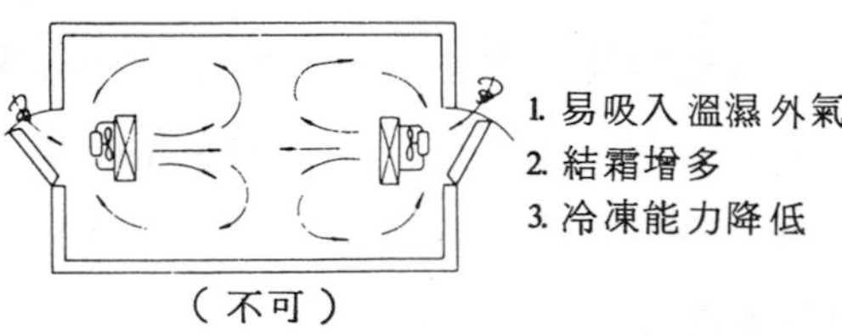
1. 易吸入溫濕外氣
2. 結霜增多
3. 冷凍能力降低

（不可）

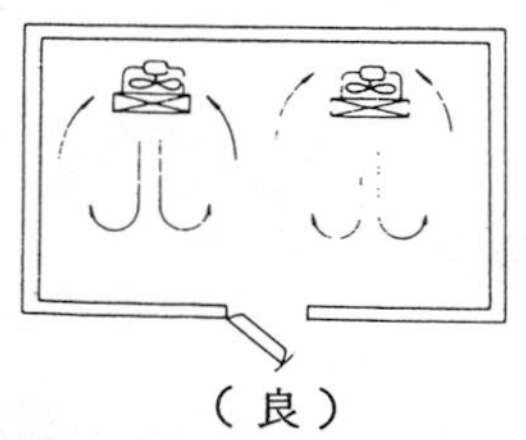
（良）

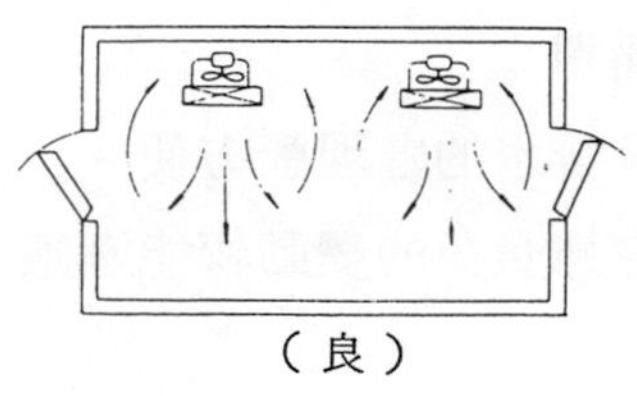
（良）

圖 8-24 冷風機的安裝位置

冷風機組安裝位置之優劣請參閱圖8-24。

8-9　直接膨脹空調用鰭片式蒸發器的冷却能力

空氣冷却後出口溫度未達露點溫度，盤管表面無水分凝結，謂之乾式盤管。若通過空氣被冷却至露點溫度以下，則空氣中的水分凝結在冷却管表面成濕潤狀態，謂之濕式盤管。

濕式盤管表面有水分，表面熱傳遞效果佳，冷却能力較大。

冷却能力的概算公式如下：

(1)　乾式盤管

$$Q = A \cdot a \cdot N \cdot K \cdot \Delta t_m \tag{8-1}$$

Q =盤管的冷却能力（kCal/hr）

A =盤管的正面面積（m^2）

a ：正面面積每 $1m^2$ 時　一列管路的冷却面積（m^2）

N ：盤管列數

K ：盤管的熱通過率（$kCal/m^2 h°C$）

Δt_m ：平均溫度差（°C）

表 8-6　盤管的熱通過率 $kCal/m^2 h°C$

通過盤管的風速 m/sec	1.5	2.0	2.5	3.0	3.5	4.0	4.5
板狀鰭片式	17	20	23	25	27	28	30

(2)　濕式盤管冷却能力的計算

①　盤管規格

=管徑15.9mm

冷却管的配列37.5×38.1板狀鰭片式

②　標準狀態

=蒸發溫度 $t_e = 4.4°C$

入口空氣溫度 $t'_1 = 19.4°C$ WB

(a)　標準狀態時冷却能力

$$Q_s = q_s \cdot A \tag{8-2}$$

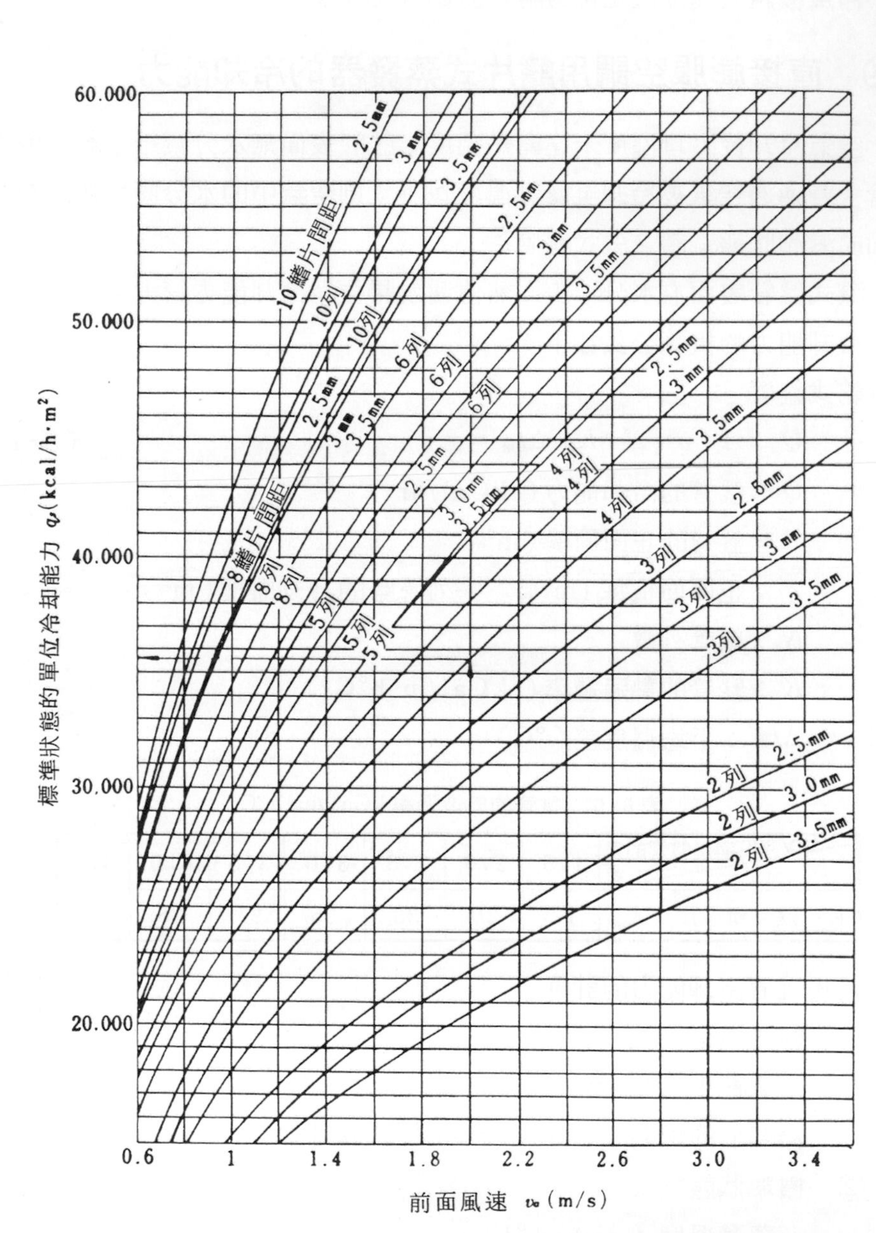

圖 8-25　空氣冷却器的冷却能力

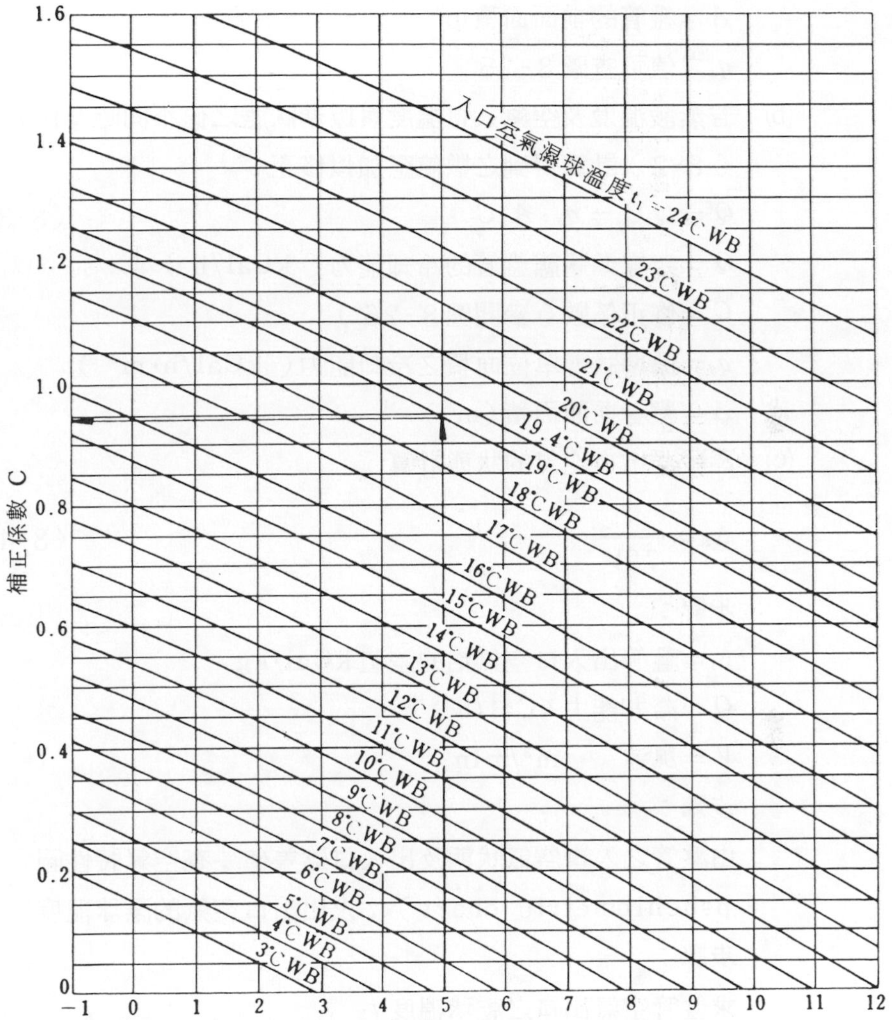

入口空氣濕球溫度 t_1' = 24°C WB
23°C WB
22°C WB
21°C WB
20°C WB
19.4°C WB
19°C WB
18°C WB
17°C WB
16°C WB
15°C WB
14°C WB
13°C WB
12°C WB
11°C WB
10°C WB
9°C WB
8°C WB
7°C WB
6°C WB
5°C WB
4°C WB
3°C WB

補正係數 C

1.6 1.4 1.2 1.0 0.8 0.6 0.4 0.2 0

−1 0 1 2 3 4 5 6 7 8 9 10 11 12

蒸發溫度 t_e(°C)

圖 8-26 空氣冷却器冷却能力的修正

Q_s＝標準狀態時盤管的冷却能力（ kCal/h ）

q_s＝標準狀態時盤管單位正面面積（1m²）之冷却能力 kCal/h·m²

A＝盤管的前面面積 m²

q_s之值可查圖 8-25

(b) 若蒸發溫度及空氣入口溫度與標準狀態之值不同時，由公式（ 8-2 ）計算得到之數值應加以修正。

$$Q' = Q_s C = q_s \cdot A \cdot C \qquad (8\text{-}3)$$

Q'＝非標準狀態盤管的冷却能力（ kCal/h ）

C＝修正係數（ 參閱圖 8-26 ）

q_s＝標準狀態單位面積之冷却能力（ kCal/h·m² ）

A＝盤管前面面積（m² ）

(c) 蒸發器出口空氣的狀態計算

$$\Delta_i = \frac{Q}{72V} \qquad (8\text{-}4)$$

步驟：

Δ_i＝盤管出入口空氣焓的差值 kCal/kg

Q＝冷却能力 kCal/h

V＝風速　　m³/min

步驟：

由盤管之入口空氣狀態及出入口焓差值，查空氣特性圖（pshchrometric chart ），求出出口空氣的濕球溫度。

步驟：

求盤管空氣出口之乾球溫度 t_2

$$t_2 = t_2' + (t_1 - t_1') R$$

t_2＝盤管出口空氣的乾球溫度 °CDB

t_2'＝盤管出口空氣的濕球溫度 °CWB

t_1＝盤管入口空氣的乾球溫度 °CDB

t_1'＝盤管出口空氣的濕球溫度 °CWB

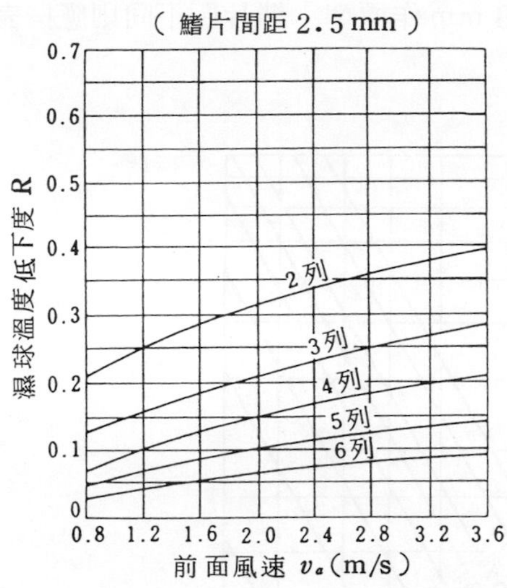

圖 8-27　濕球溫度的低下度

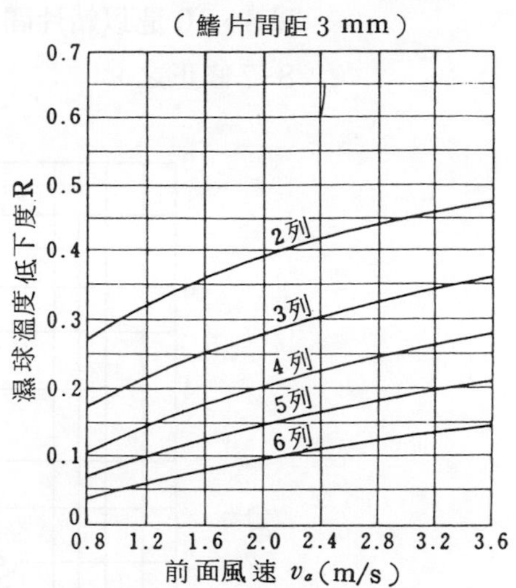

圖 8-28　濕球溫度的低下度

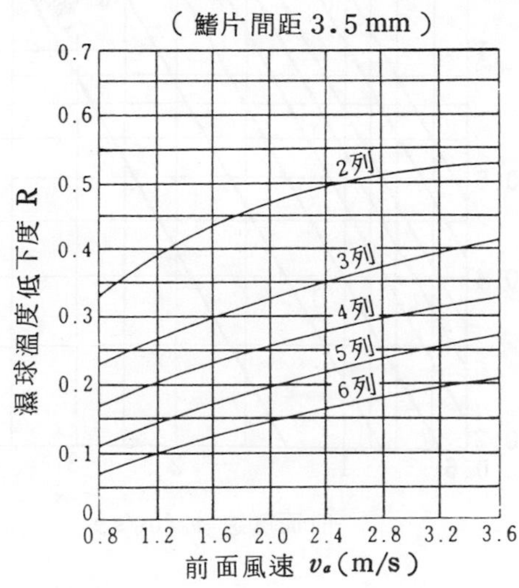

圖 8-29　濕球溫度的低下度

R＝濕球溫度的降下度（參閱圖 8-27、圖 8-28、圖 8-29）

(d)　盤管的空氣阻力

由圖 8-30 可以查得盤管空氣側的概略值，一般而言，濕式比乾式之阻力高約 1.3 倍。

圖8-30是以鰭片間距3 mm作標準，鰭片距不同則應按表8-7修正之。

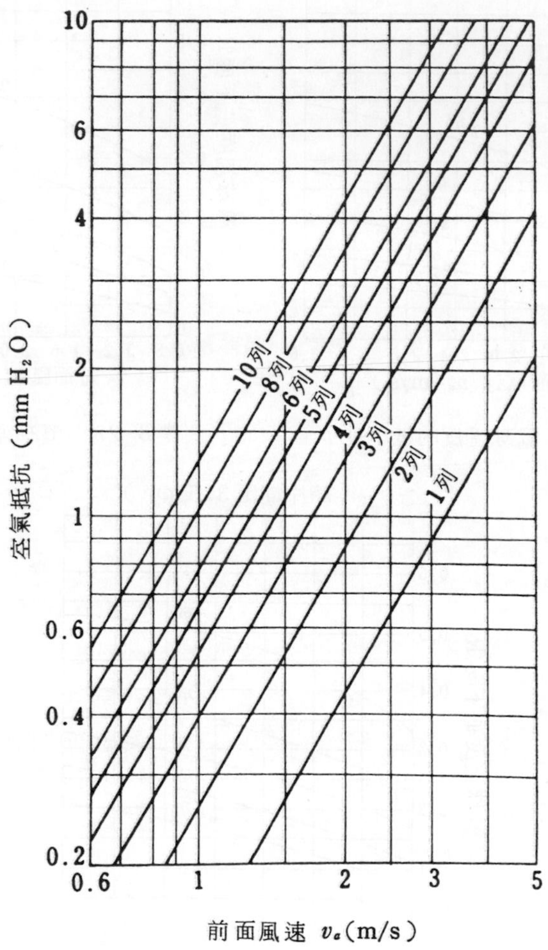

圖 8-30 盤管內的空氣抵抗

表 8-7 鰭片間距空氣阻力修正值

鰭片間距mm	2.5	3	3.5
修 正 係 數	1.21	1	0.83

9

附屬機器

9-1 油分離器

9-1-1 油分離器(Oil Seperator)的作用

裝置油分離器的目的是將壓縮機排出的潤滑油分離，不使之流至低壓側，氨冷凍系統在壓縮機與冷凝器之間一定要裝設油分離器。因潤滑油不溶於氨，若不裝設油分離器則壓縮氣體所帶出的潤滑油會很快聚集在蒸發器內，增加排油的次數，並且會導致壓縮比及排氣溫度升高，加速潤滑油的劣化，並可能引起失油而使壓縮機磨損燒毀，蒸發器中積存的油類也影響傳熱作用，減少冷凍能力。

至於一般空調設備採用氟系冷媒，潤滑油和氟系冷媒互相溶解，蒸發器的油只要管徑適當，在合理的流速下，潤滑油會隨氣態冷媒回到壓縮機，因此沒有裝置油分離器的必要。但在下述情形下最好能加裝油分離器：

(1) 使用滿液式蒸發器的冷凍系統。

(2) 壓縮機出口端排出的油量過多時。

(3) 排氣管路較長時。

(4) 蒸發溫度較低時。

表9-1所示爲潤滑油混入冷媒R-12時，蒸發能力減低的情形。

表9-2所示爲潤滑油混入冷媒R-12時，蒸發溫度增加的情形。

表 9-1 油混入R-12，能力減低率

R-12 內油的重量%	蒸發能力降低率%
0	0
1	½
2	1 ¼
3	2 ¼
4	3
5	4
6	4 ¾
7	5 ½
8	6 ½
9	7
10	8
15	13
20	18 ½
30	32 ½
40	48
50	63

表 9-2 R-12油混入時，蒸發溫度的增加(°C)

純R-12蒸發溫度 °C	油混入循環量重量%				
	10	20	30	40	50
−17.78 (0°F)	0.83	1.94	3.05	4.44	6.4
−15 (5°F)	0.752	1.83	2.94	4.32	6.2
−12.22 (10°F)	0.665	1.74	2.86	4.2	6
− 9.44 (15°F)	0.582	1.66	2.76	4.08	5.85
− 6.67 (20°F)	0.5	1.55	2.6	3.96	5.67
− 3.89 (25°F)	0.41	1.44	2.58	3.83	5.5
− 1.11 (30°F)	0.323	1.36	2.49	3.72	5.32
+ 4.4 (40°F)	0.166	1.18	2.3	3.47	5

裝置油分離器除可以使油與冷媒氣體分離外，尚具有消音及減少冷媒氣體的脈動等效果。而且不必考慮氣體流速是否能攜帶油回壓縮機，配管管徑大，可以減少管路的摩擦損失。

9-1-2　油分離器的種類

(1)　離心型油分離器

構造如圖9-1所示，圓筒內設置旋廻板，使氣體產生廻轉運動，由離心力產生分離效果，比冷媒氣體重的油聚集在分離器的圓周，下落而排出，壓力下降較大。

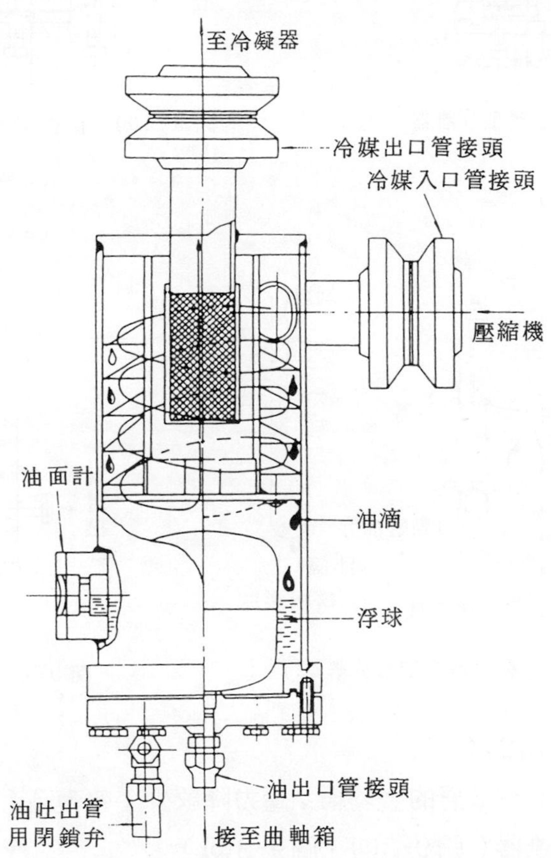

圖 9-1　油分離器（離心分離型）

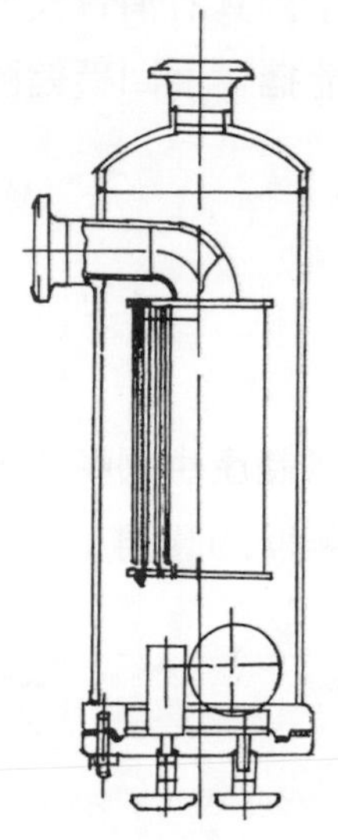

圖 9-2　金屬網型分離器

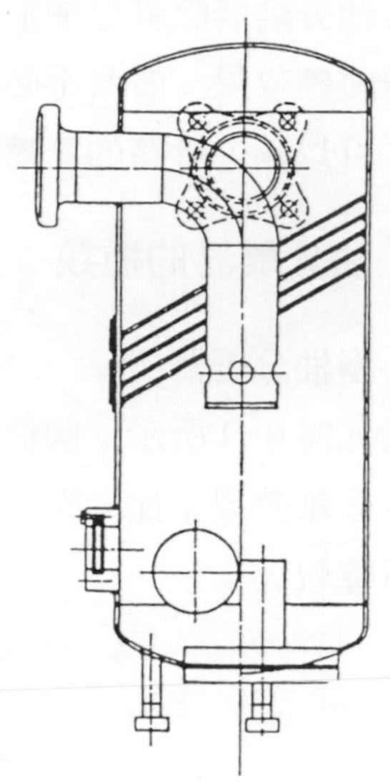

圖 9-3(a)　擋板型油分離器

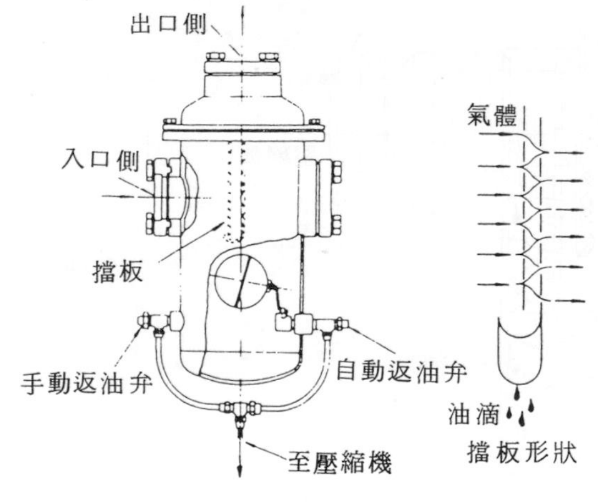

圖 9-3(b)　油分離器(衝突分離形)

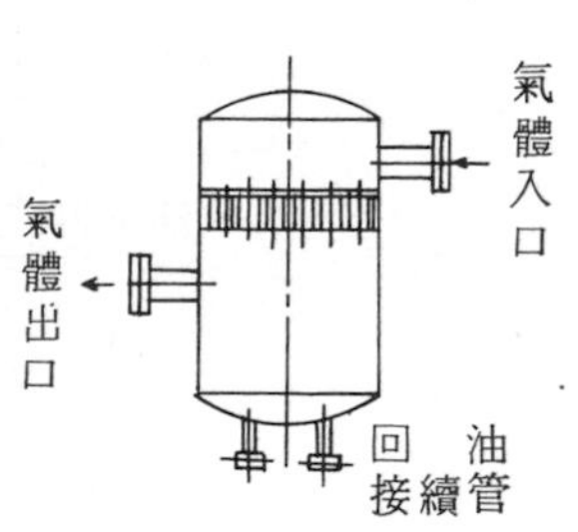

圖 9-4　離心變形型

(2) 金屬網型油分離器

圓筒內設置2～3層的金屬網，壓力降較少，效率高(如圖9-2)。

(3) 擋板型油分離器(圖9-3(a)、圖9-3(b))

圓筒中間設置擋板(baffle)，變換氣體方向，使潤滑油附著於擋板上而產生分離作用。

⑷ 離心變形式油分離器（圖9-4）

圓筒中設置較小的廻轉離心板，降低速度使油滴分離。

9-1-3 油分離器的選擇

⑴ 筒內氣體流速在61m/min以內。

⑵ 壓力損失愈小愈佳。

⑶ 尺寸大小配合壓縮容量（表9-3、圖9-5）。

表9-3 分離器及壓縮機壓縮量

分離器	最大壓縮量			
型	外徑 mm	長 mm	入口口徑	壓縮量 立方米／分
1 型	100	350	A-12	0.3
2 〃	100	400	A-19	0.72
3 〃	150	450	A-25	1.26
4 〃	200	600	A-35	2.44
5 〃	250	750	A-40	3
6 〃	300	900	A-50	5
7 〃	350	1050	A-60	7
8 〃	400	1200	A-75	11
9 〃	450	1350	A-80	13
10 〃	500	1500	A-100	19

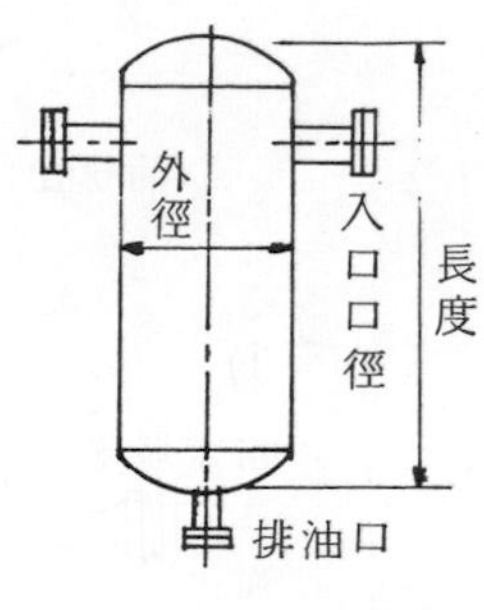

圖9-5 油分離器

9-2 液氣分離器（Accumulator）

9-2-1 液氣分離器的作用

裝置於蒸發器及壓縮機之間，用來分離吸入氣體中的液體冷媒，不使液態冷媒回到壓縮機，以免液體冷媒進入汽缸後膨脹而降低冷凍能力及產生液錘、液壓縮而損壞閥片、曲軸及連桿等設備。

採用恒溫式膨脹閥，熱交換器的直接膨脹式蒸發器，不必要裝設液氣分離器。氟系冷媒滿液式系統若已裝設有分離器作用的熱交換器，也可以不裝液氣分離器。

9-2-2 液氣分離器的種類

常用液氣分離器有三種如圖9-6所示，圖⒜由蒸發器導入之氣體在容器內速度急速下降（1m/sec）以下。

氣體中所含的冷媒液滴因重力下降而分離，圖9-6(b)爲橫置型胴體內設置有多枚的多孔擋板。吸入氣體撞擊擋板後而使液滴分離。

圖9-6(c)爲垂直裝置的擋板型液氣分離器。

圖9-6(d)是小容量的廻旋式液氣分離器。

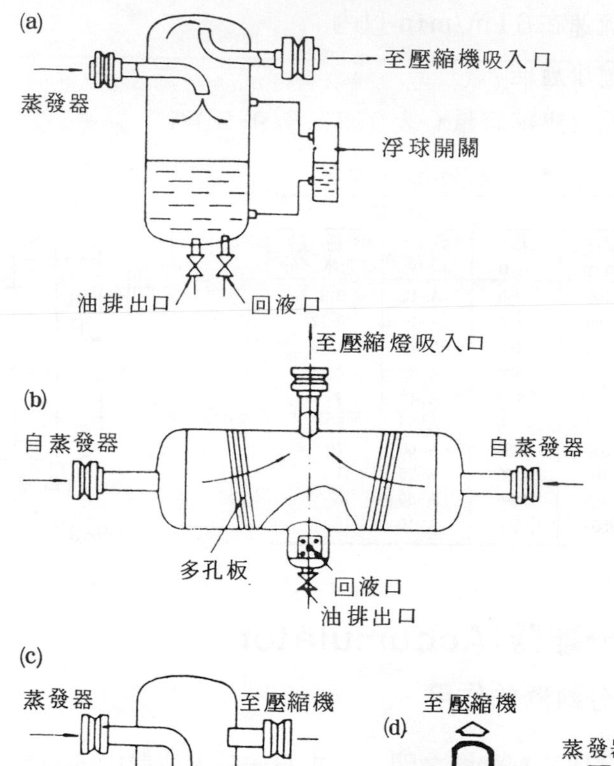

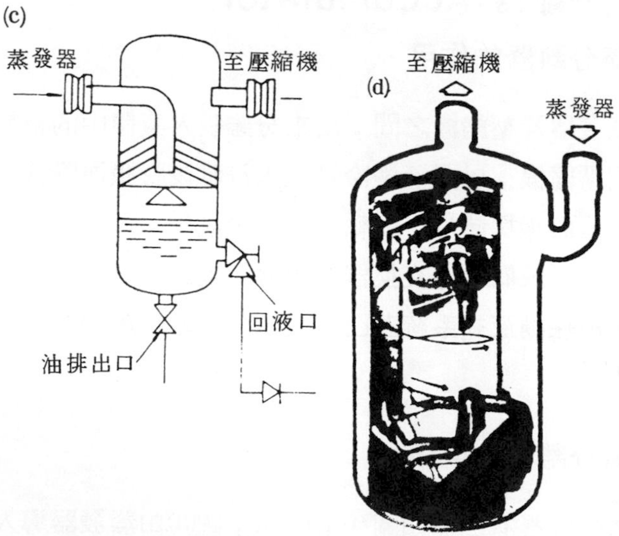

圖 9-6 液分離器的構造

9-2-3 液氣分離器的選擇

(1) 胴內速度在61m/min以內，吸入壓力低則速度應再減低。

(2) 液氣分離器與活塞排氣量的關係如表9-4。

表9-4 液氣分離器與壓縮排氣量的關係

型號	外徑	長度(mm)	入口口徑mm	壓縮排氣量 m^3/min
1	100	350	A-12	0.3
2	200	600	A-35	2.44
3	300	900	A-50	5
4	400	1200	A-75	11
5	500	1500	A-100	19

9-3 受液器(Receiver)

9-3-1 受液器的作用

受液器是將冷凝器液化後的冷媒在送到膨脹閥之前，暫時貯存的容器，受液器的貯藏容量應能配合冷凍裝置運轉狀態的變化，使受液器內經常保持部份的液態冷媒(如圖9-7)。

冷凍裝置修理時或需長期停機之際，冷媒應回收貯存於冷凝器及受液器內。氨冷凍系統中每一公制冷凍噸的氨液充填量約爲15公斤，貯液器的容量應能貯存冷媒量的½。

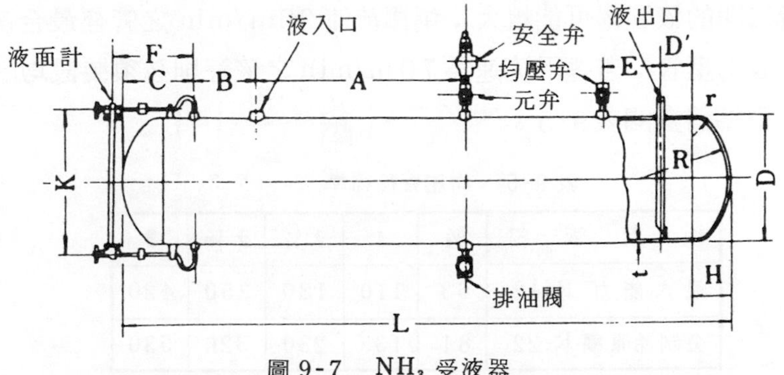

圖9-7 NH_3 受液器

小型氟氯烷系冷凍系統，多採用水冷式冷凝器兼作受液器使用，大多省略受液器，但大容量及系統管路較長時最好加裝受液器。

至於氣冷式小型冰箱及窗型冷氣機可以免裝受液器外，都應裝設受液器來貯存冷凝器液化之冷媒。

9-3-2　均壓管

受液器的位置低於冷凝器，冷凝器液化後的冷媒可以藉重力方式導入受液器，但冷凝器使用冷卻水或空氣降低溫度而受液器設置於機房，溫度較高，將會導致冷媒不易流入受液器，故必須裝置均壓管，連通受液器及冷凝器上部使之壓力均衡（如圖9-8）。

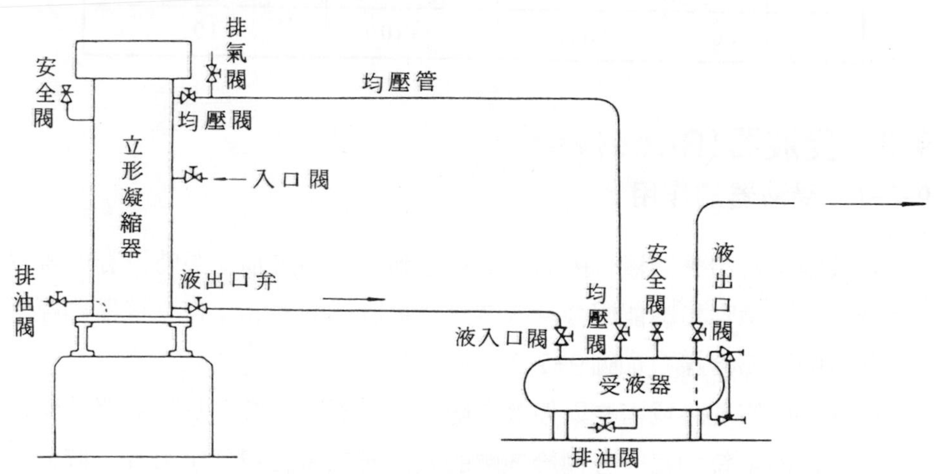

圖 9-8　均壓管的配置

二者之間的液管儘可能粗大，選擇流速 30m/min 之管徑最合適。此時不必裝設均壓管，若選用流速為 70m/min 之液管則必須裝設均壓管，均壓管徑標準請參閱表9-5。

表 9-5　均壓管徑標準

均壓管徑	¾	1	1¼	1½	2
最大能力 R-12	63	110	180	250	420
公制冷凍噸 R-22	81	135	230	320	530

9-3-3　受液器的選擇原則

(1)　受液器的胴徑爲液入口管徑的4倍以上。胴徑細長則殘存液較多。

(2)　液體充塡量最高不得逾全容積的80％。

(3)　液面的最小高度依型式而異，大約50～150mm　。

(4)　受液器之容積大小應配合壓縮機能力。

表9-6　R-12受液器的規格

編號	外徑 mm	長 mm	安全弁 mm	冷媒殘存量 kg	冷媒貯藏量 kg	出口液管徑 粍
1	300	2400	19	24	150	30
2	400	2400	19	30	254	40
3	500	2400	19	45	400	50
4	500	3000	19	73	490	60
5	600	3000	19	122	720	60
6	600	3600	19	197	810	75
7	750	3000	19	244	1000	80
8	750	3600	19	300	1200	80

9-4　乾燥器(Dryer)

9-4-1　乾燥器的功用

氟氯烷系冷凍裝置中水分不溶解於冷媒而游離爲自由水分，易引起下列之不良後果：

(1)　易於膨脹閥或毛細管等處所凍結而阻塞。

(2)　易使油乳化而腐蝕金屬。

(3)　易使閥片受損。

(4)　易引起鍍銅現象(copper plating)。

(5)　易破壞絕緣值。

因此，乾燥器的作用爲除去系統中所含的水份，乾燥器內也裝置有過濾網，兼作過濾用。

9-4-2　乾燥器的構造

如圖9-9所示，中空的圓筒內裝入過濾網及乾燥劑，濾網兼做乾燥劑

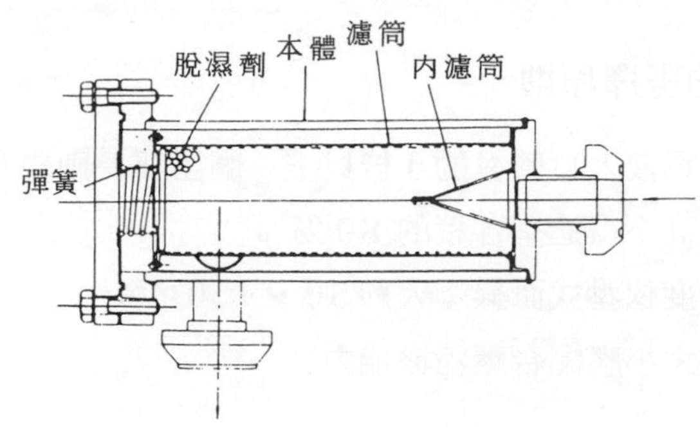

圖 9-9 乾燥器

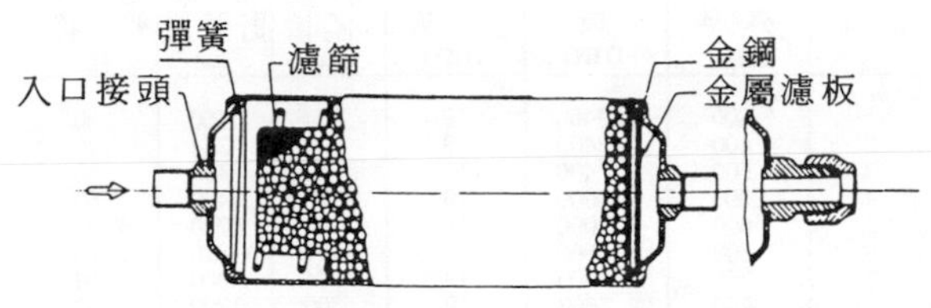

圖 9-10 乾燥器

的容器，更換時較便利，且乾燥劑的碎屑也不會流出。

乾燥器的功用乃是用來除去冷媒系統中的水份，因此應考慮更換是否方便，通常可加設旁通管路。

小型冷凍設備所使用的乾燥器多採用密閉型，若須更換，須整件更換之。

9-4-3 常用乾燥劑的種類

(1) 矽凝膠(silical gel)。

(2) 活性礬土(actiuated alumina)。

(3) 氧化鈣(calcium oxide)。

(4) 二氯化鈣(calcium chloride)。

(5) 無水硫酸鈣(dryerlite)。

其他 P_2O_5，B_aO，$N_a(OH)_2+N_aO$，$A\ell_2(siO_3)_2$ 等也可做乾燥劑使用。

9-5　過濾器(Strainers)

冷凍系統中可能有鐵屑、銅屑、碳化物、灰塵等雜質，若不除去則可能在膨脹閥等處所引起阻塞，也可能流入壓縮機，破壞冷凍設備，因此常在膨脹閥前及壓縮機的吸入端加裝過濾器，過濾金屬網大多是 80 ～100 網目。構造如圖 9-11、圖 9-12、圖 9-13 所示。

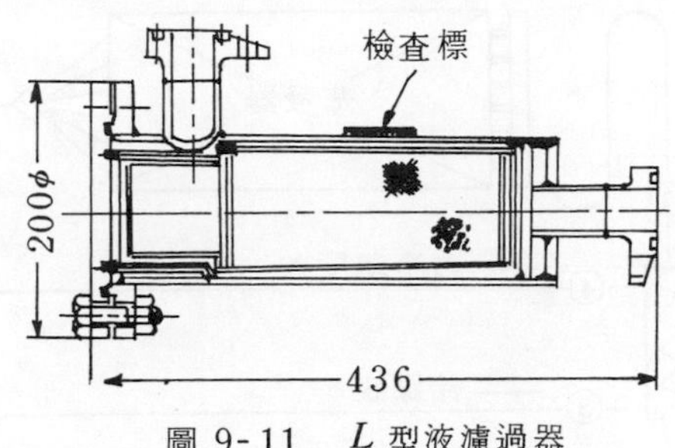

圖 9-11　*L* 型液濾過器

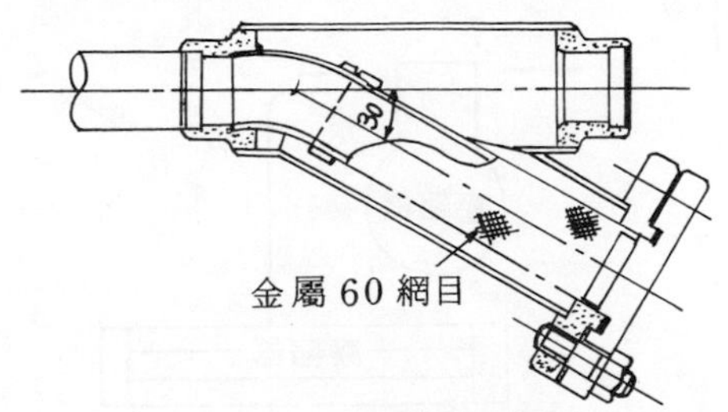

圖 9-12　*Y* 型液濾過器

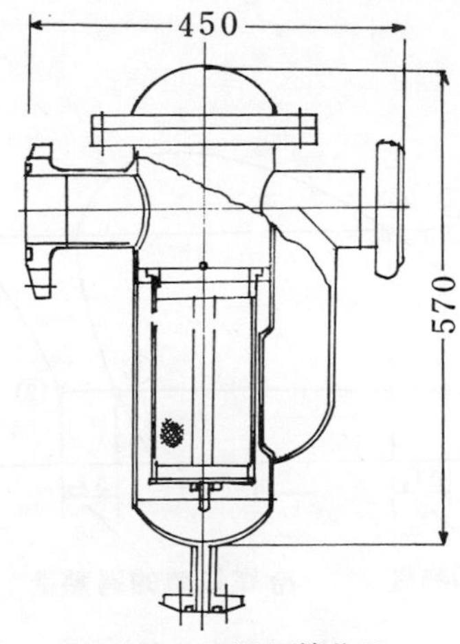

圖 9-13　污垢捕集器

9-6 熱交換器(Heat Exchanger)

9-6-1 液氣熱交換(Liquid-Vapor Heat Exchanger)

氟氯烷系冷凍系統中，吸氣管路與液體管路接觸行熱交換，使吸入氣體過熱及供給至膨脹閥的冷媒液過冷却的裝置，謂之液氣熱交換器。

裝置液氣熱交換器可以獲致下列二點益處：

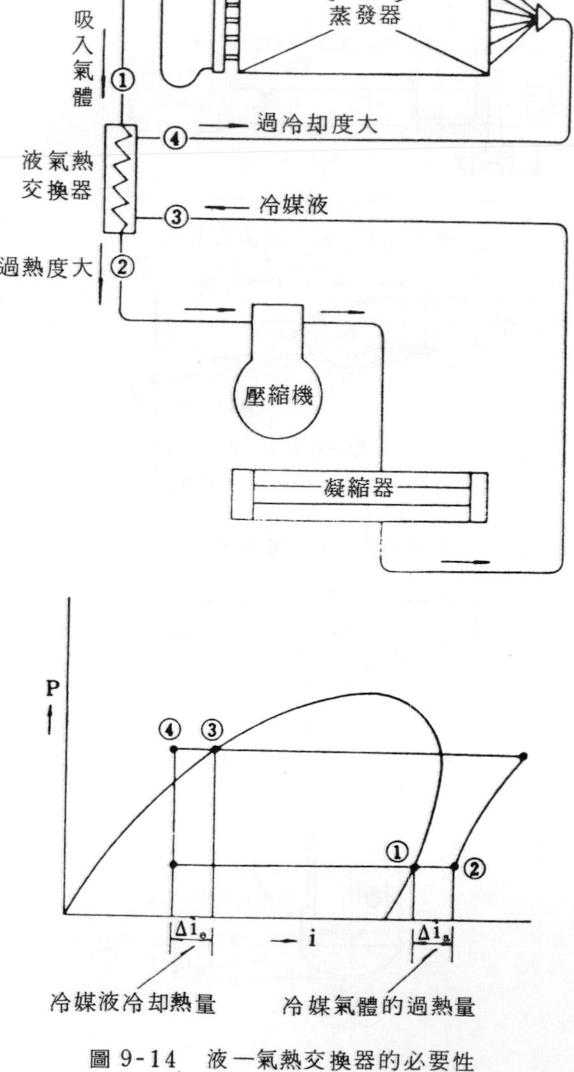

圖 9-14 液一氣熱交換器的必要性

⑴　使冷凝器流至膨脹閥的液態冷媒過冷却：

若冷媒液以飽和狀態經液管送至膨脹閥，除了流經冷媒配管產生的壓力降外，也會因吸熱使液冷媒先行蒸發一部份。因此導致膨脹閥的能力大幅度降低，冷凍能力也跟著減少。若使之過冷却，則自圖 9-14 可以看出，冷凍能力增加量爲 Δi_e 。

⑵　使吸入氣體適度的過熱：

吸入管中的氣態冷媒可能有殘存液態冷媒被吸入壓縮機，致使壓縮機受損，因此更需熱交換器使之過熱，構造如圖 9-15、圖 9-16、圖 9-17 所示。

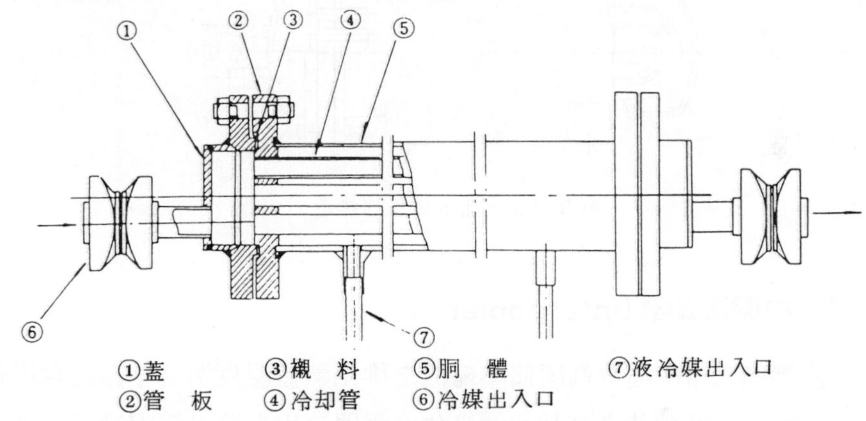

圖 9-15　液一氣熱交換器（殼管式）

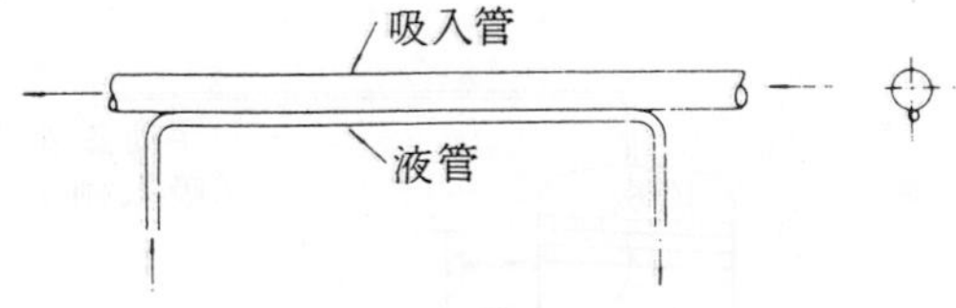

圖 9-16　液一氣熱交換器（管貼合式）

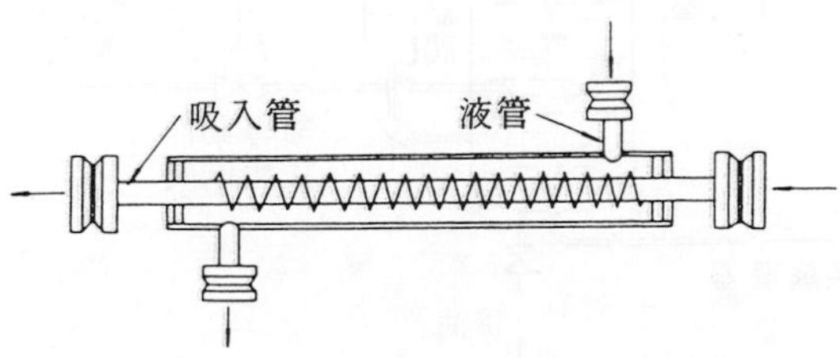

圖 9-17　液一氣熱交換器（二重管式）

9-6-2 潤滑油冷却器

空調用壓縮機在停機狀態需加裝曲軸箱加熱器，使潤滑油保持一定的溫度，但低溫冷凍系統除了需要裝置曲軸箱加熱器外也需裝置潤滑油冷却器，以免油溫過高，引起油的炭化及黏度降低導致潤滑不良，圖 9-18 爲殼管型油冷却器。

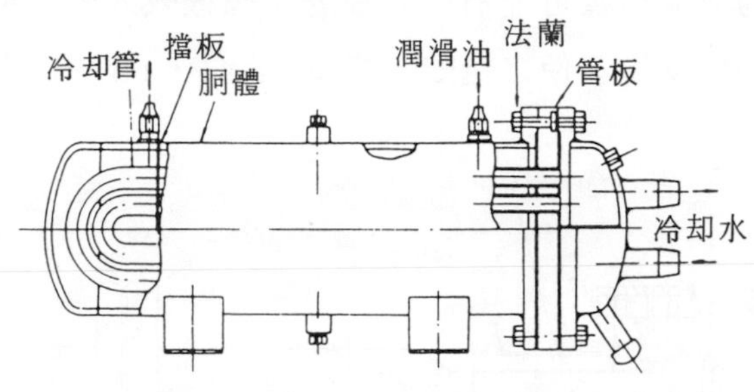

圖 9-18　油冷却器的構造

9-6-3 中間冷却器(Intercooler)

二段壓縮式冷凍裝置高壓側壓縮機之排出氣體溫度過高，因此利用低壓側壓縮機排出氣體使之冷却，並且使冷凝器流出之冷媒液過冷却的熱交換器謂之中間冷却器。

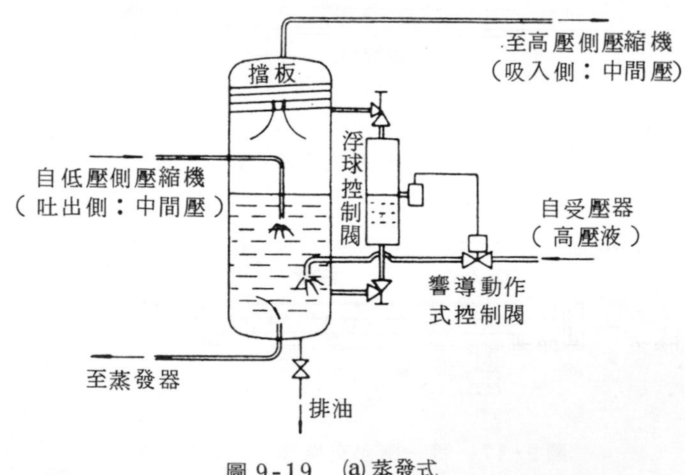

圖 9-19　(a)蒸發式

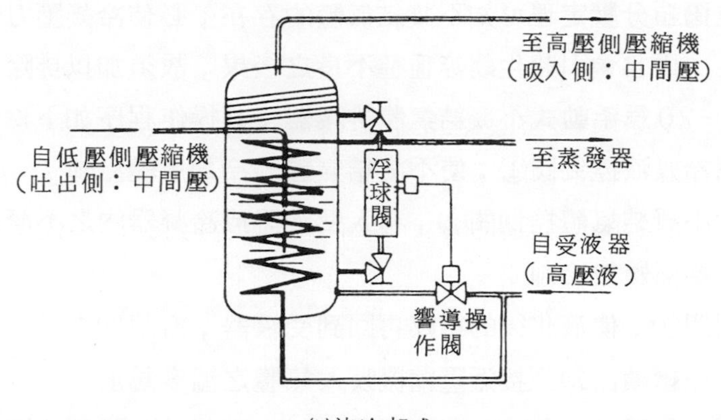

(b)液冷卻式

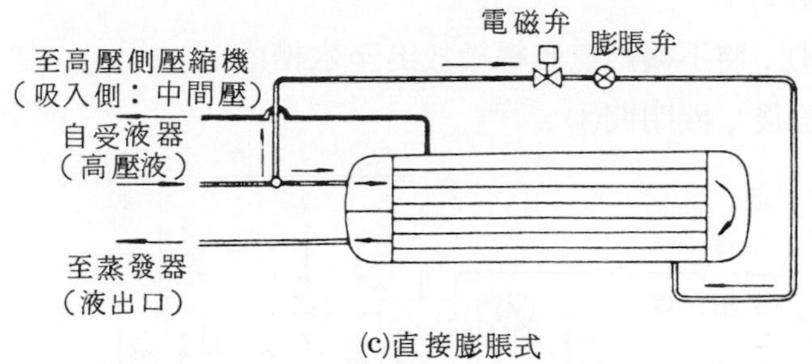

(c)直接膨脹式

圖 9-19 中間冷卻器的種類

$$中間冷卻器之絕對壓力＝（蒸發絕對壓力×凝縮絕對壓力）^{1/2} \tag{9-1}$$

圖9-19中，(a)爲蒸發式，(b)爲液冷卻式，(c)爲直接膨脹式。

9-7 不凝結氣體排除器(Gas Purger)

冷媒循環系統中，有不凝結氣體存在的原因如下述：

(1) 冷媒及潤滑油的純度不良。

(2) 冷凍機低壓側之運轉壓力低於大氣壓力，軸封及管路封密性不佳時，導致外氣進入（R-11離心式冷凍機及二段壓縮系統）。

(3) 裝置時系統處理未能完全乾燥。

(4) 修理、保養、更換零件時外氣之侵入。

(5) 化學反應。

由道爾頓分壓定理可知不凝結氣體的存在，必使冷凝壓力升高，增加動力消耗，而且會引起生銹等種種不良之後果，故須加以排除。

圖 9-20 爲手動式不凝結氣體排除器，其操作程序如下：

⑴ 打開冷媒液控制閥①，使不凝結氣體的冷却胴體冷却。

⑵ 打開不凝結氣體控制閥②，導入受液器或冷凝器內之不凝結氣體，使不凝結氣體被冷却。

⑶ 打開閥③，使液化後的冷媒再回到受液器，冷却胴內只殘存不凝結氣體，並繼續冷却至接近壓縮機吸入氣體之溫度爲止。

⑷ 不凝結氣體被冷却後，關閉閥②，以免不凝結氣體再流回受液器。

⑸ 關閉閥③。

⑹ 打開閥④，將不凝結氣體緩緩放出至水槽內。

⑺ 全部排除後，關閉閥④。

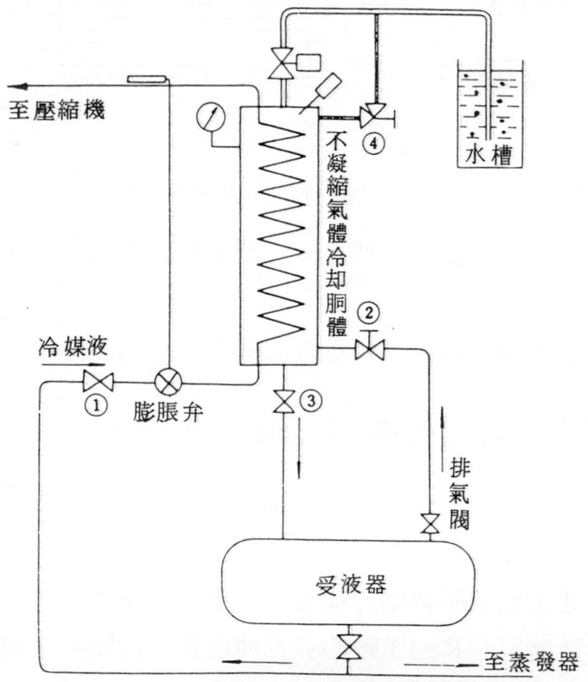

圖 9-20 手動式不凝縮氣體排除器

自動排除器構造如圖 9-21，動作程序如下：

⑴ 使用不凝結氣體排出器，本體內部須充滿一定高度之冷媒液。

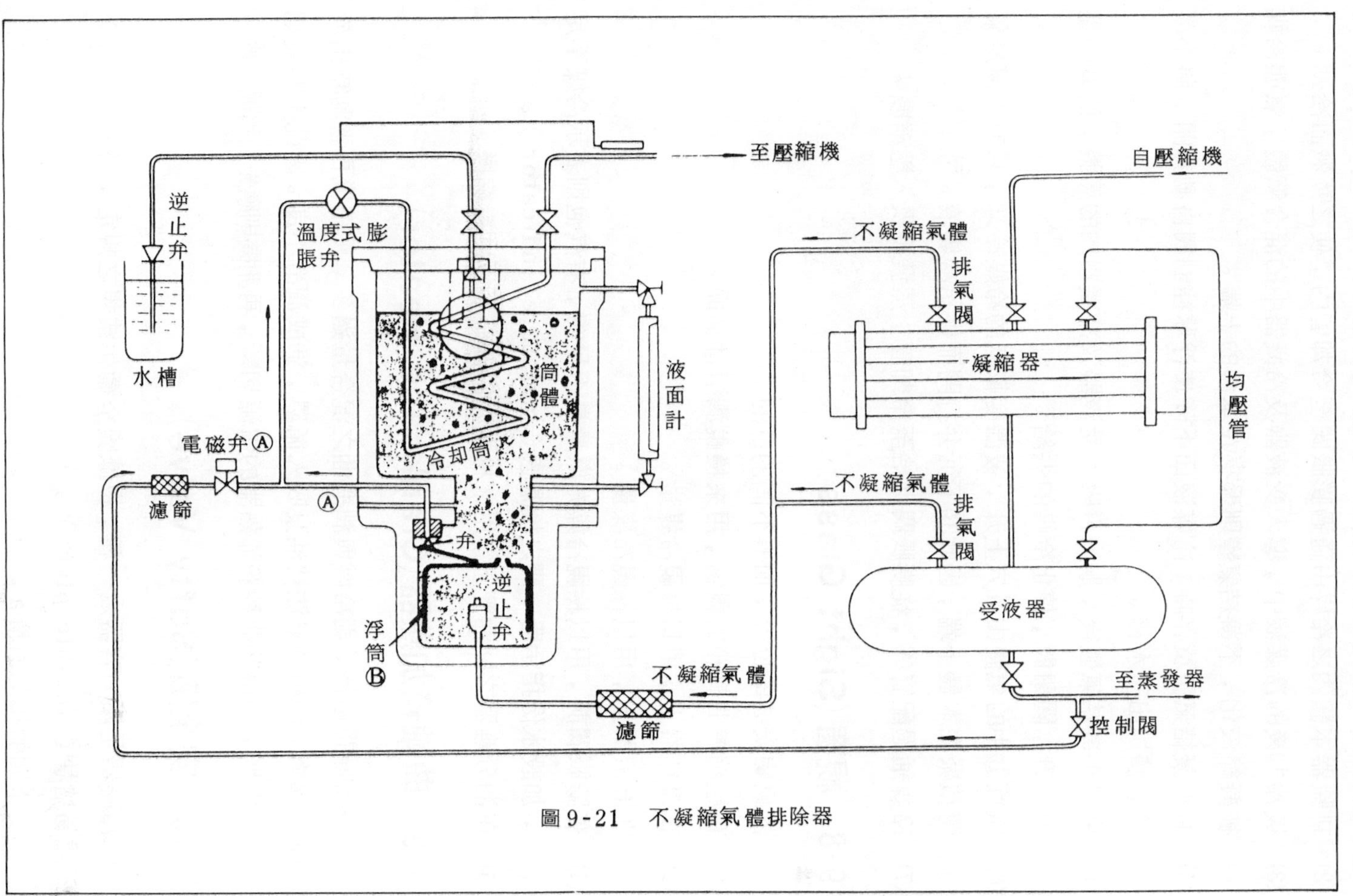

圖 9-21　不凝縮氣體排除器

(2) 排除器本體內之冷媒由通過膨脹閥至冷却管內，使之蒸發而冷却。

(3) 被冷却後的冷媒液中，導入受液器及冷凝器中的混合氣體，氣態冷媒被凝縮液化，不凝結氣體則聚集在本體的上端。

(4) 有不凝結氣體積存時，冷媒液面下降使浮球控制閥自動打開，將不凝結氣體排出至水槽。

(5) 排出不凝結氣體後，胴內再吸入受液器及冷凝器內的氣體，使Ⓑ中壓力上升，關閉閥，停止冷媒的供給。

(6) 鐵筒Ⓑ中的氣體由孔穴上升，被溫度較低的冷媒冷却，只有不凝結氣體積聚在本體上端，因此Ⓑ下沉弁打開而供給冷媒液。

(7) 冷媒通過配管Ⓐ，從膨脹閥供給至冷却管，蒸發後吸入壓縮機。

9-8 視窗(Sight Glass)

依視窗安裝的位置，而有不同的目的：

(1) 在壓縮機曲軸箱的視窗，用來檢視潤滑油油面。

(2) 在凝結器上，用以檢視冷媒量。

(3) 在貯液器上，用以檢視冷媒量。

(4) 在膨脹閥前，用以檢視冷媒充填量是否足夠，有汽泡則表示冷媒不足，加設水份指示器，謂之檢濕窗(moisture indicator)。

(5) 在油分離器之回油管上，用來檢視潤滑油是否返回壓縮機。

9-9 曲軸箱加熱器(Crankcase Heater)

停機時間過長，則冷媒與潤滑油之混合量過多，壓縮機再啓動時由於冷媒之沸騰，潤滑油無法被油泵吸入循環，造成潤滑不良。因此除非長期停機或修理，不得將曲軸箱加熱器的電源切斷，再開機則應先預熱數小時。

9-10 安全閥(Safty Valve)

冷凝器是壓力容器之一種，根據安全衞生法規之規定，必須裝置安全閥或易熔栓(fusible plug)。

安全閥的排氣面積 a

$$a=\frac{W}{230P\sqrt{\frac{M}{T}}} \qquad (9\text{-}2)$$

a ＝排氣部份的有效面積 cm²

W ＝ 1 小時內排除氣體量（kg）

P ＝安全閥的動作壓力

M ＝冷媒氣體的分子量

T ＝安全閥動作前氣體的絕對溫度（°K）

壓縮機安全閥之最小口徑

$$d_1=C_1\sqrt{\left(\frac{D}{1000}\right)^2\cdot\left(\frac{L}{1000}\right)\cdot n\cdot N\cdot a} \qquad (9\text{-}3)$$

d_1 ＝安全閥的最小口徑（mm）

D ＝汽缸的直徑（mm）

L ＝活塞衝程（mm）

n ＝回轉速（rpm）

N ＝汽缸數

a ＝單動壓縮機＝1

複動壓縮機＝2

C_1 ＝常數

NH_3 ＝ 6

亞硫酸＝7

R-12 ＝ 10

氯甲烷＝8

一般氣體

$$C_1=43\sqrt{\frac{G}{P\sqrt{M}}} \qquad (9\text{-}4)$$

P ＝氣密試驗壓力 kg/cm²

M ＝分子量

G ＝－15°C 乾燥飽和氣體之比重。

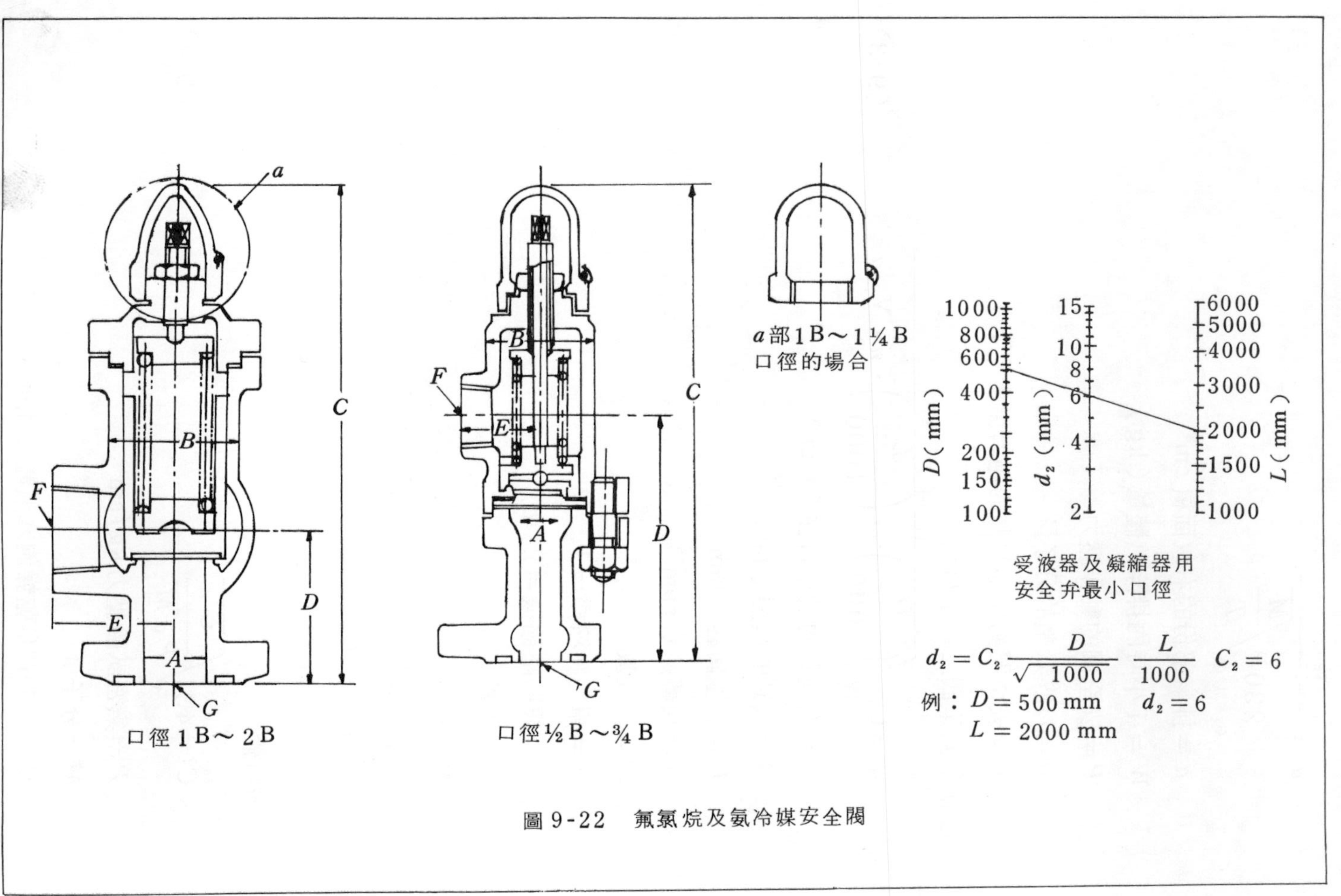

圖 9-22　氟氯烷及氨冷媒安全閥

受液器及冷凝器安全閥最小口徑

$$d_2=C_2\sqrt{\frac{D}{1000}\cdot\frac{L}{1000}} \qquad (9\text{-}5)$$

d_2＝安全閥的最小口徑

D＝壓力容器的外徑（ mm ）

L＝壓力容器的長度

C_2＝常數

NH_3＝6

R-12＝10

氯甲烷＝9

亞硫酸＝ 10

一般氣體

$$C_2=35\sqrt{\frac{1}{P}} \qquad (9\text{-}6)$$

P＝氣密試驗壓力 kg/cm^2

構造及規格如圖9-22及表9-7、表9-8所示。

表 9-7　冷媒之噴出壓力及塞止壓力

冷　媒	噴出壓力g/G		塞 止 壓 力
R-12	16	0/−1.6	20%減　壓
R-22	19	0/−1.0	〃
NH_3	17	0/−1.7	〃
〃	19	0/−1.0	〃

表 9-8　氟氯烷、氨冷媒安全閥

口　徑	*A*	*B*	*C*	*D*	*E*	*F*	接續口徑 *G*
1/2	12	47	227.4	112.6	36	P.T.3/4	1/2
3/4	19	55	245.8	127	40	P.T.1	3/4
1	25	56	218.2	70	55	P.T.1	1
1¼	32	68	260.2	80	65	P.T.1¼	1¼
1½	38	71	288.2	90	65	P.T.1½	1½
2	53	91	343	95	76	P.T.2	2

9-11 易熔栓(Fusible Plug)

內容積未滿 1000ℓ 的冷凝器、受液器可以改用易熔栓。易熔栓之構造如圖 9-23，易熔栓採融點 75°C 以下之易熔合金製作，合金成份如表 9-9所示。

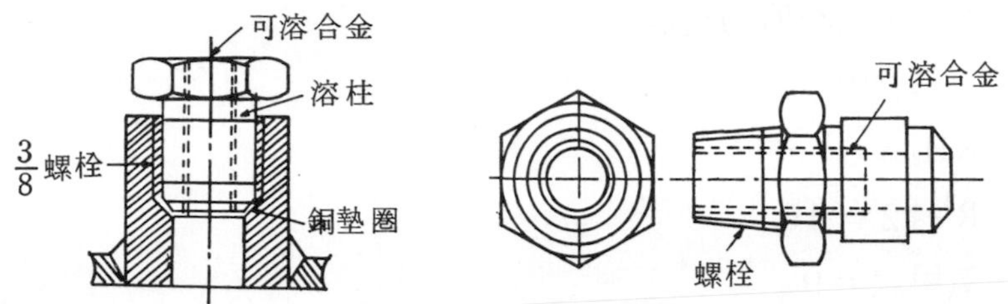

圖 9-23　溶　栓

表 9-9　可溶合金的成份

融　　點	成　份　(%)					
	Bi	Cd	Pb	Sn	Hg	
68°C(154.4°F)	50	12.5	25	12.5	—	Wood's alloy
68°C(154.4°F)	50.1	10	26.6	13.3	—	Lipowits alloy
70°C(158°F)	49.5	10.10	27.27	13.13	—	四元共晶
70°C(158°F)	45.3	12.3	17.9	24.5		
70°C(158°F)	44.5	—	30	16.5	9(5~10)	
75°C(167°F)	27.5	34.5	27.5	10	—	

火災時或其他溫度異常之情況，受液器或冷凝器受熱而使壓力激增，裝置易熔栓則溫度高至界限值自然熔化，以防止容器之破裂招致事故的發生。

易熔栓動作條件如下：

(1) 應按規定溫度產生熔解作用，但不可在規定的溫度以下有軟化的現象。

(2) 可熔合金不得混入異物，不可有與栓脫離或剝落之情形。

(3) 安裝栓所用之螺絲與栓座皆為加工精度較高者，故不可由螺絲間隙洩出氣體，螺絲部份應由界限螺絲規格加以檢查，合格者才可使用。

(4) 可熔合金栓一旦發生作用卽全量噴出。

9-12　破裂板(Rupture Disk)

破裂板又稱為安全盤，凡內容物易於造成堵塞之物，可用安全盤代替安全閥。安全盤為一薄脆的板或盤，不像安全閥之易於堵塞，而且更換容易。

但安裝時須特別注意下述各點：

⑴　由於盤之厚度，熱處理及安裝之不同，影響較大，表面不能有疵痕。

⑵　由於板薄，對腐蝕問題不容忽視。

⑶　應用抵抗性強之材料。

⑷　應確實掌握抗拉強度，降伏點，彎曲強度與破裂壓力之關係，決定更換之時間。

破裂板很少應用於冷媒循環系統，主要原因乃是冷媒系統在充填冷媒之前，都經過徹底的系統處理，管路及容器中較少可能產生易堵塞之雜物。

10-1 束縮原理(Throttling Principle)

流體經過噴嘴等狹窄通路時，順著流動方向而降低壓力，謂之束縮(throttling)，依熱力學第一定律，熱與功之關係如下式：

$$q=\left(U_1+Ah_1+\frac{A}{2g}W_1^2\right)-\left(U_2+Ah_2+\frac{A}{2g}W_2^2\right)+A\left[L+(P_1V_1-P_2V_2)\right] \quad (10\text{-}1)$$

因 $h_1 \doteqdot h_2$ 位置產生之能可以忽略不計。

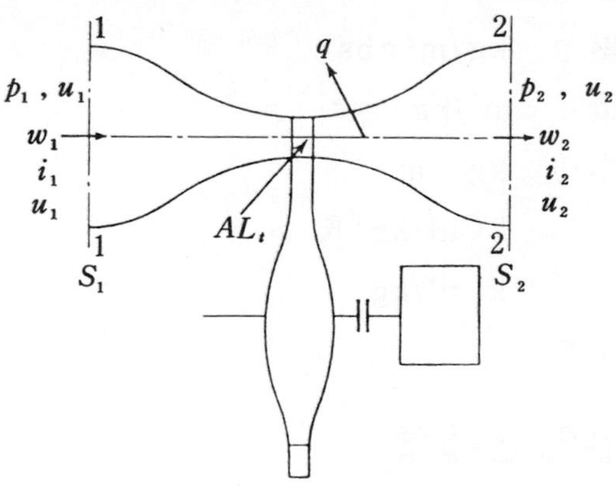

圖 10-1 束縮原理

$$q = (U_1 + AP_1V_1) - (U_2 + AP_2V_2) + \frac{A}{2g}(W_1^2 - W_2^2) + AL \tag{10-2}$$

在束縮過程因係斷熱變化 $q = 0$ ，無功之出入 $AL = 0$ 。

$$(U_1 + AP_1V_1) - (U_2 + AP_2V_2) + \frac{A}{2g}(W_1^2 - W_2^2) = 0 \tag{10-3}$$

動能在流速 40m/sec 以下，可以忽略不計。

故 $$i_1 - i_2 = 0 \tag{10-4}$$

$i_1 = i_2$ ，即在束縮過程爲等焓變化。

因束縮過程爲不可逆變化，熵值增加

$$\Delta S = S_2 - S_1 = AR\,log_e\,\frac{P_1}{P_2} > 0 \tag{10-5}$$

上列公式中

q ＝散熱或吸熱量 kCal/kg

U ＝內能　kCal/kg

h ＝高度　（m）

A ＝功熱當量＝ 1/426.8 kCal/kg-m

W ＝流速　m/sec

g ＝重力加速度 m/sec²

P ＝絕對壓力　kg/m² abs

V ＝比容積　m³/kg

L ＝外界作功　kg－m

ΔS ＝ 熵　kCal/kg °K

i ＝焓　kCal/kg

R ＝氣體常數

10-2 冷媒控制器之種類

(1) 手動膨脹閥(hand expansion valve)。

⑵ 定壓式自動膨脹閥(constant pressure automatic expansion valve)。

⑶ 溫度式自動膨脹閥(thermostatic expansion valve)。

① 內均壓式(internal equalizer type)。

② 外均壓式(external equalizer type)。

③ 響導式(pilot operating thermostatic expansion valve)。

⑷ 高壓浮子控制閥(high pressure side float valve)。

⑸ 低壓浮子控制閥(low pressure side float valve)。

⑹ 毛細管(capilary tube)。

10-3　膨脹閥的調節作用

膨脹閥的開度影響冷媒的流量，適當的開度可以使壓縮機避免濕壓縮或過熱壓縮，使蒸發器發揮最大的熱交換效果。膨脹閥之開度過大，液態冷媒無法在蒸發器內完全蒸發，壓縮機吸入之氣體有殘餘的液態冷媒，若繼續在此狀態下運轉，會造成閥片及壓縮機其他機件的破損。

如果負荷增加而膨脹閥無法適時調整，即開度過小則蒸發器內冷媒氣體的溫度超過飽和溫度，將導致壓縮機的排氣溫度激增(圖 10-2)。

10-4　膨脹閥的能力

10-4-1　通過膨脹閥噴孔之冷媒量

流經膨脹閥的冷媒與水不相同，會在壓力降下的同時，引起部份冷媒的先行蒸發，因此計算其流量時，須考慮其流量係數等特性。

$$M = 720\, C_D A \sqrt{2gS(P_1 - P_2)} \qquad (10\text{-}6)$$

M =冷媒的流量(LB/min)

C_D =流量係數

A =噴孔(orifice)的斷面積(ft^2)

g =重力加速度 $32.2\ ft/\mathrm{sec}^2$

S =閥入口冷媒密度(LB/ft^3)

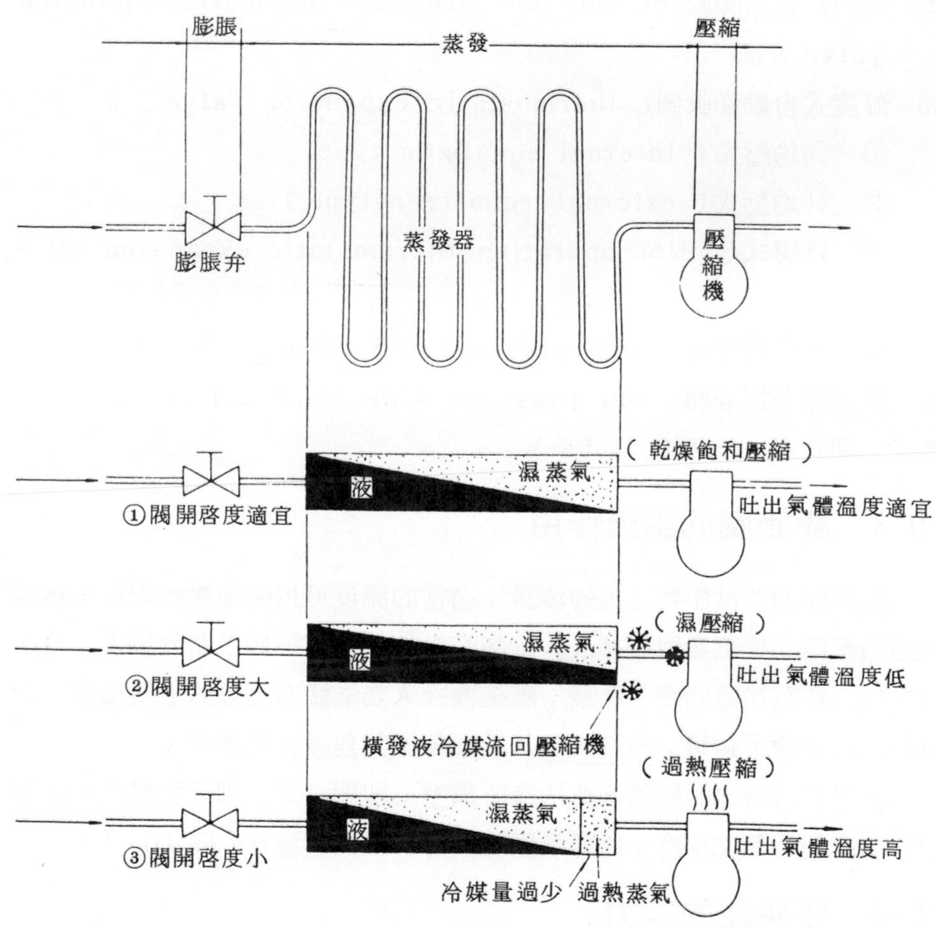

圖 10-2　膨脹閥的調節作用

P_1＝閥入口冷媒壓力（ psig ）

P_2＝閥出口冷媒壓力（ psig ）

流出係數

$$C_D = 0.0802\sqrt{\varphi_1} + 0.0396V_2 \qquad (10\text{-}7)$$

φ＝閥入口液體的密度（ LB/ft^3 ）

V_2＝閥出口濕氣比容（ ft^3/LB ）

公制單位時在一般運轉條件下

$$\text{氯甲烷}\quad M = 4660\,C_D \cdot A \cdot \sqrt{P_1 - P_2} \qquad (10\text{-}8)$$

R-12　$M=5740C_D\cdot A\cdot\sqrt{P_1-P_2}$　(10-9)

R-22　$M=5470\,C_D\cdot A\cdot\sqrt{P_1-P_2}$　(10-10)

NH_3　$M=3880\,C_D\cdot A\cdot\sqrt{P_1-P_2}$　(10-11)

式中　M＝冷媒的流量（kg/h）

A＝閥孔最小面積（cm^2）

P_1＝閥入口冷媒壓力（kg/cm^2）

P_2＝閥出口冷媒壓力（kg/cm^2）

$C_D=0.02\sqrt{\varphi_1+0.63V_2}$　(10-12)

φ_1＝閥入口冷媒液的比重（kg/m^3）

V_2＝閥出口濕冷媒比容（m^3/kg）

10-4-2　膨脹閥的公稱能力(Nominal Capacity)

以標準壓力差（膨脹閥前後的冷媒壓力差），通過的冷媒量在標準蒸發溫度下完全蒸發的冷凍容量，以冷凍噸表之，謂之膨脹閥的公稱能力。

至於膨脹閥的容量，可以查閱製造廠商的能力換算表，表 10-1～表 10-6 爲日製膨脹閥的能力換算表——實際運用時以廠商之最新資料爲準。

從以下之能力換算表，可以看出：蒸發溫度相同時，壓力差增加，冷凍容量也增大，但壓力差增大至某一界限，則冷凍容量可能反而降低。

其原因是壓力差增大至某一界限值時，蒸發器出口，單位重量的冷媒之焓差值減少，而且流經閥噴孔時，引起揮閃（flash）量較多，阻礙了流量的增加。

膨脹閥的能力表中，冷媒液體之過冷却度爲零，但實際應用上，膨脹閥入口之液冷媒溫度比冷凝溫度低（過冷却），配管及配管中間的接頭、控制閥類等都有壓力損失。

因此實際選用膨脹閥時，尚需考慮壓力降及過冷却的影響。

(1)　壓力降（pressure drop）的影響

從冷凝器至膨脹閥入口端的液管，膨脹閥出口端至蒸發器配管之壓力損失都應加以計算，而且低壓表大多裝設在壓縮機吸入口附近，表上指示的數值並非實際蒸發器之壓力，諸如此類的壓力損失都應考慮。

表 10-1 日電工業製膨脹閥的能力換算表(R-12)

蒸發溫度 °C	壓力差 kg/cm²	容量變化率 %	單位：公制冷凍噸													
	3	82.5	0.412	0.825	1.65	2.48	3.3	4.95	6.6	8.25	0.99	12.4	16.5	24.8	33.0	41.2
	4	90.5	0.452	0.905	1.81	2.72	3.62	5.42	7.25	9.05	10.85	13.6	18.1	27.2	36.2	45.2
	5	97	0.485	0.97	1.93	2.91	3.88	5.82	7.75	9.7	11.65	14.55	19.3	29.1	38.8	48.5
5	**5.6**	**100**	**0.5**	**1**	**2**	**3**	**4**	**6**	**8**	**10**	**12**	**15**	**20**	**30**	**40**	**50**
	6	102	0.51	1.02	2.04	3.06	4.08	6.12	8.16	10.2	12.24	15.3	20.4	30.6	40.8	51.0
	7	105	0.525	1.05	2.1	3.15	4.2	6.3	8.4	10.5	12.6	15.75	21.0	31.5	42.0	52.5
	8	106.5	0.535	1.065	2.13	3.2	4.25	6.4	8.52	10.65	12.8	16.0	21.3	32.0	42.6	53.5
	3	76	0.355	0.76	1.52	2.28	3.04	4.55	6.08	7.6	9.12	11.4	15.2	22.8	30.4	35.5
	4	82	0.41	0 82	1.64	2.46	3.28	4.92	6.55	8.2	9.83	12.3	16.4	24.6	32.8	41.0
	5	87.5	0.437	0.875	1.75	2.62	3.2	5.25	7.0	8.75	10.5	13.1	17.5	26.2	35.0	43.7
0	6	92	0.46	0.92	12.8	2.76	3.68	5.5	7.35	9.2	11.05	1.38	18.4	27.6	36.8	46.0
	7	94.5	0.473	0.945	41.8	2.83	3.78	5.67	7.55	9.45	11.35	14.2	18.9	28.3	37.8	47.3
	8	96	0.48	0.96	91.9	2.88	3.84	5.75	7.67	9.6	11 5	14.4	19.2	28.8	38.4	48.0
	4	73.5	.0367	0.735	1.47	2 2	2.94	4.4	9.87	7.35	8.82	11.0	14.7	22.0	29.4	36.7
	5	78	0.39	0.78	1.56	2.34	3.12	4.68	6.23	7.8	9.35	11.7	15.6	23.4	31.2	39.0
	6	82	0.41	0.82	1.64	2.46	3.28	4.91	6.55	8.2	9.85	12.3	16.4	24.6	32.8	41.0
	7	84	0.42	0.84	1.68	2 52	3.36	5.04	6.72	8.4	10.1	12.6	16.8	25.2	33.6	42.0
−5	8	85	0.425	0.85	1.7	2.55	3.4	5.1	6.8	8.5	10.2	12.75	17.0	25.5	34.0	42.5
	9	85	0.425	0.85	1.7	2.55	3.4	5.1	6.8	8.5	10.2	12.75	17.0	25.5	34.0	42.5
	10	84	0.42	0.84	1.6	2.52	3.36	5.04	6.7	8.4	10.1	12.6	16.8	25.2	33.6	42.0
	4	67	0.335	0.67	1.34	2.01	2.68	4.02	5.36	9.7	8.05	10.05	13.4	20.1	26.8	33.9
	5	71	0.335	0.71	1.42	2.13	2.84	4.25	5.68	7.1	8.5	10.65	14.2	21.3	28.4	33.5
	6	74.5	0.372	0.745	1.49	2.28	2.98	4.47	5.95	7.45	8.95	11.2	14.9	22.3	29.8	37.2
−10	7	76.5	0.382	0.765	1.53	2.29	3.06	4.58	6.12	7.65	9.17	11.5	15.3	22.9	30.6	38.2
	8	77	0.385	0.77	1.54	2.13	3.08	4.62	6.15	7.7	9.24	11.55	15.4	23.1	30.8	38.5
	9	77	0.385	0.77	1.54	2.31	3.08	4.62	6.15	7.7	9.24	11.55	15.4	23.1	30.8	38.5
	10	76.5	0.382	0.765	1.53	2.29	3.06	4.58	6.12	7.65	9.17	11.5	15.3	22.9	30.6	38.2
	4	60.5	0.302	0.605	1.21	1.81	2.42	3.62	4.84	6.05	7.25	9.07	12.1	18.1	28.2	30.2
	5	64	0.32	0.64	1.28	1.92	2.56	3.84	5.12	6.4	7.68	9.6	12.8	19.2	25.6	32.0
	6	67	0.335	0.67	1.34	2.01	2.68	4.0	5.35	6.7	8.05	10.05	13.4	20.1	26.8	33.5
−15	7	69	0.345	0.69	1.38	2.07	2.76	4.13	5.52	6.9	8.28	10.35	13.8	20.7	27.6	34.5
	8	69.5	0.348	0.695	1.39	2.08	2.78	4.17	5.56	6.95	8.35	10.4	13.9	20.8	27.8	34.8
	9	69.5	0.348	0.695	1.39	2.08	2.78	4.17	5.56	6.95	8.35	10.4	13.9	20.8	27.8	34.8
	10	68.5	0.342	0.685	1.37	2.05	2.74	4.1	5.48	6.85	8.2	10.25	13.7	20.5	27.4	34.2
	6	58	0.29	0.58	1.16	1.74	2.32	3.48	4.64	5.8	6.95	8.7	11.6	17.4	23.2	29.0
	7	60	0.3	0.6	1.2	1.8	2.4	3.6	4.8	6.0	7.2	9.0	12.0	18.0	24.0	30.0
−20	8	60	0.3	0.6	1.2	1.8	2.4	3.6	4.8	6.0	7.2	9.0	12.0	18.0	24.0	30.0
	9	59	0.295	0.59	1.18	1.77	2.36	3.54	4.77	5.9	7.08	8.85	11.8	17.7	23.6	29.5
	10	58.5	0.292	0.585	1.17	1.72	2.34	3.51	4.68	5.85	7.02	8.77	11.7	17.2	23.4	29.2
	11	57.5	0.288	0.575	1.15	1.75	2.3	3.45	4.6	5.75	6.9	8.6	11.5	17.5	23.0	28.8
	6	50	0.25	0.5	1.0	1.5	2.0	3.0	4.0	5.0	6.0	7.5	10.0	15.0	20.0	25.0
	7	51.5	0.258	0.515	1.03	1.54	2.06	3.09	4.12	5.15	6.17	7.72	10.3	15.4	20.6	25.8
−25	8	51.5	0.258	0.515	1.03	1.54	2.06	3.09	4.12	5.15	6.17	7.72	10.3	15.4	20.6	25.8
	9	50.5	0.253	0.505	1.01	1.51	2.02	3.03	4.04	5.05	6.06	7.57	10.1	15.1	20.2	25.3
	10	50	0.25	0.5	1.0	1.5	2.0	3.0	4.0	5.0	6.0	7.5	10.0	15.0	20.0	25.0
	11	49.5	0.248	0.495	0.99	1.48	1.98	2.97	3.96	4.95	5.94	7.42	9.9	14.8	19.8	24.8

表 10-2　日電工業製膨脹閥能力換算表（R-22）

蒸發溫度 °C	壓力差 kg/cm²	容量變化率 %	單位：公制冷凍噸													
	6	93.5	0.7	1.4	2.8	4.2	5.6	8.4	11.2	14.0	16.8	20.6	28.0	42.0	56.0	70.0
	7	96.5	0.72	1.45	2.9	4.35	5.8	8.7	11.6	14.5	17.4	21.2	29.0	43.5	58.0	72.5
5	8	98	0.73	1.47	2.94	4.4	5.87	8.8	11.8	14.7	17.6	22.6	29.4	44.0	58.7	73.5
	9	**100**	**0.75**	**1.5**	**3**	**4.5**	**6**	**9**	**12**	**15**	**18**	**22**	**30**	**45**	**60**	**75**
	10	01.5	0.76	1.52	3.05	4.57	6.1	9.15	12.2	15.2	18.3	22.4	30.5	45.7	61.0	76.0
	6	88	0.66	1.32	2.64	3.96	5.27	7.9	10.5	13.2	15.8	19.3	26.4	39.6	52.7	66.0
	7	90.5	0.68	1.36	2.72	4.07	5.42	8.05	10.8	13.6	16.3	19.9	27.2	40.7	54.2	68.0
0	8	92.5	0.695	1.39	2.78	4.16	5.55	8.32	11.1	13.9	16.6	20.4	27.8	41.6	55.5	69.5
	9	93.5	0.7	1.4	2.8	4.2	5.6	8.4	11.2	14.0	16.8	20.6	28.0	42.0	56.0	70.0
	10	94.5	0.71	1.42	2.84	4.25	5.65	8.5	11.3	14.2	17.0	20.8	28.4	42.5	56.5	71.0
	6	82.5	0.62	1.24	2.48	3.7	4.95	7.4	9.9	12.4	14.8	18.1	24.8	37.0	49.5	2.06
	7	84.5	0.635	1.27	2.54	3.8	5.06	7.6	10.1	12.7	15.4	18.6	25.4	38.0	90.6	3.56
−5	8	86	0.645	1.29	2.58	3.87	5.15	7.75	10.3	12.9	15.5	18.9	25.8	38.7	51.5	4.56
	9	87.5	0.655	1.31	2.62	3.94	5.25	7.87	10.5	13.1	15.7	19.2	26.2	39.4	52.5	5.56
	10	88.5	0.665	1.33	2.66	3.98	5.3	7.95	10.6	13.3	15.9	19.5	26.6	39.8	3.05	6.56
	11	89.5	0.67	1.34	2.68	4.02	5.37	8.05	10.7	13.4	16.1	29.7	26.8	40.2	3.76	7.0
	6	77	0.577	1.15	2.31	3.46	4.6	6.95	9.25	11.5	13.8	16.9	23.1	34.6	46.0	57.7
	7	79	0.592	1.18	2.37	3.5	4.73	7.1	9.5	11.8	14.2	17.4	23.7	35.5	47.3	59.2
−10	8	80.5	0.605	1.21	2.42	3.62	4.82	7.25	9.65	12.1	14.5	17.7	24.2	36.2	48.2	60.5
	9	82	0.615	1.23	2.46	3.68	4.91	7.37	9.85	12.3	14.7	18.0	24.6	36.8	49.1	61.5
	10	83	0.622	1.24	2.49	3.74	4.98	7.45	9.95	12.4	149.	18.5	24.9	37.4	49.8	62.2
	11	83.5	0.625	1.25	2.51	3.76	5.01	7.5	10.0	12.5	15.0	18.7	25.1	37.6	50.1	62.5
	6	72	0.54	1.08	2.16	3.24	4.32	6.48	8.65	10.8	12.9	15.8	21.6	32.4	43.2	54.0
	7	73.5	0.55	1.1	2.2	3.3	4.41	6.61	8.8	11.0	13.2	16.1	22.0	33.0	44.1	55.0
	8	74.5	0.56	1.12	2.24	3.35	4.47	6.7	8.95	11.2	13.4	16.4	22.4	33.5	44.7	56.0
−15	9	75.5	0.565	1.13	2.26	3.4	4.53	6.8	9.05	11.3	13.6	16.6	22.6	34.0	45.3	56.5
	10	76.5	0.573	1.14	2.29	3.44	4.59	6.9	9.2	11.4	13.7	16.8	22.9	34.4	45.9	57.3
	11	77	0.577	1.15	2.3	3.46	4.62	6.95	9.25	11.5	13.8	16.9	23.0	34.6	46.2	57.7
	7	66	0.495	0.99	1.98	2.97	3.96	5.94	7.92	9.9	11.9	14.5	19.8	29.7	39.6	49.5
	8	67.5	0.503	1.01	2.02	3.04	4.05	6.07	8.1	10.1	12.1	14.8	20.2	30.4	40.5	50.5
	9	68	0.51	1.02	2.04	3.06	4.08	6.11	8.15	10.2	12.2	14.9	20.4	30.6	40.8	51.0
−20	10	69	0.517	1.03	2.07	3.10	4.14	6.2	8.28	10.3	12.4	15.1	20.7	31.0	41.4	51.7
	11	69.5	0.52	1.04	2.08	3.13	4.17	6.25	8.35	10.4	12.5	15.3	20.8	31.3	41.7	52.0
	12	70.5	0.528	1.06	2.11	3.17	4.23	6.35	8.45	10.6	12.7	15.5	21.1	31.7	42.3	52.8
	13	71	0.532	1.07	2.13	3.20	4.26	6.4	8.52	10.7	12.8	15.6	21.3	32.0	42.6	53.2
	7	59	0.442	0.885	1.77	2.65	3.54	5.3	7.1	8.85	10.6	13.0	17.7	26.5	35.4	44.2
	8	60	0.45	0.9	1.8	2.7	3.6	5.4	7.2	9.0	10.8	13.2	18.0	27.0	36.0	45.0
	9	61	0.457	0.915	1.83	2.74	3.66	5.49	7.3	9.15	11.0	13.4	18.3	27.4	36.6	45.7
−25	10	61.5	0.461	0.92	1.84	2.76	3.69	5.52	7.38	9.2	11.1	13.5	18.4	27.6	36.9	46.1
	11	62	0.465	0.93	1.86	2.79	3.72	5.58	7.45	9.3	11.2	13.6	18.6	27.9	37.2	46.5
	12	63	0.472	0.945	1.89	2.84	3.78	5.66	7.55	9.45	11.3	13.8	18.9	28.4	37.8	47.2
	13	64	0.48	0.96	1.92	2.88	3.84	5.75	7.68	9.6	11.5	14.0	19.2	28.8	38.4	48.0
	7	54	0.405	0.81	1.62	2.43	3.24	4.85	7.48	8.1	9.7	12.4	16.2	24.3	32.4	40.5
	8	54.5	0.408	0.816	1.63	2.45	3.27	4.9	6.54	8.16	9.8	12.5	16.3	24.5	32.7	40.8
	9	55	0.412	0.825	1.65	2.48	3.3	4.95	6.6	8.25	9.9	12.6	16.5	24.8	33.0	41.2
−30	10	56	0.42	0.84	1.68	2.52	3.36	5.05	6.72	8.4	10.1	12.9	16.8	25.2	33.6	42.0
	11	56.5	0.424	0.847	1.69	2.54	3.39	5.08	6.78	8.47	10.15	13.0	16.9	25.4	33.9	42.4
	12	57	0.427	0.855	1.71	2.56	3.42	5.13	6.85	8.55	10.25	13.1	17.1	25.6	34.2	42.7
	13	58	0.435	0.87	1.74	2.61	3.48	5.22	6.95	8.7	10.4	13.3	17.4	26.1	34.8	43.3

表 10-3　sporlan 溫度式膨脹閥能力表（R-12 用）

弁入口冷媒無過冷却
能力單位：美制冷凍噸

公稱能力	弁口徑 (in)	蒸發溫度 °F (°C) 40° (4.4°) 壓力差 lb/in² (kg/cm²) 40 (2.8)	60 (4.2)	80 (5.6)	100 (7.0)	120 (8.5)	140 (10)	20° (−6.7°) 60 (4.2)	80 (5.6)	100 (7.0)	120 (8.5)	140 (10)	5° (−15°) 60 (4.2)	80 (5.6)	100 (7.0)	120 (8.5)	140 (10)
1/2	1/16	0.44	**0.50**	0.55	0.57	0.58	0.57	0.45	0.49	0.51	0.52	0.51	0.40	0.44	0.45	0.46	0.45
1	7/64	0.90	**1.00**	1.10	1.15	1.15	1.15	0.89	0.96	1.00	1.00	1.00	0.78	0.85	0.88	0.89	0.87
2	1/8	1.70	**2.00**	2.20	2.25	2.30	2.25	1.45	1.60	1.65	1.65	1.65	1.25	1.35	1.40	1.40	1.35
2½	5/32	2.20	**2.50**	2.75	2.85	2.90	2.85	1.85	2.00	2.05	2.10	2.05	1.55	1.65	1.70	1.75	1.70
3	209	2.65	**3.0**	3.2	3.4	3.5	3.4	2.20	2.40	2.50	2.50	2.50	1.85	2.00	2.05	2.10	2.05
5	7/32	4.5	**5.0**	5.5	5.8	5.9	5.8	3.1	3.3	3.5	3.5	3.5	2.65	2.85	2.95	2.95	2.90
7½	1/4	6.70	**7.5**	8.2	8.5	8.7	8.5	4.9	5.4	5.6	5.6	5.5	4.3	4.7	4.8	4.9	4.8
11	9/32	9.8	**11.0**	12.0	12.5	12.7	12.5	7.2	7.8	8.1	8.2	8.1	6.2	6.7	6.9	7.0	6.9
15	5/16	13.4	**15.0**	16.4	17.1	17.4	17.0	11.4	12 4	12.9	13.0	12.9	8.0	8.7	9.0	9.1	9.0
20	3/8	17.7	**20.0**	22.0	23.0	23.0	23.0	15.3	16.6	17.3	17.4	17.2	14.5	15.6	16.2	16.3	16.1
25	7/16	22.0	**25.0**	27.0	28.5	29.0	28.5	18.2	19.6	20.5	21.0	20.5	17.0	18.5	19.2	19.3	19.0
35	—	31.0	**35.0**	38.0	40.0	40.5	40.0	31.0	33.5	35.0	35.5	35.0	26.0	28.5	29.5	29.5	29.0
45	—	40.0	**45.0**	49.0	51.0	52.0	51.0	40.0	43.0	45.0	45.5	45.0	84.0	36.5	38.0	38.0	37.0
55	—	48.0	**55.0**	60.0	63.0	64.0	63.0	49.0	50.0	52.0	52.0	51.0	38.0	41.0	43.0	43.0	42.0
80	—	71.0	**80.0**	87.0	91.0	92.0	91.0										
110	—	97.0	**11.0**	120.0	125.0	127.0	125.0										

公稱能力	弁口徑 in	蒸發溫度 °F (°C) −10° (−23°) 壓力差 lb/in² (kg/cm²) 80 (5.6)	100 (7.0)	120 (8.5)	140 (11.5)	160 (11.5)	−20° (−29°) 80 (5.6)	100 (7.0)	120 (8.5)	140 (10)	160 (11.5)	−40° (−40°) 80 (5.6)	100 (7.0)	120 (8.5)	140 (10)	160 (11.5)
1/2	1/16	0.36	0.37	0.37	0.37	0.36	0.35	0.36	0.36	0.35	0.35	0.25	0.26	0.26	0.25	0.25
1	7/64	0.69	0.71	0.71	0.70	0.69	0.65	0.67	0.67	0.65	0.64	0.45	0.46	0.45	0.44	0.44
2	1/8	1.00	1.05	1.05	1.00	1.00	0.93	0.95	0.95	0.94	0.92	0.92	0.94	0.94	0.92	0.90
2½	5/32	1.25	1.25	1.30	1.30	1.25	1.10	1.15	1.15	1.10	1.10	1.10	1.15	1.15	1.10	1.10
3	209	1.45	1.50	1.50	1.50	1.45	1.35	1.40	1.40	1.35	1.35	1.30	1.35	1.35	1.30	1.30
5	7/32	2.10	2.15	2.15	2.10	2.10	1.90	1.95	1.95	1.90	1.90	1.85	1.90	1.90	1.85	3.0
7½	1/4	3.5	3.6	3.6	3.5	3.4	3.2	3.3	3.3	3.2	3.1	3.1	3.2	3.2	3.1	4.2
11	9/32	4.9	5.2	5.2	5.1	4.9	4.4	4.6	4.6	4.5	4.4	4.3	4.3	4.4	4.3	6.4
15	5/16	7.8	7.9	8.0	7.8	7.6	7.2	7.5	7.5	7.4	7.9	6.5	6.6	6.6	6.5	8.6
20	3/8	10.5	10.7	10.8	10.6	10.5	9.90	10.2	10.2	9.9	2.6	8.7	8.9	8.9	8.7	9.8
25	7/16	11.9	12.3	12.4	12.2	11.9	11.2	11.6	11.6	11.4	11.1	10.0	10.2	10.2	10.0	

過冷却時能力增加率

過冷却 °F(°C)	15° (8.5°)	20° (11°)	30° (17°)	40° (22°)	50° (28°)
能力增加率	1.14	1.17	1.24	1.31	1.37

表 10-4 sporlan 溫度式膨脹閥能力表（R-22 用）

弁入口冷媒無過冷却
能力單位：美制冷凍噸

公稱能力	弁口徑 in	蒸發溫度 °F (°C) 40° (4.4°) 壓力差 lb/in² (kg/cm²) 60 (4.2)	80 (5.6)	100 (7.0)	120 (8.5)	140 (10)	160 (11.5)	20° (−6.7°) 80 (5.6)	100 (7.0)	120 (8.5)	140 (10)	160 (11.5)	5° (−15°) 80 (5.6)	100 (7.0)	120 (8.5)	140 (10)	160 (11.5)
1/2	1½	0.43	0.48	9.50	0.51	0.52	0.53	0.47	0.48	0.49	0.50	0.51	0.45	0.47	0.48	0.49	0.49
1	/16	0.78	0.87	0.90	0.92	0.94	0.96	0.80	0.83	0.85	0.87	0.88	0.78	0.80	0.82	0.83	0.84
1½	7/64	1.80	1.45	1.50	1.55	1.55	1.60	1.35	1.40	1.40	1.45	1.45	1.25	1.30	1.35	1.35	1.40
2	5/32	1.75	1.90	2.6	2.05	2.05	2.12	1.80	1.85	1.85	1.90	1.90	1.65	1.75	1.80	1.80	1.85
3	1/8	2.60	2.90	3.0	3.1	3.2	3.2	2.35	2.45	2.50	2.55	2.60	2.00	2.10	2.10	2.15	2.20
4	5/32	3.4	3.8	4.0	4.1	4.2	4.2	3.1	3.3	3.8	3.4	3.4	2.65	2.75	2.80	2.85	2.90
5	209	4.3	4.8	5.0	5.1	5.2	5.3	4.0	4.2	4.3	4.3	4.4	3.5	3.6	3.7	3.7	3.8
8	7/32	6.9	7.7	8.0	8.2	8.4	8.6	6.2	6.4	6.5	6.7	6.8	5.2	5.4	5.5	5.6	5.7
12	1/4	10.5	11.6	12.0	12.3	12.6	12.9	9.5	9.8	10.1	10.3	10.5	8.2	8.4	8.6	8.8	8.9
18	9/32	15.6	17.4	18.0	18.5	18.9	19.3	14.1	14.5	14.8	15.2	15.5	12.0	12.4	12.6	12.8	13.0
21	11/32	18.2	20.0	21.0	21.5	22.0	22.5	19.0	19.5	20.0	20.5	21.0	17.8	18.4	18.8	19.2	19.5
26	5/16	22.5	25.0	26.0	26.5	27.0	28.0	23.5	24.5	25.0	25.5	26.0	22.0	23.0	23.0	23.5	24.0
34	3/8	29.5	3304	34.0	35.0	36.0	37.0	30.5	32.0	33.0	33.5	34.0	29.0	29.5	30.0	30.5	31.0
42	7/16	36.0	10.5	42.0	43.0	44.0	45.0	37.0	39.0	40.0	40.5	41.0	34.5	36.0	37.0	37.5	38.0
52	—	46.0	50.0	52.0	53.0	54.0	55.0	44.0	45.0	46.0	47.0	48.0	41.0	42.0	43.0	44.0	45.0
70	—	61.0	67.0	70.0	72.0	73.0	74.0	59.0	60.0	62.0	63.0	65.0	55.0	57.0	58.0	59.0	60.0
100	—	87.0	76.0	100.0	102.0	104.0	107.0	81.0	83.0	85.0	88.0	89.0	72.0	74.0	77.0	78.0	79.0
135	—	117.0	130.0	135.0	138.0	141.0	144.0										
180	—	158.0	174.0	180.0	184.0	188.0	192.0										

公稱能力	弁口徑 (in)	蒸發溫度 °F (°C) −10° (−23°) 壓力差 lb/in² (kg/cm²) 100 (7.0)	120 (8.5)	140 (10)	160 (11.5)	180 (13)	−20° (−19°) 100 (7.5)	120 (8.5)	140 (10)	160 (11.5)	180 (13)	−40° (−40°) 120 (8.5)	140 (10)	160 (11.5)	180 (13)	200 (14)
1/2	1/32	0.41	0.42	0.43	0.44	0.45	0.38	0.39	0.40	0.40	0.41	0.25	0.26	0.26	0.26	0.27
1	1/16	0.69	0.71	0.72	0.73	0.74	0.63	0.64	0.65	0.66	0.67	0.40	0.40	0.41	0.41	0.42
1½	7/64	1.10	1.15	1.15	1.20	1.20	1.00	1.05	1.05	1.10	1.10	0.64	0.65	0.66	0.66	0.67
2	5/32	1.45	1.55	1.55	1.60	1.60	1.35	1.40	1.40	1.45	1.45	0.85	0.85	0.90	0.90	0.90
3	1/8	1.85	1.90	1.90	1.95	1.95	1.65	1.65	1.70	1.70	1.75	1.20	1.20	1.25	1.25	1.25
4	5/32	2.40	2.45	2.50	2.55	2.55	2.10	2.15	2.20	2.20	2.25	1.55	1.55	1.55	1.60	1.60
5	209	3.2	3.3	3.3	3.4	3.4	2.85	2.90	3.95	3.0	3.0	2.15	2.20	2.20	2.25	2.25
8	7/32	4.4	4.5	4.6	4.7	4.7	4.0	4.1	4.2	4.2	4.3	2.55	2.60	2.60	2.65	2.65
12	1/4	7.0	7.1	7.2	7.3	7.4	6.4	6.5	6.6	6.7	6.8	3.9	4.0	4.1	4.1	4.1
18	9/32	10.2	10.4	10.6	10.8	10.9	9.4	9.7	9.8	9.9	10.0	6.0	6.1	6.2	6.3	6.4
21	11/32	14.9	15.2	15.5	15.7	15.9	13.3	13.6	13.8	14.0	14.2	12.2	12.4	12.6	12.7	12.8
26	5/16	18.5	18.8	19.1	19.3	19.5	16.6	16.8	17.1	17.3	17.6	15.1	15.3	15.1	15.6	15.7
34	3/8	24.0	24.5	25.0	25.5	26.0	21.5	22.0	22.5	23.0	23.0	19.5	20.0	20.0	20.5	20.5
42	7/16	28.0	28.5	29.0	29.5	30.0	25.0	25.5	26.0	26.5	27.0	23.0	23.0	23.5	23.5	24.0

過冷却時能力增加率

過冷却 °F (°C)	15° (8.5°)	20° (11°)	30° (17°)	40° (22°)	50° (28°)
能力增加率	1.14	1.17	1.24	1.31	1.37

表 10-5 sporlan 溫度式膨脹閥能力表(R-500 用)

弁入口冷媒無過冷却

能力單位:美制冷凍噸

公稱能力	弁口徑 (in)	蒸發溫度 °F (°C) 40° (4.4°) 壓力差 lb/in² (kg/cm²)						20° (−6.7°)					5° (−15°)				
		40 (2.8)	60 (4.2)	80 (5.6)	100 (7.0)	120 (8.5)	140 (10)	60 (4.2)	80 (5.6)	100 (7.0)	120 (8.5)	140 (10)	60 (4.2)	80 (5.6)	100 (7.0)	120 (8.5)	140 (10)
1/2	1/16	0.53	**0.60**	0.66	0.68	0.70	0.69	0.54	0.59	0.61	0.62	0.61	0.48	0.53	0.54	0.55	0.54
1	7/64	1.10	**1.2.**	1.30	1.35	1.40	1.40	1.05	1.15	1.20	1.20	1.20	0.94	1.00	1.05	1.05	1.05
2½	1/8	2.10	**2.20**	2.75	2.80	2.85	2.80	1.80	2.00	2.05	2.05	2.05	1.55	1.70	1.75	1.75	1.70
3	5/32	2.65	**3.0**	3.3	3.4	3.5	3.4	2.20	2.40	2.45	2.50	2.45	1.85	2.00	2.05	2.10	2.05
3½	209	3.1	**3.5**	3.7	4.0	4.1	4.0	2.55	2.80	2.90	2.90	2.90	2.15	2.35	2.40	2.45	2.40
6	7/32	5.4	**6.0**	6.6	7.0	7.1	7.0	3.7	4.0	4.2	4.2	4.2	3.2	3.4	3.6	3.6	3.5
9	1/4	8.0	**9.0**	9.8	10.2	10.4	10.2	6.0	6.5	6.7	6.7	6.6	5.2	5.6	5.8	5.9	5.8
13	9/32	11.5	**13.0**	14.2	14.8	15.0	14.8	8.5	9.2	9.6	9.7	9.6	7.3	7.9	8.2	8.3	8.2
18	5/16	16.1	**18.0**	19.7	20.5	21.0	20.5	13.7	14.9	15.5	15.6	15.5	9.6	10.4	10.8	10.9	10.8
25	3/8	22.0	**25.0**	27.5	28.5	28.5	28.5	19.1	20.5	21.5	21.5	21.5	18.1	19.5	20.0	20.5	20.0
30	7/16	26.5	**30.0**	32.5	34.0	35.0	34.5	22.0	23.5	24.5	25.0	24.5	20.5	22.0	23.0	23.0	22.5
40	—	35.5	**40.0**	43.0	45.5	46.0	45.5	35.0	38.0	40.0	40.5	40.0	29.5	32.5	33.5	33.5	33.0
55	—	49.0	**55.0**	60.0	62.0	63.0	62.0	49.0	52.0	55.0	56.0	55.0	41.5	44.5	46.5	46.5	45.0
65	—	57.0	**65.0**	71.0	74.0	75.0	74.0	54.0	59.0	61.0	61.0	60.0	45.0	48.5	51.0	51.0	49.5
95	—	84.0	**95.0**	103.0	108.0	109.0	108										
130	—	115.0	**130.0**	142.0	148.0	150.0	148.0										

公稱能力	弁口徑 (in)	蒸發溫度 °F (°C) −10° (−23°) 壓力差 lb/in² (kg/cm²)					−20° (−29°)					−40° (−40°)				
		80 (5.6)	100 (7.0)	120 (8.5)	140 (10)	160 (11)	80 (5.6)	100 (7.0)	120 (8.5)	140 (10)	160 (11)	80 (5.6)	100 (7.0)	120 (8.5)	140 (10)	160 (11)
1/2	1/16	0.43	0.44	0.44	0.44	0.43	0.42	0.43	0.43	0.42	0.42	0.30	0.31	0.31	0.30	0.30
1	7/64	0.83	0.85	0.85	0.84	0.83	0.78	0.80	0.80	0.78	0.77	0.54	0.55	0.54	0.53	0.53
2½	1/8	1.25	1.30	1.30	1.25	1.25	1.15	1.20	1.20	1.15	1.15	1.15	1.15	1.15	1.15	01.10
3	5/32	1.45	1.50	1.55	1.55	1.50	1.30	1.35	1.35	1.30	1.30	1.30	1.35	1.35	1.30	1.50
3½	209	1.70	1.75	1.75	1.75	1.70	1.55	1.65	1.65	1.60	1.65	1.50	1.55	1.55	1.50	1.30
6	7/32	2.50	2.60	2.60	2.50	2.50	2.30	2.35	2.35	2.30	2.30	2.20	2.30	2.30	2.20	2.15
9	1/4	4.2	4.3	4.3	4.2	4.1	3.8	3.9	3.9	3.8	3.7	3.7	3.8	3.8	3.7	3.6
13	9/32	5.9	6.1	6.1	6.0	5.8	5.2	5.4	5.4	5.3	5.2	5.1	5.2	5.2	5.1	5.0
18	5/16	9.3	9.5	9.6	9.4	9.2	8.6	9.0	9.0	8.9	8.6	7.8	7.9	7.9	7.8	7.7
25	3/8	13.1	13.4	13.5	13.3	13.1	12.4	12.7	12.7	12.4	12.0	10.9	11.1	11.1	10.9	10.7
30	7/16	14.3	14.7	14.9	14.6	14.3	13.4	13.9	13.9	13.7	13.3	12.0	12.2	12.2	12.0	11.8

過冷却能力增加率

過冷却 F (°C)	15° (8.5°)	20° (11°)	30° (17°)	40° (22°)	50° (28°)
能力增加率	1.14	1.17	1.24	1.31	1.37

表 10-6　sporlan 溫度式膨脹閥能力表（NH_3 用）

弁入口冷媒過冷却 10°F

能力單位：美制冷凍噸

公稱能力	弁口徑 (in)	出口徑 (in)	蒸發溫度 °F (°C) 40° (4.4°) 壓力差 lb/in² (kg/cm²) 8.0 (5.6)	100 (7.0)	120 (8.5)	140 (10)	20° (−6.7°) 100 (7.0)	120 (8.5)	140 (10)	160 (11.5)	5° (−15°) 100 (7.0)	120 (8.5)	140 (10)	160 (11.5)
1	1/16	1/32	0.95	1.05	1.15	1.20	1.00	1.05	1.10	1.15	0.88	0.94	**1.00**	1.05
2	1/16	1/16	2.75	3.0	3.2	3.4	2.20	2.35	2.50	2.60	1.75	1.90	**2.00**	2.10
5	7/64	5/64	6.31	6.8	7.3	7.7	5.31	5.7	6.0	6.3	4.5	4.7	**5.0**	5.2
10	3/16	5/76	1.3	12.4	13.2	14.2	0.0	11.0	11.5	12.0	8.9	9.5	**10.0**	10.5
15	3/16	4/32	19.5	21.5	23.0	24.0	15.7	16.8	17 7	18.6	13.3	14.1	**15.0**	15.8
20	5/16	1/8	18.5	20.0	21.5	22.5	18.9	20.5	21.5	22.5	17.8	190.	**20.0**	21.0
30	5/16	5/32	31.0	34.0	36.0	38.0	30.0	32.0	34.0	35.5	26.5	28.5	**30.0**	31.5
50	3/8	3/16	44.0	48.0	51.0	54.0	47.0	50.0	53.0	5.0	44.0	47.0	**50.0**	52.0
75	3/8	—	77.0	84.0	90.0	95.0	75.0	80.0	85.0	89.0	66.0	71.0	**75.0**	78.0
100	7/16	—	109.0	119.0	127.0	134.	102.0	109.0	115.0	112.0	89.0	95.0	**100.0**	105.0

公稱能力	弁口徑 (in)	出口徑 (in)	蒸發溫度 °F (°C) −10° (−23°) 壓力差 lb/in² (kg/cm²) 120 (8.5)	140 (10)	160 (11.5)	180 (13)	−20° (−29°) 120 (8.5)	140 (10)	160 (11.5)	180 (13)	−30° (−34°) 120 (8.5)	140 (160)	160 (11.5)	180 (13)
1	1/16	1/32	0.63	0.67	0.71	0.74	0.55	0.58	0.61	0.64	0.48	0.51	0.54	0.56
2	1/16	1/16	1.10	1.15	1.20	1.30	0.95	1.00	1.05	1.10	0.83	0.88	0.92	0.97
5	7/64	5/64	2.55	2.70	2.90	3.1	2.05	2.20	2.30	2.40	1.75	1.88	2.00	2.10
10	3/16	7/64	5.4	5.7	6.0	6.3	4.5	4.8	5.1	5.3	3.9	4.2	4.4	4.6
15	3/16	5/32	7.4	7.9	8.3	8.7	6.3	6.7	7.0	7.4	5.3	5.7	6.0	6.3
20	5/16	1/8	17.0	18.1	19.0	19.9	15.1	16.1	16.9	17.8	12.6	13.6	14.2	14.8
30	5/16	5/32	24.0	25.5	26.5	27.5	20.0	21.5	23.0	24.0	16.3	17.5	18.5	19.4
50	3/8	3/16	43.0	46.0	48.0	50.0	38.5	41.0	4 .0	45.0	32.5	34.5	36.3	38.0
75	3/8	—	57.0	61.0	64.0	67.0	46.0	49.0	52.0	54.0	37.3	39.5	41.5	43.5
100	7/16	—	78.0	83.0	88.0	92.0	68.0	72.0	76.0	79.0	54.0	58.0	61.0	63.0

過冷却能力增加率

過冷却°F(°C)	0°	5° (3°)	10° (5.5°)	15° (8.5°)	20° (11°)	30° (17°)	40° (22°)	50° (28°)
能力增加率	0.68	0.84	1.00	1.12	1.23	1.39	1.48	1.56

表 10-7　配管閥接頭的壓力損失（等值長度m）

配管尺寸												
	外徑基準銅管 ( )內mm	1/2 (13)	5/8 (16)	7/8 (22)	1−1/8 (29)	1−3/8 (35)	1−5/8 (41)	2−1/8 (54)	2−5/8 (67)	3−1/8 (80)	3−5/8 (92)	4−1/8 (105)
	內徑基準鋼管	3/8	1/2	3/4	1	1−1/4	1−1/2	2	2−1/2	3	3−1/2	4
球形閥（開放）		4.3	4.9	6.7	8.5	11.0	12.8	17.2	21.0	25.5	30.4	36.0
閘門閥（開放）		2.1	2.8	3.7	4.6	5.5	6.4	8.5	10.4	12.8	15.0	17.2
標準彎頭		0.3	0.6	0.6	0.9	1.2	1.2	1.5	2.1	2.4	3.1	3.7
標準T接頭		0.9	1.2	1.5	1.8	2.4	2.7	3.7	4.3	5.2	6.1	6.7

本表可適用於任一冷媒

表 10-8 直立液管每10米之壓力損失(kg/cm²)

凝縮溫度 °C	R-12	R-22	R-500	NH_3
30	1.29	1.18	1.14	0.60
38	1.26	1.14	1.13	0.58
45	1.23	1.11	1.08	0.57
50	1.21	1.10	1.06	0.56

可適用於任一冷媒

表 10-9 R-12液管壓力損失對應之冷媒最大冷凍能力(美制冷凍噸)

液管尺寸		每長30m之壓力損失(kg/cm²)						
外徑基準銅管(mm)	內徑基準鋼管	0.05	0.1	0.2	0.3	0.5	0.8	1.0
3/8 (9.5)		0.40	0.58	0.87	1.10	1.45	1.90	2.20
1/2 (12.7)	3/8	1.25	1.85	2.70	3.40	4.50	6.0	6.8
5/8 (16)	1/2	2.3	3.4	5.0	6.3	8.5	11	13
7/8 (22)	3/4	4.6	6.8	10	13	17	23	25
1-1/8(29)	1	9.5	14	21	26	36	47	52
1-3/8(35)	1-1/4	16	24	35	44	58	76	88
1-5/8(40)	1-1/2	26	38	56	70	95	125	140
	2	52	76	112	143	190	250	280

表10-10 R-22液管壓力損失對應之冷媒最大冷凍能力(美制冷凍噸)

液管直徑		每長30m之壓力損失(kg/cm²)						
外徑基準銅管(mm)	內徑基準鋼管	0.05	0.1	0.2	0.3	0.5	0.8	1.0
3/8 (9.5)		0.52	0.76	1.10	1.40	1.80	2.3	2.6
1/2 (12.7)	3/8	1.7	2.5	3.6	4.5	5.8	7.5	8.5
5/8 (16)	1/2	3.2	4.7	6.7	8.4	11	14	16
7/8 (22)	3/4	6.5	9.5	14	17	23	29	33
1-1/8(29)	1	13	19	27	35	45	58	66
1-3/8(35)	1-1/4	22	32	47	58	76	98	110
1-5/8(40)	1-1/2	37	54	78	96	130	165	185
	2	75	105	155	195	260	330	380

壓力降的概算值可以查表10-7、表10-8、表10-9、表10-10。

⑵ 過冷却的影響

前述膨脹閥能力的標準值,是以過冷却零度爲基準,但在實際應用上從冷凝器至膨脹閥都有壓力損失,若無過冷却則膨脹閥入口的液冷媒中有部份冷媒產生揮閃(flash)而顯著降低膨脹閥冷凍容量。

表10-11爲flash時能力的減低率。表10-12爲避免flash應有的過冷却度。

表 10-11　因液管壓力損失產生之 flash gas 導致膨脹閥能力減低率

冷　　媒	液管壓力損失（ kg/cm^2 ）						
	0.5	1	1.5	2	2.5	3	3.5
R-12：R-500	0.75 0.90	0.65 0.75	0.55 0.70	0.45 0.60	0.40 0.57	0.35 0.53	0.30 0.50

表 10-12　克服液管壓力損失所需過冷却度（ °C ）（冷凝溫度 38°C ）

冷　媒	液管壓力損失（ kg/cm^2 ）						
	0.5	1	1.5	2	2.5	3	3.5
R-12	2.5	4.5	7	9.5	12	15	18.5
R-22	1.5	3	4.5	6	7.5	9	10.5
R-500	2	4	6	8	10	12.5	15
NH_3	1.5	3	4	5.5	6.5	8	9.5

【例 1】依下列設計條件，選用適當容量的恒溫式自動膨脹閥

(a) 冷媒 R-12。

(b) 所需冷凍噸＝12 USRT　。

(c) 蒸發溫度 5°C，飽和壓力 $2.7kg/cm^2\,G$　。

(d) 冷凝溫度 45°C，冷凝壓力 $10kg/cm^2\,G$。

(e) 液管。

ⓐ 管徑 22mm，銅管全長 15m

ⓑ 上昇管長 3 m

ⓒ 90°彎頭 5 只

ⓓ 冷凝器出口直角出液閥 1 只

ⓔ 乾燥過濾器 1 只

ⓕ 止閥　　　2 只

ⓖ 電磁閥　　1 只

(f) 蒸發器：每一回路之壓力降 $0.2kg/cm^2\,G$　。

(g) 分流管：6 mmϕ 銅管× 18 支，壓力降 $1.8kg/cm^2$　。

(h) 吸入管：

ⓐ 鋼管 2½″， 全長 12m

ⓑ 90°彎頭　　　7只

ⓒ 壓縮機入口球形閥1只

【解】先計算冷凝器至膨脹閥的壓力降

(a) 液管外徑22mm，容量12 USRT，查表10-9，長30 m時壓力降為0.3kg/cm²，故15m長度之壓力降為

$0.3\times 15/30=0.15\text{kg/cm}^2$

(b) 查表10-8，每10m之壓力降為1.23，故長度3 m時之壓力降為

$1.23\times 3/10=0.37\text{kg/cm}^2$

(c) 查表10-7，直徑22mm之90°彎頭每只等值長度為0.6m，5只共3m，故90°彎頭之壓力降為

$$0.3\times\frac{3.0}{30}=0.03\text{ kg/cm}^2$$

(d) 查表10-7直角閥直徑22mm之等值長度為3.7m，故壓力降為

$$0.3\times\frac{3.7}{30}=0.04\text{ kg/cm}^2$$

(e) 乾燥過濾器壓力降約0.2kg/cm²（可查廠商資料）。

(f) 止閥2只，壓力損失與直角閥類似

$$0.3\times 2\times\frac{3.7}{30}=0.07\text{kg/cm}^2$$

(g) 電磁閥的壓力損失與球形閥相同，查表10-7，等值長度6.7m

$$0.3\times\frac{6.7}{30}=0.067\text{kg/cm}^2$$

以上之壓力損失＝0.15＋0.37＋0.03＋0.04＋0.2＋0.07＋0.067＝0.927。

膨脹閥前液入口的壓力＝10－0.927＝9.073kg/cm²。

其次，再計算膨脹閥至蒸發器間之壓力損失。

分流器的壓力降爲1.8kg/cm²，若蒸發器中央部份的壓力降0.1kg/cm²，溫度換算約1°C，所以中央之蒸發溫度爲6°C，蒸發器全部之壓力損失爲

$$1.8+0.1\times 2=2.0\,\text{kg/cm}^2$$

故　　膨脹閥出口之壓力＝2.0＋2.7＝4.7 kg/cm² G

　　　膨脹閥前後之壓力差＝9.073－4.7＝4.373

查表10-1，選用蒸發溫度5°C，壓力差4.373kg/cm²，取壓力差爲4 kg/cm²。

13.6 USRT之膨脹閥，此閥之公稱能力爲15USRT。

最好再計算吸入管之壓力降，則所選用之膨脹閥容量會更正確。

如果完全不考慮壓力損失，則依設計條件計算，膨脹閥前後之壓力損失＝10－2.7＝7.3kg/cm²，查表10-1，取壓力差爲7，冷凍容量爲12.6*RT*，此膨脹閥之公稱能力爲12USRT，實際使用時，冷凍容量尚不到11USRT。

本例題因液管之壓力損失約爲0.9kg/cm²，查表10-12，應有4°C左右之過冷却，如無過冷却則依表10-11，能力減低爲原有之65%，即13.6×0.65＝8.8USRT。

10-5　手動膨脹閥

爲最原始的膨脹閥，構造如圖10-3，利用針形閥使冷媒束縮膨脹。

大多用於冷凝壓力變化少，蒸發器冷却負荷無變動及操作者在現場監視管理的冷凍裝置。近年來的冷凍設備都以自動化爲目標，已較少使用，但台灣地區之氨冷凍系統仍有採用，價格較廉。

如圖10-3所示，調節棒或把手逆時針旋轉則冷媒流量增大，順時針方向則流量減少。

10-6　定壓式膨脹閥

定壓式膨脹閥是依蒸發器內的壓力來控制冷媒流量，壓力大於一定數值則閉合，在一定壓力下則開啓，即此閥可以使蒸發器保持一定的蒸發壓

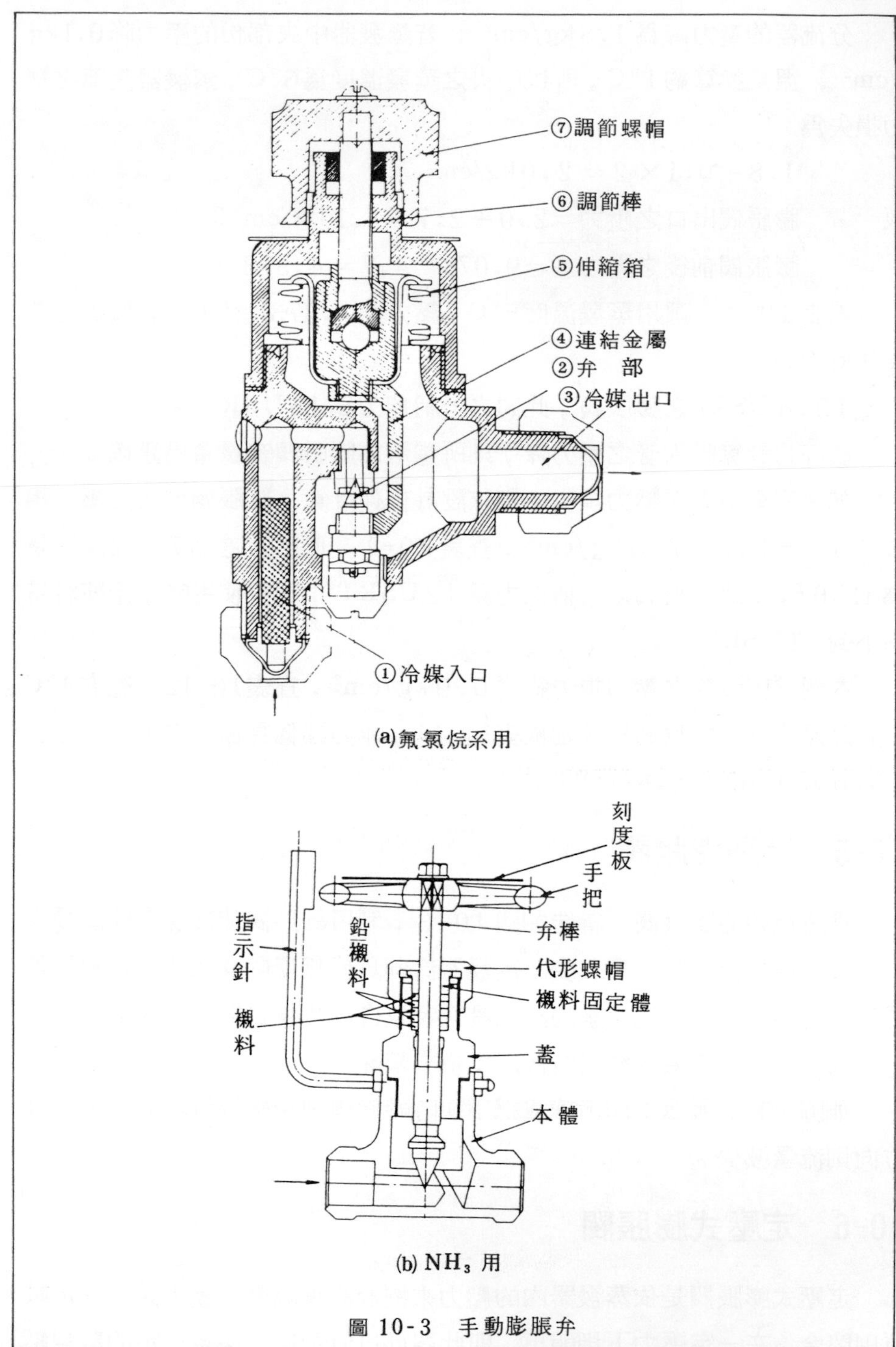

(a)氟氯烷系用

(b) NH_3 用

圖 10-3　手動膨脹弁

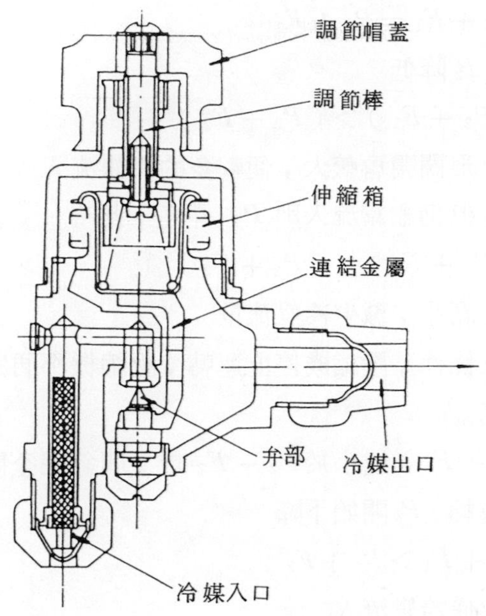

圖 10-4　定壓膨脹弁

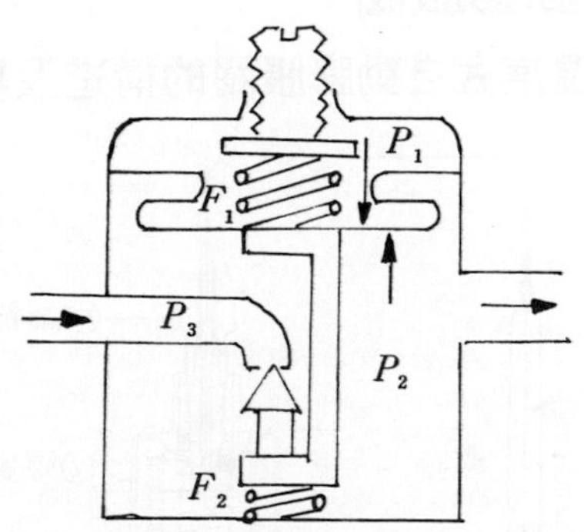

圖 10-5　自動膨脹閥之構造及動作原理圖

力(蒸發溫度)，可以調節彈簧控制於所需之壓力值。

使用定壓式膨脹閥在冷凝壓力變化時也不會影響蒸發壓力，使用手動膨脹閥的蒸發器壓力，則受冷凝壓力影響而變動。

定壓式膨脹閥之構造如圖 10-4 所示，其動作原理如圖 10-5 所示，其中，P_1 爲大氣壓力，P_2 爲蒸發壓力，P_3 爲液冷媒壓力，F_1，F_2 爲彈簧之壓力。

(1)　正常運轉時，閥針在適當位置

$$P_1 + P_3 + F_1 = P_2 + F_2$$

(2) 冷媒不足時，P_2 降低

$$(P_1 + P_2 + F_1) > (P_2 + F_2)$$

連桿下移，針形閥開啓較大，便較多的冷媒流入。

(3) 冷媒量足夠，但仍繼續流入則 P_2 昇高，此時

$$(P_1 + P_3 + F_1) < (P_2 + F_2)$$

閥針將上移而關小，減少冷媒流量。

(4) 溫度達到需求條件，壓縮機停止運轉，壓縮機不再吸入蒸發器蒸發之氣體，P_2 增高。

則 $(P_1 + P_3 + F_1)$ 遠小於 $P_2 + F_2$ 時，閥針完全關閉。

(5) 系統再開始運轉，P_2 開始下降

$$P_1 + P_3 + F_1 > P_2 + F_2$$

閥針再度開啓使冷媒流入。

10-7 溫度式自動膨脹閥

10-7-1 內均壓型溫度式自動膨脹閥的構造及動作原理

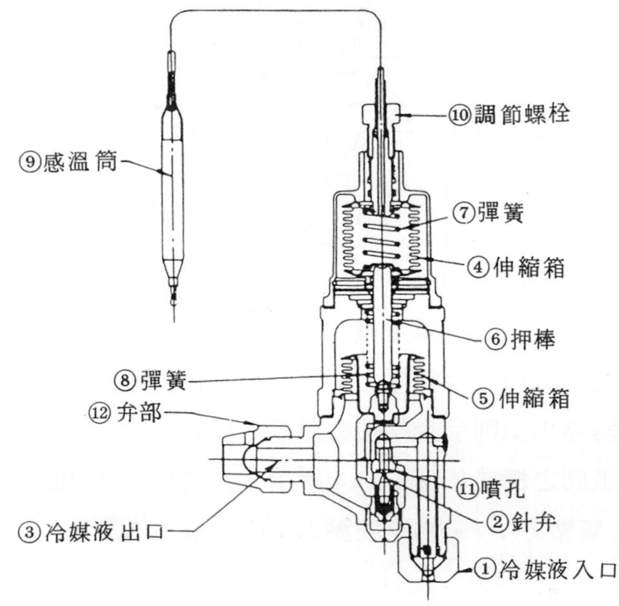

圖 10-6 溫度式自動膨脹閥

溫度式膨脹閥一方面可以控制由蒸發器流出之冷媒氣體溫度，也可以由蒸發器之壓力控制冷媒流量，而且用過熱原理達到控制目的，可避免液態冷媒返回壓縮機，因效率高，目前許多冷凍設備都採用此種型式之膨脹閥，構造如圖 10-6 所示。

其動作原理請參閱圖 10-7。

圖 10-7 中，P_1 爲摺箱之壓力，P_2 爲蒸發壓力，P_3 爲液冷媒之壓力，T_1 爲蒸發溫度，T_2 爲感溫球之溫度，F_3 爲調整彈簧之壓力。

(1) 正常運轉時，閥針在適當位置開啓

$$P_2 + F_3 = P_1 + P_3$$

(2) 冷媒不足時，P_2 減少，T_2 過熱膨脹使 P_1 增加，$P_2 + F_3 < P_1 + P_3$ 閥針開啓，使冷媒流入更多。

(3) 冷媒過多時，P_2 增加，T_1 降低故 P_1 減少，此時 $P_2 + F_3 > P_1 + P_3$，閥針關小，減少冷媒量之流入。

(4) 溫度達要求時壓縮機停止運轉及吸氣，蒸發器內之冷媒仍繼續蒸發故 P_2 升高，$P_2 + F_3$ 遠大於 $P_1 + P_3$，閥針完全關閉。

(5) 冷凍空間溫度再上昇時，因壓縮機已開始運轉，P_2 減少，T_2 之溫度上升使 P_1 增高，此時 $P_2 + F < P_1 + P_3$，閥針再度開啓，供給適當冷媒量，使閥針在正常開啓位置。

調整方法：

旋動圖 10-6 中之⑩調整螺絲，可以調節其過熱度及流量。

(1) 順時針方向旋轉調整螺絲，則使彈簧⑧壓緊，使過熱度減少，即順時針方向旋轉，可以減少冷媒流量，防止液冷媒回至壓縮機。

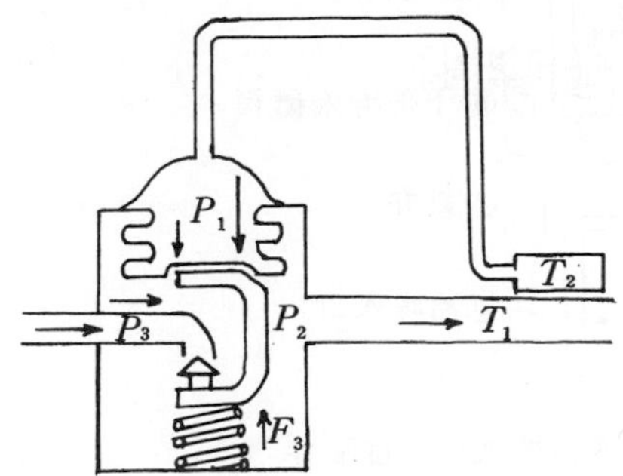

圖 10-7 溫度式膨脹閥之構造及動作原理圖

(2) 逆時針方向調整，冷媒流量增加。一般為防止液壓縮所需之過熱度為 4～7°C，而且膨脹閥安裝處所的溫度，不應比感溫筒的溫度低。

10-7-2 外均壓型溫度式自動膨脹閥

構造如圖 10-8 所示，外均壓式使用於管路較長，容量較大，壓力降較大及溫度範圍較廣之蒸發器，原則上感溫筒應裝置在蒸發器出口附近，為了補救管路較長引起的壓力降在膨脹閥與蒸發器出口連接一平衡管，此連通管謂之外平衡管或均壓管，有了均壓管不論蒸發器內之壓力降多大，低壓端對膨脹閥的作用力，總是和吸氣管壓力相等，使冷媒流量正常不會有超過熱之現象。

調整方法：

(1) 將調節齒輪⑬順時針方向旋轉，彈簧被壓緊，過熱度增大冷媒供給量減少，以避免濕壓縮。

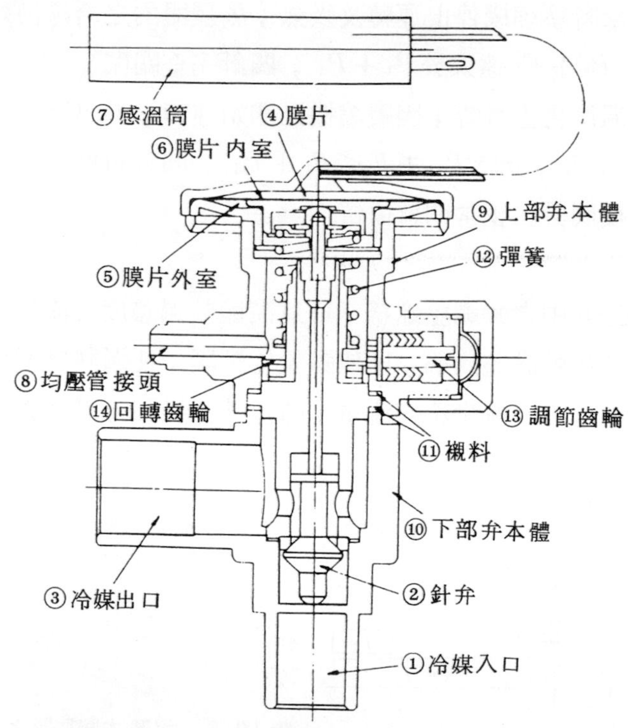

圖 10-8 外部均壓型溫度式自動膨脹弁

(2) 反時針旋轉，鬆開彈簧，過熱度減少，冷媒量增加。

10-7-3 響導型溫度式自動膨脹閥

構造如圖10-9及10-10所示，普通之溫度式膨脹閥容量有一定之限度，大容量時需較大的膜片或摺箱作動力源，製造困難而成本高，因此大容量之乾式蒸發器採用響導型溫度式自動膨脹閥，此型之膨脹閥係由主膨脹閥及利用小型溫度式膨脹閥作爲響導閥所組成。響導閥由蒸發器吸入管之氣體壓力與溫度控制而動作用來操縱主膨脹閥。

主膨脹閥之主活塞，若受壓力則開啓，活塞之上方有噴孔（orifice），壓力可以由此溢出活塞頂部。無壓力時，主膨脹閥內之彈簧壓使主膨脹閥關閉，響導閥外部均壓管依吸入管氣體之溫度及壓力之變化而使響導閥加壓力於活塞頭上，若吸入氣體之過熱度增加，則冷媒流量增多，響導閥向啓開之方向開始動作而漸加壓力於主膨脹閥之上方，使主膨脹閥開啓，若吸入氣體之過熱度減少，響導閥則往關閉方向動作，減少主活塞之壓力。由彈簧之力使之閉合，減少冷媒之供給。

一般在響導閥前面設有響導電磁閥，此電磁閥關閉時，主膨脹閥頂部即無壓力而閉合，因此液管上不必另設電磁閥。

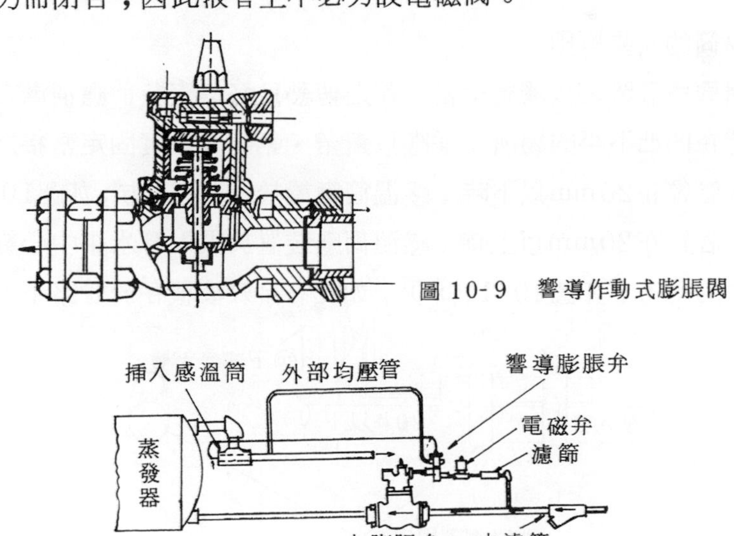

圖 10-9 響導作動式膨脹閥

圖 10-10 響導作動膨脹弁的使用例

10-7-4 膨脹閥的安裝

1. 膨脹閥本體的安裝原則

(1) 膨脹閥儘可能安裝在蒸發器附近。

(2) 多數回路的蒸發器應加裝分流器(distributor)使冷媒液能平均的輸送至每一回路。

(3) 使用分流器之蒸發管路長度較長，壓力損失大，因此應裝置外均壓管。

(4) 膨脹閥前應裝置濾篩(strainer)。

(5) 氣態冷媒充填式之膨脹閥本體原則上應垂直向上，膨脹閥橫置則摩擦較大。

(6) 停機時感溫筒安裝位置之溫度應比閥本體安裝處所的溫度同溫度或較低。氣態充填感溫筒若置於較高溫之場所，感溫筒內的冷媒氣體將在閥本體凝縮致使膨脹閥無法動作。

液態充填式感溫筒之安裝場所不受溫度之影響，不必一定要把閥本體安裝於溫度較低之場所。

(7) 閥低壓側若積存潤滑油，則會引起閥的動作不良，因此出口方向最好向下。

2. 感溫筒的安裝原則

(1) 感溫筒與管路之接觸應緊密，使之傳熱良好，安裝前應清潔之，避免裝置在凹凸不平的場所，並應以銅帶、銅線等確實固定密接之。

(2) 吸入管徑在20mm以下時，感溫筒應置於吸入管上方，如圖10-11(a)。吸入管徑在20mm以上時，感溫筒應裝置於吸入管水平中心線下方45°的地方(如圖10-11(b))，如此有冷媒液積存於管路下方時，仍

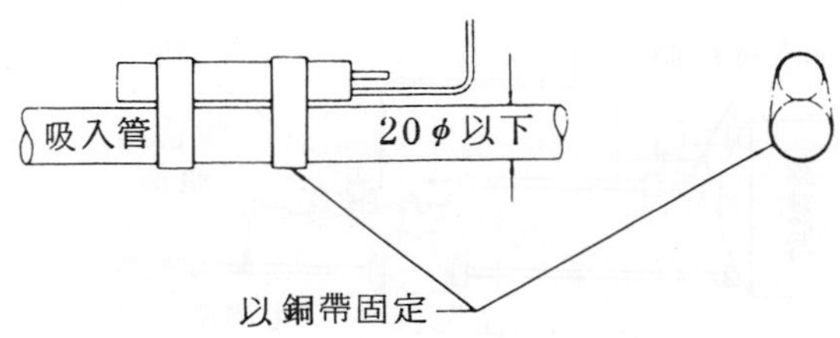

圖10-11 (a) 20mm以下的吸入管

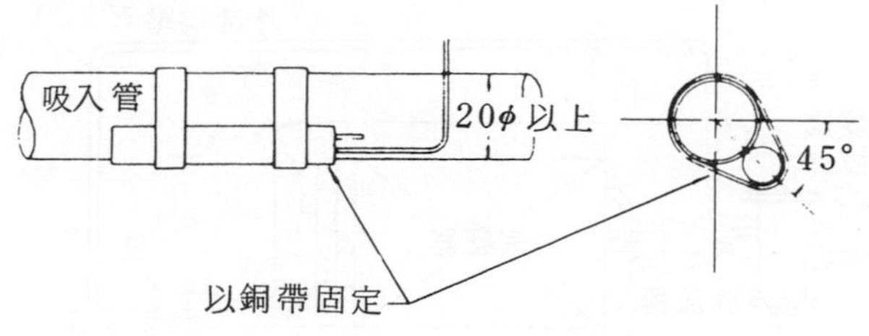

(b) 20mm以上之吸入管

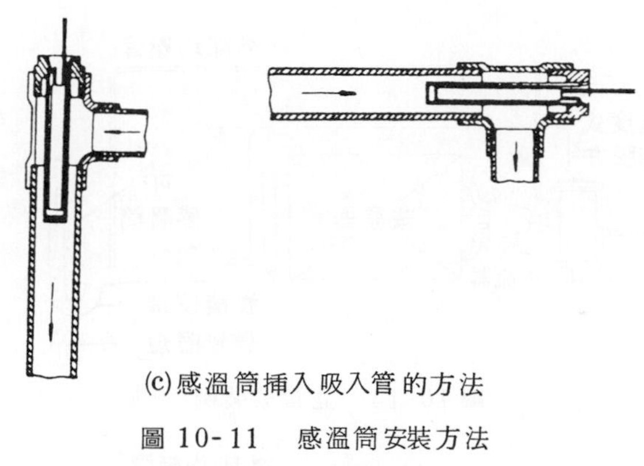

(c)感溫筒插入吸入管的方法

圖 10-11 感溫筒安裝方法

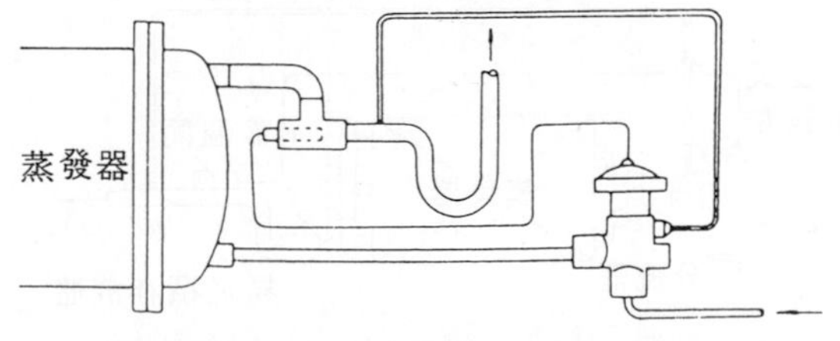

圖 10-12 感溫筒插入吸入管圖例

能正確的指示及控制。

(3) 感溫筒不得裝置在冷却盤管的集流管等易積集液冷媒的處所。

(4) 感溫筒易受氣流及周圍溫度的影響時，表面應被覆不吸濕的材料。

(5) 欲獲得更正確更靈敏的控制，應以插入方式使之與吸入管接觸（如圖 10-11(c)）。

3. 外均壓管的安裝原則

(1) 均壓管連接在吸入管的位置應比感溫筒更靠近壓縮機側，不要太靠近感溫筒，以免影響感溫筒之感測溫度。

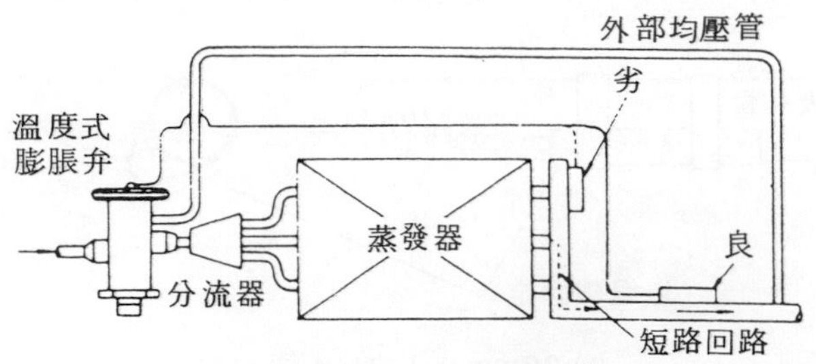

圖 10-13　防止回液之安裝例

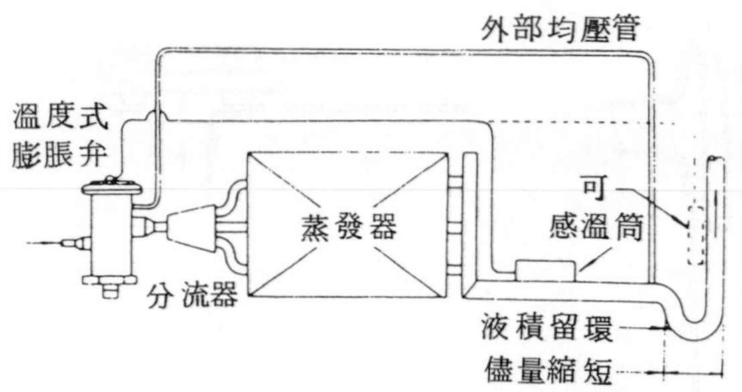

圖 10-14　立管安裝例

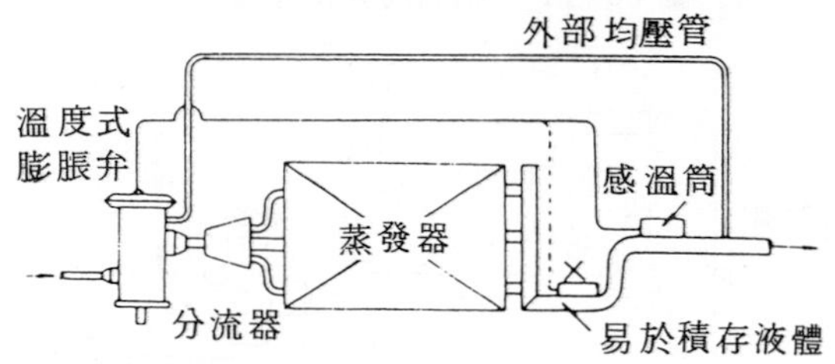

圖 10-15　應避免裝置在易積存液體場所

4. 感溫筒及均壓管安裝位置實例

如圖10-12、10-13、10-14所示。

圖10-12中，感溫筒感測度良好，吸入管再作成液積留環，適用於內徑50mm以上之吸入管。

圖 10-13 ，感溫筒置於吸氣管上部，因蒸發器流出之冷媒氣體多少混合了部份冷媒液，使感溫筒之感測正確度受影響，易引起液體流回壓縮機，正確的位置應在實線位置。

圖10-14中，感溫筒在實線位置，效果較佳，若如圖所示，設有U型

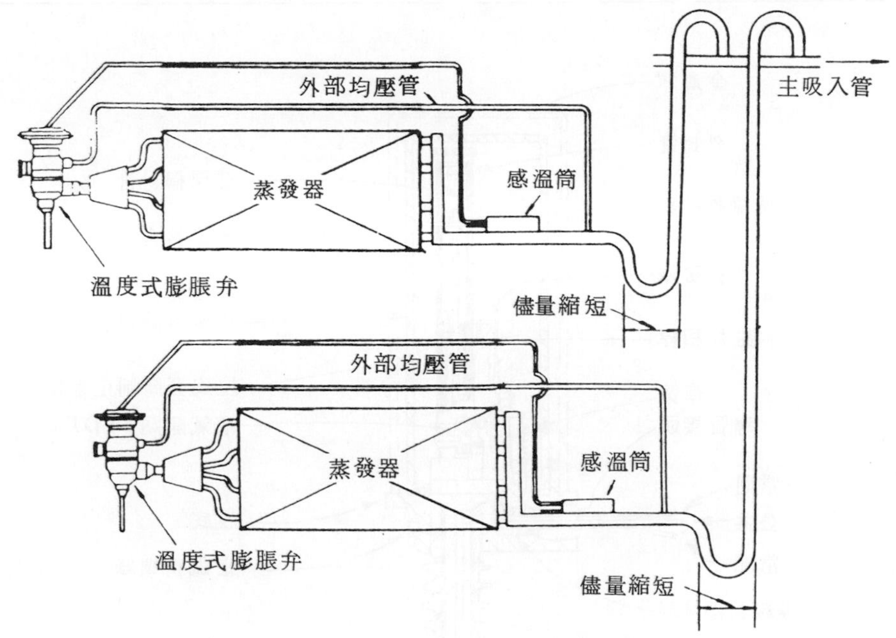

圖10-16　感溫筒裝於二組蒸發器安裝例

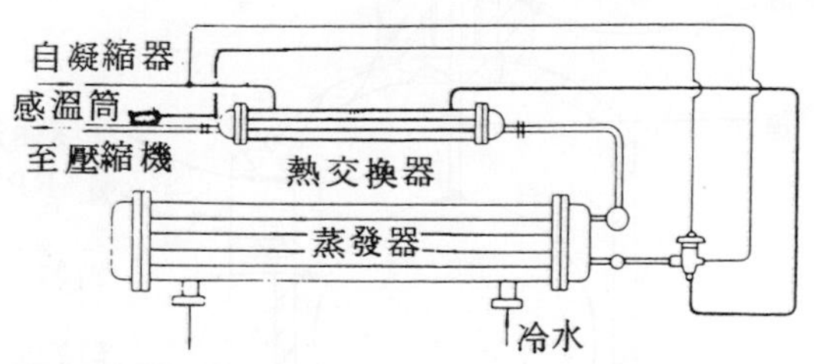

圖 10-17　吸入管之熱交換器

液積留環時，也可裝置於虛線位置。

圖10-15中，感溫筒若置於虛線位置（吸入管的凹入部位），則膨脹閥的平衡狀態受到可能積留的液冷媒之影響，較不安定，易引起回液現象，圖10-16所示，爲二個以上的蒸發器安裝側，如果裝置有液氣熱交換器，則感溫筒應裝在熱交換出來之吸入管上（如圖10-17）。

10-8　高低壓側浮球控制閥

浮球控制閥的控制原理，係利用浮球控制液位。當蒸發器之冷媒液吸

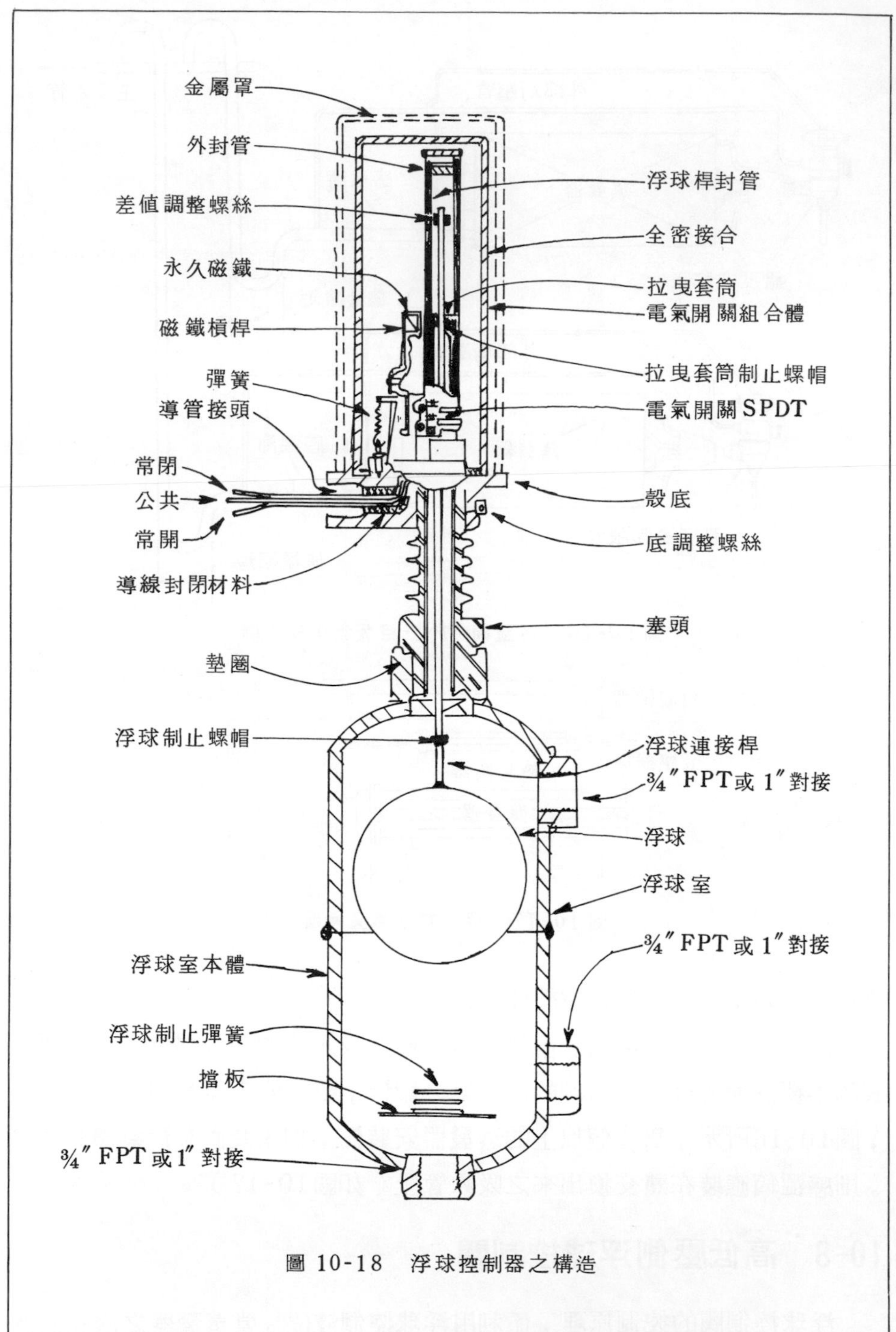
金屬罩
外封管
差值調整螺絲
永久磁鐵
磁鐵槓桿
彈簧
導管接頭
常閉
公共
常開
導線封閉材料
墊圈
浮球制止螺帽
浮球室本體
浮球制止彈簧
擋板
¾″ FPT或1″對接
浮球桿封管
全密接合
拉曳套筒
電氣開關組合體
拉曳套筒制止螺帽
電氣開關SPDT
殼底
底調整螺絲
塞頭
浮球連接桿
¾″ FPT或 1″對接
浮球
浮球室
¾″ FPT 或 1″對接

圖 10-18　浮球控制器之構造

收空間之熱量而蒸發後，被壓縮機吸入，冷媒逐漸蒸發，液面下降至某一低限值，浮球下落使閥門開啓而自動補充液態冷媒，當冷媒補充至一定液面時，浮子上升而關閉閥門。若此種降壓又控制冷媒流量的設備，裝置於低壓端蒸發器中，則稱之爲低壓側浮球控制閥（ low pressure side float ）。

若浮球安裝在系統的高壓端受液器中，使高壓側維持一定的冷媒液面，謂之高壓側浮球控制閥。

此類浮球控制閥用在滿液式蒸發器之冷凍系統，高壓側浮球控制閥僅作流量控制，須另在蒸發器入口裝設降壓設備，例如重力閥或毛細管。

浮球控制器構造如圖10-18所示，比以前使用的稍有不同，利用浮球昇降控制電路接點，使液管電磁閥動作。

浮球控制器應用如圖10-19。

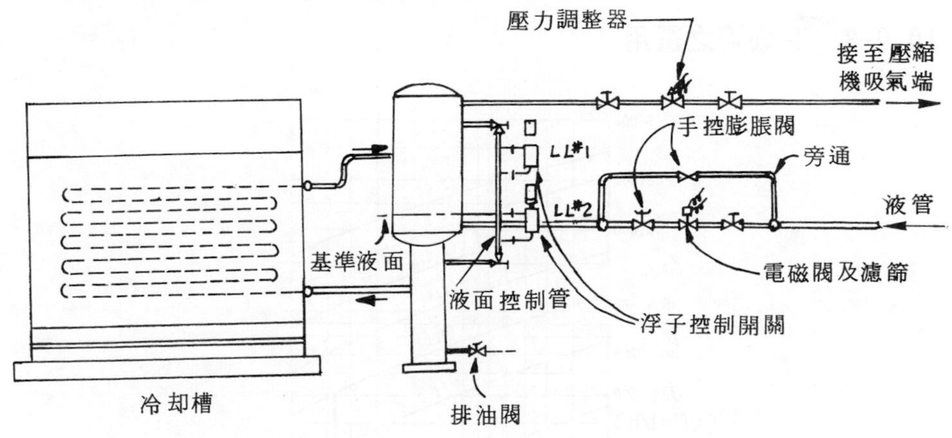

圖10-19　浮球控制器之應用

10-9　毛細管

10-9-1　毛細管的作用及特性

所有的冷媒控制器中，毛細管構造最簡單不易故障而且價廉，大多用於小容量之冰箱、窗型冷氣機。常用毛細管內徑爲0.8～2.0mm ，利用毛細管的摩擦抵抗產生束縮減壓的效果。其直徑及長度視冷凍裝置的容量、運轉條件及冷媒充填量而定。

10-9-2 使用毛細管應注意事項

(1) 冷凍裝置的高壓側，儘可能不要裝設受液器等貯液設備，以免停機時液冷媒繼續流至蒸發器，而造成液壓縮。
(2) 停機後再啓動應間隔一段時間使壓力平衡。
(3) 使用水冷式冷凝器時，因冷却水量、水溫的變化較大，不應採用毛細管。
(4) 毛細管內徑極細小，應避免使之變形、變狹及使塵埃流入而堵塞。
(5) 冷凍系統之處理應特別清潔、乾燥。
(6) 儘可能使毛細管高壓端（0.7～1m）附著吸入管而熱交換，多餘者盤成圈狀，不與吸入管接觸。
(7) 應選用適當內徑及長度之毛細管。

10-9-3 毛細管之選用

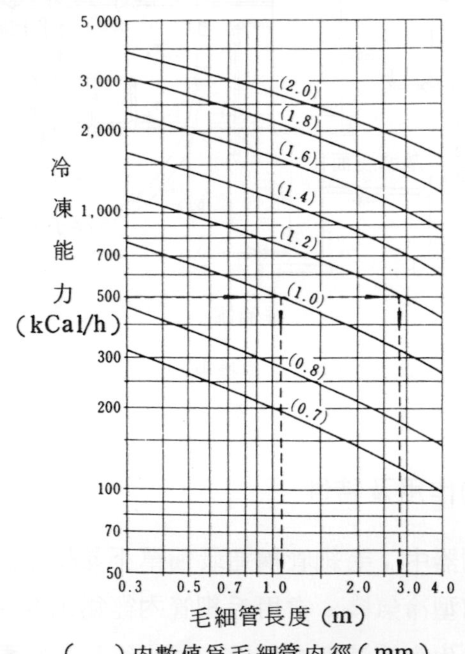

圖 10-20 R-12毛細管選用圖表

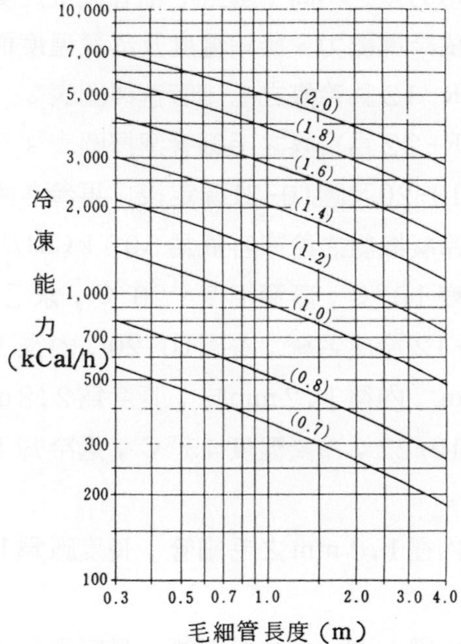

圖 10-21　R-22毛細管選用圖表

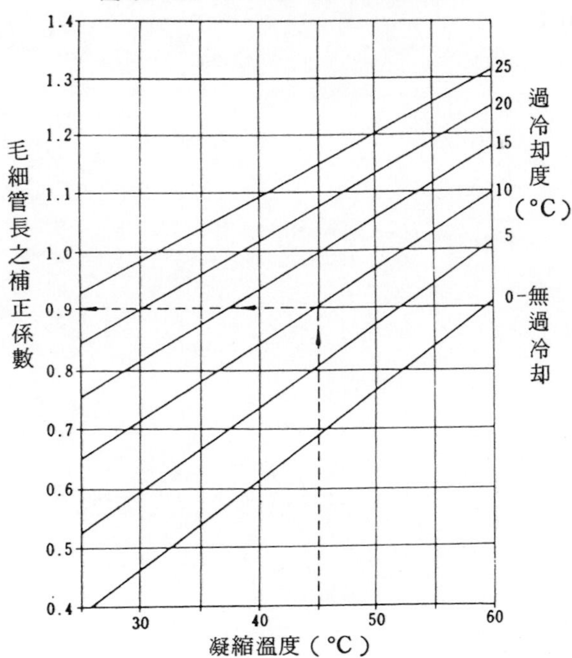

圖 10-22　R-12，R-22用毛細管長度的補正圖表

高壓與低壓間之壓力差之不同，導致毛細管流量之變化，因此選擇毛細管內徑及長度時應依冷凍能力、凝縮溫度及蒸發溫度而決定。

圖10-20爲使用R-12爲冷媒之毛細管選擇圖表。

圖10-21爲使用R-22爲冷媒之毛細管選擇圖表。

視冷媒種類由圖10-20及圖10-21選定後，再參考圖10-22修正之。

【例2】 若R-12之冷凝機組之冷凍容量爲500 kCal/h，冷凝溫度45°C，過冷却度10°C，蒸發溫度−20°C，求毛細管長度及內徑。

【解】(a) 因是R-12冷凍系統，查圖10-20，內徑1.0mm時，長度爲1.1m，內徑1.2mm時，長度爲2.8m。

(b) 再依圖10-22，冷凝溫度45°C，過冷却10°C時之修正值爲0.9。

(c) 若採用內徑1.0 mm之毛細管，長度應爲$1.1\times0.9=1.0$ m。

若採用內徑1.2mm之毛細管，長度應爲$2.8\times0.9=2.5$ m。

11-1 螺旋式壓縮機的特性

螺旋式壓縮機與其它型式壓縮機的概略比較列如表11-1。

(1) 螺旋型壓縮機的能力範圍

一般情況下每台之冷凍能力爲40～800公制冷凍噸，即小至50kW，大至每台1000kW範圍內皆可製作，容量小於40RT者，大多利用往復式壓縮機。

能力範圍如圖11-1所示，但在特殊訂製時，範圍不受限制。

(2) 運轉條件範圍

從多段式(booster)低壓縮比至高壓縮比之單段運轉皆適用，高壓縮比時體積效率(volume efficiency)受影響較小，因在高冷凝溫度下亦可運轉，故可由冷凝器製成40～50°C之溫水，目前爲了節省能源及廢熱回收熱泵之原則下，大多開發$T_E = 40°C$左右及T_C約100°C的產品(C.O.P約爲3)。

(3) 設置場所、振動及噪音

同等容量之製品佔空間較往復式等較小，且因振動小，故設置在屋頂或地下層均可，所需之基礎工事較簡單。

表 11-1 各型機械式壓縮機的概略比較

項　目	螺　旋　式	高速多汽筒往復式	迴轉容積型	離　心　式
形態	高速迴轉式	低速往復式	低速迴轉式	高速迴轉式
冷凍能力	小容量～大容量	小容量～中容量	小容量	中～大容量
壓縮方法	迴轉容積式	往復容積式	迴轉容積式	流體力學式
運轉條件	低－高壓縮比	中壓縮比	中－高壓縮比	低壓縮比
壓縮比與體積效率之關係	體積的效率變化與壓縮比關係較少	高壓縮比時體積效率低	體積效率變化少	
運轉吐出溫度	低(70～80°C)	高(120～180℃)	低(70～90°C)	低
潤滑油的變化	無	吐出溫度越高愈早劣化	無	無，但須每年檢查一次
容量制御	無段控制 10～100％	階段控制 25，50，75，100 33，66，100	無法控制	無段控制 10～100％
壓力變化時之運轉安全性	穩定	比較穩定	穩定	不穩定
機械的摺動部	幾乎無磨耗部位	活塞環、汽缸等易磨損	回轉部份及滑動弁等處易磨損	無磨損部份
動作閥	無	吸入與高壓閥片，易有閥片破裂事故	只有高壓弁(排氣)，易有破裂事故	無
振動	幾乎沒有	有	有偏心運動之振動	無
液油吸入之影響	無影響	易引起活塞環閥片之破損事故	無影響	有葉片損害之虞
保養管理	無磨損部位長期間不需要	每年保養一次	每年更換破損品	長期間不需要
安裝面積	佔面積小	空間大	空間大	佔空間小
基礎	較簡單	需堅實基礎	需堅實基礎	較簡單
耐久性	最佳	有磨損部位，破損部位	有磨損部位及破損	良好

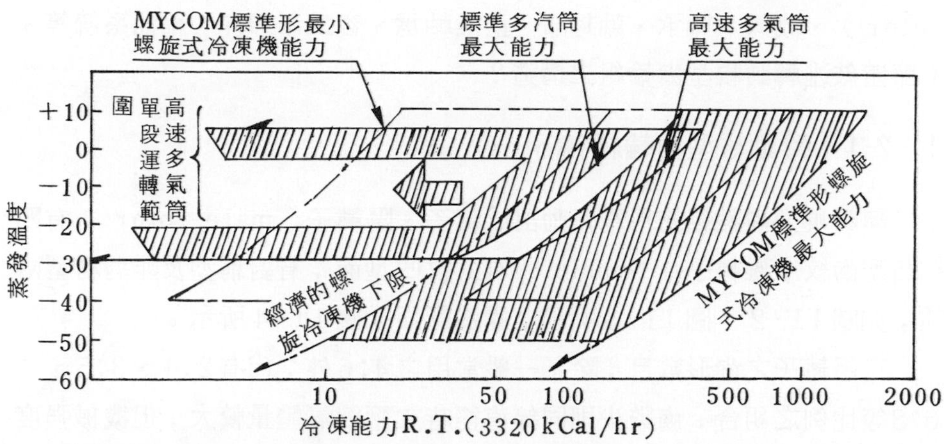

圖 11-1　離心式壓縮機與往復式壓縮機的能力範圍

目前螺旋式壓縮機由於噴油效率及齒型的改良，加工精度的增進，噪音很少，約與馬達產生的噪音相等。但因高速運轉會產生高週波聲音，故機械室儘可能採用密閉構造。10mm厚的玻璃板可以降低6～10 dB 的噪音強度。故作業員及監視員應在隔離的房間內作業。

⑷　耐久性、信賴性及保養管理

因構成螺旋式壓縮機的組件較少，易破損的部份少，只是單純的回轉運動，故壓縮機本體的耐久性及信賴性較往復式高，若能供給適當黏度及不含雜質的潤滑油至軸承及轉軸等部位，壽命爲半永久性，軸承壽命爲 50,000 小時，軸承及軸封應定期檢查。

⑸　液壓縮的影響

往復式壓縮機吸入氣體中若含有液態冷媒或冷凍油，易引起閥片破損，連桿、汽缸及曲軸等之破裂，螺旋式壓縮機在構造上無此問題。

⑹　容量制御

無段容量控制，容量控制範圍 10～100%，爲本型壓縮機之特性。

11-2　螺旋式壓縮機的構造

螺旋式壓縮機與往復式壓縮機主要不同之點是以互相嚙合的兩組輥型齒輪，高速回轉而達到壓縮氣體的目的。主要構造包括轉動輥型齒輪組(

rotor)、機殼、軸承、軸封部、止推軸承、容量制卸弁、給油系統等。本節僅敍述轉動輥型齒輪組之構造?

11-2-1 轉動輥型齒輪組(Rotor)

轉動輥型齒輪組簡稱爲轉動部或轉子、陽轉子(male rotor)有四枚凸型齒紋,雌轉子(female)有六枚凹型齒,有對稱型及非對稱型兩種,如圖11-2、圖11-3所示,構造斷面如圖11-4所示。

二組轉子之齒形數目,除了一般常用之4:6外,尚有2:4、3:5、6:8等比例之組合。齒數少則同等直徑時之壓縮氣體量較大,但機械強度較弱,齒數多則恰好相反,依冷凍空調應用之不同,冷凍者選擇4:6,低段則選用2:4較爲有利。

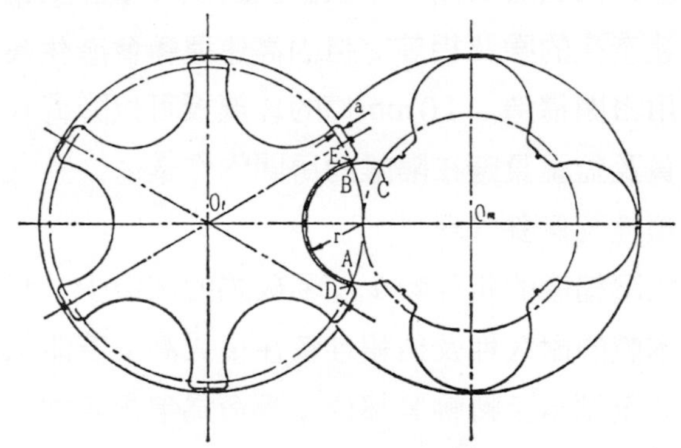

圖 11-2 對稱形圓弧齒形

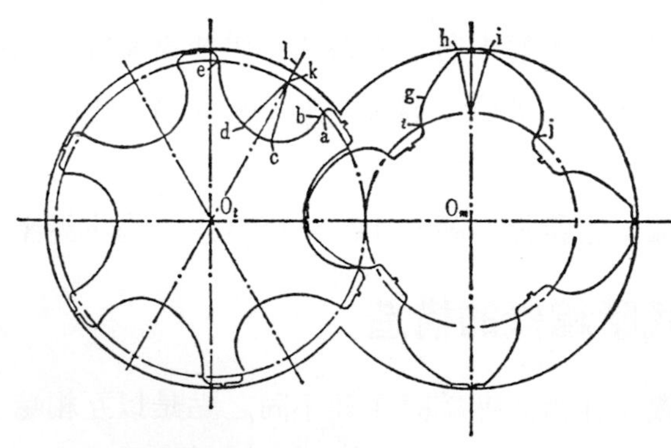

圖 11-3 非對稱形圓弧齒形

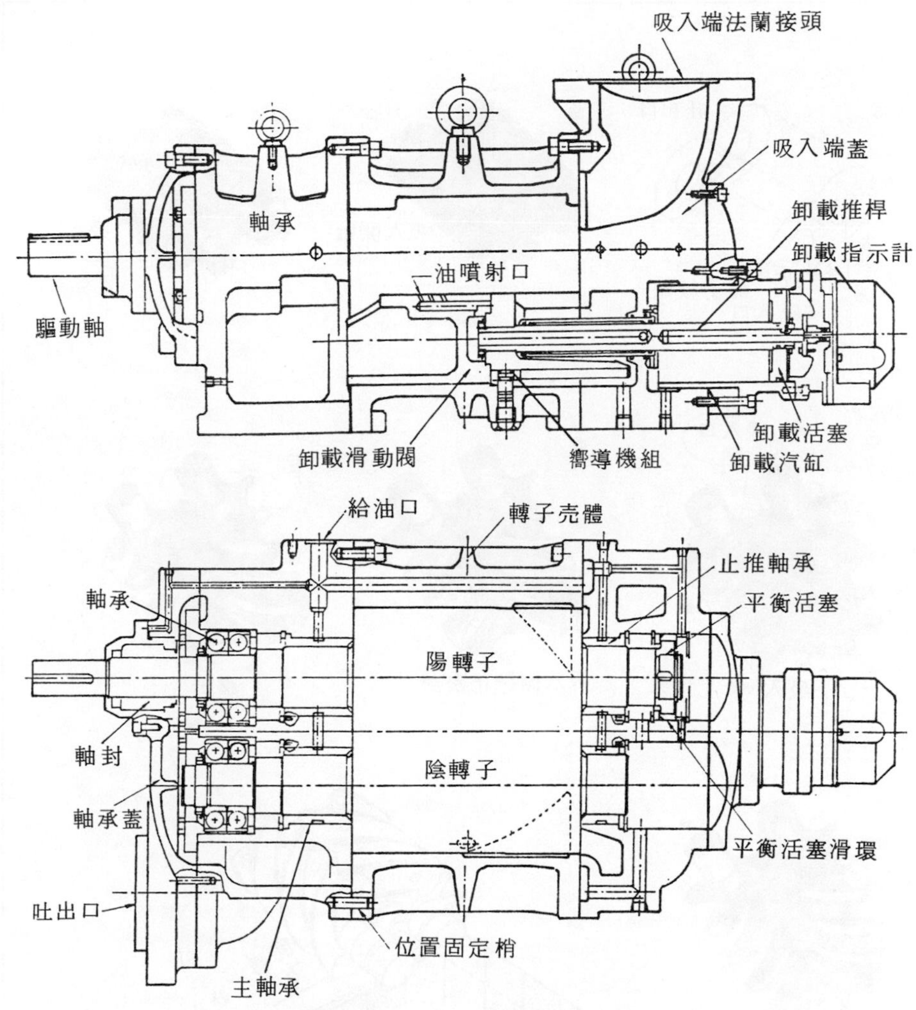

圖 11-4 螺旋式壓縮機斷面圖

11-2-2 氣體壓縮行程

(1) 吸入行程

雄雌轉子在中央部位嚙合，轉子沿箭頭方向廻轉，圖 11-5 ⒷⒸⒸ'轉子的齒與機殼構成之空間逐漸加大，順次向吐出側移動，增加齒間容積（如圖 11-5）。

(2) 閉合行程

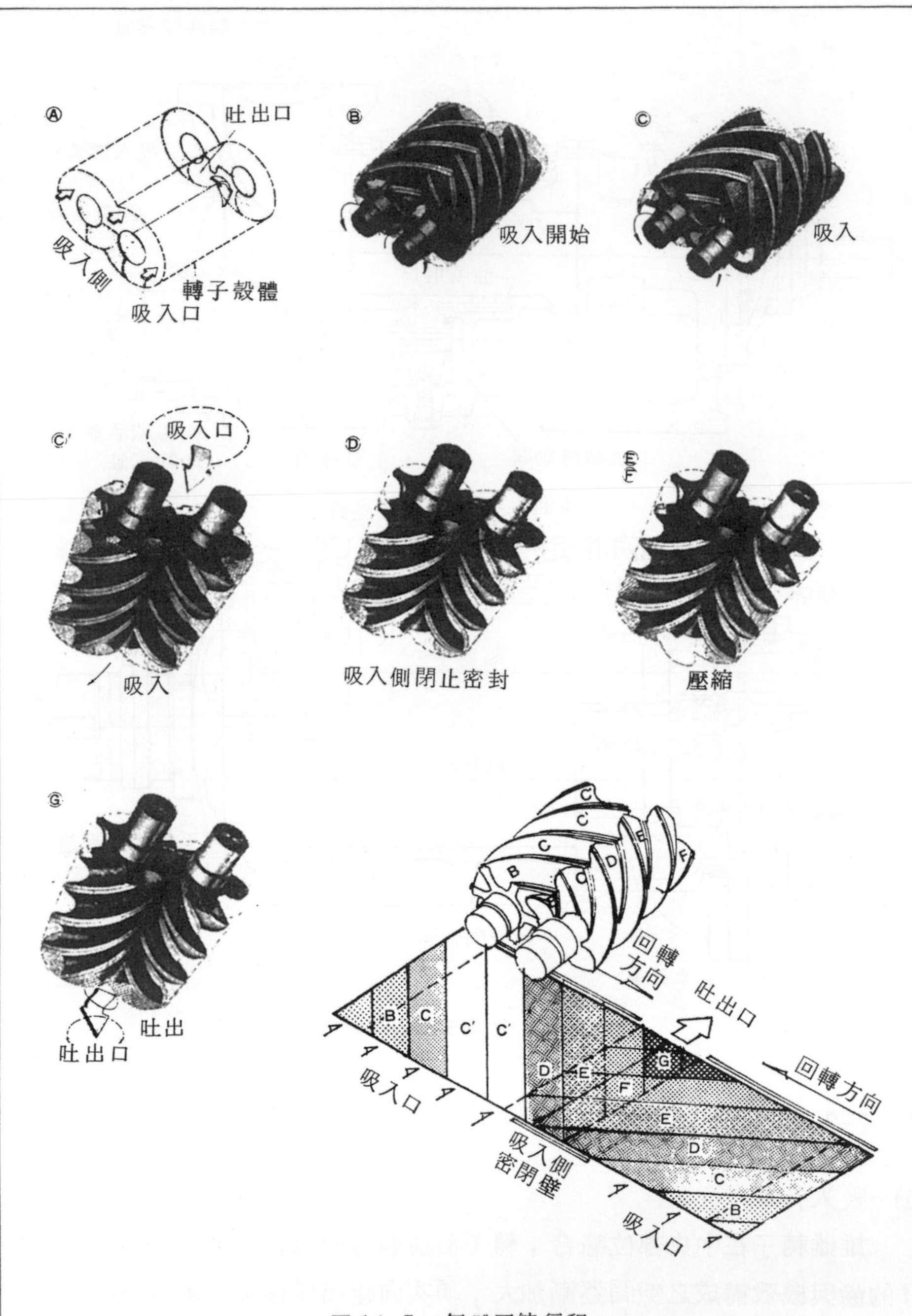
Ⓐ
吐出口
吸入側
轉子殼體
吸入口
Ⓑ
吸入開始
Ⓒ
吸入
Ⓒ'
吸入口
吸入
Ⓓ
吸入側閉止密封
Ⓔ
Ⓕ
壓縮
Ⓖ
吐出
吐出口
回轉方向
吐出口
回轉方向
吸入口
吸入側密閉壁
吸入口

圖 11-5　氣體壓縮行程

雄雌轉子在齒間空間最大的位置時，吸入側轉子端面壁閉合，齒間和轉子，機殼構成之空間，形成獨立之狀態，如圖 11-5 Ⓓ。

(3) 壓縮行程

閉合行程終了，轉子開始由吸入側嚙合，齒間容積開始減少，氣體沿吐出側移動，壓力上昇，如圖 11-5 ⒺⒻ。

(4) 排氣行程

齒間容積達到一定值，吐出側的開口部與齒間容積聯通，內部已昇壓之氣體排向吐出側，順次而減少齒間容積至零，如圖 11-5 Ⓖ，雄轉子每一回轉有 4 次的排氣。

11-3 內部容積比

內部容積比（built-in volume ratio）V_i，爲壓縮機吸入終了之最大齒間容積與吐出口連通前的齒間容積之比。

$$V_i = \frac{V_S}{V_L}$$

$$V_i = \frac{V_S}{V_H}$$

V_L＝低壓縮比運轉條件排氣前之最小齒間容積

V_H＝高壓縮比運轉條件排氣前之最小齒間容積

V_S＝壓縮機吸入終了最大齒間容積

內部容積比與壓縮比之關係

$$\text{壓縮比} = \frac{P_d}{P_S} = \left(\frac{V_S}{V_d}\right)^k = (V_i)^k$$

P_d＝吐出側絕對壓力

P_S＝吸入側絕對壓力

V_S＝吸入終了最大齒間容積

V_d＝吐出口連通前之齒間容積

k ＝氣體斷熱常數

螺旋式壓縮機的V_i值約爲2.0～5.8，各廠家設計製造時各自採用不

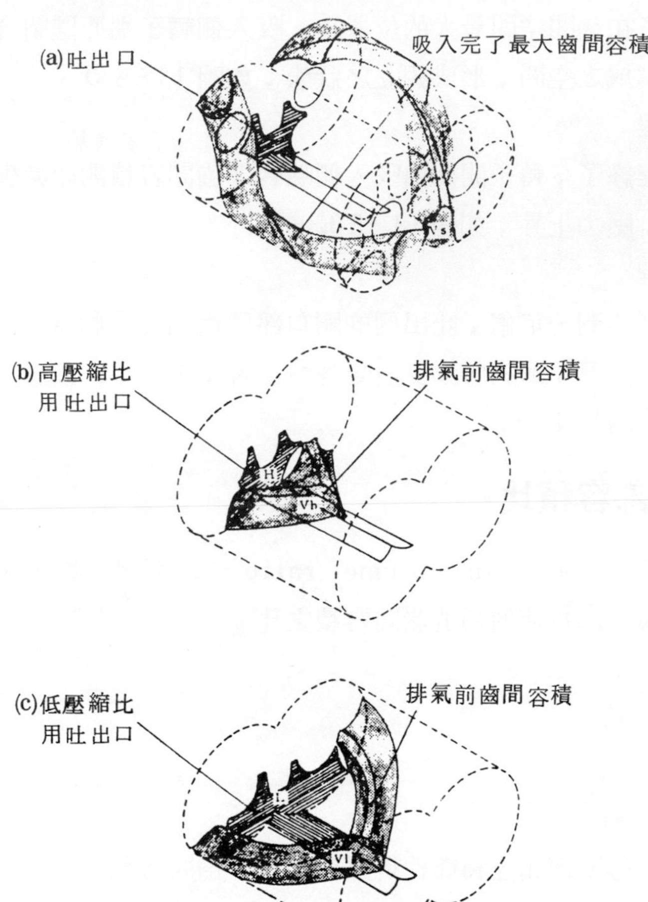

圖 11-6　壓縮比與齒間容積

廠　　別	L	M	H
MYCOM	2.4	3.6	5.8
HOWDEN	2.63	3.6	4.8 或 5.2
STAL	2.6	3.7	～
AERZEN	～	3.0 (A_2)	4.8 (A_3)

同的數值：

低壓縮比　$V_i = 2.0 \sim 2.6$

中壓縮比　$V_i = 3.2 \sim 3.8$

高壓縮比　$V_i = 4.3 \sim 5.8$

11-4　螺旋式壓縮機的性能測定

螺旋式壓縮機的性能測定可參考 S. R. M 公司的方法及日本 JIS Z 8762 的規定，由運轉中的冷凍機氣體吸入量由冷媒束縮機構計算出。

測定裝置如圖 11-7所示。

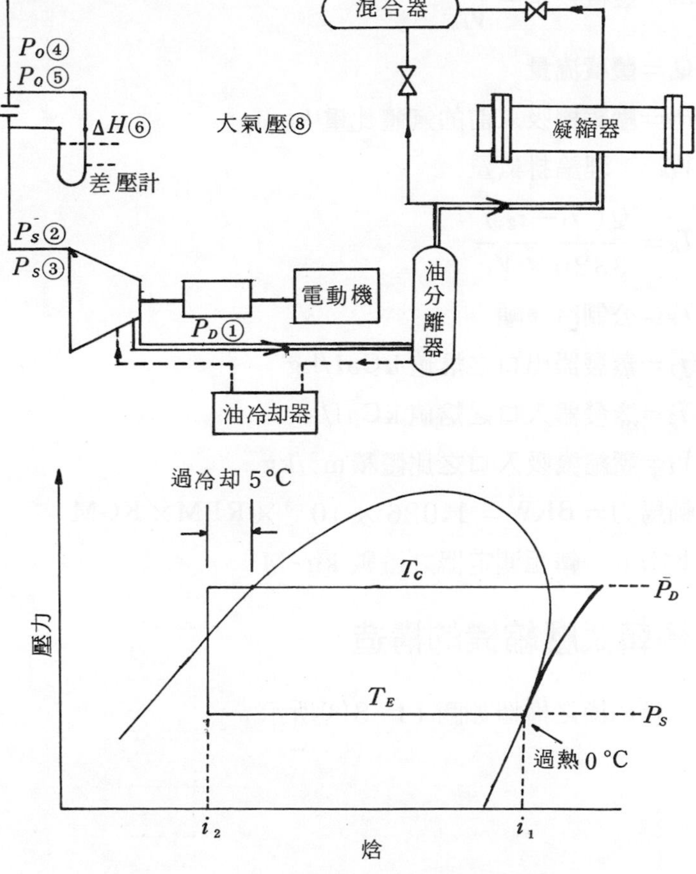

圖 11-7　螺旋式壓縮機性能測定裝置圖

$$Q_m = (\text{流量}) = \frac{\pi}{4}(dt)^2 \ \varepsilon \alpha \sqrt{2g\,\Delta P P_1}\ (\text{kg/hr})$$

dt＝束縮孔（orifice）之直徑（mm）

ε ＝膨脹修正係數

α ＝流量係數

ΔP ＝束縮孔的差壓　（kg/cm²）

P_1＝束縮前的氣體比重（kg/m³）

$$Q_r = (\text{體積流量}) = \frac{Q_m}{P_2}$$

$$E_v = \text{體積效率} = \frac{Q}{V_{th}}$$

Q ＝體積流量

P_2＝壓縮機吸入前的氣體比重 kg/m³

V_{th} ＝ 理論排氣量

$$T_R = \frac{Q(i_1 - i_2)}{3320 \times V_1}$$

T_R＝公制冷凍噸

i_1＝蒸發器出口之焓值 kCal/kg

i_2＝蒸發器入口之焓值 kCal/kg

V_1＝壓縮機吸入口之比體積 m³/kg

軸馬力＝BKW＝ $1.026 \times 10^{-3} \times \text{RPM} \times \text{KGM}$

KGM　轉矩測定器之讀數 kg-M

11-5　迴轉式壓縮機的構造

迴轉式壓縮機之構造如圖 11-8(a)所示。

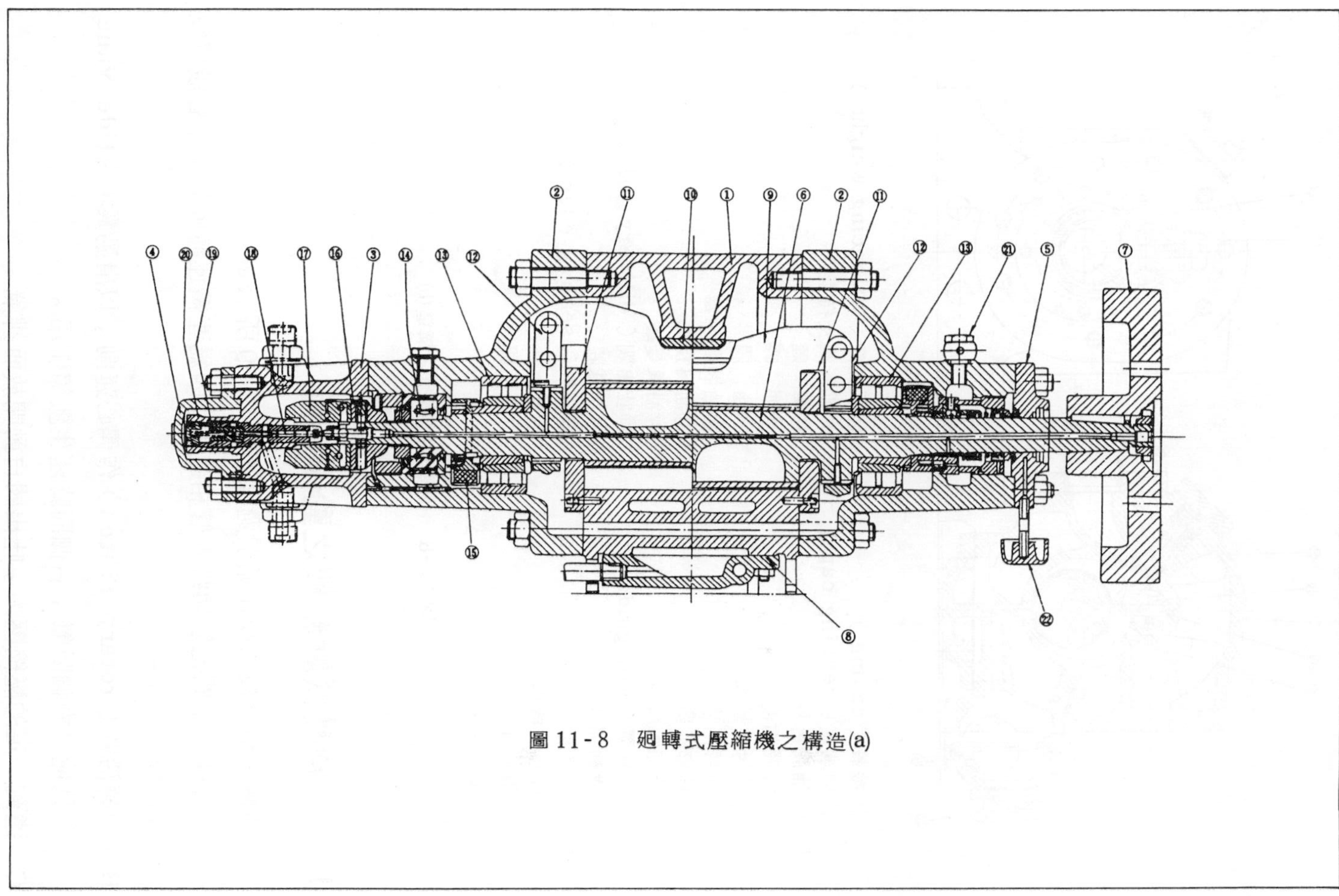

圖 11-8　迴轉式壓縮機之構造(a)

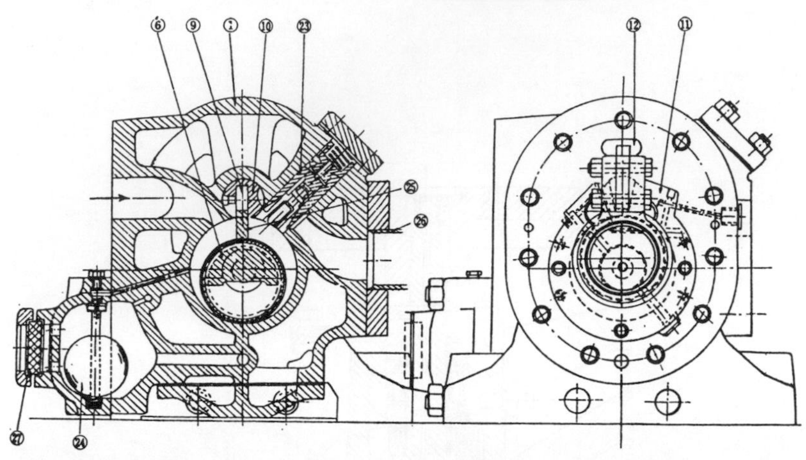

①機殼（ casing ）
②軸承蓋（ bearing cap ）
③油閥外殼
④油閥帽蓋
⑤軸封裝置蓋
⑥回轉活塞
⑦軸聯接器
⑧冷却水承受蓋
⑨滑動翼（ vaneguide ）
⑩滑動翼螺栓
⑪汽缸板
⑫偏心支持桿
⑬輥狀軸承
⑭球軸承
⑮平衡錘（ balancing weight ）
⑯平衡錘支持盤
⑰重　錘
⑱押　棒
⑲油　閥
⑳油閥指示器
㉑油閥接頭
㉒油承受邊
㉓吐出閥（ dilivery valve ）
㉔浮球閥
㉕楔板（ sealing edge ）
㉖吐出管
㉗油面視窗

圖 11-8　迴轉式壓縮機之構造(b)

11-6　迴轉式壓縮機之動作行程

迴轉式壓縮機之動作循環過程如圖 11-9 所示。

A　左側吸入空間直接與吸入管相連通，因為連續運轉吸氣，不必設置吸入閥板。

B　回轉活塞（ rotary Piston ）作偏心運動，以滑動翼（ slide vane ）為境界左側吸氣，右側同時產生壓縮作用。

C　達到一定的壓縮壓力，吐出閥自動開放而排氣。

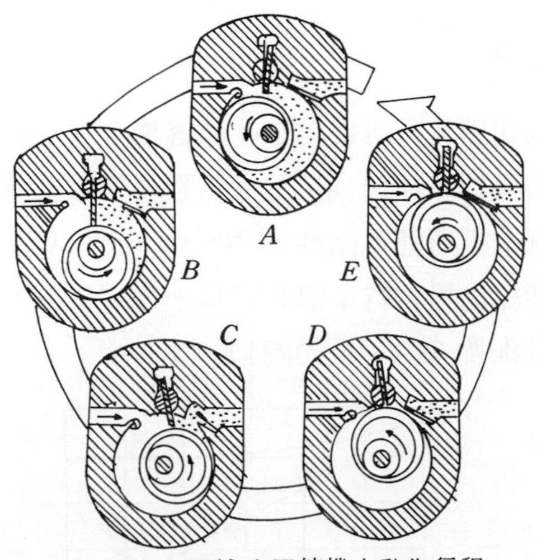

圖 11-9　廻轉式壓縮機之動作行程

D　間隙充滿潤滑油，無殘留壓縮氣體，故無再膨脹致使容積效率降低之弊。

E　排氣終了之同時，汽缸內充滿吸入氣體隨即往壓縮行程動作。

11-7　廻轉式壓縮機之性能

11-7-1　壓縮溫度

廻轉式壓縮機在壓縮過程，以潤滑油冷却壓縮氣體，故壓縮終端溫度低，圖11-10(a)(b)表示其壓縮時之溫熵圖（T-S圖），圖(a)爲空氣，圖(b)爲NH_3之壓縮功及壓縮終端溫度。

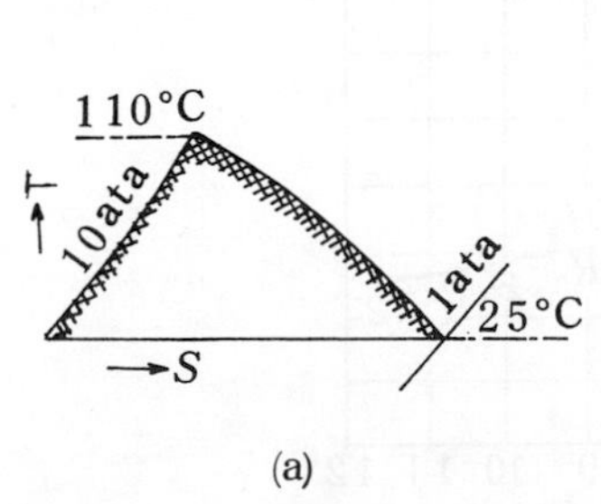

(a)

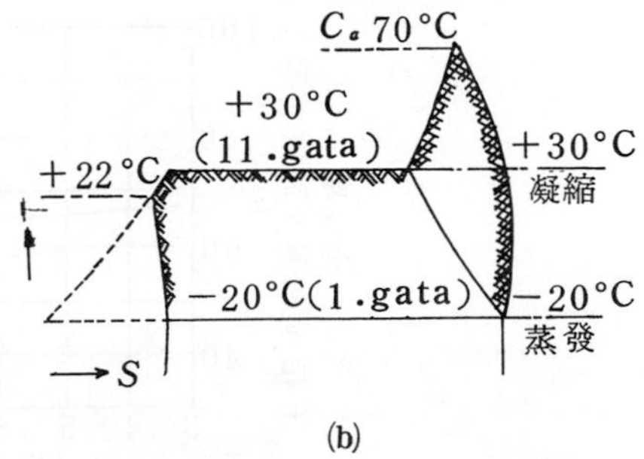

(b)

圖 11-10(a)　空氣T-S線圖壓縮比1：10　　圖 11-10(b)　NH_3 T-S線圖

11-7-2 體積效率

迴轉式壓縮機在壓縮行程終點之間隙容積非常小而且充滿潤滑油，故可防止壓縮氣體之殘留，故無殘留壓縮氣體再膨脹之現象發生，體積效率高，以氨冷媒爲例，標準運轉條件下30°C/−15°C之壓縮比1:4，容積效率爲 83%，壓縮比增大時，即30°C/−30°C，壓縮比約 10 的狀態下，體積效率仍可維持 70%（如圖11-11）。

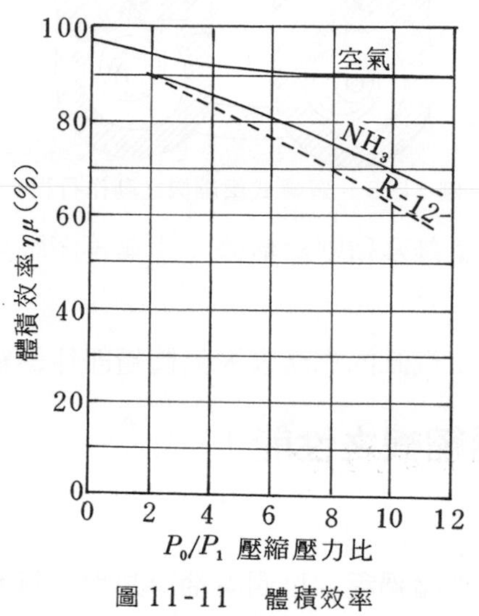

圖 11-11 體積效率

11-7-3 全效率

全效率影響所需之動力大小及運轉費用，圖11-12爲迴轉式壓縮機之

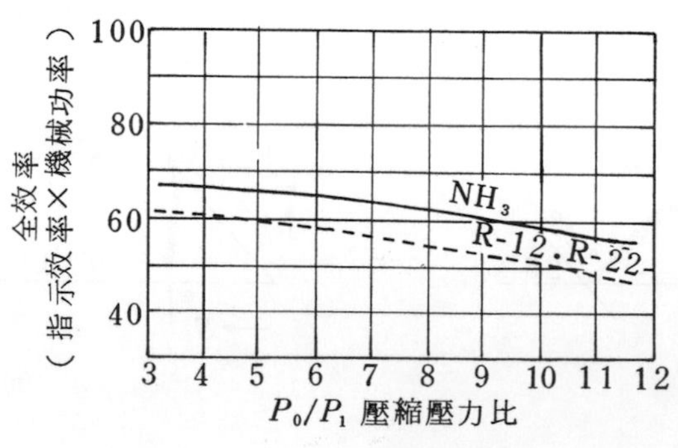

圖 11-12 全效率曲線

全效率，由圖可看出壓縮比增大全效率之降低値小爲其特徵。

冷媒NH_3之場合，標準運轉條件30°C/－15°C時壓縮比爲1:4，全效率67％，壓縮比增至10則全效率約60％，高壓縮比時單位冷凍能力所增加的消耗電力非常少。

11-7-4　性能

理論上，廻轉式壓縮機之排氣容積V可由下式算出：

$$V=\frac{\pi}{4}(D_1^2-D_2^2)\cdot L\cdot 60\cdot N \qquad (11\text{-}1)$$

但實際上應考慮廻轉角α'的死角空間Z

$$V=\left\{\frac{\pi}{4}(D_1^2-D_2^2)-Z\right\}L\cdot 60\cdot N \qquad (11\text{-}2)$$

D_1＝汽缸直徑　$m\phi$

D_2＝活塞直徑　$m\phi$

L＝汽缸長度　m

N＝廻轉速　rpm

V＝排氣容積　m^3/hr

α'＝角度　rad

β'＝角度　rad

α''＝角度　rad

β''＝角度　rad

Z_1＝面積　▨

Z_2＝面積　▧

Z＝合計面積

$Z=Z_1+Z_2$

$Z_1=(1/8)\ \alpha'\cdot D_1^2-\beta'\cdot D_2^2-D_2(D_1-D_2)\sin\beta'$

$Z_2=(1/8)\ \alpha''\cdot D_1^2-\beta''\cdot D_2^2-D_2(D_1-D_2)\sin\beta''$

$Z=(1/8)\ D_1^2(\alpha'+\alpha'')-D_2^2(\beta'+\beta'')-D_2(D_1-D_2)$
$(\sin\beta'+\sin\beta'')$

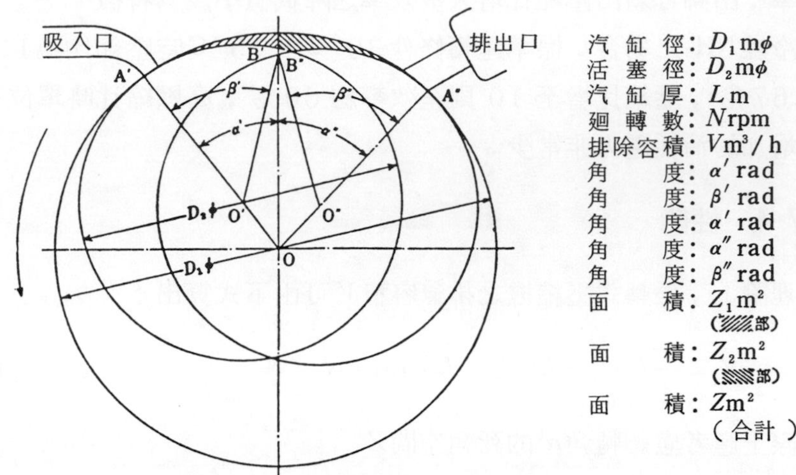

圖 11-13　迴轉式壓縮機排氣容積說明圖

α'與β'及 α''及 β'' 之關係如下

$$\sin(\beta'-\alpha')=\frac{D_1-D_2}{D_2}\sin\alpha'$$

$$\sin(\beta''-\alpha'')=\frac{D-D_2}{D_2}\sin\alpha''$$

12 離心式冷凍機

12-1 離心式冷凍機之分類

(1) 依冷凍容量之分類

① 小型離心式冷凍機30～100冷凍噸。

② 中型離心式冷凍機100～1000冷凍噸。

③ 大型離心式冷凍機1000噸以上。

(2) 依壓縮段數之分類

① 單段壓縮式（圖12-1）。

② 雙段壓縮式（圖12-2）。

③ 多段壓縮式（圖12-3）。

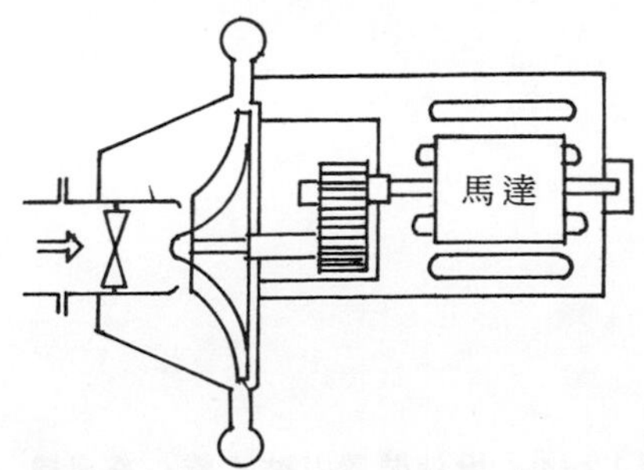

圖12-1 單段壓縮式離心式冷凍機

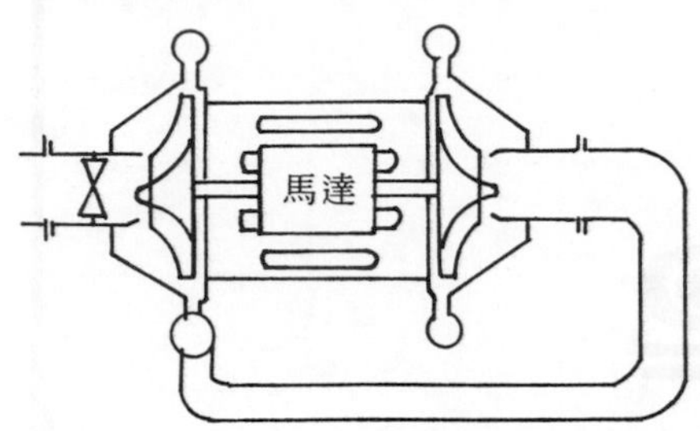

圖 12-2　雙段壓縮式離心式冷凍機

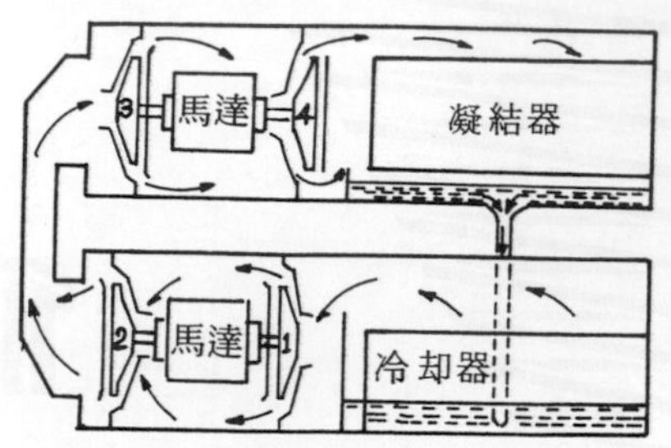

圖 12-3　多段壓縮式離心冷凍機

(3) 依使用冷媒之分類

① R-11離心式冷凍機。

② R-12離心式冷凍機。

③ R-113離心式冷凍機。

④ R-114離心式冷凍機。

⑤ R-500離心式冷凍機。

⑥ NH_3離心式冷凍機。

⑦ 二氯甲烷式冷凍機。

⑧ 丙烷(propane)冷凍機。

目前臺灣地區大多採用R-11及R-12之離心式冷凍機。

(4) 依機體封閉情形之分類

① 開放式(open type)。

② 半密閉式(semi-hermetic type)。

③ 全密式(hermetic type)。

(5) 依驅動裝置而分類

① 直結式(圖12-2)。

② 增速裝置內裝式(圖12-4)。

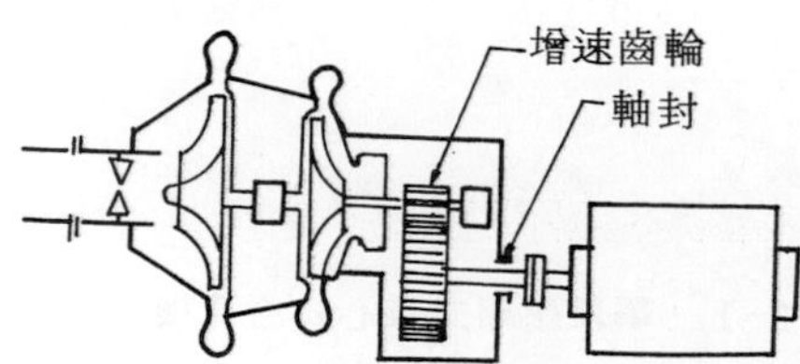

圖 12-4　增速裝置內裝式離心冷凍機

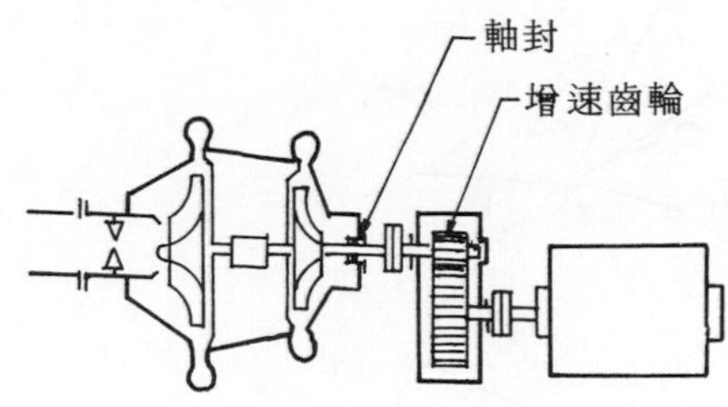

圖 12-5　增速裝置外裝式離心冷凍機

③　增速裝置外裝式（圖12-5）。

12-2　離心式冷凍機之理論

(1)　葉輪基本式

葉輪在離心式冷凍機中高速回轉，將中心吸入之流體，由離心作用，向葉輪周邊運出並加壓，使流體之絕對速度增大，再藉擴散器（diffuser）使流體擴散及減速，使速度能變成壓力能，壓力上昇。在一定轉速下，同一種類之流體其離心力恒爲一定，排氣壓力達一定值就不再上昇，且氣體之流動爲連續而非脉動，爲離心式冷凍機之特徵。

(2)　轉矩

$$M = M_2 - M_1 \ (\text{kg-m}) \tag{12-1}$$

$$M_1 = r_1 m C_{U1} \tag{12-2}$$

$$M_2 = r_2 m C_{U2} \tag{12-3}$$

$$M = (r_2 m C_{U2} - r_1 m C_{U1})(\text{kg-m}) \tag{12-4}$$

M = 轉矩（MOMENT）

C_U = 絕對速度周方向的分速度

m = 流體質量

r = 葉輪半徑

單位時間內葉輪迴轉所需作功之量爲 $M\omega$，理論上與冷媒作功量相等，

則　$\text{mg}H_{th} = M\omega$ kg-m

$$= (r_2 m C_{U2} - r_1 m C_{U1})\,\omega$$

$$= (\omega r_2 C_{U2} - \omega r_1 C_{U1})\,\text{m}$$

$$= (u_2 C_{U2} - u_1 C_{U1})\,\text{m} \tag{12-5}$$

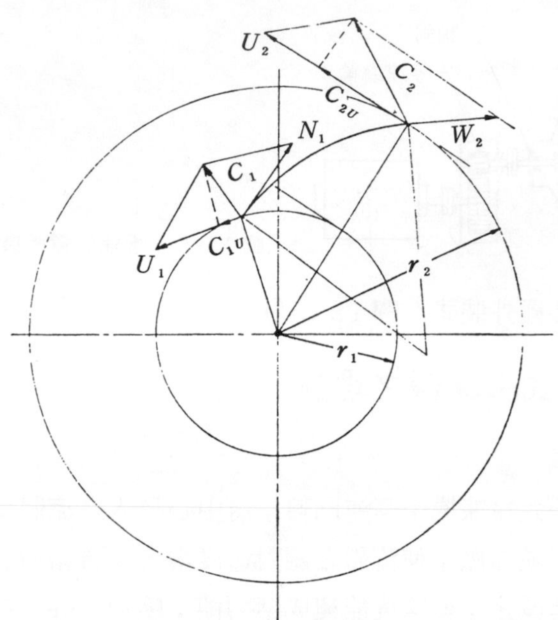

圖 12-6 速度線圖

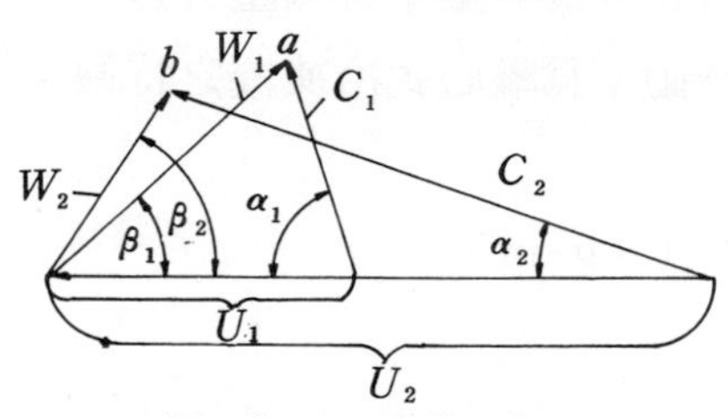

圖 12-7 速度三角形

$$\therefore \quad H_{th} = (u_2 C_{U2} - u_1 C_{U1})/g \tag{12-6}$$

由圖 12-7所示，可得下列關係：

$$W_1^2 = C_1^2 + u_1^2 - 2C_1 u_1 \cos\alpha_1 \tag{12-7}$$

$$= C_1^2 + u_1^2 - 2 u_1 C_{1U} \tag{12-8}$$

$$W_2^2 = C_2^2 + u_2^2 - 2 C_2 u_2 \cos\alpha_2 \tag{12-9}$$

$$= C_2^2 + u_2^2 - 2 u_2 C_{2U} \tag{12-10}$$

$$u_1 C_1 \cos\alpha_1 = \frac{1}{2} (C_1^2 + u_1^2 - W_1^2) = u_1 C_{1U} \tag{12-11}$$

$$u_2 C_2 \cos\alpha_2 = \frac{1}{2} (C_2^2 + u_2^2 - W_2^2) = u_2 C_{2U} \tag{12-12}$$

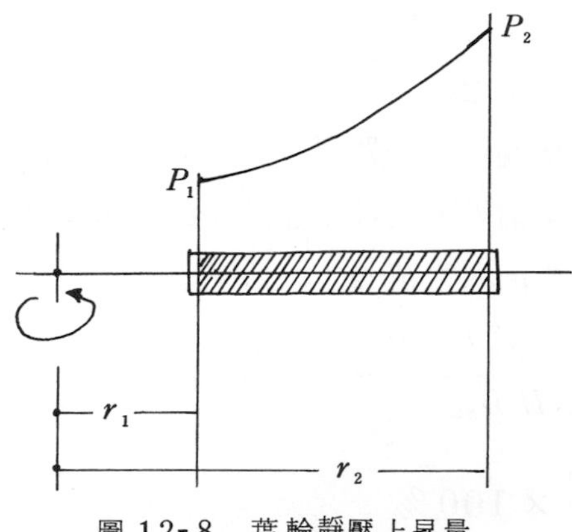

圖 12-8 葉輪靜壓上昇量

將公式（12-11）、（12-12）代入公式（12-6）。

$$H_{th}=\frac{1}{2g}[(C_2^2-C_1^2)+(u_2^2-u_1^2)+(W_1^2-W_2^2)][m] \quad (12\text{-}13)$$

公式（12-13）中（$C_2^2-C_1^2$）/2g 表示動能的增加。

在擴散器中開始減壓，由速度能量轉變成靜壓。

第二項（$u_2^2-u_1^2$）$/2g=H_U=\dfrac{\Delta P}{r}$（圖 12-8）。

等速回轉管由於離心力使 r_2 端和 r_1 端產生壓力差 ΔP。

第三項（$W_1^2-W_2^2$）/2g，W_1 爲入口速度，W_2 爲出口速度，在葉片溝中減速，使速度能轉換成靜壓。

由上述可以瞭解離心式冷凍機壓力的產生主要是由於葉片溝中的減速，出入口的周速變化及在擴管器的減速而使速度能量換成靜壓。

(3) 軸動力

不使用擴散器之場合，冷媒氣體壓縮所需之理論動力（kW）N_{ad}。

$$N_{ad}=G\times L_{ad}/6120 \quad (12\text{-}14)$$

G＝冷媒氣體流量 kg/min

N_{ad}＝理論動力 kW

L_{ad}＝壓力頭（pressure head）

使用擴散器的場合

$$N_{ad} = \frac{(G_1+G_2)(L_{ad}/2)}{6120} \qquad (12\text{-}15)$$

G_1=第一段葉輪自蒸發器吸入之冷媒量(kg/min)

G_2=第二段葉輪吸入之冷媒量(kg/min),$G_2 = G_1 + G_e$

G_e=由擴散器流入之流量

$$\delta = \frac{(G_2-G_1)(L_{ad}/2)}{G\,H\,L_{ad}} \times 100\%$$

$$= \frac{G_2-G_1}{2G} \times 100\% \qquad (12\text{-}16)$$

δ=裝置擴散器後的所需動力減少率

$$N = N_{ad}/y_{ad} \qquad (12\text{-}17)$$

y_{ad} = 斷熱效率

選用電動機時則需考慮安全係數 $\alpha \doteqdot 0.05 \sim 0.15$

$$L = N_{ad}(1+\alpha)/y_{ad} \qquad (12\text{-}18)$$

離心式冷凍機之斷熱效率 y_{ad} 爲比速度n_s,馬哈M_a值及雷諾值R_e之函數。除了在界限條件外,M_a值對斷熱效率的影響極少。但離心式壓縮機大多在此限界附近。

比速度n_s由葉片形狀決定,幾何形狀類似的葉片其比速度幾近相等,回轉速變化其值不變,欲獲得高效率則n_s應維持230～330的範圍內。

$$n_s = n \cdot Q^{1/2}/H^{3/4} \qquad (12\text{-}19)$$

n=每分鐘轉速 rpm

Q=流量　　m^3/min

H=葉輪一段之等值壓力頭m

$$M_a = u_2/\overline{W}_s \qquad (12\text{-}20)$$

$$\overline{W}_s = \sqrt{gkRT_1} \qquad (12\text{-}21)$$

R=氣體常數

$k = C_p/C_v$

T_1=冷媒入口的絕對溫度 °K

一般而言,M_a 值逾1.4～1.6則效率急降

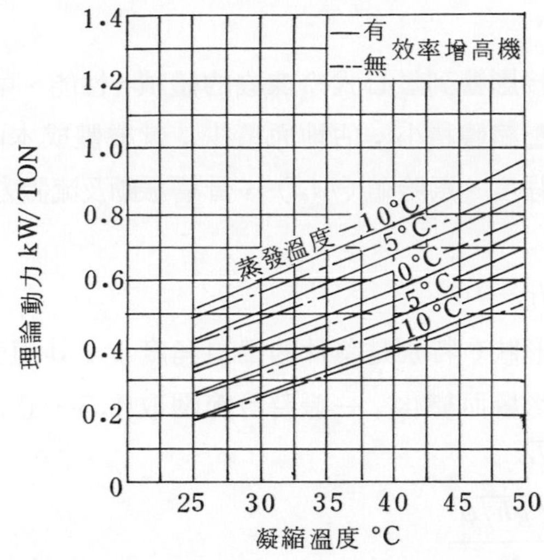

圖 12-9 R-11離心式冷凍機所需理論動力

$$R_e = \frac{u_2 D_2 r_m}{gu} \tag{12-22}$$

D_2=葉輪外徑

r_m=入口與出口比重平均值 kg/m³

u =出口冷媒氣體的絕對黏度 kg·s/m²

R-11離心式冷凍機所需理論動力可如圖12-9所示。

表12-1 離心式冷凍機的回轉式 rpm

容量	單段(冷媒)	2段(冷媒)	4段(冷媒)
60	9800(R-113)	—	3000(R-113)
100	13700(R-11)	—	3000(R-113)
150	11300(R-11)	7160(R-11)	3000(R-11)
250	8700(R-11)	5880(R-11)	3000(R-11)
450	6600(R-114)	4725(R-11)	3000(R-11)
750	—	3730(R-11)	3000(R-114)
1200	—	5400(R-12)	3000(R-12)

附註:(1)冰水出口溫度 44°F,冷却水出口 95°F

(2)冰水出口溫度 40°F,冷却水出口溫度 100°F時,上表數值增加6%。

(4) 廻轉速

廻轉速大小直接影響到離心式冷凍機的體積、性能、噪音及振動情形。

廻轉數高，則壓縮體積小，佔地面積少，就機體成本而言自是較爲有利。但須考慮材料强度、馬哈值（M_a）、音響振動及流體力學上等諸問題。

(5) 葉輪直徑

$$h = \phi u_2^2/g \tag{12-23}$$

ϕ ＝葉片形狀（特別是葉片的出口角度），其值受 n_s ，R_e ，M_a 等之影響而變化，一般設計範圍取0.5～0.55 。

$$u_2 = \sqrt{gh/\phi} \tag{12-24}$$

$$D_2 = \frac{60\sqrt{gh/\phi}}{\pi \cdot n} \tag{12-25}$$

D_2＝葉輪外徑（m）

最小葉輪外徑 D_{2k}

$$D_{2k} = \frac{\sqrt{ghQ/\phi}}{\pi \ \overline{W}_s{}^{3/2}} \tag{12-26}$$

圖12-10爲 D_{2k} 與冷凍容量的關係（ 5°C蒸發 ，45°C凝縮）。

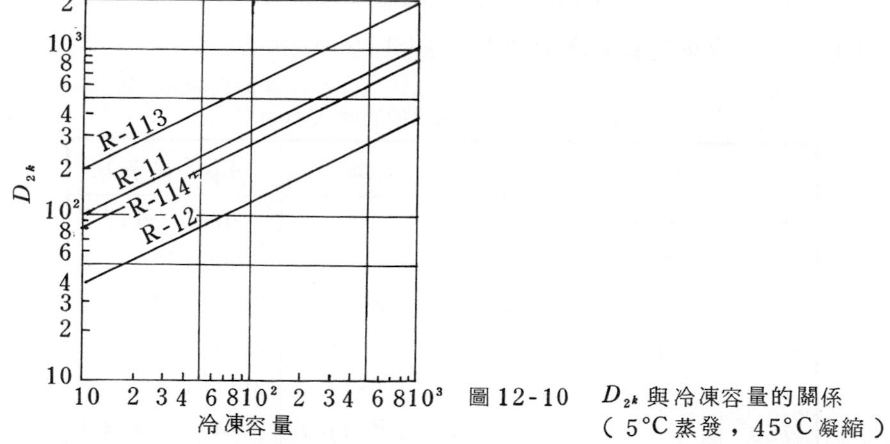

圖 12-10 D_{2k} 與冷凍容量的關係（5°C 蒸發，45°C 凝縮）

12-3 離心式冷凍機之特點

離心式與往復式冷凍機比較，離心式冷凍機之優劣點如下：

優點：

(1) 迴轉運動，易平衡，振動小。

(2) 無吸氣閥、排氣閥、活塞、汽缸、曲軸等摩擦部份，無磨耗且無因磨損而產生性能之低下，壽命較長，易保養。

(3) 中容量以上則單位冷凍容量所佔面積及重量較少。

(4) 大容量時，單位冷凍容量之價格較便宜。

(5) 可使用低壓之冷媒，安全而簡便。

缺點：

(1) 小容量時價格昂貴。

(2) 無法製作極小容量之離心式壓縮機。

(3) 用於低溫處所，葉輪段數需增加，且為間接膨脹。

12-4 離心式冷凍機之特性

12-4-1 冷媒蒸發溫度與冷凍容量及所需動力之關係

壓縮機之迴轉數及冷凝溫度保持一定時，離心式冷凍機所需動力比往復式之變化大，往復式壓縮機與離心式壓縮機一樣，其容積效率均受冷媒氣體密度之影響，但往復式情形較佳（如圖12-11）。

具有此種特性之壓縮機在負荷減少時，循環水溫下降，冷凍機之蒸發溫度亦伴之下降，在此情況下，離心式冷凍機的冷凍能力減少很多，可自

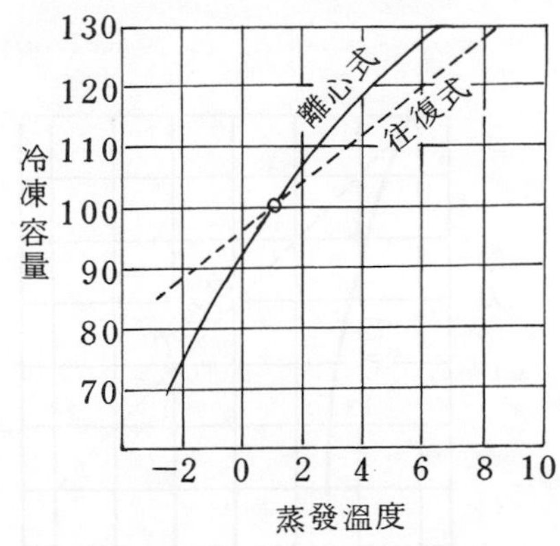

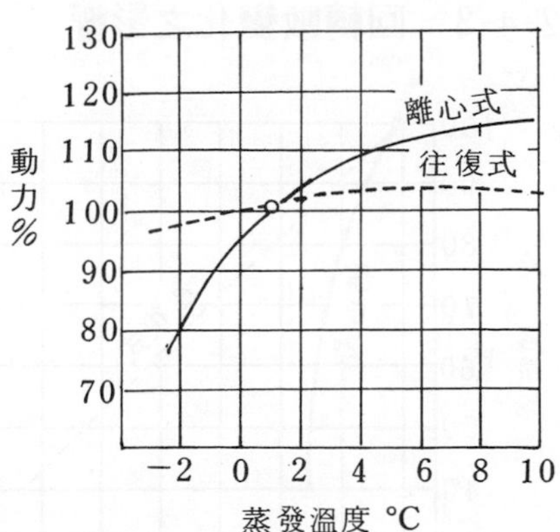

圖 12-11 蒸發溫度之影響

行保持平衡，蒸發溫度不會繼續下降太多。

12-4-2 冷凝溫度變化之影響

冷媒蒸發溫度與壓縮機廻轉速保持一定，則在冷凝溫度上昇時，離心式壓縮機之冷凍能力降低較大。所需動力則上昇至某一限度，縱使冷凝溫度再上昇，但動力有下降之趨勢。

離心式冷凍機之壓力頭(pressure head)有一定之界限，因此冷凝器之循環水量及水溫應保持在一定的條件下運轉操作才會正常。

至於往復式壓縮機冷凝溫度上昇將導致高壓上升，且效率亦會低落。

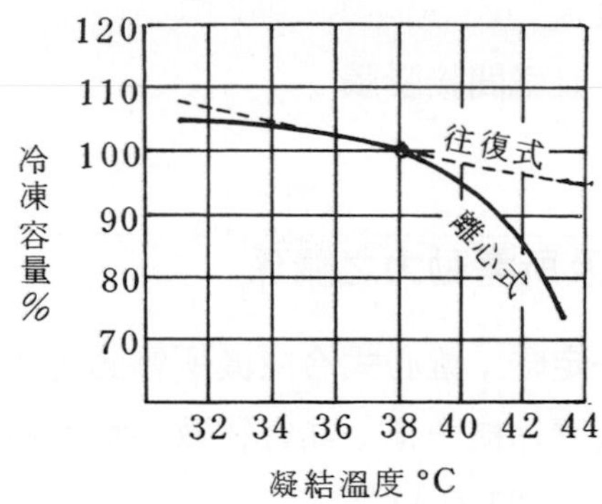

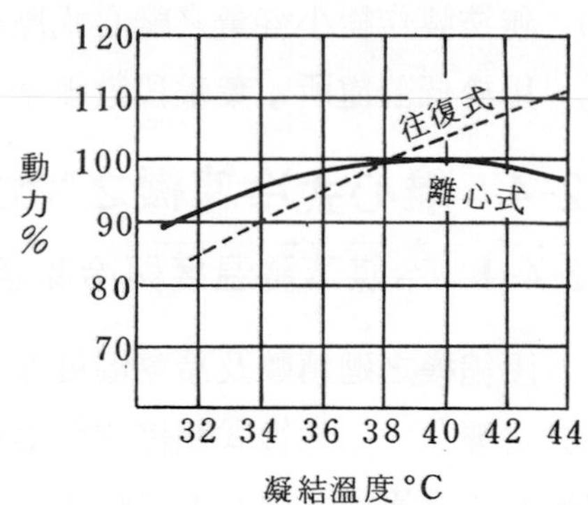

圖 12-12 冷凝溫度之影響

12-4-3 回轉數變化之影響

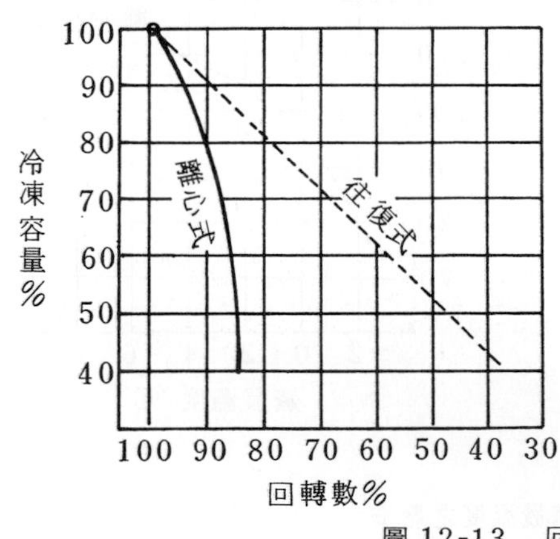

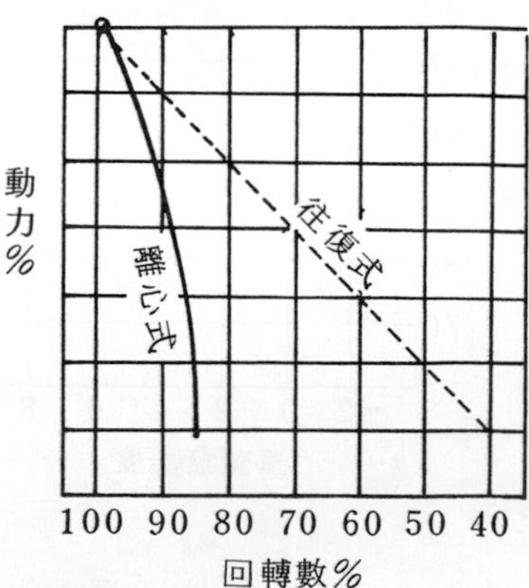

圖 12-13 回轉速之影響

蒸發溫度與冷凝溫度保持一定時廻轉數的變化，對冷凍能力及所需動力影響很大，因此電動機應採用變動率較少者，而且應不受外界干擾使廻轉數變動。

12-5　離心式冷凍機之構造

離心式冷凍機之構造各廠家均不相同，讀者欲進一步瞭解各式離心式冷凍機之構造，請向製造廠商索取有關技術資料。本文僅述及一般構造。

離心式冷凍機之外形組立圖如圖12-14所示。

目前臺灣地區已有許多空調場所採用R-12冷媒之離心式冷凍機，不必採用R-11離心機所必須的排氣系統。因R-12運轉壓力恒為正壓，故無須使用排氣裝置。

(1)　離心壓縮機

離心壓縮機主要由廻轉部份，氣體通路及廻轉支持體等三大主件所構成，再加上其他附屬裝置，諸如潤滑系統、容量控制裝置、軸封、動力傳

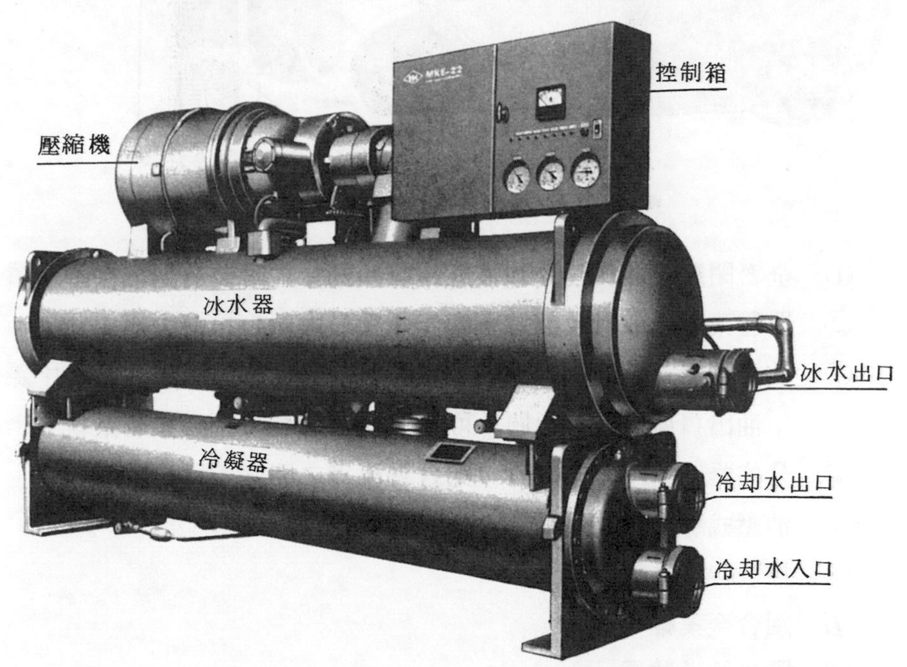

圖 12-14　離心式冷凍機外型組立圖

遞裝置、增速裝置等。

壓縮機外殼用高級鑄鐵鑄成，葉輪則用鋁合金鑄造。

離心式壓縮機主要包括下列組件：①齒輪箱(gear casing)，②葉輪外殼，③輪葉 vane ，④葉輪(impeller)，⑤葉輪軸(impeller shaft)，⑥小齒輪(pinion)，⑦螺旋齒輪(helical gear)，⑧齒輪軸(gear shaft)，⑨聯軸器(copling)。

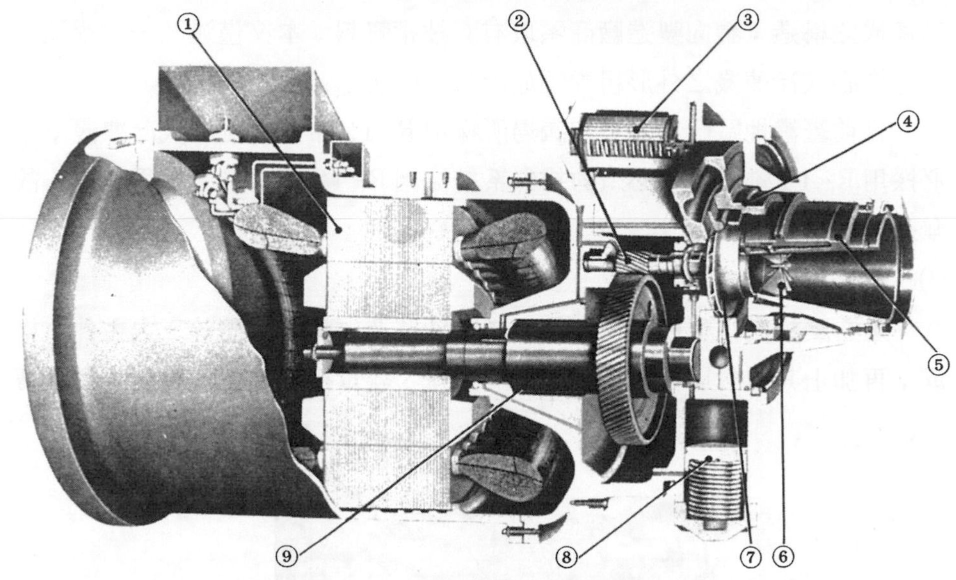

圖 12-15　全密式離心式壓縮機斷面圖

① 全密閉壓縮機馬達，以液態冷媒冷却，並附裝有過熱保護裝置。

② 單體葉輪，設計及製造上應能承受最大軸心扭轉力矩。

③ 油過濾器，裝有百萬分之十細網目之過濾網，用以清除油中雜質，油出口處裝設逆止閥。可在更換油濾蕊時不必泵乾系統。

④ 分佈器(distributor)配合導流翼之開度，可自動調整。

⑤ 油壓式導流翼控制活塞。

⑥ 控制容量之導流翼。

⑦ 鋁合金葉輪。

⑧ 緊急給油裝置。

⑨ 馬達軸承，由精密加工後再經表面處理的斜齒輪將動力傳達至葉

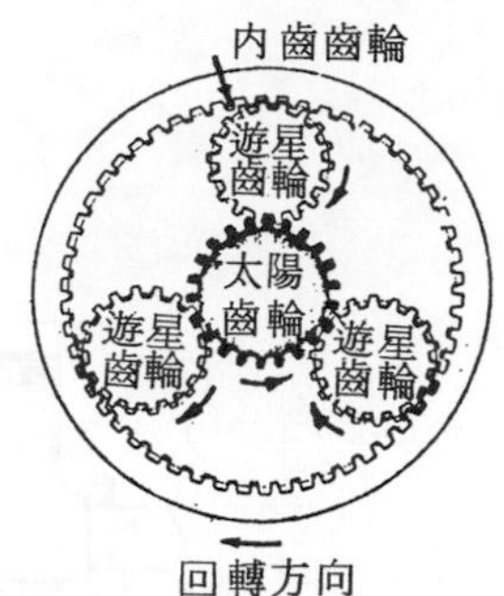

圖 12-16　遊星齒輪式變速器

輪。

⑵ 增速裝置

增速裝置由主齒輪（太陽齒輪）及游星齒輪組成，高精密度加工的特殊齒型使運轉中噪音及振動減輕，齒輪用特殊鋼製成再經熱處理，使之有適當的硬度，能耐長時間運轉，齒面磨耗小，由噴嘴强制噴出油霧，用來潤滑齒面。

⑶ 葉輪（ impeller ）

葉輪由鋁合金精密鑄造而成，並經熱處理及X光線檢查，機械加工後，作運轉平衡及超速試驗，確認其强度，與主軸的結合須圓滑而確實傳達其動力。

⑷ 潤滑系統（ lubrication system ）

油泵供給恒溫恒壓之潤滑油至所有之軸承潤滑面，同時作爲液壓容量控制系統之油源。油泵在壓縮機起動前及停止後的一定時間內自動起動與停止油壓油溫的自動安全控制，目的在於保護壓縮機在安全運轉限度內運轉。

潤滑過後之油集中在齒輪箱底，經回油管流回油泵，油中所含微量之冷媒流至油箱時經油分離器自動分離而送回冷媒系統。

從油泵送出之油經由冷却器冷却後再送至壓縮機及控制系統。所有軸承皆採用加壓强制潤滑方式，齒輪則使用油霧潤滑方式，以提高其冷却與潤滑之效果。

油壓式容量控制系統使導流翼之開度隨冰水溫度作自動調整，保持冰水溫度於一定，如有不正常的停電時，則備有緊急給油系統以便在油泵停止後繼續給油潤滑，確保壓縮機之壽命。

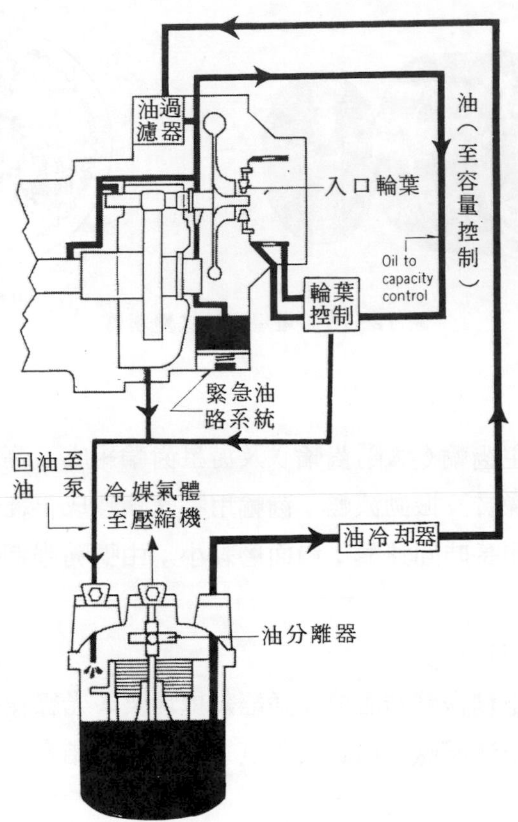

圖 12-17 潤滑系統

⑸ 容量控制系統（ capacity control ）

使用雙速油壓容量控制系統之離心機，因無軸封、控制馬達及其連桿

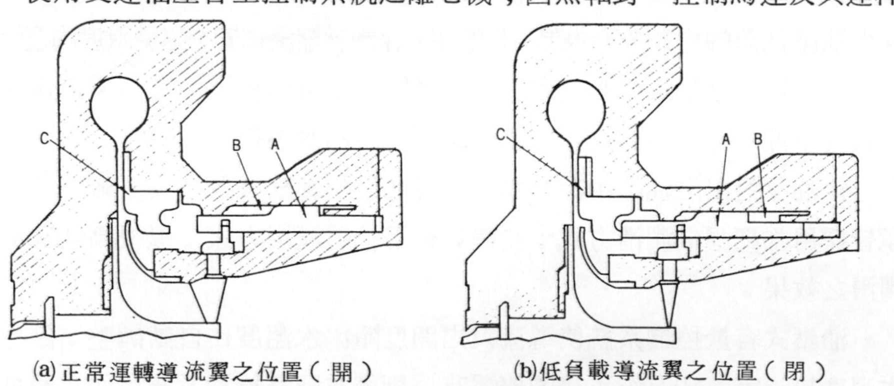

(a)正常運轉導流翼之位置（開）　(b)低負載導流翼之位置（閉）

圖 12-18 容量控制系統

等絕不故障。

壓縮機之容量以導流翼隨冰水出水溫度而自動調整控制，當油流入或流出空間 B 時使活塞 A 向軸方向移動，導流翼全開之情形如圖12-18(a)所示。

活塞 A 之另一重要功用為當壓縮機之容量減少時除了將導流翼關小外，同時推動活動分佈器 C 使分佈器之通路減小，而使之能與壓縮冷媒量配合，故在小容量時亦可運轉無聲，圖12-18(b)為在低負載時之情形。

容量控制器除上述作用外，在起動時自動使壓縮機卸載，運轉時隨電子式電流限制器之信號及低壓控制信號自動調整導流翼位置以確保壓縮機之正常運轉。

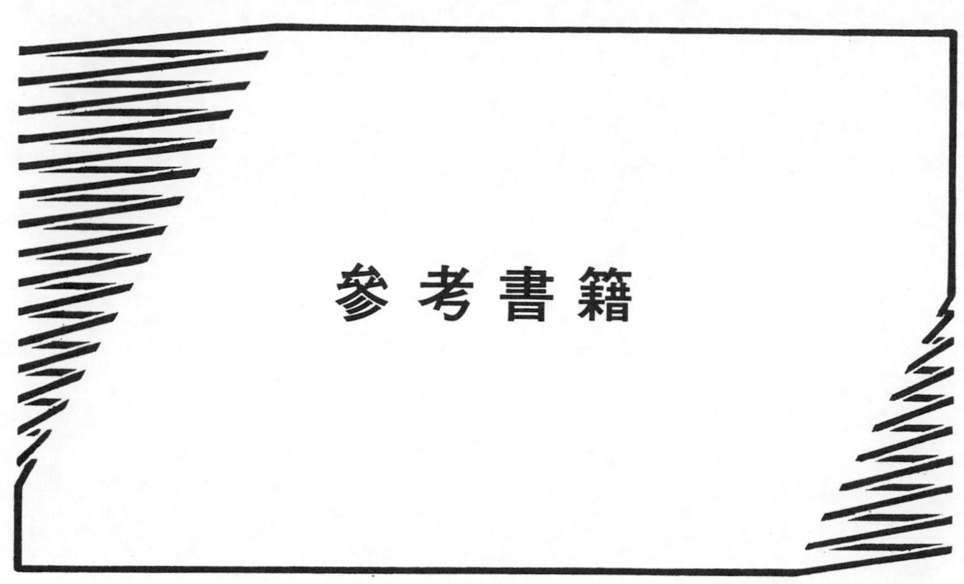

參考書籍

1. 冷凍機械ハンドブッワ　內田秀雄編輯　朝倉書局
2. 冷凍冷藏學　長岡順吉・田中和夫　恒星社厚生閣版
3. 冷凍機基本技術テキスト　豐中俊之　日本冷凍協會
4. エアコン基本技術テキスト　豐中俊之　日本冷凍協會
5. 冷凍空調技術雜誌　日本冷凍協會
6. 冷凍雜誌　日本冷凍協會
7. 高速多氣筒冷凍機之取扱　日本冷凍協會
8. Principle of Refrigeration　Roy J. Dossat
9. AHSRAE HANDBOOK　1974版
10. 空氣調節　陳春錦　東華
11. 冷凍工程　王文博　大中國
12. 冷凍工程　謝陽彬　三民
13. 冷凍空調修護技術　連錦杰　全華
14. 勞工安全衞生教材　安衞協會
15. 離心式冷凍機　彭作富　師友

附　　錄

附表 1　各種英制單位換算因素表

長		度
吋 (inches)	× .0833	=呎 (feet)
吋 (inches)	× .02778	=碼 (yards)
吋 (inches)	× .00001578	=哩 (miles)
呎 (feet)	× .3333	=碼 (yards)
呎 (feet)	× .0001894	=哩 (miles)
碼 (yards)	× 36.00	=吋 (inches)
碼 (yards)	× 3.00	=呎 (feet)
碼 (yards)	× .0005681	=哩 (miles)
哩 (miles)	× 6336.00	=吋 (inches)
哩 (miles)	× 5280.00	=呎 (feet)
哩 (miles)	× 1760.00	=碼 (yards)
圓周 (circumference of circle)	× .3188	=直徑 (diameter)
直徑 (Diameter of circle)	× 3.1416	=圓周 (circumference)

面		積
平方吋 (square inches)	× .00694	=平方呎 (square feet)
平方吋 (square inches)	× .0007716	=平方碼 (square yards)
平方呎 (square feet)	× 144.00	=平方吋 (square inches)
平方呎 (square feet)	× .11111	=平方碼 (square yards)
平方碼 (square yards)	× 1296.00	=平方吋 (square inches)
平方碼 (square yards)	× 9.00	=平方呎 (square feet)
圓直徑 (Dia. of circle squared)	× .7854	=圓面積 (area)
球直徑 (Dia. of sphere squared)	× 3.1416	=表面積 (surface)

體　　積			
立方吋 (cubic inches)	×	.0005787	=立方呎 (cubic feet)
立方吋 (cubic inches)	×	.00002143	=立方碼 (cubic yards)
立方吋 (cubic inches)	×	.004329	=加侖 (U.S gallons)
立方呎 (cubic feet)	×	1728.00	=立方吋 (cubic inches)
立方呎 (cubic feet)	×	.03704	=立方碼 (cubic yards)
立方呎 (cubic feet)	×	7.485	=加侖 (U.S gallons)
立方碼 (cubic yards)	×	46656.00	=立方吋 (cubic inches)
立方碼 (cubic yards)	×	27.00	=立方呎 (cubic feet)
球直徑 (Dia. of sphere cubed)	×	.5236	=體積 (Volume)
重量 (Weight)			
喱 (Grain)	×	.002286	=盎司 (ounces)
盎司 (ounces)	×	.625	=磅 (pounds)
盎司 (ounces)	×	.00003125	=噸 (tons)
磅 (pounds)	×	16.00	=盎司 (ounces)
磅 (pounds)	×	.01	=衡量 (hundredweight)
磅 (pounds)	×	.0005	=噸 (tons)
噸 (Tons)	×	32000.00	=盎司 (ounces)
噸 (Tons)	×	2000.00	=磅 (pounds)
能量 (Energy)			
馬力 (Horsepower)	×	33000	=英呎-磅/分 (ft lbs per min)
	×	550	=英呎-磅/秒 (ft lbs per sec.)
	×	746	=瓦特 (watts)
	×	2545	=Btu/小時 (Btu per hr.)
	×	42.42	=Btu/分 (Btu per min.)
仟瓦 (Kilowatt)	×	1000	=瓦特 (watts)
	×	1.34	=馬力 (horsepower)
仟瓦一小時 (Kilowatt-hour)	×	3415	=Btu (Btu)
英熱單位 (Btu)	×	778	=英呎-磅 (ft-lbs)
冷凍噸 (ton of refrigeration)	×	288000	=Btu/日 (Btu per day)
	×	12000	=Btu/時 (Btu per hr.)
	×	200	=Btu/分 (Btu per min.)

壓力 (Pressure)

1磅/吋² (psi)	×	0.068	=大氣壓力 (atmospheres)
	×	2.04	=水銀柱(吋)(inches of mercury)
	×	2.31	=水柱 (呎) (feet of water)
	×	27.7	=水柱 (吋) (inches of water)
1盎司/平方吋 (oz per sqin)	×	0.128	=水銀柱(吋)(inches of mercury)
	×	1.73	=水柱 (吋) (inches of water)
1吋水銀柱 (inch of mercury)	×	0.0334	=大氣壓力 (atmospheres)
	×	0.491	=磅/吋² (psi)
	×	1.13	=水柱 (呎)
	×	13.6	=水柱 (吋)
1呎水柱 (foot of water)	×	0.0295	=大氣壓力 (atmospheres)
	×	0.433	=磅/吋² (psi)
	×	62.4	=磅/呎² (per sq ft)
	×	0.883	=水銀柱(吋)(inches of mercury)
	×	29.92	=水銀柱(吋)(inches of mercury)
	×	33.94	=水柱 (呎) (feet of water)
	×	14.696	=磅/吋² (psi)
水柱 (吋) (inches of water)	×	0.0361	=磅/吋² (Psi)

力 (power)

馬力 (Horsepower)	×	746	=瓦特 (watts)
瓦特 (Watter)	×	0.001341	=馬力 (horsepower)
馬力 (Horse)	×	42.4	=Btu/分 (Btu/分)

水之各種係數在最大密度條件下 -39.2°F
(Water Factors) (at point of greatest density-39.2°F)

水立方吋(cubic inches of water)	×	0.57798	=盎司 (ounces)
立方吋 (cubic inches)	×	0.36124	=磅 (pounds)
立方吋 (cubic inches)	×	0.004329	=加侖 (美) (U.S. gallons)
立方吋 (cubic inches)	×	0.003607	=加侖 (英) (English gallons)
立方呎 (cubic feet)	×	62.425	=磅 (pounds)
立方呎 (cubic feet)	×	0.03121	=噸 (tons)
立方呎 (cubic feet)	×	7.4805	=加侖 (美) (U.S. gallons)
立方呎 (cubic feet)	×	6.232	=加侖 (英) (English gallons)
立方呎 (cubic foot of ice)	×	57.2	=磅 (pounds)
盎司 (ounces)	×	1.73	=立方吋 (cubic inches)
磅 (pounds)	×	26.68	=立方吋 (cubic inches)
磅 (pounds)	×	0.01602	=立方呎 (cubic feet)
磅 (pounds)	×	0.1198	=加侖 (美) (U.S. gallons)
磅 (pounds)	×	0.0998	=加侖 (英) (English gallons)
噸 (Tons)	×	32.04	=立方呎 (cubic feet)
噸 (Tons)	×	239.6	=加侖 (美) (U.S. gallons)
噸 (Tons)	×	199.6	=加侖 (英) (English gallons)
加侖(美) (U.S. gallons)	×	231.00	=立方吋 (cubic inches)
加侖(美) (U.S. gallons)	×	0.13368	=立方呎 (cubic feet)
加侖(美) (U.S. gallons)	×	8.345	=磅 (pounds)
加侖(美) (U.S. gallons)	×	0.8327	=加侖(英) (English gallons)
加侖(美) (U.S. gallons)	×	3.785	=公升 (liters)
加侖(英) (U.S. gallons)	×	277.41	=立方吋 (cubic inches)
加侖(英) (U.S. gallons)	×	0.1605	=立方呎 (cubic feet)
加侖(英)	×	10.02	=磅 (pounds)
加侖(英) (English gallons)	×	1.201	=加侖(美) (U.S. gallons)
加侖(英) (English gallons)	×	4.546	=公升 (liters)

附表 2　基本單位之換算

長　度

吋 in	呎 ft	碼 yd	哩 stat mile	海 哩 naut mile	厘 米 cm	米 m	公 里 (仟米) km	尺
1	0.08378	0.02733	—	—	2.540	0.0254	0.0001	0.08465
12	1	0.3333	0.00019	0.00015	30.48	0.3048	0.00014481	1.015
36	3	1	0.00057	0.00049	91.44	0.9144	0.0004	3.042
63,360	5,280	1,760	1	0.8684	160,900	1,609	1.609	5360
72,960	6,080	2,027	1.152	1	185,300	1,853	1.853	6175
0.3937	0.03281	0.01094	—	—	1	0.01	0.00001	0.03333
39.37	3.281	1.094	0.00062	0.00053	100	1	0.001	3.3333
39,370	3,281	1,093.6	0.6214	0.5396	100000	1,000	1	3333.333
11.9304	0.9942	0.3314	0.00018	0.00016	30.60321	0.30303	0.00030	1

面　積

平 方 吋 in^2	平方呎 ft^2	平方碼 yd^2	平方哩 sq mile	畝 acre	平方公分 cm^2	平方公尺 m^2	平方公里 km^2	坪
1	0.0069	0.00077	—	—	6.452	0.00006	—	0.00019
144	1	0.1111	—	0.00002	929	0.0929	—	0.0281
1,296	9	1	—	0.0002	8,361	0.8361	—	0.25292
—	27878400	3097600	1	640	—	2589080	2.59	786500
6272850	43,560	4,840	0.0016	1	40467240	4,047	0.00405	1224.2
0.153	0.0010	0.00011	—	—	1	0.0001	—	0.00003
1,550	10.764	1.196	—	0.00025	10,000	1	—	0.3025
—	—	1195993	0.3953	247.1	—	1000013.7	1	3.9325
5124.1	35.584	3.9538	—	0.00082	3305.8	3.3058	—	1

體　　積

立方吋 in^3	立方呎 ft^3	立方碼 yd^3	美制加侖 U.S. gal	英制加侖 Imp.gal.	立方公分 cm^3	立方公尺 m^3
1	0.00057	0.00002	0.00404	0.00336	16.39	0.0164
1,728	1	0.0370	7.481	6.232	28,320	28.32
46,656	27	1	202	168.2	764,637.2	764.6
231	0.1337	0.00494	1	0.8327	3,785	3.785
277.4	0.1605	0.05938	1.201	1	4,546	4.546
0.061	0.00003	—	0.0002642	0.00022	1	0.001
61.02	0.035	0.0013	0.2642	0.22	1,000	1

重　　量

盎司 oz	磅 lb	短噸 sh ton	長噸 ton	克 g	仟克 kg	公噸 t	糎 grain	斤
1	0.0625	0.00003	—	28.35	0.028	0.00002	437.5	0.04725
16	1	0.0005	0.00044	453.59	0.454	0.00045	70000	0.75599
32,000	2,000	1	0.8929	907,190	907.2	0.907	14,000.000	1.50593
35,840	2,240	1.120	1	1,016,050	1,060	1.016	15,680,000	1691.2
0.0353	0.02205	0.00001	—	1	0.001	—	15.4324	0.00166
35.27	2.205	0.0011	0.00098	1,000	1	0.001	15432.4	1.667
35,274	2,204.6	1.1023	0.9842	1,000,000	1,000	1	15432400	1667
0.02289	0.00014	0.00001	—	0.06479	0.00006	—	1	0.00010
211.648	1.3228	0.00066	59052	600	0.6	0.0006	9259.4	1

力

牛頓 N	達因 dyne	公克 g	公斤 kg	磅 lb
1	10^{-5}	102.0	0.1020	0.2248
10^{-5}	1	1.020×10^{-3}	1.020×10^{-6}	2.248×10^{-6}
9.80665×10^{-3}	980.665	1	0.001	2.205×10^{-3}
9.80665	9.80665×10^{5}	1,000	1	2.205
4.448	4.448×10^{-5}	453.6	0.4536	1

能

焦 爾 j	仟 瓦 時 kwh	馬力小時（公制）	馬力小時（英制） hph
1	2.778×10^{-7}	3.777×10^{-7}	3.725×10^{-7}
$3\ 600\times10^{6}$	1	1.360	1.341
2.648×10^{6}	0.7355	1	0.9863
2.685×10^{6}	0.7457	1.014	1
9.80665	2.724×10^{-6}	3.704×10^{-6}	3.653×10^{-6}
4,186.8	1.163×10^{-3}	1.581×10^{-3}	1.560×10^{-3}
1,055	2.931×10^{-4}	3.985×10^{-4}	3.930×10^{-4}
1.598×10^{-13}	4.44×10^{-20}	6.038×10^{-20}	5.954×10^{-20}

公 斤一米 kg-m	仟 卡 KCal	英 熱 單 位 Btu	Mev
0.1020	2.388×10^{-4}	9.478×10^{-4}	6.25×10^{12}
3.671×10^{-5}	859.845	3,412	2.25×10^{19}
27.00×10^{3}	632.4	2,510	1.65×10^{19}
273.7×10^{3}	641.2	2,544	1.68×10^{19}
1	2.342×10^{-3}	9.295×10^{-3}	6.12×10^{13}
426.9	1	3.968	2.616×10^{16}
107.6	0.2520	1	6.59×10^{15}
1.63×10^{-14}	3.82×10^{-17}	1.517×10^{-10}	1

密 度

克/立方厘米 g/cm³	仟克/立方米 kg/m³	磅/立 方 吋 lb/in³	磅/立 方 呎 lb/ft³
1	1000	0.03613	62.43
0.001	1	0.00003613	0.06243
27.68	27680	1	1728
0.01602	16.0194	0.0005787	1

功及功率

仟 瓦 kw	馬力(公制) HP	馬力(英制) hp	仟克一米/秒 KCal/s	仟 卡/秒 kg-cal/s	英熱單位/秒 Btu/s	呎一磅/秒 ft-lb/s
1	1.360	1.341	102.0	0.2388	0.9478	737.6
0.7355	1	0.9863	75	0.1757	0.6971	542.5
0.7457	1.014	1	76.04	0.1781	0.7068	550.0
9.807×10^{-3}	0.01333	0.01315	1	2.342×10^{-3}	9.295×10^{-3}	7,233
4.1868	5.692	5.615	426.9	1	3.968	3,088
1.055	1.434	1.415	107.59	0.2520	1	778.2
1.356×10^{-3}	1.843×10^{-3}	1.818×10^{-3}	0.1383	3.238×10^{-4}	1.285×10^{-3}	1

壓 力

仟克/平方厘米 kg per cm²	磅/平方吋 psi	磅/平方呎 psf	標準大氣壓力 Atmospheres, Standard 760mm	水銀柱 Columns of Mercury Hg. 13.59593 spg		水柱 Columns of Water Max Density At 4°c(39°F)	
				mm	in	m	ft
1	14.2234	2,048.17	0.96778	735.514	28.9572	10	32.8083
0.07031	1	144	0.06804	51.7116	2.03588	0.70307	2.30665
3	2	—	3	—	—	2	—
0.04882	0.06944	1	0.04725	0.35911	0.01414	0.04882	0.01602
1.03329	14.6969	2,116.35	1	760	29.9212	10.3329	33.9006
2	—	—	2	—	—	—	—
0.01360	0.01934	2.78468	0.01316	1	0.03937	0.01360	0.04461
0.03453	0.4919	70.7310	0.03342	25.4001	1	0.34534	1.13299
0.10	1.42234	204.817	0.09678	73.5514	2.89572	1	3.2803
0.03048	0.43353	62.4283	0.02950	22.4185	0.88262	0.30480	1

速率及加速度

米/秒 mps	呎/秒 Fps	哩/時 mph	knots U.S	公里/時 kilometers per Hr	米/秒² mps²	呎/秒² fps²	mph-s
1	3.28083	2.23693	1.94254	3.6	1	3.28083	2.23693
0.30480	1	0.68182	0.59209	1.09728	0.30480	1	0.68182
0.44704	1.4667	1	0.86839	1.60935	0.44704	1.4667	1
0.51479	1.68894	1.15155	1	1.85325	0.27778	0.91134	0.62137
0.0778	0.91134	0.62137	0.53959	1	—	—	—

附表 3　水之性質表

溫度	比容	密度		溶解熱
F	cu ft per lb	lb per cu ft	lb per gallon	Btu per lb
32	0.01747	57.24	7.65	143.35
20	0.01747	57.24	7.65	
0	0.01742	57.40	7.67	
-20	0.01739	57.50	7.69	

比熱		
	32°F—— 20°F	0.496 BTU PER lb F
	20°F—— 0°F	0.481 BTU PER lb F
	0°F—— 40°F	0.452 BTU PER lb F
	-40°F—— -80°F	0.414 BTU PER lb F

附表4　溫度換算表

°C	↓	°F	°C	↓	°F	°C	↓	°F
-273	-459		-134	-210	-346	-40.0	-40	-40.0
-268	-450		-129	-200	-328	-39.4	-39	-38.2
-262	-440		-123	-190	-310	-38.9	-38	-36.4
-257	-430		-118	-180	-292	-38.3	-37	-34.6
-251	-420		-112	-170	-274	-37.8	-36	-32.8
-246	-410		-107	-160	-256	-37.2	-35	-31.0
-240	-400		-101	-150	-238	-36.7	-34	-29.2
-234	-390		-95.6	-140	-220	-36.1	-33	-27.4
-229	-380		-90.0	-130	-202	-35.6	-32	-25.6
-223	-370		-84.4	-120	-184	-35.0	-31	-23.8
-218	-360		-78.9	-110	-166	-34.4	-30	-22.0
-212	-350		-73.3	-100	-148	-33.9	-29	-20.2
-207	-340		-67.8	-90	-130	-33.3	-28	-18.4
-201	-330		-62.2	-80	-112	-32.8	-27	-16.6
-196	-320		-56.7	-70	-94	-32.2	-26	-14.8
-190	-310		-51.1	-60	-76	-31.7	-25	-13.0
-184	-300		-45.6	-50	-58.0	-31.1	-24	-11.2
-179	-290		-45.0	-49	-56.2	-30.6	-23	-9.4
-173	-280		-44.4	-48	-54.4	-30.0	-22	-7.6
-169	-273	-459.4	-43.9	-47	-52.6	-29.4	-21	-5.8
-168	-270	-454	-43.3	-46	-50.8	-28.9	-20	-4.0
-162	-260	-436	-42.8	-45	-49.0	-28.3	-19	-2.2
-157	-250	-418	-42.2	-44	47.2	-27.8	-18	-0.4
-151	-240	-400	-41.7	-43	-45.4	-27.2	-17	1.4
-146	-230	-382	-41.1	-42	-43.6	-26.7	-16	3.2
-140	-220	-364	-40.6	-41	-41.8	-26.1	-15	5.0

°C	↓	°F	°C	↓	°F	C°	↓	°F
-25.6	-14	6.8	-8.9	16	60.8	7.8	46	114.8
-25.0	-13	8.6	-8.3	17	62.6	8.3	47	116.6
-24.4	-12	10.4	-7.8	18	64.4	8.9	48	118.4
-23.9	-11	12.2	-7.2	19	66.2	9.4	49	120.2
-23.3	-10	14.0	-6.7	20	68.0	10.0	50	122.0
-22.8	-9	15.8	-6.1	21	69.8	10.6	51	123.8
-22.2	-8	17.6	-5.6	22	71.6	11.1	52	125.6
-21.7	-7	19.4	-5.0	23	73.4	11.7	53	127.4
-21.1	-6	21.2	-4.4	24	75.2	12.22	54	129.2
-20.6	5	23.0	-3.9	25	77.0	12.8	55	131.0
-20.0	-4	24.8	-3.3	26	78.8	13.3	56	132.8
-19.4	-3	26.6	-2.8	27	80.4	13.9	57	134.6
-18.9	-2	28.4	-2.2	28	82.4	14.4	58	136.4
-18.3	-1	30.2	-1.7	29	84.2	15.0	59	138.2
-17.8	0	32.0	-1.1	30	86.0	15.6	60	140.0
-17.2	1	33.8	-0.6	31	87.8	16.1	61	141.8
-16.7	2	35.6	0	32	89.6	16.7	62	143.6
-16.1	3	37.4	0.6	33	91.4	17.2	63	145.4
-15.6	4	39.2	1.1	34	93.2	17.8	64	147.2
-15.0	5	41.0	1.7	35	95.0	18.3	65	149.0
-14.4	6	42.8	2.2	36	96.8	18.9	66	150.8
-13.9	7	44.6	2.8	37	98.6	19.4	67	152.6
-13.3	8	46.4	3.3	38	100.4	20.0	68	154.4
-12.8	9	48.2	3.9	39	102.2	20.6	69	156.2
-12.2	10	50.0	4.4	40	104.0	21.1	70	158.0
-11.7	11	51.8	5.0	41	105.8	21.7	71	159.8
-11.1	12	53.6	5.6	42	107.6	22.2	72	161.6
-10.6	13	55.4	6.1	43	109.4	22.8	73	163.4
-10.0	14	57.2	6.7	44	111.2	23.3	74	165.2
-9.4	15	59.0	7.2	45	113.0	23.9	75	167.0

°C	↓	°F	°C	↓	°F	°C	↓	°F
24.4	76	168.8	41.1	106	222.8	57.8	136	276.8
25.0	77	170.6	41.7	107	224.6	58.3	137	278.6
25.6	78	172.4	42.2	108	226.4	58.9	138	280.4
26.1	79	174.2	42.8	109	228.2	59.4	139	282.2
26.7	80	176.0	43.3	110	230.0	60.0	140	284.0
27.2	81	177.8	43.9	111	231.8	60.6	141	285.8
27.8	82	179.6	44.4	112	233.6	61.1	142	287.6
28.3	83	181.4	45.0	113	235.4	61.7	143	289.4
28.9	84	183.2	45.6	114	237.2	62.2	144	291.2
29.4	85	185.0	46.1	115	239.0	62.8	145	293.0
30.0	86	186.8	46.7	116	240.8	63.3	146	294.8
30.6	87	188.6	47.2	117	242.6	63.9	147	296.6
31.1	88	190.4	47.8	118	244.4	64.4	148	298.4
31.7	89	192.2	48.3	119	246.2	65.0	149	300.2
32.2	90	194.0	48.9	120	248.0	65.6	150	302.0
32.8	91	195.8	49.4	121	249.8	66.1	151	303.8
33.3	92	197.6	50.0	122	251.6	66.7	152	305.6
33.9	93	199.4	50.6	123	253.4	67.2	153	307.4
34.4	94	29.2	51.1	124	255.2	67.8	154	309.2
35.0	95	203.0	51.7	125	257.0	68.3	155	311.0
35.6	96	204.8	52.2	126	258.8	68.9	156	312.8
36.1	97	206.6	52.8	127	260.6	69.4	157	314.6
36.7	98	208.4	53.3	128	262.4	70.0	158	316.4
37.2	99	210.2	53.9	129	264.2	70.6	159	318.2
37.8	100	212.0	54.4	130	266.0	71.1	160	320.0
38.3	101	213.8	55.0	131	267.8	71.7	161	321.8
38.9	102	215.6	55.6	132	269.6	72.2	162	323.6
39.4	103	217.4	56.1	133	271.4	72.8	163	325.4
40.0	104	219.2	56.7	134	273.2	73.3	164	327.2
40.6	105	221.0	57.2	135	275.0	73.9	165	329.0

°C	↓	°F	°C	↓	°F	°C	↓	°F
74.4	164	330.8	91.1	196	384.8	107.8	226	438.8
75.0	167	332.6	91.7	197	386.8	108.3	227	440.6
75.6	168	334.4	92.2	198	388.4	108.9	228	442.4
76.1	169	336.2	92.8	199	390.2	109.4	229	444.2
76.7	170	338.0	93.3	200	392.0	110.0	230	446.0
77.2	171	339.8	93.9	201	393.8	110.6	231	447.8
77.8	172	341.6	94.4	202	395.6	111.1	232	449.6
78.3	173	343.4	95.0	203	397.4	111.7	233	451.4
78.9	174	345.2	95.6	204	399.2	112.2	234	453·2
79.4	175	347.0	96.1	205	401.0	112.8	235	455.0
80.0	176	348.8	96.7	206	402.8	113.3	236	456.8
80.6	177	350.6	97.2	207	404.6	113.9	237	458.6
81.1	178	352.4	97.8	208	406.4	114.4	238	460.4
81.7	179	354.2	98.3	209	408.2	115.0	239	462.2
82.2	180	356.0	98.9	210	410.0	115.6	240	464.0
82.8	181	357.8	99.4	211	411.8	116.1	241	465.8
83.3	182	359.6	100.0	212	413.6	116.7	242	467.6
83.9	183	361.4	100.6	213	415.4	117.2	243	469.4
84.4	184	363.2	101.1	214	417.2	117.8	244	471.2
85.0	185	365.0	101.7	215	419.0	118.3	245	473.0
85.6	186	366.8	102.2	216	420.8	118.9	246	474.8
86.1	187	368.6	102.8	217	422.6	119.4	247	476.6
86.7	188	370.4	103.3	218	424.4	120.0	248	478.4
87.2	189	377.2	103.9	219	426.2	120.6	249	480.2
87.8	190	374.0	104.4	220	428.0	121	250	482
88.3	191	375.8	105.0	221	429.8	127	260	500
88.9	192	377.6	105.6	221	431.6	132	270	518
89.4	193	379.4	106.1	223	433.4	138	280	536
90.0	194	381.2	106.7	224	435.2	143	290	554
90.6	195	383.0	107.2	225	437.0	149	300	572

°C	↓	°F	°C	↓	°F	°C	↓	°F
154	310	590	282	540	1004	410	770	1418
160	320	608	288	550	1002	416	780	1436
166	330	626	293	560	1040	421	790	1454
171	340	644	299	570	1058	427	800	1472
177	350	662	304	580	1076	432	810	1490
182	360	680	310	590	1094	438	820	1508
188	370	698	316	600	1112	443	830	1526
193	380	716	321	610	1130	449	840	1544
199	390	734	327	620	1148	454	850	1562
204	400	752	332	630	1166	460	860	1580
210	410	770	338	640	1184	466	870	1598
216	420	788	343	650	1202	471	880	1616
221	430	806	349	660	1220	477	890	1634
227	440	824	354	670	1238	482	900	1652
232	450	842	360	680	1256	488	910	1670
238	460	860	366	690	1274	493	920	1688
243	470	878	371	700	1292	499	930	1706
249	480	896	371	710	1310	504	940	1724
254	490	914	382	720	1328	510	950	1742
260	500	932	388	730	1346	516	960	1760
266	510	950	393	740	1364	521	970	1778
271	520	968	399	750	1382	527	980	1796
277	530	986	404	760	1400	532	990	1814
						538	1000	1832

Values of Single Degress

°C	↓	°F
0.56	1	1.8
1.11	2	3.6
1.67	3	5.4
2.22	4	7.2
2.78	5	9.0
3.33	6	10.8
3.89	7	12.6
4.44	8	14.4
5.00	9	16.2

附表 5　壓力換算表

真　空　度 vacuum			壓　　力 pressure								
公厘水銀柱 cm Hg	↓	吋水銀柱 in Hg	仟克/公厘² kg/cm²	↓	磅/吋² psi	仟克/公厘² kg/cm²	↓	磅/吋² ps	仟克/公厘² kg/cm²	↓	磅/吋² psi
0	0	0	0	0	0	1.9686	28	398.25	4.5700	65	924.52
5.080	2	0.787		0.1	1.442	2.0389	29	412.48	4.6402	66	938 74
10.16	4	1.575		0.2	2.845	2.1092	30	426.70	4.7106	67	952.90
15.24	6	2.362		0.3	4.267	2.1795	31	440.92	4.7809	68	967.19
20.32	8	3.150		0.4	5.689	2.2498	32	455.15	4.8512	69	981.41
25.40	10	3.937		0.5	7.112	2.3201	33	469.37	4.9215	70	995.63
30.48	12	4.724		0.6	8.534	2.3904	34	483.59	4.9918	71	1009.9
35.56	14	5.512		0.7	9.956	2.4608	35	497.82	5.0621	72	1024.1
40.64	16	6.300		0.8	11.38	2.5311	36	512.04	5.1324	73	1038.3
45.72	18	7.087		0.9	12.80	2.6014	37	526.26	5.2027	74	1052.5
50.80	20	7.874	0.0703	1	14.223	2.6717	38	540.49	5.2730	75	1068.8
55.88	22	8.661	0.1406	2	28.447	2.7420	39	554.71	5.3433	76	1081.0
60.96	24	9.449	0.2109	3	42.670	2.8123	40	568.93	5.4137	77	1095.2
66.04	26	10.24	0.2812	4	56.893	2.8826	41	583.16	5.4840	78	1109.4
71.12	28	11.02	0.3515	5	71.117	2.9529	42	597.38	5.5543	79	1123.6
(76.20)	30	11.81	0.4218	6	85.340	3.0232	43	611.60	5.6246	80	1137.9
	32	12.60	0.4922	7	99.563	3.0935	44	625.83	5.6949	82	1151.1
	34	13.39	0.5625	8	113.79	3.1638	45	640.05	5.8355	83	1180.5
	36	14.17	0.6328	9	128.01	3.2341	46	654.27	5.9058	84	1194.8
	38	14.96	0.7031	10	142.23	3.3044	47	668.50	5.9761	85	1209.0
	40	15.75	0.7734	11	156.46	3.3747	48	682.72	6.0464	86	1223.2
	42	16.54	0.8437	12	170.68	3.4451	49	696.94	6.1167	87	1237.4
	44	17.32	0.9140	13	184.90	3.5145	50	711.17	6.1870	88	1251.7
	46	18.11	0.9843	14	199.13	3.5857	51	725.39	6.2573	89	1265.9
	48	18.90	1.0546	15	213.35	3.6560	52	739.61	6.3276	90	1280.1
	50	19.69	1.1249	16	227.57	3.7263	53	753.84	6.5386	93	
	52	20.47	1.1952	17	241.80	3.7966	54	768.06	6.7495	96	
	51	21.26	1.2655	18	256.02	3.8669	55	782.28	7.0307	100	
	56	22.05	1.3358	19	270.24	3.9372	56	796.51	9.1399	130	
	58	22.84	1.4061	20	284.47	4.0075	57	810.73	11.249	160	
	60	23.62	1.4765	21	298.69	4.0778	58	824.95	14.061	200	
	62	24.41	1.5468	22	312.91	4.1418	59	839.18	17.557	250	
	64	25.20	1.6171	23	327.14	4.2184	60	853.40	21.092	300	
	66	25.98	1.6874	24	341.36	4.2887	61	867.62	24.608	350	
	68	26.77	1.7577	25	355.58	4.3590	62	881.85	28.123	400	
	72	28.35	1.8280	26	369.81	4.4294	63	896 07	31.638	450	
	76	29.92	1.8983	27	384.03	4.4997	64	910 29	34.451	500	

大　　氣　　壓　　力 Atm	公 厘 水 銀 柱 （眞 空) cm Hg (vacuum)
0.00	76.0
0.05	72.3
0.10	68.6
0.15	65.0
0.20	61.3
0.25	57.6
0.30	53.9
0.35	50.2
0.40	46.6
0.45	42.9
0.50	39.2
0.55	35.5
0.60	31.9
0.65	28.2
0.70	24.5
0.75	20.8
0.80	17.2
0.85	13.5
0.90	9.8
0.95	6.
1.00	2.5
1.03	0.0

磅/吋² psi	吋 水 銀 柱 (眞 空) in Hg (vacuum)
0	29.02
1	27.89
2	25.85
3	23.81
4	21.78
5	19.74
6	17.71
7	15.67
8	13.63
9	11.50
10	9.56
11	7.53
12	5.49
13	3.45
14	1.42

附表 6 容積換算表

立方米 m³	↓	立方呎 cuft	立方米 m³	↓	立方呎 cuft	立方米 m³	↓	立方呎 cuft
0.028	1	35.3	0.42	15	529.5	1.84	65	2299.4
0.056	2	70.6	0.56	20	706 3	1.98	70	2472.0
0.085	3	105.9	0.70	25	882.9	2.12	75	2648.6
0.113	4	141.2	0.84	30	1059.4	2.26	80	2825.2
0.142	5	176.6	0.99	35	1236.0	2.40	85	3001.7
0.170	6	211.9	1.13	40	1412.6	2.54	90	3178.3
0.198	7	247.2	1.27	45	1589.2	2.69	95	3354.9
0.227	8	282.5	1.41	50	1765.7	2.83	100	3531.4
0.253	9	317.8	1.55	55	1944.3			
0.28	10	353.1	1.69	60	2118.9			

附表 7 飽和蒸氣——溫度

飽和蒸氣——溫度表

溫度	絕對壓力		比容		焓		
F	psi	in. Hg	飽和液體	飽和蒸汽	飽和液體	潛熱	飽和蒸汽
t	p	p	v_f	v_g	h_f	h_{fg}	h_g
32	0.0885	0.1803	0.01602	3306.	0.00	1075.8	1075.8
34	0.0960	0.1955	0.01602	3061.	2.02	1074.7	1076.7
36	0.1040	0.2118	0.01602	2837.	4.03	1073.6	1077.6
38	0.1126	0.2292	0.01602	2632.	6.04	1072.4	1078.4
40	0.1217	0.2478	0.01602	2444.	8.05	1071.3	1079.3
45	0.1475	0.3004	0.01602	2036.4	13.06	1068.4	1081.5
50	0.1781	0.3626	0.01603	1703.2	18.07	1065.6	1083.7
55	0.2141	0.4359	0.01603	1430.7	23.07	1062.7	1085.8
60	0.2563	0.5218	0.01604	1206.7	28.06	1059.9	1088.0
65	0.3056	0.6222	0.01605	1021.4	33.05	1057.1	1090.2
70	0.3631	0.7392	0.01606	867.9	38.04	1054.3	1092.3
75	0.4298	0.8750	0.01607	740.0	43.03	1051.5	1094.5
80	0.5069	1.0321	0.01608	633.1	48.02	1048.6	1096.6
85	0.5959	1.2133	0.01609	543.5	53.00	1045.8	1098.8
90	0.6982	1.4215	0.01610	468.0	57.99	1042.9	1100.9
95	0.8153	1.6600	0.01612	404.3	62.98	1040.1	1103.1
100	0.9492	1.9325	0.01613	350.4	67.97	1037.2	1105.2
110	1.2748	2.5955	0.01617	265.4	77.94	1031.6	1109.5
120	1.6924	3.4458	0.01620	203.27	87.92	1025.8	1113.7
130	2.2225	4.5251	0.01625	157.34	97.90	1020.0	1117.9
140	2.8886	5.8812	0.01629	123.01	107.89	1014.1	1122.0
150	3.718	7.569	0.01634	97.07	117.89	1008.2	1126.1
160	4.741	9.652	0.01639	77.29	127.89	1002.3	1130.2
170	5.992	12.199	0.01645	62.06	137.90	996.3	1134.2
180	7.510	15.291	0.01651	50.23	147.92	990.2	1138.1
190	9.339	19.014	0.01657	40.96	157.95	984.1	1142.0
200	11.526	23.467	0.01663	33.64	167.99	977.9	1145.9
212	14.696	29.922	0.01672	26.80	180.07	970.3	1150.4
250	29.825	60.725	0.01700	13.821	218.48	945.5	1164.0
300	67.013	136.44	0.01745	6.466	269.59	910.1	1179.7
350	134.63	274.11	0.01799	3.342	321.63	870.7	1192.3
400	247.31	503.52	0.01864	1.8633	374.97	826.0	1201.0
450	422.6	860.41	0.0194	1.0993	430.1	774.5	1204.6
500	680.8	1386.1	0.0204	0.6749	487.8	713.9	1201.7
600	1542.9	3143.1	0.0236	0.2668	617.0	548.5	1165.5
700	3093.7	6298.7	0.0369	0.761	823.3	172.1	995.4
705.4	3206.2	6527.8	0.0503	0.0503	902.7	0	902.7

附表 8 飽和蒸氣——壓力

飽和蒸氣——壓力表

絕對壓力	溫度	比容		焓		
in. Hg	F	飽和液體	飽和蒸汽	飽和液體	潛熱	飽和蒸汽
p	t	v_f	v_g	h_f	h_{fg}	h_g
0.25	40.23	0.01602	2423.7	8.28	1071.1	1079.4
0.50	58.80	0.01604	1256.4	26.86	1060.6	1087.5
0.75	70.43	0.01606	856.1	38.47	1054.0	1092.5
1.00	79.03	0.01608	652.3	47.05	1049.2	1096.3
1.5	91.72	0.01611	444.9	59.71	1042.0	1101.7
2.0	101.14	0.01614	339.2	69.10	1036.6	1105.7
2.5	108.71	0.01616	274.9	76.65	1032.3	1108.9
3.0	115.06	0.01618	231.6	82.99	1028.6	6111.6
4.0	125.43	0.01612	176.7	93.34	1022.7	1116.0
5	133.76	0.01626	143.25	101.66	1017.7	1119.4
6	140.78	0.01630	120.72	108.67	1013.6	1122.3
7	146.86	0.01633	104.46	114.75	1010.0	1124.8
8	152.24	0.01635	92.16	120.13	1006.9	1127.0
9	157.09	0.01638	82.52	124.97	1004.0	1129.0
10	161.49	0.01640	74.76	129.38	1001.4	1130.8
11	165.54	0.01642	68.38	133.43	999.0	1132.4
12	169.28	0.01644	63.03	137.18	996.7	1133.9
13	172.78	0.01646	58.47	140.68	994.6	1135.3
14	176.05	0.01648	54.55	143.96	992.6	1136.6
15	179.14	0.01650	51.14	147.06	990.7	1137.8
16	182.05	0.01652	48.14	149.98	988.9	1138.9
17	184.82	0.01654	45.48	152.75	987.3	1140.0
18	187.45	0.01655	43.11	155.39	985.7	1141.1
19	189.96	0.01657	40.99	157.91	984.2	1142.1
20	192.37	0.01658	39.07	160.33	982.7	1143.0
21	194.68	0.01660	37.32	162.65	981.2	1143.9
22	196.90	0.01661	35.73	164.87	979.8	1144.9
23	199.03	0.01663	34.28	167.02	978.5	1145.5
24	201.09	0.01664	32.94	169.09	977.2	1146.3
25	203.08	0.01666	31.70	171.09	975.9	1147.0
26	205.00	0.01667	30.56	173.02	974.8	1147.8
27	206.87	0.01668	29.50	174.90	973.6	1148.5
28	208.67	0.01669	28.52	176.72	972.5	1149.2
29	210.43	0.01671	27.60	178.48	971.4	1449.9
30	212.13	0.01672	26.74	180.19	970.3	1150.5

附表 9　各型銅管規格表

外徑尺寸 in(O.D.)	通稱尺寸 inchs	外徑 inchs	型式	內徑 inches	厚度 inches	1立方呎容積相當管長 (ft)	重量 lb/ft
$^1/_4$	$^1/_8$	.250		.190	.030	681.0	.080
$^3/_8$	$^1/_4$	.375	K	.311	.032	253.0	.134
$^1/_2$	$^3/_8$	.500	K	.402	.049	151.0	.269
			L	.430	.035	133.5	.198
$^5/_8$	$^1/_2$	.625	K	.527	.049	88.0	.344
			L	.545	.040	82.6	.284
$^3/_4$	$^5/_8$	.750	K	.652	.049	57.5	.418
			L	.660	.042	56.1	.362
$^7/_8$	$^3/_4$	.875	K	.745	.065	44.0	.641
			L	.785	.045	39.8	.454
$1^1/_8$	1	1.125	K	.995	.065	24.7	.839
			L	1.025	.050	23.2	.653
$1^3/_8$	$1^1/_4$	1.375	K	1.245	.065	15.8	1.04
			L	1.265	.055	15.3	.882
$1^5/_8$	$1^1/_2$	1.625	K	1.481	.072	11.1	1.36
			L	1.505	.060	10.8	1.14
$2^1/_8$	2	2.125	K	1.959	.083	6.39	2.06
			L	1.985	.070	6.20	1.75
$2^5/_8$	$2^1/_2$	2.625	K	2.435	.095	4.15	2.92
			L	2.465	.080	4.01	2.48
$3^1/_8$	3	3.125	K	2.907	.109	2.90	4.00
			L	2.945	.090	2.80	3.33
$3^5/_8$	$3^1/_2$	3.625	K	3.385	.120	2.14	5.12
			L	3.425	.100	2.07	4.29
$4^1/_8$	4	4.125	K	3.857	.134	1.65	6.51
			L	3.905	.110	1.61	5.38
$5^1/_8$	5	5.125	K	4.805	.160	1.06	9.67
			L	4.875	.125	1.03	7.61
$6^1/_8$	6	6.125	K	5.741	.192	.74	13.87
			L	5.845	.140	.72	10.20
$8^1/_8$	8	8.125	K	7.583	.271	.43	25.90
			L	7.725	.200	.41	19.29

最新部訂課程標準

冷凍空調原理與工程（下）

許守平 編著

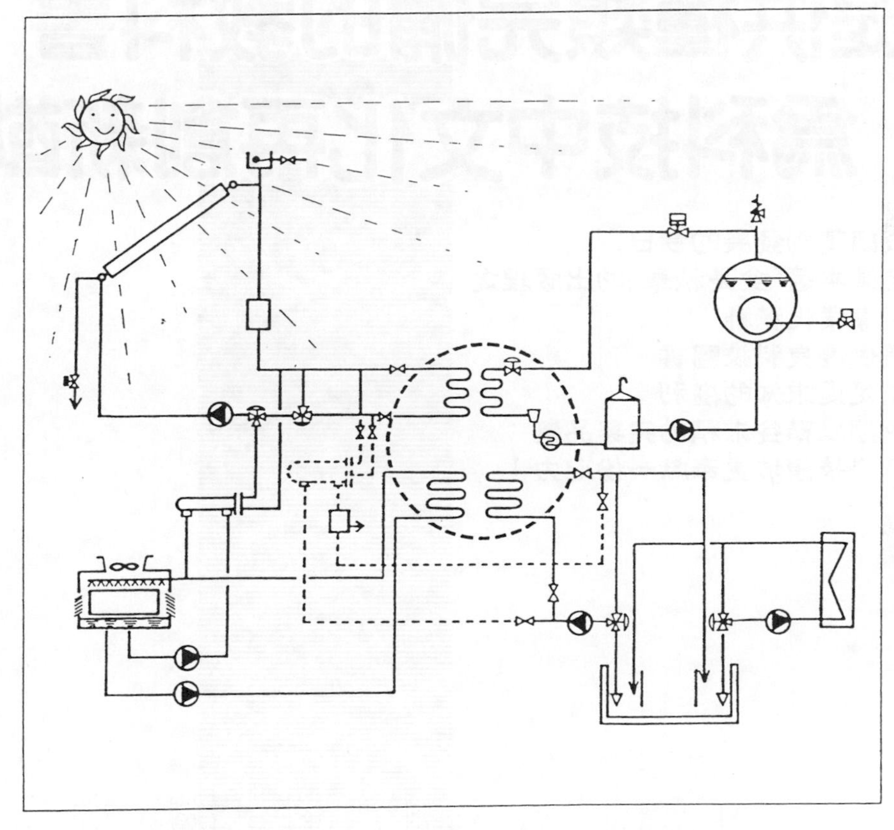

全華科技圖書股份有限公司 印行

我們的宗旨：

提供種類完備的教科書
爲科技中文化再創新猷

資訊蓬勃發展的今日，
全華本著「全是精華」的出版理念
以專業化精神
提供優良科技圖書
滿足您求知的權利
更期以精益求精的完美品質
爲科技領域更奉獻一份心力！

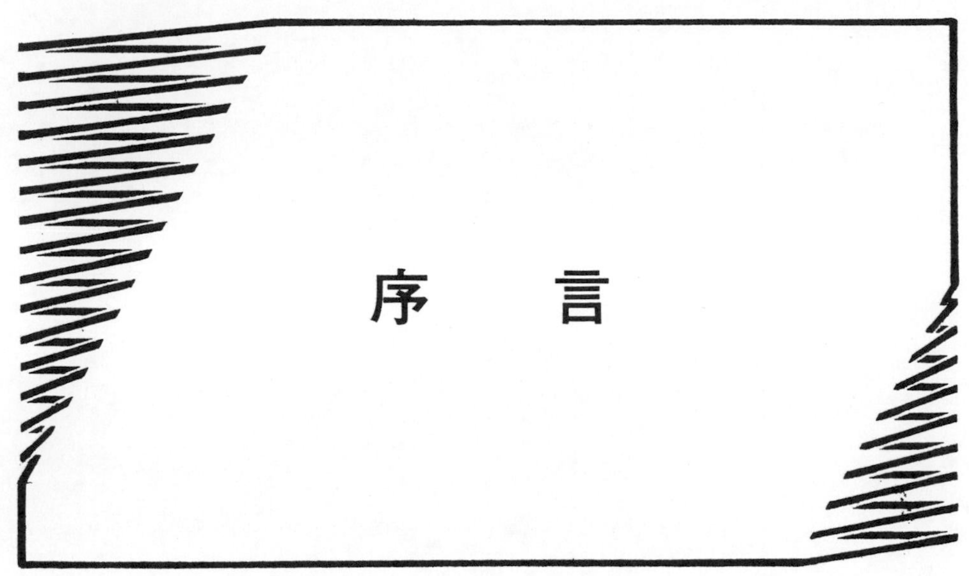

冷凍空調此一行業，由於生活水準之提高，科技之發達，如今已蓬勃發展，政府有關單位，亦認爲冷凍空調在當今工業結構及日常生活中，不再是一種奢侈品，因此冷凍空調知識及技術的需求也更爲迫切，本書編著之目的卽在於此。

本書除了參考教育部頒佈之冷凍工程課程標準作爲編著藍本外，尙參考中外有關文獻資料，在此特向有關作者致謝。

本書理論與實務並重，適合高職、大專有關科系採用爲教本，也適合冷凍空調界專業人員參考，若採用爲教本，請配合每週教學之時數不同，由任教老師酌予删減之。

書中若有遺誤及疏漏之處，謹請海內外專家學者及讀者指正。

許守平　謹識

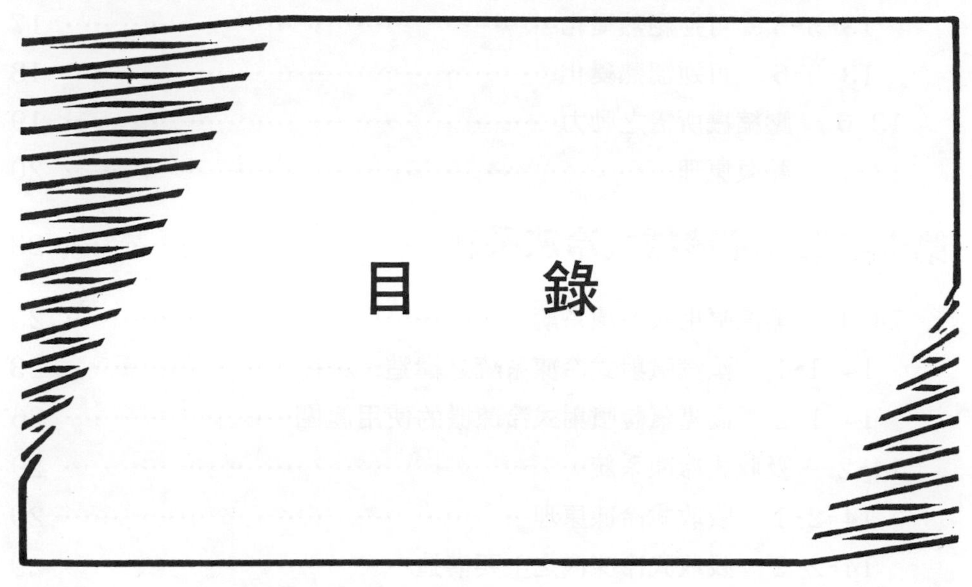

目　　錄

第十三章　壓縮理論……………………………………………… 1

13-1　壓縮循環…………………………………………………… 1

13-2　間隙容積與容積效率……………………………………… 3

13-2-1　間隙容積的影響…………………………………… 3

13-2-2　吸入氣體膨脹的影響……………………………… 3

13-2-3　容積效率…………………………………………… 4

13-2-4　壓縮比的變化對容積效率的影響………………… 6

13-3　壓縮功……………………………………………………… 6

13-4　壓縮效率與機械效率……………………………………… 7

13-4-1　壓縮效率…………………………………………… 7

13-4-2　機械效率…………………………………………… 9

13-5　熱力學基本公式…………………………………………… 9

13-5-1　能（energy）………………………………………… 9

13-5-2　卡諾循環、熱效率及成績係數…………………… 12

13-5-3　理想氣體基本熱力公式…………………………… 14

13-5-4　可逆等溫變化，等壓變化及等容變化…………… 16

13-5-5　可逆絕熱變化⋯⋯ 17
13-5-6　可逆溫熱變化⋯⋯ 18
13-6　壓縮機所需之動力⋯⋯ 19
13-7　熱泵原理⋯⋯ 20
第十四章　非機械式冷凍系統⋯⋯ 23
14-1　蒸汽噴射式冷凍系統⋯⋯ 23
14-1-1　蒸汽噴射式冷凍系統之構造⋯⋯ 23
14-1-2　高壓氣體噴射式冷凍機的使用範圍⋯⋯ 26
14-2　吸收式冷凍系統⋯⋯ 29
14-2-1　吸收式冷凍原理⋯⋯ 29
14-2-2　吸收式冷凍機之主要構造⋯⋯ 29
14-2-3　冷媒與吸收劑的組合種類⋯⋯ 30
14-2-4　吸收式冷凍系統之優點⋯⋯ 31
14-2-5　吸收式冷凍機的基本循環⋯⋯ 31
14-2-6　吸收式冷凍機之熱效率⋯⋯ 36
14-2-7　吸收式冷凍機之接續配管⋯⋯ 36
14-2-8　吸收式冷凍機關停順序⋯⋯ 38
14-3　熱電式冷凍系統⋯⋯ 38
14-3-1　熱電式冷凍系統之基本原理⋯⋯ 38
14-3-2　熱電冷凍系統與壓縮式冷凍系統的比較⋯⋯ 40
14-3-3　熱電冷凍機的基本公式⋯⋯ 42
14-3-4　熱電冷凍機適用場合⋯⋯ 44
14-4　磁性冷凍系統⋯⋯ 44
第十五章　低溫裝置⋯⋯ 47
15-1　二段冷凍系統⋯⋯ 47
15-1-1　低溫冷凍方式⋯⋯ 47
15-1-2　超低溫的用途⋯⋯ 47

15-1-3　超低溫系統採用之冷媒……………………………………………… 48
15-1-4　二段壓縮之冷凍系統……………………………………………… 48
15-2　二元冷凍系統……………………………………………………… 54
15-3　極低溫裝置………………………………………………………… 58
15-3-1　20°K以下之冷却方式及溫度範圍……………………………… 58
15-3-2　極低溫利用的新技術……………………………………………… 59

第十六章　不冷液及冷凍油……………………………………………… 61

16-1　不凍液的種類……………………………………………………… 61
16-1-1　不凍液的種類……………………………………………………… 62
16-1-2　不凍液的選擇……………………………………………………… 62
16-2　常用不凍液的性質………………………………………………… 63
16-2-1　食鹽水溶液的性質………………………………………………… 63
16-2-2　氯化鈣溶液的性質………………………………………………… 63
16-2-3　氯化鎂水溶液之性質……………………………………………… 73
16-2-4　有機不凍液的性質………………………………………………… 73
16-3　不凍液的腐蝕性…………………………………………………… 81
16-4　冷凍油應具備的性質……………………………………………… 84

第十七章　冷媒配管……………………………………………………… 87

17-1　冷媒配管…………………………………………………………… 87
17-2　冷媒配管材料……………………………………………………… 88
17-3　配管之熱膨脹……………………………………………………… 92
17-4　配管之摩擦阻力…………………………………………………… 93
17-5　冷媒配管摩擦損失之決定基準…………………………………… 94
17-6　管徑之決定………………………………………………………… 94
17-6-1　常用冷媒管徑之選擇圖表………………………………………… 96
17-6-2　管徑計算實例……………………………………………………104
17-7　排氣管配管要點及其配管方式……………………………………109

17-7-1 排氣管配管要點……109
17-7-2 排氣管配管方式……110
17-8 液管配管要點及其配管方式……114
17-8-1 液管配管要點……114
17-8-2 液管配管之方式……117
17-9 吸氣管配管要點及配管方式……119
17-9-1 吸氣管配管要點……119
17-9-2 吸氣管配管方式……120
17-10 壓縮機週圍之其他配管……123
17-11 可撓管之使用……124
17-12 配管之支持法……125
17-12-1 配管之支持間隔……125
17-12-2 配管吊支架之型式……125
17-13 冷媒配管之防熱……127
17-13-1 配管之防熱材料……127
17-13-2 管路防熱之施工方式……132

第十八章 水配管……135

18-1 配管材料……135
18-1-1 鋼管……136
18-1-2 PVC 管……136
18-2 水管摩擦阻力……136
18-3 水管管徑之決定……142
18-4 水管系統之分類……143
18-4-1 放流型和循環型……143
18-4-2 開放系統和密閉系統……143
18-4-3 强制通水與自然通水……144
18-4-4 回水管之方式……144
18-5 熱源機器之配管系統……145

18-5-1 密閉式水管系統……145
18-5-2 開放式蓄熱槽冰水系統……145
18-5-3 冷却水系統配管……147
18-6 機器周圍之配管方式……149
18-6-1 冷溫水盤管……149
18-6-2 冷却水塔之配管方式……153
18-6-3 冷凝器……155
18-6-4 冷水器……158
18-6-5 膨脹水箱之配管……158
18-6-6 洗滌器……161
18-6-7 水泵浦之配管……163
18-7 水管保溫……165
18-8 水污處理……165
18-8-1 常用冷却水種類……165
18-8-2 水質劣化可能造成的危害……165
18-8-3 水質基準值……166
18-8-4 水垢之清除……166

第十九章 風管設備……169

19-1 風管之摩擦與阻抗……169
19-1-1 全壓、靜壓、動壓三者之關係……169
19-1-2 風管之摩擦與阻抗……170
19-1-3 直管部份的摩擦阻抗……171
19-1-4 局部阻抗……174
19-2 風管構造……187
19-2-1 PVC(塑膠)風管……188
19-2-2 鍍鋅鐵皮風管……188
19-3 風管之保溫……199
19-4 風管大小之決定……201

19-4-1　速度遞減法……203
19-4-2　等摩擦損失法（或稱等壓法）……203
19-5　出風口與回風口之種類……204
19-6　出風口與回風口之配合……207
19-6-1　擴散型風口之位置……207
19-6-2　壁式柵型出風口之位置……207
19-6-3　回風口之位置……207
19-6-4　新鮮空氣口之位置……207
19-6-5　出風口與回風口之相對位置……208
19-7　通風之測量及風壓風速計之應用……209
19-7-1　風速及風量之測定……209
19-8　風管與機器之連接……211

第二十章　空氣的性質與空氣線圖……215

20-1　空氣的組成及性質……215
20-1-1　記號說明……215
20-1-2　乾空氣的組成及性質……216
20-1-3　濕空氣的性質及相關術語……217
20-1 4　水蒸汽之潛熱……220
20-1-5　熱平衡與質量平衡……224
20-2　濕空氣線圖……226
20-3　空氣之狀態變化及空氣線圖之用法……226
20-3-1　已知不飽和空氣的任意特性，求其他狀態特性……226
20-3-2　濕空氣的斷熱混合……229
20-3-3　純加熱式冷却的狀態變化……230
20-3-4　冷却除濕的狀態變化……232
20-3-5　加熱加濕的狀態變化……233
20-3-6　噴霧特性狀態變化……234
23-4　吸收劑除濕過程……236

第二十一章　空調方式……237

21-1　空氣調節之意義……237
21-2　空氣調節之方式……237
21-2-1　窗型冷氣機……238
21-2-2　箱型冷氣機……242
21-2-3　單風管方式……246
21-2-4　雙風管式……247
21-2-5　多區域式……248
21-2-6　末端再熱式……249
21-2-7　分層個別式……249
21-2-8　誘引式……250
21-2-9　小型冰水送風機式……250
21-2-10　輻射冷暖氣方式……252
21-2-11　蓄熱方式……253
21-2-12　可變風量空調系統……254

第二十二章　空氣調節裝置……257

22-1　中央系統式空氣調節器之構成……257
22-2　送風機……261
22-2-1　送風機常用術語……261
22-2-2　送風機法則及噪音法則……262
22-2-3　送風機之種類……264
22-2-4　各式送風機之性能曲線與比較……269
22-2-5　中國國家標準送風機之試驗方法……271
22-2-6　風管出入口對送風機的影響……272
22-3　空氣淨化裝置……274
22-3-1　污染空氣對人體家畜及產品品質的影響……276
22-3-2　空氣淨化裝置的種類……279

22-4　空氣冷却盤管……285
22-4-1　選用空氣冷却盤管之原則……285
22-4-2　空氣冷却盤管之選擇法……286
22-5　空氣加熱盤管……290
22-6　空氣洗滌器……291
22-7　加熱裝置……293
22-8　減濕裝置……293

第二十三章　冷凍設備……295

23-1　冷却方式……295
23-1-1　依冷却器之冷却方式分類……295
23-1-2　依冷却器之型式而分類……296
23-1-3　依冷却循環路徑而分類……296
23-1-4　依凍結速度而分類……296
23-2　冷藏設備……297
23-2-1　冷藏庫大小及收容量……297
23-2-2　冷藏庫之保冷……305
23-2-3　防熱門……315
23-2-4　空氣簾（空氣門）……318
23-2-5　冷藏庫之安全措施……319
23-3　凍結設備……320
23-3-1　凍結裝置之分類……320
23-3-2　空氣凍結裝置……320
23-3-3　不凍液凍結裝置……323
23-3-4　間接間觸式之凍結裝置……324
23-3-5　液態氣體凍結法……325
23-4　製冰設備……330
23-4-1　製冰設備分類……330
23-5　其他冷凍設備……337

23-5-1 冰箱……337
23-5-2 冷凍櫃……342
23-5-3 飲水機……351
23-5-4 冰淇淋機……353
23-5-5 冷凍庫……355
23-5-6 其他冷凍裝置……356

第二十四章 冷凍空調負荷計算……359

24-1 氣象資料及設計條件……359
24-1-1 我國氣象資料……359
24-1-2 室外設計條件之選擇……362
24-2 空調負荷計算……370
24-2-1 由玻璃窗侵入之熱量……370
24-2-2 由牆壁侵入之熱量……389
24-2-3 隙間風（外氣）之熱負荷……408
24-2-4 隙間風量的計算……408
24-2-5 入員之發生熱……411
24-2-6 燈光之發生熱……412
24-2-7 動力或其他設備之發熱……412
24-2-8 空調設備之熱損失及安全率……414
24-2-9 室內總負荷，總負荷及冷凍機噸位……416
24-2-10 送風機與送風溫度的關係……417
24-3 冷凍負荷計算……419
24-3-1 冷凍負荷熱源……419
24-3-2 壁體侵入熱……419
24-3-3 外氣侵入熱……420
24-3-4 貯藏品之冷凍負荷……421
24-3-5 貯藏品之呼吸熱……422
24-3-6 人體之發熱量……422

24-3-7　燈光動力等設備之發熱……………………………………………423
24-3-8　總負荷與冷凍機噸位……………………………………………424
24-3-9　冷藏庫負荷的簡易計算…………………………………………424
24-3-10　空調負荷之簡易計算……………………………………………425

13-1 壓縮循環

在冷凍系統中，為了使蒸發器內的冷媒壓力，保持在一定值的低壓狀態，須藉壓縮機將已蒸發的氣態冷媒吸入，經壓縮過程，昇高冷媒壓力，使之容易在冷凝器液化。使流體經各種狀態變化，再回復原狀態，流體不斷的循環，而產生製冷效果，謂之壓縮式冷凍循環。

氣體在壓縮過程中，容積與壓力變化的情形，如圖13-1所示。

㈠ 吸入行程

① 於活塞的上死點 A，排氣閥片閉合。活塞下移之同時，吸氣閥片逐漸開啟。

② 活塞由上死點 A 下移至 B 點的過程中，由於頂端餘隙容積殘留之高壓氣體膨脹，減壓至吸氣壓力時的這一段過程，實際上並沒有吸氣作用。

③ 活塞自 B 點開始吸氣進入氣缸，一直到下死點 C，吸入閥片才閉合，吸入行程結束。

㈡ 壓縮行程

① 在下死點（C 點）吸入閥片及排氣閥片皆閉合。

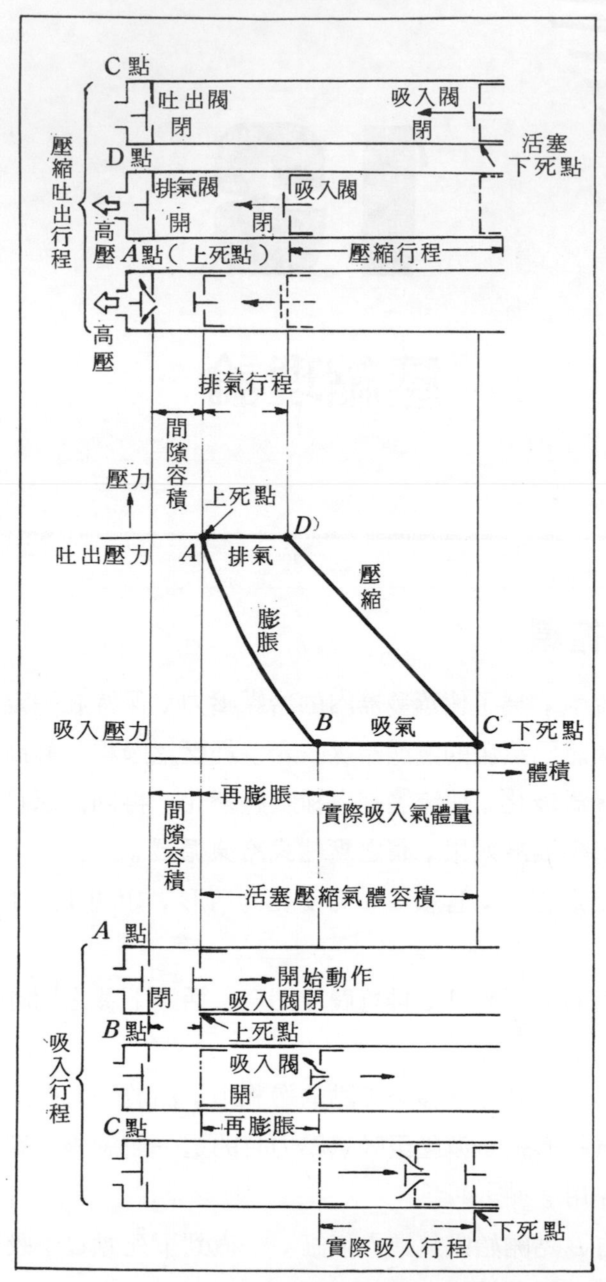

圖 13-1　壓縮循環（活塞行程與壓力變化）

② 活塞由下死點上昇至D點的期間，氣缸內之氣體壓力逐漸上昇。

③ 至D點，氣缸內之氣體被壓縮到排氣壓力時，排氣閥片張開，向外排出氣體。

④ 由D點至A點的過程中，壓縮氣體維持在一定的壓力，繼續排氣，至上死點時，壓縮行程結束。

13-2　間隙容積(clearance volume)與容積效率(volumetric efficiency)

13-2-1　間隙容積的影響 (Effect of increasing the clearance)

氣缸內，活塞上死點與閥座間的容積，稱為間隙容積。壓縮行程結束後，間隙容積內殘留有與排氣壓力相同的冷媒氣體，在吸入行程開始，此種高壓氣體再膨脹，阻礙新氣體的吸入。壓力降至吸氣壓力後，才再開始吸氣。因此，實際之有效吸氣量減低，實際與理論冷媒吸入量之比值，稱為容積效率

$$\eta_{vc}=\frac{G'}{G} \tag{13-1}$$

η_{vc}：受間隙容積影響之容積效率

G：理論上之冷媒吸入量 kg/h

G'：實際上之冷媒吸入量 kg/h

13-2-2　吸入氣體膨脹的影響

在吸氣過程，氣態冷媒通過吸氣閥時，由於束縮作用(wiredrawing)造成壓力損失及因吸入之低溫氣體與高溫氣缸壁接觸後比容積減少。

氣體進入汽缸前之比容與被吸進汽缸後氣體比容之比值謂之受氣體容積膨脹影響的容積效率η_{vs}。

$$\eta_{vs}=\frac{v'}{v} \tag{13-2}$$

v：氣體進入汽缸前之比容 m^3/kg

v'：氣體進入汽缸後之比容 m^3/kg

13-2-3 容積效率

壓縮機容量的大小，取決於活塞之位移容積（displacement）。因為間隙容積及吸入氣體膨脹的影響，導致實際吸氣量低於理論值。

$$\eta_v = \frac{V'}{V} \qquad (13\text{-}3)$$

η_v：容積效率

V：活塞之位移容積 m^3/h

V'：實際上冷媒吸入量 m^3/h

由公式（13-1）及公式（13-2），$G = \frac{V}{v}$, $G' = \frac{V'}{v'}$

$$\eta_v = \frac{V'}{V} = \frac{G' \cdot v'}{G \cdot v} = \frac{G'}{G} \cdot \frac{v'}{v} = \eta_{vc} \cdot \eta_{vs} \qquad (13\text{-}4)$$

容積效率的大小與下列因素有關：

(1) 間隙容積越大，η_{vc} 愈小。

(2) 壓縮比愈高，η_{vc} 愈小。（圖13-2）

(3) 汽缸容積愈小，η_{vs} 愈小。
單位汽缸容積之表面積愈大，氣體吸熱量愈多

(4) 回轉數增加，則 η_{vs} 變小（圖13-3）。
回轉數增加，摩擦生熱愈多，故氣體自汽缸吸取之熱量也增加，比容減少。

(5) 排氣、吸氣閥及活塞與汽缸間之氣體漏洩量愈小則 η_v 愈大。

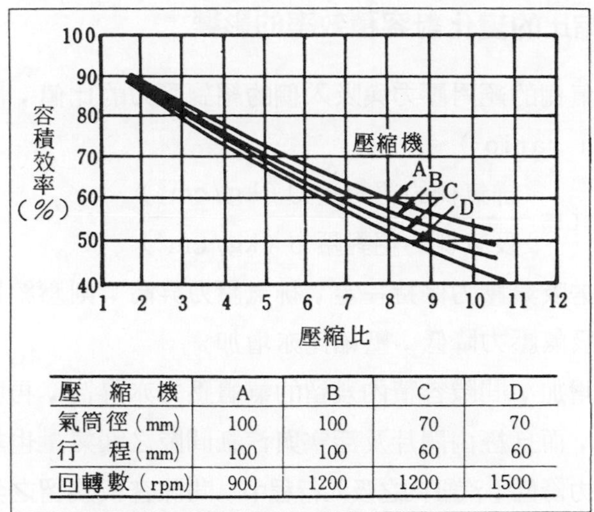

壓　縮　機	A	B	C	D
氣筒徑（mm）	100	100	70	70
行　程（mm）	100	100	60	60
回轉數（rpm）	900	1200	1200	1500

圖 13-2　壓縮比對容積效率之影響

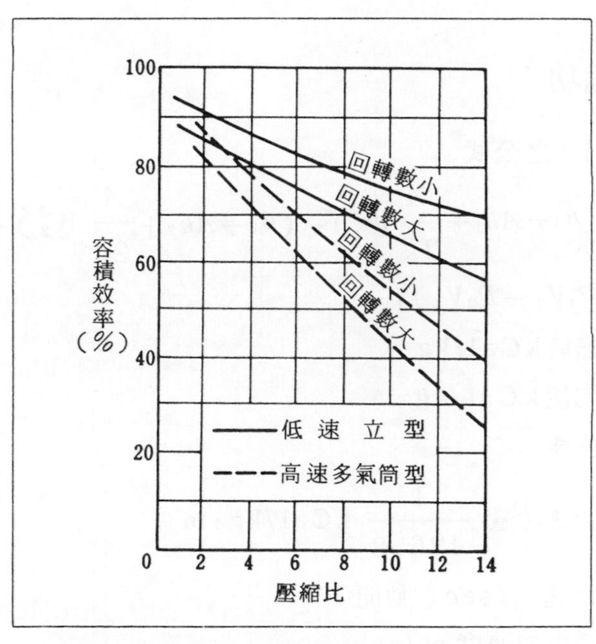

圖 13-3　回轉數對容積效率的影響

13-2-4 壓縮比的變化對容積效率的影響

壓縮機排氣側的絕對壓力與吸入側的絕對壓力的比值，謂之壓縮比（compression ratio）

$$\text{壓縮比} = \frac{\text{排氣側的絕對壓力}(kg/cm^2)}{\text{吸氣側的絕對壓力}(kg/cm^2)} \qquad (13\text{-}5)$$

冷凍循環中，若吸氣壓力保持一定，排氣壓力昇高，則壓縮比增大。若排氣壓力一定，吸氣壓力降低，壓縮比亦增加。

排氣壓力增加，間隙容積內殘留的氣體壓力亦昇高，再膨脹氣體所佔之容積亦較多，而且經由閥片及活塞與汽缸間隙之漏氣量也增多。

若吸氣壓力降低，汽缸內之吸入行程中，間隙容積殘留之氣體壓力雖然保持不變，但其壓力仍須下降至吸氣壓力才開始張開吸氣閥片，故再膨脹之容積也增加，且因其壓差使漏氣量也增多，因此壓縮比增大，容積效率會降低。

13-3 壓縮功

由（10-1）之公式

$$q = (u_1 + Ah_1 + \frac{A}{2g} W_1^2) - (u_2 + Ah_2 + \frac{A}{2g} W_2^2) + A[L + (P_1V_1 - P_2V_2)]$$

q ＝熱量 kCal/kg

u ＝內能 kCal/kg

h ＝位能

A ＝功熱當量 $\frac{1}{426.8}$ kCal/kg·m

W ＝流速 m/sec（動能）

g ＝重力加速度 m/sec^2

P ＝絕對壓力 kg/m^2 abs

V ＝比容積 m^3/kg

L＝外界作功 kg - m

氣體流速在 40 m/sec 以下，動能可忽略不計。氣體之位能亦可不考慮，因此上式可化簡成：

$$q = u_1 - u_2 + A\left[L + (P_1V_1 - P_2V_2)\right] \quad (13\text{-}6)$$

$$q = (u_1 + AP_1V_1) - (u_2 + AP_2V_2) + AL$$

其中　$i = u + APV$ (kCal/kg)　(13-7)

$$q = i_1 - i_2 + AL \quad (13\text{-}7)$$

$$AL = (i_2 - i_1) + q \quad (13\text{-}8)$$

壓縮機在壓縮過程中，所作的功等於氣體焓的增加值與進出汽缸熱量之和。

一般之冷媒氣體壓縮機，均假設爲絕熱過程，即 $q = 0$

因此　$AL = i_2 - i_1$

$$L = \frac{i_2 - i_1}{A} = J(i_2 - i_1)\text{kg-m/kg} \quad (13\text{-}9)$$

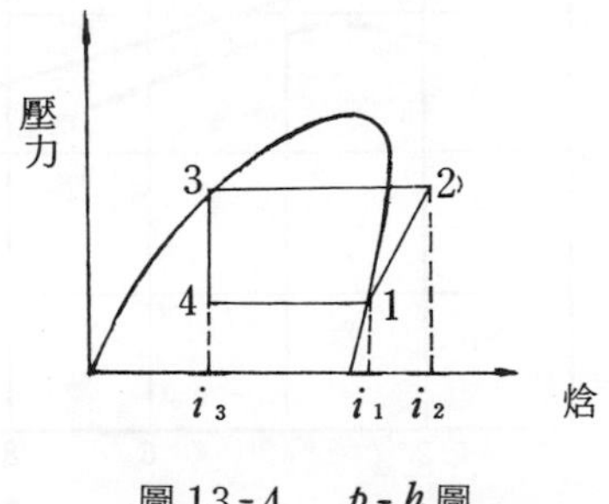

圖 13-4　p-h 圖

由本書上册第二章可查得各種功率單位換算值，每一公制馬力等於75kg-m / sec，據此可用以計算壓縮機所需之馬力數。

13-4　壓縮效率與機械效率

13-4-1　壓縮效率

實際的壓縮過程，氣體進出吸氣閥片及排氣閥片均有壓力降，汽缸開始吸氣時，汽缸內氣體之壓力比吸氣管內之壓力略低，而且排氣壓力比排氣管內之壓力略高（圖 13-5）因此壓縮機之實際作功量比理論值高。理

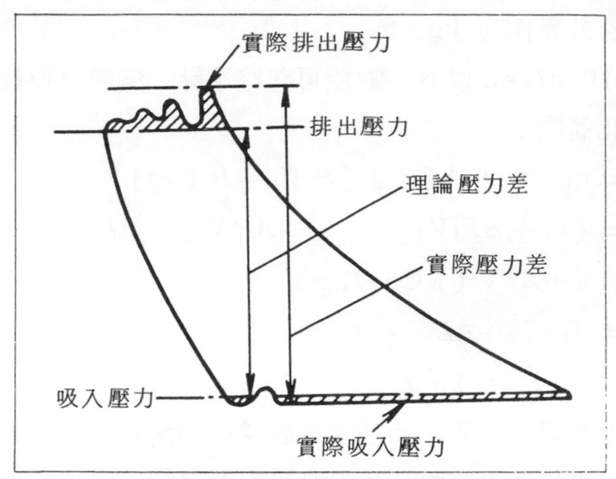

圖 13-5　實際的壓縮循環

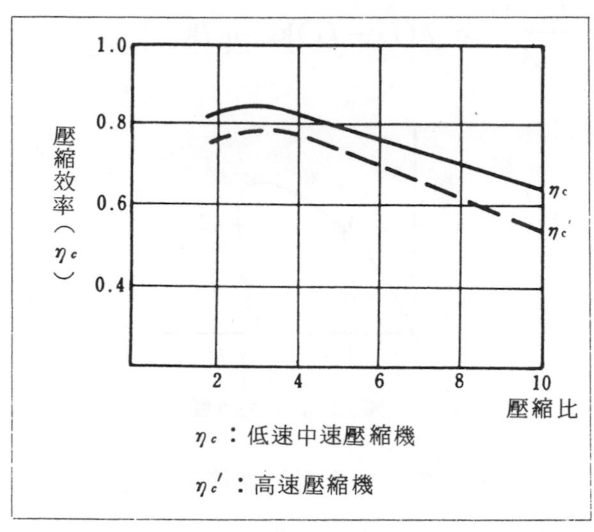

圖 13-6　壓縮機的壓縮效率

論上壓縮氣體所需之功與實際值之比,謂之指示效率或壓縮效率。

壓縮比增大則壓縮效率反而減低。(圖 13-6)壓縮機速度愈高,壓縮效率愈低。

$$壓縮效率 = \frac{理論動力}{指示動力} \tag{13-10}$$

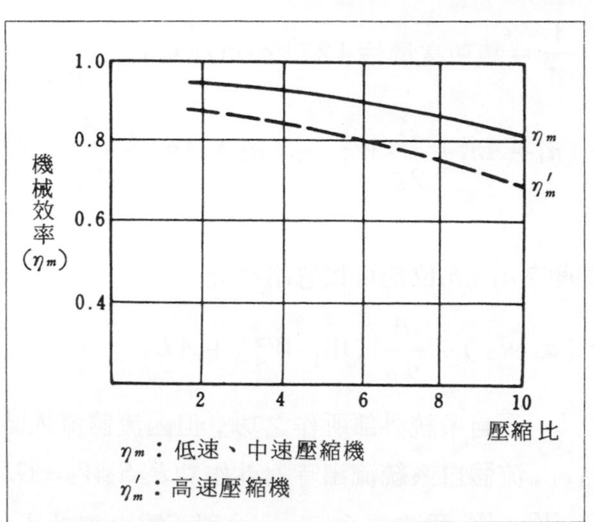

圖 13-7　壓縮機的機械效率

13-4-2　機械效率

壓縮機在運轉過程，活塞與汽缸、軸承及其他轉動之接觸面，必然會產生摩擦，因此，須增加克服摩擦阻力之動力。

實際上壓縮氣體所需的動力（指示動力）與壓縮機運轉所必須的動力（軸動力）之比值，謂之機械效率（圖 13-7）

$$機械效率=\frac{指示動力}{軸動力} \tag{13-11}$$

13-5　熱力學基本公式

13-5-1　能(energy)

由熱力學第一定律（The First Law of Thermodynamics）得知能量可互相轉換改變形態而存在，故

$$Q=AL \tag{13-12}$$

$$JQ=L \tag{13-13}$$

$$A=功熱當量\div\frac{1}{427}\ \text{kCal/kg-m}=860\ \text{kCal/kWh}$$

$$J=\frac{1}{A}=\text{熱功當量}\doteqdot 427\,\text{kg-m/kCal}=\frac{1}{860}\ \text{kWh/kCal}$$

$$q=(u_1+Ah_1+\frac{A}{2g}W_1^2)-(u_2+Ah_2+\frac{A}{2g}W_2^2)+AL_t \tag{13-13'}$$

流體爲氣態時 $h_1 \doteqdot h_2$ 位能可以忽略不計。

$$q=(u_1-u_2)+\frac{A}{2g}(W_1^2-W_2^2)+AL_t \tag{13-14}$$

上式中之 L_t 爲自系統外部所作之功，但因流體流入時，自外作功 $P_1S_1W_1=GP_1v_1$，流體自系統流出時對外作功 $P_2S_2W_2=GP_2v_2$，S_1、S_2 爲截面積（m^2），W_1，W_2 爲流速（m/sec）則所需之總功 L_t 爲

$$L_t=L+(P_1v_1-P_2v_2) \tag{13-15}$$

$$dL_t=dL+d(Pv) \tag{13-16}$$

$$q=(u_1+AP_1v_1)-(u_2+AP_2v_2)+\frac{A}{2g}(W_1^2-W_2^2)+AL \tag{13-17}$$

$$i=u+APv\quad(\text{kCal/kg}) \tag{13-18}$$

$$q=i_1-i_2+\frac{A}{2g}(W_1^2-W_2^2)+AL \tag{13-19}$$

動能在 40 m/sec 以下可以忽略不計，故

$$q=i_1-i_2+AL$$

$$AL=i_2-i_1+q$$

卽壓縮機作功時，包括了焓的增加及放熱量 q，理想之機械裝置，均假設無熱的交換，卽 $q=0$（絕熱變化）

$$AL=i_2-i_1 \tag{13-20}$$

至於冷凝器，蒸發器等熱交換器無功之出入，$L=0$，

$$q=i_1-i_2 \tag{13-21}$$

若機械動作過程中，無摩擦等之損失，且系統之速度，熱平衡等均保持均衡狀態，各點之壓力溫度均一，則此過程謂之可逆變化（reversible change）。在指定情況下，自狀態1至狀態2所經之行程，可沿原過程中相同步驟逆向進行，逆向行程之終點與原過程起點之系統及周圍情況相同。一般而言，可逆過程須具備下列條件：

(1)　過程可逆向進行。

(2)　在控制過程中，有關熱力數值之變化極微。

(3)　全部過程中，工作介質幾近於熱力平衡狀態。

(4)　無摩擦而導致的能量變換。

(5)　正逆向過程中，能之變化量與形式皆相同。

(6)　逆向過程介質必經原過程之每一狀態，返回起始狀態。

不能滿足上述條件之過程，則謂之不可逆變化（irrevesible change），分析問題時，欲以數學關係式，表不可逆過程頗繁雜困難，但為方便起見，研討熱機循環均假設為可逆循環，故所得之結果，僅具參考價值，並不確實代表實際情形。

氣體壓縮時所作之功

$$dL = -Pdv$$

$$L_{12} = -\int_1^2 Pdv = \text{面積}(1234)$$

由　$q = u_1 - u_2 + AL$

$$dq = -du - APdv$$

及公式　$i = u + APv$

$$dq = -di + AvdP$$

$$dL_t = vdP$$

$$L_t = \int_1^2 vdP = \text{面積}(1256)$$

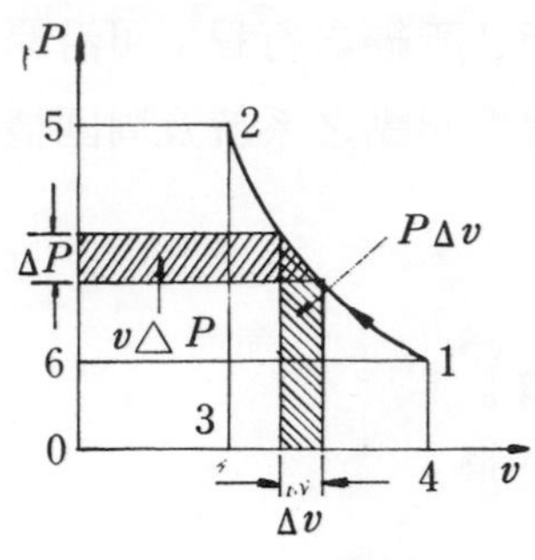

圖 13-8　氣體壓縮功

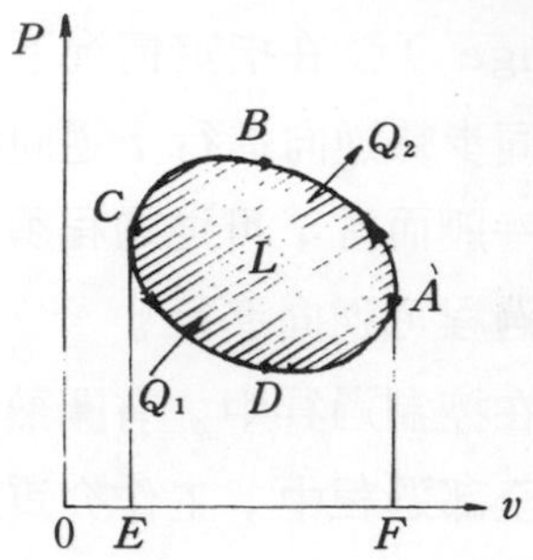

圖 13-9　熱機循環 pv 圖

13-5-2　卡諾循環，熱效率及成績係數

封閉循環係一連續過程，其工作介質之壓力、容積與溫度不斷變化。工作完成時返回最初狀態，特點如下：

(1)　循環最初自平衡狀態開始，其工作系統則由狀態特性決定。

(2)　能量變換時必得一定結果。

(3)　循環最終狀態之熱力特性必與原始平衡狀態相同。

(4)　質量不滅，過程中無介質之增減。

圖 13-9 為 Pv 循環線圖，為一閉合曲線。自外界吸收之熱量為 Q_1 向外發散之熱量為 Q_2，自外界對系統作功為 L，則 L 為圖中閉合曲線所包圍之面積ABCDA。

$$AL = Q_2 - Q_1 \tag{13-22}$$

至於冷凍系統之壓縮機只需少量的功即可吸收室內較多之熱能，因其僅作轉移熱量之媒介而已。

$$\varepsilon_r = \frac{Q_1}{AL} = \frac{Q_1}{Q_2 - Q_1} \tag{13-23}$$

ε_r 為冷凍壓縮機之成績係數（coefficient of performance）即是冷凍空間內被吸收之熱量與壓縮機作功之熱當量之比值謂之成績係數。

至於利用高溫熱源放熱之熱量之熱泵（heat pump），其熱泵成績係數，則是放熱量與作功量之比值。

$$\varepsilon_h = \frac{Q_2}{AL} = \frac{Q_2}{Q_2 - Q_1} = 1 + \varepsilon_r \tag{13-24}$$

在熱機（heat engine）中，利用高溫熱源傳入之熱量使機構作功，所作之功與自高溫熱源獲得之熱量 Q_2 之比值謂之熱效率（thermal efficiency）

$$\eta = \frac{AL}{Q_2} = \frac{Q_2 - Q_1}{Q_2} = 1 - \frac{Q_1}{Q_2} \tag{13-25}$$

圖13-10為卡諾循環（carnot cycle）之基本冷凍循環，冷媒在蒸發器中，吸收熱量為等溫膨脹，過程 1→2 表示冷却效果Q_1。

冷媒在2點進入壓縮機，經絕熱壓縮過程，變成高溫高壓氣體（過程2-3）。在絕對溫度T_2的等溫過程，將高熱源之熱量Q_2捨棄（過程3-4）。由狀態4經絕熱膨脹回至狀態1（過程4-1）。假設絕熱壓縮作功為L_1，絕熱膨脹時作功為L_2，ε_r為冷凍機的成績係數，ε_h為熱泵成績係數，則

$$AL = L_1 - L_2 = Q_2 - Q_1 \tag{13-26}$$

$$Q_2 = Q_1 + AL \tag{13-27}$$

$$\varepsilon_r = \frac{T_1}{T_2 - T_1} \tag{13-28}$$

$$\varepsilon_h = \frac{T_2}{T_2 - T_1} \tag{13-29}$$

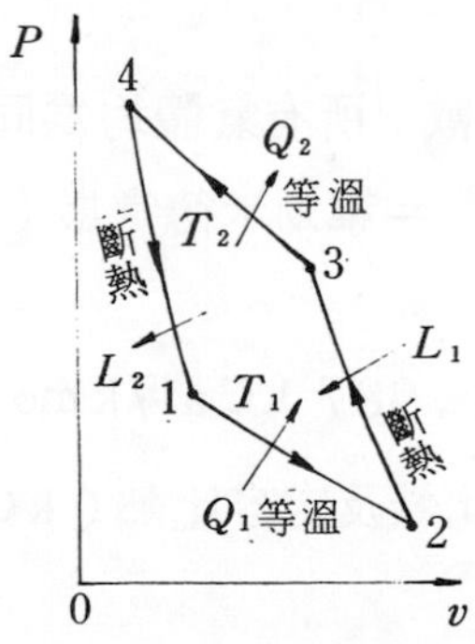

圖 13-10　卡諾循環

卡諾循環中之熱效率

$$\eta_{carnot} = \frac{T_2 - T_1}{T_2} = 1 - \frac{T_1}{T_2} \tag{13-30}$$

13-5-3 理想氣體基本熱力公式

若P（kg/cm²）爲壓力，體積爲V（m³），比容爲v（m³/kg），重量爲G（kg），絕對溫度爲T（°K），則能滿足下列公式之氣體，稱之爲理想氣體（ideal gas，perfect gas）。

$$Pv = RT \tag{13-31}$$

$$PV = GRT \tag{13-32}$$

上式中，R之單位爲kg-m/kg°K，稱爲氣體常數（gas constant），依氣體之種類而異。

事實上，所有的氣體均非理想氣體，但在一般壓力及較高之溫度狀態下，所有氣體均類似理想氣體。若理想氣體的分子量爲M，一般氣體之常數$R' = 847.82$ kg-m/kmol°K。

$$R' = Mr \tag{13-33}$$

$$PV = R' \cdot n \cdot T = 847.82\ n \cdot T$$

$$n = \text{仟莫耳數} = G/M$$

標準狀態（0°C 760 mmHg）時，每一仟莫耳的理想氣體的體積爲v_0。

$$v_0 = 847.82 \times 273.16 / 1.03323 \times 10^4 = 22.415\ \text{Nm}^3/\text{kmol}$$

N爲一仟莫耳中氣體的分子數，所有氣體均爲同一數值

$$N = 6.065 \times 10^{26} = \text{羅斯米德常數（loschmidt number）}$$

$$C_P - C_v = AR \tag{13-34}$$

$$C_P - C_v = AR = 1.987\ \text{kCal/kmol°K}$$

C_p、C_v爲1仟莫耳的定壓比熱及定容比熱（kCal/kmol °K）

則

$$k = \frac{C_p}{C_v} = \text{比熱比} \tag{13-35}$$

其中 $$C_p = AR \frac{k}{k-1} \qquad (13\text{-}36)$$

$$C_v = AR \frac{1}{k-1} \qquad (13\text{-}37)$$

單原子氣體 $k = 1.66$

雙原子氣體 $k = 1.40$

3原子以上之氣體 $k = 1.33$

冷媒的 k 值如表 13-1

比熱一定，內能及熵（entropy）之熱力關係如下：

$$u = C_v T + u_0 \qquad (13\text{-}38)$$

$$i = C_P T + u_0 \qquad (13\text{-}39)$$

$$S = C_v \ln T + AR \ln v + C_1 \qquad (13\text{-}40)$$

$$S = C_v \ln P + C_p \ln v + C_2 \qquad (13\text{-}41)$$

$$S = C_p \ln T - AR \ln P + C_3 \qquad (13\text{-}42)$$

上述公式中 u_0 爲積分常數，冷媒在 0°C 時飽和液之焓值爲 100 kCal/kg，水在 0°C 時飽和液焓值爲 0 kCal/kg，C_1，C_2，C_3 爲積分常數，冷媒在 0°C 飽和液之熵值爲 1 kCal/kg°K，水在 0°C 之飽和液熵值爲 0 kCal/kg°K。

表 13-1 各種冷媒的比熱比K值

溫度 °C	空 氣	C_3H_8	NH_3	R_{12}	CH_3Cl	R_{11}	R_{113}	CH_2Cl_2	H_2O
−42.3		1.153							
−50			1.34	1.164		1.138			
−25			1.36	1.153		1.131			
0	1.40		1.40	1.143	1.266	1.124		1.20	
25			1.415	1.137		1.110			
50			1.62	1.1305		1.114			
60							1.080		
100				1.120			1.075		1.32

13-5-4 可逆等溫變化，等壓變化及等容變化

㈠ 可逆等溫變化

$T=$一定$=T_1$，$Pv=P_1v_1=$一定，則

$$L_{12}=\int_1^2 -Pdv=\int_1^2 -\frac{P_1v_1}{v}dv=p_1v_1\ln\left(\frac{v_1}{v_2}\right)=$$

$$RT_1\ln\left(\frac{p_2}{p_1}\right) \qquad (13\text{-}43)$$

由公式　$du=C_v dT$，$di=C_p dT$，比熱及T爲定值，故$u_1=u_2$

另由公式 $q=u_1-u_2+AL$

得　$q_{12}=AL_{12}$　　(13-44)

由公式　$S=C_v\ln T+AR\ln v+C_1$

$$S_1-S_2=\frac{q_{12}}{T_1}=AR\ln\frac{v_1}{v_2} \qquad (13\text{-}45)$$

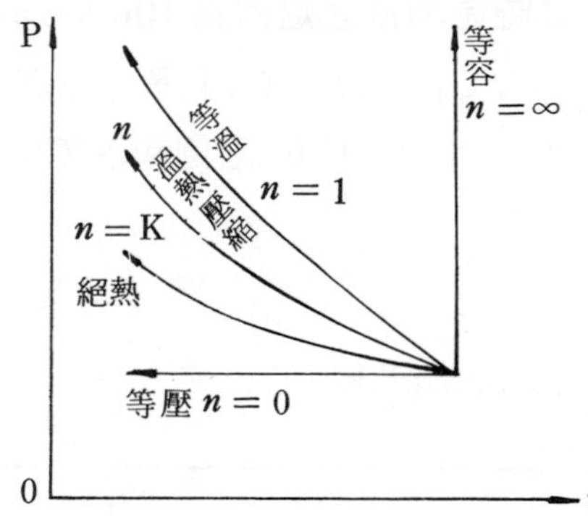

圖 13-11　狀態變化圖

㈡ 可逆等壓變化

因　$P=$一定$=P_1$，$v/T=$一定$=v_1/T_1$則

$$L_{12}=\int_1^2 -Pdv=P_1(v_1-v_2)=R(T_1-T_2) \qquad (13\text{-}46)$$

由公式　$dq=-di+AvdP$，得

$$q_{12}=i_1-i_2=C_P(T_1-T_2)=AL_{12}\frac{k}{k-1} \qquad (13\text{-}47)$$

由公式 $S = C_p \ln T - AR \ln P + C_3$，得

$$S_1 - S_2 = C_p \ln\left(\frac{T_1}{T_2}\right) \qquad (13\text{-}48)$$

㈢ 可逆等容變化

因 v =一定$= v_1$，P/T =一定$= \dfrac{P_1}{T_1}$，則由公式 $L_{12} = \int_1^2 P dv$ 得

$$L_{12} = 0$$

由公式 $q = u_1 - u_2 + AL$，則

$$q = u_1 - u_2 = C_v (T_1 - T_2) = A\frac{(P_1 - P_2) v_1}{k-1} \qquad (13\text{-}49)$$

由公式 $S = C_v \ln T + AR \ln v + C_2$，則

$$S_1 - S_2 = C_v \ln\left(\frac{T_1}{T_2}\right) \qquad (13\text{-}50)$$

13-5-5 可逆絶熱變化

將公式 $-dq = C_v dT + APdv$，$-dq = C_p dT - AvdP$，代入 $pv = p_1 v_1$ 中

因過程爲絶熱（adiabatic）

$$pv^k = \text{一定} = P_1 v_1^k$$

$$pv^{k-1} = \text{一定} = p_1 v_1^{k-1}$$

$$\frac{T}{P^{(k-1)/k}} = \text{一定} = \frac{T_1}{p_1^{(k-1)/k}} \qquad (13\text{-}51)$$

因 $d_q = 0$，故

$$q_{12} = 0$$

$$S_1 - S_2 = 0$$

將公式 $q = u_1 - u_2 + AL$，代入 $du = C_v dT$ 及 $di = C_p dT$

$$L_{12} = \frac{1}{A}(u_2 - u_1) = \frac{C_v}{A}(T_2 - T_1) = \frac{C_v}{AR}(p_2 v_2 - p_1 v_1)$$

（13-52）

$$L_{12} = \frac{p_2 v_2 - p_1 v_1}{k-1} = \frac{p_1 v_1}{(k-1)} \left[\left(\frac{v_1}{v_2} \right)^{k-1} - 1 \right] \quad (13\text{-}53)$$

由公式　$AL_t = i_2 - i_1$ 及 $du = C_v dT$，$di = C_p dT$，$L_t = kL_{12}$

$$L_t = kL_{12} = \frac{k}{k-1} p_1 v_1 \left[\frac{p_2}{p_1}^{(k-1)/k} - 1 \right]$$

$$= \frac{k}{k-1} (p_1 v_1) \left[\left(\frac{v_1}{v_2} \right)^{k-1} - 1 \right] \quad (13\text{-}54)$$

13-5-6 可逆溫熱變化（polytropic change）

n 爲任意正數，若 pv^n ＝定值時之狀態可逆變化謂之可逆溫熱變化，$1 < n < C_p / C_v$

$$pv^{n-1} = 一定 = p_1 v_1^{n-1} \quad (13\text{-}55)$$

$$\frac{T}{p^{(n-1)/n}} = 一定 = \frac{T_1}{p_1^{(n-1)/n}} \quad (13\text{-}56)$$

若 $n = \infty$ 則是等容變化，$n = k$ 爲絕熱變化，$n = 1$ 爲等溫變化，$n = 0$ 爲等壓變化。

溫熱變化時，有熱量之出入，溫熱變化的比熱（C_n）爲

$$C_n = C_v - \frac{APv}{(n-1)T} = C_v \frac{n-k}{n-1} \quad (13\text{-}57)$$

C_v 若爲定值則 C_n 必亦爲定值

$$q_{12} = C_n (T_1 - T_2) = C_v \frac{n-k}{n-1} (T_1 - T_2) \quad (13\text{-}58)$$

$$AL_{12} = q_{12} + (u_2 - u_1) = q_{12} + C_v (T_2 - T_1)$$

$$= \frac{k-1}{n-1} C_v (T_2 - T_1) \quad (13\text{-}59)$$

$$L_{12} = \frac{p_1 v_1}{n-1} \left[\left(\frac{p_2}{p_1} \right)^{(n-1)/n} - 1 \right]$$

$$= \frac{p_1 v_1}{n-1}\left[\left(\frac{v_1}{v_2}\right)^{(n-1)} - 1\right] \qquad (13\text{-}60)$$

$$L_t = L_{12} + (p_2 v_2 - p_1 v_1) = n L_{12}$$

$$= \frac{n}{n-1}\, p_1 v_1 \left[\left(\frac{p_2}{p_1}\right)^{(n-1)/n} - 1\right] \qquad (13\text{-}61)$$

$$S_1 - S_2 = C_v \frac{n-k}{n-1} \ln \frac{T_1}{T_2} = C_v \frac{n-k}{n-1} \ln \frac{p_1}{p_2}\Big)^{n-1/n}$$

$$= C_v \frac{n-k}{n} \ln\left(\frac{p_1}{p_2}\right) \qquad (13\text{-}62)$$

在斷熱過程中，若有摩擦及亂流則變成不可逆變化，所喪失之熱量，變成熱量加諸於氣體內，熵值增加

$$S_2 - S_1 = C_v \frac{n-k}{n} \ln \frac{p_2}{p_1} > 0 \qquad (13\text{-}63)$$

但壓縮過程 $p_2 > p_1$　　$\therefore \quad n > k$

膨脹過程 $p_2 < p_1$　　$\therefore \quad n < k$

13-6　壓縮機所需之動力

壓縮機作功量可自莫里耳線圖中繪出冷凍循環過程，求排氣端冷媒氣體與吸入端冷媒氣體之焓差值，再由下式計算所需之理論動力。

$$\text{kW} = \frac{(i_d - i_s) V \cdot \eta_v}{860\, v_s \eta_c \eta_m} \qquad (13\text{-}64)$$

kW＝壓縮機所需之動力（kW）

i_d＝壓縮後氣體的焓值（kCal/kg）

i_s＝吸入冷媒氣體的焓值（kCal/kg）

V＝汽缸壓縮容積（m^3/hr）

η_v＝容積效率

v_s＝吸入冷媒氣體的比容 m^3/kg

η_c＝壓縮效率

η_m＝機械效率

1 kW＝860 kCal/hr

單式往復壓縮機之壓縮容積 V m³/hr

$$V = 60 \times \frac{\pi}{4} D^2 \cdot L \cdot n \cdot N \qquad (13\text{-}65)$$

D＝汽缸直徑（m）

L＝活塞衝程（m）

n＝汽缸數

N＝壓縮機每分鐘轉數（rpm）

迴轉式壓縮機時

$$V = 60 \times \frac{\pi}{4} (D^2 - d^2) t \cdot n \cdot N \qquad (13\text{-}66)$$

V＝m³/hr

D＝汽缸直徑（m）

d＝轉動輪直徑（m）

t＝汽缸厚（m）

n＝汽缸數

N＝壓縮機每分鐘轉數（rpm）

用上式所計算得到之動力，選用電動機時，尚需考慮增加10％之安全係數，以適應運轉狀態變動時負荷之增加及起動之際所需較大之轉矩。

13-7 熱泵原理

自然界中，熱量由高溫向低溫場所移動，正如水由高處往低處流動，欲逆自然現象則需對之作功。正如利用水泵浦將低處之水傳送至高處，冷凍設備將低溫場所之熱量藉壓縮機使之壓縮後，在冷凝器部份將熱量排除，此類機械謂之熱泵（heat pump）。

水泵與熱泵二者具有類似之性質。

(1) 自愈低之場所吸水送至高處，愈困難。蒸發溫度愈低時，冷凍機之效率也愈形降低。

(2) 水泵送水至較高之場所，所需之動力較大。冷凍機之冷凝溫度（壓力）愈高，所需之動力愈大。

(3) 揚水量增多，則需較大容量之泵浦。冷凍容量愈大，則所需壓縮機之容量亦較大，且蒸發器冷凝器之體積亦較大，所需之動力也增加。

實際上熱泵的成績係數ε_h如下式：

$$\varepsilon_h = \frac{\text{冷凝器排除之熱量}}{\text{壓縮機功之熱當量}}$$

$$= \frac{（\text{蒸發器自外界吸取之熱量}）+（\text{壓縮熱}）}{\text{所需壓縮功之熱當量}}$$

理想熱泵之成績係數 ε_{hi} 如下式：

$$\varepsilon_{hi} = \frac{T_1}{T_1 - T_2}$$

T_1＝冷媒的冷凝溫度

T_2＝冷媒的蒸發溫度

實際之熱泵效率ε_h為理想熱泵效率ε_{hi}之40～70％，一般約為60％。

14 非機械式冷凍系統

14-1 蒸汽噴射式冷凍系統

14-1-1 蒸汽噴射式冷凍系統之構造

蒸汽噴射式冷凍機之構造如圖 14-1 所示，包括有：

⑴ 噴射器（ejector）。

⑵ 蒸發器（evaporator or flash chamber）。

⑶ 凝縮器（或復水器）。

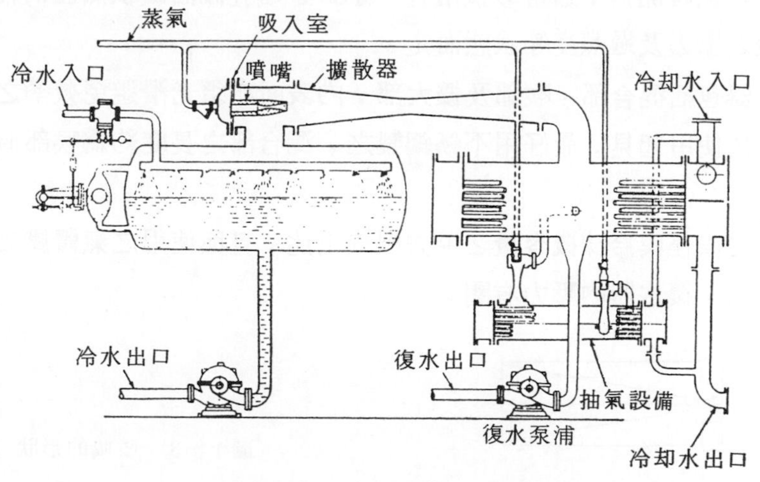

圖 14-1 蒸氣噴射冷凍機

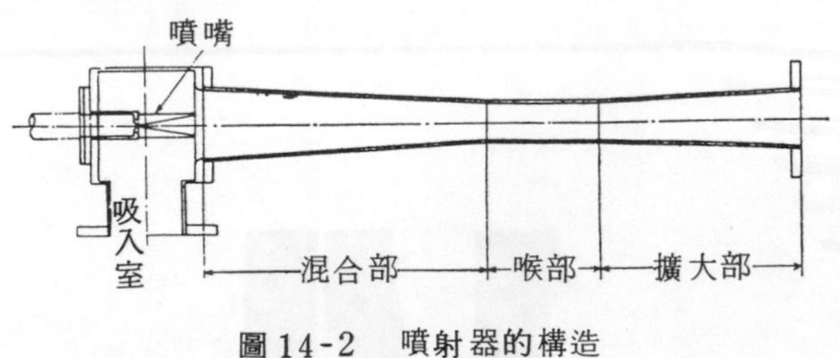

圖 14-2　噴射器的構造

⑷ 抽氣裝置（purge system）。

⑸ 其他附屬裝置。

㈠ 噴射器

噴射器是此種冷凍機的最主要部份，其構造如圖 14-2，由①吸入室，②擴散器（diffuser），③噴嘴（nozzle）三部份構成。吸入室連接蒸發器（evaporator or flash chamber）及擴散器，並用來將噴嘴定位支持。大多用鋼板或鑄鐵製成，對特殊藥品，則需改用耐蝕材料。

擴散器之管末端開口部，噴嘴前端的位置及噴嘴中心軸和擴散器之軸應要求同中心線，要求高加工精密度。

噴嘴前端細小，擴張後使通過噴嘴的高壓氣體急速膨脹，終端速度達 1000m/s 以上，爲了耐蝕、耐摩擦及減少摩擦損失，大都採用不銹鋼、磷青銅等製成，內表面須精密加工（圖 14-3）。噴嘴之最初擴散部份爲 8～15° 之圓錐開角，通常多採用 8～12°。噴孔截面積依氣體消耗量，使用氣體之壓力及過熱度等狀態而定。

擴散器包括混合部、喉部及擴大部，內表面亦須光滑避免效率之降低，爲了長久使用起見，最好用不銹鋼製之，混合部之長度約爲喉部直徑的 6～8倍。

喉部之直徑與冷凍機容量之平方根成正比，且與使用之氣體壓力、蒸發器之壓力、復水器內壓力有關。

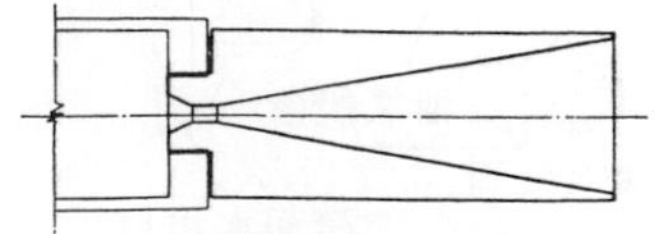

圖 14-3　噴嘴的形狀

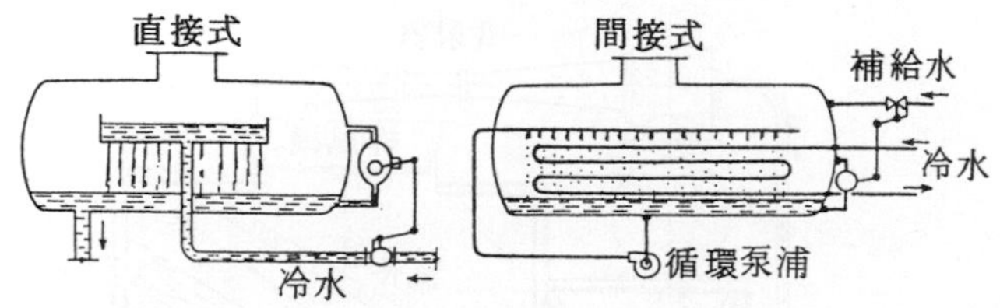

圖 14-4　直接式蒸發器和間接式蒸發器

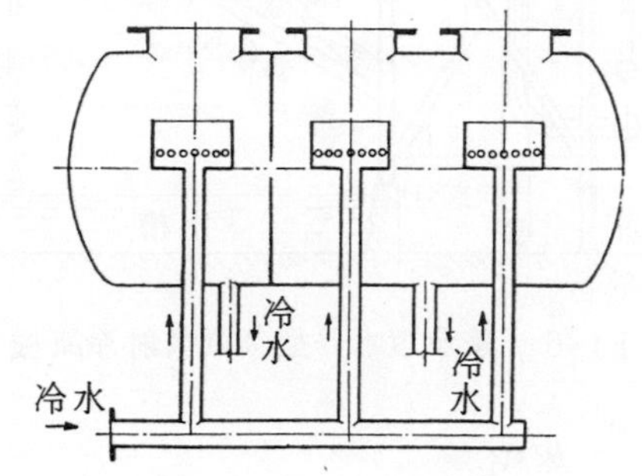

圖 14-5　蒸發器的構造

㈡　蒸發器

蒸發器有直接式及間接式兩種（圖 14-4），冷凍系統大多用直接式，蒸發器的構造如圖 14-5，蒸發器內之壓力約為 4～30mmHg。水之細分方式有①噴霧，②水膜流下兩種。

㈢　復水器

實用上，復水器有下述三種

(1)　表面復水器（surface condenser）。

(2)　蒸發式復水器（evaporative condenser）（圖 14-6）

(3)　噴射式復水器（jet condenser）（圖 14-7）

㈣　抽氣裝置

裝置之內部，可能因冷水、冷却水、蒸氣等之漏洩使不凝結氣體侵入，因此須藉抽氣裝置使復水器內之不凝結氣體分壓力，保持在一定數值以下，可利用眞空泵浦在 10～30 分鐘左右完成抽氣過程。

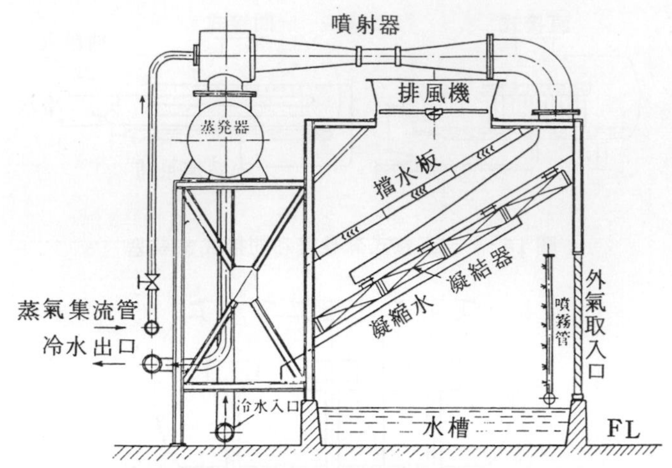

圖 14-6　蒸發復水器型蒸氣噴射冷凍機

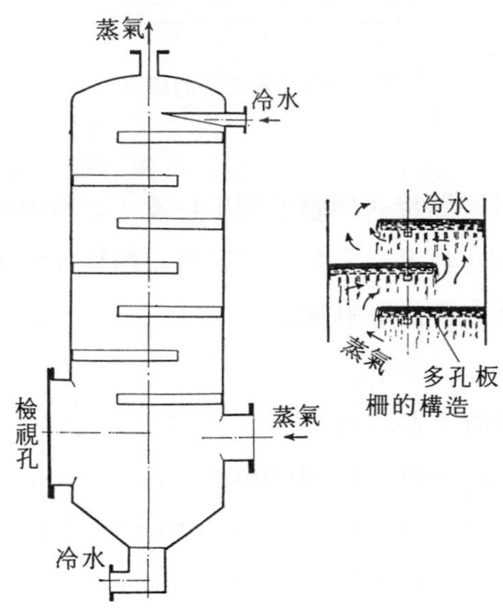

圖 14-7　多段棚噴射復水器

14-1-2　高壓氣體噴射式冷凍機的使用範圍

高壓氣體噴射式冷凍機的用途，列如表 14-1，是否要採用本型之冷凍裝置，可檢討下列問題再作決定。

㈠　安裝場所

表14-1　蒸汽噴射式冷凍機的用途

裝　置	用　途	備　註
冷水裝置	工業用冷水製造 空調用冷水製造	0～30°C 10°C以下
冷却裝置	蔬菜水菓急速冷却 腐蝕性藥品的冷却	多葉蔬菜 需用耐蝕材料製成
冷却濃縮裝置	果汁，食品濃縮 食品凍結乾燥 藥品脫水 藥品食品的結晶化	例：抗生物質

高壓氣體噴射式適用於露天裝置，安裝場所之强度不需特列考慮。

㈡　使用水溫

水溫愈高，對噴射式愈爲有利。

㈢　容量

冷凍容量愈小，不宜採用噴射式冷凍裝置。

㈣　蒸汽及電氣費用

製蒸汽成本低之場所適用，如玻璃、水泥工場等處所。

㈤　危險性

噴射式冷凍裝置適用於有引火爆炸性之危險作業場所。

㈥　冷却水

冷却水豐富，水溫低，水中含不純雜物少者，適用噴射式冷凍裝置。

一般而言，機械式冷凍裝置之製冷適用溫度爲10°C以下，吸收式冷凍機爲4～10°C。蒸汽噴射冷凍機爲10～30°C。

一般設計基準：

使用蒸汽壓力：7kg/cm^2 G

冷水溫度：5～15°C。

冷凝溫度：25～40°C。

抽氣量：每kg之蒸發量約0.2～0.1kg。

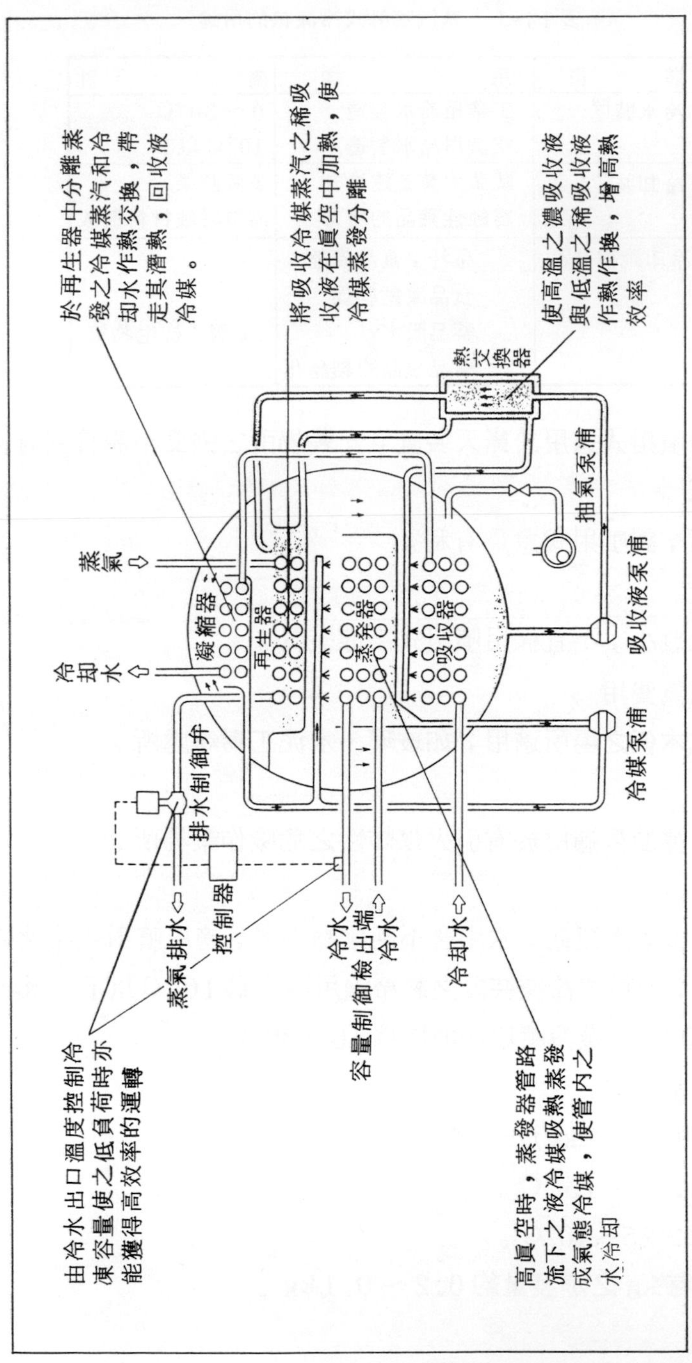
於再生器中分離蒸發之冷媒蒸汽和冷卻水作熱交換，帶走其潛熱，回收液冷媒。
將吸收冷媒蒸汽之稀吸收液在真空中加熱，使冷媒蒸發分離
使高溫之濃吸收液與低溫之稀吸收液作熱作換，增高熱效率
熱交換器
蒸氣
冷卻水
凝縮器
再生器
蒸發器
吸收器
抽氣泵浦
吸收液泵浦
冷媒泵浦
排水制御弁
控制器
蒸氣排水
冷水
容量制御檢出端
冷水
冷卻水
由冷水出口溫度控制冷凍容量使之低負荷時亦能獲得高效率的運轉
高真空時，蒸發器管路流下之液冷媒吸熱蒸發成氣態冷媒，使管內之水冷却
圖14-8 吸收式冷凍機原理

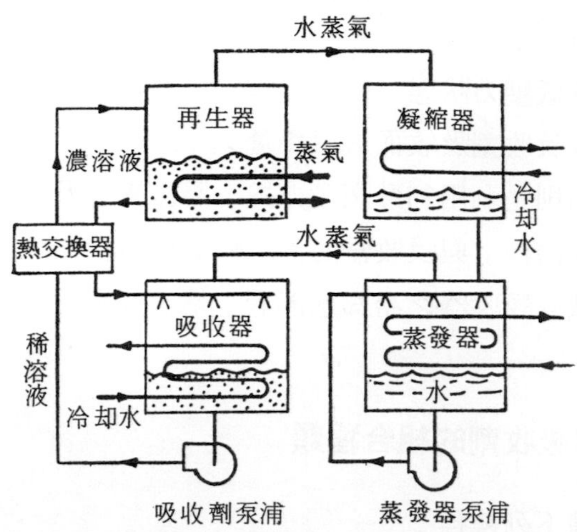

圖 14-9　水－溴化鋰吸收式冷凍機

14-2　吸收式冷凍系統(Absorption system)

14-2-1　吸收式冷凍原理

蒸發之冷媒氣體、被吸收劑吸收後，對混合溶液放熱，在冷凝器內被冷却水冷却，使冷媒及吸收劑分離蒸餾、冷媒再回到蒸發器吸熱而蒸發，利用此種吸收式冷凍循環可達到製冷效果（圖 14-8）。

至於以水作冷媒、溴化鋰爲吸收劑之吸收式冷凍系統，如圖 14-9所示。冷媒（水）在蒸發器中吸收熱量後變成氣態，在吸收器內，被吸收劑吸收，變成稀溶液，由吸收劑泵浦送至再生器，加熱後被分離蒸餾之冷媒氣體再進入冷凝器內冷凝成液態。

14-2-2　吸收式冷凍機之主要構造

吸收式冷凍機之主要構造有：

(1) 蒸發器（evaporator）
(2) 吸收器（absorber）
(3) 再生器（generator）
(4) 冷凝器（condenser）
(5) 熱交換器（heat exchanger）

吸收器主要作用有二：

⑴ 使蒸發器保持低壓力狀態。

⑵ 使氣態冷媒被吸收劑吸收而放出熱量。

再生器之作用則是利用加熱蒸發方式，將冷媒自吸收劑內分離。由再生器送出之高溫濃溶液，與吸收器送出之低溫稀溶液作熱交換，以減少再生器之加熱量及減少吸收器之冷却水能量，增高運轉效率，此即裝置熱交換器之主要目的。

14-2-3 冷媒與吸收劑的組合種類

吸收劑應具備下列條件：

⑴ 所能達到的濃度愈高愈佳。（但不可濃至析出結晶）

⑵ 低溫低壓下容易吸收（不可因低溫使吸收劑自行凍結）。

⑶ 溶液的蒸汽壓低。

⑷ 濃度變化時，蒸汽壓的變化少。

⑸ 蒸發溫度與冷媒之蒸發溫度有差異。

⑹ 必要之再生熱少。

⑺ 粘度不會太高。

⑻ 無腐蝕性。

冷媒和吸收劑之組合，如表 14-2：

表14-2

冷　　媒	吸　收　劑
氨NH_3	水
氨NH_3	NH_4 CHS
水	硫酸H_2SO_4
水	苛性鉀KOH，苛性鈉NaOH
水	氯化鋰LiCl，溴化鋰LiBr
C_2H_5Cl	$C_2H_2Cl_4$
R-21 （$CHFCl_2$） （CH_2Cl_2）	$CH_3OCH_2CH_2OCH_3$

14-2-4　吸收式冷凍系統之優點

吸收式冷凍系統之優點如下：

(1) 電力系統未能建立之地區或電費昂貴但天然氣、地熱、太陽能等熱源充足之地區，應用吸收式冷凍系統較經濟實用。

(2) 運轉噪音及振動較小，除泵浦外較少運轉活動機件，故障較少。維護簡單。

(3) 安全性較高，無高壓爆炸之虞。

(4) 冷凍溫度降低，但成績係數維持不變。

(5) 容量控制容易，僅需控制再生器之熱源即可達到目的。

(6) 可以利用工廠之廢熱作能源。

(7) 中間季節可與鍋爐併用同一熱源而完成空調目的。

(8) 安裝面積小。

(9) 重量輕。

(10) 部份負載時，運轉費用低廉。

缺點：

(1) 排熱量大。

(2) 以水作冷媒時，無法獲致較低之溫度。

14-2-5　吸收式冷凍機的基本循環

吸收式冷凍機之基本循環應分成冷媒循環與溶液之循環來解說較易瞭解，圖14-10爲冷媒循環圖（p-h 圖）圖14-11爲溶液循環之蒸汽壓及溶液濃度線圖（p-x 線圖）冷媒之循環與壓縮式循環類似。蒸發器之蒸發壓力 P_e 依預定之冷水溫度而定。冷凝溫度 T_c 及冷凝壓力 P_c 則依冷却水之溫度而定，圖14-10中，過程1→2爲冷媒在蒸發器內之蒸發行程，冷凍效果等於 i_2-i_6。從再生器溫度 T_g 器中稀溶液與濃溶液之熱交點(5)開始，在冷凝壓力 P_c 使氣態冷媒凝縮成飽和液態點6，則是冷媒之冷凝過程。（5→6）

i_5-i_6 爲每1kg冷媒之冷凝熱量，由6→1則是從冷凝器向蒸發器

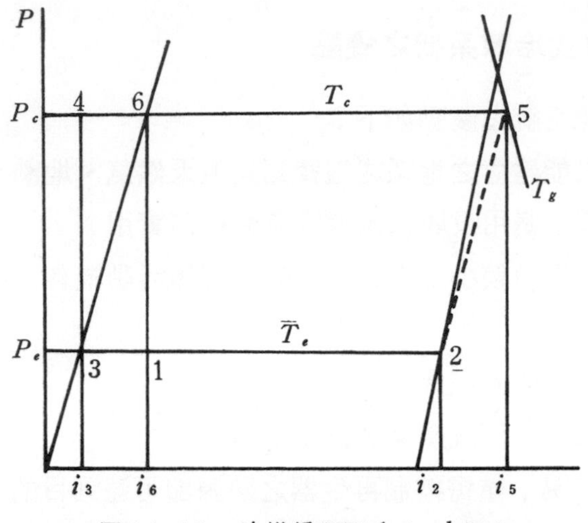

圖 14-10　冷媒循環圖（ p - h 圖）

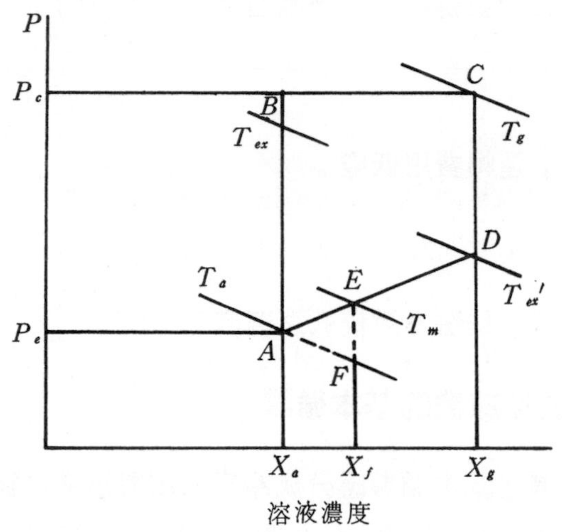

圖 14-11　溶液循環圖

輸回液冷媒，壓力由 P_c 減至 P_e ，溫度由 T_c 降至 T_e 。壓縮式之循環為 1 → 2 → 5 → 6 → 1 ，但吸收式冷凍循環由 2 → 5 之行程，須歷經 2 → 3 → 4 → 5 之行程。2 → 3 的行程是吸收器，吸收冷媒及使溶液凝縮之過程。3 → 4 是溶液被吸收後於再生器內，用泵浦昇壓（ $P_e \rightarrow P_c$ ），為昇壓過程。4 → 5 則是經過熱交換器，由於再生器之加熱使冷媒從溶液中分離，為分離再生行程。因此，吸收式之冷媒循環為 1→2→3→4→5→6→1 。

表 14-3 吸收式冷媒循環過程

循環過程	1→2	2→3	3→4	4→5	5→6	6→1
發生位置	蒸發器	吸收器	泵浦至再生器	熱交換器與再生器	凝縮器	凝縮器與蒸發器
行程名稱	蒸發行程	吸收氣態冷媒	昇壓行程	分離再生行程	冷凝行程	膨脹減壓行程
狀態變化	等壓、等溫吸熱	等壓等溫放熱	昇壓	等壓吸熱	等壓冷凝液化	絕熱減壓膨脹

至於溶液循環則依蒸發壓力P_e，冷凝壓力P_c，吸收器冷却水溫而決定吸收器內溶液的溫度T_a。由熱源的蒸汽及高溫水的條件而決定再生器內之溶液溫度T_g。P_e和T_a的交點A，表示吸收器出口的稀溶液狀態，同時決定了稀溶液的濃度X_a。

P_c和T_g的交點C則是表示再生器出口再生之濃溶液狀態，同時也決定了濃溶液的濃度X_g。$A \to B \to C \to D \to E \to A$循環中，$A \to B$爲熱交換器中稀溶液與濃溶液之熱交換行程，使溫度由$T_a$上昇至$T_{ex}$（熱交換器出口溫度）。$B \to C$爲溶液在再生器內因加熱使溫度上昇之再生行程。$C \to D$爲熱交換器濃溶液與稀溶液作熱交換，使溫度由$T_g$降至$T_{ex}'$。$D \to E$是在吸收器內之稀液混合，於吸收器管內噴出與自蒸發器吸出之氣態冷媒稀釋後之稀溶液混合行程。$E \to A$表示吸收蒸發器中被蒸發的冷媒，而變成稀溶液之過程。（實際行程爲$E \to F \to A$）

$$Q_e = L(i_2 - i_6) \tag{14-1}$$

$$L = (X_g - X_a)W_a / X_g \tag{14-2}$$

$$Q_e = W_a(i_2 - i_6)(X_g - X_a)/X_g \tag{14-3}$$

$$W_a - W_g = L \tag{14-4}$$

$$W_a \cdot X_a = W_g \cdot X_g \tag{14-5}$$

Q_e：冷凍能力 kCal/hr

L：冷媒循環量 kg/hr

W_a：再生器泵浦稀溶液之循環量 kg/hr

W_g：濃溶液之循環量 kg/hr

X_g：濃溶液之濃度

X_a：稀溶液之濃度

假若蒸發壓力（P_e）或蒸發溫度（T_e）昇高，吸收器之溫度 T_a 降低，則溶液循環中的A點往左偏移，稀溶液濃度X_a變低，濃度範圍X_g-X_a增大，則冷凍容重Q_e亦增加。同樣，凝縮壓力P_c（或凝縮溫度T_c）降低，再生器之溫度 T_g 增高，則溶液循環中的C點向右偏移，濃溶液的濃度X_g亦增高，濃度範圍X_g-X_a也增大，故冷凍容量Q_e亦增加，反之則Q_e減少。

圖 14-13 為溴化鋰（Li Br）之水溶液平衡線圖。圖 14-12 為 carrier吸收式冷凍機大略圖，後者之標示①②③④⑤⑥與圖 14-13 中之1、2、3、4、5、6相當。圖中，$X_a=0.6$，$X_g=0.65$；水之蒸發潛熱為590 kCal/kg，則每一冷凍噸所需之冷媒（水）循環量$L=3320/590=5.64$ kg/hr 。

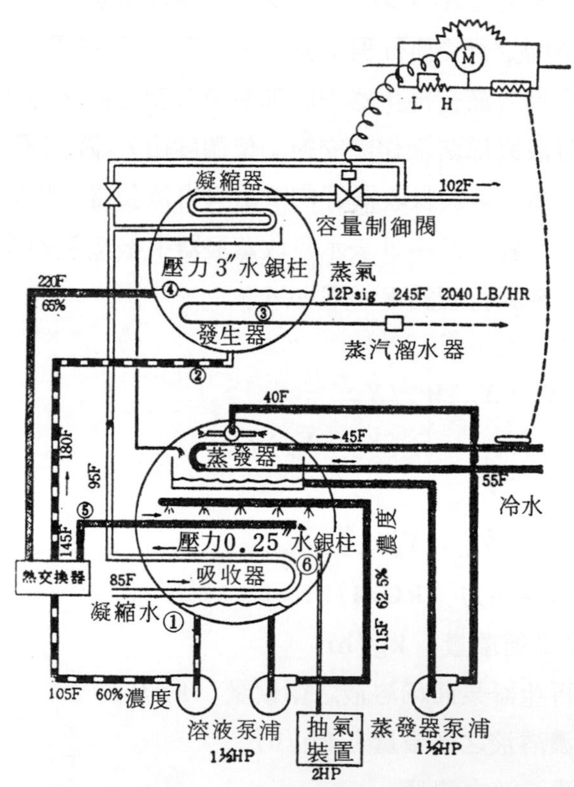

圖 14-12 吸收冷凍機大略圖

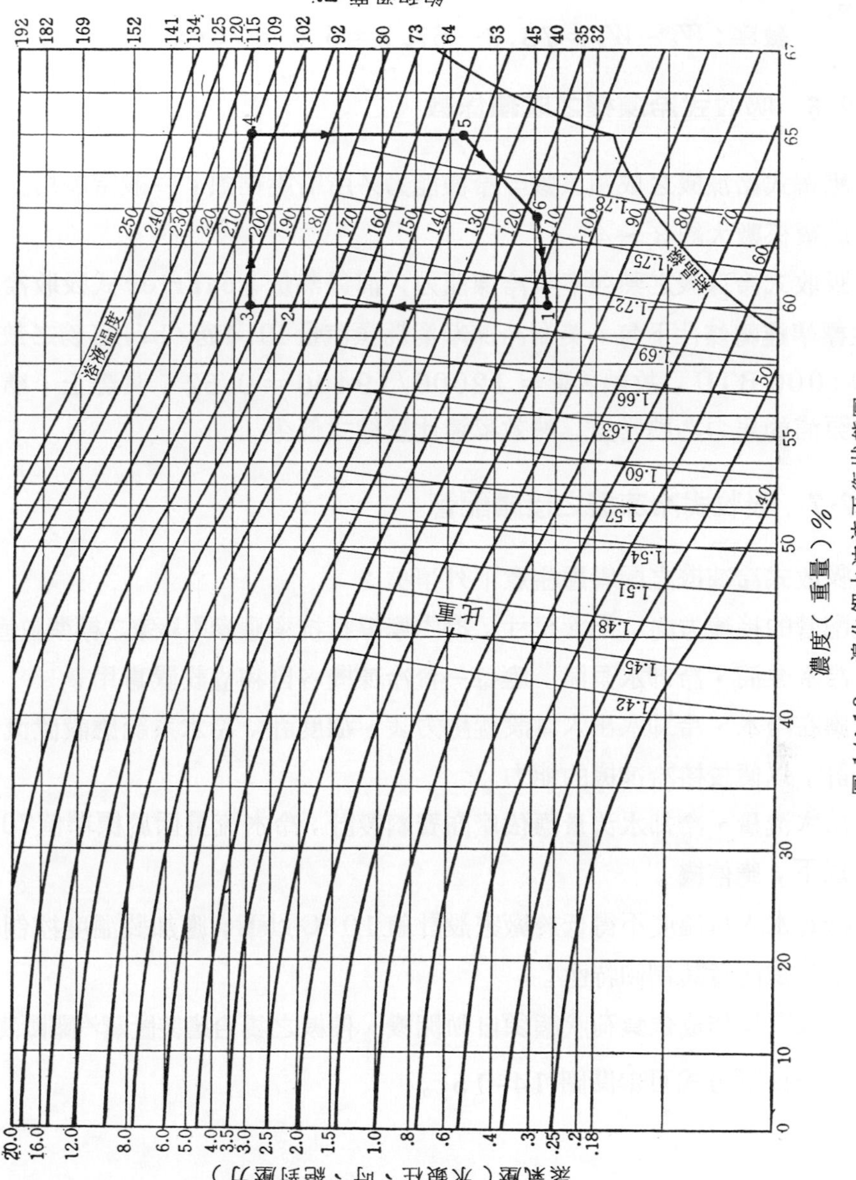

圖 14-13　溴化鋰水溶液平衡狀態圖

稀溶液之循環量

$$W_a = 5.64 \times 0.65 / 0.65 - 0.6 = 73.3 \text{ kg/hr}$$

$$W_g = W_a \cdot X_a / X_g = 73.3 \times 0.6 / 0.65 = 67.7 \text{ kg/hr}$$

驗算：$W_a - W_g = 73.3 - 67.7 = 5.6 \text{ kg/hr} = L$

14-2-6 吸收式冷凍機之成績係數

壓縮式冷凍機之成績係數＝冷凍能力／所需壓縮熱，一般空調用壓縮機之成績係數大約3～4。

吸收式冷凍機之熱效率＝冷凍能力／消費熱量。carrier 式吸收冷凍機在標準運轉條件下每一美制冷凍噸消耗蒸汽量19.4磅／hr，每磅之放熱量約1000 BTU，故熱效率＝12000/19400＝0.62，實際上，應再加上泵浦的馬力之熱當量。熱效率遠比壓縮式低劣。

14-2-7 吸收式冷凍機之接續配管

吸收式冷凍機之配管應注意下列事項：

(1) 配管的接續方向，配管尺寸，機內摩擦抵抗率應參照廠家之標準數值。
(2) 冷水泵浦、冷却水泵浦，應每一台冷凍機各自獨立設置專用。
(3) 應在冷水、冷却水出入口設置壓力表、溫度計，冷水系統應設置流量計，以便校核冷凍機的能力。
(4) 冷水流量、冷却水流量應依廠商資料設計，冷水流量低於標準值70%以下，應停機。
(5) 冷却水入口溫度不得低於廠家設計值10°C以下，應加裝溫度控制器，並須注意其制御特性。
(6) 需遠隔操作或依負荷狀態須自動開機、停機之場合應裝置蒸汽關斷閥。

接續配管方式可參閱圖 14-15 。

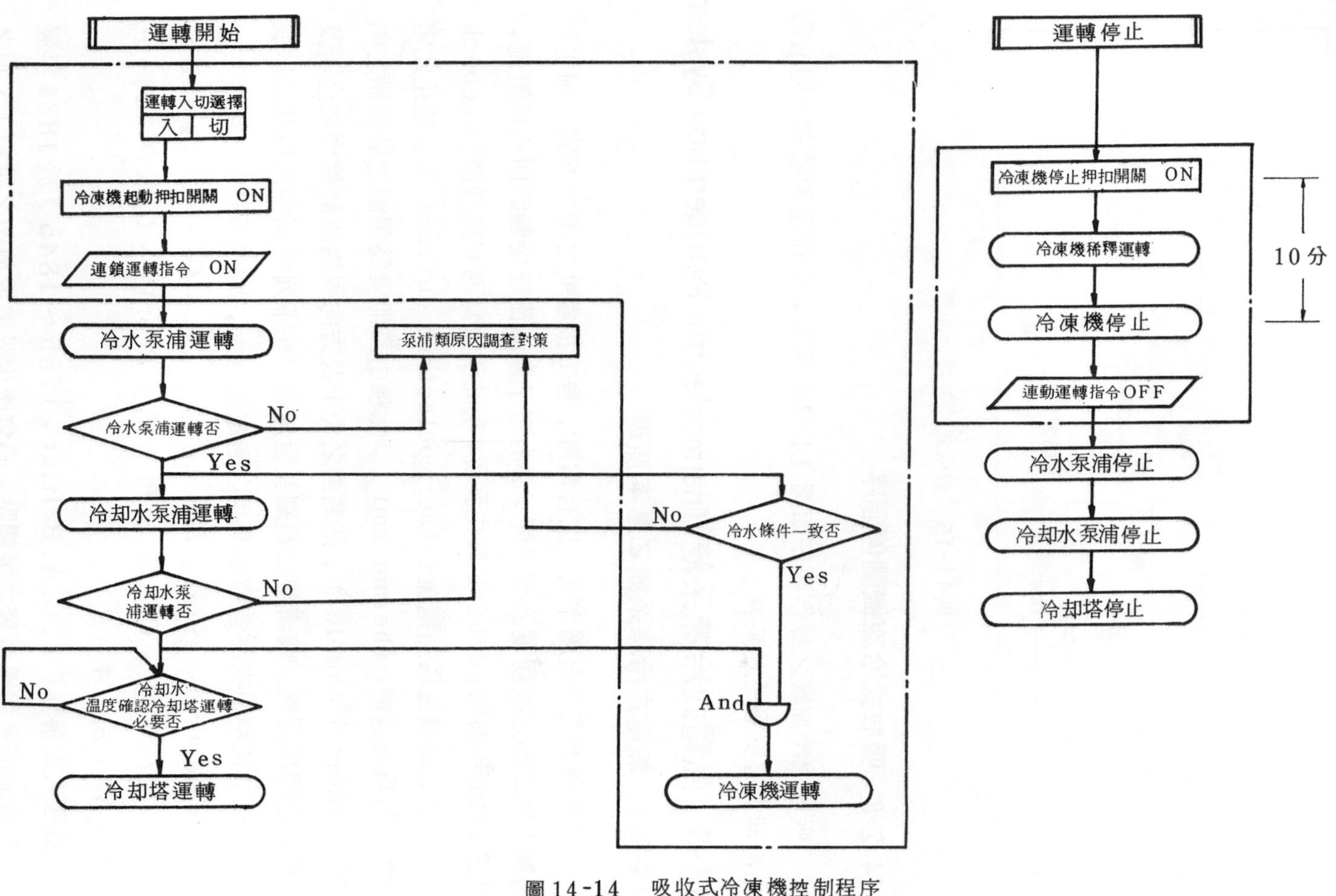

圖 14-14　吸收式冷凍機控制程序

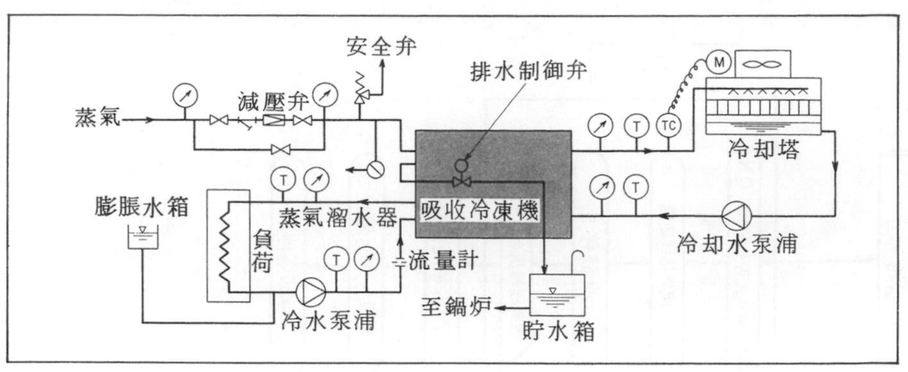

圖 14-15 吸收式冷凍機之配管

14-2-8 吸收式冷凍機關停順序

吸收式冷凍機之操作順序如圖 14- 14 所示，應作連鎖控制並應有防止冷却水溫度過低之裝置 。

14-3 熱電式冷凍系統(Thermoelectric Refrigeration System)

14-3-1 熱電式冷凍系統之基本原理

將兩種不同之金屬作成一閉合電路，若二接觸點之溫度不同，則工作函數亦卽二點之接觸電位差不同，必有電子繼續流經接觸點而構成電流，此係 1822 年德國 seebeck 最先發現，稱此現象爲西貝克效應(seebeck effect)，此電流爲熱電流(thermoelectric current)。產生此電流之電熱爲熱電勢(thermo emf)。此種由熱能變爲電能之裝置謂之熱電偶(thermo couple)，熱電勢之大小及方向視構成熱電偶之金屬及接觸點之溫度而異，與導線之粗細長短無關。在下列金屬中任取其二作成熱電偶時，其相距次序愈遠所產生之熱電勢愈大，此卽西貝克熱電序(thermoelectric series) T_e、S_b、A_s、F_e、C_d、W、Z_n、A_g、A_u、I_r、R_n、M_o、C_r、S_n、P_b、H_g、T_i、M_n、C_u、U、P_t、P_a、C_o、N_i、B_i ($A \rightarrow B$) 。

法國人皮爾特(J.C.A.Peltier，1785～1845)於 1834 年發現「凡電流流經相異金屬之接觸點，必會產生吸熱或放熱之現象」、稱之

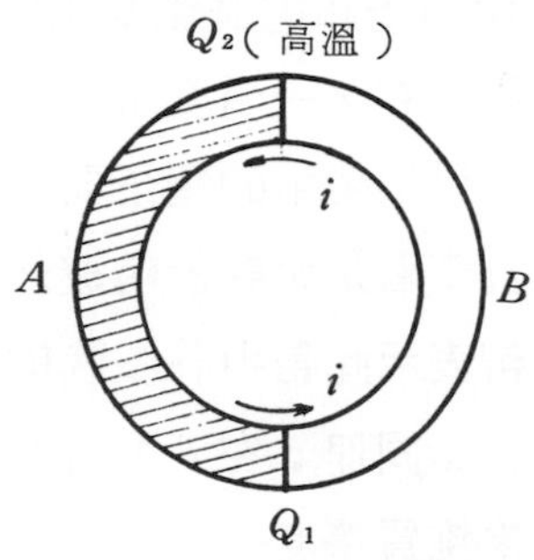

圖 14-16　熱偶之熱流

爲皮爾特效應（peltier effect）皮爾特效應爲西貝克效應之逆效應。若由外部接電源使熱電偶流有與熱電勢方向相反之電流，則在熱電偶之低溫點有冷却作用，且放熱於高溫點，形成熱泵效果（heat pump），若用一般導體時，焦耳熱損失過大，效率低，目前實用上多採用半導體。

熱電冷凍又稱電子冷凍。常用之半導體有$B_{i2}\ T_{e2} - S_{b2}T_{e3}$及$B_{i2}\ T_{e3} - B_{i2}\ S_{e3}$兩種。熱電冷凍機由$n$型$p$型的熱電半導體，用金屬接合片接續。其構造之基本型如圖14-17所示。電子由金屬流向n型半導體。半導體電的特性，依自由電子和電洞的濃度而定。

在本質半導體中（即沒有雜質之半導體）、費密階（fermi level）

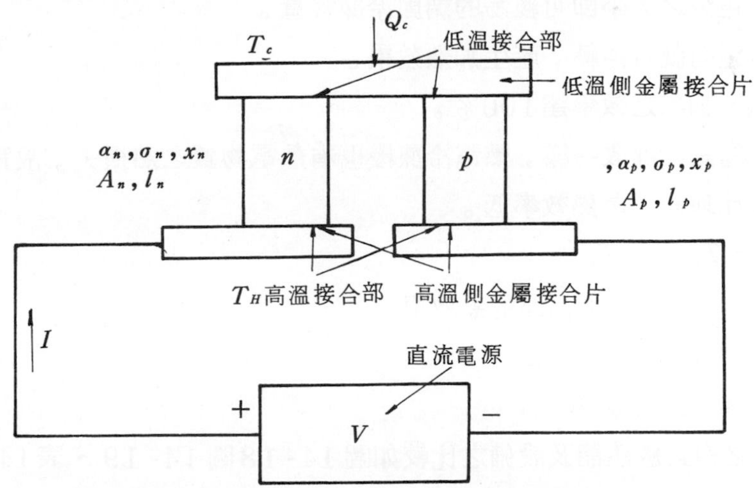

圖 14-17　熱電冷凍機基本型

在能隙中央，此即表示自由電子和電洞濃度相等，如果晶體中加有施體（donor類）或 n 型雜質，假定在某一溫度所有施體之原子均離子化了，則傳導帶之電洞均被填滿，所以價帶中的電子要由熱擾動而獲得能量用來跳過這些能隙較困難。由於費密階是允許能階被佔有的可能機率的一種衡量方式，故費密階移近傳導帶表示此帶中許多狀態已被施體電子所佔有，以及價帶中所存在的電洞較少。同理，在 p 型材料內，費密階必會自禁帶的中央移到較近價帶處，如果雜質濃度一定，n 型材料在溫度極高時會產生更多的電子電洞。即 n 或 p 型材料的溫度升高時，費密階就向能隙中央移動，因電子之流動，由皮爾特效應，將會產生冷却效果。

14-3-2 熱電冷凍系統與壓縮式冷凍系統的比較

熱電冷凍系統在壓縮式冷凍循環相比較，其優點如下述：

(1) 壓縮式冷凍機在小容量時，體積效率、壓縮效率及機械效率均減低，故成績係數降低。但熱電冷凍系統之成績係數與上述效率無關，故在小容量冷凍系統時較壓縮式有利。

(2) 無機械之運動部份，不會有磨耗而引起之故障、振動及噪音。

(3) 無冷媒及配管故無冷媒洩漏及配管腐蝕之虞。

(4) 變化電流之大小即可輕易的調節冷凍容量。

(5) 電流逆向就可逆轉，產生加熱效果。

(6) 吸熱、加熱之效率達100%。

和壓縮式冷凍機一樣，熱電冷凍機也有熱電物質之熱損失，故實際上之熱效率比理論上之熱效率低。

$\eta_{Th} = T_c / T_h - T_c$

η_{Th} ＝理論卡諾逆循環的熱效率

T_c ＝低溫部之溫度 °K

T_h ＝高溫部之溫度 °K

二者之相對應性能及設備之比較如圖14-18圖14-19、表14-4及表14-5所示。

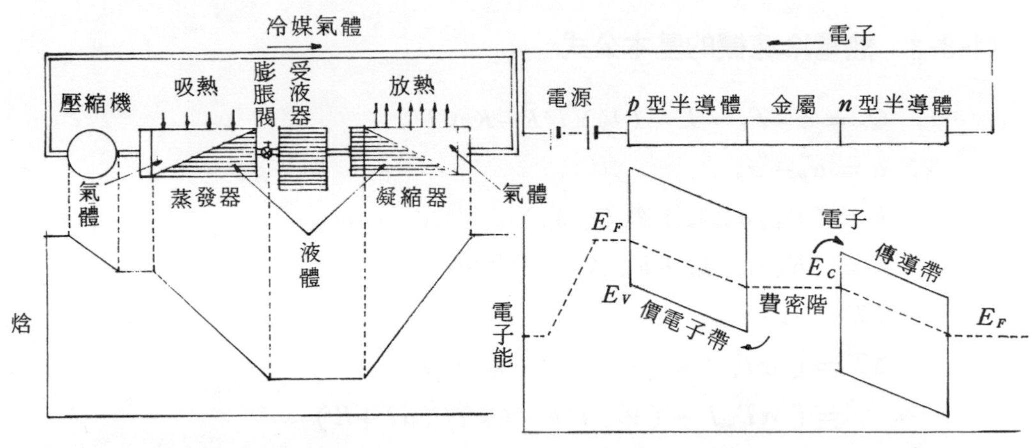

圖 14-18　壓縮式冷凍機　　　　圖 14-19　熱電冷凍機

表14-4　熱電冷凍機與壓縮式冷凍機對應設備比較表

壓縮式冷凍機	熱電冷凍機
冷媒	電子
氣密配管	導線
馬達	直流電源
壓縮機	n型及p型半導體
冷凝器	高溫側放熱部
膨脹閥	低溫側接合部
蒸發器	低溫側吸熱部

表14-5　熱電冷凍機和壓縮式冷凍機之比較

壓縮式冷凍機	熱電式冷凍機
活塞閥板等之氣體漏失	半導體由高溫側至低溫側的熱傳導 $K(T_H-T_C)$
管路摩擦、閥片等之流體摩擦。活塞、閥片等之氣體過熱等摩擦損失	半導體內之焦耳熱 $\frac{1}{2}I^2R$
由壓縮比決定泵浦效率	熱電能 $\alpha_p-\alpha_n$
單位活塞壓縮量相當之冷凍能力	性能指數 $Z\times(\alpha_p-\alpha_n)^2/R\ \ K$
最大壓力差	最大溫度差 $\triangle T_{max}=\frac{1}{2}ZT_C^2$

14-3-3 熱電冷凍機的基本公式

$$Q_c = \alpha \cdot T_c \cdot I - (½) I^2R - K\Delta T$$

$$\alpha = \alpha_p - \alpha_n$$

$$R = (\ell_n / \sigma_n A_n + \ell_p / \sigma_p A_p)$$

$$K = (K_n A_n / \ell_n + K_p A_p / \ell_p)$$

$$\Delta T = T_h - T_c$$

$$\Delta T = [\alpha T_c I - (½) I^2 R - Q_c] / K$$

$$= [\alpha T_h I - (½) I^2 R - Q_c] / (\alpha I + K)$$

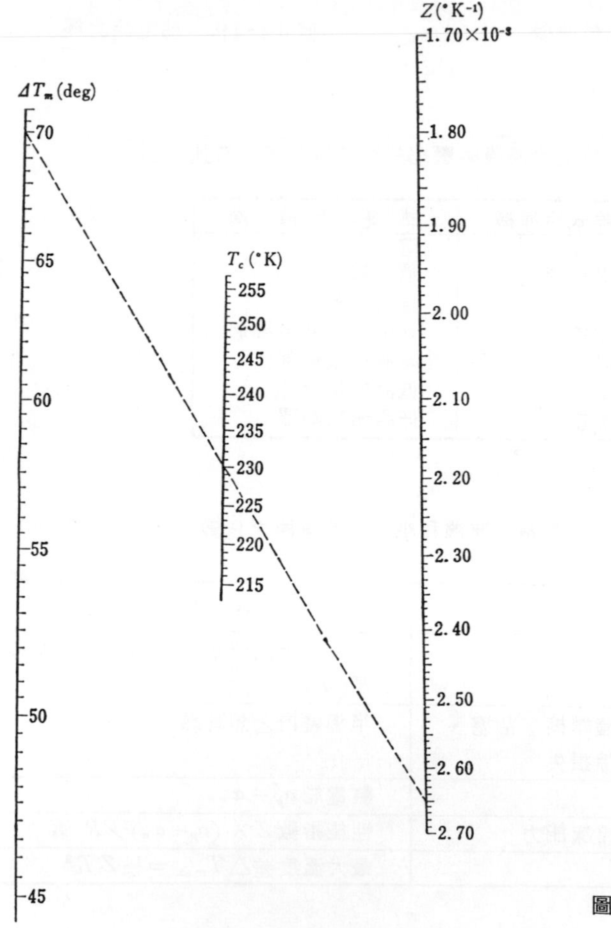

圖 14-20 $Z = \frac{2\Delta T_{max}}{T_c^2}$

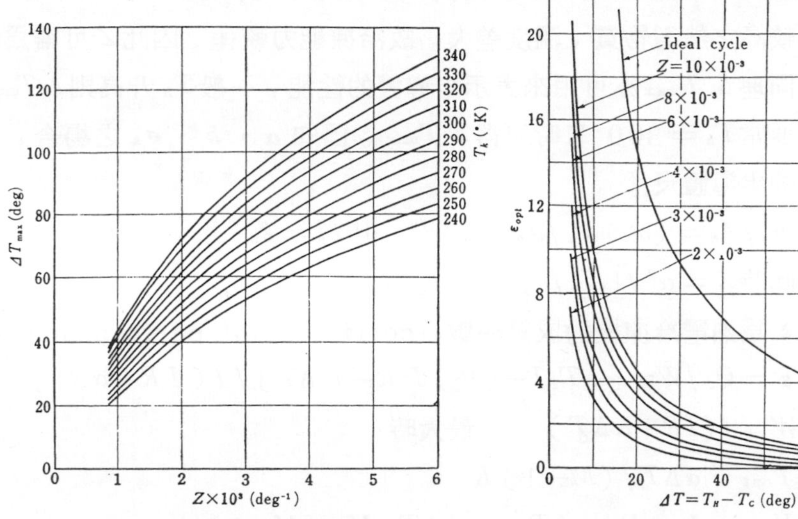

圖 14-21　性能指數和最大溫度差　　　圖 14-22　成績係数

ΔT 爲最大値時

$I_{max}=\alpha T_c/R$ 或 $I_{max}=K[(2T_hZ+1)^{1/2}-1]/\alpha$

$V_{max}=\alpha T_c+\alpha\Delta T=\alpha T_h$

$\Delta T_{max}=\frac{1}{2}ZT_c^2$ 或 $\Delta T_{max}=[T_hZ+1-(2T_hZ+1)^{1/2}]/Z$

$Z=\alpha^2/k\cdot R$

α_p・α_n＝西貝克係數或稱熱電能（thermo electric power），即接觸點之溫度每昇高 1°C 所增加之電勢 $V\cdot deg^{-1}$

T_c：低溫部之溫度 °K

T_h：高溫部之溫度 °K

ℓ_p・ℓ_n＝長度（cm）

σ_p，σ_n＝電氣傳導率（mho、cm^{-1}）

A_p・A_n＝截面積（cm^2）

k_p・k_n＝熱傳導率（$W\cdot cm^{-1}\ deg^{-1}$）

註脚中之 p 表示 p 型半導體，n 表示 n 型半導體、Z 爲性能指數（figure of merit）

$$Z=\alpha^2/K\cdot R=\alpha^2/[(k_p/\sigma_p)^{1/2}+(k_n/\sigma_n)^{1/2}]^2$$

Z 值較高之熱電物質，溫度差大，故冷凍能力較佳，因此 Z 可稱為性能指數。同理 ΔT_{max} 亦可用來表示半導體的性能，一般 T_h 升高則 ΔT_{max} 亦增加。通常 $T_h=300°K$ 時可得 ΔT_{max}。已知 α、k、σ_s 之場合，Z 值最大時的半導體尺寸

$$A_p/A_n=(\sigma_n\cdot k_n/\sigma_p\cdot k_p)^{1/2} \quad 但\ \ell_p=\ell_n$$

此時 $Z=\alpha^2/[k_p/\sigma_p)^{1/2}+(k_n/\sigma_n)^{1/2}]^2$

ε 為熱電冷凍機的成績係數（cofficient of performance）

$$\varepsilon=Q_c/W=[\alpha T_cI-(½)I^2R-K\Delta T]/I(IR+\alpha\Delta T)$$

$W=I(IR+\alpha\Delta T)$ 　　ε 最大時

$$I_{opt}=\alpha\Delta T/(M-1)R$$

$$V_{opt}=I_{opt}R+\alpha\Delta T=\alpha\cdot\Delta T\cdot M/(M-1)$$

$$\varepsilon_{opt}=(T_c/\Delta T)(M-T_h/T_c)/(M+1)$$

$$M=[1+½Z(T_h+T_c)]^{1/2}$$

14-3-4 熱電冷凍機適用場合

熱電冷凍機適用於下列場合

(1) 實驗試料、紅外線檢出半導體、光電子增倍管、電晶體等電子機器設備類的冷却。
(2) 不能有振動及噪音的測定器，及測定室、檢驗室之冷却及恒溫系統。
(3) 只有直流電源而且若有配管易因振動而使冷媒洩漏之類似冷凍車船類之空調。
(4) 須冷却、加熱交互使用之理化及醫療機器。
(5) 太空船等之冷熱源。
(6) 高精度之恒溫槽或恒溫室。

14-4 磁性冷凍系統

將順磁性物質（paramagnetic）置於完全隔熱的磁場，則順磁性物質溫度降低至幾近於絕對零度。此方式可用來製作極低溫。

順磁性物質如鉀、氧、鎢和稀土金屬以及許多它們的鹽類，例如氯化鉺、氧化鉞、氧化釓。

原子有一小磁矩、平常、原子隨意轉向使得平均轉矩爲零，沒有外在的磁場存在時，材料不呈顯任何磁性作用，當外在的磁場被加上去時，每一原子的磁轉矩上就會產生一小轉矩使原子轉至和外界磁場相並排，並且使材料內之磁通量密度B值（magnetic flux density）高於外面磁場之B值，即此順磁性物質的特性

$$(\partial u/\partial J)_T = H - T(\partial H/\partial T)_J$$

$$(\partial u/\partial T)_J = C_J$$

$$(\partial u/\partial T)_H = C_H$$

其中　u：內能

J：磁性體的磁化强度

H：磁場强度（magnetic field intensity）

T：絕對溫度

磁性體與外界磁場授受作功與氣體的壓縮膨脹等過程相比較，壓力P相當於$-H$，容積V相當於J

C_p則相當於上列公式之C_J、C_V相當於C_H。

由公式　$ds = C_p/T \cdot dT - A(\partial v/\partial T)_p \cdot dP$

$ds = C_v/T \cdot dT + A(\partial P/\partial T)_v\, dv$

則　$Tds = C_J dT - T(\partial H/\partial T)_J \cdot dJ$

$Tds = C_H dT + T(\partial J/\partial T)_H \cdot dH$

磁化率J/H與T成反比即

$J/H = C\dfrac{1}{T}$ 謂之居里法則（curie's law）

C謂之居里常數

在低溫低磁場時此法則成立，但在10°K以下則不成立。$J/H = C\dfrac{1}{T}$一式和理想氣體的性質相當。

居里法則成立時

$$Tds = C_J dT - H dJ$$

$$Tds = C_H dT - J dH$$

㈠ 可逆等溫度變化過程

溫度一定，移走外部熱量Q，磁場强度由H_1變化至H_2時，$Q=C/2T(H_2^2-H_1^2)$，即磁場增强時（$H_2>H_1$）則發熱即$Q>0$，磁場變弱（$H_2<H_1$）則吸熱即$Q<0$。

㈡ 可逆斷熱變化

若公式

$$Tds = C_J dT - T(\partial H/\partial T)_J dJ$$

$$Tds = C_H dT + T(\partial J/\partial T)_H dH$$

兩者之中，s為一定時

則 $$\Delta T = -T/C_H \int_{H_1}^{H_2} (\partial J/\partial T)_H dH$$

$$\Delta T = C/(C_H \cdot T)\int_{H_1}^{H_2} H dH$$

$$C_H \text{ 爲定值時 } \Delta T = \frac{C\cdot(H_2^2 - H_1^2)}{2C_H T}$$

即磁場增强溫度上升，磁場變弱則溫度下降此即利用消磁方式獲得極低溫的原理。磁性冷凍法尚在研究階段，俟有新發展時，本書將在再版時、增添新的技術資料。

15-1 二段冷凍系統

15-1-1 低温冷凍方式

冷媒之蒸發溫度範圍由－40°C至－200°C之冷凍裝置，謂之超低溫裝置，－200°C以下謂之極低溫，蒸發溫度在 －40°C以上，大致可採用一段壓縮方式。極低溫則需另用特殊方式。其餘之適當冷凍方式如表15-1所示。

表15-1　冷凍方式與溫度範圍

冷媒蒸發溫度範圍	冷　凍　方　式
－40～－60 °C	二段壓縮式冷凍機
－ 60～－90 °C	二元冷凍機
－ 90～－130°C	三元冷凍機
－130～－200°C	氣體冷凍機

15-1-2 超低温的用途

一般需特殊精密之鑄件或鋼材爲了消除其應力，大多在製造成型後置放自然環境中，歷經 10 年左右之氣候變化，所加工之成品精密度高，不易變形或劣化。若將鑄件及鋼材置於－80°C左右之環境，則僅需數小時之低溫處理就可使鋼材或鑄件的組織安定（stabilization），同時硬度也增高。

大多用來製作切削工具、軸、軸承等產品。光學之鏡片於塗瀝青置於研磨設備上加工後亦須藉超低溫之冷却方式剝離。

血漿、抗生素等藥品則需在－40°C之低溫凍結或眞空乾燥（凍結乾燥），方能長期貯存，人及家畜精液在－80°C至－190°C之低溫下可貯存數年。對於細菌及癌組識切片後的保存亦適用之。

航空設備材料之試驗，石油精製，及各種石化製造過程均需低溫裝置。研究試驗中的活人凍結儲存亦需在超低溫或極低溫設備作急速凍結。

15-1-3 超低温系統採用之冷媒

超低溫裝置所使用之冷媒，應能具備下列條件：

(1) 凝固點低於蒸發溫度。

(2) 蒸發壓力在大氣壓力附近，最好略高於大氣壓力。

(3) 臨界溫度愈高愈佳。

(4) 等壓比熱與等容比熱之比值應低，壓縮後之氣體溫度才不會上昇過高。目前超低溫系統採用之冷凍有 R-14，R-13，R-22，NH_3，乙烷，乙烯，丙烷等。

15-1-4 二段壓縮之冷凍系統

蒸發溫度低則蒸發溫度與凝結溫度之差值增高。冷凍裝置之容量及效率均顯着降低，且壓縮後之冷媒溫度過高會導致冷凍油炭化，造成系統故障或毀損。壓縮機、壓縮比與容積效率的關係如圖 15-1 所示，壓縮比超過 10 則容積效率太低。蒸發溫度在－40°C時壓縮比約爲10，因此須採用二段壓縮式，一般而言，壓縮比超過 7 就應採用二段壓縮系統或二元及三元冷凍系統。

二段壓縮之中間壓力 P_m 可由下式計算：

$$P_m = \sqrt{P_d \cdot P_s}$$

P_m = 中間壓力（ kg/cm^2 abs ）

P_d = 高壓側壓縮機的冷凝壓力（ kg/cm^2 abs ）

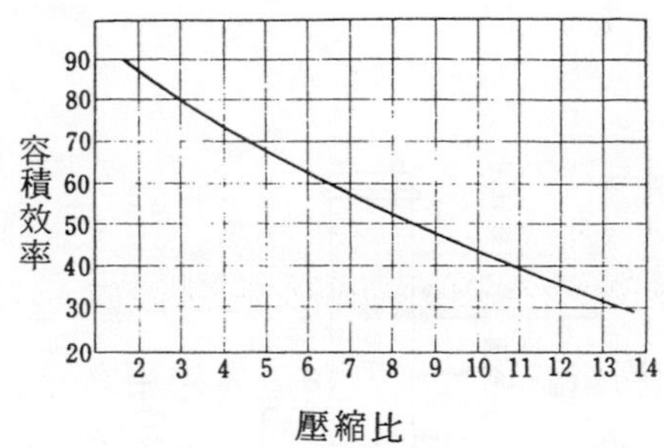

圖 15-1　壓縮比與容積效率之關係

P_s ＝低壓壓縮機的吸入壓力（ kg/cm^2 abs ）

壓縮機可獨立分成二台或併合成一台，組合式雙段壓縮機之中間壓力則應考慮高低壓段汽缸數之比值（整數比值）略作調整。

中間冷却器有二種型式，一為閉合殼圈式（圖 15-2 ）(close shell and coil type)，另一為開放蒸發型（圖 15-3 ）（ open flashed type ）。圖 15-4 為典型之氨二段系統。

【例 1 】已知有一 R-22之二段系統其運轉條件如圖 15-6 所示，冷媒離開冷凝器已過冷却 5°C，壓縮機之容積效率皆為 0.6，機械效率為 0.7，冷凍容量為 1000 kCal/hr

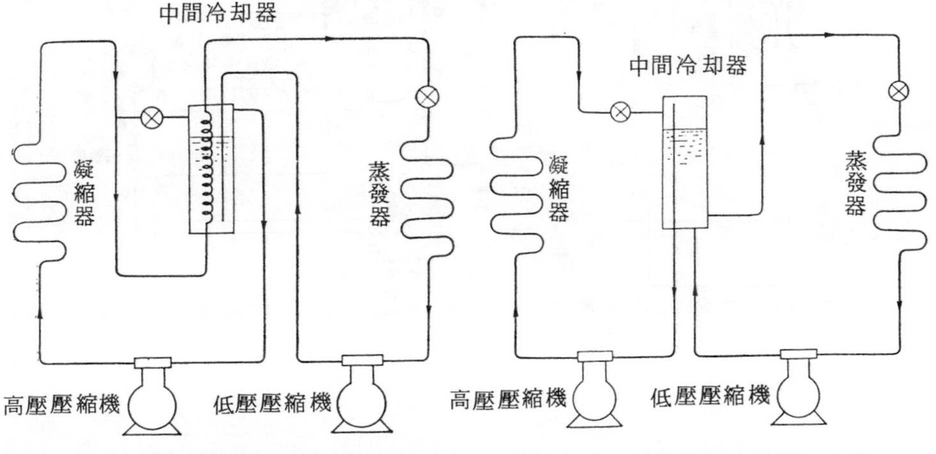

圖 15-2　二段冷凍系統閉合殼圈式中間冷却器

圖 15-3　二段冷凍系統開放蒸發型中間冷却器

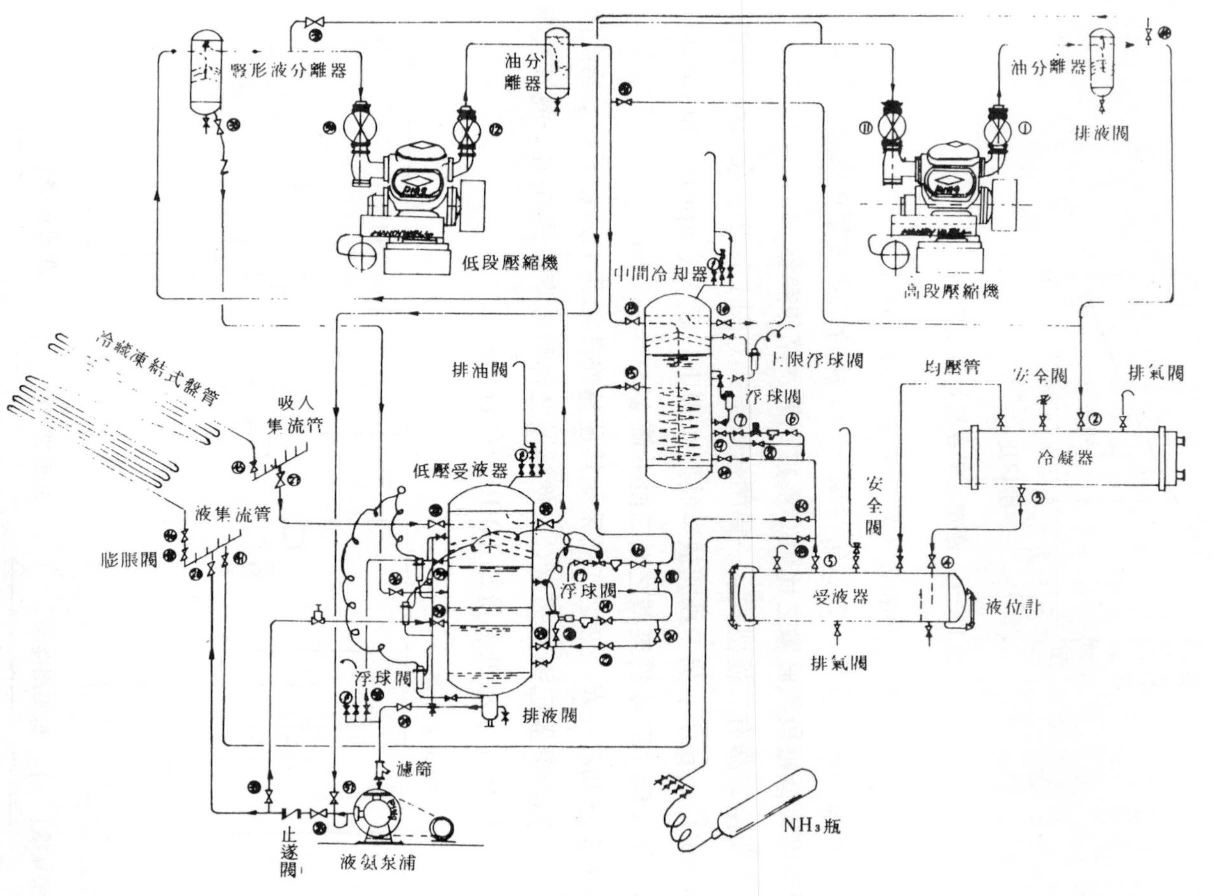

圖 15-4 典型之氨二段冷凍系統

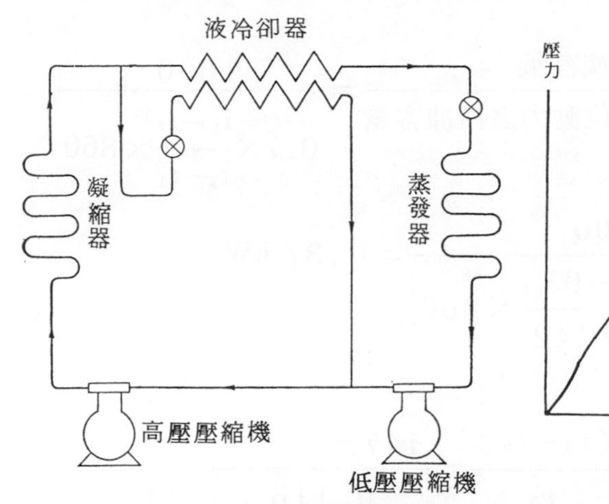

圖 15-5　R-22之二段系統

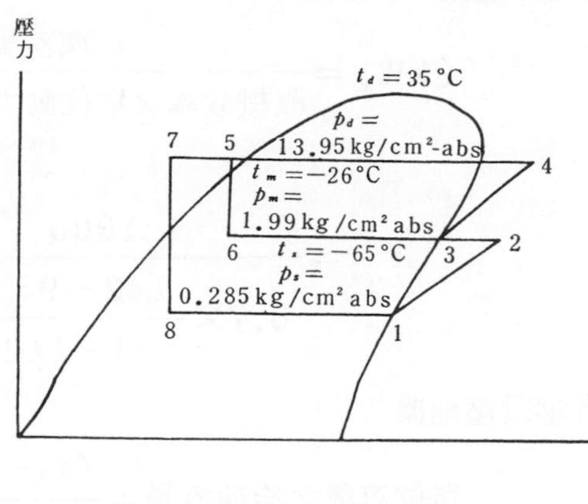

圖 15-6　R-22之二段系的運轉條件

【解】依運轉條件查R-22之莫里耳特性圖，得下列數值：

$i_1 = 142$ kCal/kg　　$v_1 = 0.7$ m³/kg

$i_2 = 153$ kCal/kg　　$t_2 = 20°C$

$i_3 = 147$ kCal/kg　　$v_3 = 0.116$

$i_4 = 159$ kCal/kg　　$t_4 = 75°C$

$i_5 = 109.4$ kCal/kg　　$t_5 = 30°C$（已知過冷却5°C）

$i_7 = 93$ kCal/kg$= i_8$　　$t_7 = -26°C$

中間壓力

$$P_m = \sqrt{P_d \cdot P_s} = \sqrt{13.95 \times 0.285} = 1.99 \text{kg/cm}^2 \text{ abs}$$

查莫里耳特性圖或冷媒R-22特性表　$t_m = -26°C$

單位容積的冷凍容量

$$q = \frac{(i_1 - i_7)}{v_1} = \frac{142 - 93 (\text{kCal/kg})}{0.7 (\text{m}^3/\text{kg})} = 70 \text{ kCal/m}^3$$

低壓段壓縮機之排氣容量

$$V = \frac{\text{冷凍容量}}{\text{單位容積之冷凍容量} \times \text{容積效率}} = \frac{1000}{70 \times 0.6} \doteqdot 24 \text{ m}^3/\text{hr}$$

低壓段壓縮機所需動力

$$(\mathrm{kW})=\frac{冷凍容量}{機械效率\times單位動力之冷凍容量}=\frac{1000}{0.7\times\dfrac{i_1-i_7}{i_2-i_1}\times 860}$$

$$=\frac{1000}{0.7\times\dfrac{142-93}{153-142}\times 860}=0.37\ \mathrm{kW}$$

高壓段壓縮機

$$單位容積之冷凍容量=\frac{(i_3-i_5)}{v_3}=\frac{147-109.4}{0.116}$$

$$=323\ \mathrm{kCal/m^3}$$

$$排氣容積\ V_H=\frac{1000+0.37\times 860}{323\times 0.6}=6.8\ \mathrm{m^3/h}$$

$$所要動力=\frac{1000+0.37\times 860}{0.7\times\dfrac{(147-109.4)}{(159-147)}}=0.70\ \mathrm{kW}$$

結果　冷凍容量　1000 kCal

蒸發溫度　$-65°\mathrm{C}$

冷凝溫度　$35°\mathrm{C}$

冷凝壓力　13.95 $\mathrm{kg/cm^2}$ abs

蒸發壓力　0.285 $\mathrm{kg/cm^2}$ abs

中間壓力　1.99 $\mathrm{kg/cm^2}$ abs

高壓壓縮機　6.8 $\mathrm{m^3/hr}$，0.70 kW

低壓壓縮機　24 $\mathrm{m^3/h}$，0.37 kW

低壓壓縮機所需動力小，但壓縮機排氣容量大，起動轉矩較大，故應採用額定較大之馬達。且高壓段壓縮機在自動運轉高負荷啟動時，常會產生過載現象，故馬達應較上述計算值高。本例之高壓段、低壓段之傳動馬達可採用 1.5 kW。

驗算：

低壓段壓縮機之冷媒循環Q_L

$$Q_L=\frac{冷凍容量}{冷凍效果}=\frac{1000\ kCal/hr}{142-93\ kCal/kg}=\frac{1000}{49}$$
$$=20.41\ kg/hr$$

理論氣體流量$=20.41\ kg/hr\times0.7\ m^3/kg=14.287\ m^3/hr$

實際之壓縮容積應考慮容積效率，故$14.287\ m^3/hr\div0.6\doteqdot24\ m^3/hr$。

高壓段壓縮機之冷媒循環量爲G_H

$$G_H=\frac{Q_L+G_L(i_2-i_1)}{i_3-i_5}=\frac{1000+20.41\times(153-142)}{147-109.4}$$
$$=\frac{1224.5}{37.6}=32.57\ kg/hr$$

理論氣體流量$=32.57\ kg/hr\times0.116\ m^3/kg=3.778\ m^3/hr$

高壓段壓縮機之實際排氣容積$=3.778/0.6\doteqdot6.3\ m^3/hr$與上述數值略有差異，通過中間冷却器膨脹閥之冷媒流量爲G_m。

$$G_L\times[(i_2-i_3)+(i_5-i_7)]=G_m\times(i_3-i_5)$$

即
$$\frac{G_L\times[(i_2-i_3)+(i_5-i_7)]}{i_3-i_5}=G_m$$

決定中間冷却器之傳熱面積時，僅需考慮液過冷却液之冷却熱量即可，因t_2、t_3之溫度低於t_5及t_7。本身亦可產生冷却效果，

即
$$Q_m=G_L(i_5-i_7)=20.41\times(109.4-93)$$
$$=334.7\ kCal/kg$$

爲安全起見可增加10%之安全係數。

若二段壓縮機爲單台組合型(compound type two stage compressor)，中間壓力應調整使排氣容積之比值爲整數。

$$\frac{V_H}{V_L}=\frac{\dfrac{\eta_L}{v_1}(i_1-i_7)}{\dfrac{\eta_H}{v_3}(i_3-i_5)}\doteqdot整數值$$

15-2 二元冷凍系統(cascade system)

二元冷凍系統採用兩種不同的冷媒且二系統之冷媒各自獨立循環，適用於二元及三元系統之冷媒如表15-2所示。

二元冷凍機可採用R-22及R-13，三元冷凍機可採用R-22，R-13及R-14。

表15-2　二元系統冷媒性質

	丙烷 C_3H_8	R-22 CHF_2Cl	R-13 CF_3Cl	乙烷 C_2H_6	乙稀 C_2H_4	R-14 CF_4	R-50 CH_4	液氮 N_2
t_s：1大氣壓力時之飽和溫度	−43°C	−41°C	−82°C	−89°C	−103°C	−128°C	−162°C	−196°C
t_d：13大氣壓力時之飽和溫度	38°C	33°C	−16°C	−23°C	−43°C	−77°C	−119°C	−165°C
t_d-t_s	81	74	66	66	60	51	43	31

【例2】由R-22及R-13組合的二元冷凍系統如圖15-7，其冷凍循環過程之狀態如圖15-8及圖15-9。高溫冷凍機（R-22）的蒸發溫度和低溫冷凍機（R-13）的冷凝溫度相差5°C。R-22液冷媒冷却5°C。已知R-13及R-22冷凍機之運轉條件如表15-3下：

查R-13莫里耳線圖得

$i_1=115.5$ kCal/kg

$i_2=124.8$ kCal/kg

$i_4=92$ kCal/kg

$v_1=0.1728$

$t_2=-2°C$

$t_{1d}=-30°C$

$t_{1s}=-85°C$

$P_{1d}=8.59$ ata

$P_{1s}=0.85$ ata

表 15-3

運轉條件	R-13 低溫冷凍機	R-22 高溫冷凍機
蒸發溫度	$t_{1s}=-85°C$	$t_{2s}=-35°C$
冷凝溫度	$t_{1d}=-30°C$	$t_{2d}=35°C$
蒸發壓力	$p_{1s}=0.85$ ata	$p_{2s}=1.35$ ata
冷凝壓力	$p_{1d}=8.59$ ata	$p_{2d}=13.9$ ata
壓 縮 比	$8.59/0.85=10$	$13.9/1.35=10.3$
冷凍容量	1000 kCal/hr	

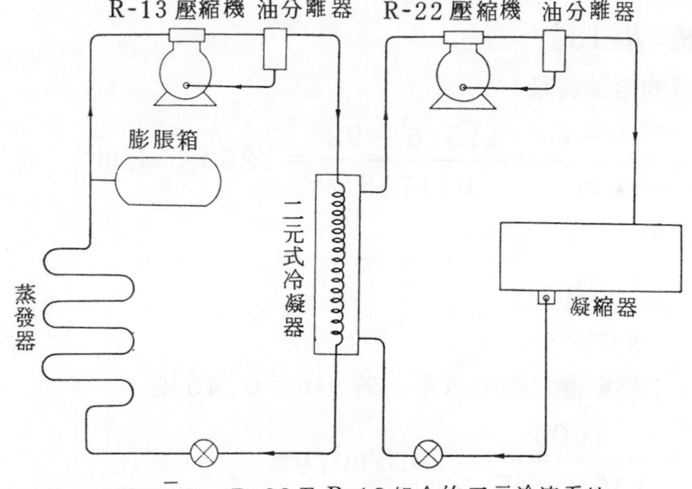

圖 15-7　R-22 及 R-13 組合的二元冷凍系統

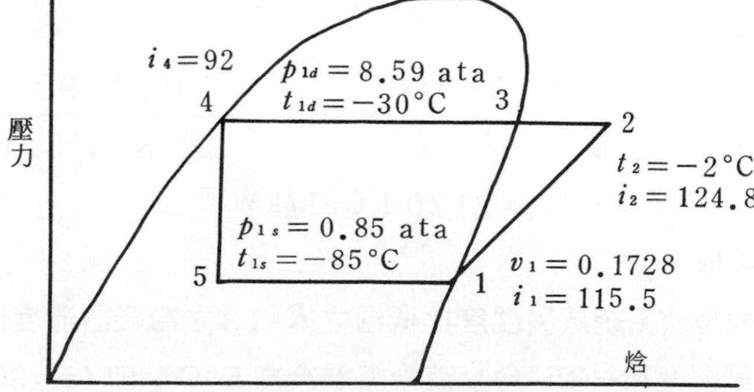

圖 15-8　R-13 低溫冷凍機之冷凍循環

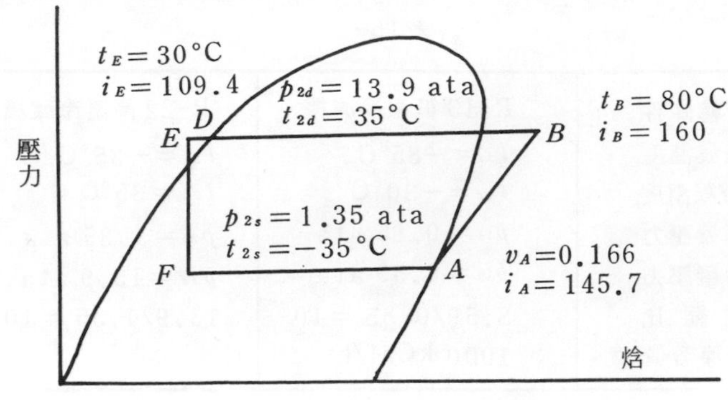

圖 15-9 高溫冷凍機之冷凍循環（R-22）

低溫冷凍系統（R-13）

單位容積的冷凍容量

$$q_{1Th} = \frac{i_1 - i_4}{v_1} = \frac{115.5 - 92}{0.1728} = 136 \text{ kCal/m}^3$$

所需之排氣容積

$$V_1 = \frac{Q_1}{q_{1Th} \cdot \eta_{v1}}$$

η_{v1}：壓縮機之容積效率，若 $\eta_{v1} = 0.45$ 則

$$V_1 = \frac{1000}{136 \times 0.45} = 16.3 \text{ m}^3/\text{hr}$$

所需動力 $N_1 = \dfrac{Q}{\eta_1 \cdot k_1} = \dfrac{1000}{0.6 \times 2170} = 0.77$ kW

η：機械效率

$$K_1 = \frac{Q}{N} = \frac{\text{冷凍容量}}{\text{單位動力}} = \frac{i_1 - i_4}{i_2 - i_1} \times 860 = \frac{115.5 - 92}{124.8 - 115.5} \times 860$$

$$= 2170 \text{ kCal/kWh}$$

R-22 高溫冷凍機

因 R-22 的冷凍系統蒸發溫度比低溫之 R-13 之冷凝器溫度低 5°C，故其設計之蒸發溫度爲－35°C，液冷媒過冷却 5°C，即 t_E＝30°C 查，R-22 之莫里耳線圖，可得下列數值：

$i_A = 145.7$　(kCal/kg)

$i_B = 160$　(kCal/kg)

$i_E = 109.4$　(kCal/kg)

$t_B = 80°C$

$t_E = 30°C$

$t_D = 35°C = t_{2d}$

$t_{2s} = -35°C$

$v_a = 0.166$

單位容積之冷凍容量

$$q_{2Th} = \frac{i_A - i_E}{v_a} = \frac{145.7 - 109.4}{0.166} = 219 \text{ kCal/m}^3$$

$$\text{排氣容積} V_2 = \frac{Q_2}{q_{2Th} \cdot \eta_{v2}} = \frac{1000 + 0.77 \times 860}{219 \times 0.5} = 15.2 \text{ m}^3\text{/hr}$$

$$\text{所需動力} N_2 = \frac{Q_2}{\eta_2 \cdot k_2} = \frac{1660}{0.6 \times 2180} = 1.27 \text{ kW}$$

$$K_2 = \frac{i_A - i_E}{i_B - i_A} \times 860 = \frac{145.7 - 109.4}{160 - 145.7} \times 860$$

$$= 2180 \text{ kCal/kWh}$$

結果：

冷凍容量　1000 kCal/hr

蒸發溫度　−85°C

R-13低溫冷凍機

蒸發壓力　0.85 ata

冷凝壓力　8.59 ata

冷凝溫度　−30°C

壓縮比　10

排氣容積　16.3 m³/hr

所需動力　0.77 kW

R-22 高溫冷凍機

蒸發溫度　$-35°C$

蒸發壓力　1.35 ata

冷凝溫度　$35°C$

冷凝壓力　13.9 ata

壓縮比　10.3

排氣容積　$15.2\ m^3/hr$

所需動力　1.27 kW

R-13，*R*-14，C_2H_6（乙烷），C_2H_4（乙烯）等低溫冷媒在常溫下壓力高達30 ata以上，故應裝置膨脹箱，在運轉狀態，膨脹箱之壓力為蒸發壓力。停機時，冷媒全部蒸發，因有足夠的容積，仍可保持在安全的冷凝壓力以下，普通約略保持在7 ata以下。設計壓縮機、膨脹閥、壓力開關等皆應採用耐高壓之產品。至於潤滑油，市售之 suniso 3*G* 可適用於二元冷凍系統。

15-3 極低溫裝置

15-3-1 20°K以下之冷却方式及溫度範圍

在液態氦的沸點4.2°K以下之溫度範圍謂之極低溫領域，極低溫裝置使用之冷却方式不同於一般冷凍系統，由表15-4可查出某一極低溫範圍內之適用冷却方式。

表15-4　20°K以下之冷却方式

溫度範圍	冷却方式
20°K	液態空氣
20°K～14°K	減壓液態空氣
14°K～10°K	固態空氣
4.2°K	液態氦
25～2.5°K	氦冷凍機
4.2～1°K	減壓液態氦
3.3～0.2K	He^3冷凍機
1°K～10^{-3}°K	斷熱消磁
10^{-2}～10^{-6}°K	核斷熱消磁

15-3-2　極低温利用的新技術

(一)　低溫物性之利用：

①　低溫電磁石：利用液態氮，可降低金屬導體之阻抗增大電流及磁場。

②　低溫眞空泵浦（cryopump）：使氣體凝縮液化。

③　紅外線檢出器：減低熱雜音而獲得靈敏感度。

④　中子減速：使原子炉之中子減速。

⑤　用來產生常磁性離子的低能量狀態。

⑥　電子等固體低溫特性的利用。

⑦　生物急速凍結之利用。

(二)　超電導性的利用

①　製作超電導電磁石，小輸入，强磁場。

②　計算機。

③　輻射計

④　微波等導波管，超電導性，無損失。

⑤　送電線，變壓器等之利用。

⑥　軸承等之製作。

16 不凍液及冷凍油

16-1 不凍液(brine)的種類

不凍液俗稱鹽丹水，滷水又稱二次冷媒，在間接膨脹冷凍系統中與蒸發器接觸而行熱交換，被冷却後輸送至冷凍空間，藉傳導及對流方式吸熱，降低冷凍空間或被冷凍物質之溫度。是一種在適當範圍內只用溫度變化而不改變其形態的冷熱傳導媒介的液體。

理想之不凍液應具備下列特性：

(1) 熱傳導量大。

(2) 黏滯性低。

(3) 無毒、無臭、無味、無刺激性。

(4) 無燃燒性。

(5) 無爆炸性。

(6) 成本低且容易購得。

(7) 無腐蝕性。

(8) 與管路或食品接觸不起物理或化學變化。

16-1-1 不凍液的種類

㈠ 無機質不凍液的種類

① 水（H_2O）

凍結點 0°C，適用於一般之間接膨脹式空調系統。

② 氯化鈉（NaCl）溶液

即食鹽水，可直接與食品接觸

③ 氯化鈣（$CaCl_2$）溶液

大多用於製冰及冷藏

④ 氯化鎂（$MgCl_2$）溶液

較少採用，氯化鈣不足時之代用品

㈡ 有機質不凍液的種類

① 甲醇（Methyl Alcohol）CH_3OH

② 乙醇（Ethyl Alcohol）CH_3CH_2OH

③ 乙二醇（Ethylene Glycol）CH_2OH

④ 甘油（Glycerine）

⑤ 丙烯乙醇（Propylene Glycol）

⑥ 二氯甲烷（Methylene chloride）（Dichloromethane）

⑦ 三氯乙烯（Trichloroethylehe）$CHClCCl_2$

⑧ *R*-11

⑨ 其他

16-1-2 不凍液的選擇

選擇不凍液應考慮下列事項：

(1) 凍結點

不凍液的凍結點必須低於最低的工作溫度。

(2) 污染情形

使用於開放系統時，對不凍液可能造成的污染應特別考慮。

(3) 價格

最初的充填量及需陸續補充量的成本，泵浦的運轉費用等因素。

⑷ 安全性

不凍液的毒性，燃燒性，是否會造成公害或職業病。

⑸ 熱性能

黏性係數、比重及熱傳導等熱性能。

⑹ 腐蝕性

對設備的腐蝕性應低，使設備的使用壽命增長。對管路亦同。

⑺ 法規

不凍液的有關性質應能符合有關法規的要求，及機器設備製造廠商的的規定。

16-2 常用不凍液的性質

16-2-1 食塩水溶液的性質

食鹽水溶液共晶點濃度23.1%時，凝固溫度為−21.2°C（表16-1），實際上最低使用溫度約為−15～−18°C，只有應用在製冰設備時，溫度才可低至凍結點附近。食鹽水無毒、無惡臭，故宜用於直接與食品接觸或用噴霧方式，使食品凍結。

16-2-2 氯化鈣溶液的性質

將氯化鈣結晶溶液與水混合，若濃度增加，則凍結溫度隨之下降，在某一濃度可得到最低的凍結溫度，此點謂之共晶點（eutectic point），氯化鈣溶液共晶點的濃度29.9%，凍結溫度−55°C，逾此濃度則凍結溫度反而上昇且析出結晶。使用溫度大約在−40°C附近。氯化鈣溶液會吸收空氣中之水份，使濃度變稀薄，故應經常量測比重補充氯化鈣。氯化鈣結晶滲水時，有溶解熱產生，因此不宜直接將氯化鈣結晶加入使用中的水溶液內。

氯化鈣水溶液與食品接觸會使食品帶有苦澀及臭味，故不宜直接與食品接觸。

表16-1　氯化鈉（食鹽水）溶液的性質

(15°C)比重 kg/l	°B'e	100kg溶液中的NaCl含有量 kg	凝固溫度 °C	比熱 kCal/kg °C	粘性係數 $\eta \cdot 10^4$ $\frac{kg \cdot s}{m^2}$							熱傳導率 λ $\frac{kCal}{m \cdot h \cdot °C}$				
					+20°	+10°	0°	−5°	−10°	−15°	−20°	0°	−5°	−10°	−15°	−20°
1.02	3.0	2.9	−1.8	0.956	1.06	1.35	1.84	—	—	—	—	0.484	—	—	—	—
1.04	5.7	5.6	−3.5	0.927	1.08	1.41	1.88	—	—	—	—	0.483	—	—	—	—
1.06	8.3	8.3	−5.4	0.901	1.12	1.47	1.95	2.35	—	—	—	0.480	0.474	—	—	—
1.08	10.8	11.0	−7.5	0.878	1.17	1.55	2.06	2.49	—	—	—	0.478	0.472	—	—	—
1.10	13.2	13.6	−9.8	0.857	1.25	1.65	2.19	2.66	—	—	—	0.476	0.470	—	—	—
1.12	15.6	16.2	−12.2	0.839	1.34	1.76	2.37	2.89	3.56	—	—	0.475	0.468	0.460	—	—
1.14	17.8	18.8	−15.1	0.822	1.46	1.89	2.61	3.18	3.95	4.87	—	0.473	0.466	0.458	0.451	—
1.16	20.0	21.2	−18.2	0.806	1.58	2.05	2.88	3.51	4.39	5.38	—	0.470	0.463	0.456	0.449	—
*1.175	21.6	23.1	−21.2	0.794	1.70	2.20	3.10	3.82	4.80	5.86	7.18	0.468	0.461	0.454	0.447	0.441
1.18	22.1	23.7	−17.2	0.791	1.75	2.26	3.20	3.93	4.96	6.05	—	0.468	0.461	0.454	0.447	—
1.20	26.2	26.1	−1.7	0.778	1.95	2.53	3.54	—	—	—	—	0.465	—	—	—	—
1.203	26.4	26.3	−0.0	0.776	1.96	2.55	3.57	—	—	—	—	0.465	—	—	—	—

* 共晶點

表 16-2　食鹽水的蒸氣壓

15°C 比重	食鹽水的蒸氣壓 mmHg 溫度 ℃ 6	4	2	0	−2	−4	−6	−8	−10	−12	−14	−16	−18	−20
1.00	7.01	6.10	5.29	4.58	3.88	3.28	2.76	2.32	1.95	1.63	1.36	1.13	0.94	0.77
1.01	6.97	6.07	5.26	4.56										
1.02	6.93	6.03	5.23	4.53										
1.03	6.90	6.00	5.20	4.50										
1.04	6.86	5.96	5.17	4.48	3.86									
1.05	6.81	5.92	5.13	4.45	3.83									
1.06	6.76	5.88	5.10	4.42	3.81									
1.07	6.71	5.84	5.06	4.38	3.78	3.26								
1.08	6.66	5.79	5.02	4.35	3.75	3.23								
1.09	6.60	5.74	4.98	4.31	3.72	3.21	2.76							
1.00	6.56	5.70	4.95	4.28	3.69	3.18	2.74							
1.11	6.49	5.65	4.90	4.24	3.66	3.15	2.71	2.32						
1.12	6.41	5.58	4.84	4.19	3.61	3.11	2.68	2.29						
1.13	6.36	5.53	4.80	4.15	3.58	3.09	2.65	2.27	1.94					
1.14	6.28	5.46	4.74	4.10	3.54	3.05	2.62	2.25	1.92					
1.15	6.20	5.40	4.68	4.05	3.49	3.01	2.59	2.22	1.90	1.62				
1.16	6.13	5.33	4.62	4.00	3.45	2.97	2.56	2.19	1.87	1.60	1.35			
1.17	6.03	5.25	4.55	3.94	3.40	2.93	2.52	2.16	1.84	1.57	1.33			
1.18	5.93	5.16	4.47	3.87	3.34	2.88	2.48	2.12	1.81	1.54	1.31	1.11		
1.19	5.83	5.07	4.40	3.81	3.29	2.83	2.44	2.09	1.78	1.52	1.29	1.09	0.92	
1.20	5.71	4.97	4431	3.73	3.22	2.77	2.39	2.04	1.75	1.49	1.26	1.07	0.91	0.76
1.21	5.59	4.87	4.22	3.65	3.15	2.72	2.34	2.00	1.71	1.46	1.24	1.05	0.89	0.75
1.22	5.47	4.76	4.12	3.57	3.08	2.65	2.28	1.95	1.67	1.42	1.21	1.03	0.87	0.73
1.23	5.30	4.61	4.00	3.46	2.99	2.57	2.21	1.90	1.62	1.38	1.17	1.00	0.85	0.71
1.24	5.15	4.48	3.88	3.36	2.90	2.50	2.15	1.84	1.57	1.34	1.14	0.97	0.82	0.69
1.25	4.98	4.33	3.75	3.25	2.80	2.42	2.08	1.78	1.52	1.29	1.10	0.93	0.79	0.66
1.26	4.77	4.14	3.59	3.11	2.68	2.31	1.99	1.70	1.46	1.24	1.05	0.89	0.75	0.63

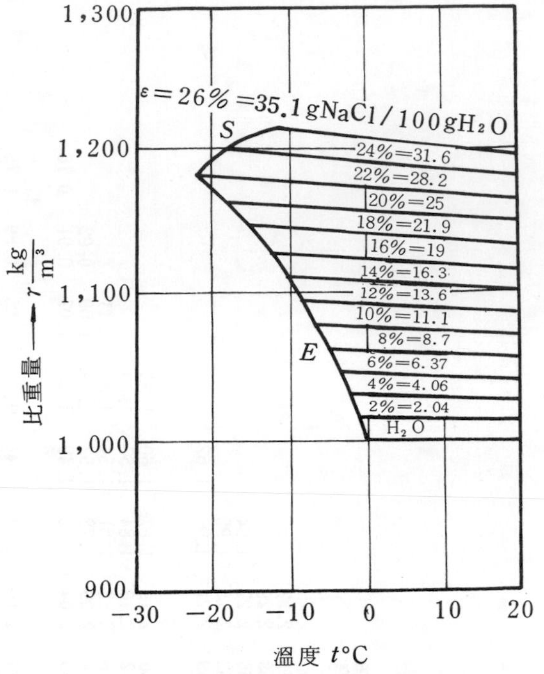

圖16-1 食鹽水的比重

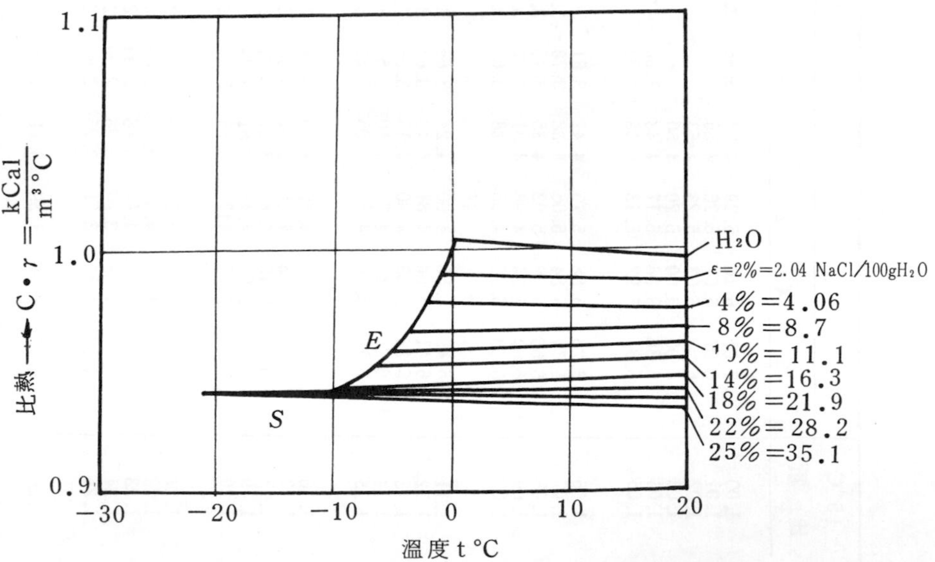

圖16-2 食鹽水的體積比熱

表16-3 氯化鈣水溶液的特性

(15°)比重 kg/l	°Be	溶液氯化鈣含有量	凝固溫度 °C	0°C kCal/kg	粘性係數 η 10⁴ [kg s/m²] +20°	+10°	0°	−10°	−15°	−20°	−25°	−30°	熱傳導率 λ kCal/(m.h.°C) 0°	−10°	−20°	−30°	−40°	−50°
1.02	3.0	2.5	−1.2	0.968	1.07	1.37	1.87	—	—	—	—	—	0.484	—	—	—	—	—
1.04	5.7	4.8	−2.4	0.932	1.11	1.41	1.96	—	—	—	—	—	0.482	—	—	—	—	—
1.06	8.3	7.1	−3.7	0.899	1.17	1.49	2.07	—	—	—	—	—	0.480	—	—	—	—	—
1.08	10.8	9.4	−5.2	0.866	1.26	1.58	2.20	—	—	—	—	—	0.478	—	—	—	—	—
1.10	13.2	11.5	−7.1	0.836	1.35	1.69	2.34	—	—	—	—	—	0.475	—	—	—	—	—
1.12	15.6	13.7	−9.1	0.808	1.46	1.82	2.52	—	—	—	—	—	0.473	—	—	—	—	—
1.14	17.8	15.8	−11.4	0.782	1.58	1.99	2.71	4.30	—	—	—	—	0.471	0.458	—	—	—	—
1.15	18.9	16.8	−12.7	0.770	1.66	2.08	2.82	4.45	—	—	—	—	0.470	0.457	—	—	—	—
1.16	20.0	17.8	−14.2	0.758	1.74	2.18	2.93	4.60	—	—	—	—	0.469	0.456	—	—	—	—
1.17	21.1	18.9	−15.7	0.747	1.84	2.28	3.05	4.76	6.27	—	—	—	0.468	0.455	—	—	—	—
1.18	22.1	19.9	−17.4	0.737	1.94	2.38	3.18	4.94	6.44	—	—	—	0.467	0.454	—	—	—	—
1.19	23.1	20.9	−19.2	0.727	2.04	2.50	3.34	5.17	6.72	—	—	—	0.466	0.453	—	—	—	—
1.20	24.1	21.9	−21.2	0.717	2.15	2.64	3.51	5.43	7.02	8.78	—	—	0.465	0.452	0.441	—	—	—
1.21	25.1	22.8	−23.3	0.708	2.27	2.73	3.69	5.72	7.34	9.19	—	—	0.464	0.451	0.440	—	—	—
1.22	26.1	23.8	−25.7	0.700	2.40	2.98	3.89	6.04	7.70	9.66	11.79	—	0.463	0.450	0.439	—	—	—
1.23	27.1	24.7	−28.3	0.692	2.53	3.10	4.10	6.39	8.09	10.19	12.40	—	0.462	0.449	0.438	—	—	—
1.24	28.0	25.7	−31.2	0.685	2.68	3.28	4.34	6.81	8.53	10.77	13.16	15.1	0.460	0.448	0.437	0.425	—	—
1.25	28.9	26.6	−34.6	0.678	2.83	3.46	4.61	7.22	9.04	11.39	13.98	16.2	0.459	0.447	0.436	0.424	—	—
1.26	29.8	27.5	−38.6	0.671	2.99	3.68	4.90	7.67	9.63	12.08	15.00	17.5	0.457	0.446	0.435	0.423	—	—
1.27	30.7	28.4	−43.6	0.664	3.20	3.94	5.22	8.18	10.28	12.94	16.25	19.2	0.455	0.445	0.434	0.422	0.411	—
1.28	31.6	29.4	−50.1	0.658	3.47	4.25	5.60	8.80	11.00	14.06	17.87	21.7	0.454	0.444	0.433	0.421	0.410	0.395
*1.286	32.3	29.9	−55.0	0.654	3.58	4.42	5.80	9.22	11.42	14.67	18.70	23.0	0.454	0.443	0.432	0.420	0.409	0.398
1.30	33.4	31.2	−41.6	0.645	3.97	4.96	6.46	10.25	12.84	16.50	21.50	24.3	0.452	0.442	0.431	0.418	0.408	—
1.32	35.1	33.0	−27.1	0.633	4.51	5.73	7.53	11.96	15.34	19.56	25.40	27.1	0.451	0.439	0.428	—	—	—
1.34	36.7	34.7	−15.6	0.621	5.09	6.60	8.82	14.08	18.48	—	—	—	0.450	0.437	—	—	—	—
1.36	38.3	36.4	−5.1	0.610	5.71	7.49	10.23	—	—	—	—	—	0.448	—	—	—	—	—

* 共晶點

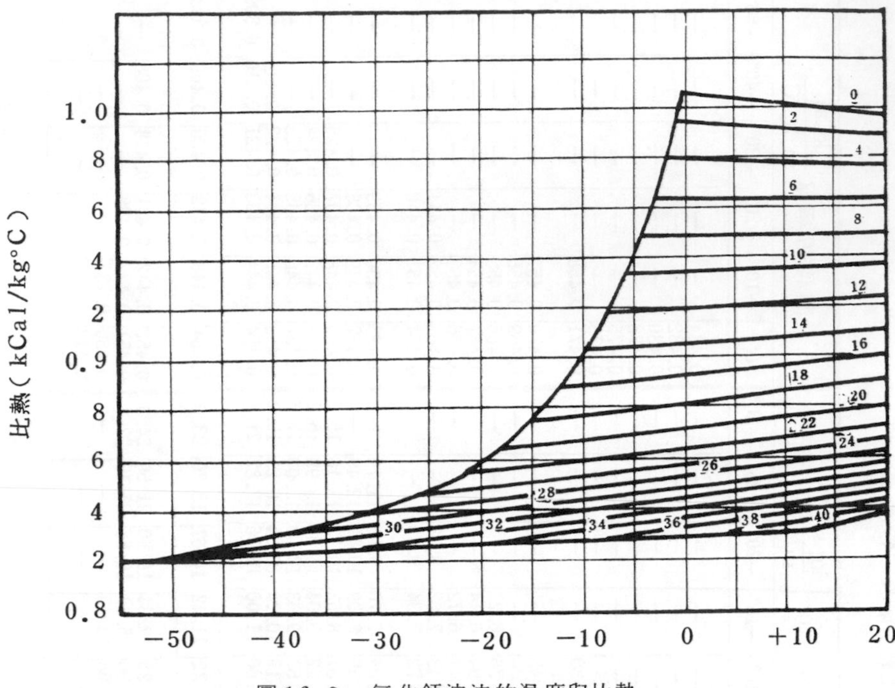

圖16-3　氯化鈣溶液的溫度與比熱

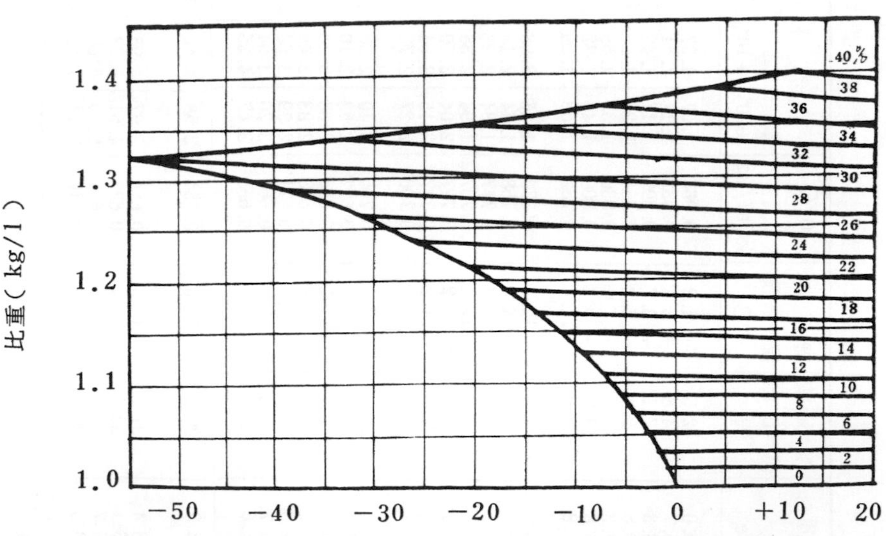

圖16-4　氯化鈣溶液的溫度與比重之關係

表16-4　氯化鈣溶液的蒸汽壓

15°C 時之比重	氯化鈣溶液的蒸汽壓													
	溫度 ℃													
	6	4	2	0	−2	−4	−6	−8	−10	−12	−14	−16	−18	−20
1.00	7.01	6.10	5.29	4.58	3.88	3.28	2.76	2.32	1.95	1.63	1.36	1.13	0.94	0.77
1.01	6.94	6.04	5.24	4.54										
1.02	6.88	5.99	5.20	4.50										
1.03	6.82	5.94	5.15	4.46	3.84									
1.04	6.76	5.89	5.10	4.42	3.81									
1.05	6.69	5.82	5.05	4.37	3.77	3.25								
1.06	6.62	5.76	5.00	4.33	3.74	3.22								
1.07	6.56	5.70	4.95	4.28	3.70	3.18								
1.08	6.48	5.64	4.89	4.23	3.65	3.15	2.71							
1.09	6.41	5.58	4.83	4.19	3.61	3.11	2.68	2.29						
1.10	6.34	5.52	4.78	4.14	3.57	3.08	2.65	2.27	1.94					
1.11	6.26	5.45	4.72	4.09	3.54	3.04	2.61	2.24	1.91					
1.12	6.17	5.37	4.66	4.03	3.48	3.00	2.58	2.21	1.89	1.61				
1.13	6.09	5.30	4.60	3.98	3.48	2.96	2.54	2.18	1.86	1.59	1.35			
1.14	6.00	5.22	4.53	3.92	3.38	2.91	2.51	2.15	1.83	1.56	1.33	1.13		
1.15	5.91	5.14	4.46	3.86	3.33	2.88	2.47	2.11	1.81	1.54	1.31	1.11		
1.16	5.82	5,06	4.39	3.80	3.28	2.82	2.43	2.08	1.77	1.52	1.29	1.09	0.92	
1.17	5.17	4.97	4.30	3.73	3.22	2.77	2.38	2.04	1.74	1.49	1.26	1.07	0.90	0.76

表16-5 氯化鎂水溶液的特性

15°C 比重 kg/l	°Be	溶液100 kg 塩含有量kg	凝固溫度 °C	0°C比熱 kCal/kg °C	粘性係數 η $10^4 \left[\frac{kg\ s}{m^2}\right]$								熱傳導率 λ $\frac{kCal}{m.h.°C.}$			
					+20°	+10°	0	−10°	−15°	−20°	−25°	−30°	0°	−10°	−20°	−30°
1.02	3.0	2.6	− 1.4	0.964	1.09	1.47	1.98	—	—	—	—	—	0.481	—	—	—
1.04	5.7	4.9	− 3.1	0.929	1.22	1.60	2.18	—	—	—	—	—	0.475	—	—	—
1.06	8.4	7.2	− 5.0	0.895	1.37	1.76	2.46	—	—	—	—	—	0.469	—	—	—
1.08	10.8	9.4	− 7.2	0.861	1.52	1.94	2.78	—	—	—	—	—	0.464	—	—	—
1.10	13.2	11.6	−10.3	0.830	1.68	2.19	3.16	4.65	—	—	—	—	0.460	0.448	—	—
1.12	15.6	13.8	−14.5	0.802	1.86	2.52	3.59	5.19	—	—	—	—	0.455	0.442	—	—
1.14	17.8	16.0	−19.9	0.775	2.11	2.92	4.04	5.90	7.54	9.30	—	—	0.451	0.438	0.423	—
1.16	20.0	18.0	−25.8	0.751	2.39	3.31	4.54	6.89	8.52	10.61	12.74	—	0.446	0.433	0.418	—
1.18	22.1	20.1	−32.2	0.729	2.82	3.82	5.33	8.18	10.08	12.60	15.80	19.1	0.442	0.428	0.413	0.397
*1.184	22.5	20.6	−33.6	0.725	2.91	3.98	5.60	8.54	10.57	13.19	16.59	20.3	0.441	0.427	0.412	0.396
1.20	24.2	22.2	−29.8	0.708	3.30	4.53	6.54	9.94	12.43	15.48	19.75	—	0.437	0.423	0.409	—
1.22	26.1	24.2	−25.2	0.688	3.88	5.40	7.91	12.37	15.75	19.47	26.50	—	0.433	0.419	0.405	—
1.24	28.0	26.2	−20.9	0.669	4.57	6.40	9.60	15.20	22.09	25.15	—	—	0.428	0.415	—	—
1.26	29.9	28.2	−17.6	0.651	5.53	7.61	11.53	18.94	24.74	—	—	—	0.423	0.411	—	—
1.28	31.7	30.2	−16.4	0.632	6.70	9.04	13.68	23.35	29.85	—	—	—	0.419	0.407	—	—
*1.293	32.8	31.3	−16.7	0.620	7.41	9.91	15.00	26.04	32.83	—	—	—	0.417	0.404	—	—
1.30	33.4	32.1	−14.0	0.614	8.01	10.63	16.00	27.80	—	—	—	—	0.415	0.402	—	—
1.32	35.1	33.9	− 5.0	0.596	9.39	12.31	18.21	—	—	—	—	—	0.411	—	—	—

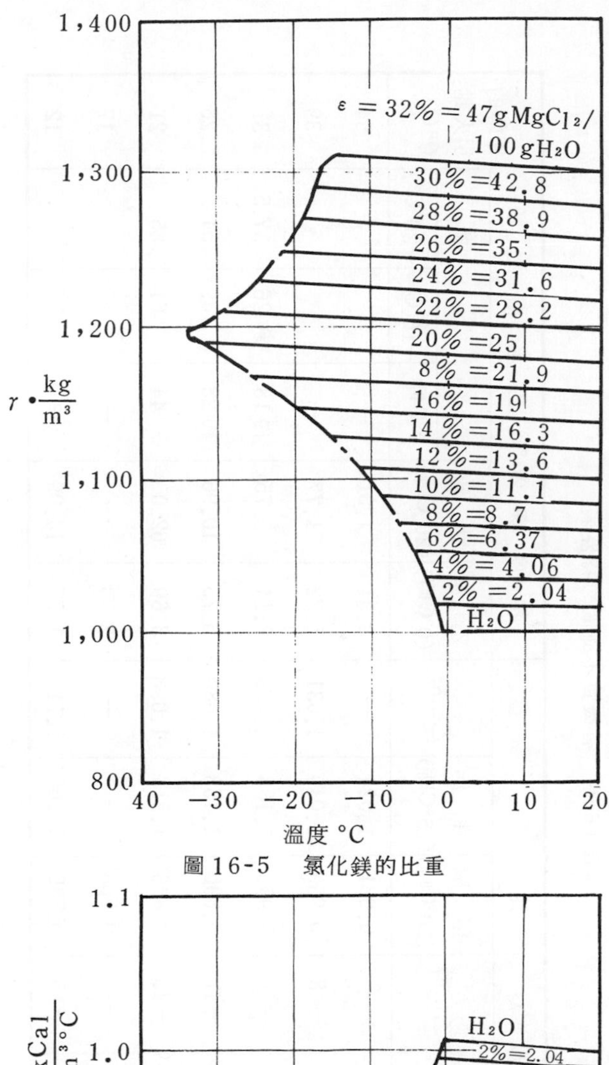

圖 16-5　氯化鎂的比重

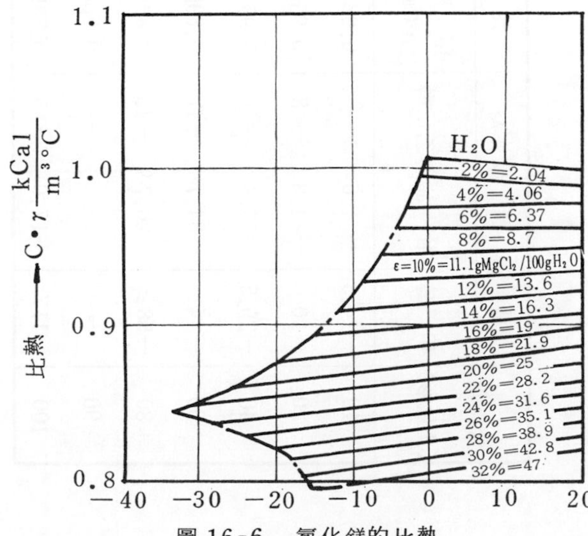

圖 16-6　氯化鎂的比熱

表 16-6 有機質不凍液的特性表

含有量（重量%）	粘結溫度 °C			比重			粘度與 20°C 之水相比較					甲醇的引火點（°C）
	甲醇	甘油	乙二醇	甲醇（20°C時）	甘油（15°C時）	乙二醇	乙醇（0°C時）	甘油（20°C時）	乙二醇 0°C 時	乙二醇 −10°C時	乙二醇 −20°C時	
10	− 4.3	− 1.6	—	0.981	1.024	—	3.31	1.31	—			54
20	−10	− 4.8	− 8	0.969	1.049	1.031	5.32	1.77	—			39
40	−29.5	−15.4	−24	0.935	1.103	1.059	7.14	3.75	約 18	約 26	37.5	31
60	−44	−34.7	−47	0.890	1.158	1.080	5.75	10.96	約 28	39	54	26
80	−58	−20.7	−43	0.836	1.213	1.098	3.69	62.0	44	61	85	21
90	—	—	—	0.808	—	—	2.73	—	—			17
100	−117	+17.0	−15	0.789	1.266	1.113	1.77	14.99	—			12

16-2-3　氯化鎂水溶液之性質

氯化鎂水溶液之共晶點濃度20.6％，凍結溫度－33.6°C，目前極少採用。

16-2-4　有機不凍液的特性

氯化鈉、氯化鈣、氯化鎂等無機溶液對鋼鐵均具有強烈的腐蝕性，有機溶液的腐蝕性較小。

酒精類不凍液若含水份在 50％ 以下，對鐵不起侵蝕作用，三氯乙烯對鐵也無侵蝕作用。乙醇及 R-11 可應用在 － 100°C 的低溫。酒精類也可達到－ 70°C 。

乙二醇、無色、無臭。無揮發生，可與水或其他有機液體混合，毒性及腐蝕性小，凍結溫度低於－100°C，可混合在汽車、飛機等冷却液，防止低溫時之凍結。也可防止橡膠類的膨脹。丙烯乙醇，毒性很小，對金屬不起腐蝕作用。引火點 104°C，常溫時，蒸氣壓力低。無燃性及引火性但有吸濕性，凍結時，體積不膨脹，故無破損冷却管之虞。

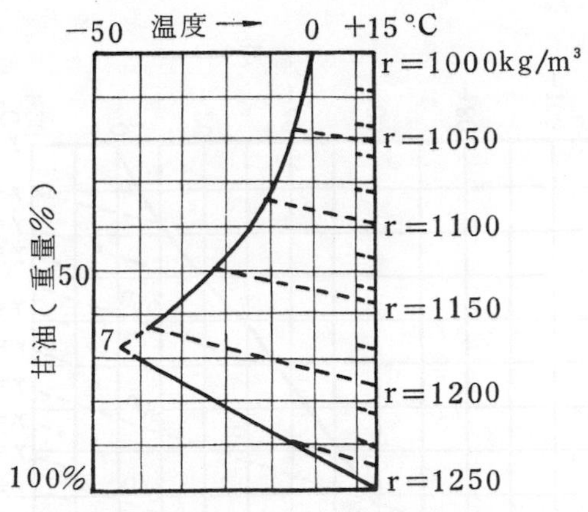

圖16-8　甘油水溶液的凍結溫度

表16-7　有機不凍液的特性表(II)

	甲　醇	甘　油	三氯乙烯
沸騰點 °C	78.5°C	－	87.8°C
比熱 kCal/kg°C	0.59	0.54 (0°C)	0.223
熱傳導率 kCal/m.h.°C.	0.156	0.246 (20°C)	0.13
凍結溫度 °C	－117	＋17	－73°C

表16-8　甘油和水的溶液的粘性係數

甘油〔重量%〕	比重 (25°C) kg/l	粘性係數 kg s/m² 20°C	25°C	30°C
0.0	0.997	105.5	91.2	81.8
10.0	1.021	133.5	118	104.5
20.0	1.045	180	157	139
30.0	1.071	260	220	191
40.0	1.097	383	324	279
50.0	1.124	617	518	433
60.0	1.151	1120	900	1022
70.0	1.179	2340	1830	1460
80.0	1.206	6320	4680	3630
90.0	1.232	23900	16300	11770
100.0	1.258	152900	96500	63600

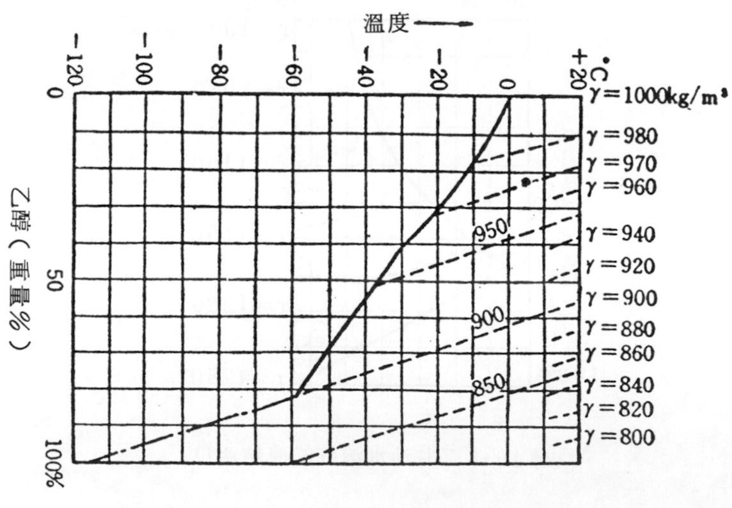

圖16-8　醇類溶液的凍結溫度

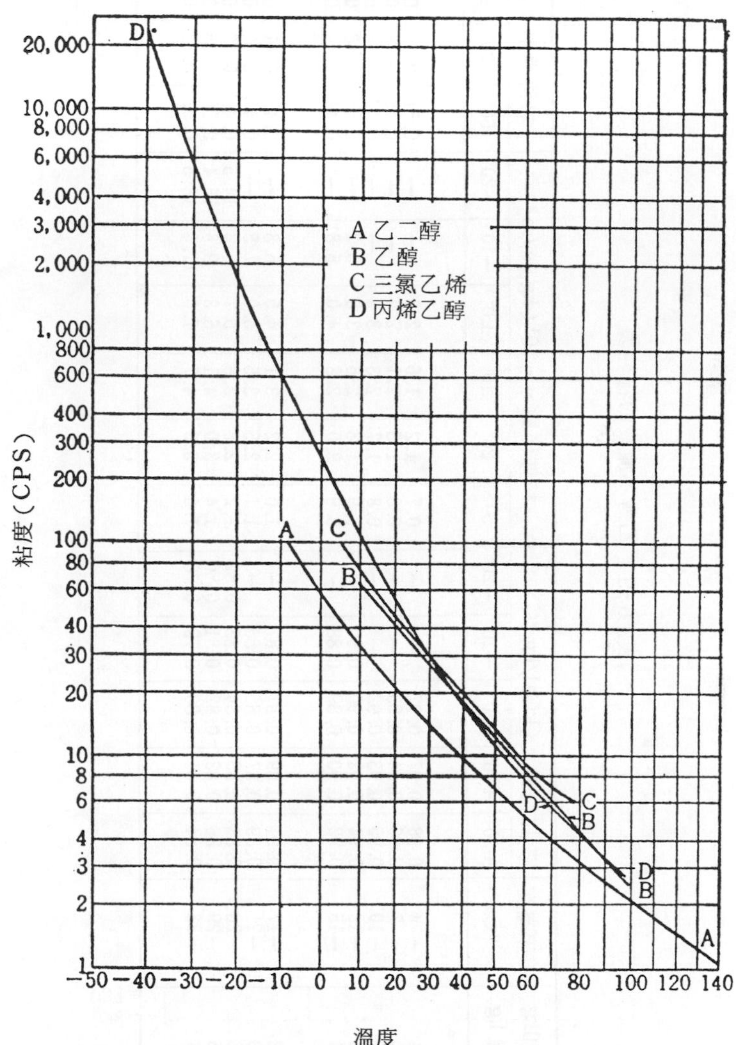

圖 16-9　醇類的粘性係數

表16-9　乙醇不凍液的特性表

15°C 比重 kg/l	溶液100kg 含有量kg	凝固溫度 °C	比　熱　(kCal/kg °C)					粘性係數 $\eta \cdot 10^4$ (kg. s/m²)						熱傳導率 λ kCal/m. h. °C.				
			+50°	+20°	±0°	−10°	−20°	50°	20°	10	±0°	−10°	−20°	50°	20°	±0°	−10°	−20°
1.010	8.4	− 4	0.98	0.97	0.97	—	—	0.7	1.2	1.6	2.3	—	—	0.51	0.49	0.47	—	—
1.020	16.0	− 7	0.96	0.94	0.93	—	—	0.8	1.5	2.1	2.9	—	—	0.48	0.46	0.44	—	—
1.025	19.8	−10	0.95	0.93	0.92	—	—	0.8	1.7	2.3	3.2	—	—	0.47	0.45	0.43	—	—
1.030	23.6	−13	0.94	0.92	0.90	0.90	—	0.9	1.8	2.6	3.6	5.2	—	0.45	0.43	0.42	0.42	—
1.035	27.4	−15	0.92	0.90	0.89	0.88	—	0.9	2.0	2.8	4.0	5.8	—	0.44	0.42	0.41	0.41	—
1.040	31.2	−17	0.91	0.89	0.87	0.87	—	1.0	2.2	3.1	4.5	6.8	—	0.43	0.41	0.40	0.40	—
1.045	35.0	−21	0.89	0.87	0.85	0.85	—	1.1	2.5	3.5	5.0	7.8	—	0.41	0.40	0.40	0.39	—
1.050	38.8	−26	0.88	0.85	0.84	0.83	0.92	1.2	2.8	3.8	5.7	8.8	14.5	0.40	0.39	0.39	0.39	0.39
1.055	42.6	−29	0.86	0.83	0.82	0.81	0.90	1.4	3.0	4.1	6.3	9.8	16.4	0.38	0.38	0.38	0.38	0.38
1.060	46.4	−33	0.84	0.81	0.80	0.79	0.78	1.6	3.5	4.7	7.0	11.0	18.5	0.37	0.37	0.37	0.37	0.37

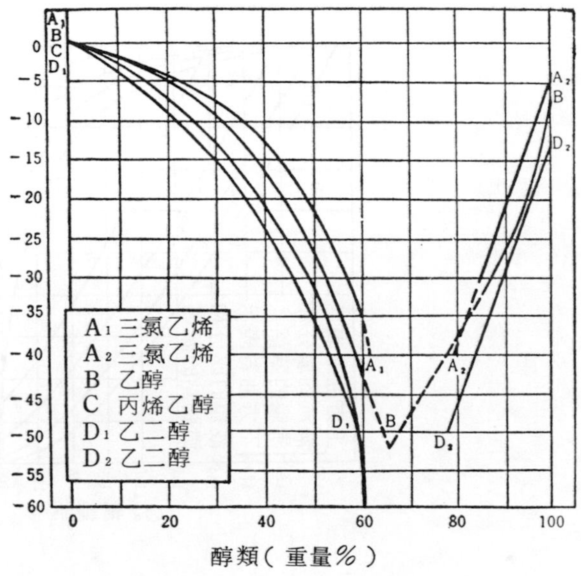

圖 16-10 醇類的凍結溫度

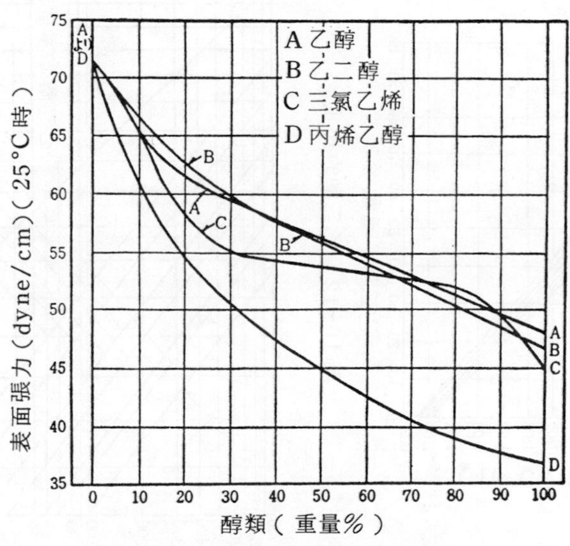

圖 16-11 乙醇水溶液的表面張力

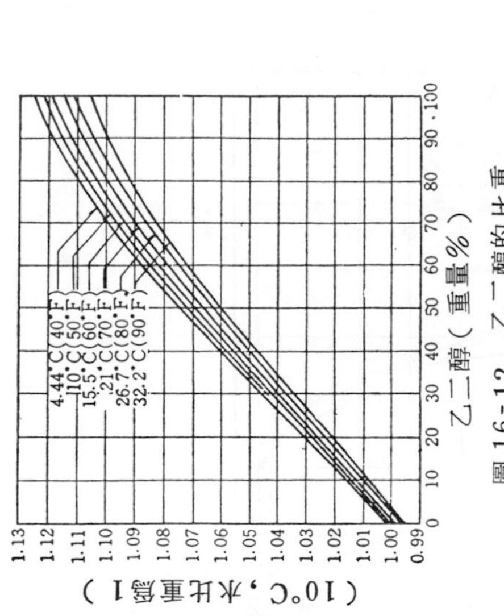

圖16-12 乙二醇的比重

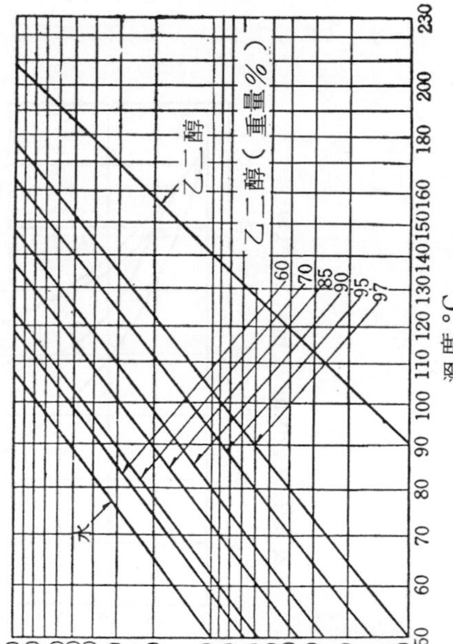

圖16-13 乙二醇溶液的蒸氣壓

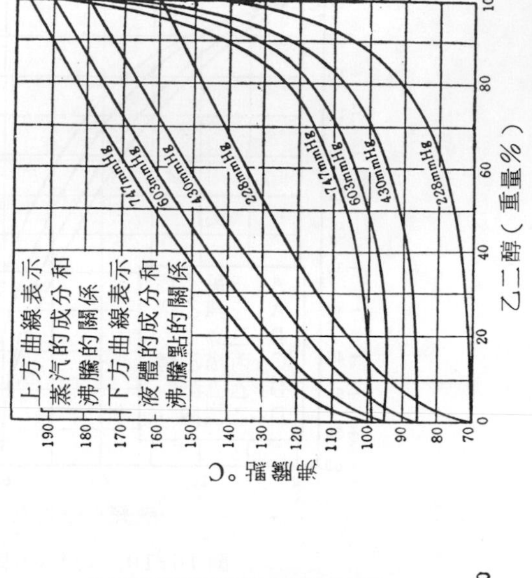

圖16-14 乙二醇溶液的沸騰溫度

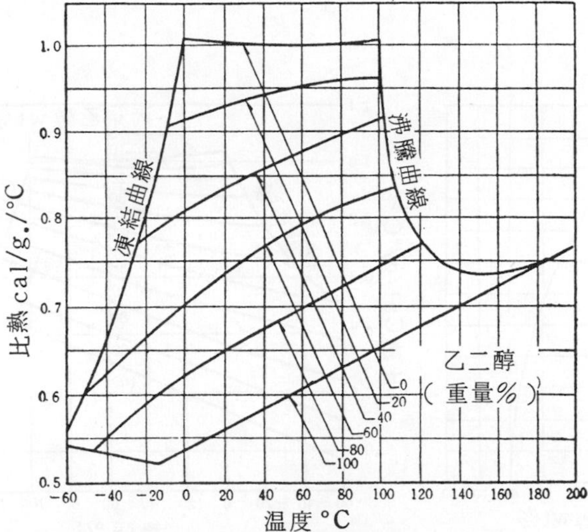

圖 16-15　乙二醇溶液的比熱

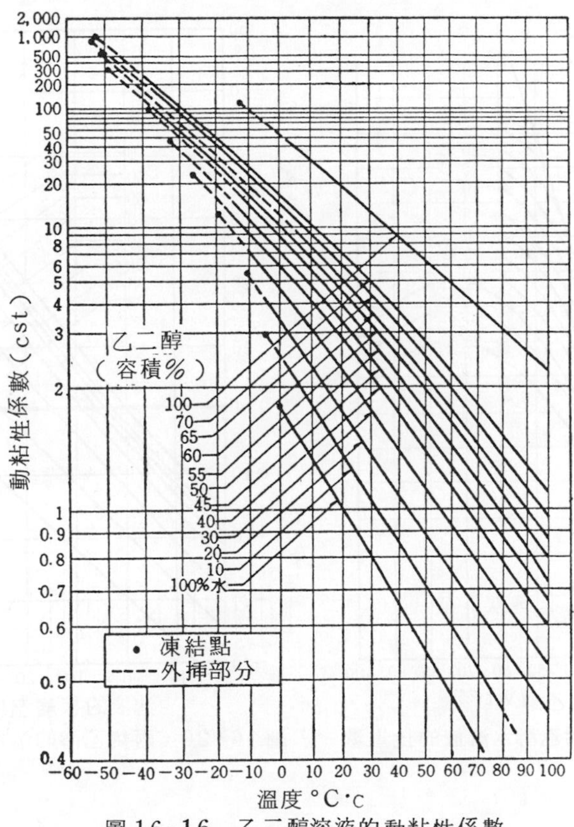

圖 16-16　乙二醇溶液的動粘性係數

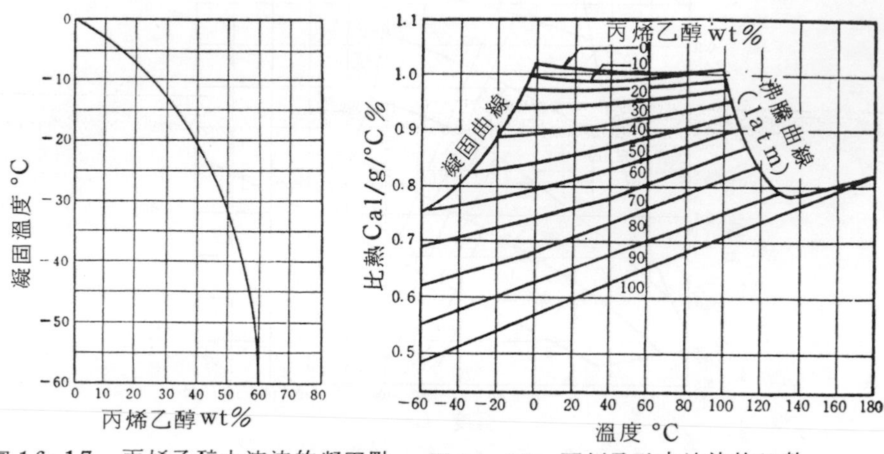

圖 16-17　丙烯乙醇水溶液的凝固點　　圖 16-18　丙烯乙醇水溶液的比熱

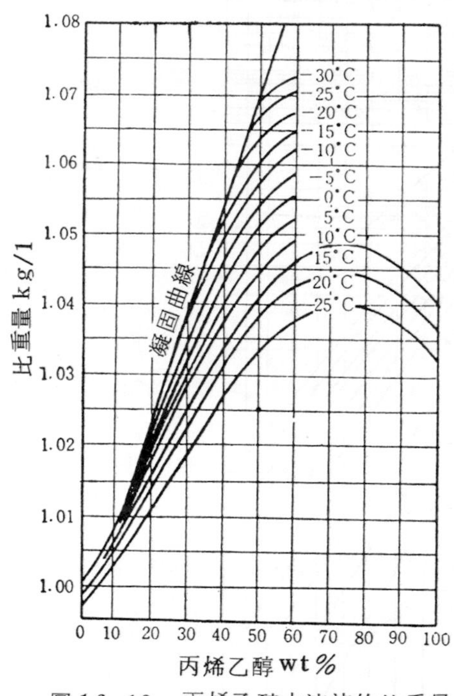

圖 16-19　丙烯乙醇水溶液的比重量

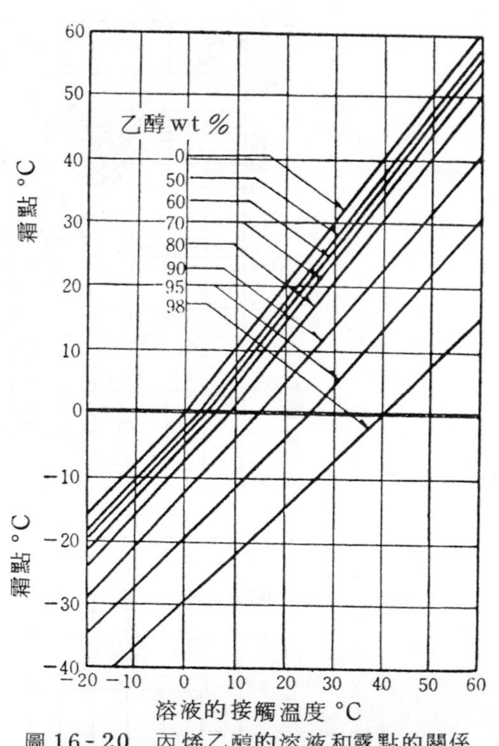

圖 16-20　丙烯乙醇的溶液和露點的關係

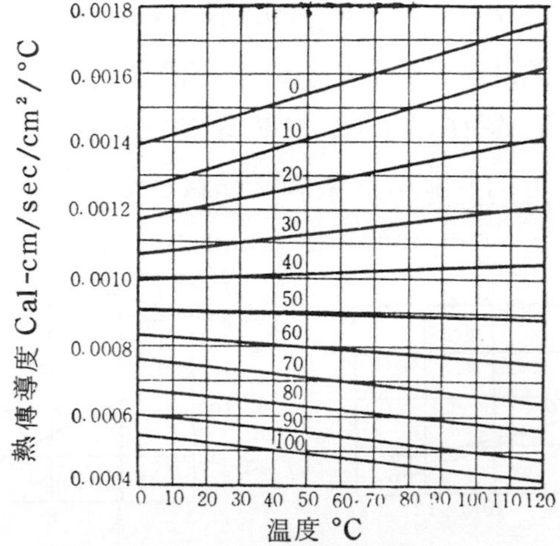

圖16-21　丙烯乙醇水溶液的熱傳導率

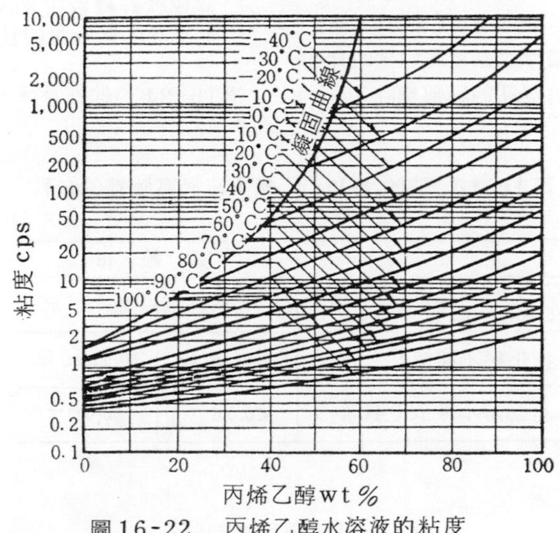

圖16-22　丙烯乙醇水溶液的粘度

16-3　不凍液的腐蝕性

有機質不凍液的腐蝕性較小，無機質的腐蝕性較大。（圖16-23）（圖16-24），不凍液的pH值應保持7.5～8。酸性太强時可加苛性鈉中和之。

氨冷媒若漏洩與不凍液混合，鹼性增大，易引起局部穿孔腐蝕。不凍液溶解之氧增加時會加大其腐蝕度。濃度愈小之不凍液，溶氧之機率愈大，因此不凍液之濃度不宜太淡，並應減少不凍液與空氣接觸。

採用不銹鋼或鍍鉻鐵皮，使鐵皮或鐵管表面形成保護被膜，可以防腐蝕，或填加腐蝕抑制劑（表16-11），目前市面上也推出多種的有機質防腐劑，毒性較小，讀者可向有關廠商索閱產品資料。

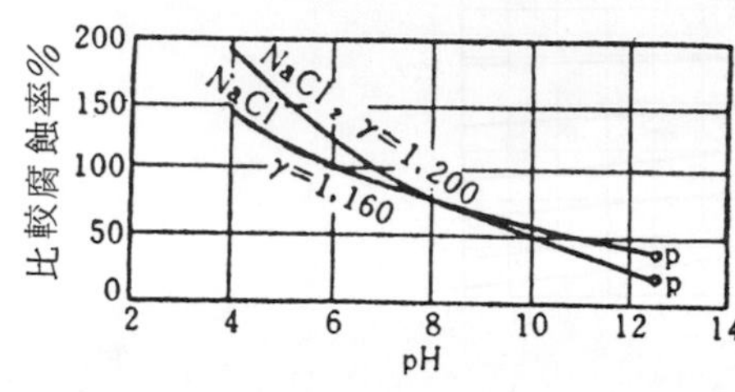

圖16-23 NaCl不凍液中和$CaCl_2$不凍液中的鐵片腐蝕量腐蝕量的比較（P爲穿孔的局部腐蝕）

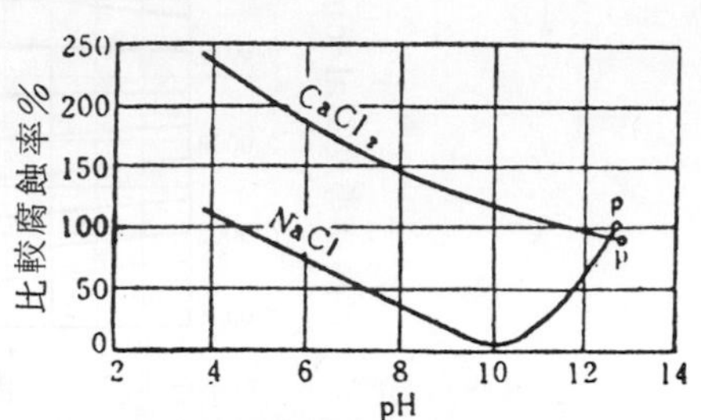

鋅或鍍鋅鐵板在NaCl及$CaCl_2$不凍液中腐蝕量的比較

圖16-24 鋅在不凍液中之腐蝕程度

表16-10 氯化鈣和乙二醇不凍液腐蝕性的比較

金屬的種類 ＼ 不凍液的種類	腐蝕量：18-8不銹鋼	腐蝕量：軟鋼
氯化鈣不凍液（25%）	0.5 mm/年	0.5 mm/年
乙二醇不凍液（40%）	<0.001 〃	0.002 〃

表16-11 腐蝕抑制劑

不凍液	腐蝕抑制劑的種類	填加量
$CaCl_2$	過鉻酸鈉（$Na_2Cr_2O_7$、$2H_2O$）	1.6 kg/m^3
	苛性鈉（NaOH）	0.43 kg/m^3
CaCl-$MgCl_2$	過鉻酸鈉（$Na_2Cr_2O_7$、$2H_2O$）	3.2 kg/m^3
	苛性鈉（NaOH）	0.86 kg/m^3
NaCl	過鉻酸鈉（$Na_2Cr_2O_7$、$2H_2O$）	3.2 kg/m^3
	苛性鈉（NaOH）	0.86 kg/m^3
	燐酸鈉（Na_2HPO_4、$12H_2O$）	1.6 kg/m^3

表16-12　日本工業規格之冷凍機油

性質＼種類	1號	2號	特2號	3號	特3號
色度	2½以下	3以下	3以下	3以下	4以下
反應	中性	中性	中性	中性	中性
引火點°C	145以上	155以上	155以上	165以上	165以上
黏度（30°C）	21±5	37±5	37±5	74±5	74±5
（C.st）（50°C）	9.0以上	12.5以上	12.5以上	21.5以上	21.5以上
銅板腐蝕（100°C、3h）	1以下	1以下	1以下	1以下	1以下
流動點（°C）	−35以下	−27.5以下	−27.5以下	−27.5以下	−22.5以下
蒸氣乳化度 S	150以下	200以下	200以下	200以下	200以下
絕緣破壞電壓 kV	—	25以上	—	25以上	—
通稱	90號冷凍機油	150號冷凍機油	150號冰箱專用汽車機油	300號冷凍機油	300號電冰箱專用冷凍機油

16-4 冷凍油應具備的性質

冷凍油的主要功用是減少活動機件接觸面的磨耗，延長機件的壽命，而且兼有冷却效果及增加油封等的封密性。在冷凍系統中應視①裝置的溫度條件，②冷媒的種類，③壓縮機的種類等條件，來選用適當的冷凍油。今將冷凍油應具備的性質分別說明，以供選擇冷凍油之參考。

(1) 顏色：同一原油所精製出冷凍機油顏色之濃淡，表示冷凍機油之精製度，顏色與冷凍機油中所含之樹脂成分有關，此樹脂成分與冷媒混合與冷媒混合狀態之安定性有關，盡量選淡色之油。

(2) 反應：如含有酸性會促進油之劣化，破壞線圈之絕緣，更容易侵蝕機械，宜採中性油（PH ＝7）。

(3) 引火點：引火點高、爆炸性低。

(4) 黏度：一般壓縮機中，冷凍機油與冷媒成為混合狀態。溫度、壓力及油與冷媒之混合比值對黏度之變化很顯着。黏度大，能維持潤滑油膜，因此對軸承的潤滑效果較佳，但動力消耗大，運轉費用增加。所選用之冷凍油與冷媒混合稀釋後，應能保持適當黏度。

(5) 腐蝕試驗：普通的精製法無法完全除去硫磺成份，因此對金屬有腐蝕性，應檢查有無含硫。腐蝕試驗是將銅板放入 100°C 之油中，經過 3 小時，檢查其腐蝕程度，即可知油在高溫酸化，腐蝕物質之程度。

(6) 流動點：潤滑油開始流動時的溫度（約比油之凝固點高2.5°C），此溫度稱流動點。冷凍機油要求流動點越低越好。如果要精製而達到此要求成本很高，所以含石蠟少之環系原油卽可。流動點受含蠟量及粘度之影響而變化。

(7) 分臘溫度：冷凍機油 10％與 *R*- 12，90％混合，在一定之條件冷却時，析出石蠟成分，此溫度稱分臘溫度（floc point）。臘質被析出堆積後，會減少傳熱效果及妨礙控制件的操作。

(8) 蒸氣乳化度：蒸氣乳化度是指冷凍油與水分離之能力。正常冷凍循環中，不會存在過飽和之水。

(9) 絕緣破壞電壓：檢驗油是否有水份，可通 25kV 以上之電壓，作絕緣破壞電壓試驗。油內含有水份，水份會在系統中凍結，且促進化學反應，產生酸性物質，因此，冷凍油儲存時，應緊閉容器並貯存在乾燥場所。

(10) 鍍銅現象：氟氯烷系冷媒系統若含有水份，會與銅起電解作用，出現鍍銅現象，導致氣缸壁、活塞、閥片、軸承等處積留銅膜，使壓縮機不易啟動。大部份產生於軸承均匀磨擦之位置，銅膜逐漸增厚，使表面擦傷。

(11) 熱安定性：氨及 *R*-22的冷凍裝置，排氣溫度高達140～180°C，過熱運轉時甚至會高達200°C，冷凍油若碳化或劣化，產生之碳化物固著閥片，會導致閥片無法正常操作。長期運轉時油與冷媒不應起化學反應，產生油垢及酸性物質。高溫狀態下不應產生泡沫。

表16-13　冷凍裝置的推薦冷凍機油黏度範圍

冷　　類	壓縮機的型式	黏度37.8°C（c.st）
氨	往復	32.0～64.7
二氧化碳	往復	60.4～64.7
氯甲烯	往復	60.4～64.7
氯化乙烯	離心	60.4～64.7
	回轉	32.0～64.7
R-11	離心	60.4～64.7
R-12	往復	32.0～64.7
	離心	60.4～64.7
R-22	回轉	60.4～64.7
	往復	32.0～64.7
	往復	32.0～64.7
	離心	60.4～64.7
其他氟素冷媒時	回轉	60.4～64.7

表16-14　Suniso冷凍油之性質

	3GS	4GS	5GS
粘度SUS/37.78°C	155	290	520
SUS/98.89°C	40.9	46.0	53.3
cSt/37.78°C	33.0	62.5	112
cSt/40°C	29.5	55.5	97.2
cSt/100°C	4.35	5.87	8.01
引火點°C	168	180	188
流動點°C	−42.5	−40.0	−30.0
分臘溫度點°C	−54.0	−48.5	−35.0
色相（ASTM）	L 1.0	1.0	1.0
比　重	0.915	0.921	0.926
酸性物質mg KOH/g	無	無	無
水分ppm	20	20	20
破壞電壓kV	>30	>30	>30

表16-15　杜邦Zephron 150冷凍油之性質

	Zephron® 冷　凍　油
色度	<1
黏度，SUS	
100°F	149
210°F	41.1
分子量	320
流動點（°F）（POUR POINT）	−50
分臘溫度（°F）	<−115
苯胺點（ANILINE POINT）	
°F	125
酸性物質mg KOH/g	無
比重	0.872
著火點（FLASHPOINT）°F	350
燃點°F	365
穩度%R22,14天	0.027
破壞電壓（kV）	>34

註：SSU（Saybolt Seconds Universal）爲一定容量之油流過一定口徑所需之時間。

17-1 冷媒配管概要

冷凍裝置之冷媒管路是連絡壓縮機、冷凝器、膨脹閥及蒸發器等，構成冷凍循環之重要部份，因此冷媒配管適當否，將影響冷凍裝置的性能、經濟性及運轉的安定性。管徑大雖然可以減少摩擦損失，但可能影響回油之效果。管徑太小，則因摩擦損失太多而增加運轉成本，因此對管徑的選擇須特別注意。

使用不同冷媒時，應選擇適當的材料。氨冷凍系統不得選用銅管，以免被腐蝕，應採用鋼管。氟氯烷系冷媒系統，則大多以銅管爲配管材料，亦可使用鋼管，但採用鋼管時，拆修期間與空氣接觸易生銹，且鋼管之熱傳導率差，需較大之散熱面積、機器佔空間大，爲其主要缺點。

配管原則：

(1) 選擇適當管徑，減少壓力降。

(2) 能供應適量冷媒至蒸發器。

(3) 各部份之配管不可妨礙操作、保養維護及檢查。

(4) 儘可能縮短配管長度及減少彎頭，增大彎曲半徑，以減少摩擦損失。

(5) 水平配管應沿冷媒流向使之向下傾斜1/200～1/250以利回油。

⑹ 使用銅管時，儘量避免埋設在地下，否則應加套鐵管保護之。
⑺ 穿牆及埋設地下時管路應施與適當之防熱，防濕之保護。
⑻ 管路之內部應清潔乾淨。
⑼ 適當的流速使冷凍油及冷媒進出壓縮機之數量相等。
⑽ 與壓縮機相連之配管，儘可能加裝可撓性軟管，以減少振動。
⑾ 機器在運轉或停開期間，不能使液態冷媒進入壓縮機內，以免產生液壓縮。

17-2 冷媒配管材料

冷媒配管材料應滿足下列條件：

⑴ 不與冷媒或冷凍油起物理及化學作用而劣化。
⑵ 依冷媒種類而選用適當材料，氨冷媒不得使用銅或銅合金配管。氟氯烷系冷媒不得使用含鎂2%以上之鋁合金。
⑶ 可撓管（flexible tube）應有適當的耐壓強度，不得劣化。
⑷ 冷媒壓力逾10kg/cm^{2}之配管不得選用鑄鐵管。
⑸ 低溫配管材料應能在低溫環境下保持相當之韌性，例如配管用之含碳鋼管（SGP）適用溫度為－25°C。壓力配管用含碳鋼管（STGP）適用溫度為－50°C。
⑹ 銅管、銅合金管及鋁管等應選用無縫管。
⑺ 不得選用純度不足99.8之鋁管，以免外表與空氣或水份接觸時銹蝕，一定要使用鋁管時，應施與適當的耐蝕處理。
⑻ 管路材料之耐壓強度應配合冷媒之最高使用壓力。

不同冷媒可選用之配管材料列如表17-1。

銅管依其韌性可分成軟銅管與硬銅管兩種，依其管壁厚度可分成K、L、M三種，K型管壁最厚，L型次之，M型最薄，M型銅管耐壓強度不足，且不易擴管處理，一般較少採用。K型及L型銅管之使用壓力範圍及有關規格如表17-3，表17-4表示。

鋼管或鐵管依製造之方法可分成有縫及無縫管，在冷凍系統中應採用無縫鐵（鋼）管，但在台灣地區亦有許多業者使用有縫管。表面施以鍍鋅

表17-1 冷媒與配管材料

JIS規格	名 稱	記 號	可否使用	
			Amonia	Freon
G3452	配管用碳鋼管	SGP(黑管)	0	0
G3454	壓力配管用鋼管	ST GP	0	0
G3459	配管用不銹鋼管	SUS 304 TP	0	0
G3460	低溫配管用鋼管	STPL	0	0
H3300	無縫銅管	C 1100	×	0
H3300	脫酸銅管	C 1201	×	0
H4080	無縫鋁管	1050,1100	×	0

表17-2 銅管規格(英制)

公稱尺寸(吋)	銅管外徑(吋)	K型管		L型管		M型管	
		管壁厚度(吋)	每呎長重量(磅)	管壁厚度(吋)	每呎長重量(磅)	管壁厚度(吋)	每呎長重量(磅)
¼	0.375	0.035	0.145	0.030	0.126		
⅜	0.500	0.049	0.269	0.035	0.198		
½	0.625	0.049	0.344	0.040	0.285		
⅝	0.750	0.049	0.418	0.042	0.362		
¾	0.875	0.065	0.641	0.045	0.455		
1	1.125	0.065	0.839	0.050	0.655		
1¼	1.375	0.065	1.04	0.055	0.884	0.042	0.682
1½	1.625	0.072	1.36	0.060	1.14	0.049	0.940
2	2.125	0.083	2.06	0.070	1.75	0.058	1.46
2½	2.625	0.095	2.93	0.080	2.48	0.065	2.03
3	3.125	0.109	4.00	0.090	3.33	0.072	2.68
3½	3.625	0.120	5.12	0.100	4.29	0.083	3.58
4	4.125	0.134	6.51	0.110	5.38	0.095	4.66
5	5.125	0.160	9.67	0.125	7.61	0.109	6.66
6	6.125	0.192	13.90	0.140	10.20	0.122	8.92
8	8.125	0.271	25.90	0.200	19.30	0.170	6.50
10	10.125	0.338	40.30	0.250	30.10	0.212	25.60
12	12.125	0.405	57.80	0.280	40.40	0.254	36.70

表 17-3　K 型銅管

內　　徑 I.D. (IN.)	稱　　呼 O.D. (IN.)	厚　　度 (m.m)	內　　徑 (mm)	內面積 (cm^2)	重　　量 (kg/m)
¼	⅜	0.81	7.9	0.49	0.199
⅜	½	1.24	10.2	0.82	0.40
½	⅝	1.24	13.4	1.40	0.511
⅝	¾	1.24	16.5	2.16	0.621
¾	⅞	1.65	19.0	2.82	0.95
1	1⅛	1.65	25.2	5.00	1.24
1¼	1⅜	1.65	31.6	7.87	1.55
1½	1⅝	1.83	37.6	11.10	2.02
2	2⅛	2.10	49.6	19.40	3.06
使用壓力	硬　質		28　kg/cm^2		400 Lb/in^2
範　　圍	軟　質		17.5kg/cm^2		250Lb/in^2

表 17-4　L 型銅管

內　　徑 ID (IN)	稱　　呼 °D (IN)	厚　　度 (mm)	內面積 (cm^2)	重　　量 (kg/m)
¼	⅜	0.76	0.503	0.188
⅜	½	0.86	0.94	0.294
½	⅝	1.02	1.50	0.423
⅝	¾	1.07	2.24	0.538
¾	⅞	1.14	3.12	0.675
1	1⅛	1.27	5.34	0.975
1¼	1⅜	1.40	8.10	0.315
1½	1⅝	1.52	11.5	1.69
2	2⅛	1.78	19.9	2.60
使用壓力	硬質	21kg/cm^2	300 Lb/in	
範　　圍	軟質	14kg/cm^2	200 Lb/in	

處理者謂之白鐵管或鍍鋅鐵管，未經防銹處理者俗稱黑鐵管。依管壁之厚薄有 *A* 與 *B* 級，*A* 級爲薄管壁鐵管，*B* 級爲厚管壁鐵管，一般都採用 *B* 級黑鐵管作爲氨冷凍系統之配管材料（表 17-5）。

表17-5 氨管之尺寸

稱　呼	外徑尺寸 mm	內徑尺寸 mm	厚度 mm	重　量 kg/m	內徑斷面積 cm^2	$1m^2$之管長m	
						外面	內面
6(¼)	13.49	7.0	3.25	0.82	0.384	23.7	45.5
10(⅜)	17.46	10.14	3.66	1.25	0.803	18.3	31.5
13(½)	21.43	14.11	3.66	1.60	1.565	14.9	22.5
19(¾)	26.99	18.87	4.06	2.30	2.80	11.82	16.9
25(1)	34.13	26.0	4.06	3.02	5.30	9.33	12.25
32(1¼)	42.86	33.9	4.47	4.20	9.00	7.45	9.40
38(1½)	48.42	39.5	4.47	4.80	12.25	6.59	8.07
50(2)	60.32	51.4	4.47	6.20	20.7	5.29	6.22
65(2½)	76.20	63.5	6.35	10.9	31.6	4.19	5.03
75(3)	88.90	73.0	7.94	15.9	41.8	3.59	4.37
90(3½)	101.60	85.7	7.94	18.2	57.6	3.14	3.72
100(4)	114.3	93.7	7.94	21.2	76.3	2.79	3.23
125(5)	139.7	120.7	9.52	30.6	114.2	2.28	2.14
150(6)	163.3	146.1	11.1	12.5	167.5	1.59	2.18

鋼管管壁厚度之選擇與壓力容器之壁厚計算方式相同。

$$t_m = \frac{P\ D_i}{200 \cdot S} + C \qquad (17\text{-}1)$$

t_m：最小管壁厚度 mm

P：氣密度試驗壓力之80％ kg/cm^2

高壓則取16 kg/m^2，低壓側8 kg/cm^2

D_i：鋼管內徑 mm

S：材料的容許應力 kg/cm^2

無縫鋼管 8kg/cm^2

有縫鋼管 6 kg/cm^2

C＝安全係數（考慮腐蝕情況）

⅜*B*以下之無牙標準管1 mm

½*B*以上之標準管取牙深值mm

½ *B* 以上之無螺牙銅管 1 mm

17-3 配管之熱膨脹

管路由於溫度之變化，會有膨脹與收縮，其變化率視材料之膨脹係數及溫度差而定，因此應考慮管路之膨脹率以免管路變形、破裂而使冷媒漏洩。

主要有下述兩種方法可解決管路脹縮問題。

(1) 在管路適當位置裝置裝配成膨脹環（ expansion loops ）錯位管（ off-sets)（圖 17-1 ）。溫度對配管脹縮率之關係如表 17-6 及表 17-7 所示。

(2) 可撓性金屬軟管（ flexible metal tube ）。

可撓性軟管除了可防震外，尚可用來解決管路之脹縮問題，但必須裝在管路脹縮運動的直角方向。

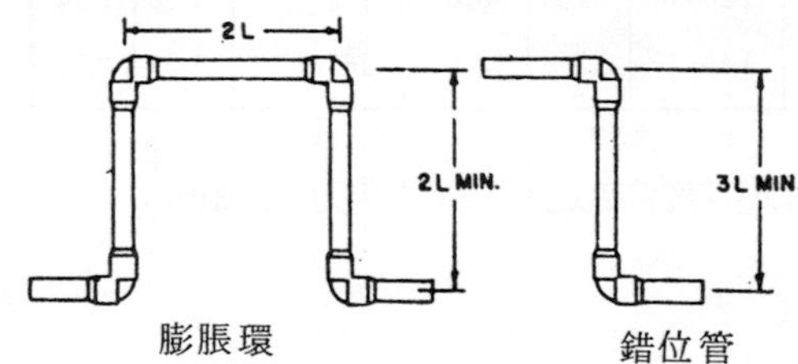

註：L 爲脹縮長度

圖 17-1　銅管膨脹環與錯位管

表 17-6　溫度差對管之伸縮率（mm/10m）

溫度差 °C	銅管 mm	鋼管 mm/10 m
0	0	0
25	4.21	2.78
50	8.42	5.72
75	12.75	8.64
100	17.08	11.66
125	21.51	14.76
150	25.94	17.91
175	30.40	21.19
200	34.89	24.43

表17-7 溫度對管之伸縮率(mm/10m)

管之種類 / 溫度℃	鋼	鑄鐵	黃銅
−40	−6.7	−6.3	−10.1
−20	−4.5	−4.3	−6.9
0	−2.3	−2.2	−3.5
20(基準)	0	0	0
40	+2.3	+2.2	+3.5
60	+4.7	+4.5	+7.1
80	+7.2	+6.9	+10.8

表17-8 常用冷媒之溫度、壓力狀態

條件	高			壓	低			壓
冷凝溫度40°C吸入氣體溫度5℃	溫度(°C)	表壓力(kg/cm²) R-12	R-22	R-500	溫度(°C)	表壓力(kg/cm²) R-12	R-22	R-500
壓縮機排出側飽和狀態	41°	8.981	15.152	10.872				
排出氣體管壓力損失	-1deg	0.245	0.395	0.309				
設計條件	40°	8.736	14.757	10.563	5°	2.663	4.967	3.332
液管壓力損失	-1deg	0.234	0.385	0.267				
蒸發器入口之液管壓力	39°	8.502	14.372	10.296				
吸入氣體管壓力損失					+1deg	0.117	0.180	0.143
蒸發器出口之吸入壓力					6°	2.780	5.147	3.475

17-4 配管之摩擦阻力

流體在管路中流動之摩擦阻力可由公式17-2計算出:

$$\Delta P = f \cdot \frac{L}{d} \cdot \frac{rV^2}{2g} \qquad (17\text{-}2)$$

其中 ΔP = 管路二斷面間之摩擦阻力(mmH₂O,kg/m²)

f＝摩擦係數

L：管長（m）

d：管徑（m）

r：流體比重（kg/m^3）

V：流速m/sec

g：重力加速度9.8m/sec^2

配管之摩擦損失，以單位長度之壓力表示，例如psi/100呎或kg/cm^2或以水柱高度表示（mH_2O）。

17-5 冷媒配管摩擦損失之決定基準

吸入管若壓力降過大，則壓縮機之容量減少，且使每冷凍噸所需之馬力增加，液體管路若壓力降過大，則使部份液體蒸發成汽體，使膨脹閥壓力不足而作用失靈或減少其膨脹容量。因此，冷媒配管應在經濟的原則下使用較大的管徑，使壓降減少，但仍需保持一定的流速，使冷媒系統在任何負荷狀況下，能挾帶冷凍油回壓縮機。

標準的配管要求是吸氣管壓力降，必須相當於飽和吸氣壓力溫度最多攝氏1度之降低。即在蒸發溫度5°C時、壓力降最大值，R-12爲0.127 kg/cm^2，R-22爲0.204 kg/cm^2，R-500爲0.155 kg/cm^2。吸氣管如爲垂直上升管，應考慮部份負荷時，能有足夠的速度，挾帶冷凍油沿管壁上行。故應採用雙上行管，在全負荷時兩管併用、負荷減低時其中一管以油自行封閉。

17-6 管徑之決定

實際應用上，冷媒系統，以飽和溫度差1°C所換算之壓力降作爲決定管徑之標準。但特殊之控制閥類，如蒸發壓力調整閥等之壓力降可以省略不計，其餘直管、接頭、彎管及閥等都應計算在內。表 17-10 爲運轉條件在冷凝溫度 40°C，蒸發溫度5°C時，各種常用冷媒之溫度與壓力狀態。運轉條件不同時之容許壓力降。可查圖各種不同冷媒之特性表，取該運轉條件下1°C之壓力降爲配管標準。（約2°F）

表 17-9 配管內冷媒之容許流速(m/sec)

冷媒	吸氣管		排氣管		液管	
	橫行管	縱立管	橫行管	縱立管	冷凝器至受液器	受液器至蒸發器
R-12 R-22 R-500 R-502	4～20	7.5～20	4～20	7.5～20	0.5	0.5～1.25
NH_3	8～20	8～20	15～20	15～20	1.0以下	1.0以下

表 17-10 配管摩擦損失上限參考值 kg/cm^2

冷媒	吸氣管		排氣管	液管
	+5°C	−15°C		
R-12	0.1	0.07	0.2以下	0.2以下
R-22	0.2	0.1		
R-500	0.14	0.08		
R-502	0.2	0.1		
NH_3	0.067	0.033	0.2以下	0.2以下

氟氯烷系冷媒之配管尚需考慮回油問題，對於水平管及垂直管都應維持一定流速。

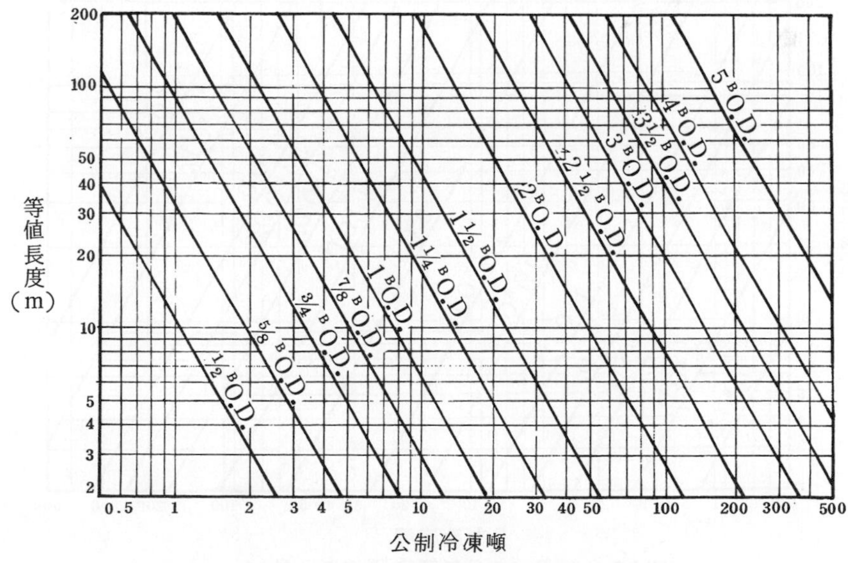

圖 17-2 R-12 排氣管管徑選擇曲線圖

17-6-1 常用冷媒管徑之選擇圖表

常用冷媒管徑之選擇圖表請參閱圖 17-2 至圖 17-11 及表 17-11 至表 17-17。壓力降均取1°C之飽和溫度差值爲基準。

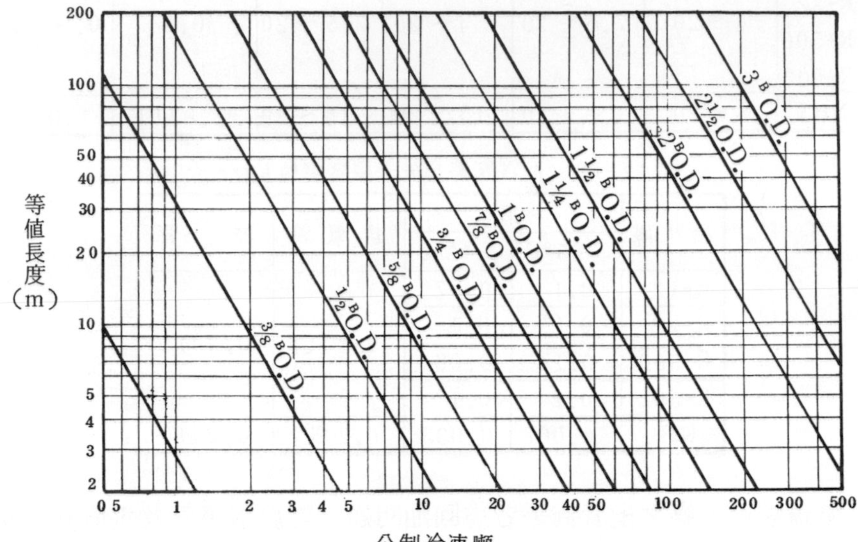

圖 17-3　R-12 液管管徑選擇曲線圖

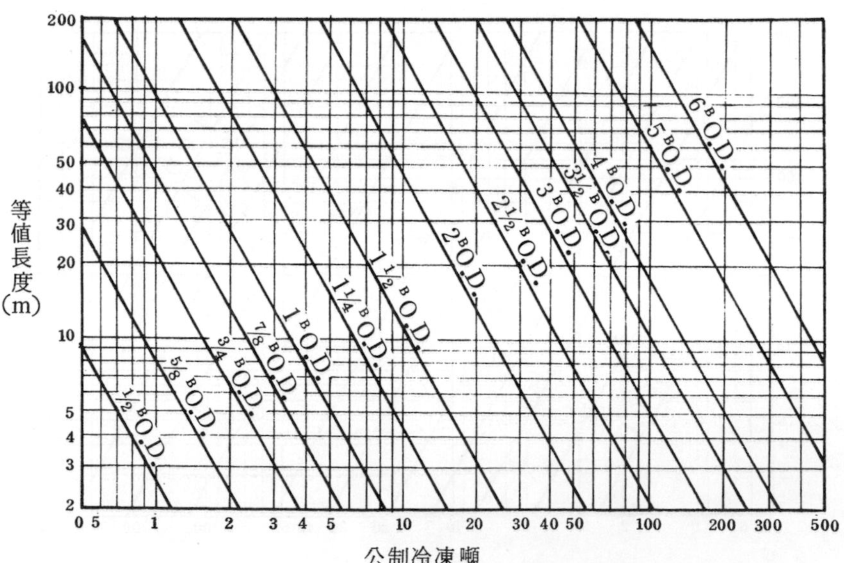

圖 17-4　R-12 吸氣管管徑選擇曲線圖

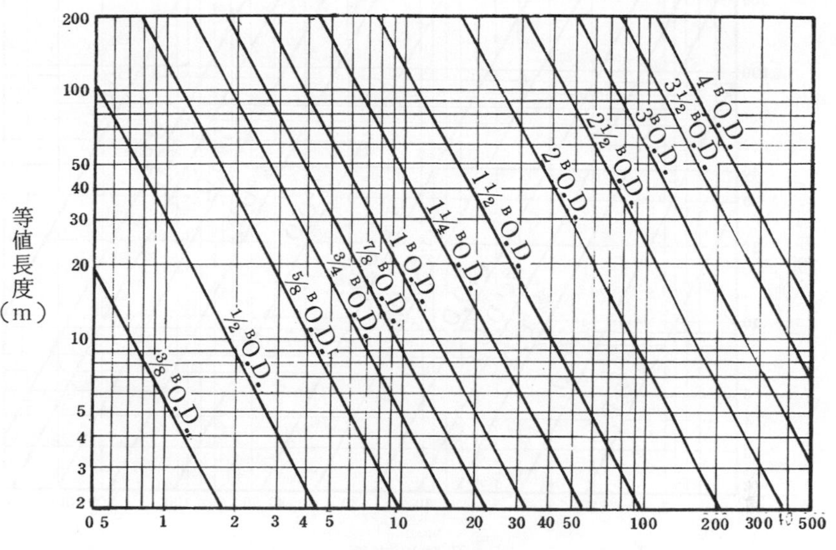

圖 17-5 R-22 排氣管徑選擇曲線圖

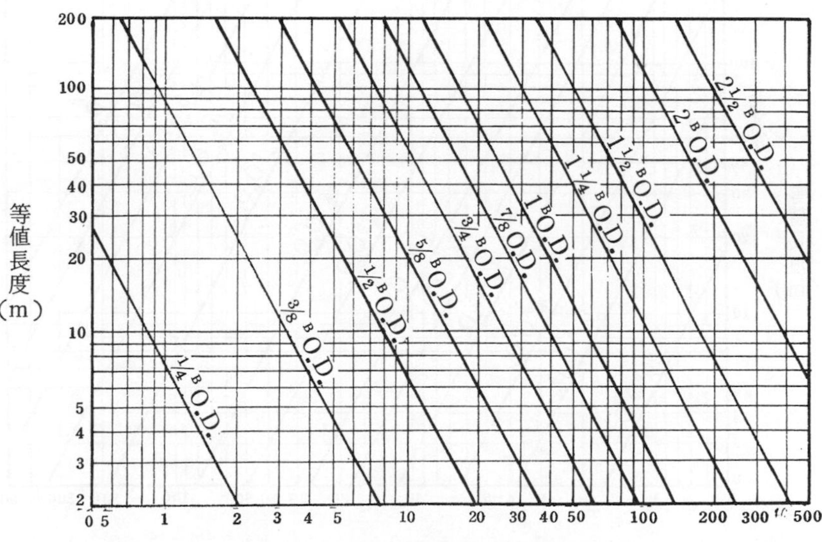

圖 17-6 R-22 液管徑選擇曲線圖

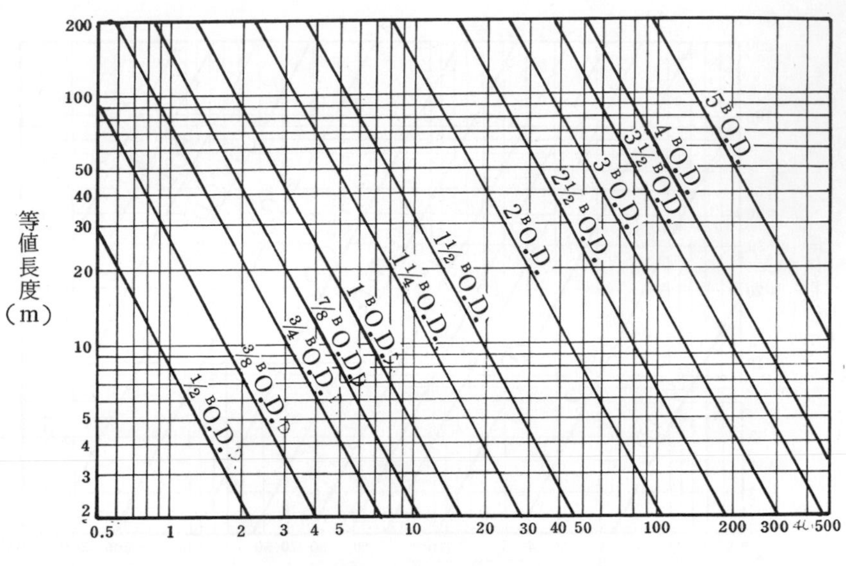

圖 17-7　R-22 吸氣管管徑選擇曲線圖

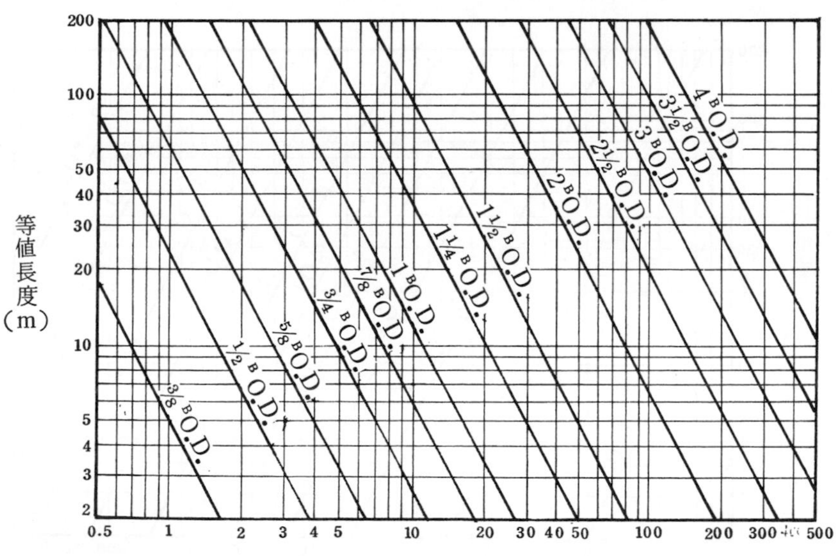

圖 17-8　R-500 排氣管管徑選擇曲線圖

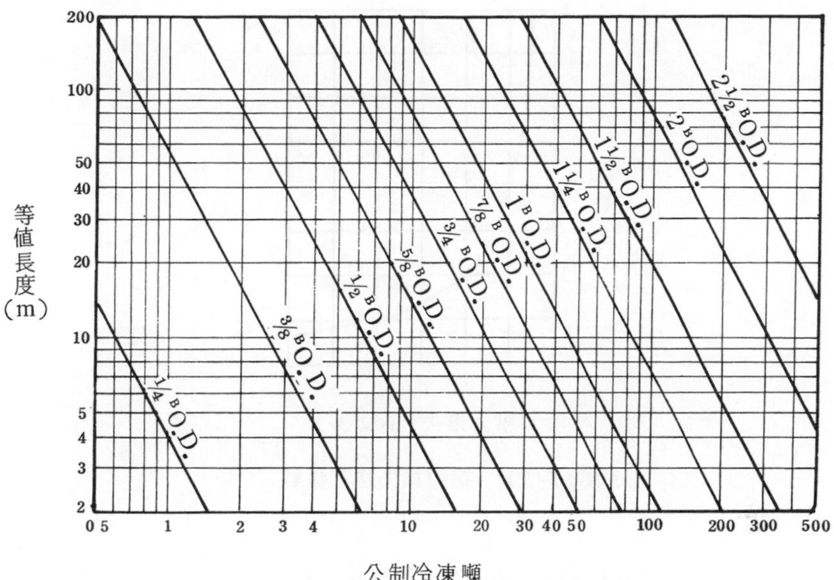

圖17-9 液管管徑決定圖(R-500)

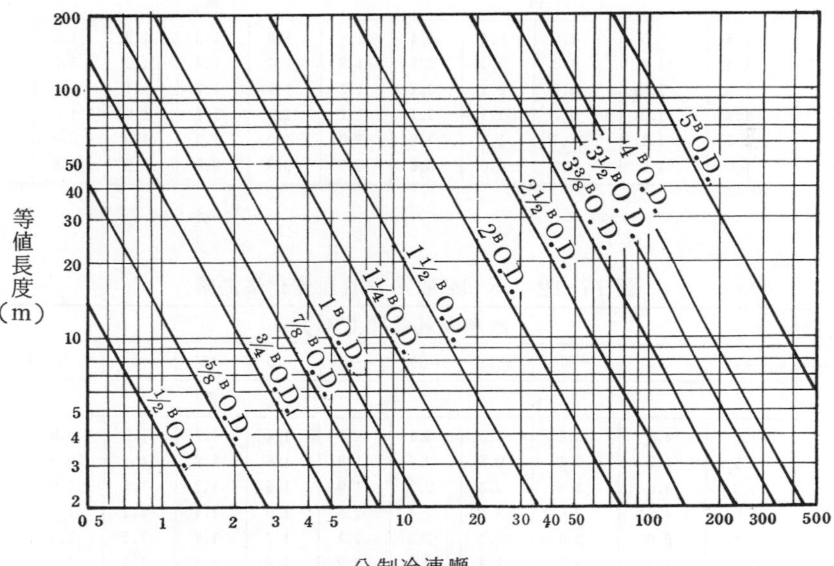

圖17-10 R-500吸氣管管徑選擇曲線圖

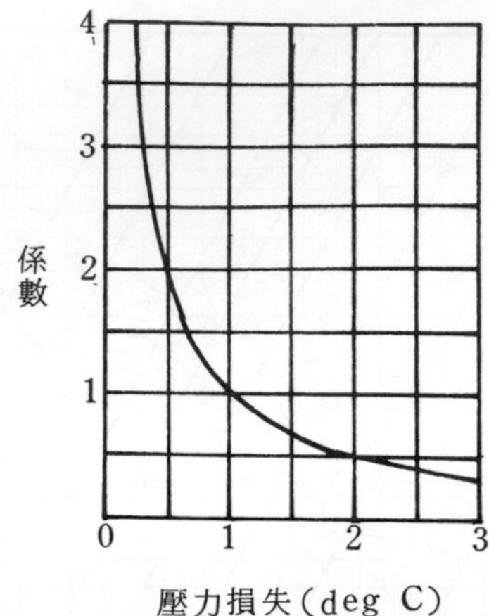

圖17-11 壓力損失修正係數

表17-11 R-12排氣管狀態變化修正值

凝縮溫度(°C)	飽和吸氣溫度 °C										
	−40	−35	−30	−25	−20	−15	−10	−5	0	5	10
	係						數				
25	1.5	1.5	1.5	1.4	1.4	1.4	1.3	1.3	1.3	1.3	1.3
30	1.4	1.4	1.3	1.3	1.3	1.3	1.2	1.2	1.2	1.2	1.1
35	1.3	1.3	1.2	1.2	1.2	1.2	1.1	1.1	1.1	1.1	1.1
40	1.2	1.2	1.2	1.1	1.1	1.1	1.1	1.0	1.0	1.0	1.0
45	1.1	1.1	1.1	1.1	1.0	1.0	1.0	1.0	1.0	0.9	0.9
50	1.0	1.0	1.0	1.0	0.9	0.9	0.9	0.9	0.9	0.8	0.8

表17-12 R-12吸氣管狀態變化修正值

凝縮溫度(°C)	飽和吸氣溫度(°C)										
	−40	−35	−30	−25	−20	−15	−10	−5	0	5	10
	係						數				
25	4.8	4.1	3.2	2.5	2.1	1.7	1.4	1.2	1.0	0.9	0.8
30	5.1	4.3	3.3	2.7	2.2	1.8	1.5	1.3	1.1	0.9	0.8
35	5.3	4.6	3.5	2.8	2.3	1.9	1.6	1.3	1.1	1.0	0.8
40	5.6	4.8	3.6	3.0	2.4	2.0	1.6	1.4	1.2	1.0	0.8
45	5.9	5.0	3.8	3.1	2.5	2.1	1.7	1.4	1.2	1.0	0.9
50	6.2	5.2	4.1	3.3	2.6	2.2	1.8	1.5	1.3	1.1	0.9

表 17-13 R-22 排氣管狀態變化修正値

凝縮溫度 (°C)	飽和吸氣溫度 °C										
	−40	−35	−30	−25	−20	−15	−10	−5	0	5	10
	係						数				
25	1.4	1.4	1.4	1.4	1.4	1.3	1.3	1.3	1.3	1.3	1.3
30	1.3	1.3	1.3	1.3	1.2	1.2	1.2	1.2	1.2	1.2	1.2
35	1.2	1.2	1.2	1.2	1.2	1.1	1.1	1.1	1.1	1.1	1.1
40	1.1	1.1	1.1	1.1	1.1	1.0	1.0	1.0	1.0	1.0	1.0
45	1.1	1.0	1.0	1.0	1.0	1.0	1.0	0.9	0.9	0.9	0.9

表 17-14 R-22 吸氣管狀態變化修正値

凝縮溫度 (°C)	飽和吸氣溫度 (°C)										
	−40	−35	−30	−25	−20	−15	−10	−5	0	5	10
	係						数				
25	4.6	3.7	3.1	2.5	2.0	1.7	1.4	1.2	1.0	0.9	0.8
30	4.7	3.9	3.2	2.6	2.1	1.8	1.5	1.2	1.1	0.9	0.8
35	5.0	4.1	3.3	2.7	2.2	1.9	1.6	1.3	1.1	1.0	0.9
40	5.3	4.3	3.5	2.8	2.4	1.9	1.6	1.4	1.2	1.0	0.9
45	5.6	4.5	3.7	3.0	2.5	2.0	1.7	1.4	1.2	1.0	1.0

表 17-15 R-500 排氣管狀態變化修正値

凝縮溫度 (°C)	飽和吸氣溫度 (°C)										
	−40	−35	−30	−25	−20	−15	−10	−5	0	5	10
	係						数				
25	1.7	1.7	1.6	1.5	1.5	1.5	1.4	1.4	1.3	1.3	1.2
30	1.6	1.6	1.5	1.4	1.4	1.4	1.3	1.3	1.2	1.2	1.1
35	1.5	1.4	1.4	1.4	1.3	1.3	1.2	1.2	1.1	1.1	1.0
40	1.4	1.4	1.3	1.3	1.2	1.2	1.1	1.1	1.1	1.0	1.0
45	1.3	1.3	1.2	1.2	1.2	1.1	1.1	1.0	1.0	0.9	0.9
50	1.3	1.2	1.2	1.1	1.1	1.0	1.0	0.9	0.9	0.9	0.8

表 17-16 R-500 吸氣管狀態變化修正値

凝縮溫度 (°C)	飽和吸氣溫度 (°C)										
	−40	−35	−30	−25	−20	−15	−10	−5	0	5	10
	係						数				
25	5.3	4.2	3.5	2.8	2.3	1.9	1.5	1.3	1.0	0.9	0.8
30	5.6	4.6	3.7	3.0	2.5	2.0	1.6	1.3	1.1	0.9	0.8
35	6.0	4.8	3.9	3.2	2.6	2.1	1.7	1.4	1.1	0.9	0.8
40	6.3	5.0	4.0	3.3	2.7	2.2	1.8	1.4	1.2	1.0	0.8
45	6.6	5.3	4.3	3.4	2.8	2.3	1.9	1.5	1.2	1.0	0.9
50	7.0	5.6	4.5	3.6	2.9	3.4	2.0	1.6	1.3	1.1	0.9

表17-17 標準銅管規格（JIS H 3601）

O.D.（吋）	外 徑 (mm)	內 徑 (mm)	厚 度 (mm)	內徑斷面積 (cm²)	重 量 (kg/m)
1/4B	6.35	4.75	0.8	0.177	0.124
3/8B	9.52	7.92	0.8	0.494	0.195
1/2B	12.7	11.1	0.8	0.968	0.266
5/8B	15.88	13.88	1.0	1.510	0.416
3/4B	19.05	17.05	1.0	2.282	0.504
7/8B	22.22	19.82	1.2	3.084	0.704
1B	25.4	23.0	1.2	4.081	0.811
1¼B	31.75	28.95	1.4	6.560	1.187
1½B	38.1	34.90	1.6	9.561	1.631
2	50.8	47.2	1.8	17.489	2.463
2½B*	63.5	59.5	2.0	27.791	3.862
3B	76.2	71.6	2.3	40.243	4.747
3½B*	88.9	83.5	2.5	54.760	6.040
4B	101.6	95.6	3.0	71.780	8.261
5B*	127	120.0	3.5	113.097	12.070
6B*	152.4	145.4	3.5	165.290	14.56

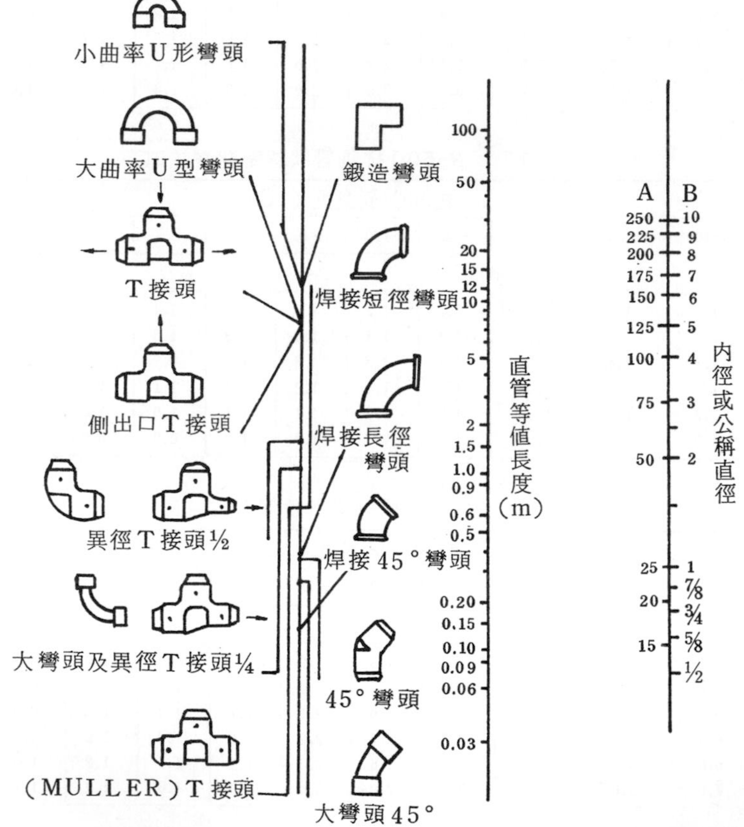

圖17-12 接頭配件之等值長度

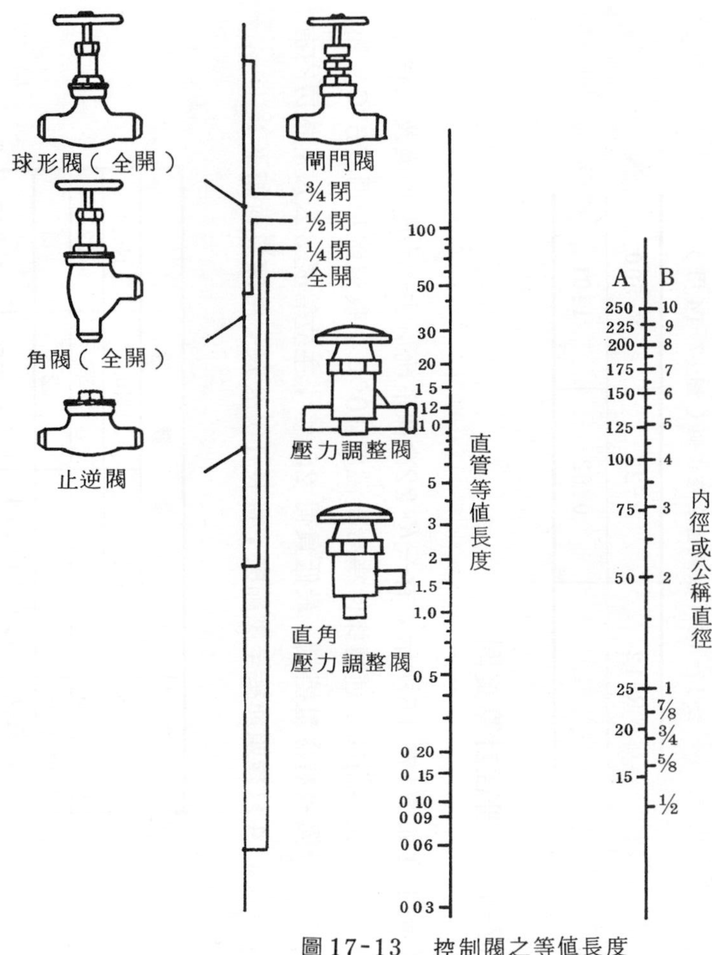

圖 17-13 控制閥之等值長度

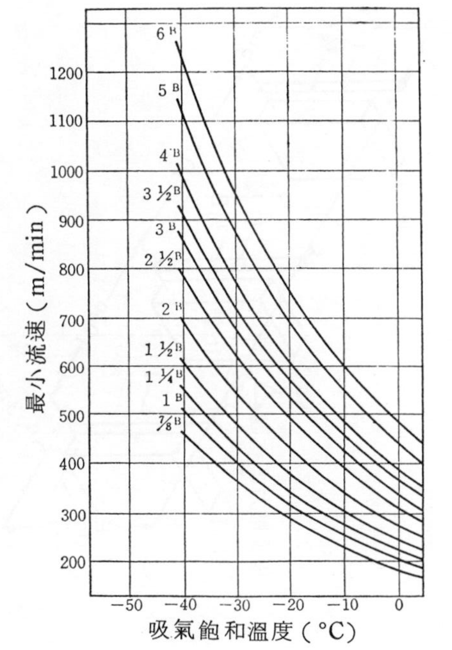

圖 17-14 吸氣昇位管之最小回油速度
（實際流速應比查表所得之數值多25％）

表17-18 吸氣管之修正值(圖17-14用)

R-12	R-22	R-500
1	0.92	1.01

17-6-2 管徑計算實例

【例1】如圖17-15所示，有一R-22冷凍系統，由一台壓縮機及三台蒸發器組成。運轉條件爲冷凝溫度40°C，吸氣飽和溫度5°C，壓縮機有容量控制，最低負荷 25％，主立管長3公尺，機房內有4只彎頭連接至壓縮機，實長10公尺，冷凍負荷如下：

冷凍容量 公制冷凍噸	蒸發器		
	No.1	No.2	No.3
最大容量	4	8	12
最小容量	1	2	3
蒸發壓力 kg/cm^2	4.967+0.14 =5.107	4.967	4.967

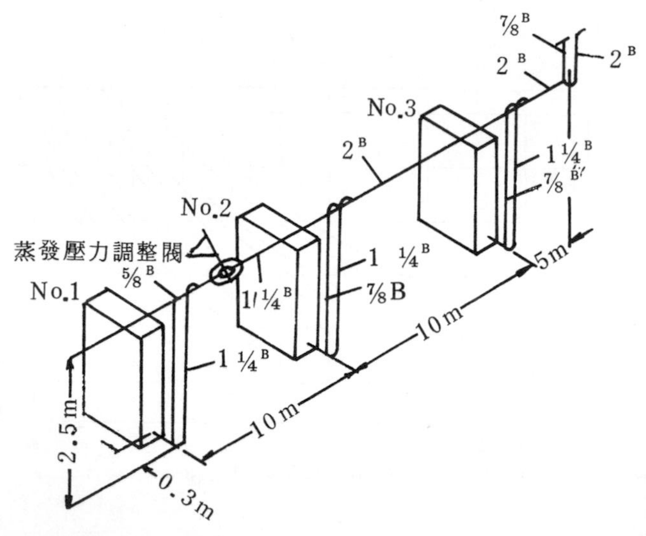

圖表17-15 冷媒管路圖

【解】(a)No.1蒸發器配管尺寸之選擇

計算No.1蒸發器吸氣管可先假設系統中僅此一只蒸發器。管路中裝置了蒸發壓力調整閥（EPR），壓力差0.14 kg/cm² 時產生動作。

No.1蒸發器之蒸發壓力＝4.967＋0.14＝5.107 kg/cm²

直管長度＝0.3＋2.5＋25＋3＋10＝40.8 m

假設彎頭直徑為1¼*B*則0.75×7只＝5.25 m

管路等值長度 40.8＋5.25＝46.05 m

查閱圖17-7選用1¼B，摩擦損失在標準值1°C以下，且應檢討其流速。查*R*-22之冷媒特性圖表，每一公制冷凍噸在飽和溫度5°C時之*R*-22氣體流量為0.060 m³/min。

$$速度 V=\frac{Q}{A}$$

1¼″φ之內截面積＝6.560 cm²

$$\therefore \quad V=\frac{0.060}{6.560}\times 10^{-4}=91.5\,\text{m/min}$$

$$=1.525\,\text{m/sec}$$

在最低負荷時，其速度不足帶油回壓縮機

由圖17-13油之最小速度205m/min，*R*-22時205×0.92×1.25＝236m/min，1.25為安全係數。因此系統應採雙縱立管，在最低負荷時由小管吸氣，小管管徑5/8″，內截面積等於1.510 cm²。

故流速$V=0.060/1.510\times 10^{-4}\doteqdot 397$ m/sec。

另一縱立管之管徑＝6.560－1.510＝5.050 cm²，查表17-17得管徑1¼ᴮ OD。

(b)No.2蒸發器之配管尺寸。

蒸發器至縱立管之距離＝0.3 m

縱立管之高度＝2.5 m

上端主吸入管之長度＝10＋5＝15 m

至壓縮機之直管長＝10 m

實長　　　　　　　＝30.8 m

假設接頭之等值長度爲直管實長之50%，則總等值長度爲45 m，12*RT*時查圖17-7選$2''^{\phi B}0D$，蒸發器出口8 *RT*時選用$1\frac{1}{2}''^{\phi B}0D$。

彎頭　1½B　2只　@0.85＝1.7 m

　　　2B　5只　@1.2＝6.0 m

　　　　　　　　　合計　7.7 m

實際等值長度＝30.8＋7.7＝38.5 m

最低負荷爲2*RT*時，縱立管之速度＝(2×0.060)/9.561×10^{-4}＝124.5m/min回油速度不足，若選用⅞B則流速＝388m/min

另一縱立管之決定

1½B 0D之面積＝9.561 cm^2

⅞B 0D之面積＝3.084 cm^2

要求面積＝6.477cm^2

因此選用1¼B 0D爲另一縱立管

(c)No.3蒸發器之管徑

蒸發器出口至縱立管長度＝0.3 m

縱立管高度　　　　＝2.5 m

橫行主管長度　　　＝5 m

主縱立管長度　　　＝3 m

主縱立管至壓縮機之長度　＝10 m

合計實長＝20.8 m

接頭等之等值長度假設爲實長的50%，則總等值長度≑30m

No.3蒸發器縱立管之管徑$1\frac{1}{2}''^{\phi}$B

主吸入管選用2B

彎頭　1½B　2只　@0.85＝1.7 m

　　　2B　5只　@1.2＝6.0 m

合計　＝7.7m

實際等值長度＝20.8＋7.7＝28.5m，所選管徑足夠矣。

最低負載3 RT 時　縱立管＝流速＝3×0.060／9.561×10^{-4}＝188.2m／min

流速不足以回油，若選⅞B則流速足夠雙縱立管之另一管徑

1½B 0D之面積＝9.561 cm^2

⅞B 0D之面積＝3.084 cm^2

要求面積＝6.477 cm^2

故可選用1¼B管

(d)主縱立管回油之檢討

主管選用2B適合於最高負荷。

若No.2及No.3之蒸發器均停止使用，則最低負荷為1 RT，若選用⅝B時，流速＝397m/min。

最低負荷為2 RT 時若選用⅝B

$$流速V=\frac{2\times0.060}{1.510\times10^{-4}}=794\ m/min$$

最低負荷為6 RT 時若選用⅝B

$$流速V=\frac{6\times0.060}{1.510\times10^{-4}}=2382\ m/min$$

流速尚未逾上限，故選用⅝B可適合於任一運轉條件

另一縱立管之尺寸

2B之面積＝17.489 cm^2

⅝B之面積＝1.510 cm^2

要求面積＝15.979 cm^2

故應選2B（請注意：例題19-1及例題19-2之銅管截面積以JIS H3601之標準銅管為計算原則，非JIS H3601之銅管，請依其實際截面積計算，查表17-2至表17-4）

【例2】一工業用冷凍裝置，如圖17-16所示，使用 R-12冷媒，冷凝溫度45°C，飽和吸氣溫度－25°C，冷凍容量為13公制冷凍噸

，若排氣管吸氣管及液管之壓降設計值爲0.5 °C，壓縮機有容量控制，最低負荷爲全負載之⅓，排氣管等值長度8 m，液管等值長度15 m，吸氣管等值長度爲25 m，試求各管徑。

【解】(a)吸氣管徑之決定

查表17-12，蒸發溫度－25°C，冷凝溫度45°C時之修正係數爲3.1，故修正冷凍噸數＝13×3.1＝40.3 RT。

由表17-11，0.5°C壓力損失時之修正值＝2，故

等值長度＝25 m×2＝50 m，

再查圖17-4，應選用之吸氣管徑爲3½0D。

其次，檢討縱立管之回油情況

－25°C時，飽和氣態R-12之比容爲0.331 m³/kg

冷凍效果＝$h_{-25°C}-h_{45°C}$＝134.16－110.66

＝23.47 kCal/kg

冷凍循環量＝3320/23.47×60≑2.35 kg/min

最低負載時氣態冷媒之流量＝$2.35\times0.1331\times\frac{13}{3}$

＝1.36 m³/min

採用3½B，0D管之流速＝$1.36/54.76\times10^{-4}$

＝248 m/min

查圖17-14，3½B時最小回油流速應爲630×1.25＝787.5 m/min

因此應採用雙縱立管

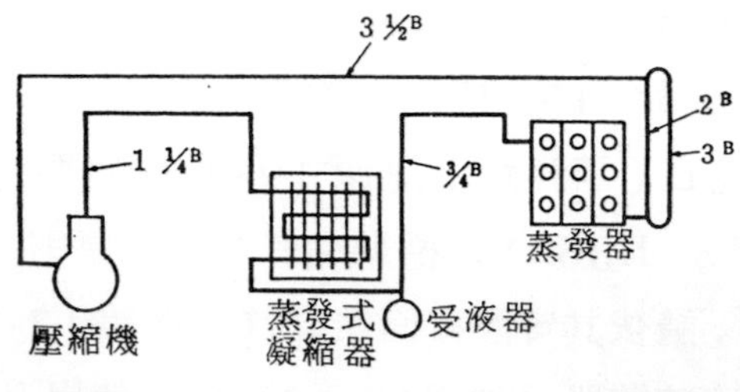

圖17-16

$$Q=A\cdot V \quad A=\frac{Q}{V}=\frac{1.36\ \mathrm{m^3/min}}{787.5\ \mathrm{m/min}}=1.727\times10^{-3}\ \mathrm{m^2}$$

故可選用2B0D之配管（表17-17）

3½B0D之截面積＝54.760 cm² (1)

2B0D之截面積＝17.489 cm² (2)

(1)－(2)＝37.271 cm² ………所需求之管路面積

故由表17-17，另一縱立管應選用3B0D

(b)排氣管徑

由運轉條件查其容量修正值為1.1（表17-11）

故冷凍容量＝1.1×13＝14.3 RT

壓力損失修正係數為2（圖17-11）

故等值長度＝2×8＝16m

查圖17-2，得管徑1¼B0D

最低容量時，流速為258 m/min，回油無問題

(c)液管

等值長度15m時，查圖17-3，可選用¾B0D

17-7　排氣管配管要點及其配管方式

17-7-1　排氣管配管要點

壓縮機至冷凝器配管應注意下列事項：

(1) 將壓縮機排出之氣態冷媒，引導至冷凝器，應避免過大的壓力降。

(2) 壓力降應在1°C之標準值以下。

(3) 冷媒在凝結過程不會逆流回至壓縮機。

(4) 為了避免冷凍油逆流回至壓縮機，配管應沿冷媒流動方向，向下傾斜 $\frac{5}{1000}$ 以上。

(5) 直立管之流速應足以使冷凍油俱行。

(6) 直立管長每逾8 m應裝設集油環（oil trap）。

(7) 並聯運轉時之配管應特別考慮回油及均壓問題。

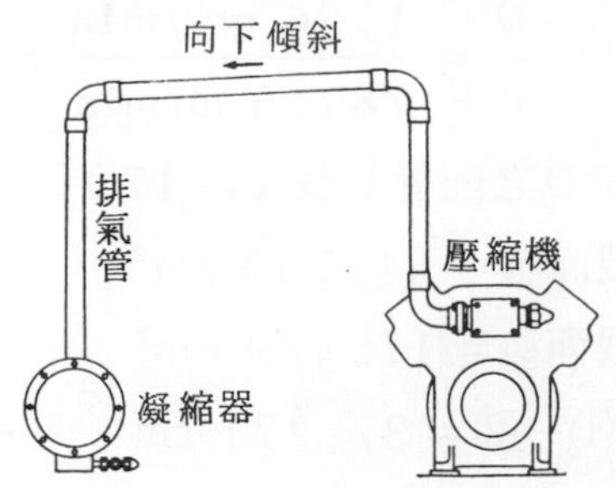

圖 17-17 壓縮機和凝縮機在同一高度

⑻ 應防止排出氣體的脈動，因而產生振動及噪音。

⑼ 直立管在2.5m以上時，應在排氣管裝設集油環(oil trap)。

⑽ 冷凍機負載在30%以下時，直立管之流速若低於180m/min、則應採用雙升流管。

17-7-2 排氣管之配管方式

⑴ 壓縮機與冷凝器同一高度時。配管方式如圖 17-17 所示，沿箭頭方向傾斜$\frac{5}{1000}$以上。

⑵ 冷凝器安裝位置高於壓縮機時。

① 單台組合時若冷凝器之位置高於壓縮機2.5公尺以上時應加裝集油環(oil trap)如圖 17-18 所示。

② 若是並聯裝置，超過3m以上之配管方向如圖 17-20 所示。

③ 單台裝置但高度在2.5m以下之配管可參閱圖 17-19。

④ 並聯裝置但高度在3m以下之配管，如圖 17-21。

圖中Y接頭之主要功用如下:

① 單台運轉時可以防止冷凍油流入另一台壓縮機。

② 二台壓縮機同時運轉時，氣流不會相衝擊。

③ 防止氣流產生脈動。

⑶ 冷凝器之安裝位置低於壓縮機。

二台壓縮機共用一只冷凝器時之配管方式，如圖17-20及圖17-21所

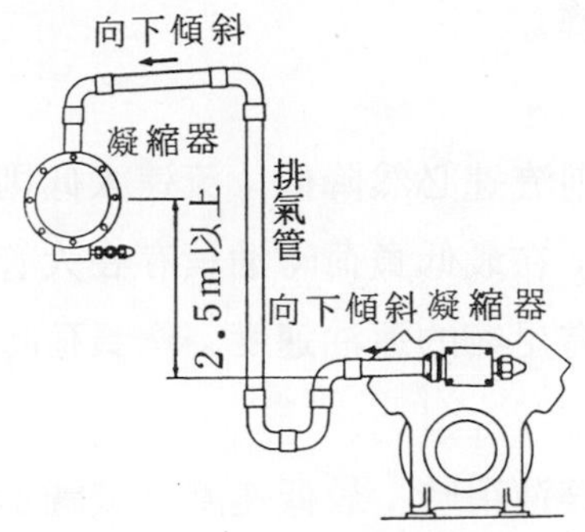

圖17-18 冷凝器高於壓縮機 2.5m以上

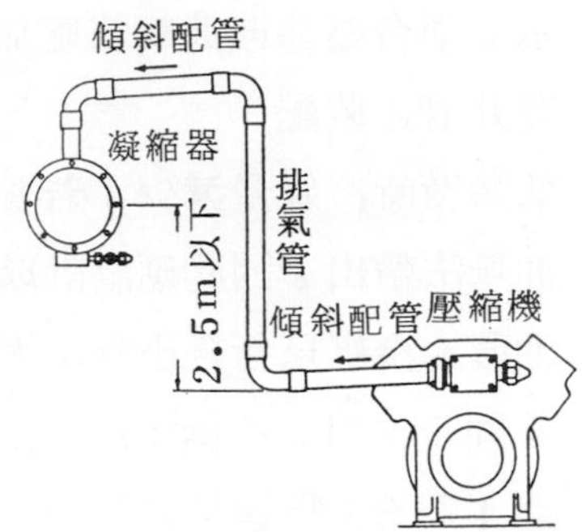

圖 17-19 冷凝器在壓縮機上端 2.5m以下

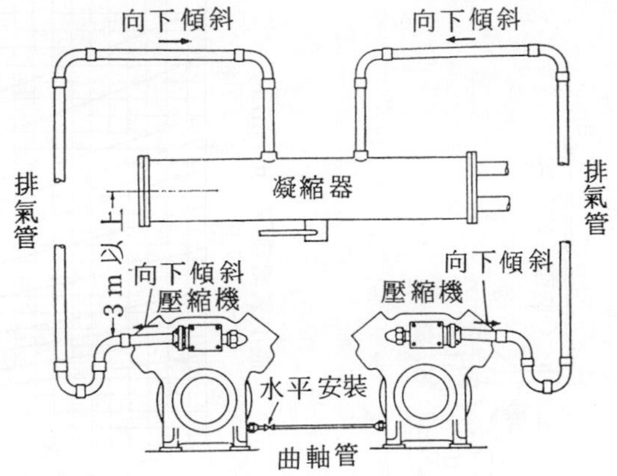

圖 17-20 冷凝器在壓縮機上端 3m以上

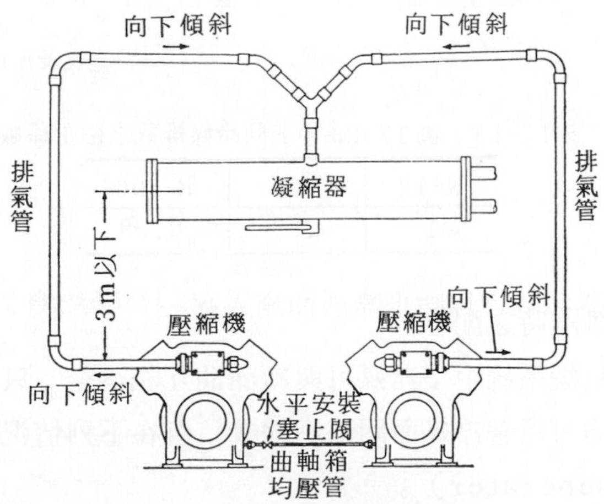

圖 17-21 冷凝器在壓縮機上端 3m以下

示。兩台壓縮機曲軸箱應加裝均壓管。

(4) 雙升管之裝配

低負荷時冷媒量減少，若管徑一定則流速必然降低，流速太低則冷凍油無法帶出。因此應設計成雙升管，在最低負荷時油積存在大管之集油環、冷媒只行經小管，因此仍舊有足夠的運油速度，全負荷時大小管同時併用。(圖17-22)。

圖17-23爲運油之最低速度，實際運用時，最低速度應較圖示數值增加25%以上。

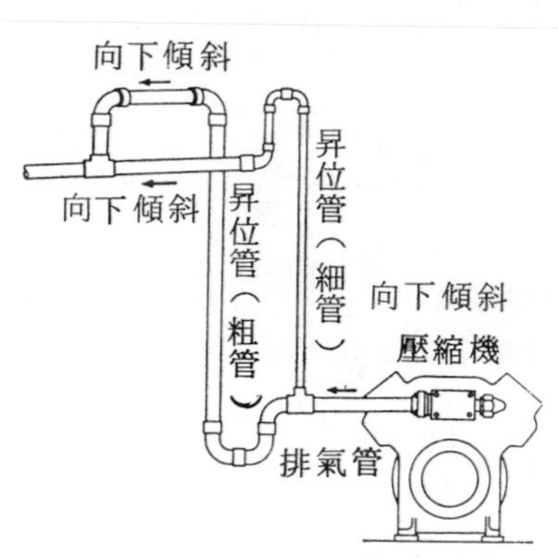

圖17-22　排氣雙昇位管

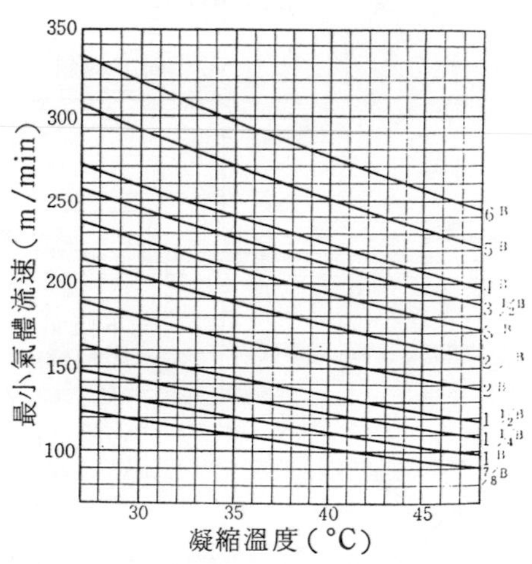

圖17-23　排氣管回油之最小速度(實際採用之流速應比查表所得增加25%)

表17-19　圖17-23中不同冷媒排氣之修正係數

R-12	R-22	R-500
1	0.93	0.99

(5) 採用油分離器時之配管

雖然在氟氯烷系統中，冷媒可與冷凍油互相溶合，只要適當的流速下，冷凍油均可隨著冷媒而回至壓縮機，但在下列情況下應加裝油分離器(oil seperator)。

① 配管較長

② 蒸發溫度較低。

③ 使用滿液式蒸發器的冷凍系統。

④ 壓縮機出口端排出之油量過多時。

⑤ 氨冷凍系統。

裝置油分離器（圖 17-24），將油分離再送回曲軸箱，以免有過多的冷凍油流出壓縮機。使用新油分離器時，應先灌充適量的冷凍油於油分離器內，以免運轉時壓縮機失油。系統中裝置油分離器亦兼有消音效果。

(6) 使用蒸發式冷凝器時之配管

二台壓縮機共用一台蒸發式冷凝器時之配管方式如圖 17-25 所示，其中一台停機時，可以避免冷凍油流入另一台壓縮機。

(7) 並聯運轉時在排氣管裝置均壓管的配管方式。

二台以上之壓縮機及冷凝器並聯使用時應加裝均壓管，使之在壓力相同下運轉（圖 17-26），均壓管之安裝原則如下述：

① 均壓管之長度儘可能縮短。

② 關斷閥應水平安裝。

③ 管徑應與排氣管相同或稍大，以免一台停機時，產生不平衡狀態。

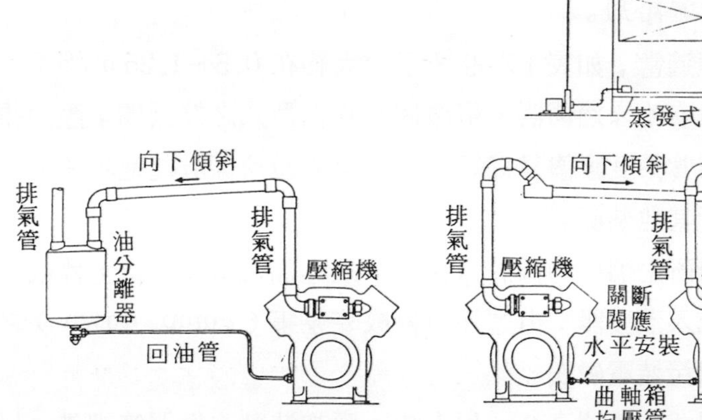

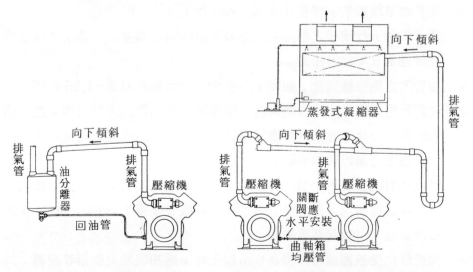

圖 17-24　油分離器之配管　　圖 17-25　蒸發式凝縮器之排氣管裝配方式

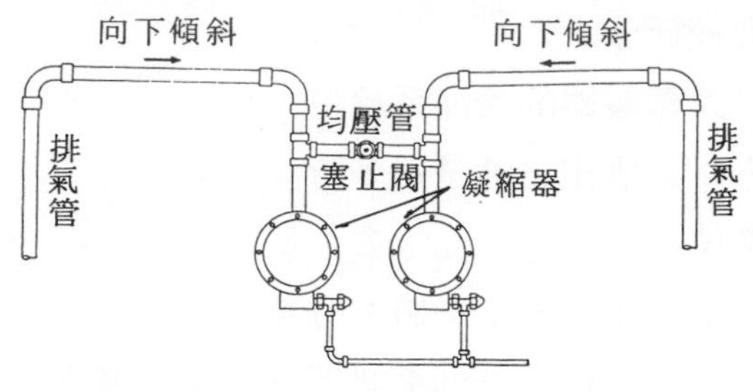

圖 17-26 並聯時之均壓管

17-8 液管配管要點及其配管方式

17-8-1 液管配管要點

液管沒有回油問題，但應防止液態冷媒閃氣(flash gas)之發生，即液管之裝配應防止管內冷媒液之起泡。

(1) 液管的壓力降主要原因有二種，一是膨脹閥與冷凝器(或受液器)高度之差異而產生之靜壓損失。另一種是冷媒在管內流動而產生的摩擦損失。(圖 19-29)

(2) 液冷媒進入膨脹閥時，應保持0.5°C以上的過冷卻狀態，必要的過冷卻溫度如圖 17-27及圖17-28 所示。

(3) 液管的摩擦損失，應在0.2 kg / cm^2 以下。

(4) 爲了補償上行液管之壓力損失應有充份的過冷却度。一般，4 m之直立管應有5°C之過冷却。

(5) 液管內之流速應適當，如表 17-9所示。大約在 0.5～1.25 m/S。

(6) 液體管路因裝置有乾燥過濾器、電磁閥及其他型式之控制閥，壓力損失較大，因此配管長度應儘量縮短，以防止液體冷媒有起泡現象。

(7) 液管應避免靠近其他熱源。

(8) 因蒸發器置放場所之溫度均低於冷凝器，故應加裝電磁閥以免停機時，冷媒之繼續流入蒸發器，但若採用停機時泵集(pump down)之冷凍裝置，可以免裝電磁閥。

(9) 蒸發器比受液器或冷凝器高 8 m以上時，應加裝熱交換器等設備，以防止閃氣(flash gas)之發生。

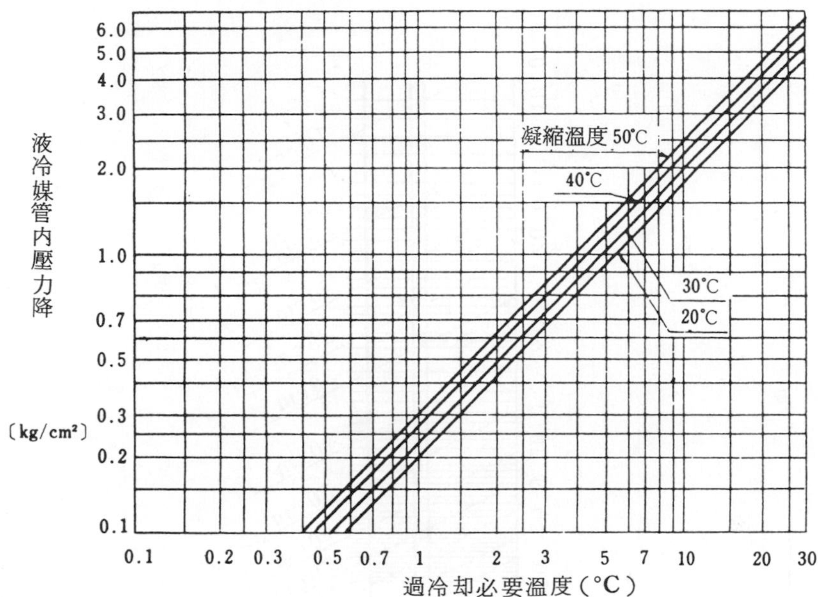

圖 17-27　過冷却必要溫度（°C）

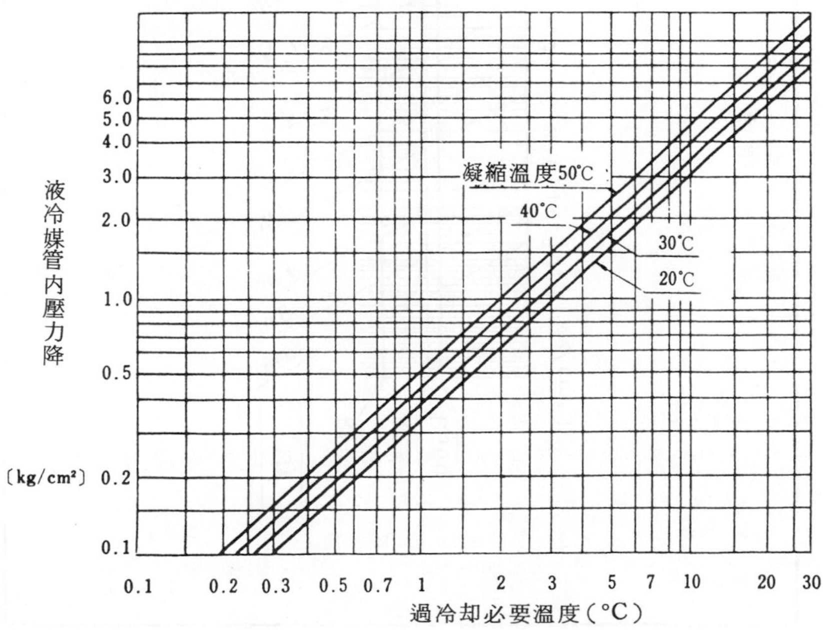

圖 17-28　必要的冷媒過冷却度

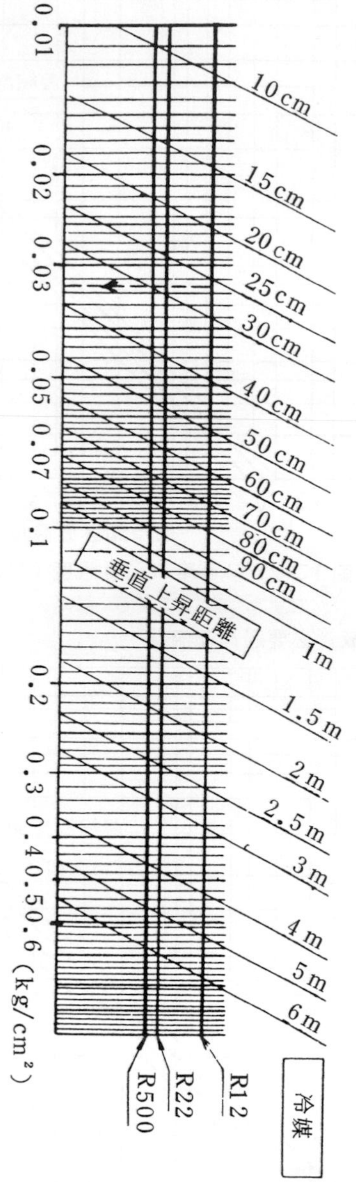

圖17-29 垂直上昇液管的壓力損失計算圖

⑽　因裝配熱交換器可增加過冷却度。熱交換器愈靠近蒸發器裝置、效率愈高。

17-8-2　液管配管之方式

⑴　蒸發器與冷凝器同一高度

蒸發器與冷凝器在同一高度時之配管方式如圖 17-30 所示。

⑵　蒸發器高於冷凝器

由於液管靜壓力差的影響，立管較長時，管徑應較大，並應裝置熱交換器，使之過冷却。（圖 17-31 及圖 17-32 ）。

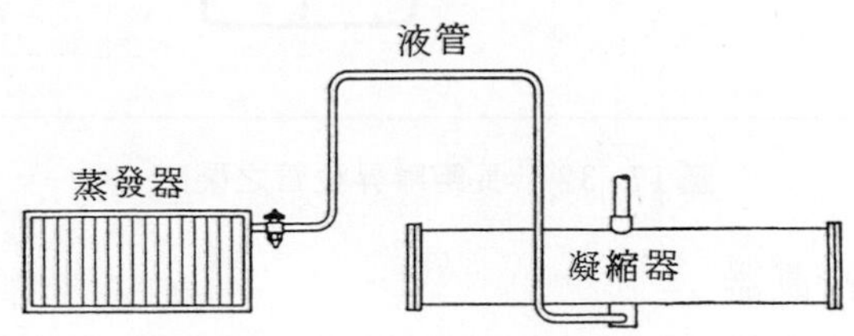

圖 17-30　蒸吸器與冷凝器在同一高度

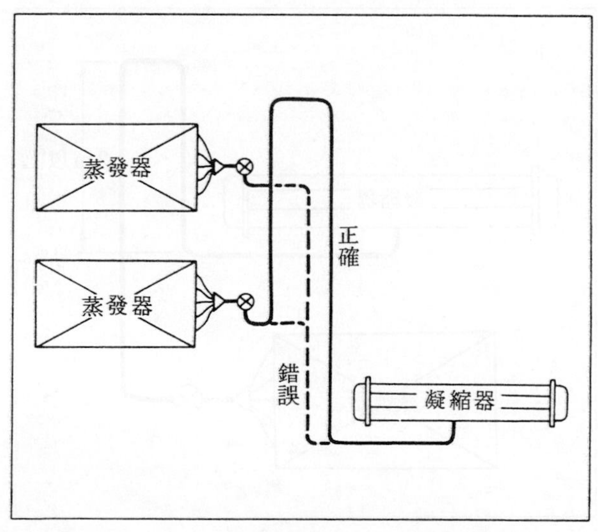

圖 17-31　液管裝配方式（平均分配）

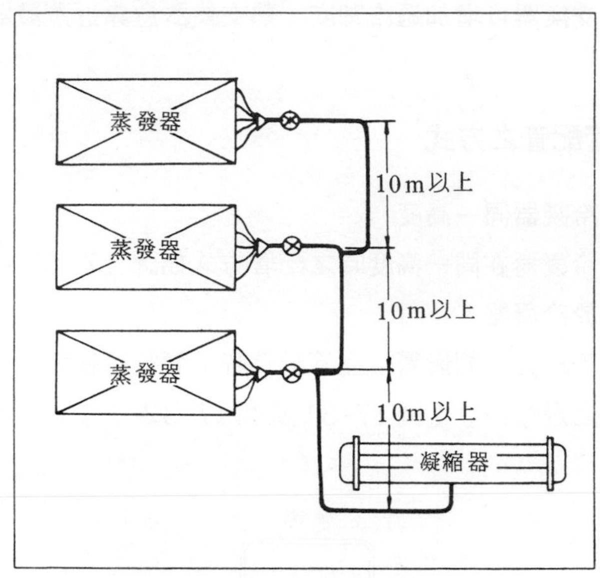

圖 17-32　長距離昇位管之裝配

⑶　蒸發器低於冷凝器

蒸發器低於冷凝器時，爲了防止停機時冷媒流入蒸發器內應裝設 2 m 以上之環管。若在液體管路裝設電磁止閥，則不必如此配管。(圖 17-33)。

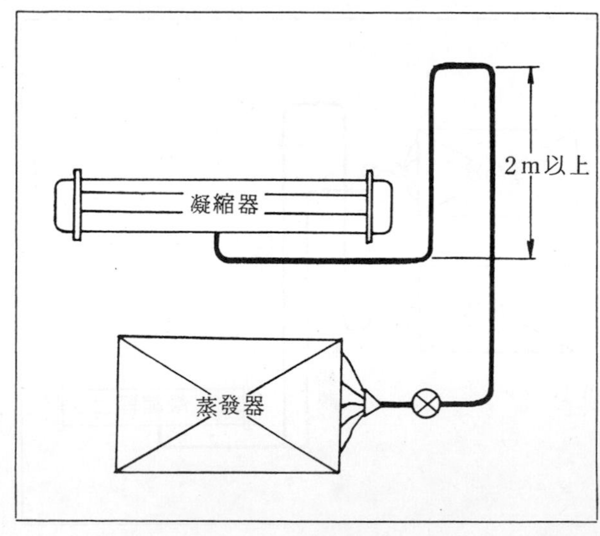

圖 17-33　液管之逆環形配管

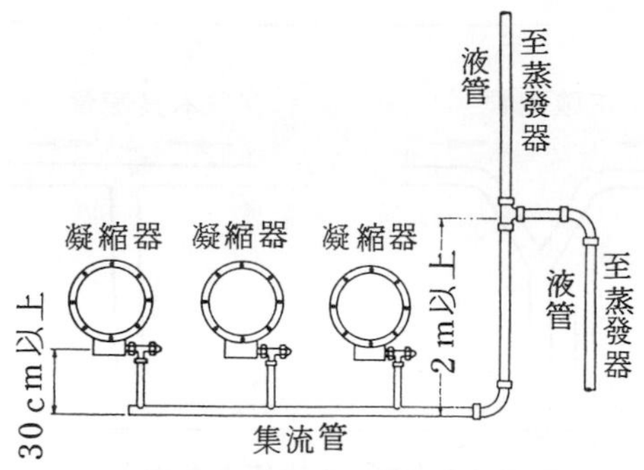

圖 17-34　蒸發器分別在冷凝器上下端

⑷　若蒸發器在冷凝器的上下端時

為了使壓力均等，應裝設集流管（header），集流管之截面積應大於各液管截面積之總和。（圖 17-34）

17-9　吸氣管配管要點及配管方式

17-9-1　吸氣管配管要點

⑴　最低負荷時，應使冷凍油亦能隨冷媒氣體回至壓縮機，應沿氣流方向傾斜 $\frac{5}{1000}$ 以上。

⑵　壓力降之標準值為 1°C 。

⑶　停機時應能防止液態冷媒及冷凍油流入壓縮機。

⑷　直立管之管徑應能維持最低的運油速度。

⑸　長期停機時、若無泵集（pump down），應在蒸發器的出口吸入管側設置環狀配管，以避免啟動時冷凍油及液態冷媒回至壓縮機造成液壓縮。

⑹　運轉中應避免有液態冷媒回至壓縮機及停機時有液態冷媒及冷凍油流入蒸發器。

⑺　並聯運轉時之配管應注意均壓問題。

⑻　合流管之裝配應避免衝擊。（圖 17-35）

⑼　配管中避免形成油環。（圖 17-36）

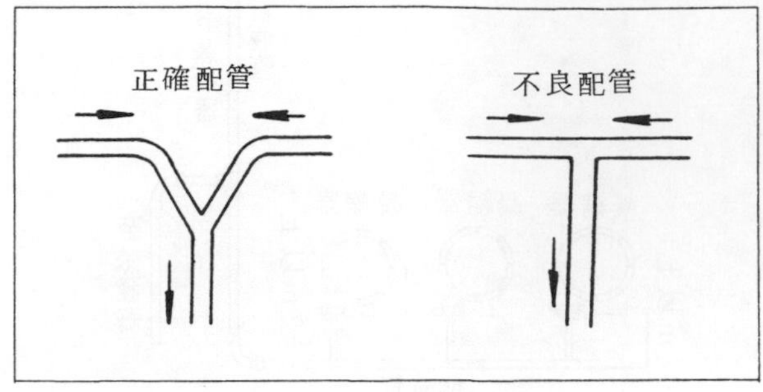

圖 17-35　合流管之裝配

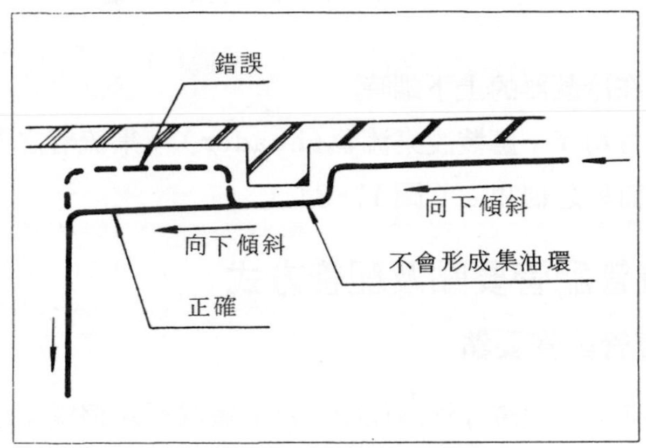

圖 17-36　配管中之集油環

17-9-2　吸氣管配管方式

(1)　蒸發器與壓縮機同一高度

吸氣管上升至天花板後沿氣流方向傾斜 $\frac{5}{1000}$ 以上，接至壓縮機，圖 17-37。

(2)　蒸發器位於壓縮機上方

沒有泵集設施的壓縮機，在停機時為了避免液冷媒及冷凍油流入蒸發器，應如圖17-38(a)所示，裝置集油環。若多台蒸發器在同一高度，則每台蒸發器之吸入管在連接至主吸氣管時應在吸氣管上端裝配成環型，主吸氣管位置應高於蒸發器，圖17-38(b)。

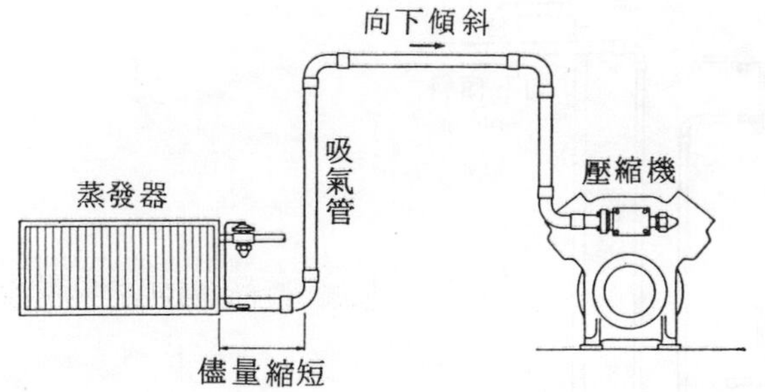

圖 17-37 蒸發器與壓縮機在同一高度

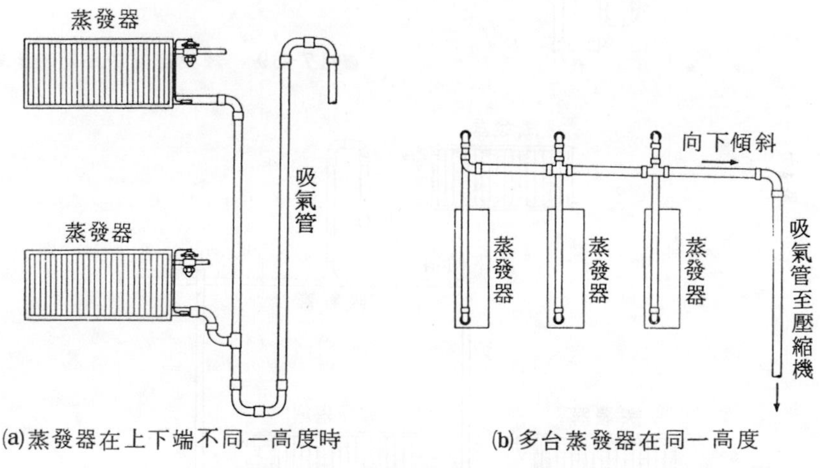

(a)蒸發器在上下端不同一高度時　(b)多台蒸發器在同一高度

圖 17-38 蒸發器位於壓縮機上端

(3) 蒸發器位於壓縮機下端

管路下端組配成小集油環，防止液冷媒及油流入較低位置之蒸發器。若壓縮機有卸載裝置，則採用雙升配管，圖 17-39。吸氣管運油之最低速度如圖 17-14 所示，實際上設計標準應較圖上查得之速度增加 25％以上較安全，不同冷媒之修正值可查閱表 17-18 。

(4) 蒸發器分別裝置在壓縮機上下兩端時

依圖 17-40 之方式配管可以避免油及液冷媒流入他台蒸發器，但冷媒裝置在停機時，設計有泵集控制，則壓縮機上方之蒸發器可以免裝集油環（loop）。

(5) 使用滿液式蒸發器時之配管方式

若只從滿液式蒸發器之上端吸氣回至壓縮機，則冷凍油易積存在冷媒液

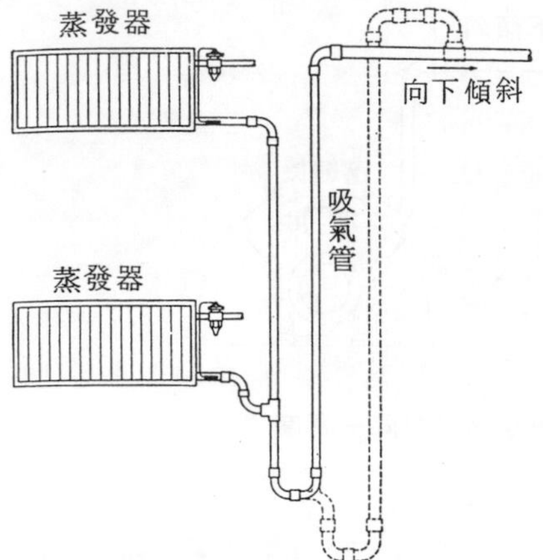

圖 17-39　蒸發器位於壓縮機下端

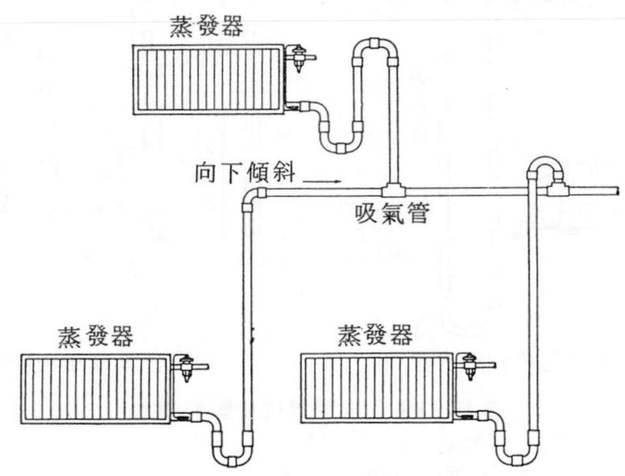

圖 17-40　蒸發器裝在壓縮機上下兩端

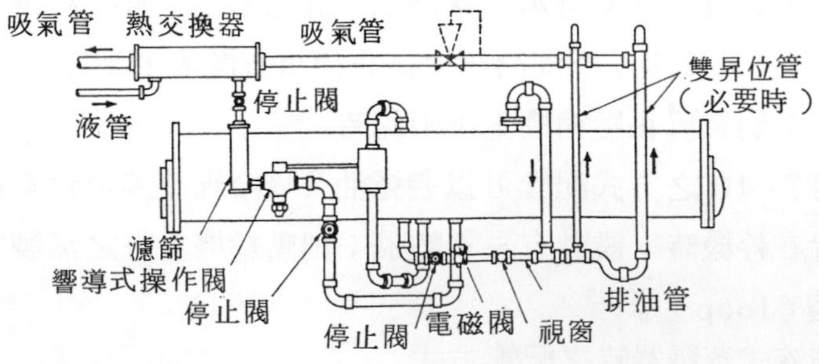

圖 17-41　使用滿液式蒸發器時之配管

內，為了使適量的油回至壓縮機，應裝配回油管與吸氣管連接，吸氣之同時，將蒸發器內之液冷媒及油之溶液帶回壓縮機。

17-10　壓縮機周圍之其它配管

並聯運轉時，若蒸發器在壓縮機上方，則吸氣管之裝配可參閱圖17-42及圖17-43，須在二台壓縮機之間加裝二連通管，其一使油壓均衡，另一管在油面下，促使油量均衡。

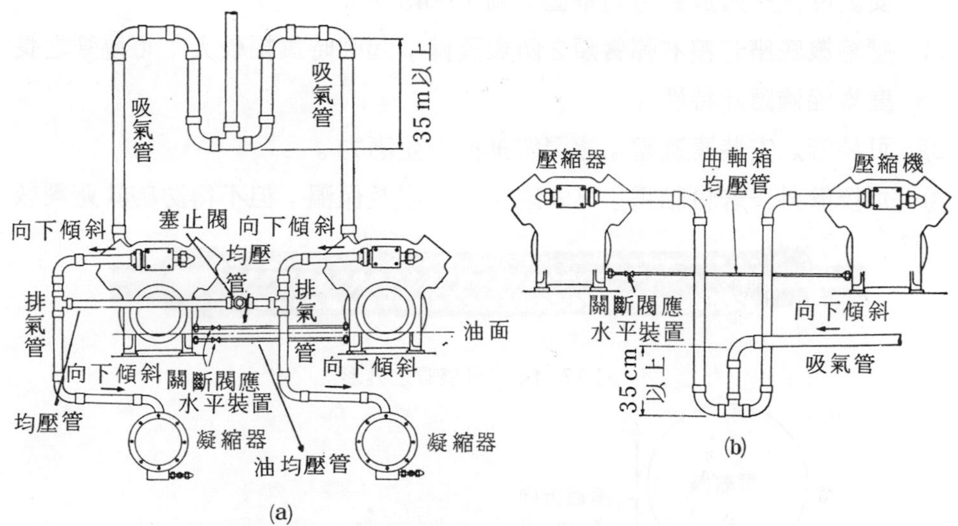

圖 17-42　蒸發器在壓縮機下端吸氣管之裝配方式

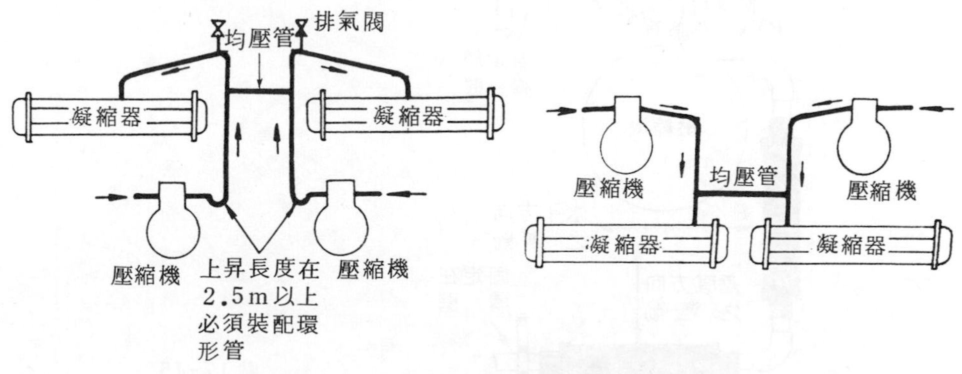

圖 17-43　兩台壓縮機的均壓管

17-11 可撓管之使用

可撓管（ flexible tube ）又稱避震器（ vibration absorbers ）連接於壓縮機與排氣管及吸氣管。其外形如圖 17-44 所示。

可撓管之製作，須先將厚銅管退火軟化，再滾輾成許多圓弧擠壓成彈簧狀，再經淬火，外表纏繞銅絲或鋼絲以保護摺箱狀之內管。

安裝可撓管應注意下列事項：

(1) 安裝位置應與震動方向垂直（圖 17-45）。

(2) 壓縮機底座若沒有彈簧類之防震設備，起動時震幅較大，可撓管之長度應能適應此特性。

(3) 可撓管之安裝應適當，避免雙推拉產生應力。

(4) 可撓管外表若會結霜，外表應加以防濕及保溫，但不得防礙其避震效

圖 17-44 可撓管之外形

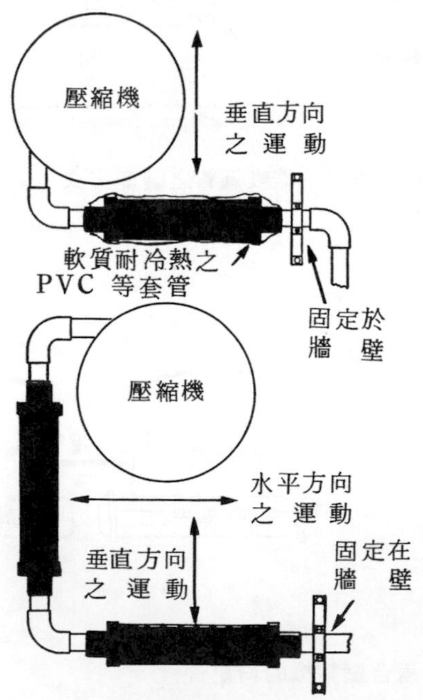

圖 17-45

果。

⑸ 可撓管不得與其它機件產生摩擦動作。

17-12 配管之支持法

17-12-1 配管之支持間隔

配管應在適當之間隔先設吊支架，其主要目的爲避免配管之震動而產生噪音及斷裂或漏洩。

吊支架之安裝原則：

⑴ 轉彎處應設吊支架

⑵ 吊支架不得防礙配管之伸縮。

⑶ 配管用 *V* 型螺栓固定在吊支架上，應加橡皮等襯墊以防磨損破裂。

⑷ 使用防震軟管時，應在配管的伸縮起點之適當距離固定之。

⑸ 立管部份之支撐，應考慮承受配管荷重之支架。

⑹ 吊支架不得與吸氣管直接接觸以免結露或結霜，吊支架不得破壞隔熱材料。

⑺ 應在適當距離裝配吊支架。（表 17-20）

表 17-20　配管吊支架最大間隔（m）

管外徑 O.D.（mm）												
	鋼管	—	20φ 以下	21～30φ	31～40φ	41～50φ	51～60φ	61～70φ	71～80φ	81～90φ	91～120φ	121～150φ
	銅管	20φ 以下	21～40φ	41～60φ	61～80φ	81～100φ	101～120φ	121～140φ	141～150φ	—	—	—
支架最大距離（m）		2	2.5	3	3.5	4	4.5	5	5.5	6	6.5	7

17-12-2 配管吊支架之型式

配管吊支架之型式如圖 17-46，有保溫配管之吊架襯墊施工如圖17-47。

有保溫之配管應在保溫管與支架或吊環之間加裝鞍狀墊板，若保溫材料無法承受壓力時，則支架或吊環仍需保溫。

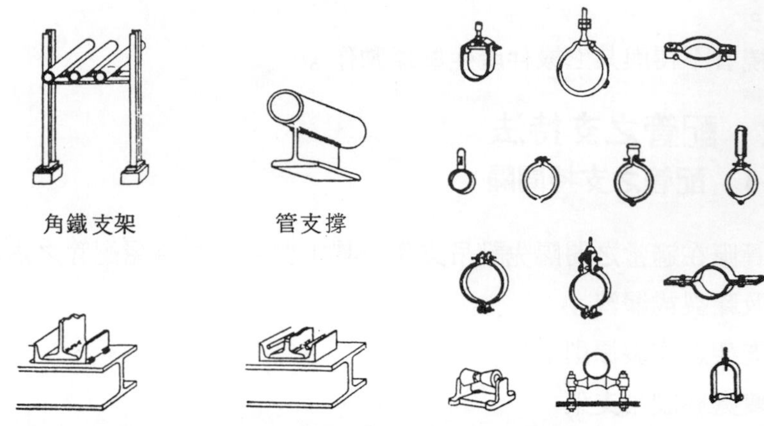

圖 17-46　各種管路吊支架之型式

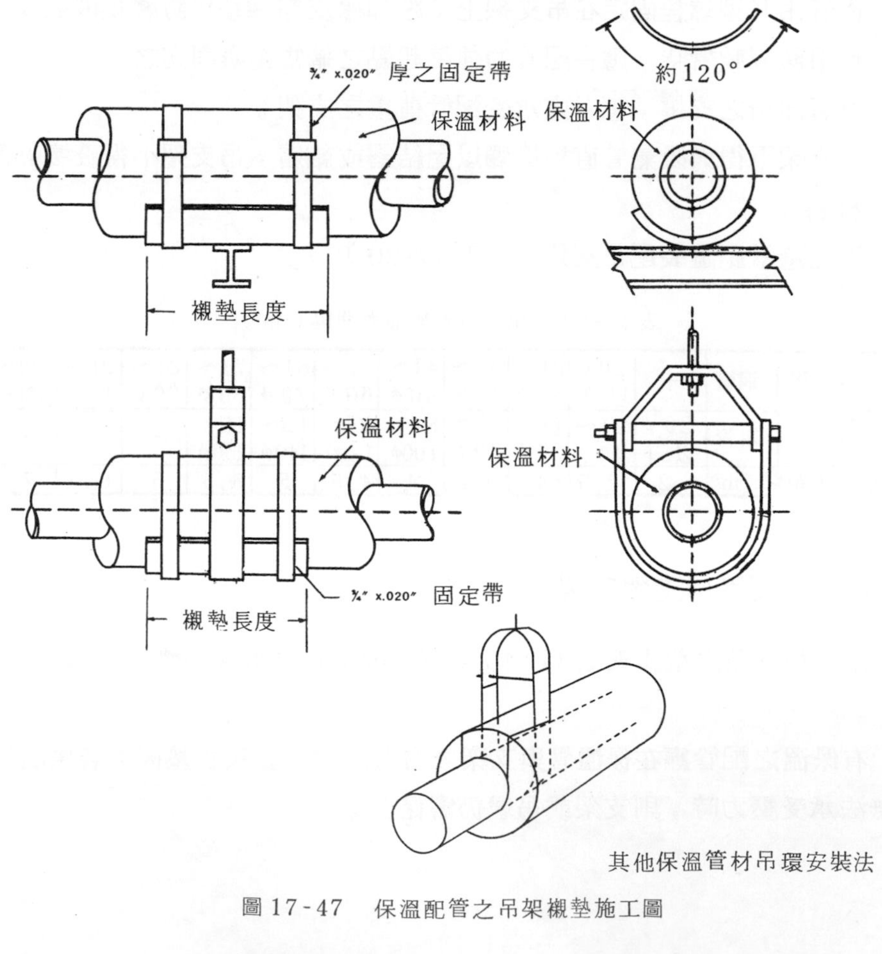

¾" x.020" 厚之固定帶

保溫材料

約120°

保溫材料

襯墊長度

保溫材料

保溫材料

¾" x.020" 固定帶

襯墊長度

其他保溫管材吊環安裝法

圖 17-47　保溫配管之吊架襯墊施工圖

17-13 冷媒配管之防熱

17-13-1 配管之防熱材料

爲了避免吸氣管吸收周圍之熱量引起過熱，造成熱損失，減低冷凍容量，增加壓縮機之負荷及結露滴水，因此要加以防熱。防熱材料除要求熱傳率低外，最好能選用吸濕性小及具有耐燃性質，常用吸氣管之保溫材料有①普利龍，②PU，③玻璃棉，④阿姆斯壯泡棉，⑤石棉等。

防熱材料厚度標準至少應使外表不滴水。防熱層越厚，熱損失愈少，但成本較高。

保溫厚度與溫差之計算可由表17-21～表17～24查出：

$$d_1 \ln \frac{d_1}{d_0} = \frac{2\lambda}{\alpha} \cdot \frac{\theta_o - \theta_s}{\theta_s - \theta_r}$$

表 17-21 $d_1 \ln \dfrac{d_1}{d_0}$ 與保溫厚度（X）關係表

鐵管稱呼	管徑尺寸（mm） ＼ 保溫厚度（mm）	25	30	40	50	65	75
½	21.7	0.0855	0.108	0.157	0.210	0.295	0.356
¾	27.2	0.0805	0.102	0.147	0.196	0.276	0.332
1	34.0	0.0760	0.0956	0.138	0.184	0.258	0.311
1¼	42.7	0.0718	0.0902	0.130	0.173	0.241	0.290
1½	48.6	0.0697	0.0873	0.125	0.166	0.233	0.280
2	60.5	0.0665	0.0830	0.118	0.157	0.218	0.262
2½	76.3	0.0638	0.0791	0.112	0.148	0.205	0.246
3	89.1	0.0619	0.0766	0.108	0.142	0.197	0.236
3½	101.6	0.0606	0.0750	0.106	0.138	0.191	0.228
4	114.3	0.0596	0.0736	0.103	0.135	0.186	0.222
5	139.8	0.0581	0.0713	0.0993	0.129	0.178	0.211
6	165.2	0.0568	0.0696	0.0969	0.126	0.172	0.203
8	216.8	0.0554	0.0677	0.0933	0.120	0.163	0.193
10	267.4	0.0543	0.0661	0.0910	0.117	0.157	0.186
12	318.5	0.0534	0.0651	0.0893	0.114	0.153	0.181
14	370.0	0.0531	0.0648	0.0880	0.108	0.152	0.177

表 17-22　玻璃棉保溫經濟厚度

單位mm

管徑	10°C		5°C		0°C		−5°C		−10°C		100°C		200°C		備註
in	結露厚度	使用產品厚度	結露厚度	使用產品厚度	結露厚度	使用產品厚度	結露厚度	使用產品厚度	結露厚度	使用產品厚度	結露厚度	使用產品厚度	結露厚度	使用產品厚度	
½	25.5	30	29.5	40	33.5	40	37.0	50	41.0	50	22.0	25	34.0	40	1 保冷增加安全厚度 5 mm。
¾	26.5	30	31.5	40	35.5	40	39.5	50	43.5	50	23.0	30	36.0	40	2 保溫增加安全厚度 3 mm。
1	28.0	40	32.5	40	37.0	50	41.0	50	45.0	50	23.5	30	38.0	50	
1¼	29.0	40	34.0	40	38.5	50	43.0	50	47.5	65	25.0	30	39.5	50	
1½	30.5	40	35.5	40	40.0	50	44.5	50	49.0	65	26.0	30	41.0	50	
2	31.5	40	37.0	50	42.0	50	46.5	65	51.5	65	27.0	30	42.5	50	
2½	33.0	40	39.0	50	44.0	50	49.0	65	54.0	65	28.5	40	45.0	50	
3	34.0	40	40.0	50	45.0	50	50.5	65	55.5	65	29.5	40	46.5	50	
3½	34.5	40	40.5	50	46.0	65	51.5	65	57.0	65	30.0	40	47.5	50	
4	35.5	40	42.0	50	47.5	65	53.0	65	58.5	65	30.5	40	48.5	65	
5	36.5	50	43.0	50	49.0	65	54.5	65	60.5	65	31.0	40	50.0	65	
6	37.5	50	44.0	50	50.0	65	56.0	65	62.0	75	31.5	40	51.5	65	
8	38.5	50	45.5	50	52.0	65	58.0	65	65.0	75	32.5	40	53.5	65	
10	40.0	50	47.0	65	54.0	65	60.5	65	67.5	75	34.0	40	55.5	65	
12	40.5	50	48.0	65	55.0	65	62.0	75	69.0	75	34.5	40	56.5	65	
14	41.5	50	49.0	65	56.0	65	63.0	75	70.5	75	35.5	40	57.5	65	

表17-23 普利龍保溫材料經濟厚度

單位mm

熱接觸面之溫度 ＼ 管徑	½	¾	1	1¼	1½	2	2½	3	3½	4	5	6	8	10	12	平面
15°C 以上	25	25	25	25	25	25	30	30	30	30	30	30	30	30	30	40
10°C 以上	25	30	30	30	30	30	40	40	40	40	40	40	40	40	40	50
5°C 以上	30	40	40	40	40	40	40	40	50	50	50	50	50	50	50	60
0°C 以上	40	40	40	40	50	50	50	50	50	50	50	65	65	65	65	75
－10°C 以上	50	50	50	50	65	65	65	65	75	75	75	75	75	75	75	100
－20°C 以上	65	65	65	65	75	75	75	75	75	75	75	100	100	100	100	120
－30°C 以上	65	75	75	75	75	75	100	100	100	100	100	100	100	120	120	140
－40°C 以上	75	75	100	100	100	100	100	100	100	100	120	120	120	120	120	160
－50°C 以上	100	100	100	100	100	100	100	120	120	120	120	120	140	140	140	180

表17-24　世紀隆保溫材料經濟厚度

空氣條件	保溫管尺寸	管路系統溫度		
		50°F(10°C)	32°F(0°C)	0°F(−18°C)
80°F(26°C) 50%RH	⅜″ ID→2″IPS 2⅝″→5″IDS	⅜″ ½″	⅜″ ½″	½″ ½″
85°F(29°C) 70%RH	⅜″ID→2″IPS 2⅝″ID→5″IPS	⅜″ ½″	½″ ½″	¾″ ¾″
90°F(32°C) 80%RH	⅜″ID→5″IPS	¾″	¾″	—

$$q=\frac{\theta_0-\theta_r}{\frac{1}{\pi}\left[\frac{1}{\alpha d_1}+\frac{1}{2\lambda}\ln\frac{d_1}{d_0}\right]}$$

$$\theta_s=\frac{q}{\alpha\,\mathrm{d}_1\pi}+\theta_r$$

式中　λ：熱傳導率 kCal/mh°C

$\lambda=0.026+0.000128\theta$ $\left(\theta：平均溫度=\frac{\theta_o+\theta_s}{2}\right)$

α：表面熱傳導率，kCal/mh°C

保溫時，10kCal/mh°C，保冷時，7kCal/mh°C

d_1：保溫材之外徑　m

d_o：保溫材之內徑　m

θ_o：內部溫度　°C

θ_s：表面溫度　°C

θ_r：外部溫度　°C

q：單位散熱量　kCal/mhr（管），kCal/m²hr（板）

ln＝自然對數　lnX＝2.3 logX

〔附註〕：一般平面計算

$$X=\frac{\lambda}{d}\cdot\frac{\theta_o-\theta_s}{\theta_s-\theta_r}$$

$$\theta_s=\frac{q}{\alpha}+\theta_r$$

$$q=\frac{\theta_o-\theta_r}{\frac{1}{\alpha}+\frac{X}{\lambda}}=\theta_o>\theta_r$$

使用 50^k HPI（玻璃棉保溫筒）

假設：

外界溫度 34°C……θ_r 保冷

相對濕度 90％

露點溫度 32°C……θ_s

管內溫度 0°C……θ_0	5°C	0°C
$\lambda=0.0287$	$\lambda=0.0284$	$\lambda=0.0280$
$d_1\ln\frac{d_1}{d_0}=0.0902$	$d_1\ln\frac{d_1}{d_0}=0.110$	$d_1\ln\frac{d_1}{d_0}=0.128$
−5°C	−10°C	
$\lambda=0.0277$	$\lambda=0.0274$	
$d_1\ln\frac{d_1}{d_0}=0.146$	$d_1\ln\frac{d_1}{d_0}=0.164$	

假設

外界溫度	30°C……θ_r	30°C
管內溫度	100°C……θ_o	200°C
管外溫度	36°C……θ_s	40°C
	$\lambda=0.0347$	$\lambda=0.0414$
	$d_1\ln\frac{d_1}{d_0}=0.074$	$d_1\ln\frac{d_1}{d_0}=0.132$

保溫或保冷應採用厚度經計算結果如表17-21所示。

17-13-2 管路防熱之施工方式

⑴ 保溫膠帶之施工方式

保溫膠帶對於狹窄地方之配管、接頭和包套複雜部份，提供簡速的方法。保溫膠帶使用簡單，當膠帶以螺旋狀包在管子或接頭的四週時，只要撕去離型紙，再加壓牢固即可，施工方式如圖 17-48 所示。

⑵ 泡棉類保溫管之施工方式

如用於新設管路，可將保溫管先行套入再行裝配。接頭、彎頭、三通、凡而，可利用碎料裁剪，再用膠粘合。

如用於既設管路，須將保溫管裁開再以接着劑粘合。請參閱圖 17-49

⑶ 普利龍類保溫材料之施工方式

普利龍及 *PU* 等成型保溫管之施工原則。

① 施工前保溫之管路及接頭彎頭等應清潔乾燥，並加塗防銹塗料及水壓試驗等安全檢查。

② 保溫管超過 1½″ 之厚度時以使用雙層套管較理想。內層保溫管

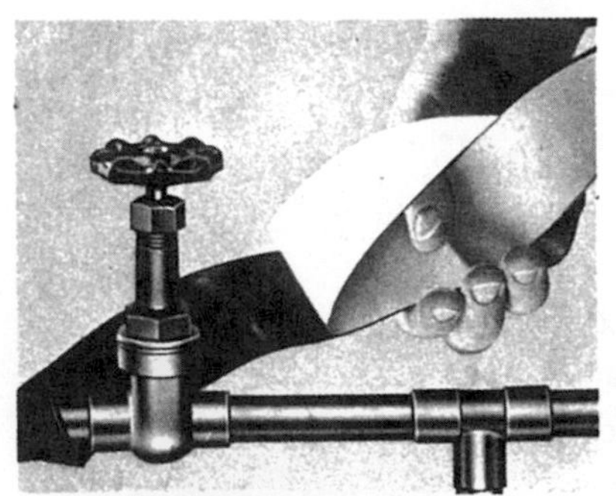

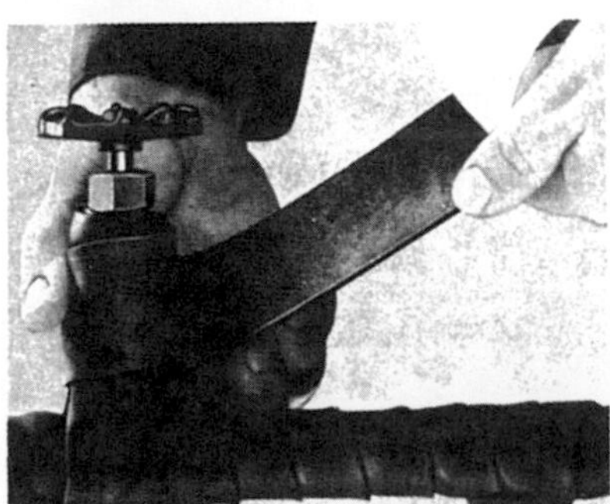

圖 17-48 保溫膠帶之施工方式

不可黏牢於管路。表面僅以鐵絲或膠帶束緊即可。保溫管各層接縫處應相互錯開避免連成一線以保持保溫效果。

③ 保溫管外表不論室內室外可用3吋或4吋寬0.25 m/m厚 PVC膠帶搭疊1吋。室外保溫管外層另加鐵皮鋁皮或防水帆布等以防

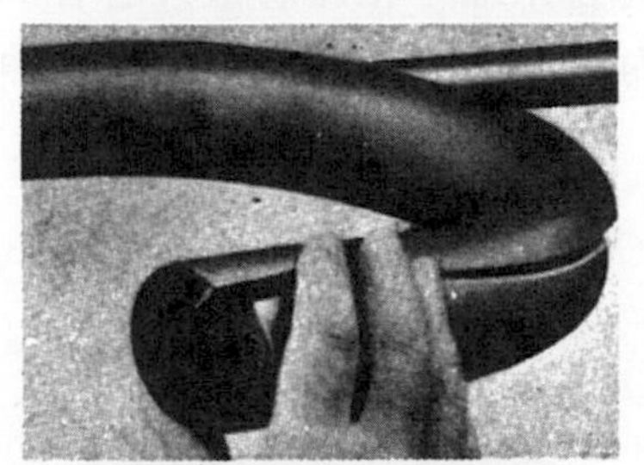

當管路已裝好，切開保溫管，再行套入

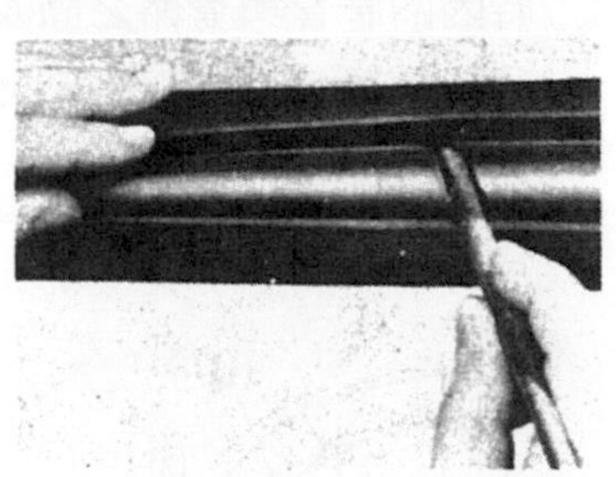

切面塗上粘劑

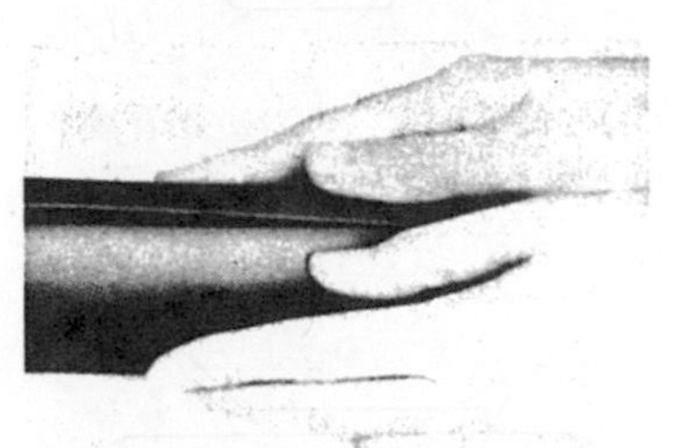

加壓貼合

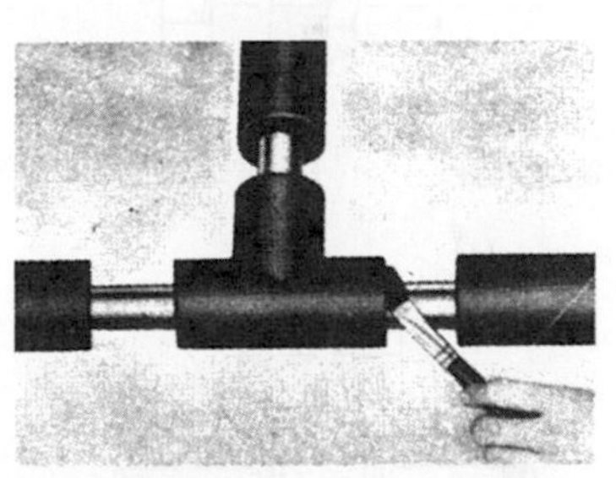

三通利用碎料以模板或徒手裁剪成45° 再粘合

三通組合圖

凡而與彎頭組合圖

圖 17-49　泡棉保溫管施工方式

潮濕。地下管路應外包0.5m/m柏油PVC膠帶。

0.5m/m柏油 PVC 膠帶。

④ 伸縮縫之安裝：管路在70°C以上或－18°C以下不論直立或水平每隔45呎應留一伸縮縫並填滿silicon軟膠如使用雙層套管時因內層管與管路之間及內層管各末端不相膠着故外層管不必再留伸縮縫又管路之45呎間距內有接頭或開關時此段內之伸縮縫即可省去。

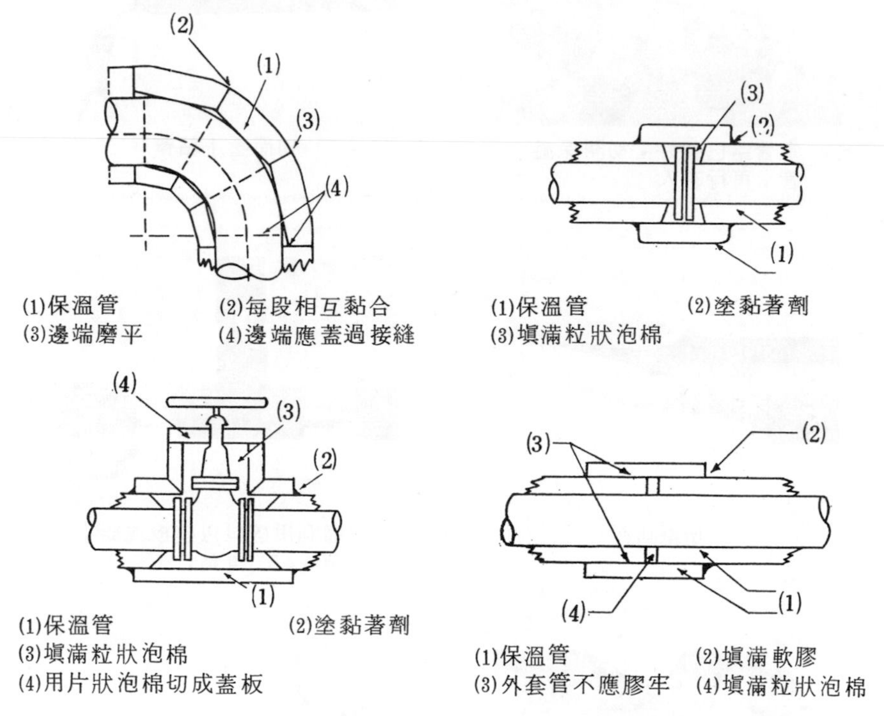

圖17-50　普利龍類硬質保溫管之保溫方式

18-1 配管材料

理想水配管材料應具備下列特性：

⑴ 耐溫、耐氣候性，其機械強度不受溫度變化之影響。

⑵ 易加工。

⑶ 耐蝕、不變質。

⑷ 價廉且容易購得。

⑸ 耐壓強度足夠。

⑹ 管內摩擦抵抗小。

水配管材料種類：

⑴ 鑄鐵管（cast iron pipe CIP）。

⑵ 鋼管（steel pipe）。

⑶ 銅管（copper pipe）。

⑷ 鉛管（lead pipe）。

⑸ 塑膠管（plastic pipe）。

⑹ 鋼筋混凝土管（R.C pipe）。

⑺ 陶管。

(8) 不銹鋼管（stainless pipe）。

在冷凍空調水管系統中，常用之材料爲鋼（鐵）管及 PVC 管。

18-1-1 鋼管

鋼管依其製造方法分成無縫鋼管及有縫鋼管。依其表面耐蝕處理情形可分鍍鋅鋼管（白鐵管）（Galvanized steel pipe，GIP）及黑鐵管（BIP），依其管壁厚薄則分成 *A* 級和 *B* 級，*B* 級管壁較厚。

鋼管之優點爲機械强度高、耐壓、耐拉力及彎力。主要缺點爲容易生銹，易爲酸鹼所腐蝕，且不易施工，價格也高於 PVC 管。

主要用途：

白鐵管：給水、冷溫水、空氣管

黑鐵管：蒸汽管、油管、冷媒配管

18-1-2 PVC 管

常用塑膠管有(一)聚氯乙烯管簡稱 PVC 管。(二)聚乙烯管及聚丙烯管簡稱 PE 管。(三)目前發展中的紅泥塑膠管等，目前仍以 PVC 管爲主要配管材料。

優點：

(1) 管壁光滑、摩擦損失小。

(2) 重量輕、搬運容易。

(3) 加工容易。

(4) 耐酸鹼、不腐蝕及耐電蝕。

(5) 價格較低廉。

缺點：

(1) 不適於高低溫處所使用（0°C 以下及 70°C 以上場所之配管不適宜）。

(2) 强度較低、不耐衝擊壓力。

18-2 水管摩擦阻力

流體在管內流動，必有摩擦損失發生，直管摩擦損失（摩擦阻力）之

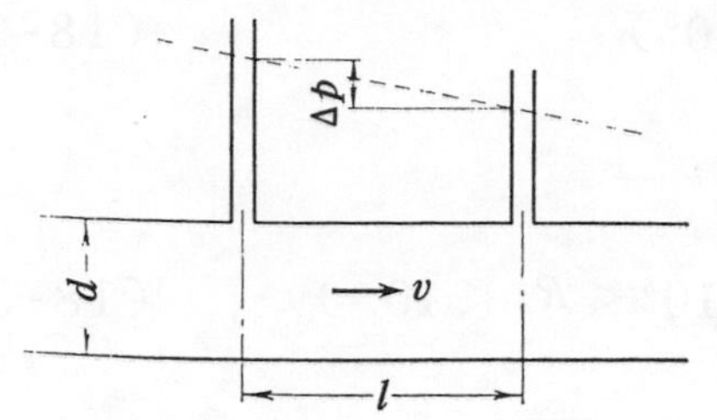

圖 18-1　管内流體之摩擦損失

表 18-1　管内粗糙度

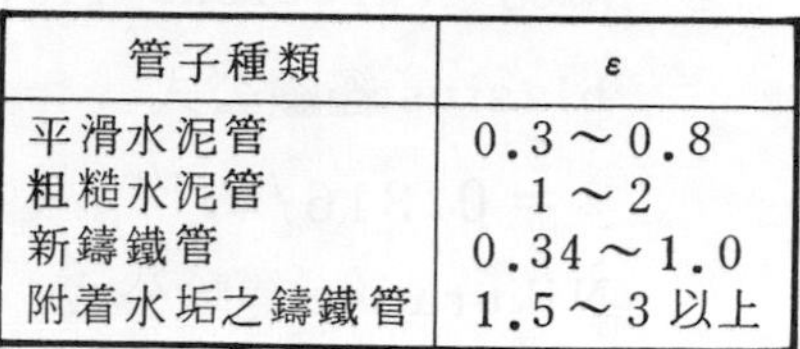

管子種類	ε
平滑水泥管	0.3～0.8
粗糙水泥管	1～2
新鑄鐵管	0.34～1.0
附着水垢之鑄鐵管	1.5～3 以上

圖 18-2　管内表面粗糙度表示

多寡與下列因素有關：

(1)　流速。

(2)　配管內徑。

(3)　管內壁之粗糙度。

(4)　配管長度。

(5)　流體比重。

(6)　流體黏性係數。

$$P_R=\lambda\cdot\frac{L}{D}\cdot\frac{rV^2}{2g} \qquad (18\text{-}1)$$

P_R＝直管之摩擦阻力

λ＝摩擦係數

L＝直管長度m

D＝配管直徑（m）

r＝流體比重kg/m^3

g＝重力加速度（9.8 m/sec^2）

V＝流速m/sec

若雷諾值$R_e=\nu\cdot d/L$，則λ值由R_e數和管壁表面粗糙度而決定。v為流體速度，d為管徑，ν為流體的動粘性係數。

㈠　平滑之圓形管

①　層流（laminar flow）

$\lambda = 64/R_e \quad (R_e < 2 \times 10^3)$ （18-2）

② 亂流（turbulent flow）

blasius 經驗公式

$\lambda = 0.316/R_e^{1/4}$，$(3 \times 10^3 < R_e < 10^5)$ （18-3）

Nikuradse 經驗公式

$\lambda = 0.032 + 0.221/R_e^{0.237}$，

$(10^5 < R_e < 3.2 \times 10^6)$ （18-4）

板谷氏經驗公式

$$\lambda = \frac{0.314}{0.7 - 1.65\log_{10} R_e + (\log_{10} R_e)^2} \qquad (18\text{-}5)$$

$3 \times 10^3 < R_e < 4 \times 10^6$

內表面平滑之無縫鋼管及銅管等可視爲此類平滑管。

㈡ 粗糙管壁

焊鋼管（一般使用之有縫鋼管）屬於此類

① 層流

$$\lambda = \frac{64}{R_e}$$

② 亂流

依Prandtle-Nikuradse 經驗公式

$$\frac{1}{\sqrt{\lambda}} = 1.74 - 2\log_{10}(\varepsilon/d) \qquad (18\text{-}6)$$

$R_e > 1800/(\varepsilon/d)$

ε 表示管內壁不規則突起高度的平均值

管路之摩擦損失除了上述之直管損失外，尙有管路配件、彎頭、操作閥、大小頭等也會造成摩擦損失，依其配件形狀、流速、比重、擴管角度等而影響摩擦損失之大小。直管部份的摩擦水頭損失可查圖18-3及圖18-4，管路配件的摩擦損失，查圖18-5。

【例3】某一冷却水系統，管徑及長度等如圖18-6所示，二樓箱型機冷却水量爲122 ℓ/min，三樓爲122ℓ/min，四樓水量爲180 ℓ

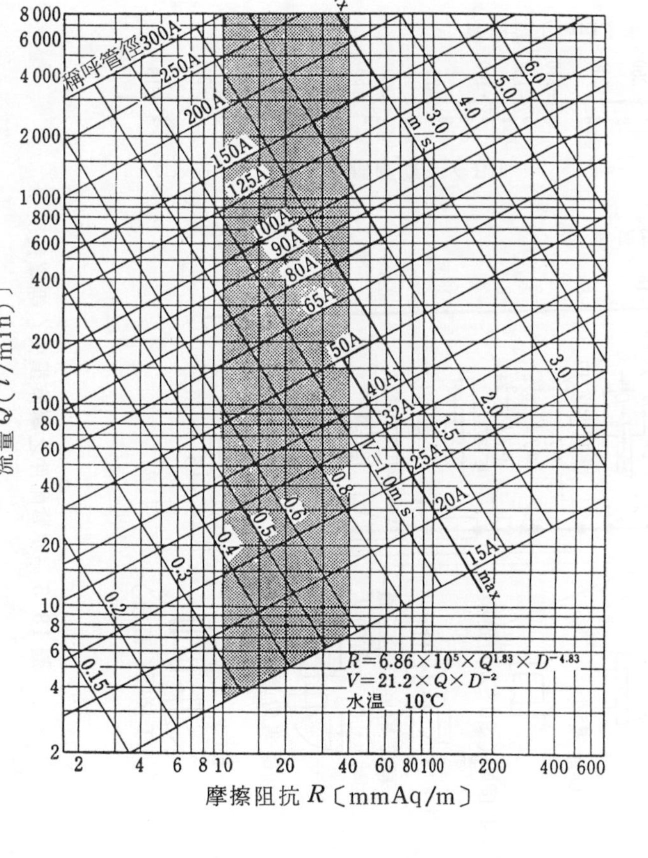

圖18-3　密閉循環系統鋼管摩擦損失計算圖（光滑內表面）

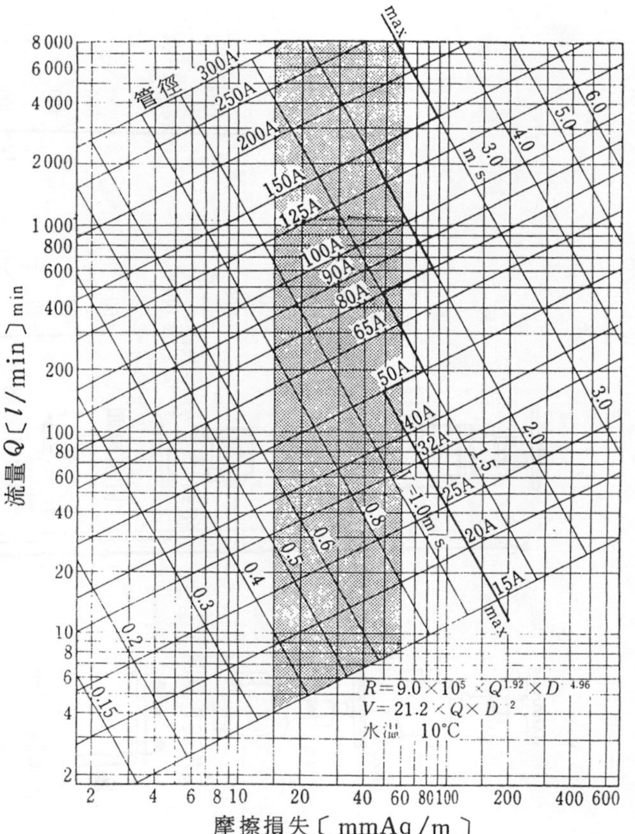

圖18-4　開放式配管（粗面管）摩擦損失計算圖

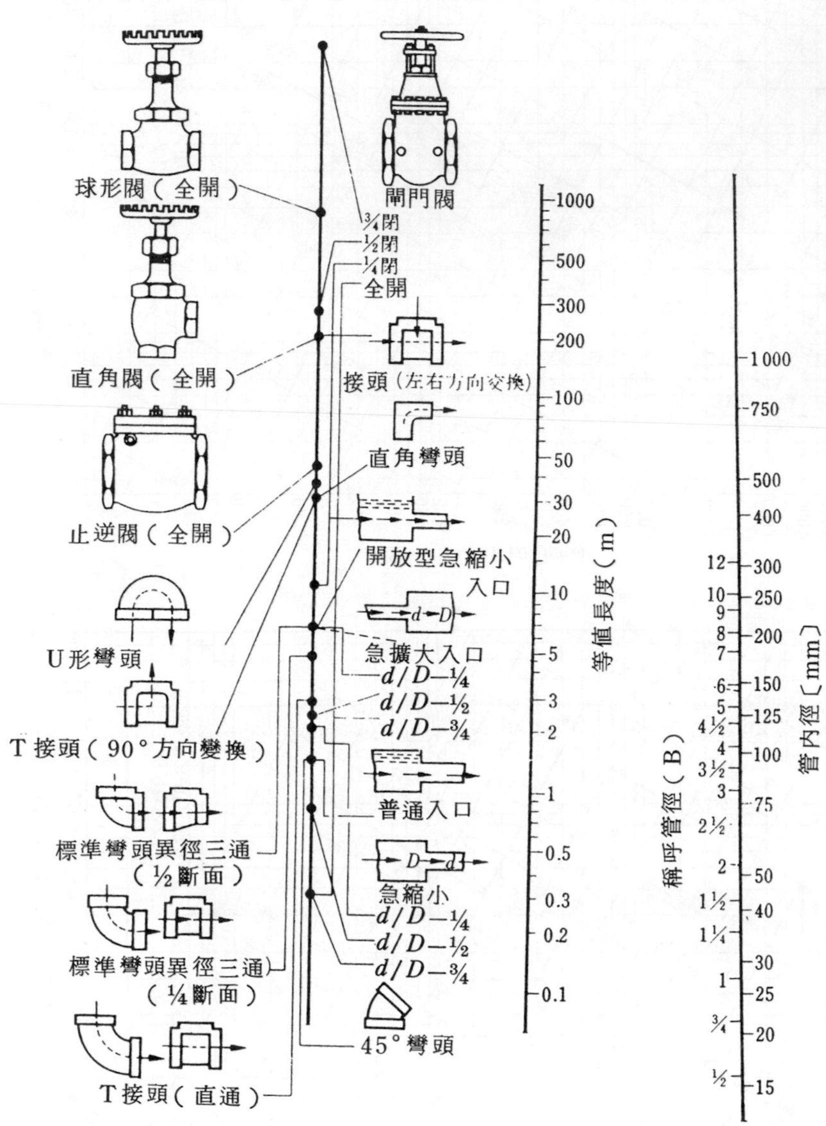

圖 18-5　水管配件之摩擦損失（等值長度）

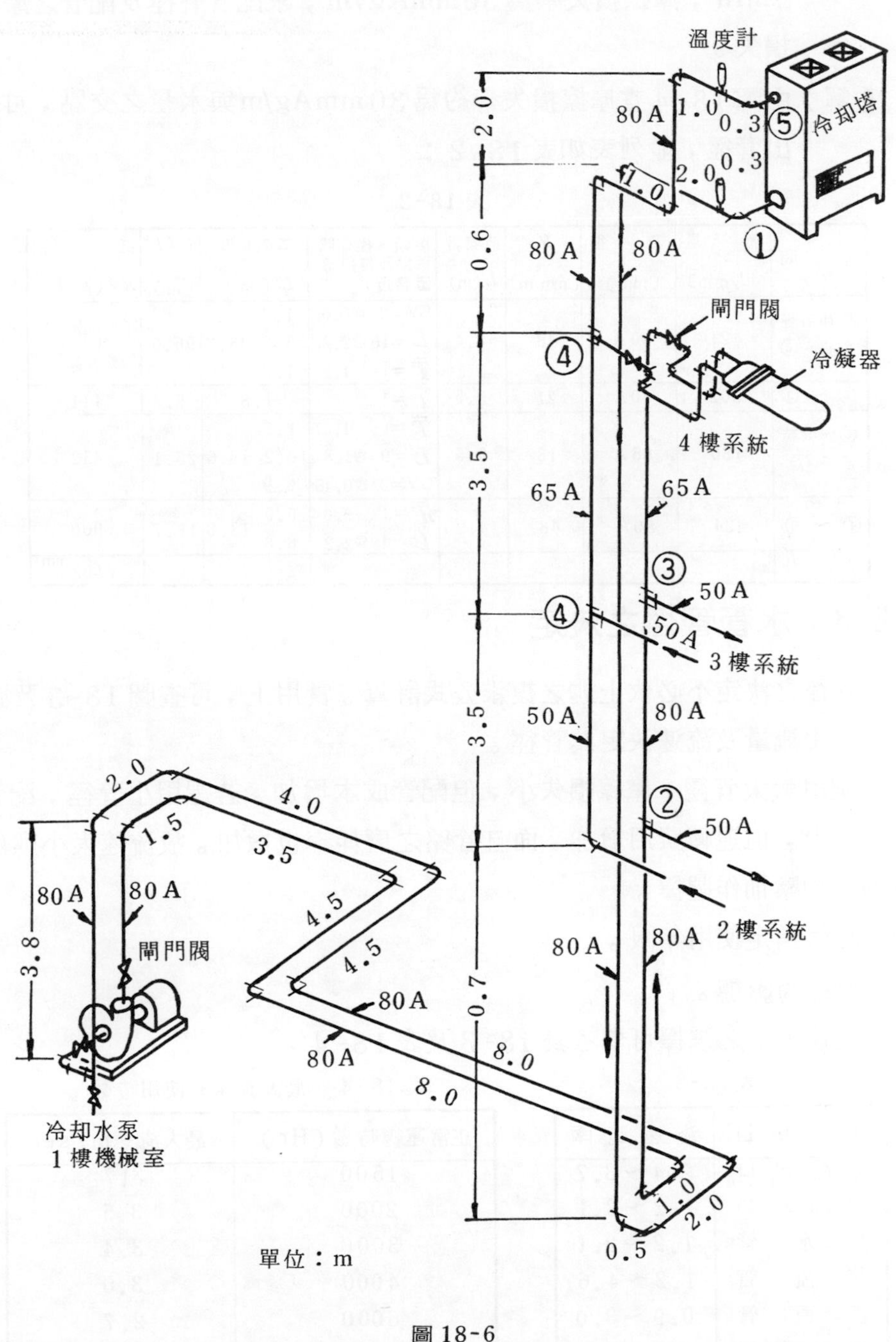
溫度計
冷却塔
⑤
①
80 A
1.0
0.3
2.0
0.3
1.0
2.0
0.6
80 A
80 A
閘門閥
冷凝器
④
4 樓系統
3.5
65 A
65 A
③
50 A
④
50 A
3 樓系統
3.5
50 A
80 A
②
50 A
2 樓系統
80 A
80 A
0.7
2.0
4.0
1.5
3.5
3.8
80 A
80 A
閘門閥
4.5
4.5
80 A
80 A
8.0
8.0
1.0
2.0
0.5
冷却水泵
1 樓機械室
單位：m

圖 18-6

/min ，摩擦損失率爲 30mmAg/m，求配管管徑及配管之摩擦損失。

【解】由圖 18-4 查摩擦損失率約爲 30mmAg/m與水量之交點，可讀出管徑，並列表如表 18-2：

表 18-2

區　間	水　量〔l/min〕	管　徑（mm）	R〔mm/m〕	直管長 L（m）	接頭、操作閥數目及每只等值長度	等值長度 L'〔m〕		L+L'〔m〕	抵　抗 R×（L+L'）
冷却塔～泵浦～②	424	80A	48	58.4	GV=2　@0.6 L =16 @2.2 $\bar{T}$ =1　1.8	1.2 35.2 1.8	38.2	96.6	4640
②～③	302	80A	21	3.5	$\bar{T}$ =1	1.8		5.3	111
③～凝結器～④	180	65A	18	6.5	$\bar{T}$ =1　1.5 L =9　@1.8 GV=2　@0.45	1.5 16.2 0.9	18.6	25.1	452
④～⑤	424	80A	48	4.9	$\bar{T}$ =1　5.0 L =4　@2.2	5.0 8.8	13.8	18.7	900
合　計									6103mm

18-3　水管管徑之決定

管徑之決定不必依上述之複雜公式計算。實用上，可查圖 18-3 及圖 18-4 由流量及流速決定其管徑。

選用較大管徑，摩擦損失小，但配管成本增加。若選用小管徑，配管成本減少，但運轉費用增加，而且管路之磨耗率也增加。故流速大小應依下列二因素而作選擇。

(1)　配管預定使用年限。

(2)　腐蝕的影響。

流速大小之選擇可參考表 18-3 及表 18-4 。

表 18-3

配管項目	流速範圍
泵浦出口	2.4～3.7
泵浦入口	1.2～2.1
排水管	1.2～2.1
集流管	1.2～4.6
垂直管	0.9～3.0
自來水管	0.9～2.1
一　　般	1.5～3.0

表 18-4　最大流速與使用時數

正常運轉時數（Hr）	最大流速m/sec
1500	3.7
2000	3.5
3000	3.4
4000	3.0
6000	2.7
8000	2.4

18-4　水管系統之分類

18-4-1　放流型(once-thru)和循環型(recirculating)）

所謂放流型，即是水僅流過熱交換器（如冷凝器等）一次隨即排除，不再使用。利用地下水、河水、海水等屬此類型，另外在用水量特多之場所，可採用放流型，由自來水的壓力，壓送自來水流通冷凝器後送到儲水塔供作其他用途。

至於循環型則是水流經冷凝器後不排除，而再循環重複使用。目前冷凍空調業大都採用循環型，但在食品工廠等地下水充分供應的場所，則多多採放流型。

18-4-2　開放系統(Open System)和密閉系統(Closed System)

冷却水及冰水系統在循環過程中，曾流入一與大氣接觸的裝置中，謂之開放系統（圖18-7）例如採用冷却水塔之冷却系統，開放式冰水槽之

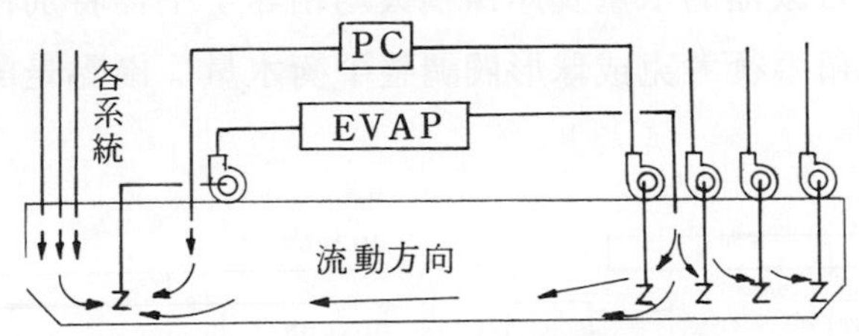

圖18-7　開放式系統

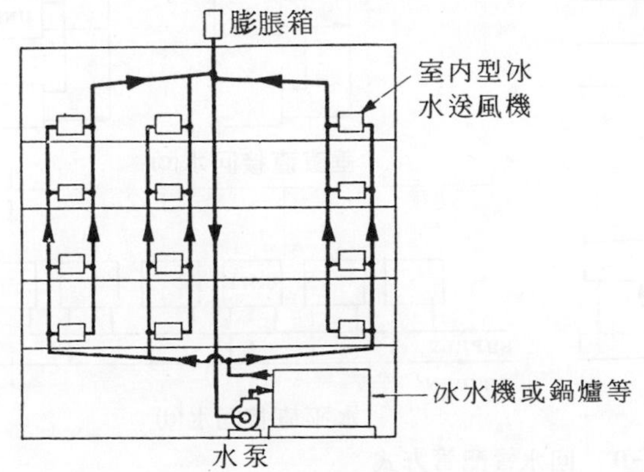

圖18-8　密閉式冰水系統

冰水系統及空氣洗滌器系統。密閉系統則是循環水不與大氣接觸。（圖18-8）。

18-4-3 強制通水與自然通水

利用泵浦等設備強制送水和回水之方式謂之強制通水，若利用高低位差而送水或排水稱之爲自然通水，採用自然通水，配管時應有足夠向下傾斜度以利水之流通。

18-4-4 回水管之方式

回水管之裝配方式有二種：

(1) 逆流式（reverse return）（圖18-9(a)(b)）。

(2) 直接式（direct return）（圖18-9(c)(d)）。

逆流式大都用於密閉系統，開放式系統不能採用逆流式，若每一台機器之摩擦損失大約相等時採用逆流式，使每一台機器的進出水流長度都相等，故進出每一台機器的水量及摩擦損失均相等，不需特別作水量平衡。

直接式者須藉平衡考克或球形閥調整平衡水量。優點是配管長度較短造價低。

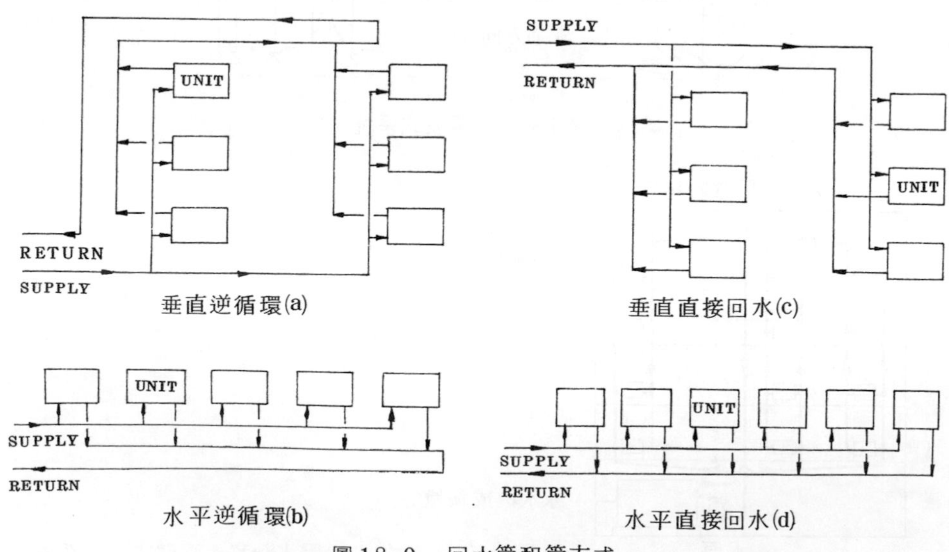

圖18-9 回水管配管方式

18-5 熱源機器之配管系統

18-5-1 密閉式水管系統

密閉式水管系統（圖 18-10 ）之循環水，不與大氣接觸，但為了溫度變化而產生循環水的熱脹冷縮，水量不足時須再補充水入系統中或讓管路中多餘的水排出管路系統。另一方面管路中可能有氣體存在，因此在密閉式水管系統中，須裝置膨脹水箱完成上述之作用。實用上冰水系統，除了採用開放式蓄熱槽及空氣洗滌器等以外大都屬此類型。

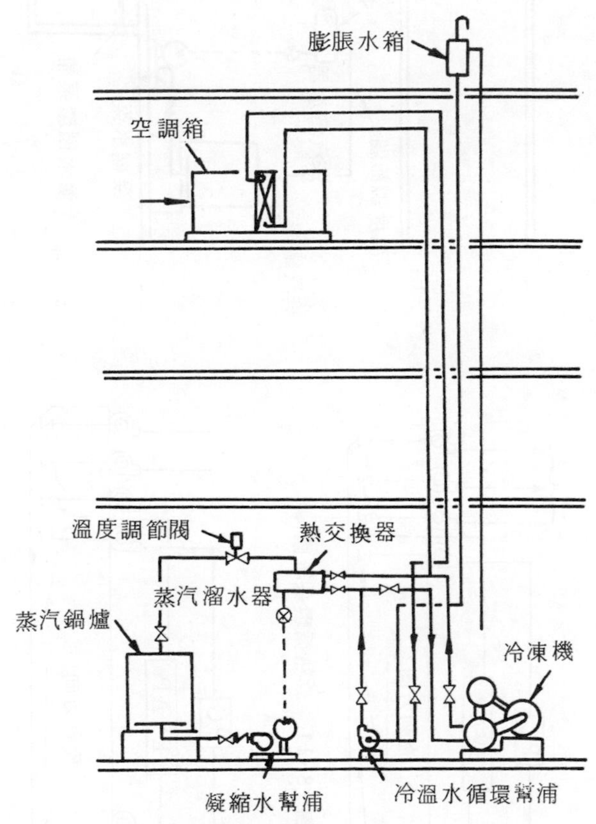

圖 18-10

18-5-2 開放式蓄熱槽冰水系統

使用開放式蓄熱槽時，為了讓蓄熱槽更有效的發揮效果，須注意蓄熱槽的構造及配管位置並應利用強制流動方式。

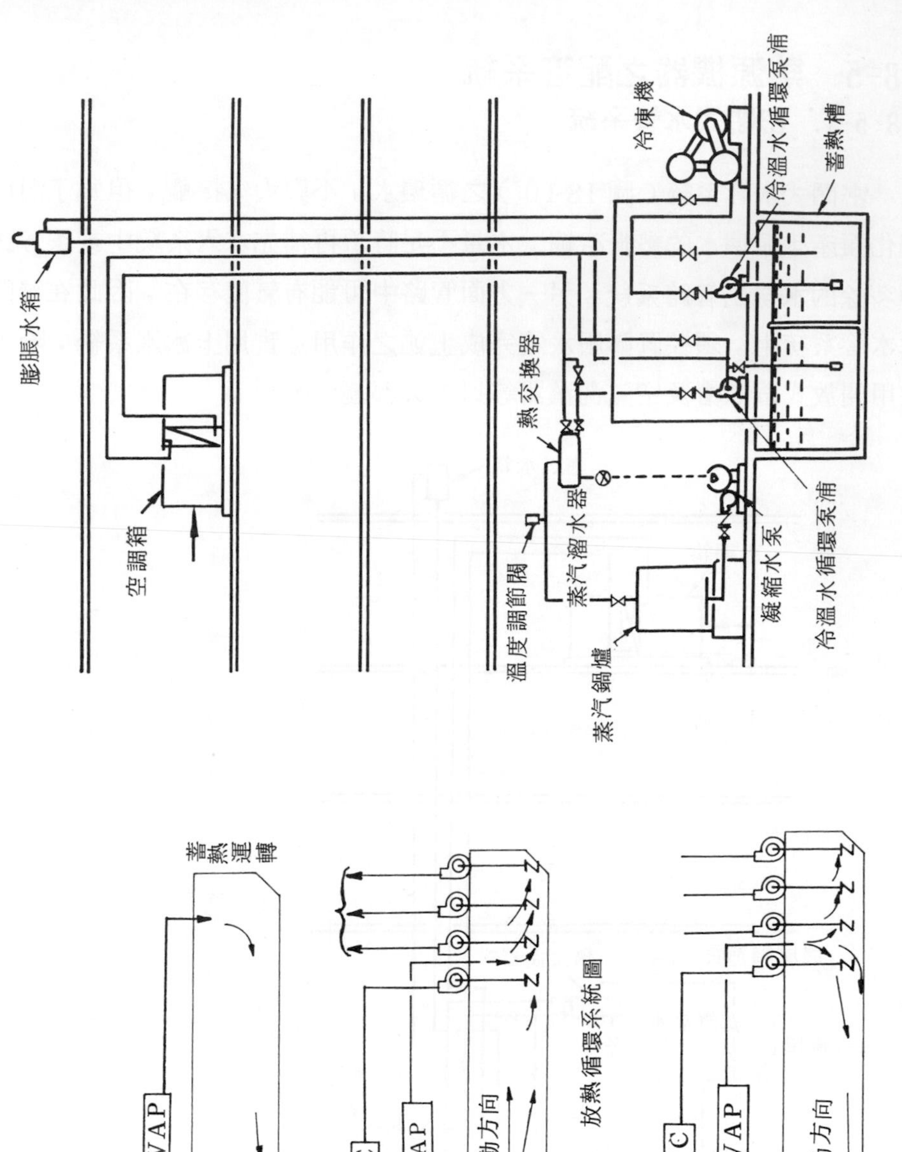

圖 18-13　開放回路配管

圖 18-11　放熱循環系統圖

圖 18-12　循環水流動方向

18-5-3 冷却水系統配管

冷却水系統，以常用之冷却水塔系統為例

其主要之配管包括：

(1) 送水管

(2) 回水管

(3) 補給水管

(4) 排水管

其接續方式可參考圖18-14，圖18-15，及圖18-16。

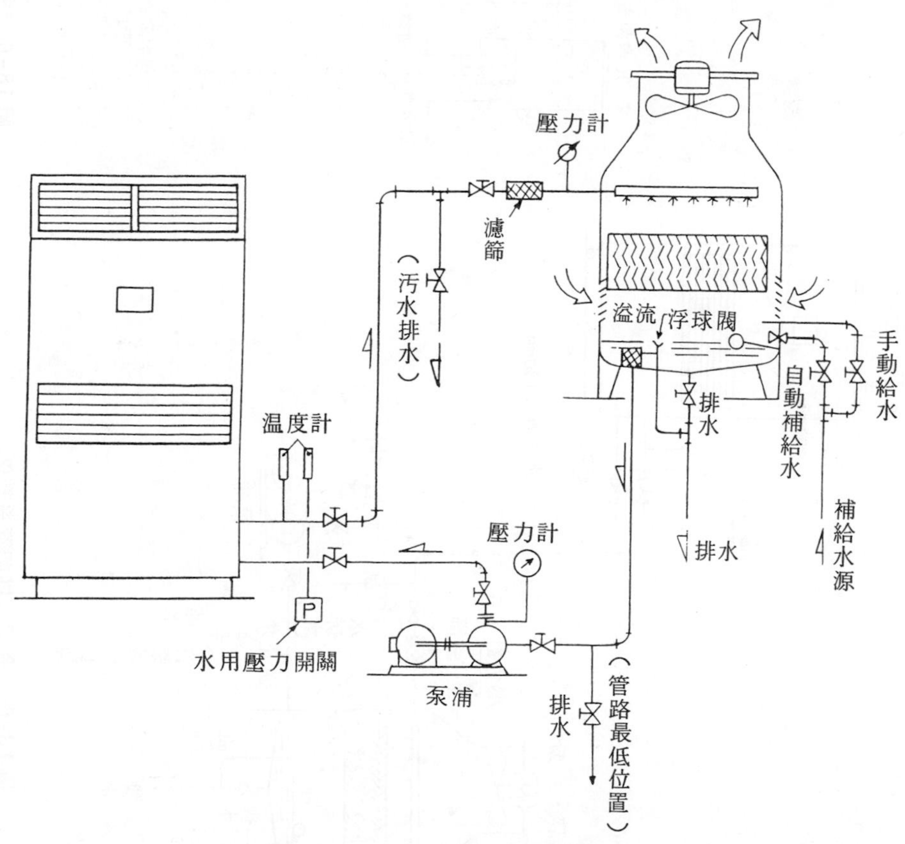

圖18-14 冷却水塔配管系統(1)

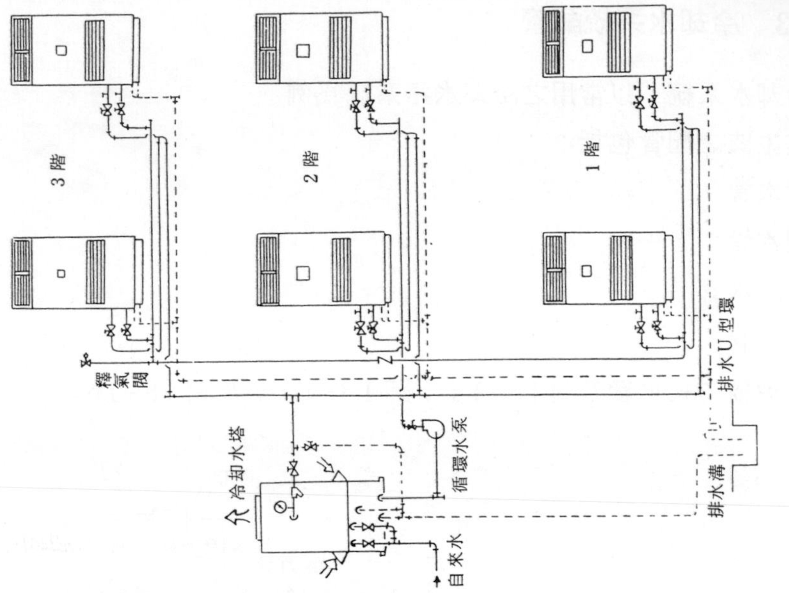

圖 18-6　多台冷氣機共同使用一台冷卻水塔之配管

圖 18-5　冷卻水塔配管系統(2)

18-6　機器周圍之配管方式

18-6-1　冷溫水盤管

(一)　流量自動控制方式

利用電動三通閥，視負載之增減而在三通閥體利用旁通方式，適時調整進入盤管之水量。

三通閥之開啟由溫度開關控制，壓力表考克（gage　cock）通常裝在冷溫水進出盤管路，旋塞式考克（plug　cock）用來調整循環水流經盤管的壓降。（圖 18-17）

圖 18-18 爲手控方式的冷溫水盤管之配管水流量不變，送風溫度可利用冷熱風旁通方式調整。

圖 18-19 說明多組盤管之配管方式。在回水管上裝置球形閥平衡壓降之效果與閘門閥和平衡考克相同，並可兼作操作關斷閥，但有下述缺點。

(1)　球形閥設定位置未固定，有可能突然被變動。

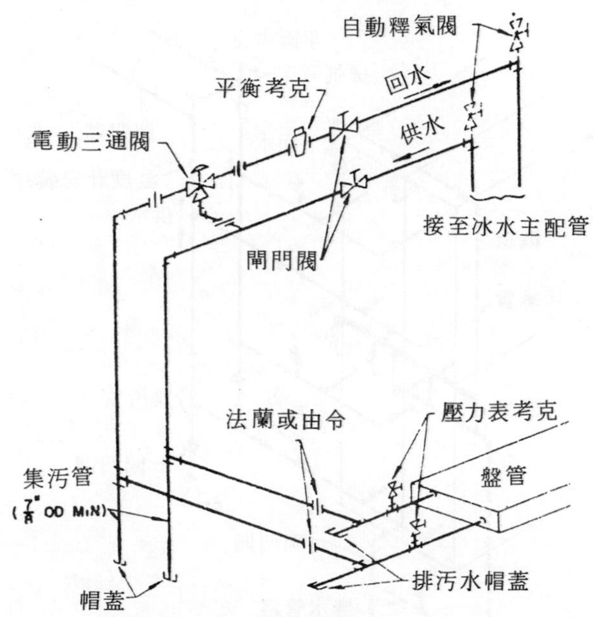

圖 18-17　盤管冰水管之組配（自動控制）

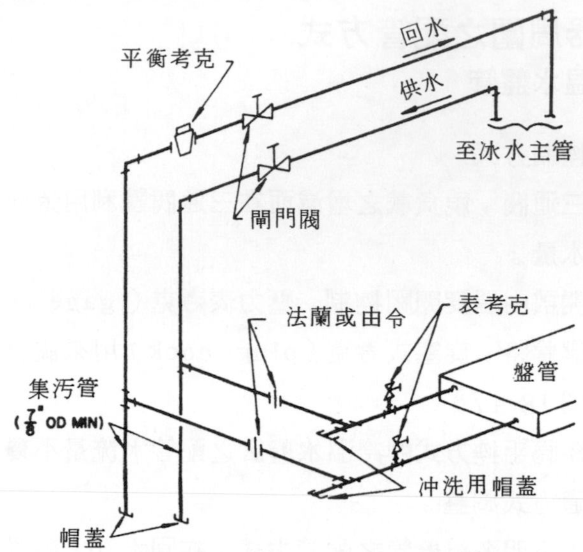

注意：1. 裝置法蘭或由令，便於拆裝盤管。
2. 平衡考克用來調整流量。

圖 18-18　盤管之冰水管路組配（手動操作）

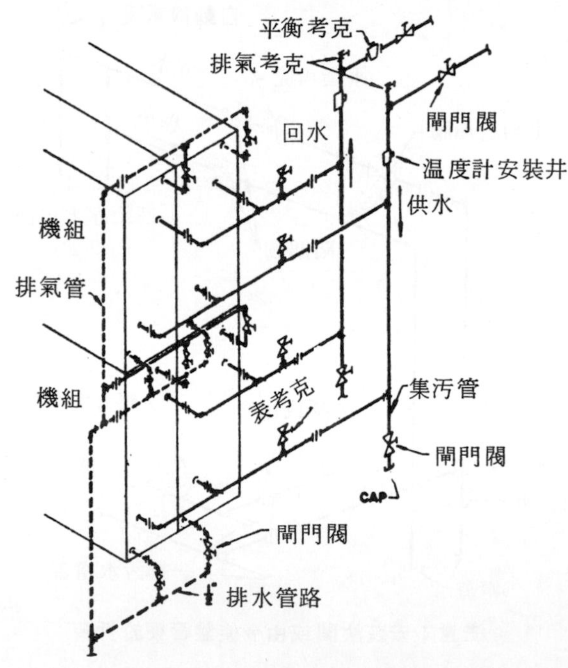

圖 18-19　多組盤管之配管情形

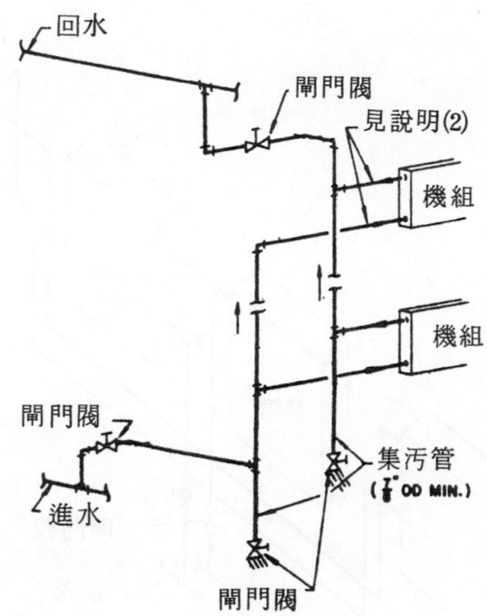

圖 18-20　不同高度盤管之配管

註：(1)集流管裝配時應沿水流向傾斜上升以利排除空氣
(2)用銅管接續時，可採用喇叭口螺帽連接，其他方式之配管則應加裝法蘭或由令

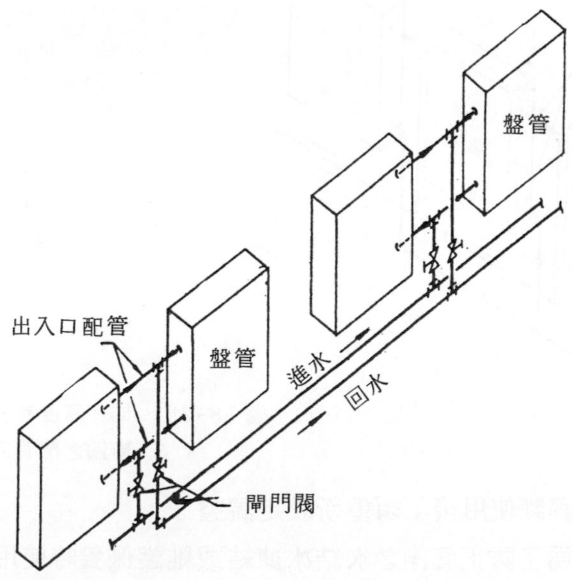

圖 18-21　多組盤管於同一高度時之配管方式（4 組盤管、4 只關斷閥

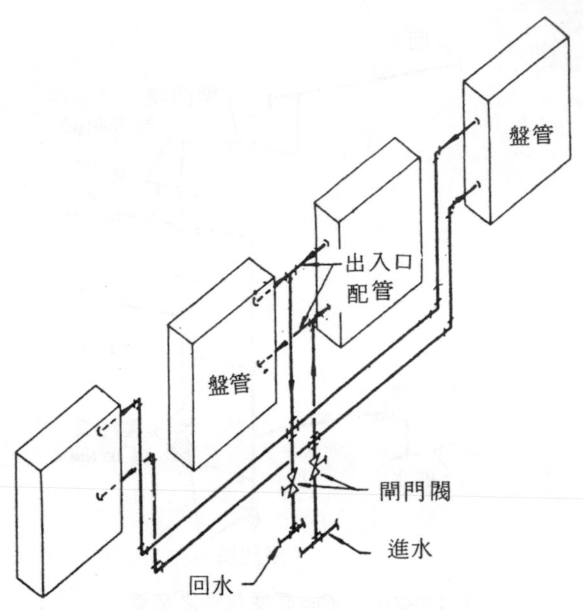

圖 18-22　多組盤管於同一高度時之配管方式（4組盤管、2只關斷閥）

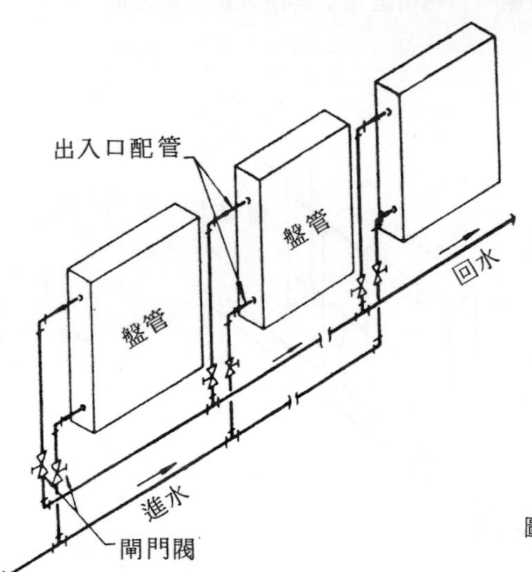

圖 18-23　同一高度有三組盤管用 6 只關斷閥之配管方式

(2) 球形閥作關斷使用後，須重新設定調整。

冬季停機爲了防止管內之水結冰凍結或維護保養時使用化學藥劑清洗後須排除管內之水時，可拆離帽蓋（caps）排水。

靠近盤管底部裝設集污管（dirt leg），直徑在 ⅞″φ 以上，長度約

45 cm，集污管上應裝置閘門閥（gate valve）避免裝置球形閥（Globe valve）以利污泥水垢等之排除。

圖 18-17 爲垂直配管之連接，多層之大樓空調屬此方式。每根垂直管之最底部皆應裝置集污管。較小之系統，進出盤管配管之閘門閥可省略不裝。圖18-21、22、23 說明了數組同一高度的盤管配管方式。

18-6-2　冷却水塔之配管方式

冷藏庫之冷凍系統氣溫低之際仍需啟動，可能導致冷凝壓力過低，通常可藉冷却水溫度開關之控制，停止冷却水塔之風車，僅使循環水泵動作。冷却水也可裝置電動三通閥，使冷却水旁通由調整水量而達到控制冷凝壓力，使之維持於適當壓力範圍內（圖18-24及圖18-25）。

若冷却水塔與冷凝器在同一水平高度，因冷却水塔爲開放系統，爲了減低泵浦吸入端的摩擦損失，使泵浦吸入壓力，維持在大氣壓力附近，圖 18-28 的濾篩，應改裝在泵浦的出口端。

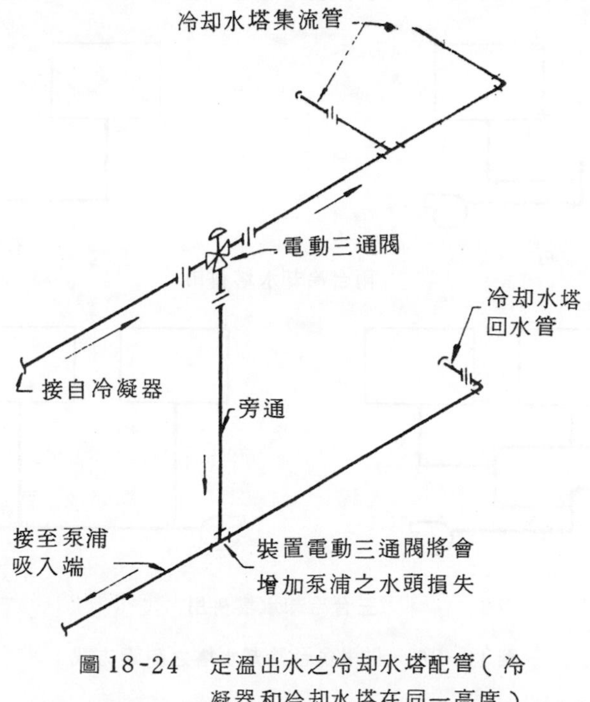

圖 18-24　定溫出水之冷却水塔配管（冷凝器和冷却水塔在同一高度）

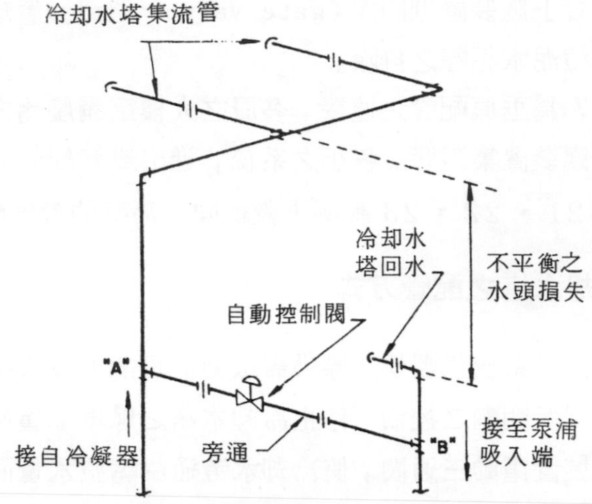

圖 18-25　定溫出水之冷却水塔配管（冷凝器位置低於冷却水塔）

多台冷却水塔並聯運轉時，爲了使水量之分配能均勻，配管方式如圖18-26所示。爲了保持各水塔水面之一致，必須裝置平衡連通管。

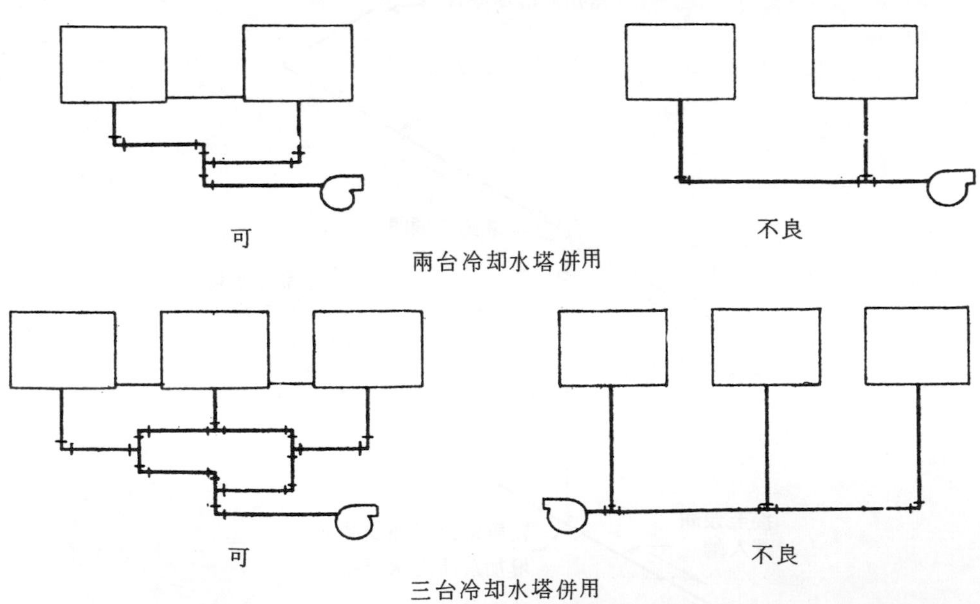

圖 18-26　併用多台冷却水塔之配管方式

18-6-3　冷凝器

圖18-27爲採用自來水、井水或河水來冷却冷凝器之配管情形。因回水管遠高於冷凝器故冷凝器內隨時充滿冷却水。流量藉供水管上操作閥控制，一般衞生法規均規定類似應用上皆應加裝止逆閥（check valve）避免污染供水系統。

使用冷却水塔時之配管可參考上節及圖18-26。若冷却水塔容量小或冷却水塔及冷凝器安裝位置相當靠近可以考慮省略閘門閥，不必安裝。

同一循環系統若裝置有多組冷凝器（圖18-30）流經每組冷凝器之水量水壓儘可能調整至平衡，同一系統中，每一只冷凝器之冷却水壓降不一致，冷却水流對T接頭等供水並不可能完全一致，且配管工人的技術也會影響壓降，爲了平衡各台冷凝器之壓降決定管徑時應考慮下列原則：

⑴　接至冷凝器的分歧配管管徑，依流速最低1.8m/sec而決定。每組出入口之裝配方式形狀應相同。

⑵　集流管依流速0.9m/sec以下而決定其管徑。

⑶　主供水管及主回水管之流速範圍1.5m/sec～3.0m/sec約2.1m/sec較適當。

⑷　在主配管上裝設流量調整閥比在歧管上裝設效果佳。

凝結水之排除，若需接至大樓之排水系統其配管情形可參考圖18-29凝結水皆靠重力自然排除水管應有適當的傾斜度以利排水。

排水管施工上應注意下列事項：

⑴　排水管應沿排水方向，向下傾斜$\frac{1}{25}\sim\frac{1}{100}$而裝配。

⑵　傾斜率與容許流量如表18-5。

⑶　爲了避免排水溝或下水道臭氣之逆流，應在排水管上設置集水環（water trap），水封高度8-10cm並應有排除污泥之旋栓。

⑷　儘量不要將排水管連接到污水配管，最好能直接導入排水溝。

⑸　排水管在空調箱之接續部份附近可能因溫度低而結露，應有適當的保冷措施。

表 18-5　排水管傾斜度與流量（ℓ/hr）

管經 \ 傾斜度	1/100	1/50	1/25
¾B	7	12	20
1B	10	20	30
2B	40	60	80
3B	120	170	240

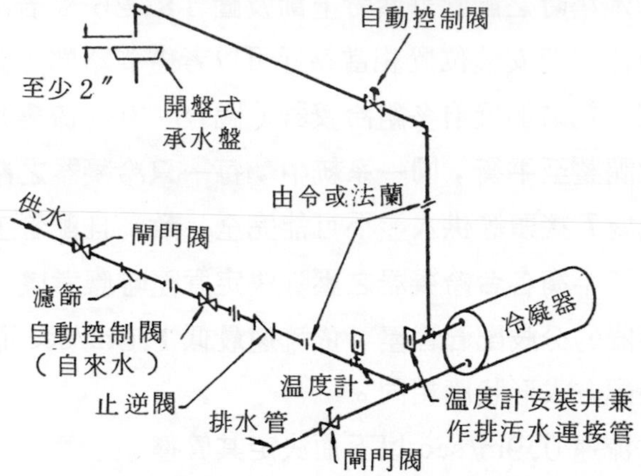

圖 18-27　放流式水配管系統

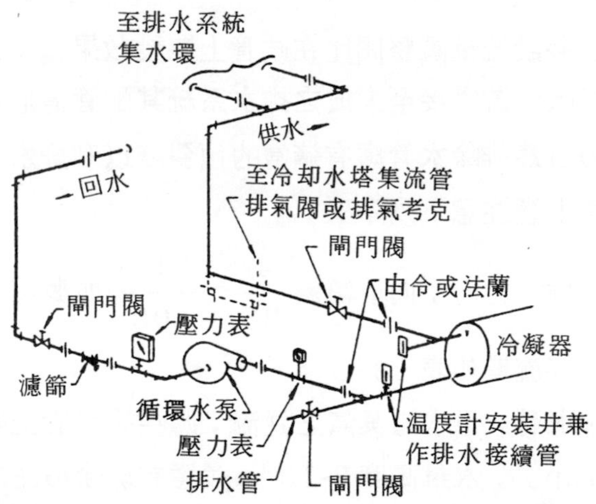

圖 18-28　冷凝器之水配管

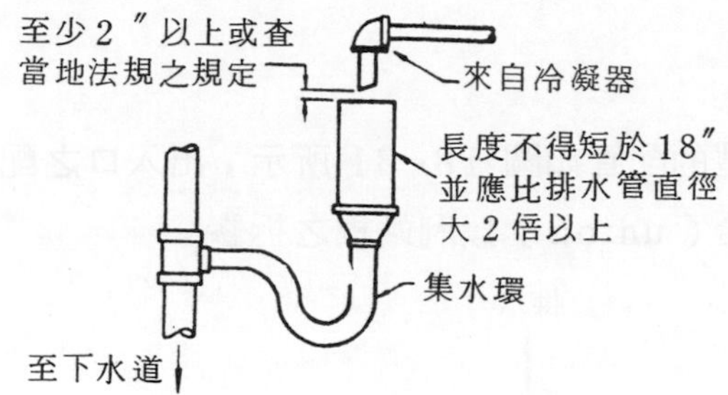

圖 18-29　排水配管

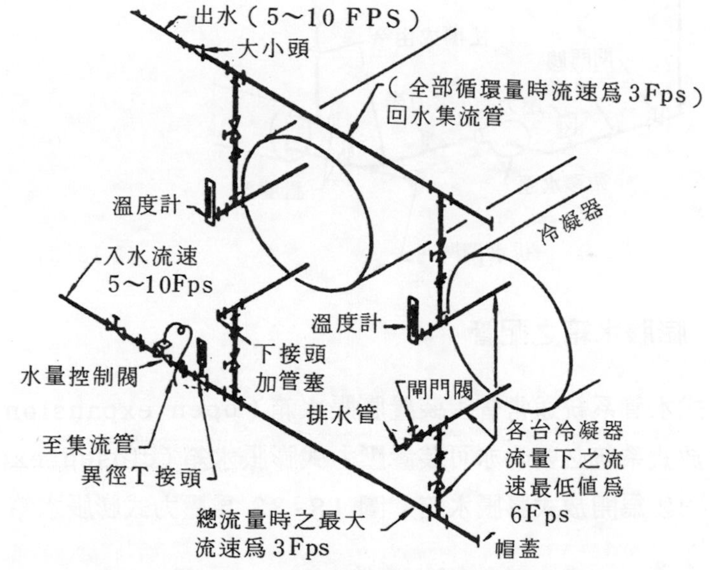

圖 18-30　多台冷凝器併用時之配管

(6) 排水配管貫通外壁時應考慮防雨施工。

(7) 小型冷氣系統之排水管可以選用硬質 PVC 管，但須注意下列事項：

① 接着劑塗量太多而殘留於 PVC 管內側，可能妨礙排水效果。

② 用螺紋接頭接合時，應使用止洩帶防止漏水。

③ 配管長度愈短愈好，配管距離愈長時，應在配管適當地點之上端開孔，以利空氣之排除。

④ 須用護管夾固定。

⑤ 清除可能造成阻塞之雜物，裝配完成後應確認排水順暢。

18-6-4 冷水器(chiller)

冷水器俗稱冰水器，典型的配管如圖 18-31 所示，出入口之配管皆應裝設法蘭（flange）或由令（union）以利端板之拆修。

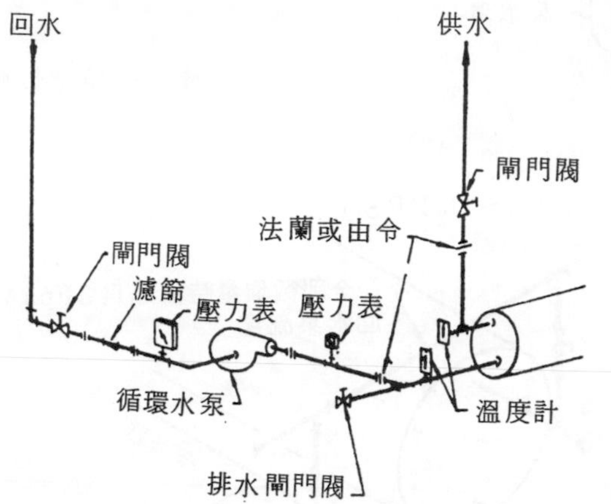

圖 18-31

18-6-5 膨脹水箱之配管

密閉式水管系統通常皆須裝置膨脹水箱（open expansion tank），但在開放式系統必要時亦可裝置壓力式膨脹水箱（closed expansion，圖 18-32 爲開放式膨脹水箱，圖 18-33 爲壓力式膨脹水箱（密閉式膨脹水箱）。

開放型膨脹水箱，與大氣接觸，壓力相同。原則上，配管應裝設在回流管的最高點，在此位置，膨脹水箱之壓力高於配管內水之壓力，可以避免空氣流入系統。

開放式膨脹水箱容量大小之決定步驟：

(1) 計算管內水之體積。

(2) 計算盤管及熱交換器（冰水器）內，水之體積。

(3) 依運轉條件，計算在該溫度時全部的水膨脹量（表 18-6）。

水溫在 160 °F 以下之密閉式膨脹水箱，容量之決定式如下：

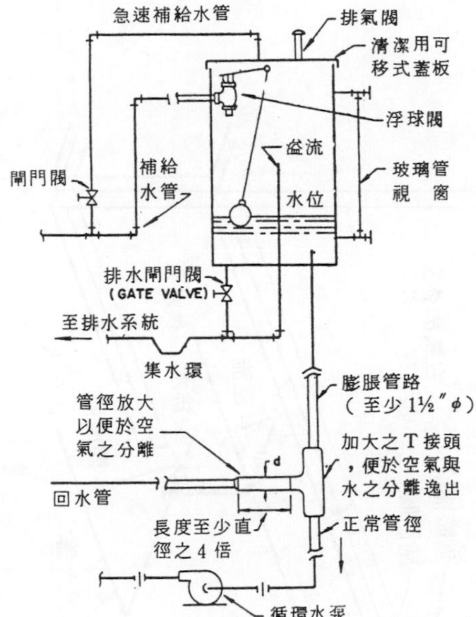

圖 18-32　開放式膨脹水箱之配管

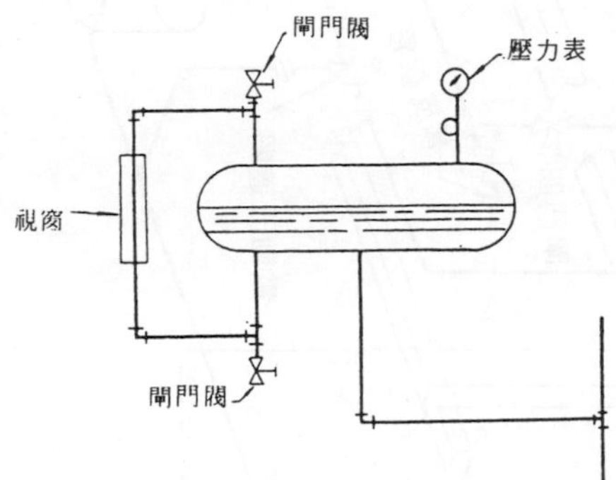

圖 18-33　密閉式膨脹水箱之配管

表18-6　水的膨脹量（44°C以上）

溫度 °C (°F)	體積膨脹量(%)	溫度 °C (°F)	體積膨脹量
37.8 (100)	0.6	135 (275)	6.8
51.7 (125)	1.2	149 (300)	8.3
65.6 (150)	1.8	163 (325)	9.8
79.4 (175)	2.8	177 (350)	11.5
93.3 (200)	3.5	190.5 (375)	13.0
107.2 (225)	4.5	204 (400)	15.0
121 (250)	5.6		

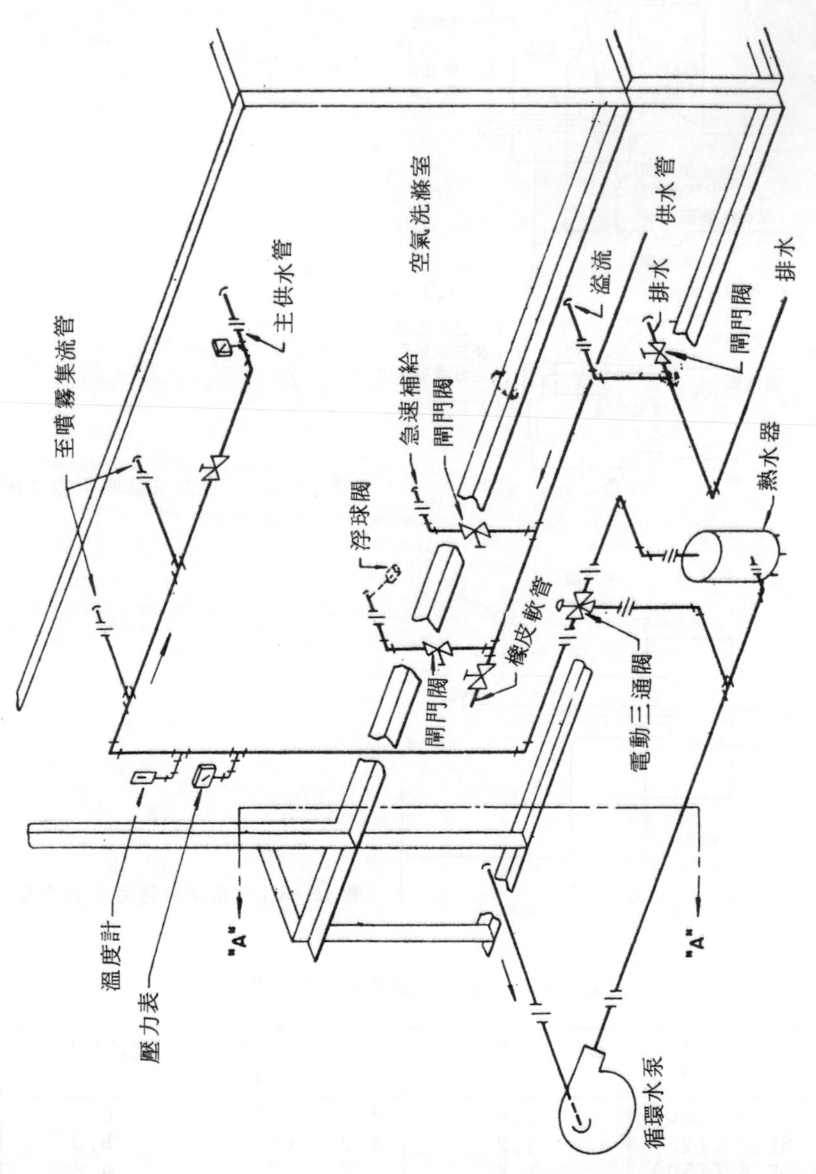

圖 18-34　空氣洗滌室配管

$$V_t = \frac{E \times V_s}{\frac{P_a}{P_f} - \frac{P_a}{P_0}}$$

其中　V_t ＝膨脹水箱之最小容量m^3

E ＝由表 18-6 所查得水的膨脹率

V_s ＝系統中全部水的容積m^3

P_a ＝水首次進入膨脹水箱之壓力，通常為大氣壓力mH_2O

P_f ＝最初裝滿水時或膨脹水箱之最小壓力mH_2O

P_0 ＝膨脹水箱的最大操作壓力mH_2O

18-6-6　洗滌器(air washer)

紡織工廠空調大多採用洗滌器（俗稱水洗室），用來冷卻加濕及除塵。此類工廠製造加工環境內、細紗飛花情形嚴重，採用水洗方式除塵較適宜。

圖 18-34 中，泵浦和洗滌器同一高度，泵浦吸入端有些微吸入壓力水頭，若需加裝濾篩時，應裝置在泵浦出口端。下列數圖說明洗滌器的配管情形。

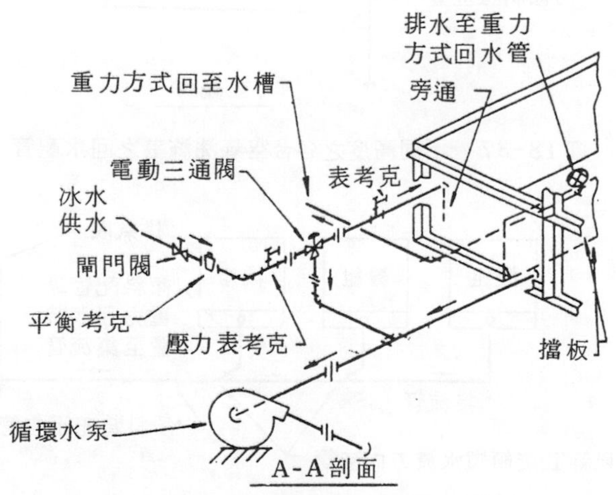

圖 18-35　利用電動三通控制閥

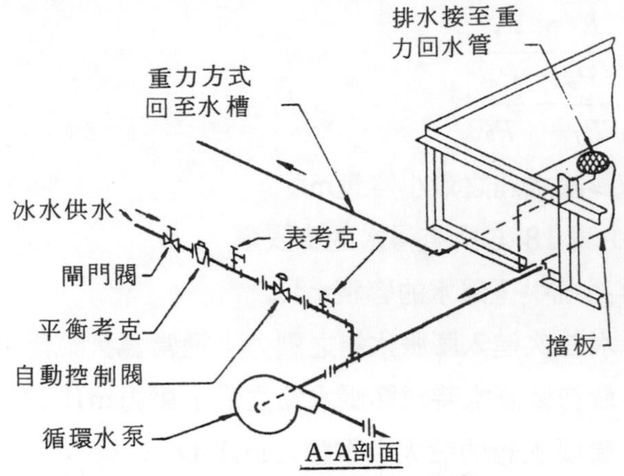

圖 18-36　使用雙通控制閥之空氣洗滌室之配管

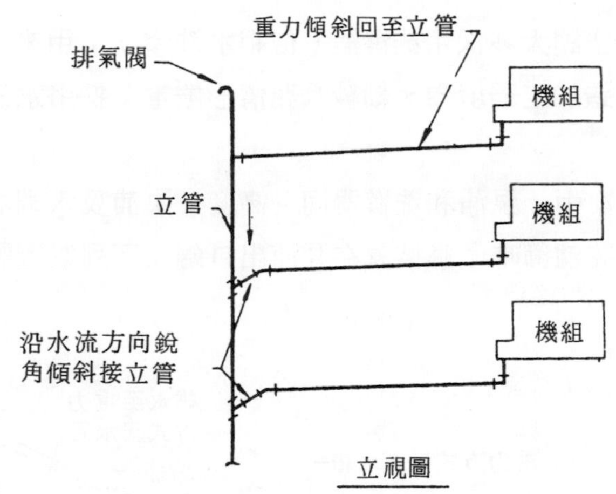

圖 18-37　不同高度之各台空氣洗滌室之回水配管

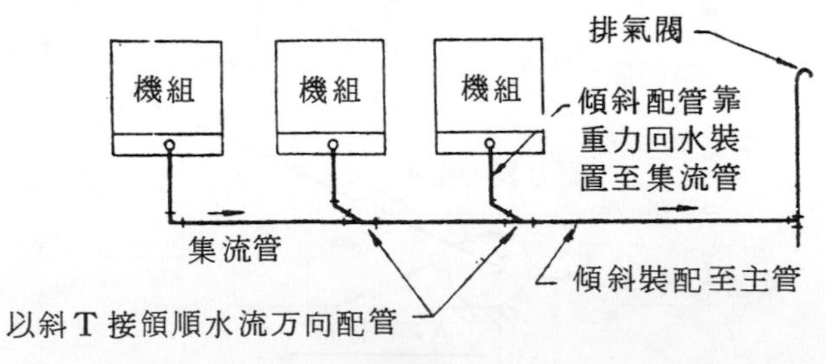

圖 18-38　同一高度空氣洗滌室之配管

18-6-7 水泵浦之配管

管路與泵浦連接時，應注意下列原則：（圖 18-39）

(1) 泵浦吸入管，短而直接較佳。

(2) 吸入管徑應比泵浦吸入口大。

(3) 適當裝配吸入管，避免在管路產生氣囊（air pocket）。

(4) 泵浦吸入縮徑處，應採用偏心式接頭，避免氣囊之產生。

(5) 任何水平吸入管之彎頭（elbow），其位置應低於入口縮管。

中央系統空調常用之泵浦配管方式，如圖 18-40 所示，一台爲冷卻水泵浦，一台爲冰水泵浦，中間者爲備用水泵。圖 18-41 說明泵浦出入口配置壓力表的情形，若考慮壓力表的誤差，可共用一只壓力表，求其壓力差值。

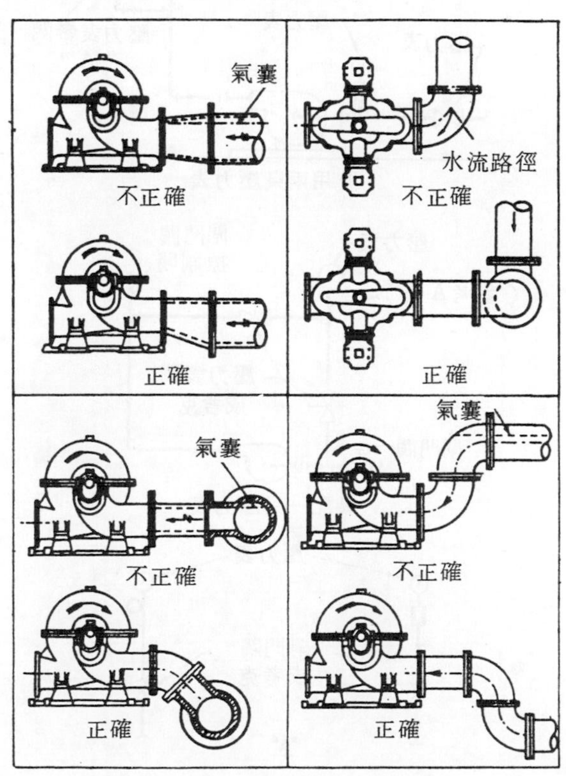

圖 18-39 泵浦吸入端配管方式

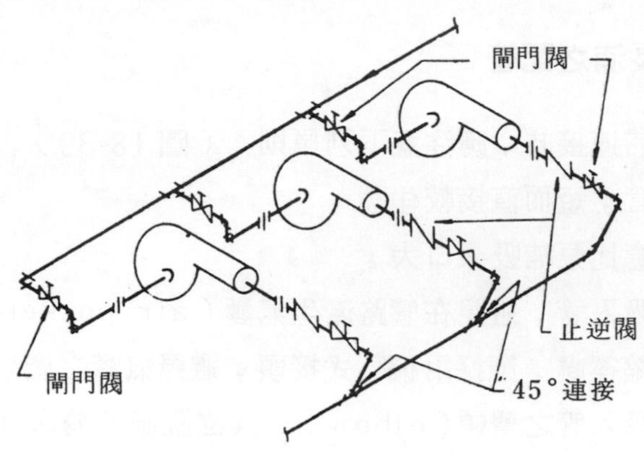

圖 18-40 多台泵浦併用時之配管

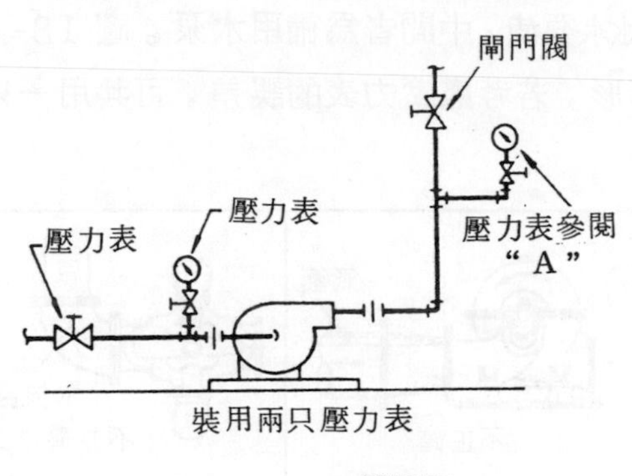

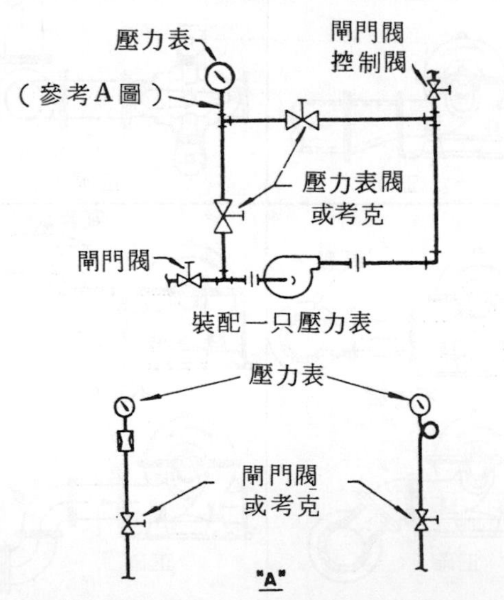

圖 18-41 泵浦用壓力表之位置

18-7　水管保溫

水管保溫材料，保溫施工及吊支架等冷媒配管之保溫類似，請讀者參考本書第17章冷媒配管之保溫。

18-8　水污處理

18-8-1　常用冷却水種類

常用冷却水種類有：

(1)　自來水

(2)　井水

(3)　河水

(4)　海水

使用井水時，因水溫較自來水低，冷却效果較佳，但在水質惡劣的情形，冷凝器內積存水垢，會導致冷却能力的降低，應定期檢查清洗，吸取井水時，可能吸上砂土，故在冷却水配管應裝置濾篩。部份地區，常有法令限制地下水的使用，以免地盤下沈。因此欲使用地下水時，須注意法令規定。使用河水時亦一樣應注意水質及雜質問題。船舶及濱海地區的冷凍空調設備，採用海水作冷却媒體時，因海水對一般常用之冷却管等具有腐蝕性物質，使用上須注意。

18-8-2　水質劣化可能造成的危害

硬度高的水質，水中含有鈣鎂等化合物，易造成水垢附著冷凝器冷却管之表面，阻礙熱傳遞並會腐蝕金屬材料。

近年來，由於公害導致大氣污染，大氣中含有的亞硫酸氣體混入冷却水內，形成亞硫酸，並與水中之氧氣反應形成硫酸，使冷却水之PH值減低。有腐蝕冷凝器之虞。

$$H_2O + SO_2 \rightarrow H_2SO_3$$

$$2H_2SO_3 + O_2 \rightarrow 2H_2SO_4$$

表18-7說明水質劣化和造成障害之關係

表18-7　冷却水水質劣化和障害的關係

不純物	內容	障害
PH	酸　性　PH＜7 中　性　PH＝7 鹼　性　PH＞7 普通的水　PH＝6～8	PH在4．3以下腐蝕性強、與陽光接觸之表面易長青苔、妨礙水之流動
電氣傳導度	總離子濃度 （表示水中固體物被離子化的結果）	傳導度高、腐蝕性增加
鹼度 （ppm）	表示水中硬度成分的含有量	形成水垢
氯離子 （ppm）	表示水中鹽化物的多寡	增加腐蝕性
硫酸離子 （ppm）	表示水中硫酸鹽的含量	變成硫酸鈣則形成水垢、腐蝕性增加
矽	表示水中矽酸的含量	生成硬水垢，變成腐蝕的原因
鐵	表示水中鐵的成分	生成水垢、腐蝕之成因
蒸發殘留物	表示上述物質外、殘留物之多寡	形成水垢

18-8-3　水質基準值

水質好壞與裝置的壽命有密切的關係，故應分析水質成分判斷可否使用。冷却水的水質基準如表18-8所示。

使用冷却水塔的系統應保持適量的稀釋補給，避免水之濃縮。

18-8-4　水垢之清除

冷凝器因水質不良形成水垢時之處理方式有：

(1)　利用鋼刷或銅刷等機械方式清除冷却管。

(2)　利用化學洗淨劑去除水垢。

　①　靜置法

　②　循環法

化學洗淨法依洗淨劑的種類、成分、液量、時間處理方式而異，使用

表18-8　冷却水的水質基準

項　目	基　準　值	障害傾向		補給水水質基準
		腐蝕性	形成水垢	參考值
PH(25°C)	6.0～8.0	0	0	6.0～8.0
導電率 25°C (μ℧/cm)	500 以下	0		200 以下
氯離子 cl^-(ppm)	200 以下	0		50
硫酸離子 SO_4^{2-}(ppm)	200 以下	0	0	50
全鐵 Fe(ppm)	1.0(0.5)以下		0	0.3
鹼度 $CaCO_3$(ppm)	100 以下		0	50
全硬度 $CaCO_3$(ppm)	200 以下		0	50
硫離子 S^{2-}(ppm)	微小至無法檢出的程度	0		微小至無法檢出
氨離子 NH_4^+(ppm)	微小至無法檢出的程度	0		微小至無法檢出
二氧化矽 SiO_2(ppm)	50 以下		0	30 以下

說明：(1) 0 表示逾其基準值造成腐蝕結果或形成水垢的因素。
(2)鐵之含量基準值適用 PVC 類之配管系統。

時應遵照製造廠商的說明。使用強酸性的洗淨劑（鹽酸系）在水洗之前應塡加中和劑中和強酸性。最好選用對金屬無腐蝕性的洗淨劑。

如何判斷洗淨效果是否良好？

(1)　洗滌後、檢視水中水垢之含量。
(2)　檢查冷却水系統之壓力損失是否減少？可由冷却水泵浦之排出壓力判斷。
(3)　壓縮機高壓側的壓力變化情形，高壓壓力減少多少？

19-1 風管之摩擦與阻抗

19-1-1 全壓、靜壓、動壓三者之關係

在風管（duct）任一斷面，氣流均具有靜壓（static pressure），動壓（velocity or dynamic pressure）及全壓（total pressure）。

$$P_T = P_S + P_V \qquad (19\text{-}1)$$

P_T＝全壓　mmH₂O

P_S＝靜壓　mmH₂O

P_V＝動壓或稱速度壓　mmH₂O

靜壓者，爲空氣的位能（potential energy）以壓力表示之，即空氣靜止時與風速無關之空氣本身具有之壓力。動壓（速度壓）爲隨風速產生之壓力。即在氣流方向的動能（kinetic energy），以壓力表示爲動壓。在氣流方向所測得之動壓大多爲正壓。風管，氣罩（hood）等內部壓力若高於大氣壓力爲正壓，若低於大氣壓力則爲負壓。

風管內任意斷面之動壓得以次式表之

$$P_V = \frac{rV^2}{2g} \qquad (19\text{-}2)$$

P_V＝動壓mmH₂O或kg/m²

V＝風速m/sec

g＝重力加速度9.8 m/sec^2

r＝比重kg/m^3

溫度20°C DB，大氣壓力76 cm Hg，相對濕度75％時之空氣稱爲標準狀態之空氣，即標準空氣（standard air）。標準空氣比重爲1.2 kg/m^3。

由公式（19-2），若流體爲空氣，則

$$P_V=\frac{rV^2}{2g}=\frac{1.2\times V^2}{2\times 9.8}=\frac{V^2}{16.3}\div(\frac{V}{4.04})^2 \qquad (19\text{-}3)$$

因一大氣壓力爲1.033 kg/cm^2，即10330 kg/m^2，760 mmHg約等於10330mmH$_2$O，故1 kg/m^{2}之壓力以水柱之高度表示時爲1 mmH$_2$O。。

19-1-2 風管之摩擦與阻抗

空氣在風管內流動時，各斷面之全壓隨其流動方向，次第減低，此乃因風管管壁與空氣之摩擦或因風管產生之渦流所引起。在風管中，彎管（Bend），擋板（damper）等物件具有阻礙氣體流動之特性，故在其前後二斷面間，全壓之降低更形顯著。

風管任意二斷面間全壓之降低，稱爲壓力損失（pressure loss）此壓力損失約略與動壓成比例。

壓力損失被速度壓（或速度壓之差）除得之值，稱爲壓力損失係數ζ（coefficient pressure loss）。

$$P_R=\zeta P_V=\zeta\frac{rV^2}{2g} \qquad (19\text{-}4)$$

$$\zeta=\frac{P_R}{P_V} \qquad (19\text{-}5)$$

在異徑風管之任意二斷面

$$P_R=\zeta(P_{V1}-P_{V2})=\zeta\frac{r}{2g}(V_1^2-V_2^2) \qquad (19\text{-}6)$$

$$\zeta = \frac{P_R}{P_{V1} - P_{V2}}$$

ζ 爲局部摩擦阻抗係數（壓力損失係數） (19-7)

19-1-3 直管部份的摩擦阻抗

$$P_f = \lambda \frac{L}{D} \cdot P_V \quad (19\text{-}8)$$

$$= \lambda \frac{L}{D} \cdot \frac{r V^2}{2g} \quad (19\text{-}9)$$

P_f ＝摩擦阻抗 mmH_2O

λ ＝摩擦阻抗係數

L ：直風管長度 m

D ＝風管直徑 m

V ＝風速 m/sec

r ＝比重 kg/m^3

$$\lambda = 0.055 \left[1 + \left(20000 \frac{\varepsilon}{D} + \frac{10^6}{R_e} \right)^{1/3} \right] \quad (19\text{-}10)$$

ε ＝風管內表面之凹凸粗糙度，即凹凸的平均高度，m

R_e ＝雷諾值（reynolds number）

$$R_e = \frac{vD}{\nu} \quad (19\text{-}11)$$

ν ＝流動粘性係數 m^2/sec

v ＝風速 m/sec

D ＝風管直徑 m

採用鍍鋅鐵皮作風管材料時，平均凹凸程度約爲 0.15mm，圖 19-2 爲 21°C 760 mmHg 之空氣在平均凹凸 0.18mm 風管之計算圖。採用不同材料時之修正係數如表 19-1 所示。

在相同的摩擦阻抗下，矩形風管長短邊與圓形風管直徑之關係可以公式（19-12）計算或查表 19-2。

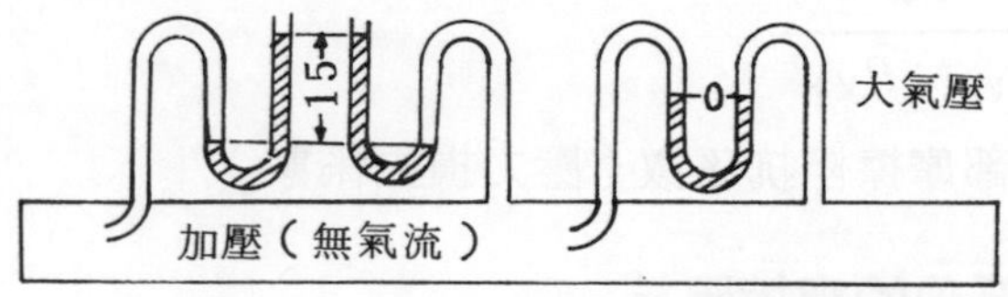

$P_T = P_S + P_V = 15 + 0 = 15 mmH_2O$

(a) 導管內加壓（無氣流）

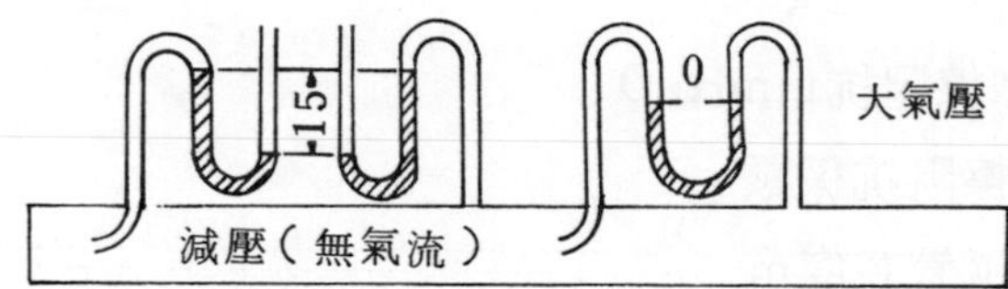

$P_T = P_S + P_V = -15 + 0 = -15 mmH_2O$

(b) 導管內減壓（無氣流）

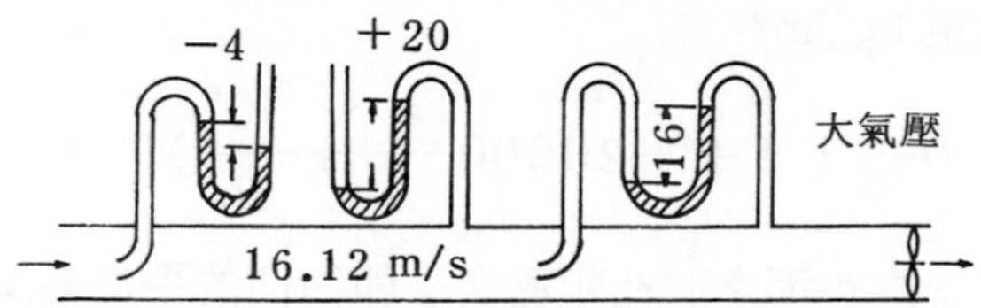

$P_T = P_S + P_V = -20 + 16 = -4 mmH_2O$

(c) 空氣被吸進導管內

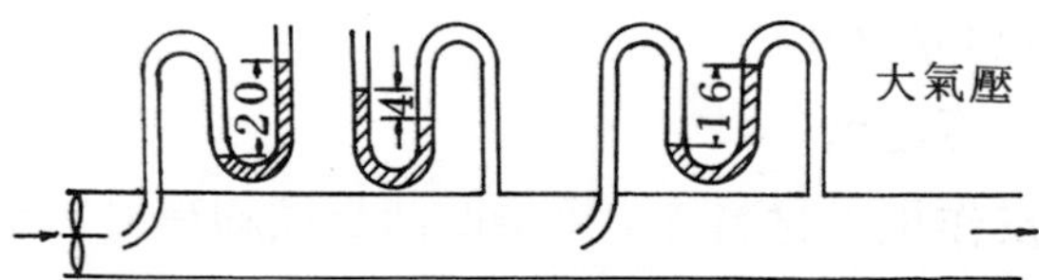

$P_T = P_S + P_V = 4 + 16 = 20 mmH_2O$

(d) 空氣吹入導管內

圖 19-1　全壓靜壓和速度壓之關係

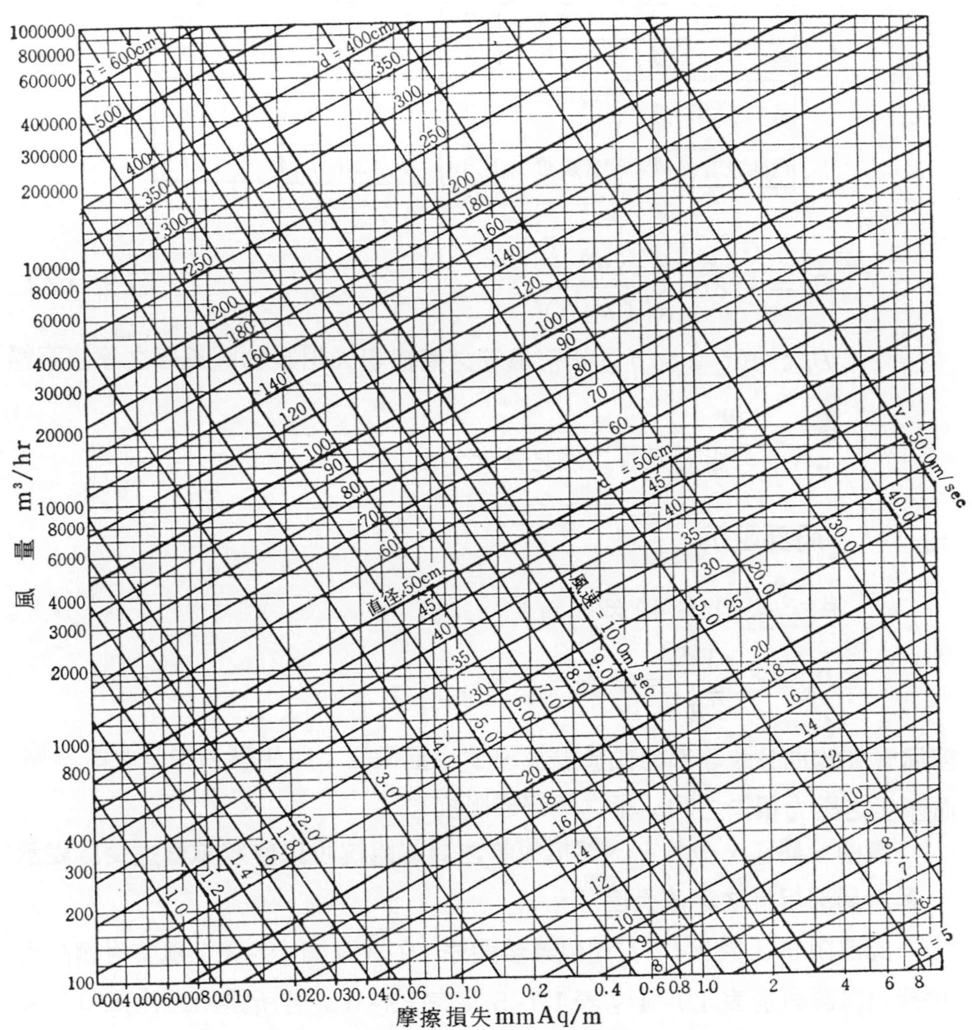

圖 19-2 風管的摩擦阻抗

表19-1 風管修正係數

風管内表面粗糙狀態	管別	風速 m/sec			
		5	10	15	20
特別粗糙	水泥管面	1.7	1.8	1.85	1.9
粗糙	砂漿管	1.3	1.35	1.35	1.37
特別平滑	無縫鋼管 PVC管	0.92	0.85	0.83	0.80
内貼吸音材料	消音風管	1.33	1.42	1.47	1.50

$$D_e = 1.30 \sqrt[8]{\frac{(ab)^5}{(a+b)^2}} \tag{19-12}$$

D_e:與($a \times b$)矩形風管之摩擦損失相等的圓風管之等值直徑 cm

a、b=矩形風管二邊之長度 cm

19-1-4 局部阻抗

由公式(19-4)知

$$P_R = \zeta \frac{rV^2}{2g} = \zeta P_V$$

即風管在彎曲分歧等部份由於渦流導致能量消耗,產生壓力損失及因摩擦而產生之壓力損失之和,稱之爲局部阻抗。

彎曲、異徑、分歧、內部擋板等之局部阻抗可以直線風管之長度表示,稱之局部阻抗之等值長度。

局部阻抗係數及L/D比值請參閱表19-3及圖19-3。風管附屬品之摩擦阻抗詳列於表19-4,表19-5及表19-6。若所選用之出風口尺寸與表19-6查得風口之長寬不相同時,可利用圖19-4。例如風量1100 m^3/Hr,預定吹達距離9m,查表19-6得矩形出風口之尺寸爲550mm×150mm垂直葉片設定角度爲E(圖19-5)吹出風速6.13m/sec,出風口摩擦抵抗2.32mmAq冷風降下度爲2.8m。若風口高度選125mm高,由圖19-4,首先連結550×150在照合線上之交點爲A,再將

表 19-2(a)　矩形風管的換算表（單位 cm）

b ＼ a	10	12	14	16	18	20	22	24	26	28	30	32	34	36	38	40	42	44	46	48	50
10	10.9																				
12	11.9	13.1																			
14	12.9	14.2	15.3																		
16	13.7	15.1	16.3	17.5																	
18	14.5	16.0	17.3	18.5	19.7																
20	15.2	16.8	18.2	19.5	20.7	21.9															
22	15.9	17.6	19.1	20.4	21.7	22.9	24.1														
24	16.6	18.3	19.8	21.3	22.6	23.9	25.1	26.2													
26	17.2	19.0	20.6	22.1	23.5	24.8	26.1	27.2	28.4												
28	17.7	19.6	21.3	22.9	24.4	25.7	27.1	28.2	29.5	30.6											
30	18.3	20.2	22.0	23.7	25.2	26.7	28.0	29.3	30.5	31.6	32.8										
32	18.8	20.8	22.7	24.4	26.0	27.5	28.9	30.1	31.4	32.6	33.8	35.0									
34	19.3	21.4	23.3	25.1	26.7	28.3	29.7	31.0	32.3	33.6	34.8	36.0	37.2								
36	19.8	21.9	23.9	25.8	27.4	29.0	30.5	32.0	33.3	34.6	35.8	37.0	38.2	39.4							
38	20.3	22.5	24.5	26.4	28.1	29.8	31.4	32.8	34.2	35.5	36.7	38.0	39.2	40.4	41.6						
40	20.7	23.0	25.1	27.0	28.8	30.5	32.1	33.6	35.1	36.4	37.6	39.0	40.2	41.4	42.6	43.8					
42	21.1	23.4	25.6	27.6	29.4	31.2	32.8	34.4	35.9	37.3	38.6	39.9	41.1	42.4	43.6	44.8	45.9				
44	21.5	23.9	26.1	28.2	30.0	31.9	33.5	35.2	36.7	38.1	39.5	40.8	42.0	43.4	44.6	45.8	46.9	48.1			
46	21.9	24.3	26.7	28.7	30.6	32.5	34.2	35.9	37.4	38.9	40.3	41.7	43.0	44.3	45.6	46.8	47.9	49.1	50.3		
48	22.3	24.8	27.2	29.2	31.2	33.1	34.9	36.6	38.2	29.7	41.2	42.6	43.9	45.2	46.5	47.8	48.9	50.2	51.3	52.6	
50	22.7	25.2	27.6	29.8	31.8	33.7	35.5	37.3	38.9	40.4	42.0	43.5	44.8	46.1	47.4	48.8	49.8	51.2	52.3	53.6	54.7
52	23.1	25.6	28.1	30.3	32.4	34.3	36.2	38.0	39.6	41.2	42.8	44.3	45.7	47.1	48.3	49.7	50.8	52.2	53.3	54.6	55.8
54	23.4	26.1	28.5	30.8	32.9	34.9	36.8	38.7	40.3	42.0	43.6	45.0	46.5	48.0	49.4	50.6	51.8	53.2	54.3	55.6	56.8
56	23.8	26.5	28.9	31.2	33.4	35.5	37.4	39.3	41.0	42.7	44.3	45.8	47.3	48.8	50.1	51.5	52.7	54.1	55.3	56.5	57.8
58	24.2	26.9	29.3	31.7	33.9	36.0	38.0	39.8	41.7	43.4	45.0	46.6	48.1	49.6	51.0	52.4	53.7	55.0	56.2	57.5	58.8
60	24.5	27.3	29.8	32.2	34.5	36.5	38.6	40.4	42.3	44.0	45.8	47.3	48.9	50.4	51.8	53.3	54.6	55.9	5[illegible].1	58.5	59.8
62	24.8	27.6	30.2	32.6	35.0	37.1	39.2	41.0	42.9	44.7	46.5	48.0	49.7	51.2	52.6	54.2	55.5	56.8	58.0	59.4	60.7
64	25.2	27.9	30.6	33.1	35.5	37.6	39.7	41.6	43.5	45.4	47.2	48.7	50.4	52.0	53.4	55.0	56.4	57.7	59.0	60.3	61.6
66	25.5	28.3	31.0	33.5	35.9	38.1	40.2	42.2	44.1	46.0	47.8	49.5	51.1	52.8	54.2	55.8	57.2	58.6	59.9	61.2	62.5
68	25.8	28.7	31.4	33.9	36.3	38.6	40.7	42.8	44.7	46.6	48.4	50.2	51.8	53.5	55.0	56.6	58.0	59.5	60.8	62.1	63.4
70	26.1	29.1	31.8	34.3	36.8	39.1	41.3	43.3	45.3	47.2	49.0	50.9	52.5	54.2	55.8	57.3	58.8	60.[illegible]	61.7	63.0	64.3
72	26.4	29.4	32.3	34.8	37.3	39.6	41.8	43.8	45.9	47.8	49.7	51.5	53.2	54.9	56.5	58.0	59.6	61.1	62.6	64.9	65.2
74	26.7	29.7	32.5	35.2	37.6	40.0	42.3	44.4	46.4	48.4	50.3	52.1	53.9	55.6	57.2	58.8	60.4	61.9	63.3	64.8	66.1
76	27.0	30.0	33.0	35.6	38.1	40.5	42.8	44.9	47.0	49.0	50.8	52.7	54.6	56.3	57.9	59.5	61.2	62.7	64.1	65.6	67.0
78	27.3	30.5	33.3	36.0	38.5	40.9	43.3	45.5	47.5	49.5	51.5	53.3	55.2	57.0	58.6	60.3	62.0	63.4	64.9	66.4	67.9
80	27.6	30.7	33.6	36.2	38.9	41.3	43.8	46.0	48.0	50.1	52.0	53.9	55.6	57.6	59.3	61.0	62.7	64.1	65.7	67.2	68.7

表 19-2(b)　矩形風管的換算表（單位 cm）

b \ a	50	55	60	65	70	75	80	85	90	95	100	110	120	130	140	150	160	170	180	190	200
50	54.7																				
55	57.3	60.1																			
60	59.8	62.8	65.7																		
65	62.2	65.3	68.3	71.1																	
70	64.3	67.7	70.7	73.7	76.5																
75	66.6	70.0	73.2	76.3	79.2	82.0															
80	68.7	72.2	75.4	78.7	81.8	84.7	87.5														
85	70.7	74.3	77.7	81.0	84.2	87.3	90.2	92.9													
90	72.6	75.1	79.9	83.3	86.6	89.7	92.7	95.6	98.4												
95	74.4	78.3	82.0	85.5	88.9	92.1	95.2	98.2	101	104											
100	76.2	80.2	84.0	87.6	91.1	94.4	97.6	101	104	107	109										
105	77.9	82.0	85.9	89.7	93.2	96.7	100	103	107	109	112										
110	79.6	83.8	87.8	91.6	95.3	98.8	102	106	108	112	114	120									
115	81.2	85.5	89.6	93.2	97.3	101	104	108	111	114	117	123									
120	82.7	87.2	91.4	95.5	99.3	103	107	110	113	117	119	125	131								
125	84.3	88.8	93.1	97.3	101	105	109	112	116	119	122	128	134								
130	85.8	90.4	94.8	99.0	102	107	111	114	118	120	124	130	136	142							
135	87.2	91.9	96.4	101	105	109	113	116	120	123	127	133	139	145							
140	88.6	93.4	98.0	102	107	111	115	118	122	126	129	135	142	147	153						
145	90.0	94.9	99.6	104	108	113	116	120	124	128	131	138	144	150	156						
150	91.3	96.3	101	106	110	114	118	122	126	130	133	140	146	153	158	164					
160	93.9	99.1	104	109	114	118	122	126	130	134	137	144	151	157	163	169	175				
170	96.5	102	107	112	117	121	125	130	134	138	141	149	155	161	168	174	180	186			
180	98.9	104	110	115	119	124	129	133	137	141	145	153	160	166	173	179	185	191	197		
190	101	107	112	117	122	128	132	316	141	145	149	156	164	171	178	184	190	196	202	208	
200	103	109	115	120	125	130	135	139	144	148	152	159	168	175	182	188	195	201	207	213	219
210	106	111	118	123	128	133	138	143	147	152	156	163	172	179	187	193	200	206	212	218	224
220	108	114	120	125	131	136	141	146	150	155	159	167	176	183	191	197	204	210	217	223	229
230	110	116	122	128	133	138	143	150	153	158	162	171	179	187	195	202	209	216	222	228	234
240	112	119	124	130	136	141	146	151	156	161	165	174	183	191	199	206	213	220	227	233	239
250	114	120	126	132	138	143	149	154	159	164	168	178	186	194	202	210	217	224	233	238	244
260	115	122	128	134	140	146	151	156	162	166	171	181	190	199	206	214	221	228	236	242	249
270	117	124	130	137	143	148	154	159	164	169	174	184	193	201	210	218	225	233	240	247	253
280	119	126	132	139	145	151	156	162	167	172	177	186	196	205	213	221	229	237	244	251	258
290	121	128	134	141	147	153	159	164	170	175	180	190	199	208	217	225	233	241	248	255	262
300	122	129	136	143	149	155	161	167	172	177	183	193	202	211	220	229	237	244	252	259	266

種類	圖形	條件	等值長度／風管尺寸（D）
彎頭（圓形斷面）	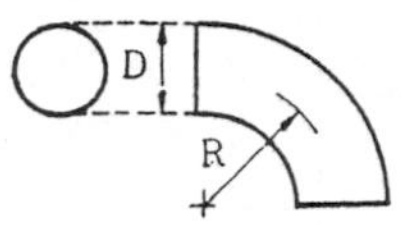 D R	R/D = 0.0 0.5 0.75 1.0 1.5 2.0	65 45 23 17 12 10
彎頭（矩形斷面）	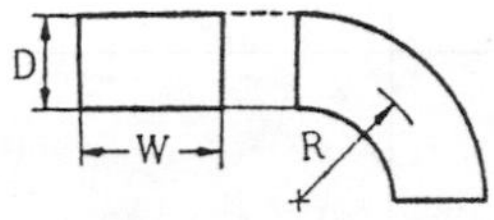 D W R	W/D 0.5　R/D 0.0 0.5 0.75 1.0 1.5	50 40 16 9 4
		1 to 3　0.0 0.5 0.75 1.0 1.5	85 60 30 12 5
附導風片彎頭（矩形斷面）	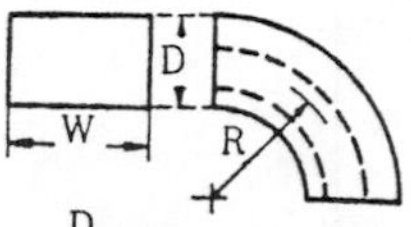 D W R $\frac{D}{W} \leqq 1$	導風片數 R/D 1　0.5 0.75 1.0 1.5	20 12 8 7
		2　0.5 0.75 1.0 1.5	15 9 7 7
附導風片直角彎頭（矩形斷面）	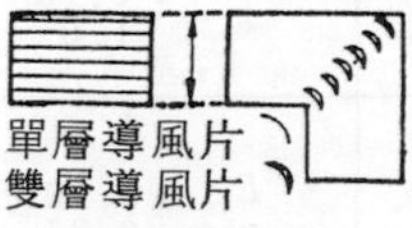 單層導風片 雙層導風片	單層導風片	20
		雙層導風片	10
直角T接頭	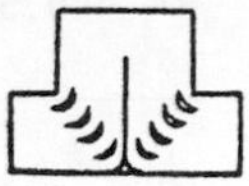	與彎頭相同摩擦損失以入口側的風速爲計算基準	
T接頭			

表19-3 風管局部阻抗

* Modern Air Conditioning, Heating and Ventilating, 3rd Edition, p.256-259

種　類	圖　形	條　件	局部抵抗係數
縮　管	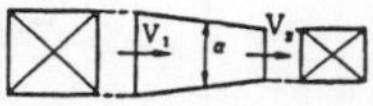	$\alpha = 30°$ $\alpha = 45°$ $\alpha = 60°$ V_2 基準	0.20 0.04 0.07
形狀變化（等斷面積）	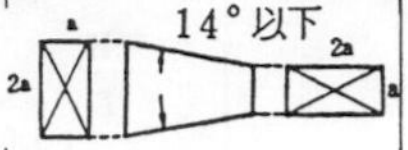 14° 以下		0.15
喇叭形入口	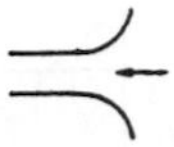		0.03
喇叭形出口	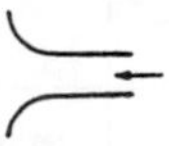		1.0
凹角入口	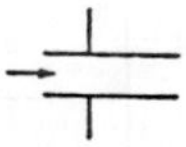		0.85
銳緣，圓形噴嘴	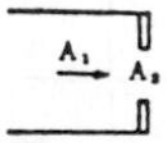	$\frac{A_2}{A_1}$ 0.0 0.25 0.50 0.75 1.0 V_2 基準	2.8 2.4 1.9 1.5 1.0
風管內貫通扁鐵		$\frac{E}{D}=$ 0.10 0.25 0.50	0.7 1.4 4.0
附導流蓋之穿管	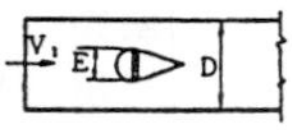	$\frac{E}{D}=$ 0.10 0.25 0.50	0.07 0.23 0.90
風管內貫通鐵管		$\frac{E}{D}=$ 0.10 0.25 0.50	0.2 0.55 2.0

種　類	圖　形	條　件	等值長度／風管尺寸(D)
彎　頭	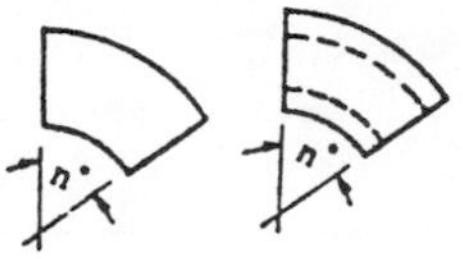	與斷面形狀及無導風片無關	$(90°彎頭之值)\times\frac{n}{90}$
雙重彎頭	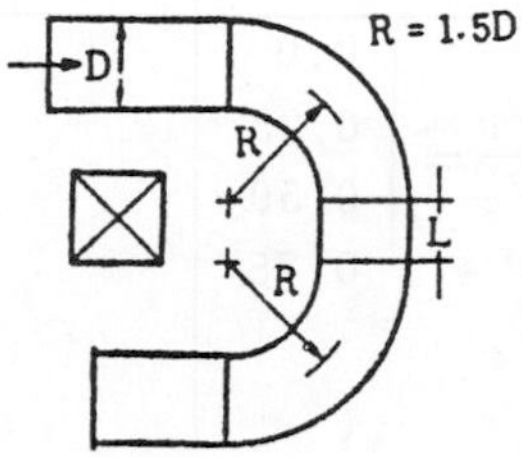 R = 1.5D	兩彎頭損失合計 $L=0$ $L=D$	 15 10
雙重彎頭	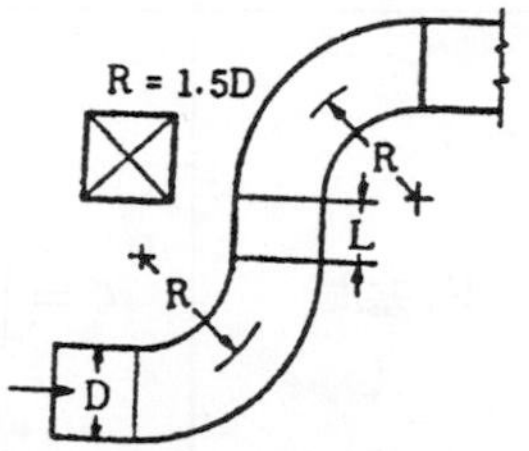 R = 1.5D	$L=0$ $L=D$	20 22
雙重彎頭	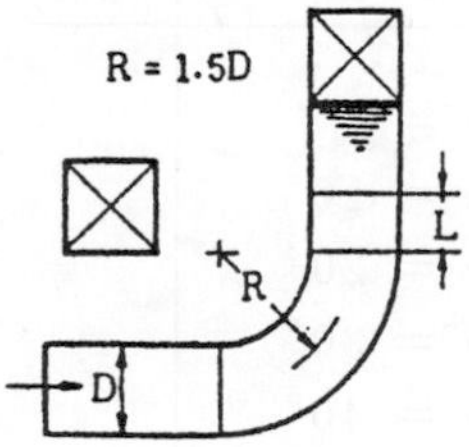 R = 1.5D	$L=0$ $L=D$	15 16
雙重彎頭	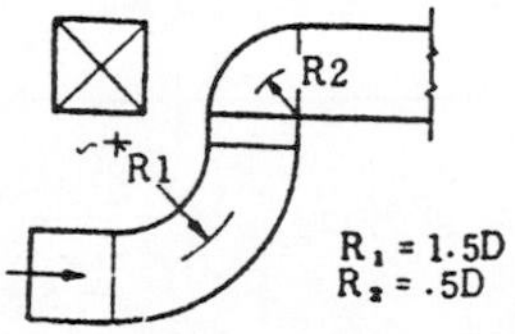 $R_1 = 1.5D$ $R_2 = .5D$	箭頭方向 逆箭頭方向	45 40

種類	圖形	條件	局部阻抗係數
急縮管		$\frac{V_1}{V_2}=\begin{cases}0.0\\0.25\\0.50\\0.75\end{cases}$	0.35 0.30 0.20 0.10
急擴管		V_1 基準	$\zeta=\left\{1-\left(\frac{V_2}{V_1}\right)\right\}$
擴大		$\alpha=5°$ $\alpha=10°$ $\alpha=20°$ $\alpha=30°$ $\alpha=40°$ $(H_{v1}-H_{v2})$	0.17 0.28 0.45 0.59 0.73

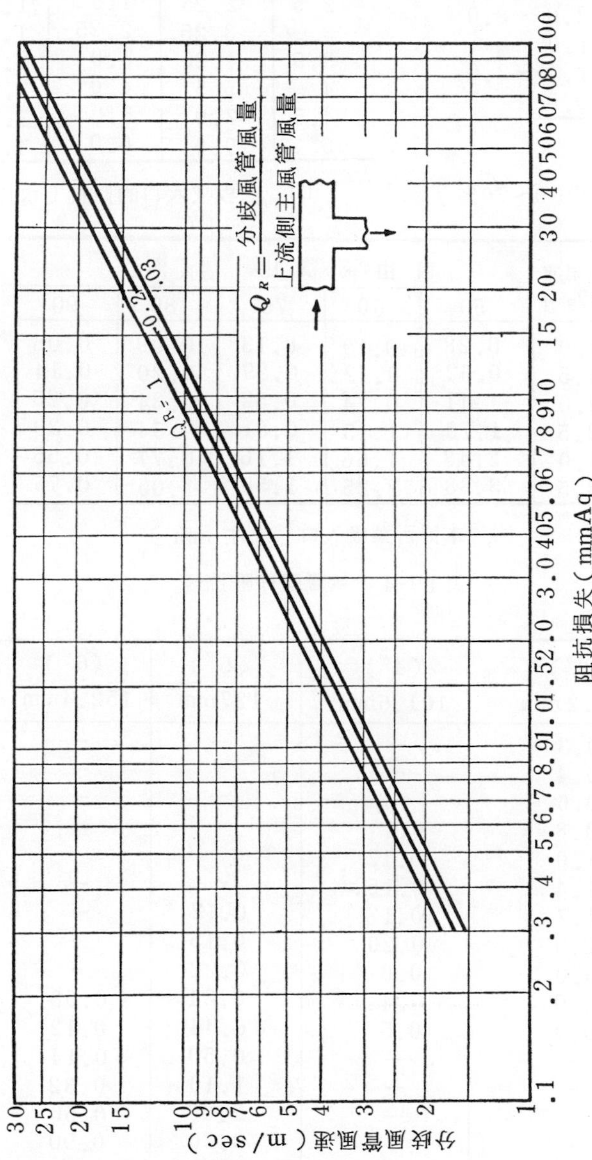

圖19-3　直角分歧接頭的阻抗損失

名　稱	抵抗〔水柱mm〕
蝶形風門	1.0～1.5
百葉式風門	2.0～8.0
防火風門	1.0
滑片式風門	1.5～2.0
分　風　門	0.5

(1) 風門阻抗（開度50～70%）

表面風速〔m/s〕	自由面積比〔%〕			
	50	60	70	80
2	1.5	1.0	0.75	0.5
2.5	2.25	1.5	1.25	0.75
3	3.25	2.25	1.75	1.25
3.5	4.25	3.0	2.25	1.75
4	5.5	4.0	3.0	2.25
4.5	7.0	5.0	3.75	2.75
5	9.0	6.0	4.5	3.5

(2) 花板吸入口的阻抗〔水柱 mm〕

表面風速〔m/s〕	自由面積比〔%〕				
	50	60	70	80	90
1.0	0.28	0.19	0.13	0.09	0.06
1.5	0.62	0.42	0.29	0.20	0.14
2.0	1.11	0.74	0.52	0.34	0.25
2.5	1.73	1.15	0.81	0.54	0.39
3.0	2.48	1.66	1.16	0.77	0.55
3.5	3.38	2.25	1.58	1.05	0.75

(3) 木製百葉吸入口〔水柱 mm〕

表19-4　風管配件阻抗

風　量〔m³/min〕	(3″) 76.2mm	(4″) 101.6mm	(5″) 127mm	(6″) 152.4mm	(7″) 177.8mm
0.4	0.3	—	—	—	—
0.5	0.4	—	—	—	—
0.6	0.6	—	—	—	—
0.7	0.8	0.1	—	—	—
0.8	1.0	0.12	—	—	—
0.9	1.4	0.15	—	—	—
1.0	1.7	0.17	0.12	—	—
1.2	2.0	0.20	0.15	—	—
1.4	3.0	0.3	0.22	—	—
1.6	4.0	0.4	0.34	0.08	—
1.8	6.0	0.5	0.44	0.12	—
2.0	—	—	0.50	0.14	0.06
3.0	—	—	1.10	0.32	0.13
4.0	—	—	2.00	0.60	0.22
5.0	—	—	3.20	0.90	0.40
6.0	—	—	—	1.20	0.52
7.0	—	—	—	—	0.75
8.0	—	—	—	—	1.0

表19-5　帆布接頭的阻抗

L〔m〕 / Q〔m³/h〕	2.5	3.0	3.5	4.0	4.5	5.0	6.0	7.0	8.0	9.0	10.0	11.5	13.0	14.5	16.0
100	150 E 0.6 0.76 3.52 100	150 C 0.8 0.61 3.13 100	**150 A** **1.0 0.52** **2.91 100**												
200	325 G 0.6 0.69 3.35 100	**225 G** **0.7 1.45** **4.83 100**	225 E 0.8 1.24 4.48 100	225 C 1.1 0.99 4.0 100	**225 C** **1.5 0.99** **4.0 100**										
300		275 C 0.7 0.86 3.74 150	**250 G** **0.9 1.11** **4.23 150**	250 G 0.9 2.59 6.48 100	250 E 1.0 2.23 6.03 100	250 E 1.2 2.23 6.03 100	250 C 1.6 1.77 5.37 100	225 C 1.9 2.23 6.03 100	200 A 2.3 2.27 6.07 100	**200 A** **2.8 2.27** **6.07 100**					
400			350 G 0.9 0.96 3.93 150	350 G 1.0 1.37 4.7 125	**300 G** **1.1 1.87** **5.5 125**	300 E 1.3 1.61 5.11 125	**325 E** **1.6 2.21** **6.0 100**	325 C 1.9 1.81 5.41 100	**275 C** **2.2 2.54** **6.43 100**	250 C 2.6 3.1 7.13 100	250 A 3.2 2.45 6.3 100				
500			**600 G** **0.9 0.46** **2.73 150**	450 G 1.1 0.86 3.73 150	400 G 1.2 1.11 4.23 150	350 G 1.2 2.12 5.88 125	350 E 1.6 1.87 5.5 125	350 E 1.8 2.96 6.95 100	350 C 2.3 2.4 6.25 100	**350 C** **2.8 2.4** **6.25 100**	300 C 3.0 3.33 7.35 100	300 A 3.9 2.53 6.43 100			
600				650 G 1.1 0.56 3.0 150	550 G 1.3 0.79 3.57 150	500 G 1.3 1.45 4.85 125	**375 G** **1.5 2.71** **6.64 125**	375 E 1.8 2.31 6.13 125	350 E 2.3 2.65 6.56 125	350 C 2.8 2.11 5.87 125	**325 C** **3.2 2.51** **6.38 125**	325 A 4.2 1.89 5.53 125	**350 A** **4.7 2.63** **6.55 100**		
700				650 G 1.2 0.42 2.6 200	600 G 1.4 0.5 2.83 200	550 G 1.4 1.03 4.13 150	**500 G** **1.6 1.96** **5.65 125**	400 G 1.7 1.76 7.1 125	400 E 2.2 1.66 6.7 125	**350 E** **2.5 3.58** **7.62 125**	350 C 3.1 2.87 6.83 125	350 C 3.8 2.87 6.83 125	**350 A** **4.9 2.16** **5.92 125**		
800					750 G 1.5 0.44 2.65 200	750 G 1.5 0.74 3.45 150	**525 G** **1.7 1.56** **5.03 150**	450 G 1.8 2.2 5.98 150	425 E 2.4 2.1 5.83 150	400 E 2.7 2.4 6.25 150	400 C 3.4 1.94 5.6 150	**350 C** **4.2 2.48** **6.34 150**	**350 A** **5.1 1.89** **5.53 150**	**300 A** **5.5 2.67** **6.6 150**	
900					750 G 1.6 0.32 2.27 250	700 G 1.6 0.59 3.1 200	625 G 1.7 1.37 4.73 150	**500 G** **1.8 2.15** **5.9 150**	425 G 2.2 3.05 7.05 150	425 E 2.7 2.73 6.65 150	**400 E** **3.0 3.07** **7.06 150**	400 C 3.9 2.45 6.32 150	375 C 4.6 2.87 6.83 150	375 A 5.9 2.1 5.85 150	
1 000						850 G 1.6 0.7 2.8 200	750 G 1.8 1.11 4.28 150	**600 G** **1.9 1.84** **5.45 150**	500 G 2.2 2.64 6.63 150	500 E 2.8 2.35 6.18 150	**450 E** **3.1 2.66** **6.58 150**	400 E 3.6 3.67 7.7 150	400 C 4.5 3.03 7.0 150	400 A 5.8 2.29 6.1 150	

表 19-6 壁式出風口選擇表

L〔m〕 / Q〔m³/h〕	2.5	3.0	3.5	4.0	4.5	5.0	6.0	7.0	8.0	9.0	10.0	11.5	13.0	14.5	16.0
1 100						800 G 1.8 0.42 2.61 250	**750 G 2.0 0.81 3.61 200**	**550 G 2.1 1.49 4.91 200**	550 G 2.2 2.67 6.6 150	550 E 2.8 2.32 6.13 150	550 E 3.2 2.32 6.13 150	450 E 3.6 3.54 7.58 150	450 C 4.6 2.88 6.85 150	**400 C 5.3 3.15 7.15 150**	400 A 6.4 2.7 6.63 150
1 200						850 G 1.7 0.45 2.7 250	650 G 1.9 0.78 3.55 250	600 G 2.1 1.44 4.83 200	600 G 2.3 2.67 6.6 150	**550 G 2.6 3.21 7.21 150**	550 E 3.1 2.79 6.72 150	**500 E 3.7 3.34 7.36 150**	500 C 4.6 2.75 6.68 150	500 C 5.5 2.75 6.68 150	500 C 6.6 2.75 6.68 150
1 300							750 G 2.0 0.72 3.41 250	700 G 2.2 1.23 4.46 200	550 G 2.4 2.03 5.75 200	**600 G 2.6 3.12 7.10 150**	600 G 3.0 3.12 7.10 150	**600 E 3.8 2.67 6.6 150**	550 E 4.4 3.22 7.21 150	550 C 5.5 2.62 6.53 150	550 C 5.8 3.84 7.9 125
1 400							900 G 2.1 0.53 2.93 250	800 G 2.3 1.08 4.18 200	600 G 2.4 1.97 5.65 200	**550 G 2.8 2.37 6.2 200**	600 G 2.9 3.6 7.65 150	600 E 3.7 3.08 7.07 150	**575 E 4.4 3.37 7.4 150**	575 C 5.5 2.78 6.73 150	**550 C 6.2 3.08 7.07 150**
1 500							850 C 2.2 0.48 2.78 300	700 G 2.3 1.02 4.1 250	700 G 2.5 1.66 5.2 200	750 G 2.7 2.57 6.47 150	**650 G 2.9 3.47 7.5 150**	650 E 3.7 2.96 6.95 150	**600 E 4.3 3.56 7.6 150**	600 C 5.4 2.79 6.9 150	600 C 6.3 2.92 6.9 150
1 600							900 G 2.2 0.48 2.79 300	800 G 2.4 0.89 3.8 250	800 G 2.6 1.43 4.82 200	600 G 2.7 2.52 6.47 200	**550 G 3.0 3.02 7.01 200**	550 E 3.9 2.65 6.57 200	650 E 4.3 3.48 7.52 150	650 C 5.4 2.84 6.8 150	600 C 6.0 3.32 7.37 150
1 700								**850 G 2.6 0.61 3.13 300**	700 G 2.7 1.35 4.68 250	750 G 2.9 1.84 5.47 200	**600 G 3.1 2.92 6.88 200**	600 E 3.9 2.51 6.4 200	550 E 4.5 2.96 6.93 200	550 C 5.5 2.45 6.35 200	550 C 6.6 2.45 6.35 200
1 800								900 G 2.7 0.61 3.14 300	800 G 2.8 1.12 4.27 250	800 G 3.0 1.79 5.4 200	**700 G 3.2 2.32 6.15 200**	600 G 3.7 3.2 7.23 200	600 E 4.6 2.83 6.78 200	500 E 4.9 4.15 8.2 200	500 C 6.0 3.37 7.4 200
1 900									900 G 2.9 0.98 3.99 250	**750 G 3.1 1.43 4.82 250**	**750 G 3.3 2.27 6.07 200**	600 G 3.6 3.55 7.6 200	600 E 4.5 3.12 7.13 200	550 E 5.0 3.76 7.8 200	550 C 6.2 3.07 7.07 200
2 000									**850 G 3.0 0.84 3.69 300**	750 G 3.0 1.58 5.07 250	800 G 3.3 2.19 5.97 200	625 G 3.6 3.68 7.73 200	625 E 4.5 3.21 7.2 200	600 E 5.1 3.48 7.53 200	600 C 6.3 2.87 6.83 200

Q〔m³/h〕 \ L〔m〕	2.5	3.0	3.5	4.0	4.5	5.0	6.0	7.0	8.0	9.0	10.0	11.5	13.0	14.5	16.0
2 100									900 G 3.0 0.83 3.67 300	850 G 3.2 1.37 4.71 250	900 G 3.4 1.9 5.55 200	**725 G 3.8 2.98 6.95 200**	725 E 4.5 2.61 6.5 200	**700 E 5.5 2.76 6.7 200**	600 E 5.9 3.83 7.9 200
2 200										750 G 3.2 1.32 4.63 300	750 G 3.4 1.91 5.56 250	**775 G 3.8 2.82 6.78 200**	750 E 4.7 2.66 6.57 200	**750 E 5.5 2.66 6.57 200**	650 E 6.1 3.55 7.6 200
2 300										850 G 3.3 1.15 4.33 300	**850 G 3.5 1.63 5.13 250**	800 G 3.8 2.91 6.87 200	750 G 4.4 3.31 7.33 200	750 E 5.4 2.89 6.85 200	**700 E 6.2 3.38 2.4 200**
2 400										900 G 3.4 1.08 4.18 300	900 G 3.6 1.56 5.03 250	900 G 3.9 2.52 6.4 200	**750 G 4.3 3.6 7.65 200**	750 E 5.3 3.17 7.18 200	**750 E 6.2 3.17 7.18 200**
2 500											850 G 3.7 1.35 4.67 300	750 G 3.9 2.6 6.5 250	**775 G 4.3 3.69 7.75 200**	750 G 5.0 3.88 7.95 200	750 E 6.3 3.43 7.45 200
2 600											900 G 3.8 1.26 4.52 300	850 G 4.1 2.07 5.82 250	**850 G 4.4 3.3 7.3 200**	775 G 5.0 3.95 8.02 200	775 E 6.1 3.43 7.47 200
2 700											900 G 3.7 1.37 4.72 300	**900 G 4.2 1.97 5.65 250**	700 G 4.4 3.32 7.32 250	700 G 5.2 3.3 7.32 250	700 E 6.4 2.98 6.95 250
2 800												750 G 4.1 2.13 5.9 300	**750 G 4.5 3.07 7.06 250**	700 G 5.1 3.62 7.66 250	700 E 6.3 3.13 7.15 250
2 900												850 G 4.3 1.76 5.35 300	**850 G 4.7 2.56 6.45 250**	750 G 5.1 3.38 7.43 250	750 E 6.4 2.96 6.95 250
3 000												900 G 4.4 1.69 5.23 300	**900 G 4.7 2.48 6.35 250**	750 G 5.1 3.6 7.65 250	750 E 6.3 3.18 7.18 250

900	G
3.4	1.11
4.25	300

風口寬度〔mm〕→ 900
垂直葉片的設定位置 → G
冷氣溫差10°C時之降下度 → 3.4
風口的阻抗全壓mmAq → 1.11
出風口的平均風速〔m/s〕→ 4.25
風口高度〔mm〕→ 300

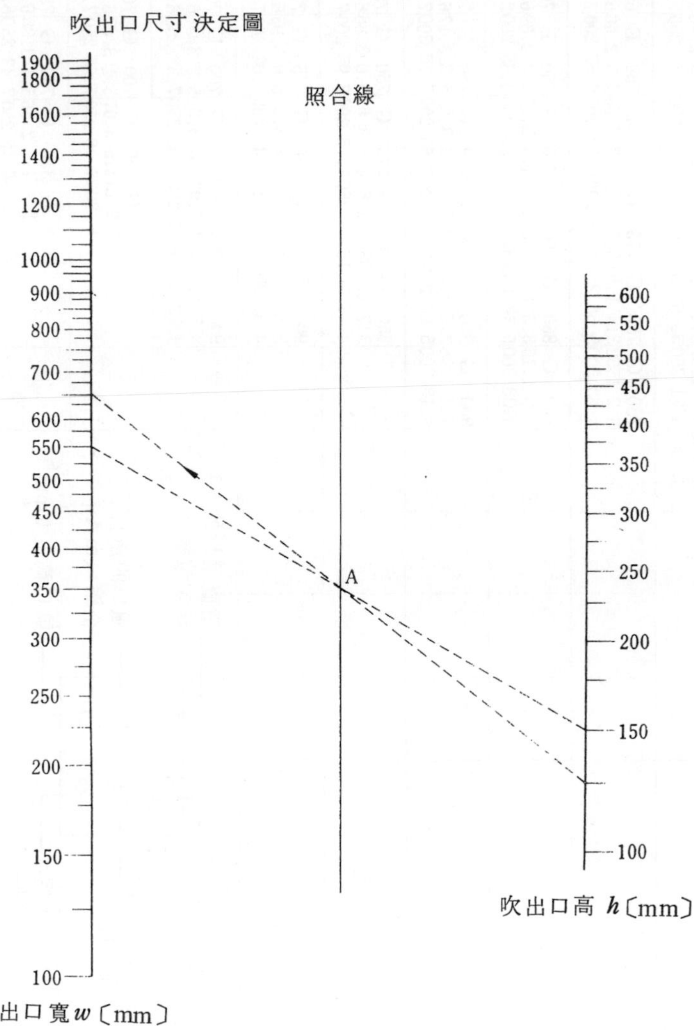

圖19-4　出風口尺寸換算圖

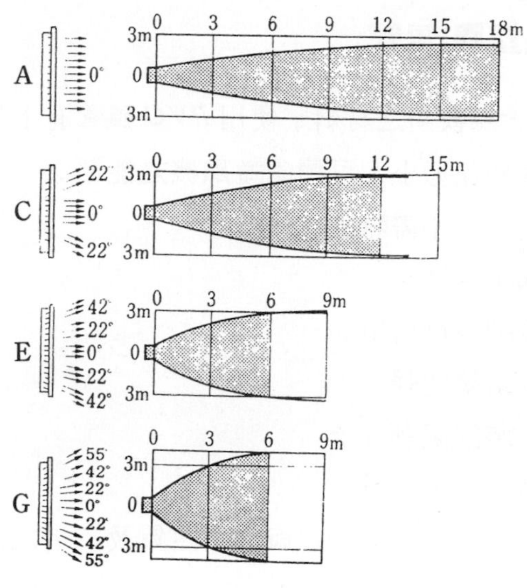

圖 19-5　矩形風口葉片角度

高度125mm與A點連結延長，交於寬度欄，得寬度爲650mm卽650×125mm風口之摩擦阻抗和550×150之風口相同。

19-2　風管構造

設計風管時應考慮下列事項：

(1)　用途：一般空調、加濕空調、換氣、廢熱處理等用途。

(2)　方式：高速風管、低速風管。

(3)　材料：鍍鋅鐵皮、不銹鋼皮、*PE*、*PVC*、水泥管道、三夾板、*FRP*及鋁合金等。

(4)　經濟性：工程費用，關連工程費用，保養維費及折舊費等。

紡織工場大多採用地下回風，故以鋼筋混凝土砌成之管道作爲風管。送風管因需加濕，爲了避免銹蝕故有逐漸改用 *PVC* 風管之趨勢。一些培養菌種之工廠，甚至有採用 *PE* 風管者，以一般的 *PE* 材料作風管，在 *PE* 管上開許多小孔送風，成本低廉又耐腐蝕。

本節僅敍述常用之鍍鋅鐵皮及塑膠風管之構造。

19-2-1 PVC(塑膠)風管

PVC 塑膠風管爲較新之材料,使用 *PVC* 風管有下列之優點:

(1) 表面光滑、摩擦係數小、可節省通風機之能源。

(2) 不生銹、不腐蝕、不需特別之保養。

(3) 折舊率低、成本低廉。

(4) 耐潮濕、適於調濕風管用。

(5) 耐酸、耐鹼、耐藥性强。

(6) 質輕、搬運、裝卸便利。

(7) 按裝施工容易。

PVC 風管及鍍鋅鐵皮之物理與化學性質及二者之比較如表 19-7～表 19-10。

PVC 塑膠風管安裝實例如圖 19-6,組合實例如圖 19-7 各組合件結構材料如圖 19-8 所示。

19-2-2 鍍鋅鐵皮風管

依外形,風管可分爲圓形及矩形風管。同一風量時圓形風管佔空間小,相同之風量及摩擦損失下,使用之材料較少。但矩形風管因其高度較小,故應用於天花板上等場所較適合。

依風速可分成高速風管及低速風管,主風管內之風速逾 15m/sec 以上爲高速風管,以下爲低速風管。設計高速風管大多採產 20m/sec 之風速。

(1) 圓形風管:

圓形風管之構造如圖 19-9。

(2) 矩形風管

矩形風管之構造如圖 19-10,接縫方式如圖 19-11。材料規格請參閱表 19-12～表 19-18。

項次	項　目	單　位	P.V.C.	白　鐵　皮	備　註
1	線膨脹係數	mm/°C	7×10^{-5}	1.1×10^{-5}	
2	比　熱	kCal/KG°C	0.24	0.12	
3	熱傳導度	kCal/cmhr	0.14	57	
4	摩擦係數		0.03	0.15	摩擦係數比白鐵皮小五倍
5	比　重		1.43	7.85	
6	耐熱性		-15°C～76°C	231.8°C以下	
7	耐風壓		4.5″水柱以下	4.5″水柱以下	白鐵皮 4.5″～6″須焊錫
8	耐腐蝕性		耐酸、耐鹼、不生銹	易腐蝕及生銹	
9	燃燒性		不助燃能自熄	不　燃	
10	空氣污染		無	易　污　染	
11	使用年限		20年以上	調濕 2～3年 一般 3～7年	
12	保溫效果		佳	差	PVC 風管之熱傳導度爲白鐵皮風管之1/400
13	送風噪音		小	大	白鐵皮風管之摩擦係數爲 PVC 風管之5倍
14	保養費用		不須保養	每年保養費高	
15	造價分攤		每年分攤造價便宜	每年分攤造價爲PVC之3-10倍	
16	耐衝擊性	$KG\text{-}cm/cm^2$	3.0m/m平板4.0		依照 CNS K-1288 方法試驗
17	落球試驗	KG/cm^2	1.0～1.5m/m 65 1.51～2.0m/m 75		依照 CNS K-1288 方法試驗

表19-7　PVC風管與白鐵皮風管物理性及化學性比較

表 19-8　*PVC* 風管之耐藥及耐化學性質

藥品	20°C	40°C	60°C	藥品	20°C	40°C	60°C	
鹽酸（35%）	◎	◎	◎	荷性納	◎	◎	◎	◎完全不起作用，可使用 ○略起作用，可使用 △起若干作用，注意使用 ×不能使用
硫酸（60%）	◎	◎	◎	荷性鉀	◎	◎	◎	
硫酸（98%）	◎	△	×	氨水	◎	◎	◎	
發煙硫酸（100%）	×			石灰乳	◎	◎	◎	
硝酸（70%）	◎	◎	○	丙酮	×			
硝酸（95%）	×	×	×	酒精	◎	◎	○	
醋酸（90%以下）	◎	◎	○	四氯化碳	×	×	×	
醋酸（90%以上）	○	×	×	福馬林	◎	◎	○	
草酸	◎	◎	◎	汽油	◎	◎	○	
氯氣（乾性）100%	△	×	×	天然氣	◎	◎		
氯氣（濕性）5%	△	×	×	煤氣	◎	◎		

※由上表得知 *PVC* 風管爲耐藥品性及耐化學性之產品

表19-9　*PVC*風管之物理性質

項目	單位	數值	項目	單位	數值
拉力強度	kg/cm^2，20°C	500以上	耐電壓	*KV*-m.m	23以上
抗壓強度	kg/cm^2	600以上	燃燒性	-	不助燃、能自熄
使用溫度界限	°C	-15°C-76°C	硬度	shore D	70-90
比熱	kCal/kg°C	0.24	衝值	$kg\text{-}cm/cm^2$ of notch	4
熱傳導度	kCal/°C m.h	0.14	比重		1.43

表19-10　*PVC*風管與鍍鋅皮風管產品比較表

項目	機械強度	耐藥品性	電蝕	水垢	燃燒性	重量	耐凍性	施工	摩擦係數
*PVC*風管	大	良好	不	無	不燃燒能自熄	輕	良好	冷作法不需技術	小
白鐵皮風管	較大	欠佳	容易	厲害	不燃	*PVC*之5倍	最佳	要技術	高爲*PVC*風管五倍以上

※ *PVC*風管之一般特性：(1)質輕、搬運、裝卸便利　(2)耐酸、耐鹼、耐藥性強　(3)管壁光滑　(4)按裝施工容易　(5)強度大

圖 19-6　塑膠風管安裝實例

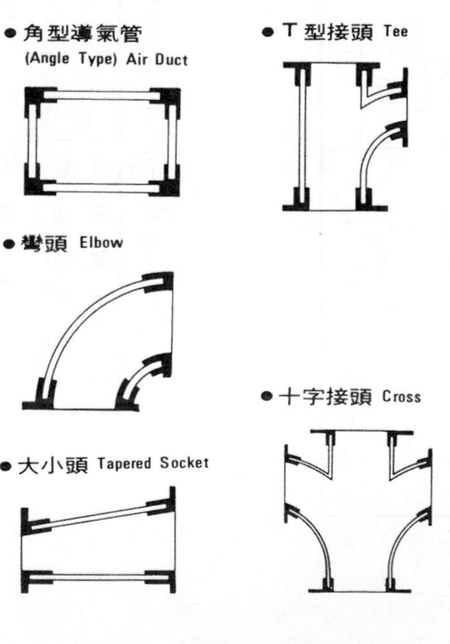

圖 19-7　塑膠風管組合圖

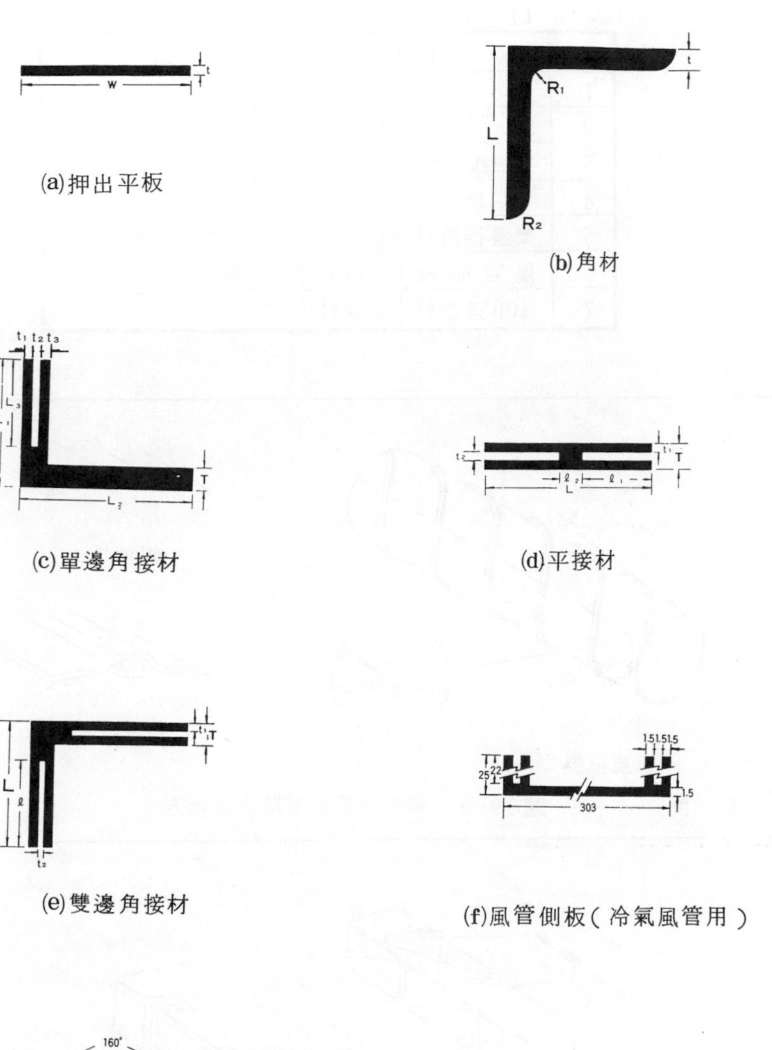

圖 19-8　塑膠風管結構材料

表19-11 塑膠風管組合材料及用途

項目	名　稱	用　途
1	押出平板	管壁材料
2	角　材	管體較長，管徑較大時之補強用
3	單邊接角材	做為管體連接之法蘭用
4	平接材	平板延長時之連接
5	雙邊接角材	套入平板做為管體之骨架材料
6	風管側板	管壁兼連接平板
7	160°連接材	連接材料

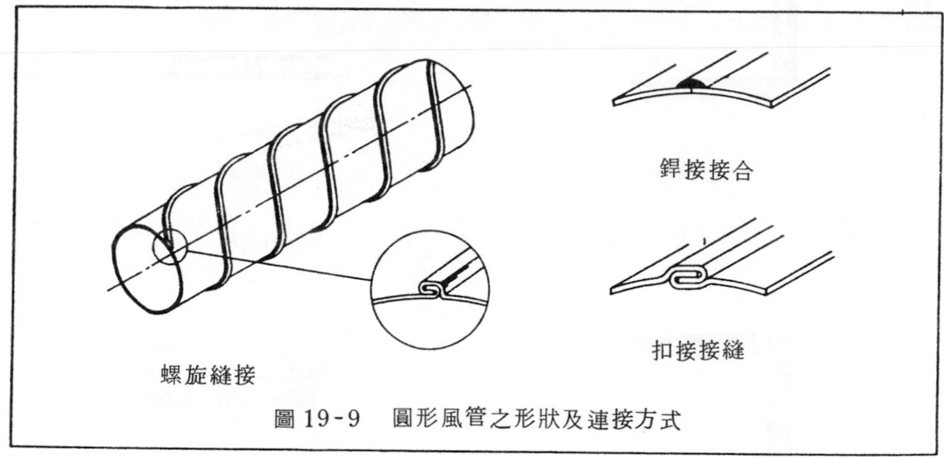

圖19-9 圓形風管之形狀及連接方式

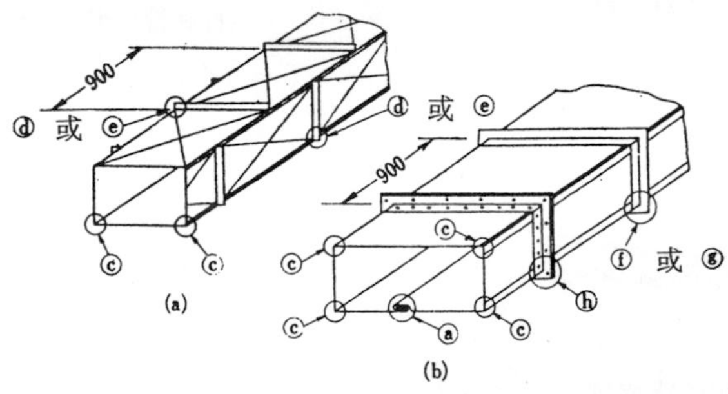

圖19-10 矩形風管構造

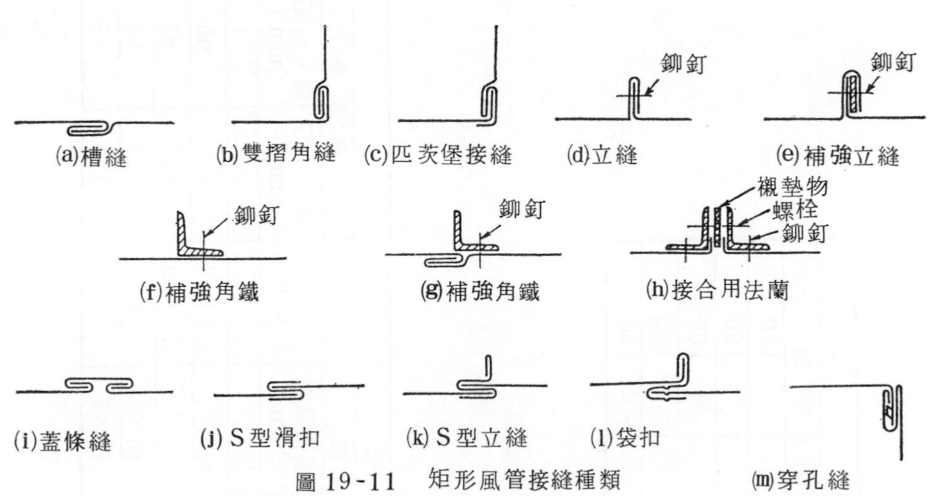

圖 19-11　矩形風管接縫種類

表 19-12　低速風管（最大風速 15m/sec 以下）之鐵皮厚度

板厚	矩形風管長邊尺寸（m）	圓形風管直徑（m）
26	0.15～0.30	0.15～0.50
24	0.31～0.75	0.51～0.75
22	0.76～1.50	0.76～1.00
20	1.51～2.25	1.01～1.25
18	2.26 以上	1.26 以上

表 19-13　高速風管（最大風速 15 m/sec 以上）之鐵皮厚度

板厚	矩形風管長邊尺寸（m）	圓形風管直徑（m）	接縫板厚
24		0.20 以下	22
22	0.45 以下	0.21～0.45	20
20	0.46～1.20	0.46～0.75	18
18	1.21～2.25	0.76 以上	18

表 19-14 矩形及圓形風管法蘭(flange)規格

板厚	法蘭		螺栓	
	角鐵〔mm〕	最大間隔〔m〕	直徑〔mm〕	間距〔mm〕
26	25×25×3	3.6	8.0	100
24	25×25×3	3.6	8.0	100
22	30×30×3	2.7	8.0	100
20	40×40×3	1.8	8.0	100
18	40×40×5	1.8	8.0	100

表 19-15 矩形風管之補強

板厚	角鐵補強				立縫補強					
	角鐵〔mm〕	間隔〔m〕	角鐵用鉚釘		普通立縫	補強立縫		間隔〔m〕	立縫用鉚釘	
			直徑〔mm〕	間距〔mm〕	高〔mm〕	高〔mm〕	補強扁鐵〔mm〕		直徑〔mm〕	間距〔mm〕
26										
24	25×25×3	1.8	4.5	65	25			0.9	4.5	65
22	30×30×3	0.9	4.5	65	25			0.9	4.5	65
20	40×40×3	0.9	4.5	65	40	45	40×3	0.9	4.5	65
18	40×40×5	0.9	4.5	65	40	45	40×3	0.9	4.5	65

表19-16　矩形風管吊支架規格

風管板厚〔mm〕	吊	架		支	架
	角鐵〔mm〕	圓鐵直徑〔mm〕	最大間隔〔mm〕	角鐵〔mm〕	最大間隔〔m〕
26	25×25×3	9	2.7	25×25×3	3.6
24	25×25×3	9	2.7	25×25×3	3.6
22	30×30×3	9	2.7	30×30×3	3.6
20	40×40×3	9	2.7	40×40×3	3.6
18	40×40×5	12	2.7	40×40×5	3.6

表19-17　圓形風管吊支架

風管直徑〔m〕	束帶扁鐵〔mm〕	吊　架		最大間隔〔m〕
		扁　鐵〔mm〕	圓鐵直徑〔mm〕	
1.50 以下	25×3	25×3	9	2.7
1.51 以上	30×3	30×3	12	2.7

表19-18　螺旋式接縫圓形風管鐵皮厚度

板厚	風管內徑〔m〕	接縫公稱外徑〔m〕
26	0.20 以下	0.20 以下
24	0.21～0.60	0.21～0.60
22	0.61～0.80	0.61～0.80
20	0.81～1.00	0.81～1.00

(3) 風管配件

① 風量調節擋板（volume damper）

風量調節擋板主要用來調節風量及閉鎖風管。依其構造型式有：

(a) 單翼式擋板（single blade damper）（圖19-12）

(b) 多翼式擋板（multiblade damper 或louver damper）（圖19-13）

(c) 分風門（split damper）（圖19-14）

(d) 圓形風管風量調節板（close damper）。

(e) 滑片式擋板（slide damper）（圖19-15）

② 防火風門（fire protection damper）

火災時，風管有烟囪效果，會助長火勢，因此應裝設防火風門自動遮

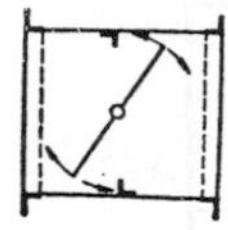

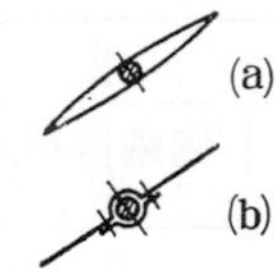

圖19-12　單翼式擋板

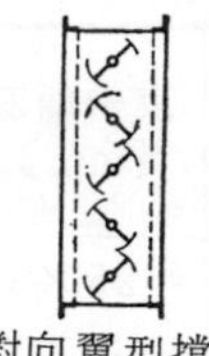

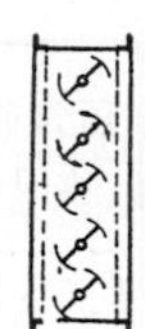

圖19-13　多翼式擋板

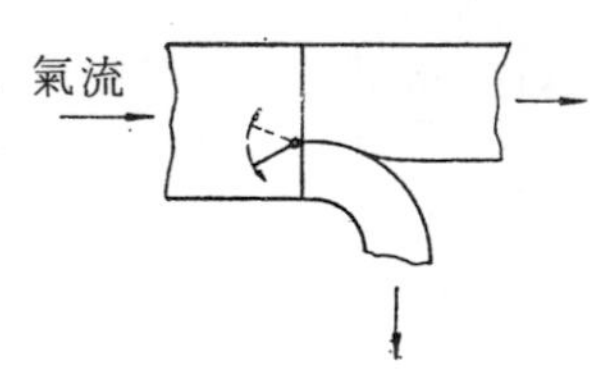

圖19-14　分風門

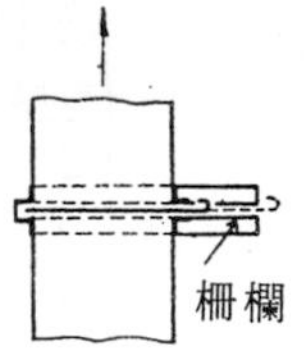

圖19-15　滑片式擋板

斷。構造如圖19-17，風管內氣流溫度升高時，過熱保險絲燒融，擋板下墜自動閉鎖。鐵板厚度1.6 mm以上。應裝置防火風門之場所有：

(a) 貫穿防火壁時。

(b) 機房、厨房等有發生火災之虞者。

(c) 有防火必要之場所。

③ 導風片（guide vane）

爲減少風管之摩擦損失阻抗，在彎曲部份應加裝導風片（或稱順風片），如圖19-18，圖19-19，圖19-20。

19-3 風管之保温

爲了減少熱損失，空調風管均應隔熱（保溫、保冷、防止結露），若爲明管裝配而無熱損失及結露之虞的場所，則可免裝保溫設施。對於室外風管管內空氣與室外溫度有顯著差異者，除了保溫外尚需增加防潮設施，保溫材料外加防水層及鐵絲網，外敷防水水泥，紮防水鋁皮或防水帆布塗防水漆保護之。

風管內外側之熱通過率

$$K=\frac{1}{\frac{1}{\pi}\left[\frac{1}{\alpha_i d_i}+\frac{1}{2\lambda}\ \ell_n\frac{d_o}{d_i}+\frac{1}{\alpha_o d_o}\right]} \qquad (19\text{-}13)$$

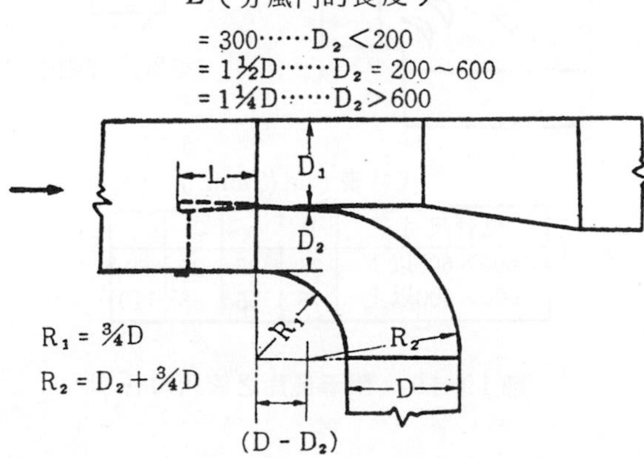

圖19-16　分歧風管和分風門

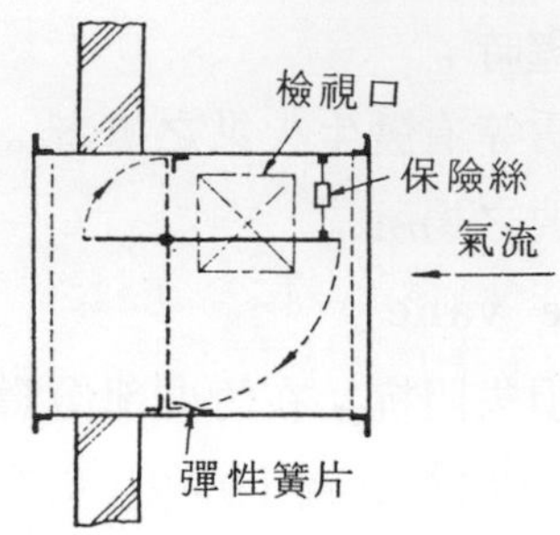

圖 19-17　防火風門

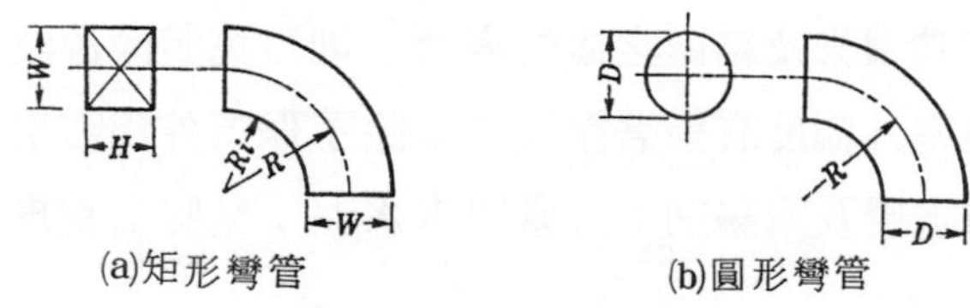

圖 19-18　彎管的中心半徑

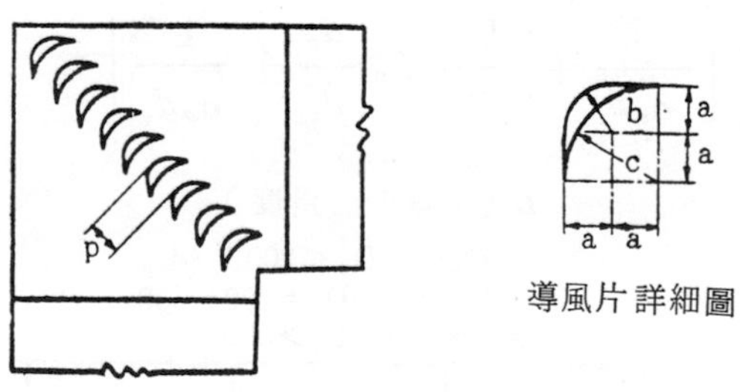

尺寸表（單位mm）

風管尺寸	P	a	b	c
600×600以下	36	25	25	50
600×600以上	78	55	55	110

圖 19-19　附導風片之直角彎管

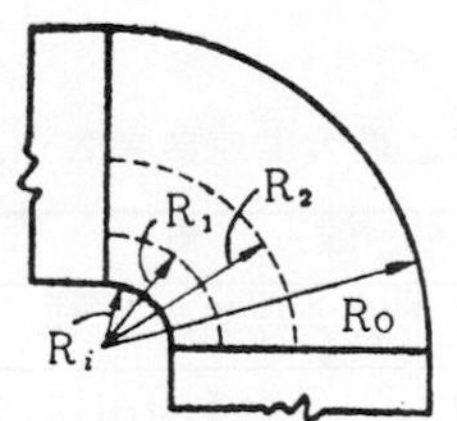

〔例〕

Ri = 7.5cm
Ro = 40cm
時，用 2 枚導風片的R值如下：
R_1 = 13.5cm
R_2 = 23cm

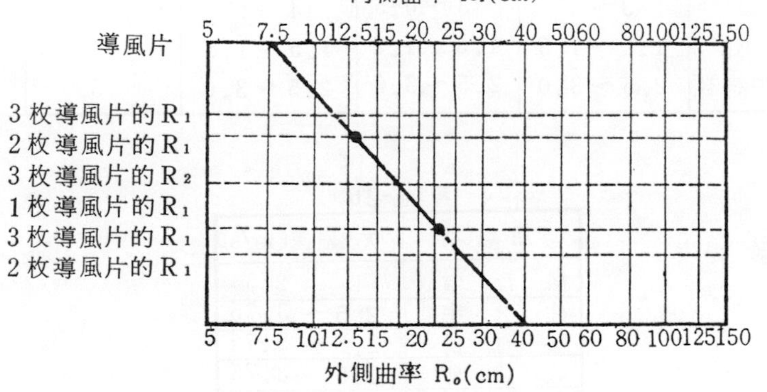

圖 19-20 附導風片管彎管的尺寸

K ＝熱通過率 kCal/m²h°C

α_o ＝外表面熱傳達率 kCal/m²h°C

α_i ＝內表面熱傳達率 kCal/m²h°C

d_o ＝圓形風管外徑 m

d_i ＝圓形風管內徑 m

λ ＝材料之熱傳導率 kCal/mh°C

矩形風管之保溫計算，可先求矩形風管之等值直徑，代入上式求得。或參閱本書第十七章表17-22，表17-23及表17-24等。

風管保溫材料大多使用玻璃棉 耐火泡棉、普利龍板等。保溫材料最好兼具有耐燃性。保溫方式可採用外保溫及內保溫，採用內保溫時，兼具消音效果，外表噴漆尚稱美觀。但須注須保溫材料不得被氣流吹出。

19-4 風管大小之決定

風管大小之計算有①速度遞減法（velocity method），②等摩擦損

表19-19　風管之最大風速參考表m/sec

	低速風管			高速風管	
	住宅	公共建築物	工場	公共建築物	工場
外氣吸入口	2.5～4.0	2.5～4.9	2.5～6	5	6
主風管	3.5～6	5～8	6～11	25	30
分歧風管	3～5	3～6.5	4～9	10	15
濾氣網	1.2～1.5	1.5～1.8	1.5～1.8	3	3
蒸發器、加熱器	2.5～3.0	2.5～3.0	2.5～3.0	3	3

表19-20

使用場所	吹出風速〔m/s〕
播音室	2.5
住宅	2.5～3.75
公寓	2.5～3.75
教會	2.5～3.75
旅館客房	2.5～3.75
演劇場	2.5～5.0
事務所個室	2.5～5.0
電影院	5.0～6.25
一般事務室	5.25～7.5
百貨店上階	7.5
百貨店一階	7.5
工場	7.5～10.0

表19-21　回風口之建議風速

回風口位置	風速m/sec
居住域上方（壁式、天花板式）	4
居住域內，不靠近坐位	3～4
居住域內，靠近坐位	2～3
門、木製回風口	1～1.5
門縫	1～1.5

失法（equal fritiion method），③靜壓再取得法（static pressure regain method）。

19-4-1 速度遞減法

依表 19-19 決定各部份之風速，計算風管各部份之尺寸，適用於簡單之風管系統。此法主要缺點有：

(1) 風管系統的總摩擦阻抗之計算困難。

(2) 須加裝擋板平衡出風量。

(3) 對風速之決定須有相當之經驗。

19-4-2 等摩擦損失法(或稱等壓法)

採用風管之各部份單位長度的摩擦損失均相等來決定風管尺寸的方法。最靠近送風機的主風管風速由表 19-19 決定之，同時求得單位長度的摩擦損失，再由圖 19-21 求得各部份之尺寸。

【例1】如圖 19-21 所示之工場空調裝置，各出風口之風量爲1000 m^3/hr，試以等摩擦損失選定風管尺寸。

【解】先將風管各區間之風量列表

由表19-19與送風機出口連接之主風管風速選定爲10 m / sec，風量6000 m / hr 時，由圖19-2 查得摩擦損失 $R \doteqdot 0.23$mmAq/m，$D=$ 46 cm其餘各區間之摩擦損失均定爲0.23 mm Aq / m，先查得各區間之直徑，再由表19-2(a)及表19-2(b)，查得 $a \times b$ 之尺寸。

風量列表

區間	風量（m^3/hr）	直徑（mm）	a×b（mm）
ZA	6000	460	600 × 300
AB	6000	460	600 × 300
BC	4000	390	440 × 300
CD	2000	310	340 × 240
DG	1000	235	200 × 240
LP	4000	390	440 × 300

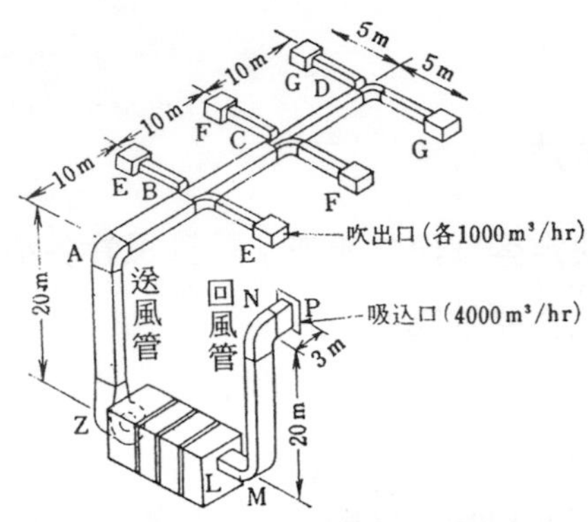

圖 19-21　風管分佈圖

圓型　　方型

圖 19-22　天花板式擴散器

19-5　出風口與回風口之種類

風口依其安裝之位置，大致可分爲天花板式、壁式及地板式三種。許多電腦房採用高架地板，因此風口也都安裝在地板上。地板式出風口之強度須能承受相當之重量。

依其用途可分爲出風口、回風口、排氣風口及新鮮空氣入口。

各類型之出風口有：

(1)　天花板式擴散器（ ceiling diffuser ）（圖 19-22）。

(2)　盤型出風口（ pan type ）（圖 19-23）。

(3)　槽型出風口（ slot grille ）（圖 19-24）。

(4)　組合型出風口（ combination type ）（圖 19-25）。

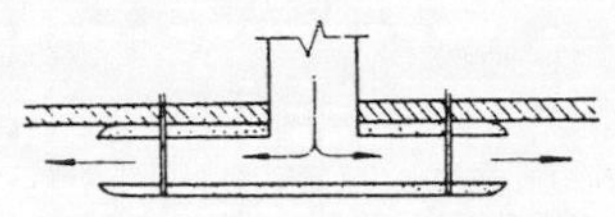
圖 19-23　盤型出風口

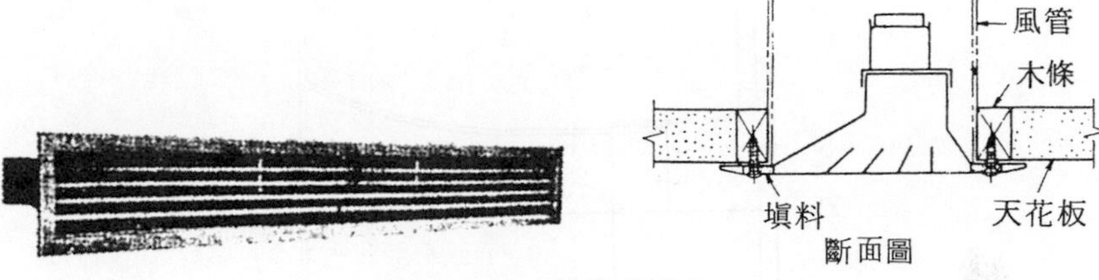

圖 19-24　槽型出風口

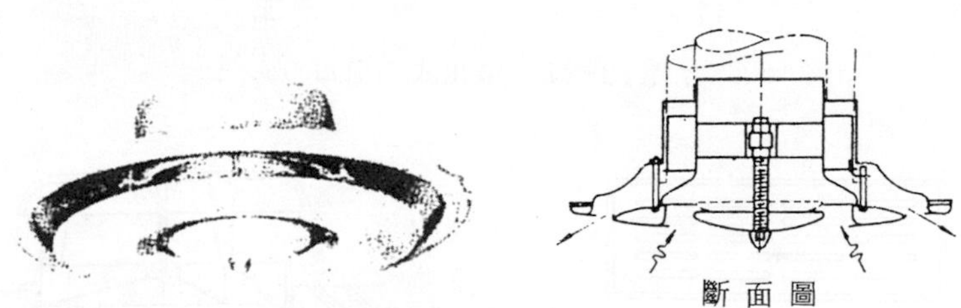

圖 19-25　組合型出風口

(5) 可調葉片型出風口（register）（圖19-26）。

(6) 噴出式出風口（nozzle type）（圖19-27）。

(7) 花板式出風口（plate slot type）（圖19-28）。

其他型式之風口：

(1) 菇狀型回風口（mushroom type）（圖19-29）。

(2) 壁型回風口（wall type）（圖19-30）。

(3) 格柵式回風口（plate grille）（圖19-31）。

(4) 外氣吸入口（fresh air intake）（圖19-32）。

(5) 排氣口（exhaust louver）（圖19-33）。

圖 19-26　可調葉片型出風口

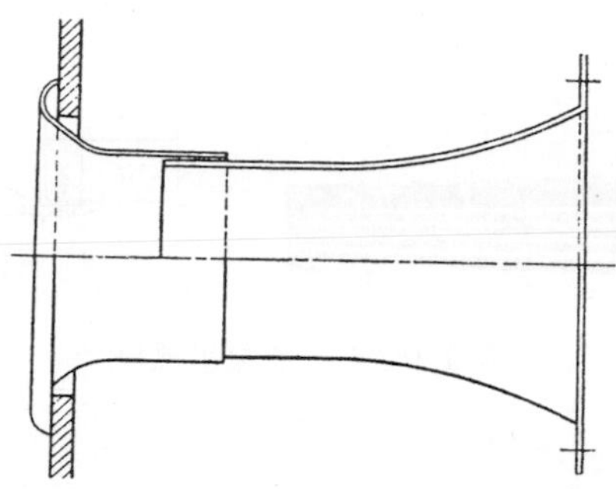

圖19-27　噴出式出風口

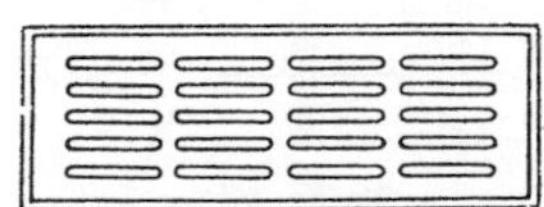

圖 19-28　花板式出風口

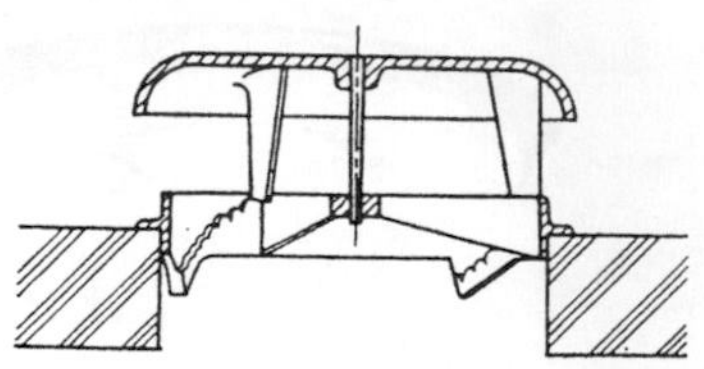

圖 19-29　菇狀型回風口

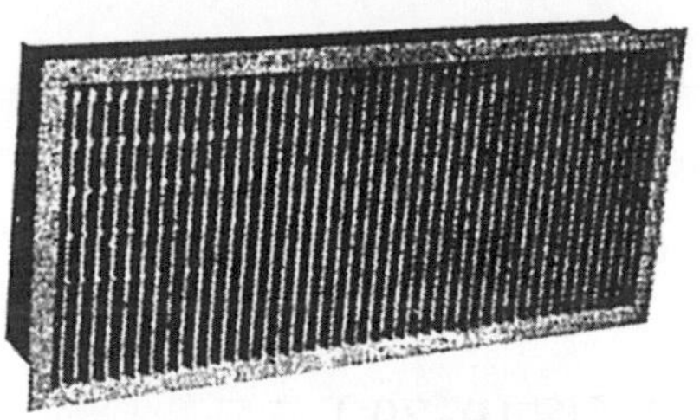

圖 19-30　壁型回風口

圖 19-31　格柵式回風口

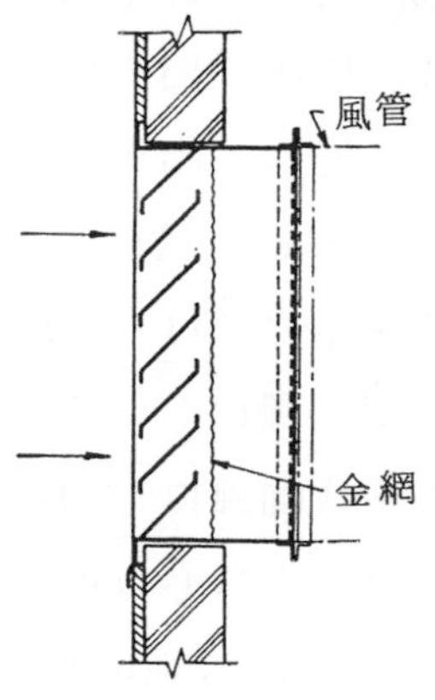

圖 19-32　外氣吸入口

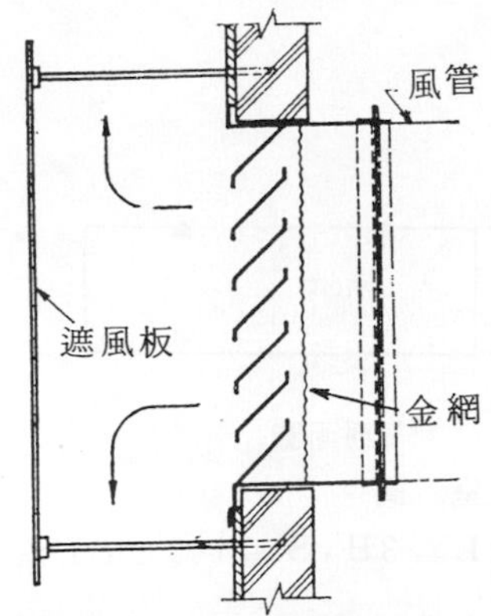

圖 19-33　排氣風口

19-6　出風口與回風口之配合

19-6-1　擴散型風口之位置

將空調場所分成正方式之數區，若分成矩形時，長邊應為短邊的1.5倍以下，使各區均在最大擴散半徑內，而最小擴散半徑互不重疊。（圖19-34）

19-6-2　壁式柵型出風口之位置

(1) 裝置高度應高於（1.5～1.8m），並低於天花板面（0.3m）。

(2) 吹出口位置不得阻礙氣流之分佈。

(3) 吹出距離為室深¾以上，以20°～60°之分佈角度為各出風口之分擔區域。

19-6-3　回風口之位置

(1) 利用走廊回風時，可在門上設回風柵口或利用門下縫隙。

(2) 手術室等之回風口應設置於地板附近，避免麻醉用之乙醚分佈室內。

(3) 抽風較多之場所應安裝在天花板上，以利煙霧之排除。

(4) 回風口之位置不得造成通風不良之滯流域或造成氣流之短路循環。

19-6-4　新鮮空氣口之位置

(1) 新鮮空氣口之位置應避免吸入受污染之空氣。

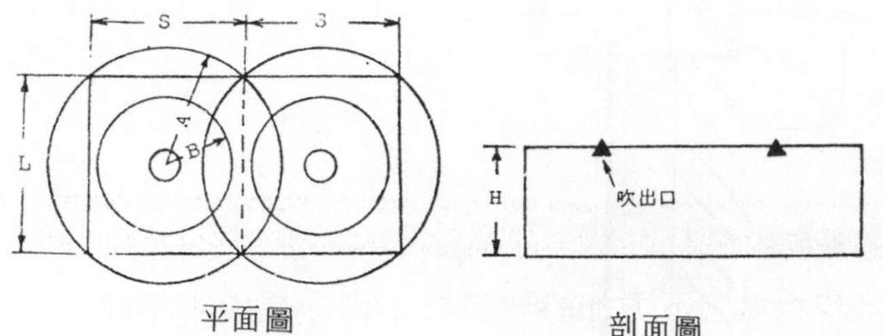

圖 19-34　A：最大擴散半徑　H：室　高
B：最小擴散半徑　S或L≦3H，S≦1.5L或L≦1.5S

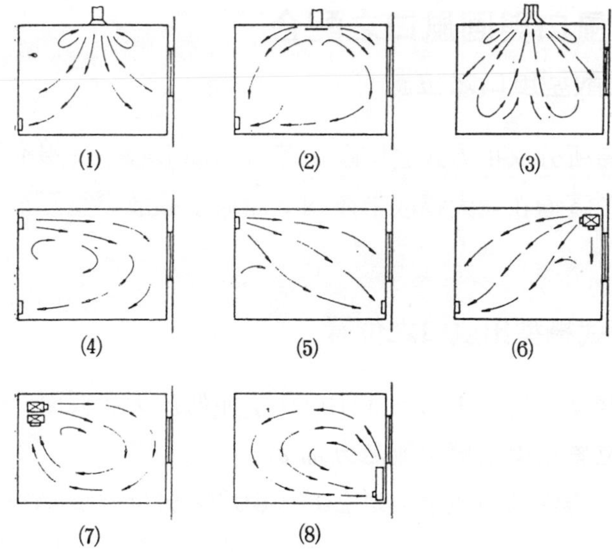

圖 19-35　出風口與回風口之相對位置

(2) 新鮮空氣口應能防雨、防蟲、防塵。

19-6-5 出風口與回風口之相對位置

出風口與回風口之相對位置如圖 19-35 所示。

(1) 由天花板上擴散式風口出風，地板附近回風。

(2) 使用盤型出風口之場合，因擴散性能較差，應在地板附近回風，使氣流順暢。

⑶ 出風回風組合型：天花板太高時，須使吹出空氣能抵達居住區域（暖房），避免氣流之短循環。

⑷ 出風回風口在同一壁面，效果良好。

⑸ 出風回風口在不同一壁面，易在居住域產生死域。

⑹ 在外壁側的天花板下出風，另側回風，易在外壁側居住域造成氣流之死域。但若在風管下方加設出風口，則效果與⑷相同。

⑺ 送風及回風管搭疊，置於天花板下，氣流分佈較平均，效果與⑷項類似。

⑻ 誘引式或 Fancoil unit 落地型，在窗下斜沿外壁向上出風，不會造成氣流死域。冷暖房皆可使用。

19-7 通風之測量及風壓風速計之應用

19-7-1 風速及風量之測定

⑴ 皮氏測壓管（pitot tube）

皮氏測壓管可用來測定速度壓（動壓），圖 19-36 皮氏管爲 L 型之二重管，內管之前端開有測定全壓之小孔，外管側面留有測定靜壓之數小孔由 $P_V = P_T - P_S$，故可直接讀出 P_V 值，

因 $$P_V = \frac{rV^2}{2g} \quad \therefore\ V = \sqrt{\frac{2g}{r}P_V} = 4.03\sqrt{P_V}$$

圓型風管應分成 20 測定點，矩型風管分成 16 個測定點（圖 19-37），求出各測定點之平均風速後，由公式 $Q=AV$，即可算出風量。

⑵ 風車型風速計

利用風車的回轉數可測定風速，其構造外型如圖（19-38），同樣的，應在風口的數個位置測定其風速後求其平均值，並依下式計算風量

$$Q = \frac{1}{2}CV(A+a)$$

Q = 風量 m^3/sec

V = 測得之平均風速 m/sec

A = 風口面積（寬×高）m^2

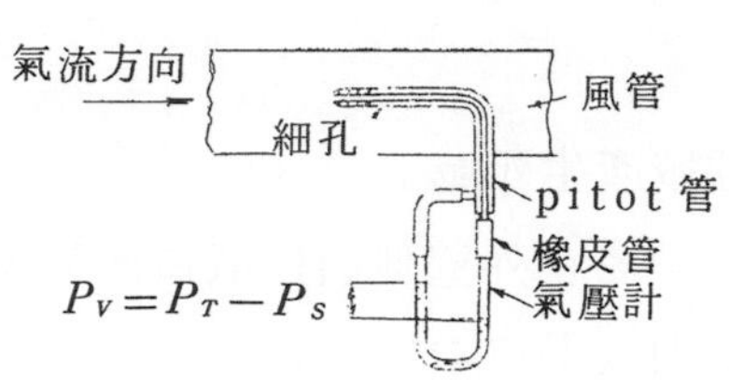

圖19-36　動壓的測定

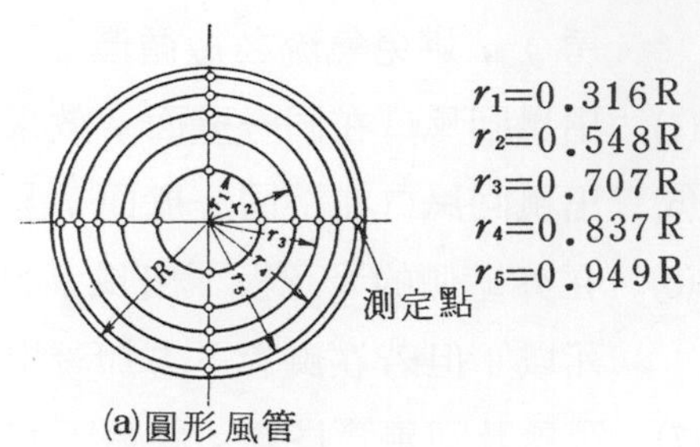

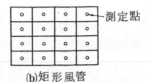

圖19-37　風速測定點

圖19-38　風車風速計

a＝風口的有效面積

C＝係數（出風口：0.96～1.00）

（回風口：1.00～1.08）

(3)　熱線式風速計（hot wire anemometer）

利用電阻之溫度特性，將一通電發熱之細白金線放入氣流中，風速大則電熱絲之溫度低，電阻變小，反之，則電阻愈大，將此電阻值之變化由惠斯敦電橋之作用而顯示在表上，由其刻度盤可直接讀出風速。

(4)　溫度計式之風速測定

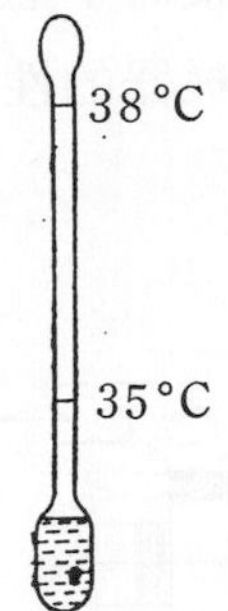

圖 19-39 測風速溫度計

此種用來測定風速之溫度計，有較大之球部，內盛酒精（圖 19-39），刻度僅有 38°C 及 35°C，可測極低之風速，欲測風速時，先將溫度計浸入溫水中，使溫度升逾 38°C，然後將溫度計之感溫球端放入氣流中，測得由 38°C 降至 35°C 所需之時間，再由下列公式計算之

$H = F / T$

H = 冷却能力

F = 常數（460～480，依溫度計之記載而定）

T = 由 38°C 降至 35°C 所需之時間（秒）

風速大於 1 m/sec 的場合

$$v = \left(\frac{H/\theta - 0.13}{0.47}\right)^2$$

風速小於 1 m/sec 的場合

$$v = \left(\frac{H/\theta - 0.2}{0.4}\right)^2$$

其中 v = 風速（m/sec）

$\theta = 36.5 - t_a$

t_a = 空氣溫度 °C

H = 冷却能力 = F / T

以此方式製成適當刻度盤，讓氣流通過，可直接讀得風速值。

19-8 風管與機器之連接

風管與送風機、盤管及風口等機器設備連接時，應考慮接續的方法，風管擴大與縮小的角度及安裝位置，才能發揮機器的性能，圖 19-40 列舉正確與錯誤的連接方式。

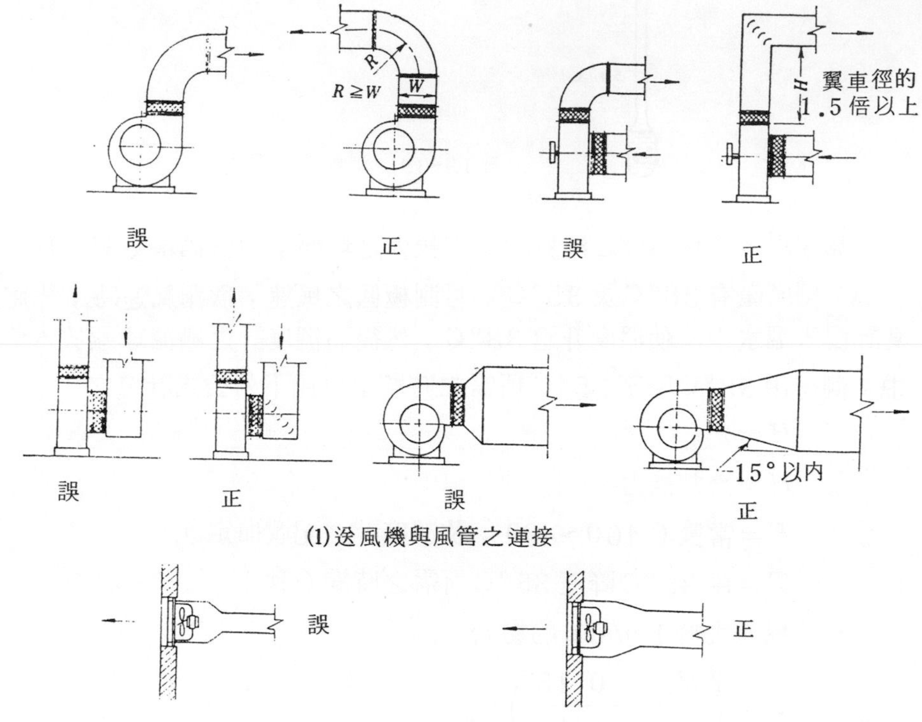

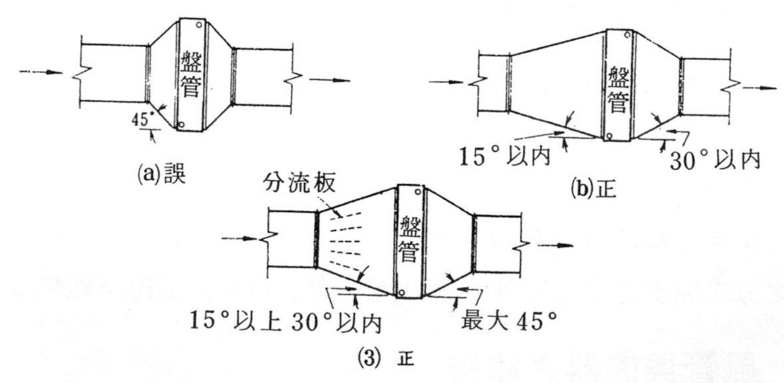

圖19-40　風管與盤管之連接

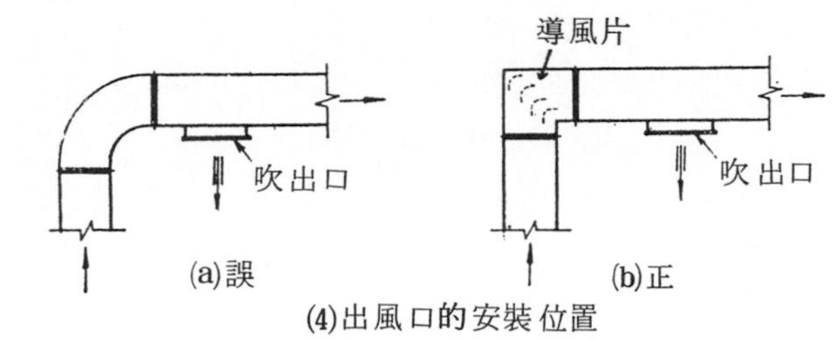

(4)出風口的安裝位置

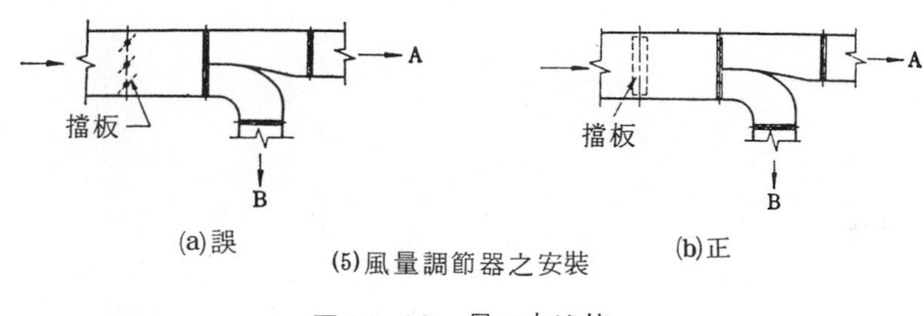

(5)風量調節器之安裝

圖19-40　風口之連接

(1) 風管與送風機之連接，應裝置堅厚牢固的帆布接頭防震，角度不正確或未加裝順風片，皆會產生亂流，使送風機之能力減低。

(2) 一般用途之螺旋槳式(propella)送風機，靜壓小，因此與送風機連接之風管直徑不得小於送風機之直徑。

(3) 與盤管連接之擴張角度應在15°以內，超過時應設置分流板。縮小角度應在30°以內，不得超過45°。

(4) 出風口靠近彎管設置時，應加導風片整流，若未加導風片，有可能將室內空氣吸入。

(5) 在分岐風管前裝置風量調節擋板，若用多翼式則氣流易偏向，使風量不易平衡。

20-1　空氣的組成及性質

20-1-1　記號說明

P＝濕空氣的全壓力 kg/cm²

H＝濕空氣的全壓力mmHg

P＝壓力，水蒸汽及空氣中水蒸汽分壓 kg/cm²

h＝壓力，水蒸汽及空氣中水蒸汽分壓mmHg

v＝比容　　m³/kg

t＝乾球溫度　　°C

t'＝濕球溫度　　°C

t''　露點溫度　　°C

T＝絕對溫度　　°K

r＝比重　　kg/m³

R＝氣體常數　　kg・m/kg・deg

C＝比熱　　kCal/kg・deg

C_p＝定壓比熱　　kCal/kg・deg

C_v＝定容比熱　　kCal/kg・deg

K＝比熱比＝ $\dfrac{C_p}{C_v}$

i ＝焓　　　　kCal/kg

g ＝熵　　　　kCal/kg

x ＝濕空氣的絕對濕度 kg/kg′

y＝濕空氣中含有水蒸汽的比重量 g/m³

ψ＝濕空氣的相對濕度＝$\dfrac{y}{y_s}$

ϕ＝濕空氣的飽和度＝ $\dfrac{x}{x_s}$

註脚記號：

a＝乾空氣

w＝水

a_0＝標準狀態之乾空氣

s ＝飽和濕空氣

20-1-2 乾空氣的組成及性質

溫度爲0°C，壓力爲760mmHg，$g = 980.665 cm/sec^2$之乾空氣，標準成份如表20-1，類似理想氣體的性質，可引用理想氣體的計算公式作熱力計算。

空氣之主要成份，包括氧（oxygen）與氮（nitrogen），其它尚含有二氧化碳（carbon dioxide）、氬、氦等惰性氣體。不含有水蒸汽之空氣謂之乾空氣（dry air），一般之空氣中均含有水蒸汽（water vapor，謂之濕空氣（moist air）。

表20-1　乾空氣的標準成份

	N_2	O_2	Ar	CO_2
容積組成	0.7809	0.2095	0.0093	0.0003
重量組成	0.7553	0.2314	0.0128	0.0005

20-1-3　濕空氣的性質及相關術語

㈠　相關術語

① 乾球溫度（dry bulb temperature）

用普通溫度計所測得之空氣溫度

② 濕球溫度（wet bulb temperature）

以濕布、濕棉紗等包著溫度計之感溫球，而使之暴露於流動的空氣中，所測得之空氣溫度。

③ 露點溫度（dew point temperature）

當空氣被冷卻，空氣中的水份開始凝結成水滴時之溫度。

④ 相對濕度（relative humidity）

在同一溫度條件下，實際空氣水蒸汽壓力與飽和空氣水蒸汽壓力之比值，稱爲相對濕度。

$$\phi = \frac{y}{y_s} = \frac{h}{h_s}$$

相對濕度

$$= \frac{\text{同一溫度時單位容積之濕空氣所含有水蒸汽的重量}(g/m^3)}{\text{同一溫度時單位容積之飽和濕空氣所含有水蒸汽的重量}(g/m^3)}$$

$$= \frac{\text{同一溫度時實際濕空氣的水蒸汽分壓}}{\text{同一溫度時飽和濕空氣的水蒸汽分壓}} \times 100\%$$

⑤ 飽和度（saturation degree）

$$\phi = \frac{x}{x_s} \times 100\%$$

飽和度 ϕ

$$= \frac{\text{濕空氣的絕對濕度 } kg/kg'}{\text{同一溫度條件下飽和濕空氣的絕對濕度 } kg/kg'}$$

⑥ 絕對濕度（absolute humidity）

在任一狀況下每單位容積之濕空氣中實際含有水蒸汽的重量，或每單位重量濕空氣中，實際含有水蒸汽的重量。

⑦ 比濕度(specific humidity)

單位重量之乾空氣中實際含有的水蒸汽重量。

⑧ 濕度百分比(percentage humidity)

單位重量之濕空氣中，實際含有之水份重量與在同一溫度下使單位重量的乾空氣達到飽和狀態所需水份重量之比值，謂之濕度百分比(percentage humidity)

(二) 濕空氣的關係式

① 壓力

濕空氣適用道爾頓分壓法則，

$$(P-P_w)v\times10^4=\frac{10^4}{735.5}(H-h)v=R_aT \qquad (20\text{-}1)$$

P之單位為kg/m²，H及h之單位為mmHg，因一大氣壓力(760 mmHg)為1.03329 kg/cm²，故每1 kg/cm²之壓力相當於735.5 mmHg，$R_a=29.27$ kg·m/kg·deg

$v=xv_w$

v=空氣比容m^3/kg

x=絕對濕度kg/kg

v_w=水蒸汽比容積m^3/kg

$$P_wv\times10^4=\frac{10^4}{735.5}hv=XR_wT \qquad (20\text{-}2)$$

$$\because\quad (P-P_w)\cdot XV_w\times10^4=R_aT$$

$$\therefore\quad X=\frac{R_aT\times10^{-4}}{V_w\cdot(P-P_w)} \qquad (20\text{-}3)$$

若視水蒸汽為理想氣體，則由公式$(P-P_w)v\times10^4=\frac{10^4}{735.5}(H-h)v=R_aT$及公式$P_v\times10^4=\frac{10^4}{735.5}hv=XR_wT$可導出下式：

$$\frac{H-h}{h}=\frac{1}{X}\cdot\frac{R_a}{R_w} \qquad (20\text{-}4)$$

$$X=\frac{h}{H-h}\cdot\frac{R_a}{R_w}$$

查表2-5（本書上冊p.20），$R_a=29.27$ kg · m/kg °C，$R_w=47.06$ kg · m/kg°C，得$R_a/R_w=0.622$。

$$X=\frac{0.622h}{H-h}=\frac{0.622\ \phi hs}{H-\phi hs} \qquad (20\text{-}5)$$

$$\phi=\frac{y}{y_s}=\frac{h}{h_s}=\text{相對濕度}$$

因　$$\frac{H-h}{h}=\frac{1}{X}\cdot\frac{R_a}{R_w}$$

故　$$HX-hX=h\cdot\frac{R_a}{R_w}$$

$$HX=h\left(\frac{R_a}{R_w}+X\right)$$

$$h=\frac{HX}{\frac{R_a}{R_w}+X}=\frac{HX}{0.622+X}=\phi hs \qquad (20\text{-}6)$$

故上式可由任意相對濕度求得濕空氣的絕對濕度

$X=0.010$ kg/kg　　$X_s=0.027$ kg/kg

$h_s=240$ mmHg

$$X=\frac{0.622\times\phi hs}{H-\phi hs}=\frac{0.622\times0.5\times24}{760-24\times0.5}=0.00998$$

$\fallingdotseq 0.010$

$$v=Xv_w=\frac{R_a\times10^{-4}}{P-P_w}T \qquad (20\text{-}7)$$

將　$(P-P_w)v\times10^4=R_aT$ 加上 $P_wv\times10^4=XR_wT$

得　$P\cdot v=(R_a+XR_w)T\times10^{-4}$（近似公式）　(20-8)

一大氣壓力　$P=1.033$

$$v = 0.4555 \times (X + 0.622)\frac{T}{100} \quad (20\text{-}9)$$

至於濕空氣之焓（enthalpy）i

$$i = C_a t + i_w$$

$$= 0.240t + (597.3 + 0.441t)\,x \quad (20\text{-}10)$$

$$C_p = 0.240 + 0.441X$$

$$C_v = C_p - A\,(R_a + XR_w)$$

$$= 0.1713 + 0.331X \quad (20\text{-}12)$$

$$K = \frac{C_p}{C_v} \quad (20\text{-}13)$$

在風速無限大時，濕球溫度計所測得之濕球溫度爲斷熱飽和溫度，一般在風速 5m/sec 以上，所測得之濕度皆可視爲斷熱飽和溫度，表20-2爲$H=760$mmHg 飽和濕空氣的X_s、v_s及i_s之值。表20-3爲由乾球溫度和斷熱飽和溫度求相對濕度。

20-1-4 水蒸汽之潛熱

壓力愈低，水之沸點愈低，反之則沸點增高，在一標準大氣壓下，水之沸點爲 100°C，蒸發潛熱約爲 539kCal/kg，英制單位中，一大氣壓時，水之沸點爲 220°F，蒸發潛熱量等於 970 BTU/LB。

液體之分子動能連續變化，但在任一瞬間，全體之若干分子有相當高的能量，若其能量超過周圍分子之吸引力，則能逃離液面進入氣相中，液體溫度增高則蒸發率亦上升，溫度升高時，分子平均動能亦增高，高能量的分子逃至氣相之總分子數亦增加。

當一液體盛在一密閉容器中，蒸發分子不能由液體附近逃逸，且在漫無目的運行中，將會有若干分子回到液體中，回返率視蒸汽中分子之濃度而定。單位體積中，蒸發分子愈多，則互相碰撞的機會愈多，返回液態的機會也愈大。凝縮速率與蒸發速度相等時爲平衡（equilibrium）。蒸汽壓力與液體在一已知溫度下，呈平衡現象時，稱此壓力爲蒸汽壓力（vapor pressure）。

表20-2　空氣性質表（大氣壓＝760 mmHg）

t (℃)	p_s kg/cm²	h_s mmHg	x_s kg/kg（乾燥空気）	i_s kcal/kg（乾燥空気）	v_s m³/kg（乾燥空気）	v_a m³/kg
−20.0	1.052×10^{-3}	0.7739	$0.6340\times10^{-}$	−4.427	0.7179	0.7172
−18.0	1.273 〃	0.9362	0.7671 〃	−3.868	0.7237	0.7228
−16.0	1.535 〃	1.129	0.9255 〃	−3.294	0.7296	0.7285
−14.0	1.846 〃	1.358	1.113 〃	−2.702	0.7355	0.7342
−12.0	2.214 〃	1.629	1.336 〃	−2.029	0.7414	0.7398
−10.0	2.648 〃	1.948	1.598 〃	−1.452	0.7474	0.7455
−8.0	3.159 〃	2.323	1.907 〃	−0.7875	0.7535	0.7512
−6.0	3.757 〃	2.764	2.270 〃	−0.09015	0.7596	0.7568
−4.0	4.458 〃	3.279	2.695 〃	0.6450	0.7658	0.7625
−2.0	5.275 〃	3.880	3.192 〃	1.424	0.7721	0.7682
0.0	6.228 〃	4.581	3.772 〃	2.253	0.7785	0.7738
2.0	7.194 〃	5.292	4.361 〃	3.089	0.7850	0.7795
4.0	8.290 〃	6.098	5.031 〃	3.974	0.7915	0.7852
6.0	9.531 〃	7.010	5.791 〃	4.914	0.7982	0.7908
8.0	1.0933×10^{-2}	8.042	6.652 〃	5.917	0.8050	0.7965
10.0	1.2514 〃	9.205	7.625 〃	6.988	0.8120	0.8021
12.0	1.4294 〃	10.514	8.725 〃	8.138	0.8192	0.8078
14.0	1.6292 〃	11.98	9.964 〃	9.373	0.8265	0.8135
16.0	1.8531 〃	13.61	0.01136	10.70	0.8341	0.8191
18.0	2.104 〃	15.47	0.01293	12.14	0.8420	0.8248
20.0	2.383 〃	17.53	0.01469	13.70	0.8501	0.8305
22.0	2.695 〃	19.82	0.01666	15.39	0.8585	0.8361
24.0	3.042 〃	22.38	0.01887	17.23	0.8673	0.8418
26.0	3.427 〃	25.21	0.02134	19.23	0.8766	0.8475
28.0	3.854 〃	28.35	0.02410	21.41	0.8862	0.8531
30.0	4.327 〃	31.83	0.02718	23.80	0.8963	0.8588
32.0	4.849 〃	35.67	0.03063	26.41	0.9070	0.8645
34.0	5.425 〃	39.90	0.03447	29.26	0.9183	0.8701
36.0	6.059 〃	44.57	0.03875	32.40	0.9304	0.8758
38.0	6.757 〃	49.70	0.04352	35.84	0.9431	0.8815
40.0	7.523 〃	55.34	0.04884	39.64	0.9568	0.8871
42.0	8.363 〃	61.52	0.05478	43.81	0.9714	0.8928
44.0	9.284 〃	68.29	0.06140	48.43	0.9872	0.8985
46.0	0.10288	75.68	0.06878	53.52	1.004	0.9041
48.0	0.11386	83.75	0.07703	59.16	1.022	0.9098
50.0	0.12583	92.56	0.08625	65.42	1.042	0.9155
52.0	0.13886	102.14	0.09657	72.37	1.064	0.9211
54.0	0.15303	112.6	0.1081	80.12	1.088	0.9268
56.0	0.16842	123.9	0.1211	88.78	1.114	0.9325
58.0	0.18511	136.2	0.1358	98.48	1.143	0.9381
60.0	0.2032	149.5	0.1523	109.37	1.175	0.9438
62.0	0.2228	163.8	0.1709	121.7	1.210	0.9495
64.0	0.2439	179.5	0.1922	135.6	1.250	0.9551
66.0	0.2667	196.2	0.2164	151.4	1.295	0.9608
68.0	0.2913	214.3	0.2442	169.5	1.346	0.9665
70.0	0.3178	233.8	0.2763	190.4	1.404	0.9721
72.0	0.3464	254.8	0.3136	214.6	1.471	0.9778
74.0	0.3770	277.3	0.3573	242.8	1.548	0.9835
76.0	0.4099	301.5	0.4090	276.3	1.640	0.9891
78.0	0.4452	327.5	0.4709	316.2	1.748	0.9948
80.0	0.4830	355.3	0.5460	364.6	1.879	1.0004
82.0	0.5235	385.1	0.6387	424.3	2.040	1.006
84.0	0.5668	416.9	0.7557	499.5	2.241	1.012
86.0	0.6130	450.9	0.9072	597.0	2.502	1.017
88.0	0.6623	487.2	1.111	727.7	2.850	1.023
90.0	0.7150	525.9	1.397	911.6	3.340	1.029
92.0	0.7710	567.1	1.829	1189.0	4.076	1.034
94.0	0.8307	611.0	2.551	1652.0	5.306	1.040
96.0	0.8942	657.7	3.999	2581.0	7.770	1.046
98.0	0.9616	707.3	8.352	5373.0	15.17	1.051
100.0	1.03323	760.0	—	—	—	1.057

t＝溫度，p_s，h_s＝飽和水蒸氣壓力，x_s＝飽和空氣的絕對溼度，i_s＝飽和空氣的焓，v_s＝飽和空氣的比容積，v_a＝乾燥空氣的比容積

表20-3(a) 斷熱飽和溫度與相對濕度

斷熱飽和溫度 ℃	(乾球溫度) (斷熱飽和溫度) deg																	
	0	0.5	1.0	1.5	2.0	2.5	3.0	3.5	4.0	4.5	5.0	5.5	6.0	6.5	7.0	7.5	8.0	8.5
0	100	91.3	83.1	75.4	68.1	61.3	54.8	48.8	43.1	37.8	32.7	28.0	23.6	19.4	15.5			
1	100	91.7	83.8	76.5	69.5	62.9	56.7	50.9	45.4	40.3	35.4	30.8	26.6	22.5	18.7			
2	100	92.1	84.5	77.4	70.8	64.4	58.5	52.9	47.6	42.6	37.9	33.5	29.3	25.4	21.7			
3	100	92.4	85.2	78.4	71.9	65.9	60.1	54.7	49.6	44.8	40.3	36.0	31.9	28.1	24.5			
4	100	92.7	85.8	79.2	73.0	67.2	61.6	56.4	51.5	46.8	42.4	38.3	34.4	30.7	27.2	23.9	20.8	
5	100	93.0	86.3	80.0	74.0	68.4	63.1	58.0	53.2	48.7	44.5	40.4	36.6	33.0	29.6	26.4	23.4	20.5
6	100	93.2	86.8	80.7	75.0	69.5	64.4	59.5	54.9	50.5	46.4	42.5	38.8	35.2	31.9	28.8	25.8	23.0
7	100	93.5	87.3	81.4	75.9	70.6	65.6	60.9	56.4	52.2	48.2	44.3	40.8	37.3	34.1	31.0	28.1	25.4
8	100	93.7	87.7	82.1	76.7	71.6	66.8	62.2	57.9	53.7	49.8	46.1	42.6	39.3	36.1	33.1	30.2	27.6
9	100	93.9	88.2	82.7	77.5	72.6	67.9	63.4	59.2	55.2	51.4	47.8	44.3	41.1	38.0	35.1	32.3	29.6
10	100	94.1	88.6	83.3	78.2	73.4	68.9	64.6	60.5	56.6	52.8	49.3	46.0	42.8	39.8	36.9	34.2	31.6
11	100	94.4	89.0	83.8	79.0	74.3	69.9	65.7	61.6	57.8	54.2	50.8	47.5	44.4	41.4	38.6	35.9	33.4
12	100	94.4	89.3	84.3	79.6	75.1	70.8	66.6	62.7	59.0	55.5	52.1	48.9	45.9	43.0	40.2	37.6	35.1
13	100	94.7	89.6	84.8	80.1	75.8	71.6	67.6	63.8	60.2	56.7	53.4	50.3	47.3	44.5	41.8	39.2	36.7
14	100	94.8	89.9	85.2	80.7	76.4	72.4	68.5	64.8	61.2	57.9	54.7	51.6	48.7	45.9	43.2	40.7	38.3
15	100	94.9	90.2	85.6	81.3	77.1	73.1	69.3	65.7	62.2	58.9	55.8	52.8	49.9	47.2	44.6	42.1	39.7
16	100	95.1	90.4	86.0	81.7	77.7	73.8	70.1	66.5	63.2	59.9	56.9	53.9	51.1	48.4	45.9	43.4	41.1
17	100	95.3	90.7	86.4	82.2	78.2	74.4	70.8	67.4	64.1	60.9	57.9	55.0	52.2	49.6	47.0	44.6	42.3
18	100	95.3	91.0	86.7	82.7	78.8	75.1	71.5	68.2	64.9	61.8	58.8	56.0	53.3	50.7	48.2	45.8	43.5
19	100	95.5	91.2	87.0	83.1	79.3	75.7	72.2	68.9	65.7	62.7	59.7	57.0	54.3	51.8	49.3	47.0	44.7
20	100	95.6	91.4	87.4	83.5	79.8	76.3	72.8	69.6	66.5	63.5	60.6	57.9	55.2	52.7	50.3	48.0	45.8
21	100	95.7	91.6	87.7	83.9	80.2	76.8	73.5	70.2	67.2	64.3	61.4	58.7	56.2	53.7	51.3	49.0	46.8
22	100	95.8	91.8	87.9	84.2	80.7	77.3	74.0	70.9	67.9	65.0	62.2	59.6	57.0	54.6	52.2	50.0	47.8
23	100	95.9	92.0	88.2	84.6	81.1	77.7	74.5	71.5	68.5	65.7	63.0	60.4	57.8	55.4	53.1	50.9	48.7
24	100	96.0	92.1	88.4	84.9	81.5	78.2	75.1	72.0	69.1	66.3	63.7	61.1	58.6	56.3	53.9	51.8	49.7
25	100	96.1	92.3	88.7	85.2	81.8	78.6	75.5	72.6	69.7	66.9	64.3	61.8	59.3	57.0	54.7	52.6	50.5
26	100	96.2	92.5	88.9	85.5	82.2	79.0	76.0	73.1	70.2	67.6	65.0	62.5	60.1	57.7	55.5	53.3	51.3
27	100	96.2	92.6	89.1	85.8	82.5	79.4	76.4	73.6	70.8	68.1	65.6	63.1	60.7	58.4	56.2	54.1	52.1
28	100	96.3	92.7	89.3	86.0	82.8	79.8	76.8	74.0	71.3	68.7	66.1	63.7	61.4	59.1	56.9	54.8	52.8
29	100	96.4	92.9	89.5	86.3	83.1	80.1	77.2	74.5	71.8	69.2	66.7	64.3	62.0	59.8	57.6	55.4	53.6
30	100	96.4	93.0	89.7	86.5	83.4	80.5	77.6	74.9	72.2	69.7	67.2	64.8	62.5	60.3	58.2	56.2	54.2
31	100	96.5	93.1	89.9	86.7	83.7	80.8	78.0	75.3	72.7	70.1	67.7	65.4	63.1	61.0	58.9	56.8	54.9
32	100	96.6	93.2	90.0	87.0	84.0	81.1	78.3	75.7	73.1	70.6	68.2	65.9	63.7	61.5	59.4	57.4	55.5
33	100	96.6	93.4	90.2	87.2	84.2	81.4	78.7	76.0	73.5	71.1	68.7	66.4	64.2	62.1	60.0	58.0	56.1
34	100	96.7	93.5	90.3	87.4	84.4	81.7	79.0	76.4	73.9	71.5	69.1	66.8	64.7	62.6	60.5	58.6	56.7
35	100	96.7	93.5	90.5	87.5	84.7	82.0	79.3	76.7	74.2	71.9	69.5	67.3	65.1	63.1	61.0	59.1	57.2

表 20-3(b)　斷熱飽和溫度與相對濕度

斷熱飽和溫度 ℃	(乾球溫度) − (斷熱飽和溫度) deg																	
	9.0	9.5	10.0	10.5	11.0	11.5	12.0	12.5	13.0	13.5	14.0	14.5	15.0	15.5	16.0	16.5	17.0	17.5
5	17.8																	
6	20.4	17.9	15.5															
7	22.8	20.3	18.0	15.8	13.7													
8	25.0	22.6	20.3	18.2	16.1	14.2												
9	27.1	24.8	22.5	20.4	18.4	16.4	14.6	12.9	11.3									
10	29.1	26.8	24.6	22.5	20.5	18.6	16.8	15.1	13.5	11.9	10.5							
11	31.0	28.7	26.5	24.4	22.5	20.6	18.8	17.1	15.5	14.0	12.6	11.2	9.9					
12	32.7	30.5	28.3	26.3	24.3	22.5	20.7	14.0	17.4	15.9	14.5	13.1	11.8	10.6	9.4			
13	34.4	32.2	30.0	28.0	26.1	24.2	22.5	20.8	19.3	17.8	16.3	15.0	13.7	12.5	11.3	10.2	9.1	
14	36.0	33.7	31.7	29.7	27.8	25.9	24.2	22.6	21.0	19.3	18.1	16.7	15.4	14.2	13.0	11.8	10.8	9.8
15	37.4	35.2	33.2	31.2	29.3	27.5	25.8	24.2	22.6	21.1	19.1	13.4	12.1	15.8	14.7	13.6	12.5	11.5
16	38.8	36.7	34.6	32.7	30.8	29.0	27.3	25.7	24.2	22.7	21.3	19.9	18.6	17.4	16.2	15.1	14.1	13.0
17	40.1	38.0	36.0	34.1	32.3	30.5	28.8	27.2	25.6	24.2	22.8	21.4	20.1	18.9	17.7	16.6	15.5	14.5
18	41.4	39.3	37.3	35.4	33.6	31.8	30.1	28.5	27.0	25.6	24.2	22.8	21.5	20.3	19.1	18.0	16.9	15.9
19	42.6	40.5	38.5	36.6	34.8	33.1	31.4	29.9	28.3	26.9	25.5	24.2	22.9	21.6	20.5	19.4	18.3	17.2
20	43.7	41.6	39.7	37.8	36.0	34.3	32.7	31.1	29.6	23.1	26.8	25.4	24.1	22.9	21.8	20.6	19.6	18.5
21	44.7	42.7	40.8	38.9	37.2	35.5	33.9	32.3	30.8	29.3	28.0	26.6	25.4	24.1	23.0	21.8	20.8	19.7
22	45.7	43.8	41.8	40.0	38.3	36.6	35.0	33.4	31.9	30.5	29.1	27.8	26.5	25.3	24.1	23.0	21.9	20.9
23	46.7	44.7	42.9	41.0	39.3	37.6	36.0	34.5	33.0	31.6	30.2	28.9	27.6	26.4	25.2	24.1	23.0	22.0
24	47.6	45.7	43.8	42.0	40.3	38.6	37.0	35.5	34.0	32.6	31.3	29.9	28.7	27.4	26.3	25.2	24.1	23.1
25	48.5	46.6	44.7	42.9	41.2	39.6	37.9	36.5	35.0	33.6	32.2	30.9	29.7	28.5	27.3	26.2	25.1	24.1
26	49.4	47.4	45.6	43.8	42.0	40.5	38.9	37.4	35.9	34.5	33.2	31.9	30.6	29.4	28.3	27.2	26.1	25.0
27	50.1	48.2	46.3	44.7	43.0	41.4	39.8	38.3	36.8	35.5	34.1	32.8	31.6	30.4	29.2	28.1	26.9	26.0
28	50.8	49.0	47.2	45.5	43.8	42.2	40.6	39.2	37.7	36.3	35.0	33.7	32.5	31.3	30.0	29.0	27.8	26.9
29	51.6	49.8	48.0	46.2	44.6	43.0	41.5	40.0	38.5	37.2	35.8	34.5	33.2	32.1	31.0	29.8	28.8	27.7
30	52.3	50.5	48.7	47.0	45.4	43.8	42.2	40.8	39.3	38.0	36.5	35.4	34.1	32.9	31.8	30.7	29.6	28.5
31	53.0	51.2	49.4	47.7	46.1	44.5	43.0	41.5	40.0	38.7	37.4	36.1	34.9	33.7	32.6	31.4	30.4	29.3
32	53.6	51.8	50.1	48.4	46.8	45.2	43.6	42.2	40.8	39.5	38.2	36.9	35.7	34.5	33.3	32.2	31.1	30.0
33	54.2	52.5	50.7	49.1	47.4	45.9	44.4	42.9	41.5	40.2	38.9	37.6	36.4	35.2	34.0	32.9	31.9	
34	54.9	53.1	51.4	49.7	48.1	46.6	45.1	43.6	42.2	40.9	39.6	38.3	37.1	35.9	34.7			
35	55.4	53.6	51.9	50.3	48.7	47.2	45.7	44.3	42.9	41.5	40.2	39.0	37.8					

使一液體之蒸汽壓力等於大氣壓力時之溫度，稱爲該液體之沸點（boiling point），在此溫度下，蒸汽由液體內部發生，結果有氣泡形成，且有沸騰的翻滾特性。液體之沸點隨著外壓的變化而異。例如，水在壓力700mmHg時，沸點爲97.7°C，760 mmHg時爲100°C，800 mmHg時爲101.4°C沸騰。

一定液體之汽化熱因溫度上升而減少，在該物質之臨界溫度時等於零。

1884年，特魯頓氏（frederick trouton）發現許多液體之汽化熱與正常沸點成正比。此即特魯頓法則（trouton's rule），即汽化熱（每莫耳卡數）除以正常沸點（°K）爲一常數：21 Cal/°K, mol。但用此法所得之値爲近似値，對水及乙醇誤差甚大，此因水及乙醇具有不尋常之分子界面吸引力所致。

$$\frac{\triangle H_v}{T_v} = 21.0 \ \mathrm{Cal/°K\ mol} \qquad (20\text{-}14)$$

所謂正常沸點（normal boiling point）乃是該液體之蒸汽壓力等於一大氣壓力時之溫度。

表20-4爲若干液體在正常沸點時之汽化熱，以水爲例，水之分子式H_2O，表示2氫原子（2g）及1氧原子（16g）可產生1莫耳（mole）之H_2O。

即每1莫耳的H_2O重量爲18克，故

$$\triangle H_v = 9.72 \ \mathrm{kCal/mol} \times \frac{1}{18\times10^{-3}} \ \mathrm{mole/kg}$$

$$= 539 \ \mathrm{kCal/kg}$$

20-1-5 熱平衡與質量平衡（heat & mass balance）

若不考慮熱損失，則在圖20-1中，風管之出入口兩端之熱量及水份含量必平衡。

設G＝風量	kg/hr
i_1＝空氣入口焓	kCal/kg
i_2＝空氣出口焓	kCal/kg

表 20-4

液體種類	to 正常沸點（°C）	$\triangle H_V$ 汽化熱（kCal/mole）	$\triangle H_V/T_b$ （Cal/°K mol
水	100	9.72	26.0
苯	80.1	7.35	20.5
乙　醇	78.5	9.22	26.2
四氯化碳	76.7	7.17	20.5
哥 羅 仿	61.3	7.02	21.0
二硫化碳	46.3	6.40	20.0
乙　醚	34.6	6.21	20.2

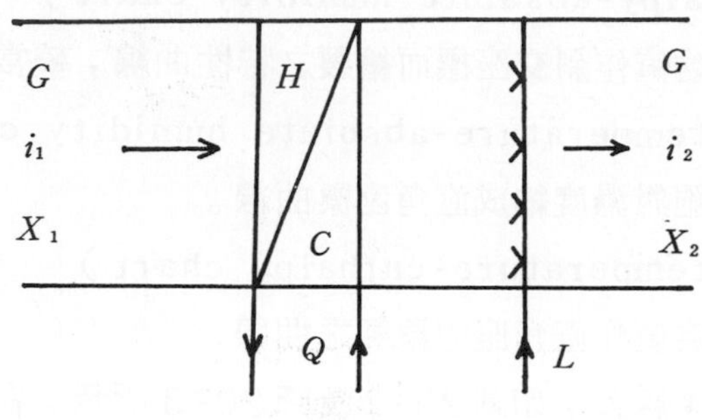

圖 20-1

i_L ＝水之焓　　kCal/kg

x_1 ＝空氣入口絕對濕度　　kg/kg

x_2 ＝空氣出口絕對濕度　　kg/kg

L ＝噴水量　　kg/hr

Q ＝加熱量　　kCal/hr

則可得下述平衡關係式：

$$G i_1 + Q + L i_L = G i_2 \tag{20-15}$$

$$G X_1 + L = G X_2 \tag{20-16}$$

上列二式可改寫成：

$$G(i_2 - i_1) = Q + L i_L \tag{20-17}$$

$$G(X_2 - X_1) = L \tag{20-18}$$

$$\frac{G(i_2 - i_1)}{G(X_2 - X_1)} = \frac{Q + L i_L}{L} \tag{20-19}$$

$$熱水分比\ \mu = \frac{(i_2 - i_1)}{(X_2 - X_1)} = \frac{Q + L i_L}{L} \qquad (20\text{-}20)$$

20-2 濕空氣線圖

全壓力一定時，已知濕空氣之乾球溫度、濕球溫度、絕對濕度、露點溫度、焓等任意二條件，就可查得空氣之其他特性，此種線圖謂之空氣線圖（psychrometric chart）。

主要有下列三種：

(1) i-x（enthalpy-absolute humidity chart）
絕對濕度和焓值作斜交座標而繪製之特性曲線，較常用的一種。

(2) t-x 線圖（temperature-absolute humidity chart）
乾球溫度與絕對濕度繪成直角座標曲線。

(3) t-i 線圖（temperature-enthalpy chart）
乾球溫度和焓值作直角座標繪製之曲線

濕空氣之 i-x 線圖，如圖 20-2 及圖 20-3 所示。在線圖中，載有空氣之濕球溫度，乾球溫度、絕對濕度、相對濕度、露點溫度、焓、比容、焓修正直、水蒸汽分壓等特性，空調過程之熱水分比 $u = di/dx$ 亦可查出（圖 20-4）。

20-3 空氣之狀態變化及空氣線圖之用法

20-3-1 已知不飽和空氣的任意二特性，求其他狀態特性

若已知空氣之乾球溫度 $t = 22°C$，濕球溫度 $t' = 16°C$，則其他狀態值，可自空氣線圖上查得。自橫座標 22°C DB，引垂直線與 $t' = 16°C$ 之斜線相交於點 A（圖 20-5），通過交點，上凹之曲線爲相對濕度（53.5% RH），從交點 A 向右引水平線爲絕對濕度 X（0.0089 kg/kg'）及水蒸汽分壓 h（10.7mmHg），通過 A 點之水平線向左延伸，交於飽和曲線，可讀出露點溫度 $t'' = 12.2°C$，沿通過 A 點的焓線得知 $i = 10.7$ kCal/kg'（實斜線），由左上至右下通過 A 點之連線……求得比容 $v = 0.849\ m^3/kg'$。由通過 A 點繪 $t = 0$ 之焓平行線與 $X = 0$ 之線的

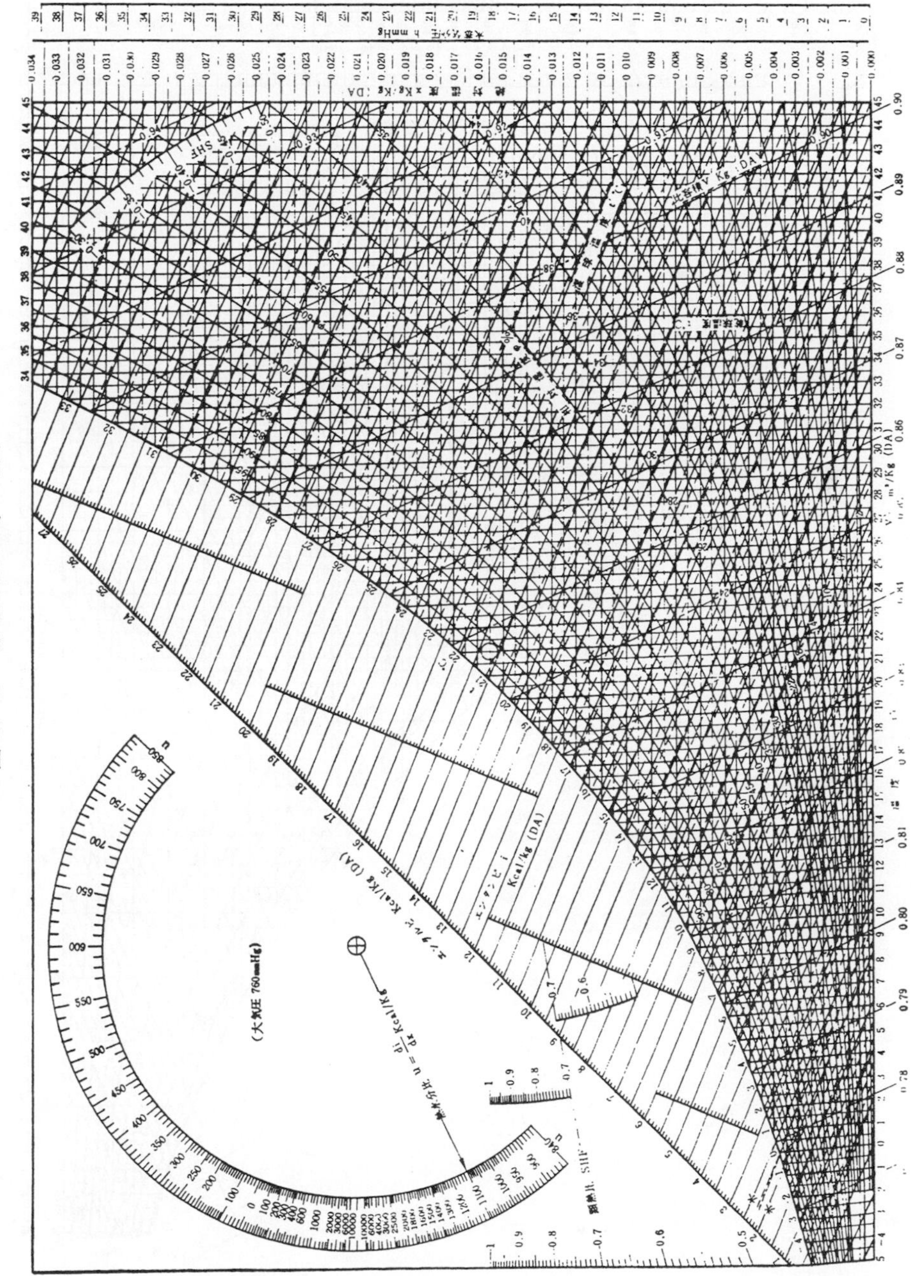

圖 20-2　濕空氣線圖（公制）

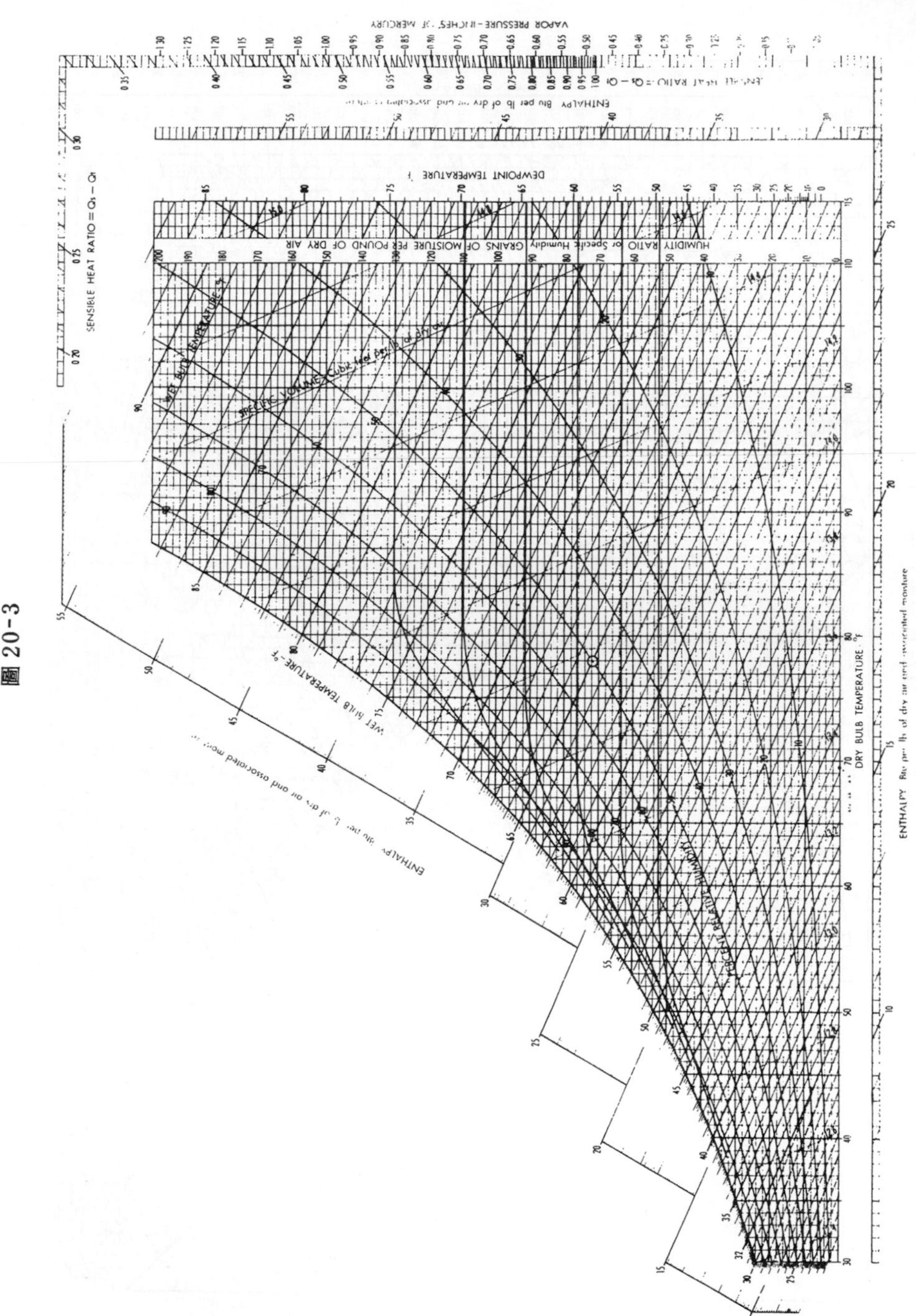
VAPOR PRESSURE - INCHES OF MERCURY
SENSIBLE HEAT RATIO = Qs ÷ Qt
DEWPOINT TEMPERATURE °F
HUMIDITY RATIO or Specific Humidity
GRAINS OF MOISTURE PER POUND OF DRY AIR
WET BULB TEMPERATURE °F
DRY BULB TEMPERATURE °F

圖 20-3

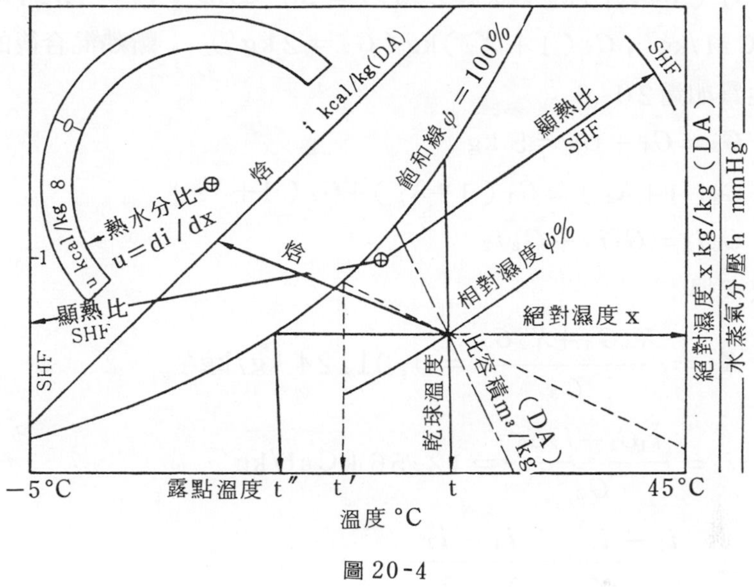

圖 20-4

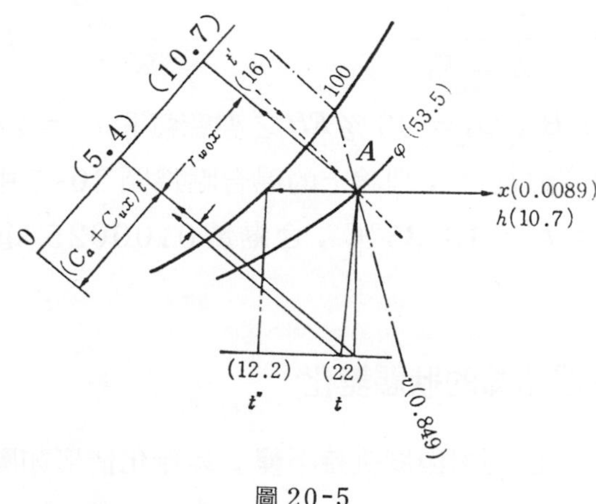

圖 20-5

交點，通過此交點沿 i 線，得A的潛熱＝597.3X（5.3kCal/kg′）及顯熱（$C_a + C_w X$）t 為5.4kCal/kg′。

20-3-2　濕空氣的斷熱混合

假設有兩種不同狀態之空氣相混合，狀態1為 t_1＝20°CDB，i_1＝11 kCal/kg′，ϕ_1＝69.0%RH，X_1＝0.01020 kg/kg′，G_1為

3kg′，$G_1(1+X_1)$kg。狀態2為 $t_2=30$°CDB，$i_2=15.4$kCal/15.4 kCal/kg′，$G_2(1+X_2)$kg（$G_2=2$kg′），斷熱混合後的狀態之空氣性質如圖20-6。

$$G_3=G_1+G_2=5\ \text{kg}$$

$$G_3(1+X_3)=G_1(1+X_1)+G_2(1+X_2)$$

$$G_3 i_3=G_1 i_1+G_2 i_2$$

由上列公式得：

$$X_3=\frac{X_1G_1+X_2G_2}{G_3}=0.01124\ \text{kg/kg}'$$

$$i_3=\frac{i_1G_1+i_2G_2}{G_3}=12.56\ \text{kCal/kg}'$$

$$\therefore\ \frac{i_2-i_3}{X_2-X_3}=\frac{i_1-i_3}{X_1-X_3}$$

即
$$\frac{i_2-i_3}{X_2-X_3}=\frac{i_3-i_1}{X_3-X_1} \qquad (20\text{-}21)$$

若 $t_1=5$°CDB，$\phi_1=95\%RH$之濕空氣和 $t_2=24$°CDB，$\phi_2=89.6\%RH$之濕空氣混合，理論上的混合點為圖20-7中的狀態了，實際上，則是3′點，$t_3'=13.35$°C，含濕量0.00025 kg/kg′之飽和空氣。

20-3-3 純加熱或冷却的狀態變化

純加熱的情形，即絕對濕度維持不變，其變化情形如圖20-8所示。將 $t_1=19$°C，$\phi_1=80\%$之空氣 $X_1=0.011$ kg/kg′加熱使溫度昇高至27°CDB，$X_2=X_1=0.011$ kg/kg′。自空氣線圖上可查得有關特性數值：

$i_1=11.24$ kCal/kg′，$i_2=13.2$ kCal/kg′，$\phi_2=49.3\%RH$，所需之加熱量 $\Delta_i=i_2-i_1=1.96$ kCal/kg′

若熱交換盤管表面的溫度高於濕空氣的露點溫度，濕空氣與之接觸而被冷却，其狀態變化恰與上述加熱過程逆行。比狀態2的露點溫度 $t_2''=$

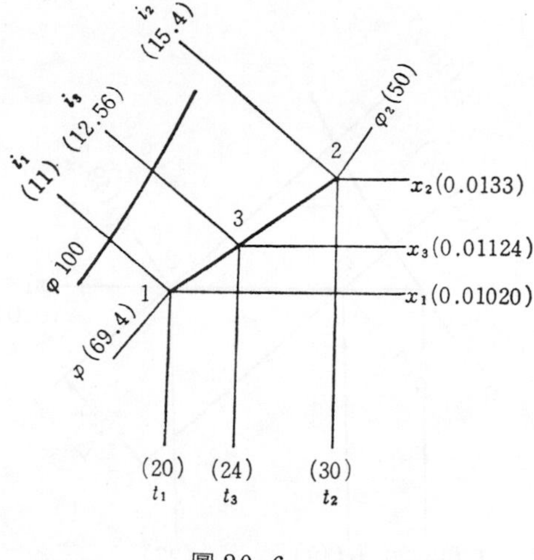
i_2 (15.4)
i_3 (12.56)
i_1 (11)
φ_2(50)
2
x_2(0.0133)
3
x_3(0.01124)
φ 100
1
x_1(0.01020)
φ (69.4)
(20) t_1
(24) t_3
(30) t_2

圖 20-6

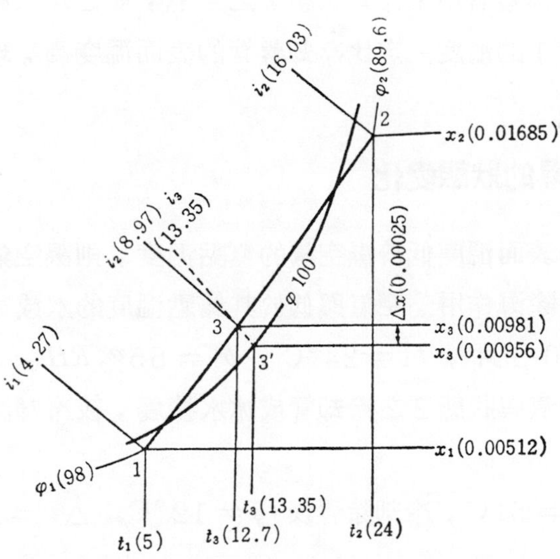
i_2(16.03)
φ_2(89.6)
2
x_2(0.01685)
i_2(8.97) i_3 (13.35)
φ 100
Δx(0.00025)
3
x_3(0.00981)
3′
x_3(0.00956)
i_1(4.27)
x_1(0.00512)
φ_1(98)
1
t_3(13.35)
t_1(5)
t_3(12.7)
t_2(24)

圖 20-7

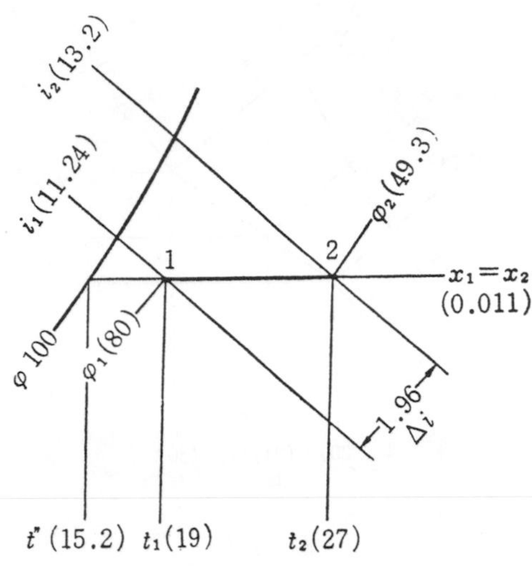

圖 20-8

15.2°C略高的冷却盤管用來冷却狀態2之空氣，使之達狀態1，冷却量爲Δi，當然狀態1的溫度一定比冷却盤管的表面溫度高。理論上二者之溫度可以相等。

20-3-4　冷却除濕的狀態變化

若冷却盤管的表面溫度低於濕空氣的露點溫度，則濕空氣通過冷却盤管時，兼有冷却及除濕作用。空氣與低於其露點溫度的水或冰接觸也會被冷却及除濕。圖20-9中，$t_1=24°C$，$\varphi_1=55\% RH$，$t''_1=14.35°C$，t_1狀態之空氣與狀態2之冷却管或冰水接觸，被冷却減濕後變成狀態3。

$t_2=t'_2=t''_2=5°C$，冷却除濕後$t_3=12°C$，$\triangle i=4.78$ kCal/kg′

除濕量$\triangle X=0.00309$ kg/kg′

某些場所，潛熱負荷特別多，因此顯熱比（SHF）較低。顯然比（或稱之爲顯熱因素 sensible heat factor）之定義是顯熱量與全熱量在高

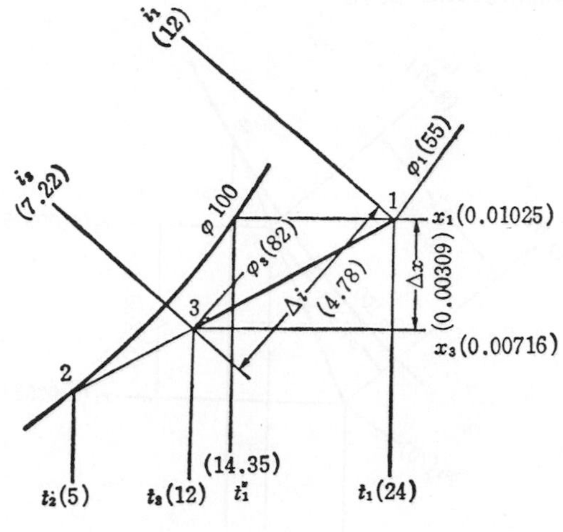

圖 20-9

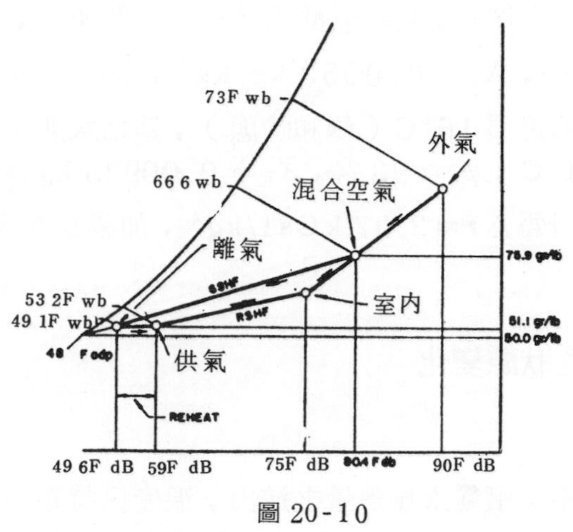

圖 20-10

潛熱負荷下，GSHF未能與飽和曲線相交，或者所得到的露點溫度過低，此時應選擇一適當的露點並將空氣加熱至 RSHF 線，或改變室內設計條件來消除再熱（reheating）或減少再熱量（圖 20-10）。

20-3-5 加熱加濕的狀態變化

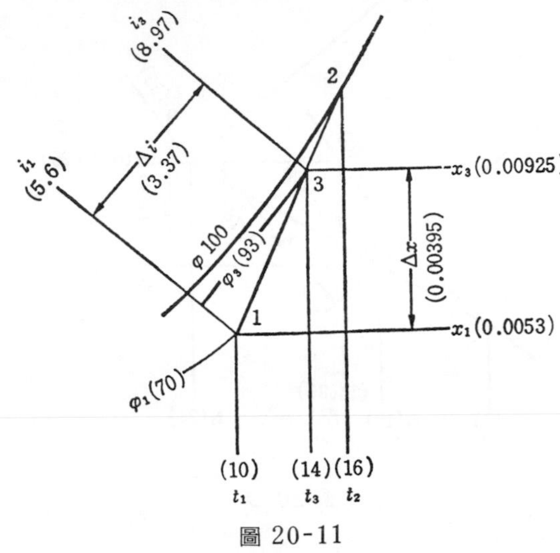

圖 20-11

空氣與大量的熱水接觸，其狀態變化過程爲加熱加濕，圖 20-11 中，空氣之 $t_1 = 10°C$，$X_1 = 0.0053$ kg/kg'，$\varphi_1 = 70\%$，$i_1 = 5.6$ kCal/kg'，水之溫度爲16°C（飽和狀態），連結狀態1，2，狀態變化後的終溫 $t_3 = 14°C$，$\varphi_3 = 93\%$，$X_3 = 0.00925$ kg/kg'，$i_3 = 8.97$ kCal/kg'，加熱量爲$\triangle i = 3.37$ kCal/kg'，加濕量$\triangle X = 0.00395$ kg/kg'。

20-3-6 噴霧特性狀態變化

㈠ 斷熱飽和變化

空氣流經噴霧室，噴霧水無熱量之進出，溫度保持在一定的濕球溫度如圖24-12中，過程1 → 2爲斷熱飽和過程或稱之爲蒸發冷卻過程。

㈡ 冰水噴霧冷卻加濕過程

水在噴霧前，先經適度的冷卻再加入氣流中，如圖 24-12 中之過程 1→3。

㈢ 顯熱冷卻過程

進氣露點溫度恰好等以噴霧水的有效表面溫度，空氣離開噴霧室，可

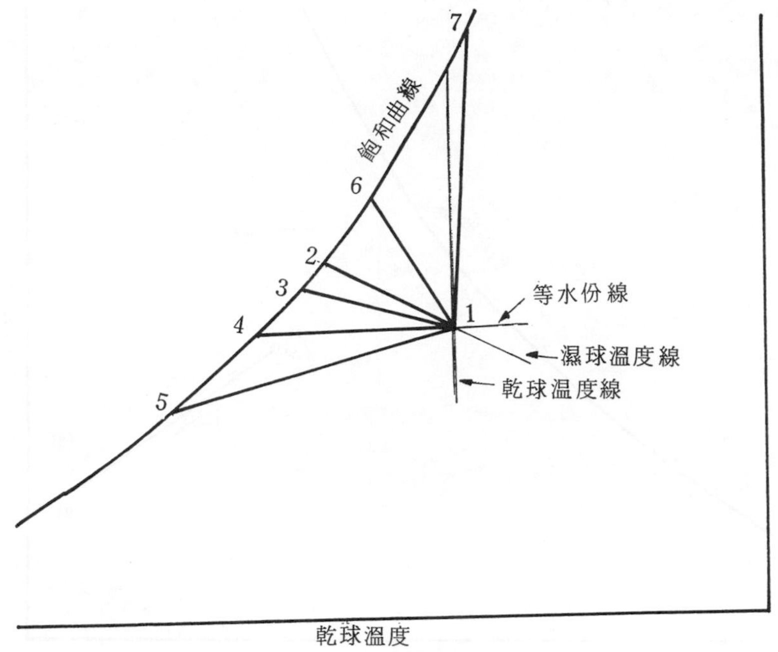

圖 20.12　噴霧過程

獲得較低的乾濕球溫度，但水份含量不變（圖 24-12，過程 1→4）。

(四)　冷卻除濕過程

若噴霧水之溫度遠低於進氣露點溫度，則空氣與噴霧水接觸後，乾濕球溫度及水分含量均降低（圖 24-12 過程 1→5）。

(五)　熱水噴霧冷却加濕過程

噴霧水先經加熱之適當溫度再噴成霧狀與空氣混合，但熱量又不足以使空氣溫度升高（過程 1→6）因此離氣條件乾球溫度減低，但水分含量及濕球溫度均增加。

(六)　加熱與加濕過程（蒸汽噴霧之變化）

若噴霧水經足夠量的加熱，則過程如 1→7 所示，空氣離開噴霧室時之乾球溫度，濕球溫度及水份含量均較進氣條件增高。

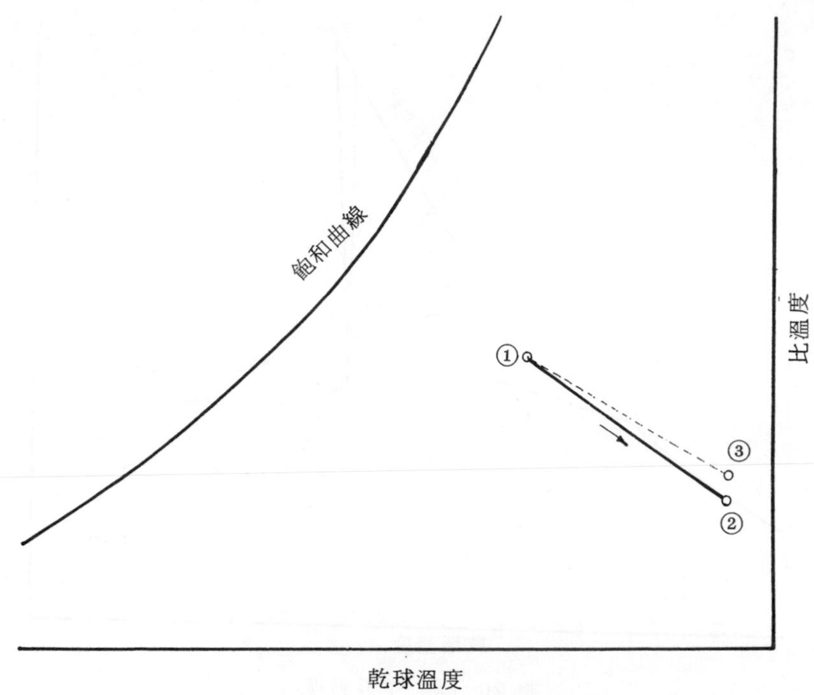

圖 20-13 吸收劑除濕過程

20-4 吸收劑除濕過程

欲獲得更低之水份含量及相對濕度時，應併用吸收劑除濕器使空氣中之水份，因氣流與吸收劑之壓力差而移除。在過程中濕球溫球維持定值。由 20-13 中，過程 1→2 爲理論變化情形，虛線 1→3 爲實際過程，依吸收劑之形成而異。實際上焓值略增。

21-1　空氣調節之意義

空氣調節設備主要的功用在於①增進人們的舒適感及提高工作效率，②維持工業產品的品質及加工過程的需要。

以前，空氣調節專指夏季的冷氣及多天的暖氣而言，目前空調則包括了①溫度，②濕度，③清淨空氣，④空氣之流速等之控制。且由於經濟水準的提高，尚須考慮噪音、振動及身體適應性等問題。近年來的石油危機，導致空調設備的應用與設計尚需考慮能源節約及太陽能之應用等技術。

21-2　空氣調節之方式

主要的空氣調節方式有

(1)　窗型冷氣機（ window type air conditioner ）。

(2)　箱型冷氣機（ package type air conditioner ）。

(3)　單風管方式（ single duct system ）。

(4)　雙風管方式（ dual duct system ）。

(5)　三風管方式。

(6)　多區域方式（ multi zone system ）。

(7) 末端再熱式(terminal reheat system)。

(8) 分層個別式。

(9) 誘引式(Induction unit system)。

(10) 小型冰水送風機式(fan coil unit system)。

(11) 幅射冷暖房方式(panel cooling or heating system)。

(12) 蓄熱系統(heat storage system)。

(13) 可變風量系統(VAV system)。

空調場所應採用那一種方式較適當?一般而言,應考慮下列因素再作決定:①裝置之目的,②用途,③造價,④運轉及維護成本,⑤管理及控制,⑥建築結構,⑦地區條件。也可以併合使用兩種或兩種以上的方式。

21-2-1 窗型冷氣機

將①壓縮機,②氣冷式冷凝器,③冷卻盤管,④冷媒管路,⑤送風機,⑥溫度控制器,⑦配電系統,⑧過濾網等機件納入小容積之箱殼中。

各廠牌之外型均不同,且不時改變,外型及內部結構可參閱圖21-1及圖21-2。

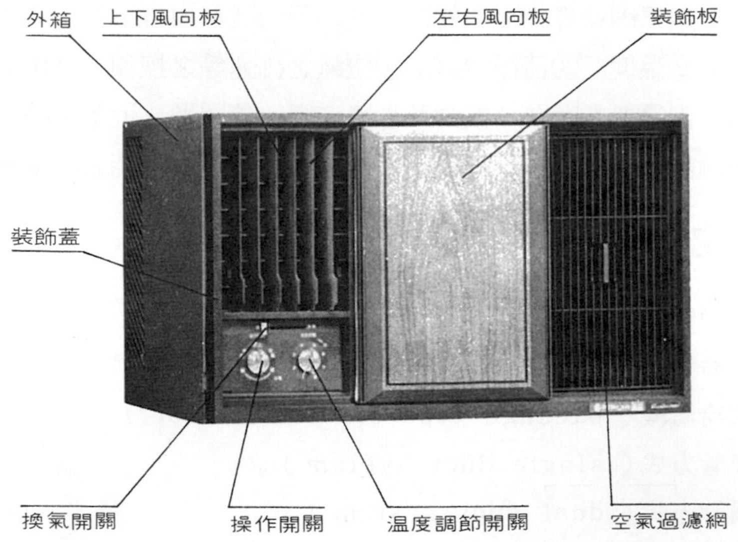

圖21-1 窗型冷氣機外觀圖

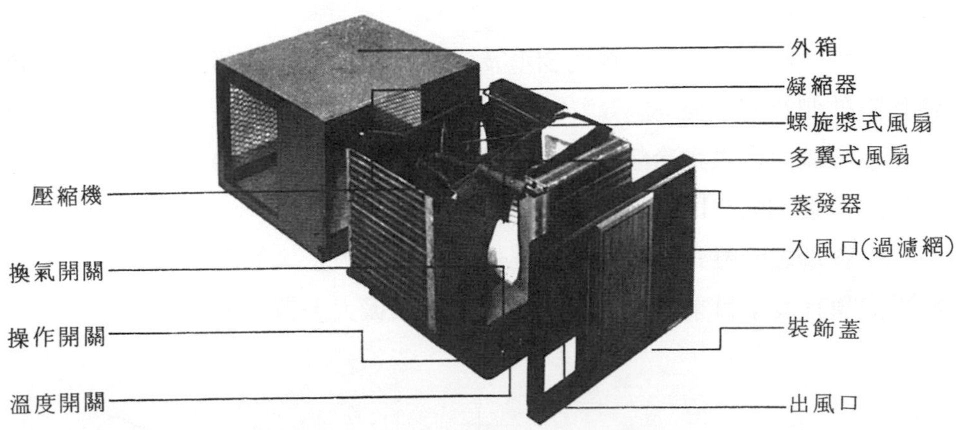

圖 21-2　窗型冷氣機內部結構圖

窗型機之冷凍容量較小，壓縮機的容量介於0.4～3kW之間，安裝簡單、售價低廉，且操作簡單為其優點，適於一般公寓式建築。

窗型冷氣機之配管系統及氣流循環情形如圖 21-3 所示。

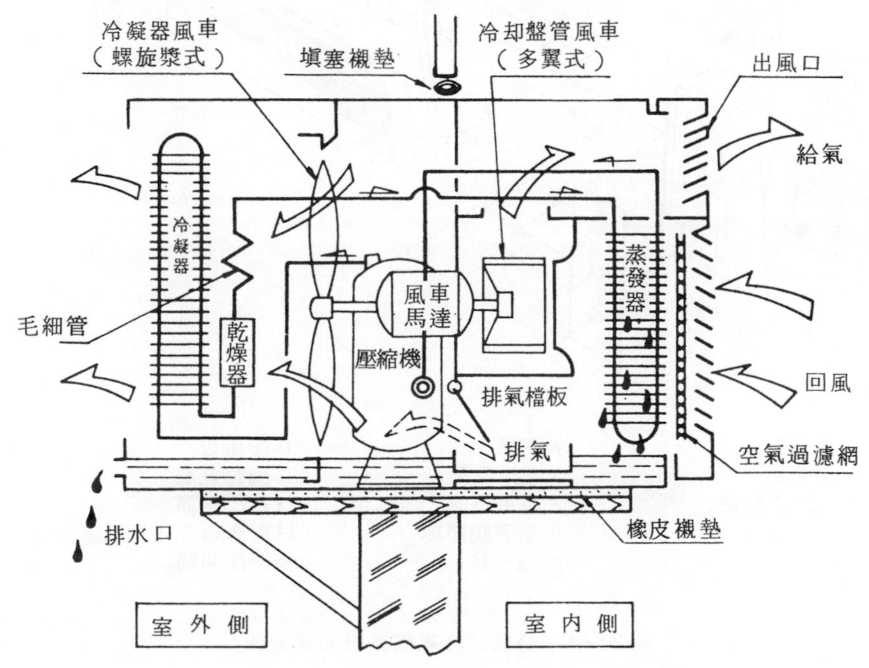

圖 21-3　窗型冷氣機配管系統及空氣循環圖

分離式冷氣機

分離式冷氣機，將一般的窗型及箱型冷氣機分成兩部份，由冷媒配管連接室外側及室內側。

小容量之分離式冷氣機，室內側及室外側因重量輕均可掛在牆上。室內側之構造如圖 21-4，室外側之構造如圖 21-5。

大容量之分離式冷氣機，內外側均置於地板上。如圖21-6及圖21-7為減少噪音度，目前之分離式冷氣機之壓縮機大多置於室外側。

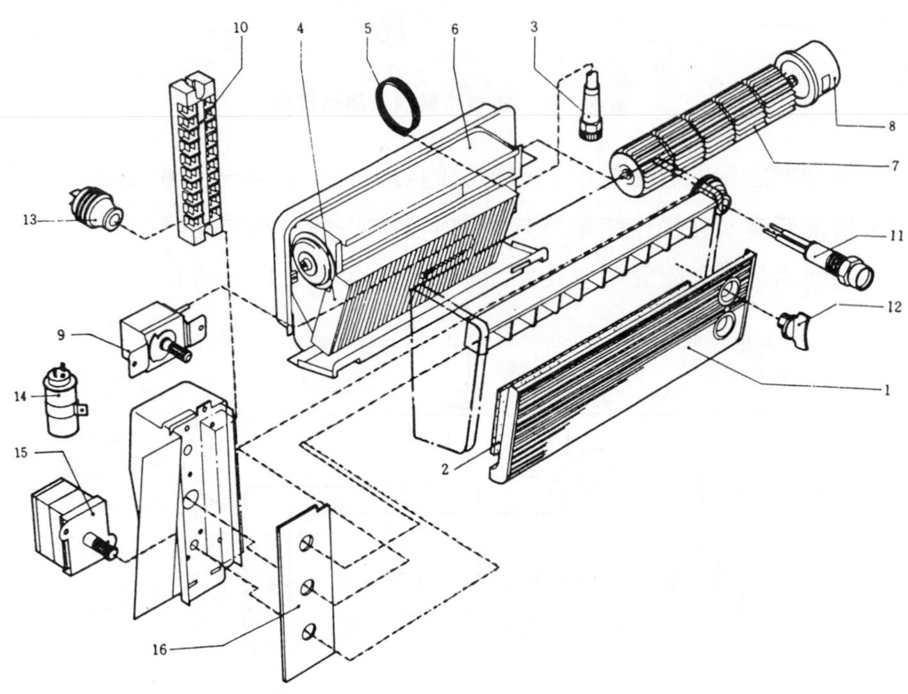

1. 裝飾板
2. 過濾網
3. 冷媒管接續口
4. 冷却盤管
5. 毛細管
6. 風車
7. 風車葉輪
8. 風車馬達
9. 溫度調節器
10. 端子盤
11. 指示燈
12. 調整旋鈕
13. 電源插頭
14. 電容器(風車馬達用)
15. 操作開關

圖 21-4　分離式冷氣機室內側構造圖

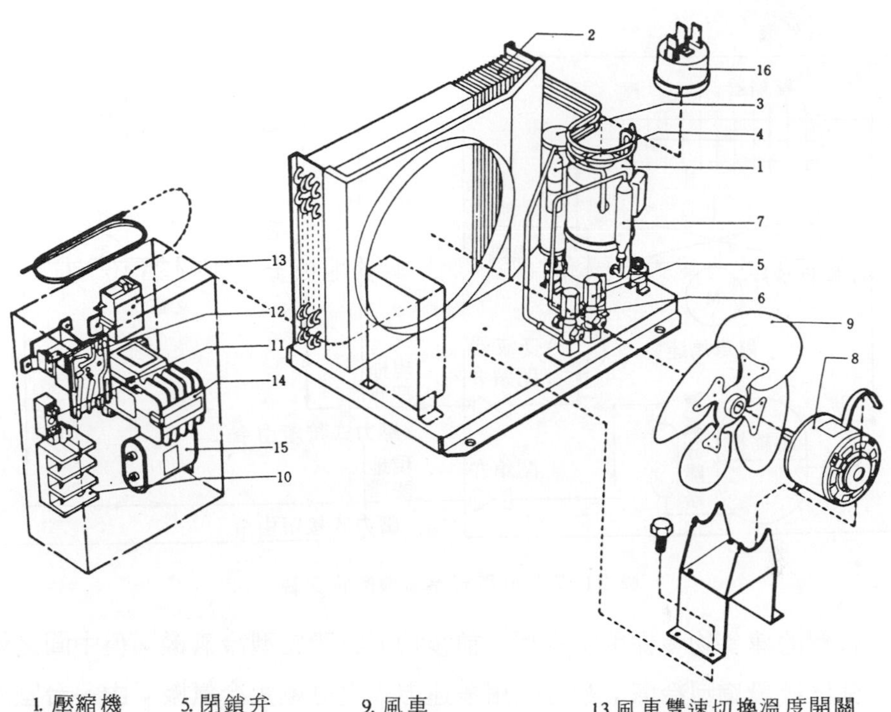

1. 壓縮機	5. 閉鎖弁	9. 風車	13. 風車雙速切換溫度開關
2. 凝縮器	6. 閉鎖弁	10. 電源端子盤	14. 電磁開閉器
3. 受液器	7. 液分離器	11. 操作端子盤	15.（風車馬達）電容器
4. 乾燥器	8. 風車馬達	12. 逆相保護裝置	16. 過電流繼電器

圖 21-5　分離式冷氣機（壁掛型）室外側構造例

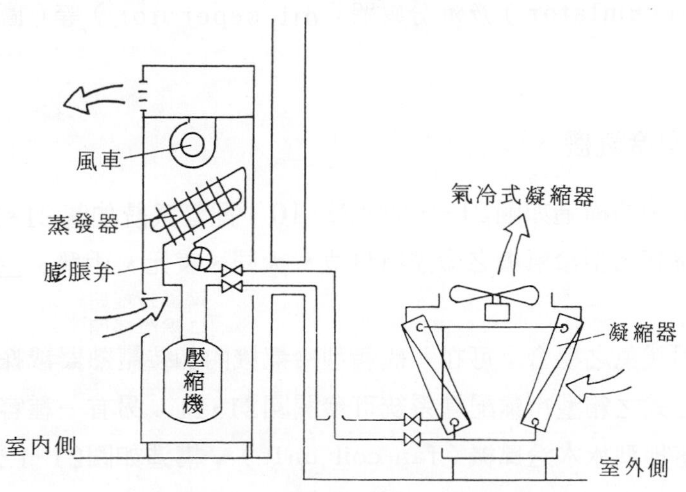

圖 21-6　大容量分離式冷氣機安裝例

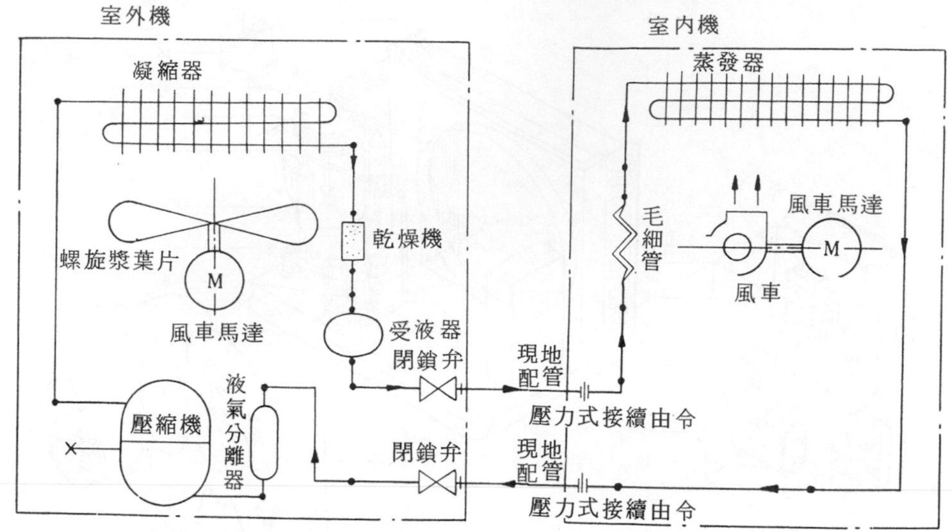

圖 21-7　分離式冷氣機配管系統

台灣的建築物多採用狹長型，前後均可裝設窗型冷氣機，但中間之場所則無法裝設窗型冷氣，故可改用多連方式之分離式冷氣機，由一台室外機供應多台室內機，同時供應兩房間以上，若各室之運轉時間不同，則可選用容量較小之室外機，裝置此型之冷氣機應特別注意①冷媒的分配，②運轉壓力的調整，③輕負荷時的回油等問題，最好能裝置冷媒受液器，液氣分離器（accumlator）及油分離器（oil seperator）等（圖21-8）。

21-2-2　箱型冷氣機

箱型冷氣機的構造如圖21-9及圖21-10，配管系統如圖21-11所示，台灣地區製售箱型冷氣機之廠家有日立、大同、東元、中興、三洋、聲寶等。

冬天需用暖氣之場合，可在一般箱型冷氣機內加裝電熱器或採用熱泵方式。熱泵方式之箱型冷氣配管系統可參閱圖21-11。另有一種容量較小，外型類似落地型冰水送風機（fan coil unit），構造如圖21-12。

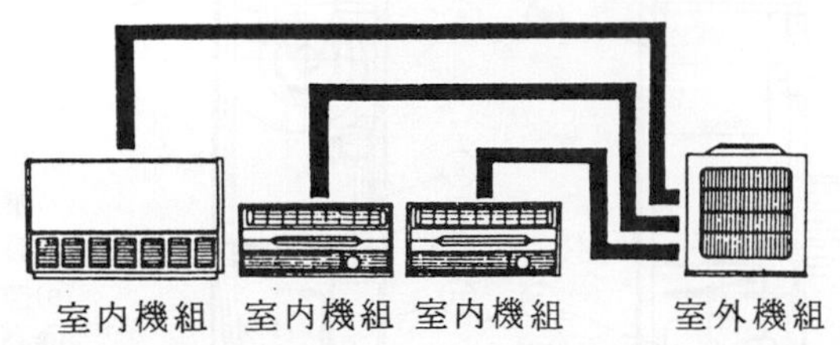

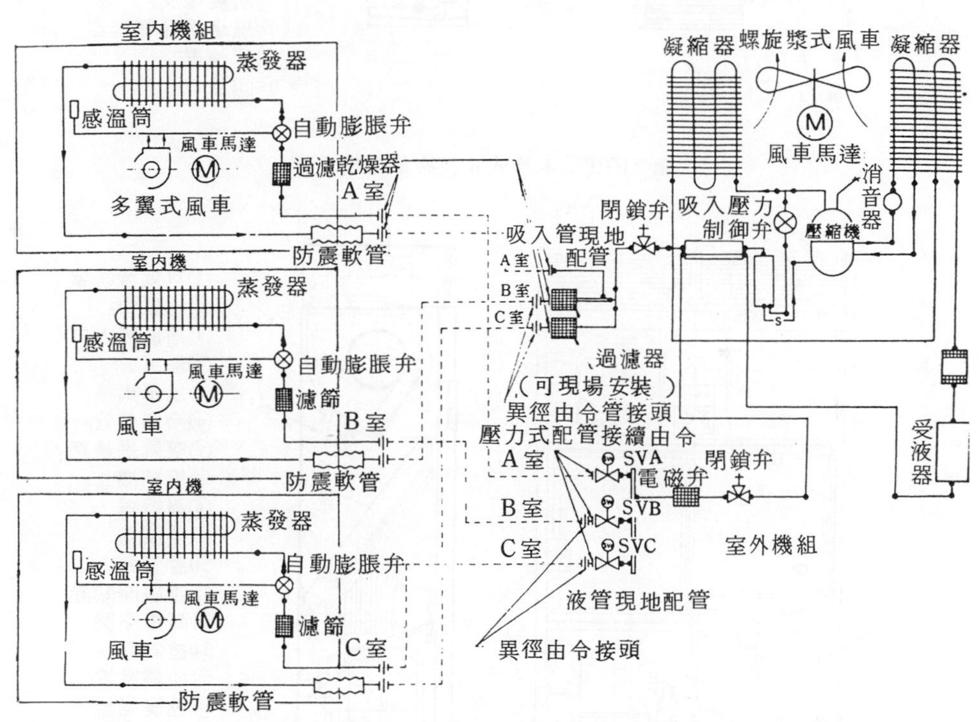

圖 21-8　多連方式分離式冷氣機配管系統圖

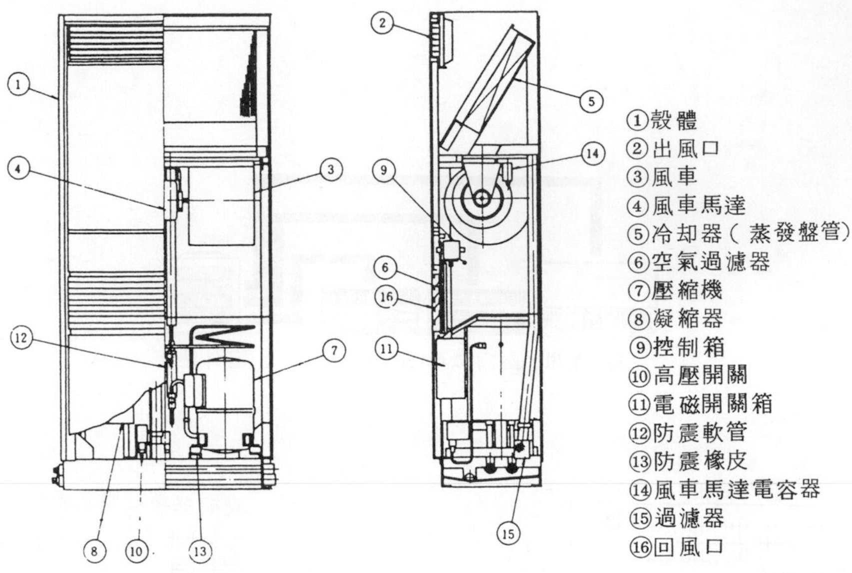

圖 21-9　水冷式箱型冷氣機構造例

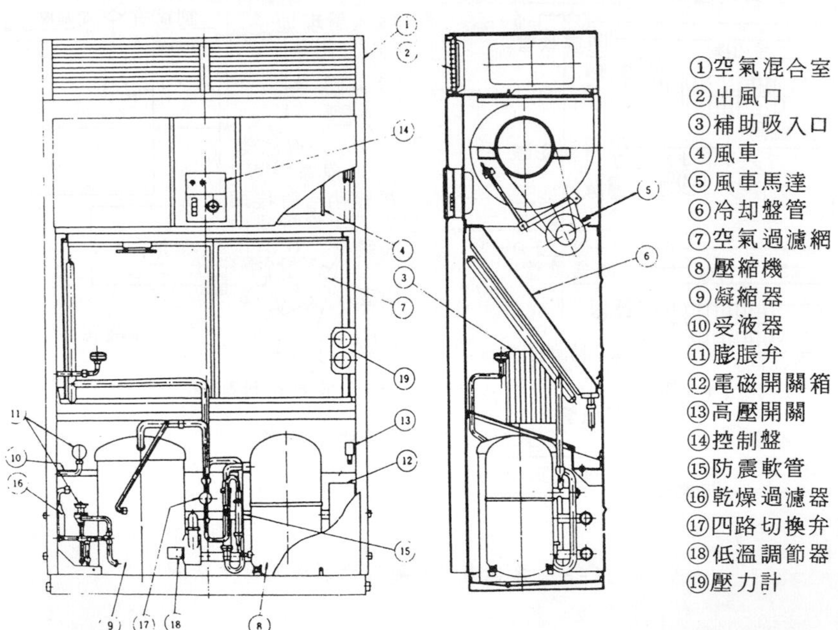

圖 21-10　水冷熱泵式箱型空調機構造例

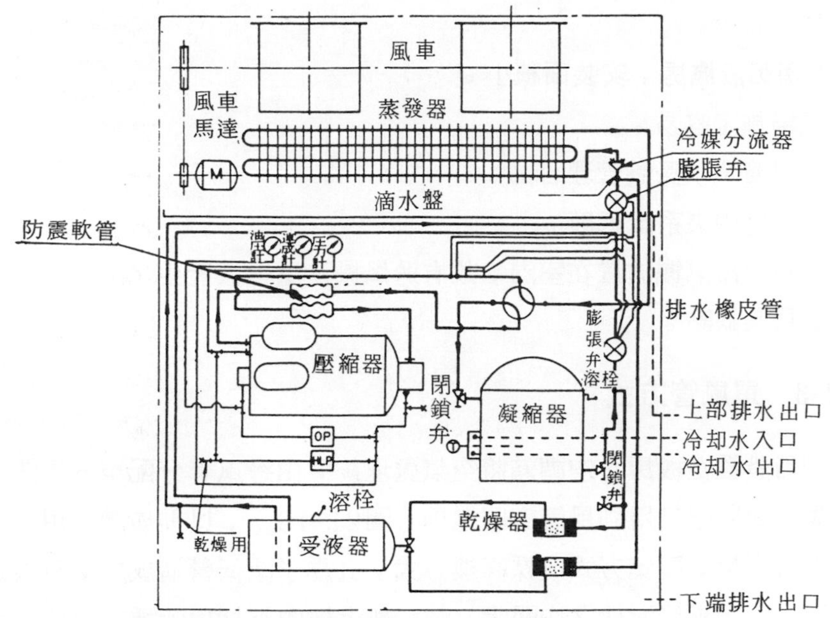

圖 21-11　水冷熱泵式箱型空調機配管系統例

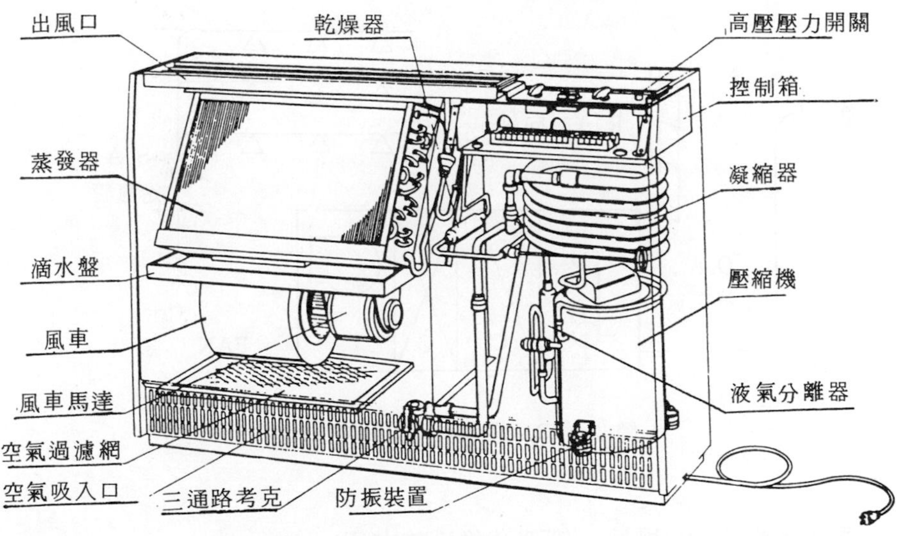

圖 21-12　水冷薄型空調機構造例

箱型冷氣機適用於一般事務所、規模較小之旅社、商店及餐廳等。其優點有：

(1) 不需另設機房，安裝面積小。

(2) 現場施工容易。

(3) 使用簡單，保養管理容易。

(4) 造價比中央系統低廉。

因箱型冷氣機放置在室內，故有送風機及壓縮機產生之噪音傳達於室內，是爲其缺點。

21-2-3 單風管方式

利用設置在機房之空調箱將空氣處理後，由送風管分配至各房間，再以相同方式將空氣用回風管導回機房（圖21-13），以前廣被採用，目前由於人口激增，建築方式改採高樓方式，且爲了減低營造成本，每層之高度均減少。因風管所佔之空間大，故一般大樓內不採用此種單風管方式之空調。

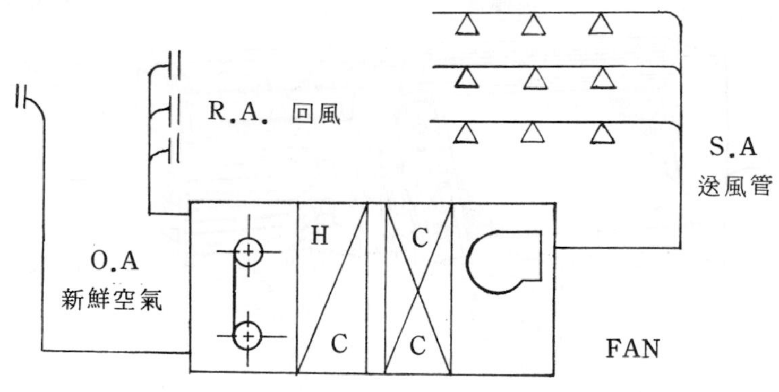

圖 21-13 單風管方式空調系統圖

優點：

(1) 機器設備集中在機房，管理及維護較方便。

(2) 各空調場所噪音小。

(3) 空氣集中處理，經費較省。

(4)　空氣之分配較容易。

缺點：

(1)　風管佔空間大。

(2)　各房間之溫濕度較不易控制。

(3)　需較大之機房。

適用之建築物：

(1)　戲院、歌劇院。

(2)　工場。

(3)　體育館。

(4)　學校。

(5)　一般商店及事務所。

21-2-4　双風管式

雙風管式空調系統參閱圖21-14，由二組風管分別供給冷風及熱風，根據室內溫度開關之訊號而使冷熱空氣在混合箱內作適當比例的混合，形成所需之適當溫度後，才向室內吹出。可以獨立控制不同房間之溫度。

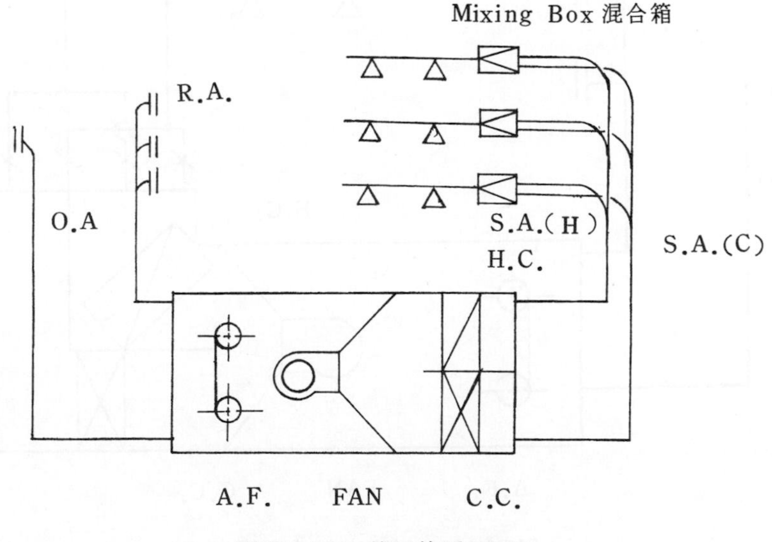

圖 21-14　雙風管系統圖

雙風管式之主要優點有：

(1) 可以分區控制或各室獨立控制。

(2) 溫度控制靈敏迅速。

(3) 無需作季節切換運轉。隨時可作冷暖氣之供應。

(4) 主要空調設備集中在一起，管理方便。

缺點：

(1) 風管所佔空間較大。

(2) 風管複雜，設計製作較需技巧。

(3) 增加混合箱等，造價較高。

(4) 較耗能源。

21-2-5 多區域式(Multi Zone System)

多區域式空調系統如圖21-15所示。空調箱內冷卻盤管與加熱盤管並列，分別將空氣冷卻及加熱，由室內溫度開關分別控制風門以調整連接各房間之送風溫度。機器配管及控制設備均集中在機房。保養及管理較方便。

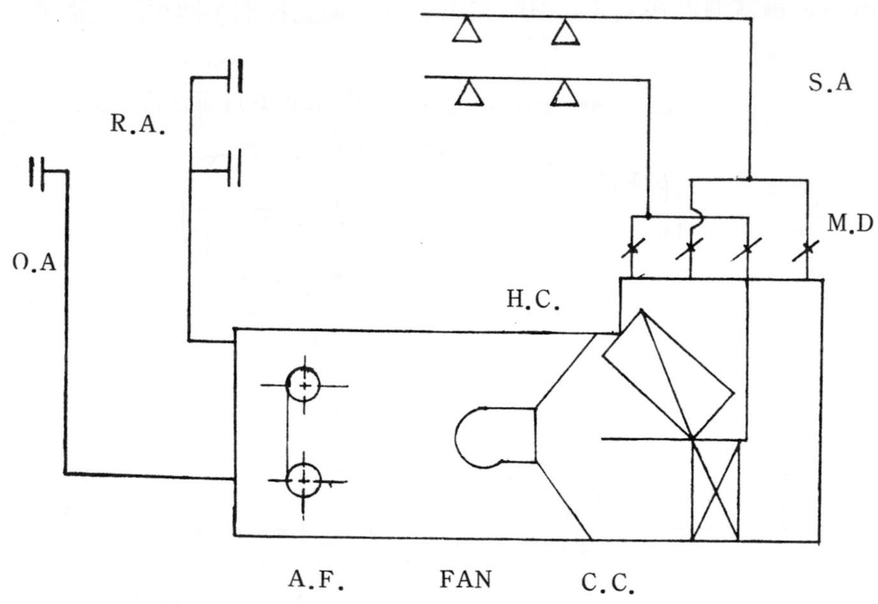

圖 21-15　多區域式空調系統

21-2-6　末端再熱式(Terminal Reheat System)

此方式與單風管式不同之點，係在每一出風口或分歧風管另外加裝再熱器。由冷却或加熱盤管供給之空氣溫度，維持一定，但在各區域出口處之出風溫度由末端再熱器來調整。如圖21-16所示。因冷凍機需負擔再熱負荷，故運轉成本較高。

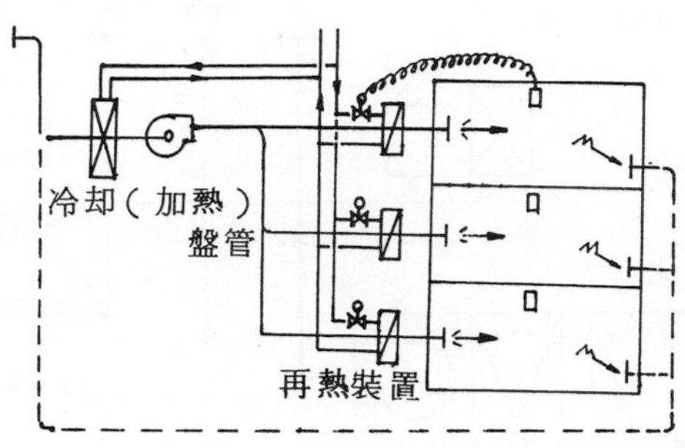

圖 21-16　末端再熱式

21-2-7　分層個別式

分層個別式空調系統如圖21-17所示。各層分別裝設空調箱，謂之二次空氣調節箱，在頂層再裝設一次空調箱。一次空氣調節箱供給調節後之外氣與回風混合後經過二次空氣調節箱，再送至各室。

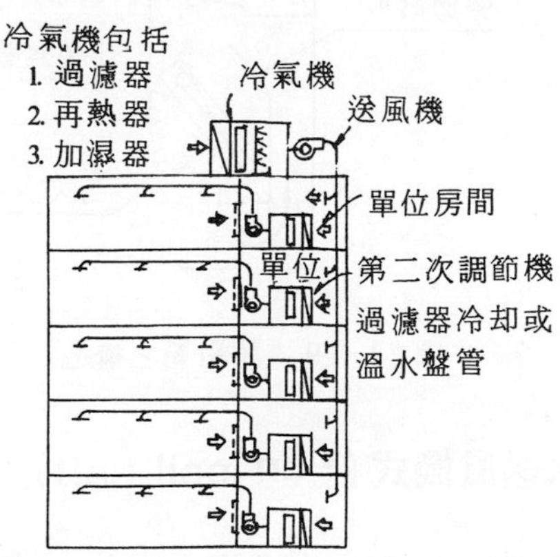

圖 21-17　分層個別式空調系統

21-2-8 誘引式(Induction unit System)

誘引式空調系統，如圖21-18所示。一次空氣調節箱將外氣調節後，由高速風管送至各室之誘引箱向外噴出時，出口周圍壓力降低，因而引導室內空氣進入箱內而調整其溫濕度。

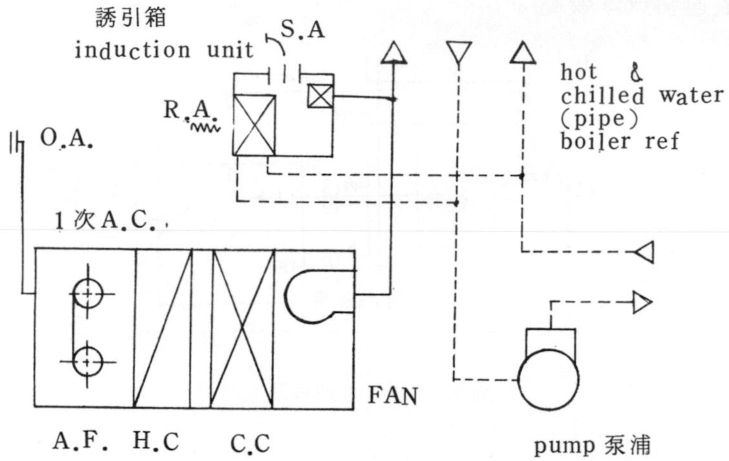

圖 21-18 誘引式空調系統

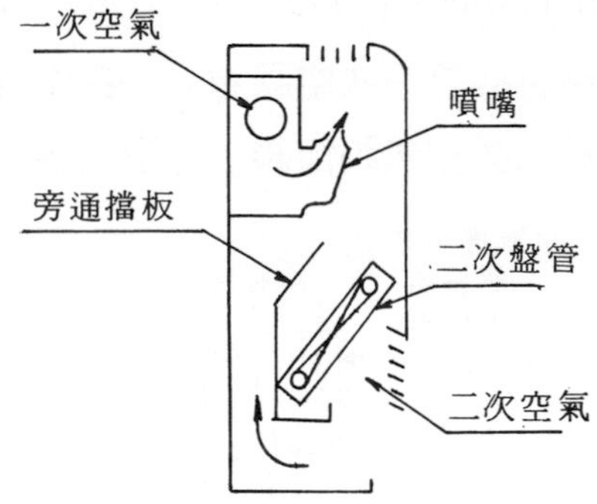

圖 21-19 誘引箱之構造

21-2-9 小型冰水送風機式(Fan coil unit)

此型在台灣地區應用頗廣，大多用在醫院、旅館、辦公室場所。有些廠商譯爲室內送風機及風管機，其系統如圖21-20所示。

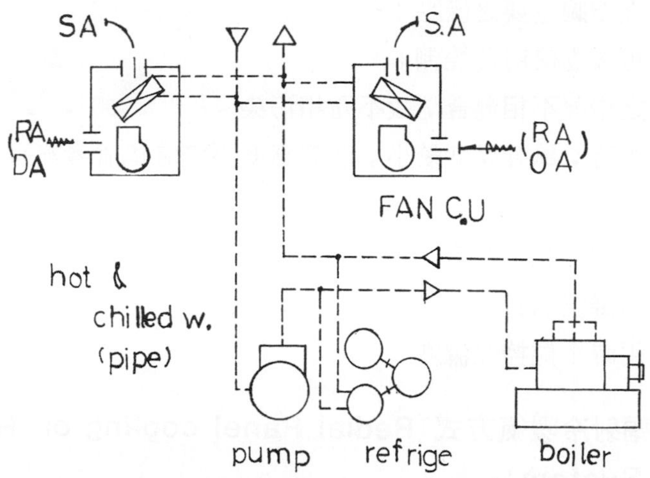

圖 21-20　fan coil unit 系統

吊　掛　型
HORIZONTAL CABINET UNITS

矮　櫃　型
LOWBOY UNITS

隱蔽吊掛型
HORIZONTAL BASIC UNITS

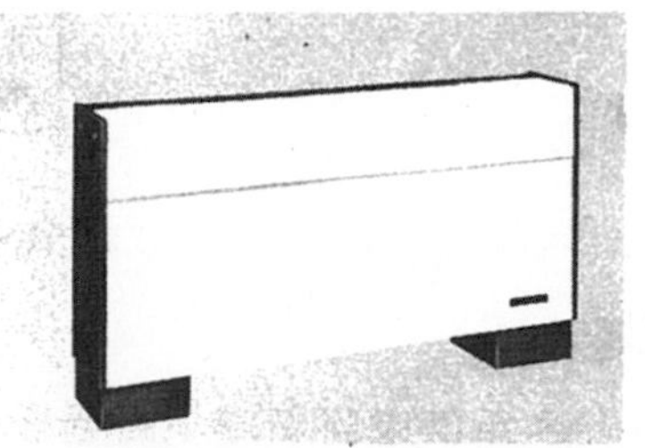

落　地　型
VERTICAL CONSOLE UNITS

隱蔽落地型
VERTICAL BASIC UNITS

圖 21-21

本方式之空調主要之優點：

(1) 各房間可獨立使用及控制。

(2) 各房間之空氣不相混合，故不互相汚染。

(3) 裝設風管時，風管厚度較小，建築高度不適宜風管者亦可施工。

缺點：

(1) 空氣過濾網之管理麻煩。

(2) 須另設新鮮空氣管。

(3) 暖氣應用時不能控制濕度。

21-2-10 輻射冷暖氣方式(Redial Panel cooling or Heating System)

此方式利用地板、天花板或牆壁、配裝嵌板(panel)或盤管。冰水或熱水通過時，行熱交換作用，如圖21-22。

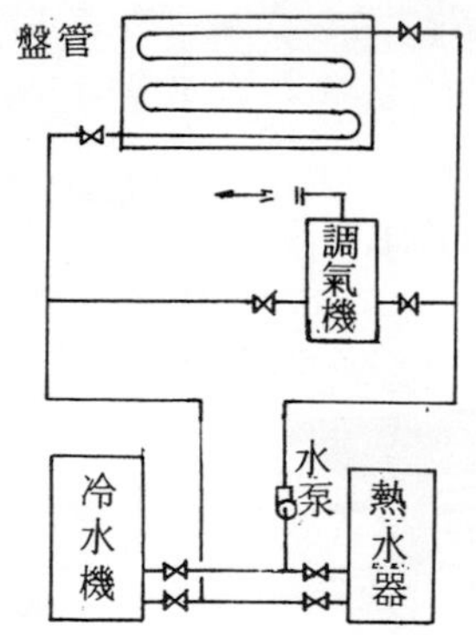

圖 21-22 輻射冷暖房方式

優點：

(1) 多季供應暖氣時，舒適程度較高。

(2) 可節省空間。

缺點：

(1) 設備費高。

(2) 建築構造費增多。

(3) 鐵管溫度低於露點溫度時，易結露。

21-2-11 蓄熱方式(Heat Storage System)

冷暖房負荷隨時間而變動，裝置冷凍機及鍋爐之容量，必須滿足一年中之最大負荷。但在全負荷狀態下運轉之時間，在一年中所佔比率不高，故依傳統方式選用大容量主機，頗爲浪費。

目前台灣地區，大多採用單台或單台以上之主機，高負荷時全部啓動，低負荷時僅開動少數主機。但最經濟的作法是採用蓄熱方式以彌補最大負荷之時日，尤其是目前許多業者，僅以坪數概算方式求得設備容量，負荷之估算不正確，更有採用蓄熱之必要。

冷凍空調設備之設計不應只著眼於低造價，計算工程成本時，除了造價外應考慮完工後的運轉費用，其中包括耗電量、維護保養及人事費用等。

利用蓄熱方式，則設備可在用電離峯時間運轉，電費率低、設備容量低，則契約用電容量較少，且主機均在滿載下運轉，效率也較高。

熱量可貯存在隔熱槽內，常用之蓄熱媒體有：

(1) 水。

(2) 岩石或沙礫（用於熱空氣收集系統）。

(3) 可融鹽類（尙未健全供可信賴的低溫貯存用）。

蓄熱材料如爲流體應考慮下列因素而作選擇：

(1) 凍結點（freezing point）：流體必須適應於最低運用溫度。

(2) 汚染度（ pollution ）：應用於開放管路系統，應選擇無汚染情況者。

(3) 安全性（safety）：無毒、無燃燒性、無爆炸性、無腐蝕性等性質。

(4) 熱力性質（thermal performance）：比熱、比重、黏滯性及熱傳導係數等性質。

(5) 成本（cost）：容器造價、流體價格、管路成本、運轉費用等。

(6) 穩定性：化學性質是否穩定。

一般空調之蓄熱大多以水爲蓄熱媒體，利用顯熱方向貯存熱量，但所需的水量及容積較大，此種蓄熱槽不應置於高樓頂層，否則應特別加强建築物結構來承受蓄熱媒體的重量，一般以利用地下層作蓄熱槽爲宜。

冰融解成水時，吸收大量的潛熱(80 kCal/kg)，故利用此種潛熱時，貯熱量遠大於水的顯熱蓄熱(1 kCal/kg°C)，但不宜用在空調系統，否則將導致蓄熱槽與管路之熱傳遞損失，需加厚保溫層厚度外，主機的效率較小，動力消耗較大。

蓄熱的新觀念應是小容積、大貯熱量化。業者應著手開始研究，尋找適宜的化學材料代替傳統的冰或水之蓄熱，利用無機含水鹽類之潛熱蓄熱槽，以期達到重量輕、佔地空間小及熱容量大的目的。

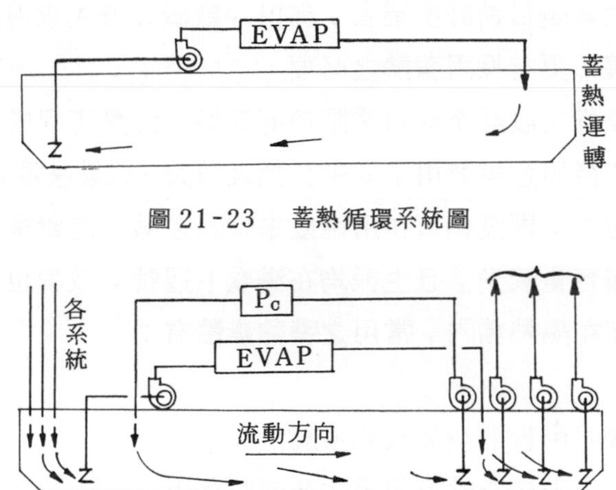

圖 21-23 蓄熱循環系統圖

圖 21-24 放熱循環系統圖

21-2-12 可變風量空調系統(VAV System)

傳統式空調都採用固定風量系統(constant air volume system)即CAV系統。另外一種是可變風量空調系統，即VAV系統(variable air volume system)二者主要之差異是：

(1) 固定風量系統是維持一定的送風量，但改變送風溫度以適應負荷的變化。

(2) 可變風量系統是維持一定的送風溫度，改變送風量。

因此VAV系統比傳統CAV系統具有下列優點：

(1)　可以節省送風機之馬力。

(2)　能同時供給許多區域，各種不同需求條件。

(3)　可以更節省冷凍主機的能量。

VAV系統風量變化可藉下列三種方式：

(1)　摺箱式（bellows）（圖21-25）。

(2)　擋板式（dampers）（圖21-26）。

(3)　空氣閥式（air valve）（圖21-27及圖21-28）。

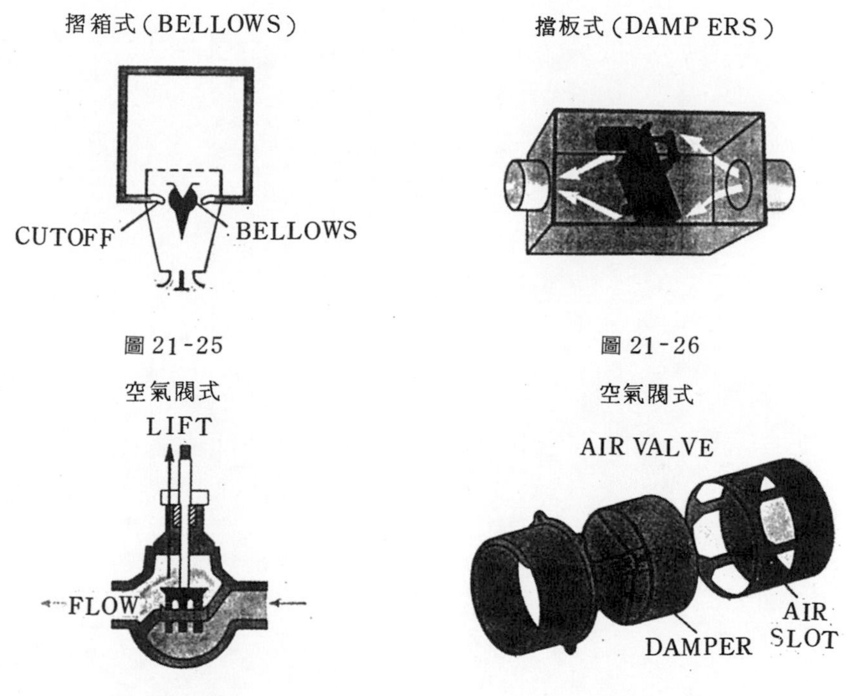

圖 21-25　圖 21-26　圖 21-27　圖 21-28

VAV系統中風車之選擇應在低負荷時也能在穩定狀態下運轉，故應考慮選用適當大小及型式的風車，而風車容量之控制可用下述方式：

(1)　行駛風車特性曲線（riding the fan curve）。

利用風車靜壓之增加而降低風量及馬力。

(2)　送風側之風門控制（discharge damper）。

(3)　入口導流葉片（inlet vanes）。

(4) 變速調整（ speed modulation ）。

22-1　中央系統式空氣調節器之構成

中央系統式空氣調節器俗稱空調箱（Air Handling unit）主要構成部份有：

(1)　空氣過濾器（Air filter）

(2)　空氣預熱器（Air Preheater）

(3)　空氣預冷器（Air Precooler）

(4)　空氣冷却減濕器或加熱盤管或空氣洗滌器（Air Dehumidifier or Heating coil or Air washer）

(5)　加濕器（Humidifier）

(6)　空氣再熱器（Reheater）

(7)　送風機（Fan）

組合式空調箱尚包括冷凝水盤、空氣混合箱、控制風門及外箱殼體等。有些場所可以利用建築物之結構，不需另設外箱。廠家之製造目錄所列空調箱容量大多在150冷凍噸以下，實際應用上，空調箱之容量大小不受限制，可選用數台組合成大容量之空調箱。

選購空調箱時，應考慮下列原則來配合現場之安裝：

(1) 立式、臥式或吊掛式。

(2) 馬達安裝位置。

(3) 箱體結構。

(4) 冷水或冷媒盤管。

(5) 盤管排數、鰭片片距。

(6) 過濾網之材質。

(7) 空氣混合箱及手控風門及旁通裝置需要否。

(8) 風量、冷凍容量等。

(9) 風車型式、風壓。

(10) 馬達電壓、馬力極數等規格。

空調箱之配列可參閱圖22-1及22-2，有些應用場合為了節省空間，小容量之空調箱亦可採用懸吊式。空調箱各組合另件詳圖22-3及圖22-4

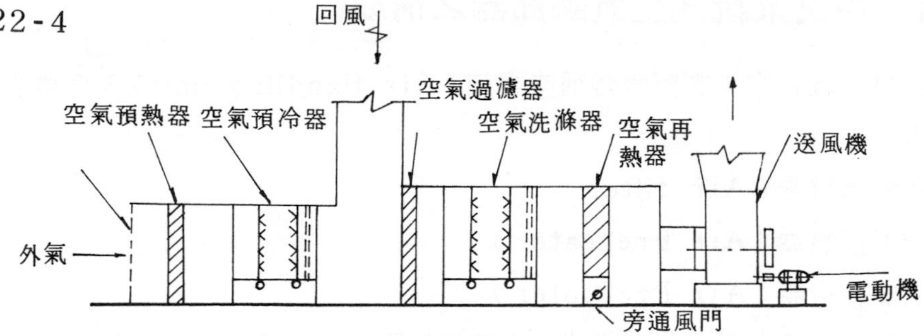

(a) 空氣洗滌器配列預冷器

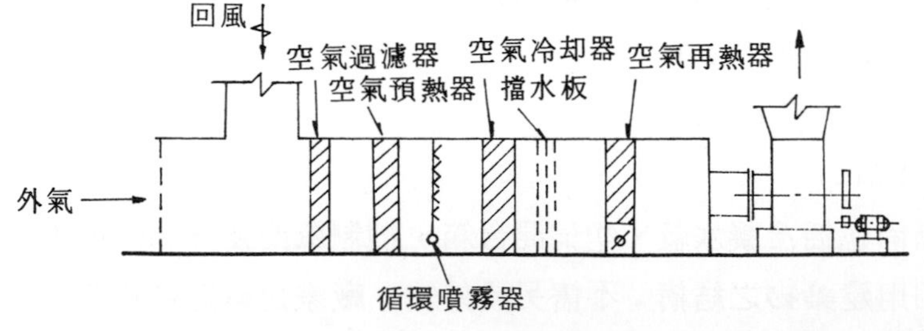

(b) 使用冷却盤管時之配列

圖22-1 空調箱之配置

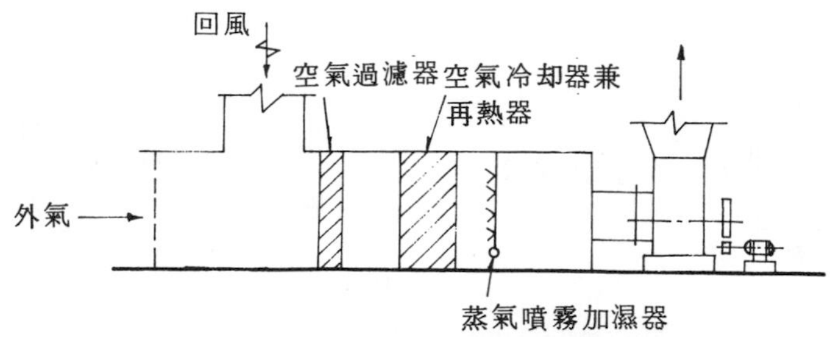

(c)　冷却盤管兼再熱盤管的配列

圖 22-1　空調箱之配置

臥式

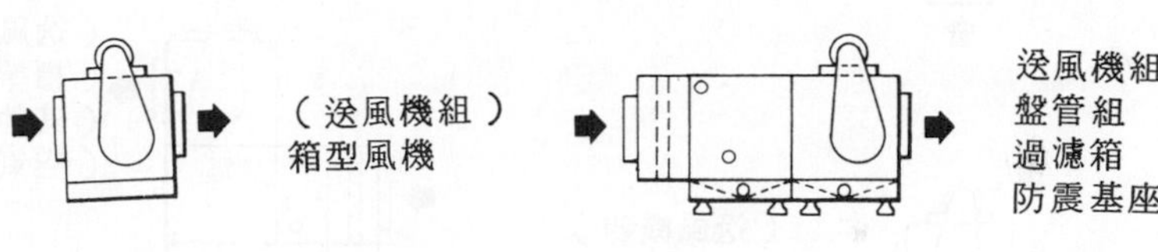

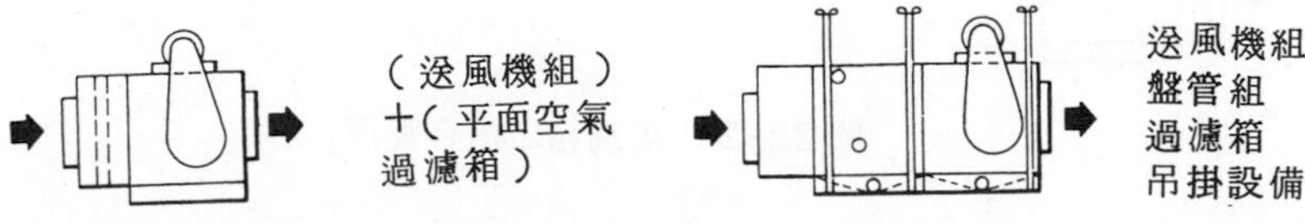

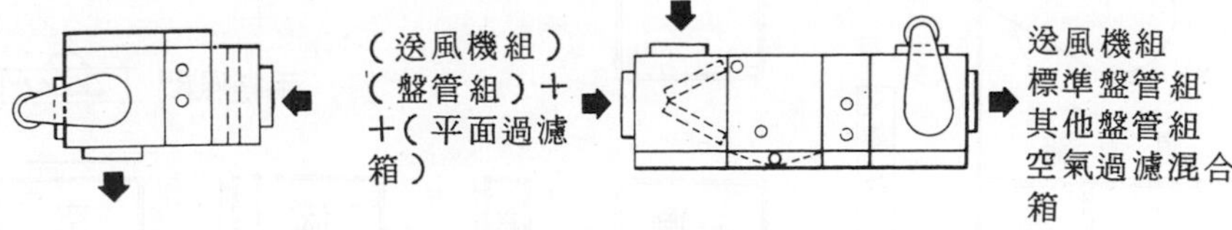

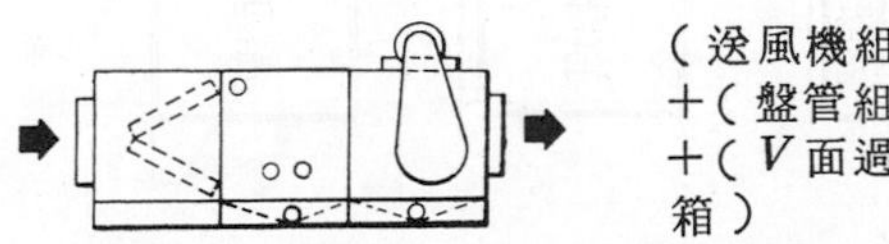

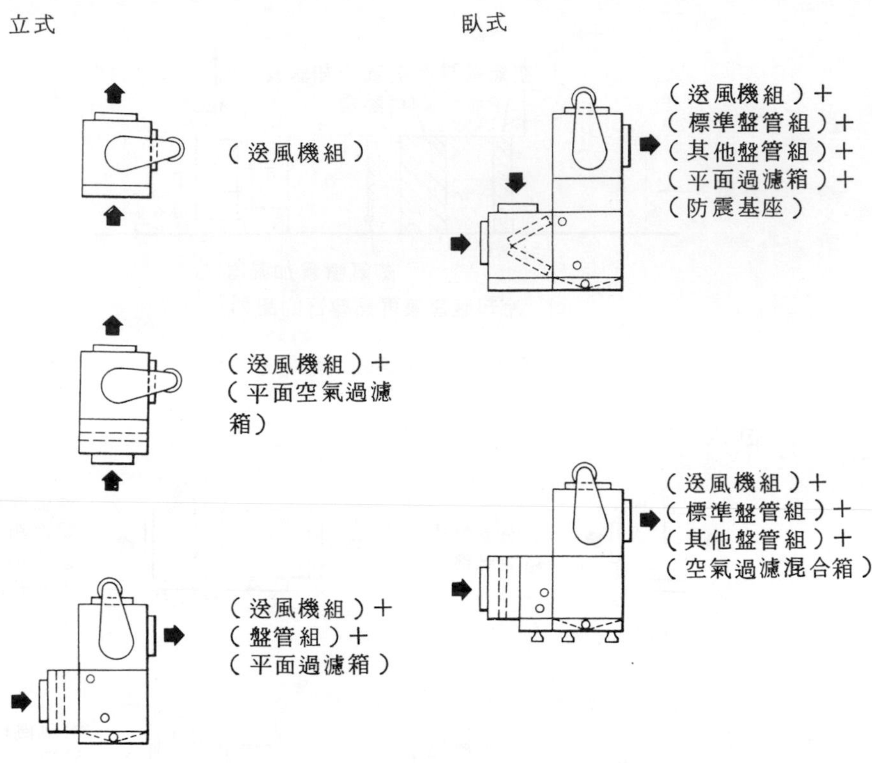

圖 22-2　空調箱之組合圖例

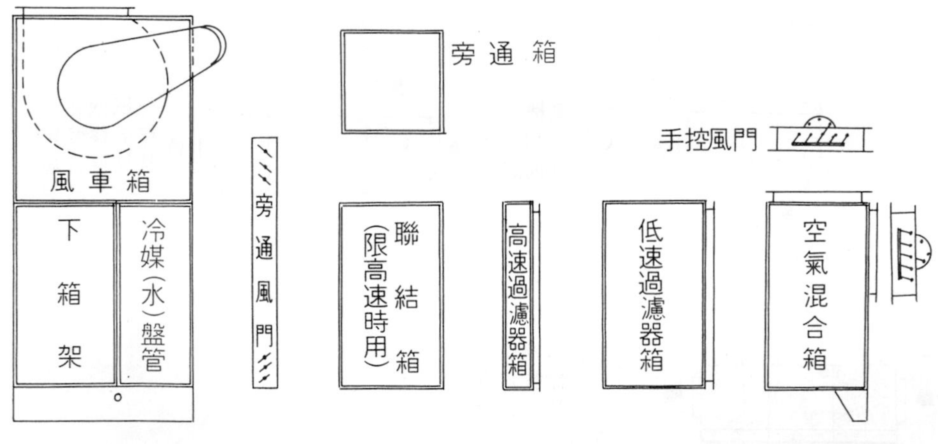

圖 22-3　立式空調箱組合件名稱

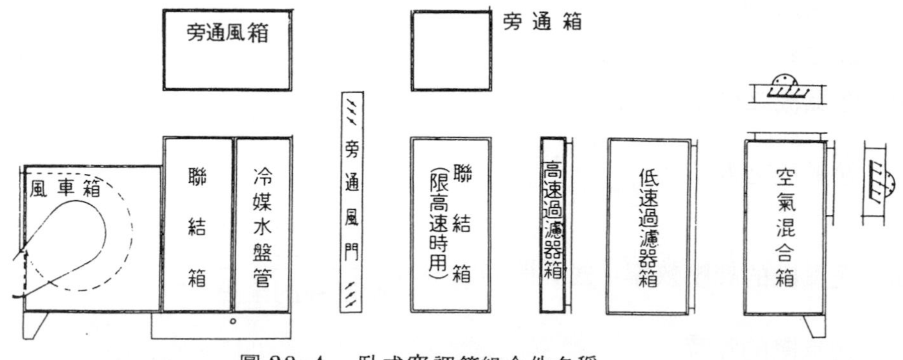

圖22-4　臥式空調箱組合件名稱

22-2　送風機

22-2-1　送風機常用術語

(1)　標準狀態之空氣比重（r）：

溫度20°CDB，相對濕度75％RH，絕對壓力760mmHg之空氣謂之標準狀態空氣。其比重爲1.2kg/m³。

(2)　風量（Q）

送風機之風量，無特別指明時，係指送風機吸入口之吸入風量，單位是m³/min。

(3)　送風機全壓（P_T）

送風機排出口與吸入口全壓之差值。mmAq。

(4)　送風機動壓（P_V）

依送風機出口面積與送風機風量求得平均風速，依公式

$$P_V = \left(\frac{V}{4.03}\right)^2$$ 計算得到之壓力mmAq

(5)　送風機靜壓

送風機之全壓減去送風機動壓所得之值即爲送風機之靜壓。

即　$P_S = P_T - P_V$　mmAq

(6)　空氣動力$=\dfrac{\text{送風機風量}\times\text{送風機全壓}}{6120}$（kW）

⑺ 送風機的軸動力

即送風機軸端之輸入動力(kW)

⑻ 送風機之效率

$$送風機之效率=\frac{空氣動力}{送風機的軸動力}$$

⑼ $送風機的靜壓效率=送風機的效率\times\frac{送風機的靜壓}{送風機的全壓}$

⑽ 送風機的噪音

依國家標準,在吸入口及其附近測得之噪音平均值 dB。

⑾ 送風機之編號

多翼式或離心式送風機的大小,其葉輪外徑 150mm 者,爲 No.1,軸流式送風機葉片外徑 100mm 爲 No.1。

22-2-2 送風機法則(FAN LAWS)及噪音法則(NOISE LAWS)

各種送風機性能之變化均遵循一定之公式,這些計算送風機之公式謂之送風機法則。表 22-1 爲送風機法則及噪音法則,表中 Q 爲風量 m^3/min,P 爲送風機壓力 mmAq,kW 爲送風機軸動力(kW),n 爲送風機轉速 rpm,No 爲表示送風機大小之型號,γ 爲空氣比重 kg/m^3,dB 爲送風機之噪音度(phone),

㈠ 空氣密度一定,轉速不同時:

① 風量與轉速成正比。

② 壓力與轉速平方成正比。

③ 送風機之軸動力與轉速立方成正比。

㈡ 送風機之葉輪直徑變化時:

① 若輪周速度和空氣密度一定,則:

(a) 風量與輪徑平方成正比。

(b) 壓力不變。

(c) 送風機軸動力與輪徑平方成正比。

② 若轉速一定，空氣密度一定，則

(a) 風量與輪徑之立方成正比。

(b) 壓力與輪徑平方成正比。

(c) 輪周速度與輪徑成正比。

(d) 送風機軸動力與輪徑之五次方成正比。

㈢ 空氣密度不同時：

① 若風量一定，輪徑一定，轉速一定，則

(a) 風量不變。

(b) 壓力與空氣密度成正比。

(c) 送風機軸動力與密度成正比。

② 若壓力、輪徑皆不變，只有轉速變化時：

(a) 風量與空氣密度之平方根成反比。

(b) 壓力一定。

(c) 轉速與空氣密度之平方根成反比。

(d) 送風機之軸動力與空氣密度之平方根成反比。

③ 若空氣重量一定，輪徑一定，轉速變化時：

(a) 風量與空氣密度成反比。

(b) 壓力與空氣密度成反比。

(c) 轉速與空氣密度成反比。

(d) 送風機軸動力與空氣密度之平方成反比。

表22-1 送風機法則和噪音法則

No	送風機法則				噪音法則
	從屬變數	基礎資料	獨立變數	密度補正	
	$Q_2=$	$Q_1\times$	$\left(\frac{N_{02}}{N_{01}}\right)^3\times\frac{n_2}{n_1}\times$	(1)	
1	$P_2=$	$P_1\times$	$\left(\frac{N_{02}}{N_{01}}\right)^2\times\left(\frac{n_2}{n_1}\right)^2\times$	$\frac{\gamma_2}{\gamma_1}$	$dB_2=dB_1+70\log\frac{N_{02}}{N_{01}}+50\log\frac{n_2}{n_1}$
	$KW_2=$	$KW_1\times$	$\left(\frac{N_{02}}{N_{01}}\right)^5\times\left(\frac{n_2}{n_1}\right)^3\times$	$\frac{\gamma^2}{\gamma^1}$	
	$Q_2=$	$Q_1\times$	$\left(\frac{N_{02}}{N_{01}}\right)^2\times\left(\frac{P_2}{P_1}\right)^{1/2}\times$	$\left(\frac{\gamma_1}{\gamma_2}\right)^{1/2}$	
2	$n_2=$	$n_1\times$	$\frac{N_{01}}{N_{02}}\times\left(\frac{P_2}{P_1}\right)^{1/2}\times$	$\left(\frac{\gamma_1}{\gamma_2}\right)^{1/2}$	$dB_2=dB_1+20\log\frac{N_{02}}{N_{01}}+25\log\frac{P_2}{P_1}$
	$KW_2=$	$KW_1\times$	$\left(\frac{N_{02}}{N_{01}}\right)^2\times\left(\frac{P_2}{P_1}\right)^{3/2}\times$	$\left(\frac{\gamma_1}{\gamma_2}\right)^{1/2}$	

No.	送風機法則				噪音法則
	從屬變數	基礎資料	獨立變數	密度補正	
3	$n_2=$	$n_1\times$	$\left(\frac{N_{01}}{N_{02}}\right)^3\times\left(\frac{Q_2}{Q_1}\right)\times$	(1)	$dB_2=dB_1-80\log\frac{N_{02}}{N_{01}}+50\log\frac{Q_2}{Q_1}$
	$P_2=$	$P_1\times$	$\left(\frac{N_{01}}{N_{02}}\right)^4\times\left(\frac{Q_2}{Q_1}\right)^2\times$	$\left(\frac{\gamma_2}{\gamma_1}\right)$	
	$KW_2=$	$KW_1\times$	$\left(\frac{N_{01}}{N_{02}}\right)^4\times\left(\frac{Q_2}{Q_1}\right)^3\times$	$\left(\frac{\gamma_2}{\gamma_1}\right)$	
4	$Q_2=$	$Q_1\times$	$\left(\frac{N_{02}}{N_{01}}\right)^{4/3}\times\left(\frac{KW_2}{KW_1}\right)^{1/3}\times$	$\left(\frac{\gamma_1}{\gamma_2}\right)^{1/3}$	$dB_2=dB_1-13.3\log\frac{N_{02}}{N_{01}}+16.6\log\frac{KW_2}{KW_1}$
	$P_2=$	$P_1\times$	$\left(\frac{N_{01}}{N_{02}}\right)^{4/3}\times\left(\frac{KW_2}{KW_1}\right)^{2/3}\times$	$\left(\frac{\gamma_2}{\gamma_1}\right)^{1/3}$	
	$n_2=$	$n_1\times$	$\left(\frac{N_{01}}{N_{02}}\right)^{5/3}\times\left(\frac{KW_2}{KW_1}\right)^{1/3}\times$	$\left(\frac{\gamma_1}{\gamma_2}\right)^{1/3}$	
5	$N_{02}=$	$N_{01}\times$	$\left(\frac{Q_2}{Q_1}\right)^{1/2}\times\left(\frac{P_1}{P_2}\right)^{1/4}\times$	$\left(\frac{\gamma_2}{\gamma_1}\right)^{1/4}$	$dB_2=dB_1+10\log\frac{Q_2}{Q_1}+20\log\frac{P_2}{P_1}$
	$n_2=$	$n_1\times$	$\left(\frac{Q_1}{Q_2}\right)^{1/2}\times\left(\frac{P_2}{P_1}\right)^{3/4}\times$	$\left(\frac{\gamma_1}{\gamma_2}\right)^{3/4}$	
	$KW_2=$	$KW_1\times$	$\left(\frac{Q_2}{Q_1}\right)\times\left(\frac{P_2}{P_1}\right)\times$	(1)	

22-2-3　送風機之種類

輸送空氣之機械，依壓力大小可分①送風機（Fan），②鼓風機（Blower），③空氣壓縮機（Compressor）等三大類。

此三者之壓力區別如下：

(1)　送風機　0～1000 mmAq

(2)　鼓風機　1000～10000mmAq

(3)　壓縮機　10000mmAq（1kg/cm²）以上

空氣調節使用之送風機大致可分爲離心式（Centrifugal）及軸流式（Axial）兩大類。

主要之離心式送風機有下述四種：

(1)　渦輪式（或稱透浦式）（Turbo Fan）（圖22-5）

(2)　翼截式（Airfoil Fan）（圖22-6）

(3)　定載式（Limited Load Fan）（圖22-7）

(4)　多翼式（Siroco Fan）（圖22-8）

軸流式送風機有：

(1)　螺旋槳式（Propeller Fan）（圖22-9）

⑵　管流式（Tube axial Fan）（圖22-10）

⑶　直流式（Vane axial Fan）（圖22-11）

圖22-5　透浦式離心風機（Turbo fan）

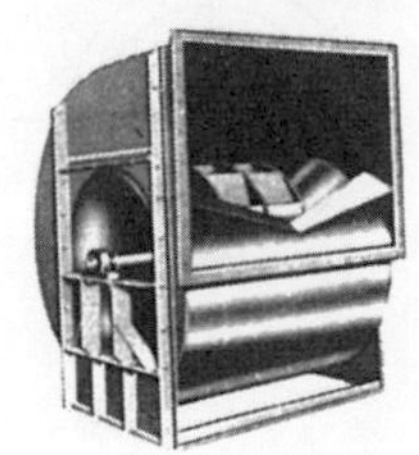

圖22-6　翼截式離心風機（Airfoil fan）

圖22-7　定載式風機（Limited load fan）

圖22-8　多翼式離心風機（Siroco fan）

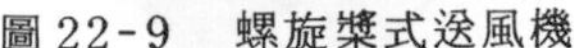

圖22-9　螺旋槳式送風機

圖22-10　管流式風機(Tube axial fan)

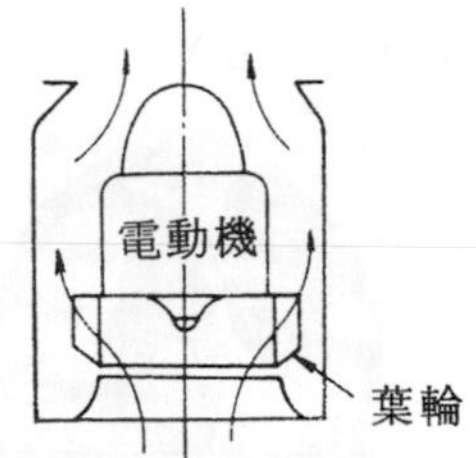

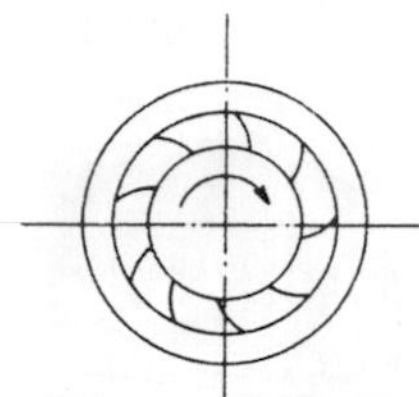

圖22-11　直流式風機

離心式送風機葉片(Blades)之型式有四種:(圖22-12)

(1) 前曲型(Forward curved type)

(2) 直葉型(Straight blade type)或稱輻射型(Radial blade)

(3) 後曲型(Backward curved type)

(4) 逆曲型(Reversed curved type)

輻射型離心風機或稱直葉型或徑向式,其外形及葉輪形狀如圖22-13,具有多翼式、定載式之特性,風量大、壓力高,適用於鍋爐送風機,各式集塵吸風,化學廠之強力送風,及空調等場所。

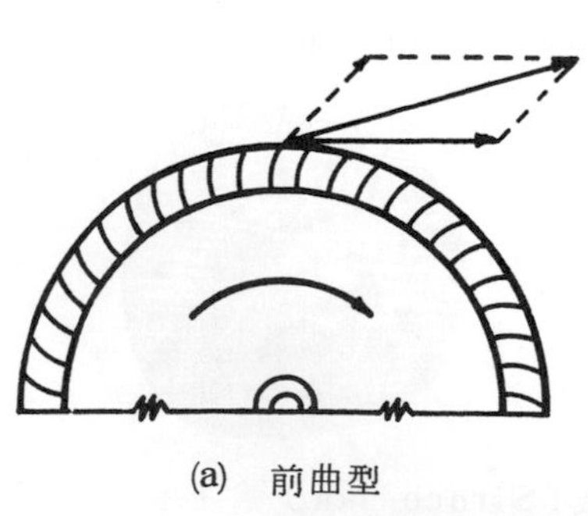

(a) 前曲型

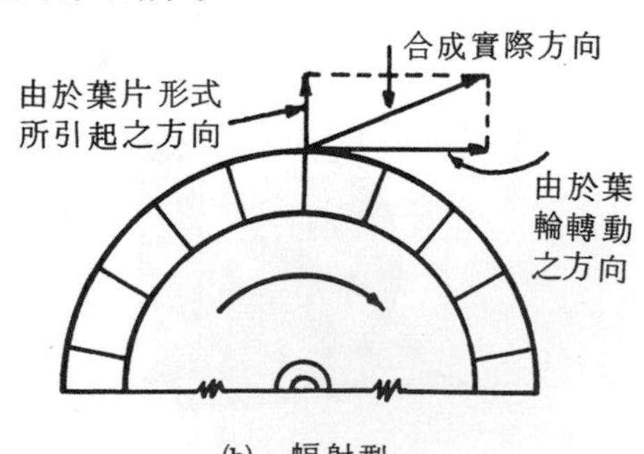

(b) 幅射型

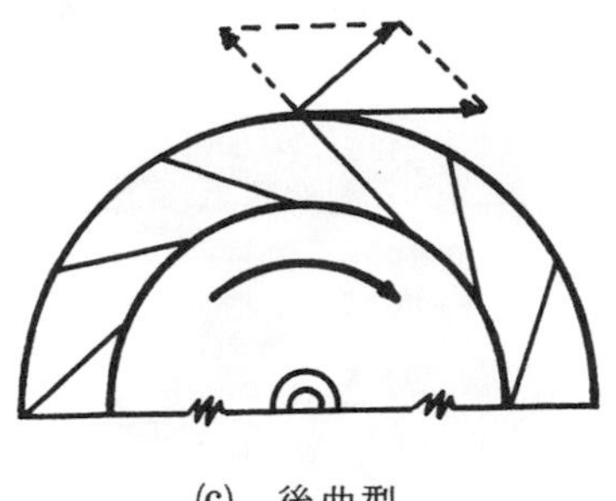

(c) 後曲型

(d) 逆曲型送風機

圖 22-12 離心式送風機葉片形式

圖 22-13 徑向式離心風機(Radial fan)

依安裝場所及特殊用途而異，尙有屋頂離心式抽風機、室內型換氣機、自然換氣風機、箱型風機等。爲了節省空調場所的能源，特殊換氣設備尙俱備可室內、室外空氣行熱交換之機能，謂之全熱交換器。今簡述於下：

(1) 屋頂離心式抽風機(Roof centrifugal wheel ventilator)(圖22-14)

適用於：禮堂、醫院、會議室、工廠、翻砂廠、其他工業建築物。

(2) 屋頂軸流式抽風機(Roof axial wheel ventilator)(圖22-15))

適用於：工廠、倉庫、翻砂廠、營房及其他高大建築物。

(3) 室內型換氣機(Room type air exchanger)(圖22-16)

適用於：公寓、廚房、浴厠排氣。

(4) 自然換氣風機(Relief ventilator)(圖22-17)

利用熱氣上升、冷氣下降之自然對流方式行換氣作用，不必電力，有特殊設計，防止雨水進入室內及外氣逆吹進入。

(5) 箱型風機(Box type fan)(圖22-18)

適用場所：辦公室、旅館、會議室、冷氣機及各種低噪音送排風。

圖22-14 屋頂離心式風機（ROOF VENTILATORS CENTRIFUGAL）

圖22-15 屋頂軸流式風機（ROOF VENTILATORS AXIAL WHEEL）

圖22-16 室內換氣機（Room type air exchanger）

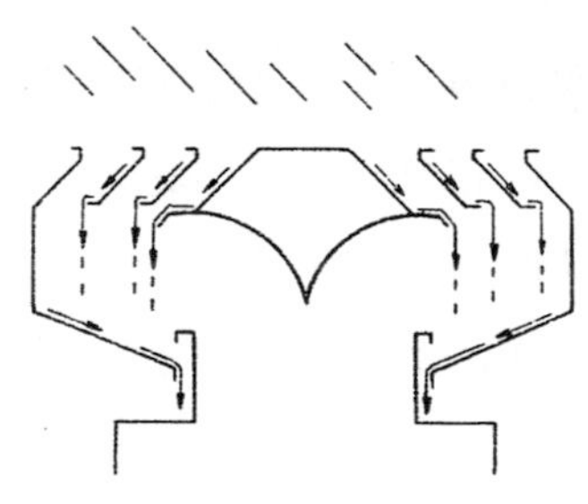

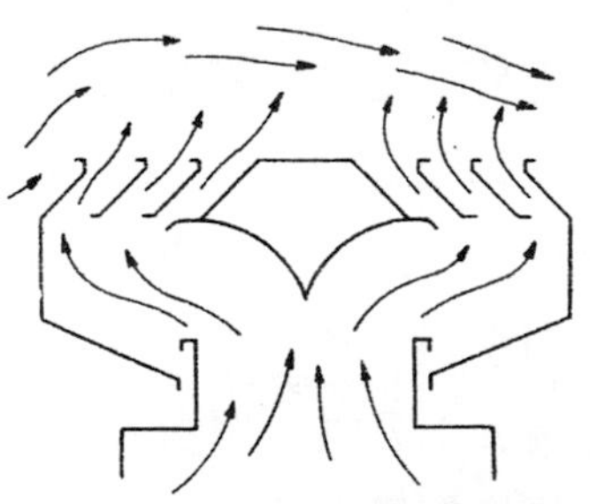

圖22-17 自然通風器（Relief ventilator）

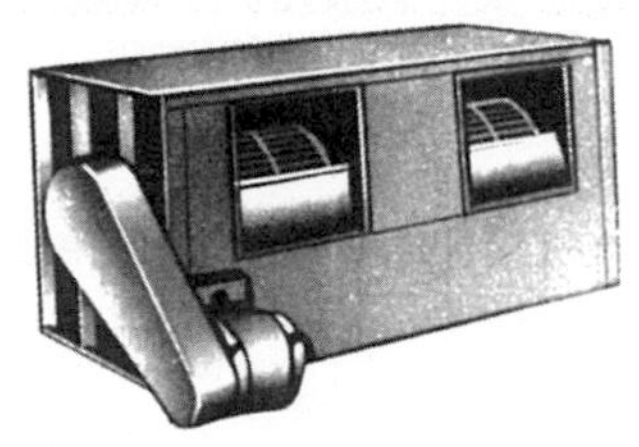

圖 22-18 箱型風機(Box type fan)

⑹ 全熱交換器(Thermo-lung)

空調場所均須補充新鮮空氣，以免空氣污濁，以一般之換氣設備當然亦可達到目的，但熱損失較大，若採用全熱交換器，使新鮮空氣和空調場所應排除之廢氣先行熱交換，則可使熱量損失減少，節省空調設備所需的能源及動力。全熱交換器之構造類似人體之肺部，有足夠之熱交換接觸面積。一部份爲吸熱側，另一部份爲放熱側。轉子以極緩慢的轉速旋轉(約 7 rpm)。熱交換材料則多採用石棉紙或薄鋁皮壓製成波浪型圓筒狀，並經特殊化學處理，使之易吸熱及放熱。是廢熱之再利用，省能方式之一種。構造簡圖請參閱圖 22-19。

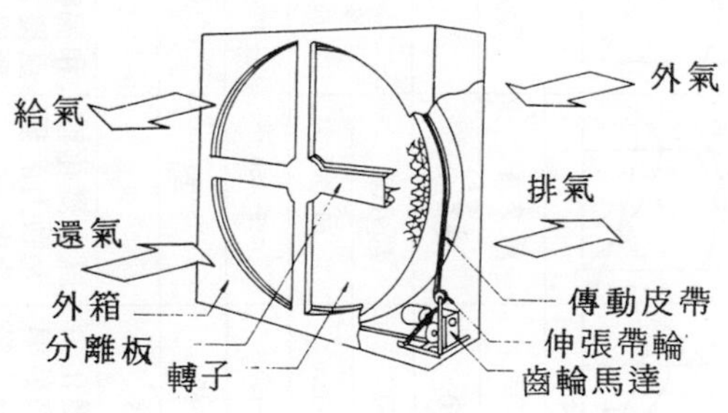

圖 22-19 全熱交換器之構造簡圖

22-2-4 各式送風機之性能曲線與比較

將送風機與試驗用之風管連接後，在指定的轉速下，利用風管的風量調節裝置，使風量達到各設定值，並記錄送風機的全壓、靜壓、所需動力、效率及回轉速等之變化，計算後繪成曲線，(必要時亦可測定噪音值)此種表示送風機性能之曲線，謂之性能曲線。

圖22-20 爲空調場所較常使用的送風機種類及性能比較，可供讀者選用送風機時之參考。

種類		離心送風機						軸流送風機	
		多翼送風機	定載式送風機	渦輪式送風機	翼形送風機	貫流式送風機	管流式送風機	螺旋槳式	軸流送風機
葉片形狀		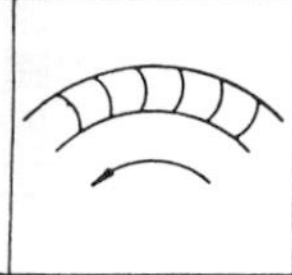	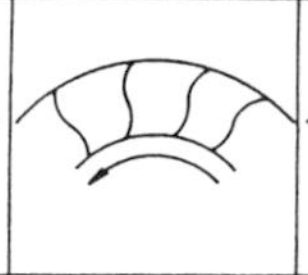	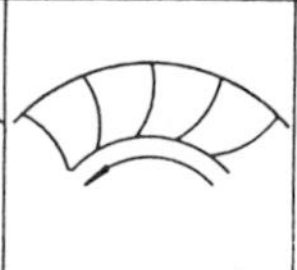		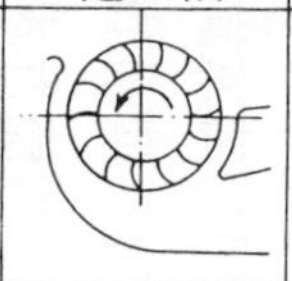	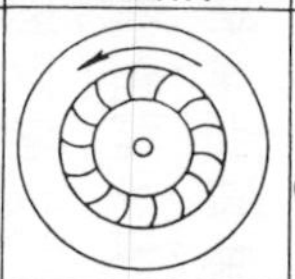	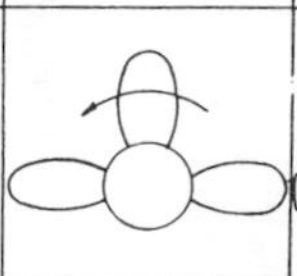	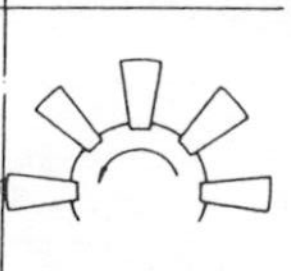
特性		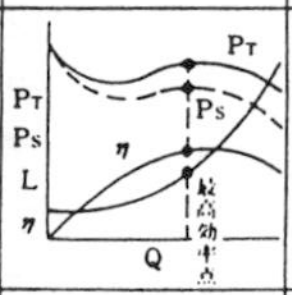	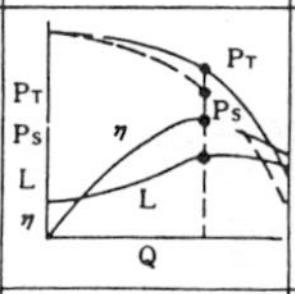	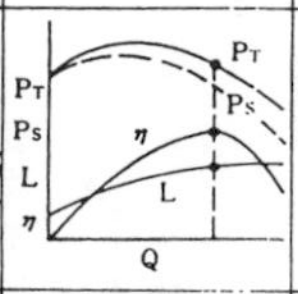	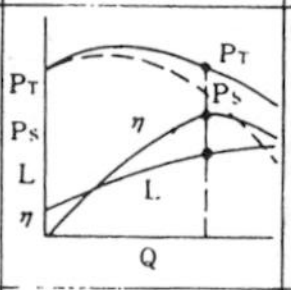	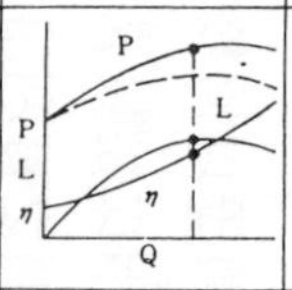	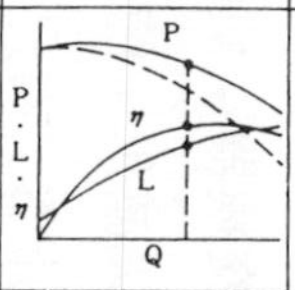	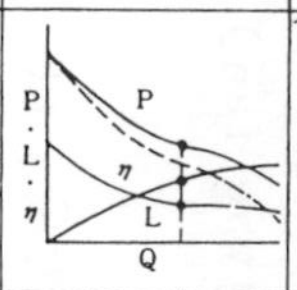	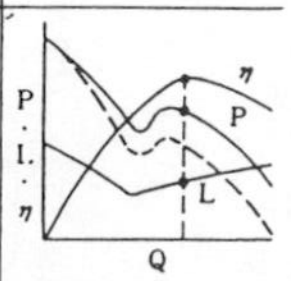
比較	尺寸	②	③	最大⑥	⑤	②	④	最小①	最小①
	效率	⑤	④	最高①	②	最低⑥	最低⑥	最低⑥（固定翼）	③
	噪音	③	④	最小①	②	最小①	③	③	最大⑤
要目	風量 m³/min	10～2000	20～3200	60～900	60～300	3～20	20～50	10～50（固定翼）	15～1000
	靜壓 mmH₂O	10～125	10～150	125～250	125～250	0～8	10～50	0～6	0～55
效率（%）		45～60	50～65	75～85	70～85	40～50	40～50	40～50	50～60（無導風片） 50～75（付導風片）
噪音度 dB		40	45	40	35	30	45	50	50
特徵		風量和動力的變化較大	風量變化少在最高效率點附近，動力的變化也少	風量變化較大動力的變化也大	和渦輪式送風機之特性類似	減少葉輪直徑效率減低之比率不多	壓力上昇值較大壓力沿右下角下降流動損失大效率低	壓力上昇少	風量、動力的變化少、動壓大
用途		低速風管空調用各種空調機用給，排氣用	低速風管空調用（中規模以上）工場用換氣（中規模以上）	高速風管空調用	高速風管空調用	室內型冰水送風機組及空氣簾	屋頂換氣扇	冷藏庫之冷風機換風扇、排氣扇冷却水塔	局部通風、冷却水塔、急速凍結室

圖22-20 各種送風機的特性

22-2-5　中國國家標準送風機之試驗方法

按照 CNS（中國國家標準）應實施送風機之試驗如下：

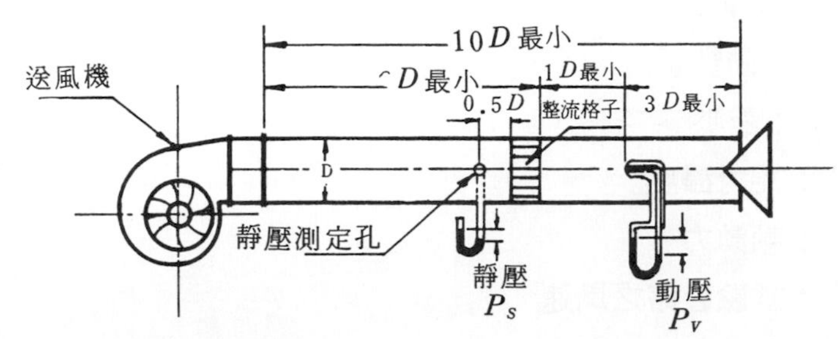

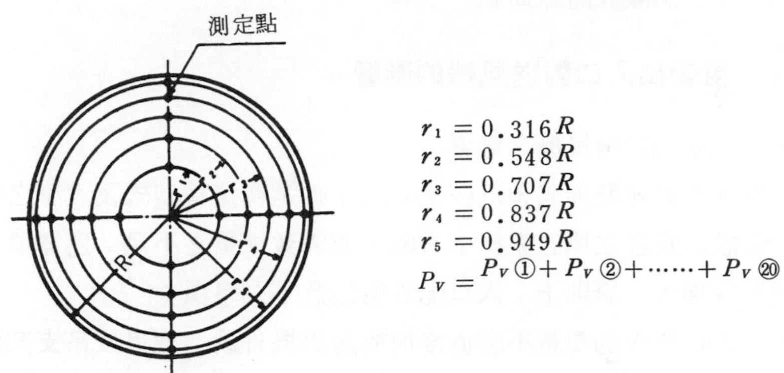

$r_1 = 0.316R$
$r_2 = 0.548R$
$r_3 = 0.707R$
$r_4 = 0.837R$
$r_5 = 0.949R$

$$P_V = \frac{P_V①+P_V②+\cdots\cdots+P_V⑳}{}$$

圖 22-21　CNS 送風機試驗距離及測試點

$$V=\sqrt{2g\frac{P_V}{r}} \tag{22-1}$$

$r = 1.2\,\mathrm{kg/m^3}$　　$g = 9.8\,\mathrm{m/sec^2}$

$$Q = AV \tag{22-2}$$

一般假定在標準狀態爲，溫度 20°C 絕對壓力 760 mm Hg 相對濕度 75% 如風量、風壓、軸動力於特定溫度、壓力狀態之下，換算公式如下

$$Q_1 = Q_2 \cdot \frac{P_2}{P_1} \cdot \frac{T_1}{T_2} \tag{22-3}$$

$$P_1 = P_2 \cdot \frac{T_2}{T_1} \tag{22-4}$$

$$L_1 = L_2 \cdot \frac{T_2}{T_1} \qquad (22\text{-}5)$$

上述公式中

Q＝風量

P_V ：動壓

P_S ：靜壓

T ：絕對溫度

L ：軸動力

V ：試驗管路之風速

A ：試驗管路斷面積

22-2-6　風管出入口對送風機的影響

㈠　入口配管對於送風機之影響

欲使風管系統發揮其預定效果，除了應選擇適當型式及大小之送風機外，尚需設計良好之風管系統，否則可能導致風量之不足，所需運轉動力增加或噪音增大。原則上，入口配管應注意下列事項：

① 入口風管的重量不應直接加於送風機外殼，應另設吊支架以支撐其重量，以免外殼變形，引起軸承中心偏離。

② 入口風管之裝配應使空氣能順暢流入送風機，避免產生旋轉、偏流等現象，以免影響葉輪之效率。

③ 應避免入口處之截面積突然變化，以免造成亂流而增加摩擦損失。

④ 送風機之入口不可太靠近牆壁，以免阻礙空氣流入。

圖22-22至圖22-25分別說明入口配管對送風機性能的影響。

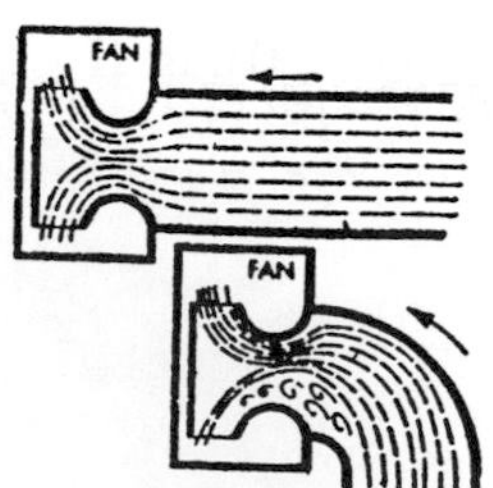

圖 22-22　上圖表示空氣從各方向均勻進入送風機，使葉輪平均完成增壓作用。下圖在入口前有一彎管（elbow），空氣偏心擠向一旁，葉輪工作不平均，總工作量即形降低，所送的風量比上圖減少約 5～10%，裝設導流彎板即可獲得改善

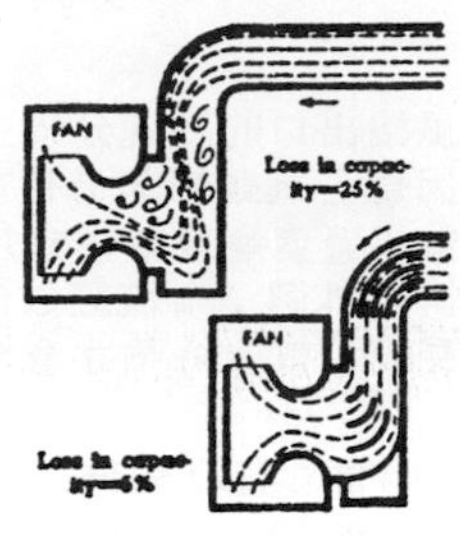

圖 22-23　上圖入口室（suction box）使空氣偏心流動，減少風量達25%。下圖在空氣轉向位置裝設導流彎板以減少空氣偏流，可使損失降至5%

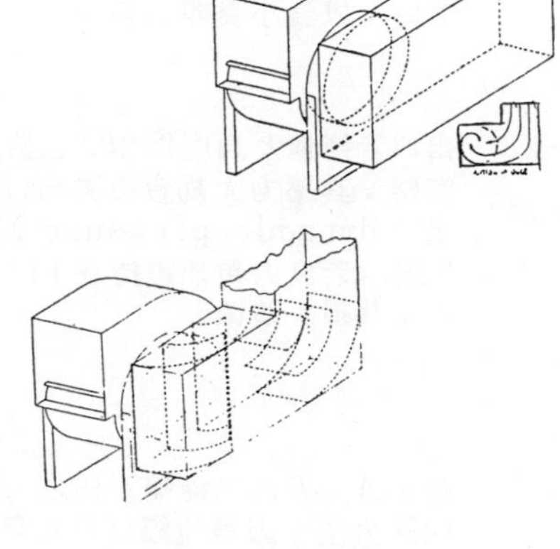

圖 22-24　入口室無整流彎板時，其空氣量減少40%。若裝置右前方之導流彎板時可降低至17%。若二種導流彎板皆裝置則可降低至11%。

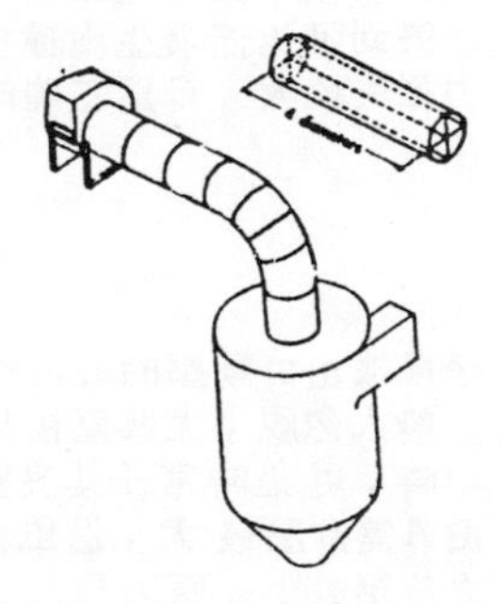

圖 22-25　送風機裝於旋風器之後，若裝置不良時風量甚至會減少40%。於管中裝置十字形導流直板可以減少風量損失

(二) 出口配管對送風機的影響

出口配管對於送風機性能的影響不若入口配管的影響大，因爲空氣到達出口時已經完成葉輪的升壓作用；但配置不佳時亦不能使送風機所得到的壓力充分發揮其作用。圖 22-26 至圖 22-30 說明出口配管的方式對於送風機性能的影響。

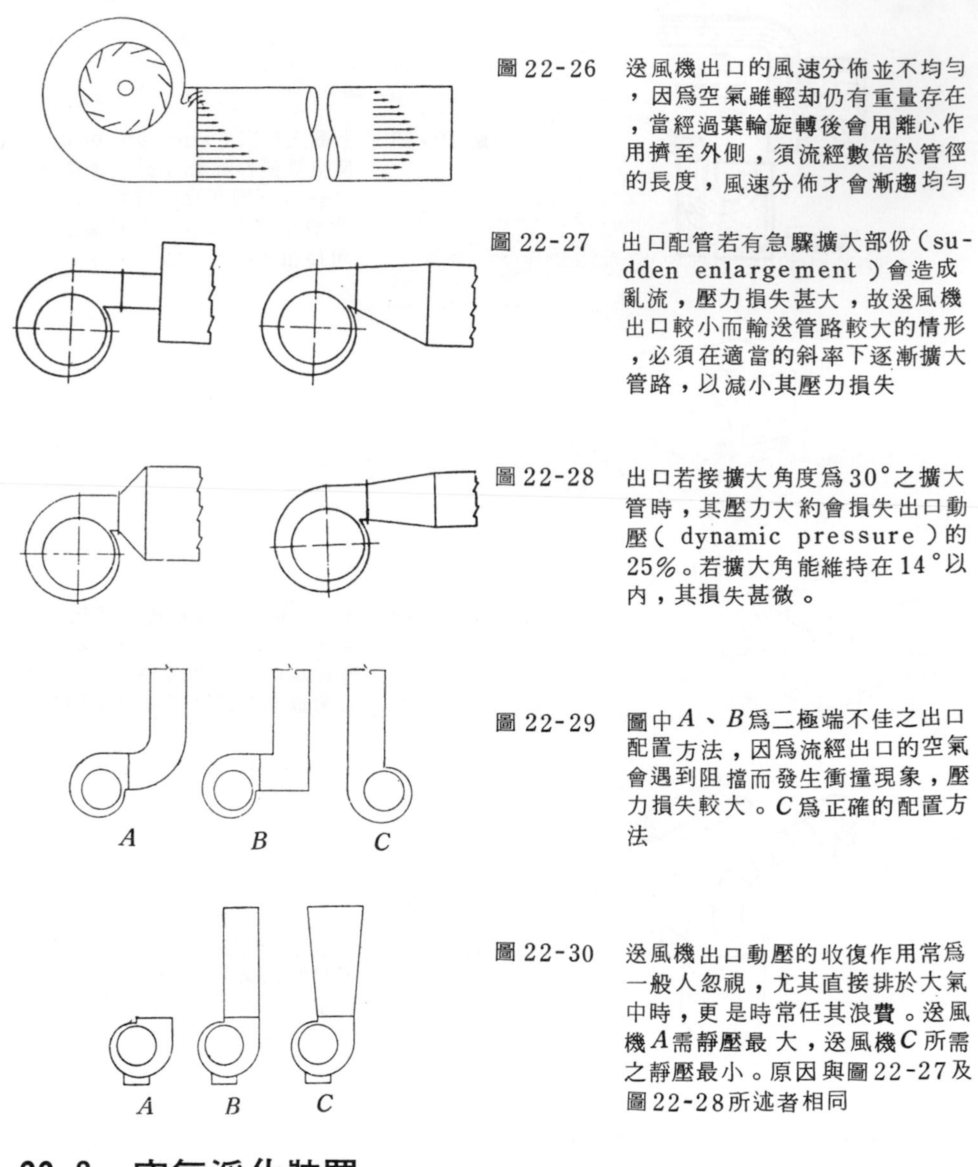

圖 22-26　送風機出口的風速分佈並不均勻，因爲空氣雖輕却仍有重量存在，當經過葉輪旋轉後會用離心作用擠至外側，須流經數倍於管徑的長度，風速分佈才會漸趨均勻

圖 22-27　出口配管若有急驟擴大部份（sudden enlargement）會造成亂流，壓力損失甚大，故送風機出口較小而輸送管路較大的情形，必須在適當的斜率下逐漸擴大管路，以減小其壓力損失

圖 22-28　出口若接擴大角度爲30°之擴大管時，其壓力大約會損失出口動壓（dynamic pressure）的25%。若擴大角能維持在14°以內，其損失甚微。

圖 22-29　圖中 *A*、*B* 爲二極端不佳之出口配置方法，因爲流經出口的空氣會遇到阻擋而發生衝撞現象，壓力損失較大。*C* 爲正確的配置方法

圖 22-30　送風機出口動壓的收復作用常爲一般人忽視，尤其直接排於大氣中時，更是時常任其浪費。送風機 *A* 需靜壓最大，送風機 *C* 所需之靜壓最小。原因與圖22-27及圖22-28所述者相同

22-3　空氣淨化裝置

空氣調節不能只要求溫度及濕度，尙須注意健康問題，避免受污染之空氣影響人體健康及產品之品質，應選用適當的空氣過濾器。尤其在1963年美國創行優良藥品製造標準（Good Manufacturing practice GMP）歷經多年之發展，空氣過濾器及殺菌設備的應用更加受重視。

一部優良的空氣清淨機必須具備清除空氣污染粒子的效力，如烟味、有機體的惡臭、腐化味、霉味、廢氣、瓦斯、毒氣、尿味，經由空氣清淨機濾過成無色、無臭、無味的空氣，而這些僅僅是能用嗅覺辨別的部份，更重要的如浮游物、懸浮微粒、有機毒物、細菌、病原體、有毒氣體如一氧化碳、碳氫化物、氮氫化物等亦能除去。

國內目前共設有粒狀污染物監測站一百二十六站，從事採集落塵及懸浮微粒之工作，而測試結果發現我國粒狀物質之污染程度，每月每平方公里落塵約為五至二十公頓，每立方公尺空氣中懸浮微粒為一百五十至三百微克，比歐、美、日稍高，值得有關單位重視。

一般空氣污染防治可分兩方面進行，一為控制交通污染，一為控制工業污染；在交通污染方面，管制汽油車的一氧化碳及碳氫化合物的產生。而在工業污染方面，有關單位除加強取締烟卤冒黑煙、排放粒狀污染物及各種有毒氣體外，並應要求各肥料廠、鋼鐵廠等設置靜電集塵器、袋式集塵器或旋風式集塵器等，以減低粒狀物的污染，使污染的情況改善。一般所謂的靜電空氣清淨機係由集塵器、預集濾淨器、鋁過濾網及臭氧發生器、金屬放電線、高壓電子零件構成，其原理乃是利用微塵經過壓差一萬二仟伏特之直流電場，經放電而離子化，使微塵帶正電而後吸附於負極板上，當累積至一定厚度後，用肥皂水予以清洗後即可重複使用。

選用空氣清淨機之前必須考慮下列因素：①空氣的性質，懸浮的塵粒數目有多少，②房間坪數、大小，③房間的用途，④淨化空氣的效率，而其中以淨化空氣的效率最為重要。所有空氣清淨器可用效率來區分其額定。當污塵進入過濾器，一部分被收集而一部分却漏過，所能收集污塵進入量的百分數來表示，空氣清淨機的性能決定於空氣的流過率以及整個機構的品質。對一部高品質的系統而言，百分之七十的效率為其最低的性能標準，而此效率是以空氣通過空氣清淨機一次為計算標準，因空氣在系統中多數是循環好幾次，如此使空氣中所含的微粒物很快便減少到很低的程度，效率無形中提高。

大多數鑑定一部空氣清淨器效率的建議步驟包括有加速測試所使用的「合成測試塵土」，這些步驟與利用自然測試塵土的步驟有所差異，就算是使用的測試塵土相同，用不同的測試方法來測量同一部空氣清淨機的效率，其所得的數值也會不同，所以選購時效率的數值要注意，不同的測試步驟對一些設計不同的空氣清淨機無法比較。

依照美國冷暖氣與通風工程師協會（ASHRAE ）評定空氣清淨機的效率有三：①稱重法，②微粒物計法，及③塵土汚點法，其中以大氣塵土汚點法最爲正確，Honey-well 空氣清淨機，以及大多數設計優良的空氣清淨機，都用此法來作額定，此法之測試步驟乃敍述在ASHRAE標準法規五二 — 六八中，而空調及冷凍協會標準法六八〇 — 七〇也訂有這種方法，消費者選購時，應注意此測試值，詳加比較。

目前市面上有些空氣清淨機，標榜以臭氧來消除臭味，然而根據美國食物與藥劑管理局（FDA），在一九七二年六月十五日提出一法令來限制任何爲產生臭氧的器具，濃度要在 0.05 ppm 以下，濃度很稀的臭氧對物質會有很大的影響，例如繃緊的橡皮久了會有裂痕，臭氧對紡織品、纖維物、有機染料、金屬、塑膠以及油漆均有損壞能力。

而更嚴重的是臭氧濃度過高對人體亦將造成傷害，依據報告指出，臭氧濃度達 0.200 ppm 時，爲鼻子、喉嚨受刺激達最低恕限濃度，0.300 ppm 時會顯出癥候，而樹葉受到傷害會呈暗點，0.500 ppm 會促使某些人嘔吐頭痛，長期暴露會使肺部發生水腫。

在空氣清淨機工作時，高電壓部分有些較尖銳的地方會使臭氧增加，使臭氧的氣體平均抵達 0.03 到 0.01 ppm 。屋內臭氧濃度在 0.005 到 0.010 ppm 之間。在主要城市裏，空氣中的臭氧平均在 0.0200 到 0.0400 ppm 之間或者更高。限制任何裝置所產生的臭氧不能超過 0.050 ppm，此項因素消費者亦須注意。

22-3-1 污染空氣對人體家畜及產品品質的影響

㈠ 對人體的影響

根據資料顯示，一般病症的引起均與空氣汚染有著密切關係，故如何有效利用空氣汚染防治設備，來維護個人身心健康，實是刻不容緩的事，根據醫學報告指出，四點七Mircon 以下的微粒可進入人體的肺泡，因此粒子越小對人體傷害越大。而國內目前具有過濾網的機械中，一般均只能過濾 5 μ 以上微粒，對防治空氣污染的效能稍嫌不足。

小型的空間如會議室、汽車、臥室、廚房、浴室、地下室、育嬰室、病房等，尤其門窗緊密的冷氣房內，有時因多人聚會，造成烏烟瘴氣，令人有窒息感，而影響人體的精神與情緒；像在病房中可利用小型的空氣清淨機來消毒過濾病菌，有助於抵抗力較弱的病人避免受到感染或傳染給其他人。

一般冷氣機、電扇、空氣調節器只能使空氣循環，而不能使空氣淨化。在國外小型的空氣淨化機除用於家庭或空間較小的場所外，也廣泛地在汽車內使用。

在許多家庭裏，至少有一人因浮塵而使得過敏性氣喘的病痛更為加劇。根據調查顯示，至少有三分之一的人依靠藥物來幫助呼吸，以及八分之一以上的人借助於處方以使呼吸正常。空氣清潔器並不能提供「花粉熱」及過敏性氣喘的任何醫療效果，但它能將使人感覺不舒服的浮塵大量減少。氣喘病患者在許多情形下，可以經由清潔器的淨氣而減輕病苦，在負擔而言，其安裝費用少於醫療費用。

㈡　對家畜的影響

環境控制，在溫室發展上，已經變成一項新而重要的考慮因素，淨氣可大量減少農舍的維護以及造成作物枯萎，家畜呼吸疾病的浮塵。許多家禽，特別是鷄、鴨、鵝以及閹豬等特別容易感染沾附在夾塵上的細菌或濾過性病毒而引起呼吸疾病。淨氣系統裝於畜欄，經過研究對於Newcastle 或 Marek 等家畜疾病確實有效。

在農業上的應用，空氣淨化器能除去多數的微粒物，但對於以氣態存在的臭味則無能為力。倘若要除去這種臭味，應加裝專為除去臭味而製的過濾器，例如活性炭濾過器，另外像豬舍可能產生大量的阿摩尼亞氣體，這種阿摩尼亞氣體可能會使電子室、外蓋、或者電源供應器變壞。減少這種破壞，可以在循環系統中使室外空氣的含量增加，即每次加入較多的室外空氣。

㈢ 對產品品質的影響

浮塵會破壞室內的繪畫及擺設。這些微粒沾附在牆上、天花板上、衣服及裝飾家具上並不容易消除，結果增加了清洗費用，況且有些浮塵粒子非常細微而不能以肉眼見到。這些粒子在不做清潔工作時靜止下來而造成長時間變色與汚染。空氣清潔器吸收大部分的微粒物，因而延長了清洗這些擺設的時間間隔。大部分之重新粉飾擺設變成是一種喜好的結果而不再是必需。許多使用者發現在三年之內，空氣淨化裝置所發揮的效用已經足以值回票價了。

要注意的是有許多較大的浮塵在空氣中很快的消失，這是因為他們的質量較重，在再生循環中未達到清潔器之前已掉落，而堆積成可觀的灰塵。雖然清潔器不能完全使屋內乾淨，却能減少室內的灰塵。許多室內擺設複雜的屋子，例如豪華公寓、公共宿舍等可借助空氣淨化裝置作為減少費用的最佳方法。

目前由於資訊工業發展迅速、空氣清潔裝置已廣泛被使用於電腦室以及防止磁碟的刮傷，及使用於IC電路板工廠以防止灰塵所造成的短路，其他像雷射製版、光學工業精測室、醫院等亦多添增此項設備。屬於高價值附屬設備的空氣清淨機是高速工業發展下的產品，但因價格稍高、中小型廠家較不容易接受，故應降低成本使空氣淨化裝置變成家電產品。

就電腦室的應用而言，一般電腦公司認為設置電腦室就能保護電腦設備，却未能考慮到人員進入電腦室，會帶進灰塵，引起磁帶噪音，而造成資訊讀數的錯誤，在電腦室中，電子空氣清淨機需具有除去灰塵分子體積在0.01micron以上而達到百分之九十九的清潔效果，才符合標準。

通常應用在電腦室的空氣淨化系統所考慮的因素與其他淨室相同。首先環繞著的輸氣管應作適當的隔離以避免在錄製磁帶或磁盤時引起噪音，第二，在電腦室或淨室的淨氣系統一定要持續的工作，在清洗電子室時，應以備用電子室置換。第三，在控制室內所有的橡膠質材料都必須是合成橡膠，雖然由於控制室所產生的臭氧很少，却也會影響到天然橡膠。

22-3-2　空氣淨化裝置的種類

空氣淨化裝置之種類詳列於表 22-2，表中之除塵效率因塵埃顆粒大小而有顯著之差異，在表中之除塵效率係以塵埃濃度（稱重法）為比較基準。

$$\mu=(1-C_e/C_i)\times 100\%$$

C_e：除塵後之塵埃濃度

C_i：除塵前之塵埃濃度

壓力損失是以水柱mm表示，為氣流通過空氣淨化裝置前後之靜壓損失。

對於選擇除塵裝置，在基本觀念上應充分考慮擬除去之粉塵性質，必要之除塵效率及壓力損失。除塵效率因受粒徑分布之影響極為顯著，故吾人從事除塵作業之前，實應充分瞭解粉塵之粉徑分布。

㈠　粉徑分佈

就粉塵詳加調查時，吾人可發現粉塵含有粒徑相當大之粒子及極為微細之粒子。其粒子之大小分布於某一範圍內。因此，將混有各種粒徑之浮游粉塵中，屬於某一粒徑範圍內者予以選出，調查其重量或個數所佔全部粉塵之百分比，以瞭解其分布情形者，稱為粒徑分布。以個數為基準者稱謂個數分布，一般在設計除塵裝置時，大致均採重量分布。

此外，此等粉塵中，以較大於某值之粒徑所佔全部粉塵之百分比表示者，謂殘留分布。在設計除塵裝置時應充分瞭解粉塵之粒徑分布與殘留分布。

圖 22-31 係表示某一粉塵之粒徑分布與殘留分布之情形。

此例中，從粒徑分布曲線得知粒徑在 4 與 8 μ 大小之粉塵量分別佔有全部粉塵之 15％及 5％。

另依殘留分布曲線得知粒徑在 4 μ 以上或 8 μ 以上大小之粉塵分別佔有全部粉塵之 50％及 20％。

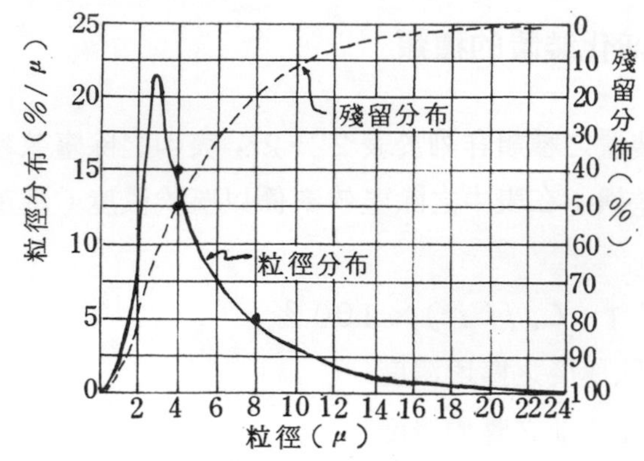

圖 22-31　塵埃殘留分佈曲線

對於粒徑較大之粉塵，主要之除塵方式有：

(1)　重力沉降室

如圖 22-32 所示，將含塵空氣引導於寬廣之室內減低其流速，粉塵因受重力之影響，自氣流中脫離而自然沉降。

(2)　慣性除塵裝置

如圖 22-33 所示，於室內並排百葉板條或自天花板懸吊垂鏈，當含塵空氣通過時，因氣流受此障礙物迅即改變方向，粉塵則因慣性與障礙物衝撞而分離沉降。

(3)　離心分離機

如圖 4-34 所示，使含塵空氣在圓筒內旋轉，而利用其離心力將粉塵向外方分離滑落。

(4)　文氏濕式集塵器

如圖 22-35 將通過管內狹管（slot）部分之含塵空氣，利用管壁裝置之噴嘴噴出水霧，濕潤粉塵使其凝集，併用離心分離機等其他除塵裝置除塵。

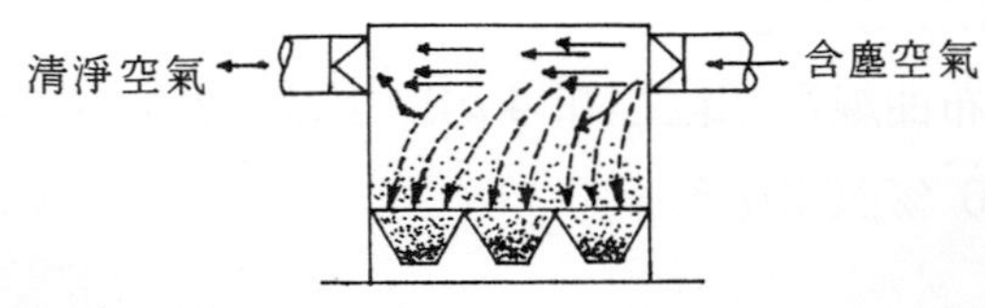

圖 22-32　重力沉降室

表22-2　空氣淨化裝置之種類及比較

設置目的	除去污染	設置場所	種類		通過流速 m/s	效率（%）		壓力損失（水柱mm）	說明
保持建築物內之空氣於適於居住之清淨度	一般之灰塵及香烟之煙等極小之灰塵	外氣吸入用風管	濾氣網	個別型乾式	1.5～2.5	30～50	（粒徑小者其效率隨之降低）	1～8（剛使用）10～15（塵埃附着時）	玻璃纖維等爲最通常而有效的濾氣網。塵埃附着多了，則取換或清洗再使用。
				個別型粘着式	1.5～2.5	30～50		1～8（剛使用）10～15（塵埃附着時）	在金屬網等塗油，利用其粘着性而除去塵埃，清洗後可再使用。
		循環空氣用空調器內部		連續型乾式	0.15～0.3	50～70		5～10	塵埃附着，空氣阻力一增加，就自動換出新的濾材。
				連續型粘着式	1.5～2.5	30～50		5～10	數張網以鏈串着回轉，網通過下部之油槽，塵埃即被洗去。
			電氣集塵裝置	二段型	1.5～2.5	85～95	（1μ以下者亦能完全除去）	2～5	在第一段以DC約13,000～15,000伏特之高壓給予鋼線狀之極，使之放電，使塵埃帶電，在給予第二段數千伏特電壓之集極被吸着，在極板則預先塗以粘着油。
				二段連續型	1.5～2.5	85～95		2～5	在集電極，以鏈串着，使之連續運轉而在下方之油槽內洗淨，不停止也能連續洗淨運轉。

表 22-2　空氣淨化裝置之種類及比較（續）

設置目的	除去污染物之種類	設置場所	種類	通過流速 m/s	效率（%）	壓力損失（水柱mm）	說明
			二段間歇型	1.5～2.5	85～95	2～5	間歇的（例如事務大樓或百貨公司等之夜晚）停止，轉動洗淨管而洗淨之，洗淨後以粘着劑噴嘴、噴灑粘着油。
		室內之適當場所	室內設置型 濾氣網		95～99		玻璃纖維及高性能濾氣網組合起來，在送風機內藏之機種，則設置於室內，以淨化空氣
			室內設置型 電氣集塵器		85～95		電氣集塵器，在送風機之系統中，設置於室內以淨化空氣。
	在大氣裏含有害氣體	空氣吸入風管 循環空氣空調器部	吸着裝置（活性碳濾網）	0.15～0.3	依氣體種類而異，活性碳之濾SO_2在90%以上	5～10	有活性碳、矽膠、鹽化鋰等，但普通都使用活性碳，壓力損失大則不適宜，故宜取薄。現通稱活性碳濾網。
			空氣洗滌器	1.5～2.5	依氣體種類而異，效率不大好	2～10	把水噴入空氣中成霧狀，以除去塵埃。有利於加濕冷卻。
			濕式濾氣網	1.5～2.5	溶於水之氣體可完全除去，對灰塵約有50%效率	10～200	即玻璃綿等濾氣網浸以水者，爲求減少空氣阻力，可與纖維並用。

表22-2 空氣淨化裝置之種類及比較（續）

設置目的	除去污染物之種類	設置場所	種類	通過流速 m/s	效率（%）	壓力損失（水柱mm）	說明
保持工場內空氣之高度清淨度（無塵室）	含1 μ以下微粒之灰塵	吸入空氣風管 循環空氣空調器或向室內之吹出部	高性能濾氣網（HEAP）	0.02～0.1對濾材流速 1.5～2.0對Unit 面速（註3）	99.9以上（對於0.3 μ之灰塵）		使用非常高性能之紙濾網，爲使空氣阻力低下，故把紙折成無數V形。
			電氣集塵裝置	1.5～2.5	95～99		一般之空氣集塵器效率不足時，特別設計高效率者而使用之。
	有毒氣體	同上	吸着裝置	0.15～0.3	99以上		依據氣體對象，通過活性碳其他吸着劑之相當厚度層。
保持室內空氣於無菌的清淨度（無塵無菌室）	含1 μ以下微粒之灰塵（很多細菌附於灰塵，故除去灰塵則可無菌）	吸入外氣風管	高性能濾氣網（HEPA）	0.02～0.1（對濾材） 1.5～2.0（對Unit面速）	99.9以上（對0.3 μ之灰塵		除塵效率極高，達99.9%以上
		循環空氣空調器部	電氣集塵裝置	1～3	90～99		包括集塵器，預集濾淨器、鋁過濾網、臭氧發生器、金屬放電線、高壓電子零件等
	全部之細菌	循環空氣風管內	紫外線殺菌燈	1.5～2.5	因細菌之種類變化範圍大，效果不太好		在風管中設置紫外線燈殺菌
	全部之細菌及微粒物	室內之適當場所	電子式空氣清淨器		0.01 μ以下之微粒及細菌及重金屬烟		利用臭氧殺菌及微粒，但無法除臭味

⑸ 過濾式除塵裝置

如圖 22-36 所示，將含塵空氣於通過濾層時予以捕集粉塵之裝置。規模較大之工業所使用者有濾袋式除塵機(Bag-filter)及濾布式除塵機(screen filter)以及對低濃度含塵空氣之除塵效率極高之高性能空氣過濾器(Air filter)等。

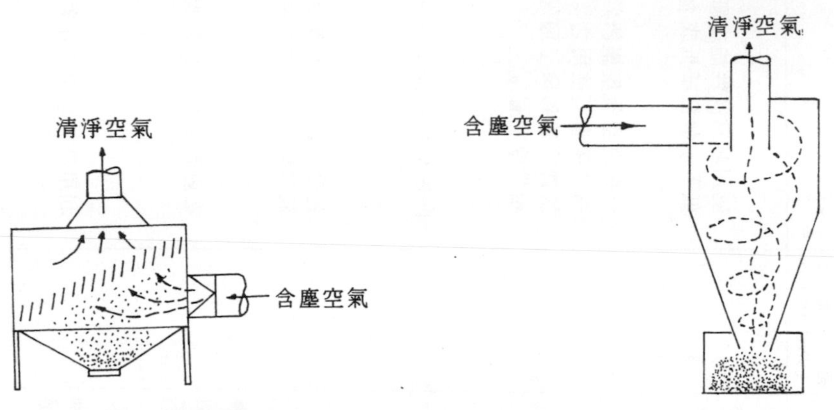

圖 22-33 慣性除塵裝置

圖 22-34 離心分離機

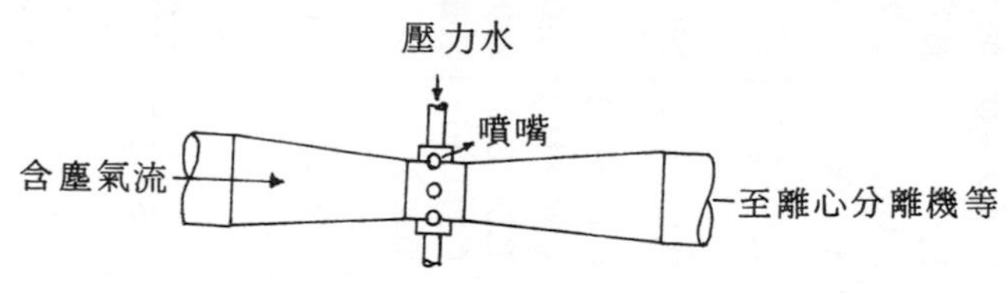

圖 22-35 文式濕式集塵器

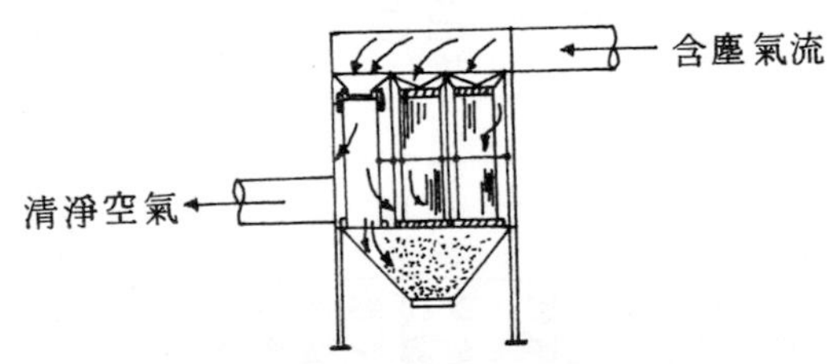

圖 22-36 過濾式除塵裝置

22-4　空氣冷却盤管（cooling coil）

22-4-1　選用空氣冷却盤管之原則

空氣冷却盤管分為冷媒盤管（直接膨脹式）及冰水盤管兩種，前者：通以液化冷媒，直接膨脹而吸收空氣之熱量，後者則通以冰水使之與通過盤管之空氣作熱交換。選用空氣冷却盤管應考慮下列原則：

(1) 空氣流通方向應與管內冰水或冷媒之流通方向相反，即應逆流（counter flow）。其對數溫差之計算式如下：

$$MTD = (\Delta T_1 - \Delta T_2)/\log_e(\Delta T_1/\Delta T_2)$$
$$= (\Delta T_1 - \Delta T_2)/2.3\log(\Delta T_1/\Delta T_2) \quad (22\text{-}6)$$

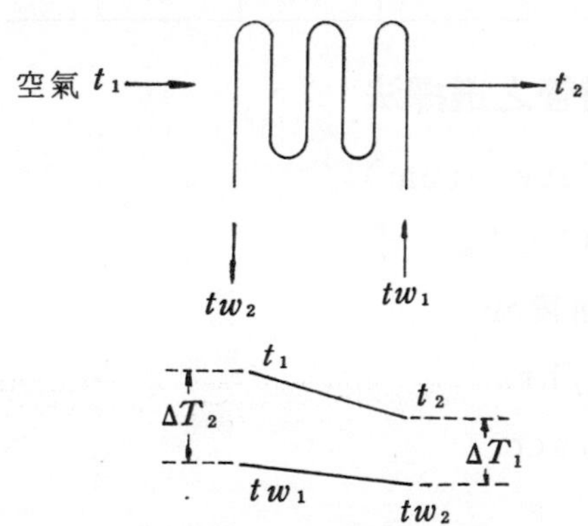

圖 22-37　盤管之對數溫差

(2) 通過盤管表面之風速，應使被凝縮之水分保留在盤管表面。濕盤管狀態下，風速愈大愈經濟。依盤管型式而有不同之風速，一般約在 2.5 ～3.5 m/sec 。

(3) 管內冰水之流速太低則效率低，流速愈高，效率愈高，但水之摩擦損失會增大，一般之選用範圍約為 1 ～ 2 m/ sec 。

(4) 冰水入口溫度須視①盤管負荷，②出口空氣露點溫度，③盤管列數而決定。若盤管所需冰水之入口溫度低，則所需冷凍機馬力增加，即較耗電。因此冰水溫度愈高愈能節約能源。空調用冰水入口溫度最好選擇在 6°C 以上。

採用冷媒盤管時，亦希望儘可能提高其蒸發溫度。除了節約能源外，亦可避免盤管表面溫度低於0°C而使空氣結霜。表22-3爲直接膨脹式盤管防止結冰之最低冷媒蒸發溫度。

表22-3　防止結冰之最低冷媒蒸發溫度 °C

入口溫度濕球溫度 °C	風速 m/s							
	1.5		2.0		2.5		3.0	
	盤管列數							
	4	6	4	6	4	6	4	6
18°	−2.8	−0.6	−3.3	−1.7	−3.9	−2.8	−3.9	−3.3
21°	−2.8	−1.1	−3.9	−2.2	−3.9	−3.3	−3.9	−3.9
24°	−3.3	−1.7	−3.9	−3.3	−3.9	−3.9	−3.9	−3.9
27°	−3.9	−2.2	−3.9	−3.9	−3.9	−3.9	−3.9	−3.9

22-4-2　空氣冷却盤管之選擇法

(1)　盤管的前面積(Face area)

$$A = G / 3600 \times V_a \qquad (22\text{-}7)$$

其中 A：盤管前面積m²

G：風量m³/hr

V_a：風速m/sec

(2)　冷水流量及水速

$$L = Q / (1000 \cdot \Delta T_W) \qquad (22\text{-}8)$$

$$V_W = L / (3600 \cdot \frac{\pi}{4} d^2 \cdot n) = k \cdot L / n \qquad (22\text{-}9)$$

L：冰水流量 ℓ/hr

Q：盤管的冷却負荷kcal/hr

ΔT_W：通過盤管時冷水溫升值 °C

V_W：冷水流速(m/sec)

d：管內徑(m)

n：盤管的回路數(path)

k：管內徑13.4mm時爲1.96

k：管內徑13.8mm時爲1.85

(3)　盤管列數

$$N = Q \cdot SHR / M \cdot K \cdot MTD \cdot A \qquad (22\text{-}10)$$

N：盤管列數

Q：盤管冷却負荷 kcal / hr

SHR：盤管顯熱負荷比＝0.24（$t_1 - t_2$）/ $i_1 - i_2$

M：濕表面係數（圖22-38）

MTD：對數平均溫差℃

A：盤管前面積m²

K：熱通過率kCal/ h℃/ 前面積m² /列數（圖22-39）

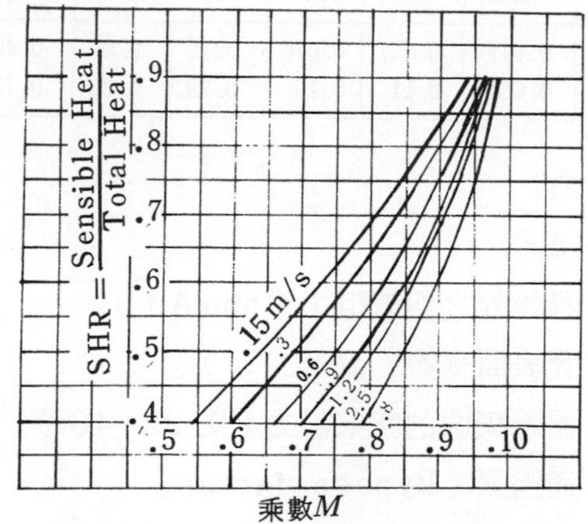

圖22-38　盤管之濕表面係數與顯熱比

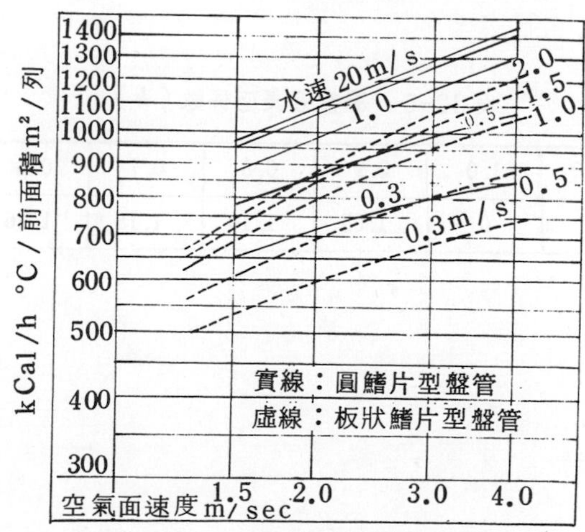

圖22-39　鰭片型冷却盤管之K值

⑷ 盤管內之水壓力損失（表22-4）

$$P_W = L_E \cdot P_1 + P_2 \qquad (22\text{-}11)$$

P_W ：盤管內水壓力損失（mAq）

L_E ：盤管之等值長度（m）

＝管長×N＋（N×彎曲部分的等值長度）

P_1 ：直管長1m之水壓力損失（mAq）

P_2 ：集流管的水壓力損失（mAq）

表22-4 冰水盤管之水壓力損失

水速 m/s	0.3	0.5	0.75	1.0	1.5	2.0	2.5
P_1	0.017	0.027	0.076	0.13	0.26	0.40	0.60
P_2	0.055	0.11	0.19	0.29	0.36	0.73	1.04

⑸ 盤管的空氣阻力

$$P_a = k \cdot \Delta P \qquad (22\text{-}12)$$

P_a ：通過盤管之空氣阻力（mmAq）

k：濕盤管表面係數（表22-5）

ΔP ：乾盤管表面的空氣阻力（圖22-40）

⑹ 冷却盤管的旁通因素（Bypass factor）

求裝置露點溫度及空氣出口溫度須先求得盤管之旁通因數（B.F），可查表（22-6）。

表22-5 濕盤管表面係數（k）

SHR	1.0	0.9	0.8	0.7	0.6
k	0	1.05	1.10	1.18	1.26

表 22-6　冷却盤管之旁通因數

盤管列數		空氣通過風速 m/s			
		1.5	2.0	2.5	3.0
圓鰭片80型	1	0.61	0.63	0.65	0.67
	2	0.38	0.40	0.42	0.43
	3	0.23	0.25	0.27	0.29
	4	0.14	0.16	0.18	0.20
	5	0.09	0.10	0.11	0.12
	6	0.05	0.06	0.07	0.08
	7	0.03	0.04	0.05	0.06
	8	0.02	0.02	0.03	0.04
圓鰭片140型	1	0.48	0.52	0.56	0.59
	2	0.23	0.27	0.31	0.35
	3	0.11	0.14	0.18	0.20
	4	0.05	0.07	0.10	0.12
	5	0.03	0.04	0.06	0.07
	6	0.01	0.02	0.03	0.04
板狀鰭片	1	0.55	0.56	0.57	0.58
	2	0.30	0.31	0.33	0.33
	3	0.17	0.17	0.18	0.22
	4	0.09	0.10	0.11	0.11
	5	0.05	0.05	0.06	0.07
	6	0.03	0.03	0.03	0.04
	7	0.01	0.02	0.02	0.02
	8	0.01	0.01	0.01	0.01

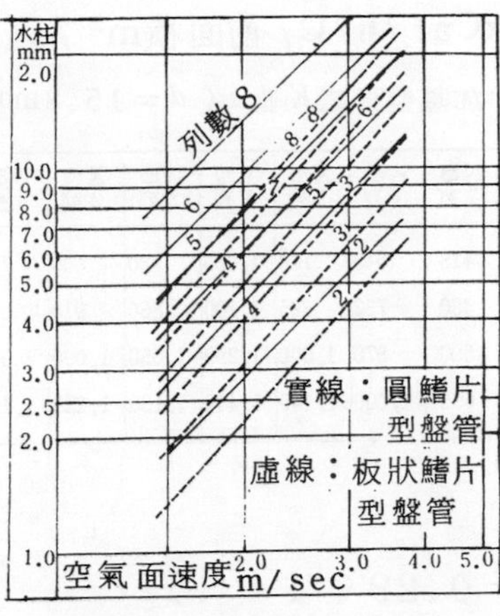

圖 22-40　通過空氣阻抗（20°C 乾燥空氣）

22-5 空氣加熱盤管

爲了預熱外氣或除濕時再熱空氣,則需空氣加熱盤管,熱源有溫水和蒸汽兩種,亦可直接採用電熱器。構造與前述空氣冷却盤管相同,但在嚴寒地帶時,應加裝防凍型加熱管。

空氣加熱盤管,不必像冷却盤管一樣,保持盤管表面於濡濕狀態,因此,風速不受限制,但爲了考慮壓力損失及溫度上昇等性能,一般皆選用 2.5～5 m/sec之風速。

(1) 盤管面積

與冷却盤管之計算式相同。

(2) 列數

$$N = Q_S / K \cdot A \cdot [t_S - (t_1 + t_2)/2] \quad (22\text{-}13)$$

N:列數

Q_S :加熱容量 kCal/hr = 0.29 $G(t_2 - t_1)$

G:風量 m^3/hr

t_1 :加熱器入口空氣溫度 °C

t_2 :加熱器出口空氣溫度 °C

t_S :蒸汽溫度 °C

K:熱傳達率 kCal/h°C/前面積 m^2/列(表22-7)

表22-7 防凍型鰭片加熱盤管之K值 (d=15.8mm,鰭片片距 1.8mm)

風速	N型 1列	W型 1列	X型 1列	Y型 1列	W型 2列	X型 2列	W型 3列	X型 3列
1.5 m/s	415	645	780	1,000	780	800	710	705
2.0 m/s	480	732	865	1,100	860	910	800	835
3.0 m/s	590	870	1,000	1,290	1,050	1,090	960	1,010
4.0 m/s	685	1,000	1,140	1,440	1,130	1,220	1,100	1,170

(3) 蒸汽消費量

$$G_S = Q_S / r = 0.29(t_2 - t_1)/r \quad (22\text{-}14)$$

G_S :蒸汽消費量 kg/hr

Q_S :加熱器加熱容量 kCal/hr

r：蒸汽的蒸發潛熱 kCal/kg

(4) 空氣加熱盤管的空氣阻力，查閱圖 22-41 。

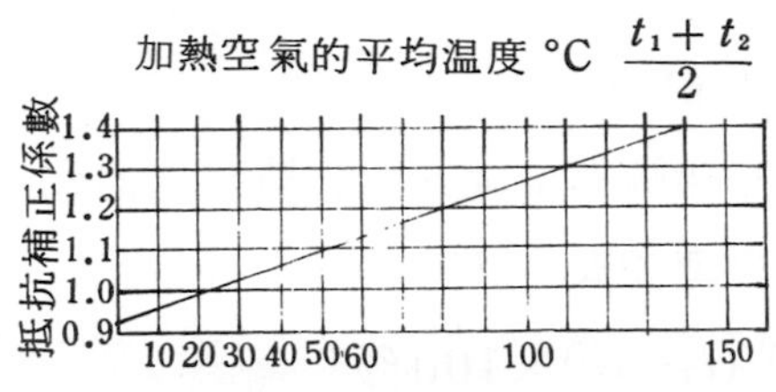

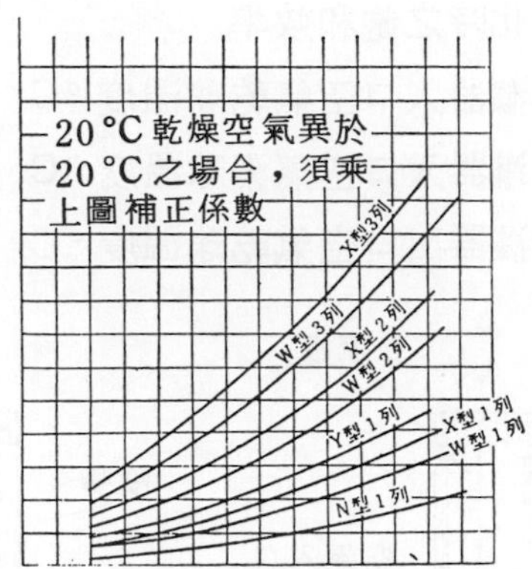

圖 22-41　防凍型鰭片加熱盤管之空氣阻抗

(5) 使用溫水之加熱盤管

計算公式與冷水盤管之公式相同。

22-6　空氣洗滌器 (Air washer)

空氣洗滌器又稱爲水洗室，紡織工場使用頗廣，構造如圖 22-42 ，包括有整流板、洗滌室、水槽、擋水板等部分。洗滌室配置有直立集流管 (header)、送水至噴霧噴嘴，水被其噴成霧狀與空氣接觸後，再落至水槽，擋水板則是用來阻止空氣流動帶走之水滴。利用噴水方式可除去空氣中之塵埃。一組集流管謂之一棚 (Bank)，冬季加濕多用一棚（1Bank），夏季冷却除濕多採用 2 ～ 3 棚。噴嘴的噴霧方向有①平行氣流型，②逆流型，③併用之對向流型。一棚用逆流型，二棚用對向流型，效率較高。

空氣洗滌器之性能依下列條件而異：

(1) 風量與噴霧水量的比值

(2) 噴霧壓力及噴嘴孔徑。

(3) 風速。

(4) 噴霧方向及棚數（Bank）。

空氣洗滌器若採用循環噴霧，則其斷熱變化之飽和效率 ηs（如表22-8），噴嘴之水量標準如表（22-9）

$$\eta s = (t_1 - t_2)/(t_1 - t_1') \times 100\% \qquad (22\text{-}15)$$

ηs ：斷熱變化時之飽和效率

t_1 ：空氣洗滌器入口空氣乾球溫度°C

t'_1 ：空氣洗滌器入口空氣濕球溫度°C

t_2 ：空氣洗滌器出口空氣乾球溫度°C

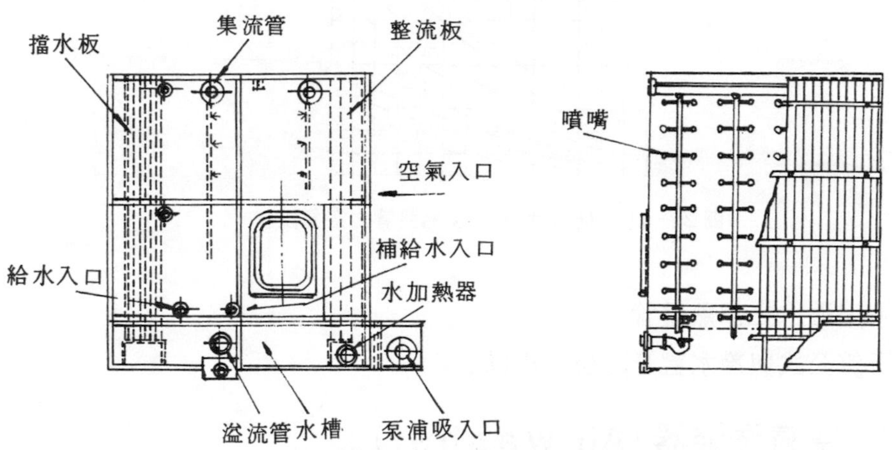

圖 22-42 空氣洗滌器的構造

表 22-8 空氣洗滌器的斷熱飽和效率

洗滌器型式	洗滌器有效長 cm	斷熱飽和效率
1 單棚平行流	130	50～60
同上	196	60～75
1 單棚逆向流	196	65～80
2 二棚平行	260～330	80～90
2 二棚對向流	260～330	85～95
2 二棚逆向流	260～330	90～98

洗滌器有效長為噴嘴集流管與擋水板末端的長度

表22-9　噴嘴流量 l/hr

噴嘴口徑	接續管徑	噴霧水壓 kg/cm²						
		0.7	1.4	1.76	2.1	2.45	2.8	3.17
0.8	¼B	0.7	10.7	12.0	13.6	14.2	16.0	17.0
2.4	¼B	63	90	100	110	120	130	135
4.8	⅜B	285	467	495	540	572	582	600
6.4	½B	500	720	800	880	960	1010	1070
9.5	¾B	1400	1970	2220	2420	2620	2800	3100

(1)　參閱Carrier空氣洗滌器性能　(2)ASHRAE GUIDE 1959

22-7　加濕裝置

加濕裝置有下述方式：

(1)　使用空氣洗滌器，提高空氣絕對濕度之加濕方式，即預熱空氣利用噴霧水泵，使之循環噴霧或用溫水噴霧加濕。

(2)　風管中設置溫水槽，空氣通過溫水面而加熱。

(3)　直接對氣流噴蒸汽加濕。

(4)　對氣流噴水霧加濕。

(5)　在溫調室內噴水霧加濕。

(6)　利用超音波或離心噴霧方式加濕。

22-8　減濕裝置

常用之減濕裝置大多以冷却盤管使空氣在冷却盤管表面凝結成水滴而除濕，需特別低濕度之場所，則須使用化學吸濕劑，或採用併用型，即同時使用冷却盤管及再熱盤管，併用化學吸濕劑除濕。

23-1 冷却方式

23-1-1 依冷却器之冷却方式分類

冷凍庫之冷却方式若依蒸發器內部冷媒的狀態而分類，有：

⑴ 乾式

⑵ 半滿液式

⑶ 滿液式

⑷ 液冷媒再循環式

若依傳熱媒體之分類有：

⑴ 直接膨脹式——冷媒蒸發器直接與冷凍空間或被冷凍物質產生熱交換。

⑵ 間接膨脹式——（或稱不凍液循環式）蒸發器與不凍液（塩丹水）接觸，降低不凍液之溫度後，再將之送至冷凍空間作熱交換。

若依空氣對流情形而分類有：

⑴ 自然對流式

⑵ 強制對流式

⑶ 直接接觸式

23-1-2 依冷却器之型式而分類

依冷却器之構造型式而分類有

(1) 裸管式

(2) 鯡骨式

(3) 板狀式

(4) 管圈式

(5) 乾式殼管型

(6) 滿液式殼管型

(7) 鰭片式蒸發器

23-1-3 依冷氣循環路徑而分類

(1) 依送風方式分類

① 直接式送風

② 間接式送風

間接式送風須藉風管將被冷却之空氣送入冷凍空間。

23-1-4 依凍結速度而分類

依凍結速度而分類有：

(1) 緩慢凍結法（Sharp freezing）

(2) 急速凍結法（Quick freezing）

① 强風凍結式（Air blast freezing）

② 空氣攪拌式（Semi-air blast freezing）

③ 冷風機組凍結式（Unit cooler system freezing）

④ 間接不凍液凍結式（Indirect brine freezing）

⑤ 金屬板面凍結式（Cold metal surface freezing）

⑥ 液態空氣等浸漬冷凍方式

23-2　冷藏設備

23-2-1　冷藏庫大小及收容量

台灣地區出租冷藏庫大多採用小坪數方式，主要原因是坪數小，容易分租，再者，承租人都有不欲他人曉得其冷藏物品之品質及進貨銷貨情形，而且保管上及裝卸可以獨立作業。但隨著冷藏業務之急速發展及大型冷藏庫效率高，容易採用機械自動化作業，及都市建地覓購之不易，冷藏庫之建築方式有逐漸採用大空間及多層建築之趨勢。

冷藏庫大小之表示方法有：

(1)　冷藏庫之面積m^2，ft^2或坪

(2)　冷藏庫之內容積m^3或ft^3

(3)　貯藏品之重量噸數

室高約爲3.65m～4.85m，內部貯藏品之高度約爲3.0m～4.25m，每間冷藏庫之面積如下：

表23-1　冷藏庫室內容積大小

庫　別	小　規　模	中　型	大　型
面積(m^2)／每室	26～66	165～660	1650～3300

冷藏室之面積是指在隔熱壁內側所測得之面積，實際可使用之面積則應扣除柱子及其保溫所佔之空間，冷藏室容積則是室內側面積乘以室內側高度。

屋頂與堆積上部須有適當空間，使空氣能暢通，空隙約爲30～100cm。

地板及牆壁均裝有板條（俗稱棧板），高約9cm，且貯藏品之堆積應留有走道及通風空間，因此有效室容積$1m^3$大約只有0.4噸。因此若每室欲冷藏250噸之食品，則其所需之室容積$=250\div0.4=625m^3$，若已知貯藏食品之種類，則依其特定貯藏品之種類及噸數，查表23-2，由冷藏庫每$1m^3$之貯藏量計算其所需之室容積。

表23-2 冷藏室品別貯藏量

種類	貯藏方法	容器種類	容器大小 m³	每容器所裝入實際重量 kg	冷藏室1m³之貯藏量 個數	冷藏室1m³之貯藏量 重量 kg	備註
鮮魚	堆積	裝箱	0.070	37.5	10	375.0	
凍結魚	雜積	—	—	—		473～540	
鰹魚	堆積	裝罐	0.070	37.5	6.65	249.4	
調味蝦仁（煮乾）	堆積	裝大箱	0.166	34.0	4.16	141.4	
調味蝦仁（晒乾）	堆積	裝中箱	0.080	11.2	8.32	93.2	
乾鱈魚	堆積	把束	0.223	75.0	3.82	286.5	
鯡卵	堆積	袋	0.167	94.0	5.00	470.0	
牛肉	懸吊	—	—	1頭 225.0	0.822頭	185.0	
雞蛋	堆積	裝箱	0.056	15.0	11.65	174.8	
蘋果	堆積	裝箱	0.070	18.0	10.00	180.0	生產地
洋葱	堆積	裝箱	0.140	45.0	5.82	261.9	
甘藍	堆積	裝籠	0.140	37.5	4.32	162.0	
猪肉	懸吊	—	—	1頭 60.0	1.25頭	75.0	
乾酪	堆積	裝箱	—	—		400～600	
胡瓜	堆積	裝箱	—	—		100～180	

營業冷藏庫實際上每一冷藏室可能同時貯存多種不同類別的物品，且由於包裝式樣，規格等之區分，因此每一冷藏室避免不了會有不能利用之空間如：

(1) 走道（Passage space）

(2) 損耗空間（Waste space）：由於品種類別而不能堆積在同一空間。

(3) 死角（Dead space）：由於貯藏品之包裝式樣及尺寸規格不同，而無法利用的空間及距天花板、板條間留存之空隙。

上述空間依貯藏品在庫期間之長短，出入之順序及出入庫的方式而有所增減。若用機械自動運搬堆積作業，則走道空間更形增加。

冷藏庫之庫內條件與貯藏物品名稱可參閱表23-3。

各種不同物品之性質及貯藏條件，如表23-4所示。

表23-3　冷藏庫庫內條件與貯藏物品名稱

	級別＼項目	保持溫度（°C）範圍	保持溫度（°C）基準溫度	保管物品名
一般冷藏庫	F（SA）級	－20 以下	－23	冰淇淋、冷凍食品
	C_1（A）級	－10～－20	－15	冰淇淋（短期）、凍結魚、凍結肉、鹽鮭、鹽鱈、鱈卵、鹽魚卵
	C_2（B）級	－2～－10	－6	凍卵、奶油、牛酪、火腿、塩魚卵、身欠鰊、筋子、開鱈、燻製品、鱈卵
	C_3（C）級	－2 以上 10 以下	0	味淋干、乾魚卵、塩魚卵、佃煮、鮮魚（短期）卵、水菓、蔬菜、生肉、鰹節、蒲針、牛奶、酒類、煉乳、茶、糕、毛皮品、纖維品
特殊冷藏庫	種別＼項目	溫度 °C	濕度％RH及其它	
	調温 調濕	10～15 5～10 4～6	70 60 40	米 鰹節 茶
	CA	5～8	95～100 O_2～3％ CO_2～5％	蘋果等水菓 因品種、熟度的不同而異

表 23-4　食品之性質及貯藏條件

食品名	冷藏温度 °C	冷藏濕度（%/RH）	冷藏期間	水分 %	凍結點 °C	比熱 凍結點以上	比熱 凍結點以下	凍結潛熱 kCal/kg	呼吸熱量 kCal/24h·ton
蔬菜水果									
蘋果	−1～0	85～88	4月	84.1	−2	0.87	0.45	67	80～400
香蕉	13～22	85～95	2週	75.5	−1.7	0.81	0.43	60	2,100
櫻桃	−0.5～0	80～85	10～14日	83.0	−2.2	0.87	0.45	67	330～440
柚	0	85～90	6～8週	88.8	−2	0.91	0.46	70	128
哈密瓜	2～3.5	75～85	2～4週	92.6	−1.7	0.94	0.48	73	
甜瓜	0～1	75～78	7～10日	92.7	−1.7	0.94	0.48	73	
西瓜	2～4.5	75～85	2～3週	92.1	−1.6	0.97	0.48	73	
檸檬	13～14	85～90	1～4週	89.3	−2.2	0.92	0.46	71	810
橘	0～1	85～90	8～10週	87.2	−2.2	0.90	0.46	68	250
橙	1～10	—	—	—	—	0.92	—	—	
桃	−0.5～0	80～85	2～4週	86.9	−1.4	0.90	0.46	69	220～350
西洋梨	−1.5～0.5	85～90	1月	83.5	−2.2	0.86	0.45	66	170～220
李子	−0.5～0	80～85	3～8週	85.7	−2.2	0.88	0.45	68	
葡萄	−0.5～0	80～85	3～8週	81.9	−2.5	0.86	0.44	64	150
草莓	−0.5～0	80～85	7～10週	90.0	−1.2	0.92	0.47	72	680～950
鳳梨	4.5～7.0	85～90	2～4週	85.3	−1.2	0.88	0.45	68	
柿	−0.5～0	85～90	2～3週	78.2	−2.1	0.84	0.43	62	
無花果	−2～0	65～75	5～7日	78.0	−2.7	0.82	0.43	62	
乾燥果實	—	—	9～12月	—	—		—	9～12	
蘆筍	0	85～90	3～4週	93.0	−1.2	0.94	0.48	74	2,900
豆（生）	0～4.5	85～90	2～4週	88.9	−1.0	0.91	0.47	71	
豆（乾燥）	2～4.5	70	6月	12.0	—	0.30	0.24	10	

表23-4 食品之性質與貯藏條件

食品名	冷藏温度 °C	冷藏濕度 (%/RH)	冷藏期間	水分 %	凍結點 °C	比熱		凍結潛熱 kCal/kg	呼吸熱量 kCal/24h·ton
						凍結點以上	凍結點以下		
甜菜	0	95～98	1～3月	87.6	−2.8	0.90	0.46	70	
甘藍	0	90～95	3～4月	92.4	−0.4	0.94	0.47	74	300
人参	0	95～98	4～5月	88.2	−1.3	0.90	0.46	70	540
芹菜	−0.5～0	90～95	2～4月	93.7	−1.3	0.95	0.48	75	400
胡瓜	7～10	80～85	10～14日	96.1	−0.8	0.97	0.49	76	1,000
茄子	7～10	85～90	7～10日	92.7	−0.9	0.94	0.48	73	
萵苣	0	90～95	2～3週	94.8	−0.4	0.96	0.48	76	
韭菜	0	84～90	1～3月	88.2	−1.6	0.90	0.46	70	
洋葱	0	70～75	6～8月	87.5	−1.1	0.90	0.46	69	170～300
香菇	0～1.5	80～85	2～3日	91.1	−1.0	0.93	0.47	72	
青豌豆（生）	0	85～90	1～2週	74.3	−1.1	0.79	0.42	59	
青豌豆（乾燥）	1.5～4.5	—		—	—	0.28	0.22	8	
胡椒	0	85～90	4～6週	92.4	−1.1	0.94	0.47	73	
馬鈴薯	3.5～10	85～90	（6月）	77.8	−1.7	0.82	0.43	62	360
南瓜	10～13	70～75	2～6月	90.5	−1.0	0.92	0.47	72	
蘿蔔（冬）	0	92～98	2～4月	93.6	−5.0	0.95	0.48	74	
菠菜	0	90～95	10～14日	92.7	−0.9	0.94	0.48	73	1,300
蕃茄	(11.1～12.2)	(80～85)	（40日）	94.1	−0.9	0.95	0.48	74	1,570
蕪菁	0	95～98	4～5月	90.9	−0.8	0.93	0.47	72	
酵母	−0.5～0	75	2週	—	—	—	—	—	
甘藷	13～15.5	75～80	4～6月	68.5	−1.9	0.77	0.40	54	1,600
山菜	0	95～98	10～12月	73.4	−3.1	0.78	0.42	58	
米	1.5	65	6月	10.0	−1.1	0.25	—	—	

表23-4　食品之性質及貯藏條件

食品別（畜產品）	冷藏溫度 °C	冷藏濕度（%/RH）	冷藏時間	水分 %	凍結點 °C	比熱 凍結點以上	比熱 凍結點以下	凍結潛熱 kCal/kg	呼吸熱量 kCal/24h·ton
牛肉（新鮮）	0～1	88～92	1～6週	62～77	−5.0～−1.7	0.70～0.84	0.38～0.43	49～61	2,520
牛肉（凍結）	−23.5～−18	90～95	9～12月	—	—	—	—	—	
豬肉（新鮮）	0～1	85～90	3～7日	35～42	−2.2～−1.7	(0.68)	—	28～33	1,710
豬肉（凍結）	−23.5～−18	90～95	4～8月	—	—	—	(0.38)	—	
羊肉（新鮮）	0～1	85～90	5～12日	60～70	−2.2～−1.7	0.68～0.76	0.38～0.51	48～56	
羊肉（凍結）	−23.5～−18	90～95	8～10月	—	—	—	—	—	
犢肉（新鮮）	0～1	90～95	5～10日	70～80	−2.2～−1.7	0.76～0.84	0.42～0.51	56～63	
兎（新鮮）	0～6	90～95	1～5日	60	−1.7	0.80	—	—	
兎（凍結）	−23.5～−18	90～95	6月		—	—	—	—	
家禽（新鮮）	0	80	1週	73	(−2.8)	0.79	—	—	1,730
家禽（凍結）	−29	90～95	3月	—	—	—	(0.37)	—	
火腿（新鮮）	0～1	85～90	7～12日	47～54	(−2.8)	(0.68)	—	37～43	1,710
火腿（凍結）	−23.5～−18	90～95	6～8月	—	—	—	(0.38)	—	

表23-4 食品之性質及貯藏條件（續）

食品別（畜產品）	冷藏溫度 °C	冷藏濕度（%/RH）	冷藏時間	水分 %	凍結點 °C	比熱 凍結點以上	比熱 凍結點以下	凍結潛熱 kCal/kg	呼吸熱量 kCal/24h·ton
鹹肉（新鮮）	−23.5～−18	90～95	4～6日	—		—	—	—	
鹹肉（燻製）	15.5～18.5		4～6月	13～29	—	0.30～0.43	0.24～0.29	10～23	
香腸	（4.4～7.2）	（75～80）	（6月）	—	（−3.9）	（0.86）	（0.56）	（48）	1,765
牛油	−14		6月	12	−2.2	0.33	0.25	12.8	—
乾酪	1	65～70	3月	37～38	−2.2	0.50	0.31	30	
猪油	0	90～95	4～8月	—	—	0.52	0.31	50	
醃肉	−0.5～0	—	—	—	—	0.75	0.36	42	
蛋（含殼）	−1.5～−0.5	85～90	（12月）	67	（−2.8）	0.74	0.40	53	1,770
蛋（凍結）	（−17.8～−15）	（60）	（18月）	73	（−2.8）	—	（0.41）	58	—
蛋（乾燥-全部）	1.5	儘量低	6月	6	—	0.25	0.21	5	
蛋（乾燥-蛋黃）	1.5	儘量低	6月	—	—	—	—	—	
脫脂乳（乾燥）	4.5	—	數個月	—	—	—	—	—	
脫脂乳（未加糖）	−2.6	—	短期	—	—	—	—	—	
脫脂乳（加糖）	1.5	—	數個月	—	—	—	—	—	

表23-4 食品之性質及貯藏條件

食品別	冷藏溫度	冷藏濕度	冷藏時間	水分	凍結點	比熱 凍結點以上	比熱 凍結點以下	凍結潛熱	呼吸熱量
(水產品)	°C	%		%	°C			kCal/kg	kCal/24h·ton
鮮魚	0.5～4.5	90～95	5～20日	80	−1.1	0.82	0.41	58	287
凍結魚	−18～−12	90～95	8～10日	—	—	—	—	—	514
燻製魚	4.5～10	50～60	6～8日	—	—	—	—	—	
乾魚	−1～4.5	60～70	—	—	—	0.56	0.34	36	—
龍蝦	−4～4.5	80	1月	76	—	0.81	0.42	58	
牡蠣	0～1.5	90	2月	80	−2.2	0.85	0.45	67	2,090
乾鱈	−4	85	2週	83	−1.7	0.76	—	—	
鹹魚	0	78	1週	45	—	0.56	—	36	
鹹魚	−9.5	78	3月	45	—	0.56	—	36	
其他一般食品									
巧克力糖	20～21	50～55	6～10月	—	—	—	—	—	
蜂蜜	−0.5～10	—	—	—	—	0.35	0.26	14	
油(植物性沙拉油)	13	—	6月	—	—	—	—	—	
油(植物性沙拉油)	1.5	—	1年	—	—	—	—	—	
人造黃油	13	60～70	6月	—	−9.4	0.65	0.34	19	
人造黃油	1.5	60～70	1年	—	—	—	—	—	
冰淇淋	−18～−12	65	3月	67	—	0.5～0.8	0.45	53	
啤酒	2～7	90	6月	—	−2.2	0.9	—	—	
汽水	−1～1.5	85	3月	—	−1.7	0.9	—	—	
糖漿	7	80	6週	36	−2.2	0.64	—	—	
砂糖	7	—	—	—	—	—	—	—	
酒類	4.5～7	—	—	—	—	0.9	—	—	
巧克力	7～10	75	6月	—	—	0.3	—	—	
燕麥粥	1.5	65	6月	10	−1.7	0.26	—	—	
菓醬	1	75	6月	36	—	0.48	—	—	
葡萄酒	10	85	6月	—	—	—	—	—	

23-2-2　冷藏庫之保冷防熱

(1)　防熱之理論

冷藏庫防熱設施應考慮下列原則：

①　應能維持冷藏室內溫度。

②　使防熱構造的外表面無結露現象。

③　注意防濕層的設計。

④　採用成本低廉，效果佳之防熱材料。

⑤　耐久性。

(2)　防熱之目的

①　維持冷藏室內溫度等條件，使溫度穩定，容易控制。

②　減少外界熱之傳入，可以減少設備容量及電力消耗。

③　避免外表結露滴水。

④　避免水份侵入而破壞防熱材料（防濕層之作用）。

(3)　防濕層的重要性

若有水份侵入防熱構造體及冷藏庫內，則有下列弊病：

①　防熱層的效果減低。

②　使防熱材料劣化。

③　破壞建築結構之鋼筋、木材等。

④　使冷藏室內易結霜。

⑥　運轉動力費增加。

⑦　冷却器結霜多，須增加除霜次數，導致冷藏室內溫度不安定。

⑧　易破壞貯藏品之品質。

因此，冷藏庫之保溫皆應兼顧防濕層。

(4)　防熱材料的選擇基準：

選擇防熱材料應就其物性、經濟性及施工方法等而考慮：

①　熱傳導率小。

②　耐壓強度大：地板需承受貯藏品 4～5 噸／m^2，故地板之防熱材

料之强度應能承受該重量。牆壁及天花板之材料應質輕。

③ 價廉，容易購得。

④ 耐久性良好，不易劣化。

⑤ 耐燃，若著火燃燒不會產生有毒氣體。

⑥ 施工容易。

⑦ 透濕率小，無吸水性。

⑧ 耐蟲鼠之啃咬。

(5) 冷藏庫常用之保溫材料

表23-5 保溫材料物理性之比較

項目＼保溫材		PU	普利龍	炭化軟木
密度	g/cm³	0.035	0.025	0.12
壓縮強度	kg/cm²	1.5～2.23	0.7	3.5
熱傳導率	kCal/mH °C	0.018	0.028	0.2
吸水性	vol%	1.2	3	15
燃燒性		難燃	易	易
發泡體接著性		特強	尚強	較弱
安全使用溫度	°C	−200～130	−70～70	−100～100
優劣點分析		(1)熱傳導率極低故有超薄壁保溫材之譽。 (2)吸水率低並兼具防水功能。 (3)難燃。 (4)可使用於任何形狀物體 (5)整體無縫冷熱氣不易滲透。 (6)施工方便速度快。	(1)熱傳導率較高須加厚保溫層佔去使用空間。 (2)吸水率略高宜先作良好防水。 (3)易燃。 (4)僅適用於平面物體。 (5)無數個體接連而成空隙多。 (6)施工麻煩。	(1)熱傳導率介於PU與普利龍之間。 (2)吸水率高須先作良好防水。 (3)易燃。 (4)僅適用於平面物體。 (5)無數個體接連而成空隙多。 (6)施工麻煩。

表 23-6 普利龍諸性質一覽表

單 位 體 積 重 量	單 位	15-20kg/m³	20-25kg/m³	25-30kg/m³
固有顏色(可任意着色)		白	白	白
壓縮強度	kg/cm^2	0.8～1.4	1.4～1.8	1.8～2.2
彎曲強度	kg/cm^2	4～3	4～5	5～6
力學的彈性率(100Hz[7]之際)	kg/cm^2 cmk/cm^2	80 0.2～0.25	— 0.25～0.3	— 0.3～0.4
耐衝擊性				
荷重時	°C	70	70	70
非加重時	°C	75	75	75
耐熱性				
長時間	°C	80～85	80～85	80～85
短時間	°C	(100～105)	(100～105)	(100～105)
耐寒性(特殊種類)	°C	to - 200	to - 200	to - 200
耐機械振動性 100Hz[7]之際)		5million	—	—
水蒸氣擴散抵抗係數	空氣＝1	60～70	70～80	80～120
在空氣中吸濕度(相對濕度95%)				
36日後的容積	%	0.033		
90日後的容積	%	0.035		
水蒸氣透過率	g/m^2h	0.03	0.32	0.31
吸水量(水中浸漬)				
6日後的容積	%	0.2～0.5	0.2～0.4	0.2～0.4
7日後的容積	%	0.4～0.8	0.3～0.7	0.3～0.5
8日後的容積	%	2～3	2～3	2～3
毛細管吸收性		無	無	無
透光率				
厚度5mm	%	45	45	45
厚度12mm	%	30	30	30

① 普利龍冷凍板。

② 硬質泡棉（*PU* 液凝發泡保溫材料）（Poly urethone rigid foam）。

③ 炭化軟木（Cork）：炭化軟木耐壓强度較大，浸油後適於作地板之防熱材料，近年內，*PU*之發展有逐漸取代傳統的普利龍及軟木保溫方式。

⑹ 保溫厚度

由於能源危機，導致各行各業均尋求節省能源之技術。冷藏庫之保溫厚度亦較以往略增，保溫厚度增加後，對全負荷的損失減輕率如圖23-1所示。

爲因應節省能源，增加保溫厚度，表23-7爲防熱材料厚度與冷藏保管溫度之關係，以材料之熱傳導率作爲選擇標準，厚度較以往之設計基準增加約50～100mm。

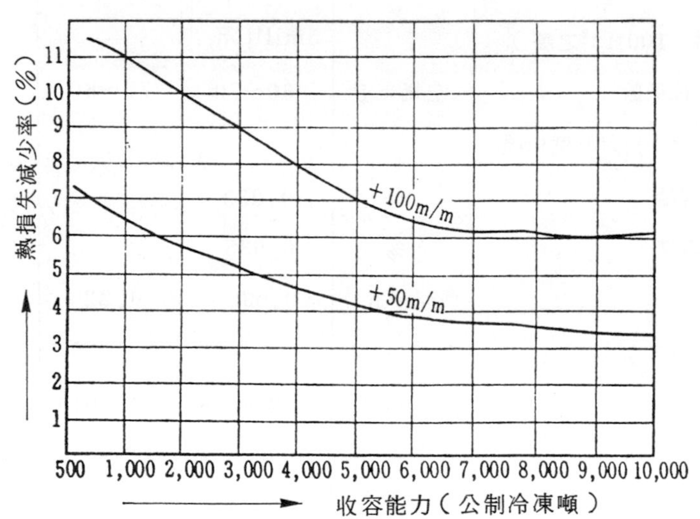

圖23-1 防熱層增厚的熱損失減輕率
（與全熱損失相比較）

表 23-7　防熱材料厚度與冷藏保管温度

(1)　熱傳導率 0.020 kCal/mh °C　（單位：mm）

温度＼場所	天花板	外　壁	床
10	100	75	50
5	125	100	75
0	125	100	75
−5	150	125	100
−10	150	150	125
−15	175	150	125
−20	200	175	150
−25	200	175	150
−30	225	200	175
−35	250	225	200
−40	250	225	200
−45	275	250	225
−50	325	300	275
−55	350	325	275
−60	350	325	300

(2)　熱傳導率 0.025 kCal/mh °C　（單位：mm）

温度＼場所	天花板	外　壁	床
10	125	100	50
5	150	100	75
0	150	125	100
−5	175	150	125
−10	200	175	150
−15	225	200	150
−20	250	200	175
−25	250	225	200
−30	275	250	225
−35	300	275	250
−40	325	300	250
−45	350	325	275
−50	400	375	325
−55	425	400	350
−60	450	425	375

(3)　熱傳導率 0.030 kCal/mh °C　（單位：mm）

温度＼場所	天花板	外　壁	床
10	150	100	75
5	175	125	100
0	200	150	125
−5	225	175	150
−10	250	200	175
−15	275	225	200
−20	300	250	225
−25	325	275	250
−30	350	300	275
−35	350	325	300
−40	375	350	325
−45	400	375	350
−50	475	450	400
−55	500	475	425
−60	525	500	450

(4)　熱傳導率 0.035 kCal/mh °C　（單位：mm）

温度＼場所	天花板	外　壁	床
10	175	125	75
5	200	150	100
0	225	175	125
−5	250	200	175
−10	275	250	200
−15	300	275	225
−20	325	300	250
−25	375	325	275
−30	400	350	300
−35	425	375	325
−40	450	400	375
−45	475	450	400
−50	550	525	475
−55	600	550	500
−60	625	575	525

表 23-8 傳統保溫厚度標準

保持溫度 °C	保冷材厚 mm				
	外壁、天花板		地板	內壁	
	玻麗龍	軟木	釦波賴特	玻麗龍	軟木
−20〜−25	150	170	150	100	125
−10〜−20	125	155	125	75	100
− 2〜−10	100	120	100	50	75
+10〜−2	75	100	75	50	75

註:(1)最頂層或與外氣相接之天花板及接地地板,台灣地區宜再加 25mm 。
(2)內壁係指鄰室爲冷藏室以外者。
(3)間壁(冷藏室相互間之壁)之防熱材厚以兩冷藏室之溫度差每差 10°C 時即以 25mm玻麗龍爲之。但間壁單面之防熱厚,就是無溫度差最低也要用 25mm 。

⑺ 冷藏庫的防熱防濕施工

若是新建冷藏庫,則保溫層可配合建築施工進度,利用模板預先施設鐵絲網,保溫材料及防濕層並利用建築結構之鋼筋與吊架連接,再灌注混凝土,施工較簡單。

對已設建築物之保溫施工,則只有利用膨脹螺栓固定在水泥面,連接圓鐵吊架後再順序施工。

目前許多冷藏庫之吊架都僅用鋼釘及鐵絲,強度稍嫌不足。

圖 23-2 至圖 23-12 爲各種保溫施工例:

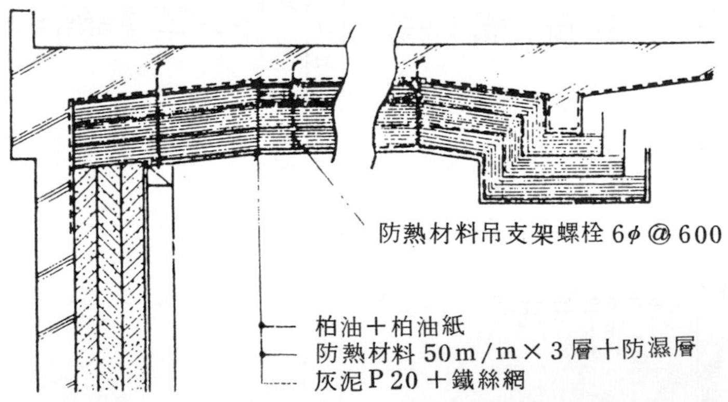

圖 23-2 RC天花板防熱防濕施工(配合建築施工)

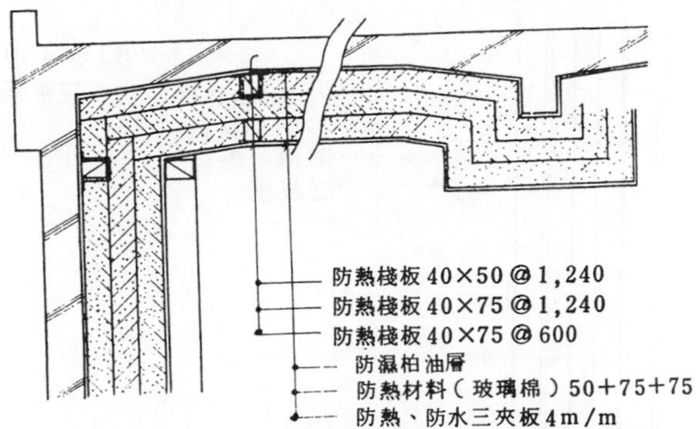

圖 23-3 RC天花板防熱防濕施工（既設建築之施工）

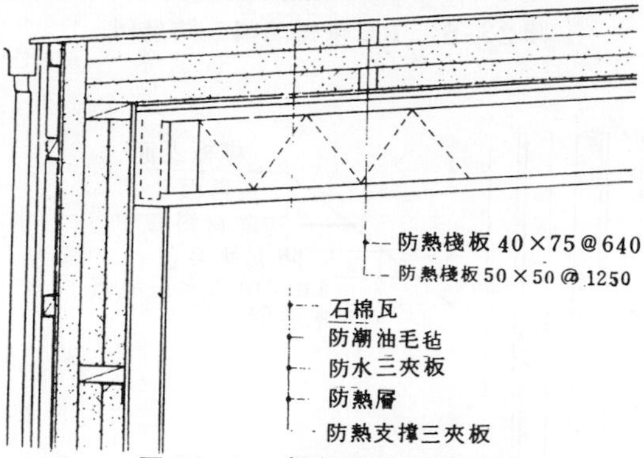

防熱棧板 40×75 @ 640
防熱棧板 50×50 @ 1250
石棉瓦
防潮油毛毡
防水三夾板
防熱層
防熱支撐三夾板

圖 23-4 鋼架外防熱施工法

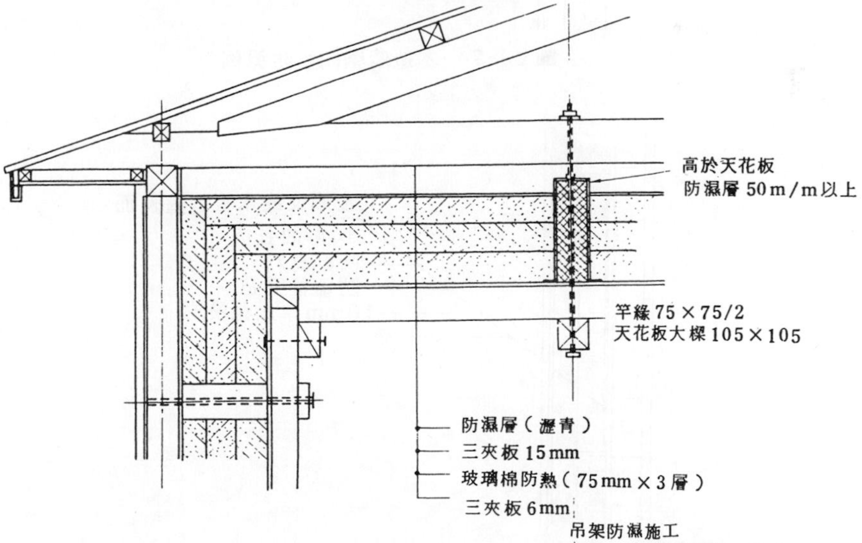

高於天花板
防濕層 50m/m以上
竿緣 75×75/2
天花板大樑 105×105
防濕層（瀝青）
三夾板 15mm
玻璃棉防熱（75mm×3層）
三夾板 6mm
吊架防濕施工
防熱材（75m/m）
防濕層瀝青

圖 23-5 木造天花板保溫防濕施工例

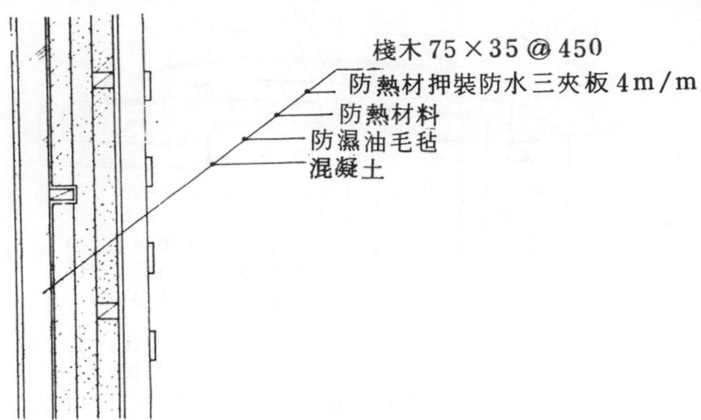

圖 23-6　RC壁體防濕、防熱例

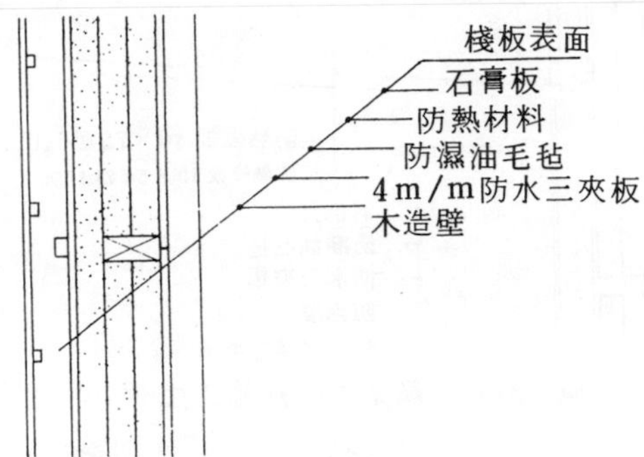

圖 23-7　木造牆壁防熱防濕例

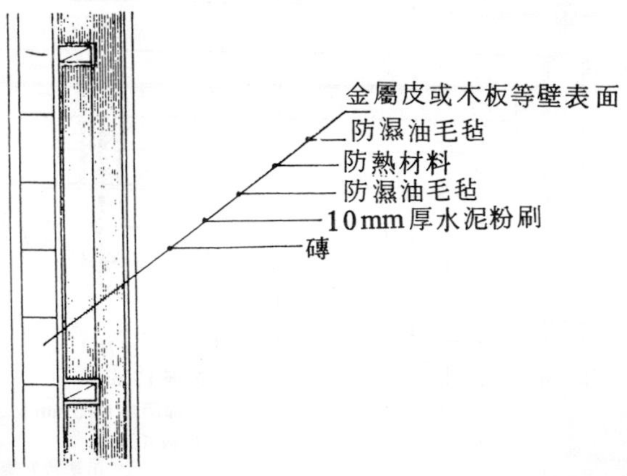

圖 23-8　磚壁防熱防濕例

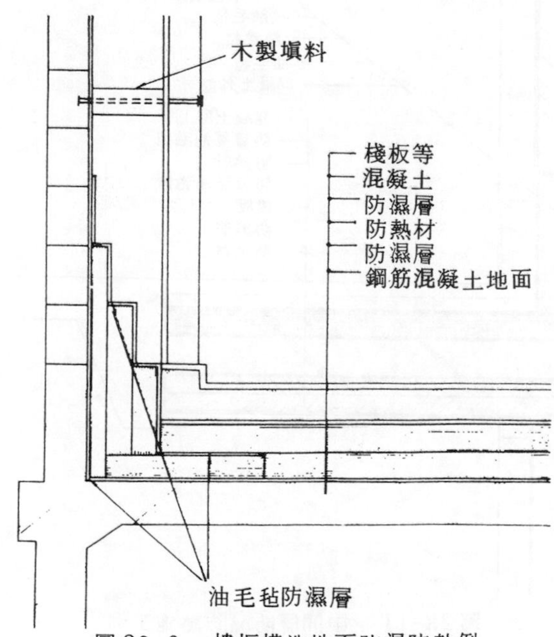

圖 23-9　樓板構造地面防濕防熱例

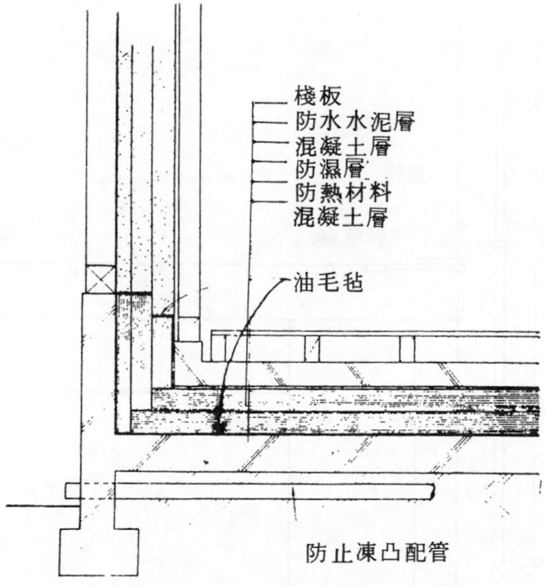

圖 23-10　木造地板防濕防熱例

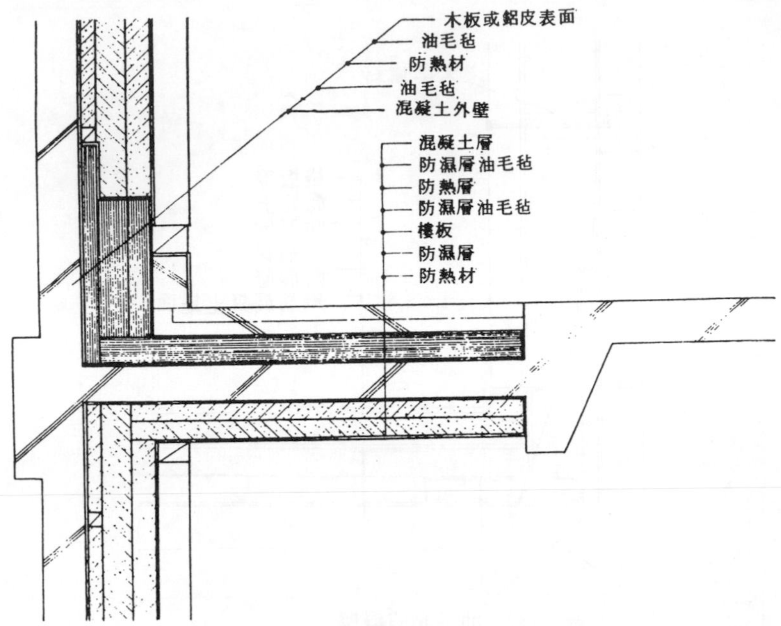

圖 23-11　中間層防濕防熱施工例

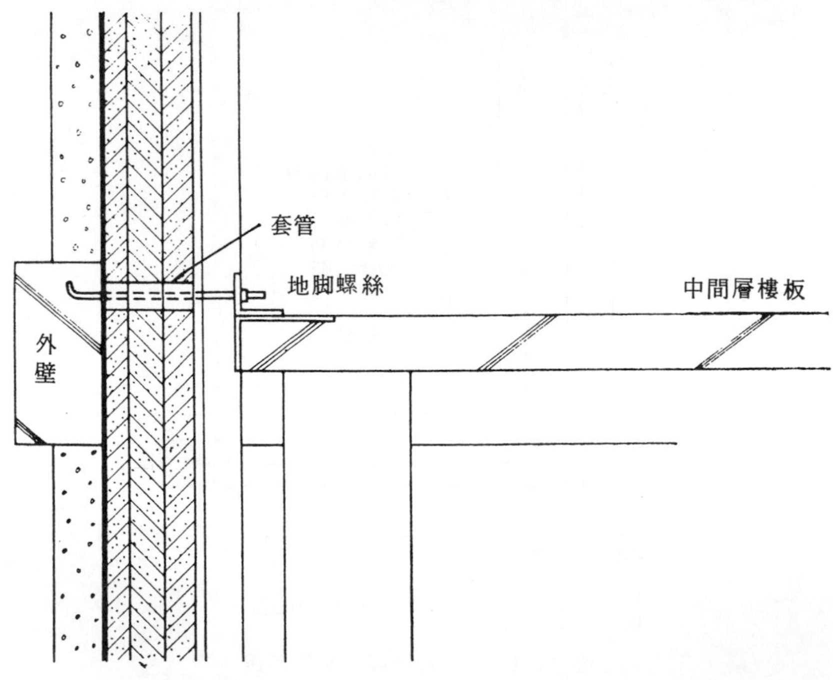

圖 23-12　防熱中間層防濕防熱施工法

23-2-3 防熱門

防熱門外體使用之材料，除了傳統式之木材外，目前許多新設冷藏庫防熱門改用不銹鋼或FRP製，內部之保溫材料，亦大多改用PU。防熱門的構造詳圖，如圖23-13。

為了避免在門縫結冰，可在門框加防凍電熱絲，每一公尺周圍長度所需之電熱絲約為20～40W。

防熱門應可自內部開啓，以防意外事故。圖23-14為門扣和鉸鏈之式樣。

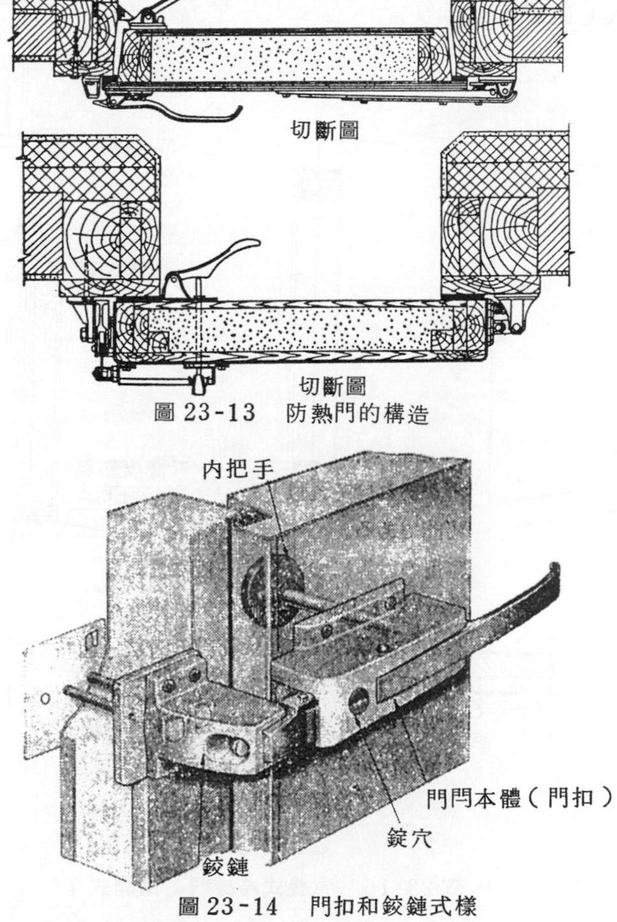

圖23-13 防熱門的構造

圖23-14 門扣和鉸鏈式樣

防熱門應具備之條件如下：

(1) 重量輕，易啓閉。

(2) 接觸緊密，不洩漏冷氣。

(3) 堅固耐用。

(4) 均可自內外開啓門扉。

(5) 外殼須能耐潮濕，耐腐蝕及耐低溫、不變形。

(6) 保溫良好，熱損失小。

(7) 使用動力開關，應有安全裝置。

一般使用的防熱門厚度約爲75～150mm。

依其構造可分爲：

(1) 重疊式（圖23-15）。

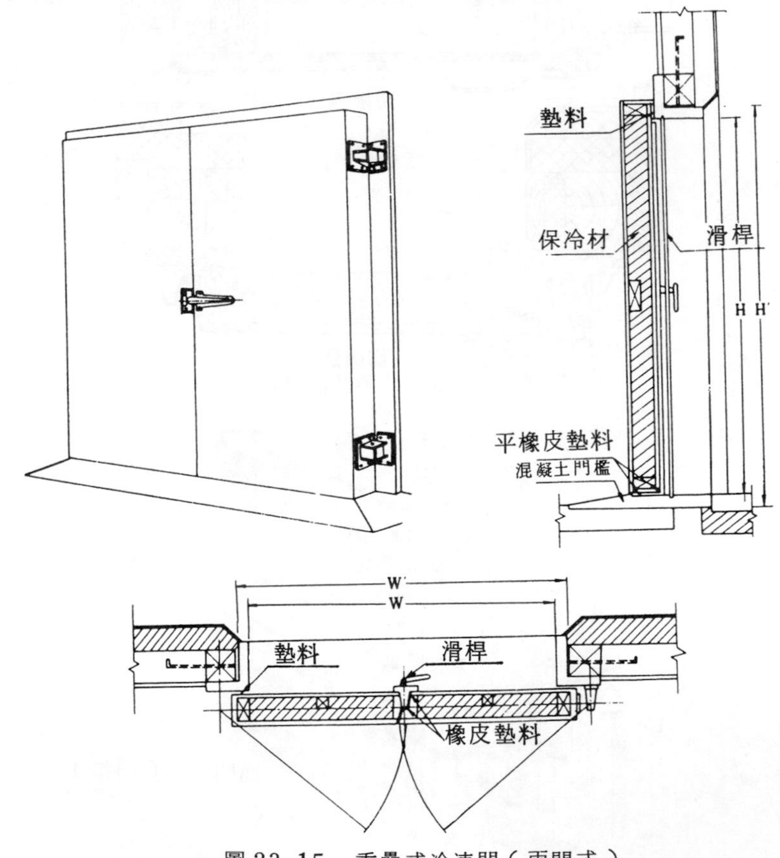

圖23-15　重疊式冷凍門（兩開式）

(2)　嵌合式（圖 23-16）。

(3)　滑動式（圖 23-17）。

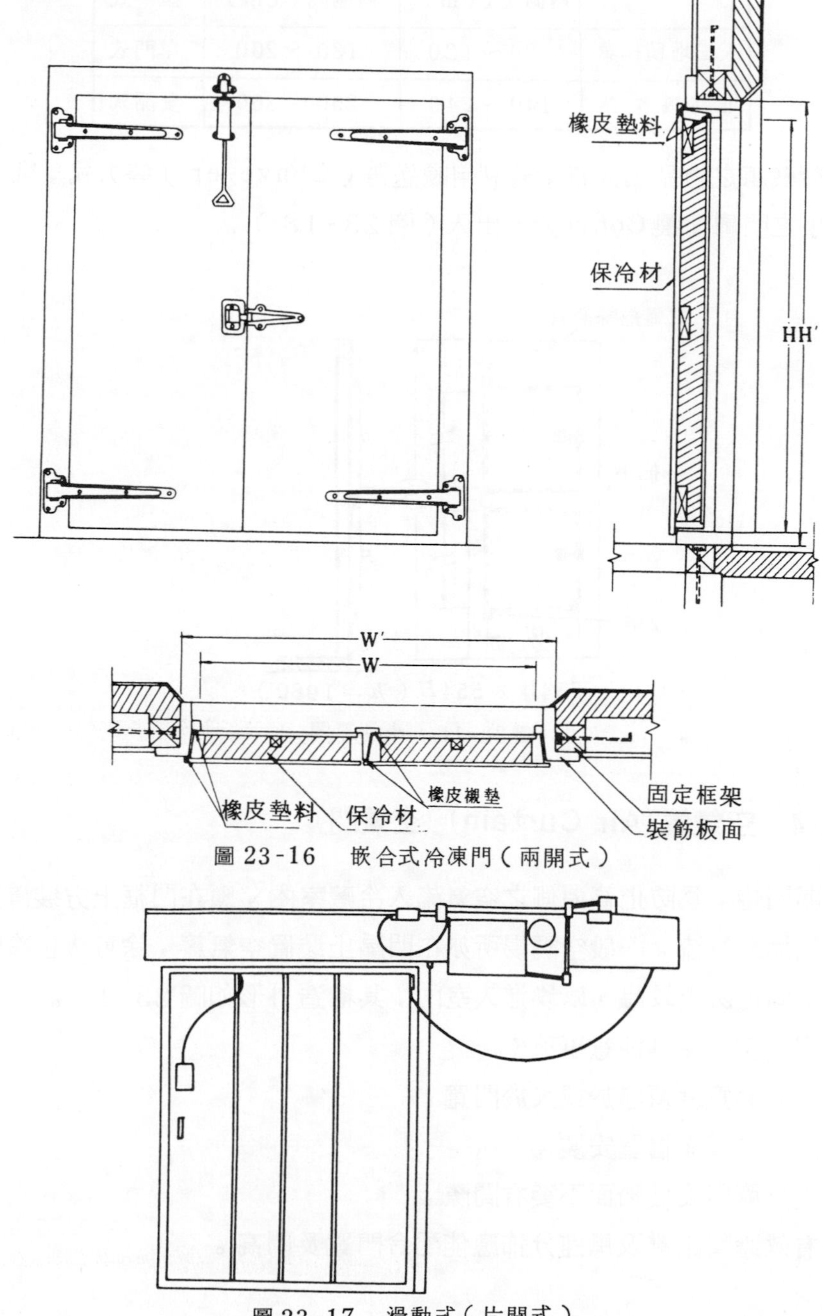

圖 23-16　嵌合式冷凍門（兩開式）

圖 23-17　滑動式（片開式）

表 23-9　防熱門開口內側尺寸如下：

	內側寬（cm）	內側高（cm）	型　式
人工堆積作業	80～120	180～200	單門式
堆高機作業	140～240	250～360	雙開式

冷藏庫之物品出入庫，若利用輸送帶（Conveyer）等方式，則可開設較小之門扉，讓Conveyer出入（圖23-18）。

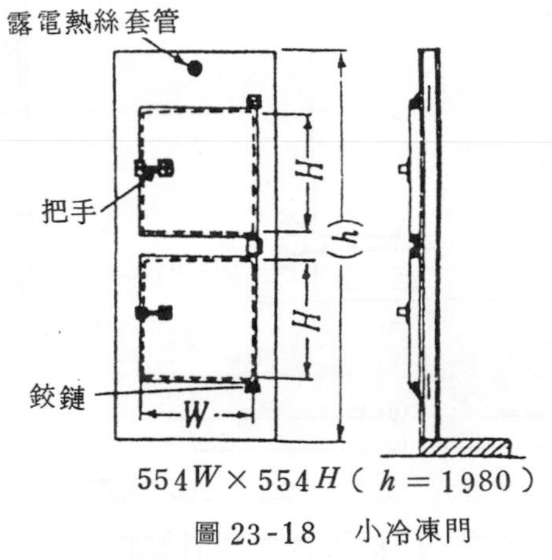

圖 23-18　小冷凍門

23-2-4　空氣簾(Air Curtain)(空氣門)

開門時，爲防止高溫側之空氣流入冷藏室內，應在門框上方裝置空氣簾，以遮斷氣流。一般空調場所亦在門扉上裝置空氣簾，除可防止冷暖氣外洩，尙可防止蚊蟲、塵埃進入室內，其構造外形如圖23-19。

安裝空氣簾應注意事項：

(1)　空氣簾寬度須等於或大於門寬。

(2)　送風口緊靠牆壁安裝。

(3)　空氣簾與安裝牆面不要有間隙。

(4)　有效遮斷距離及風速分佈應能配合門寬及門高。

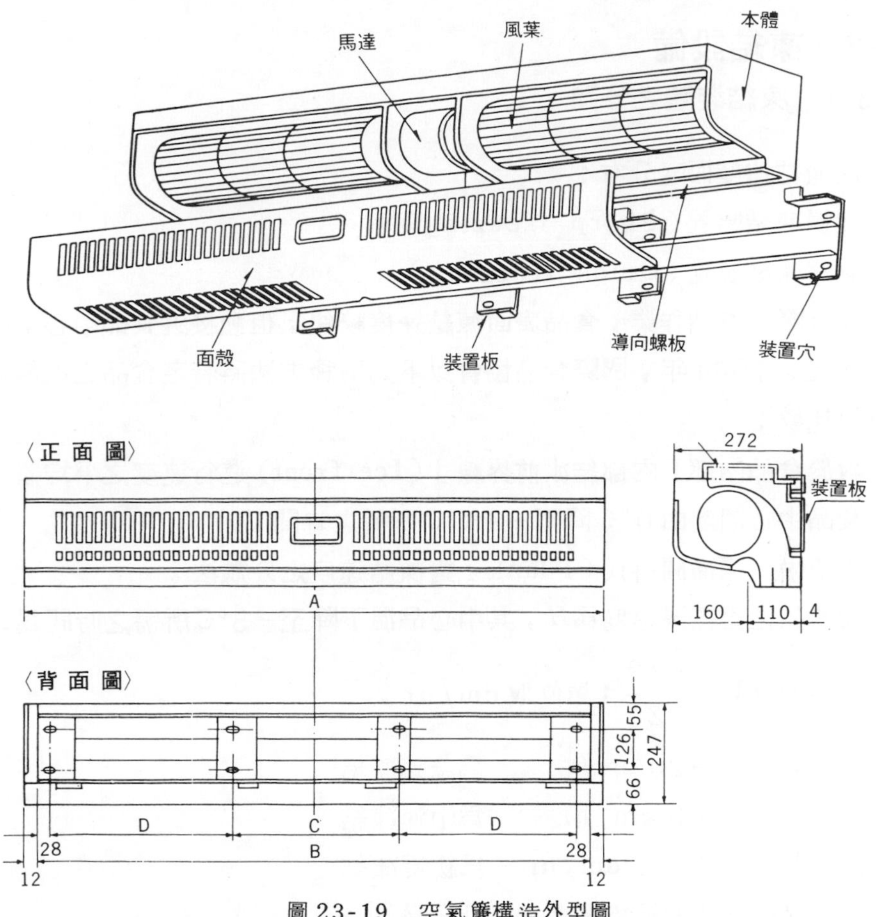

圖 23-19　空氣簾構造外型圖

23-2-5　冷藏庫之安全設施

冷藏庫及凍結室均應考慮下列安全措施：

(1) 作業燈：裝在室外門首，爲室內作業之指標。

(2) 凍結室及冷藏室之門，應能自室內開啓。

(3) 警鈴：裝在室外適當地點，開關設在室內，以備作業人員萬一不能自室內將門打開時求救之用。

(4) 冷凍門易在門縫結冰而不能開啓，此時若能備有剷除凍冰之鐵棒，將有助於室外人員之開啓門扉，也可在門框裝設防凍電熱絲。

(5) 冷凍門上鎖前應檢視庫內有無人員逗留，不要冒然上鎖。

23-3 凍結設備

23-3-1 凍結裝置之分類

依凍結速度而區分有：

(1) 緩慢凍結裝置(Sharp freezing)。

(2) 急速凍結裝置(Quick freezing)。

在實際之凍結作業，食品表面凍結速度較快，但愈接近食品中心，凍結愈緩慢。1964年，國際食品協會以下列兩種方法將特定食品之凍結速度予以比較：

(1) 對於食品內部「內部結冰前界線」(Ice front)進行速度之平均值。

(2) 食品中心溫度由0°C降至－15°C所需之時間。

(1)項中，係蒲蘭科氏(P lank)對凍結速度之分類法。

設食品之直徑或厚度爲H，其中心品溫下降至－5°C所需之時間爲Z，則凍結速度$V=\frac{H/2}{Z}$；單位取cm/hr，

$V \geq 5 \sim 20$ cm/hr　爲急速凍結

$V = 1 \sim 5$ cm/hr　爲中速凍結

$V = 0.1 \sim 1$ cm/hr　爲緩慢凍結

依食品與凍結裝置接觸之方式可分爲：

(1) 空氣凍結裝置(Air freezer)

(2) 不凍液(塩丹水)凍結裝置(Brine freezer)

(3) 接觸凍結裝置(Contact freezer)

(4) 液化氣體凍結裝置(Liquid gas freezer)

23-3-2 空氣凍結裝置

(一) 靜止空氣凍結裝置(Sharp freezer)

靜止空氣凍結裝置是利用低溫靜止的空氣，依自然對流方式來凍結食品。

優點：

(1)　構造簡單。

(2)　可以同時收容大量的被凍結食品。

(3)　被凍結食品的形狀、規格尺寸不受限制。

(4)　脫水率少。

缺點：

(1)　凍結速度緩慢，同一凍結生產量下所需設備容量較大。

(2)　品質較差，冰晶較大。

(二)　攪拌空氣凍結裝置（Semi-Air blast freezer）（圖23-20）

以軸流送風機沿管棚的配管平行方向，使空氣流動，風速 1.5～2m /sec。

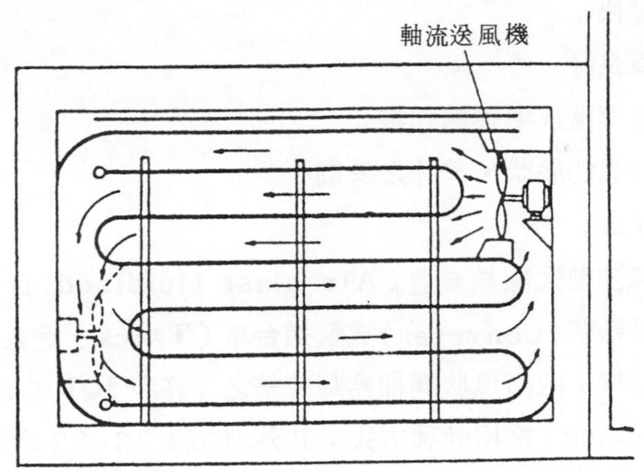

圖23-20　攪拌空氣凍結裝置

優點：

(1)　構造及安裝簡單。

(2)　可同時收容大量凍結食品。

(3)　不受凍結物品形狀及規格尺寸的限制。

缺點：

(1)　僅在柵棚部送風，室內各部份之風速不平均。

(2)　凍結速度稍優於靜止空氣凍結裝置，但仍嫌不夠迅速。

(三)　強制通風凍結裝置（Air blast freezer）（圖23-21）

凍結風速 3～5 m/sec。

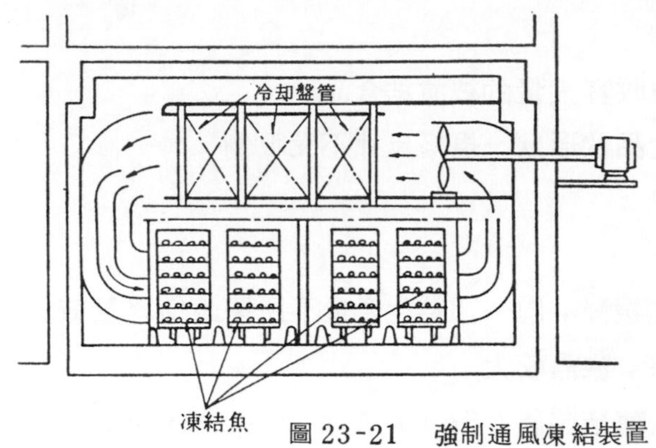

圖 23-21　強制通風凍結裝置

優點：

(1) 凍結速度快。

(2) 製品品質良好。

(3) 可以採取連續或半連續作業。

(4) 受凍結物品的形狀、尺寸之限制不多。

缺點：造價較高。

(四) 強制通風流動式凍結裝置（Air blast fluidized freezer）

食品經輸送帶（Conveyer）或軌道台車（Track）送入凍結室，保持緩慢的前進速度，由冷風吹襲而冷卻凍結之。許多 IQF（Individial Quick Freezing）採用此種方式，其外型如圖 23-22 所示。

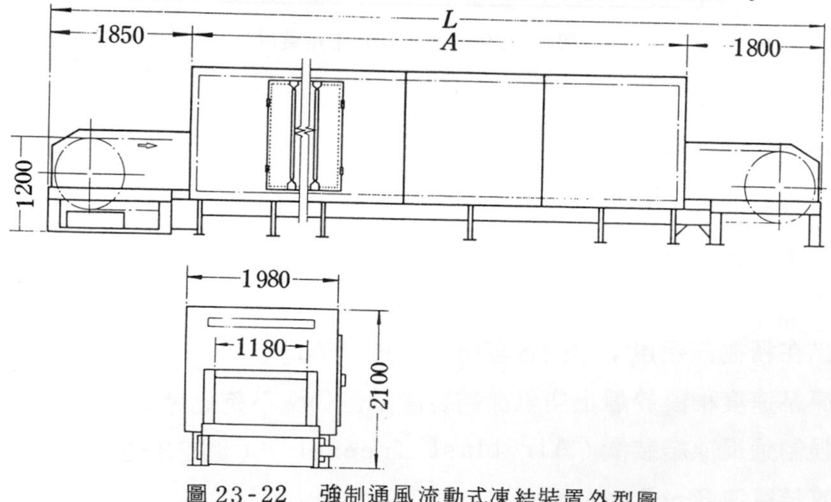

圖 23-22　強制通風流動式凍結裝置外型圖

優點：

(1) 設備可以接裝在調理工場，物品直接加工輸入凍結，衛生管理良好。

(2) 連續凍結作業，人員管理較合乎經濟要求。

(3) 直接凍結，可免除凍結盤作業之缺點及費用。

(4) 製品品質良好。

(5) 凍結速度快。

缺點：

(1) 造價較高。

(2) 凍結物品之形狀、規格受限制。

23-3-3 不凍液凍結裝置

將食品浸漬於低溫之不凍液中，或採用噴霧或陣雨式，使之降溫凍結，須設儲液槽利用攪拌器（Agitator）使不凍液流動循環。（圖23-23）

若食品直接之接觸，則大多用氯化鈉（Nacl）不凍液，Nacl 不凍液之共晶點為－21.2°C，因此最低冷卻溫度最低只能到達－20°C。

優點：

(1) 凍結速度大。

(2) 可以在短時間內收納大量被凍結物品。

缺點：

(1) 食品易受塩分滲透。

(2) 食品外觀顏色易惡變，損及美觀。

(3) 不凍液污染起泡後，不易操作。

常用之不凍液凍結裝置可分為下列三種方式：

(1) 浸漬式（Immersion or ottsen brine freezing）

(2) 陣雨式（brine shower freezing）

(3) 噴霧式（Spray brine freezing）

浸漬式是將食品直接浸漬於不凍液中，由丹麥歐特森（Ottsen）於1913年發明，故又稱為歐特森式。

陣雨式是先將食品放置於所設置的隧道式凍結室，再將氯化鈉不凍液由上向下淋灑，使食品凍結，此法由美國泰勒氏（Harden Taylor）於1923年發明，故又稱之泰勒氏凍結法。

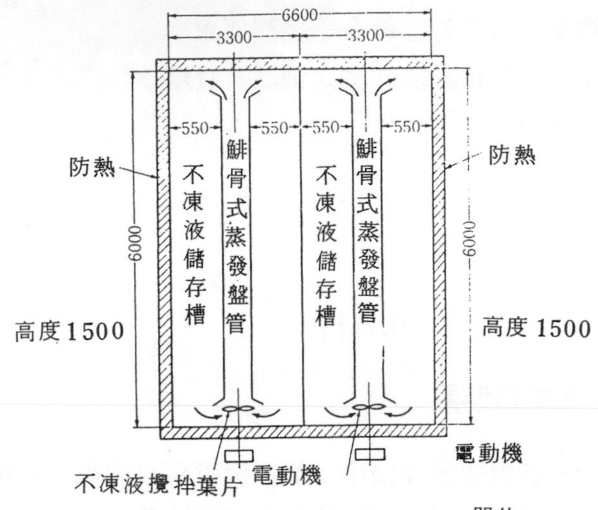

圖 23-23　不凍液凍結裝置

噴霧式則是將不凍液以極微細的霧狀向食品噴灑，食品之接觸面積增大可迅速凍結，且塩分滲透可減低甚多，為俄國查羅琴則夫（Zarotshenzeff M.T）於1933年所發明，故又稱之Z式凍結法。

23-3-4　間接接觸式之凍結裝置

將通入不凍液或冷媒之凍結用金屬板，配合包裝食品之尺寸，保持極小之間隔，使之緊密接觸，凍結金屬板之上下用油壓方式驅動。構造如圖23-24。

圖 23-24　平板式接觸凍結裝置

優點：

(1)　凍結速度大。

(2)　製品品質良好。

(3)　製品外觀優異。

(4)　容積小，但凍結生產量大。

(5)　脫乾率小。

缺點：

(1)　只適用於特定形狀及大小之食品（扁平、細長類食品）。

(2)　操作麻煩。

23-3-5　液態氣體凍結法(Liquid Gas Freezing)

利用無毒的低沸點液化氣體，如液態氮、液態空氣等可使食品急速凍結，優點如下：

(1)　凍結速度非常快。

(2)　製品品質特優。

(3)　失重率低。

(4)　生產速度快。

(5)　所需空間少。

缺點：

(1)　凍結成本高昂。

(2)　超急速凍結，易造成部份食品之龜裂。

常用液態空氣的種類：

(1)　一氧化二氮N_2O

(2)　液態氮（Liquid N_2）

(3)　乾冰(Dry Ice)或液態二氧化碳。

(一)　液態氮凍結法

①　液態氮的物理性質

氮與氧是構成空氣的主要成份，氮氣約佔空氣容積之78％，可用來製造氨、肥料等產品，製造液態氮的流程如圖23-25。其物理性質如表 23-10 所示。

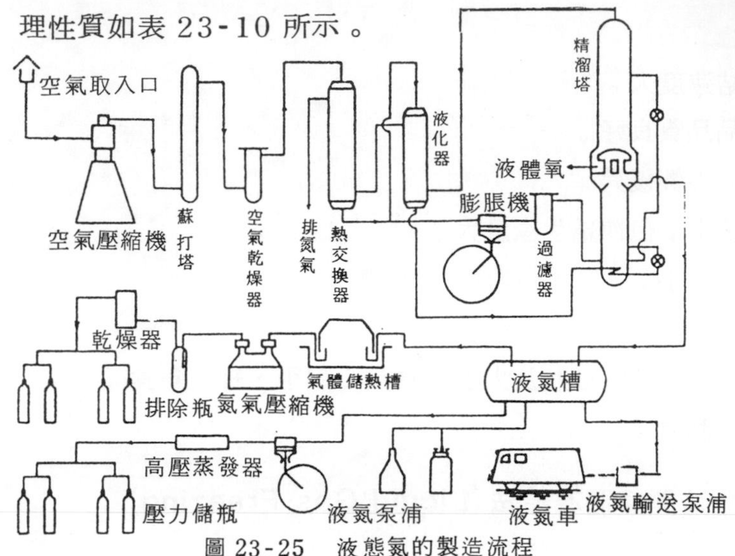

圖 23-25　液態氮的製造流程

表 23-10　氮的物理性質

原子記號	N
分子記號	N_2
原子量	14.008
原子半徑（埃）	0.71 Å
氣體密度（0°C，一大氣壓）	1.2505 gr/l
液體密度	0.809 kg/l
定壓比熱（21°C）C_P	0.2484 Cal/°C・gr
定容比熱（21°C）C_V	0.1774 Cal/°C・gr
熱傳導度（0°C）	5.45×10^{-5} Cal/cm・sec・°C
熱傳導度（100°C）	0.92×10^{-5} Cal/cm・sec・°C
臨界溫度	−147.1°C
臨界壓力	33.5 大氣壓
臨界密度	0.31096 gr/cm³
沸點（一大氣壓）	−195.81°C
三重點溫度	−209.99°C
三重點壓力	0.1237 大氣壓
沸點時之蒸發潛熱	38.5kCal/l
氣體容積（0°C，一大氣壓下）/ 液體容積（沸點）	64 L

② 液態氮的冷凍能力

$$Q_1 = [(\theta_1 - \theta_f)C_1 + (\theta_f - \theta_2)C_2 + 80(\theta/100)(r/100)] \qquad (23\text{-}1)$$

Q_1　：凍結食品所需之冷凍容量 kCal / kg

θ_1　：食品初溫 °C

θ_2　：食品終溫 °C

θ_f　：食品的凍結點 °C

C_1　：食品凍結前之比熱 kCal / kg °C

C_2　：食品凍結後之比熱 kCal / kg °C

水的凍結潛熱 80 kCal / kg

$\frac{\theta}{100}$ ＝凍結率，$\frac{r}{100}$ ＝水份含量

Q_2 ＝液態氮的冷凍能力 kCal / kg

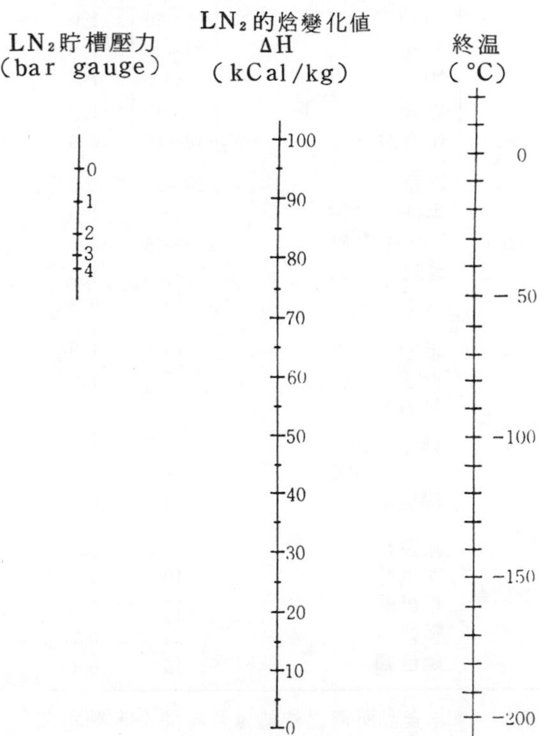

圖 23-26　液態氮的冷凍能力計算圖

$$Q_2 = 47.7 + \{ t - (- 196) \} (0.25) \qquad (23\text{-}2)$$

液態氮的蒸發潛熱 47.7 kCal/kg（查圖 23-26）

液態氮的排氣溫度 t°C

液態氮的蒸發溫度 －196°C（1 atm）

氣態氮的比熱 0.25 kCal/kg °C

$$W = Q_1 / Q_2 \qquad (23\text{-}3)$$

W：凍結 1 kg 食品所需的液態氮之重量（理論值）

實際應用上，液態氮貯槽及凍結裝置及配管的熱損失，預冷熱損失，顯熱部份的效率等均須考慮合計。表 23-11 爲各種食品所需之液態氮消費量。

部類	食品名	所要時間	LN_2 消費率
魚貝類及其加工品	大正蝦	15	1.0
	蟹	10～20	0.8
	香魚	10～20	0.8
	鯛魚	15～30	1.0
	魚切片	15～30	1.0
	貝類	25～30	1.2
	鮑魚	40	1.3
	魚醬	20～40	1.2
	炸肉餅	10～15	0.8
肉類及加工品	烤雞	20～30	1.3
	牛排	30	1.0
	漢堡牛肉餅	5～15	0.6
	香腸	20～30	1.0
	餃子	10	0.8
蔬菜、水菓	毛豆	10	1.0
	蘆筍	5	1.1
	紅蘿蔔	5	1.0
	桔子（整粒）	30～40	1.5
	桔子（片粒）	20～30	0.8
	罐裝桔子汁	30	0.3
餅干、糖菓類	雞蛋糕	20	0.6
	冰淇淋	10	0.4
	霜淇淋	10	0.4
	糕餅	20	0.6
	麵包類	15	0.6

表 23-11　凍結食品所需之液態氮及時間（未經包裝的常溫食品冷凍至中心品溫－20°C）

③　液態氮急速凍結裝置

液態氮在急速凍結裝置中（圖23-27及23-28）被利用之方式，大致為下列三種方式：

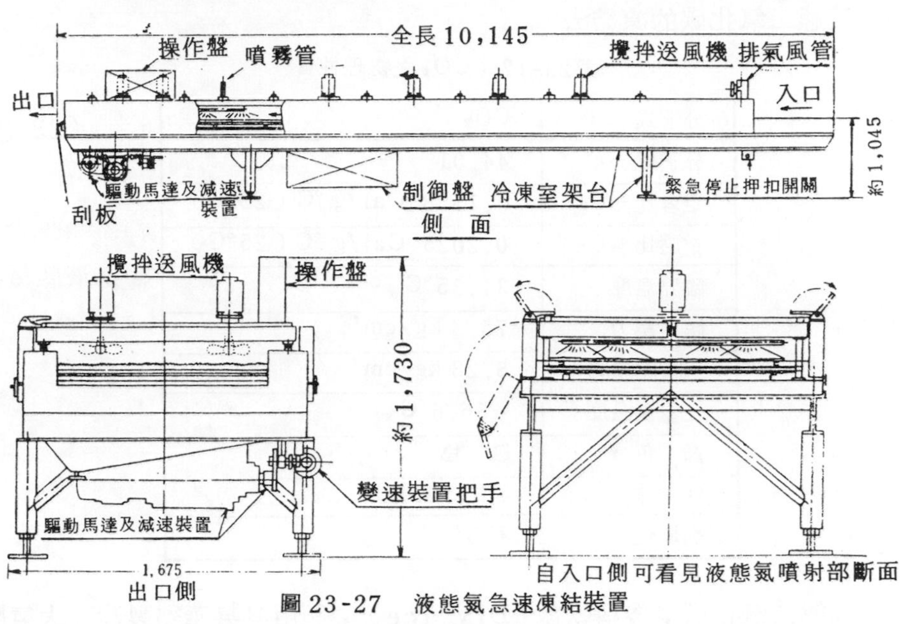

圖23-27　液態氮急速凍結裝置

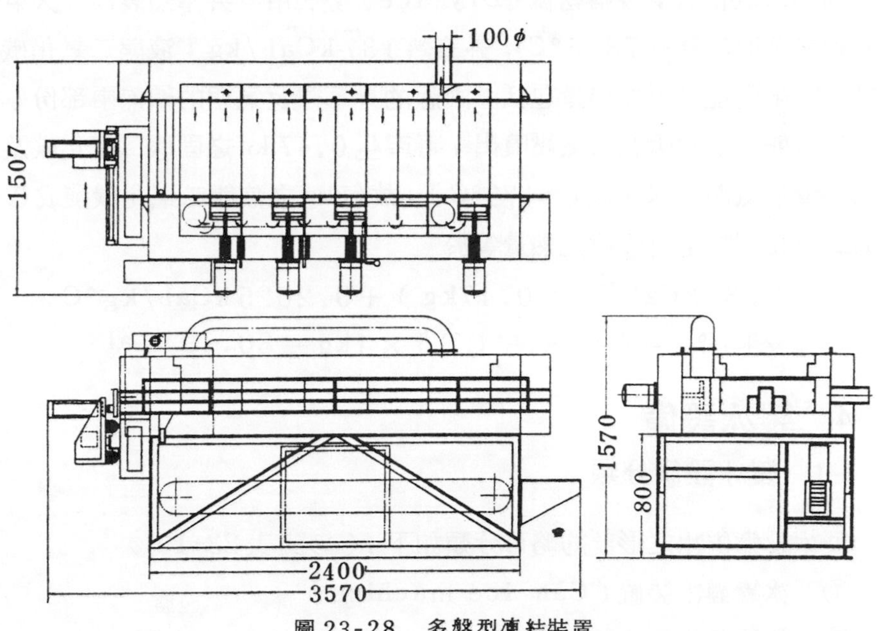

圖23-28　多盤型凍結裝置

(a) 浸漬式(Immersion type)

(b) 噴霧式(Spray type)

(c) 蒸發循環式(Circulation of cold Nitrogen vapors)

(二) 液態二氧化碳的凍結法

表23-12 CO_2之物理性質

分子式	CO_2
分子量	44.01
定容比熱C_V	0.1558 Cal/g °C(25°C)
定壓比熱C_P	0.2025 Cal/g °C(25°C)
臨界溫度	31.35°C
臨界壓力	75.3 kg/cm²
三重點壓力	5.28 kg/cm²
三重點溫度	−56.6°C
顏　色	無　色
味　道	無味、無臭
燃燒性	不燃性

固態二氧化碳,俗稱乾冰(Dry Ice),利用其昇華熱製冷。大氣壓時飽和昇華溫度為−78.5°C,昇華熱137 kCal/kg,液態二氧化碳大氣壓力膨脹所能利用的熱量包括:固態的昇華熱及氣態的顯熱兩部份。每一公斤液態二氧化碳在大氣壓噴出,可產生0.47 kg之固態二氧化碳及0.53kg的氣態二氧化碳(−79°C),故每kg之液態二氧化碳變成0°C氣態二氧化碳時,所吸收之熱量等於

$$(137\,\text{kCal/kg}\times 0.47\,\text{kg})+0.2025\,\text{kCal/kg°C}\times[0°\text{C}-(-78.5°\text{C})]\times 1\,\text{kg}=80.19\,\text{kCal}$$

23-4 製冰設備

23-4-1 製冰設備分類

(一) 製冰設備依冰之形狀約略可分類如下:(參閱表23-13)

① 冰罐製冰裝置(Can ice machine)

② 急速角冰製冰裝置(Rapid block ice machine)

③ 管狀製冰裝置（Tube ice machine）

④ 豆狀製冰裝置（Pack icer）

⑤ 膜狀製冰裝置（Flak ice machine）

⑥ 塊狀製冰裝置（Cube ice）

⑦ 板狀製冰裝置（Plate ice）

⑧ 殼狀製冰裝置（Shell ice）

⑨ 鱗狀製冰裝置（Scale ice）

㈡ 冰的種類

人工製冰依其外觀及原料水的成份，製冰過程及結冰速度可將冰分類如下：

① 白冰（不透明冰）（Milky ice, Opaque ice）

② 透明冰（Clear ice）

③ 結晶冰（Cristal ice）

④ 乾冰（Dry ice）

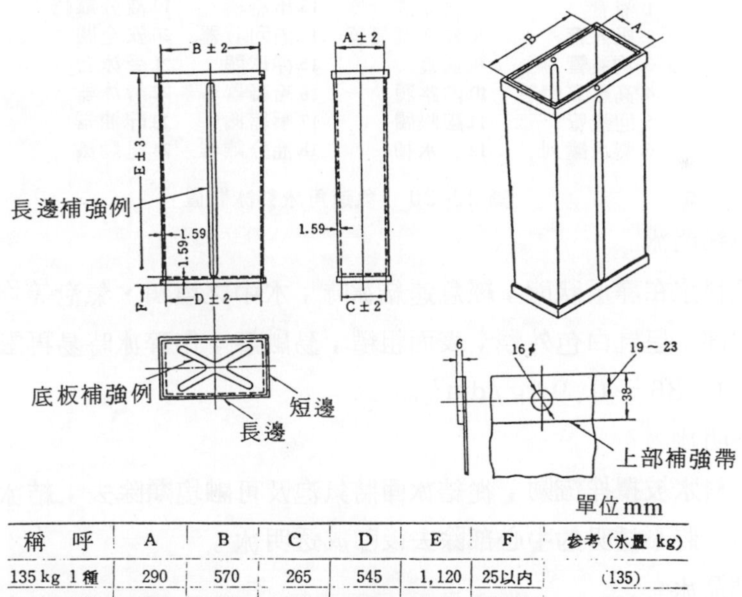

稱呼	A	B	C	D	E	F	参考(氷量 kg)
135 kg 1 種	290	570	265	545	1,120	25以内	(135)
135 kg 2 種	280	560	255	535	1,225	25以内	(135)

圖 23-29 冰罐形狀及尺寸

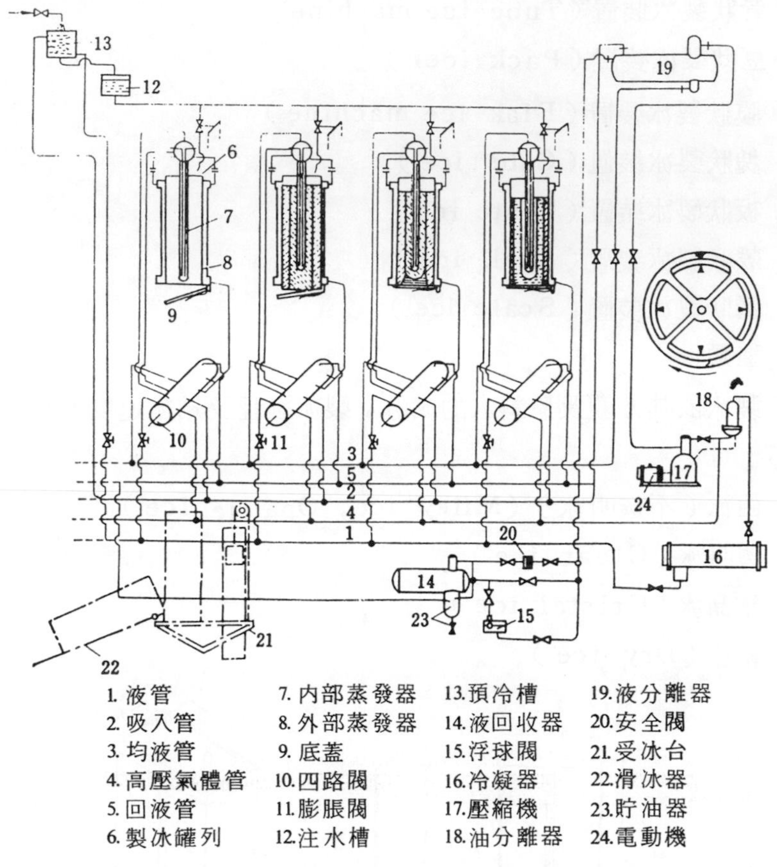

圖 23-30　急速角冰製冰裝置

(1) 不透明冰

原料水在靜止狀態，經急速結冰時，水中之塩類、氣泡等均在冰結晶內部，呈乳白色外觀，表面粗糙，易融解，作碎冰時易再融合，比重約 0.86 ～ 0.9 kg/dm³ 。

(2) 透明冰

原料水被攪拌流動，從結冰面將氣泡及可融塩類除去，結冰速度較緩慢，將不透明的中心部除去後即成透明冰。

(3) 結晶冰

將原料水之不純物完全除去而製得之冰，以前都用蒸餾水，目前則多用離子交換樹脂除去不純物。結晶冰比重 0.91 ～ 0.92 kg/dm³

上述三種冰的融解熱相差很少，

結晶冰：79.69 kCal / kg

不透明冰：79.64 kCal / kg

(4)　乾冰

不用一般之原料水製冰，係固態的二氧化碳。

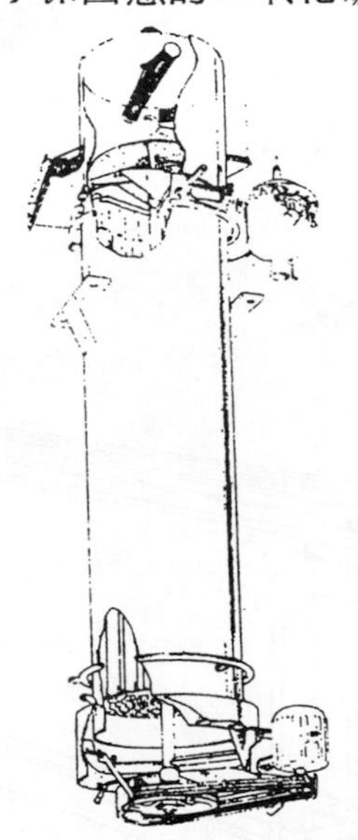

圖 23-31　管狀製冰裝置

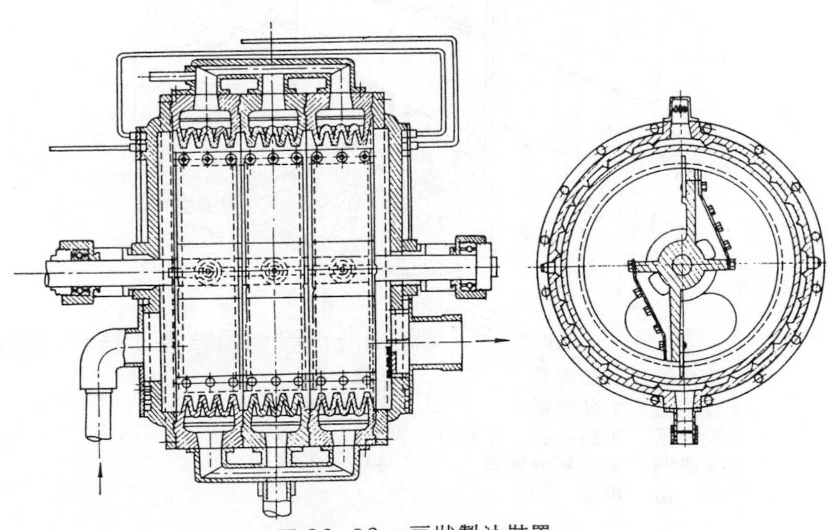

圖 23-32　豆狀製冰裝置

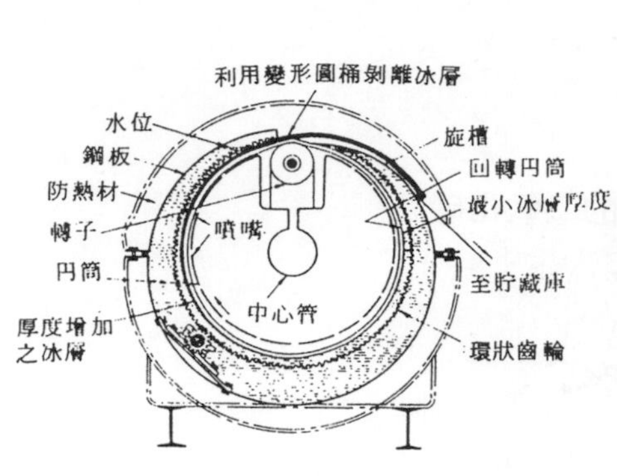

圖 23-33　膜狀製冰裝置

圖 23-34　塊狀製冰裝置

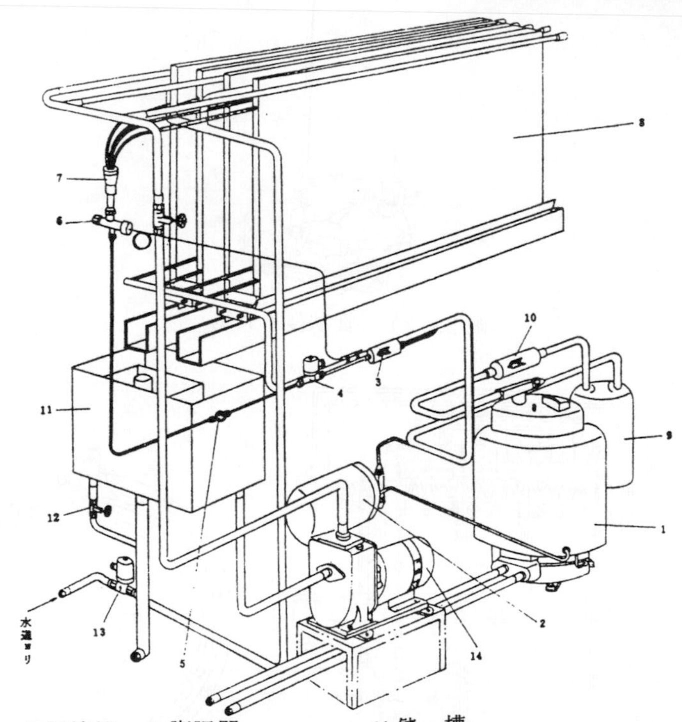

1. 壓縮機　6. 膨脹閥　11. 儲　槽
2. 受液器　7. 分流器　12. 停止閥
3. 脫水器　8. 製冰板（4 枚）　13. 水控制閥
4. 電磁閥　9. 液氣分離器　14. 循環泵浦
5. 視　窗　10. 濾　篩

圖 23-35　板狀製冰裝置

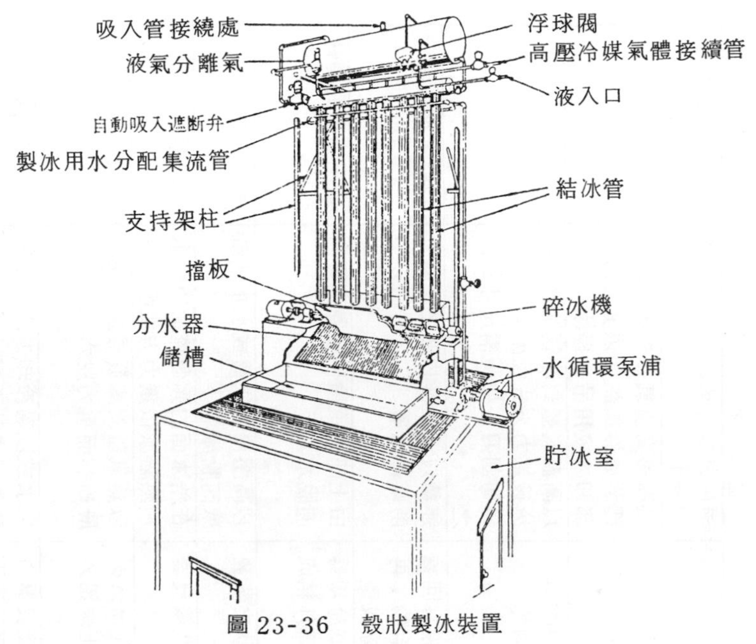

圖 23-36　殼狀製冰裝置

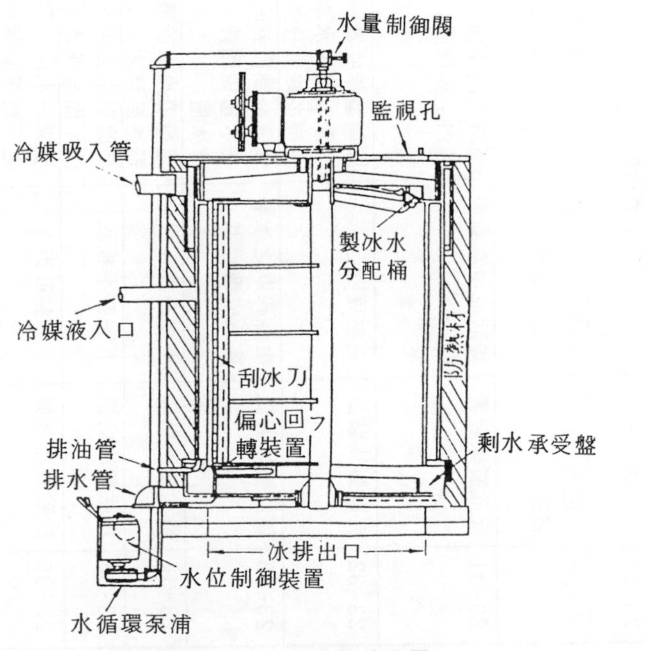

圖 23-37　鱗狀製冰裝置

表23-13　製冰設備比較分析表

圖號	製冰裝置名稱	冰的形狀	結冰方式	脫冰方式	攪拌方式
23-29	冰罐製冰裝置	有斜度之直方體狀	盛原料水之冰罐浸入不凍液中而使之結冰	用吊車揚昇冰罐，浸水後傾倒脫水	利用空氣或金屬棒之振動
23-30	急速角冰製冰裝置	有斜度之直方體狀留有蒸發器孔	以直接膨脹方式對周圍及中心部份同時冷却製冰	以高壓高温氣體對冰型及內部蒸發器加熱，依重力由底部卸冰或用吊車揚冰	無
23-31	管狀製冰裝置	棒狀或中空圓筒狀	原料水由上面流經50mmφ管內，結成同心圓筒冰	以高温氣體對冰管加熱，融冰後重力方式脫冰，下設廻轉切割刀，依所需尺寸切斷之	循環泵浦
23-32	豆狀製冰裝置	完整豆狀	圓筒型蒸發器內部設有回轉刀刄，製成水冰混合物，再分離多餘水分並壓縮成型	連續以蒸發器內部之廻轉刄削離薄冰層	廻轉刄及泵浦
23-33	膜狀製冰裝置	由絲帶狀之冰層落下成薄膜狀	使薄金屬板製的筒狀冷却器在水槽中廻轉，在筒外結成薄冰層	由上部的滾輪使金屬面彎曲而脫水	金屬圓筒的廻轉
23-34	塊狀製冰裝置	小立方塊	連續噴冷水於格柵狀之蒸發器逐漸結冰	以高壓冷媒氣體或水加熱融冰而脫冰落下	循環泵浦
23-35	板狀製冰裝置	不完整平板狀	使原料水沿平滑板狀蒸發器流下而結成冰層	在結冰面的異側流通原料水加熱融冰依重力方式脫水	循環泵浦
23-36	殼狀製冰裝置	不完整殼狀	使原料水由外徑100mmφ之不銹鋼製蒸發器上端沿外周流下而結冰	以熱氣體對蒸發器加熱使冰層龜裂而重力脫水	循環泵浦
23-37	鱗狀製冰裝置	不完整鱗片狀	立型二重圓筒型之蒸發器內部廻轉，使水沿內表面流下結成薄冰層	以水或以過冷却方式使冰層龜裂，或設衝擊裝置使之脫冰	立型蒸發器用循環泵浦、廻轉式蒸發器用圓筒的廻轉

23-5　其它冷凍設備

23-5-1　冰箱

(一)　冰箱之使用及結構

冰箱依其外型有單門、雙門及三門等型式。由於社會結構的變遷，冰箱已是家家戶戶必備的家電設備。早期雙門式者（圖23-38）冷凍室在上面，冷藏式在下方。目前則考慮使用之次數頻率，冷凍室大多改置下方。單門式冰箱（圖23-39）之銷路有逐漸減少之趨勢。早期冰箱之外表顏色幾乎都只有採用乳白色一種，近年來則推出各種顏色及花紋以配合裝璜。

冰箱之凝結大多採用自然對流氣冷式，管排置於冰箱背面，但已有部份廠家將冷凝器改置冰箱下端，並以强制通風冷却方式冷却，除了方便裝箱搬運外，也可改善冷凍效率。

冰箱之保溫材料也由傳統的普利龍及玻璃棉改用PU保溫，保溫壁厚減少，有效空間增加。

冰箱冷藏室溫度應維持在0～10°C，冷凍室應維持在－15°～－25°C，任何食品依其組織特性，皆有一定之儲存期限，逾限食物仍會腐敗。對於冷凍調理食品及飲料，尤須注意冷凍連鎖（Cold chain），冷凍食品由加工生產開始至運達消費者止之間，連續保持於低溫狀態，謂之冷凍連鎖。某一飲料公司曾發現有消費者反應該公司之飲料有變質現象，但該公司之加工及品管過程均無問題，製品及品管人員均不知何以如此？作者要他們注意經銷商有無晚間將冰箱或陳列櫃之電源關掉，才解決了此一困擾。許多經銷商晚間爲了省電，竟將電源拔除，殊不知破壞冷凍連鎖後，食品會加速變質。消費者至一般市場購買冷凍魚肉，再放入冰箱儲存，而攤販從批發商的冷凍庫購得冷凍魚肉後，未經低溫儲存就運售至消費者，中間不知已經歷多少時間，品質不知已降低多少了。

冰箱之壓縮機大多採用分相起動之單相感應電動機，有起動及運轉兩組線圈，利用電流式起動繼電器（圖 23-40），通電之際電流較大，故吸磁線圈使接點吸上通電，正常運轉後電流降至額定值以下，接點斷路，

僅運轉線圈繼續運轉，若過熱或過載時，則過載繼電器的雙金屬片受熱而

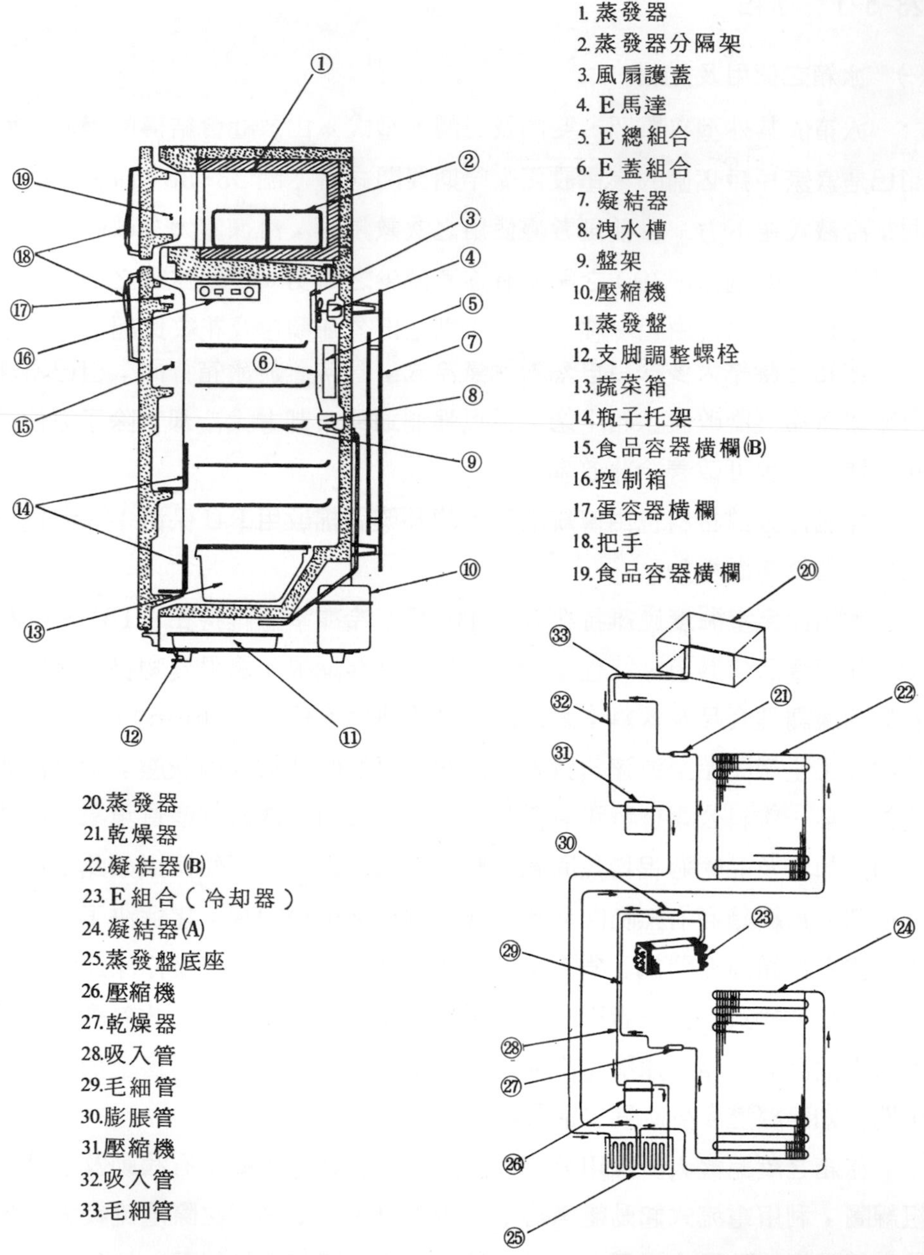

圖 23-38　雙門式冰箱之構造

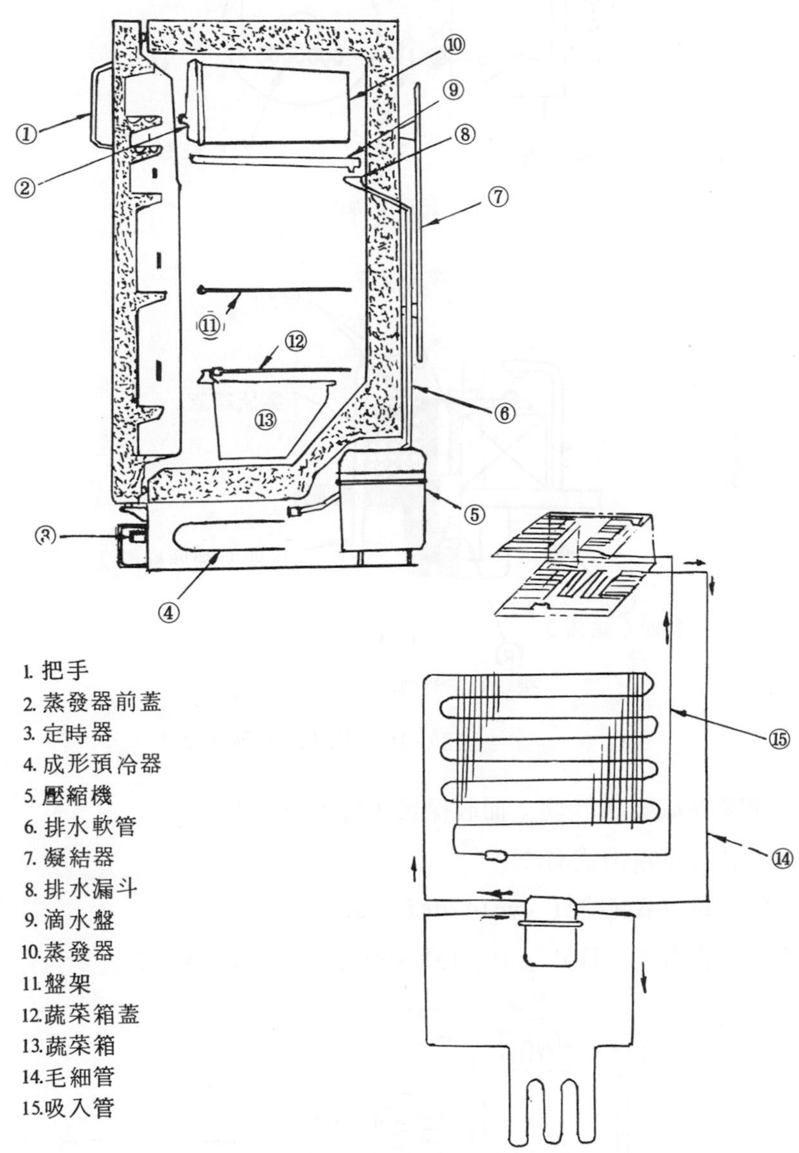

1. 把手
2. 蒸發器前蓋
3. 定時器
4. 成形預冷器
5. 壓縮機
6. 排水軟管
7. 凝結器
8. 排水漏斗
9. 滴水盤
10. 蒸發器
11. 盤架
12. 蔬菜箱蓋
13. 蔬菜箱
14. 毛細管
15. 吸入管

圖 23-39　單門式冰箱之構造

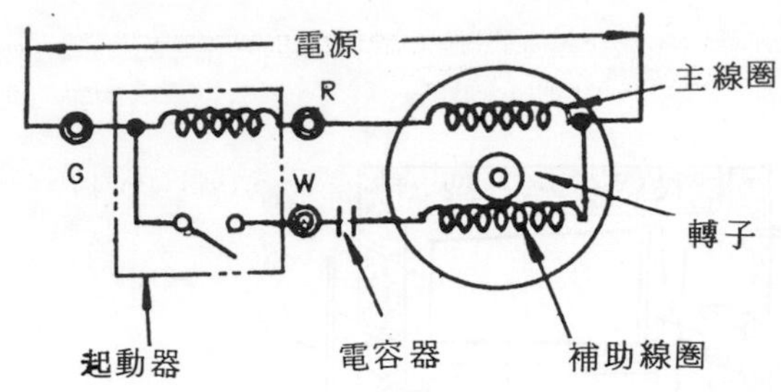

電流型起動配線圖

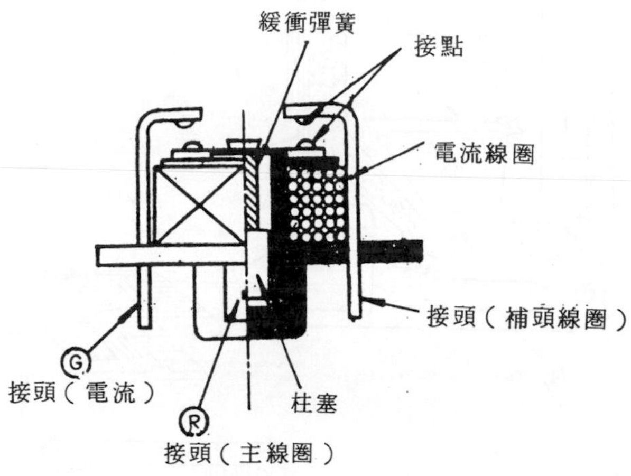

圖23-40　電流式起動繼電器

彎曲，使接點成斷路狀態，而收保護壓縮機之效果。

冰箱常用之除霜方式有：

(1)　自然除霜方式（Off cycle defrost）

(2)　熱氣除霜方式（Hot gas defrost）（圖23-41）

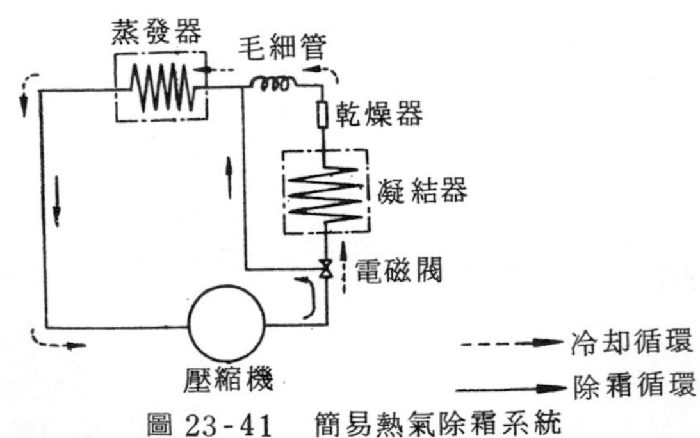

圖23-41　簡易熱氣除霜系統

⑶ 電熱線除霜方式(Heater defrost)

一般冰箱蒸發器之表面溫度大多在－15°C以下，因此箱內空氣的水分會附著蒸發器表面而結霜，結霜後，因霜層之熱傳導率低，故冷却效果降低，導致庫內溫度上升，壓縮機持續運轉，故須除霜。

㈡ 無霜冰箱

至於無霜冰箱有兩種型態

① 蒸發器之溫度，在停止運轉期間，溫度皆上昇到3.5°C，表面之薄霜在此時融化。壓縮機起動停止的每一循環，(夏季約20～30分鐘)即自然化霜一次，故霜層不會堆積。無霜冰箱與一般冰箱之溫度比較如圖23-42。

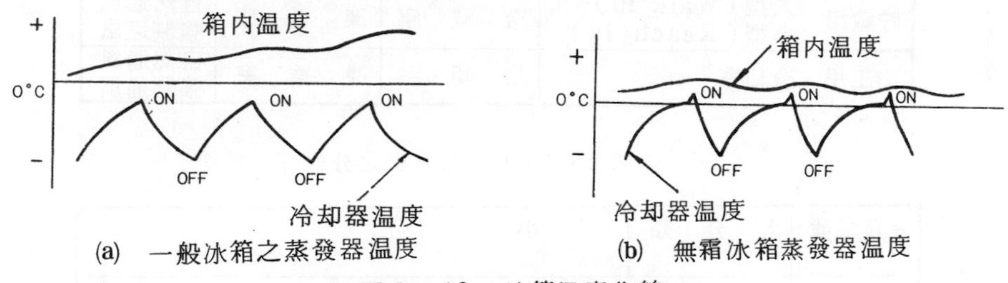

(a) 一般冰箱之蒸發器溫度　(b) 無霜冰箱蒸發器溫度

圖23-42 冰箱溫度曲線

② 冰箱利用强制送風方式，使蒸發器迅速吸熱並用積算式除霜開關，自動定時除霜，使蒸發器無結霜現象。

㈢ 使用冰箱應注意事項

① 71年彰化縣員林地區發生冰箱漏電事故，導致一主婦死亡，因此務必注意使用之安全。冰箱及其它電氣設備皆應裝設接地線或裝置漏電保護繼電器。

② 最好使用專用單一電源插座。

③ 電壓降在3％以下。

④ 安裝場所要水平、穩固、不潮濕，遠離熱源及通風良好。

⑤ 運搬時不得傾斜逾45°。

23-5-2 冷凍櫃

(一) 陳列櫃之分類

冷凍陳列櫃之型式，依使用目的及食品種類而異。依使用目的可分類如表23-14(a)，依使用溫度之不同，則可分成冷凍用(－20°C)及冷藏用(0～10°C)。

表23-14(a) 冷凍用(－20°C)及冷藏用(0～10°C)

使用目的		溫度		冷卻方式
		凍結溫度以上	凍結溫度以下	
販售用	販售陳列用	冷藏陳列櫃	冷凍陳列櫃	自然通風 強制通風
貯藏用	大型(Walk in) 小型(Reach in)	冷藏庫	凍結庫	自然通風 強制通風
加工用	冷卻室	冷卻室	凍結室	自然通風 強制通風

表23-14(b) 冷凍櫃之分類

分類記號	大分類	小分類
A	冷凍機與陳列櫃的關係	*a*-1自納式(Self contain) *a*-2隔離配管接續
B	觀看收容物的方法	*b*-1無蓋 *b*-2玻璃間隔 *b*-3玻璃門 *b*-4空氣門
C	照明	*c*-1無照明 *c*-2有照明(日光燈、白熾燈、庫內、庫外)
D	棚數	*d*-1中棚式 *d*-2多棚式 *d*-3二者之組合
E	冷卻器	*e*-1管狀冷卻器 *e*-2鰭管式冷卻器 *e*-3板狀冷卻器
F	庫內通風	*f*-1自然通風 *f*-2強制通風
G	除霜	*g*-1無除霜裝置 *g*-2有除霜裝置
H	溫度	*h*-1普通、中溫、低溫的單一使用 *h*-2二者以上的綜合應用
I	操作側	*i*-1單面操作 *i*-2多側操作
J	冷媒	*R*-12，*R*-22或*R*-502

㈡ 陳列櫃保持溫度

陳列櫃的陳列物品，原則上應在24～72小時內販售完，收容物應選用適溫的陳列櫃，並應注意下列事項：

① 堆積物品避免重疊致無法冷却。

② 密著堆積會導致冷風無法循環。

③ 開放式陳列櫃受周圍的溫濕度及風速的影響很大。

④ 依收納位置有相當數值的溫差。

表23-15 陳列櫃保持溫度

物品名稱	保持溫度(24～48小時)	
	最低	最高
瘦肉(陳列棚)	−2°C	+2°C
瘦肉(貯藏庫)	−1°C	+2°C
蔬菜、水果(陳列棚)	+2°C	+7.5°C
蔬菜、水果(貯藏庫)	+2°C	+7.5°C
乳製品	+2°C	+5.6°C
凍結食品 冰淇淋	愈低愈佳	−18 −24

㈢ 各種陳列櫃的基本型式，主要用途及設計基準。

各種陳列櫃之基本形式如圖23-43所示。拼裝式冷藏庫構造如圖23-44所示。

① 平板型陳列櫃

(a) 主要用途：

瘦肉、魚、乳製品、沙拉等短時間陳列，堆積高度在5cm以下。

(b) 冷却溫度：−1～+15°C。

(c) 防熱材料：38～50mm厚之軟木或相等熱傳遞量之其它保溫材料。

(d) 冷却器：平板下側裝置13mmϕ之銅管，管間距75mm，冷媒回路每一通路之陳列平板表面積在1.12m² 以下。

(e) 熱負荷：每m² 之陳列面積 400 kCal / hr 。

(f) 蒸發溫度：－7～－4°C 。

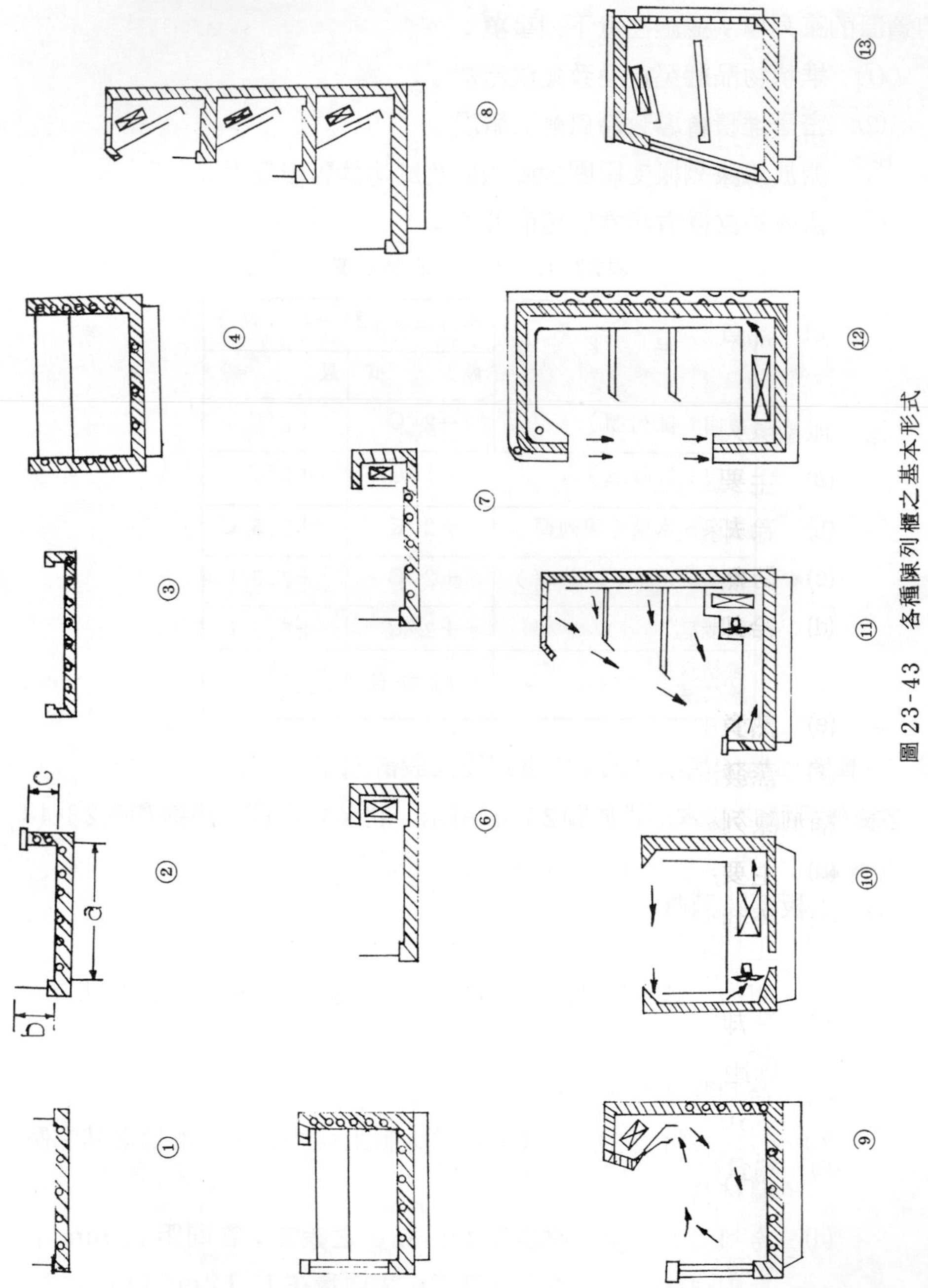

圖 23-43 各種陳列櫃之基本形式

② L型陳列櫃

$a：c＝3：1$，$b＝c＋25$mm

(a) 主要用途：瘦肉、魚類、沙拉、乳製品、加工肉類、豆類罐頭。

(b) 冷却溫度：－1～＋16°C。

(c) 防熱材料：軟木等值厚度50～75mm。

(d) 冷却器：13mmϕ銅管，平板部份管間距75mm，縱立面間距38mm，每一冷媒回路長度在18m以下。

(e) 熱負荷：陳列板表面積每m^{2}約550kCal/hr。

(f) 蒸發溫度：－12～－7°C。

③ 皿型陳列櫃

(a) 主要用途：啤酒、果汁、牛奶、飲料。

(b) 冷却溫度：＋3°C。

(c) 防熱材料：軟木等值厚度38～50mm。

(d) 冷却器：13mmϕ銅管，管間距75mm，安裝在平板下方，冷媒每一回路長度在18m以下。

(e) 熱負荷：陳列面積每m^{2}約270kCal/hr。

(f) 蒸發溫度：－7～－4°C。

④ 桶型陳列櫃

(a) 主要用途：冰淇淋、冷凍食品。

(b) 冷却溫度：＋4°C～－3°C，－23～－12°C。

(c) 防熱材料：軟木等值厚度50～100mm。

(d) 冷却器：13mmϕ銅管，由上端起至距下端150mm處之管間距38～50mm，以下部份管間距150mm，板面間隔在350mm，以上應裝置隔板，隔板冷却管間距50mm。

(e) 熱負荷：設計條件：室溫27°CDB，50%RH，無顯著氣流，無直射光線等輻射熱。

傳熱負荷：Q_1(kCal/hr)＝外表面積(m^2)×K×(外氣溫度－蒸發溫度)÷24

開放部位的負荷

(－18°C時)，Q_2(kCal/hr)＝438kCal/m² hr×開口面積(m²)

(＋4°C時)Q_2(kCal/hr)＝273kCal/m²・hr ×開口面積(m²)

商品負荷Q_3(kCal/hr)＝(重量(kg)×比熱×溫度差)÷10

安全係數15％

Q_T＝(Q_1＋Q_2＋Q_3)×1.15

(f) 蒸發溫度：蒸發溫度低於設計冷却溫度7～10°C。

⑤ 正面玻璃槽型陳列櫃

(a) 主要用途：飲料、冰淇淋、冷凍食品。

(b) 冷却溫度：＋4°C～＋13°C，－23°C～－12°C。

(c) 防熱材料：軟木等值厚度38～100mm。

(d) 冷却器：設計基準與④項相同。

(e) 熱負荷，設計基準值與④類相似，但須再加計玻璃的侵入熱負荷。

(f) 蒸發溫度：與④項類似。

(g) 正面玻璃層數：＋4°C以上一層，＋4～－9°C 雙層，－9°C以下三層。

⑥ *L*型陳列櫃，後側附鰭片式盤管。

(a) 主要用途：乳製品、沙拉、水果、魚。

(b) 冷却溫度：＋4°C。

(c) 防熱材料：38～50mm之軟木等值厚度。

(d) 冷却器：鰭片片距12mm，盤管應保持適當間隔：距上端38mm，下端50mm，背面13mm，正面6mm。

(e) 熱負荷：陳列面積每m² 約480kCal/hr。

(f) 蒸發溫度：－4～－1°C。

(g) 正面玻璃高度比冷氣取入口略高25mm。

⑦　底部附盤管之L型陳列櫃，後側附鰭片式盤管。

(a)　主要用途：瘦肉等。

(b)　冷却溫度：－1～＋2°C。

(c)　防熱材料：軟木等值厚度38～50mm。

(d)　冷却管：底部盤管與①項相同，其餘與⑥項相同。

(e)　熱負荷：陳列面積每m^2約550kCal/hr。

(f)　蒸發溫度：－7～－4°C。

⑧　自然對流多段型：

(a)　主要用途：乳製品、水果、蔬菜等。

(b)　冷却溫度：＋2°C以上，自動除霜的機種，則溫度在－1°C以上。

(c)　防熱材料：軟木等值厚度38～50mm。

(d)　冷却器：由鰭片式盤管製冷，鰭片片距12mm。

(e)　熱負荷：陳列面積每m^2約480kCal/hr。

(f)　蒸發溫度：－7～－4°C。

⑨　槽型陳列櫃，上端附鰭片式盤管

(a)　主要用途：冰淇淋、冷凍食品。

(b)　冷却溫度：－23～－12°C。

(c)　防熱材料：軟木等值厚度50～100mm。

(d)　冷却器：鰭片片距12mm，平板及隔板配管管距75～150mm，必要時管距50mm。

(e)　熱負荷：比④型增10％。

(f)　蒸發溫度：－34～－29°C。

⑩　一段式強制對流型陳列櫃

(a)　主要用途：瘦肉、乳製品、冰淇淋、冷凍食品。

(b)　冷却溫度：＋4°C以上，－1～＋4°C，－9～－1°C，－18～－12°C。

(c)　防熱材料：軟木等值厚度50～100mm。

(d)　冷却器：強制通風鰭片式盤管。

(e) 熱負荷與蒸發溫度：

－4°C時陳列面積每m^2 爲400kCal /hr 。

－12～－7°C時陳列面積每m^2 爲510kCal /hr 。

－23～－18°C時陳列面積每m^2 爲550kCal /hr 。

－34～－29°C時陳列面積每m^2 爲580kCal /hr 。

(f) 陳列櫃長寬比4：1以下，熱負荷比上值增20％。

1.8～2.4m長時，空氣簾風量爲1.4～2.8m^3 /min 。

⑪ 强制對流多段型

(a) 主要用途：瘦肉、乳製品、水果、蔬菜、冷凍食品。

(b) 冷却溫度：與⑩項相同。

(c) 防熱材料：軟木等値厚度50～100mm 。

(d) 冷却器：使用鰭片式盤管。

(e) 熱負荷：開放面積每m^2 在4°C時約820kCal /hr 。

(f) 蒸發溫度：與⑩項相同。

(g) 空氣簾風量：陳列櫃每1m長約0.9～1.8m^3 /min 。

⑫ 垂直空氣簾型陳列櫃

(a) 主要用途：冰淇淋、冷凍食品。

(b) 冷却溫度：－20～－18°C 。

(c) 防熱材料：軟木等値厚度100mm 。

(d) 冷却管：使用鰭片式冷却管。

(e) 熱負荷：開於面積900mm時爲2200 kCal/hr 。

(f) 蒸發溫度：－46°C 。

(g) 結構說明：雙重空氣簾，外側空氣簾作除濕用。

⑬ 密閉型：

(a) 主要用途：一般食品雜貨。

(b) 冷却溫度：＋4～＋7°C 。

(c) 防熱材料：軟木等値厚度38～50mm 。

(d) 冷却器：頂端裝置鰭片式冷却管，自然對流，承水盤兼作氣流循環及下側防熱。

(e) 熱負荷：尺寸1800mm×780mm×780mm，約爲410 kCal/hr 。

(f) 蒸發溫度：－4°C 。

(g) 結構說明：－1°C～＋4°C時，正面玻璃使用雙層 。

(四) 至於小型冷藏庫及冷凍庫的負荷可參考表 23-16 。併裝式冷藏庫之構造詳圖23-44 。

表23-16 小型冷藏庫及冷凍庫負荷表

外寸法 m 寬×深	冷藏庫 －1°C 外 高2.7m	冷凍庫 －23°C 外 高2.7m	外寸法 m 寬×深	冷藏庫 －1°C 外 高2.7m	冷凍庫 －23°C 外 高2.7m
1.8×1.8	1,085	1,460	4.2× 4.8	3,855	4,750
1.8×2.4	1,300	1,765	4.2× 5.4	4,220	5,165
1.8×3.0	1,540	2,070	4.2× 6.0	4,585	5,520
1.8×3.6	1,785	2,370	4.2× 6.6	4,940	5,960
2.4×2.4	1,575	2.055	4.2× 7.2	5,320	6,375
2.4×3.0	1,850	2,470	4.2× 7.8	5,695	6,790
2.4×3.6	2,130	2,785	4.8× 4.8	4,245	5,115
2.4×4.2	2,395	3,075	4.8× 6.0	5,040	6,060
2.4×4.8	2,670	3,480	4.8× 7.2	5,820	6,980
3.0×3.0	2,160	2,825	4.8× 8.4	6,600	7,890
3.0×3.6	2,470	3,200	4.8× 9.0	6,980	8,340
3.0×4.2	2,745	3.415	5.4× 9.6	7,360	8,820
3.0×4.5	2,850	3,510	5.4× 5.4	5,065	6,100
3.0×4.8	3,050	3,685	5.4× 6.0	5,495	6,600
3.0×5.4	3,350	4,120	5.4× 7.2	6,325	7,585
3.0×6.0	3,630	4,475	5.4× 8.4	7,145	8,620
3.6×3.6	2,770	3,380	5.4× 6.6	7,965	9,640
3.6×4.2	3,100	3,820	5.4×10.8	8,620	10,335
3.6×4.5	3.240	3,980	6.0× 6.0	5,950	7,645
3.6×4.8	3,440	4,235	6.0× 7.2	6,805	8,215
3.6×5.4	3,795	4,675	6.0× 8.4	7,725	9,285
3.6×6.0	4,120	5,080	6.0× 9.0	8,180	9,820
3.6×6.6	4,450	5,370	6.0×10.5	9,325	10,780
3.6×7.2	4,790	5,760	7.5× 7.5	8,390	9,780
4.2×4.2	3,490	4,280	7 5× 9.0	9,715	11,645

附註：計算條件：

(1) 室外溫度35°C，無太陽直射情況 。

(2) 冷藏庫防熱厚度（軟木）100mm，庫內溫度－1°C，自動除霜，每日運轉18小時 。

(3) 冷凍庫防熱厚度（軟木）175mm，庫內溫度－23°C，每日運轉16小時 。

(4) 照明、人員、馬達等之熱負荷採平均值。

(5) 使用率及食品負荷取最大值。

(6) 冷藏食品入庫溫度＋15°C，冷凍庫入庫溫度－18°C。

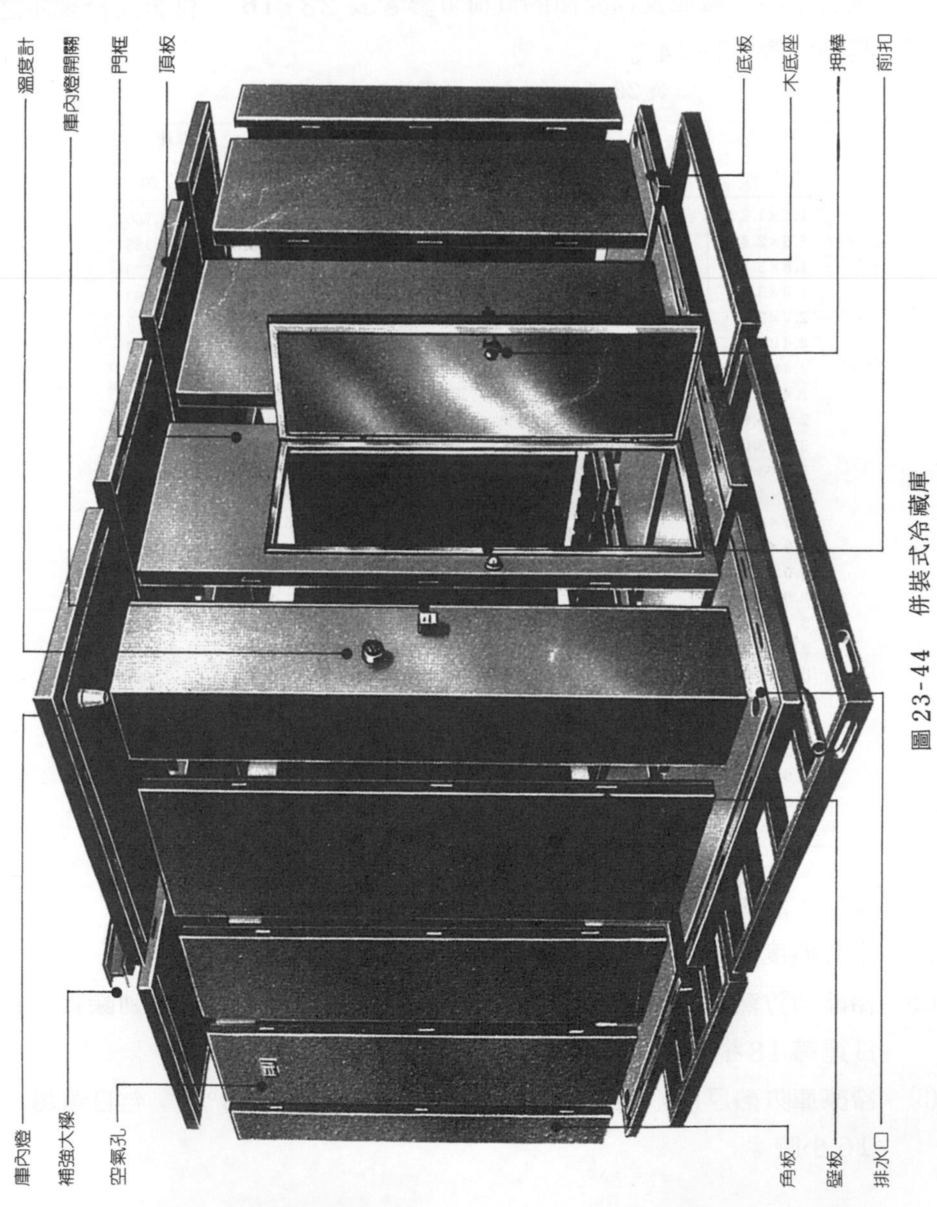

圖 23-44 併裝式冷藏庫

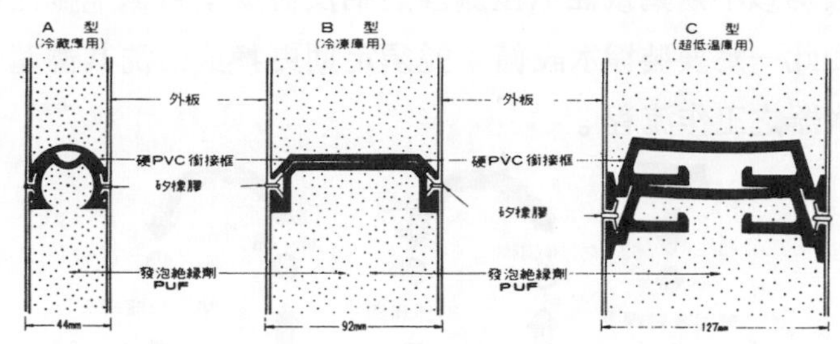

圖 23-45　拼裝式冷藏庫庫板斷面銜接法

23-5-3　飲水機(Water Cooler)

飲水機除了供應 10～14°C之冷水外，目前均兼有供應熱開水之加熱裝置。構造型式有：①壓力型(Pressure type)，②瓶裝式(Bottle type)。

㈠　壓力式(pressure type)

構造如圖 23-46，內部構造大致分成兩部份，下端為冷凝機組(Condensing unit)，冷凝器為強制對流型，上端包括有蒸發器、冷水槽，及隔熱材料等，為了方便東方人之站立飲水，高度約為 1m。壓縮機輸出功率為 100～250 W，冰水槽之強力須能承受自來水之壓力及衝擊

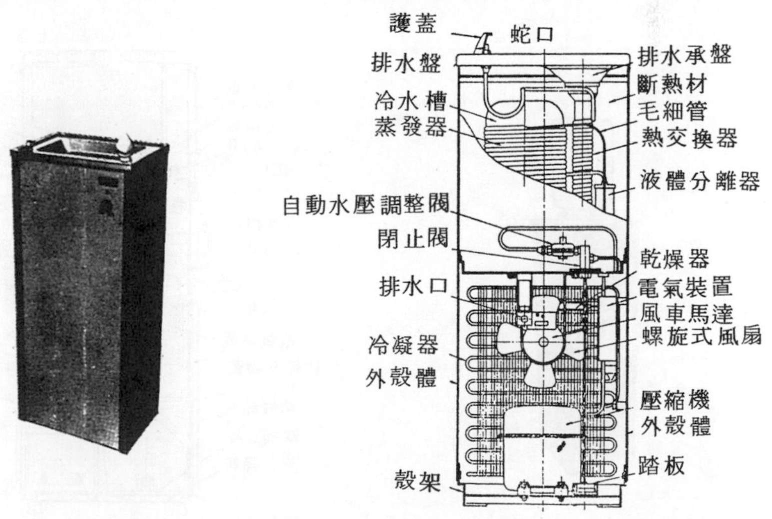

圖 23-46　壓力式飲水機構造圖

壓力，一般均以不銹鋼或經氧極處理之鋁皮製成，台灣地區之自來水尚不能生飲，因此一定要裝淨水設備，並須定期更換或清洗其濾蕊。圖23-47爲纖維濾水器之工作流程。

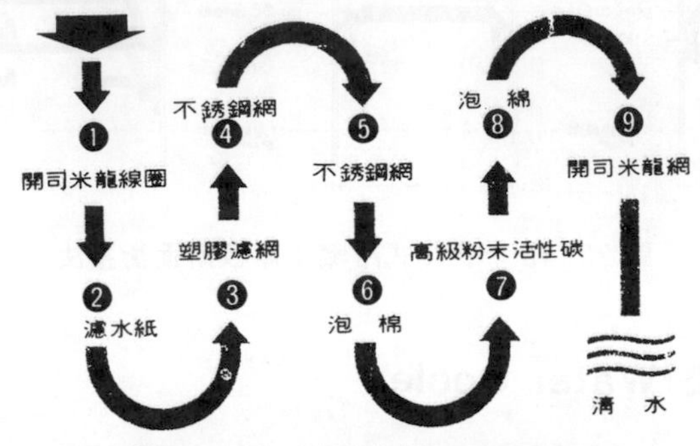

圖 23-47 纖維濾水器工作流程

出水端須加裝水壓水量調整閥，自動調整給水壓力，壓力可調節約 0.3～1.0 k/cm² G。有溫度開關控制水溫，水槽周圍用P.U隔熱。

(二) 瓶裝式(Bottle type)

以前以硬質玻璃製成之瓶子，內裝入水重19kg，連瓶6kg，共重25kg，來回搬運裝卸，甚爲麻煩，目前則大多改用不銹鋼或鋁製貯水槽，不需裝卸，可直接由上端注水冷卻，但習慣上仍稱爲瓶裝式飲水機。另附洗杯設備或改用紙杯。其結構如圖 23-48。

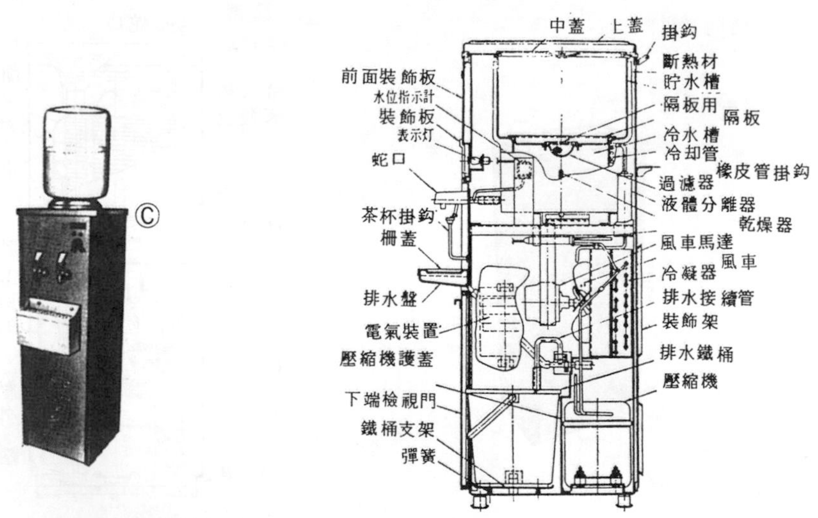

圖 23-48 瓶裝式飲水機構造圖

壓縮機輸出功率150W之瓶裝式飲水機，間歇採水時之冷却特性如圖23-49所示。周圍溫度30°C，入口水溫25°C，運轉20～30分鐘後停機，每隔30秒取水120cc，水溫升至12°C時，壓縮機再啓動，每小時可供應約29公升之冷水。

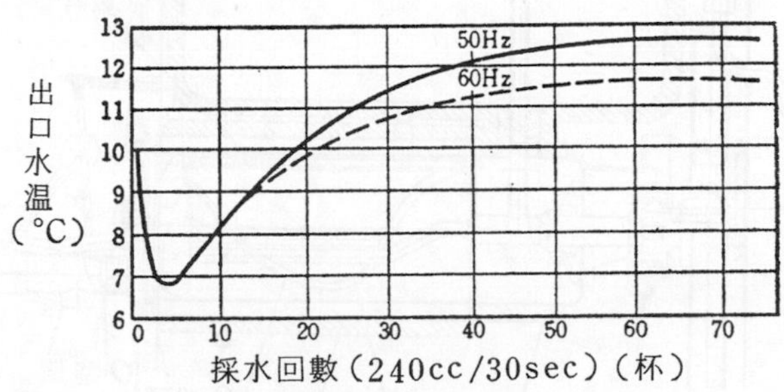

圖23-49　150W瓶裝式飲水機間歇採水之冷却特性

23-5-4 冰淇淋機(Ice Cream Freezer)

冰淇淋機又稱霜淇淋機。構造如圖23-50，上部構造剖視如圖23-51。

圖23-50　冰淇淋機構造圖

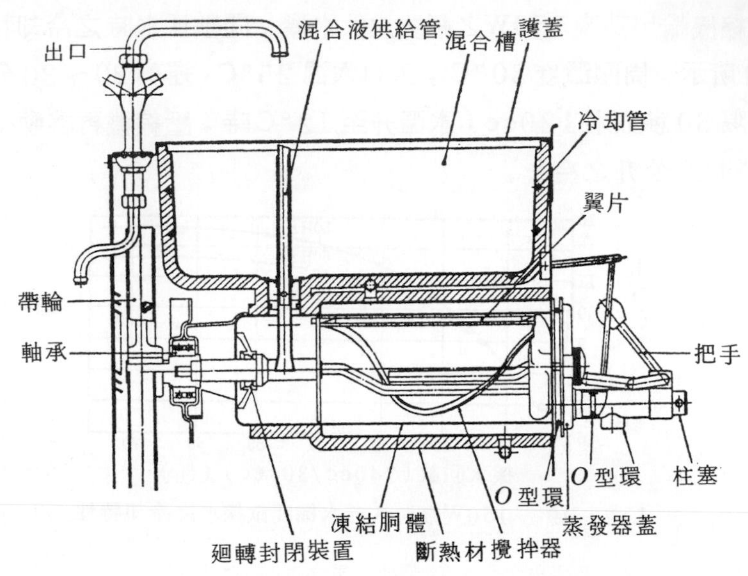

圖 23-51 連續式冰淇淋機上部剖視圖

(1) 壓縮機:

採用0.6kW～1.5kW全密閉式或半密閉式壓縮機,使用0.75kW之機型較多。

(2) 冷凝器:

有水冷、強制氣冷式或二者併用型。氣冷式用鰭片盤管,水冷式大多採用二重管式。水冷氣冷併用型,低負荷時僅用氣冷凝縮器,負荷增大使冷凝壓力升高時,則電磁閥開啓,使水流經水冷式冷凝器。

(3) 冷却胴體

爲了衞生觀點,大多以薄不銹鋼板製作,胴內徑約80～130mm。

(4) 攪拌裝置

回轉數120～300rpm,以不銹鋼等製成,攪拌馬達約½HP～1HP。

(5) 混合原料供給裝置

利用重力或齒輪式泵浦,使混合原料經小孔流入,孔徑應視原料粘度、冰淇淋取出量而調整之。

(6) 硬度調節裝置

有下列二種型式：

① 由蒸發器之溫度控制。

② 用攪拌裝置之轉矩變化值控制。

前者當冰淇淋之溫度變化時，由溫度開關之動作來變換蒸發器的溫度，後者則是利用冰淇淋硬度增加會使攪拌器裝置負荷增加，由此變化檢出量來控制凍結溫度。

硬度調節裝置尚可用來防止異常硬化，造成機械的破損。

(7) 原料溫度調節

原料貯桶捲繞冷却管，利用恒溫式控制器啓閉冷媒回路之電磁閥，保持原料於適當低溫，以免腐壞。

不銹鋼製內桶表面粗糙度應在百萬分之四吋以下，且與乳製品接觸的內彎角應有足夠的曲率半徑，以便洗滌。原料維持溫度在10°C以下。箱體距地板高度應在150mm以上，以利掃除，並應裝置移動輪。

23-5-5 冷凍車

冷凍食品輸送裝置可分類如下：

(1) 冷凍車

(2) 冷凍車廂（火車）

(3) 冷凍貨櫃

(4) 冷凍船

冷凍車外形構造如圖 23-52 ，利用輔助引擎驅動的冷凍機配管系統

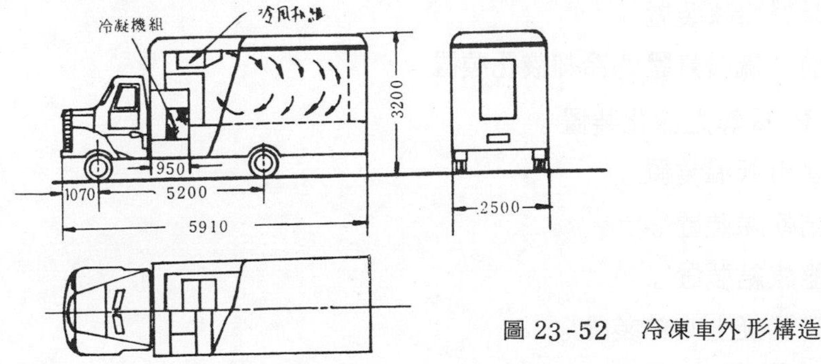

圖 23-52　冷凍車外形構造

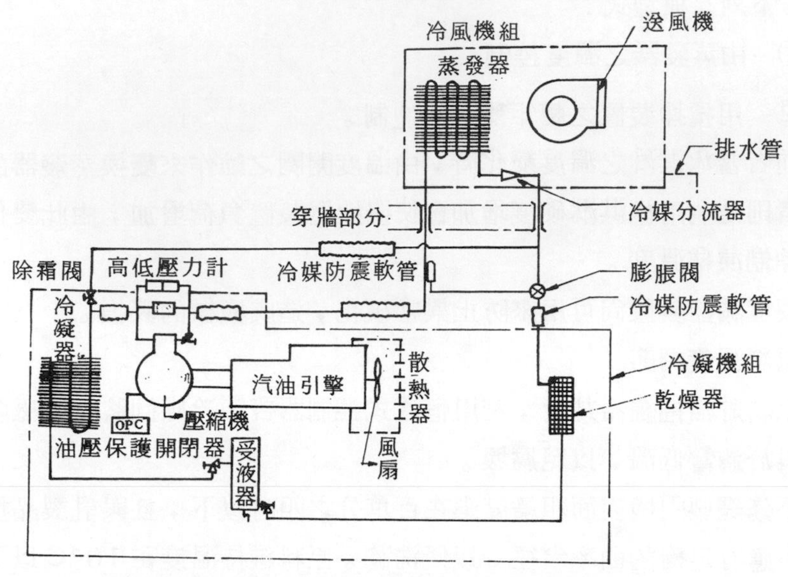

圖 23-53　輔助引擎驅動型冷凍機配管系統

如圖 23-53 。小型冷凍車可利用行駛引擎傳動，壓縮機廻轉速依引擎轉速而變化，低速行駛時須有充分的製冷效果，高速行駛廻轉速可達 4000 rpm，壓縮機之構造强度須能耐此高速廻轉。

23-5-6　其它冷凍裝置

冷凍裝置依其用途或使用場所之不同，尚有許多種類，如：

(1) 污泥凍結脫水裝置。
(2) 電解液冷却裝置。
(3) 超低溫冷凍裝置。
(4) 塩酸、硫酸氣體的冷却液化裝置。
(5) L.P.G 等之液化裝置。
(6) 醫學用低溫裝置。
(7) 凍結乾燥裝置。
(8) 地盤凍結裝置。
(9) 預拌混凝土凍結裝置。
(10) 溜冰場凍結裝置。

⑾ 果汁濃縮凍結裝置。

⑿ 海水淡化裝置。

⒀ 精密加工冷凍裝置。

⒁ 其它各種特殊用途之裝置。

應用之原理大致相同，詳細結構規則視用途而異，選用之材料及系統應能適應其特性。

24-1 氣象資料及設計條件

24-1-1 我國氣象資料

我國氣象統計資料如表24-1及表24-2所示。主要資料來源爲美國冷凍空調學會及美軍氣象台。

氣象資料中，冬季時，乾球溫度與濕球溫度相同，即視冬季之相對濕度爲100％RH。

冬季係指十二、一、二月份（31＋31＋28）＝90日，90×24＝2160小時），以台北爲例，99％一欄溫度爲6.7°C，即表示冬季三個月期間有99％以上的時間，室外溫度在6.7°C以上，只有1％×2160＝21.6小時，氣溫在6.7°C以下。

氣象資料中，夏季係指6、7、8、9等四個月份。即（30＋31＋31＋30）×24＝2928小時。

在夏季設計乾球溫度2.5％一欄，可查得台北之溫度爲33.3°C。表示夏季（2928小時）有2928×2.5％＝73.2小時的時間，室外乾球溫度高於33.3°C，其餘2854.8小時（97.5％）室外溫度在33.3°C以下。

通常外氣溫度均取下午3時作計算基準，若負荷變化不一致之場所，

表24-1　我國主要都市室外氣温資料（°C）

都市	緯度／經度	標高（海拔）（m）	冬季			夏季						
			平均最低温度	99 %	97.5%	設計乾球溫度(°C)			晝夜温差	設計濕球温度		
						1 %	2.5 %	5 %		1 %	2.5 %	5 %
台南	22.57N/120.12E	21	4.4	7.8	9.4	33.3	32.8	32.2	7.8	28.8	28.3	27.8
台北	25.02N/121.31E	9	6.7	6.7	8.3	34.4	33.3	32.2	8.9	28.3	27.8	27.2
重慶	29.33N/106.33E	230	2.8	2.8	3.9	37.2	36.1	35.0	10.0	27.2	26.7	26.1
上海	31.12N/121.26E	7	−8.9	−5.0	−3.3	34.4	33.3	32.5	8.9	27.2	27.2	26.7

表24-2 台灣地區若干地點空調設計室外氣温資料（°F）

當地資料 LOCATION				冬令（%） WINTER DESIGN DATA(DB)		夏令（%） AIR CONDITIONING DESIGN DATA								夏令超温小時 AIR CONDITIONING CRITERIA DATA				晝夜温差 OUTDOOR DAILY RANGE
						DB				WB				DB		WB		
地名	緯度	經度	海拔	99%	97%	1%	2½%	5%	10%	1%	2½%	5%	10%	93°F	80°F	73°F	67°F	
	°′N	°′W	FT	°F	°F	°F	°F	°F	°F	°F	°F	°F	°F	HRS	HRS	HRS	HRS	
*台北	25.02	121.31	30	44	47	94	92	90		83	82	81						F deg
*台南	22.57	120.12	70	46	49	92	91	90		84	83	82						16
**台北	25.05	121.32	26	44	47	93	91	89	87	83	82	81	80	30	1950	2854	3985	14
**林口	25.05	121.23	450	41	45	91	89	87	85	81	80	79	78	9	1273	2185	3766	
**公館	24.14	120.37	643	45	47	89	88	87	86	82	81	80	79	0	2231	2613	3979	
**嘉義	23.30	120.28	102	49	51	93	91	90	88	84	83	82	81	26	2175	3690	4335	
**台南	23.00	120.13	75	46	49	90	89	88	87	84	83	82	81	15	2370	3726	4324	

*根據ASHRAE HANDBOOK　　**根據美空軍資料（場站氣象台）

下午3時雖是外氣負荷之最大值，但總負荷最大值並非一定在下午3時，此種情況下，可查表24-3修正其設計條件。

表24-3 外氣設計溫度修正值（°C）

一日溫差 DB °C	溫度＼時刻	8 AM	10	12	2 PM	3	4	6	8
7.5°C	DB	−6.3	−4.7	−2.8	−0.6	0	−0.6	−1.1	−3.2
	WB	−1.5	−1.1	−0.5	0	0	0	−0.6	−0.6
10°C	DB	−7.4	−5.4	−2.8	−0.6	0	−0.6	−1.5	−3.7
	WB	−2.2	−1.5	−0.6	0	0	0	−0.6	−1.0
12.5°C	DB	−8.4	−5.6	−2.8	−0.6	0	−0.6	−1.7	−4.2
	WB	−2.3	−1.7	−0.6	0	0	0	−0.6	−1.1

24-1-2 室外設計條件之選擇

設計時，室外溫濕度條件之選擇原則，如表24-4所示。但尚需考慮特殊之周圍環境條件，如海拔高度等情況再作修正。關於太陽照射的影響，正如太陽能熱水器之原理一樣，由於幅射熱的影響，使熱水溫度高於室外溫度。計算熱負荷時可依據有關資料中，外牆和屋頂表面溫度（高於大氣溫度）作室外溫度設計值。

冬季時，室外設計條件之濕球溫度等於乾球溫度，卽視相對濕度爲100％RH。

表24-4 室外設計條件之選擇

用　　途	室內溫度須嚴格控制或無回風（100％室外空氣）之系統	普　通　空　調
空調負荷計算	1％DB，1％WB	2.5％DB，5％WB
冷却水塔之選用	2.5％WB＋2°F	5％WB＋2°F
氣冷式冷凝器設計	1％DB＋5°F	1％DB

24-1-3　空調之室內設計條件

表24-5　室內設計條件之推薦值

應用之型式	夏季						冬季				
	豪華型			實用型			有加濕			不用加濕	
	DB (F)	RH (%)	DB (C)	DB (F)	RH (%)	DB (C)	DB (F)	RH (%)	DB (C)	DB (F)	DB (C)
一般舒適空調 公寓、住宅、旅社、辦公室、醫院、學校等。	74-76	50-45	23.3-24.4	77-79	50-45	25-26.1	74-76	35-30	23.3-24.4	75-77	23.9-25
零售店 （人員駐留為短暫性的） 銀行、理髮或美容院、百貨店、超級市場等。	76-78	50-45	24.4-25.6	78-80	50-45	25.6-26.7	72-74	35-30**	22.2-24.4	73-75	22.8-23.9
低顯熱因數應用場合（高潛熱負荷） 大禮堂、教堂、酒吧、夜總會、厨房等。	76-78	55-50	24.4-25.6	78-80	60-50	25.6-26.7	72-74	40-35	22.2-24.4	74-76	23.3-24.4
工廠之舒適 組合作業區、裝配室等。	77-80	55-45	25-26.7	80-85	60-50	26.7-29.4	68-72	35-30	20-22.2	70-74	21.1-23.3

表24-6 工業空調的室內設計條件

工業類別	加工處理	DB (F)	RH (%)	DB (C)
磨料	製造廠	75-80	45-50	23.9-26.7
麵包廠	和麵室	75-80	45-50	23.9-26.7
	發酵室	75-82	70-75	23.9-27.8
	保溫箱	92-96	80-85	33.3-35.6
	麵包冷却房	70-80	80-85	21.1-26.7
	冷却室	40-45	—	4.4-7.2
	製作室	78-82	65-70	25.6-27.8
	和餅室	95-105	—	35-40.6
	脆點心及餅乾室	60-65	50	15.6-18.3
	包裝室	60-65	60-65	15.6-18.3
	貯存室			
	肉餅	70	55-65	21.1
	肉餅	30-45	80-85	−1.1-7.2
	麵粉	70-75	50-65	21.1-23.9
	油酥	45-70	55-60	7.2-21.1
	糖	80	35	26.7
	水	32-35	—	0-1.7
	腊紙	70-80	40-45	21.1-26.7
啤酒廠	貯存室			
	酒花	30-32	55-60	−1.1-0
	穀物	80	60	26.7
	液體酵母	32-34	75	0-1.1
	儲藏啤酒	32-35	75	0-1.7
	強麥酒	40-45	75	4.4-7.2
	發酵窖			
	儲藏啤酒	40-45	75	4.4-7.2
	強麥酒	55	75	12.8
	濾清窖	32-35	75	0-1.7
糖果—巧克力	糖果中心	80-85	40-50	26.7-29.4
	手工浸漬室	60-65	50-55	15.6-18.3
	包被室	75-80	55-60	23.9-26.7
	包被			

表24-6　工業空調的室內設計條件（續）

工業類別	加工處理	DB (F)	RH (%)	DB (C)
	裝載終端	80	50	26.7
	包被機	90	13	32.2
	Stringing	70	40-50	21.1
	Tunnel	40-45	DP-40	4.4-7.2
	包封	65	55	18.3
	盤特製品	70-75	45	21.1-23.9
	一般貯存	65-70	40-50	18.3-21.1
糖果—(硬)	製造	75-80	30-40	23.9-26.7
	調和及冷却	75-80	40-45	23.9-26.7
	Tunnel	55	DP-55	12.8
	包封	65-75	40-45	18.3-23.9
	貯存	65-75	45-50	18.3-23.9
	乾燥冷房—菜醬、樹膠	120-150	15	48.9-65.6
	藥用蜀葵	75-80	45-50	23.9-26.7
口香糖	製造	77	33	25
	滾軋	68	63	20
	脫模	72	53	22.2
	軋裂	74	47	23.3
	包裝	74	58	23.3
陶瓷	耐火材料	110-150	50-90	43.3-65.6
	製模室	80	60-70	26.7
	黏土貯存室	60-80	35-65	15.6-26.7
	印花與裝飾	75-80	45-50	23.9-26.7
穀類	打包	75-80	45-50	23.9-26.7
化粧品	製造	65-70	—	18.3-21.1
蒸餾	貯存			
	穀類	60	35-40	15.6
	液體酵母	32-34		0-1.1
	製造	60-75	45-60	15.6-23.9
	老化	65-72	50-60	18.3-22.2
電器產品	電子器具及X光 線圈與變壓器			

表24-6 工業空調的室內設計條件（續）

工業類別	加工處理	DB (F)	RH (%)	DB (C)
電器產品	繞製	72	15	22.2
	眞空管組合	68	40	20
	電氣裝置製造 實驗室	70	50-55	21.1
	恒温器組合及標度校準	76	50-55	24.4
	感濕器組合及標度校準	76	50-55	24.4
	精密儀器組合	72	40-45	22.2
	儀錶裝配試驗	74-76	60-63	23.3-24.4
	開關類			
	保險絲及斷路器	73	50	22.8
	容量繞組	73	50	22.8
	紙貯存室	73	50	22.8
	導電體包裝	75	65-70	23.9
	避雷器	68	20-40	20
	斷路器裝配及試驗整流器	76	30-60	24.4
	矽及二氧化銅板之處理	74	30-40	23.3
皮毛	乾燥	110	—	43.3
	震動處理	18-20	—	
	貯存	40-50	55-65	-7.8-10
玻璃	切割	舒適		
	乙烯基層室	55	15	12.8
皮革	乾燥			
	植物鞣法	70	75	21.1
	鉻鞣法	120	75	48.9
	貯存	50-60	40-60	10-15.6
鏡頭與光學儀器	熔化	舒適		
	研磨	80	50	26.7
火柴	製作	72-74	50	22.2-23.3
	乾燥	70-75	40	21.1-23.9
	貯存	60-62	50	15.6-16.7

表24-6 工業空調的室內設計條件（續）

工業類別	加工處理	DB (F)	RH (%)	DB (C)
軍火	金屬碰炸元素			
	乾燥部份	190	—	87.8
	乾燥油漆	110	—	43.3
	黑火藥乾燥狀況及負荷	125	—	51.7
	粉狀保險絲	70	40	21.1
	負荷追踪彈丸	80	40	26.7
製藥	藥粉貯存			
	製造前	70-80	30-35	21.1-26.7
	製造後	75-80	15-35	23.9-26.7
	磨碎室	80	35	26.7
	打片室	70-80	40	21.1-26.7
	包糖室	80	35	26.7
	泡騰			
	片劑及粉劑	90	15	32.2
	皮下片劑	75-80	30	23.9-26.7
	膠體	70	30-50	21.1
	咳嗽糖漿	80	40	26.7
	腺劑製品	78-80	5-10	25.6-26.7
	針藥製品	80	35	26.7
	明膠膠囊	78	40-50	25.6
	膠囊貯存	75	35-40	23.9
	微生物分析	舒適		
	生物試驗	80	35	26.7
	肝液抽出	70-80	20-30	21.1-26.7
	血清	舒適		
	動物室	舒適		
照相材料	乾燥	20-125	40-80	−6.7-51.7
	切割及包封	65-75	40-70	18.3-23.9
	貯存			
	底片、印像紙、塗敷紙	70-75	40-65	21.1-23.9
	安全底片	60-80	45-50	15.6-26.7
	硝酸底片	40-45	40-50	4.4-10

表 24-6 工業空調的室內設計條件（續）

工業類別	加工處理	DB (F)	RH (%)	DB (C)
塑膠	製造			
	熱力置定混合物	80	25-30	26.7
	賽路璐	75-80	45-65	23.9-26.7
合板	熱壓　樹脂	90	60	32.2
	冷壓	90	15-25	32.2
精密機械	光譜分析	舒	適	
	齒輪鍥合及組合貯存	75-80	35-40	23.9-26.7
	密合墊	100	50	37.8
	水泥及膠泥	65	40	18.3
	機械品			
	測量、組合	舒	適	
	調整精密部份			
	磨	75-80	35-45	23.9-26.7
印刷	彩色印刷			
	印刷室	75-80	46-48	23.9-26.7
	貯存室	73-80	49-51	22.8-26.7
	單頁及織物印刷	舒	適	
	貯存、摺叠等	舒	適	
冷凍設備	閥製造	75	40	23.9
	壓縮機裝配	70-76	30-45	21.1-24.4
	冷凍機裝配	舒	適	
	試驗	65-82	47	18.3-27.8
橡膠浸漬製品	製造	90	—	32.2
	黏合	80	25-30	26.7
	外科手工品	75-90	25-30	23.9-32.2
	製造前之貯存	60-75	40-50	15.6-23.9
	試驗室	73.4	50	23
紡織	棉			
	分梳及清花	70-75	55-70	21.1-23.9
	梳棉	83-87	50-55	28.3-30.6
	併條及粗紡	80	55-60	26.7
	環錠細紡			

表24-6　工業空調的室內設計條件（續）

工業類別	加工處理	DB (F)	RH (%)	DB (C)
紡織	普通	80-85	60-70	26.7-29.4
	伸長	80-85		26.7-29.4
	機框細紡	80-85	55-60	26.7-29.4
	捲筒整經	78-80	60-65	25.6-26.7
	編織	78-80	70-85	25.6-26.7
	織布房	75	65-70	23.9
	精梳	75	55-65	23.9
	亞麻布			
	梳棉、細紡	75-80	60	23.9-26.7
	編織	80	80	26.7
	羊毛織品			
	清花	80-85	60	26.7-29.4
	梳理	80-85	65-70	26.7-29.4
	精紡	80-85	50-60	26.7-29.4
	整經	75-80	60	23.9-26.7
	編織			
	輕貨品	80-85	55-70	26.7-29.4
	重	80-85	60-65	26.7-29.4
	併條	75	50-60	23.9
	絨線			
	梳絨、精梳及梳麻	80-85	60-70	26.7-29.4
	貯存	70-85	75-80	21.1-29.4
	併條	80-85	50-70	26.7-29.4
	帽錠精紡	80-85	50-55	26.7-29.4
	捲筒、導紗	75-80	55-60	23.9-26.7
	編織	80	50-60	26.7
	整理	75-80	60	23.9-26.7
	絲			
	預備及整經	80	60-65	26.7
	編織及細紡	80	65-70	26.7
	纖絲	80	60	26.7
	螺縈			

表24-6　工業空調的室內設計條件

工業類別	加工處理	DB (F)	RH (%)	DB (C)
紡織	細紡	80-90	50-60	26.7-32.2
	纖絲	80	55-60	26.7
	編織			
	再生	80	55-60	26.7
	醋酸法	80	55-60	26.7
	紡纖瑩	80	80	26.7
	清花	75-80	50-60	23.9-26.7
	梳理、粗紡、併條	80-90	50-60	26.7-32.2
	針織			
	維斯可或銅銨人造絲	80-85	65	26.7-29.4
	合成纖維預備及編織			
	維斯可絲	80	60	26.7
	纖烷絲	80	70	26.7
	尼龍絲	80	50-60	26.7
菸草	雪茄及香菸製造	70-75	55-65	21.1-23.9
	軟化	90	85-88	32.2
	去梗及去筋	75-85	75	23.9-29.4
	貯存及準備	78	70	25.6
	調節	75	75	23.9
	包裝及船運	75	60	23.9

空調之主要功用有：①增進居住或活動空間的舒適程度及健康的環境。②提供工業產品及加工過程所需要的環境。由於使用目的之差異而有不同溫濕度的設計標準。表24-5爲一般空調的室內設計條件，表24-6爲工業空調的室內設計條件。

24-2 空調負荷計算

24-2-1 由玻璃窗侵入熱量

由玻璃窗侵入熱量包括了輻射熱及傳導熱。熱量之多寡與下列因素有關：

(1) 經緯度。

(2) 方位及高度。

(3) 時間與投射角。

(4) 玻璃的材質厚薄、顏色、吸熱性質、面積。

(5) 玻璃窗的遮蔽情形。

$$q = A \times (SC) \times (SHGF_{max}) \times (CLF) \qquad (24\text{-}1)$$

q ＝由玻璃窗侵入日照熱 kCal/hr

A ＝玻璃窗面積 m^2

SC ＝遮蔽係數（shading cofficient）（表24-11～表24-16）。

$(SHGF)_{max}$ ＝月份、緯度、方位之最大太陽熱取得係數 kCal/hrm²（表24-7）

CLF ＝冷房負荷係數（cooling load factor）（表24-9～24-10）。

建築突出物或鄰近建築物產生的陰影，會減低日照熱負荷，詳細的計算本章省略不提。讀者有興趣進一步探討時，可參閱ASHRAE Cooling and Heating Load Calculation Manual,（1979年版）。

【例1】

北緯40°，南向玻璃窗，有遮陽構造，詳細情形如下述。試求7月21日，由玻璃窗侵入之峯值日照熱。

已知：玻璃窗的方位：南面

7月21日，北緯40°

外壁由鋼筋混凝土及玻璃窗組成

室內構造及粉刷爲輕量材料

(a)單層、透明普通玻璃，內有中間色百葉窗。

(b) 6mm 隔熱玻璃，內層透明，外層吸熱、輕質量、空隙 5mm 、內部無遮陽器材、室外低風速。

(c)有窗簾布100％遮蔽窗面 6mm 厚吸熱玻璃（半透明）。

【解】

(a) $q = A \times SC \times SHGF_{max} \times CLF$

查表 24-7 。

北緯 40° ，南向窗，7月份時（$SHGF$）$_{max}$ = 296kCal/hrm²

查表24-11 。

單層透明玻璃窗 3～6mm 厚，內遮陽百葉窗，中間色 。

$SC = 0.64$

查表24-10 。

爲求得（q/A）$_{max}$，亦應要求CLF爲最大值

方 位	日照時間		
S	11	12	13
	0.75	0.83	0.80

取$CLF_{max} = 0.83$

$$(q/A)_{max} = SC \times (SHGF)_{max} \times (CLF)_{max}$$

$$= 0.64 \times (296) \times 0.83$$

$$= 157\ \text{kCal/m}^2\,\text{hr}$$

(b)㈠由公式 $q = A \times SC \times (SHGF)_{max} \times CLF$

查表 24-7 。

$(SHGF)_{max} = 296\ \text{kCal/m}^2\,\text{hr}$

㈡查表 24-11 。

夏季低風速時，$h_o = 15$

隔熱玻璃，外層吸熱，內層透明，輕質量

厚度 6mm，空隙 5mm，內部無遮日設備

$SC = 0.58$

㈢因內部無遮陽器材（查表 24-9）

南 面	太 陽 時 間			
低風速	12	13	14	15
CLF	0.59	0.65	0.65	0.59

$CLF_{max} = 0.65$

故 $(q/A)_{max} = SC \times (SHGF)_{max} \times (CLF)_{max}$

$$= 0.58 \times 296 \times 0.65$$

$$= 112\,kCal/m^2hr$$

表 24-7　玻璃窗最大太陽熱取得係數（$SHGF_{max}$）kCal/（hr,m²），北緯度

0 Deg

	N	NNE/ NNW	NE/ NW	ENE/ WNW	E/ W	ESE/ WSW	SE/ SW	SSE/ SSW	S	水平面
Jan.	92	92	239	480	635	689	637	494	320	803
Feb.	98	106	358	556	665	670	570	382	182	830
Mar.	103	236	461	605	656	605	461	236	103	822
Apr.	193	368	524	608	599	499	320	103	100	770
May	307	445	551	591	545	418	217	100	100	719
June	350	469	559	575	518	380	179	100	100	692
July	312	445	545	578	529	404	209	103	103	705
Aug.	203	363	507	586	575	475	304	106	103	749
Sep.	108	228	442	578	627	578	442	228	108	795
Oct.	100	108	350	540	640	646	548	366	179	811
Nov.	95	95	239	475	624	678	624	486	317	795
Dec.	92	92	193	445	613	686	651	512	374	781

16Deg

	N	NNE/ NNW	NE/ NW	ENE/ WNW	E/ W	ESE/ WSW	SE/ SW	SSE/ SSW	S	水平面
Jan.	81	81	149	399	570	662	681	605	540	673
Feb.	90	90	260	488	627	670	632	510	418	746
Mar.	95	144	380	556	648	637	537	374	252	789
Apr.	106	269	467	586	616	553	407	209	122	784
May	141	358	513	591	583	486	312	122	111	765
June	179	385	526	589	561	453	269	111	111	751
July	149	358	507	580	570	472	301	119	113	751
Aug.	111	271	456	567	594	532	388	201	125	765
Sep.	98	136	364	532	616	608	518	363	252	765
Oct.	90	90	258	483	605	623	610	496	407	732
Nov.	81	81	149	393	559	654	670	597	532	667
Dec.	79	79	111	358	537	654	689	632	575	635

4 Deg

	N	NNE/ NNW	NE/ NW	ENE/ WNW	E/ W	ESE/ WSW	SE/ SW	SSE/ SSW	S	水平面
Jan.	90	90	214	461	621	684	643	524	382	776
Feb.	95	95	334	540	656	673	583	412	239	816
Mar.	103	209	442	594	656	616	480	260	117	819
Apr.	149	339	513	605	605	515	342	117	103	778
May	252	418	567	597	559	437	241	103	103	738
June	298	445	548	583	532	399	198	103	103	713
July	260	418	534	583	542	423	231	106	103	724
Aug.	160	336	499	583	580	491	325	114	108	757
Sep.	106	203	423	567	627	586	461	252	119	795
Oct.	98	98	325	524	635	648	561	401	233	797
Nov.	92	92	214	456	613	673	629	515	377	770
Dec.	90	90	168	426	599	678	656	559	434	751

20Deg

	N	NNE/ NNW	NE/ NW	ENE/ WNW	E/ W	ESE/ WSW	SE/ SW	SSE/ SSW	S	水平面
Jan.	79	79	130	374	545	659	686	632	580	629
Feb.	84	84	239	469	613	662	646	545	472	713
Mar.	92	133	358	814	643	640	559	412	312	770
Apr.	103	250	450	578	618	564	429	247	157	778
May	127	334	499	589	589	499	336	146	114	768
June	160	366	513	586	570	469	293	122	114	757
July	130	336	494	578	575	486	323	144	117	754
Aug.	108	247	439	559	597	542	412	239	155	759
Sep.	98	125	344	518	610	610	540	401	309	746
Oct.	87	87	236	453	589	640	627	532	461	670
Nov.	79	79	130	369	534	648	675	621	572	624
Dec.	73	73	95	331	507	646	689	654	613	589

表24-7　玻璃窗最大太陽熱取得係數（$SHGF_{max}$）kCal/（hr,m²），北緯度（續）

8 Deg										
	N	NNE/ NNW	NE/ NW	ENE/ WNW	E/ W	ESE/ WSW	SE/ SW	SSE/ SSW	S	水平面
Jan.	87	87	193	442	608	678	656	551	439	746
Feb.	92	92	309	524	648	673	594	448	298	797
Mar.	100	182	423	583	654	624	499	298	149	814
Apr.	119	317	499	599	610	529	363	144	106	784
May	201	396	537	598	567	453	263	106	103	751
June	244	420	542	589	542	382	222	106	106	730
July	209	393	529	583	553	439	252	108	106	738
Aug.	127	317	486	580	586	505	347	138	111	765
Sep.	103	179	404	556	624	594	477	290	152	785
Oct.	95	95	304	507	627	648	572	434	293	787
Nov.	90	90	193	437	597	665	632	542	434	741
Dec.	84	84	149	404	583	667	670	583	489	710

24Deg										
	N	NNE/ NNW	NE/ NW	ENE/ WNW	E/ W	ESE/ WSW	SE/ SW	SSE/ SSW	S	水平面
Jan.	73	73	111	347	515	651	686	654	616	580
Feb.	81	81	217	448	597	662	659	578	521	675
Mar.	92	122	336	529	635	643	580	456	372	746
Apr.	100	239	431	567	618	575	458	290	203	768
May	117	317	483	580	591	515	358	182	125	765
June	149	344	499	580	575	486	317	149	117	757
July	122	315	477	570	578	502	350	176	125	754
Aug.	103	236	423	551	597	553	439	279	195	751
Sep.	95	114	323	502	602	610	559	442	363	723
Oct.	84	84	214	431	572	643	637	561	507	662
Nov.	73	73	114	342	507	640	675	643	608	578
Dec.	71	71	79	304	488	635	670	670	643	540

12Deg										
	N	NNE/ NNW	NE/ NW	ENE/ WNW	E/ W	ESE/ WSW	SE/ SW	SSE/ SSW	S	水平面
Jan.	84	84	171	420	589	667	670	575	494	711
Feb.	92	92	285	505	637	673	613	480	361	776
Mar.	98	157	401	570	651	632	515	336	198	806
Apr.	108	293	483	594	616	542	385	174	108	787
May	163	377	526	597	575	469	288	108	108	759
June	203	404	537	589	553	437	244	108	108	743
July	171	377	518	583	561	456	277	111	111	746
Aug.	114	296	472	575	591	518	366	168	385	765
Sep.	100	155	385	545	621	602	494	328	198	778
Oct.	92	92	279	488	616	646	594	467	353	759
Nov.	87	87	171	415	580	654	659	567	486	705
Dec.	81	81	127	382	561	656	681	605	534	678

28Deg										
	N（日影）	NNE/ NNW	NE/ NW	ENE/ WNW	E/ W	ESE/ WSW	SE/ SW	SSE/ SSW	S	水平面
Jan.	68	68	95	317	496	637	681	670	646	532
Feb.	79	79	195	426	578	662	667	608	561	635
Mar.	90	111	315	513	627	643	599	494	426	719
Apr.	98	228	410	556	618	586	483	336	255	754
May	108	312	467	572	594	529	391	225	157	759
June	138	339	483	572	578	499	347	184	133	754
July	111	309	461	564	583	515	380	217	155	749
Aug.	103	225	404	540	597	561	467	325	247	738
Sep.	92	103	301	486	594	613	578	480	418	694
Oct.	81	81	193	410	553	640	646	589	548	621
Nov.	71	71	95	312	491	629	670	659	637	529
Dec.	65	65	65	269	467	616	673	681	667	486

表24-7　玻璃窗最大太陽熱取得係數（$SHGF_{max}$）kCal/（hr,m²），北緯度（續）

32Deg	N（日影）	NNE/NNW	NE/NW	ENE/WNW	E/W	ESE/WSW	SE/SW	SSE/SSW	S	水平面
Jan.	65	65	79	285	475	621	676	678	667	477
Feb.	73	73	176	404	556	657	673	629	561	589
Mar.	87	100	290	497	616	643	616	529	477	684
Apr.	98	217	396	543	616	594	507	383	312	735
May	103	301	461	564	597	544	421	269	201	752
June	119	331	477	564	581	513	377	225	163	789
July	109	301	453	553	583	526	407	260	195	741
Aug.	100	214	383	529	594	570	491	369	301	719
Sep.	90	95	279	469	583	616	591	513	464	662
Oct.	76	76	171	388	529	635	648	610	583	578
Nov.	65	65	79	279	469	610	665	667	657	475
Dec.	60	60	60	228	440	591	667	686	684	429

48Deg	N（日影）	NNE/NNW	NE/NW	ENE/WNW	E/W	ESE/WSW	SE/SW	SSE/SSW	S	水平面
Jan.	41	41	41	144	320	475	586	648	665	231
Feb.	54	54	98	279	456	586	657	676	678	374
Mar.	71	71	217	418	553	635	648	629	619	510
Apr.	84	165	358	488	594	610	583	526	505	613
May	95	263	429	543	591	581	521	422	410	670
June	125	298	448	553	583	559	488	402	364	684
July	100	260	423	532	581	567	507	429	396	662
Aug.	90	165	347	472	572	586	564	510	488	605
Sep.	73	73	195	391	519	605	619	605	597	494
Oct.	57	57	95	260	437	562	632	654	657	369
Nov.	41	41	41	141	312	467	575	635	651	231
Dec.	35	35	35	98	247	423	529	610	632	176

36Deg	N（日影）	NNE/NNW	NE/NW	ENE/WNW	E/W	ESE/WSW	SE/SW	SSE/SSW	S	水平面
Jan.	60	60	65	244	450	594	670	684	684	421
Feb.	71	71	155	377	529	648	673	648	629	540
Mar.	82	90	267	477	605	646	629	559	521	646
Apr.	95	206	391	532	610	560	532	423	366	711
May	103	290	456	553	597	553	448	315	252	738
June	125	320	475	556	583	526	407	269	209	741
July	106	290	448	545	586	540	437	307	244	727
Aug.	98	203	374	516	591	575	513	410	355	697
Sep.	84	84	258	453	570	619	605	542	507	624
Oct.	73	73	152	361	507	624	648	627	610	529
Nov.	60	60	65	236	442	583	659	673	673	418
Dec.	54	54	54	187	410	553	654	686	689	366

52Deg	N（日影）	NNE/NNW	NE/NW	ENE/WNW	E/W	ESE/WSW	SE/SW	SSE/SSW	S	水平面
Jan.	35	35	35	106	250	421	524	602	624	168
Feb.	49	49	79	231	423	548	638	670	678	312
Mar.	65	65	198	393	532	624	648	646	640	459
Apr.	81	152	347	480	583	608	597	553	540	572
May	92	266	418	539	589	589	540	475	453	638
June	122	301	437	548	581	570	510	440	412	657
July	98	263	412	526	578	575	529	464	442	632
Aug.	87	152	336	459	564	586	575	535	524	564
Sep.	68	68	176	369	494	591	619	619	616	442
Oct.	52	52	76	217	402	521	610	646	651	309
Nov.	35	35	35	106	244	412	513	589	610	168
Dec.	27	27	27	52	198	345	467	540	567	114

表 24-7　玻璃窗最大太陽熱取得係數（$SHGF_{max}$）kCal/（hr，m^2），北緯度

40Deg	N (日影)	NNE/ NNW	NE/ NW	ENE/ WNW	E/ W	ESE/ WSW	SE/ SW	SSE/ SSW	S	水平面
Jan.	54	54	54	201	415	556	654	684	689	361
Feb.	65	65	136	350	505	635	667	662	654	488
Mar.	79	79	252	459	591	646	640	586	559	605
Apr.	92	192	380	516	608	605	551	461	418	684
May	100	277	448	548	597	564	472	361	307	719
June	130	307	467	556	586	540	437	315	258	724
July	103	277	442	539	586	551	461	350	296	712
Aug.	95	193	366	502	586	581	532	448	404	670
Sep.	82	82	236	434	551	616	613	567	543	583
Oct.	68	68	133	331	488	610	646	640	635	480
Nov.	54	54	54	198	410	545	643	673	678	358
Dec.	49	49	49	163	366	510	629	676	686	307

56Deg	N (日影)	NNE/ NNW	NE/ NW	ENE/ WNW	E/ W	ESE/ WSW	SE/ SW	SSE/ SSW	S	水平面
Jan.	27	27	27	57	201	342	459	526	556	109
Feb.	43	43	57	193	377	499	605	648	662	247
Mar.	60	60	176	369	502	608	646	654	654	404
Apr.	76	155	331	469	572	605	605	578	570	529
May	98	269	404	529	583	591	559	507	491	602
June	144	301	434	540	578	578	532	472	456	627
July	100	266	399	521	572	581	545	497	480	560
Aug.	81	152	323	448	551	586	583	559	551	524
Sep.	62	62	157	342	464	572	615	624	627	391
Oct.	43	43	54	184	358	477	578	621	638	247
Nov.	27	27	27	57	195	331	448	516	543	109
Dec.	9	9	9	9	128	250	366	431	464	62

44Deg	N (日影)	NNE/ NNW	NE/ NW	ENE/ WNW	E/ W	ESE/ WSW	SE/ SW	SSE/ SSW	S	水平面
Jan.	46	46	46	174	374	513	629	673	684	296
Feb.	60	60	117	317	483	616	667	673	670	434
Mar.	73	73	236	440	572	640	646	608	591	559
Apr.	90	179	369	502	560	608	570	497	464	651
May	98	260	440	545	594	572	497	402	358	697
June	128	293	459	556	583	551	464	358	312	708
July	100	260	431	539	583	559	486	391	347	689
Aug.	92	179	358	488	581	583	548	480	448	640
Sep.	76	76	217	412	526	613	616	586	572	540
Oct.	62	62	114	301	464	589	643	651	648	426
Nov.	49	49	49	174	366	505	616	662	673	296
Dec.	41	41	41	133	312	475	589	651	667	241

60Deg	N (日影)	NNE/ NNW	NE/ NW	ENE/ WNW	E/ W	ESE/ WSW	SE/ SW	SSE/ SSW	S	水平面
Jan.	19	19	19	19	125	239	353	412	445	57
Feb.	35	35	35	155	320	456	553	610	627	185
Mar.	54	54	152	339	469	583	635	654	657	347
Apr.	73	160	320	456	559	602	610	597	591	483
May	117	266	404	521	575	597	572	539	526	564
June	157	298	440	535	578	583	548	505	491	589
July	119	263	399	513	564	583	559	524	516	562
Aug.	76	155	309	437	540	581	589	578	572	477
Sep.	57	57	136	312	434	548	602	621	627	331
Oct.	38	38	38	152	301	431	524	583	560	182
Nov.	9	9	9	9	122	233	345	402	434	60
Dec.	11	11	11	11	43	138	206	271	290	24

表 24-7 玻璃窗最大太陽熱取得係數（$SHGF_{max}$）kCal/(hr, m²)，北緯度

64Deg										
	N (日影)	NNE/ NNW	NE/ NW	ENE/ WNW	E/ W	ESE/ WSW	SE/ SW	SSE/ SSW	S	水平面
Jan.	8	8	8	8	41	122	182	241	260	28
Feb.	30	30	30	117	241	391	480	548	570	122
Mar.	49	49	127	307	431	551	613	640	648	285
Apr.	68	160	307	442	545	594	610	610	608	434
May	130	263	407	513	572	597	583	561	553	521
June	168	309	439	524	578	586	564	532	524	551
July	133	260	401	505	561	583	572	548	542	521
Aug.	73	157	296	426	524	572	589	589	589	431
Sep.	52	52	117	279	401	513	578	608	616	274
Oct.	30	30	30	108	225	366	453	518	540	125
Nov.	11	11	11	11	41	119	179	236	252	22
Dec.	0	0	0	0	3	14	30	38	41	3

表 24-8 外部有遮陽設備玻璃窗之最大太陽熱取得係數（以地表面的日照反射率 0.2 爲基準）

	N	NNE/ NNW	NE/ NW	ENE/ WNW	E/ W	ESE/ WSW	SE/ SW	SSE/ SSW	S	(全緯度) 水平面
Jan.	84	84	84	87	92	98	100	100	103	43
Feb.	92	92	92	95	98	100	103	103	106	43
Mar.	98	98	100	103	106	108	108	106	106	52
Apr.	108	108	111	114	114	114	111	108	108	65
May	117	119	122	125	122	117	111	108	108	76
June	122	125	127	127	125	119	111	108	108	84
July	122	122	125	127	127	122	114	111	111	84
Aug.	114	114	117	122	125	122	117	114	114	76
Sep.	100	100	103	108	111	114	114	111	111	62
Oct.	92	92	92	98	103	106	108	108	108	52
Nov.	87	87	87	87	92	98	103	103	106	46
Dec.	81	81	81	84	87	92	98	100	100	41

緯度大於 24 度以區域，採用表 24-8 之數據
日陰水平玻璃窗，全緯度均用表中數據。

(c)㊀ $q = A \times SC \times SHGF \times CLF$

㊁查表 24-7。

$(SHGF)_{max} = 296\ \mathrm{kCal/m^2\,hr}$

㊂窗簾 100%，遮蔽窗表面

單層 6mm 厚吸熱玻璃

E 欄（半密中間色紡織品）

$SC = 0.46$（表 24-14）

㊃查 24-10，$CLF_{max} = 0.83$

表24-9　室内側無遮陽設備玻璃窗之冷房負荷係數（CLF），北緯度

玻璃窗的方位	房間構造	太陽時間（時） 1	2	3	4	5	6	7	8	9	10	11	12	13	14	15	16	17	18	19	20	21	22	23	24
N (日影)	L	0.17	0.14	0.11	0.09	0.08	0.33	0.42	0.48	0.56	0.63	0.71	0.76	0.80	0.82	0.82	0.79	0.79	0.84	0.61	0.48	0.38	0.31	0.25	0.20
	M	0.23	0.20	0.18	0.16	0.14	0.34	0.41	0.46	0.53	0.59	0.65	0.70	0.74	0.75	0.76	0.74	0.75	0.79	0.61	0.50	0.42	0.36	0.31	0.27
	H	0.25	0.23	0.21	0.20	0.19	0.38	0.45	0.49	0.55	0.60	0.65	0.69	0.72	0.72	0.72	0.70	0.70	0.75	0.57	0.46	0.39	0.34	0.31	0.28
NNE	L	0.06	0.05	0.04	0.03	0.03	0.26	0.43	0.47	0.44	0.41	0.40	0.39	0.39	0.38	0.36	0.33	0.30	0.26	0.20	0.16	0.13	0.10	0.08	0.07
	M	0.09	0.08	0.07	0.06	0.06	0.24	0.38	0.42	0.39	0.37	0.37	0.36	0.36	0.36	0.34	0.33	0.30	0.27	0.22	0.18	0.16	0.14	0.12	0.10
	H	0.11	0.10	0.09	0.09	0.08	0.26	0.39	0.42	0.39	0.36	0.35	0.34	0.34	0.33	0.32	0.31	0.28	0.25	0.21	0.18	0.16	0.14	0.13	0.12
NE	L	0.04	0.04	0.03	0.02	0.02	0.23	0.41	0.51	0.51	0.45	0.39	0.36	0.33	0.31	0.28	0.26	0.23	0.19	0.15	0.12	0.10	0.08	0.06	0.05
	M	0.07	0.06	0.06	0.05	0.04	0.21	0.36	0.44	0.45	0.40	0.36	0.33	0.31	0.30	0.28	0.26	0.24	0.21	0.17	0.15	0.13	0.11	0.09	0.08
	H	0.09	0.08	0.08	0.07	0.07	0.23	0.37	0.44	0.44	0.39	0.34	0.31	0.29	0.27	0.26	0.24	0.22	0.20	0.17	0.14	0.13	0.12	0.11	0.10
ENE	L	0.04	0.03	0.03	0.02	0.02	0.21	0.40	0.52	0.57	0.53	0.45	0.39	0.34	0.31	0.28	0.25	0.22	0.18	0.14	0.12	0.09	0.08	0.06	0.05
	M	0.07	0.06	0.05	0.05	0.04	0.20	0.35	0.45	0.49	0.47	0.41	0.36	0.33	0.30	0.28	0.26	0.23	0.20	0.17	0.14	0.12	0.11	0.09	0.08
	H	0.09	0.09	0.08	0.07	0.07	0.22	0.36	0.46	0.49	0.45	0.38	0.33	0.30	0.27	0.25	0.23	0.21	0.19	0.16	0.14	0.13	0.12	0.11	0.10
E	L	0.04	0.03	0.03	0.02	0.02	0.19	0.37	0.51	0.57	0.57	0.50	0.42	0.37	0.32	0.29	0.25	0.22	0.19	0.15	0.12	0.10	0.08	0.06	0.05
	M	0.07	0.06	0.06	0.05	0.05	0.18	0.33	0.44	0.50	0.51	0.46	0.39	0.35	0.31	0.29	0.26	0.23	0.21	0.17	0.15	0.13	0.11	0.10	0.08
	H	0.09	0.09	0.08	0.08	0.07	0.20	0.34	0.45	0.49	0.49	0.43	0.36	0.32	0.29	0.26	0.24	0.22	0.19	0.17	0.15	0.13	0.12	0.11	0.10
ESE	L	0.05	0.04	0.03	0.03	0.02	0.17	0.34	0.49	0.58	0.61	0.57	0.48	0.41	0.36	0.32	0.28	0.24	0.20	0.16	0.13	0.10	0.09	0.07	0.06
	M	0.08	0.07	0.06	0.05	0.05	0.16	0.31	0.43	0.51	0.54	0.51	0.44	0.39	0.35	0.32	0.29	0.26	0.22	0.19	0.16	0.14	0.12	0.11	0.09
	H	0.10	0.09	0.09	0.08	0.08	0.19	0.32	0.43	0.50	0.52	0.49	0.41	0.36	0.32	0.29	0.26	0.24	0.21	0.18	0.16	0.14	0.13	0.12	0.11

表24-9 室內側無遮陽設備玻璃窗之冷房負荷係數（CLF），北緯度（續）

玻璃窗的方位	房間構造	太陽時間（時）																							
		1	2	3	4	5	6	7	8	9	10		12	13	14	15	16	17	18	19		21		23	24
SE	L	0.05	0.04	0.04	0.03	0.03	0.13	0.28	0.43	0.55	0.62	0.63	0.57	0.48	0.42	0.37	0.33	0.28	0.24	0.19	0.15	0.12	0.10	0.08	0.07
	M	0.09	0.08	0.07	0.06	0.05	0.14	0.26	0.38	0.48	0.54	0.56	0.51	0.45	0.40	0.36	0.33	0.29	0.25	0.21	0.18	0.16	0.14	0.12	0.10
	H	0.11	0.10	0.10	0.09	0.08	0.17	0.28	0.40	0.49	0.53	0.53	0.48	0.41	0.36	0.33	0.30	0.27	0.24	0.20	0.18	0.16	0.14	0.13	0.12
SSE	L	0.07	0.05	0.04	0.04	0.03	0.06	0.15	0.29	0.43	0.55	0.63	0.64	0.60	0.52	0.45	0.40	0.35	0.29	0.23	0.18	0.15	0.12	0.10	0.08
	M	0.11	0.09	0.08	0.07	0.06	0.08	0.16	0.26	0.38	0.48	0.55	0.57	0.54	0.48	0.43	0.39	0.35	0.30	0.25	0.21	0.18	0.16	0.14	0.12
	H	0.12	0.11	0.11	0.10	0.09	0.12	0.19	0.29	0.40	0.49	0.54	0.55	0.51	0.44	0.39	0.35	0.31	0.27	0.23	0.20	0.18	0.16	0.15	0.13
S	L	0.08	0.07	0.05	0.04	0.04	0.06	0.09	0.14	0.22	0.34	0.48	0.59	0.65	0.65	0.59	0.50	0.43	0.36	0.28	0.22	0.18	0.15	0.12	0.10
	M	0.12	0.11	0.09	0.08	0.07	0.08	0.11	0.14	0.21	0.31	0.42	0.52	0.57	0.58	0.53	0.47	0.41	0.35	0.29	0.25	0.21	0.18	0.16	0.14
	H	0.13	0.12	0.12	0.11	0.10	0.11	0.14	0.17	0.24	0.33	0.43	0.51	0.56	0.55	0.50	0.43	0.37	0.32	0.26	0.22	0.20	0.18	0.16	0.15
SSW	L	0.10	0.08	0.07	0.06	0.05	0.06	0.09	0.11	0.15	0.19	0.27	0.39	0.52	0.62	0.67	0.65	0.58	0.46	0.36	0.28	0.23	0.19	0.15	0.12
	M	0.14	0.12	0.11	0.09	0.08	0.09	0.11	0.13	0.15	0.18	0.25	0.35	0.46	0.55	0.59	0.59	0.53	0.44	0.35	0.30	0.25	0.22	0.19	0.16
	H	0.15	0.14	0.13	0.12	0.11	0.12	0.14	0.16	0.18	0.21	0.27	0.37	0.46	0.53	0.57	0.55	0.49	0.40	0.32	0.26	0.23	0.20	0.18	0.16
SW	L	0.12	0.10	0.08	0.06	0.05	0.06	0.08	0.10	0.12	0.14	0.16	0.24	0.36	0.49	0.60	0.66	0.66	0.58	0.43	0.33	0.27	0.22	0.18	0.14
	M	0.15	0.14	0.12	0.10	0.09	0.09	0.10	0.12	0.13	0.15	0.17	0.23	0.33	0.44	0.53	0.58	0.59	0.53	0.41	0.33	0.28	0.24	0.21	0.18
	H	0.15	0.14	0.13	0.12	0.11	0.12	0.13	0.14	0.16	0.17	0.19	0.25	0.34	0.44	0.52	0.56	0.56	0.49	0.37	0.30	0.25	0.21	0.19	0.17
WSW	L	0.12	0.10	0.08	0.07	0.05	0.06	0.07	0.09	0.10	0.12	0.13	0.17	0.26	0.40	0.52	0.62	0.66	0.61	0.44	0.34	0.27	0.22	0.18	0.15
	M	0.15	0.13	0.12	0.10	0.09	0.09	0.10	0.11	0.12	0.13	0.14	0.17	0.24	0.35	0.46	0.54	0.58	0.55	0.42	0.34	0.28	0.24	0.21	0.18
	H	0.15	0.14	0.13	0.12	0.11	0.11	0.12	0.13	0.14	0.15	0.16	0.19	0.26	0.36	0.46	0.53	0.56	0.51	0.38	0.30	0.25	0.21	0.19	0.17

玻璃窗的方位	房間構造	太陽時間（時）																							
		1	2	3	4	5	6	7	8	9	10	11	12	13	14	15	16	17	18	19	20	21	22	23	24
W	L	0.12	0.10	0.08	0.06	0.05	0.06	0.07	0.08	0.10	0.11	0.12	0.14	0.20	0.32	0.45	0.57	0.64	0.61	0.44	0.34	0.27	0.22	0.18	0.14
	M	0.15	0.13	0.11	0.10	0.09	0.09	0.09	0.10	0.11	0.12	0.13	0.14	0.19	0.29	0.40	0.50	0.56	0.55	0.41	0.33	0.27	0.23	0.20	0.17
	H	0.14	0.13	0.12	0.11	0.10	0.11	0.12	0.13	0.14	0.14	0.15	0.16	0.21	0.30	0.40	0.49	0.54	0.52	0.38	0.30	0.24	0.21	0.18	0.16
WNW	L	0.12	0.10	0.08	0.06	0.05	0.06	0.07	0.09	0.10	0.12	0.13	0.15	0.17	0.26	0.40	0.53	0.63	0.62	0.44	0.34	0.27	0.22	0.18	0.14
	M	0.15	0.13	0.11	0.10	0.09	0.09	0.10	0.11	0.12	0.13	0.14	0.15	0.17	0.24	0.35	0.47	0.55	0.55	0.41	0.33	0.27	0.23	0.20	0.17
	H	0.14	0.13	0.12	0.11	0.10	0.11	0.12	0.13	0.14	0.15	0.16	0.17	0.18	0.25	0.36	0.46	0.53	0.52	0.38	0.30	0.24	0.20	0.18	0.16
NW	L	0.11	0.09	0.08	0.06	0.05	0.06	0.08	0.10	0.12	0.14	0.16	0.17	0.19	0.23	0.33	0.47	0.59	0.60	0.42	0.33	0.26	0.21	0.17	0.14
	M	0.14	0.12	0.11	0.09	0.08	0.09	0.10	0.11	0.13	0.15	0.16	0.17	0.18	0.21	0.30	0.42	0.51	0.54	0.39	0.32	0.26	0.22	0.19	0.16
	H	0.14	0.12	0.11	0.10	0.10	0.10	0.12	0.13	0.15	0.16	0.18	0.18	0.19	0.22	0.30	0.41	0.50	0.51	0.36	0.29	0.23	0.20	0.17	0.15
NNW	L	0.12	0.09	0.08	0.06	0.05	0.07	0.11	0.14	0.18	0.22	0.25	0.27	0.29	0.30	0.33	0.44	0.57	0.62	0.44	0.33	0.26	0.21	0.17	0.14
	M	0.15	0.13	0.11	0.10	0.09	0.10	0.12	0.15	0.18	0.21	0.23	0.26	0.27	0.28	0.31	0.39	0.51	0.56	0.41	0.33	0.27	0.23	0.20	0.17
	H	0.14	0.13	0.12	0.11	0.10	0.12	0.15	0.17	0.20	0.23	0.25	0.26	0.28	0.28	0.31	0.38	0.49	0.53	0.38	0.30	0.25	0.21	0.18	0.16
水平面	L	0.11	0.09	0.07	0.06	0.05	0.07	0.14	0.24	0.36	0.48	0.58	0.66	0.72	0.74	0.73	0.67	0.59	0.47	0.37	0.29	0.24	0.19	0.16	0.13
	M	0.16	0.14	0.12	0.11	0.09	0.11	0.16	0.24	0.33	0.43	0.52	0.59	0.64	0.67	0.66	0.62	0.56	0.47	0.38	0.32	0.28	0.24	0.21	0.18
	H	0.17	0.16	0.15	0.14	0.13	0.15	0.20	0.28	0.36	0.45	0.52	0.59	0.62	0.64	0.62	0.58	0.51	0.42	0.35	0.29	0.26	0.23	0.21	0.19

表24-10 室內側有遮陽設備玻璃窗的冷房負荷係數（CLF），北緯度

玻璃窗的方位	太陽時間（時）																							
	1	2	3	4	5	6	7	8	9	10	11	12	13	14	15	16	17	18	19	20	21	22	23	24
N	0.08	0.07	0.06	0.06	0.07	0.73	0.66	0.65	0.73	0.80	0.86	0.89	0.89	0.86	0.82	0.75	0.78	0.91	0.24	0.18	0.15	0.13	0.11	0.10
NNE	0.03	0.03	0.02	0.02	0.03	0.64	0.77	0.62	0.42	0.37	0.37	0.37	0.36	0.35	0.32	0.28	0.23	0.17	0.08	0.07	0.06	0.05	0.04	0.04
NE	0.03	0.02	0.02	0.02	0.02	0.56	0.76	0.74	0.58	0.37	0.29	0.27	0.26	0.24	0.22	0.20	0.16	0.12	0.06	0.05	0.04	0.04	0.03	0.03
ENE	0.03	0.02	0.02	0.02	0.02	0.52	0.76	0.80	0.71	0.52	0.31	0.26	0.24	0.22	0.20	0.18	0.15	0.11	0.06	0.05	0.04	0.04	0.03	0.03
E	0.03	0.02	0.02	0.02	0.02	0.47	0.72	0.80	0.76	0.62	0.41	0.27	0.24	0.22	0.20	0.17	0.14	0.11	0.06	0.05	0.05	0.04	0.03	0.03
ESE	0.03	0.03	0.02	0.02	0.02	0.41	0.67	0.79	0.80	0.72	0.54	0.34	0.27	0.24	0.21	0.19	0.15	0.12	0.07	0.06	0.05	0.04	0.04	0.03
SE	0.03	0.03	0.02	0.02	0.02	0.30	0.57	0.74	0.81	0.79	0.68	0.49	0.33	0.28	0.25	0.22	0.18	0.13	0.08	0.07	0.06	0.05	0.04	0.04
SSE	0.04	0.03	0.03	0.03	0.02	0.12	0.31	0.54	0.72	0.81	0.81	0.71	0.54	0.38	0.32	0.27	0.22	0.16	0.09	0.08	0.07	0.06	0.05	0.04
S	0.04	0.04	0.03	0.03	0.03	0.09	0.16	0.23	0.38	0.58	0.75	0.83	0.80	0.68	0.50	0.35	0.27	0.19	0.11	0.09	0.08	0.07	0.06	0.05
SSW	0.05	0.04	0.04	0.03	0.03	0.09	0.14	0.18	0.22	0.27	0.43	0.63	0.78	0.84	0.80	0.66	0.46	0.25	0.13	0.11	0.09	0.08	0.07	0.06
SW	0.05	0.05	0.04	0.04	0.03	0.07	0.11	0.14	0.16	0.19	0.22	0.38	0.59	0.75	0.83	0.81	0.69	0.45	0.16	0.12	0.10	0.09	0.07	0.06
WSW	0.05	0.05	0.04	0.04	0.03	0.07	0.10	0.12	0.14	0.16	0.17	0.23	0.44	0.64	0.78	0.84	0.78	0.55	0.16	0.12	0.10	0.09	0.07	0.06
W	0.05	0.05	0.04	0.04	0.03	0.06	0.09	0.11	0.13	0.15	0.16	0.17	0.31	0.53	0.72	0.82	0.81	0.61	0.16	0.12	0.10	0.08	0.07	0.06
WNW	0.05	0.05	0.04	0.03	0.03	0.07	0.10	0.12	0.14	0.16	0.17	0.18	0.22	0.43	0.65	0.80	0.84	0.66	0.16	0.12	0.10	0.08	0.07	0.06
NW	0.05	0.04	0.04	0.03	0.03	0.07	0.11	0.14	0.17	0.19	0.20	0.21	0.22	0.30	0.52	0.73	0.82	0.69	0.16	0.12	0.10	0.08	0.07	0.06
NNW	0.05	0.05	0.04	0.03	0.03	0.11	0.17	0.22	0.26	0.30	0.32	0.33	0.34	0.34	0.39	0.61	0.82	0.76	0.17	0.12	0.10	0.08	0.07	0.06
水平面	0.06	0.05	0.04	0.04	0.03	0.12	0.27	0.44	0.59	0.72	0.81	0.85	0.85	0.81	0.71	0.58	0.42	0.25	0.14	0.12	0.10	0.08	0.07	0.06

表24-11　玻璃窗之遮蔽係數：*SC*

玻璃型式		稱呼厚度（mm）色調(a)	太陽熱通過率 (b)	無內部遮陽設備		有內部遮陽設備				
						百葉窗		卷軸遮蔽膜		
								不透明		半透明
				h_0=20	h_0=15	中間色	明色	暗色	明色	明色
單層玻璃	單層									
	透明	2.4～6	0.87-0.80	1.00	1.00					
	透明	6～13	0.80-0.71	0.94	0.95					
	透明	10	0.72	0.90	0.92	0.64	0.55	0.59	0.25	0.39
	透明	13	0.67	0.87	0.88					
	透明形式	3～7	0.87-0.79	0.83	0.85					
	吸熱形式			0.83	0.85					
	吸熱(c)	5～6	0.46	0.69	0.73					
	吸熱形式	5～6		0.69	0.73	0.57	0.53	0.45	0.30	0.36
	淺色	3～5.5	0.59-0.45	0.69	0.73					
	吸熱或同形式		0.44-0.30	0.60	0.64	0.54	0.52	0.40	0.28	0.32
	吸熱(c)	10	0.34	0.60	0.64					
	吸熱(c)		0.44-0.30							
	或同形式	13	0.24	0.53	0.58	0.42	0.40	0.36	0.28	0.31
	反射塗飾玻璃			0.30		0.25	0.23			
				0.40		0.33	0.29			
				0.50		0.42	0.38			
				0.60		0.50	0.44			
斷熱玻璃	2層(d)									
	透明外側 透明內側	2.4，3	0.71(a)	0.88	0.88	0.57	0.51	0.60	0.25	0.37
	透明外側 透明內側	6	0.61(a)	0.81	0.82					
	吸熱外側 透明內側	6	0.36(a)	0.55	0.58	0.39	0.36	0.40	0.22	0.30
	反射塗飾玻璃			0.20		0.19	0.18			
				0.30		0.27	0.26			
				0.40		0.34	0.33			
	3層									
	透明	6		0.71						
	透明	6		0.80						

說明：(a)參照製造廠家文獻資料

(b)不透明白色玻璃之熱通過率爲 0.71～0.80時，*SC* 值爲 0.25～0.29

(c)灰色、褐色、青色等淺色吸熱玻璃

(d)空隙 5mm，6mm，13mm 等在工場組配完成耐暴風單層玻璃窗

(5) h_0 爲玻璃外表面的境膜熱傳達係數（kCal/m²h°C）

表24-12　雙層玻璃窗附有間隙遮蔽材之遮蔽係數SC

玻璃型式	稱呼厚度（mm）	太陽熱通過率(1)		空間分類	遮蔽材料的型式		
		外側玻璃	內側玻璃		威尼斯百葉窗		一般
					明色	中間色	百葉式
透明外 透明內	2.4,3	0.87	0.87	①與玻璃直接接觸之遮蔽或玻璃間隙旁邊分離之遮蔽材。	0.33	0.36	0.43
透明外 透明內	6	0.80	0.80	②間隙充填塑膠類遮蔽材料。			0.49
吸熱(2)外				①同上	0.28	0.30	0.37
透明內	6	0.46	0.80	②同上			0.41

(1)正確數據應查廠家資料。

(2)灰色、褐色、青色的淺色吸熱玻璃。

表24-13　透明塑膠膜的陽光特性和遮蔽特性SC

透明塑膠膜的型式	伝達係數		S C
	可視	太陽光	
壓克力			
透明	0.92	0.85	0.98
灰色，附著汚塵	0.16	0.27	0.52
灰色，附著汚塵	0.33	0.41	0.63
灰色，附著汚塵	0.45	0.55	0.74
灰色，附著汚塵	0.59	0.62	0.80
灰色，附著汚塵	0.76	0.74	0.89
青銅色	0.10	0.20	0.46
青銅色	0.27	0.35	0.58
青銅色	0.61	0.62	0.80
青銅色	0.75	0.75	0.90
反射*	0.14	0.12	0.21
聚碳酸脂			
透明（5mm）	0.88	0.82	0.98
灰色（5mm）	0.50	0.57	0.74
青銅色（5mm）	0.50	0.57	0.74

表24-14 蕾絲織料窗簾和單層或斷熱玻璃併用時之遮蔽係數;SC

玻璃名稱	玻璃通過率	玻璃 SC*	圖24-1關連遮蔽係數(SC)**									
			A	B	C	D	E	F	G	H	I	J
單層玻璃6mm 透明	0.80	0.95	0.80	0.75	0.70	0.65	0.60	0.55	0.50	0.45	0.40	0.35
3mm 透明	0.71	0.88	0.74	0.70	0.66	0.61	0.56	0.52	0.48	0.43	0.39	0.35
6mm 吸熱	0.46	0.67	0.57	0.54	0.52	0.49	0.46	0.44	0.41	0.38	0.36	0.33
13mm吸熱	0.24	0.50	0.43	0.42	0.40	0.39	0.38	0.36	0.34	0.33	0.32	0.30
塗飾反射玻璃	—	0.60	0.57	0.54	0.51	0.49	0.46	0.43	0.41	0.38	0.36	0.33
	—	0.50	0.46	0.44	0.42	0.41	0.39	0.38	0.36	0.34	0.33	0.31
	—	0.40	0.36	0.35	0.34	0.33	0.32	0.30	0.29	0.28	0.27	0.26
	—	0.30	0.25	0.24	0.24	0.23	0.23	0.23	0.22	0.21	0.21	0.20
斷熱玻璃(13mm空隙)												
吸熱外和透明內	0.64	0.83	0.66	0.62	0.58	0.56	0.52	0.48	0.45	0.42	0.37	0.35
吸熱外和透明內	0.37	0.56	0.49	0.47	0.45	0.43	0.41	0.39	0.37	0.35	0.33	0.32
塗飾反射玻璃	—	0.40	0.38	0.37	0.37	0.36	0.34	0.32	0.31	0.29	0.28	0.28
	—	0.30	0.29	0.28	0.27	0.27	0.26	0.26	0.25	0.25	0.24	0.24
	—	0.20	0.19	0.19	0.18	0.18	0.17	0.17	0.16	0.16	0.15	0.15
			A	B	C	D	E	F	G	H	I	J

* 僅用於無窗簾之玻璃。

** 由圖24-1字母順序編號,選擇其遮蔽係數

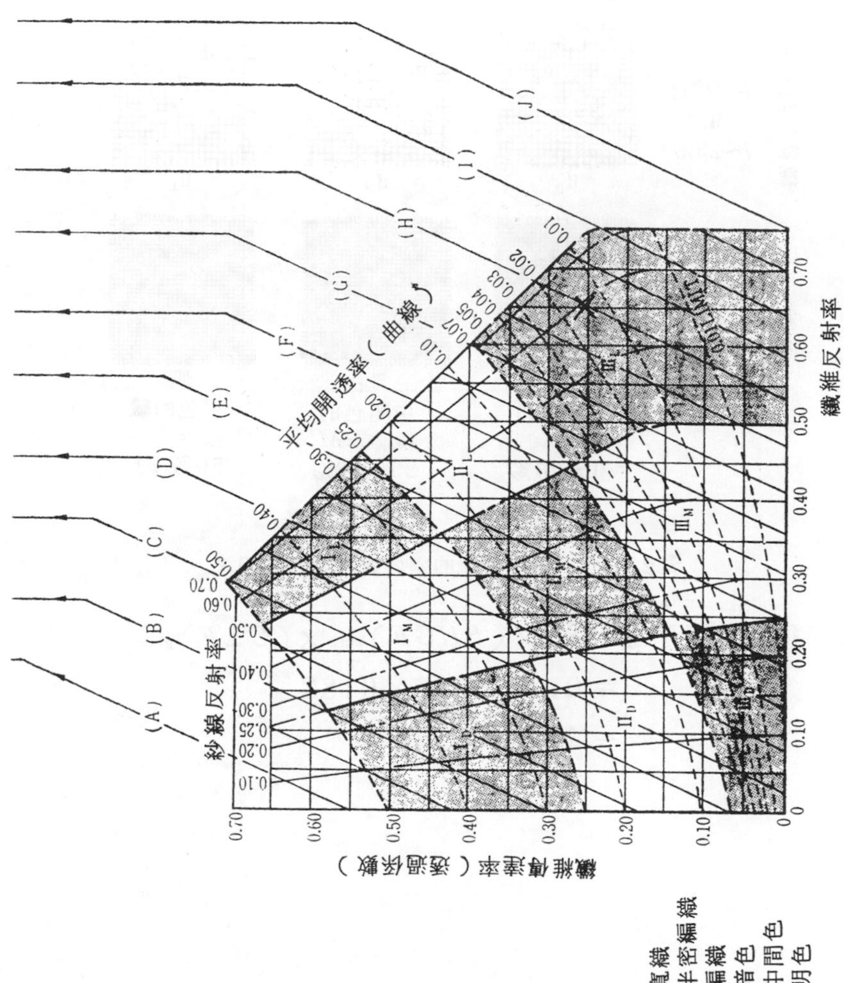

圖 24-1　（蕾絲）纖維窗簾的室內遮蔽特性

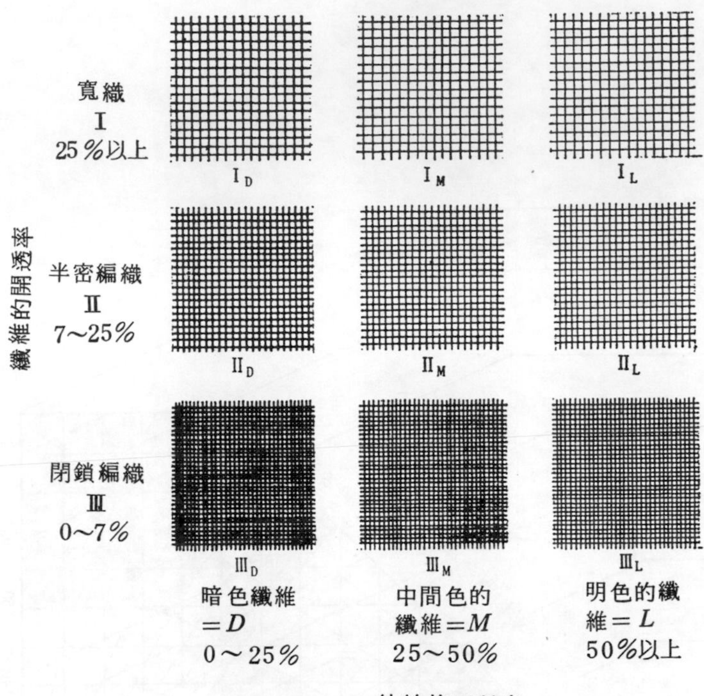

表24-15 纖維窗簾的室內遮蔽特性的用法

$$
\text{得}(q/A)_{max} = SC \times (SHGF)_{max} \times (CLF)_{max}
$$
$$
= 0.46 \times 296 \times 0.83
$$
$$
= 113\,\text{kCal/hr}
$$

表24-16　百葉式遮陽設備之遮蔽係數

側角（度）	S_H/P*	第一類		第二類	
		傳達率	*SC*	傳達率	*SC*
10	0.176	0.23	0.35	0.25	0.33
20	0.314	0.06	0.17	0.14	0.23
30	0.577	0.04	0.15	0.12	0.21
40	0.839	0.04	0.15	0.11	0.20
側角（度）	S_H/P*	第三類		第四類	
		傳達率	*SC*	傳達率	*SC*
10	0.176	0.40	0.51	0.48	0.59
20	0.314	0.32	0.42	0.39	0.50
30	0.577	0.21	0.31	0.28	0.38
40	0.839	0.07	0.18	0.20	0.30
側角（度）	S_H/P*	第五類		第六類	
		傳達率	*SC*	傳達率	*SC*
10	0.176	0.15	0.27	0.26	0.45
20	0.314	0.04	0.11	0.20	0.35
30	0.577	0.03	0.10	0.13	0.26
40	0.839	0.03	0.10	0.04	0.13

第一類：黑色，葉片數23枚／25.4mm，寬度與空間比值1.15以上
第二類：明色，高反射率，其餘條件與第一類相同
第三類：黑色或暗色，17只葉片／25.4mm，W／S＝0.85
第四類：明色或無塗裝之鋁片，高反射率，其餘條件與第三類相同
第五類：與第一類相同，6mm厚之透明玻璃，其間隙距離爲13mm
第六類：與第三類相同，6mm厚之透明玻璃，其間隙距離爲13mm
單層玻璃時U值＝4.2 kCal/hr m² °C，選用第一類～第四類

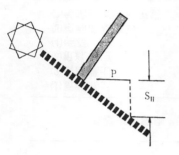

表 24-17　玻璃及門之日照冷房負荷溫度差 $CLTD$（°C）

太陽時間 hr	1	2	3	4	5	6	7	8	9	10	11	12	13	14	15	16	17	18	19	20	21	22	23	24
$CLTD$, °C	0.6	0	-0.6	1.1	-1.1	-1.1	-1.1	0	1.1	2.2	3.9	5.0	6.7	7.2	7.8	7.8	7.2	6.7	5.6	8.8	3.3	2.2	1.7	1.1

表中之數值適用於下列條件：室溫 26°CdB，外氣最高溫度 35°CdB，外氣日溫差 12°C

表 24-18　不同前庭及建物表面陽光反射係數

外壁表面粉刷	入射角度（度）					
	20	30	40	50	60	70
(1)新混凝土	0.31	0.31	0.32	0.32	0.33	0.34
(2)舊混凝土	0.22	0.22	0.22	0.23	0.23	0.25
(3)粗綠草地	0.21	0.22	0.23	0.25	0.28	0.31
(4)碎石	0.20	0.20	0.20	0.20	0.20	0.20
(5)柏油渣及礫石	0.14	0.14	0.14	0.14	0.14	0.14
(6)舖柏油渣之停車場	0.09	0.09	0.10	0.10	0.10	0.12

* ASHRAE Handbook of Fundamentals. 349頁

表24-19　表面及室內空氣層的熱傳導率（kCal/m²hr°C）e 爲表面放射率

表面位置	熱流方向	α_i（靜止空氣）		α_o		空氣層之 e 值
		普通材料（e=0.9）	鋁箔（e=0.05）	風速（6.7m/sec）	風速（3.3m/sec）	厚度（mm）20 38 100
水平	上向	7.96	3.71	29.3	19.5	冬……5.75 夏……6.25
垂直	水平	7.13	2.88			冬……5.03 夏……5.66
水平	下向	5.27	1.07			冬 4.78 4.28 3.95 夏 5.75 5.22 4.93

24-2-2　由牆壁侵入之熱量

外壁：

$$q = U \times A \times CLTD \qquad (24\text{-}2)$$

q：由外壁侵入熱量 kCal/hr

U：外壁之熱通過率 kCal/m²,hr,°C

$CLTD$：冷房負荷溫差 °C

內壁：

$$q = U \cdot A \cdot \Delta T \qquad (24\text{-}3)$$

ΔT：室內室外溫差 °C

$$U = \frac{1}{\dfrac{1}{\alpha_i} + \Sigma\dfrac{\ell}{\lambda} + \dfrac{1}{C} + \dfrac{1}{\alpha_o}} \quad (\text{kCal/m}^2\,\text{hr}\,^\circ\text{C}) \qquad (24\text{-}4)$$

α_i：室內側表面的熱傳達率（kCal/m²hr°C）

α_o：室外側表面的熱傳達率（kCal/m²hr°C）

λ：構造體各層的熱傳導率（kCal/mhr°C）

ℓ：構造體各層的厚度（m）

C：空氣層或構造體的熱傳達率（非均質材料）（kCal/m²hr°C）

【例2】

設有一屋頂，混凝土厚度150mm，附加25mm隔熱材料，各屬材料編號爲A_0，E_2，E_3，B_5，C_{13}，E_0，無天花板，重量366.15kg/m²，熱容量77.6kCal/m²°C，求熱阻係數R=？hrm²°C/kCal，熱傳導係數K=？kCal/hrm²°C，冷房負荷溫差$CLTD$=？°C 。

【解】查表24-28

分　　類	積層編號	熱阻係數（R）
外表面抵抗	A_0	0.063
13mm石渣或石頭	E_2	0.010
10mm油毛毡	E_3	0.058
25mm隔熱材料	B_5	0.682
150mm重級混凝土	C_{13}	0.102
內表面抵抗	E_0	0.140

$R_t = 1.06\ \text{hr}\cdot\text{m}^2\ °\text{C/kCal}$

$U_t = 1 / R_t = 1/1.06 = 0.943\ \text{kCal/hrm}^2\ °\text{C}$

不必修正之$CLTD$，查表24-31，No.12屋頂之$CLTD$=25.0°C（7p.M）

上例中，若室內溫度23.8°C，室外溫度33.3°C，日溫差10.5°C，無換氣扇，明色屋頂，座落無汚染之郊區，10月份，北緯40°C之城市，求其修正後之$CLTD$值。（下午7時）

【解】：$CLTD_{corr}$ =〔（$CLTD$ ＋緯度和月份修正值）×K＋（25.6－T_R）＋（T_o－29.4）〕×f

查表24-31　$CLTD$=25.0

次查表24-29

10月份，水平屋頂，北緯40°之修正度數爲－7.78°C

由表24-31下面之補充說明得知K=0.5，f=1.0，再查表24-30設計溫度修正值，故

室內設計溫度之修正值=（25.6－T_R）=25.6－23.8=1.8°C

故$CLTD_{corr}$ =14.31°C

表24-20 玻璃窗及天窗的總括熱傳達係數（U-係數）kCal/hrm²°C

分類	外部垂直面				外部水平面（天窗）	
	夏季**		冬季**		夏季	冬季
	無室內側遮蔽	有室內側遮蔽***	無室內側遮蔽	有室內側遮蔽***		
平面玻璃 (2)						
單層玻璃	5.07	3.95	5.37	4.05	4.05	6.00
雙層隔熱玻璃(3)						
4.76mm 空隙(4)	3.17	2.83	3.03	2.54	2.78	3.42
6.35mm 空隙(4)	2.98	2.69	2.83	2.34	2.64	3.17
13mm 空隙(5)	2.73	2.54	2.39	2.05	2.39	2.88
13mm 空隙						
低放射塗飾表面						
e=0.20	1.86	1.81	1.56	1.46	1.76	2.34
e=0.40	2.2	2.15	1.86	1.71	2.05	2.54
e=0.60	2.49	2.34	2.1	1.86	2.25	2.73
三層隔熱玻璃						
6.35mm 空隙(4)	2.15	1.95	1.90	1.51		
13mm 空隙(7)	1.90	1.76	1.51	1.27		
耐暴風窗						
25mm－100mm 空隙(4)	2.44	2.34	2.44	2.05		
塑膠氣泡 (11)						
一重壁構造					3.91	5.61
二重壁構造					2.25	3.42

說明

(1)不同形式之窗戶及門等之修正係數查下表（表24-21）。

(2)無塗飾之玻璃表面放射係數＝0.84。

(3) 2 層及 3 層玻璃光線的數值，參照有關資料。

(4) 3 mm 玻璃。

(5) 6 mm 玻璃。

(6)空隙面的玻璃表面塗敷色彩或防熱塗飾，其他表面全無塗飾。

(7)窗設計：6 mm 玻璃＋3 mm 玻璃＋6 mm 玻璃。

(8)參考幾乎不透明之窗戶。

(9)熱流上昇。

(10)熱流下降。

(11)僅與開口面積有關，不考慮全表面積。

表 24-21　修正係數：各種玻璃窗及拉門的修正值
（上表U值再乘以本表查得之數值）

分　　類 窗	單層玻璃	雙層或3層玻璃	耐暴風窗
全玻璃	1.00	1.00	1.00
木製窗框，80％玻璃	0.90	0.95	0.90
木製窗框，60％玻璃	0.80	0.85	0.80
金屬窗框，80％玻璃	1.00	1.20[m]	1.20[m]
滑動門			
木製框	0.95	1.00	—
金屬框	1.00	1.10[m]	—

表 24-22　夏季之U係數 kCal/hrm^2°C

型　式＊	玻璃表面的空氣速度m/sec			
	靜止空氣	1	1.4	2
CL & CL	2.73	3.12	3.22	3.27
HA & CL	2.73	3.12	3.22	3.27
Refl & CL	1.66	1.81	1.81	1.86

說明：*CL*　＝透明玻璃 6mm
HA　＝吸熱玻璃 6mm
Refl　＝反射玻璃 6mm
m. 金屬框及嵌入隔熱材料時，此值較小，可查窗戶製造商之資料，依實際數值代入計算。
＊　外氣風速 7m/sec，外氣溫度－18°CdB，室內溫度 21°CdB 之自然對流時，
＊＊　外氣風速 3.5m/sec，外氣溫度 32°CdB，室內溫度 24°CdB 之自然對流時，太陽幅射熱量＝673.5 kCal/hrm^2

表 24-23　U係數；kCal/hrm^2°C，透明壓克力及垂直窗面貼付聚碳酸脂薄膜時

	冬季熱損失[1]的U係數				
厚　度　mm	3 mm	5 mm	6 mm	10mm	13mm
單層玻璃	5.17	4.93	4.69	4.30	3.95
反射＊	—	—	4.30	—	—
2層玻璃；6mm空隙	2.69	2.54	2.40	—	—
2層玻璃；13mm空隙	2.30	2.20	2.10	—	—
	夏季室內熱取得[2]的U值				
單層玻璃	4.78	4.54	4.34	4.00	3.71
反射＊	—	—	1.56	—	—
2層玻璃；6mm空隙	2.73	2.59	2.44	—	—
2層玻璃；13mm空隙	2.44	2.34	2.20	—	—

(1) 7m/sec 之風速時
(2) 3.5m/sec 之風速時
＊塑膠聚脂薄膜，蒸發附著於表面

表 24-24　玻璃窗之熱通過率 U_G（kCal/h·m²·°C）

種類	外壁用					內壁用
	一重	二重玻璃 空氣層mm（密閉）			二窗（不完全密閉）	
		6	13	26～		
玻璃板	5.5	3.0	2.7	2.6	3.5～4.5	3.7
鐵製框（玻璃面80%）	5.5	3.6	3.3	3.1		3.7
木製框（玻璃面80%）	5.0	2.9	2.6	2.5		3.3
鋁製框（玻璃面80%）	6.1	3.9	3.5	3.4		4.1
玻璃空心磚	2.54～2.92					1.95～2.24

表 24-25　門窗類之熱通過率 U_G（kCal/h·m²·°C）

種類	外壁	內壁
木框門（實心）厚3.0cm	2.6	2.1
木框門（實心）厚3.6cm	2.4	1.9
木框門（實心）厚4.5cm	2.1	1.7
鋼門框（中空、密閉）	2.7	2.1
鋼製門	6.0	3.8
鋼製門（上部玻璃40%）	5.8	3.8
木製門（面板1cm）	4.2	3.0
木製門（上部玻璃40%）	4.7	3.3
木製門（面板2cm）	3.2	2.4
木製門（上部玻璃40%）	4.1	2.9
木板套窗（杉、普通）	3.84	
扇（厚16.4mm）		1.68
拉窗（木框糊紙）		4.78
拉窗（木框糊紙裝玻璃）		3.45
玻璃門		3.85
窗簾		3.63～3.87

分類編號及構造	重量 (kg/m²)	U 值 kcal/(hrm²°C)	熱容量 kcal/(m²°C)	各層材料編號規範（查表24-28）
100mm，表面粉刷之磚牆＋（磚）				
C 空間＋100mm表面粉刷之磚牆	405.21	1.748	89.34	A0, A2, B1, A2, E0
D 100mm厚普通磚牆	439.38	2.027	89.82	A0, A2, C4, E1, E0
C 25mm隔熱材料或空間＋100mm普通磚牆	439.38	0.85～1.47	89.82	A0, A2, C4, B1/B2, E1, E2
B 50mm隔熱材料＋100mm普通磚牆	429.62	0.542	90.32	A0, A2, B3, C4, E1, E0
B 200mm普通磚牆	634.66	1.474	128.88	A0, A2, C9, E1, E0
A 隔熱材料或空間＋200mm普通磚牆	634.66	0.752～1.186	128.88	A0, A2, C9, B1/B2, E1, E0
100mm表面粉刷磚牆＋（重級混凝土）				
C 空間＋50mm混凝土	458.91	1.709	96.18	A0, A2, B1, C5, E1, E0
B 50mm隔熱材料＋100mm厚混凝土	473.55	0.566	96.66	A0, A2, B3, C5, E1, E0
A 空間或隔熱材料＋200mm以上之混凝土	698.13～927.58	0.537～0.547	142.07～187.47	A0, A2, B1, C10/11, E1, E0
100mm厚表面粉刷磚牆＋（輕或重級水泥磚）				
E 100mm水泥磚	302.68	1.557	62.98	A0, A2, C2, E1, E0
D 空間或隔熱材料＋100mm水泥磚	302.68	0.747～1.201	62.98	A0, A2, C2, B1/B2, E1, E0
D 200mm水泥磚	341.74	1.338	73.72	A0, A2, C7, A6, E0
C 空間或隔熱材料＋150mm或200mm水泥磚	356.39～434.50	1.079～1.343	75.67～90.31	A0, A2, B1, C7/C8, E1, E0
B 50mm隔熱材料＋200mm水泥磚	434.50	0.467～0.522	75.67～90.81	A0, A2, B3, C7/C8, E1, E0
100mm表面粉刷磚牆＋（花磚）				
D 100mm花磚	346.62	1.860	73.72	A0, A2, C1, E1, E0
D 空間＋100mm花磚	346.62	1.372	73.72	A0, A2, C1, B1, E1, E0
C 隔熱材料＋100mm花磚	346.62	0.875	73.72	A0, A2, C1, B2, E1, E0
C 200mm花磚	468.67	1.343	96.18	A0, A2, C6, E1, E0
B 空間或25mm隔熱材料＋200mm 200m花磚	468.67	0.693～1.079	96.18	A0, A2, C6, B1/B2, E1, E0
A 50mm隔熱材料＋200mm花磚	473.55	0.474	96.66	A0, A2, B3, C6, E1, E0

表24-26 牆壁構造分類表

分類編號及構造	重量 (kg/m²)	U 值 kcal/(hrm²°C)	熱容量 kcal/(m²°C)	雙層材料編號規範（查表24-28）
輕量混凝土壁＋表面粉刷				
E　100mm混凝土牆壁	307.57	2.856	61.03	A0, A1, C5, E1, E0
D　100mm混凝土壁＋25mm或50mm隔熱材料	307.57	0.581～0.976	61.03	A0, A1, C5, B2/B3, E1, E0
C　50mm隔熱材料＋100mm混凝土壁	307.57	0.581	62.00	A0, A1, B6, C5, E1, E0
C　200mm混凝土壁	532.13	2.392	106.92	A0, A1, C10, E1, E0
B　200mm混凝土壁＋25或50mm隔熱材料	537.02	0.561～0.913	107.40	A0, A1, C10, B5/B6, E1, E0
A　50mm隔熱材料＋200mm混凝土壁	537.02	0.561	106.92	A0, A1, B3, C10, E1, E0
B　300mm混凝土壁	761.59	2.055	152.32	A0, A1, C11, E1, E0
A　300mm混凝土壁＋隔熱材料熱材	761.59	0.552	152.81	A0, C11, B6, A6, E0
輕或重級混凝土磚＋表面粉刷				
F　100mm混凝土磚＋空間或隔熱材料	141.58～175.75	0.786～1.284	27.83～35.15	A0, A1, C2, B1/B2, E1, E0
E　50mm隔熱材料＋100mm混凝土磚	141.58～180.63	0.513～0.557	28.32～35.64	A0, A1, B1, C2/C3, E1, E0
E　200mm混凝土磚	200.16～278.27	1.435～1.963	30.76～55.17	A0, A1, C7/C8, E1, E0
D　200mm混凝土磚＋空間或隔熱材料	200.16～278.27	0.727～0.845	40.52～55.17	A0, A1, C7/C8, B2, E1, E0
花磚＋（表面粉刷）				
F　100mm花磚	190.40	2.046	38.08	A0, A1, C1, E1, E0
F　100mm花磚＋空間	190.40	1.479	38.08	A0, A1, C1, B1, E1, E0
E　100mm花磚＋25mm隔熱材料	190.40	0.854	38.57	A0, A1, C1, B2, E1, E0
D　50mm隔熱材料	195.28	0.537	38.57	A0, A1, B3, C1, E1, E0
D　200mm花磚	307.57	1.445	61.03	A0, A1, C6, E1, E0
C　200mm花磚＋空間或25mm隔熱材料	307.57	0.737～1.128	61.51	A0, A1, C6, B1/B2, E1, E0
B　50mm隔熱材料＋200mm花磚	307.57	0.483	61.51	A0, A1, B3, C6, E1, E0
金屬帷幕牆				
G　有／無空間＋25/50/75mm隔熱材料	24.41～29.29	0.444～1.123	3.42	A0, A3, B5/B6/B12, A3, E0
木造牆				
G　25mm至75mm隔熱材料	78.11	0.395～0.869	15.62	A0, A1, B1, B2/B3/B4, E1, E0

表24-26　牆壁構造分類表（續）

表 24-27　外壁日照冷房負荷温度差 $CLTD$，℃(冷房用)

北緯壁面方位	大陽時間 hr 1	2	3	4	5	6	7	8	9	10	11	12	13	14	15	16	17	18	19	20	21	22	23	24	$CLTD$ 最大值時間	$CLTD$ 最小值 Min	$CLTD$ 最大值 Max	$CLTD$ 差 Max-Min
A類牆壁																												
N	7.78	7.78	7.78	7.22	7.22	7.22	6.67	6.67	6.11	6.11	5.56	5.56	5.56	5.56	5.56	5.56	6.11	6.11	6.67	6.67	7.22	7.22	7.78	7.78	2	5.56	7.78	2.22
NE	10.56	10.56	10.56	10.0	9.44	9.44	8.89	8.33	8.33	8.33	8.33	8.33	8.89	8.89	9.44	10.0	10.0	10.0	10.56	10.56	11.11	11.11	11.11	11.11	22	8.33	11.11	2.78
E	13.33	13.33	12.78	12.78	12.22	11.67	11.11	10.56	10.56	10.0	10.56	10.56	11.11	11.67	12.22	12.78	13.33	13.33	13.89	13.89	13.89	13.89	13.89	13.89	22	10.0	13.89	3.89
SE	13.33	12.78	12.78	12.22	11.67	11.11	11.11	10.56	10.0	10.0	10.0	10.0	10.0	10.56	11.11	11.67	12.22	12.78	12.78	13.33	13.33	13.33	13.33	13.33	22	10.0	13.33	3.33
S	11.11	11.11	10.56	10.56	10.0	10.0	9.44	8.89	8.89	8.33	7.78	7.78	7.78	7.78	7.78	8.33	8.89	9.44	10.0	10.56	10.56	11.11	11.11	11.11	23	7.78	11.11	3.33
SW	13.89	13.89	13.89	13.33	13.33	12.78	12.22	11.67	11.11	10.56	10.56	10.0	9.44	9.44	9.44	9.44	10.0	10.56	11.11	12.22	12.78	13.33	13.89	13.89	24	9.44	13.89	4.44
W	15.0	15.0	14.44	14.44	13.89	13.33	13.33	12.78	12.22	11.67	11.11	10.56	10.56	10.0	10.0	10.0	10.0	10.56	11.11	12.22	12.78	13.89	14.44	14.44	1	10.0	15.0	5.0
NW	11.67	11.67	11.67	11.11	11.11	10.56	10.56	10.0	9.44	8.89	8.89	8.33	8.33	7.78	7.78	7.78	8.33	8.33	8.89	9.44	10.0	10.56	11.11	11.67	1	7.78	11.67	3.89
B類牆壁																												
N	8.33	7.78	7.78	7.22	6.67	6.11	6.11	5.56	5.0	5.0	5.0	4.44	5.0	5.0	5.0	5.56	6.11	6.67	7.22	7.78	7.78	8.33	8.33	8.33	24	4.44	8.33	3.89
NE	10.56	10.0	9.44	8.89	8.33	7.78	7.22	6.67	6.67	7.22	7.78	8.33	8.89	9.44	10.0	10.56	10.56	11.11	11.11	11.67	11.67	11.67	11.11	11.11	21	6.67	11.67	5.0
E	12.78	12.22	11.67	11.11	10.0	9.44	8.89	8.33	8.33	8.33	9.44	10.56	11.67	12.22	13.33	13.89	14.44	14.44	15.0	15.0	14.44	14.44	13.89	13.33	20	8.33	15.0	6.67
SE	12.78	12.22	11.67	11.11	10.0	9.44	8.89	8.33	7.78	7.78	8.33	8.89	10.0	11.11	11.67	12.78	13.33	13.89	14.44	14.44	14.44	14.44	13.89	13.33	21	7.78	14.44	6.67
S	11.67	11.11	10.56	10.0	9.44	8.33	7.78	7.22	6.67	6.11	6.11	6.11	6.11	6.67	7.78	8.33	9.44	10.56	11.11	11.67	12.22	12.22	12.22	11.67	23	6.11	12.22	6.11
SW	15.0	14.44	13.89	13.33	12.22	11.67	10.56	10.0	8.89	8.33	7.78	7.78	7.22	7.22	7.78	8.33	9.44	11.11	12.22	13.89	15.0	15.56	15.56	15.56	24	7.22	15.56	8.33
W	16.11	15.56	15.0	14.44	13.33	12.78	11.67	10.56	10.0	9.44	8.89	8.33	7.78	7.78	7.78	8.33	9.44	10.56	12.22	13.89	15.0	16.11	16.11	16.67	24	7.78	16.67	8.89
NW	12.78	12.22	11.67	11.11	10.56	10.0	9.44	8.33	7.78	7.22	6.67	6.67	6.67	6.11	6.67	6.67	7.22	8.33	9.44	10.56	11.67	12.22	12.78	12.78	24	6.11	12.78	6.67
C類牆壁																												
N	8.33	7.78	7.22	6.67	6.11	5.56	5.0	4.44	4.44	3.89	3.89	4.44	4.44	5.0	5.56	6.67	7.22	7.78	8.33	8.89	9.44	9.44	9.44	8.89	22	3.89	9.44	5.56
NE	10.56	9.44	8.89	7.78	7.22	6.11	5.56	5.56	6.11	7.22	8.33	9.44	10.56	11.11	11.67	12.22	12.22	12.78	12.78	12.78	12.78	12.22	11.67	11.11	20	5.56	12.78	7.22
E	12.22	11.67	10.56	9.44	8.33	7.78	6.67	6.67	7.78	8.89	10.56	12.22	13.89	15.0	16.11	16.11	16.67	16.67	16.67	16.11	15.56	15.0	14.44	13.33	18	6.67	16.67	10.0
SE	12.22	11.67	10.56	9.44	8.33	7.78	6.67	6.67	6.67	7.22	8.89	10.56	12.22	13.33	14.44	15.56	16.11	16.11	16.11	16.11	15.56	15.0	14.44	13.33	19	6.67	16.11	9.44
S	11.67	10.56	10.0	8.89	8.33	7.22	6.67	5.56	5.0	5.0	5.0	6.11	6.11	7.78	9.44	11.11	12.22	13.33	13.89	14.44	13.89	13.89	13.33	12.22	20	5.0	14.44	9.44
SW	16.11	15.0	13.89	12.22	11.11	10.0	8.89	8.33	7.22	6.67	6.11	6.11	6.11	7.22	8.33	10.0	12.22	14.44	16.11	17.78	18.33	18.33	17.78	17.22	22	6.11	18.33	12.22
W	17.22	16.11	15.0	13.89	12.22	11.11	10.0	8.89	7.78	7.22	6.67	6.67	6.67	7.22	7.78	8.89	11.11	13.33	16.11	17.78	19.44	19.44	19.44	18.33	22	6.67	19.44	12.78
NW	13.89	12.78	11.67	11.11	10.0	8.89	7.78	7.22	6.11	5.56	5.56	5.56	5.56	6.11	6.67	7.22	8.33	10.0	12.22	13.89	15.0	15.0	15.0	14.44	22	5.56	15.0	9.44

表 24-27 外壁日照冷房負荷溫度差 $CLTD$，°C（冷房用）（續）

北緯壁面方位	太陽時間（時） 1	2	3	4	5	6	7	8	9	10	11	12	13	14	15	16	17	18	19	20	21	22	23	24	$CLTD$ 最大值時間	$CLTD$ 最小值時間	$CLTD$ 最大值	$CLTD$ 差
	D 類牆壁																											
N	8.33	7.22	6.67	5.56	5.0	3.89	3.33	3.33	3.33	3.33	3.33	3.89	4.44	5.56	6.67	7.22	8.33	9.44	10.0	10.56	10.56	10.56	10.0	8.89	21	3.33	10.56	7.22
NE	9.44	8.33	7.22	6.11	5.56	4.44	3.89	4.44	5.56	7.78	9.44	11.11	12.22	12.78	12.78	13.33	13.33	13.89	13.89	13.33	12.78	12.22	11.11	10.0	19	3.89	13.89	10.0
E	10.56	9.44	8.33	7.22	6.11	5.0	4.44	5.0	6.67	9.44	12.22	15.0	16.67	17.78	18.33	18.33	17.78	17.78	17.22	16.67	15.56	14.44	13.33	12.22	16	4.44	18.33	13.89
SE	11.11	9.44	8.33	7.22	6.11	5.56	4.44	4.44	5.56	7.22	9.44	12.22	14.44	16.11	17.22	17.78	17.78	17.78	17.22	16.67	15.56	14.44	13.33	12.22	17	4.44	17.78	13.33
S	10.56	9.44	8.33	7.22	6.11	5.0	4.44	3.89	3.33	3.33	3.89	5.0	6.67	8.89	11.11	13.33	15.0	16.11	16.11	16.11	15.0	14.44	13.33	12.22	19	3.33	16.11	12.78
SW	15.56	13.89	12.22	10.56	8.89	7.78	6.67	5.56	5.0	4.44	4.44	4.44	5.56	6.67	8.89	11.67	15.0	17.78	20.0	21.11	21.11	20.56	18.89	17.22	21	4.44	21.11	16.67
W	17.22	15.0	13.33	11.67	10.0	8.33	7.22	6.11	5.56	5.0	5.0	5.0	5.56	6.11	7.78	10.0	13.33	16.67	20.0	22.22	22.78	22.22	21.11	18.89	21	5.0	22.78	17.78
NW	13.89	12.22	10.56	9.44	7.78	6.67	5.56	5.0	4.44	3.89	3.89	4.44	5.0	5.56	6.67	7.78	10.0	12.22	15.0	17.22	17.78	17.78	16.67	15.0	22	3.89	17.78	13.89
	E 類牆壁																											
N	6.67	5.56	4.44	3.89	2.78	2.22	1.67	2.22	2.78	3.33	3.89	5.0	6.11	7.22	8.33	9.44	10.56	11.11	11.67	12.78	11.11	10.0	8.89	7.78	20	1.67	12.22	10.56
NE	7.22	6.11	5.0	3.89	3.33	2.22	2.78	5.0	8.33	11.11	13.33	13.89	13.89	14.44	14.44	14.44	14.44	14.44	13.89	13.33	12.22	10.56	9.44	8.33	16	2.22	14.44	12.22
E	7.78	6.67	5.56	4.44	3.33	2.78	3.33	6.11	10.0	14.44	18.33	20.0	21.11	20.56	20.0	18.89	18.33	17.78	16.67	15.56	13.89	12.22	11.11	9.44	13	2.78	21.11	18.33
SE	8.33	6.67	5.56	4.44	3.89	2.78	2.78	4.44	6.67	10.56	13.89	17.22	19.44	20.56	20.56	20.0	18.89	18.33	17.22	15.56	14.44	12.78	11.11	9.44	15	2.78	20.56	17.78
S	8.33	6.67	5.56	4.44	3.89	2.78	2.22	1.67	2.22	2.78	5.0	7.22	10.56	13.33	16.11	17.78	18.89	18.33	17.22	16.11	14.44	12.78	11.11	9.44	17	1.67	18.89	17.22
SW	12.22	10.0	8.33	6.67	5.56	4.44	3.33	2.78	2.78	3.33	3.89	5.0	6.67	10.0	13.33	17.78	21.11	23.89	25.0	24.44	22.22	19.44	16.67	14.44	19	2.78	25.0	22.22
W	13.89	11.67	9.44	7.78	6.11	5.0	3.89	3.33	3.33	3.33	3.89	5.0	6.11	7.78	11.11	15.0	20.0	23.89	27.22	27.22	25.0	22.22	18.89	16.11	20	3.33	27.22	23.89
NW	11.11	9.44	7.78	6.11	5.0	3.89	3.33	2.78	2.78	2.78	3.33	4.44	5.56	7.22	8.89	11.11	14.44	17.78	20.56	21.11	20.0	17.78	15.56	13.33	20	2.78	21.11	18.33
	F 類牆壁																											
N	4.44	3.33	2.78	1.67	1.11	0.56	1.11	2.22	3.33	3.89	5.0	6.11	7.78	9.44	10.56	11.67	12.22	12.78	13.33	12.78	11.11	8.89	7.22	6.11	19	0.56	13.33	12.78
NE	5.0	3.89	2.78	1.67	1.11	0.56	2.78	7.78	12.78	15.56	16.67	16.11	15.56	15.0	15.0	15.0	15.0	14.44	13.33	12.22	10.56	8.89	7.22	6.11	11	0.56	16.67	16.11
E	5.56	3.89	3.33	2.22	1.67	1.11	3.33	9.44	15.56	21.11	24.44	25.0	23.89	21.67	20.0	18.89	17.78	16.67	15.0	13.33	11.67	9.44	8.33	6.67	12	−1.11	25.0	23.89
SE	5.56	3.89	3.33	2.22	1.67	1.11	2.22	5.56	10.56	15.56	20.0	22.78	23.89	23.33	21.67	20.0	18.89	17.22	15.56	13.89	11.67	10.0	8.33	6.67	13	1.11	23.89	22.78
S	5.56	4.44	3.33	2.22	1.67	1.11	0.56	0.56	1.67	3.89	7.22	11.11	15.0	18.89	21.11	21.67	21.11	19.44	17.22	14.44	12.22	10.0	8.33	6.67	16	0.56	21.67	21.11
SW	8.33	6.11	5.0	3.33	2.78	1.67	1.11	1.11	2.22	2.78	4.44	6.11	9.44	14.44	19.44	24.44	27.78	29.44	28.89	25.0	20.56	15.56	12.78	10.0	18	1.11	29.44	28.33
W	9.44	7.22	5.56	3.89	2.78	2.22	1.67	1.67	2.22	3.33	4.44	6.11	7.78	11.11	15.56	21.67	27.22	31.67	33.33	30.0	23.89	18.89	15.0	11.67	19	1.67	33.33	31.67
NW	7.78	5.56	4.44	3.33	2.22	1.67	1.11	1.11	1.67	2.78	4.44	5.56	7.22	8.33	11.67	15.0	19.44	23.33	25.56	23.89	19.44	15.56	12.22	10.0	19	1.11	25.56	24.44

	G 類牆壁																											
N	1.67	1.11	0.56	0	-0.56	1.11	3.89	4.44	5.0	6.67	8.33	10.0	11.67	12.78	13.33	13.33	13.29	14.44	12.22	8.33	6.11	5.0	3.89	2.78	18	−0.56	14.44	15.0
NE	1.67	1.11	0.56	0	-0.56	5.0	15.0	20.0	21.67	19.44	16.67	14.44	14.44	15.0	15.0	14.44	13.89	12.22	10.0	7.78	6.11	5.0	3.89	2.78	9	−0.56	21.67	22.22
E	2.22	1.11	0.56	0	-0.56	6.11	17.22	26.11	30.0	30.56	27.78	22.22	18.33	17.22	16.67	16.11	15.0	13.33	10.56	8.33	6.67	5.56	4.44	3.33	10	−0.56	30.56	31.11
SE	2.22	1.11	0.56	0	-0.56	2.78	10.0	17.78	23.33	27.22	28.33	26.67	23.33	20.0	17.78	16.67	15.0	13.33	10.56	8.33	6.67	5.56	4.44	3.33	11	−0.56	28.33	28.89
S	2.22	1.11	0.56	0	-0.56	0	0.56	2.78	6.67	12.22	17.22	21.67	25.0	25.56	23.89	20.56	17.22	13.89	11.11	8.33	6.67	5.56	4.44	2.78	14	−0.56	25.56	26.11
SW	2.78	2.22	1.67	0.56	0	0	1.11	2.78	4.44	6.67	8.89	14.44	21.11	27.78	32.78	35.0	33.89	28.89	20.56	13.33	9.44	7.22	5.56	4.44	16	0	35.0	35.0
W	3.33	2.78	1.67	1.11	0.56	0.56	1.11	2.78	4.44	6.11	8.33	10.56	15.0	22.78	31.11	37.22	40.0	37.22	26.67	16.11	11.11	8.33	6.11	4.44	17	0.56	40.0	39.44
NW	2.78	1.67	1.11	0.56	0	0	1.11	2.78	4.44	6.11	8.33	10.0	11.67	15.0	20.56	26.11	30.56	30.56	22.78	13.89	9.44	7.22	5.56	3.89	18	0	30.56	30.56

說明：

(1) 表數值的修正

$CLTD_{corr}=(CLTD+LM)\times K+(26-T_R)+(T_o-30)$

$CLTD$ ：查表 24-27，依外壁方位而選定，負荷溫差 °C

LM ：緯度月份修正值（表24-29）

K ：色調修正值，暗色及工業地區$K=1$，永久中間色的田園地區 $K=0.83$，永久明色的田園地區$K=0.65$

$(26-T_R)$：室內設計溫度修正值

T_o-30 ：外氣設計溫度修正值

表 24-28 屋頂外壁積層材料編號及熱特性係數

分類	編號 No.	厚度及熱特性 L	K	D	SH	R	WT	WT ×SH
屋外表面抵抗	A0					0.0628		
25mm石塊（石綿板、木製板、灰泥等）	A1	0.0254	0.0496	1,856	0.20	0.0426	47.16	9.43
100mm磚及水泥表面精緻粉刷	A2	0.1015	0.0930	2,080	0.22	0.0909	211.39	46.51
鐵面（鋁等輕金屬覆蓋表面）	A3	0.0015	3.2240	7,680	0.10	0.00004	11.72	1.17
水泥粉飾	A6	0.0127	0.0298	1,248	0.26	0.0356	15.87	4.13
空氣層熱阻係數	B1					0.1864		
25mm 斷熱材	B2	0.0253	0.0031	32	0.2	0.6800	0.83	0.17
50mm 斷熱材	B3	0.0509	0.0031	32	0.2	1.3683	1.61	0.32
75mm 斷熱材	B4	0.0762	0.0031	32	0.2	2.0544	2.44	0.49
25mm 斷熱材	B5	0.0254	0.0031	9.12	0.2	0.6820	2.29	0.46
50mm 斷熱材	B6	0.0509	0.0031	9.12	0.2	1.3683	4.64	0.93
25mm 木材	B7	0.0254	0.0087	592	0.6	0.2437	15.04	9.02
63.5mn 木材	B8	0.0635	0.0087	592	0.6	0.6104	37.54	22.58
100mm 木材	B9	0.1015	0.0087	592	0.6	0.9750	60.05	36.03
50mm 木材	B10	0.0509	0.0087	592	0.6	0.4895	30.17	18.10
75mm 木材	B11	0.0762	0.0087	592	0.6	0.7333	45.16	27.10
75mm 斷熱材	B12	0.0762	0.0031	9.12	0.2	2.0483	6.93	1.39
100mm 陶土磁磚	C1	0.1015	0.0409	1,120	0.2	0.2069	113.75	22.75
100mm 輕量混凝土磚	C2	0.1015	0.0273	608	0.2	0.3093	62.00	12.40
100mm 輕量混凝土磚	C3	0.1015	0.0583	976	0.2	0.1454	99.10	19.82
100mm 普通磚	C4	0.1015	0.0520	1,920	0.2	0.1618	195.28	39.06
100mm 輕量混凝土磚	C5	0.1015	0.1240	2,240	0.2	0.0682	227.50	45.50

圖 24-28　屋頂外壁積層材料編號及熱特性係數（續）

分類	編號	厚度及熱特性						
		L	K	D	SH	R	WT	$WT \times SH$
200mm 陶土磁磚	C6	0.2033	0.0409	1,120	0.2	0.4183	227.99	46.60
200mm 輕量混凝土	C7	0.2033	0.0409	608	0.2	0.4138	124.00	24.80
200mm 重級混凝土	C8	0.2033	0.0744	976	0.2	0.2274	198.70	39.74
200mm 普通磚	C9	0.2033	0.0520	1.920	0.2	0.3257	390.56	78.11
200mm 重級混凝土	C10	0.2033	0.1240	2,240	0.2	0.1366	455.98	91.20
300mm 重級混凝土	C11	0.3048	0.1240	2,240	0.2	0.2048	683.48	136.70
50mm 重級混凝土	C12	0.0509	0.1240	2,240	0.2	0.0342	114.24	22.85
150mm 重級混凝土	C13	0.1524	0.1240	2,240	0.2	0.1024	341.74	68.35
100mm 輕量混凝土	C14	0.1015	0.0124	640	0.2	0.682	64.93	12.99
150mm 輕量混凝土	C15	0.1524	0.0124	640	0.2	1.0242	97.64	19.53
200mm 輕量混凝土	C16	0.2033	0.0124	640	0.2	1.3662	130.35	26.07
屋內表面抵抗	E0					0.1403		
20mm灰泥粉飾，200mm石類材料	E1	0.0190	0.0520	1,600	0.2	0.0305	30.51	6.10
13mm 煤屑或石子	E2	0.0127	0.1029	880	0.40	0.0102	11.18	4.47
10mm 氈布膜	E3	0.0095	0.0136	1,120	0.40	0.0584	10.69	4.28
天花板空間	E4					0.2048		
吸音磁磚，瓦片	E5	0.0191	0.0043	420	0.20	0.3658	9.18	1.84

[a]使用單位；L=m，SH=kcal/(kg°C)，K=kcal/(hrm°C)，R=(hrm^2°C)/kcal，D=kg/m^3，WT=kg/m^2，
$WT \times SH$=kcal/(m^2°C)

表 24-29　牆壁及屋頂之不同緯度及月份的 *CLTD* 修正表（北緯）

緯度	月	N	NNE NNW	NE NW	ENE WEW	E W	ESE WSW	SE SW	SSE SSW	S	水平
0	Dec	−1.67	−2.78	−2.78	−2.78	−1.11	0	1.67	3.33	5.0	−0.56
	Jan/Nov	−1.67	−2.78	−2.22	−2.22	−0.56	0	1.11	2.22	3.89	−0.56
	Fev/Oct	−1.67	−1.11	−1.11	−1.11	−0.56	−0.56	0	−0.56	0	0
	Mar/Sept	−1.67	0	0.56	−0.56	−0.56	−1.67	−1.67	−2.78	−4.44	0
	Apr/Aug	2.78	2.22	1.67	0	−1.11	−2.78	−3.33	−4.44	−4.44	−1.11
	May/Jul	5.56	3.89	2.78	0	−1.67	−3.89	−4.44	−5.0	−4.44	−2.22
	Jun	6.67	5.0	2.78	0	−1.67	−3.89	−5.0	−5.56	−4.44	−2.78
8	Dec	−2.22	−3.33	−3.33	−1.67	−1.67	0	2.22	4.44	6.67	−2.27
	Jan/Nov	−1.67	−2.78	−3.33	−2.78	−1.11	0	1.67	3.33	5.56	−2.22
	Fev/Oct	−1.67	−2.22	−1.67	−1.67	−0.56	−0.56	0.56	1.11	2.78	−0.56
	Mar/Sept	−1.67	−1.11	−0.56	−0.56	−0.56	−1.11	−1.11	−1.67	−2.22	0
	Apr/Aug	−1.67	1.11	1.11	0	−0.56	−2.22	−2.78	−3.89	−3.89	−0.56
	May/Jul	3.89	2.78	2.22	0	−1.11	−2.78	−3.89	−5.0	−3.89	−1.11
	Jun	5.0	3.33	2.22	0	−1.11	−3.33	−4.44	−5.0	−3.89	−1.11
16	Dec	−2.22	−3.33	−4.44	−4.44	−2.22	−0.56	2.22	5.0	7.22	−5.0
	Jan/Nov	−2.22	−3.33	−3.89	−3.89	−2.22	−0.56	2.22	4.44	6.67	−3.89
	Fev/Oct	−1.67	−2.78	−2.78	−2.22	−1.11	0	1.11	2.78	3.89	−2.22
	Mar/Sept	−1.67	−1.67	−1.11	−1.11	−0.56	−0.56	0	0	0	−0.56
	Apr/Aug	−0.56	0	−0.56	−0.56	−0.56	−1.67	−1.67	−2.78	−3.33	0
	May/Jul	2.22	1.67	1.67	0	−0.56	−2.22	−2.78	−3.89	−3.89	0
	Jun	3.33	2.22	2.22	0.56	−0.56	−2.22	−3.33	−4.44	−3.89	0
24	Dec	−2.78	−3.89	−5.0	−5.56	−3.89	−1.67	1.67	5.0	7.22	−7.22
	Jan/Nov	−2.22	−3.33	−4.44	−5.0	−3.33	−1.67	1.67	5.0	7.22	−6.11
	Fev/Oct	−2.22	−2.78	−3.33	−3.33	−1.67	−0.56	1.67	3.89	5.56	−3.89
	Mar/Sept	−1.67	−2.22	−1.67	−1.67	−0.56	−0.56	0.56	1.11	2.22	−1.67
	Apr/Aug	−1.11	−0.56	0	−0.56	−0.56	−1.11	−0.56	−1.11	−1.67	0
	May/Jul	0.56	1.11	1.11	0	0	−1.67	−1.67	−2.78	−3.33	0.56
	Jun	1.67	1.67	1.67	0.56	0	−1.67	−2.22	−3.33	−3.33	0.56
32	Dec	−2.78	−3.89	−5.56	−6.11	−4.44	−2.78	1.11	5.0	6.67	−9.44
	Jan/Nov	−2.78	−4.44	−5.0	−6.11	−4.44	−2.22	1.11	5.0	6.67	−8.33
	Fev/Oct	−2.22	−3.33	−3.87	−4.44	−2.22	−1.11	2.22	4.44	6.11	−5.56
	Mar/Sept	−1.67	−2.22	−2.22	−2.22	−1.11	−0.56	1.67	2.78	3.89	−2.78
	Apr/Aug	−1.11	−1.11	−0.56	−1.11	0	−0.56	0	0.56	0.56	−0.56
	May/Jul	0.56	0.56	0.56	0	0	−0.56	−0.56	−1.67	−1.67	0.56
	Jun	0.56	1.11	1.11	0.56	0	−1.11	−1.11	−2.22	−2.22	1.11

表 24-29 牆壁及屋頂之不同緯度及月份的 *CLTD* 修正表(°C)(續)

緯度	月	N	NNE NNW	NE NW	ENE WEW	E W	ESE WSW	SE SW	SSE SSW	S	水平
40	Dec	−3.33	−4.44	−5.56	−7.22	−5.56	−3.89	0	3.89	5.56	−11.67
	Jan/Nov	−2.78	−3.89	−5.65	−6.67	−5.0	−3.33	0.56	4.44	6.11	−10.56
	Fev/Oct	−2.78	−3.89	−4.44	−5.0	−3.33	−1.67	1.67	4.44	6.67	−7.78
	Mar/Sept	−2.22	−2.78	−2.78	−3.33	−1.67	−0.56	2.22	3.89	5.56	−4.44
	Apr/Aug	−1.11	−1.67	−1.11	−1.11	0	0	2.22	2.78	2.22	−1.67
	May/Jul	0	0	0	0	0	0	0	0	0.56	0.56
	Jun	0.56	0.56	0.56	0	0.56	0	0	−0.56	−0.56	1.11
48	Dec	−3.33	−4.44	−6.11	−7.78	−7.22	−5.56	−1.67	1.11	3.33	−13.89
	Jan/Nov	−3.33	−4.44	−6.11	−7.22	−6.11	−4.44	−0.56	2.78	4.44	−13.33
	Fev/Oct	−2.78	−3.89	−5.56	−6.11	−4.44	−2.78	0.56	4.44	6.11	−10.0
	Mar/Sept	−2.22	−3.33	−3.33	−3.89	−2.22	−0.56	2.22	4.44	6.11	−6.11
	Apr/Aug	−1.67	−1.67	−1.67	−1.67	−0.56	0	2.22	3.33	3.89	−2.78
	May/Jul	0	−0.56	0	0	0.56	0.56	1.67	1.67	2.22	0
	Jun	0.56	0.56	1.11	0.56	1.11	0.56	1.11	1.11	1.67	1.11
56	Dec	−3.87	−5.0	−6.67	−8.89	−8.89	−7.78	−5.0	−2.78	−1.67	−15.56
	Jan/Nov	−3.33	−4.44	−6.11	−8.33	−7.78	−6.67	−3.33	−0.56	1.11	−15.0
	Fev/Oct	−3.33	−4.44	−5.56	−6.67	−5.56	−3.89	0	3.33	5.0	−12.22
	Mar/Sept	−2.78	−3.33	−3.89	−4.44	−2.78	−1.11	2.22	4.44	6.67	−8.33
	Apr/Aug	−1.67	−2.22	−2.22	−2.22	−0.56	0.56	2.78	3.89	5.0	−4.44
	May/Jul	0	0	0	0	1.11	1.11	2.78	3.33	3.89	−1.11
	Jun	1.11	0.56	1.11	0.56	1.67	1.67	2.22	2.78	3.33	0.56
64	Dec	−3.89	−5.0	−6.67	−8.89	−9.44	−10.0	−8.89	−7.78	−6.67	−16.67
	Jan/Nov	−3.89	−5.0	−6.67	−8.89	−8.87	−8.89	−7.22	−5.56	−4.44	−16.11
	Fev/Oct	−3.33	−4.44	−6.11	−7.78	−7.22	−5.56	−2.22	0.56	2.22	−14.44
	Mar/Sept	−2.78	−3.89	−5.0	−5.56	−0.56	−2.22	1.11	3.89	6.11	−11.11
	Apr/Aug	−1.67	−2.22	−2.22	−2.22	−0.56	0.56	2.78	5.0	6.11	−6.11
	May/Jul	0.56	0	0.56	0	1.67	2.22	3.33	4.44	5.56	−1.67
	Jun	1.11	1.11	1.11	1.11	2.22	2.22	3.33	3.89	5.0	0

表 24-30　室內及室外設計溫度條件之 $CLTD$ 修正表 °C

(a) 室內設計溫度修正值 °C

室內乾球 °C	22.2	22.8	23.3	23.9	24.4	25.0	25.6	26.1	26.7
修正 °C	3.3	2.8	2.2	1.7	1.1	0.6	0	−0.6	−1.1

(b) 室外設計溫度條件 °C（見說明 2）

設計室外溫度	日溫差 °C													
db. C	5.6	6.7	7.8	8.9	10.0	11.1	12.2	13.3	14.4	15.6	16.7	17.8	18.9	20.0
31.1	−1.1	−1.7	−2.2	−2.8	−3.3	−3.9	−4.4	−5.0	−5.6	−6.1	−6.7	−7.2	−7.8	−8.3
32.2	0	−0.6	−1.1	−1.7	−2.2	−2.8	−3.3	−3.9	−4.4	−5.0	−5.6	−6.1	−6.7	−7.2
33.3	1.1	0.6	0	−0.6	−1.1	−1.7	−2.2	−2.8	−3.3	−3.9	−4.4	−5.0	−5.6	−6.1
34.4	2.2	1.67	1.1	0.6	0	−0.6	−1.1	−1.7	−2.2	−2.8	−3.3	−3.9	−4.4	−5.0
35.6	3.3	2,8	2.2	1.7	1.1	0.6	0	−0.6	−1.1	−1.7	−2.2	−2.8	−3.3	−4.4
36.7	4.4	3.9	3.3	2.8	2.2	1.7	1.1	0.6	0	−0.6	−1.1	−1.7	−2.2	−2.8
37.8	5.6	5.0	4.4	3.9	3.3	2.8	2.2	1.7	1.1	0.6	0	−0.6	−1.1	−1.7
38.9	6.7	6.1	5.6	5.0	4.4	3.9	3.3	2.8	2.2	1.7	1.1	0.6	0	−0.6
40.0	7.8	7.2	6.7	6.1	5.6	5.0	4.4	3.9	3.3	2.8	2.2	1.7	1.1	0.6
41.1	8.9	8.3	7.8	7.2	6.7	6.1	5.6	5.0	4.4	3.9	3.3	2.8	2.2	1.7

說明：

(1)室內設計溫度條件之修正＝（25.6°C－T_R），
T_R 爲設計室內乾球溫度 °C

(2)室外設計溫度條件之修正＝（T_o－29.4°C），
T_o＝設計室外乾球溫度－½×日溫差＝室外平均溫度

(3)實用上，25.6°C≒26°C，29.4°C≒30°C

表 24-31　計算水平屋頂冷房負荷的溫度差$CLTD$（°C）

屋頂 No.	構造分類	重量 kg/m²	U 值 kcal/(hm² °C)	太陽時刻 1	2	3	4	5	6	7	8	9	10
				內無裝吊天花板									
1.	鐵板　斷熱材 25mm	34.17	1.039	0.56	-1.1	-1.05	-1.05	-2.78	-1.05	3.33	10.56	18.9	27.2
	（斷熱材 50mm）	(39.1)	(0.605)										
2.	25mm木板，25mm斷熱材	39.1	0.83	3.33	1.67	0	-0.56	-1.67	-1.67	-1.11	2.22	7.78	15
3.	100mm輕量混凝土	87.88	1.04	5.0	2.78	1.11	0	-1.1	-1.05	-1.05	0.56	5.0	11.11
4.	50mm重量混凝土，25mm斷熱材	141.58	1.006	6.67	4.44	2.78	1.03	0	-0.56	-0.56	1.05	6.11	11.11
	（50mm斷熱材）	—	(0.596)										
5.	25mm木板，50mm斷熱材	92.76	0.532	1.05	0	-1.05	-2.22	-2.78	-3.89	-3.33	-1.05	2.78	8.89
6.	150mm輕量混凝土	117.17	0.771	12.22	9.44	7.22	5.0	3.33	1.67	0.56	0.56	1.67	3.89
7.	63.5mm木板，25mm斷熱材	63.47	6.437	16.11	13.33	11.11	8.89	7.22	5.56	-3.89	3.33	3.33	5.0
8.	200mm輕量混凝土	151.34	0.600	19.44	16.67	14.44	12.22	10.0	7.78	6.11	5.0	3.89	3.89
9.	100mm重量混凝土，25mm斷熱材	253.86	0.976	13.89	12.22	10.0	8.33	6.67	5.0	4.44	4.44	5.56	7.78
	（50mm斷熱材）	(253.86)	(0.586)										
10.	63.5mm木板，50mm斷熱材	63.47	0.454	16.67	14.44	12.78	10.56	8.89	7.22	5.56	5.0	4.44	5.0
11.	陽台平屋頂	366.15	0.517	18.89	17.22	15.56	13.89	12.22	10.56	8.89	7.78	7.22	7.22
12.	150mm重量混凝土，25mm斷熱材	366.15	0.937	17.22	15.56	13.89	12.22	11.11	9.44	8.33	7.78	7.78	8.89
	（50mm斷熱材）	(366.15)	(0.571)										
13.	100mm木板，25mm斷熱材	82.99	0.517	21.11	20.0	18.33	16.67	15.56	13.89	12.22	11.11	10.0	9.44
	（50mm斷熱材）	(87.88)	(0.381)										

表 24-31 計算水平屋頂冷房負荷的溫度差 $CLTD$(°C)

冷房負荷溫度差 ($CLTD$) °C

太陽時刻														冷房負荷溫度差最大值的時間	冷房負荷溫差的最小值	冷房負荷溫差的最大值	冷房負荷溫差最大值最小值之差	熱容量
11	12	13	14	15	16	17	18	19	20	21	22	23	24	時	°C	°C	°C	kcal/m²·°C
33.8	39.4	43.3	43.9	42.8	38.9	32.8	25.0	16.7	10	6.67	4.44	2.78	1.67	14	−2.78	43.9	46.68	14.0
21.67	28.89	34.44	38.89	41.11	41.11	38.89	34.44	28.33	21.11	15.56	11.11	7.78	5.0	16	−1.67	41.11	42.78	18.21
17.78	24.44	30.56	35.56	38.9	40.56	39.4	36.67	31.67	25.0	18.89	13.89	10.0	7.22	16	−1.67	40.56	42.23	21.72
16.67	22.78	28.33	32.78	36.11	36.67	36.67	34.44	30.0	25.0	20.0	16.11	12.22	9.44	16	−0.56	37.22	37.78	32.07
15.0	21.67	27.22	31.67	35.0	35.56	34.44	31.67	26.67	20.56	14.44	10.0	6.11	3.89	16	−3.89	35.56	39.45	18.70
8.33	12.78	18.33	23.89	28.33	32.22	34.44	35.56	34.44	31.67	27.78	23.33	19.44	15.56	18	0.56	35.56	35.0	28.27
7.22	11.11	15.0	18.89	23.33	26.67	29.44	30.56	31.11	30.0	27.22	24.44	21.67	18.89	19	3.33	31.11	27.78	31.78
5.0	7.22	10.56	13.89	18.33	21.66	25.56	27.78	29.44	30.0	29.44	27.22	25.0	22.22	20	3.89	30.0	33.89	34.81
11.11	14.44	18.33	22.22	25.56	27.78	29.44	29.44	28.89	26.67	23.89	21.11	18.89	16.67	18	4.44	29.44	25.0	54.73
7.22	9.44	12.78	16.11	20.0	22.78	25.56	27.22	28.33	27.78	26.11	23.89	21.67	19.44	19	4.44	28.33	23.89	32.27
8.33	10.0	12.22	14.44	17.22	20.0	22.22	24.44	25.0	25.56	25.0	23.89	22.22	20.56	20	7.22	25.56	17.78	78.01
10.0	12.22	14.44	17.22	20.0	22.22	23.89	25.0	25.0	24.44	23.33	22.22	20.56	18.89	19	7.78	25.0	17.22	77.57
8.89	9.44	10.0	11.67	13.33	15.56	17.78	20.0	21.67	22.78	23.89	23.89	23.33	22.22	22	8.89	23.89	15.0	45.26

表 24-32

屋頂 No	構造分類	重量 kg/m²	U 值 kCal/hrm²°C	太陽時刻 1	2	3	4	5	6	7	8	9	10
				內有裝吊天花板									
1.	鐵板 斷熱材 25mm	43.94	0.654	1.11	0	-1.11	-1.67	-2.22	-2.22	-0.56	5.0	12.78	20.56
	(斷熱材 50mm)	(48.82	(0.449)										
2.	25mm 木板，25mm 斷熱材	48.82	0.561	11.11	8.33	6.11	4.44	2.78	1.67	1.11	1.67	3.89	7.22
3.	100mm 輕量混凝土	97.64	0.658	10.56	7.78	5.56	3.89	2.22	1.11	0	0	2.22	5.56
4.	50mm 重量混凝土，25mm 斷熱材	146.46	0.64	15.56	13.89	12.78	11.11	9.44	8.33	7.22	7.22	7.78	8.89
5.	25mm 木板，50mm 斷熱材	48.82	0.405	13.88	11.11	8.89	7.22	5.56	3.89	2.78	2.78	3.89	6.67
6.	150mm 木板，50mm 斷熱材	126.93	0.532	17.78	15.56	12.78	10.56	8.89	7.22	5.56	4.44	3.89	4.44
7.	63.5mm 木板，25mm 斷熱材	73.23	0.469	18.89	17.22	16.11	14.44	12.78	11.67	10.0	8.89	8.33	8.33
8.	200mm 輕量混凝土	161.11	0.454	21.67	20.0	18.33	16.11	14.44	12.78	11.11	10.0	8.33	7.78
9.	100mm 重量混凝土，25mm 斷熱材	258.74	0.625	16.67	16.11	15.01	14.44	13.33	12.22	11.67	11.11	11.11	11.67
	(50mm 斷熱材)	(263.63)	(0.439)										
10.	63.5mm 木板，50mm 斷熱材	73.23	0.352	19.44	18.33	6.67	15.56	14.44	13.33	12.22	11.11	10.0	10.0
11.	陽台式平屋頂系統	375.91	0.400	16.67	16.11	15.56	15.0	14.44	13.88	13.33	12.78	12.22	12.22
12.	150mm 重量混凝土，25mm 斷熱材	375.91	0.610	16.11	15.56	15.0	14.44	13.89	13.33	12.78	12.22	11.67	11.67
	(50mm 斷熱材)	(375.91)	(0.43)										
13.	100mm 木板，25mm 斷熱材	92.76	0.400	19.44	18.89	18.33	17.78	17.22	16.11	15.0	14.44	12.78	12.22
	(50mm 斷熱材)	(97.64)	(0.312)										

太陽時刻 11	12	13	14	15	16	17	18	19	20	21	22	23	24	冷房負荷溫差最大值的時間	冷房負荷溫差的最小值（°C）	冷房負荷溫度差最大值（°C）	冷房負荷溫差最大值最小值之差（°C）	熱容量 kCal/m² °C
內有裝吊天花板																		
20.56	34.44	39.44	42.78	43.33	41.11	37.22	31.11	23.33	15.56	10.0	6.67	4.44	2.78	15	−2.22	43.33	45.55	12.21
11.67	16.67	22.22	26.67	26.67	33.33	34.44	33.89	32.22	28.33	24.44	20.56	16.67	13.89	17	1.11	34.44	35.55	292.92
10.56	16.11	21.67	26.67	31.11	34.44	36.11	35.56	33.89	30.0	25.56	21.11	16.67	13.33	17	0	36.11	36.11	317.33
11.11	13.89	16.67	19.44	21.67	23.89	25.56	26.11	25.56	24.44	22.78	21.11	19.44	17.78	18	7.22	26.11	33.33	38.88
10.0	13.89	18.33	22.78	26.67	29.44	31.67	31.67	31.11	28.89	25.56	22.22	18.89	16.11	18	2.78	31.67	28.89	20.55
6.11	8.89	12.22	16.11	20.0	23.33	26.67	28.89	30.0	30.0	28.33	26.11	23.33	20.56	20	3.89	30.0	26.11	30.12
8.89	10.0	11.67	13.89	16.67	18.89	21.11	22.78	23.89	24.44	24.44	23.33	22.22	20.56	21	8.33	24.44	16.11	33.64
7.78	8.33	9.44	11.11	13.89	10.56	18.88	21.11	23.33	25.0	25.56	25.0	24.44	23.33	21	7.78	25.0	17.22	36.67
12.22	13.33	15.0	16.11	17.78	18.89	20.0	21.11	21.11	21.11	20.56	20.0	18.89	18.33	19	11.11	21.11	10.00	56.53
10.0	11.11	12.22	13.89	15.56	17.78	19.44	21.11	22.22	22.78	22.78	22.22	21.67	20.56	21	10.0	22.78	12.78	34.08
12.22	12.78	12.78	13.89	14.44	15.56	16.11	17.22	17.78	18.33	18.33	18.33	18.33	17.78	22	12.22	18.33	6.11	79.87
12.22	12.78	13.89	14.44	15.56	16.67	17.78	18.33	18.89	18.89	18.89	18.33	17.78	17.22	20	11.67	18.89	7.22	79.38
11.67	12.22	12.22	13.33	13.33	13.89	17.78	16.67	17.78	18.89	19.44	20.0	20.56	20.0	23	11.67	20.56	8.89	47.06

說明：(1)不用修正時，直接利用表 24-31 之方法：

符合下述條件時，可直接查表 24-31 計算之

- 暗色水平表面之屋頂
- 室內溫度 26°CdB
- 室外最高溫度 35°C，室外平均溫度 30°C，室外日溫差 12°C
- 外側表面抵抗值 $R_o = 0.0682$ hrm²°C/kCal
- 無天花板時，只有屋頂裝設有換氣風扇或不吊裝回風管之場合
- 室內側表面抵抗值 $R_i = 0.140$ hrm²°C/kCal

(2)表 24-31 的修正

太陽熱條件及設計條件有偏差時，依下述方程式修正使用

$$CLTD_{corr} = [(CLTD + LM) \times K + (26 - T_R) + (T_o - 30)] \times f$$

其中 $CLTD$ 爲本表查得之數據。

① LM 爲表 24-29，緯度一月份水平面之修正值。

② K 爲決定緯度一月的修正值後所採用的色調調整值，除了田園地域等無煤煙污染的地區，一般都不以明色屋頂計算。

$K = 1.0$ 暗色屋頂或工業區之明色屋頂採用之數值。

$K = 0.5$ 永久明色屋頂採用之數值（田園地區）。

③ $(26 - T_R)$ 爲室內溫度異於 26°C 時之修正值。

④ $(T_o - 30)$ 爲室外溫度修正值，T_o 爲設計室外平均溫度

⑤ f 爲屋頂有無換氣扇及回風管之修正值

$f = 1.0$ 屋頂無換氣扇或無風管時

$f = 0.75$ 有壓換氣的場所

(3)表中未列過之屋頂，可採類似質量 kg/m²，類似熱容量 kCal/m² °C 之材料構造引用之。

24-2-3 隙間風(外氣)之熱負荷

基本計算式

$$q_i = Q_{iL} + Q_{is} \qquad (24\text{-}6)$$

$$q_{is} = 0.24 G_i (t_o - t_r)$$

$$= 0.29 V_i (t_o - t_r) \qquad (24\text{-}7)$$

$$q_{iL} = G_i (x_o - x_r) \qquad (24\text{-}8)$$

$$V_w = 720 V_i (x_o - x_r) \qquad (24\text{-}9)$$

q_i ：隙間風（外氣）的熱負荷（kCal/hr）

q_{is} ：隙間風（外氣）的顯熱取得量（kCal/hr）

q_{iL} ：隙間風（外氣）的潛熱取得量（kCal/hr）

t_o：外氣溫度（°CDB）

t_r：室內溫度（°CDB）

x_o：外氣絕對濕度（kg/kg）

x_r：室內空氣絕對濕度（kg/kg）

V_w：水的蒸發熱 kCal/hr

G_i：隙間風或外氣重量 kg/hr

V_i：隙間風或外氣流量 m^3/hr

20°C時水之蒸發潛熱為603kCal/kg

24-2-4 隙間風量的計算

隙間風量很難正確估算，但可用下列方式求得其概算值

(1) 由隙縫長度求其隙間風量（Crack Method）

夏季無風狀態之天氣較多，一般可取夏季風速 8km/hr，查表24-33求得隙間風量。

只有一面外壁時，合計外露之窗隙間長度，若有二面以上之外壁，求得合計隙間長度，取其半值計算即可。因隙間風自強風側吹入，也自另側放出同量的空氣。

(2) 面積法（Area Method）

依窗面積計算隙間風量（表24-34）門扉開啓時侵入之隙間風量如表24-35所示。

若導入新鮮空氣，計算冷氣負荷僅需取導入外氣量與隙間風差値爲計算依據，新鮮空氣需要量可參考表24-36。

(3) 次數法（Air change method）

$$V_1 = nV_T \tag{24-10}$$

V_1：隙間風量m³/kg

表24-33　窗及門隙間風量，（週邊長每1m之風量m³/hr）

門窗種類	風速 km/h					
	8	16	24	32	40	48
無防雨押條上下式木窗	2.51	6.41	10.3	14.5	18.4	23.4
無防雨押條上下式鋼製窗	1.84	4.34	6.85	9.6	12.8	15.6
回轉窗鋼製（工場型）	4.84	10.0	16.2	22.8	28.4	34.5
玻璃門（隙間4.8mm）	26.7	83.5	78.0	111	134	16.2
木製、鋼製門	5.01	12.8	20.6	29.0	36.8	46.8
工場門（隙間3mm）	17.8	35.7	53.5	7.24	89.1	106

表24-34　每m²窗面積的窗隙間風m³/hr（風速24km/hr）

窗的種類	備考	小型窗（約760×1,800）	大型窗（約1,400×2,400）
上下式木製窗	一般窗，無防雨押條	15.56	9.70
	無防雨押條	9.52	6.04
	裝置不佳之*窗*	43.92	27.82
	同上，有防雨押條	13.54	8.60
上下式鋼製窗	無防雨押條*	29.28	18.48
	有防雨押條	12.63	8.05

*一般使用本表之數値

風速16km/h時，取本數値之0.6倍

(4) ASHAE Guide: 1958

表 24-35　開閉門侵入之隙間風量 m^3/hr

適用場所	在室1人相當之隙間風 m^3/hr	
	回轉門	擺門式
銀行	11.0	13.5
理髮店	6.8	8.5
食品店	9.3	12.0
煙草店	34.0	51.0
百貨店（小）	11.0	13.5
衣裳店	3.4	4.2
藥店	9.3	12.0
醫院	—	5.9
自助餐廳	6.8	8.4
男子專門店	4.6	6.3
食堂	3.4	4.2
靴店	4.6	5.9

表 24-36　夏季外氣與擺式門隙間風扣除量

取入外氣量 m^3/h	隙間風 m^3/h	取入外氣量 m^3/h	隙間風 m^3/h
240	170	2,320	1,870
460	340	2,500	2,040
700	510	2,650	2,210
900	680	2,830	2,380
1,120	850	2,980	2,550
1,340	1,020	3,200	2,790
1,560	1,190	3,500	3,060
1,750	1,360	3,800	3,400
1,950	1,530	4,150	3,740
2,140	1,700	4,500	4,080

表 24-37　間隙風 Q_S

房屋之種類	每小時空氣進入次數 n			
	夏		冬	
	普通	防風雨框	普通	防風雨框
無窗或外面無門	0.30	0.15	0.50	0.25
入口門廳	1.20～1.80	0.60～0.90	2.00～3.00	1.00～1.50
會客室	1.20	0.60	2.00	1.00
浴室	1.20	0.60	2.00	1.00
由窗侵入				
1. 壁面與外氣相接室	0.60	0.30	1.00	0.50
2. 壁面與外氣相接室	0.90	0.45	1.50	0.75
3. 壁面與外氣相接室	1.20	0.60	2.00	1.00
4. 壁面與外氣相接室	1.20	0.60	2.00	1.00

V_T：室內容積 m^3

n：自然換氣次數（表 24-37）

以次數法計算最簡便，而以間隙法計算較正確。

24-2-5　人員之發生熱

室內人員之發生熱，依其活動情形、性別、年齡、種族情形等而有所差異（表 24-38）。

表24-38　人體發熱量kCal/h人

活動程度	代表的適用場所	成人男性發散熱 kCal/h	性別構成率%			平均調整發散熱 kCal/h	室內溫度 ℃									
							27.8		26.7		25.6		23.9		21.1	
			男	女	小兒		顯熱	潛熱	顯熱	潛熱	顯熱	潛熱	顯熱	潛熱	顯熱	潛熱
靜座	夜間劇場	98	45	45	10	88	44	44	49	39	53	35	58	30	65	23
極輕微的活動	學校	122	50	50	0	100	45	55	49	51	54	46	60	40	69	31
事務、普通活動	事務室、旅館、公寓	119	50	50	0	112	45	67	50	62	54	58	61	51	71	41
立作業輕微步行	公寓、小商店	138	10	70	20											
步行(站立)或靜座	藥店、銀行	138 138	20 40	70 60	10 0	125	45	80	50	75	55	70	64	61	72	53
座業	餐廳	125	50	50	0	138*	48	90	55	83	60	78	70	68	80	58
輕作業	工場、輕度作業	200	60	40	0	188	48	140	55	133	61	127	74	114	91	97
跳舞	舞廳	225	50	50	0	213	55	158	61	152	69	144	81	132	100	113
步行速度4.8km/h	工場、重勞動	250	100	0	0	250	67	183	75	175	82	168	95	155	115	135
重勞動	保齡球場	375	75	25	0	363	113	250	116	247	121	242	131	232	152	211

* 餐廳每人之發熱量包括食物之熱量15kCal/hr

註：成年女性的發散熱爲男人之85%
　　小孩子的發散熱爲男人之75%

24-2-6 燈光之發生熱

白熾燈

q ＝數量×瓦特數／只×０.86kCal/hr W

日光燈

q ＝數量×瓦特數／只×０.86kCal/W·hr ×１.25

無法確知燈光瓦特數之情況，可參考表24-39計算之。

表24-39　室內照度及照明用電力之概算值（W/m²）

建物種類		照度（Lu_x）		照明電力（W）	
		一般	高級	一般	高級
事務所大樓	事務室	300～350	700～800	20～30	50～55
	銀行營業室	750～850	1000～1500	60～70	70～100
禮堂劇場	客室	100～150	150～200	10～15	15～20
	門廳	150～200	200～250	10～15	20～25
商店	店內	300～400	800～1000	25～35	55～70
學校	教室	150～200	250～350	10～15	25～35
醫院	病室	100～150	150～200	8～12	15～30
	診察室	300～400	700～1000	25～35	50～40
旅社	客室	80～150	80～150	15～30	15～30
	門廳	100～200	100～200	20～40	20～40
工場	作業場	150～250	200～450	10～20	25～40
住宅	起居室	200～250	250～350	15～30	25～35

註：照明用電僅旅社爲白熾燈間接照明，其他均爲日光燈，而一般爲半直接照明，高級者爲半間接照明。

24-2-7 動力或其他設備之發熱

(1) 電動機每１kW之熱當量…860kCal/hr（顯熱）

(a) 電動機及被驅動機械均在室內時

$$q = kW \times 860/\eta \quad kCal/hr \qquad (24\text{-}11)$$

(b) 電動機在室外，被驅動機械在室內時

$$q = kW \times 860 \ kCal/hr \qquad (24\text{-}12)$$

(c) 電動機在空調室內，被驅動機械在室外

$$q = kW \times 860 \times (1-\eta)/\eta \quad kCal/hr \qquad (24\text{-}13)$$

η 爲電動機之效率，15W以下，η 約爲40～60％，20W～75W約爲65～80％，2kW～5kW，η = 81～82％，7.5kW之 η =85％，15～40kW之 η 約爲80％。

(2) 調理器具之發熱量如表24-40所示。

(3) 若運搬氣體或液體進出空調場所，尙需考慮熱量差値。

表23-40 室內器具之發熱量（q_E）kCal/h

	種 類	顯 熱	潛 熱
電氣器具※1	電燈、電熱（每kW）	860	0
	日光燈 （每kW）	1,000	0
	電動機 0.1～0.4kW（⅛～½ HP）（每kW）	1,400	0
	0.4～2.2kW（½～3 HP）（每kW）	1,200	0
	2.2～15 kW（3～20HP）（每kW）	1,000	0
電氣器具※2	烤麵包機（15×28×23cm）	610	110
	咖啡壺（1.9l 600W）	227	55
	消毒器（15×20×43cm）	680	600
	消毒器（23×25×50cm）	1,300	1,000
	美容院用吹風機（帽形）	470	83
	美容院用吹風機（帽形）	580	100
	燙髮機（25W加熱器60個）	220	40
瓦斯器具※3	家庭用瓦斯爐	1,800	200
	家庭用瓦斯爐	2,000	1,000
	咖啡壺（1.9l）	340	88
	炸 鍋（6.8kg油）	1,060	706
瓦斯※4	丙烷氣（對空氣之比重1.5）	21,100	2,700
	都市瓦斯	4,700	300

註：※1. 電燈、電熱、日光燈、電動機爲每kW之發熱量。
2. 3. 烤麵包機、咖啡壺、炸鍋……爲每個之發熱量。
4. 丙烷器、瓦斯爲每1m³之發熱量。

24-2-8 空調設備之熱損失及安全率

空調設備之熱損失包括：

(1) 風管的熱傳遞損失。

(2) 風管的漏風損失。

(3) 自送風機取得之熱量。

1. 風管的熱傳遞損失

$$\%R.S.H=\frac{\Delta t\times\dfrac{L}{1000}(t_o-t_r)}{(t_r-t_s)-\Delta t\,L(t_o-t_r)}\times 100\%\quad(24\text{-}14)$$

$\%R.S.H$ ：自風管取得之熱量與室內全顯熱量之百分比

Δt：每1000公尺風管的溫升°C/deg°C

L：通過非空調區域之長度m

t_o：風管外界溫度°C

t_r：空調房間溫度°C

t_s：送風空氣溫度°C

風管內風速10m/sec，長短邊比值為2，風管內外溫差20°C，$t_r-t_s=10$°C時，風管熱損失與室內全顯熱之比$\%R.S.H$，如圖24-2所示。

通常均將上述計算過程省略，取室內全顯熱量的3～5%作為風管之熱傳遞損失。

表24-41 送風管的熱取得修正表

風管內風速和風管內外溫差不同時之修正值

風速V / 溫度差Δt	5	10	15	20
15	0.86	0.75	0.62	0.53
20	1.14	1.00	0.82	0.71
25	1.43	1.25	1.03	0.89
30	1.71	1.50	1.23	1.06

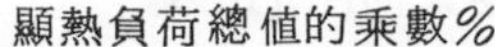

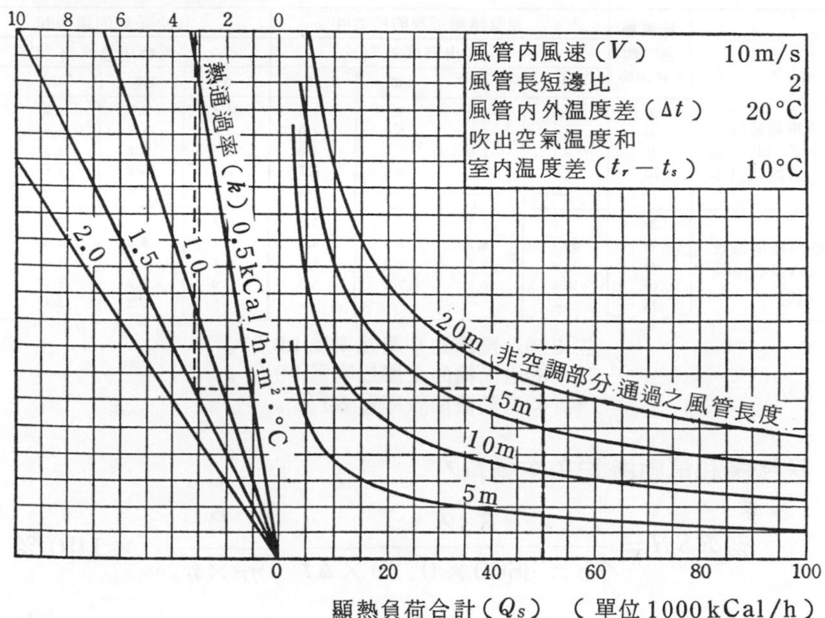

圖24-2　送風管的熱取得

2．風管的漏風損失

依施工方法及技術之不同，漏風損失之程度也有所不同，但詳細計算不容易。一般均以經驗公式求得漏風損失。

(a)　長風管之漏風損失　　10%

(b)　中風管之漏風損失　　5%

(c)　短風管之漏風損失　　0%

3．送風機的熱損失

風車以下列方式放熱於系統（表24-42）

(a)　由於風車之無效率部份使空氣溫度即時上升。

(b)　由壓力或速度升高而有能量獲得。

(c)　若馬達位於室內或氣流中，馬達與驅動機械無效率部份產生之熱。

表 24-42　送風機動力熱佔室內全部顯熱量的百分比％

	送風機全壓水柱mm	箱型機組系統的場合(a)				中央系統的場合(b)			
		吹出溫度差 °C				吹出溫度差 °C			
		8	10	13	16	8	10	13	16
送風機用電動機不在冷房室內而且也不在送風機管道中	30	6.1	4.9	3.7	3.0	4.4	3.5	2.7	2.2
	40	8.1	6.5	5.0	4.0	5.8	4.6	3.6	2.9
	45	9.1	7.3	5.6	4.6	6.5	5.2	4.0	3.3
	50	10.1	8.1	6.2	5.1	7.2	5.8	4.5	3.6
	75	—	—	—	—	10.8	8.7	6.7	5.4
送風機用電動機在冷房室內或在送風氣流內(c)	30	7.6	6.1	4.7	3.8	5.4	4.3	3.3	2.7
	40	10.1	8.1	6.2	5.1	7.2	5.8	4.5	3.6
	45	11.4	9.1	7.0	5.7	8.1	6.5	5.0	4.1
	50	12.6	10.1	7.8	6.3	9.0	7.2	5.6	4.5
	75	—	—	—	—	13.5	10.9	8.4	6.8

註：(a)送風機的全壓效率爲 50％。
(b)送風機的全壓效率爲 70％。
(c)電動機的效率爲 80％。

送風機和電動機均在空調箱內

$$\%RSH=\frac{632}{75\times 3600\times 0.29\times \Delta t}\quad\frac{P}{\eta_F\times\eta_m}\quad\times 100\%\tag{24-15}$$

僅送風機在空調箱內

$$\%RSH=\frac{632}{75\times 3600\times 0.29\times \Delta t}\quad\frac{P}{\eta_F}\quad\times 100\%\tag{24-16}$$

P：送風機的全壓，水柱mm

Δt：室內溫度和吹出溫度之差

η_F：送風機的全壓效率

η_m：電動機的效率

計算負荷時可能因疏忽或誤差導致容量之不足，因此，須加安全係數。一般安全係數可取室內全熱負荷之5～10％作爲安全係數。

24-2-9 室內總負荷，總負荷及冷凍機噸位

室內總負荷＝（玻璃窗之日照熱）＋（牆壁之熱負荷）＋（隙間風熱負荷）＋（人員熱負荷）＋（燈光熱負荷）＋（動力及其它設備之熱負荷）＋（送風管熱傳遞損失、送風管漏風損失、送風機熱損失及安全係數等）

總負荷＝（室內總負荷）＋（外氣熱）＋（回風管等之雜散損失熱）

$$冷凍機噸位=\frac{室內總負荷\,kCal/hr}{3024}=英制冷凍噸$$

$$=\frac{室內總負荷\,kCal/hr}{3320}=公制冷凍噸$$

24-2-10　送風機與送風溫度的關係

$$V=\frac{Q_S}{0.29(t_r-t_s)} \tag{24-17}$$

V：送風量m^3/hr

Q_S：室內全顯熱量 kCal/hr

t_r：室內溫度°C

t_s：送風溫度°C

$$V=\frac{Q_L}{720(x_r-x_s)} \tag{24-18}$$

Q_L：室內全潛熱量 kCal/hr

x_r：室內空氣的絕對濕度kg/kg′

x_s：送風空氣的絕對濕度kg/kg′

若分別作減濕和顯熱冷卻之設備，風量計算可由上面公式計算。但一般之空調裝置均同時作減濕及冷卻，則應依據顯熱比（$S.H.F$ Sensible heat factor）計算：

$$SHF=\frac{Q_S}{Q_S+Q_L} \tag{24-19}$$

$$\frac{Q_S}{0.29(t_r-t_s)}=\frac{Q_L}{720(x_r-x_s)}$$

$$S.H.F=\frac{0.29(t_r-t_s)}{0.29(t_r-t_s)+720(x_r-x_s)} \tag{24-20}$$

送風空氣溫度t_s和絕對濕度x_s所對應的露點溫度，必然爲同一溫度，此溫度謂之裝置露點溫度（ADP Apparatus dew point）。

一般之空氣線圖均以標準氣壓 760mmHg 爲基準，海拔高度變化，氣壓亦隨之而變，其顯熱比變化如表24-43所示。

表24-43　海拔高度不同時之顯熱相當量

標準氣壓760mm的空氣線圖爲計算基準

計算的顯熱比	高度 m			
	900	1,800	2,500	3,000
.95	.95	.96	.96	.96
.90	.91	.92	.92	.93
.86	.86	.88	.88	.89
.80	.82	.83	.84	.85
.75	.77	.79	.80	.81
.70	.72	.75	.76	.77
.65	.68	.70	.71	.73
.60	.63	.65	.67	.69
.55	.58	.61	.62	.64
.50	.53	.56	.57	.59

空氣洗滌器或冷却盤管等對空氣冷却減濕之際，通過減濕器之空氣並未全部被冷却至裝置露點溫度。部份空氣直接通過減濕器，謂之旁通空氣（Bypass air）

$$B.F=\frac{\text{旁通空氣量}}{\text{全空氣量}}$$

$$1-BF=\text{接觸因素}=\frac{\text{飽和空氣量}}{\text{全空氣量}}$$

接觸因素（contact factor）低於100％時，

$$\text{減濕空氣量}\,V=\frac{Q_S}{0.29(1-BF)(t_r-t_{adp})} \qquad (24\text{-}21)$$

t_{adp}：裝置露點溫度

旁通空氣變成室內熱負荷，其熱負荷之計算式如下：

$Q_{BFS}=\ 0.29V(t_o-t_r)\cdot BF$

$Q_{BFL}=\ 720V(x_o-x_r)BF$

$Q_{BFS}=$ 取入外氣之旁通量對室內顯熱負荷之增加值（kCal/hr）

Q_{BFL} ：取入外氣之旁通量對室內潛熱負荷之增加值(kCal/hr)

Q_{FS} ：$0.29V(t_o-t_r)(1-B.F)$

Q_{FL} ：$720V(x_o-x_r)(1-B.F)$

$t_L=t_E-(1-B.F)(t_E-t_{adp})$

t_L：減濕器出口空氣之乾球溫度°C

t_E：減濕器入口空氣之乾球溫度°C

依上述方式計算出各種熱負荷，可填入表24-49整理統計出全部之負荷量。

24-3 冷凍負荷計算

24-3-1 冷凍負荷熱源

冷凍負荷主要有下列項目：

(1) 壁體侵入熱。

(2) 外氣熱。

(3) 貯藏品之冷却(冷凍負荷)。

① 凍結點以上之冷却負荷。

② 凍結潛熱。

③ 凍結點以下之冷凍負荷。

(4) 貯藏品之呼吸熱。

(5) 燈光動力之熱負荷。

(6) 人體之發熱。

24-3-2 壁體侵入熱

經由外壁或間壁侵入之熱量可由下式計算：

$Q_1=K\cdot A\cdot \Delta t$

Q_1：壁體侵入熱(kCal/hr)

K：熱通過率(kCal/m^2 h°C)(或以U值表示)

A：外壁表面積(m^2)

Δt：室內外溫差(°C)

$$K=\frac{1}{\frac{1}{\alpha_i}+\frac{\ell_1}{\lambda_1}+\frac{\ell_2}{\lambda_2}+\cdots\cdots+\frac{\ell_n}{\lambda_n}+\frac{1}{\alpha_o}} \tag{24-22}$$

α_i：冷藏庫內表面空氣層傳熱率kCal/m² h°C

一般α_i約爲7～8 kCal/m² h°C

α_o：冷藏庫壁體外表面空氣層的傳熱率kCal/m² h°C

α_o約爲20kCal/m² h°C

λ：材料傳導率kCal/mh°C

ℓ：材料厚度m

$$K \fallingdotseq \frac{\text{保冷材料的熱傳導率（kCal/mh°C）}}{\text{保冷材的厚度（m）}} \tag{24-23}$$

24-3-3 外氣侵入熱

外氣進入冷藏庫有兩種途徑：

表 24-44 冷藏庫的氣回數

冷藏庫的體積(m³)	換氣回數（回/h）	冷藏庫體積(m³)	換氣回數（回/h）
5	1.9 (46)	160	0.27 (6.5)
10	1.3 (31)	200	0.24 (5.8)
15	1.05 (25)	250	0.22 (5.2)
20	0.9 (21.5)	300	0.2 (4.7)
30	0.7 (16.5)	400	0.18 (4.2)
40	0.6 (14)	500	0.16 (3.7)
50	0.52 (12.5)	700	0.13 (3.0)
60	0.46 (11)	900	0.11 (2.7)
80	0.38 (9 92)	1100	0.1 (2.3)
100	0.35 (8 85)	1400	0.09 (2.0)
120	0.33 (7 78)	1700	0.08 (1.8)
140	0.3 (7 72)	2000	0.07 (1.6)

註：（ ）內數值爲24小時的換氣回數。

表 24-45　外氣或鄰室空氣冷却至庫內溫度需移除之熱量（kCal/m³）

庫內溫度	外氣溫度或鄰室溫度（°C）								
	−5	0	5	10	15	20	25	32	35
	相對濕度（%）								
	90	90	80	80	70	70	70	68	60
10	—	—	—	—	1.7	5.3	9.7	16.7	19.8
5	—	—	—	2.3	4.9	8.6	12.9	20.1	23.9
0	—	—	2.2	6.1	7.7	11.4	15.9	23.3	26.2
−5	—	2.4	4.7	9.2	10.3	14.7	18.7	26.2	28.3
−10	2.2	4.7	7.1	10.5	12.8	16.7	21.4	29.0	31.2
−15	4.3	6.9	9.3	13.1	15.1	19.2	24	31.8	33.5
−20	6.3	9.2	11.4	15.2	17.3	21.5	26.3	34.3	35.7
−25	8.4	11.1	13.7	17.2	19.7	23.9	28.9	37	37.5
−30	11.5	13.2	15.8	19.2	22	26.3	31.3	39.6	37.3

(1)　冷藏庫門開啓時之氣流。

(2)　貯藏新鮮蔬菜水果强制導入之外氣。

計算負荷時，取上述二者之中數量較大者，從門扉侵入之外氣量經驗值如表24-44所示，冷却外氣至室內溫度所需之熱量，詳列於表24-45。

$$Q_2 = V \cdot n \cdot \Delta q_a \qquad (24\text{-}24)$$

Q_2：侵入外氣之熱負荷（kCal/hr）

V：庫內容積（m³）

n：換氣回數（回/hr）

Δq_a：由庫外侵入之外氣冷却至庫內溫度所需之冷却熱量（kCal/m³）

24-3-4　貯藏品之冷凍負荷

凍結點以上：

$$Q_3 = m \cdot C_1 (t_1 - t_2) \times 1/24 \qquad (24\text{-}25)$$

凍結潛熱：

$$Q_4 = m \cdot h_f \times 1/24 \qquad (24\text{-}26)$$

凍結點以下：

$$Q_5 = m \cdot C_2 (t_f - t_3) \times 1/24 \qquad (24\text{-}27)$$

m：凍結品重量（24小時入庫量）

C_1：凍結點以上之比熱kCal/kg°C（約為0.8）

C_2：凍結點以下之比熱kCal/kg°C（約為0.4）

h_f：凍結潛熱kCal/kg

t_1：初溫

t_2：冷却終溫

t_f：凍結點

t_3：凍結終溫

每24小時之入庫量，市場附近的冷藏庫約收容量之3.5％，市場外之冷藏庫約2.5％，小型冷藏庫約3～5％。

冷藏庫入庫溫度約為＋15°C（冷藏溫度在凍結點以上）及－5°C（凍結點以下之冷藏庫）。

24-3-5 貯藏品之呼吸熱

新鮮青菓蔬菜貯存時必有呼吸熱，其值可查表23-4

$$Q_6 = m \cdot h_3 \cdot 1/24 \qquad (24\text{-}28)$$

h_3：呼吸熱kCal/T_{on} 24 hr

24-3-6 人體之發熱量

每天24小時內，人員在庫內之操作時約3小時

Q_7＝每位作業員單位時間之發熱量×人數×作業時間×1/24

表24-46　作業人數

冷藏室內容積（m^3）	作業員數（人）
250 以下	1
250～500	2
500～750	3
750～1000	4
1000m^3 以上	每增 250m^3 增 1 名

表24-47　作業員發熱量

冷藏庫內溫度	kCal/h/人
10	183
4	214
0	240
−7	267
−12	304
−18	330
−23	356

24-3-7　燈光動力等設備之發熱

燈光發熱量 q_8

q_8＝全部燈光瓦特數×0.86 kCal/W×作業時間×1/24×η

日光燈 η ＝1.25

送風機等之發熱量

q_9＝送風機馬達之總仟瓦數×電動機發熱量×運轉時間×1/24

扣除除霜時間等因素，送風機實際上之運轉時間每天約為 16 小時，電動機之發熱量可查表24-48。

表24-48　電動機發熱量

電動機出力	①電動機及風扇皆在庫內	②只有電動機在庫外	③只有電動機在庫內
0.1～0.4KW未滿 0.4～2.2KW未滿 2.2～1.5KW	1450 1260 1000	830 830 830	560 285 160
備　考	使用冷風機組的情形	凍結室等	凍結室與準備室相鄰

※1，※2，※3 參考下圖

①

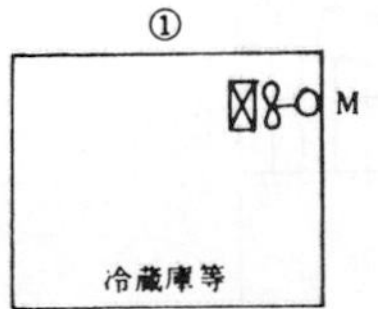

②

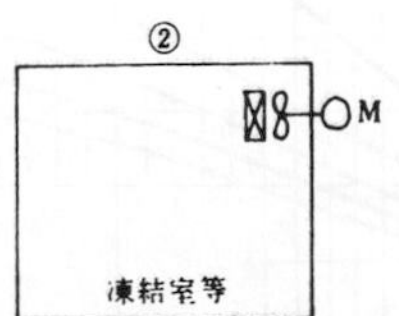

③

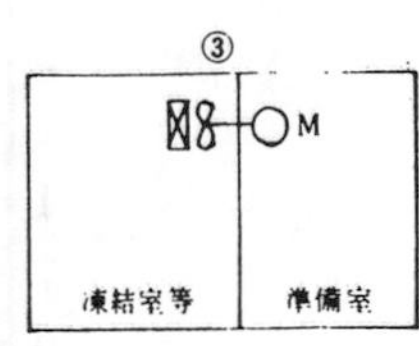

24-3-8 總負荷與冷凍機噸位

$$q_{total} = (q_1 + q_2 + q_3 + q_4 + q_5 + q_6 + q_7 + q_8 + q_9) \times \text{安全係數} \tag{24-29}$$

安全係數一般為15%

$$\text{冷凍機之噸位} = \frac{\text{總負荷}}{3320} \text{(公制冷凍噸)}$$

24-3-9 冷藏庫負荷的簡易計算

查圖24-3及圖24-4，可簡易計算出冷藏庫之負荷。先計算庫內容積(m^3)，在圖24-3之橫座標上找出庫內容積，引垂直線交於設計庫內溫度，再繪平行線交於縱座標，求得所需之冷凍負荷(公制冷凍噸)。

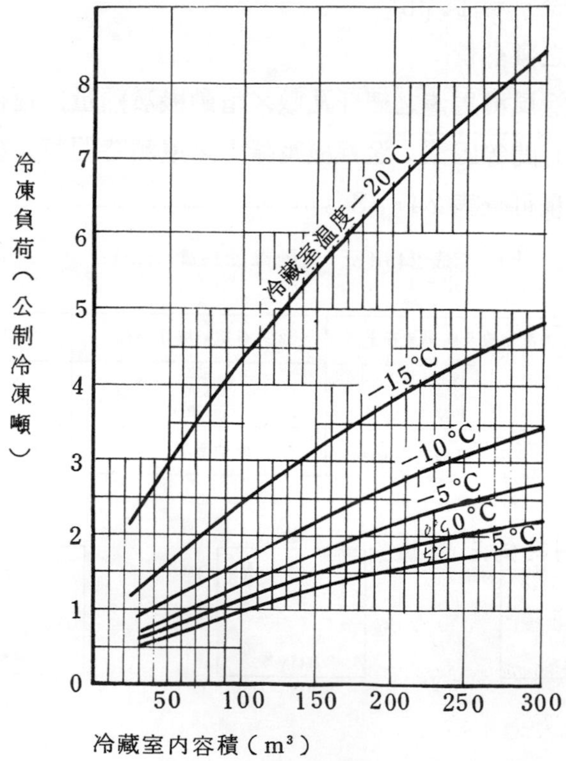

圖24-3 冷藏庫內容積、溫度與冷凍負荷之關係

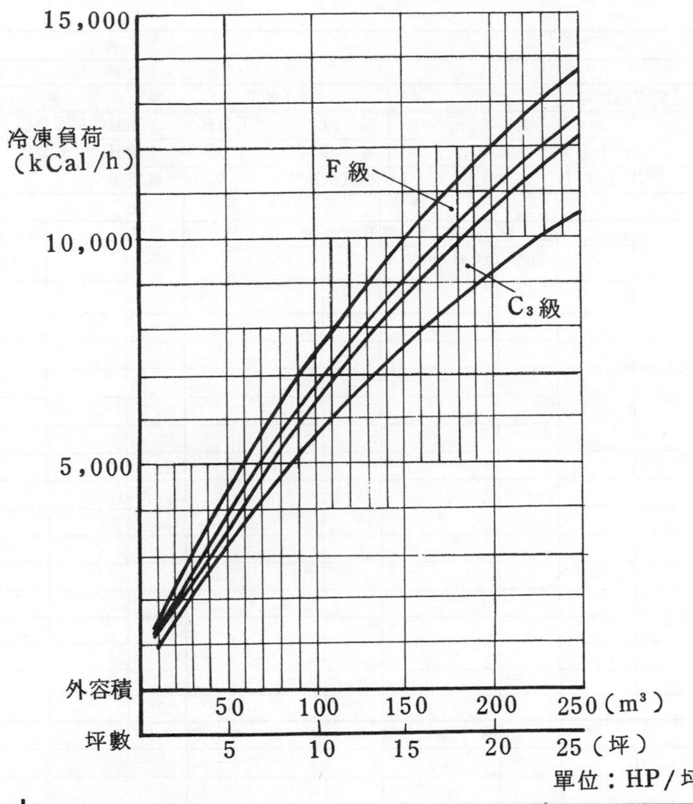

單位：HP/坪

庫內 坪數　溫度	0°C	−20°C	−30°C
1～2坪	1	3	(6)
3～10坪	0.75	1.5	(3)
10坪～	0.5	1	(1.5)

圖 24-4　冷藏庫外容積及坪數與冷凍負荷(kCal/hr)

24-3-10　空調負荷之簡易計算

空調負荷簡易計算可查表24-50及表24-51。另外亦可利用表24-52，將查得之數值填列於冷暖房負荷簡易計算書(表24-53)。簡易計算方式僅適用於一般舒適用途之空調，特殊場所、特殊用途及恒溫恒濕等應用場合不應以簡易方式求出負荷。

表 24-49

業主：					編號	
					日期	年　月　日
層次：	室名或用途			夏　季		冬　季
寬：　m×長　m×高　m			室　內	°CDB　%RH		°CDB　%RH
面積：　m²（（坪）	容積：　m³		室　外	°CDB　%RH		°CDB　%RH
室內人員：	照明：(白，日)　kW	動力　kW	換氣次數：　次/h		新鮮空氣：　m³/h	

(A)傳導熱							夏　季	冬　季		
項目	方向	壁面	寬×高 m×m	面積 m²	熱傳導率 kCal/m²h°C	溫度差 °C	通過熱量 kCal/h	溫度差 °C	方向係數	通過熱量 kCal/h
1.										
2.										
3.										
4.										
5.										
6.										
7.										
8.										
9.										
10.										
11.										
12.										
13.										
14.										
15.										
16.						計		計		
(B)玻璃窗輻射熱					輻射熱 K_s		輻射熱量			
1.										
2.										
3.										
4.										
5.						計				
(C)機器發生熱					熱當量	使用率	發生熱量			
1.	電燈(白熾日光)			kW						
2.	馬達			kW						
3.										
4.										
5.						計				
(D)人體發生熱										
1.	靜・動		名×		kCal/h人	顯　熱				
2.	靜・動		名×		kCal/h人	潛　熱				
(E)換氣負荷										
1.	(0.24kCal/kg°C/　m³/kg)×　m³/h×　°C					顯　熱				
2.	(597kCal/kg/　m³/kg)×　m³/h　kg/kg					潛　熱				
(F)負荷總計							kCal/h			
	顯熱負荷：		潛熱負荷：			顯熱比＝				

備　註：

表24-50　概略冷房負荷

分類	在室人員 m²/人員			照明 W/m²			冷房負荷 m²/冷凍噸			送風量CmH/m² 東—南—西			北			內部		
	小	平均	大	小	平均	大	小	平均	大	小	平均	大	小	平均	大	小	平均	大
高級公寓	32	17	10	11	22	43	42	37	33	15	22	31	9	15	24	—	—	—
劇場、敎會	1.5	1.0	0.6	11	22	32	37	23	8	—	—	—	—	—	—	18	37	55
敎育施設	3	2.5	2	22	43	65	22	17	14	18	29	40	16	24	37	15	22	35
學校、單科大學、綜合大學																		
工場　組立場	5	3.5	2.5	32÷	48÷	65÷	22	14	8	—	—	—	—	—	—	37	66	101
輕工業	20	15	10	100÷	110÷	130÷	19	14	9	—	—	—	—	—	—	29	46	70
重工業	30	25	10	160÷	480÷	650÷	9	7	6	—	—	—	—	—	—	46	73	119
醫院　病室	7.5	5	2.5	11	16	22	26	20	15	6	10	12	6	9	12	—	—	—
接待室	10	8	5	11	16	22	16	13	10	18	23	27	18	20	22	17	18	20
旅館、汽車旅館、寄宿舍	10	15	10	11	22	32	33	28	20	18	26	27	16	22	26	—	—	—
圖書館、音樂堂	8	6	4	11	16	32	32	26	19	18	29	38	16	20	24	16	18	20
事務所大樓	13	11	8	43	65÷	67÷	33	26	18	5	9	16	5	9	15	15	20	33
個人事務所＊	15	12.5	10	22	62	86	—	—	—	5	9	17	5	9	15	—	—	—
速記部門	10	8.5	7	54÷	81÷	108÷	—	—	—	—	—	—	—	—	—	17	24	37
住宅　大型	60	40	20	11	22	43	56	46	35	15	22	29	9	15	24	—	—	—
中型	60	36	20	8	16	32	65	51	37	13	20	26	9	13	22	—	—	—
餐廳　大型	1.7	1.5	1.3	16	18	22	13	9	7	33	44	68	22	29	38	17	20	26
中型							14	11	9	27	37	55	20	26	33	17	18	24

表 24-50　概略冷房負荷（續）

	在室人員 m^2/人員			照明 W/m^2			冷房負荷 m^2/冷凍屯			送風量 CmH/m^2 東－南－西			北			內部		
	小	平均	大	小	均	大	小	平均	大	小	平均	大	小	平均	大	小	平均	大
專門店（購貨中心、百貨公司）	4.5	4	2.5	32÷	54÷	97÷	22	15	10	28	48	77	20	31	48	17	24	37
美容店、理髮店	3	2.5	2	22	32	43	32	26	21	—	—	—	—	—	—	13	18	22
百貨公司　　地　下	4.5	2.5	1.6	38	65÷	97÷	33	23	14	—	—	—	—	—	—	16	26	37
衣服店	7.5	5.5	4	22	27	38÷	37	32	26	—	—	—	—	—	—	15	18	22
藥　店	5	4	3	11	22	43	32	26	17	16	22	29	13	18	26	11	15	20
食品雜貨零售店	3.5	2.3	1.7	11	22	32	17	13	10	33	42	55	18	26	33	13	18	24
帽子店	3.5	2.5	1.5	16	32	54	32	20	11	13	26	37	11	22	29	9	16	20
靴　店	5	4.3	3	11	22	32	29	25	17	18	24	35	13	18	27	11	15	22
球　場	5	3	2	11	22	32	28	20	14	22	29	38	18	26	33	15	18	22
中央系統空調之負荷	10	7.5	5	11	16	22	34	31	15	—	—	—	—	—	—	20	33	46
都市地域							44	35	26									
大學區							37	30	22									
商業中心							31	25	19									
住宅群							58	46	35									

本表之冷房負荷及送風量，係指全空氣式，非特定場合均指外氣取入量

註記：

適用於全部之冷房負荷。
照明以外之設備熱亦包括在內。
重工業之風量亦考慮多量的發熱。
醫院的病房和辦公大樓的風量係以水和空氣之誘引系統爲基準。

表 24-51　玻璃窗和冷房負荷；冷房負荷和風量

	建物形狀	0%	20% 有	20% 無	40% 有	40% 無	60% 有	60% 無	80% 有	80% 無	100% 有	100% 無
冷房負荷（m²/冷凍噸）	1	30	27	27	25	23	22	20	19	17	17	14
	2	31	28	28	26	25	23	22	21	19	19	16
	3	30	27	27	25	24	23	21	20	18	18	15
風量（m³/h/m²）	1	22	27	28	31	34	36	40	41	45	46	51
	2	19	23	24	27	28	30	33	34	38	38	42
	3	21	25	26	28	31	32	35	36	42	39	45

（表頭：窗面積佔壁面積的百分率；有無百葉窗）

* 冷房負荷計算基準：1人/10m²，65W/m² 2.7m³/hr/m²，壁U值＝1.6kCal/m²°Chr，屋頂U值＝0.5，單層玻璃窗，10層建築物，北緯40°，每日運轉12小時。

÷風量取建物全體平均值，以全空氣方式為計算基準。

形 1　　形 2

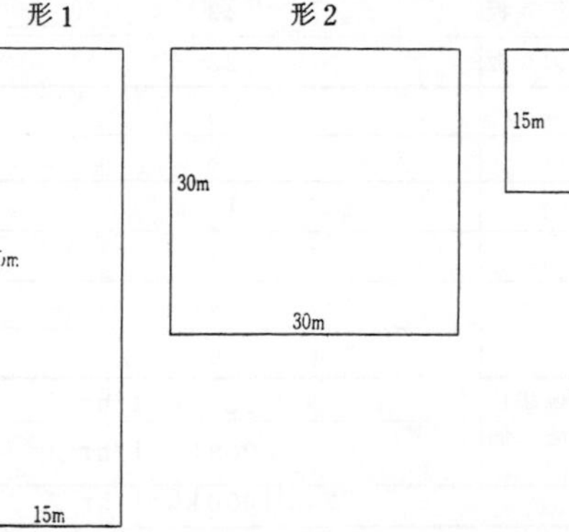

形 3

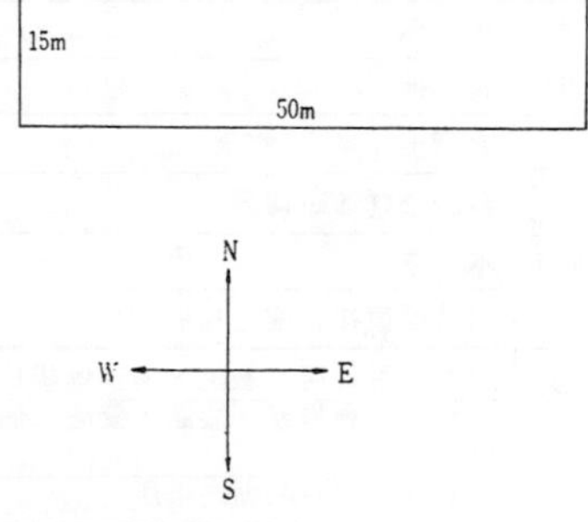

形　狀	面積m²	玻璃面積%	有無百葉窗	建物形狀	冷凍噸	風量(m³/min)
1	2,800	20	有	1	100	1,250
2	2,800	60	有	1	127	1,700
3	2,800	60	有	3	123	1,500
4	2,800	60	無	1	137	1,840

表 24-52

<table>
<tr><td colspan="3" rowspan="2">係數 方位
名稱</td><td colspan="9">係數 B</td><td>係數E</td><td rowspan="2">係數 f</td></tr>
<tr><td>E</td><td>SE</td><td>S</td><td>SW</td><td>W</td><td>NW</td><td>N</td><td>NE</td><td>蔭蔽部份</td><td>kCal/m²hr</td></tr>
<tr><td rowspan="3">外壁</td><td colspan="2">木造類輕結構</td><td>37</td><td>34</td><td>29</td><td>43</td><td>51</td><td>42</td><td>17</td><td>28</td><td></td><td>2.5</td><td>1</td></tr>
<tr><td colspan="2">一般混凝土及磚牆等中結構</td><td>40</td><td>38</td><td>34</td><td>48</td><td>56</td><td>45</td><td>15</td><td>32</td><td></td><td>2.5</td><td>1</td></tr>
<tr><td colspan="2">20cm左右厚度之混凝土重結構</td><td>34</td><td>34</td><td>31</td><td>40</td><td>37</td><td>26</td><td>16</td><td>29</td><td></td><td>3.0</td><td>1</td></tr>
<tr><td rowspan="5">玻璃窗</td><td colspan="2">3mm 厚普通玻璃一片</td><td>590</td><td>430</td><td>310</td><td>530</td><td>710</td><td>540</td><td>150</td><td>440</td><td>60</td><td>5.5</td><td rowspan="5">遮日係數
遮日窗簾內側特殊 0.7
厚窗簾 0.8
薄窗簾 0.9</td></tr>
<tr><td colspan="2">6mm 厚普通玻璃一片</td><td>540</td><td>390</td><td>290</td><td>480</td><td>650</td><td>490</td><td>140</td><td>400</td><td>55</td><td>5.5</td></tr>
<tr><td colspan="2">3mm 厚吸熱玻璃一片</td><td>370</td><td>270</td><td>220</td><td>340</td><td>440</td><td>340</td><td>90</td><td>270</td><td>35</td><td>5.5</td></tr>
<tr><td colspan="2">雙層玻璃外側吸熱內側 6mm 普通</td><td>290</td><td>210</td><td>170</td><td>260</td><td>340</td><td>260</td><td>70</td><td>215</td><td>30</td><td>2.2</td></tr>
<tr><td colspan="2">特厚玻璃</td><td>330</td><td>190</td><td>130</td><td>230</td><td>360</td><td>240</td><td>40</td><td>200</td><td>25</td><td>5.5</td></tr>
<tr><td rowspan="6">屋頂</td><td rowspan="2">輕結構（瓦、石棉瓦等）</td><td>無天花板</td><td colspan="9">165</td><td>3</td><td>1</td></tr>
<tr><td>有天花板</td><td colspan="9">60</td><td>1.5</td><td>1</td></tr>
<tr><td rowspan="2">一般厚度之混凝土及斷熱材</td><td>無天花板</td><td colspan="9">92</td><td>2</td><td>1</td></tr>
<tr><td>有天花板</td><td colspan="9">38</td><td>1.5</td><td>1</td></tr>
<tr><td rowspan="2">厚混凝土及特殊斷熱材</td><td>無天花板</td><td colspan="9">43</td><td>1</td><td>1</td></tr>
<tr><td>有天花板</td><td colspan="9">23</td><td>1</td><td>1</td></tr>
<tr><td rowspan="2">隔間</td><td colspan="2">玻 璃</td><td colspan="9">13</td><td>4.5</td><td>1</td></tr>
<tr><td colspan="2">其 他</td><td colspan="9">8</td><td>2.7</td><td>1</td></tr>
<tr><td rowspan="4">天花板及地面</td><td colspan="2">混凝土</td><td colspan="9">10</td><td>3</td><td>1</td></tr>
<tr><td colspan="2">敷設地毯、磁磚等</td><td colspan="9">7</td><td>2</td><td>1</td></tr>
<tr><td colspan="2">木 造</td><td colspan="9">4</td><td>1</td><td>1</td></tr>
<tr><td colspan="2">與地面直接接觸之樓板</td><td colspan="9">0</td><td>1</td><td>1</td></tr>
<tr><td rowspan="3">必要外氣</td><td colspan="2">銀行、百貨店、戲院、無吸煙場所</td><td colspan="9">136 kCal/hr 人</td><td>5</td><td>1</td></tr>
<tr><td colspan="2">事務所、會議室、旅館、餐廳、病房、公寓</td><td colspan="9">208 kCal/hr 人</td><td>7.5</td><td>1</td></tr>
<tr><td colspan="2">一般住宅、有吸煙之場所</td><td colspan="9">400 kCal/hr 人</td><td>15</td><td>1</td></tr>
<tr><td rowspan="2">滲入外氣</td><td colspan="2">出入人數較多的場合、外壁及窗處</td><td colspan="9">12-16 kCal/m³</td><td>0.45～0.6</td><td>1</td></tr>
<tr><td colspan="2">標 準</td><td colspan="9">8 kCal/m³</td><td>0.3</td><td>1</td></tr>
<tr><td rowspan="3">人員負荷</td><td colspan="2">靜座、戲院、喫茶店</td><td colspan="9">100 kCal/hr 人</td><td></td><td></td></tr>
<tr><td colspan="2">輕工作、事務所、旅館、餐廳、百貨店</td><td colspan="9">120 kCal/hr 人</td><td></td><td></td></tr>
<tr><td colspan="2">作業場所、工場、舞廳</td><td colspan="9">200 kCal/hr 人</td><td></td><td></td></tr>
<tr><td rowspan="2">瓦斯</td><td colspan="2">天然氣、瓦斯</td><td colspan="9">5000 kCal/m³</td><td></td><td></td></tr>
<tr><td colspan="2"></td><td colspan="9"></td><td></td><td></td></tr>
</table>

備註	室內人數不明時，參考下表計算之					
	旅館、醫院個人房	一般事務所、美容院理髮廳、照相館	一般商店、住宅、公寓	會議室、餐廳酒吧	百貨公司	戲院
	1人/10m²	2人/10m²	3人/10m²	6人/10m²	1人/2～3m²	觀眾席 1人/0.8m²

表24-53　冷暖房負荷簡易計算書

客　　戶：　　　　　　　　　　　　　　　　　　年　　月　　日
地　　址：　　　　　　　　　　　　　　　　　　設計者：
房間用途：　　　　房間面積＝（長）　m×（寬）　m＝　m^2
樓　　層：　　　　房間容積＝（房間面積）　m^2×（高）　m＝　m^3

項		目	A	冷房 係數B	冷房 係數 f	冷房 負荷 q_c =A×B×f	暖房 係數E	暖房 負荷 q_h =A×E
1	外壁		m^2					
			m^2					
			m^2					
			m^2					
			m^2					
2	屋頂		m^2					
3	玻璃窗		m^2		遮日係數			
			m^2					
			m^2					
			m^2					
4	隔間		m^2					
			m^2					
			m^2					
5	天花板地板							
		天花板	m^2					
		地板	m^2					
6	外氣	必要外氣	人			取大值		取大值
		侵入外氣	m^3/h					
7	室內發生熱	室內人員	人					
		電燈 日光燈	kW		同時使用率			
		電燈 白熾燈	kW					
		電氣機械器具	kW					
		瓦斯 都市瓦斯	m^3/h					
		瓦斯 液化瓦斯	m^3/h					
全負荷				q_c 之總計 kCal/h			q_h 之總計 kCal/h	

參考文獻

1．冷凍機械ハンドブック	內田秀雄編輯	朝倉書局
2．エアコン基本技術テキスト	豐中俊之	日本冷凍協會
3．冷凍機基本技術テキスト	豐中俊之	日本冷凍協會
4．冷凍空調技術雜誌		日本冷凍協會
5．冷凍空調便覽		日本冷凍協會
6．冷凍空調の設計例		日本冷凍協會
7．配管實務ハンドブック	井上長治等	朝倉書店
8．冷藏倉庫		日本冷凍協會
9．空氣調和の設計例	牧田瑞雄等	オーム社
10．Handbook of A/C system design		美亞
11．冷凍空調技術雜誌		台北市冷藏技師公會
12．中興空氣調節工程技術		中興公司
13．有關廠商型錄及資料		
14．空調冷凍工程之設計與施工	吳義秉	徐氏基金會

國家圖書館出版品預行編目資料

冷凍空調原理與工程 / 許守平編著. -- 二版. --
臺北市 : 全華, 2006[民 95]
面 ; 公分
參考書目:面
ISBN 978-957-21-5394-9(平裝)

1.冷凍 2.空調工程

446.73 95009894

冷凍空調原理與工程(合訂本)

作者 / 許守平
發行人 / 陳本源
執行編輯 / 葉書瑋
出版者 / 全華圖書股份有限公司
郵政帳號 / 0100836-1 號
印刷者 / 宏懋打字印刷股份有限公司
圖書編號 / 0840102
二版十二刷 / 2023 年 09 月
定價 / 新台幣 625 元
ISBN / 978-957-21-5394-9(平裝)
全華圖書 / www.chwa.com.tw
全華網路書店 Open Tech / www.opentech.com.tw
若您對書籍內容、排版印刷有任何問題，歡迎來信指導 book@chwa.com.tw

臺北總公司(北區營業處)
地址：23671 新北市土城區忠義路 21 號
電話：(02) 2262-5666
傳真：(02) 6637-3695、6637-3696

南區營業處
地址：80769 高雄市三民區應安街 12 號
電話：(07) 381-1377
傳真：(07) 862-5562

中區營業處
地址：40256 臺中市南區樹義一巷 26 號
電話：(04) 2261-8485
傳真：(04) 3600-9806(高中職)
(04) 3601-8600(大專)

（請由此線剪下）

歡迎加入 全華會員

● 會員獨享

會員享購書折扣、紅利積點、生日禮金、不定期優惠活動…等。

● 如何加入會員

填妥讀者回函卡直接傳真（02）2262-0900 或寄回，將由專人協助登入會員資料，待收到 E-MAIL 通知後即可成為會員。

如何購買 全華書籍

1. 網路購書

全華網路書店「http://www.opentech.com.tw」，加入會員購書更便利，並享有紅利積點回饋等各式優惠。

2. 全華門市、全省書局

歡迎至全華門市（新北市土城區忠義路21號）或全省各大書局、連鎖書店選購。

3. 來電訂購

(1) 訂購專線：(02) 2262-5666 轉 321-324
(2) 傳真專線：(02) 6637-3696
(3) 郵局劃撥（帳號：0100836-1　戶名：全華圖書股份有限公司）
※ 購書未滿一千元者，酌收運費 70 元。

全華網路書店 www.opentech.com.tw
E-mail: service@chwa.com.tw

※ 本會員制如有變更則以最新修訂制度為準，造成不便請見諒。

廣　告　回　信
板橋郵局登記證
板橋廣字第540號

行銷企劃部　收

23671 新北市土城區忠義路21號
全華圖書股份有限公司

（請由此線剪下）

讀者回函卡

填寫日期：　/　/

姓名：＿＿＿＿　生日：西元＿＿年＿＿月＿＿日　性別：□男 □女

電話：(　)＿＿＿＿　傳真：(　)＿＿＿＿　手機：＿＿＿＿

e-mail：(必填)＿＿＿＿

註：數字零，請用 Φ 表示，數字 1 與英文 L 請另註明並書寫端正，謝謝。

通訊處：□□□□□

學歷：□博士　□碩士　□大學　□專科　□高中・職

職業：□工程師　□教師　□學生　□軍・公　□其他

學校／公司：＿＿＿＿　科系／部門：＿＿＿＿

・需求書類：

□ A. 電子 □ B. 電機 □ C. 計算機工程 □ D. 資訊 □ E. 機械 □ F. 汽車 □ I. 工管 □ J. 土木
□ K. 化工 □ L. 設計 □ M. 商管 □ N. 日文 □ O. 美容 □ P. 休閒 □ Q. 餐飲 □ B. 其他

・本次購買圖書為：＿＿＿＿　書號：＿＿＿＿

・您對本書的評價：

封面設計：□非常滿意　□滿意　□尚可　□需改善，請說明＿＿＿＿

內容表達：□非常滿意　□滿意　□尚可　□需改善，請說明＿＿＿＿

版面編排：□非常滿意　□滿意　□尚可　□需改善，請說明＿＿＿＿

印刷品質：□非常滿意　□滿意　□尚可　□需改善，請說明＿＿＿＿

書籍定價：□非常滿意　□滿意　□尚可　□需改善，請說明＿＿＿＿

整體評價：請說明＿＿＿＿

・您在何處購買本書？

□書局　□網路書店　□書展　□團購　□其他＿＿＿＿

・您購買本書的原因？（可複選）

□個人需要　□幫公司採購　□親友推薦　□老師指定之課本　□其他＿＿＿＿

・您希望全華以何種方式提供出版訊息及特惠活動？

□電子報　□ DM　□廣告（媒體名稱＿＿＿＿）

・您是否上過全華網路書店？（www.opentech.com.tw）

□是　□否　您的建議＿＿＿＿

・您希望全華出版那方面書籍？＿＿＿＿

・您希望全華加強那些服務？＿＿＿＿

～感謝您提供寶貴意見，全華將秉持服務的熱忱，出版更多好書，以饗讀者。

全華網路書店 http://www.opentech.com.tw　客服信箱 service@chwa.com.tw

2011.03 修訂

親愛的讀者：

感謝您對全華圖書的支持與愛護，雖然我們很慎重的處理每一本書，但恐仍有疏漏之處，若您發現本書有任何錯誤，請填寫於勘誤表內寄回，我們將於再版時修正，您的批評與指教是我們進步的原動力，謝謝！

全華圖書　敬上

勘誤表

書號		書名		作者	
頁數	行數	錯誤或不當之詞句		建議修改之詞句	

我有話要說：（其它之批評與建議，如封面、編排、內容、印刷品質等・・・）